电线电缆手册

第4册

第3版

上海电缆研究所
中国电器工业协会电线电缆分会　组　编
中国电工技术学会电线电缆专业委员会

魏　东　主　编

机 械 工 业 出 版 社

《电线电缆手册》第3版共分四册，汇集了电线电缆产品设计、生产、安装和使用中所需的有关技术资料。

本书为第4册，内容包括：电力用裸线、电力电缆、通信电线电缆与光缆、电气装备用电线电缆等五大类产品的附件、安装敷设与运行维护，并对各类产品安装及运行的技术指标、性能要求和设计计算、试验方法，以及防腐与保护措施也做了详细介绍。

本书可供电线电缆的生产、科研、设计、商贸以及应用部门与机构的工程技术人员使用，也可供大专院校相关专业的师生参考。

图书在版编目（CIP）数据

电线电缆手册．第4册/魏东主编．—3版．—北京：机械工业出版社，2017.8（2025.2重印）

ISBN 978-7-111-57830-7

Ⅰ.①电… Ⅱ.①魏… Ⅲ.①电线－手册②电缆－手册 Ⅳ.①TM246－62

中国版本图书馆CIP数据核字（2017）第204129号

机械工业出版社（北京市百万庄大街22号 邮政编码100037）
策划编辑：付承桂 责任编辑：张沪光
责任校对：肖 琳 张晓蓉 封面设计：鞠 杨
责任印制：单爱军
北京虎彩文化传播有限公司印刷
2025年2月第3版第2次印刷
184mm×260mm·31.75印张·3插页·974千字
标准书号：ISBN 978-7-111-57830-7
定价：150.00元

凡购本书，如有缺页、倒页、脱页，由本社发行部调换

电话服务
服务咨询热线：010-88361066
读者购书热线：010-68326294
010-88379203

网络服务
机 工 官 网：www.cmpbook.com
机 工 官 博：weibo.com/cmp1952
金 书 网：www.golden-book.com
教育服务网：www.cmpedu.com

《电线电缆手册》 第3版　编写委员会

主 任 委 员：魏　东

副主任委员：毛庆传

委　　　员：（排名不分先后）

第1册　主编　毛庆传

郑立桥　鲍煜昭　高　欢　谢书鸿　江　斌

姜正权　刘　涛　周　彬

第2册　主编　吴长顺

陈沛云　周　雁　王怡瑶　黄淑贞　李　斌

房权生　孙　萍

第3册　主编　张秀松

张举位　汪传斌　唐崇健　孙正华　朱爱荣

杜　青　吴　畏　庞玉春　单永东　项　健

第4册　主编　魏　东

姜　芸　蔡　钧　张永隆　徐　操　刘　健

蒋晓娟　柯德刚　于　晶　张　荣

编写委员会秘书：倪娜杰

总 前 言

《电线电缆手册》是我国电线电缆行业和众多材料、设备及用户行业的长期技术创新、技术积累及经验总结的提炼、集成与系统汇总，更是几代电缆人的智慧与知识的结晶。本手册自问世以来，为促进我国电线电缆工业发展、服务国家经济建设产生了重要影响，也为指导行业技术进步和培养行业技术人才发挥了重要作用。本手册已经成为电线电缆制造行业及其用户系统广大科技人员的一部重要的专业工具书。

《电线电缆手册》第2版自定稿投入印刷至今已近20年了。近20年来，随着时代的进步、科学技术的飞速发展以及全球经济一体化的快速推进，世界电线电缆工业的产品制造及其应用发生了很大变化，我国的线缆工业更是发生了翻天覆地的变化，新技术迅猛发展、新材料层出不穷、新产品不断开发、新应用遍地开花、新标准持续涌现、新需求强劲牵引……在电线电缆制造与应用方面，我国已成为全球制造和应用大国，在工业技术及应用上与发达国家的距离也大大缩小，在一些技术和产品领域已经跻身于国际先进行列。

为了总结、汇集和展示线缆新技术、新产品、新应用和新标准，同时为了方便和服务于线缆制造业及用户系统广大科技人员的查阅、学习、参考及应用，由上海电缆研究所、中国电器工业协会电线电缆分会、中国电工技术学会电线电缆专业委员会联合组成编写委员会，在《电线电缆手册》第2版基础上进行修订编写，形成《电线电缆手册》第3版。新版内容主要是以新技术为引导，以方便实用为目的，增加新技术、新产品和新应用介绍，同时适当删除过时、落后的技术及产品。这是一项服务行业、惠及社会的公益性工作，也是一项工作量繁杂浩大的系统工程。

为了更好地编写新版《电线电缆手册》，由上海电缆研究所作为主要负责方，联合行业协会及专业学会共同组织，邀请行业主要企业及用户的相关专家组成编写委员会，汇集行业之智慧、知识、经验等各项技术资源，在组编方的统一组织策划下，在各相关企业及广大科技人员的大力支持下，经过编委会成员的共同努力，胜利完成了手册第3版的编写工作。在此，谨向为本手册编写做出贡献的各位专家及科技人员以及所在的企业、机构表示深深的谢意。同时，特别感谢上海电缆研究所及其各级领导和科技人员给予的人力、智力、物力及财力的大力支持。可以说，本手册的编写成功是线缆行业共同努力的结果，行业的发展是不会忘记众多参与者为手册编写做出的贡献的。

《电线电缆手册》第2版分为三册，即电线电缆产品、线缆材料和附件与安装各为一册。鉴于近20年线缆产品发展迅速，品种增加很多，因而，将第1册的线缆产品分为两册，从而使《电线电缆手册》第3版共分成四册出版，具体内容包括：

第1册：裸电线与导体制品、绕组线、通信电缆与电子线缆以及光纤光缆四大类产品的品种、用途、规格、设计计算、技术指标、试验方法及测试设备等。

第2册：电力电缆和电气装备用线缆产品的品种、规格、性能与技术指标、设计计算、性能试验与测试设备等。

第3册：电线电缆和光缆所用材料的品种、组成、用途、性能、技术要求以及有关性能的检测方法。材料包括金属、纸、纤维、带材、电磁线漆、油料、涂料、塑料、橡胶和橡皮等。

第4册：电力用裸线、电力电缆、通信电缆与光缆以及电气装备用电线电缆的附件、安装敷设及运行维护。

今天，《电线电缆手册》第3版将以新的面貌出现在读者面前，相信新的手册定将会在我国线缆行业转型升级的新一轮发展中发挥更加重要的作用。

限于编者的知识、能力和水平，手册中难免有不合时宜的内容和谬误之处，诚恳期待读者的批评和指正。

同时，科学技术的不断发展与进步，相关标准的持续更新与修订，也将使手册相关内容与届时不完全相符，请读者查询并参考使用。

《电线电缆手册》第3版编写委员会

总　论

1. 电线电缆的分类

电线电缆的广义定义为：用以传输电（磁）能、信息和实现电磁能转换的线材产品。广义的电线电缆亦简称为电缆，狭义的电缆是指绝缘电缆。它可定义为由下列部分组成的集合体：一根或多根导体线芯，以及它们各自可能具有的包覆层、总保护层及外护层。电缆亦可有附加的没有绝缘的导体。

为便于选用及提高产品的适用性，我国的电线电缆产品按其用途分成下列五大类。

(1) 裸电线与导体制品　指仅有导体而无绝缘层的产品，其中包括铜、铝等各种金属导体和复合金属圆单线、各种结构的架空输电线以及软接线、型线和型材等。

(2) 绕组线　以绕组的形式在磁场中切割磁力线感应产生电流，或通以电流产生磁场所用的电线，故又称电磁线，其中包括具有各种特性的漆包线、绕包线、无机绝缘线等。

(3) 通信电缆与通信光缆　用于各种信号传输及远距离通信传输的线缆产品，主要包括通信电缆、射频电缆、通信光缆、电子线缆等。

通信电缆是传输电话、电报、电视、广播、传真、数据和其他电信信息的电缆，其中包括市内通信电缆、数字通信对称电缆和同轴（干线）通信电缆，传输频率为音频～几千兆赫。

与通信电缆相比较，射频电缆是适用于无线电通信、广播和有关电子设备中传输射频（无线电）信号的电缆，又称为“无线电电缆”。其使用频率为几兆赫到几十吉赫，是高频、甚高频（VHF）和超高频（UHF）的无线电频率范围。射频电缆绝大多数采用同轴型结构，有时也采用对称型和带型结构，它还包括波导、介质波导及表面波传输线。

通信光缆是以光导纤维（光纤）作为光波传输介质进行信息传输，因此又称为纤维光缆。由于其传输衰减小、频带宽、重量轻、外径小，又不受电磁场干扰，因此通信光缆已逐渐替代了部分通信电缆。按光纤传输模式来分，有单模和多模两种。按光缆结构来分，有层绞式、骨架式、中心管式、层绞单位式、骨架单位式等多种形式。按其不同的使用环境，光缆可分为直埋光缆、管道光缆、架空光缆、水下或海底光缆等多种形式。

电子线缆在本手册中将其归类在通信线缆大类中。该类线缆产品主要用于电子电器设备内部、内部与外部设备之间的连接，通常其长度较短，尺寸较小。主要用于600V及以下的各类家用电器设备、电子通信设备、音视频设备、信息技术设备及电信终端设备等。由于这些设备种类繁多、要求各异，因此，对该类线缆要求具备不尽相同的耐热性、绝缘性、特殊性能、机械性能以及外观结构等。

(4) 电力电缆　在电力系统的主干（及支线）线路中用以传输和分配大功率电能的电缆产品，其中包括1～500kV的各种电压等级、各种绝缘形式的电力电缆，包括超导电缆、海底电缆等。

(5) 电气装备用电线电缆　从电力系统的配电点把电能直接传送到各种用电设备、器具的电源连接线路用电线电缆，各种工农业装备、军用装备、航空航天装备等使用的电气安装线和控制信号用的电线电缆均属于这一大类产品。这类产品使用面广，品种多，而且大多要结合所用装备的特性和使用环境条件来确定产品的结构、性能。因此，除大量的通用产品外，还有许多专用和特种产品，统称为“特种电缆”。

为了便于产品设计和制造的工程技术人员查阅，本手册将电气装备用电线电缆简单分为两大类：电气装备用绝缘电线和绝缘电缆，并按产品类别和名称直接分类。

本手册将按上述分类法介绍各类电缆产品，在第1册及第2册中分别叙述。在其他场合，例如专利登记、查阅、图书资料分类等，也有按电缆的材料、结构特征、耐环境特性等其他方式分类的。

2. 电线电缆的基本特性

电线电缆最基本的性能是有效地传播电磁波（场）。就其本质而言，电线电缆是一种导波传输线，电磁波在电缆中按规定的导向传播，并在沿线缆的传播过程中实现电磁场能量的转换。

通常在绝缘介质中传播的电磁波损耗较小，而在金属中传播的那部分电磁波往往因导体不完善而损耗变成热量。表征电磁波沿电缆回路传输的特性参数称为传输参数，通常用复数形式的传播常数和特性阻抗两个参数来表示。

电缆的另一个十分关键的基本特性是它对使用环境的适应性。不同的使用条件和环境对电线电缆的耐高温、耐低温、耐电晕、耐辐照、耐气压、耐水压、耐油、耐臭氧、耐大气环境、耐振动、耐溶剂、耐磨、抗弯、抗扭转、抗拉、抗压、阻燃、防火、防雷和防生物侵袭等性能均有相应的要求。在电缆的标准和技术要求中，均应对环境要求提出十分具体的测试或试验方法，以及相应的考核指标和检验办法。对一些特殊使用条件工作的电缆，其适用性还要按增列的使用要求项目考核，以确保电缆工程系统的整体可靠性。

正因为电线电缆产品应用于不同的场合，因此性能要求是多方面的，且非常广泛。从整体来看，其主要性能可综合为下列各项：

（1）电性能 包括导电性能、电气绝缘性能和传输性能等。

导电性能——大多数产品要求有良好的导电性能，有的产品要求有一定的电阻范围。

电气绝缘性能——绝缘电阻、介电常数、介质损耗、耐电压特性等。

传输特性——指高频传输特性、抗干扰特性、电磁兼容特性等。

（2）力学性能 指抗拉强度、伸长率、弯曲性、弹性、柔软性、耐疲劳性、耐磨性以及耐冲击性等。

（3）热性能 指产品的耐热等级、工作温度、电力电缆的发热和散热特性、载流量、短路和过载能力、合成材料的热变形和耐热冲击能力、材料的热膨胀性及浸渍或涂层材料的滴落性能等。

（4）耐腐蚀和耐气候性能 指耐电化腐蚀、耐生物和细菌侵蚀、耐化学药品（油、酸、碱、化学溶剂等）侵蚀、耐盐雾、耐日光、耐寒、防霉以及防潮性能等。

（5）耐老化性能 指在机械（力）应力、电应力、热应力以及其他各种外加因素的作用下，或外界气候条件下，产品及其组成材料保持其原有性能的能力。

（6）其他性能 包括部分材料的特性（如金属材料的硬度、蠕变，高分子材料的相容性等）以及产品的某些特殊使用特性（如阻燃、耐火、耐原子辐射、防虫咬、延时传输以及能量阻尼等）。

产品的性能要求，主要是从各个具体产品的用途、使用条件以及配套装备的配合关系等方面提出的。在一个产品的各项性能要求中，必然有一些主要的、起决定作用的，应该严格要求；而有些则是从属的、一般的。达到这些性能的综合要求与原材料的选用、产品的结构设计和生产过程中的工艺控制均有密切关系，各种因素又是相互制约的，因此必须进行全面的研究和分析。

电线电缆产品的使用面极为广泛，必须深入调查研究使用环境和使用要求，以便正确地进行产品设计和选择工艺条件。同时，必须配置各种试验设备，以考核和验证产品的各项性能。这些试验设备，有的是通用的，如测定电阻率、抗拉强度、伸长率、绝缘电阻和进行耐电压试验等所用的设备、仪表；有的是某些产品专用的，如漆包线刮漆试验机等；有的是按使用环境的要求专门设计的，如矿用电缆耐机械力冲击和弯曲的试验设备等，种类很多，要求各异。因此，在电线电缆产品的设计、研究、生产和性能考核中，对试验项目、方法、设备的研究设计和改进同样是十分重要的。

3. 电线电缆生产的工艺特点

电线电缆的制造工艺有别于其他结构复杂的电气产品的制造工艺。它不能用车、钻、刨、铣等通用机床加工，甚至连现代化的柔性机械加工中心对它的加工亦无能为力。电线电缆加工方法可简洁地归纳为“拉—包—绞”三大少物耗、低能耗的专用工艺。

通常用拉制工艺将粗的导体拉成细的；包是绕包、挤包、涂包、编包、纵包等多种工艺的总称，往往用于绝缘层的加工和护套的制作；绞是导线扭绞和绝缘线芯绞合成缆，目的是保证足够的柔软性。

实际的电线电缆专用生产设备与流水线分为拉线、绞线、成缆、挤塑、漆包、编织六大类。在 JB/T 5812～5820—2008 中，对上述设备的型式、尺寸、技术要求及基本参数都做了详细的规定。而在这些设备中大量采用的通用辅助部件，主要是放线、收线、牵引和绕包四大基本辅助部件，在 JB/T 4015—2013、

JB/T 4032—2013 及 JB/T 4033—2013 中也对这些设备的型式、尺寸、技术要求及基本参数都做了相应的规定。

电线电缆盘具是一种最通用的电缆专用设备部件，也是电线电缆产品不可缺少的包装用具。在我国已对电线电缆的机用线盘（PNS 型）、大孔径机用线盘（PND 型）和交货盘（PL 型）分别制定了 JB/T 7600—2008、JB/T 8997—2013 和 JB/T 8137—2013 标准；在 JB/T 8135—2013 中，还对绕组线成品的各种交货盘（PC、PCZ 型等）以及检测试验方法做出了具体规定。

实用的现代化电线电缆专用设备是将上述六类设备尽可能合理组合而成的流水线。

本手册中，尚未包括电线电缆生产工艺设备及其技术要求。

在改进产品质量和发展新品种时，必须充分考虑电线电缆产品的生产特点，这些生产特点主要如下：

（1）原材料的用量大、种类多、要求高　电线电缆产品性能的提高和新产品的发展，与选择适用的原材料以及原材料的发展、开发和改进有着密切的关系。

（2）工艺范围广，专用设备多　电线电缆产品在生产中要涉及多种专业的工艺，而生产设备大多是专用的。在各个生产环节中，采用合适的装备和工艺条件，严格进行工艺控制，对产品质量和产量的提高，起着至关重要的作用。

（3）生产过程连续性强　电线电缆产品的生产过程大多是连续的。因此，设计合理的生产流程和工艺布置，使各工序生产有序协调，并在各工序中加强半制品的中间质量控制，这对于确保产品质量、减少浪费、提高生产率等都是十分重要的。

4. 电线电缆材料及其特点

电线电缆所用材料主要包括：金属材料、光导纤维（光纤）、绝缘及护套材料以及各种各样的辅助材料。在本手册第 3 册中具体叙述。

（1）金属材料　电线电缆产品所用金属材料以有色金属为主，其绝大部分为铜、铝、铅及其合金，主要用作导体、屏蔽和护层。银、锡、镍主要用于导体的镀层，以提高导体金属的耐热性和抗氧化性。黑色金属在线缆产品中以钢丝和钢带为主体，主要用作电缆护层中的铠装层，以及作为架空输电线的加强芯或复合导体的加强部分。

（2）塑料　电缆工业用的塑料，几乎都是以合成树脂为基本成分，辅以配合剂如防老剂、增塑剂、填充剂、润滑剂、着色剂、阻燃剂以及其他特种用途的药剂而制成。由于塑料具有优良的电气性能、物理力学性能和化学稳定性能，并且加工工艺简单、生产效率较高、料源丰富，因此，无论是作为绝缘材料还是护套材料，在电线电缆中都得到了广泛的应用。

（3）橡胶和橡皮　橡胶和橡皮具有良好的物理力学性能，抗拉强度高，伸长率大，柔软而富有弹性，电气绝缘性能良好，有足够的密封性，加工性能好以及某些橡胶品种的各种特殊性能（如耐油和耐溶剂、耐臭氧、耐高温、不延燃等），因而在各类电线电缆产品中广泛地用作绝缘和护套材料。

（4）电磁线漆　电磁线漆是用于制造漆包线和胶粘纤维绕包线绝缘层的一种专用绝缘漆料。用于电磁线的绝缘材料还有纸带、玻璃丝带、复合带等。

（5）光纤　光纤主要用作光波传输介质进行信息传输。光纤的主要材质可分为石英玻璃光纤和塑料光纤。石英玻璃光纤主要是由二氧化硅（SiO_2）或硅酸盐材质制成，已经开发出多种可用的石英玻璃光纤（如特种光纤等）。塑料光纤（POF）主要是由高透光聚合物制成的一类光纤。光纤由中心部分的纤芯和环绕在纤芯周围的包层组成，不同的材料和结构使其具有不同的使用性能。

（6）各种辅助材料　包括纸、纤维、带材、油料、涂料、填充材料、复合材料等，满足电线电缆各种性能的需求。

5. 电线电缆选用及敷设

由于电线电缆品种规格很多，性能各不相同，因此对广大使用部门来说，在选用电线电缆产品时应该注意以下几个基本要求。

（1）选择产品要合理　在选择产品时应充分了解电线电缆产品的品种规格、结构与性能特点，以保证产品的使用性能和延长使用寿命。例如，选用高温的漆包线，将可提高电机、电器的工作温度，减小结构尺寸；又如在绝缘电线中，有耐高温的、有耐寒的、有屏蔽特性的，以及不同柔软度的各种品种，必须根据使用条件合理选择。

（2）线路设计要正确 在电线电缆线路设计的线路路径选择中，应尽量避免各种外来的破坏与干扰因素（机械、热、雷、电、各种腐蚀因素等）或采用相应的防护措施，对于敷设中的距离、位差、固定的方式和间距、接头附件的结构形式和性能、配置方式、与其他线路设备的配合等，都必须进行周密的调查研究，做出正确的设计，以保证电线电缆的可靠使用。

（3）安装敷设要认真 电线电缆本体仅是电磁波传输系统或工程中的一个部件，它必须进行端头处理、中间连接或采取其他措施，才与电缆附件及终端设备组成一个完整的工程系统。整个系统的安装质量及可靠运行不仅取决于电线电缆本身的产品质量，而且与电线电缆线路的施工敷设的质量息息相关。在实际电线电缆线路故障率统计分析中，由于施工、安装、接续等因素所造成的故障率往往要比电缆本身的缺陷所造成的大得多，因此，必须对施工安装工艺严格把关，并在选用电缆时应特别注意电缆与电缆附件的配套。对光缆亦如此。

（4）维护管理要加强 电线电缆线路往往要长距离穿越不同的环境（田野、河底、隧道、桥梁等），因此容易受到外界因素影响，特别是各种外力或腐蚀因素的破坏。所以，加强电缆线路的维护和管理，经常进行线路巡视和预防测试，采取各种有效的防护措施，建立必要的自动报警系统，以及在发生事故的情况下，及时有效地测定故障部位、便于快速检修等，这些都是保证电线电缆线路可靠运行的重要条件。

电线电缆由电缆本体和附件组成。电线电缆制造部门，应在广大使用部门密切配合下，不断改进电缆附件的设计。电线电缆附件包括电线电缆终端或中间连接用各种接头，安装固定用的金具和夹具以及充油电缆的压力供油箱等。它们是电缆线路中必不可少的组成部分。由于电缆附件处于与电缆完全相同的使用条件下，同时电缆附件又必须解决既要引出电能，又要对周围环境绝缘、密封等一系列问题。因此，它的性能要求和结构设计往往比电缆产品本身更为复杂。同时，电缆附件基本上是在现场装配，安装条件必然相对工厂的生产条件差，这给保证电缆附件的质量带来了一些不利因素。因此，研究改进电缆附件的材料、结构、安装工艺等工作应引起制造和使用部门的极大重视。

电线电缆的附件及安装敷设技术要求在本手册的第 4 册中叙述。

本册前言

本册为《电线电缆手册》第3版第4册，共分四篇，主要包括：电力用裸线、电力电缆、通信电线电缆与光缆、电气装备用电线电缆的附件、安装敷设与运行维护。

本册由魏东担任主编并统稿。

第13篇　电力用裸线附件、安装敷设及运行维护。由蔡钧、张永隆负责修编。主要包括：输电线路用裸线附件结构与试验，架空线的安装敷设与运行维护，电力牵引用接触线接头、安装敷设及运行维护。

第14篇　电力电缆附件、安装敷设及运行维护。由魏东、姜芸负责修编。主要包括：电力电缆导体连接器材与安装工艺，中低压电力电缆附件，高压电缆终端与接头，电力电缆敷设，电力电缆线路的运行维护。

第15篇　通信电线电缆与光缆附件、安装敷设及运行维护。由刘健、于晶负责修编。主要包括：通信电缆接续与附件，通信电线电缆的安装敷设，通信电缆的防雷、防蚀和防强电干扰，通信线缆的运行维护，通信光缆接续附件、安装敷设及运行维护，电力架空特种光缆接续附件、安装架设及运行维护。

第16篇　电气装备用电线电缆附件、安装敷设及运行维护。由印永福等负责修编（基本同第2版）。主要包括：工业、公用设施及民用建筑用电线电缆安装敷设，煤矿电缆附件、安装敷设及运行维护，船用电缆的选择、安装敷设与运行维护。

参与本册编写并为之做出贡献的科技人员还有（排名不分先后）：

印永福　李福芝　汪松滋　吴良治　贾明汉　查力仁　葛光明　陆德紘

李醠苏　张承威　王瑞陞　李克昌　于静荣　杨　峻　黄绳甫　黄豪士

在此，一并致以诚挚谢意，并对其所在的企业及部门给予的大力支持表示感谢。

目　录

第13篇　电力用裸线附件、安装敷设与运行维护

第14篇　电力电缆附件、安装敷设及运行维护

第15篇　通信电线电缆与光缆附件、安装敷设及运行维护

第16篇 电气装备用电线电缆附件、安装敷设及运行维护

第 13 篇

电力用裸线附件、安装敷设与运行维护

第1章

输电线路用裸线附件结构与试验

1.1 总则

1. 品种分类

电力用裸线附件在电力行业中习惯称之为“电力金具”，其中包括架空线金具与发电厂、变电站金具两部分。

架空线路上用以连接导线、避雷线、绝缘子和杆塔等装置的金具统称为架空线金具，其用途有传递机械、电气负荷，防护导线、避雷线免受振动损伤，改善绝缘子串电压分布，减少或消除电晕，防止电弧烧伤绝缘子等。

架空线金具中与导线、避雷线直接有关的通常分为五类：

1）悬垂线夹：用于悬挂或支承导线和避雷线，在正常运行条件下主要承受垂直负荷而不承受导线和避雷线张力的金具。

2）耐张线夹：以一定的张力固定导线或避雷线的金具，通常有两种：一种为安装时无需断开导线或避雷线，主要承受顺线张力而不承载电流的螺栓式耐张线夹；另一种为安装时需断开导线或避雷线，用压缩方法锚固导线或避雷线以承受顺线张力的压缩式耐张线夹，用于导线的耐张线夹还需承载电流功能。

3）连接金具：用于线夹与杆塔、线夹与绝缘子串、绝缘子串与杆塔、拉线与杆塔等相连接的金具。

4）接续金具：用于导线或避雷线的线与线之间的相互连接的金具。如压接管、钳接管、并沟线夹、跳线线夹等。

5）防护金具：用于导线和避雷线的防振，改善绝缘子串的电压分布，减少或消除电晕，防止电弧烧伤绝缘子等用途的机械保护和电气保护金具。

发电厂、变电站内用于连接导线、绝缘子、构架，以及组合各类母线、配电装置，以传递机械、电气负荷，改善绝缘子串的电压分布，减少或消除电晕现象等用途的金具，统称为发电厂、变电站金具。

发电厂、变电站金具过去习惯按电站金具（大电流母线金具）和变电金具两类划分。近年来，随着500kV超高压变电站的出现，变电站母线工作电流已出现3000~6000A，电站金具与变电站金具已难以截然划分。因此，本手册将两者合并为一类编写。

发电厂、变电站金具按其用途共分四类：

1）T形线夹：连接母线与分支线的T形金具。

2）设备线夹：连接分支线与电气设备出线端子的金具。

3）铜铝过渡板：用于铝母线与铜母线或铝端子与铜端子之间的过渡连接，防止电化学腐蚀的过渡接触板件。

4）大电流母线金具：发电厂、变电站的组合母线、大截面软母线，矩形、槽形、管形等硬母线，工作电流一般在1000A以上，用于此类母线的金具统称为大电流母线金具。

2. 安全系数

线路金具的强度安全系数，根据DL/T 5092—1999《110~500kV架空送电线路设计技术规程》的规定不应小于下列数值：

最大使用负荷情况	2.5
断线、断连情况	1.5

发电厂、变电站金具安全系数在有关规程或标准中无专门规定，对于采用悬式绝缘子的各种金具一般参照DL/T 5222—2005《导体和电器选择设计技术规定》中关于软导线的机械强度安全系数选用如下数值：

负荷长期作用时不应小于	4.0
负荷短期作用时不应小于	2.5

3. 技术要求

1）电力金具的机械强度设计一般均按极限强

度计算。为使金具之间的连接配合具有互换性，GB/T 2315—2008《电力金具 标称破坏载荷系列及连接型式尺寸》国家标准规定出标称破坏载荷系列，共分十三个等级，见表13-1-1。电力金具的标称破坏载荷应不低于标称值。

表 13-1-1 电力金具标称破坏载荷系列

标记	4	7	10	12	16	21	25	32	42	50	64	84	100
标称破坏载荷/kN	40	70	100	120	160	210	250	320	420	500	640	840	1000

2）承受电气负荷的电力金具，如导线压缩型耐张线夹、接续管、设备线夹、T形线夹等，其电气接触性能应达到：

a）导线接续处两端点之间的电阻应不大于等长导线的电阻；

b）导线接续处的温升应不大于被接续导线的温升；

c）载流量应不小于被接续导线的载流量。

3）接续和接触金具与导线间的握力与导线计算拉断力之比的百分值，应不小于表13-1-2的规定。

表 13-1-2 接续和接触金具对导线的握力与导线计算拉断力之比

使用范围	接续、接触金具分类	百分值（%）
架空电力线路	压缩型耐张线夹、接续管、 螺栓型耐张线夹	95 90
变电站户外配电装置	螺栓型耐张线夹、T形线夹、设备线夹	65 10

4）悬垂线夹对不同导线的握力与导线计算拉断力之比的百分值，应不小于表13-1-3的规定。

表 13-1-3 悬垂线夹握力与导线拉断力之比

导线类别	导线结构（铝钢比）	百分值（%）
钢芯铝绞线	>1.7	12
	4.0～4.5	18
	5.0～6.5	20
	7.0～8.0	22
	11.0～20.0	24
铜绞线	极限强度 1176～1274N/mm²	28
钢绞线		14
铝绞线		30

5）电力金具的黑色金属制件除灰铸铁外，其表面均应按GB/T 470—2008《锌锭》标准采用热镀锌防腐处理。

6）线夹的曲率半径规定如下：悬垂线夹应不小于被安装导线直径的8～10倍；螺栓型耐张线夹应不小于被安装导线直径的8～12倍。

7）悬垂线夹的悬垂角应不小于25°。

8）各种线夹及接续管的出线口均应做成圆滑的喇叭口状。

9）金具接线端子板的电气接触面粗糙度 R_a 必须不高于12.5μm，平面度按GB/T 1184—1996《形状和位置公差未注公差值》11级执行，以保证良好的电气接触性能。

10）与绝缘子连接的球头和球窝，其连接尺寸应符合GB/T4056—2008《绝缘子串元件的球窝连接尺寸》的规定。

11）受剪螺栓的螺纹，允许进入受力板件的深度不大于该板件厚度的1/3。

12）热镀锌的金具，其基本尺寸均为镀锌后尺寸。

13）金具未注尺寸偏差时，其极限偏差应符合下列规定：

a）基本尺寸小于或等于50mm时，允许极限偏差为±1.0mm；

b）基本尺寸大于50mm时，允许极限偏差为基本尺寸的±2%。

14）连接导线的圆形管件金具，以液压方法压接成正六角形时，其对边尺寸应为管外径的0.866倍。

15）用于额定电压为330kV及以上的金具应考虑防电晕。如果金具自身不能防电晕时，应采用防电晕装置。

16）铸件外观不允许有裂纹、缩松。对于受力的重要部位，不允许有气孔、渣眼、砂眼及飞边等缺陷。

17）对铸件非重要部位，允许有直径不大于4mm、深度不大于1.5mm的气孔、砂眼；每件不应超过两处，两缺陷之间距离应不小于25mm；两缺陷不能处于内外表面的同一对应位置，且不降低镀锌质量。

18）线夹与导线接触的表面，不允许有毛刺、锌刺等缺陷。

19）金具的钢制件，其剪切、压型和冲孔不允许有毛刺、开裂和叠层等缺陷。

20）金具的气割件，其切割面应均整并倒棱去刺。

21）金具的锻件和热弯件不允许有过烧、叠层、局部烧熔及氧化鳞皮等缺陷。

22）金具的焊接件的焊缝应为细密平整的细鳞形，并应封边，咬边深度不大于1mm，焊缝应无裂纹、气孔、夹渣等缺陷。

23）金具的铜铝件表面应光滑、平整、清洁，不应有裂纹、起泡、起皮、夹渣、压折、气孔、砂眼、严重划伤及分层等缺陷。

24）金属铜铝件的电气接触平面不允许有碰伤、划伤、斑点、凹坑、压印等缺陷。

25）采用闪光焊接的铜铝过渡金具，其焊缝在300℃时不应脱开。

26）拉制和挤压铝管金具，其布氏硬度不大于25HBS，抗拉强度不低于80N/mm^2。

27）金具配套U形螺栓采用抗拉强度不低于375N/mm^{2}的钢材制造。紧固件螺母按GB/T 41—2016《1型六角螺母　C级》，垫圈按GB/T 95—2002《平垫圈　C级》，弹簧垫圈按GB/T 93—1987《标准型弹簧垫圈》制造。

28）金具用带销孔螺栓按电力行业标准DL/T 764—2014《电力金具用杆部带销孔六角头螺栓》制造。

1.2 架空线金具

1.2.1 接续金具

1. 钢绞线用接续管

在架空电力线路上，以液压或爆压方法使套在钢绞线上的钢管产生塑性变形，从而使两部分钢绞线连接成一整体，这种管型称之为钢绞线接续管。

钢绞线接续管分为对接液压或爆压（JY型）和搭接爆压（JBD型）两种。

接续管材料应选用抗拉强度不低于372.5N/mm^{2}的钢或采用10号优质碳素结构无缝钢管，其布氏硬度不大于137HBS。

采用对接法连接钢绞线的JY型接续管，其管内壁应无镀锌层，以保证压接后钢管对钢绞线的握力。

JY型接续管孔中心偏移应不超过±0.25mm。

JY型接续管结构与主要尺寸应符合图13-1-1和表13-1-4的规定。

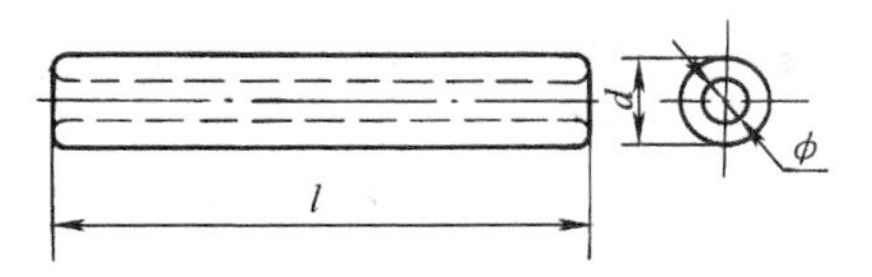

图13-1-1　JY型接续管

JBD型接续管的结构与主要尺寸应符合图13-1-2和表13-1-5的规定。

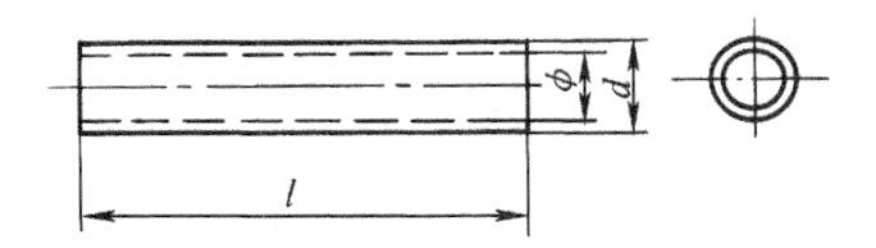

图13-1-2　JBD型接续管

2. 铝绞线用接续管（椭圆形和圆形）

在架空线路上以钳压、液压或爆压方法使套在铝绞线上的铝管产生塑性变形，从而使两部分铝绞线连接成一整体，铝管有椭圆形（钳压）和圆形（液压或爆压）两种。

圆形和椭圆形铝管以及椭圆形铝管所用的衬垫均采用牌号不低于1050A（L3）铝制造，铝管抗拉强度不低于80N/mm^2。

表13-1-4　JY型接续管尺寸　（单位：mm）

型　号	适用钢绞线		d	ϕ	l	握力[1] /kN≥
	截面积/mm^2	外径				
JY-35G	35	7.8	16	8.4	220	45
JY-50G	50	9.0	18	9.6	240	60
JY-70G	70	11.0	22	11.7	290	88
JY-100G	100	13.0	26	13.7	320	123

注：其他表注见表13-1-5。

① 接续管和钢绞线的握力，下表同。

表 13-1-5 JBD 型接续管尺寸 （单位：mm）

型号	适用钢绞线		d	φ	l	握力/kN≥
	截面积/mm^2	外径				
JBD-35G	35	7.8	22	16	110	45
JBD-50G	50	9.0	25	17	130	60
JBD-70G	70	11.0	28	20	150	88
JBD-100G	100	13.0	32	23	170	123

注：1. 适用钢绞线为 YB/T 5004—2001《镀锌钢绞线》，单丝抗拉强度不低于 1225N/mm^2。

2. 表中型号中字母及数字含义：J—接续管；Y—圆形；B—爆压；D—搭接；数字—钢绞线标称截面积（mm^2）；G—钢绞线。

用于铝绞线接续的椭圆形管为 JT 型，采用钳压法施工。用于铝绞线接续的圆形管为 JY 型，采用液压法或爆压法施工。

JT 型接续管的结构与主要尺寸应符合图 13-1-3 和表 13-1-6 的规定。

JY 型接续管的结构与主要尺寸应符合图 13-1-4 和表 13-1-7 的规定。

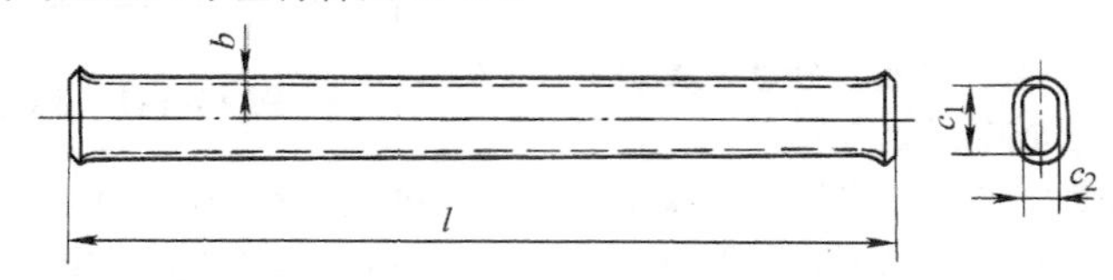

图 13-1-3 JT 型接续管

表 13-1-6 JT 型接续管尺寸 （单位：mm）

型号	适用导线		b	c_1	c_2	l	钳压		握力/kN≥
	型号	外径					凹深	模数	
JT-16L	LJ-16	5.10	1.7	12.0	6.0	110	10.5	6	2.7
JT-25L	LJ-25	6.45	1.7	14.4	7.2	120	12.5	6	4.1
JT-35L	LJ-35	7.50	1.7	17.0	8.5	140	14.0	6	5.5
JT-50L	LJ-50	9.00	1.7	20.0	10.0	190	16.5	8	7.5
JT-70L	LJ-70	10.80	1.7	23.7	11.7	210	19.5	8	10.4
JT-95L	LJ-95	12.48	1.7	26.8	13.4	280	23.0	10	13.7
JT-120L	LJ-120	14.00	2.0	30.0	15.0	300	26.0	10	18.4
JT-150L	LJ-150	15.75	2.0	34.0	17.0	320	30.0	10	22.0
JT-185L	LJ-185	17.50	2.0	38.0	19.0	340	33.5	10	27.0

注：表中型号字母及数字含义：J—接续管；T—椭圆形；数字—导线标称截面积（mm^2）；L—铝绞线。

表 13-1-7 JY 型接续管尺寸 （单位：mm）

型号	适用导线		d	F	φ	l	握力/kN≥
	型号	外径					
JY-150L	LJ-150	15.75	30	30	17.0	280	22
JY-185L	LJ-185	17.50	32	30	19.0	310	27
JY-210L	LJ-210	18.75	34	35	20.0	330	31
JY-240L	LJ-240	20.00	36	35	21.5	350	34
JY-300L	LJ-300	22.40	40	40	24.0	390	48
JY-400L	LJ-400	25.90	45	45	27.5	450	58
JY-500L	LJ-500	29.12	52	50	30.5	510	73
JY-630L	LJ-630	32.67	60	55	34.0	570	87
JY-800L	LJ-800	36.90	65	65	38.5	650	110

注：表中型号字母及数字含义：J—接续管；Y—圆形；数字—导线标称截面积（mm^2）；L—铝绞线。

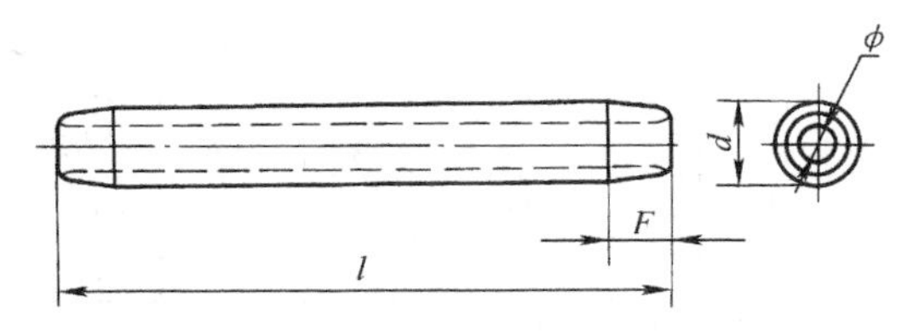

图 13-1-4 JY 型接续管

3. 钢芯铝绞线接续管（椭圆形和圆形）

钢芯铝绞线接续管亦有椭圆形和圆形两种。椭圆形接续管的结构型式与铝绞线所用的椭圆形管基本相同。但在压接方法上除有钳压（JT 型）外，尚有爆压（JTB 型）。爆压型管的管口根据爆压机理为使爆炸气流不受阻遏而做成平直状。

圆形接续管系通过液压或爆压方法接续钢芯铝绞线，其结构由铝管及钢管两部分组成。钢管与钢芯压接，承受钢芯的张力。采用液压压接时为钢芯搭接（JYD 型），采用爆压时为钢芯对接（JYB 型）。铝管则与两端铝线压接，承受绞线铝股张力和负载电流。

接续管材料：椭圆铝管采用牌号不低于 1050A（L3）铝拉制。圆管采用牌号不低于 1050A（L3）挤压铝管。管材抗拉强度不低于 80N/mm^2。钢管采用抗拉强度不低于 375N/mm^2 的钢制造，或采用 10 号优质碳素结构钢无缝钢管，其布氏硬度不大于 137HBS。钢管应先热镀锌再绞孔，管内壁应无锌层。

JT 型椭圆形接续管的结构与主要尺寸应符合图 13-1-5 和表 13-1-8 的规定。

JTB 型椭圆形接续管的结构与主要尺寸应符合图 13-1-6 和表 13-1-9 的规定。

JYD 型圆形接续管的结构与主要尺寸应符合图 13-1-7 和表 13-1-10 的规定。

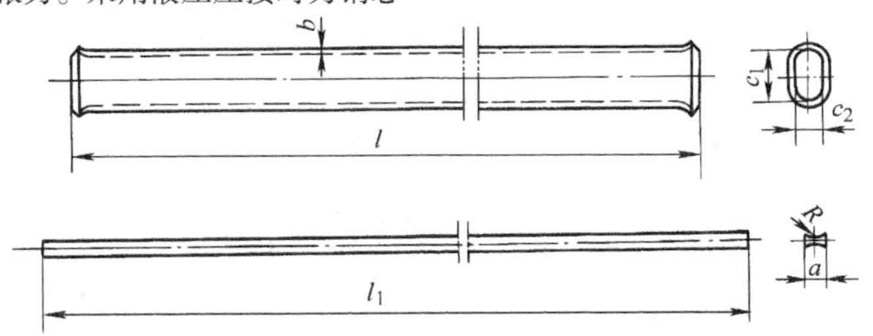

图 13-1-5 JT 型钢芯铝绞线用椭圆形接续管

表 13-1-8 JT 型钢芯铝绞线用椭圆形接续管尺寸 （单位：mm）

型号	适用导线		a	b	c_1	c_2	R	l	l_1	钳压		握力 /kN≥
	型号	外径								凹深	模数	
JT-10/2	LGJ-10/2	4.50	4.0	1.7	11.0	5.0	—	170	180	11.0	10	3.9
JT-16/3	LGJ-16/3	5.55	5.0	1.7	14.0	6.0	—	210	220	12.5	12	5.8
JT-25/4	LGJ-25/4	6.96	6.5	1.7	16.6	7.8	—	270	280	14.5	14	8.8
JT-35/6	LGJ-35/6	8.16	8.0	2.1	18.6	8.8	12.0	340	350	17.5	14	12.0
JT-50/8	LGJ-50/8	9.60	9.5	2.3	22.0	10.5	13.0	420	430	20.5	16	16.0
JT-70/10	LGJ-70/10	11.40	11.5	2.6	26.0	12.5	14.0	500	510	25.0	16	22.2
JT-95/15	LGJ-95/15	13.61	14.0	2.6	31.0	15.0	15.0	690	700	29.0	20	33.3
JT-95/20	LGJ-95/20	13.87	14.0	2.6	31.5	15.2	15.0	690	700	29.0	20	35.3
JT-120/7	LGJ-120/7	14.50	15.0	3.1	33.0	16.0	15.0	910	920	30.5	20	26.2
JT-120/20	LGJ-120/20	15.07	15.5	3.1	35.0	17.0	15.0	910	920	33.0	24	39.0
JT-150/8	LGJ-150/8	16.00	16.0	3.1	36.0	17.5	17.5	940	950	33.0	24	31.2
JT-150/20	LGJ-150/20	16.67	17.0	3.1	37.0	18.0	17.5	940	950	33.6	24	44.3
JT-150/25	LGJ-150/25	17.10	17.5	3.1	39.0	19.0	17.5	940	950	36.0	24	51.4
JT-185/10	LGJ-185/10	18.00	18.0	3.4	40.0	19.5	18.0	1040	1060	36.5	24	38.8
JT-185/25	LGJ-185/25	18.90	19.5	3.4	43.0	21.0	18.0	1040	1060	39.0	26	56.4

（续）

型　　号	适用导线		a	b	c_1	c_2	R	l	l_1	钳压		握力 /kN≥
	型　号	外径								凹深	模数	
JT－185/30	LGJ－185/30	18.88	19.5	3.4	43.0	21.0	18.0	1040	1060	39.0	26	61.1
JT－210/10	LGJ－210/10	19.00	20.0	3.6	43.0	21.0	19.5	1070	1090	39.0	26	42.9
JT－210/25	LGJ－210/25	19.98	20.0	3.6	44.0	21.5	19.5	1070	1090	40.0	26	62.7
JT－210/35	LGJ－210/35	20.38	20.5	3.6	45.0	22.0	19.5	1070	1090	41.0	26	70.5
JT－240/30	LGJ－240/30	21.60	22.0	3.9	48.0	23.5	20.0	540	550	43.0	11	71.8
JT－240/40	LGJ－240/40	21.66	22.0	3.9	48.0	23.5	20.0	540	550	43.0	14	79.2

注：表中型号字母与数字同表13-1-9注。

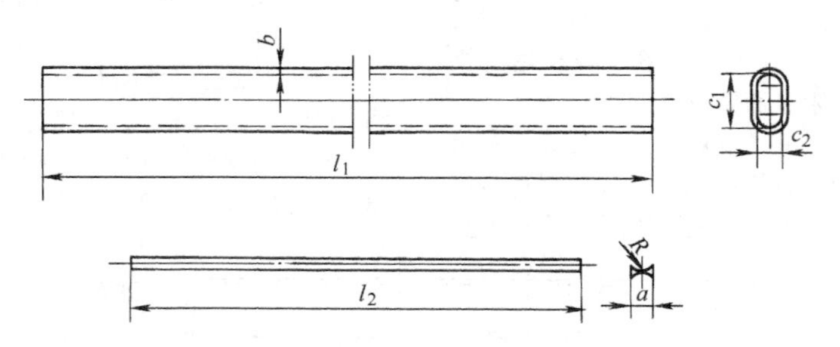

图13-1-6　JTB型钢芯铝绞线用椭圆形接续管

表13-1-9　JTB型钢芯铝绞线用接续管尺寸　（单位：mm）

型　　号	适用导线		a	b	c_1	c_2	R	l_1	l_2	握力 /kN≥
	型　号	外径								
JTB－35/6	LGJ－35/6	8.16	8.0	2.1	18.6	8.8	12.0	170	180	12
JTB－50/8	LGJ－50/8	9.60	9.5	2.3	22.0	10.5	13.0	210	220	16
JTB－70/10	LGJ－70/10	11.40	11.5	2.6	26.0	12.5	14.0	250	260	22.2
JTB－95/15	LGJ－95/15	13.61	14.0	2.6	31.0	15.0	15.0	230	240	33.3
JTB－95/20	LGJ－95/20	13.87	14.0	2.6	31.5	15.2	15.0	230	240	35.3
JTB－120/7	LGJ－120/7	14.50	15.0	3.1	33.0	16.0	15.0	300	310	26.2
JTB－120/20	LGJ－120/20	15.07	15.5	3.1	35.0	17.0	15.0	300	310	39.0
JTB－150/8	LGJ－150/8	16.00	16.0	3.1	36.0	17.5	17.5	310	320	31.2
JTB－150/20	LGJ－150/20	16.67	17.0	3.1	37.0	18.0	17.5	310	320	44.3
JTB－150/25	LGJ－150/25	17.10	17.5	3.1	39.0	19.0	17.5	310	320	51.4
JTB－185/10	LGJ－185/10	18.00	18.0	3.4	40.0	19.5	18.0	350	360	38.8
JTB－185/25	LGJ－185/25	18.90	19.5	3.4	43.0	21.0	18.0	350	360	56.4
JTB－185/30	LGJ－185/30	18.88	19.5	3.4	43.0	21.0	18.0	350	360	61.1
JTB－210/10	LGJ－210/10	19.00	20.0	3.6	43.0	21.0	19.5	360	370	42.9
JTB－210/25	LGJ－210/25	19.98	20.0	3.6	44.0	21.5	19.5	360	370	62.7
JTB－210/35	LGJ－210/35	20.38	20.5	3.6	45.0	22.0	19.5	360	370	70.5
JTB－240/30	LGJ－240/30	21.60	22.0	3.9	48.0	23.5	20.0	370	380	71.8
JTB－240/40	LGJ－240/40	21.66	22.0	3.9	48.0	23.5	20.0	370	380	79.2

注：表中型号字母及数字含义：J—接续管；B—爆压；T—椭圆形；数字—导线标称截面积（mm^2），分子为铝截面积，分母为钢截面积。

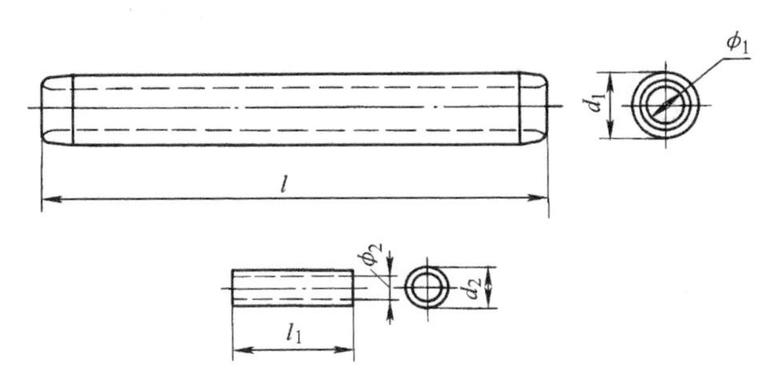

图 13-1-7　JYD 型钢芯铝绞线用圆形接续管

表 13-1-10　JYD 型钢芯铝绞线用圆形接续管尺寸　（单位：mm）

型　号	适用导线			d_1	d_2	l	l_1	ϕ_1	ϕ_2	握力/kN≥
	钢　芯		导线总外径							
	股数/直径	外径								
JYD－300/15	7/1.67	5.01	23.01	40	18	390	50	24.5	8.4	64.7
JYD－300/20	7/1.95	5.86	23.43	40	18	410	60	25.0	9.8	71.9
JYD－400/20			26.91	45		460		28.5		84.4
JYD－300/2	7/2.22	6.66	23.76	40	20	420	70	25.5	11.2	79.2
JYD－400/25			26.64	45		470		28.5		91.1
JYD－240/30	7/2.40	7.2	21.60	36	20	400	80	23.0	12	71.8
JYD－400/35	7/2.50	7.50	26.82	45	22	470	80	28.5	13	98.7
JYD－500/35			30.00	52		520		31.5		113.5
JYD－240/40	7/2.66	7.98	21.66	36	20	400	80	23.0	13.3	79.2
JYD－300/40			23.94	40		430		25.5		87.6
JYD－500/45	7/2.80	8.40	30.00	52	24	530	90	31.5	14.0	121.7
JYD－630/45			33.60	60		570		35.5		141.3
JYD－300/50	7/2.98	8.94	24.26	40	22	450	100	26.0	15.0	98.2
JYD－400/50	7/3.07	9.21	27.63	45	24	510		29.5	15.4	117.2
JYD－240/55	7/3.20	9.60	22.40	36	22	470	100	24.0	16.0	97.0
JYD－630/55			34.32	60	26	590		36.0		156.2
JYD－800/55			38.40	65	26	660		40.0		181.9
JYD－400/65	7/3.44	10.32	28.00	48	26	520	110	29.5	17.2	128.4
JYD－500/65			30.96	52		560		32.5		146.3
JYD－300/70	7/3.60	10.80	25.20	42	24	510	110	27.0	18.0	121.6
JYD－800/70			38.58	65	26	670		40.5		196.6

注：表中型号字母及数字含义：J—接续管；Y—圆形；D—搭接；数字—导线标称截面积（mm^2），分子为铝截面积，分母为钢截面积。

JYB 型圆形接续管的结构与主要尺寸应符合图 13-1-8 和表 13-1-11 的规定。

4. 补修管

架空电力线路的钢芯铝绞线及钢绞线在施工放线过程中可能受到损伤，在运行中可能受到外力破坏产生断股。对于钢芯铝绞线如果损伤截面积达到铝股总截面积的 7%～25%，对于钢绞线则按绞线结构计算，如果 7 股中断 1 股，19 股中断 2 股，以上情况均可采用补修管进行补修。

铝补修管材料应采用不低于 99.5% 的铝制造。

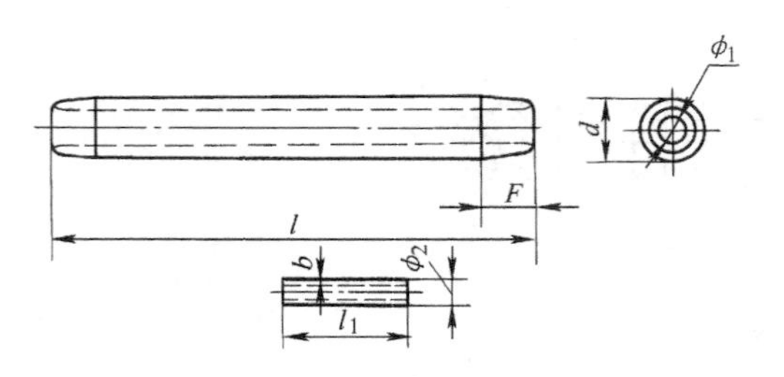

图 13-1-8　JYB 型钢芯铝绞线用圆形接续管

钢补修管材料应采用抗拉强度不低于375N/mm^{2}的钢制造，其布氏硬度不大于137HBS。

钢芯铝绞线及钢绞线补修管的结构与尺寸应符合图13-1-9及表13-1-12的规定。

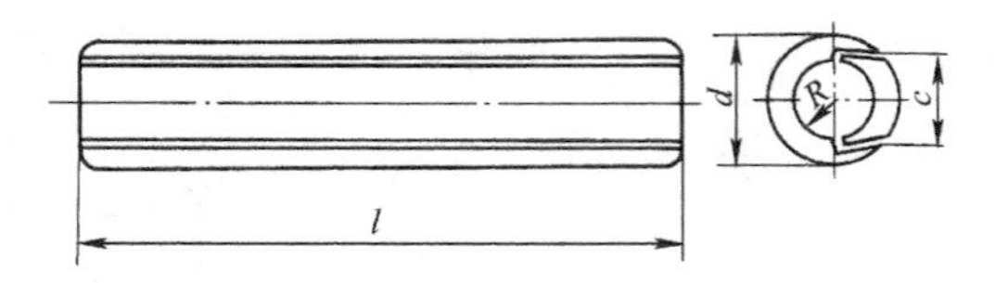

图 13-1-9　JX 型补修管

表 13-1-11　JYB 型钢芯铝绞线用圆形接续管尺寸　　（单位：mm）

型　号	适用导线		d	ϕ_1	F	l	l_1	ϕ_2	b	握力 /kN≥
	型　号	外　径								
JYB－300/50	LGJ－300/50	24.26	40	26.0	40	450	120	22	2.5	98
JYB－400/65	LGJ－400/65	28.00	48	29.5	45	520	140	26	2.5	128
JYB－300/40	LGJ－300/40	23.94	40	25.5	40	430	110	22	2.5	87
JYB－400/50	LGJ－400/50	27.63	45	29.5	45	510	130	22	2.5	117
JYB－500/65	LGJ－500/65	30.96	52	32.5	50	560	140	24	2.5	146
JYB－300/70	LGJ－300/70	25.20	42	27.0	40	510	150	24	2.5	122
JYB－400/95	LGJ－400/95	29.14	48	31.0	45	550	170	28	3.0	163

注：表中型号字母及数字含义：J—接续管；B—爆压；Y—圆形；数字—导线标称截面积（mm^2），分子为铝截面积，分母为钢截面积。

表 13-1-12　JX 型补修管尺寸　　（单位：mm）

型　号	适用绞线型号	c	d	l	R
JX－185/10	LGJ－185/10	20	32	150	10.0
JX－185	LGJ－185/25、185/30、185/45、210/10	21	32	150	10.5
JX－210	LGJ－210/25、210/35	22	34	200	11.0
JX－240	LGJ－240/30、240/40、210/50	23	36	200	11.5
JX－240/55	LGJ－240/55	24	36	200	12.0
JX－300/15	LGJ－300/15	25	40	250	12.5
JX－300	LGJ－300/20、300/25、300/40、300/50	26	40	250	13.0
JX－300/70	LGJ－300/70	27	42	250	13.5
JX－400	LGJ－400/20、400/25、400/35、400/50	29	45	300	14.5
JX－400/65	LGJ－400/65	30	48	300	15.0
JX－400/95	LGJ－400/95	31	48	300	15.5
JX－500	LGJ－500/35、500/45、500/65	32	52	300	16.0
JX－630	LGJ－630/45、630/55、630/80	36	60	350	18.0
JX－800/55	LGJ－800/55	40	65	350	20.0
JX－800	LGJ－800/70、800/100	41	65	350	20.5
JX－35G	35mm^{2}钢绞线	8.6	16	100	4.2
JX－50G	50mm^{2}钢绞线	9.8	18	100	4.8
JX－70G	70mm^{2}钢绞线	11.8	22	120	5.8
JX－100G	100mm^{2}钢绞线	14.0	26	140	7.0

注：表中型号字母及数字含义：J—接续；X—（补）修；数字—导线标称截面积（mm^2）；G—钢绞线。

5. 并沟线夹

并沟线夹使用于架空电力线路的导线和避雷线不承受张力的接续，如线路的跳线接续，分支线与干线的“T”接续等。

避雷线使用的并沟线夹为JBB型，采用可锻铸铁制造。

导线使用的并沟线夹为JB型，采用ZL－102铝硅合金制造。

并沟线夹的结构与主要尺寸应符合图13-1-10及表13-1-13的规定。

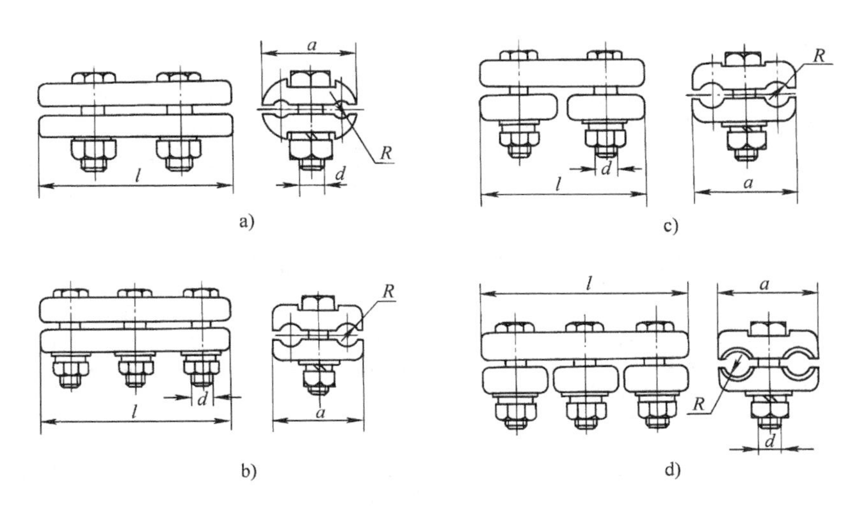

图13-1-10 并沟线夹

a）JBB－1、2型 b）JBB－3型 c）JB－0、1型 d）JB－2～4型

表13-1-13 并沟线夹尺寸 （单位：mm）

型号	适用绞线截面积/mm²		分图号（图13-1-10）	a	d	l	R
	钢绞线	铝绞线或钢芯铝绞线					
JBB－1	25～35	—	a	44	12	90	4.5
JBB－2	50～70	—	a	50	16	90	6.0
JBB－3	100～120	—	b	56	16	124	7.0
JB－0	—	16～25	c	38	10	72	3.5
JB－1	—	35～50	c	46	12	80	5.0
JB－2	—	70～95	d	54	12	114	7.0
JB－3	—	120～150	d	64	16	140	8.5
JB－4	—	185～240	d	72	16	144	11.0

注：表中型号字母及数字含义：J—接续；BB—并沟，避雷线；B—并沟；数字—适用导线及钢绞线组合号。

6. 压接型跳线线夹

在架空电力线路的耐张杆塔上，以压接方法连接两端导线，使其在跳线档中接续的金具称之为压接型跳线线夹。

该跳线线夹采用牌号不低于99.5%的铝材制成。

该跳线线夹的结构与主要尺寸应符合图13-1-11及表13-1-14的规定。

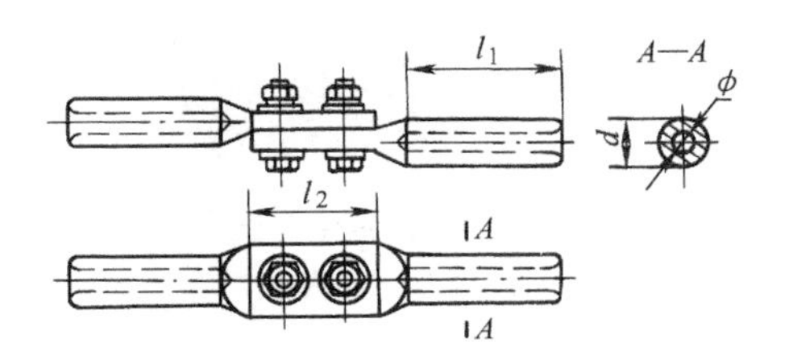

图13-1-11 JYT型跳线线夹

表 13-1-14 JYT 型跳线线夹尺寸 （单位：mm）

型号	适用导线		d	l_1	l_2	ϕ
	型号	外径				
JYT-35/6	LGJ-35/6	8.16	16	60	60	9.5
JYT-50/8	LGJ-50/8	9.60	18	60		11.5
JYT-70/10	LGJ-70/10	11.40	22	70		13.0
JYT-95/15	LGJ-95/15	13.61	26	80		15.0
JYT-120/7	LGJ-120/7	14.50	26	80	80	16.0
JYT-120/20	LGJ-120/20	15.07				16.5
JYT-150/8	LGJ-150/8	16.00	30	90	80	17.5
JYT-150/20	LGJ-150/20	16.67				18.0
JYT-150/25	LGJ-150/25	17.10				18.5
JYT-185/10	LGJ-185/10	18.00	32	90	80	19.5
JYT-185/25	LGJ-185/25	18.90				20.5
JYT-185/30	LGJ-185/30	18.88				20.5
JYT-210/10	LGJ-210/10	19.00	34	100	80	20.5
JYT-210/25	LGJ-210/25	19.98				21.5
JYT-210/35	LGJ-210/35	20.38				22.0

注：表中型号字母及数字含义：J—接续；T—跳线；Y—压缩；数字—导线标称截面积（mm^2），分子表示铝截面积，分母表示钢截面积。

7. 楔形接续金具

在城市配电网中，由于经常出现配电变压器、避雷器、隔离开关、跌落式熔断器等电器装置彼此互相接续，以及耐张杆塔的跳线、T 接引下线等的接续，如果采用常规的压接方式，其工作量相当之大，因此目前在一些沿海大城市采用一种楔形接续金具，用专门的工具锤击楔块以锁紧被接续的导线。这种金具以其接触可靠、使用方便、工效高而被大量采用。同时也由于目前全国尚未广泛采用，因此既未列入国家标准，也尚未有国内统一的定型设计。楔形接续金具安装示意图如图 13-1-12 所示。

图 13-1-12 楔形接续金具安装示意图

1.2.2 悬垂线夹

架空线用悬垂线夹，按其结构分，有中心回转式和提包式；按力学性能分，有固定型和释放型；按电气性能分，有防电晕型和不防电晕型；按材质分有可锻铸铁和铝合金。释放型线夹的作用主要为减轻杆塔的纵向负荷，由于其结构复杂且可靠性差，目前杆塔设计除大跨越外，已不采用这种线夹。

悬垂线夹的设计、选型、使用时应进行机械强度、握力、悬垂角三个方面验算。

机械强度：悬垂线夹的最大使用负荷应不超过其标称破坏负荷除以相应工作条件下的安全系数。此最大负荷为导线或避雷线自重、覆冰重以及水平风负荷的综合值。

握力：悬垂线夹在架空线正常运行情况下导线、避雷线出现不均匀覆冰或不均匀风负荷时线夹内绞线不应滑动。此外，在导线、避雷线发生断线情况下，线夹对绞线应保证有足够的握力使其不致滑动。悬垂线夹的握力应不低于表 13-1-3 的规定。

悬垂角：由于架空线路地形起伏引起杆塔档距及高差的变化，以及导线、避雷线受环境气温影响和承受负荷的变化等，都将引起杆塔悬挂点两侧绞线产生不同的悬垂角。为不使绞线在线夹出口处承受过高的弯曲应力而引起损伤，应进行必要的验算，以保证绞线在线夹两侧出口处的实际悬垂角不超过悬垂线夹允许的悬垂角。

悬垂线夹材料分为可锻铸铁和铝合金两种。可锻铸铁价廉，但系磁性材料，用作导线线夹时有磁滞和涡流损耗。因此，它虽然投资低，但增加了线路损耗和年运行费用。对于载流量大、最大负荷利用小时比较高的架空线路，推荐采用铝合金材料制作的悬垂线夹。这种线夹虽然价格较高，但系非磁性材料，不消耗电能，与可锻铸铁的价差可逐年收回。

悬垂线夹一般分下列三种。

1. 一般型悬垂线夹

通常称之为固定型 U 形螺栓式悬垂线夹，型号为 XGU 型。线夹本体及压板均采用牌号不低于 KTH330 – 08 的可锻铸铁制造。配套使用的碗头挂板及 U 形挂板应选用相应金具。XGU 型悬垂线夹结构与主要尺寸应符合图 13-1-13 及表 13-1-15 的规定。

XGU – A 型带碗头挂板的悬垂线夹和 XGU – B 型带 U 形挂板的悬垂线夹的结构与主要尺寸应符合图 13-1-14 及表 13-1-16 的规定。

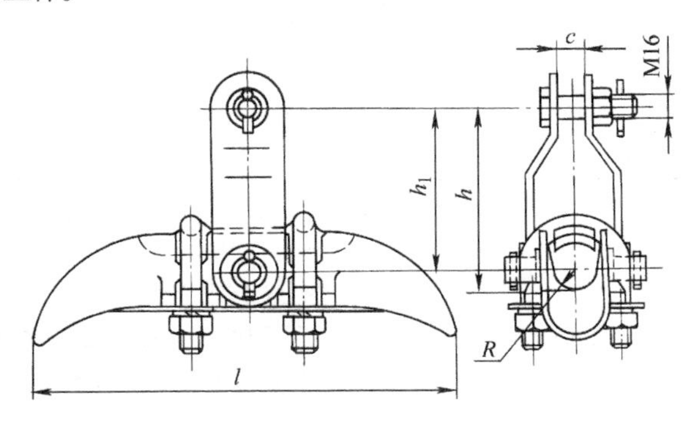

图 13-1-13　XGU 型悬垂线夹

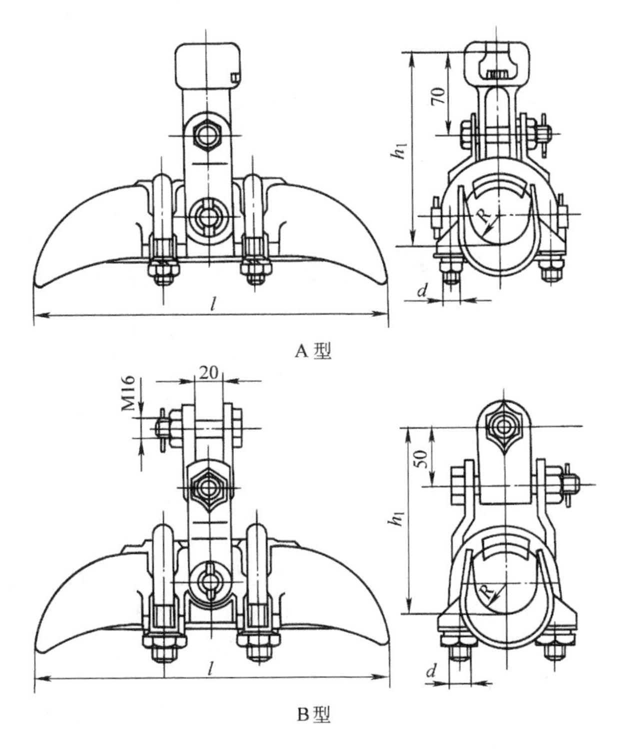

图 13-1-14　XGU – A 型及 XGU – B 型悬垂线夹

表 13-1-15　XGU 型悬垂线夹尺寸　（单位：mm）

型　号	适用绞线及包缠物的直径范围	c	h_1	h	l	R	破坏负荷 /kN≥
XGU－1	5.0～7.0	18	70	82	180	4.0	39.2
XGU－2	7.1～13.0				200	7.0	39.2
XGU－3	13.1～21.0	18	90	102	220	11.0	39.2
XGU－4	21.1～26.0			110	250	13.5	39.2

表 13-1-16　XGU－A 型、XGU－B 型悬垂线夹主要尺寸　（单位：mm）

型　号	适用绞线及包缠物直径范围	d	h_1	l	R	破坏负荷 /kN≥
XGU－5A	23～33	16	157	300	17	58.8
XGU－6A	34～45	16	163		23	58.8
XGU－5B	23～33	16	137		17	58.8
XGU－6B	34～45	16	143		23	58.8

注：表中型号字母及数字含义：X—悬垂线夹；G—固定；U—U 形螺栓；数字—适用导线组合号；A—带碗头挂板；B—带 U 形挂板。

2. 加强型悬垂线夹

此种悬垂线夹适用于重冰区或大跨越线路。它有较高的机械强度和握力，有较大的悬垂角，型号为 XGJ 型。线夹本体及压板材料采用牌号不低于 KTH330－08 的可锻铸铁制造。其结构与主要尺寸应符合图 13-1-15a 和 b 及表 13-1-17 的规定。

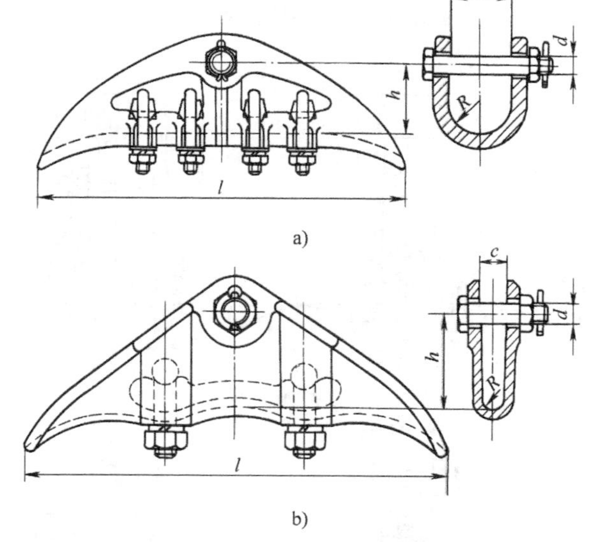

图 13-1-15　XGJ 加强型悬垂线夹

a）XGJ－2 型　b）XGJ－5 型

3. 防电晕悬垂线夹

这种线夹由铝合金制作，外形圆滑，螺栓受到线夹本体的屏蔽，有较好的防电晕性能。它一般广泛使用于 500kV 输电线路或高海拔地区对金具有防电晕要求的线路上。由于线夹本体及盖板为非磁性材料，在传输功率时没有磁损耗，因此对于电压不高而传输功率很大时，也可广为采用，以节省电能损耗。

防电晕悬垂线夹本体及压板采用 ZL－102 铸造铝合金制造，线夹型号为 XGF 型，其结构与主要尺寸应符合图 13-1-16 及表 13-1-18 的规定。

表 13-1-17　XGJ 加强型悬垂线夹主要尺寸　（单位：mm）

型　号	分图号（图 13-1-15）	适用导线或避雷线		c	d	h	R	l	破坏负荷/kN≥
		截面积/mm²	外　径						
XGJ－2	a	70～100	11～13	19	18	60	8	300	88
XGJ－5	b	300～400	23～43	44	22	80	22	390	118

注：表中型号字母及数字含义：X—悬垂线夹；G—固定；J—加强型；数字—适用导线组合号。

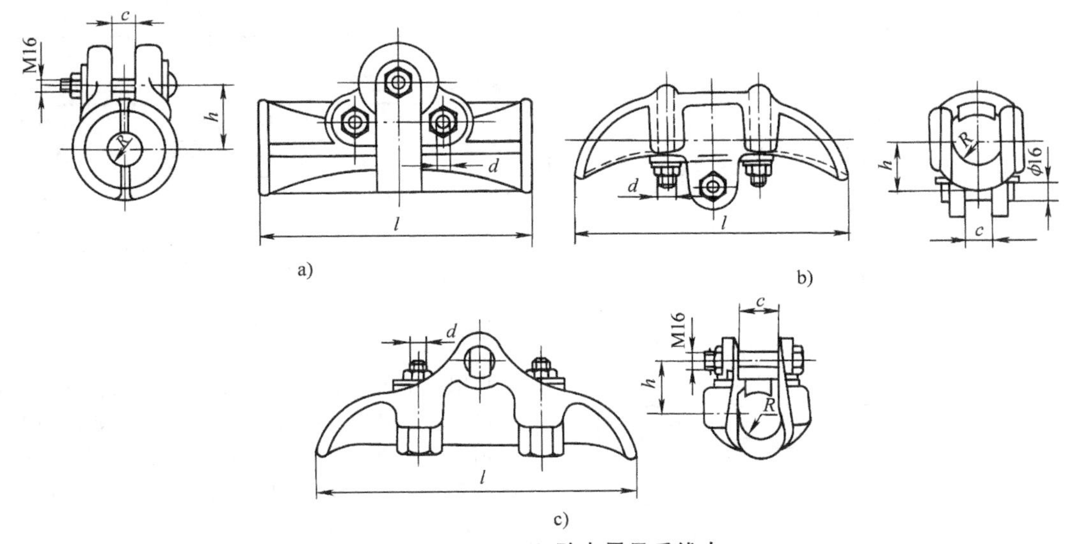

图 13-1-16　XGF 防电晕悬垂线夹

a）XGF－300 型　b）XGF－5K 型　c）XGF－5X 型

表 13-1-18　XGF 防电晕悬垂线夹主要尺寸　（单位：mm）

型　号	适用导线截面积/mm²或型号	分图号（图 13-1-16）	c	d	h	l	R	破坏负荷/kN≥
XGF－300	LGJ－300/40	a	24	16	60	250	13.0	39.2
XGF－5K	300～400	b	24	16	55	300	16.0	58.8
XGF－5X	300～400	c	32	16	65	300	16.0	

注：表中型号字母及数字含义：X—悬垂线夹；G—固定；F—防电晕；数字—适用导线的组合号或标称截面积（mm²）；K—上扛；X—下垂。

1.2.3　耐张线夹

1. 螺栓型耐张线夹

在架空电力线路耐张杆塔和发电厂、变电所屋外配电装置构架上，以螺栓承力方式固定导线或避雷线的耐张线夹叫螺栓式耐张线夹。此种耐张线夹结构较简单，在线路上使用时，对于非终端杆塔可不断开导线，以减少线路接头，便利施工，并有利于线路的安全运行。

该耐张线夹本体及压板的材料应采用不低于 375N/mm²钢或 KTH330－08 可锻铸铁制造。线夹型号分 ND 型和 NLD 型两种。ND 型的结构与主要尺寸应符合图 13-1-17 及表 13-1-19 的规定。

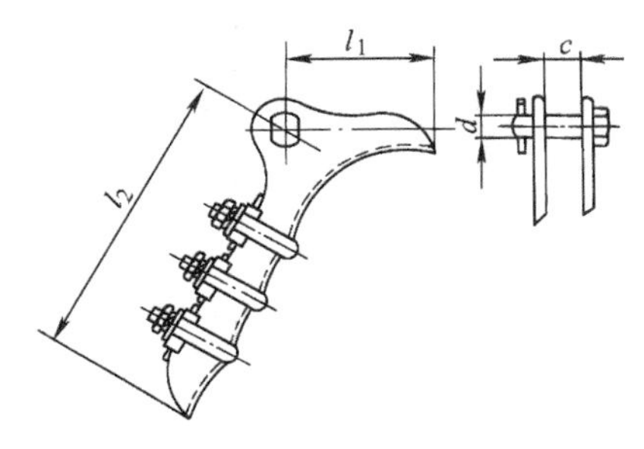

图 13-1-17　ND 螺栓型耐张线夹

NLD 型的结构与主要尺寸应符合图 13-1-18 及表 13-1-20 的规定。

表 13-1-19 ND 螺栓型耐张线夹主要尺寸 （单位：mm）

型号	适用绞线直径范围	c	d	l_1	l_2	U 形螺栓		破坏负荷 /kN≥
						个数	直径	
ND－201	5.0～10.0	18	16	120	152	2	M12	18.4
ND－202	10.1～14.0	18	16	130	205	3	M12	41.0
ND－203	14.1～18.0	22	18	150	315	4	M16	71.0
ND－204	18.1～23.0	25	18	200	375	4	M16	91.0

表 13-1-20 NLD 螺栓型耐张线夹主要 （单位：mm）

型号	适用绞线直径范围	c	d	l	l_1	U 形螺栓		破坏负荷 /kN≥
						个数	直径	
NLD－1	5.0～10.0	18	16	150	120	2	12	18.4
NLD－2	10.1～14.0	18	16	205	130	3	12	41.0
NLD－3	14.1～18.0	22	18	310	160	4	16	71.0
NLD－4	18.1～23.0	25	18	410	220	5	16	91.0

注：表中型号字母及数字含义：N—耐张线夹；L—螺栓；D—倒装式；数字—适用导线组合号。

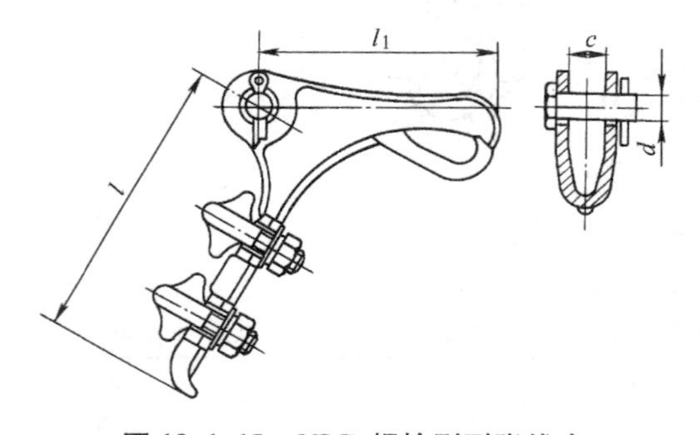

图 13-1-18 NLD 螺栓型耐张线夹

2. 压接型耐张线夹（适用于避雷线）

在架空电力线路上，以压接方法连接避雷线的承力线夹称之为避雷线压接型耐张线夹。压接方法可采用液压或爆压。线夹结构由钢管和拉环两部分焊接而成。钢管材料采用 10 号优质碳素结构钢无缝钢管或抗拉强度不低于 375N/mm² 的钢，其布氏硬度不大于 137HBS。拉环采用抗拉强度不低于 375N/mm² 的普通碳素结构钢制造。热镀锌后钢管内壁应铰孔以除去锌层。

耐张线夹型号为 NY 型，其结构与主要尺寸应符合图 13-1-19 及表 13-1-21 的规定。

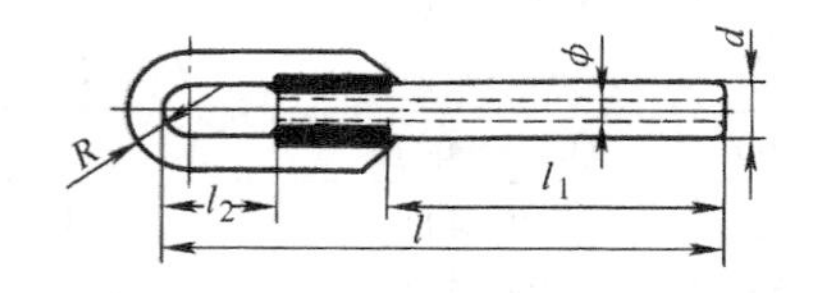

图 13-1-19 NY 型避雷线用耐张线夹

表 13-1-21 NY 型避雷线用耐张线夹主要尺寸 （单位：mm）

型号	适用钢绞线		ϕ	d	R	l_1	l_2	l	握力 /kN≥
	截面积/mm²	外径							
NY－35G	35	7.8	8.4	16	16	115	45	205	45
NY－50G	50	9.0	9.7	18	16	130	55	230	60
NY－70G	70	11.0	11.7	22	16	155	110	315	88
NY－100G	100	13.0	13.7	26	20	185	130	365	123
NY－120G	120	14.0	14.7	28	22	195	65	320	143
NY－135G	135	15.0	15.7	30	22	215	80	365	164

注：1. 适用钢绞线为 YB/T5004—2001《镀锌钢绞线》，单丝抗拉强度不低于 1225N/mm²。
2. 表中型号字母及数字含义：N—耐张线夹；Y—压接；数字—钢绞线标称截面积（mm²）；G—绞线类型。

3. 液压型耐张线夹（适用于导线）

在架空电力线路和发电厂、变电所母线上以液压方法连接导线的承力线夹称之为液压型耐张线夹。线夹结构由压接导线铝股部分的铝管和压接导线钢芯部分的钢锚两部分组合而成。铝管采用牌号不低于1050A（L3）的挤压铝管，其抗拉强度不低于80N/mm²。与铝管焊接的引流板采用牌号不低于1050A（L3）的铝板，引流板上的螺栓孔尺寸按标准《电力金具接线端子》的规定加工。钢锚中的拉环采用抗拉强度不低于375N/mm²的普通碳素结构钢制造。钢锚中的钢管采用10号优质碳素结构钢无缝钢管或抗拉强度不低于375N/mm²、硬度不大于布氏硬度137HBS的钢。钢锚热镀锌后钢管内壁应铰去锌层。

耐张线夹型号为NY型，其结构与主要尺寸应符合图13-1-20及表13-1-22的规定。

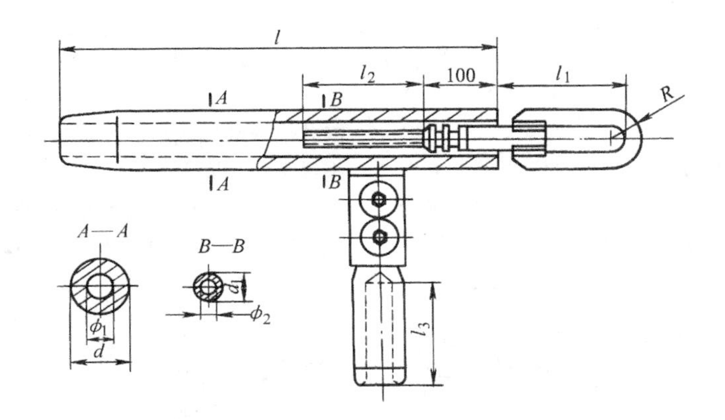

图13-1-20 NY液压型耐张线夹

表13-1-22 NY液压型耐张线夹 （单位：mm）

型号	适用导线 型号	适用导线 外径	d	d_1	R	l	l_1	l_2	l_3	ϕ_1	ϕ_2	握力/kN≥
NY-240/30	LGJ-240/30	21.60	36	16	18	380	105	85	100	23.0	7.9	71.8
NY-240/40	LGJ-240/40	21.66		16	18	390		95		23.0	8.7	79.2
NY-240/55	LGJ-240/55	22.40		20	18	410		115		24.0	10.3	97.0
NY-300/15	LGJ-300/15	23.01	40	14	16	360	95	60	110	24.5	5.7	64.7
NY-300/20	LGJ-300/20	23.43		14	18	380	105	70		25.0	6.5	71.9
NY-300/25	LGJ-300/25	23.76		14	18	410		80		25.5	7.3	79.2
NY-300/40	LGJ-300/40	23.94	40	16	18	440	105	95	110	25.5	8.7	87.6
NY-300/50	LGJ-300/50	24.26	42	18	18	410	140	105		26.0	9.6	98.2
NY-300/70	LGJ-300/70	25.20		22	20	450		130		27.0	11.5	121.6
NY-400/20	LGJ-400/20	26.91	45	14	18	400	105	70	120	28.5	6.5	84.4
NY-400/25	LGJ-400/25	26.64		14	18	410	105	80		28.5	7.3	91.1
NY-400/35	LGJ-400/35	26.82	48	16	20	420	140	90		28.5	8.2	98.7
NY-400/50	LGJ-400/50	27.63		20	20	450	140	110		29.5	9.9	117.2
NY-400/65	LGJ-400/65	28.00		22	22	480	160	125		29.5	11.0	128.4
NY-400/95	LGJ-400/95	29.14		26	26	510	180	150		31.0	13.2	162.7
NY-500/35	LGJ-500/35	30.00	52	16	20	450	140	90	130	31.5	8.2	113.5
NY-500/45	LGJ-500/45	30.00		18	20	460	140	100		31.5	9.1	121.7
NY-500/65	LGJ-500/65	30.96		22	22	490	160	125		32.5	11.0	146.3

（续）

型　　号	适用导线		d	d_1	R	l	l_1	l_2	l_3	ϕ_1	ϕ_2	握力 /kN≥
	型　号	外　径										
NY－630/45	LGJ－630/45	33.60	60	18	22	490	160	100	150	35.5	9.1	141.3
NY－630/55	LGJ－630/55	34.32		20	22	510	160	115		36.0	10.3	156.2
NY－630/80	LGJ－630/80	34.82		24	26	550	180	140		36.5	12.3	183.2
NY－800/55	LGJ－800/55	38.40	65	20	26	560	180	115	170	40.0	10.3	181.9
NY－800/70	LGJ－800/70	38.58		22	26	560	180	130		40.5	11.5	196.6
NY－800/100	LGJ－800/100	38.98		26	30	590	200	155		40.5	13.7	229.0

注：表中型号字母及数字含义：N—耐张线夹；Y—压接；数字—导线标称截面积（mm^2），分子表示铝截面积，分母表示钢截面积。

4. 爆压型耐张线夹

在架空电力线路和发电厂、变电所的母线上以爆炸方法压接导线的承力线夹称之为爆压型耐张线夹。其结构由压接导线铝股部分的铝管和压接导线钢芯部分的钢锚组成。铝管及钢锚要求与液压型耐张线夹的相同。

爆压型耐张线夹型号为 NB 型，其结构与主要尺寸应符合图 13-1-21 及表 13-1-23 的规定。

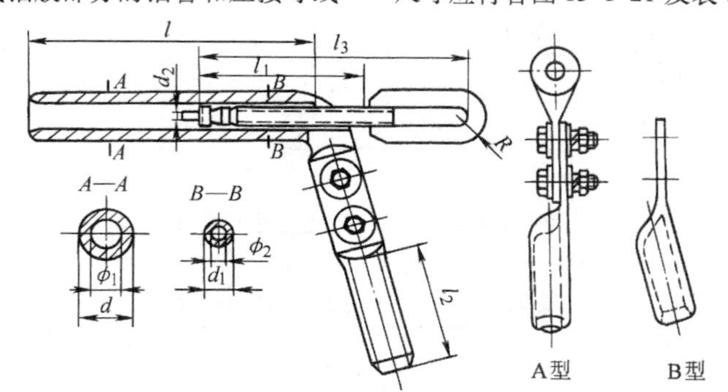

图 13-1-21　NB 爆压型耐张线夹

表 13-1-23　NB 爆压型耐张线夹主要尺寸　　（单位：mm）

型　　号	适用导线型号	ϕ_1	d	d_2	l_2	l	ϕ_2	d_1	l_1	l_3	R	握力 /kN≥
NB－300/40A NB－300/40B	LGJ－300/40	25.5	40	16.5	110	300	8.6	22	160	250	16	87.6
NB－400/50A NB－400/50B	LGJ－400/50	29.5	45	19	120	340	9.8	24	170	275	18	117.2
NB－300/50A NB－300/50B	LGJ－300/50	26.0	40	18	110	340	9.6	24	190	295	18	98.2
NB－400/65A NB－400/65B	LGJ－400/65	29.5	48	20	120	360	11.0	26	200	315	20	128.4
NB－300/70A NB－300/70B	LGJ－300/70	27.0	42	19	110	350	11.5	24	200	315	18	121.6
NB－400/95A NB－400/95B	LGJ－400/95	31.0	48	22	120	390	13.2	28	220	335	20	162.7

注：表中型号字母及数字含义：N—耐张线夹；B—爆压；数字—导线标称截面积（mm^2），分子表示铝截面积，分母表示钢截面积；A—0°；B—30°。

5. 楔形耐张线夹

按楔的原理设计制作，用以固定架空电力线路的避雷线或杆塔拉线的承力式线夹称之为楔形耐张线夹。该型线夹适用于GJ－25～GJ－135型镀锌钢绞线，分NX、NU和NUT型三种。线夹本体与楔子材料采用牌号不低于KTH330－08可锻铸铁制造。对于NX型亦可采用抗拉强度不低于375N/mm²的钢制造。NU、NUT型的U形螺栓采用抗拉强度不低于375N/mm²的钢制造。U形螺栓的无扣杆件直径不允许小于螺纹中径。

楔形耐张线夹的结构与主要尺寸应符合图13-1-22、图13-1-23及表13-1-24、表13-1-25的规定。

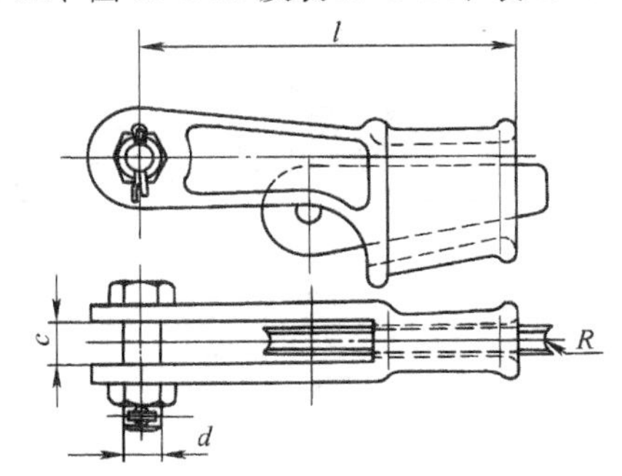

图13-1-22　NX楔形耐张线

表13-1-24　NX楔形耐张线夹主要尺寸　（单位：mm）

型　号	适用钢绞线		c	d	l	R	破坏负荷/kN≥
	截面积/mm²	外　径					
NX－1	25～35	6.6～7.8	18	ϕ16	150	6.0	45.0
NX－2	50～70	9.0～11.0	20	ϕ18	180	7.3	88.0

注：型号含义见表13-1-25。

表13-1-25　NU和NUT楔形耐张线夹主要尺寸　（单位：mm）

型　号	适用钢绞线		d	l	l_0	c	破坏负荷/kN≥
	截面积/mm²	外　径					
NUT－1	25～35	6.8～7.8	ϕ16	350	200	56	45.0
NUT－2	50～70	9.0～11.0	ϕ18	430	250	62	80.0
NUT－3	100～120		ϕ22	500	300	74	143.0
NUT－4	135	13.0～14.0 15.0	ϕ24	580	350	82	164.0
NU－3	100～120	13.0～14.0	ϕ22	290	60	74	143.0
NU－4	135	15.0	ϕ24	340	70	82	164.0

注：表中型号字母及数字含义：N—耐张；X—楔；T—可调；U—U形；数字—适用钢绞线组合号。

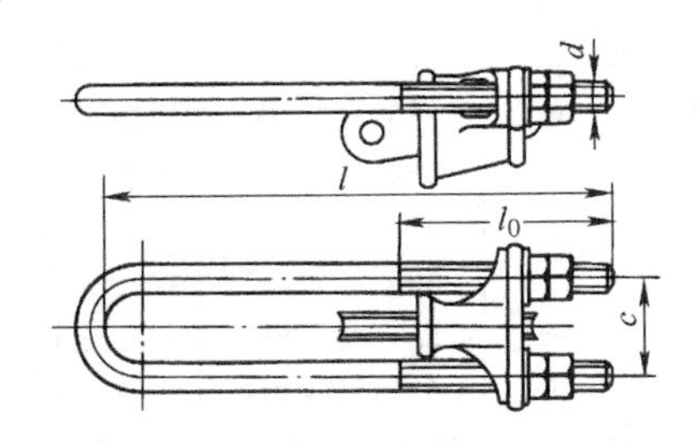

图13-1-23　NU和NUT楔形耐张线夹

1.2.4　防护金具

1. 防振锤

架空电力线路的导线和避雷线受到稳定的横向风作用时会产生微风振动，在振动波的长期作用下，会导致导线和避雷线磨损甚至断股。为防止这种现象的发生，应采取必要的防振措施，防振锤即是其中一项广为采用的简单易行的办法。

防振锤由镀锌钢绞线与铸铁锤头两部分组成。镀锌钢绞线采用抗拉强度不低于1520N/mm²、绞合节径比不大于12、不散股、无锈蚀的新钢绞线。锤头采用HT100灰铸铁铸造。线夹及压板采用抗拉强度不低于375N/mm²的钢制造。锤头应均匀，并用油漆防腐。锤头与钢绞线的连接应牢固，滑移负荷应不小于4.90kN。钢绞线与夹板、夹板与所安装的导线应有足够的握力，两者的滑移负荷均不应小于2.45kN。

防振锤有FD型（适用于导线）和FG型（适用于避雷线）两种，其结构与主要尺寸应符合图13-1-24及表13-1-26的规定。

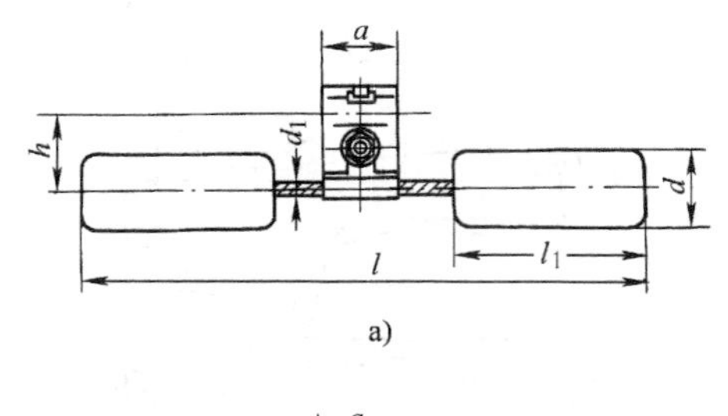

a)

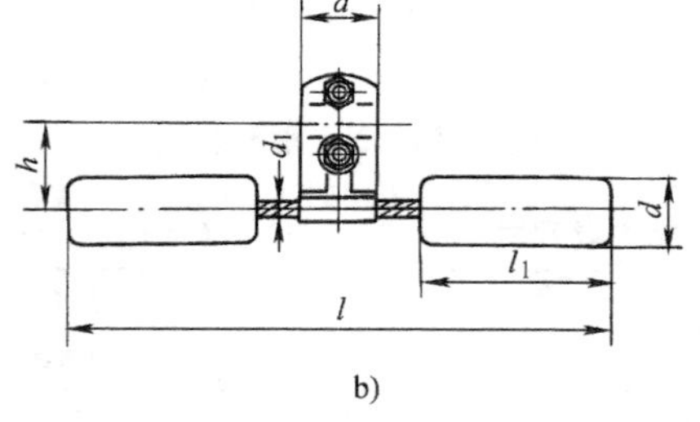

b)

图 13-1-24　防振锤

a）防振锤之一　b）防振锤之二

2. 预绞丝护线条和补修条

为提高架空电力线路导线在线夹部位的刚度，增强导线的耐振性能，可在导线上包缠预绞丝护线条，以保护与线夹接触部位的导线。此外，架空电力线路的导线在施工安装和运行中可能受到损伤甚至断股，如果同一处的损伤面积对于钢芯铝绞线占铝股总面积的7%～25%，对于单金属绞线占总面积的7%～17%，可采用预绞丝补修条修补。

预绞丝采用5B05（LF10）铝合金丝制造，其抗拉强度不低于264.7N/mm²。预绞丝端部应为光滑的半球形。预绞丝表面应无裂纹、毛刺和严重划伤。

预绞丝护线条型号为FYH型，预绞丝补修条型号为FYB型。

FYH型预绞丝护线条的结构与主要尺寸应符合图13-1-25及表13-1-27的规定。

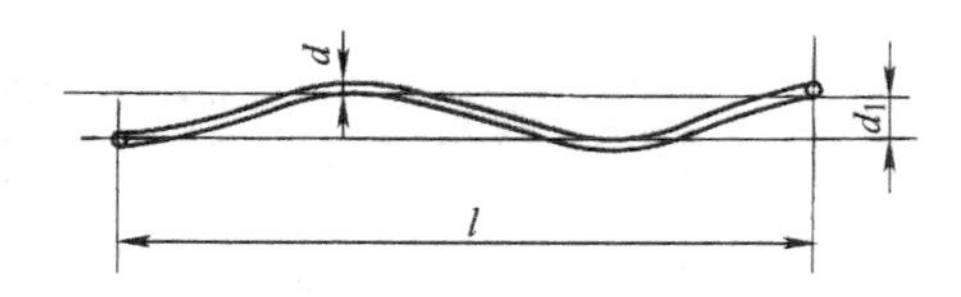

图 13-1-25　预绞丝护线条

FYB型预绞丝补修条的结构与主要尺寸应符合图13-1-26及表13-1-28的规定。

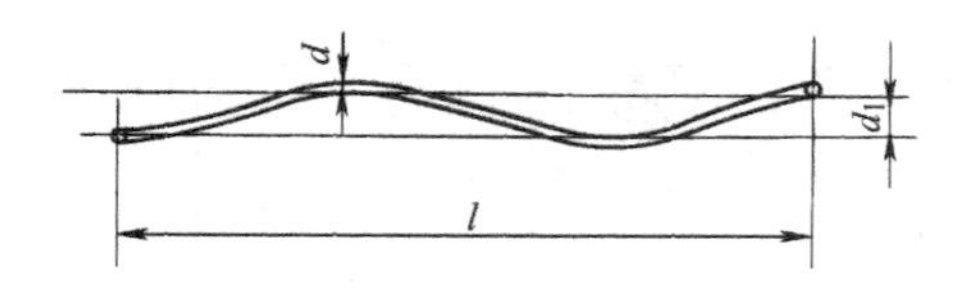

图 13-1-26　预绞丝补修条

表 13-1-26　防振锤主要尺寸　（单位：mm）

型号	适用绞线截面积/mm²		分图号（图13-1-24）	d_1	d	h	a	l	l_1	钢绞线规格	锤头约重量/kg
	钢绞线	铝绞线或钢芯铝绞线									
FD－1	—	35～50	b	7.8	40	40	40	300	95	7/2.6	0.54
FD－2	—	70～95	a	9	46	55	45	370	130	7/3.0	0.94
FD－3	—	120～150	a	11	56	65	60	450	150	19/2.2	1.74
FD－4	—	185～240	a	11	62	70	60	500	175	19/2.2	2.17
FD－5	—	300～400	a	13	67	70	70	550	200	19/2.6	3.00
FD－6	—	500～630	a	13	70	75	70	550	200	19/2.6	3.60
FG－35	35	—	b	9	42	50	45	300	100	7/3.0	0.64
FG－50	50	—	b	9	46	50	45	350	130	7/3.0	0.94
FG－70	70	—	a	11	56	60	50	400	150	19/2.2	1.74
FG－100	100	—	a	11	62	65	60	500	175	19/2.2	2.40

注：表中型号字母及数字含义：F—防振锤；D—导线；G—钢绞线；数字—FD型为适用导线组合号，FG型为钢绞线截面积。

表 13-1-27　预绞丝护线条尺寸　（单位：mm）

型　号	适用导线		d	d_1	l	每组根数
	型　号	外　径				
FYH－95/15	LGJ－95/15	13.61	3.6	11.4	1400	13
FYH－95/20	LGJ－95/20	13.87		11.4	1400	13
FYH－95/55	LGJ－95/55	16.00		13.3	1500	16
FYH－120/7	LGJ－120/7	14.50	3.6	12.0	1400	14
FYH－120/20	LGJ－120/20	15.07	1.6	12.5	1400	
FYH－120/25	LGJ－120/25	15.71		13.0	1400	
FYH－120/70	LGJ－120/70	18.00		14.9	1800	
FYH－150/8	LGJ－150/8	16.00	3.6	13.3	1500	16
FYH－150/20	LGJ－150/20	16.67		14.7		
FYH－150/25	LGJ－150/25	17.10		14.2		
FYH－150/35	LGJ－150/35	17.50		14.5		
FYH－185/10	LGJ－185/10	18.00	1.6	14.9	1800	14
FYH－185/25	LGJ－185/25	18.90		15.7		
FYH－185/30	LGJ－185/30	18.88		15.7		
FYH－185/45	LGJ－185/45	19.60		16.3		
FYH－210/10	LGJ－210/10	19.00	1.6	15.9	1800	14
FYH－210/25	LGJ－210/25	19.98		16.6		
FYH－210/35	LGJ－210/35	20.38		16.9		
FYH－210/50	LGJ－210/50	20.86		17.3		
FYH－240/30	LGJ－240/30	21.60	1.6	17.9	1900	16
FYH－240/40	LGJ－240/40	21.66		17.9		
FYH－240/55	LGJ－240/55	22.40		18.6		
FYH－300/15	LGJ－300/15	23.01	6.3	19.1	2000	13
FYH－300/20	LGJ－300/20	23.13		19.1		
FYH－300/25	LGJ－300/25	23.76		19.7		
FYH－300/40	LGJ－300/40	23.91		19.9		
FYH－300/50	LGJ－300/50	24.26		20.1		
FYH－300/70	LGJ－300/70	25.20		20.9		
FYH－400/20	LGJ－400/20	26.91	6.3	22.3	2200	14
FYH－400/25	LGJ－400/25	26.61		22.1		
FYH－400/35	LGJ－400/35	26.82		22.3		
FYH－400/50	LGJ－400/50	27.63		23.0		
FYH－400/65	LGJ－400/65	28.00		23.2		
FYH－400/95	LGJ－400/95	29.14		24.8		
FYH－500/35	LGJ－500/35	30.00	6.3	24.9	2500	16
FYH－500/45	LGJ－500/45	30.00		24.9		
FYH－500/65	LGJ－500/65	30.96		25.7		
FYH－630/45	LGJ－630/45	33.60	7.8	27.9	2500	15
FYH－630/55	LGJ－630/55	34.32		28.5		
FYH－630/80	LGJ－630/80	34.82		28.9		
FYH－800/55	LGJ－800/55	38.40	7.8	31.8	2500	17
FYH－800/70	LGJ－800/70	38.58		32.1		
FYH－800/100	LGJ－800/100	38.98		32.3		

注：表中型号字母及数字含义：F—防护；Y—预绞丝；H—护线条；数字—导线标称截面积（mm^2）；分子表示铝截面积，分母表示钢截面积。

表 13-1-28 预绞丝补修条尺寸 （单位：mm）

型 号	适用导线		d	d_1	l	每组根数
	型 号	外 径				
FYB－95/15	LGJ－95/15	13.61	3.6	11.4	420	13
FYB－95/20	LGJ－95/20	13.87		11.4		13
FYB－95/55	LGJ－95/55	16.00		13.3		16
FYB－120/7	LGJ－120/7	14.50	3.6	12.0	450	14
FYB－120/20	LGJ－120/20	15.07		12.5		
FYB－120/25	LGJ－120/25	15.74		13.0		
FYB－150/8	LGJ－150/8	16.00	3.6	13.3	480	16
FYB－150/20	LGJ－150/20	16.67		14.7		
FYB－150/25	LGJ－150/25	17.10		14.2		
FYB－150/35	LGJ－150/35	17.50		14.5		

注：表中型号字母及数字含义：B—补修条；其他符号和数字与表 13-1-27 相同。

3. 铝包带

为防止架空电力线路和发电厂、变电站固定导线的耐张线夹和悬垂线夹损伤导线，当不采用预绞丝护线条保护导线时，必须采用铝包带包缠与线夹接触部位的导线。

铝包带采用牌号不低于 1050A（L3）铝制造。铝带主要尺寸：厚度 1mm ± 0.03mm，宽度 10mm ±0.5mm。

4. 间隔棒

架空电力线路采用相分裂导线（一相线由几根导线组成）时，为保持分裂导线间距，防止混绞，应采用间隔棒。间隔棒常见的有双分裂、三分裂、四分裂三种。双分裂间隔棒由固定导线的夹头和连杆两部分组成，两者之间采用球绞连接。

间隔棒夹头采用 ZL102 铸造铝合金制造。连杆采用无缝钢管，球绞所用的钢球采用普通碳素结构钢，强度不低于 375N/mm^2。

双分裂间隔棒型号为 FJQ 型。其结构及主要尺寸应符合图 13-1-27 及表 13-1-29 的规定。

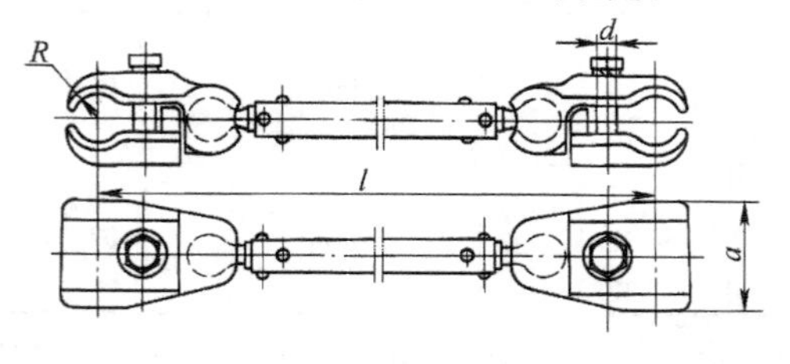

图 13-1-27 双分裂间隔棒

三分裂间隔棒目前大多使用在架空线路的大跨越部分以及一些输送比较大的电力负荷的短距离线路和试验线路中。

三分裂阻尼式间隔棒型号为 JX3 型。其结构及主要尺寸应符合图 13-1-28 及表 13-1-30 的规定。

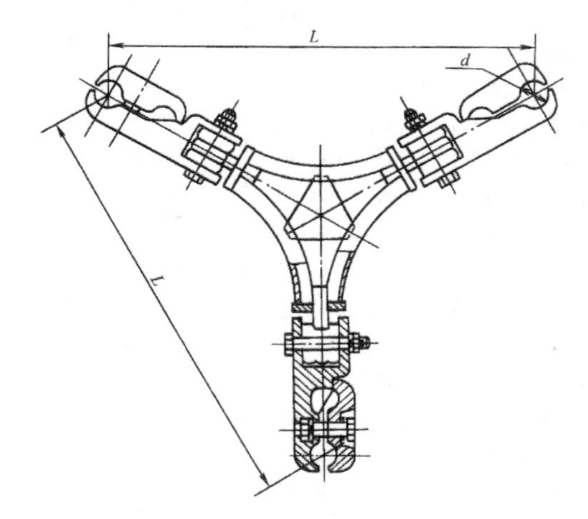

图 13-1-28 三分裂间隔棒

四分裂间隔棒在 500kV 输电线路中广泛采用，形式多样，有圆环形、十字形、方框形等。目前在工程中采用比较多的是十字形铝框架阻尼间隔棒。

四分裂、十字形、铝框架阻尼间隔棒型号为 FJZL 型，其结构及主要尺寸应符合图 13-1-29 及表 13-1-31 的规定。

表 13-1-29　双分裂间隔棒尺寸　（单位：mm）

型　号	适用导线截面积/mm^2	R	d	l	a
FJQ－404	185～240	11.0	12	400	60
FJQ－405	300～400	14.5	12	400	60
FJQ－204	185～240	11.0	12	200	60
FJQ－205	300～400	14.5	12	200	60
FJQ－455	300～400	15.4	16	450	70

注：表中型号字母及数字含义：F—防护；J—间隔棒；Q—球绞式；数字—前两位表示间隔距离（cm），后一位表示导线组合号。

表 13-1-30　三分裂间隔棒尺寸

（单位：mm）

型　号	适用导线	主要尺寸	
		L	d
JX3－300	LGJQ－300	450	26
JX3－400	LGJQ－400	450	26

注：1. 线夹为铝合金件，阻尼垫为合成橡胶，其余为热镀锌钢制件。

2. 表中型号字母及数字含义：J—间隔棒；X3—三分裂橡胶阻尼；数字—导线截面积（mm^2）。

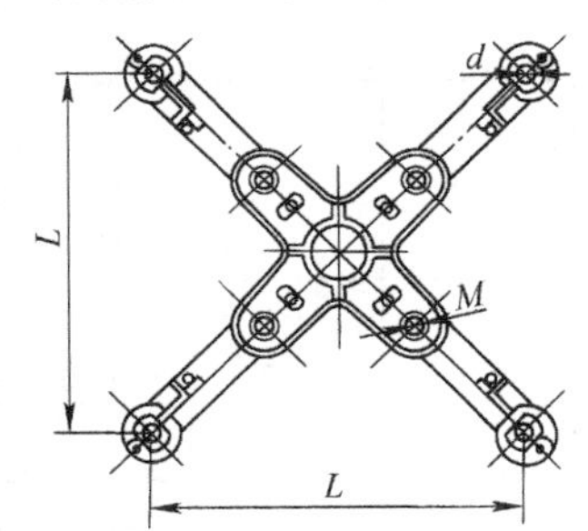

图 13-1-29　四分裂间隔棒

表 13-1-31　四分裂间隔棒尺寸

（单位：mm）

型　号	适用导线	主要尺寸		
		d	M	L
FJZL－300	LGJ－300/40 LGJQ－300	20	12	450
FJZL－400	LGJQ－400 LGJJ－400	23.5		
FJZL－300A	LGJ－300 LGJQ－300	21.5		
FJZL－400A	LGJJ－400	25.5		

注：1. 线夹、框架为铝合金制件，阻尼件为合成橡胶，其余为热镀锌钢制件。

2. 表中型号字母及数字含义：F—防护；J—间隔棒；Z—阻尼；L—铝框架；数字—导线截面积（mm^2）。

1.3　发电厂、变电站金具

1.3.1　T 形线夹

发电厂、变电站配电装置中的母线与引下线的 T 接，架空电力线路的分支线、T 接线等接点使用的呈“T”字形的线夹称之为 T 形线夹。

T 形线夹分压接型（TY 型）和螺栓型（TL 型）两种。压接型 T 形线夹材料采用牌号不低于 Al99.5 的铝制造。螺栓型 T 形线夹材料采用 ZL102 铸造铝合金制造，U 形螺栓采用抗拉强度不低于 375N/mm^2 的钢制造。压接型 T 形线夹接线端子螺栓孔尺寸按《电力金具接线端子》的规定。

TY 型压接 T 形线夹的结构与尺寸应符合图 13-1-30及表 13-1-32 的规定。

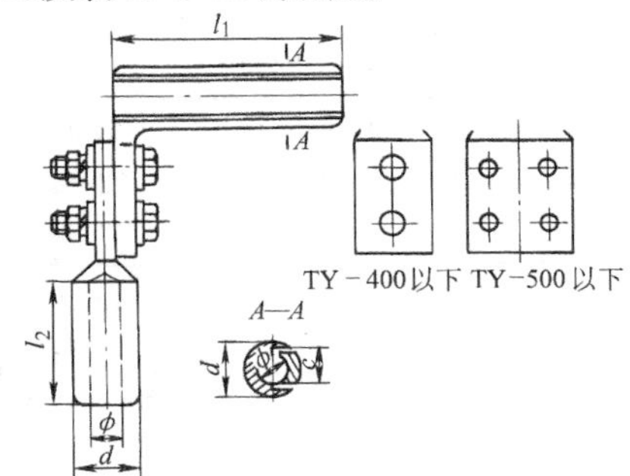

图 13-1-30　TY 型压接 T 形线夹

TL 型螺栓 T 形线夹的结构与主要尺寸应符合图 13-1-31 及表 13-1-33 的规定。

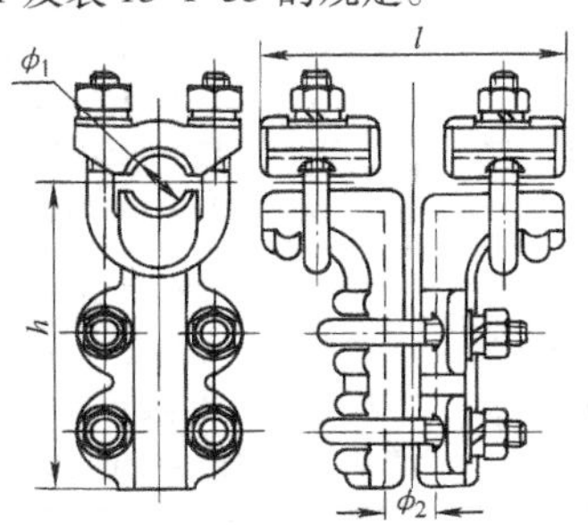

图 13-1-31　TL 型螺栓 T 形线夹

表 13-1-32 TY 型压接 T 形线夹尺寸 (单位：mm)

型号	适用导线		c	d	l_1	l_2	ϕ	R
	型号	外径						
TY－120/7	LGJ－120/7	14.50	16	26	115	80	16.0	8.0
TY－150/8	LGJ－150/8	16.00	18	30	125	90	17.5	9.0
TY－150/20	LGJ－150/20	16.67					18.0	
TY－185/10	LGJ－185/10	18.00	21	32	125	90	19.5	10.5
TY－185/25	LGJ－185/25	18.90					20.5	
TY－210/10	LGJ－210/10	19.00	22	34	135	100	20.5	11.0
TY－210/25	LGJ－210/25	19.98					21.5	
TY－240/30	LGJ－240/30	21.60	24	36			23.0	12.0
TY－300/15	LGJ－300/15	23.01	26	40	145	110	24.5	13.0
TY－300/20	LGJ－300/20	23.43					25.0	
TY－300/25	LGJ－300/25	23.76					25.5	
TY－300/40	LGJ－300/40	23.94					25.5	
TY－400/20	LGJ－400/20	26.91	29	45	155	120	28.5	14.5
TY－400/25	LGJ－400/25	26.64					28.5	
TY－400/35	LGJ－400/35	26.82					28.5	
TY－400/50	LGJ－400/50	27.63					29.5	
TY－500/35	LGJ－500/35	30.00	32	52	165	130	31.5	16.0
TY－500/45	LGJ－500/45	30.00					31.5	
TY－500/65	LGJ－500/65	30.96					32.5	
TY－630/45	LGJ－630/45	33.60	36	60	185	150	35.5	18.0
TY－630/55	LGJ－630/55	34.32					36.0	
TY－630/80	LGJ－630/80	34.82					36.5	
TY－800/55	LGJ－800/55	38.40	40	65	210	170	40.0	20.0
TY－800/70	LGJ－800/70	38.58					40.5	
TY－800/100	LGJ－800/100	38.98	41				40.5	20.5

注：表中型号字母及数字含义：T—T 接；Y—压接；数字—导线标称截面积（mm^2）。

表 13-1-33 TL 型螺栓 T 形线夹主要尺寸 (单位：mm)

型号	适用导线截面积/mm^2	ϕ_1	ϕ_2	h	l
	母线/引下线				
TL－11	35～50/35～50	10	10	102	118
TL－21	70～95/35～50	14	10	103	
TL－22	70～95/70～95		14		120
TL－31	120～150/35～50	17	10	117	118
TL－32	120～150/70～95		14		120
TL－33	120～150/120～150		17		
TL－41	185～240/35～50	22	10		118
TL－42	185～240/70～95		14		120
TL－43	185～240/120～150		17		120
TL－44	185～240/185～240		22		

注：表中型号字母及数字含义：T—T 接；L—螺栓；数字—第一位表示适用母线组合号，第二位表示适用引下线组合号。

1.3.2 设备线夹

发电厂、变电站配电装置中母线引下线与电气设备端子的连接以及配电网络中柱上变压器端子与引下线的连接等所使用的线夹称为设备线夹。

设备线夹分螺栓型、铜铝过渡螺栓型、压接型、铜铝过渡压接型四种。

螺栓型设备线夹材料采用牌号不低于1050A（L3）的热轧铝板制造，压板材料采用抗拉强度不低于375N/mm²的普通碳素结构钢制造。压接型设备线夹采用牌号不低于Al99.5的铝制造。铜板采用牌号为T2的铜板。铜和铝的焊接采用闪光焊接工艺，焊缝在弯曲180°时不应断裂。

1. 螺栓型、铜铝过渡螺栓型设备线夹

SL为螺栓型、SLG为铜铝过渡螺栓型设备线夹，它们的结构与主要尺寸应符合图13-1-32a～d及表13-1-34的规定。

表13-1-34 SL及SLG型螺栓型设备线夹主要尺寸 （单位：mm）

型号	分图号（图13-1-32）	适用导线截面积/mm²	螺栓数量	a	b	l_1	l_2	l
SL－1A	a	35～50	4	40	6	65	—	145
SL－1B	b						65	
SLG－1A	c				5			
SLG－1B	d							
SL－2A	a	70～95	4	40	6	80	—	175
SL－2B	b						80	
SLG－2A	c				5			
SLG－2B	d							
SL－3A	a	120～150	6	50	8	125	—	225
SL－3B	b						85	
SLG－3A	c				6			
SLG－3B	d							
SL－4A	a	185～240	6	50	8	125	—	225
SL－4B	b						85	
SLG－4A	c				6			
SLG－4B	d							

注：表中型号字母与数字含义：S—设备；L—螺栓；G—铜铝过渡；数字—适用导线组合编号；A—夹角0°；B—夹角30°。

2. 压接型、铜铝过渡压接型设备线夹

SY为压接型线夹，SYG为铜铝过渡压接型线夹。它们的结构和主要尺寸应符合图13-1-33、图13-1-34及表13-1-35、表13-1-36要求。

1.3.3 铜铝过渡板

发电厂和变电站的铜母线与铝母线相互连接或铝母线与配电装置铜端子之间的相互连接等，为防止铜铝之间产生电化学反应引起腐蚀，必须采用铜铝过渡板。

铝板材料采用牌号不低于1050A（L3）的热轧铝板。铜板材料采用牌号不低于T2铜板。铜铝之间焊接采用闪光焊接工艺，焊缝在弯曲180°时不应断裂。

铜铝过渡板型号为MG型，其主要尺寸应符合表13-1-37的规定。

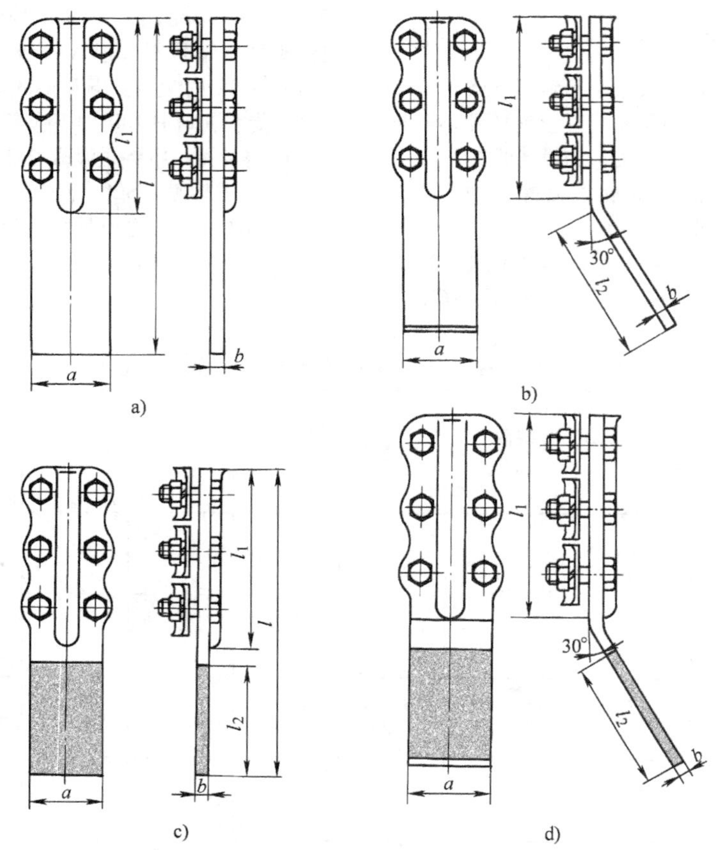

图 13-1-32 SL 及 SLG 螺栓型设备线夹

a）SL－A 型 b）SL－B 型 c）SLG－A 型 d）SLG－B 型

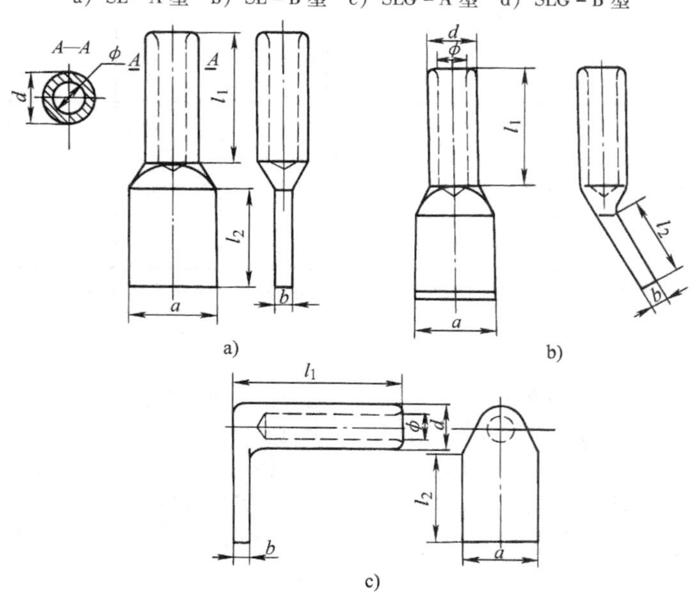

图 13-1-33 SY 压接型设备线夹

a）SY－A 型 b）SY－B 型 c）SY－C 型

表 13-1-35　SY 压接型设备线夹主要尺寸　　（单位：mm）

型　号	适用导线		a	b	d	l_1	l_2	ϕ
	型　号	外　径						
SY－35/6A 或 B	LGJ－35/6	8.16	30	8	16	60	60	9.5
SY－50/8A 或 B	LGJ－50/8	9.60	30	8	18	60		11.0
SY－70/10A 或 B	LGJ－70/10	11.40	40	8	22	70		13.0
SY－95/15A 或 B	LGJ－95/15	13.61	40	10	26	80		15.0
SY－120/7A 或 B 或 C	LGJ－120/7	14.50	50	10	26	80	80	16.0
SY－150/8A 或 B 或 C	LGJ－150/8	16.00			30	90		17.5
SY－150/20A 或 B 或 C	LGJ－150/20	16.67						18.0
SY－185/10A 或 B 或 C	LGJ－185/10	18.00	50	12	32	90	80	19.5
SY－185/25A 或 B 或 C	LGJ－185/25	18.90						20.5
SY－210/10A 或 B 或 C	LGJ－210/10	19.00			34	100		20.5
SY－210/25A 或 B 或 C	LGJ－210/25	19.98						21.5
SY－240/30A 或 B 或 C	LGJ－240/30	21.60			36			23.0
SY－300/15A 或 B 或 C	LGJ－300/15	23.01	63	16	40	110	100	24.5
SY－300/20A 或 B 或 C	LGJ－300/20	23.43						25.0
SY－300/25A 或 B 或 C	LGJ－300/25	23.76						25.5
SY－300/40A 或 B 或 C	LGJ－300/40	23.94						25.5
SY－400/20A 或 B 或 C	LGJ－400/20	26.91	63	16	45	120	100	28.5
SY－400/25A 或 B 或 C	LGJ－400/25	26.64						28.5
SY－400/35A 或 B 或 C	LGJ－400/35	26.82						28.5
SY－400/50A 或 B 或 C	LGJ－400/50	27.63						29.5
SY－500/35A 或 B 或 C	LGJ－500/35	30.00	80	16	52	130	80	31.5
SY－500/45A 或 B 或 C	LGJ－500/45	30.00						31.5
SY－500/65A 或 B 或 C	LGJ－500/65	30.96						32.5
SY－630/45A 或 B 或 C	LGJ－630/45	33.60	100	20	60	150	100	35.5
SY－630/55A 或 B 或 C	LGJ－630/55	34.32						36.0
SY－630/80A 或 B 或 C	LGJ－630/80	34.82						36.5
SY－800/55A 或 B 或 C	LGJ－800/55	38.40	125	22	65	170	125	40.0
SY－800/70A 或 B 或 C	LGJ－800/70	38.58						40.5
SY－800/100A 或 B 或 C	LGJ－800/100	38.98						40.5

注：表中型号字母及数字含义：S—设备；Y—压接；数字—导线截面积（mm^2），分子表示铝截面积，分母表示钢芯截面积；A—0°，B—30°，C—90°。

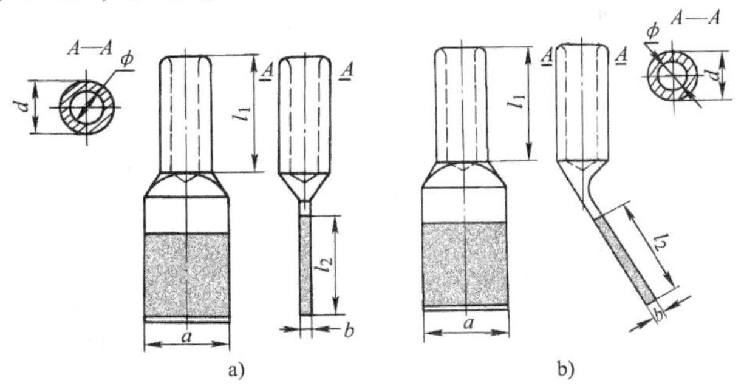

图 13-1-34　SYG 铜铝过渡压接型设备线夹

a）SYG－A 型　b）SYG－B 型

表 13-1-36　SYG 铜铝过渡压接型设备线夹主要尺寸　（单位：mm）

型　号	适用导线		a	b	d	l_1	l_2	ϕ
	型　号	外　径						
SYG－120/7A 或 B	LGJ－120/7	14.50	50	5.0	26	80	80	16.0
SYG－150/8A 或 B	LGJ－150/8	16.00			30	90		17.5
SYG－150/20A 或 B	LGJ－150/20	16.67						18.0
SYG－185/10A 或 B	LGJ－185/10	18.00	50	6.3	32	90	80	19.5
SYG－185/25A 或 B	LGJ－185/25	18.90						20.5
SYG－210/10A 或 B	LGJ－210/10	19.00			34	100		20.5
SYG－210/25A 或 B	LGJ－210/25	19.98						21.5
SYG－240/30A 或 B	LGJ－240/30	21.60			36			23.0
SYG－300/15A 或 B	LGJ－300/15	23.01	63	8.0	40	110	100	24.5
SYG－300/20A 或 B	LGJ－300/20	23.43						25.0
SYG－300/25A 或 B	LGJ－300/25	23.76						25.5
SYG－300/40A 或 B	LGJ－300/40	23.94						25.5
SYG－400/20A 或 B	LGJ－400/20	26.91	63	8.0	45	120	100	28.5
SYG－400/25A 或 B	LGJ－400/25	26.64						28.5
SYG－400/35A 或 B	LGJ－400/35	26.82						28.5
SYG－400/50A 或 B	LGJ－400/50	27.63						29.5
SYG－500/35A 或 B	LGJ－500/35	30.00	80	8.0	52	130	80	31.5
SYG－500/45A 或 B	LGJ－500/45	30.00						31.5
SYG－500/65A 或 B	LGJ－500/65	30.96						32.5
SYG－630/45A 或 B	LGJ－630/45	33.60	100	10.0	64	150	100	35.5
SYG－630/55A 或 B	LGJ－630/55	34.32						36.0
SYG－630/80A 或 B	LGJ－630/80	34.82						36.5
SYG－800/55A 或 B	LGJ－800/55	38.40	125	12.5	65	170	125	40.0
SYG－800/70A 或 B	LGJ－800/70	38.58						40.5
SYG－800/100A 或 B	LGJ－800/100	38.98						40.5

注：表中型号字母及数字含义：S—设备；Y—压接；G—过渡；数字—导线截面积（mm^2），分子表示铝截面积，分母表示钢芯截面积；A—0°，B—30°。

表 13-1-37　MG 型铜铝过渡板主要尺寸　（单位：mm）

型　号	母线规格（宽×厚）	宽度 a	厚度 b	铜部分长度 l_1	铝部分长度 l
MG－50×5	50×5	50	5.0	50	60
MG－63×6.3	63×6.3	63	6.3	68	85
MG－63×8	63×8	63	8.0	68	85
MG－63×10	63×10	63	10.0	68	85
MG－80×6.3	80×6.3	80	6.3	85	100
MG－80×8	80×8	80	8.0	85	100
MG－80×10	80×10	80	10.0	85	100
MG－100×8	100×8	100	8.0	105	120
MG－100×10	100×10	100	10.0	105	120
MG－125×8	125×8	125	8.0	130	140
MG－125×10	125×10	125	10.0	130	140
MG－125×12.5	125×12.5	125	12.5	130	140

注：表中型号字母及数字含义：M—母线；G—过渡；数字—板件规格。

1.3.4　大电流母线金具

1. 软母线固定金具

(1) 单导线和双导线固定金具　发电厂和变电站户外配电装置中将软母线固定在支柱绝缘子上的金具以及固定双分裂软母线、保持分裂间距的金具通称为软母线固定金具。

软母线固定金具的材料采用代号为 ZL102 铸造铝合金制造。其型号分为 MDG、MSG、MRJ 型三种。

MDG 型单导线固定金具的结构与主要尺寸应符合图 13-1-35 及表 13-1-38 的规定。

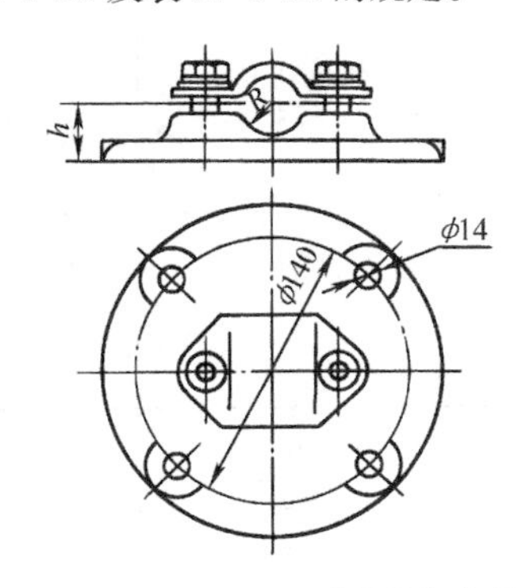

图 13-1-35　MDG 型固定金具

表 13-1-38　MDG 型固定金具的主要尺寸

（单位：mm）

型　号	类别	适用导线截面积/mm^2	R	h
MDG-4	单母线	185~240	11	30
MDG-5		300~400	14	33
MDG-6		500~630	17	36

注：表 13-1-38~表 13-1-40 中型号字母及数字含义：M—母线；D—单母线；S—双母线；G—固定；R—软母线；J—间隔；数字—分子表示导线组合号，分母表示双母线间距。

MSG 型双导线固定金具的结构与主要尺寸应符合图 13-1-36 及表 13-1-39 的规定。

MRJ 型双导线间隔板的结构与主要尺寸应符合图 13-1-37 及表 13-1-40 的规定。

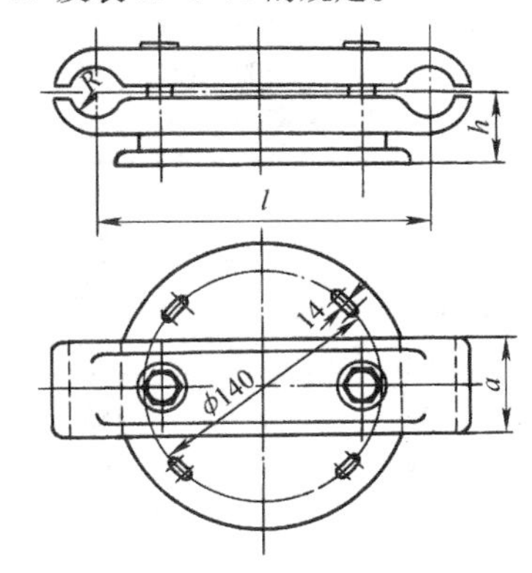

图 13-1-36　MSG 型固定金具

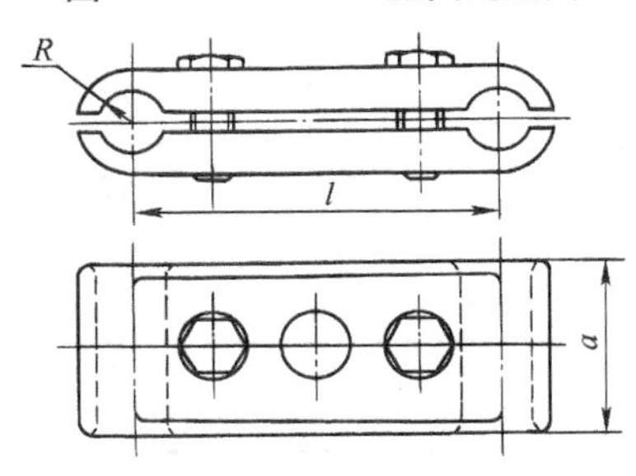

图 13-1-37　MRJ 型间隔板

(2) 组合母线圆环　发电厂和变电站户外配电装置中固定多根导线组合而成的母线环，使之保持稳定间距和几何形状，这种金具称之为组合母线圆环。

组合母线圆环的环、底板、盖板均采用抗拉强度不低于 375N/mm^2 的普通碳素结构钢制造。压板采用 ZL102 铸造铝合金制造。

组合母线圆环的结构与主要尺寸应符合图 13-1-38及表 13-1-41 的规定。

表 13-1-39　MSG 型固定金具主要尺寸　（单位：mm）

型　号	适用导线截面积/mm^2	a	R	h	l
MSG-4/120	185~240	50	11	44	120
MSG-5/120	300~400	60	14	47	
MSG-6/120	500~630	70	17	53	
MSG-4/200	185~240	50	11	46	200
MSG-5/200	300~400	60	14	47	
MSG-6/200	500~630	70	17	48	

（续）

型　号	适用导线截面积/mm^2	a	R	h	l
MSG－4/400	185～240	50	11	46	400
MSG－5/400	300～400	60	14	47	
MSG－6/400	500～630	70	17	48	

表 13-1-40　MRJ 型间隔板主要尺寸　（单位：mm）

型　号	适用导线截面积/mm^2	a	R	l
MRJ－4/120	185～240	50	11	120
MRJ－5/120	300～400	60	14	
MRJ－6/120	500～630	70	17	
MRJ－4/200	185～240	50	11	200
MRJ－5/200	300～400	60	14	
MRJ－6/200	500～630	70	17	
MRJ－4/400	185～240	50	11	400
MRJ－5/400	300～400	60	14	
MRJ－6/400	500～630	70	17	

表 13-1-41　组合母线圆环的主要尺寸　（单位：mm）

型　号	适用导线 根数×型号 承重导线	适用导线 根数×型号 载流导线	ϕ	k	l_1	l
YH（2＋8）	2×{LGJ－185/10, LGJ－240/30, LGJ－300/15, LGJ－400/20}	8 {LJ－120, LJ－150, LJ－185}	120	220	210	290
YH（2＋12）		12	160	260	250	330
YH（2＋16）		16	200	300	290	370
YH（2＋20）		20	240	340	330	410
YH（2＋24）		24	280	380	370	450

注：表中型号字母及数字含义为：Y—圆；H—环；数字—前一位表示承重导线根数；后二位表示载流导线根数。

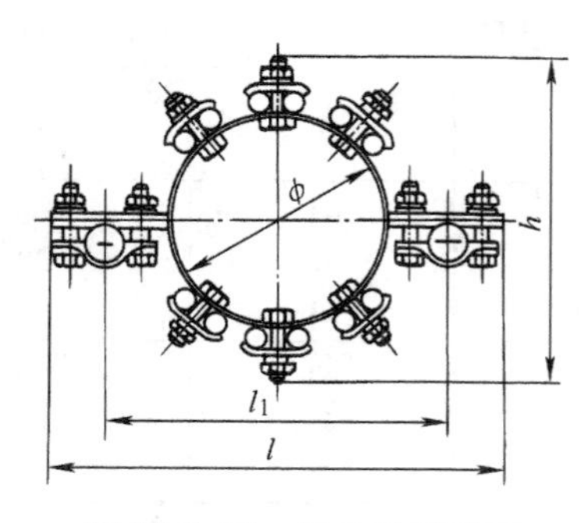

图 13-1-38　组合母线圆环

2. 硬母线固定金具

（1）矩形母线固定金具　发电厂和变电站户内外配电装置中将矩形母线固定在支柱绝缘子上的金具称为矩形母线固定金具。

矩形母线按工作环境分，有户内和户外；按母线放置方式分，有平放和立放。

矩形母线固定金具的材料：平放金具的上压板和立放金具的支柱均采用 ZL102 铸造铝合金。母线之间的间隔垫采用牌号不低于 1050A（L3）的铝板。其余底板、间隔垫垫板均采用抗拉强度不低于 375N/mm^2 普通碳素结构钢制造。

矩形母线固定金具分以下五种：

1）MNP 型（户内平放）；

2）MWP 型（户外平放）；

3）MNL 型（户内立放）；

4）MWL 型（户外立放）；

5）MJG 型（矩形间隔垫）。

MNP 型户内平放矩形母线固定金具的结构与主要尺寸应符合图 13-1-39 及表 13-1-42 的规定。

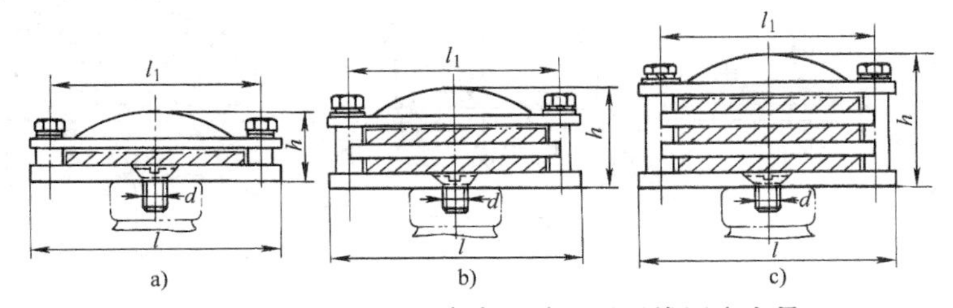

图 13-1-39　MNP 型户内平放矩形母线固定金具

表 13-1-42　MNP 型户内平放矩形母线固定金具主要尺寸　（单位：mm）

型　号	适用母线宽度	适用支柱绝缘子螺纹直径 d	h	l	l_1
MNP－101	63	M10	42	113	83
MNP－102	80	M10	42	130	100
MNP－103	100	M10	48	155	125
MNP－104	125	M10	48	175	145
MNP－105	63	M16	42	113	83
MNP－106	80	M16	42	130	100
MNP－107	100	M16	48	155	125
MNP－108	125	M16	48	175	145
MNP－201	63	M10	62	113	83
MNP－202	80	M10	62	130	100
MNP－203	100	M10	68	155	125
MNP－204	125	M10	68	175	145
MNP－205	63	M16	62	113	83
MNP－206	80	M16	62	130	100
MNP－207	100	M16	68	155	125
MNP－208	125	M16	68	175	145
MNP－301	63	M10	82	113	83
MNP－302	80	M10	82	130	100
MNP－303	100	M10	88	155	125
MNP－304	125	M10	88	175	145
MNP－305	63	M16	82	113	83
MNP－306	80	M16	82	130	100
MNP－307	100	M16	88	155	125
MNP－308	125	M16	88	175	145

注：表中型号字母及数字含义：M—母线；N—户内；W—户外；P—平放；L—立放；J—矩形；G—间隔；数字—矩形母线金具第一位数字为母线片数，第二、三位为序号。

MWP 型户外平放矩形母线固定金具的结构与主要尺寸应符合图 13-1-40 及表 13-1-43 的规定。

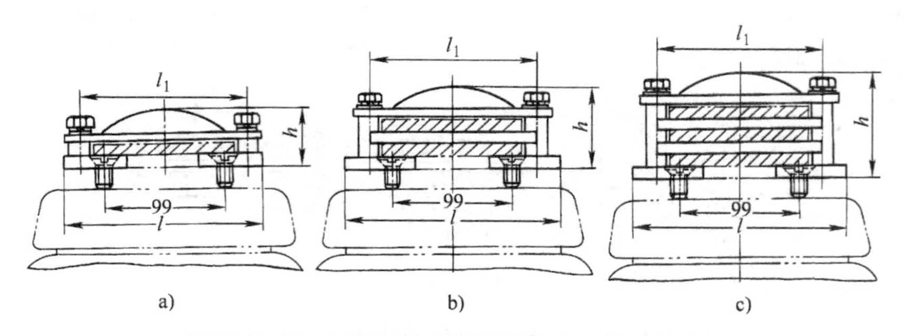

图 13-1-40　MWP 型户外平放矩形母线固定金具

表 13-1-43　MWP 型户外平放矩形母线固定金具主要尺寸　（单位：mm）

型　号	适用母线宽度	适用支柱绝缘子螺纹直径	h	l	l_1
MWP－101	63	M12 $\phi140$	38	140	83
MWP－102	80		42		100
MWP－103	100		46	170	120
MWP－104	125		48		145
MWP－201	63		58	140	83
MWP－202	80		62		100
MWP－203	100		66	170	120
MWP－204	125		68		145
MWP－301	63		78	140	83
MWP－302	80		82		100
MWP－303	100		86	170	120
MWP－304	125		88		145

注：表中型号字母与数字含义见表 13-1-42 注。

MNL 型户内立放矩形母线固定金具的结构与主要尺寸应符合图 13-1-41 及表 13-1-44 的规定。

MWL 型户外立放矩形母线固定金具的结构与主要尺寸应符合图 13-1-42 及表 13-1-45 的规定。

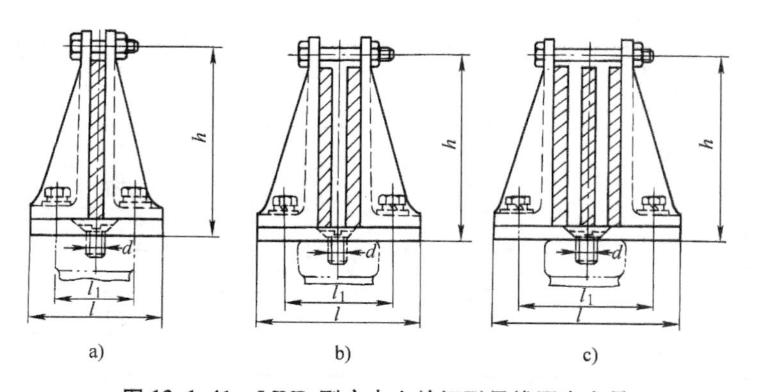

图 13-1-41　MNL 型户内立放矩形母线固定金具

表 13-1-44　MNL 型户内立放矩形母线固定金具主要尺寸　　（单位：mm）

<table>
<tr><th>型　号</th><th>适用母线宽度</th><th>适用支柱绝缘子螺纹直径 d</th><th>h</th><th>l_1</th><th>l</th></tr>
<tr><td>MNL－101</td><td>63</td><td rowspan="4">M10</td><td>82</td><td rowspan="8">60</td><td rowspan="8">90</td></tr>
<tr><td>MNL－102</td><td>80</td><td>100</td></tr>
<tr><td>MNL－103</td><td>100</td><td>120</td></tr>
<tr><td>MNL－104</td><td>125</td><td>145</td></tr>
<tr><td>MNL－105</td><td>63</td><td rowspan="4">M16</td><td>82</td></tr>
<tr><td>MNL－106</td><td>80</td><td>100</td></tr>
<tr><td>MNL－107</td><td>100</td><td>120</td></tr>
<tr><td>MNL－108</td><td>125</td><td>145</td></tr>
<tr><td>MNL－201</td><td>63</td><td rowspan="4">M10</td><td>82</td><td rowspan="4">80</td><td rowspan="4">110</td></tr>
<tr><td>MNL－202</td><td>80</td><td>100</td></tr>
<tr><td>MNL－203</td><td>100</td><td>120</td></tr>
<tr><td>MNL－204</td><td>125</td><td>145</td></tr>
<tr><td>MNL－205</td><td>63</td><td rowspan="4">M16</td><td>82</td><td rowspan="4">80</td><td rowspan="4">110</td></tr>
<tr><td>MNL－206</td><td>80</td><td>100</td></tr>
<tr><td>MNL－207</td><td>100</td><td>120</td></tr>
<tr><td>MNL－208</td><td>125</td><td>145</td></tr>
<tr><td>MNL－301</td><td>63</td><td rowspan="4">M10</td><td>82</td><td rowspan="8">100</td><td rowspan="8">130</td></tr>
<tr><td>MNL－302</td><td>80</td><td>100</td></tr>
<tr><td>MNL－303</td><td>100</td><td>120</td></tr>
<tr><td>MNL－304</td><td>125</td><td>145</td></tr>
<tr><td>MNL－305</td><td>63</td><td rowspan="4">M16</td><td>82</td></tr>
<tr><td>MNL－306</td><td>80</td><td>100</td></tr>
<tr><td>MNL－307</td><td>100</td><td>120</td></tr>
<tr><td>MNL－308</td><td>125</td><td>145</td></tr>
</table>

注：表中型号字母与数字含义见表 13-1-42 注。

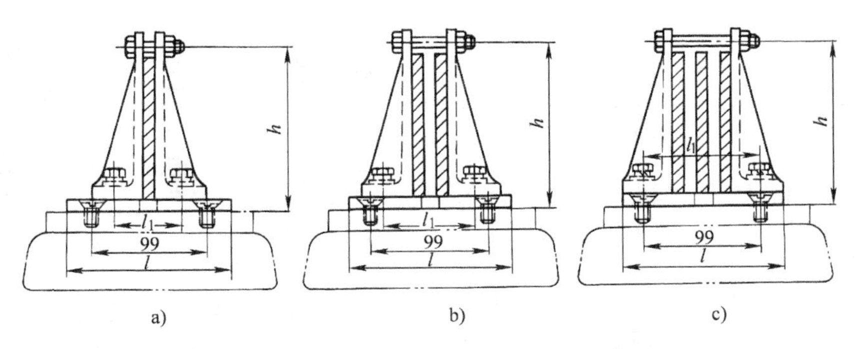

图 13-1-42　MWL 型户外立放矩形母线固定金具

表 13-1-45 MWL 型户外立放矩形母线固定金具主要尺寸 （单位：mm）

型 号	适用母线宽度	适用支柱绝缘子螺纹直径	h	l	l_1
MWL-101	63	M12，ϕ140	82	140	60
MWL-102	80		100		
MWL-103	100		120		
MWL-104	125		145		
MWL-201	63		82		80
MWL-202	80		100		
MWL-203	100		120		
MWL-204	125		145		
MWL-301	63		82		100
MWL-302	80		100		
MWL-303	100		120		
MWL-304	125		145		

注：表中型号字母与数字含义见表 13-1-42 注。

MJG 型矩形母线间隔垫的结构与主要尺寸应符合图 13-1-43 及表 13-1-46 的规定。

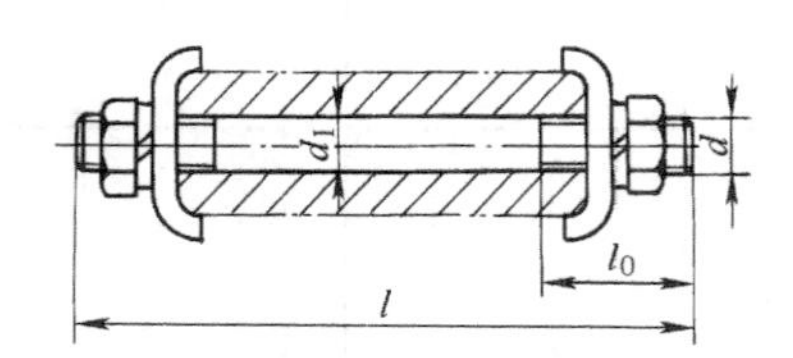

图 13-1-43 MJG 型矩形母线间隔垫

表 13-1-46 MJG 型矩形母线间隔垫的主要尺寸 （单位：mm）

型 号	标称规格	d_1	d	l_0	l
MJG-01	M10×100	10	10	26	100
MJG-02	M10×120				120
MJG-03	M10×140				140
MJG-04	M10×160				160

注：表中型号字母及数字含义见表 13-1-42 注。

(2) 槽形母线固定金具 发电厂和变电站户内外配电装置中将槽形母线固定在支柱绝缘子上的金具称为槽形母线固定金具。

槽形母线固定金具按工作环境分，有户内和户外两种；按母线布置方式分，有固定在支柱绝缘子上和吊挂在悬式绝缘子上两种。

槽形母线固定金具材料：上压板采用铸造铝合金，底板、紧固垫采用抗拉强度不低于 375N/mm² 普通碳素结构钢，吊挂式的吊架采用牌号不低于 KTH330-08 可锻铸铁制造。

槽形母线固定金具分为以下四种：

1）MCN 型（户内）；

2）MCW 型（户外）；

3）MCD 型（吊挂）；

4）MCG 型（间隔垫）。

MCN、MCW 型槽形母线固定金具的结构与主要尺寸应符合图 13-1-44 及表 13-1-47 的规定。

MCD、MCG 型槽形母线固定金具的结构与主要尺寸应符合图 13-1-45 及表 13-1-48 的规定。

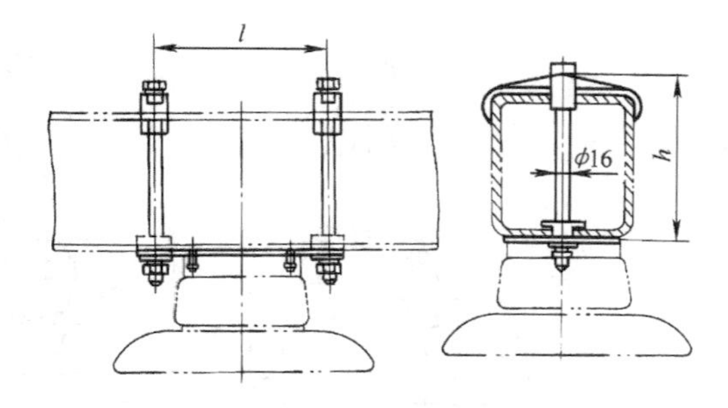

图 13-1-44 MCN 及 MCW 型槽形母线固定金具

表 13-1-47　MCW、MCN 型槽形母线固定金具主要尺寸　（单位：mm）

型　号	类　别	适用支柱绝缘子螺纹直径	适用母线	h	l
MCW-100	户外	M12　ϕ140	[100	132	250
MCW-125			[125	157	
MCW-150			[150	182	
MCW-175			[175	207	
MCW-200			[200	232	
MCW-225			[225	257	
MCW-250			[250	282	
MCN-100	户内	M16	[100	132	200
MCN-125			[125	157	
MCN-150			[150	182	
MCN-175			[175	207	
MCN-200			[200	232	
MCN-225			[225	257	
MCN-250			[250	282	

注：表 13-1-47、表 13-1-48 中型号字母及数字含义：M—母线；C—槽形；N—户内；D—吊挂；W—户外；G—间隔；数字—槽形母线吊挂金具和间隔垫的序号；固定金具为槽形母线高度。

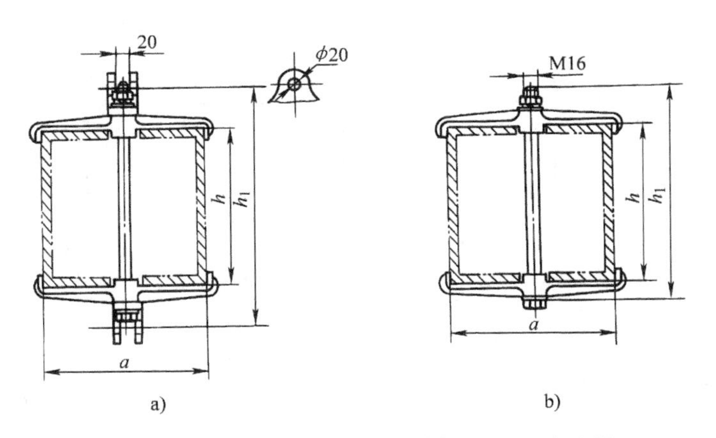

图 13-1-45　MCD、MCG 型槽形母线固定金具

a）MCD 型　b）MCG 型

表 13-1-48　MCD、MCG 型槽形母线固定金具主要尺寸　（单位：mm）

型　号	适用母线	a	h	h_1
MCD-1	[200	214	200	306
MCD-2	[225	244	225	330
MCD-3	[250	264	250	356
MCG-1	[200	214	200	270
MCG-2	[225	244	225	300
MCG-3	[250	264	250	320

(3) 管母线用金具 发电厂和变电站户外配电装置中将管形母线固定在支柱绝缘子上的金具，以及相应的与电气设备连接的 T 接金具、终端金具、支架等称为管母线用金具。

管母线用金具的材料：固定金具、终端屏蔽金具及封头均采用代号为 ZL102 铸造铝合金。T 接金具采用不低于 AL99.5 的重熔铝制造。支架采用抗拉强度不低于 375N/mm^{2}的钢制造。

管母线用金具共分以下五种：

1) MGG 型（固定金具）；

2) MGT 型（T 接金具）；

3) MGZ 型（终端金具）；

4) MGJ 型（支架）；

5) MGF 型（封头）。

MGG 型管母线固定金具的结构与主要尺寸应符合图 13-1-46 及表 13-1-49 的规定。

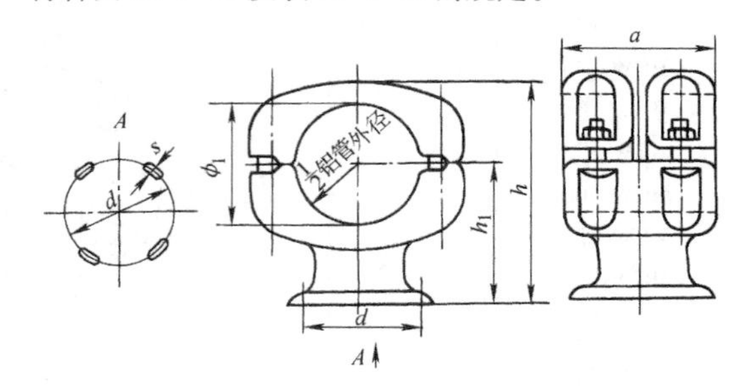

图 13-1-46 MGG 型管母线固定金具

表 13-1-49 MGG 型管母线固定金具主要尺寸 （单位：mm）

型　　号	适用母线		ϕ_1	d	h_1	h	a	s
	规　格	外径 D						
MGG-70	ϕ70/64	70	74	140	90	142	110	14
MGG-80	ϕ80/74	80	84	140	98	154	110	14
MGG-90	ϕ90/80	90	94	140	102	160	110	14
MGG-100	ϕ100/90	100	104	140	114	180	130	14
MGG-120	ϕ120/112	120	124	140	122	190	130	14
MGG-130	ϕ130/116	130	134	140	135	220	150	14
MGG-150	ϕ150/136	150	154	225	150	246	170	18

注：1. 母线在紧固定时，盖板反转 180°，尺寸 D 为铝管母线的外径，图示为松固定。

2. 表 13-1-49 ~ 53 中型号字母及数字含义：M—母线；G—管形；G—固定；T—T 接；F—封头；Z—终端；J—支架；数字—适用管形母线标称外径（mm）；对 MGJ 型，数字—支架总长（cm）。

MGT 型管母线 T 接金具的结构与主要尺寸应符合图 13-1-47 及表 13-1-50 的规定。

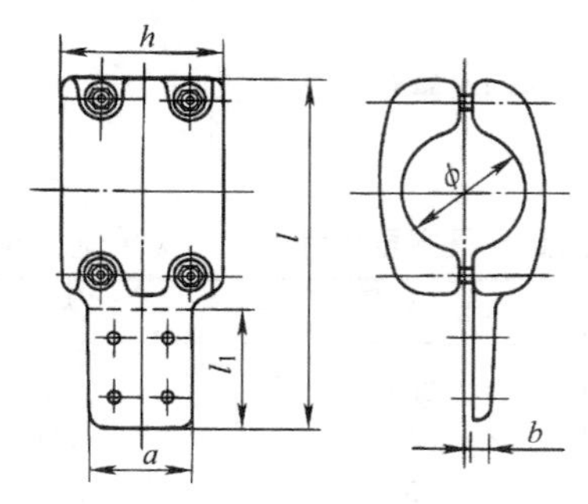

图 13-1-47 MGT 型管母线 T 接金具

MGZ 型管母线终端金具的结构与主要尺寸应符合图 13-1-48 及表 13-1-51 的规定。

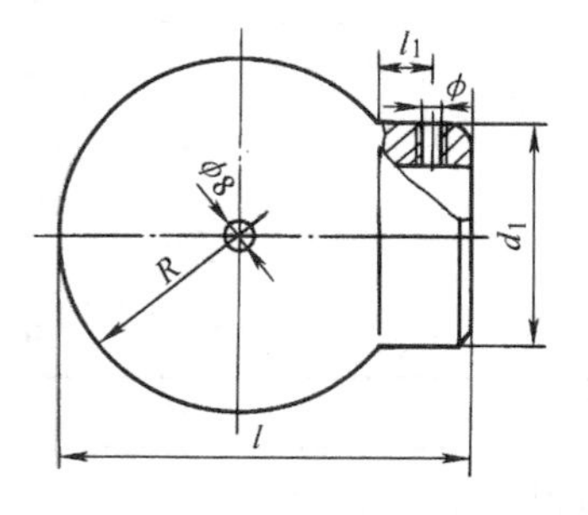

图 13-1-48 MGZ 型管母线终端金具

MGJ 型管母线支架的结构与主要尺寸应符合图 13-1-49及表 13-1-52 的规定。

MGF 型管母线封头的结构与主要尺寸应符合图 13-1-50 及表 13-1-53 的规定。

表13-1-50　MGT型管母线T接金具主要尺寸　（单位：mm）

型　　号	适用母线	h	l	a	ϕ	l_1	b
MGT-70	ϕ70/64	110	240	80	70	85	16
MGT-80	ϕ80/74	110	250	80	80	85	16
MGT-90	ϕ90/80	110	270	100	90	105	18
MGT-100	ϕ100/90	130	290	100	100	105	18
MGT-120	ϕ120/112	130	310	100	120	105	18
MGT-130	ϕ130/116	150	355	125	130	130	20
MGT-150	ϕ150/136	170	395	125	150	130	20

注：表中型号字母与数字含义见表13-1-49注。

表13-1-51　MGZ型管母线终端金具主要尺寸　（单位：mm）

型　　号	适用母线	d_1	R	l	l_1	ϕ
MGZ-130	ϕ130/116	116	90	205	25	10
MGZ-150	ϕ150/136	136	150	265	30	10

注：表中型号字母与数字含义见表13-1-49注。

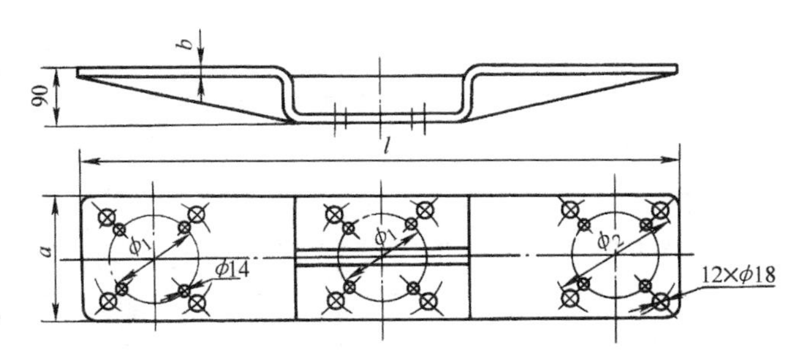

图13-1-49　MGJ型管母线支架

表13-1-52　MGJ型管母线支架的主要尺寸　（单位：mm）

<table>
<tr><th>型　　号</th><th>适用固定金具型号</th><th>l</th><th>a</th><th>φ₁</th><th>φ₂</th><th>b</th></tr>
<tr><td rowspan="5">MGJ-104</td><td>MGG-70</td><td rowspan="5">1040</td><td rowspan="5">170</td><td rowspan="5">140</td><td rowspan="5">—</td><td rowspan="5">6</td></tr>
<tr><td>MGG-80</td></tr>
<tr><td>MGG-90</td></tr>
<tr><td>MGG-100</td></tr>
<tr><td>MGG-120</td></tr>
<tr><td rowspan="2">MGJ-110</td><td>MGG-130</td><td rowspan="2">1100</td><td rowspan="2">225</td><td rowspan="2">—</td><td rowspan="2">225</td><td rowspan="2">8</td></tr>
<tr><td>MGG-150</td></tr>
</table>

注：表中型号字母与数字含义见表13-1-49注。

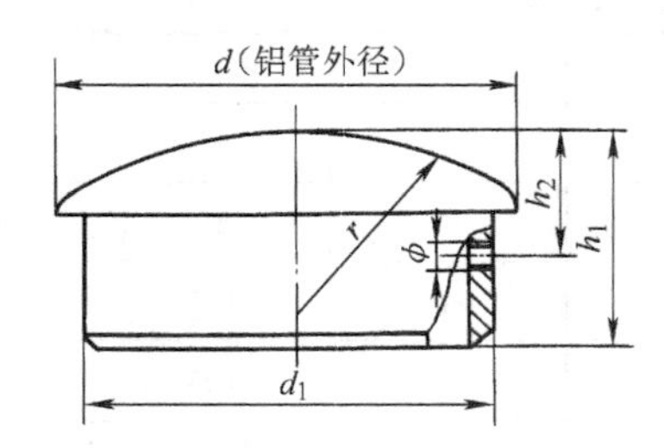

图 13-1-50 MGF 型管母线封头

3. 母线伸缩节

发电厂和变电站的矩形母线、管母线系刚性结构，在环境气温发生变化或母线传输电流的增减，都会引起母线的伸缩变形，导致母线用金具和支柱绝缘子的损坏。为防止这种现象的发生，需要在两根刚性母线之间或配电装置的设备端子与一根刚性母线之间提供软性连接，这种软性连接即称之为伸缩节。

伸缩节有矩形铝母线和管母线伸缩节（MS 型）和矩形母线与设备端子相连的伸缩节（MSS 型）两种。MS 型伸缩节由两块铝板中间焊以多层薄铝片而成。MSS 型伸缩节则在 MS 型伸缩节的一侧铝板上焊以铜板制成。

伸缩节材料：铝板采用牌号不低于 1050A（L3）热轧铝板。铜板采用牌号不低于 T2 的纯铜板。伸缩薄铝片采用厚度 0.5mm 热轧薄铝板，铝片总厚度不得小于铝（铜）板的厚度。铝片与铝板之间采用氩弧焊接工艺焊接，铜铝板之间采用闪光焊接工艺焊接。

MS 型矩形铝母线与管母线伸缩节的结构及主要尺寸应符合图 13-1-51 及表 13-1-54 的规定。

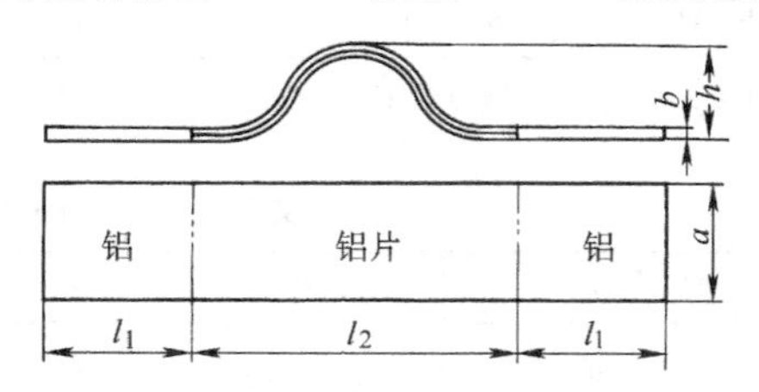

图 13-1-51 MS 型伸缩节

表 13-1-53 MGF 型管母线封头主要尺寸 （单位：mm）

型　号	适用母线	d_1	r	h_1	ϕ	h_2
MGF-70	ϕ70/64	64	70	42	8	30
MGF-80	ϕ80/74	74	70	50	8	35
MGF-90	ϕ90/80	80	80	55	8	35
MGF-100	ϕ100/90	90	90	60	8	40
MGF-120	ϕ120/112	112	120	65	10	40
MGF-130	ϕ130/116	116	120	65	10	40
MGF-150	ϕ150/136	136	150	70	10	40

注：表中型号字母及数字含义见表 13-1-49 注。

表 13-1-54 MS 型伸缩节主要尺寸 （单位：mm）

型　号	a	b	h	l_1	l_2
MS-63×6.3	63	6.3	50	73	170
MS-80×6.3	80	6.3	50	90	170
MS-80×8	80	8	50	90	170
MS-100×8	100	8	50	115	170
MS-100×10	100	10	60	115	190
MS-125×8	125	8	50	140	170
MS-125×10	125	10	60	140	190
MS-125×12.5	125	12.5	60	140	190

注：表中型号字母及数字含义：M—母线；S—伸缩，设备；数字—母线规格。

表 13-1-55　MSS 型伸缩节主要尺寸　（单位：mm）

型　　号	a	b	h	l_1	l_2
MSS－63×6.3	63	6.3	50	73	170
MSS－80×6.3	80	6.3	50	90	170
MSS－80×8	80	8	50	90	170
MSS－100×8	100	8	50	115	170
MSS－100×10	100	10	60	115	190
MSS－125×8	125	8	50	140	170
MSS－125×10	125	10	60	140	190
MSS－125×12.5	125	12.5	60	140	190

注：表中型号字母与数字含义见表 13-1-54 注。

MSS 型矩形母线与设备端子相连的伸缩节的结构及主要尺寸应符合图 13-1-52 及表 13-1-55 的规定。

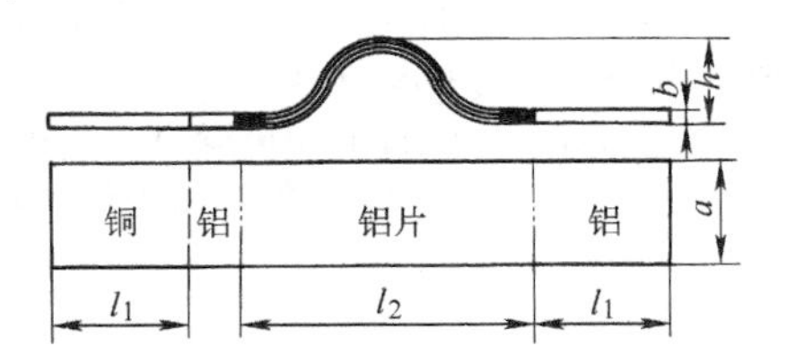

图 13-1-52　MSS 型伸缩节

1.4　架空线、发电厂、变电站用金具的试验

本节介绍的试验项目、试验方法以及试验结果的评定均参照电力金具国家标准 GB/T 2314—2008《电力金具通用技术条件》及 GB/T 2317.1～2317.4—2008《电力金具试验方法》第 1～4 部分中有关规定编写。其中，试验结果的评定均按上述“电力金具”国家标准的规定编入，可作为金具制造厂及用户抽查鉴定产品质量的依据。

1.4.1　试验项目

金具试验一般分为三类，即型式试验、出厂试验与抽查试验，各类试验项目叙述如下。

1. 型式试验项目

为产品设计定型前必须进行的试验项目。由于电力金具一般使用年限较长，往往在 30 年以上，而且大部分运行条件是在室外，常受各种严酷的自然条件影响，因此型式试验必须按要求严格进行，试验项目及试件数量应按表 13-1-56 规定。

表 13-1-56　型式试验项目及试件数量

序号	试验项目	金　具　类　别						试件数量/件
		悬垂线夹	联结金具	耐张线夹		接续、接触金具	防护金具	
				螺栓型	压缩型			
1	尺寸、外观检查	○	○	○	○	○	○	10
2	组装检查	○	○	○	○	○	○	10
3	热镀锌锌层均匀性	○	○	○			○	3
4	握力试验	○		○	○	○	○	4
5	破坏负荷试验	○	○	○				6
6	振动试验						○	3
7	电阻试验				○	○		3
8	温升试验				○	○		3
9	热循环试验				○	○		3
10	电晕试验	●			●	●	●	4
11	无线电干扰	●			●	●	●	4
12	冲击动荷试验							

注：表中●者为额定电压 330kV 以上的金具需进行的试验项目。

2. 出厂试验项目

电力金具产品在出厂前应按产品标准规定逐件进行外观检查、组装检查及机械强度（对铸件及受力焊件）试验，如有任何一项不符合标准要求时，则该金具为不合格品。

3. 抽查试验项目

抽查试验项目应按表 13-1-57 规定。

表 13-1-57 抽查试验项目及试件数量

序号	试验项目	试验根据	试件数量
1	尺寸检查	按产品标准	抽出总数的全部
2	热镀锌锌层均匀性检查	按 GB/T 2317.1—2008 标准	抽出总数的 1/2
3	破坏负荷试验	按产品标准	抽出总数的全部

金具应按批进行抽查试验，抽查试验应在出厂检验合格后从中随机选出。生产或供货批量少于 100 件时不作抽查试验，大于 100 件以上时，抽样数量按下式计算：

$$p=4 \quad \text{当 } 100\leqslant n<500 \text{ 时}$$

$$p=4+\frac{15n}{1000} \quad \text{当 } 500\leqslant n\leqslant 20000 \text{ 时}$$

$$p=19+\frac{0.75n}{1000} \quad \text{当 } n>20000 \text{ 时}$$

式中 n——生产或供货批量；

p——抽查试件数量（取整数）。

抽查试验中，如有一件不符合型式试验项目中任何一项要求时，则应在同一批中抽取原抽查量两倍数量的试件再进行对不合格项目的试验，如在试验中仍有一件不符合规定要求，则该批金具为不合格品，如仅为基本尺寸不符合规定要求时，允许逐件精选。

1.4.2 试验方法

1. 尺寸、外观检查

金具的主要尺寸及加工误差用测量准确度为 0.05mm 的量具或特制的样板、卡具检查。金具的外观以目力检查。对铸铝件，必要时可用不超过 10 倍的放大镜检查。

2. 组装检查

金具的成套组装检查，包括检查配套的完整性和装卸的灵活性。

3. 热镀锌锌层均匀性试验

金具应具有良好的耐腐蚀性能，对于钢件及可锻铸铁件一般采用热镀锌防腐。热镀锌锌层均匀性试验（即硫酸铜试验）应按下列要求进行。

（1）硫酸铜溶液的配制

1）由在每 100mL 的蒸馏水中加入 35g 化学纯的硫酸铜（$CuSO_4 \cdot 5H_2O$）制成。必要时可加热，以促进晶体的溶解，待其冷却后使用。

2）在每 1000mL 硫酸铜溶液中加入约 1g 碳酸铜（或氢氧化铜、黑色氧化铜）加以充分搅拌。配制好的溶液静置不少于 24h，然后过滤或缓慢倒出澄清的溶液弃去沉淀物。溶液的密度在 +20℃时应为（1.170±0.010）g/cm^3。

3）试验用的容器应该使用不与硫酸铜起化学作用的惰性材料制成。它的内部尺寸应使试件浸入溶液中与容器内壁的最小距离不少于 25mm。

4）在整个试验过程中，硫酸铜溶液的温度应保持在（20±4）℃，且不得搅动溶液。

5）每平方厘米的镀锌面积至少应有 6mL 的溶液，试品按规定次数浸渍后，溶液不应回收再用于试验。

（2）试验步骤

1）试件先用腐蚀性小的溶剂除去镀件表面附着的油污，清洗擦干后浸入 2% 的硫酸溶液中 15s，取出后用清水洗净，并用清洁软布擦干，然后浸入硫酸铜溶液中进行试验。

2）试件应连续 4 次浸入溶液中，每次浸入时间为 1min。试件应全部浸入，但不能互相接触。试件和溶液均不得摇动。

3）试件每次取出后立即用清洁的流动水洗涤，如有沉积物质须用软性纤维刷刷去沉积物，然后用清洁软布擦干进行外观检查。从试件浸入硫酸铜溶液到外观检查完毕为一次试验。

（3）试验结果判断

1）每次试验完毕后，如在试件上发现有金属铜的附着物，可用硬质橡皮或不致损坏锌层的工具擦拭或浸入 10% 盐酸溶液中 15s，如果铜点去掉而露出锌层，则认为该次试验通过。露出铁基则认为热镀锌锌层均匀性不合格。

2）在切削边的棱角线和距切削边小于 25mm 的局部处，允许呈现出微小的红色金属铜附着物存在。

4. 握力试验与破坏负荷试验

（1）线夹的握力试验 各种线夹应保证对所安装的导线或避雷线的握力，使其在工作条件下不产生滑移。握力试验的方法应按下列要求进行。

1）各种线夹的握力试验应选用各自适用范围

内的导线或避雷线进行。

2）进行握力试验的各种线夹、接续管，两个试件之间或试件与夹具之间的导线或避雷线的有效长度应不小于被安装导线或避雷线直径的 100 倍。其连接方法如图 13-1-53 所示。

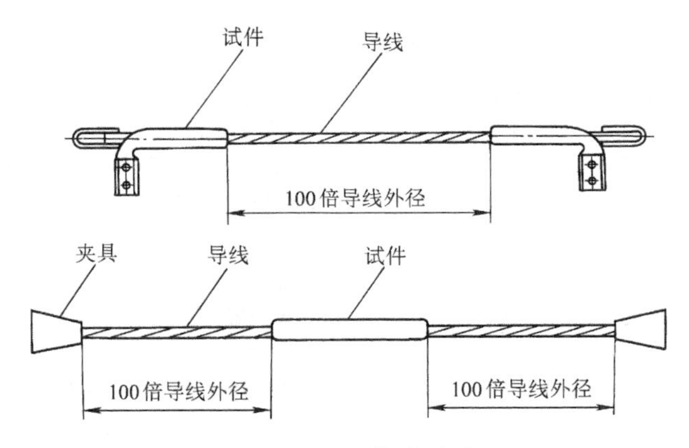

图 13-1-53　握力试验

3）U 形螺栓式悬垂线夹与螺栓式耐张线夹，紧固 U 形螺栓时，应采用测力扳手，紧固力矩应不超过 U 形螺栓的最大许用扭矩。几种常用 U 形螺栓的最大许用扭矩参见表 13-1-58。

4）滑动的定义　握力试验中，在线夹或接续管出口处，被试导线或避雷线的划印记号离开原有位置，但试验负荷仍可继续上升则不作为滑动。如果试验负荷不再上升而划印记号继续移动则称为滑动。

表 13-1-58　常用 U 形螺栓的最大许用扭矩

螺栓公称直径 d/mm	10	12	16
扳手最大许用扭矩/N · cm	1323	2352	5880

注：对于采用抗拉强度为 375N/mm^2（即相当于 Q235 钢）的 U 形螺栓，应将表中许用值乘以修正系数 0.75。

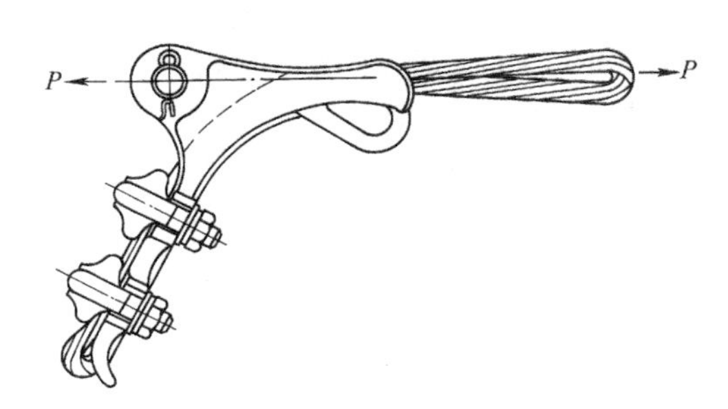

图 13-1-54　螺栓式耐张线夹破坏负荷试验

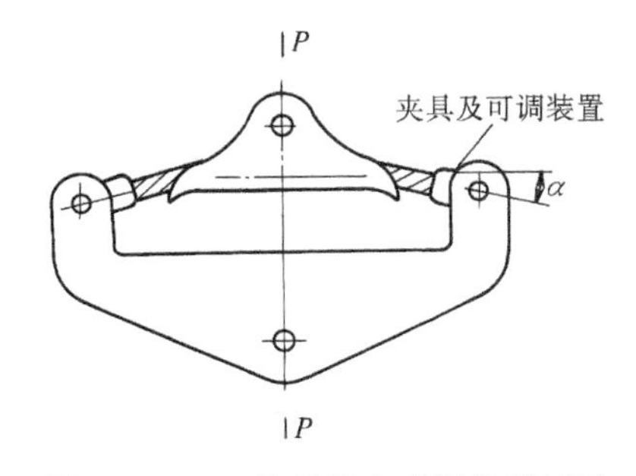

图 13-1-55　悬垂线夹破坏负荷试验

（2）破坏负荷试验　电力金具的破坏负荷是金具串组合设计的依据，是金具串安全运行的保证。金具的破坏负荷试验应按以下要求进行。

1）螺栓式耐张线夹的破坏负荷试验应以高于导线强度的钢丝绳安装在线夹内进行，如图 13-1-54所示。

2）悬垂线夹的破坏负荷试验应将被试线夹的悬垂角 α 调整，并保持在 8° ~ 10° 内进行，如图 13-1-55所示。

3）对连接金具的破坏负荷试验方法不作特殊要求。

4）进行破坏负荷试验时，当达到标称破坏负荷仍未破坏，可加荷到标称破坏负荷的 120%，若未破坏，可不再继续试验。但在型式试验的每批试件中至少有一件要试至破坏为止。

（3）试验加荷速度　试验负荷在被试件标称破坏负荷 50% 以内的加荷速度不作规定；达到 50% 时应在线夹或接续管出口处的导线、避雷线表面划印，其后加荷速度为每分钟上升值不超过试件标称破坏负荷的10%。

5. 振动试验

对于防振锤等防护导线和避雷线受振动损伤的金具应进行振动试验，以保证该类金具具有足够的消振性能及其结构在长期运行中的可靠性。振动试验所采用的稳定频率应接近导线和避雷线可能产生的振动频率，在振动台上进行连续振动，振动次数应不少于1×10^7次，其振幅为±0.5mm。

6. 电阻试验

压缩型耐张线夹和接触、接续金具应进行电阻试验，以检验接头的电气性能。接头电阻主要是接触电阻，接触电阻的大小与接触力的大小（压缩力与螺栓拧紧力）和实际接触面积（非直观接触面积）的多少有关。评定接头的设计和安装的电气质量，一些标准称之为初始电阻测量。所测值只能说明接头在未投入运行前的初始状态，并不能断定在投入运行后的好坏，因接头的接触力和实际接触面积随接头运行中所处的各种运行条件而变化，故接头电阻也在不断变化。因此，国家标准中规定电力金具电阻试验应在温升或热循环试验前后各进行一次。电阻值应不大于等长导线的电阻。

根据电力金具国家标准的规定，电阻试验应在(25±2)℃的室内进行，用直流压降法测定电气接触的设备线夹、耐张线夹、接续管等的接触部分的电阻和导线本身的电阻（测量准确度不低于$10^{-6}\Omega$），导线通电流约20A，试件测量点距线夹边缘为5mm，导线两测点间距离应与被测试件等长，如图13-1-56所示。

7. 温升试验

对压缩型耐张线夹和接续、接触金具，应进行温升试验。温升试验亦称温度试验、加热试验和静态加热试验等。其内容都是对包含试验金具在内的回路通以规定交流电流进行连续加热，在一定的时间内使回路温度趋于稳定，对比回路中试件和基准导体的温度或按规定的某一温度限制进行评定。如美国的UL标准对铜、铝电线的接续和接触金具规定其温度不应高于周围环境温度50℃以上。

根据电力金具国家标准的规定，温升试验应在23~27℃的室内进行，按实际使用条件将试件与导线连接成电气回路，然后通入50Hz的额定电流（按适用导线范围的额定载流量选择），测定各被测点温度，若在10min内三次测定的温度无变化时，求出试件温升值。评定标准为试件的温升不超过基准导线温升为合格。导线测温点与被测试金具的距离应不小于1000mm，如图13-1-57所示。

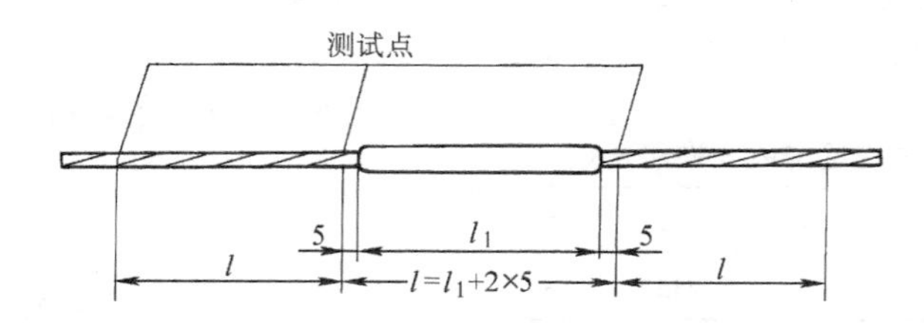

图13-1-56　电阻试验试样测点位置

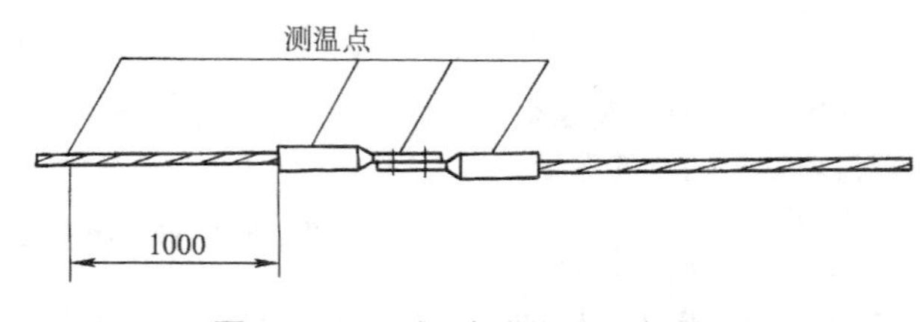

图13-1-57　温升试验测温点位置

8. 热循环试验

对压接型耐张线夹和接触、接续金具（以下简称接头），应进行热循环试验。热循环试验与温升试验不同之处在于它无需连续加热，而是间断性加热，使试件具有冷热不同、温度更迭的循环试验。这种方法作为考察接头接触界面的热应力和金属蠕变影响的程度，即电气热效应性能的稳定性，特别是对铝导体的接头，这种试验更为必要。热循环次数的选择必须保证接头的热稳定性超过设计的使用寿命。

根据电力金具国家标准的规定，热循环试验应在23～27℃的室内进行，按实际使用条件将试件与导线连接成电气回路，然后通入50Hz的额定电流（按适用导线范围的额定载流量进行选择），当达到温升条件（10min内三次测定的温度无变化）后，断开电流让试件自然冷却至室温，即为一次循环。试验共进行120次。为尽量缩短循环时间，允许采用强制冷却措施。试验期间电阻按规定的周期测量。温度（包括试件、基准导体、环境温度）应在每次电阻测量之前的负荷加热过程中，当温度达到稳定时进行测量和记录。

在热循环试验中，为尽可能正确反映接头的电气热效应稳定性，尚应注意以下各点：

1）试验回路中导体型式和尺寸选择应以能产生最大热循环电流，且又与金具载流量接近的导体。

2）为避免金具热效应相互干扰，按电力金具国家标准规定，连接接头的导体长度应不小于1000mm。

3）对于铝-铝及铜-铝两用金具或接头，应在两种不同的试件组合上分别进行试验。

4）凡绞制导体，为对电阻测量提供等电位面并防止在试验回路中流经各个接头的电流密度出现很大差异，应在各接头的两旁设置均流装置，以便使绞合导体的各股芯线保持紧密接触。

5）为掌握导体的正确温度，除使用参照导体外，在两个均流器之间的导体温度也应检测。

6）依靠螺栓紧固力接续的接头，在安装试验回路时，应按规定的扭紧力矩值一次拧紧。在试验过程中不得再拧紧。

9. 电晕试验

对于330kV及以上的超高压输变电装置上使用的电力金具，由于强电场的存在，在金具的棱角处有可能出现电晕放电，产生无线电干扰并加大电能损耗。为尽可能降低这方面的影响，电力金具国家标准中规定，使用于额定电压为330kV及以上的金具，必须进行电晕试验。试验要求在晴天时的室内进行，试件应按实际使用情况安装，试验电压加至输变电装置额定运行相电压的1.1倍（即$1.1U_n/\sqrt{3}$，U_n为额定电压），然后观测试件，此时应无可见电晕，同时观测无线电干扰值。此值在电力金具国家标准中目前尚无具体规定，对500kV输变电装置上使用的电力金具，在实际工程中采用以下标准：在晴天，干扰频率为1MHz的电晕无线电干扰值（RIV）应不超过60dB。

此外，还有一些试验项目如短路试验、振动试验以及盐雾试验等，我国亦将根据工程对产品性能的要求逐步列入新产品的型式试验中。

第2章

架空线的安装敷设

2.1 放线工艺

目前，我国的架空输配电线路在放线施工中主要采用两种方法，不带张力放线和带张力放线。前者主要适用于220kV以下的架空线路施工，后者适用于220kV及以上架空线路施工。两种方法各有特点。前者所需用机械设备和专用工具较少，施工技术要求不很高，工艺流程简单，故使用较为普遍。但这种方法由于导线、地线在放线过程中直接与地面接触摩擦，使导线的表面受损，产生许多毛刺和凹凸不平的棱角，这样导线运行后，在高电场下毛刺、棱角处将引起尖端放电而产生电晕。电压等级越高，电晕现象也越严重。电晕不仅消耗电能，还增加线路的损耗，而且对无线电通信、载波通信及电视广播都有较大的干扰，故在超高压架空线路施工中，现在均采用张力放线法。张力放线使导线在展放过程中一直处于悬空状态，避免同地面或障碍物的接触，从而实现了保护导线的目的，提高了放线质量。张力放线是一种机械化程度较高的大流水作业的施工方法，需配置一整套专用机械设备和工器具。机械设备的操作比较复杂，操作人员需经过严格的培训才能工作。所以张力放线对施工人员的素质和施工机械的配备要求很高，其施工程序及操作工艺流程也较复杂，技术要求很高。

2.1.1 放线前准备

1. 不带张力放线的准备工作

放线前的准备工作，主要是对放线段施工现场交叉跨越物的处理，为放线工作创造条件，主要包括以下几方面：

(1) 踏勘 查勘放线段沿线情况，包括所有的交叉跨越情况；制订各个交叉跨越地点放线时的具体措施，并分别与有关部门取得联系。

检查杆塔是否已安装组立完毕，有无倾斜或缺件需纠正补齐，连接螺栓必须紧固，经验收合格。

(2) 跨越 对于一般不通航河流，可不采取跨越措施。对通航河流及主要航道则应搭设越线架，必要时应征得有关部门同意临时封江停航。

对于跨越公路、铁路及一二级通信线路及不能停电的电力线路，应在放线前搭好越线架，其材料可用毛竹或圆木。越线架的搭设应位置准确，稳固可靠，要有足够高度和宽度，应能保证放线时导线与被跨越物之间的最小安全距离。

(3) 通道 必须拆除的障碍物，例如房屋等应先拆除，辟通放线通道。属设计要求需迁移、改建的建筑物、电力线、树木等，均应在放线前处理完毕。

2. 张力放线的准备工作

其工作比较复杂，除进行上述工作外，还须进行一系列计算、比较、选择。

(1) 张力放线的区段划分 张力放线采用直通连续放线法，要根据地形、道路、交通条件及施工组织等因素综合考虑，合理选择放线区段。根据施工经验，张力放线区段一般按如下的长度来选择：

一牵四牵张机的放线区段按6~7km划分。

一牵二牵张机的放线区段按5~6km划分。

施工时，如遇地形复杂或设置张力场及牵引场困难时，可适当缩短或延长放线区段。但放线区段也不宜过长，否则导线经过放线滑车次数过多，使导线受到弯曲的次数增多，容易导致裂股、断股，影响放线质量。

(2) 张力场、牵引场的选择 张力放线的张力场、牵引场的转移是交替进行的。即第Ⅰ放线段施工完毕后，牵引场翻到第Ⅱ放线段场地，张力机原地调头展放第Ⅱ放线段。然后牵引场原地调头，张力机翻到第Ⅲ放线段场地，开始展放第Ⅲ放线段。依次类推，如图13-2-1所示。

张力放线一般根据下列条件选择张力场、牵引场的位置：

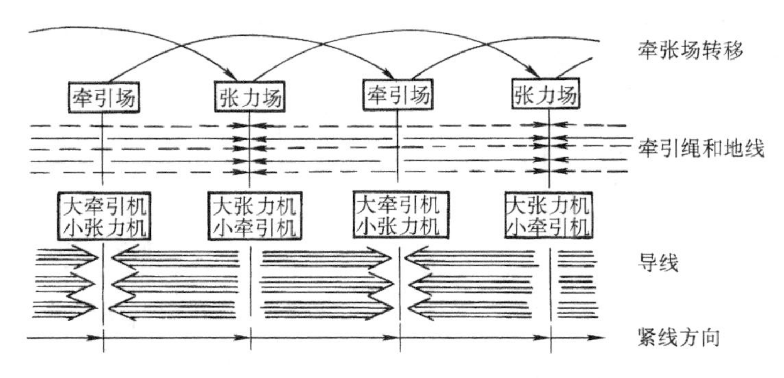

图 13-2-1　牵引场和张力场位置转移

1）地势平缓且在档距中间位置，或保证设计提出的与邻塔的距离及导线对地夹角（一般在 30°以下），交通运输条件较好的地点。

2）张力场、牵引场不应设在设计不允许导线、地线有接续管的档内。

3）一般在耐张塔前后不宜设置张力场、牵引场。因为耐张塔紧线施工非常复杂，费工费时。

4）直线兼转角塔前后，也不宜设置张力场、牵引场。因为导线通过放线滑车锚固很不方便。

5）重大跨越处设置张力场、牵引场要慎重，要考虑施工安全性和交叉跨越距离等因素。

6）张力场、牵引场宜设在张力放线时导线上扬较大的铁塔前后，这样可减少施工中的处理工作。

7）低洼、容易积水的地方不宜设置张力场、牵引场。

8）因张力场设备、线盘数量较多，对场地面积要求较大，应尽量减少张力场转场次数，以充分利用张力场在线路中间向两侧放线的特点，所以牵引场应设置在线路的起始端和末端。

9）最后对张力场、牵引场的道路运输条件、场地大小、施工条件及整修道路、场地的工作量进行实地踏勘，经比较，选出最佳方案，进行各项施工准备工作。

（3）张力放线的各类施工计算　由于张力放线是一个技术性较强的施工方法，放线准备阶段必须进行一系列的施工计算。

1）放线校验模板的制作：放线校验模板是校验导引钢丝绳、导线牵引钢丝绳和导线是否上扬与拖地的一个重要辅助手段。但需说明：由于模板的制作条件与各放线段实际条件是有出入的，所以这种方法校验的结果具有近似性，对于用模板在断面图上校验出来的各近地点及各临界上扬点都要进行计算校核。

模板制作的条件：导线对地距离 5m，导线对越线架封顶横杆距离 1m，导线牵引钢丝绳对地距离 1m。根据经验，张力取导线紧线张力的 45%，导线牵引钢丝绳张力取导线张力的 1.5 倍做模板 k 值计算较为合适。模板与线路纵断面图的纵横比例应相同。

模板曲线根据下列计算制作：

$$f = kx^2 \qquad (13\text{-}2\text{-}1)$$

式中　f——导引钢丝绳，导线牵引钢丝绳或导线的弧垂（m）；

k——模板系数（m^{-1}），$k = W/(2T)$；

W——导引钢丝绳、导线牵引钢丝绳或导线的单位重量（N/m）；

T——导引钢丝绳、导线牵引钢丝绳或导线的张力（N）；

x——模板上水平距离（m）。

模板式样如图 13-2-2 所示。放线校验模板需准备三块。一块为导引钢丝绳模板，用于校验导引钢丝绳牵引导线牵引钢丝绳时的上扬点，以便采取预防措施。另一块为导线牵引钢丝绳模板，用于牵引导线时的上扬点。第三块为导线放线模板，在线路断面图上找出导线对地距离近地点（又称危险点），作为放线段张力的计算依据。

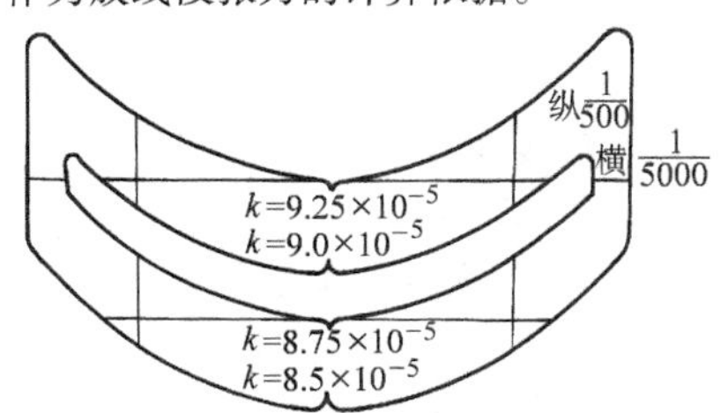

图 13-2-2　最大弧垂模板

2）张力计算：首先分别计算出导线牵引钢丝

绳、导线各近地点按对地距离要求时的张力，取其值大者，再根据下式计算张力放线的最佳张力 T_0。张力大的近地点档将作为该段的控制档。

$$T_0=\frac{1}{\varepsilon^n}\left[\frac{T_n}{k_0}-W\sum h\frac{\varepsilon(\varepsilon^n-1)}{n(\varepsilon-1)}\right] \quad (13\text{-}2\text{-}2)$$

式中 ε——放线滑车的综合摩阻系数；

W——架空线（即导线牵引钢丝绳或导线）的单位重量（N/m）；

$\sum h$——由近地点档至张力机出口，导线悬挂点累计高差（张力机侧低时为正，反之为负）（m）；

T_n——控制档内近地点处按对地距离要求时架空线的水平张力（N）；

n——从控制档至张力机出口处导线牵引钢丝绳数或导线经过滑车的个数（包括张力机出口滚筒）；

k_0——系数，取1.1。

3）牵引力计算：初始牵引力按下式计算：

$$P_0=k_0\left[NT_0\varepsilon^n+W_1\sum h\frac{\varepsilon(\varepsilon^n-1)}{n(\varepsilon-1)}\right] \quad (13\text{-}2\text{-}3)$$

式中 N——被牵引的架空线根数；

W_1——牵引钢丝绳（导引或牵引钢丝绳）的单位重量（N/m）；

其他符号与式（13-2-2）相同。

最终牵引力的计算：

$$P_n=k_0\left[T_0\varepsilon^n+W_2\sum h\frac{\varepsilon(\varepsilon^n-1)}{n(\varepsilon-1)}\right]N \quad (13\text{-}2\text{-}4)$$

式中 W_2——被牵引架空线的单位重量（N/m）。

最大牵引力的计算：

$$P_{max}=k_0\left[T_0\varepsilon^n+W_2\sum h\frac{\varepsilon(\varepsilon^n-1)}{n(\varepsilon-1)}\right]N+\left(2l_2W_2+\frac{l_2}{2}W_1+W_c+W_h\right)\tan\theta \quad (13\text{-}2\text{-}5)$$

式中 l_2——放线段邻近牵引机侧第一基塔位的垂直档距（m）；

W_c——悬垂绝缘子串重量（N）；

W_h——放线滑车重量（N）；

θ——走板通过滑车时，悬垂绝缘子串的倾斜角，一般取 $\theta=20°$；

其他符号与上列各式相同。

4）上扬（上拔）力计算：

$$T_B=\left(\frac{l_1+l_2}{2}\right)W+T_n\left(\frac{h_1}{l_1}+\frac{h_2}{l_2}\right) \quad (13\text{-}2\text{-}6)$$

式中 l_1、l_2——校验杆塔两侧架空线的档距（m）；

h_1、h_2——校验杆塔与两侧杆塔架空线悬点高差，俯为正值，仰为负值（m）；

T_n——校验杆塔处架空线的张力（N）。

当 T_B 出现负值或临界上扬力小于500N，则要采取措施。

5）导线配线计算：张力放线采用的是连续放线法，即一个放线段的一相导线放好后，在张力场割断，将剩余的导线直接连在走板上，开始展放第二相导线。如此连续展放下去。由于导线盘上长度一般为1500～2000m，每相导线均需接续几次，故余线利用和接续管位置都应在配线时加以考虑。配线计算一般应考虑下列因素：

① 接续管的位置必须符合设计及规范的要求。

② 通过计算，合理地配线。在一个耐张段内应尽量减少接续管的数量。

③ 布线时应将上一架线段的紧线余线计入。

④ 每次上张力机的各子导线长度应尽量一致。

⑤ 应将现有的导线进行合理的配接，制作各架线段的导线配线表。

6）铁塔悬挂点的强度校验。对于垂直档距较大的铁塔导线悬挂点及放线滑车等，应进行强度校验计算。对于过轮临锚直线塔也应进行上述校验工作。

3. 放线现场准备

（1）挂导线绝缘子串及放线滑车 选用的放线滑车应符合下列要求：

1）轮槽尺寸及耐用材料应与导线相适应，以保证导线通过时不被磨损。

2）轮槽底部的轮径不宜小于导线直径的15倍。

3）对于上扬较大或垂直档距甚大及需要过导线接头的放线滑车，应进行验算，必要时，应采用特制的结构。

4）滑轮应采用滚动轴承，以保证转动灵活。

放线滑车一般悬挂于绝缘子串下的连接金具上。对于张力放线的耐张塔，则用1～1.5m长的钢绳套将滑车挂于塔上，对于耐张转角塔和垂直档距较大的直线塔，每一相应挂两个放线滑车。两滑车之间采用刚性支撑连接，以防滑车互相碰撞。

(2) 展放导引钢丝绳　导引钢丝绳按线路长度进行配盘，选择合适长度导引钢丝绳盘，将它送至布线点后，向两头展放。导引钢丝绳之间用抗弯连接器连接。但因抗弯连接器曲率半径较小，导引钢丝绳端部的应力较集中，使用时要经常检查。

4. 通信联系

放线施工中，通信联系是否畅通，直接关系到放线施工的质量与安全，所以放线时通信联系极为重要，特别是采用张力放线，其对通信方式及其布置要求更高。目前普遍采用的是使用同频单工无线电话机，沿放线段呈线状布置，达到互相联系的目的。具体要求如下：

1）放线施工前应对所有通信设备进行频率与灵敏度的校验。

2）每个通信人员都有各自的通信代号，施工中通信人员应及时、准确无误地将导线的牵引情况报告给张力场（或放线场）和牵引场的施工负责人。

3）放线段跨越电力线、通信线、铁路及公路等的跨越点和放线段的牵引钢丝绳、导线张力控制档，均应设专门的通信人员监视。

4）张力场、牵引场应备有备用通信设备。一旦使用中的通信设备发生故障时便于更换，确保通信畅通。

5）全线通信联系经试话畅通后方可放线。放线过程中通信人员不得随意关机或离开工作岗位，以免通信失灵。

2.1.2　放线施工

1. 人力施放

这种施工方法适用于导线截面积较小、放线段（放线段按耐张段划分）不太长的架空线路。放线施工时，利用人力在地面直接拖线，可不用牵引设备及大量牵引钢丝绳，方法简便。其缺点是需耗用大量劳动力，并将损坏大面积农作物。人力施放对劳动力的安排为，平地上每人平均负重300N，山地上为200N。根据导线、地线长度或耐张段长度的情况，开始时可数根线同时拖放；到后阶段由于长度和重量的增加，可逐步将一部分暂停，合并集中使用劳动力分别先后拖放。

2. 机械牵引

这是一种机械化程度较高的施工方法，可节约大量劳动力，减少农作物的损失，适用于截面积较大（185mm^2以上）、放线段较长的架空线路的放线施工。其放线段按耐张段划分，先由人力分段展放牵引钢丝绳，用抗弯连接器接好，使牵引钢丝绳贯穿整个放线段。连接放线场的导线，一端由机动绞磨牵引，进行导线的施放。由于放线过程不带张力，故牵引力不需很大。牵引钢丝绳规格一般采用ϕ9.2mm。但对于大跨距或高差很大的山区线路，或放线段较长者，则应进行必要的计算、校验，按最大牵引力选择牵引钢丝绳。放线段若很长，则可分段进行，然后将导线接续。

3. 张力放线

张力放线采用的是耐张塔直路通过，直线塔紧线，耐张塔平衡挂线，张力场、牵引场集中压接的施工方法。由人力展放的导引钢丝绳贯穿放线段，连接设在放线段两端的张力场和牵引场中。设置在张力场的小牵引机在收卷导引钢丝绳的同时，将连在导引钢丝绳另一端的导线牵引钢丝绳从牵引场拉至张力场（导线牵引钢丝绳通过设置在牵引场的小张力机而带有恒定的张力）。再将导线牵引钢丝绳端头连在与导线相连的放线走板上，导线通过张力机。然后由牵引场的主牵引机收卷导线牵引钢丝绳，将导线牵到牵引场。由于导线通过张力机而带着一个恒定的张力，使其在放线过程中一直处于悬空状态，避免了导线表面占地面及其他障碍物的摩擦，从而实现了保护导线的目的。但张力放线比较复杂，技术要求很高，机械设备繁多。

(1) 张力场、牵引场的平面布置　张力场、牵引场的平面布置位置的正确性非常重要，直接关系到放线能否顺利进行，所以要求比较严格。

1）牵引场平面布置图，如图13-2-3所示。

2）张力场平面布置图，如图13-2-4所示。

主张力机、牵引机应布置在中间相导线的垂直下方，一次定位后应使这些设备在展放三相导线的过程中不需移位，并保证张力机、牵引机出线对第一基铁塔的边线挂线点水平夹角不大于5°，如图13-2-5所示。

小张力机、小牵引机应该设在主张力机、主牵引机对应的同一侧，如图13-2-6所示。

牵引绳卷筒支架应设置在主牵引机的侧前方，以便机械操作人员监视。

小张力机钢丝盘拖车设置在牵引绳卷筒支架一侧的前方，以保证起重机不需移位即可倒换钢丝绳盘。导线盘轴架拖车前后交叉排列，以保证导线盘上出线与主张力机的夹角不大于2.5°。为防止感应电及跨越电力线时发生意外，所有放线设备均应装有可靠的接地装置。

放线设备的锚定物必须牢固可靠。

导线盘应按放线时上盘的顺序安放在起重机和导线盘支架的两侧。

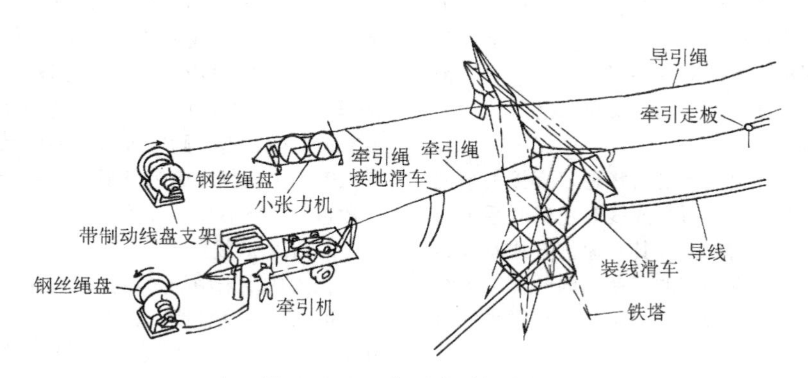

图 13-2-3 典型牵引场布置

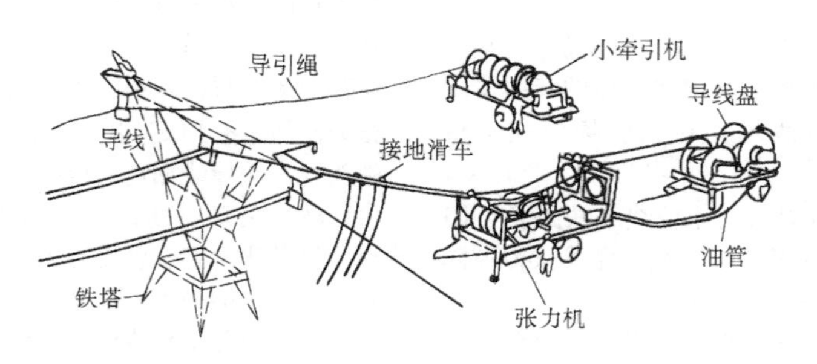

图 13-2-4 典型张力放线现场布置

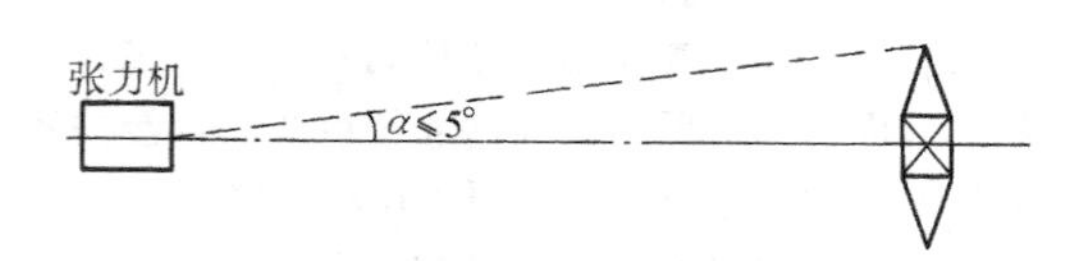

图 13-2-5 边线挂线夹角

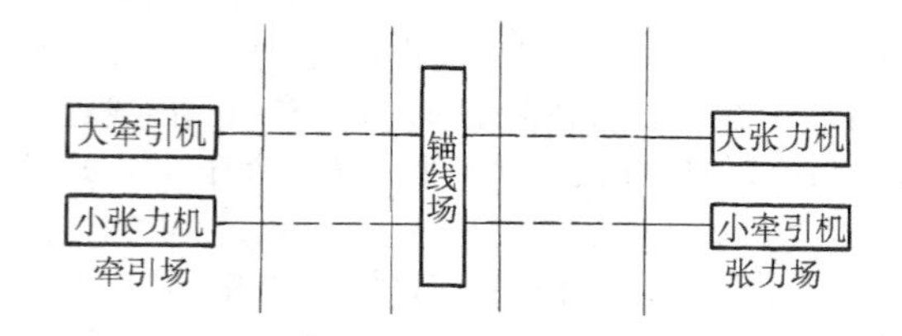

图 13-2-6 架线现场布置

为便于放线时锚线，三相锚线、地锚之间距离不宜过大，一般在张力机、牵引机出口与第一基铁塔边相悬挂点连线向外侧 1.5m 左右即可。锚线、地锚距张力机、牵引机出口必须在 2.5m 以外，以供导线压接场地之用。

（2）牵引钢丝绳展放 牵引钢丝绳是由设在张力场的小牵引机进行牵引的，三相牵引顺序为边相、中相、边相。为了提高工效，在一个放线段内牵引第二、三根导线牵引钢丝绳可与牵引导线同时进行，但小牵引机第一次牵引的牵引钢丝绳必须是靠张力机侧的边相，这样两道工序才能互不影响。

牵引操作要点如下：

1）钢丝绳进入设备的方向：牵引钢丝绳进入小张力机张力轮的方向为由内向外，上进上出，缠满轮槽。导引钢丝绳进入小牵引机牵引轮的方向也如此。

2）牵引速度：由于导引钢丝绳人力展放时不可能完全拉直，部分档尚有余线，导引钢丝绳重量又很轻，若开始时就高速牵引容易引起跳槽，所以小牵引机起步要慢。

导引钢丝绳抗弯连接器在进入小牵引机轮槽时应放慢牵引速度，防止将其挤碎。使用时应注意方向，圆头的一头应置于牵引侧。

3）跳槽处理：为防止导引牵引钢丝绳及架空导线上扬跳槽，可采用下列措施：

① 装设压线滑车，如图 13-2-7 所示。

② 装设倒挂滑车，如图 13-2-8 所示。

③ 降低相邻铁塔的放线滑车高度，这样可使上扬缓解。但只有在导线严重上扬时才这样处理，

一般不采用此法。

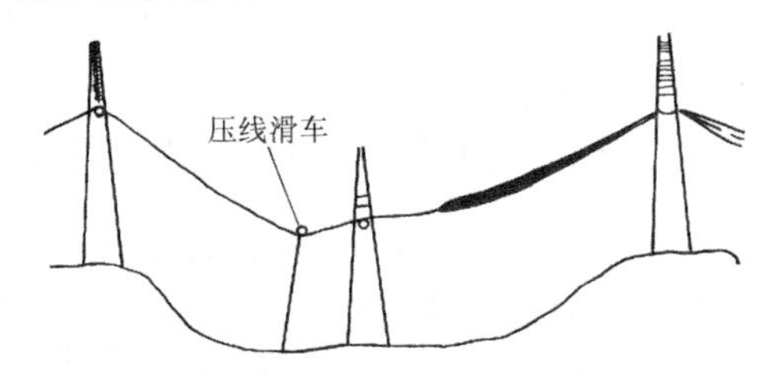

图 13-2-7　钢丝绳上扬时挂压线滑车

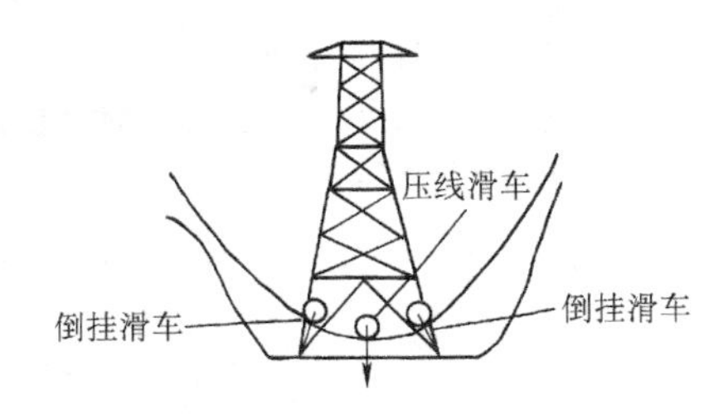

图 13-2-8　装设倒挂滑车

④ 在某些塔位会出现临界下压力，此时导引或牵引钢丝绳对放线滑车压力很小，牵引力稍有波动即会发生上扬的可能，应提前采取相应措施，如装设压线滑车等。

⑤ 在转角度数较大的塔位，由于滑车自重较大，导引钢丝绳自重较小，在角度力的作用下会频繁跳槽，可以采用使放线滑车向内角预偏与加卡式压线轮相结合的办法处理。

导引钢丝绳在收卷过程中应按分段长度解开，运至下一个放线段继续展放。

牵引钢丝绳被牵至张力场后即停止牵引，用紧线器锚固在临时锚线的地锚上，即可与走板连接。

(3) 导线展放　展放前应对现场布置，例如设备、越线架、道路、通信设备等进行全面检查，有问题及时处理。展放一般按如下要求和程序进行：

1）导线盘吊进张力机：导线盘根据上盘先后顺序，四个线盘支架提升至同样高度，由线盘上方将导线头引出，检查线盘支架的方向和制动。制动力（即导线尾绳张力）的大小以张力放线时线盘与张力机之间的导线基本不随牵引惯性而松弛为好。为使线盘转动灵活，减少线盘支架部件的磨损，应经常在转动受力部分涂润滑油。

导线引入张力轮时，用直径为 15mm 的尼龙绳或棕绳按导线入轮规定顺槽绕满，其一端与导线连接，另一端引出张力机。慢速起动张力机，用人力拽行，将导线引出与走板连接。每次展放的各子导线引出长度应尽量一致，以便导线张力调平。

导线进入张力机的方向，左捻导线为右进左出，上进上出。导线在张力机出口处，均应装设接地滑车并可靠接地。

2）张力机操作：张力机必须按计算出导线最佳张力值整定好导线张力。放线时应随时注意线路上的信息，将各线基本调平。此外，还应根据现场的具体布置情况，适当调整张力机的高度和导线前后导向滚筒的位置，使导线的入线、出线角度都更为合理。

走板在牵引放线过程中，应基本保持水平状态。当它进入转角塔所在的档内时，为了顺利通过滑车，张力机应根据通信联络人员的要求，适当调节各线张力，使走板倾斜度与转角塔放线滑车的倾斜度基本一致。当走板通过转角度数较大的转角塔时，应放慢牵引速度，以防走板在通过双放线滑车时链条式平衡锤搭在导线上，落不下来因而失去作用。待走板顺利通过转角滑车后再调平四线。

3）导线发生混绞时的对策：因张力机、牵引机紧急停车或横线路方向有较大的风，使导线发生剧烈的舞动而形成混绞时，应立即停止牵引。严禁随意调节张力，否则会使混绞点向两侧塔位移动而增加处理工作的难度，严重时还会伤及导线。查明原因后，如混绞点靠近档距中间的位置，则可以采用加大张力的方法使其自行分离，但采用调节张力的方法时一定要慎重，必要时用人力将其分开。待导线稳定后再慢速牵引。调平导线后恢复正常展放。在上述情况下，一般不采用降低张力的方法，因为高空混绞在一起的导线很难分清，万一搞错，将使混绞点向两侧迅速移动。同时，降低张力的导线与不动的导线在混绞处很容易互相磨伤。

4）导线盘的更换：当线盘中的导线剩余 4～5 圈时应停止牵引，用棕绳将张力机尾部导线锚固，倒出盘上剩余的导线然后换盘。换盘后已展放导线尾部与新换导线的端部用蛇皮套及抗弯连接器连接，余线重新绕到新盘上。蛇皮套外部与导线接触部分应加衬垫防护，蛇皮套尾部必须用细铁丝绑扎牢固，起动张力机、牵引机，将导线连接端牵出张力机 25m 以外时停车。导线临时锚固后，再次起动张力机倒出 5～10m 余线，即可进行集中压接。导线落地处均应衬垫防护层。压接后张力机倒车将导线收紧，放松临锚钢丝绳，拆除紧线器后继续展放导线。

5）导线的防护：导线的防护在张力放线施工中非常重要。此项工作如做得不好，也就失去了张力放线的意义。因此导线牵至牵引场在锚线架上锚固时，锚线钢绳套均应缠上麻袋片、塑料布或挂胶，以免与导线接触部分磨损导线；紧线器卡线时应相互错开，防止松线时卡碰；紧线器后部也应采取适应的防护措施。

6）放线最后阶段的工作：导线在展放到最后200m时，牵引场应通知张力场将导线的张力逐渐加到紧线张力的75%左右，以减少紧线的余线。但必须注意：张力不能加得过大，以免导线升空时发生困难。由于各种线路导线截面不同，所以应注意张力机加大张力后导线的牵引力不能超过牵引机的允许负荷。

一相导线放好后，应在张力机前将导线截断，将剩余导线端头连上走板，准备第二相导线的展放（须经计算）。一个放线段放线完毕后，将张力场（或牵引场）调头布置，牵引场（或张力场）转场，准备下一放线段的施工。

张力放线完毕后，各点施工人员应报告导线各个接续管的位置，如与布线计算不符，应及时采取补救措施。

（4）张力放线的速度 影响张力放线速度的因素很多，一般对机械运转速度做如下的规定：

一牵四放线设备：80～100m/min；

一牵二放线设备：60～70m/min；

张力放线日综合进度一般可达0.5～0.8km。

2.2 架空线的弧垂计算及观测

2.2.1 弧垂、线长及应力计算

1. 弧垂、线长的计算

架空线由于档距很大，材料的刚性影响可以忽略不计，架空线的形状就像一条两端悬挂的柔软的索链，所以架空线可按悬链线计算其弧垂及线长。其计算式为

$$\text{弧垂}\quad f=\frac{\sigma}{g}\left[\operatorname{ch}\frac{gl}{2\sigma}-1\right] \tag{13-2-7}$$

$$\text{线长}\quad L=\frac{2\sigma}{g}\operatorname{sh}\frac{gl}{2\sigma} \tag{13-2-8}$$

根据悬链线公式的级数形式展开，式（13-2-7）和式（13-2-8）又可写成级数形式。

$$f=\frac{\sigma}{g}\left[\left(1+\frac{l^2g^2}{8\sigma^2}+\frac{l^4g^4}{38\sigma^4}+\cdots\right)-1\right]$$

或
$$f=\frac{l^2g}{8\sigma}+\frac{l^4g^3}{384\sigma^3}+\cdots \tag{13-2-9}$$

$$L=\frac{2\sigma}{g}\left[\frac{lg}{2\sigma}+\frac{l^3g^3}{48\sigma^3}+\frac{l^5g^5}{3840\sigma^5}+\cdots\right]$$

或
$$L=l+\frac{l^3g^2}{24\sigma^2}+\frac{l^5g^4}{1920\sigma^4}+\cdots \tag{13-2-10}$$

式中 l——档距（m）；

g——架空线的比载[N/(m·mm²)]，$g=W/S$；

W——单位长度导线的重量（N/m）；

S——导线截面积（mm²）；

σ——架空线的最低点应力（即水平应力）（N/mm²）。

为了简化计算，工程施工计算中仅取式（13-2-9）的第一项计算弧垂、取式（13-2-10）的前两项计算线长，即用抛物线方程代替悬链线方程近似计算，已能满足工程要求，即

$$f=\frac{l^2g}{8\sigma} \tag{13-2-11}$$

$$L=l+\frac{l^3g^2}{24\sigma^2}=l+\frac{8f^2}{3l} \tag{13-2-12}$$

按上述抛物线方程代替悬链线方程计算，其误差是很小的。当弧垂不大于档距的5%时，线长误差率小于$15\times10^{-4}\%$。

在交叉跨越档距中，一般需计算被跨越物上面任一点导线的弧垂f_x，以便校验交叉跨越距离。如图13-2-9所示，档距中任一点导线弧垂按下式计算：

$$f_x=\frac{x(l-x)g}{2\sigma}=4f\frac{x}{l}\left(1-\frac{x}{l}\right) \tag{13-2-13}$$

式中 x——从任一悬点至计算坐标点x的水平距离（m）。

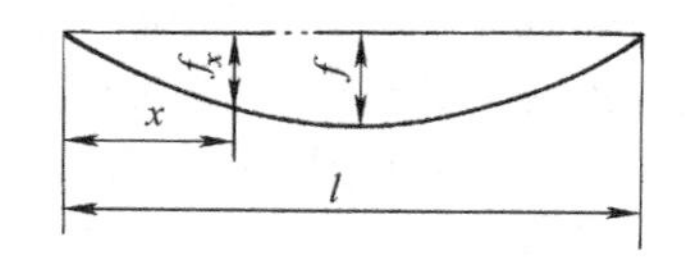

图13-2-9 任一点的弧垂f_x示意图

悬挂点具有高差的档距中，架空线的计算需用斜抛物线法，即

$$L=\frac{l}{\cos\varphi}+\frac{l^3g^2\cos\varphi}{24\sigma^2} \tag{13-2-14}$$

$$f=\frac{l^2g}{8\sigma\cos\varphi} \tag{13-2-15}$$

$$f_x=\frac{x(l-x)g}{2\sigma\cos\varphi} \tag{13-2-16}$$

式中 φ——高差角，$\varphi=\arctan\frac{h}{l}$。

2. 应力计算和状态方程

架空线各点所受应力的方向是沿切线方向变化

的，最低点处的应力称为水平应力，只要知道最低点应力，架空线上任何一点的应力都可用下式计算求得

$$\sigma_x = \sigma + (f - f_x)g \quad (13\text{-}2\text{-}17)$$

式中　σ——架空线的水平应力（N/mm^2）；

f——架空线的弧垂（m）；

f_x——计算点导线的弧垂（m）；

g——架空线比载[$N/(m \cdot mm^2)$]。

架空线的悬挂点应力则为

$$\sigma_A = \sigma + fg \quad (13\text{-}2\text{-}18)$$

当气象条件变化时，架空线所受温度和负荷也发生变化，其水平应力（简称应力）和弧垂也均随着变化，不同气象条件下的水平应力可根据状态方程式进行计算：

$$\sigma - \frac{l^2 g^2 E}{24\sigma^2} = \sigma_m - \frac{l^2 g_m^2 E}{24\sigma_m^2} - \alpha E(t - t_m) \quad (13\text{-}2\text{-}19)$$

式中　σ_m——比载为 g_m、气温为 t_m 时，架空线的水平应力（N/mm^2）；

σ——比载为 g、气温为 t 时，待求的架空线的水平应力（N/mm^2）；

α——架空线的温度线膨胀系数（$℃^{-1}$）；

E——架空线的弹性模量（N/mm^2）；

l——档距或孤立档档距（m）。

令：

$$a = \frac{l^2 g_m^2 E}{24\sigma_m^2} + \alpha E(t - t_m) - \sigma_m \quad (13\text{-}2\text{-}20)$$

$$b = \frac{l^2 g^2 E}{24} \quad (13\text{-}2\text{-}21)$$

则式（13-2-19）变为

$$\sigma^3 + a\sigma^2 = b$$

或

$$\sigma^2(\sigma + a) = b \quad (13\text{-}2\text{-}22)$$

当已知某一气象条件（比载为 g_m，气温为 t_m）下的架空线应力为 σ_m 时，就可用上述状态方程求得另一气象条件（比载为 g，气温为 t）下的架空线应力 σ。

为了保证架空线路安全，架空线的最大使用应力在任何情况下都要小于许用应力，即

$$\sigma_{max} \leqslant [\sigma] = \frac{\sigma_p}{k} \quad (13\text{-}2\text{-}23)$$

式中　σ_p——架空线的瞬时破坏应力（N/mm^2）；

k——架空线的安全系数，设计安全系数不应小于 2.5。

所以架空线最低点的应力可用式（13-2-19）状态方程式以许用应力作为架空线的最大使用应力及以出现最大应力的气象情况作为控制条件求得，即

$$\sigma - \frac{l^2 g^2 E}{24\sigma^2} = [\sigma] - \frac{l^2 g_m^2 E}{24[\sigma]^2} - \alpha E(t - t_m) \quad (13\text{-}2\text{-}24)$$

式中　g_m——架空线出现最大应力时的气象条件下架空线的比载[$N/(m \cdot mm^2)$]；

t_m——架空线出现最大应力时的气温（℃）；

$[\sigma]$——架空线许用应力（N/mm^2）。

这样在任何气象情况下的应力均不致超过规定强度的许用应力。

当求得某气象情况下的导线、地线应力后，则架空线弧垂最低点的拉力可按下式计算：

$$T_0 = \sigma_0 S$$

架空线任一点处的拉力为

$$T_x = \sigma_x S$$

式中　S——架空线截面积（mm^2）。

3. 弧垂曲线

架空线的安装架设是在不同气温下进行的，施工紧线时需要用事前做好的安装曲线（或安装表格），查出各种施工气温（无风无冰）下的弧垂，以确定架空线的松紧程度，使其在运行中任何气象条件下的应力都不超过最大使用应力，且满足耐振条件，使导线任何一点对地面、水面和被跨越物之间的距离符合设计要求，来保证运行的安全。

安装曲线通常只绘制弧垂曲线，绘制方法是以档距为横坐标，以弧垂为纵坐标，根据计算出来的各种施工气温下的弧垂数据绘制一套弧垂曲线。安装曲线上的弧垂是用抛物线公式计算的，而安装情况下的应力是根据架空线的最大使用应力和控制气象情况的比载和气温代入状态方程式中求得的。有时在安装曲线图上亦把安装应力曲线一并绘上，以便施工时查阅。安装曲线的绘制一般从最高施工气温至最低施工气温间每隔 10℃（或 5℃）绘制一条曲线，如图 13-2-10 所示。

2.2.2　初伸长

架空线的机械计算只考虑弹性变形。实际上，金属绞线不是完全弹性体，因此安装后除产生弹性伸长外，还将产生塑性伸长和蠕变伸长，综称为塑蠕伸长。塑蠕伸长使导线、地线产生永久性变形，即拉力除去后这两部分伸长仍不消失，在工程上称之为“初伸长”。

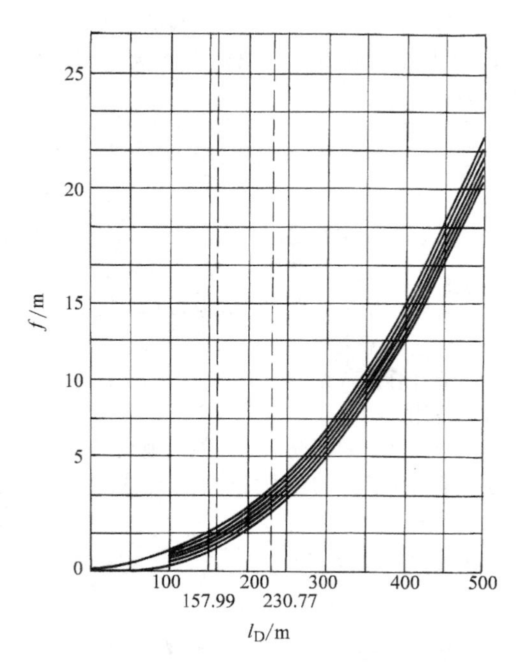

图 13-2-10 安装曲线（LGJ－70 非典型气象区）

初伸长将造成弧垂的永久性增大。而且运行时间越长，此永久性伸长也越大，最终在 5～10 年后才趋于稳定值。弧垂的永久性增大，使导线对地和对被跨越物的安全距离变小，因此在使用新线架线时，必须对架空线预作补偿，使其在长期运行后不致因塑蠕变形伸长而使架空线弧垂超过设计的最大允许弧垂。

补偿初伸长最常用的方法有减小弧垂法和降温法。

1. 减小弧垂法

导线、地线的初伸长率应通过试验确定。如无资料，一般可采用下列数值：

钢芯铝线　　$3\times10^{-2}\%\sim4\times10^{-2}\%$

钢绞线　　$1\times10^{-2}\%$

减小弧垂法是以实际的应变特性曲线为基础的，根据不同架空线应力的初伸长 ε，可按下式计算架空线应力 σ_J。

$$\sigma_J-\frac{l^2g^2E_k}{24\sigma_J^2}=\sigma_m-\frac{l^2g_m^2E_k}{24\sigma_m^2}-\alpha E_k(t-t_m)-\varepsilon E_k \quad (13\text{-}2\text{-}25)$$

式中　E_k——架空线经长期运行后的最终状态的弹性模量，LGJ－95～400 的 $E_k=78400\text{N/mm}^2$。

由于计入了 εE_k，用状态方程式计算的架线应力 σ_J 相应地增大了，因而架线弧垂 f_J 相应地减小了，恰可补偿线路运行后由初伸长所造成的弧垂增大。根据各种导线的初伸长率也可求出相应的弧垂减小量。

配电线路导线、地线初伸长对弧垂的影响一般采用减小弧垂法补偿，弧垂减小的百分数：

钢绞线	5%
铜绞线	7%～8%
钢芯铝绞线	12%
轻型钢芯铝绞线	15%
铝绞线	20%

2. 降温法

若架线安装时温度为 t℃，为了补偿初伸长，可用（$t-\Delta t$）代替 t 代入状态方程式计算应力，则状态方程为

$$\sigma_J-\frac{l^2g^2E}{24\sigma_J^2}=\sigma_m-\frac{l^2g_m^2E}{24\sigma_m^2}-\alpha E[(t-\Delta t)-t_m] \quad (13\text{-}2\text{-}26)$$

式中的 Δt 即为架空线补偿初伸长的等效降温量，用上式计算的所求出的弧垂 f_J 可恰好补偿长期运行后的塑蠕伸长。

输电架空线的初伸长对弧垂的影响。一般用降温法补偿，等效降温量 Δt℃，可采用下列数值：

钢芯铝绞线	15～20℃
加强型钢芯铝绞线	15℃
轻型钢芯铝绞线	20～25℃
钢绞线	10℃

在线路施工中，可用架线温度 t 与等效降温量 Δt 之差，即（$t-\Delta t$）查安装曲线，所得弧垂即为补偿后的弧垂值。

2.2.3 观测档弧垂计算

在连续档中架线时，因各档距不尽相同，所以需选择观测档距，以便架线后进行弧垂测定。观测档的选择一般以耐张段中处在较中间，且档距较大者为宜。观测档的弧垂值按下式计算：

$$f=f_D\left(\frac{l}{l_D}\right)^2 \quad (13\text{-}2\text{-}27)$$

式中　l——观测档档距（m）；

l_D——放线耐张段的代表档距（m），可用下式求得

$$l_D=\sqrt{\frac{l_1^3+l_2^3+l_3^3+\cdots+l_n^3}{l_1+l_2+l_3+\cdots+l_n}}=\sqrt{\frac{\sum l^3}{\sum l}} \quad (13\text{-}2\text{-}28)$$

f——观测档的弧垂（m），$f=l^2g/(8\sigma)$；

f_D——用代表档距计算（或查安装曲线而得）的弧垂（m），$f_D = l_D^2 g/(8\sigma)$。

架线施工前，通常根据各个耐张段的代表档距，分别从安装曲线上查出各种施工温度下的弧垂，再用式（13-2-27）换算到观测档的弧垂值并制成表格，以便紧线施工时使用。

2.2.4 弧垂观测与张力测定

架线施工时，观测弧垂的方法很多，主要有等长法、异长法、角度法等，可根据施工现场条件和测量工具，选择适当的方法。为了提高测量准确度，还需要恰当地选择观测档与观测点。在连续档中，应选择高差较小的平坦地带观测弧垂。观测档应选在一个耐张段中档距最大或较大的档，在6档及以下的耐张段中，至少选一个靠近中间的大档观测弧垂。在7~15档的耐张段中，至少选靠近两端的两个大档分别作为观测档。在15档以上的特长耐张段中，至少在两端及中间各选一个档距大的档同时观测弧垂，以保证连续档中弧垂的正确性。但需指出：观测档不宜选在有耐张绝缘子串的档。

1. 等长法

等长法（即平行四边形法）是施工中最常用的观测弧垂的方法，具有观测方便、观测准确度较高等优点。方法如图13-2-11所示，在A、B杆（塔）各挂一弧垂尺，从架空线悬挂点起始向下标出需测弧垂数值f，结扎一横观测板（或花杆），调整架空线弧垂，使架空线最低点与A、B杆（塔）上的横杆目测成一线，此时架空线的弧垂即为要求的f值。

在两杆塔悬挂点等高或高差不大的情况下，采用等长法观测弧垂比较准确，若悬挂点高差较大，则宜采用异长法观测弧垂。

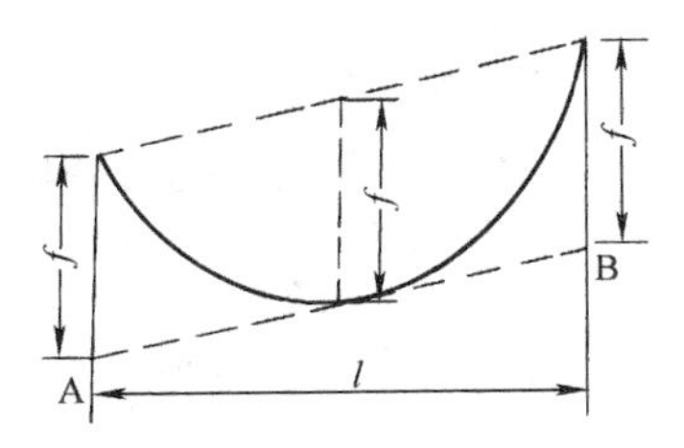

图13-2-11 等长法观测弧垂

2. 异长法

采用异长法观测弧垂比等长法多一步计算手续，图13-2-12a、b所示，分别为A、B杆（塔）上悬挂的弧垂板数值。其与弧垂f值的关系为

$$\sqrt{a} + \sqrt{b} = 2\sqrt{f}$$

由此得

$$f = \frac{1}{4}(\sqrt{a} + \sqrt{b})^2 \tag{13-2-29}$$

整理上式得

$$a = (2\sqrt{f} - \sqrt{b})^2 \tag{13-2-30}$$

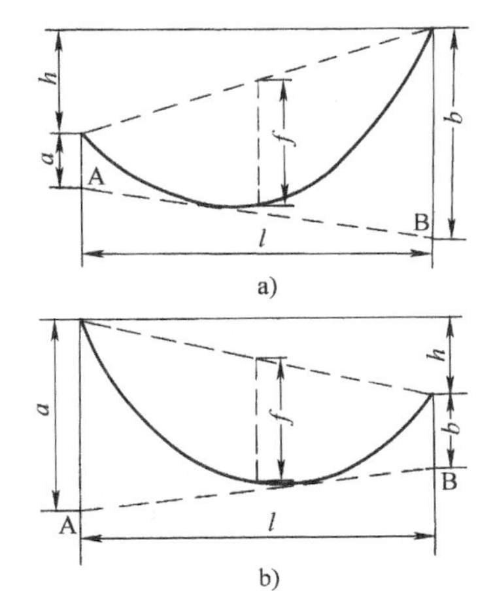

图13-2-12 异长法观测弧垂

在B杆（塔）挂一弧垂板，选择适当的b值，目的是使视线切点尽量接近架空线弧垂的最低点（即底部），根据要求的f值由式（13-2-29）计算出A杆（塔）弧垂板的a值，再用与等长法相同的测视方式，调整架空线弧垂，使其最低点底部与A、B杆（塔）上的弧垂板呈一直线，此时架空线弧垂即为要求的f值。

用异长法复测已架设好的架空线弧垂则比等长法方便。复测时使B杆（塔）的b值固定，移动A杆（塔）的弧垂板，使其与待测弧垂的最低点目测三点呈一线，根据a、b值即可计算出复测弧垂的实际值。

3. 角度法

在客观条件受到限制，无法采用等长法和异长法观测弧垂时，可采用经纬仪测角法（简称角度法）。角度法由于不同地形需要，根据安置仪器部位的不同而分为档端、档内、档外、档侧四种角度法。

角度法需用精密的经纬仪测量，同时还需对杆塔的档距和悬挂点高低差及测点标高等测出准确数据，计算工作量也较大，对山区或大档距使用较为适合，并且对具体的地形要做具体的研究，选择较合适的测量方法，才能得到较高的测量准确度。

(1) 档端观测法 采用档端观测法如图13-2-13所示，其计算式为

$$\theta = \arctan\frac{h - 4f + 4\sqrt{af}}{l} \quad (13\text{-}2\text{-}31)$$

$$f = \frac{1}{4}(\sqrt{a} + \sqrt{a - l\tan\theta + h})^2 \quad (13\text{-}2\text{-}32)$$

$$x = \frac{1}{2}\sqrt{\frac{a}{f}} \quad (13\text{-}2\text{-}33)$$

式中 θ——用仪器观测的弧垂最低点切线与水平线的夹角，正值表示仰角，负值表示俯角（°）；

l——A、B两杆（塔）间的水平距离（m）；

h——架空线悬挂点的高差（m），仪器侧悬挂点较另一侧悬挂点低时，h 取“+”值，反之 h 取“-”值；

a——仪器镜筒旋转中心至仪器侧架空线悬挂点的垂直距离（m）；

x——视线同架空线的切点与视点的水平距离（m）。

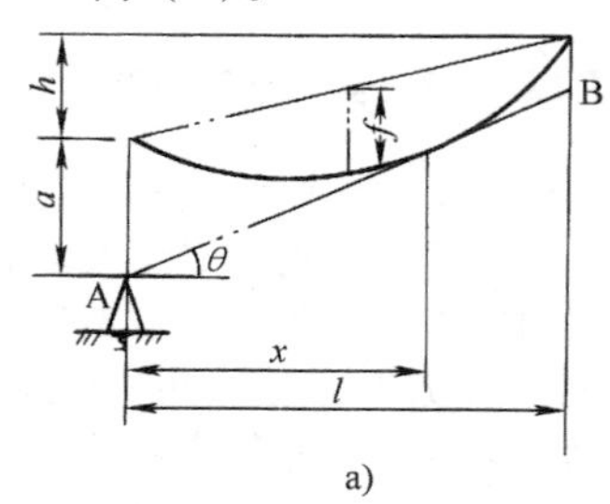

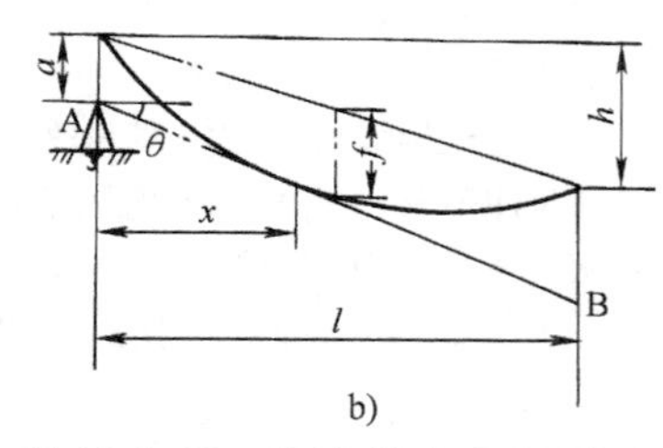

图 13-2-13 档端观测弧垂示意图

a）仪器置于较低一端观察 b）仪器置于较高一端观测

（2）档外观测法 方法如图13-2-14所示，计算式为

$$\theta_1 = \arctan\left[\left(\frac{h}{l} - 4\frac{f}{l} - 8\frac{fl_1}{l^2}\right) + 4\frac{f}{l}\sqrt{4\frac{l_1^2}{l^2} + \frac{a}{f} - \frac{l_1}{l}\left(\frac{h}{f} - 4\right)}\right] \quad (13\text{-}2\text{-}34)$$

$$f = \frac{1}{4}\left[\sqrt{a - l_1\tan\theta_1} + \sqrt{a - (l_1 + l)\tan\theta_1 + h}\right]^2 \quad (13\text{-}2\text{-}35)$$

$$x = \frac{1}{2}\sqrt{\frac{a - l_1\tan\theta_1}{f}} \quad (13\text{-}2\text{-}36)$$

式中 θ_1——档外放置仪器观测弧垂最低点切线与水平线的夹角；正值表示仰角，负值表示俯角（°）；

l_1——仪器至架空线悬挂点（仪器侧）的水平距离（m）；

h——同图13-2-13，有正、负值。

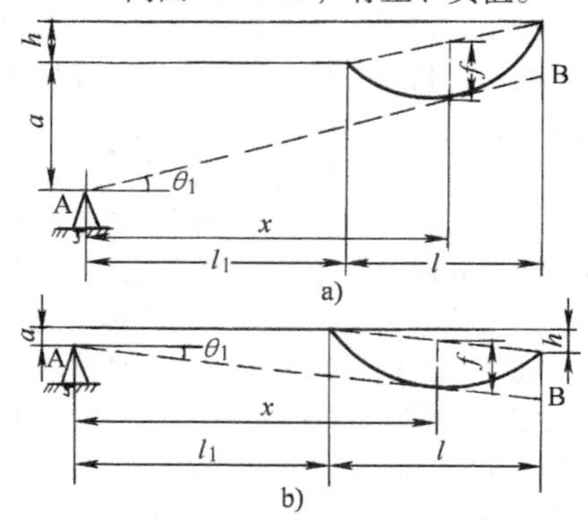

图 13-2-14 档外观测

a）仪器置于较低一侧观测 b）仪器置于较高一侧观测

（3）档内观测法 观测方法如图13-2-15所示，计算式为

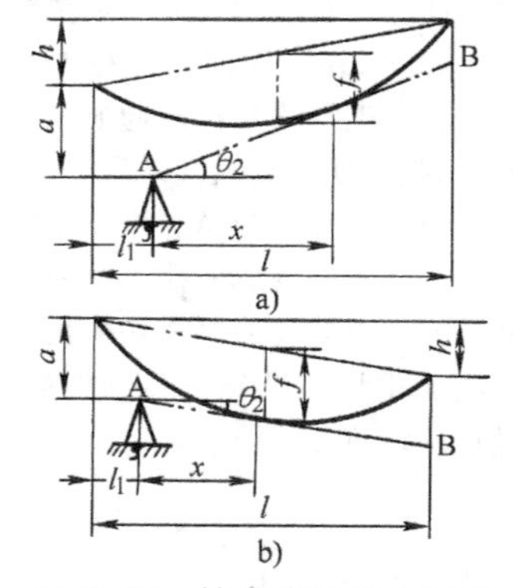

13-2-15 档内观测弧垂示意图

a）仪器置于较低一侧观测

b）仪器置于较高一侧观测

$$\theta_2 = \arctan\left[\left(\frac{h}{l} - 4\frac{f}{l} + 8\frac{fl_1}{l^2}\right) + 4\frac{f}{l}\sqrt{4\frac{l_1^2}{l^2} + \frac{a}{f} + \frac{l_1}{l}\left(\frac{h}{f} - 4\right)}\right] \quad (13\text{-}2\text{-}37)$$

$$f = \frac{1}{4}\left[\sqrt{a + l_1\tan\theta_2} + \sqrt{a - (l - l_1)\tan\theta_2 + h}\right]^2 \quad (13\text{-}2\text{-}38)$$

$$x = \frac{l}{2}\sqrt{\frac{a + l_1\tan\theta_2}{f}} \quad (13\text{-}2\text{-}39)$$

（4）档侧观测法　采用档侧观测法观测弧垂时，最好将仪器放在档距中心点的垂直线上，距离约等于两倍架空线的高度，如图 13-2-16 所示，计算式为

$$\theta = \arctan\frac{\dfrac{H_a + H_b}{2} - f}{l_p} \quad (13\text{-}2\text{-}40)$$

$$f = \frac{l_a\tan a + l_b\tan b}{2} - l_p\tan\theta \quad (13\text{-}2\text{-}41)$$

式中　θ——档侧测量架空线弧垂最低点与水平线的夹角（°）；

H_a、H_b——与仪器同一水平的悬挂点 A、B 高度（m）；

a、b——用仪器观测 A、B 两悬挂点与水平线的夹角（°）；

l_p——仪器中心至 A、B 连线中心 P 点的水平距离（m）；

l_a、l_b——仪器中心至 A、B 悬挂点铅垂线水平距离（m）。

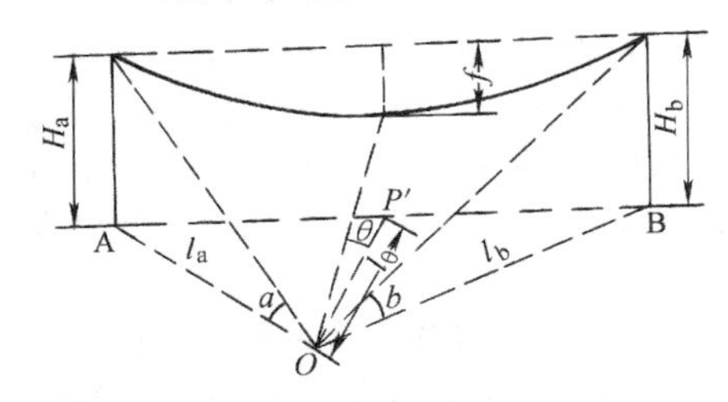

图 13-2-16　档侧观测弧垂示意图

4. 张力测定法

由于同一耐张段内各档的导线、地线张力值均与该档的代表档距的张力值相等，因此施工时可根据当时气温查取该代表档距下的张力值。

2.2.5　弧垂误差及调整量计算

架空线接好后，为保证安装质量，须对弧垂进行复测。如弧垂误差超出质量标准规定的范围，则应加以调整。调整方法通常是在耐张段内增、减一段线长，以改变弧垂。

1. 耐张段内线长增量和弧垂增量的关系

一个耐张段内若其弧垂偏大量为 Δf_{db}，而须从耐张段内减去线长时，此线长调整量 ΔL 的计算式为

$$\Delta L = \frac{8}{3l_{db}^2}(f_{db0}^2 - f_{db}^2)\sum\frac{l}{\cos\varphi} - \frac{l_{db}^2 g}{8E_{db}}\left(\frac{1}{f_{db0}} - \frac{1}{f_{db}}\right)\sum\frac{l}{\cos\varphi}$$
$$= \frac{8}{3l_{db}^2}(2f_{db}\Delta f_{db} + \Delta f_{db}^2)\sum\frac{l}{\cos\varphi} - \frac{l_{db}^2 g}{8E_{db}}\left(\frac{1}{f_{db} + \Delta f_{db}} - \frac{1}{f_{db}}\right)\sum\frac{l}{\cos\varphi} \quad (13\text{-}2\text{-}42)$$

式中　l_{db}——耐张段架空线的代表档距（m）；

f_{db}——对应于代表档距的架空线弧垂（m）；

Δf_{db}——对应于代表档距的架空线弧垂正误差（m）；

f_{db0}——对应于代表档距偏大的架空线弧垂（m）；

$\sum\frac{l}{\cos\varphi}$——耐张段各档斜档距的总长度（m）；

E_{db}——耐张段架空线的代表弹性模量（N/cm²）。

相反，向耐张段内增加线长 ΔL 时将引起对应于代表档距的弧垂增大 Δf_{db}，此弧垂增量 Δf_{db} 可由下式计算：

$$\Delta f_{db} = \sqrt{\left(f_{bd} + \frac{3l_{db}^4 g}{128E_{db}f_{db}^2}\right)^2 + \frac{3l_{db}^2}{8\sum\frac{l}{\cos\varphi}}\Delta L} - \left(f_{db} + \frac{3l_{db}^4 g}{128E_{db}f_{db}^2}\right) \quad (13\text{-}2\text{-}43)$$

2. 耐张段内线长减量和弧垂减量的关系

耐张段内架空线弧垂偏小 Δf_{db}，须对耐张段内增加线长时，此线长调整量 ΔL 的计算式为

$$\Delta L = \frac{8}{3l_{db}^2}(f_{db}^2 - f_{db0}^2)\sum\frac{l}{\cos\varphi} - \frac{l_{db}^2 g}{8E_{db}}\left(\frac{1}{f_{db}} - \frac{1}{f_{db0}}\right)\sum\frac{l}{\cos\varphi}$$
$$= \frac{8}{3l_{db}^2}(2f_{db}\Delta f_{db} - \Delta f_{db}^2)\sum\frac{l}{\cos\varphi} - \frac{l_{db}^2 g}{8E_{db}}\left(\frac{1}{f_{db}} - \frac{1}{f_{db} - \Delta f_{db}}\right)\sum\frac{l}{\cos\varphi} \quad (13\text{-}2\text{-}44)$$

式中　f_{db0}——对应于代表档距偏小的架空线弧垂（m）；

Δf_{db}——对应于代表档距的架空线弧垂负误差（m）。

相反，从耐张段内减去线长 ΔL 时，将引起对应于代表档距的弧垂减小 Δf_{db}。此弧垂减量 Δf_{db} 的计算式为

$$\Delta f_{db}=\left(f_{db}+\frac{3l_{db}^4g}{128E_{db}f_{db}^2}\right)-\sqrt{\left(f_{db}+\frac{3l_{db}^4g}{128E_{db}f_{db}^2}\right)-\frac{3l_{db}^2}{8\sum\frac{l}{\cos\varphi}}\Delta L}$$

(13-2-45)

比较式（13-2-42）与式（13-2-44）可知，同一耐张段内的弧垂正负误差量虽相同，而需要的线长调整量却不相同。弧垂正误差 Δf 需要的线长调整（减少）量大于弧垂负误差 Δf 需要的线长调整（增加）量。同样，比较式（13-2-43）与式（13-2-45）可知，同一耐张段内的线长增、减量虽相同，而引起的弧垂增减量也不相同，线长增加 ΔL 引起的弧垂增大量小于线长减少 ΔL 引起的弧垂减小量。

2.3 架空线的紧线工艺

2.3.1 紧线前的准备工作

紧线前的准备工作十分重要，是直接影响紧线工作能否安全顺利进行的关键，是架线施工中一个不容忽视的重要环节。主要包含以下几方面内容：

1. 耐张杆塔的补强

耐张段两端的耐张杆塔在紧线施工前应考虑的临时补强措施，需符合下列要求：

1）紧线耐张段两端的耐张杆塔，均需用钢丝绳（或钢绞线）在横担及地线顶架挂线处安装临时补强拉线。若杆塔已有永久拉线，但拉线点不在相应挂线处时，则横担端的挂线处仍应安装临时补强拉线，以平衡单侧紧线张力。

2）耐张杆塔另一面架空线若已紧好，则不需要再安装补强拉线。

3）临时拉线一般使用不小于 ϕ9.5cm 钢丝绳（或相应强度的钢绞线）。对紧线张力较大者，应经计算选择合适的钢丝绳作临时拉线。拉线对地夹角不宜大于45°。必要时须对横担所受下压力进行强度校验。

4）临时地锚和新埋设永久地锚，在受力后有可能发生少量走动，因此在安装临时补强拉线时，应使杆塔稍向拉线方向略微倾斜，以弥补紧线时地锚走动的影响。

5）临时补强措施须待耐张杆塔两侧架空线均已紧好后方可拆除。

2. 紧线前的检查工作

紧线前必须确实查明以下情况，直到均已准备就绪，才能发令开始紧线。

1）设专人检查一遍导线、地线应无损伤，线条没有相互交叉混淆，应无障碍或卡住情况，所有接头均已接妥，已发现的损伤部分应已处理完毕。

2）两端耐张杆塔的补强拉线等应已经调整好。前端耐张杆塔上待紧的架空线应已挂好。

3）所有交叉跨越处的措施均已落实、稳妥可靠，主要交叉处应有专人照管，若紧线时需临时开断或落线者均已操作完毕。

4）牵引设备放置位置应当合适，紧线工器具应齐备，负责紧线操作人员准备工作已就绪。

5）观测弧垂负责人员已到达指定杆塔部位，并已做好准备。

3. 紧线器选择

紧线器又叫卡线器，是紧线施工必不可少的专用器具。紧线时将紧线器钳口夹住导线或地线，在紧线器挂环处连上钢丝绳，牵引钢丝绳即可收紧导线、地线。

紧线器分为导线紧线器及地线（钢绞线）紧线器两种。

（1）导线紧线器 其各受力构件用高强度钢板或高强度铝合金制成，钳口镶上刻有斜纹的铝条，保证卡线时将导线卡紧又不会夹伤线股。不同型号的导线紧线器有其不同的适用范围，选用时应予以注意。

（2）地线（钢绞线）紧线器 其各个零件全用高强度钢制成，钳口刻有斜纹，保证紧线时与钢绞线间不致打滑走动。不同型号的地线紧线器同样有其不同的适用范围，用时要选择正确。

紧线器必须有出厂合格证方可使用。使用前，应严格检查，不应有裂纹、弯曲，转轴应灵活，钳口的斜纹是否被磨光，不合格者不得使用。

紧线器平时应注意对转轴加油，保证灵活。存放应防止锈蚀。使用时，应注意选择适应导（地）线规格的紧线器，严禁超载使用或把大规格紧线器使用于小规格导线，以免损伤导线及危及施工安全。

2.3.2 紧线方法

目前采用的紧线方法很多，有高空紧线法、高空划印紧线法、地面划印紧线法、低弧垂紧线法、多档连紧法、装配式架线法等多种，其中前三种较常用。

1. 高空紧线法与高空划印紧线法

高空紧线法主要用在导线截面积较小、紧线张力不大的配电线路的紧线施工中。它具有施工方法简单、操作场地小、施工机具少的优点。但大部分工序须在高空完成，增加了高空作业工作量。

紧线时要先拨紧余线，通常先用人力或牵引设备在地面直接操作。待前方架空线脱离地面，即可在耐张操作杆塔前一定距离（估算的紧线长度）处套上紧线器，用牵引设备牵引紧线钢丝绳，通过挂线处滑轮收紧导线。当架空线收紧将近弧垂要求值时，减慢牵引速度。待前方弧垂观测者通知已达到要求弧垂值时，立即停止牵引。待架空线停止跳动并弧垂无变化时，可在操作杆塔上按挂线点孔进行划印。

划印后，由杆塔上的施工人员在高空将导线、地线安装耐张线夹，并将导线、地线挂上杆塔。此种操作方法因架空线不需要再行松下落地，故称一次紧线法。

若高空划印后再将导线、地线放松落地，由地面操作人员根据印记安装耐张线夹，同时组装好绝缘子串，再次紧线、挂线，这种方法称为二次提升紧线法。其优点是减少了高空作业量。它适用于导线截面及紧线张力较大的线路，尤其是压接式耐张线夹，高空施工相当不便，故多数采用此法。

2. 地面划印紧线法

它简称地面划印法，就是将紧线操作杆塔上的架空线悬挂于接近地面处来进行弧垂观测，由于架空线靠近地面便于控制，因而可避免在地形复杂情况下，高空划印后松线过远，造成割线压接困难的状况，且比高空划印法施工简便、安全。虽然使用此法计算工作量大，但自从电子计算机投入使用后，计算工作条件得到了改善，所以使用此法也愈来愈多，如图13-2-17所示。

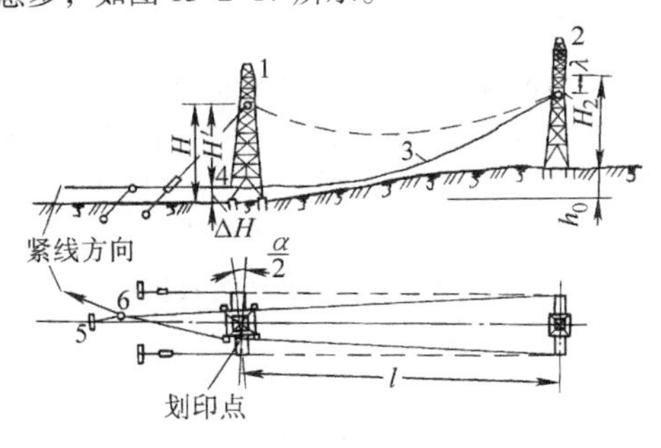

图13-2-17　地面划印现场布置图

1—紧线操作塔　2—相邻直线塔

3—架空线　4—地面划印滑轮

5—紧线地锚　6—转向滑轮

（1）线长调整量计算　地面划印架线必须预先计算线长调整量，即调整因测量弧垂时架空线悬挂点降低后所引起的线长变化。计算线长调整量时一般可略去调整过程中因应力变化所引起的线长弹性变形分量，其计算式为

$$\Delta L = L' - L = \left(\frac{l'}{\cos\varphi'} - \frac{l}{\cos\varphi}\right) + \frac{g^2}{24\sigma^2}(l'^3 - l^3) \tag{13-2-46}$$

式中　ΔL——线长调整量（m）；

L'——紧线操作杆塔架空线悬挂点降低后，紧线操作档架空线的线长（m）；

L——紧线操作档真正架空线的线长（m）；

φ——紧线操作档架空线悬挂点的高差角（°），$\varphi = \arctan h/l$；

φ'——紧线操作杆塔架空线悬挂点降低后，架空线悬挂点的高差角，$\varphi' = \arctan |\Delta h \pm h|/l'$；

h——紧线操作档架空线悬挂点高差，操作杆塔较低时其前取正号，较高时取负号（m）；

Δh——紧线操作杆塔，架空线悬挂点降低的垂直高度（m）；

g——架空线的比载[N/(mm²·m)]；

σ——架空线的应力（N/mm²）；

l——紧线操作档架空线实际档距（m）；

l'——紧线操作杆塔、架空线悬挂点降低后各相导线的实际档距（m）。

（2）划印点最小高度计算　采用地面划印法时，要求档间架空线不着地，也不碰任何跨越物、障碍物，为此操作杆塔上架空线最小悬挂点高度H（见图13-2-18）可由下式计算：

$$H \geq 4f\frac{x}{l}\left(1 - \frac{x}{l}\right) + H_x + h'\frac{x}{l} \tag{13-2-47}$$

式中　H——地面划印时最小悬挂高度（m）；

H_x——操作杆塔基面与操作档间突出障碍物的高差（m）；

h'——操作杆塔划印点与相邻杆塔悬挂点的高差，划印点高于悬挂点时取正值，反之取负值（m）；

x——操作档中突出障碍物与操作杆塔间的水平距离（m）；

f——弧垂（m）；

l——紧线操作档架空线实际档距（m）。

3. 低弧垂紧线法

在距离不太长的耐张段架线时，往往可以采取低弧垂紧线的施工方法，以避免为了获得要求的弧垂值而进行反复调整。再则采用低弧垂紧线，导线张力小，可简化紧线操作工艺，加快紧线的速度。方法是以松弛拉力将架空线紧起，测得此时的架空线弧垂，其值比要求的标准弧垂大，如图13-2-19所示，在安装耐张线夹时，减去一段线长，以便在挂线后，架空线的弧垂符合设计要求的数值。此线长减量可按下列公式计算：

$$\Delta L=\frac{8}{3l_{db}^2}(f_{db0}^2-f_{db}^2)\sum\frac{l}{\cos\varphi}-\frac{l_{db}^2g}{8E_{db}}\left(\frac{1}{f_{db0}}-\frac{1}{f_{db}}\right)\sum\frac{l}{\cos\varphi}\quad(13\text{-}2\text{-}48)$$

式中 l_{db}——耐张段架空线的代表档距（m）；

f_{db}——该代表档距要求的标准弧垂（m）；

f_{db0}——低弧垂紧线时，对应于代表档距的架空线松弛弧垂（m）；

$\sum\frac{l}{\cos\varphi}$——耐张段各档斜档距的总长度（m）；

g——架空线的比载[N/(m·mm²)]；

E_{db}——耐张段架空线的代表弹性模量（N/mm²）；

$$E_{db}=E\frac{\sum\frac{l}{\cos\varphi}}{\sum\frac{l}{\cos^2\varphi}}$$

E——架空线本体的弹性模量（N/mm²）；

φ——耐张段各档架空线悬挂点高差角（°）。

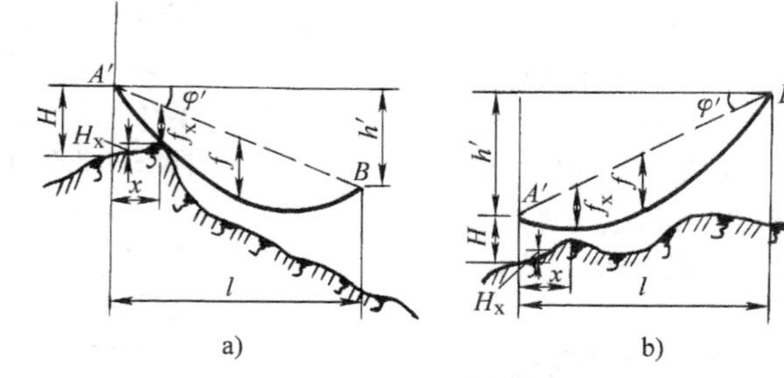

图13-2-18 划印点的最小高度

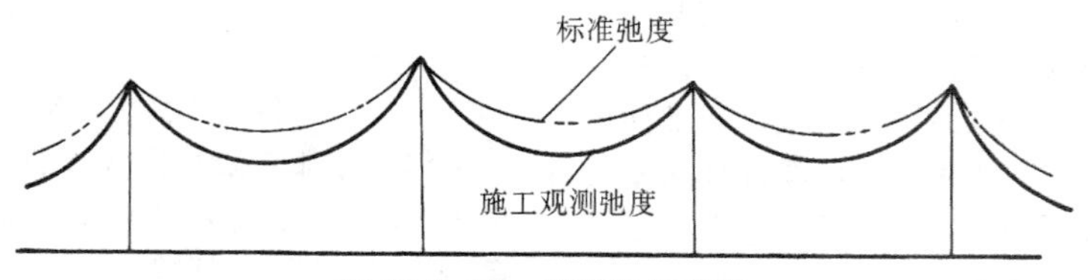

图13-2-19 低弧垂紧线法

4. 多档连紧法

它是把连续的几个耐张段的紧线工作当作一个耐张段来进行的方法。紧线时，可选用一个所有连紧线档的综合代表档距进行弧垂观测，也可选用紧靠紧线固定端最后一个耐张段的代表档距进行弧垂观测。这样按一个选定的代表档距观测弧垂以决定各耐张段的线长，会引起各耐张段内的线长与设计要求不完全一致，故在各个耐张段进行量测线长安装长度时，需调整因各耐张段本身的代表档距与选用的代表档距不同而产生的线长误差，下面介绍多档连紧时，各段的观测弧垂和线长调整量的计算。

(1) 各耐张段的观测弧垂 因多档连紧法是按一个选用的代表档距来确定水平紧线应力的，也就是各耐张段的观测弧垂是按该选定的代表档距来决定的，故在各耐张段内观测弧垂时，其观测弧垂值需根据式（13-2-49）或式（13-2-50）计算得到。这样所有连紧档内的架空线水平张力接近相等。

1）选用所有连紧档的综合代表档距计算连紧时，观测弧垂应为

$$f_c=\left(\frac{l_c}{l_{db\Sigma}}\right)^2\frac{f_{db\Sigma}}{\cos\varphi_c}\qquad(13\text{-}2\text{-}49)$$

式中 l_c——弧垂观测档架空线的档距（m）；

f_c——弧垂观测档架空线的观测弧垂（m）；

φ_c——弧垂观测档架空线的悬挂点高差角（°）；

$l_{db\Sigma}$——所有连紧档的综合代表档距（m）；

$f_{db\Sigma}$——对应于综合代表档距 $l_{db\Sigma}$ 的架空线弧垂（m）。

2）选用紧线固定端最后的耐张段的代表档距计算连紧时，观测弧垂为

$$f_c = \left(\frac{l_c}{l_{db1}}\right)^2 \frac{f_{db1}}{\cos\varphi_c} \tag{13-2-50}$$

式中　l_{db1}，f_{db1}——紧线固定端最后一个耐张段的代表档距及相应的架空线弧垂（m）。

（2）各耐张段线长的调整　由于各耐张段的代表档距与选用的代表档距不完全相等，采用多档连紧法紧线后势必导致各耐张段的线长出现一定的误差，故在安装耐张线夹前量尺寸时需加以调整。只有在选用紧线固定端最后的耐张段内的代表档距进行连紧，又在该耐张段量尺寸时，线长才不需调整。

若某一耐张段的代表档距对应的弧垂 f_{dbi} 与连紧时选用的代表档距对应的弧垂 $f_{db\Sigma}$ 或 f_{db1} 的误差率不大于0.5%时，即

$$\left|\frac{f_{dbi}-f_{db\Sigma}}{f_{dbi}}\right| \text{或} \left|\frac{f_{dbi}-f_{db1}}{f_{dbi}}\right| \leqslant 0.005 \tag{13-2-51}$$

则在该耐张段量尺寸时，线长可不予调整，否则应按下式计算线长调整量。

1）选用所有连紧档的综合代表档距计算连紧时

$$\Delta L_i = \frac{8}{3}\left[\left(\frac{f_{dbi}}{l_{dbi}}\right)^2 - \left(\frac{f_{db\Sigma}}{l_{db\Sigma}}\right)^2\left(\frac{l_{dbi}}{l_{db\Sigma}}\right)^2\right] \times \Sigma\frac{l_i}{\cos\varphi_i} - \frac{l_{dbi}^2 g}{8E_{dbi}}\left(\frac{1}{f_{dbi}} - \frac{1}{f_{db\Sigma}}\right)\Sigma\frac{l_i}{\cos\varphi_i} \tag{13-2-52}$$

式中　ΔL_i——某耐张段的线长调整量（m），其值为正时表示增加量，其值为负时表示减少量；

$\Sigma\frac{l_i}{\cos\varphi_i}$——该耐张段中各档斜档距的总长度（m）；

l_{dbi}，f_{dbi}——该耐张段架空线的代表档距和弧垂（m）；

E_{dbi}——该耐张段架空线的代表弹性模量（N/mm^2）。

2）选用紧线固定端最后的耐张段的代表档距计算连紧时，线长调整量为

$$\Delta L_i = \frac{8}{3}\left[\left(\frac{f_{dbi}}{l_{dbi}}\right)^2 - \left(\frac{f_{db1}}{l_{db1}}\right)^2\left(\frac{l_{dbi}}{l_{db1}}\right)^2\right] \times \Sigma\frac{l_i}{\cos\varphi_i} - \frac{l_{dbi}^2 g}{8E_{dbi}}\left(\frac{1}{f_{dbi}} - \frac{1}{f_{db1}}\right)\Sigma\frac{l_i}{\cos\varphi_i} \tag{13-2-53}$$

在式（13-2-52）、式（13-2-53）中前一项为线长按抛物线的误差调整分量，后一项为调整过程中引起的弹性变形分量。当按式（13-2-51）计算的误差率比0.005大得不多时，可不考虑后一项。

5. 装配紧线法

它将原来在紧线时杆塔上紧线划印、弧垂观测等操作步骤都省略了，仅须进行挂线工作。这是求得提高施工效率和省力的方法。不过架线前必须根据所需导线、地线实长的计算和导线、地线的量尺并对档距进行精密的测量。

（1）测量　为了求得导线线长计算的数据，使用高精度光波测距仪和经纬仪，对铁塔中心距进行测量。根据铁塔中心距的测量结果，计算出各档距间导线悬挂点的水平距离及高低差。也可直接测量悬挂点间的水平距离。导线悬挂点间的水平距离和高低差进行实测时，以毫米为单位。档距的精密测量是作为导线实长计算的基本数据。测量方法以地面三角法的原则，测量时光波测距仪的位置要分两处进行。其测量后计算出的水平距离，两者数值差在20mm以下则取其平均值，作为水平距离；如超过20mm时，应重新进行测量。

（2）导线实长计算　在输电线路的弧垂和导线实长计算中，有按抛物线近似而简单的计算方法和按悬链线式的精密计算方法。由于导线实长的变化对弧垂张力影响很大，所以有条件者可用电子计算机进行精密的计算。导线实长计算采用按悬链线式进行计算，且要考虑绝缘子串的影响。计算条件如下：

1）架线条件、导线参数、绝缘子串参数等要根据设计图及说明书。

2）各档距间的导线悬挂点的水平距离和高低差根据实测值计算。

3）以导线做记号时的基准张力、基本温度作为导线实长计算条件。

4）在导线实长中要考虑导线的蠕变伸长。

若用抛物线法计算可能误差较大，但可在紧挂线后进行弧垂复测、调整。

6. 张力放线紧线

它采用在杆塔上紧线的方法。仅个别放线段以耐张段划分，并在耐张塔紧线。耐张塔紧线，比直线杆塔紧线复杂得多，所以只有在直线塔无法紧线时才使用。

（1）紧线　紧线顺序为水平排列或三角形排列者先中相后边相；垂直排列者自上而下。紧线段长

度应与放线段长度相配合，全线路紧线方向应一致。

弧垂观测方法与多档连紧法类似，应由最末一个观测档开始，逐个向紧线方向观测调平。当弧垂接近观测值时，应停止牵引，使导线稳定下来，然后以等长法观测好分裂导线中的一根导线的弧垂。其他三线以此线为准看平。各线弧垂一旦紊乱，应放松重紧。每相导线必须在一天内紧好，否则初伸长不一致将造成各线弧垂不平。切记最末一个观测档不可看高，以免影响上一紧线段已紧好的导线弧垂。跨耐张段紧线时，各耐张段观测档弧垂均按各自代表档距所计算出的弧垂进行观测。第一个耐张段导线弧垂观测完毕后停止牵引，对该耐张段内所有塔（包括耐张塔）上滑车中心点处的导线划印，然后继续牵引，看好第二耐张段的弧垂。这里所说的"耐张段"不都是整个耐张段，有些可能是耐张段的一部分。

导线基本紧好后用手扳葫芦锚于地面锚线架上进行弧垂细调。待导线全部调平后，在紧线场的第一基塔上装设过轮临锚。过轮临锚用的紧线器应距滑车5m之外，尾部朝天，在可能磨损导线处加衬垫，以钢丝绳收紧后弧垂不变的临界力为最佳。

第二紧线段紧线时，过轮临锚塔应设专人监视，并将过轮临锚微微松动。弧垂看好后以原来所划中心印记不动，或略向紧线侧移动为好。此时过轮临锚钢丝绳微松，说明该耐张段内导线应力是一致的。第二段导线紧好后，即可拆除原过轮临锚。

若放线时导线锚在耐张塔的前方，则用人力将预留的导线放过耐张塔导线滑车，用紧线器卡住导线并将其收紧，按直线塔紧线操作法紧线。紧线完毕后，装设高空锚线最后进行地面挂线工作。

（2）高空锚线地面挂线 高空锚线一般采用钢绞线（钢丝绳因伸缩性较大，不宜采用）。其两端安装楔形耐张线夹，将钢绞线顺线路方向在地面展开，定出紧线器在导线上大概的安装位置。分别将手扳葫芦连锚线挂于导线悬挂点旁边的施工眼孔上，紧线器安装在导线上，再将锚线的另一端挂在紧线器上。同相的各子导线在耐张塔两侧的高空锚线全部安装完毕后，方可进行收紧工作。每一根导线的两侧锚线用手扳葫芦同时收紧，以免导线横担承受过大的不平衡张力。当锚线承力而导线松弛以后即可高空断线。断线前应将断线点两侧的导线分别用绳索绑住，待导线断开后用绳索缓慢松至地面。导线下方加衬垫，并按顺序分好，根据紧线耐张塔划印的印记进行让线、割线、压接工作。

一相导线的耐张线夹全部压接完毕后，即可与耐张绝缘子串连接。同时在导线挂线点附近挂好挂线滑车，以机械牵引挂线。当横担两侧同一相导线挂线完毕后，立即同步放松，拆除锚线、挂线系统，若在弧垂监测档发现弧垂有误差时，应立即调平。

（3）高空锚线高空挂线法 这种施工方法分人工操作法与高空作业平台法两种。这种方法的高空锚线与前述方法相同，只是锚线长度只要求按绝缘子串长度加4m即可。在收紧锚线前，应将让线长度量出，在割线处做好印记，割线后导线绑在锚线上不使落下。如果用爆压，可用人工方法高空压接；如果用液压，必须使用高空作业平台。耐张线夹压接后，将滑车组一端挂于绝缘子串下方，另一端用紧线器卡于导线上，经机械牵引对拉，使耐张线夹与绝缘子串连接。这种方法省工，但对高空作业技术要求较高。

2.3.3 过牵引张力计算

在紧线的耐张塔上将耐张串挂上悬挂点时，由于紧线滑轮一般低于悬挂点一段距离，耐张绝缘子串在挂线过程中，其金具不可能全部绷直，因此在往悬挂点上挂线（实为挂耐张串）时，就需要将耐张串拉过头一些才能挂得上，此时架空线因过分受张所增加的张力称"过牵引张力"。

连续档的过牵引张力一般不太大，设计时常取"过牵引系数"为1.1，即挂线时使架空线张力增加10%。有时也按与施工单位商定的允许过牵引长度，或按最大允许安装应力来算出允许过牵引长度，作为施工单位紧线的依据。

孤立档的过牵引问题较为严重，特别是对档距较小的孤立档，此过牵引张力可能达到很大的数值，甚至危及杆塔及架空线的强度，所以必须予以重视和验算。必要时采用专用特殊金具，以减小过牵引张力。

1. 按允许过牵引长度计算过牵引张力

根据不同的施工方法，过牵引长度可分为两种：

1）用专用卡具张紧绝缘金具的过牵引长度为90～120mm。

2）用可调金具在孤立档的过牵引长度为60～80mm，在软母线施工中过牵引长度为20～50mm。

过牵引长度由三部分组成：

a）过牵引所产生的导线弹性伸长值ΔL_1；

b）收紧弧垂后因导线曲线的几何变形而引起的导线长度变化 ΔL_2；

c）由于挂线侧杆塔挠曲引起的挂线点偏移 ΔL_3。

其中杆塔挠曲和导线蠕变伸长，以及绝缘子串的弹性伸长等因素可略去不计，则过牵引长度为

$$\Delta L = \Delta L_1 + \Delta L_2$$

$$\Delta L_1 = \frac{\sigma - \sigma_0}{E}\frac{l}{\cos^2\varphi},$$

$$\Delta L_2 = \frac{l^3 g^2 \cos\varphi}{24}\left(\frac{1}{\sigma_0^2} - \frac{1}{\sigma^2}\right)$$

式中　σ——过牵引时的张力，应使 $\sigma \leqslant \sigma_p/2$，并 $\sigma \leqslant$ 耐张杆塔最大的允许不平衡张力引起的张力；

σ_p——架空线瞬时破坏应力（N/mm^2）；

σ_0——安装应力（N/mm^2）。

将 ΔL_1、ΔL_2 代入 ΔL 得孤立档计算过牵引张力的状态方程为

$$\sigma - \frac{l^2 g^2 E \cos^3\varphi}{24\sigma^2} = \sigma_0 - \frac{l^2 g^2 E \cos^3\varphi}{24\sigma_0^2} + \frac{E\Delta L \cos^2\varphi}{l} \tag{13-2-54}$$

同理连续档计算过牵引张力的状态方程为

$$\sigma - \frac{l_{db}^2 g^2 E}{24\sigma^2} = \sigma_0 - \frac{l_{db}^2 g^2 E}{24\sigma_0^2} + \frac{\Delta LE}{\sum \frac{l_i}{\cos\varphi_i}} \tag{13-2-55}$$

2. 根据最大允许安装应力计算允许过牵引长度

由以上两式反推得应力为［σ_0］时的允许过牵引长度。

孤立档

$$\Delta L = \left[\frac{l^2 g^2 \cos^2\varphi}{24}\left(\frac{1}{\sigma_0^2} - \frac{1}{[\sigma_0]^2}\right) + \frac{[\sigma_0] - \sigma_0}{E\cos\varphi}\right]\frac{l}{\cos\varphi} \tag{13-2-56}$$

连续档

$$\Delta L = \left[\frac{l_{db} g^2}{24}\left(\frac{1}{\sigma_0^2} - \frac{1}{[\sigma_0]^2}\right) + \frac{[\sigma_0] - \sigma_0}{E}\right]\sum \frac{l_i}{\cos\varphi_i} \tag{13-2-57}$$

2.4　附件安装与接头连接工艺

2.4.1　跳线安装

跳线亦称跨接线或引流线。耐张杆塔两面的导线紧好后，必须将耐张杆塔两侧导线加以连接。

螺栓式耐张线夹一般均用铝并沟线夹将尾线连接。铝并沟线夹与导线的连接部分在连接前必须经过净化手续，用汽油擦净，并用钢丝刷刷去导线上和线夹的线槽中的污垢和氧化层，涂抹一层中性凡士林。线夹上的螺栓必须有弹簧垫圈，螺栓必须紧固。每相用三只并沟线夹连接或按设计要求。螺栓式耐张线夹的跳线亦可用钳压导线连接管进行连接，连接方法见本章 2.4.7 节。据运行经验证实，压接式跳线比较安全可靠，维护检查方便，是比较理想的连接方式。

压接式耐张线夹则要用另加定长跳线。两端压接设备线夹用螺栓与耐张线夹尾端连接。跳线的长度可用现场实测确定，也可用比例作图法或者根据所要求的弧垂、两侧架空绝缘子串的倾斜角和横担阔度等条件精确计算确定。

1. 现场实测法

这是常用的施工方法。因为在实际施工中，用软绳代替金属线在杆塔上根据要求的弧垂实测跳线长度，这种现场放样的方法比较直观，比较符合实际情况，能满足施工质量的要求。只是增加了高空作业工作量，且工效较低。

2. 比例作图法

它是在纸上以适当比例绘画出横担和两边绝缘子串长度，绝缘子串倾斜角根据两侧档距及弧垂、悬挂点的高差等因素适当考虑一定角度，在绝缘子串两尾端金具之间，用金属链（或细绳）在线上作跳线，调整其弧垂，达到所要求的数值。然后量出两尾端金具之间的金属链长度，按比例计算，即得实际跳线长度。

3. 计算法

由于跳线支持点跨距小，相应的弧垂则较大，故导线的内应力极小，所以跳线的线长误差对弧垂误差影响较小。计算所得的线长值与实际长度之间的误差所引起的弧垂误差能满足不超过允许误差范围的要求。

因为设计给定的跳线安装弧垂 F（即横担底面到跳线最低点之距离）为平均允许值 $F = \frac{1}{2}(F_{2d} + F_{2x})$。为使在任何运行气温下跳线均能满足绝缘（对地距离）要求，必须在气温最低时使跳线弧垂等于或大于 F_{2x}，气温最高时使跳线弧垂等于或小于 F_{2d}。在允许很小的误差下，可以认为跳线弧垂 F 的变化是与气温的变化成线性关系的，因此在做跳线安装长度计算时，应取线路平均运行气温 $t = \frac{1}{2}(t_{2d} + t_{2x})$ 作为计算气温。计算跳线长度方法如下：

（1）耐张绝缘子串倾斜角的计算 绝缘子串在正常工作状态，不考虑风偏时，其倾斜角可按静力平衡关系，推导得

$$\theta = \arctan\left[\frac{lW+G}{2T_h}+\frac{h}{l}\cos\varphi\right] = \arctan\left[\frac{4f\left(1+\dfrac{G}{lW}\right)\cos\varphi+h\cos\varphi}{l}\right] \quad (13\text{-}2\text{-}58)$$

式中 θ——耐张绝缘子串的倾斜角，正值表示为俯角，负值表示为仰角（°）；

l——计算档的档距（m）；

W——架空线单位长度重量（N/m）；

h——计算档架空线悬挂点的高差，同侧相邻的直线杆塔架空线悬挂点较低时，h 值取正值，同侧相邻的直线杆塔架空线悬挂点较高时 h 值取负值（m）；

G——耐张绝缘子串的总重量（N）；

T_h——平均运行气温下架空线的水平张力（N）；

f——平均运行气温下计算档的架空线弧垂（m）。

（2）跳线线长计算 计算跳线长度可将其形状近似作为抛物线，如图 13-2-20 所示对于不同的耐张线夹，弯角尾部以及线材刚性等对跳线安装长度的影响用一修正值 k 来校正。

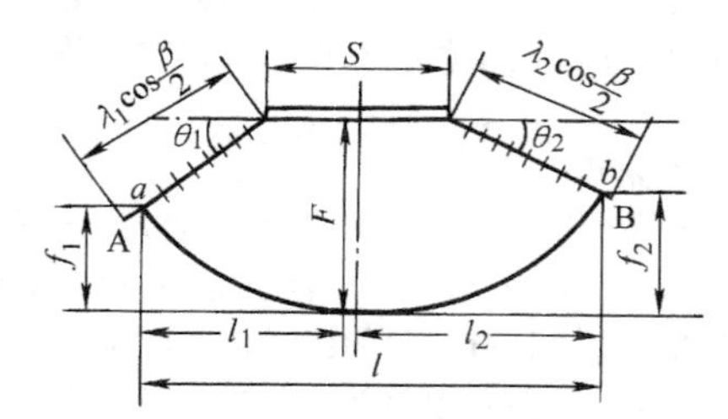

图 13-2-20 跳线线长计算图

$$L_{AB} = l_1\left[1+\frac{2}{3}\left(\frac{f_1}{l_1}\right)^2\right]+l_2\left[1+\frac{2}{3}\left(\frac{f_2}{l_2}\right)^2\right]-k = l+\frac{2}{3}\left(\frac{f_1^2}{l_1}+\frac{f_2^2}{l_2}\right)-k \quad (13\text{-}2\text{-}59)$$

式中 l——跳线实际悬挂点 A、B 间的跨距（m）；

$$l = S+\lambda_1\cos\frac{\beta}{2}\cos\theta_1+\lambda_2\cos\frac{\beta}{2}\cos\theta_2$$

f_1、f_2——跳线最低点至实际悬挂点 A 与 B 垂直高度（m）；

$$f_1 = F-\lambda_1\cos\frac{\beta}{2}\sin\theta_1$$

$$f_2 = F-\lambda_2\cos\frac{\beta}{2}\sin\theta_2$$

l_1、l_2——跳线最低点至实际悬挂点 A 与 B 的水平距离（m）；

$$l_1 = \frac{l}{1+\sqrt{\dfrac{f_2}{f_1}}},\quad l_2 = \frac{l}{1+\sqrt{\dfrac{f_1}{f_2}}}$$

S——横担宽度（m）；

λ_1、λ_2——左、右侧耐张绝缘子串的长度（m）；

θ_1、θ_2——左、右侧耐张绝缘子串的倾斜角（°）；

β——转角耐张杆塔的线路水平转角（°）；

F——固定耐张绝缘子串的平面至跳线最低点之垂直高度（m）；

k——跳线计算中的修正长度（m），k 值根据线夹型式，由现场实测后确定。

2.4.2 护线条安装

目前使用的护线条都为预绞式的，故又称预绞丝。其材料为铝镁合金。预绞成螺旋状，具有弹性，其螺旋内径比相应导线外径小 15% ~17%，因此具备一定的握着力。施工时不需要任何工具。安装方法极简单，将预绞式护线条的中心对准导线安装中心，用手顺螺旋方向缠绕导线，从中心分别向两端缠绕，每组 9 ~ 14 根。必须排列整齐，紧贴导线，然后装设线夹。

2.4.3 悬垂线夹安装

待耐张杆塔紧线工作结束及导线稳定后，各直线杆塔可进行悬垂线夹的安装。首先将架空线从放线滑轮内取出，用红笔在悬垂线夹安装中心处的线上划出印记，将架空线提空，然后进行护线条（或铝带）安装。铝带应包两层，包缠长度应使铝带露出线夹两端各 30 ~ 50mm。铝带应从中心起缠绕，绕至两端再折向回绕至中心。并将端头压入线夹内。最后安装好悬垂线夹连接绝缘子串。松下提空钢索，紧固悬垂线夹螺栓。

2.4.4 防振锤安装

在稳定的均匀风力经常作用下，架空线的受风背面会产生按一定频率变化的旋涡，使架空线受到冲击，发生共振而形成有规律的振动波。长时间的强烈振动引起线路材料的疲劳破坏，致使杆塔金具螺栓松动、部件裂损、甚至造成断股、断线事故。为了减轻其危害，在架空线路上必须

采取必要的防振措施。目前比较有效而易行的防振措施为安装防振锤与阻尼线。前者已得到了广泛的应用。

防振锤的种类很多，我国目前采用最多的为 F 型防振锤，它是由一短段钢绞线两端各装一重锤，中间有专为装于架空线上使用的夹板所组成。当架空线振动时，夹板随着一同上下振动，由于两端重锤的惯性较大，则钢绞线不断上下弯曲，重锤的阻尼作用减小了振动的波幅，钢绞线的变形及股间产生的摩擦则消耗了振动能量，将振动限制到无危害的程度。

为了获得防振锤的最佳防振效果，在选择和安装防振锤时，重锤重量要适当，并安装在接近波腹点处。在以悬挂点为起点的第一个半波处安装防振锤，效果最好。防振锤安装距离由下式计算：

$$S = \frac{(\lambda_{max}/2)(\lambda_{min}/2)}{\lambda_{max}/2 + \lambda_{min}/2} \quad (13\text{-}2\text{-}60)$$

式中　S——防振锤安装距离（m）；

$\lambda_{max}/2$——最大半波长（m），

$$\lambda_{max}/2 = \frac{d}{400v_{min}}\sqrt{\frac{9.81\sigma_{max}}{g_1}};$$

$\lambda_{min}/2$——最小半波长（m），

$$\lambda_{min}/2 = \frac{d}{400v_{max}}\sqrt{\frac{9.81\sigma_{min}}{g_1}};$$

v_{min}——风速下限（m/s），$v_{min}=0.5$；

v_{max}——风速上限（m/s）；

σ_{max}、σ_{min}——最低气温和最高气温时架空线应力（N/cm^2）；

g_1——架空线的自重比载（$N/m \cdot mm^2$）；

d——架空线直径（mm）。

按上述公式求出的防振锤安装距离，不仅满足风速上限和风速下限的防振要求，而且对中间各风速所产生的不同频率和波长的振动波更能满足防振要求。因为防振锤安装点更接近波腹点，防振效果更好。

防振锤的安装距离 S，对悬垂线夹来说，是指自线夹中心起至防振锤夹板中心间的距离。对耐张线夹来说，由耐张线夹螺栓中心起量至防振锤中心间的距离。

若风的输入能量较大，架空线振动强烈时，一个防振锤已不足以将此能量消耗至足够低的水平，就需要装多个防振锤（一般装 1～3 个）。多个防振锤的安装位置采用等距法，即从第一个防振锤中心量出同等距离安装第二个防振锤。以后类推，对每侧防振锤个数的选择可参照表 13-2-1。防振锤规格的选择应与架空线相适应。

安装防振锤时应在导线固定处缠绕铝包带二层，两端露出 20～30mm。防振锤安装距离误差不应大于 30mm。并在架空线下方的垂直面内螺栓紧固，并加用弹簧垫圈。

表 13-2-1　防振锤的个数

防振锤型号	导线、避雷线直径 d/mm	防振锤个数		
		1	2	3
F－4、F－5、F－6	$d<12$	$l<300$	$l>300\sim600$	$l>600\sim900$
F－2、F－3	$12\leq d\leq22$	$l\leq350$	$l>350\sim700$	$l>700\sim1000$
F－1	$22<d<37.1$	$l\leq450$	$l>450\sim800$	$l>800\sim1200$

注：l——档距（m）。

根据国内外运行经验和有关规定，对于年平均运行应力不超过破坏应力 25% 的架空线，档距小于 120m 时可不加防振措施。档距在 120～500m，又在开阔地带，才采取防振措施。

2.4.5　阻尼线安装

阻尼线也叫防振线。它是用一段挠性好、刚性小、瞬时破坏应力大的钢丝绳或同型号的架空线在悬垂线夹两侧、或耐张线夹出口侧，制作成连续的多个“花边”形，有较好的消振性能，取材方便，对大档距的防振效果较为显著。其缺点是耗用线材较多，花边与架空线的固定尚无理想的方式，施工安装也较困难。

阻尼线的安装距离的计算目前无统一规定和成熟经验，根据试验和运行经验，推荐安装方法为阻尼线总长可取 7～8m，在架空线线夹两侧各装设三个连接点。第一点距线夹中心为$\frac{1}{4}\lambda_{min}$，第三个连接点距线夹中心为$\left(\frac{1}{4}\sim\frac{1}{6}\right)\lambda_{max}$（即位于最大半波长“波腹点”附点），第二点则在第一与第三点之中间位置上，如图 13-2-21 所示。用公式表示为

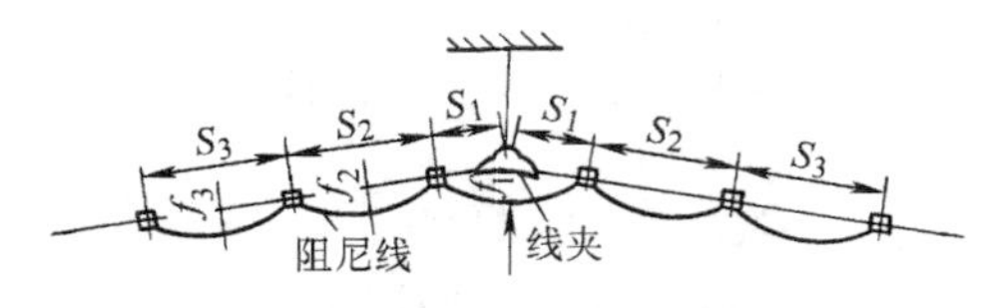

图 13-2-21 阻尼线

$$\left.\begin{aligned} S_1 &= \frac{\lambda_{\min}}{4} = \frac{d}{800v_{\max}}\sqrt{\frac{9.81\sigma_{\min}}{g_1}} \\ S_1+S_2+S_3 &= \left(\frac{1}{4}\sim\frac{1}{6}\right)\frac{d}{200v_{\min}}\sqrt{\frac{9.81\sigma_{\max}}{g_1}} \\ S_2 &= S_3 \end{aligned}\right\} \quad (13\text{-}2\text{-}61)$$

式中 S_1、S_2、S_3——阻尼线连接点间距（m）。

阻尼线安装花边的弧垂大小对防振效果影响不大，一般取 50 ~ 100mm。也有按花边大小而定弧垂，即$f_1 \leqslant S_1$；$f_2 = \frac{2}{3}S_2$；$f_3 = \frac{1}{3}S_3$（f为弧垂，S为一个花边的水平距离）。阻尼线安装连接点一般用镀锌铁丝缠绕 50 ~ 100mm，也有采用并沟线夹，或以 U 形线夹连接。但均非理想方法。

2.4.6 间隔棒与均压环安装

分裂导线一般均需安装间隔棒。导线间隔棒除起支撑和防止各子导线受风鞭击外，还有一定的防振作用。所以对圆环形间隔棒一定要按设计提出的要求，用力矩扳手将其螺栓紧固至设计要求的力矩值。

此外导线间隔棒安装的端次档距及档中次档距要求误差值较小。因此次档距的丈量一般采用两种方法：一种为计数器读数法，飞车轮子通过经计算设计的齿轮带动计数器直接读出米数；另一种为人工丈量法，此法可以合理地将导线弧垂引起的线长与档距差较均匀地分布在各次档距中。但地形复杂的情况下不适用。

安装均压环是为了满足线路的防晕要求，目前仅使用在 500kV 电压等级的架空线路中。安装时要确保均压环的光滑、严禁用铁器敲打，造成均压环瘪陷、毛刺等。

2.4.7 接头连接工艺

1. 接头连接规定

架空线接头质量的好坏是直接关系到整个架空线路能否安全送电的关键因素，故其连接工艺是一个极为重要的环节。施工操作中须严格遵守以下规定：

（1）线材的规定

1）不同金属、不同规格、不同绞制方向的导线或地线严禁在一个耐张段内连接。

2）导线或地线必须使用现行的电力金具标准规定的配套连接管进行连接。连接后的握着强度必须达到被连接的导线或地线计算拉断力的 95% 及以上。

3）导线或地线的连接部分不得有线股缠绕不良、断股、缺股等缺陷。切割导线铝股时严禁伤及钢芯，连接后管口附近的线股不应有明显的松股或超过缠绕处理标准的损伤。

（2）操作规定

1）导线、地线的连接工作必须由经过培训并考试合格的人员担任；连接完成并经自检合格后，应在连接管上打上操作人员的代号钢印。

2）连接前必须将导线或地线连接部位的表面、连接管内壁以及穿管时连接管可能接触到的导线（或地线）表面用汽油清洗干净。钢芯有防腐油的导线采用爆压连接时，必须散股用汽油将防腐油彻底洗净并挥发干净。

3）采用钳压或液压连接时，对于铝连接管、补修管以及连接部位的铝线股，在清洗后还应涂一层电力脂或中性凡士林，再用细钢丝刷清除表面的氧化膜，然后保留电力脂或凡士林进行压接。

4）采用液压或爆压连接时，在施压或引爆前必须复查连接管在线上的位置，保证管端和线上的印记重合。

（3）质量检查规定

1）连接管在压接后应随即检查其外观质量，并按下述要求处理：

① 使用准确度不低于 0.02mm 的游标卡尺测量压接后的尺寸，其误差必须符合质量验收标准的规定。

② 飞边、毛刺及表面烧伤应锉平，并用砂布磨光。

③ 爆压管爆后出现裂纹或穿孔，必须割断重接。

④ 弯曲度不得大于 2%，超过时应校直。校直后的连接管严禁有裂纹或明显的槌痕。

⑤ 压接后的钢连接管表面应涂覆富锌漆。

2）在一个档距内一根导线或地线只允许有一个直线连接管及三个补修管。补修管之间、补修管与直线连接管之间及直线连接管（或补修管）与耐张管之间的距离不宜小于 15m。直线连接管或补修金具对悬垂线夹的距离须使其位于护线预绞丝或防振装置以外。

2. 液压连接工艺

液压连接方式由于所产生的压力较大，对钢绞线和截面积为240mm²以上的较大截面导线，通常多采用此法。采用液压工艺的接头，机械强度和电气性能都能满足使用要求，达到设计标准。液压工艺还具有操作程序简便、质量稳定可靠、检测方法简易有效之优点，是一种经济实用、适应性强的压接工艺。

（1）直线接续管的连接 钢芯铝绞线直线接续管液压连接时，先在两根导线的端头各量出钢管的一半长度加10mm（预留压接伸长余量），并划印，在划点两侧用细铁丝扎紧导线，然后按下述步骤操作：

1）在划印点处用割刀或钢锯割剥所有铝股，割剥时应沿圆周逐步深入，至靠钢芯最近一层铝股时，只能锯割至此层铝股的一半深度，再用手将铝股逐根拆断，以防伤及钢芯。根据安装结合尺寸要求在钢芯及铝线表面划好印记。

2）做好导线连接部位表面清洁工作并涂上电力脂后，先套入铝接管，再将锯去铝股的钢芯插入钢管，两端应在钢管中心相碰。使钢芯上的印记与管口相吻合，此时钢管两端应各有10mm空隙。

3）钢管放入液压机钢模内，开始施压。先在钢管中心压一模，然后向钢管一端连续压接；一端压好后，再从中间第一模起向另一端连续压接。

4）压好钢管后，套上铝管，使铝管中心与钢管中心相重合才可进行铝管压接。铝管与钢管重叠部分不压接。从重叠部位外各10mm处分别向管口方向压接，如图13-2-22所示。

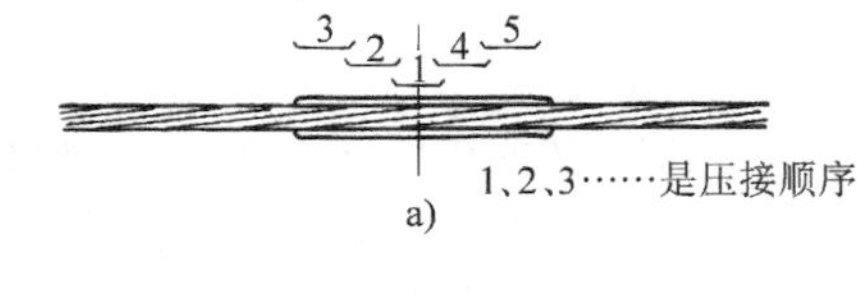

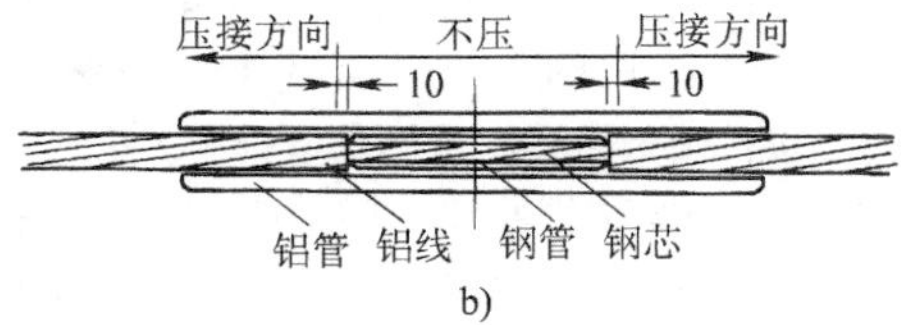

图13-2-22 直线连接管液压操作示意图

a）钢绞线及钢芯铝绞线的钢芯直线连接管
b）钢芯铝绞线的铝直线连接管

（2）耐张管的压接 压接时钢芯端头必须穿至钢锚管底；铝股端头应与钢锚端头间留有少许空隙。当钢锚压好后与钢锚端头相碰，液压顺序是从管底向管口方向进行。凸头部分不压，再套上耐张铝管，转正引流板安装方向，由引流板端向管口方向压接，如图13-2-23所示。

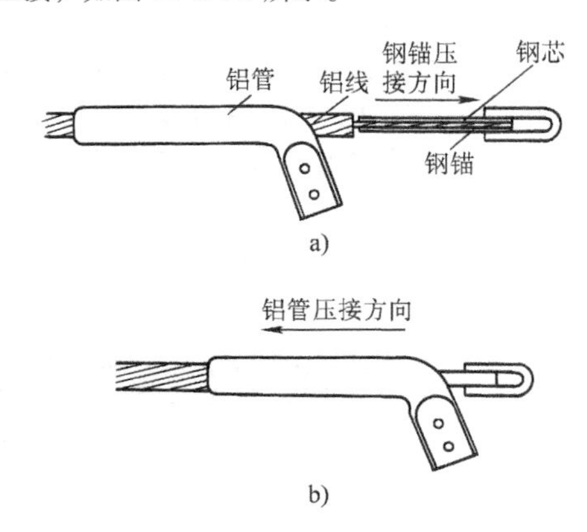

图13-2-23 钢芯铝绞线耐张管液压操作示意图

a）耐张钢锚压接 b）耐张铝管压接

（3）补修管的压接 液压补修管时，由管的中点分别向两端压接，与直线管压接类同。

（4）液压要求及规定

1）液压时相邻两模应重叠5~8mm，压后不应有扭曲现象。

2）压后呈正六边形的液压管，压缩后两平行边间的尺寸必须为液压管原外径的0.866倍。其允许误差如下：

钢液压管 $^{+0.3}_{-0.2}$mm　　铝液压管 $^{+0.5}_{-0.2}$mm

3. 爆压连接工艺

它是比较新的施工工艺。具有施工工具简单、轻便之优点，因此较受施工人员的欢迎。尤其适用于山区与交通不便地区施工，但由于影响爆压质量的因素较多，故严格遵守操作工艺规程对保证接头的质量极为重要。具体参见《架空电力线路爆炸压接施工工艺规程》。

4. 大截面导线的压接工艺

随着我国大截面导线（900mm²、720mm²）的大量使用，对压接工艺提出了新的要求，例如在某特高压直流输电线路工程中使用的JL/G2A－900/75－84/7导线，为四层结构的钢芯铝绞线，导线截面大、铝钢比大，按原压接工艺进行压接时容易出现较为严重的松股现象，已不能适应大截面导线的压接施工需要。为此在进行了大量试验研究后，推荐了大截面导线耐张线夹“倒压”、接续管“顺压”

的压接工艺。

（1）清洗清理

1）清洗：用汽油清洗液压管内壁的油垢，并将管口封堵。

2）清理：用棉丝清除导线穿管范围内铝线表面和裸露钢芯部分的油垢。

（2）涂抹电力脂 电力脂也叫导电脂、导电膏、电力复合脂等。电力脂涂抹在外层铝绞线上。涂抹长度应不大于铝管压接部分长度。电力脂涂抹应均匀。

（3）耐张线夹“倒压”的定义 “倒压”是相对于原液压规程耐张线夹铝管的压接方向而言，指耐张线夹铝管的压接顺序是从导线侧管口开始，逐模施压至同侧不压区标记点，隔过“不压区”后，再从钢锚侧不压区标记点顺序压接至钢锚侧管口，如图13-2-24。“倒压”工艺只针对耐张线夹的压接，不涉及接续管的压接。

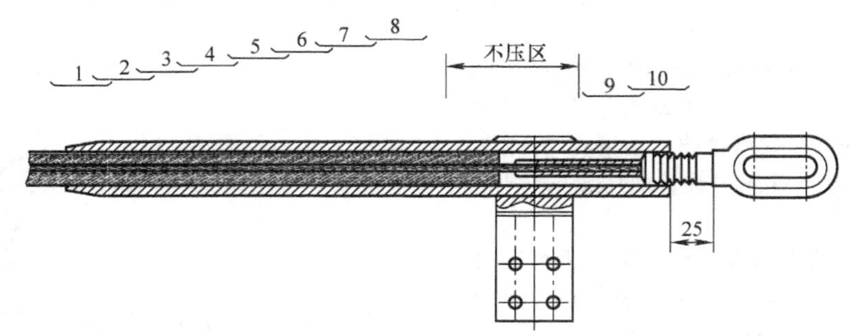

图13-2-24 耐张线夹的“倒压”

（4）接续管“顺压”的定义 “顺压”是相对于原液压规程中接续管铝管的压接方向而言，指接续管铝管的压接顺序是从牵引场侧管口开始，逐模施压至同侧不压区标记点，跳过“不压区”后，再从另一侧不压区标记点顺序压接至张力场侧管口，如图13-2-25所示。“顺压”工艺只针对接续管的压接，不涉及耐张线夹的压接。

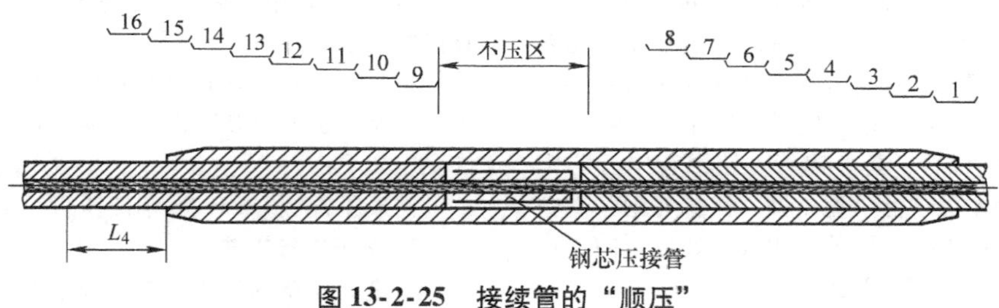

图13-2-25 接续管的“顺压”

（5）耐张线夹“倒压”及接续管“顺压”中的关键问题 按照耐张线夹“倒压”及接续管“顺压”工艺对耐张线夹及接续管进行压接时，其中有个关键问题是根据耐张线夹及接续管的压接后铝管的伸长量在压接开始时对耐张线夹及接续管进行预偏。耐张线夹的预偏量应为压后整个铝管的伸长量，接续管的伸长量应为一侧压接区压接后的伸长量（应为总伸长量的一半）。伸长量跟多个因素有关，应先进行试验掌握伸长量后，再确定预偏量。压接伸长量主要与以下几个因素相关，应引起足够重视。

1）铝管的压接长度：铝管压接长度发生变化时，压接后铝管长度会有很大变化，铝管长度越大，则伸长量越大。

2）压接时采用的压接机吨位（压接模具的有效宽度）：采用大吨位的压接机时，其压接模具的宽度较大，每模压接时铝管与模具接触面积更大，导致铝管较难往外延伸，其压接试件的紧密性较小吨位的压接机高，导致压接伸长量较小。

3）压接操作时每两模之间的搭模宽度：搭模宽度大相当于减小了压接模具的宽度，因此搭模宽度越大，压接管的伸长量越大。

4）实际压接部分长度：由于使用压接机的情况及其他人为操作因素会造成实际压接部分长度有所变化，从而会影响到压接管的总伸长量。

5）压接管表面状况：如在压接管表面涂抹液

压油或是电力脂等以方便脱模，因为减小了压接管与压模之间的摩擦系数，压接管伸长量会变大。

耐张线夹的连接尺寸如图 13-2-26 所示。耐张线夹钢管液压后线端与管口间距约为 25mm（见图 13-2-24）。推荐预偏移量为铝压接管压接伸长量。

接续管压接前后状态如图 13-2-27 所示。

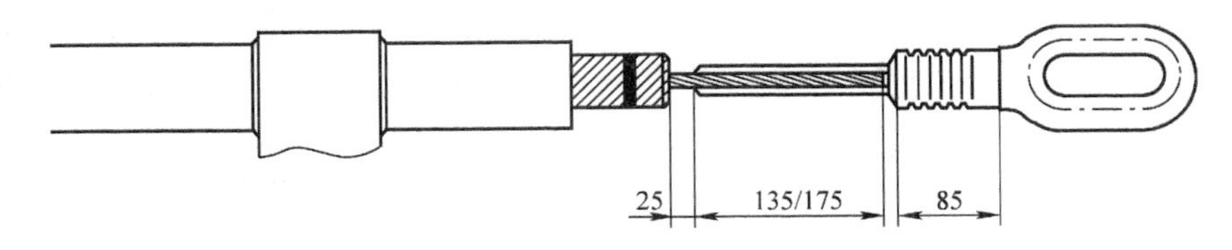

图 13-2-26 耐张线夹连接尺寸

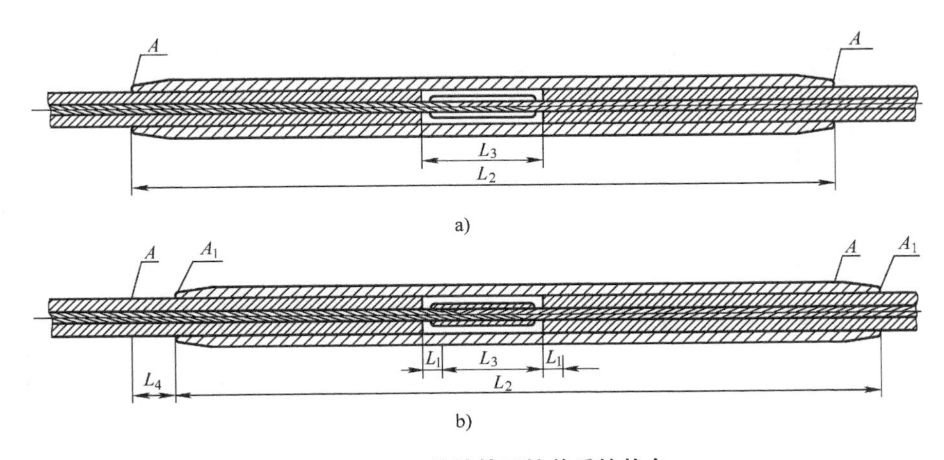

图 13-2-27 接续管压接前后的状态

a）对称状态 b）偏移后状态

AA—对称状态压接管位置 A_1A_1—偏移后的压接管位置 L_1—推荐预偏移量

L_2—铝压接管长度 L_3—钢芯压接管长度 L_4—压接管伸长量

推荐预偏移量 L_1 为铝压接管压接伸长量的 1/2。铝管不压区长度与钢芯压接管长度相同（见图13-2-25）。

5. 钳压连接工艺

这种工艺在线路施工中应用很普遍。对于标称截面积为 240mm² 及以下的钢芯铝绞线、铜线、铝线等直线连接管多数采用钳压方法。钳压连接应符合下列规定：

1）LGJ－240 导线应用 2 只压接管，钳压连接钢芯铝绞线时两导线中间应加垫片。

2）连接的导线按搭接方式由管的两端分别插入管内，且使压接管上最外侧的压口位于被接导线的断头侧，压成后断头露出管外部分不小于 20mm。钳压连接的压口位置及操作顺序按图 13-2-28 进行，连接后端头的绑线应保留。

3）钳压式压接管的压口数量，压口间距 a_1、压口端距 a_2、a_3 及压后尺寸 D 必须符合表 13-2-2 的规定，其压后尺寸的允许误差为

铜钳接管 ±0.5mm　　铝钳接管 ±0.5mm

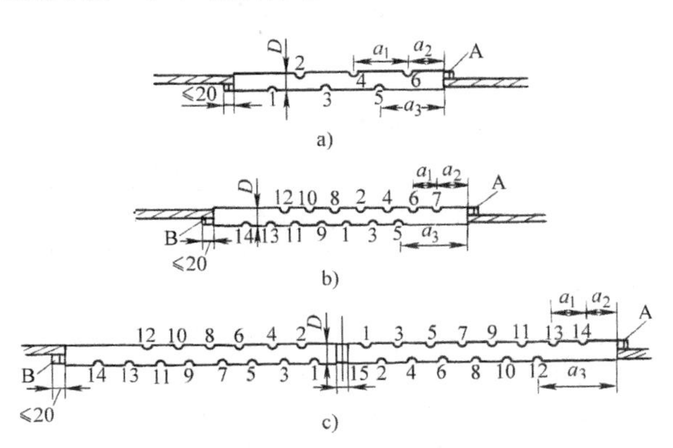

图 13-2-28 直线连接管钳压操作示意图

a）LJ－35 铝绞线及铜绞线

b）LGJ－35 钢芯铝绞线 c）LGJ－240 钢芯铝绞线 1、2、3…—操作顺序 A—绑线 B—垫片

表 13-2-2 钳压压口数及压后尺寸

导线型号		钳压部位尺寸/mm			压后尺寸	压口数
		a_1	a_2	a_3	D/mm	
钢芯铝绞线	LGJ - 16	28	14	28	12.5	12
	LGJ - 25	32	15	31	14.5	14
	LGJ - 35	34	42.5	93.5	17.5	14
	LGJ - 50	38	48.5	105.5	20.5	16
	LGJ - 70	46	54.5	123.5	25.0	16
	LGJ - 95	54	61.5	142.5	29.0	20
	LGJ - 120	62	67.5	160.5	33.0	24
	LGJ - 150	64	70	166	36.0	24
	LGJ - 185	66	74.5	173.5	39.0	26
	LGJ - 240	62	68.5	161.5	43.0	2×14
铝绞线	LJ - 16	28	20	34	10.5	6
	LJ - 25	32	20	36	12.5	6
	LJ - 35	36	25	43	14.0	6
	LJ - 50	40	25	45	16.5	8
	LJ - 70	44	28	50	19.5	8
	LJ - 95	48	32	56	23.0	10
	LJ - 120	52	33	59	26.0	10
	LJ - 150	56	34	62	30.0	10
	LJ - 185	60	35	65	33.5	10
铜绞线	TJ - 16	28	14	28	10.5	6
	TJ - 25	32	16	32	12.0	6
	TJ - 35	36	18	36	14.5	6
	TJ - 50	40	20	40	17.5	8
	TJ - 70	44	22	44	20.5	8
	TJ - 95	48	24	48	24.0	10
	TJ - 120	52	26	52	27.5	10
	TJ - 150	56	28	56	31.5	10

2.5 施工质量要求及验收

2.5.1 放线质量要求

1）放线宜采用张力牵引，以避免导线拖地磨损。放线过程中应对展放的电线认真进行外观检查。对于制造厂在线上设有标志的地方，必须查明情况妥善处理。

2）导线在同一截面处的损伤同时符合下述两种情况时，可采取将棱角、毛刺修光处理。

a）单股损伤深度小于直径的 1/2。

b）损伤面积为导电部分总截面积（钢芯铝绞线为铝部分总截面积）的 5% 及以下。

3）导线损伤在表 13-2-3 范围内时，允许缠绕或以补修金具补修处理。若导线损伤达到下列情况之一时，必须锯断并做接头。

a）钢芯铝绞线的钢芯断股。

b）在一个补修金具的有效补修长度范围内的损伤面积：钢芯铝绞线超过铝部分总截面积的 25%；铝（或铝合金）绞线超过总截面积的 17%。

c）连续损伤虽在允许补修范围内，但其损伤长度已超出一个补修金具所能补修的长度。

d）金钩、破股已使钢芯或内层线股形成无法修复的永久性变形。

4）作为地线的钢绞线，其损伤按表 13-2-4 要求进行处理。若采用线股缠绕或补修金具补修时，导线损伤部分应位于缠绕束或补修金具两端各 30mm 之内。

2.5.2 紧线质量要求

1）紧线时，对于孤立档及较短的耐张段，其过牵引长度应不大于 200mm，且导线、地线的安全系数不得小于 2。

2）观侧弧垂时的实测温度，应足以代表导线或避雷线周围空气的温度。架线弧垂应在挂线后随即检查，其误差应不大于 +5%、-2.5%，但正误差最大值不大于 500mm。当弧垂大于 30m 时，其误差应不大于±2.5%。按大跨越设计的跨越档，其误差应不大于+2%、-2.5%。

表13-2-3 导线损伤补修处理标准

线别 / 损伤情况 / 处理方法	钢芯铝绞线与钢芯铝合金绞线	铝绞线与铝合金绞线
以缠绕或补修预绞丝修理	导线在同一处损伤的程度已经超过本节第2）款的规定，但因损伤导致强度损失不超过总拉断力的5%，且截面积损伤又不超过总导电部分截面积的7%时	导线在同一处损伤的程度已经超过本节第2）款的规定，但因损伤导致强度损失不超过总拉断力的5%时
以补修管补修	导线在同一处损伤的强度损失已经超过总拉断力的5%，但不足17%，且截面积损伤也不超过导电部分截面积的25%时	导线在同一处损伤。强度损失超过总拉断力的5%，但不足17%时

表13-2-4 镀锌钢绞线损伤处理规定

处理方法 / 绞线股数	以镀锌铁线缠绕	以补修管补修	锯断重接
7		断1股	断2股
19	断1股	断2股	断3股

3）导线或地线各相的弧垂应力求一致，在满足上述弧垂允许误差要求时，各相间的相对误差应不超过表13-2-5的规定。

表13-2-5 相间弧垂允许不平衡最大值

线路电压等级	110kV	220kV及以上
相间弧垂允许偏差值/mm	200	300

注：对避雷线是指两线间。

4）相分裂导线同相各线的弧垂应力求一致，在满足上述弧垂允许误差要求时，水平排列的分裂导线其相对误差应不超过±80mm，垂直排列的分裂导线其分裂间距误差应不超过+80mm、-50mm。

5）架线后应测量导线对被跨越物的距离，再计入导线塑蠕伸长并换算至最大弧垂，必须符合设计规定。

2.5.3 附件安装质量要求

1）绝缘子安装前应进行外观检查，清除表面尘垢及附着物，并用2500V绝缘电阻表逐个进行绝缘测定，其绝缘电阻不得小于500MΩ。安装过程中粘附的泥垢，在安装完毕后应清除干净。

2）金具的镀锌层有局部碰损、剥落或缺锌，应除锈后补刷防锈漆。

3）紧线结束后应及时进行附件安装，防止导线、地线因振动受伤。大跨越的永久性防振装置难于及时安装时，应会同设计单位研究安装简易的临时防振装置。悬垂线夹安装后，绝缘子串应垂直于地面。个别情况下其在顺线路方向与垂直位置的倾斜角可不超过5°，且其最大偏移值不应超过200mm。

4）绝缘子串及导线、地线上各种金具螺栓、穿钉及弹簧销子的穿向应统一。若设计和运行单位无特殊要求时，应遵守下列规定：

a）横向穿者：对于单导线，两边线由线路外侧向内穿，中线由左向右穿（面向受电侧）；对于分裂导线，由线束外侧向内穿。

b）垂直穿者：由上向下穿。

5）开口销必须对称开口，开口总角度应为60°~90°。开口后不得有折断、裂纹等现象。不得用线材代替开口销。

6）铝绞线、钢芯铝绞线及铝包钢绞线不得与线夹或夹具直接接触。未使用预绞式护线条者，安装前须在线表面紧密包缠铝包带。铝包带的缠绕方向应与外层线股的绞制方向一致，两端露出线夹口10~30mm，且断头回到线夹内压位。安装预绞式护线条时，每条的中心与线夹中心应重合，对导线包裹应紧固。

7）防振锤阻尼线应与地面垂直。其安装距离误差应不大于±30mm。分裂导线的间隔棒，其结构面应与导线垂直。杆塔两侧第一个间隔棒的安装距离误差应不大于±1.5%，其余不大于±3%。各相间隔棒的安装位置宜互相一致。

8）屏蔽环、均压环应保证其对绝缘子的规定间隙要求，其误差不大于 ±10mm。绝缘地线放电间隙的安装误差应不大于 ±2mm。跳线应呈近似悬链状自然下垂，其对杆塔及拉线等的电气间隙必须符合设计规定。

9）铝制跳线连板及并沟线夹的连接面应平整、光洁，其安装按以下要求进行：

a）安装前检查连接面应平整，耐张线夹、跳线连板的光洁面必须与跳线线夹连板的光洁面相连接。

b）以汽油清洗连接面及导线表面的污垢，随即涂一层中性凡士林。之后用细钢丝刷清除表面的氧化膜。

c）保留凡士林，并逐个均匀拧紧连接螺栓。当使用力矩扳手检查时，其扭矩应达到 6000 ~ 8000N · cm。

10）导线在针式绝缘子或瓷横担上的固定应符合下列要求：

a）对于直线杆，导线应安装在针式绝缘子或直立式瓷横担的顶槽内。水平式瓷横担的导线，应安装在端部边槽上。

b）对于转角杆，导线应安装在转角外侧针式绝缘子的边槽内。

c）绑扎铝绞线或钢芯铝绞线时，应先在线上包缠两层铝包带，包缠长度应露出绑扎处两端 15mm。

d）扎线的绑扎方式应符合设计规定。各股扎线要均匀受力，其材质应与外层线股相同。

2.5.4 架线验收项目

1）弧垂；
2）绝缘子串倾斜；
3）金具的规格及连接质量；
4）杆塔在架线后的偏移及挠度；
5）跳线连接质量、弧垂及对各部的电气间隙；
6）接头和补修的位置及数量；
7）防振装置安装的位置数量及质量；
8）导线、地线的换位情况；
9）线路对建筑物的接近距离；
10）导线对地及跨越物的距离等。

2.5.5 竣工试验

工程在竣工验收检查合格后，应进行下列电气试验：

1）测定线路绝缘电阻；

2）测定 110kV 及以上线路的线路参数和高频特性（具体内容根据需要确定）；

3）核定线路相位；

4）电压由零升至额定电压（无条件时可不做）；

5）以额定电压对线路冲击合闸三次。

2.6 交叉跨越的测量与计算

2.6.1 交叉跨越距离要求

交叉跨越是架空输电线路经常遇到的问题，在线路设计时虽已测定过交叉跨越距离，但经施工后，交叉跨越的情况一般均与设计情况不符，因此架线后仍须对所有交叉跨越处进行跨距测量，保证跨越距离后才能投入运行。测量结果须填入记录，作为施工档案资料。

1. 架空线路对地面的最小距离

在导线最大计算弧垂的情况下，架空线对地面的最小距离不小于表 13-2-6 的数值。

2. 对其他交叉跨越距离

当导线的弧垂最大时，对其他如铁路、公路、通信线路等的垂直交叉跨越距离等不得小于表 13-2-7的数值及要求。

表 13-2-6 导线与地面的最小距离 （单位：m）

线路电压/kV 线路经过地区	35 ~ 110	220	330	500	750
居民区①	7.0	7.5	8.5	14	19.5
非居民区②	6.0	6.5	7.5	11	15.5
交通困难地区③	5.0	5.5	6.5	8.5	11

① 居民区——工业企业地区、港口、码头、火车站、城镇、公社等人口密集地区。

② 非居民区——上述居民区以外的地区，均属非居民区。虽然时常有人、有车辆或农业机械到达，但未建房屋或房屋稀少的地区，亦属非居民区。

③ 交通困难地区——车辆、农业机械不能到达的地区。

表 13-2-7　送电线路与铁路、公路、河流、管道、索道及各种架空线路交叉或接近的基本要求

项目		铁路				公路		电车道（有轨及无轨）	
导线或地线在跨越档内接头		标准轨距：不得接头 窄　轨：不得接头				高速公路、一级公路：不得接头 二、三、四级公路：不限制		不得接头	
邻档断线情况的检验		标准轨距：检验 窄　轨：不检验				高速公路、一级公路：检验 二、三、四级公路：不检验		检验	
邻档断线情况的最小垂直距离/m	标称电压/kV	至轨顶			至承力索或接触线	至路面		至路面	至承力索或接触线
	110	7.0			2.0	6.0		—	2.0
最小垂直距离/m	标称电压/kV	至轨顶			至承力索或接触线	至路面		至路面	至承力索或接触线
		标准轨	窄轨	电气轨					
	110	7.5	7.5	11.5	3.0	7.0		10.0	3.0
	220	8.5	7.5	12.5	4.0	8.0		11.0	4.0
	330	9.5	8.5	13.5	5.0	9.0		12.0	5.0
	500	14.0	13.0	16.0	6.0	14.0		16.0	6.5
	750	19.5	18.5	21.5	7.0（10）	19.5		21.5	7（10）
最小水平距离/m	标称电压/kV	杆塔外缘至轨道中心				杆塔外缘至路基边缘		杆塔外缘至路基边缘	
						开阔地区	路径受限制地区	开阔地区	路径受限制地区
	110 220 330 500 750	交叉：塔高加 3.1m，无法满足要求时可适当减小但不得小于 30m 平行：塔高加 3.1m，困难时双方协商确定				交叉： 8m 10m（750kV） 平行： 最高杆（塔）高	5.0 5.0 6.0 8.0（15） 10（20）	交叉： 8m 10m(750kV) 平行： 最高杆(塔)高	5.0 5.0 6.0 8.0 10.0
附加要求		不宜在铁路出站信号机以内跨越				括号内为高速公路数值。高速公路路基边缘指公路下缘的排水沟		—	—
备注		—				公路分级见 GB50545—2010 的附录 G，城市道路分级可参照公路的规定		—	—

（续）

项目		通航河流		不通航河流		弱电线路		电力线路		特殊管道	索道
导线或地线在跨越档内接头		一、二级：不得接头 三级及以下：不限制		不限制		不限制		110kV 及以上线路：不得接头 110kV 以下线路：不限制		不得接头	不得接头
邻档断线情况的检验		不检验		不检验		Ⅰ级：检验 Ⅱ、Ⅲ级：不检验		不检验		检验	不检验
邻档断线情况的最小垂直距离/m	标称电压/kV	—				至被跨越物		—		至管道任何部分	—
	110	—				1.0		—		1.0	—
最小垂直距离/m	标称电压/kV	至五年一遇洪水位	至最高航行水位的最高船桅顶	至百年一遇洪水位	冬季至冰面	至被跨越物		至被跨越物		至管道任何部分	至索道任何部分
	110	6.0	2.0	3.0	6.0	3.0		3.0		4.0	3.0
	220	7.0	3.0	4.0	6.5	4.0		4.0		5.0	4.0
	330	8.0	4.0	5.0	7.5	5.0		5.0		6.0	5.0
	500	9.5	6.0	6.5	11(水平) 10.5(三角)	8.5		6.0（8.5）		7.5	6.5
	750	11.5	8.0	8.0	15.5	12.0		7（12）		9.5	8.5(顶部)11(底部)
最小水平距离/m	标称电压/kV	边导线至斜坡上缘 （线路与拉纤小路平行）				与边导线间		与边导线间		边导线至管、索道任何部分	
						开阔地区	路径含限制地区	开阔地区	路径受限制地区	开阔地区	路径受限制地区 （在最大风偏情况下）
	110	最高杆（塔）高				平行时：最高杆（塔）高	4.0	平行时：最高杆（塔）高	5.0	平行时：最高杆（塔）高	4.0
	220						5.0		7.0		5.0
	300						6.0		9.0		6.0
	500						8.0		13.0		7.5
	750						10.0		16.0		9.5（管道）8.5（顶部）11（底部）
附加要求		最高洪水位时，有抗洪抢险船只航行的河流，垂直距离应协商确定				送电线路应架设在上方		电压较高的线路一般架设在电压较低线路的上方。同一等级电压的电网公用线应架设在专用线上方		① 与索道交叉，加索道在上方，索道的下方应装保护设施； ② 交叉点不应选在管道的检查井（孔）处； ③ 与管、索道平行、交叉时，管、索道应接地	
备注		① 不通航河流指不能通航，也不能浮运的河流； ② 次要通航河流对接头不限制 ③ 并需满足航道部门协议的要求				弱电线路分级见 GB 50545—2010 的附录 E		括号内的数值用于跨越杆（塔）顶		① 管、索道上的附属设施，均应视为管、索道的一部分； ② 特殊管道指架设在地面上输送易燃、易爆物品管道	

注：1. 跨越杆塔（跨越河流除外）应采用固定线夹。

2. 邻档断线情况的计算条件：+15℃，无风。

3. 输电线路与弱电线路交叉时，交叉档弱电线路的木质电杆，应有防雷措施。

4. 输电线路跨110kV 及以上线路、铁路、高速公路、一级等级公路、一、二级通航河流及输油输气管道等时，悬垂绝缘子串宜采用双联串（对 500kV 及以上线路并宜采用双挂点），或两个单联串。

5. 路径狭窄地带，如两线路杆塔位置交错排列，导线在最大风偏情况下，对相邻线路杆塔的最小水平距离，不应小于下列数值：

标称电压	110kV	220kV	330kV	500kV	750kV
距离	3.0m	4.0m	5.0m	7.0m	9.5m

6. 跨越弱电线路或电力线路，如导线截面按允许载流量选择，还应校验最高允许温度时的交叉距离，其数值不得小于操作过电压间隙，且不得小于 0.8m。

7. 杆塔为固定横担，且采用分裂导线时，可不检验邻档断线时的交叉跨越垂直距离。

8. 当导、地线接头采用爆压方式时，线路跨越二级公路的跨越档内不允许有接头。

9. 重要交叉跨越确定的技术条件，需征求相关部门的意见。

2.6.2 测量方法

测量交叉跨越，即测量线路导线对被跨越物间的垂直距离，一般是指杆塔最下层导线对其下面被跨越物最上端的垂直距离，例如跨越铁路应测轨顶与导线的垂直距离。

1. 直接测量

架空线路施工结束尚未投入运行前，用卷尺直接测量除带电线路以外的各种交叉跨越，方法比较简单而准确。对于带电线路的测量，必须使用绝缘工具依照带电作业的规定进行，或采用间接测量法。

2. 间接测量

间接测量是利用经纬仪测量。测量时在两条线路交叉点下立视距尺，经纬仪架设在交叉角的分角线上，距离30m左右（控制镜筒仰角＜30°为宜），如图13-2-29所示。

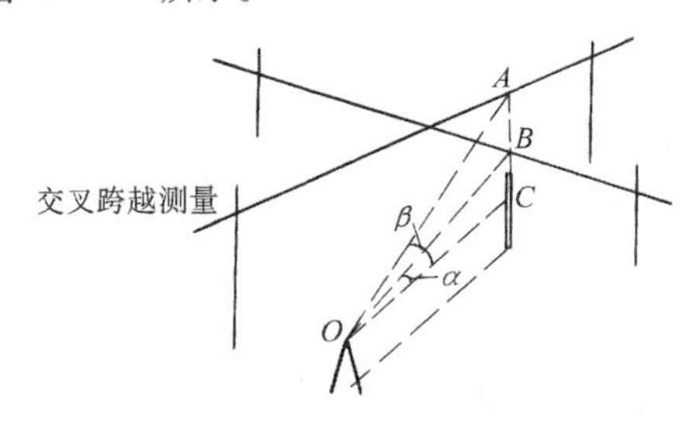

图13-2-29 交叉跨越测量示意图

图中A、B为交叉点，O点为经纬仪，OC为仪器至视距尺的距离，可由经纬仪读距或直接用卷尺丈量得。然后仰视被交叉线路B点，读仰角α值；再仰视本线路的交叉点A读仰角β值；最后可由下式计算交叉处两条线路间的垂直距离AB。

$$AB = OC\tan\beta - OC\tan\alpha = OC(\tan\beta - \tan\alpha) \quad (13\text{-}2\text{-}62)$$

为了提高测量精度，仪器应重复在不同交叉位置再测算一遍。若两次测算值相差在1%以下时，可取平均数。若大于1%时，应首先检查有无误读数字或认错上下层导线，再进行反复测视纠正偏差。

测量时要记录当时的天气情况，气温、交叉档的两端杆塔号、被交叉物的名称、杆号等。

2.6.3 跨距计算

由测量得到的交叉跨越距离是在某一气温下的实际跨距，而不是最小的垂直跨越距离。最小垂直跨越距离发生在架空线最大弧垂时。所以应将交叉跨越测量时的弧垂值换算到最高气温时的最大弧垂值。换算可根据设计部门提供的弧垂曲线图计算交叉跨越点的最高气温时的最大弧垂值和测量状态时的弧垂值间的变化差值，即可得到最大弧垂时交叉跨越点的最小的垂直跨距。

由于交叉跨越点往往不在档距中央，所以在上述换算时应首先把档距中央的弧垂值按式(13-2-62)计算出交叉点的弧垂值，然后计入弧垂变化差值，才能判断交叉跨距是否满足要求。

2.7 光纤复合架空地线的安装与架设

光纤复合架空地线是把光纤用金属管保护起来，并与其他金属线组成地线。这种新型的光纤复合架空地线一经架设起来，既起到光纤通信传递信息，又起到地线作用，一举两得。

光纤复合架空地线（OPGW）的安装架设方法与普通架空地线的安装方法基本相近，但在安装架设时应保证不产生能引起光纤损伤或降低性能的额外弯曲、扭转或过大的张力。此外，光纤复合架空地线是定长供应的，它的连接应在耐张塔上通过光纤盒进行，光纤熔焊后应获得充分可靠的保护。

光线复合架空地线安装一般均采用张力放线机，并附有专用的施工工具，以防止在施工过程中光纤复合架空地线的扭转以及擦伤光缆表面，从而影响光缆质量，架设时还应满足最小弯曲半径的要求。

为保证光纤复合架空地线架设后能安全可靠地长期使用，必须采用特殊设计的金具与附件，如耐张线夹、悬垂线夹、防振锤、引下线夹及连接盒，以保证在安装架设时不会导致有损坏脆弱光纤的危险。

2.7.1 安装前准备工作

1）检查杆塔，应符合要求。

2）选择展盘与张力机、牵引机安装地点，并且安装展盘与张力机、牵引机。牵引场地与放线（张力）场地应尽量布置在被架设段耐张塔外侧。若场地限制，也可选用在内侧，但应放置在线路方向上。

3）敷设架设工作用通话线，也可采用无线电话。

4）必要时应砍伐有碍线路架设的树木。

2.7.2 放线架设工作

1）在铁塔上悬挂放线滑轮：滑轮直径大于500mm，用通常的方式予以固定，滑轮应有橡胶衬垫或用尼龙滑轮。槽宽与深度应与防扭器具相匹配。

2）敷设牵引导轮或牵引钢丝绳。

3）处理OPGW端部并连接防扭器具，包括旋转连接器、防扭平衡锤、网套式连接器等，其连接情况如图 13-2-30 所示。

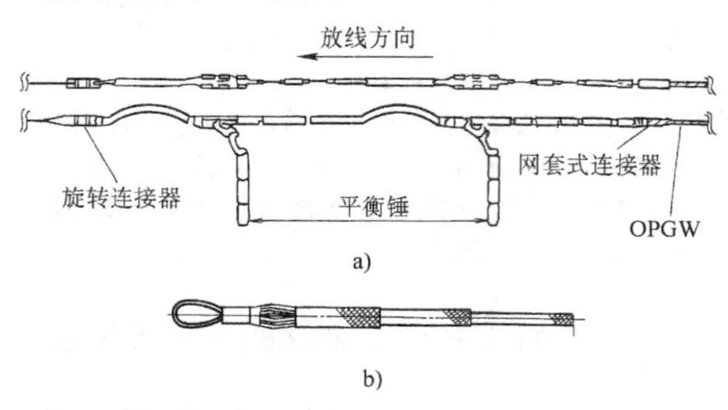

图 13-2-30 OPGW 端部连接防扭器具

a）防扭平衡锤 b）网套式连接器

4）牵引光纤复合架空地线，场地设置与牵引情况如图 13-2-31 所示。利用牵引机牵引钢丝绳从而展放 OPGW，展放时最大张力为 OPGW 的 25% UTS，展放速度一般控制在 10～30m/min。牵引防扭器具通过滑轮应放慢速度，使防扭平衡锤顺利通过滑轮，以防止 OPGW 跳槽卡线而损伤光纤。

2.7.3 紧线工作

1. 从放线端进行牵引紧线

放线完毕，调整牵、张两端引下线尾的长度，以满足连接盒位置及接头要求长度后即开始进行紧线工作。紧线是在高张力下作业，应避免过张力。先用预绞丝耐张线夹将 OPGW 固定在牵引端耐张塔上，再从放线端（张力端）施加紧线张力，使每个档距弧垂满足要求时停止紧线。

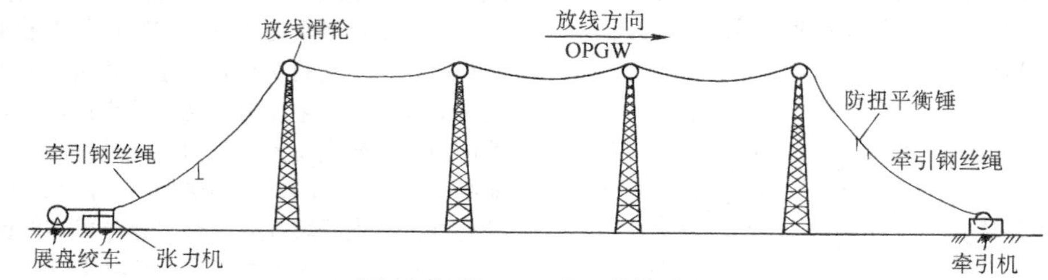

图 13-2-31 OPGW 放线过程

2. OPGW 的弧垂调整

通常在两个耐张塔之间进行。弧垂误差应控制在 ±2% 范围内。

2.7.4 附件安装

1. 安装耐张线夹与悬垂线夹

放线完毕后，在张力端把 OPGW 留足够长度可以引至连接盒。把耐张线夹的预绞丝缠绕在 OPGW 上并张紧，在 OPGW 的另一端做上标记，并缠绕预绞丝，安装耐张线夹，把两端的耐张线夹悬挂在铁塔上，之后在每基铁塔上安装悬垂线夹，并悬挂在铁塔上。

2. 安装防振锤

按设计图样位置，缠绕上预绞丝护线条，装上防振锤，注意 OPGW 不应被压伤。

3. 跳线

在必要时按图样安装。

2.7.5 光纤复合架空地线的连接

1）在耐张塔或门形构架上引下 OPGW。紧线时在 OPGW 的两端应预留足够的长度，沿耐张塔或门形构架把 OPGW 引下，并用引下线夹固定。

2）处理光纤复合架空地线端头。把光纤复合架空地线中的铝包钢线切去 1000mm，露出铝管，再切去 900mm，露出光纤。

3）把 OPGW 固定在连接盒上，并把光纤分层盘绕于连接盒内部。

4）进行光纤熔接并测试。按颜色把光纤分别熔接起来，每熔接 1 芯光纤后应立即测试接头的光衰减值，以满足要求为止。

5）固定连接盒。当光纤连接完毕后，密封连接盒，然后固定于耐张塔或门形构架上。

6）测试。测试接头损耗及整个线路的线损。

2.7.6 注意事项

1）下雨及大雾时不得施工，以免光纤受潮。

2）在 OPGW 的整个安装架设过程中应避免 OPGW 受到侧向挤压、碰撞、弯曲与扭转等，防止铝管变形，防止损坏光纤。

3）张力机与第一基塔之间最小距离 S 按如下公式计算：

$$S = H/\tan30°$$

式中 H——基塔高度。

4）牵引机到临近基塔距离为张力机到临近基塔距离的 3 倍。

5）OPGW 在铁塔与门形构架上引下部分应盘绕成直径约为 1000mm 的圆圈，然后固定在铁塔上或门形构架下端，安装应美观、大方。在门形构架下部分的 OPGW 可安装在连接箱中。

第3章

架空线的运行与维护

3.1 架空线运行维护工作主要内容

架空线路主要由导线、避雷线、绝缘子、金具、杆塔、塔基、接地装置等部件构成。架空线路由于其量多，分布面广，而又长期置于露天下运行，各部件除受电气负荷和机械负荷作用外，还受到风、雨、雪、冰、雾霾、酸雨、大气污染、雷电等各种自然因素和外力破坏、偷盗等人为因素的影响。另外，由于部分部件设计不尽合理，选用材料不符合要求，安装技术不当，设备自然老化等因素的存在，架空线路在运行中会产生各种缺陷，若不及时发现、处理，随时可能会发生事故，影响到电网的安全运行。因此，做好架空线路的运行维护、检修工作是保证电网安全运行的一个重要环节。

架空线（主要是杆塔、导线、避雷线、绝缘子以及各类金具等）的运行维护工作主要内容包括：巡视、预防性检查和测试、季节性事故和外力破坏事故的预防等。

3.1.1 巡视

巡视目的是为了全面掌握架空线路各部件的运行状况和沿线情况，及时发现本体设备的缺陷和危及设备安全运行的情况。根据国家能源局颁布的《架空输电线路运行规程》（DL/T 741—2010）要求，必须对架空线路进行定期和不定期的巡视。

3.1.2 预防性检查和测试

预防性检查和测试目的是为了弥补巡视只能发现设备外在缺陷的不足，通过仪器设备对容易发生故障的部件定期进行内部的检查和测试，以发现设备细微的缺陷和内在的隐患。

3.1.3 季节性事故和外力破坏事故的预防

季节性事故预防的内容主要有：防风、防雷、防腐、防覆冰、防振、防过负荷及防树木绿化生长危害架空线安全运行等；外力破坏事故预防的内容主要有：确保导线下方各类大型机械的施工作业在安全距离之内，清除铁塔基础周围堆土、积水和违章建筑等等危害线路安全运行的危险源。

3.2 架空线运行规程

3.2.1 巡视

1. 巡视的主要内容

1）沿线环境：了解掌握威胁线路安全运行的环境情况，并采取预防事故的措施。

2）导线和避雷线（包括耦合地线、屏蔽线）：

a）导线、避雷线有否锈蚀、断股、损伤或闪络烧伤情况。

b）导线、避雷线的弧垂松紧情况，三相导线弧垂不平衡是否超过标准。相分裂导线的次导线间距离的变化。特别是每年夏季和冬季及负荷高峰时应重点检查弧垂松紧，导线、避雷线线间距离，对地距离，对交叉跨越物的安全距离等。

c）导线、避雷线有无上扬、振动、舞动、脱水跳跃，相分裂导线鞭击、扭绞等现象。

d）导线连接器有无过热，特别是夏季负荷高峰，导线负荷较大时，要密切注意导线连接器有否过热现象。

e）导线在线夹内有无滑动和释放线夹船体部分自挂架中脱出现象；护线条有无损坏、散开现象；防振锤有无窜动、偏斜、钢丝断股现象；阻尼线有无变形、烧伤、绑线松动现象。

f）跳线有无断股、歪扭变形，跳线与杆塔空气间隙变化情况。

g）分裂导线间隔棒有无松动、离位、开口销脱落，连接处导线有无磨损和放电灼伤等。

h）导线、避雷线有无严重放电和电晕现象及悬挂风筝和其他异物。

2. 巡视的类别

架空线路的巡视可分为定期巡视、特殊巡视、故障巡视、夜间巡视、监察性巡视和直升机巡视等。

1）定期巡视：其目的是经常掌握架空线路各部件运行状况及沿线情况，及时发现设备缺陷和危及线路安全运行的情况，并搞好群众护线工作。

2）特殊巡视：在气候剧烈变化（如导线结冰、大雾、狂风暴雨等），自然灾害（如河水泛滥、解冻、地震、森林起火等）以及外力破坏、线路过负荷、异常运动和其他特殊情况下，对线路全线、某几段或某些元件进行仔细地巡视，以查明线路有否异常情况。

3）故障巡视：当线路发生故障后，根据继电保护动作情况，对全线或某些区段进行巡视，以查明线路的故障点，故障原因及故障情况。

4）夜间巡视：其目的是为了检查导线连接器及绝缘子的运行情况。在夜间可以发现在白天巡视中所不能发现的缺陷，如电晕现象；由于绝缘子严重脏污而发生的表面闪络前局部放电现象；由于导线连接器接触不良，当通过负荷电流的温度上升很高，致使导线的接触部分烧红的现象等。夜间巡视应在线路负荷最大时和雾天的夜间进行。

5）监察性巡视：有关领导和技术人员为了掌握线路运行情况，检查和指导巡线员的工作，与巡视人员共同进行巡视。

6）直升机巡视：直升机巡视不受地形环境的影响，同时可搭载红外测温仪及高清摄像仪，可拍摄到地线巡视人员无法检查到的设备本体情况，提高巡视效率。

3.2.2 预防性检查和测试

预防性检查和测试是发现设备隐患的重要手段。架空线预防性检查和测试项目及周期见表13-3-1。

3.2.3 架空线运行规定

1）导线和避雷线的机械强度设计安全系数不应小于2.5，避雷线的安全系数宜大于导线的安全系数。

2）导线及避雷线由于断股、损伤减小截面的处理按表13-3-2的规定。

表13-3-1 预防性检查和测试项目及周期

项目		周期	备注
导线、地线(OPGW)、铝包钢	导线、地线磨损、断股、破股、严重锈蚀、放电损伤、外层铝股松动等	每次检修时	抽查，导线、地线线夹必须及时打开检查
	大跨越导线、地线振动测量	2~5年	对一般线路应选择有代表性档距进行现场振动测量，测量点应包括悬垂线夹、防振锤及间隔棒线夹处，根据振动情况选点测量
	导线、地线舞动观测		在舞动发生时应及时观测
	导线弧垂、对地距离、交叉跨越距离测量	必要时	线路投入运行1年后测量1次，以后根据巡视结果决定
	导线压接管、电缆接头红外测量	每年至少1次	一般在迎峰度夏前完成耐张杆塔导线压接管及电缆终端站电缆接头的温度测量

注：1. 检测周期可根据本地区实际情况进行适当调整，但应经本单位总工程师批准。
2. 检测项目的数量及线段可由运行单位根据实际情况选定。
3. 大跨越或易舞动区宜选择具有代表性地段杆塔装设在线监测装置。

表13-3-2 导线、地线断股损伤减小截面的处理标准

线别 \ 处理方法	金属单丝、预绞式补修条补修	预绞式护线条普通补修管补修	加长型补修管、预绞式接续条	接续管、预绞丝接续条、接续管补强接续条
钢芯铝绞线 钢芯铝合金绞线	导线在同一处损伤导致强度损失未超过总拉断力的5%且截面积损伤未超过总导电部分截面积7%	导线在同一处损伤导致强度损失在总拉断力的5%~17%间，且截面积损伤在总导电部分截面积7%~25%间	导线损伤范围导致强度损失在总拉断力的17%~50%间，且截面积损伤在总导电部分截面积25%~60%间	导线损伤范围导致强度损失在总拉断力的50%以上，且截面积损伤在总导电部分截面积60%及以上

（续）

线别 \ 处理方法	金属单丝、预绞式补修条补修	预绞式护线条普通补修管补修	加长型补修管、预绞式接续条	接续管、预绞丝接续条、接续管补强接续条
铝绞线 铝合金绞线	断股损伤截面不超过总面积的7%	断股损伤截面占总面积的7%～25%	断股损伤截面占总面积的25%～60%	断股损伤截面超过总面积的60%及以上
镀锌钢绞线	19股断1股	7股断1股 19股断2股	7股断2股 19股断3股	7股断2股以上 19股断3股以上
OPGW	断股损伤截面不超过总面积的7%（光纤单元未损伤）	断股损伤截面占总面积的7%～17%，光纤单元未损伤（修补管不适用）		

注：1. 钢芯铝绞线导线应未伤及钢芯，计算强度损失或总截面损伤时，按铝股的总拉断力和铝总截面积作基数进行计算。
2. 铝绞线、铝合金绞线导线计算损伤截面时，按导线的总截面积作基数进行计算。
3. 良导体架空地线按钢芯铝绞线计算强度损失和铝截面损失。

3）钢质导线及避雷线锈蚀，不应有下列任一情况：

a）多处锈蚀断股或外层锈蚀呈严重坑点状；

b）外层单股弯曲试验不足两次即折断。

4）导线不应有下列现象：

a）铝合金或钢芯铝绞线表面腐蚀变色，呈严重腐蚀坑点，外层单股弯曲试验不足两次即折断；

b）铝包钢导线的铝层腐蚀变色，较大面积铝层破裂或脱落。

5）导线及避雷线的弧垂应符合下列要求：

a）110kV及以下线路一般档距应不大于设计弧垂的+6.0%或-2.5%；220kV及以上线路一般档距应不大于设计弧垂的+3.0%或-2.5%；

b）导线相间相对弧垂值不应超过：110kV及以下线路为200mm；220kV及以上线路为300mm；

c）相分裂导线同相子导线的相对弧垂值不应超过以下值：垂直排列双分裂导线100mm；其他排列形式分裂导线220kV为80mm，330kV及以上线路为50mm。

6）导线的限距及交叉跨越距离应符合表13-3-3的规定。

表13-3-3 导线对地及交叉跨越距离

类别	电压/kV	66～110	154～220	330	500	750	800	1000
对地/m≥	居民区	7.0	7.5	8.5	14.0	19.5	22.0	27.0
	非居民区	6.0	6.5	7.5	11.0	15.5	19.0	22.0
	交通困难地区或行人稀少的地方	5.0	5.5	6.5	9.0	11.0	17.0	19.0
对交叉跨越物/m≥	至铁路轨顶	7.5	8.5	9.5	14.0	19.5	21.5	27.0
	至1～3级公路的路面	7.0	8.0	9.0	14.0	19.5	21.5	27.0
	至电车道（有轨及无轨）路面	10.0	11.0	12.0	16.0	21.5	21.5	27.0
	电力线至被跨越导线、地线	3.0	4.0	5.0	6.0	7.0	10.5	16.0

（续）

类别		66～110	154～220	330	500	750	800	1000
对交叉跨越物/m≥	弱电线路至被跨越线	3.0	4.0	5.0	8.5	12.0	17.0	18.0
	至特殊管道任何部分	4.0	5.0	6.0	7.5	9.5	17.0	18.0
	至索道任何部分	3.0	4.0	5.0	6.5	11.0(底部) 8.5(顶部)	12.5	18.0
	至步行不到山坡及峭壁岩石净空距离	3.0	4.0	5.0	6.5	8.5	11.0	11.0
跨越河流/m≥	通航河流至船桅顶	2.0	3.0	4.0	6.0	8.0	10.5	10.0
	通航河流至五年一遇洪水水位面	6.0	7.0	8.0	9.5	11.5	15.0	14.0
	不通航河流至百年一遇洪水水位面	3.0	4.0	5.0	6.5	8.0	12.5	10.0
	不通航河流至冬季冰面	6.0	6.5	7.5	11.0	15.5	18.5	22.0
对建筑物、树、竹/m≥	对建筑物的净空距离	4.0(5.0)①	6.0	7.0	9.0	11.0	17.5	15.5
	对经济作物、城市灌木及行道树	3.0	3.5	4.5	7.0	8.5	15.0	16.0
	林区树木、公园、绿化区、防护林带的垂直距离或净空距离	4.0	4.5	5.5	7.0	8.5	13.5	14.0

注：表头斜线分隔，上为"电压/kV"，下为"类别"。

① 括号内数字为110kV时建筑物净距。

7）导线连接器不应有下列现象：

a）外观鼓包、弯曲、裂纹、烧伤、滑移或出口处断股；

b）连接器温度高于导线温度15℃或超过导线的最高允许温度；

c）连接器过热变色或连接螺栓松动；

d）连接器的电压降比同样长度导线的电压降高2.0倍；

e）探伤发现连接器内严重烧伤、断股或压接不实。

8）金具不应变形、锈蚀、烧伤或磨损后的强度安全系数不应小于2.0。

9）防振锤、间隔棒、阻尼线不应移位。

10）屏蔽环、均压环不应歪斜，其对绝缘子的规定间隙误差应小于±20mm。

3.2.4 架空线的维护与检修

维护与检修是恢复设备健康水平的根本手段，维修项目应按照设备状况、巡视、检测的结果和纠正事故措施的要求确定。架空线维护与检修的主要项目及周期见表13-3-4。

更换部件的检修（如换杆、换横担、换导线、换避雷线、换绝缘子等）更换后的新部件的强度和参数应不低于原设计的要求。

表 13-3-4 架空线维护与检修的主要项目及周期

项 目	周 期	备 注
更换导线、避雷线及金具	结合检修	根据巡视或试验结果进行
导线、避雷线损伤检修	结合检修	根据巡视结果进行
调整导线、避雷线弧垂	结合检修	根据巡视和测量结果进行
处理不合格交叉跨越	结合检修	根据巡视和测量结果进行
并沟线夹、引流板检修	结合检修	根据巡视和测量结果进行
间隔棒更换检修	结合检修	根据检查或巡视结果进行
防振器和防舞动装置维修	结合检修	根据巡视或观测情况适时进行
接地装置和防雷设施维修	结合检修	根据巡视或观测情况适时进行
砍伐修剪树枝	最长一年	根据巡视结果进行

3.2.5 特殊区段架空线的运行维护

1. 大跨越线路

1）大跨越段应根据环境、设备特点和运行经验制订专用现场规程，维护检修的周期应根据实际运行条件确定。

2）宜设专门维护班组。在洪汛、覆冰、大风和雷电活动频繁的季节，宜设专人监视，做好记录，有条件的可装自动检测设备。

3）应加强对杆塔、基础、导线、避雷线、拉线、绝缘子、金具及防洪、防冰、防振、防雷等设施的维护、检查、监测工作，并做好导线、避雷线的测振工作。

4）大跨越段应定期对导线、地线进行振动测量。

5）大跨越段应适当缩短接地电阻测量周期。

6）大跨越段应做好长期的气象、覆冰、雷电、水温的观测记录和分析工作。

7）主塔的升降设备、航空指示灯、照明和通信等附属设施应加强维修保养，经常保持在良好状态。

2. 多雷击区线路

1）多雷区的线路应做好综合防雷措施，降低杆塔接地电阻值，适当缩短检测周期。

2）雷季前，应做好防雷设施的检测和维修，落实各项防雷措施，同时做好雷电定位观测设备的检测、维护、调试工作，确保雷电定位系统正常运行。

3）雷雨季期间，应加强对防雷设施各部件连接状况、防雷设备和观测装置动作情况的检测，并做好雷电活动观测记录。

4）应做好被雷击线路的检查，对损坏的设备应及时更换、修补，对发生闪络的绝缘子串的导线、地线线夹必须打开检查，必要时还须检查相邻档线夹及接地装置。

5）结合雷电定位系统的数据，组织好对雷击事故的调查分析，总结现有防雷设施效果，研究更有效的防雷措施，并加以实施。

3. 重污区的运行要求

1）重污区线路外绝缘应配置足够的爬电比距，并留有裕度；特殊地区可以在上级主管部门批准后，在配置足够的爬电比距后，若有必要，可在瓷绝缘子上喷涂长效防污闪涂料。

2）应选点定期测量盐密、灰密，要求检测点较一般地区多。必要时建立污秽实验站，以掌握污秽程度、污秽性质、绝缘子表面积污速率及气象变化规律。

3）污闪季节前，应逐级确定污秽等级、检查防污闪措施的落实情况。污秽等级与爬电比距不相适应时，应及时调整绝缘子串的爬电比距、调整绝缘子类型或采取其他有效的防污闪措施。线路上的零（低）值绝缘子应及时更换。

4）防污清扫工作应根据污秽度、积污速度、气象变化规律等因素确定周期，及时安排清扫，保证清扫质量。

5）应建立特殊巡视责任制，在恶劣天气时进行现场特巡，发现异常及时分析并采取措施。

6）做好测试分析，掌握规律，总结经验，针对不同性质的污秽物选择相应有效的防污闪措施，临时采取的补救措施要及时改造为长期防御措施。

4. 重冰区线路

1）处于重冰区的线路要进行覆冰观测，有条件或危及重要线路运行的区域要建立覆冰观测站，研究覆冰性质、特点，制定反事故措施，特殊地区的设备要加装融冰装置。

2）经实践证明不能满足重冰区要求的杆塔型式、绝缘子串型式、导线排列方式应有计划地进行改造或更换，做好记录，并提交设计部门在同类地区不再使用。

3）覆冰季节前应对线路做全面检查，消除设备缺陷，落实除冰、融冰和防止导线、地线跳跃、舞动的措施，检查各种观测、记录设施，并对融冰装置进行检查、试验，确保必要时能投入使用。

4）在覆冰季节应有专门观测维护组织，加强巡视、观测，做好覆冰和气象观测记录及分析，研究覆冰和舞动的规律，随时了解冰情，适时采取相应措施。

5. 微地形、气象区的运行要求

1）频发超设计标准的自然灾害地区应设立微气象区观测点，通过监测确定微气象区的分布及基本情况。

2）已经投入运行，经实践证明不能满足微气象区要求的杆塔型式、绝缘子串型式、导线排列方式应有计划地进行改造或更换，做好记录，并与设计单位沟通，在同类地区不得再使用。

3）大风季节前应对微气象区运行线路做全面检查，消除设备缺陷，落实各项防风措施。

4）新建线路，选择路径时应尽量避开运行单位提供的微气象地区；确实无法避让时，应采取符合现场实际情况的设计方案，确保线路安全运行。

6. 采动影响区的运行要求

1）应与线路所在地区的地质部门、煤矿等矿产部门联系，了解输电线路沿线地址和塔位处煤层的开采计划及动态情况，绘制特殊区域分布图，并采取针对性的运行措施。

2）位于采动影响区的杆塔，应在杆塔投运前安装杆塔倾斜监测仪。

3）运行中发现基础周围有地表裂缝时，应积极与设计单位联系，进行现场勘察，确定处理方案。依据处理方案，及时对杆塔周围地表裂缝、塌陷进行处理，防止雨水、山洪加剧诱发地基塌陷。

4）应加强线路的运行巡视，结合季节变化进行采动影响区杆塔倾斜、基础跟开变化、塔材或杆体变形、拉线变化、导地线弧垂变化、地表塌陷和裂缝变化检查；对发生倾斜的采动影响区杆塔应缩短周期、密切监测，及时采取应对措施，避免发生倒塔断线事故。

3.3 新型耐热导线

3.3.1 碳纤维复合芯导线（ACCC）

ACCC 的芯线是由碳纤维为中心层和玻璃纤维包覆制成的单根芯棒，外层与邻外层铝线股为梯形截面。ACCC 的这种结构型式不仅有利于提高直线管、耐张线夹与导线的压接强度，而且由于芯棒与铝股之间不存在接触电位差，能保护铝导体免受电腐蚀。另外，这种导线的外层由梯形截面形成的外表面远比传统的钢芯铝绞线表面光滑，提高了导线表面的粗糙系数，有利于提高导线的电晕起始电压，能减少电晕损失，降低电晕噪声和无线电干扰水平。ACCC 的性能特点如下：

1）导电率高：由于 ACCC 不存在类似钢丝材料引起的磁损和热效应，在输送相同负荷的条件下，具有更低的运行温度，可以减少输电损失约 6%。

2）抗拉性好：ACCC 的碳纤维混合固化芯棒，是普通钢丝抗拉强度（1240～1410MPa）的 2 倍。

3）重量轻：ACCC 的比重约为钢丝导线的1/4，在相同的外径下，ACCC 的铝截面积是常规导线的 1.29 倍，其单位长度重量要比常规导线轻10%～20%。

4）耐腐蚀：ACCC 与环境亲和，避免了导体在通电时铝线与镀锌钢线之间的电腐蚀现象，有效延缓了导线的老化，使用寿命高于普通导线 2 倍。

5）弧垂低：ACCC 与普通钢芯铝绞线相比，具有明显的弧垂控制特性。在高温条件下弧垂不到钢芯铝绞线的 1/2，可以有效减少架空线的空间走廊，提高线路运行的安全性和可靠性。

3.3.2 铝基陶瓷纤维复合芯铝绞线（ACCR）

ACCR 导线的主要结构与传统的钢芯铝绞线 ACSR 基本相同，但其外层绞线和内层芯线都与 ACSR 不同。ACCR 导线的内层芯线是由数千根极细的高强度陶瓷纤维沿着导线相同方向嵌入到高纯度铝中复合而成，同时，外层的绞线是由添加了微量锆金属的高强度、高耐热铝线绞制而成。ACCR 的性能特点如下：

1）高耐热性在高达 300℃的高温下，ACCR 复合芯仍能保持原有的机械强度；外层铝锆合金绞线的额定持续运行温度达到 210℃，短时运行温度可达 240℃。

2）高机械强度：ACCR 复合芯的拉断强度可达 8 倍同样铝线，与钢相当；外层铝锆合金绞线具有相当于 1350－H19 硬铝的特性和硬度，在额定持续的高温后机械强度不丧失，即抵抗退火。

3）低膨胀率：ACCR 复合芯的线膨胀率不到钢芯的一半。

4）重量较轻：ACCR 复合芯的重量仅为同等体积钢芯的一半，但电导率远超钢芯。

3.3.3 铝包殷钢芯耐热铝合金绞线（ASInvar）

在 ASInvar 结构中，铝包殷钢芯替代普通导线中的钢芯，使导线强度增加，弧垂减小；超耐热铝合金替代普通导线中的铝股，从而可传输大电流，这样当总截面相当时，超耐热铝合金绞线可传输更大输送容量。ASInvar 的性能特点如下：

1）倍容量：ASInvar 长期运行温度可达 210℃，届时导线的传输电流可达同截面钢芯铝绞线在 70℃ 时的载流量的 2 倍以上。

2）同弧垂导线运行过程中，作用在铝合金线部分的张力随温度的升高而减少，达到迁移点温度后，导线的张力转移到铝包殷钢芯，此时导线线膨胀系数即为铝包殷钢芯的线膨胀系数。ASInvar 可在高温下确保导线弧垂与相同外径的钢芯铝绞线基本相当。

3）长寿命铝包殷钢芯外表面为铝基材料，与外层绞合铝合金材质无电位差，导线耐电化学腐蚀性能优异，工作寿命可到 40 年以上。

3.4 引起架空线路缺陷、损伤的主要原因及预防方法

引起架空线缺陷的主要原因有雷击、振动和舞动、覆冰、腐蚀、过负荷以及弛度不当等。

3.4.1 架空线的防雷

雷击架空线造成跳闸事故在电网事故中占有很大比例。同时，雷击线路从线路入侵变电站也威胁着变电站的安全。因此，雷击直接影响整个电力系统的安全运行。

1. 雷击架空线的形式

它可以分为直接雷过电压与感应雷过电压两种。

(1) 直接雷过电压 当带电的雷云接近架空线时，雷电流沿空中通道注入雷击点，如避雷线、杆塔或导线等。击中架空线后，以电压波和电流波的形式分路前进，引起直接雷过电压。

(2) 感应雷过电压 当雷击于线路附近地面时，导线上产生了强电感应而形成感应过电压。它的幅值正比于雷电流幅值，而与雷击地面点与导线的距离成反比。感应电压大小还与导线距地面高度有关，导线离地面越近，感应电压越小，因为导线对地电容与它对地距离成反比。根据《电力设备过电压保护设计技术规程》（以下称《规程》）建议，当雷击点离开线路大于 65m 时，雷云对地放电在架空线上的感应雷过电压最大值可按下式计算：

$$U_g = 25\frac{Ih_d}{S} \qquad (13\text{-}3\text{-}1)$$

式中 U_g——雷感应过电压幅值（kV）；

I——雷电流幅值（kA）；

S——雷击点距线路的距离（m）；

h_d——导线悬挂点的平均高度（m），其数值 $h_d = h'_d - \frac{2}{3}f$。$h'_d$ 为导线悬挂点对地高度，f 为弧垂。

由于雷击地面时雷击点的自然接地电阻较大，雷电流幅值一般不超过 100kA。实测证明，感应电压一般不超过 500kV。对 35kV 及以下线路会引起闪络；但对 110kV 及以上线路，由于绝缘水平较高，所以一般不会引起闪络。

如果架空导线上方架有避雷线，由于其屏蔽效应，导线上感应过电压就会降低。其幅值按下式计算：

$$U'_g = U_g(1-k) \qquad (13\text{-}3\text{-}2)$$

式中 U'_g——有避雷线时，导线上感应过电压幅值（kV）；

U_g——不计避雷线时，导线上感应过电压幅值（kV）；

k——耦合系数。

雷击杆塔时，将在导线上感应出与雷电流的极性相反的过电压，其计算方法与上述雷击地面感应电压计算方法不同。对一般 40m 以下无避雷线的线路，雷击杆塔的感应过电压最大值按下式计算：

$$U_g = \alpha h_d \qquad (13\text{-}3\text{-}3)$$

式中 U_g——感应过电压幅值（kV）；

h_d——导线悬挂点平均高度（m）；

α——感应过电压系数（kV/m）；其值等于以 kA/μs 计的雷电流平均陡度，即 $\alpha = I/2.6$。

有避雷线时，由于其屏蔽效应，同样

$$U'_g = U_g(1-k) = \alpha h_d(1-k) \qquad (13\text{-}3\text{-}4)$$

2. 架空线路的耐雷水平

能引起架空线路绝缘闪络的起始雷电流称作架空线的耐雷水平。

根据《规程》规定，有避雷线的线路，在一般土壤电阻率地区，其耐雷水平不宜低于表 13-3-5 所列数据。

对有避雷线的线路，当雷击于避雷线档距中央时，可能引起避雷线与导线间的空气间隙击穿，造

表 13-3-5 有避雷线架空线路的耐雷水平

（单位：kA）

额定电压/kV	35	110	154
一般线路	20～30	40～75	90
大跨越档中央和电站进线	30	75	90
额定电压/kV	220	330	500 及以上
一般线路	80～120	100～140	
大跨越档中央和电站进线	120	140	

注：1. 较大值用于多雷区或较重要的线路。

2. 双回路或多回路杆塔的线路，应尽量达到表中的数值。为此，可采取改善接地，架设耦合地线或适当加强绝缘等措施。

成短路事故。根据我国多年运行经验，《规程》认为如果档距中央导线与避雷线间的空气间隙距离满足下列经验公式时，则一般不会出现击穿事故。

$$S=0.012l+1$$

式中 S——导线和避雷线间空气距离（m）；

l——档距（m）。

3. 架空线路的防雷措施

架空线路的防雷方式，应根据线路的电压等级，重要程度，系统的运行方式，线路经过地区的雷电活动的强弱，地形、地貌的特点，土壤电阻率的高低等因素，并结合当地原有线路的运行经验，通过技术经济分析比较，因地制宜采取合理保护措施。主要有：

（1）架设避雷线 根据《规程》规定，220～330kV 架空线路应沿全线架设地线；年平均雷暴日数不超过 15d 的地区或运行经验证明雷电活动轻微的地区，可架设单地线，山区宜架设双地线；500～750kV 输电线路应沿全线架设双地线。

有避雷线的线路，在一般土壤电阻率地区，其耐雷水平不宜低于表 13-3-5 所列数值。

避雷线与导线的配合应符合表 13-3-6 的规定。

表 13-3-6 避雷线与导线配合表

导线型号		LGJ－185/30 及以下	LGJ－185/45～LGJ－400/35	LGJ－400/50 及以上
镀锌钢绞线最小标称截面/mm²	无冰区段	35	50	80
	覆冰区段	50	80	100

杆塔上避雷线对边导线的保护角，对于单回路 330kV 及以下线路的保护角不宜大于 15°，500～750kV 线路的保护角不宜大于 10°；对于同塔双回或多回路，110kV 线路的保护角不宜大于 10°，220kV 及以上线路的保护角不宜大于 0°（甚至负保护）；单地线线路不宜大于 25°；对重覆冰线路的保护角可适当加大。

为防止雷击避雷线时热效应及冲击效应使避雷线断股甚至断线，应采用热容量比较大的股径较粗的钢绞线来作为避雷线。

（2）降低接地电阻 降低接地电阻是提高线路耐雷水平，防止反击的有效措施。根据《规程》规定，有避雷线的线路，每基杆塔不连避雷线的工频接地电阻，在雷季干燥时，不宜超过表 13-3-7 所列的数值。

小接地短路电流系统中 35kV 及以上无避雷线线路，宜采取措施减少雷击引起的多相短路和两相异点接地引起的断线事故。钢筋混凝土电杆和铁塔，以及木杆线路中的铁横担均宜接地。接地电阻不受限制，但多雷区不宜超过 30Ω。钢筋混凝土电杆和铁塔应充分利用其自然接地作用，在土壤电阻率不超过 100Ω·m，或有运行经验的地区，可不另设人工接地装置（上海地区变电站出线 2km 内接地电阻不大于 2Ω，2km 外不大于 5Ω）。

（3）架设耦合地线 耦合地线的作用是增加避雷线与导线间的耦合作用，以降低绝缘子串上的电压。此外，耦合地线还增加对雷电流的分流作用。

一般情况下，档距中央耦合地线与导线间在最大弧垂时的距离不应小于表 13-3-8 所列的数值。

表 13-3-7 有避雷线架空线路杆塔的工频接地电阻

土壤电阻率/Ω·m	100 及以下	100 以上至 500	500 以上至 1000	1000 以上至 2000	2000 以上
接地电阻/Ω	10	15	20	25	30①

① 如土壤电阻率很高，接地电阻很难降低到 30Ω 时，可采用 6～8 根总长度不超过 500m 的放射形接地体，或连续伸长接地体，其接地电阻不受限制。

表 13-3-8 档距中央耦合地线与导线间的最小距离

电压/kV	35～60	110	154	220	330	500	800	1000
距离/m	2	3	4	5	7	8	①	①

① 800kV 及 1000kV 相关距离有待设计确定。

(4) 系统采用中性点经消弧线圈接地　为了减少雷击引起的多相短路事故，可考虑将系统采用不接地或经消弧线圈接地的方式。

(5) 装设自动重合闸　线路绝缘子在雷击闪络后，一般都能在线路跳闸后自动恢复绝缘性能，绝大多数雷害是单相闪络，采用重合闸，可以减少检修工作量，提高供电可靠性。

(6) 装设管型避雷器　一般在线路交叉跨越处和在高杆塔上装设管型避雷器以限制过电压。高杆塔由于本身高，容易受雷击，而且其自身电感大，感应过电压高，易使绝缘闪络，可采用增加绝缘子串片数的办法来提高其防雷性能。一般对40m以上高度的杆塔，每增加10m，相应增加一片绝缘子。超过100m高的杆塔，其绝缘子数量应结合运行经验通过计算确定。

(7) 装设氧化锌避雷器　氧化锌避雷器是20世纪70年代发展起来的一种避雷器，它主要由氧化锌压敏电阻构成。每一块压敏电阻从制成时就有它的一定开关电压（叫压敏电压），在正常的工作电压下（即小于压敏电压），压敏电阻值很大，相当于绝缘状态，但在冲击电压作用下（大于压敏电压），压敏电阻呈低值被击穿，相当于短路状态。然而压敏电阻被击后，是可以恢复绝缘状态的；当高于压敏电压的电压撤销后，它又恢复了高阻状态。因此，如在电力线上安装氧化锌避雷器后，当雷击时，雷电波的高电压使压敏电阻击穿，雷电流通过压敏电阻流入大地，可以将电源线上的电压控制在安全范围内，从而保护了电气设备的安全。

3.4.2　架空线的振动和防止振动的措施

1. 架空线振动的种类及危害

目前，为我们所知的振动种类主要有，微风振动、次档距振动、电晕振动、紊流振动、雨振动、扭转振动和短路振动等。其中，微风振动和次档距振动现象出现最频繁，造成的危害最严重。

(1) 微风振动　引起微风振动的原因是当稳定的微风吹过架空线时，在架空线背风面形成一个按一定频率变化和上下交替的气流旋涡，这个气流旋涡使架空线受到同一频率的上下交变的冲击力，当这个冲击力的频率与架空线的固有频率相等时，将使架空线在垂直面内产生谐振，即微风振动。

微风振动是一种高频率、小振幅的导线运动，产生微风振动的风向与导线成垂直方向，风速为0.5~0.8m/s，其振动幅值一般不超过几厘米，频率范围一般在3~120Hz。微风振动波为弱波，即波节不动，波腹上下交替变化。其造成的后果将是导线断股，金具及杆塔构件损坏等，甚至断股发展成为断线事故。

(2) 次档距振动　分裂导线由于间隔棒的存在，整个档距形成一系列的次档距，相邻间隔棒之间次导线的振动，称为次档距振动。

次档距振动的起因是，当风作用在处于同一水平面的两根次导线时，被前面的次导线所屏蔽住的另一根导线处在气流的涡流区内，并因此造成了次档距内次导线的水平振荡。发生次档距振动的风向一般与导线成45°~90°夹角，风速为3~22m/s，其振幅一般在10cm左右，频率范围在1~2Hz。次档距振动将使同相次导线互相鞭击，因而损伤导线和间隔棒，甚至损坏金具而使导线落地。

(3) 其他几种特殊的振动

1）电晕振动：这是因为导线表面电场强度高，产生电晕放电而引起的。当导线表面附着有雨、雾、雪等水滴物时，振动情况更趋严重。

2）紊流振动：这是在强风时发生的低频振动，其振动频率比微风振动产生的频率低，振幅与微风振动产生的振幅相近。

3）雨振动：是在有雨的情况下，由于水分附着在导线上，在中等及以上的风速作用下，发生的一种极为特殊的振动现象。这种振动可与常见的微风振动重叠在一起，也可与次档距振动重叠在一起，使得微风振动和次档距振动变得更严重。

2. 影响架空线微风振动的主要因素

产生振动的必要条件是气流的均匀性及其方向的恒定性。一般平坦开阔地带易产生平稳、均匀的气流，形成了导线振动的条件。而地形起伏、交错复杂的地区，或线路附近有建筑物、树林等地物，近地面的气流的均匀性就受到破坏，故而这些地区的线路就不易发生振动。

(1) 风速与风向　架空线的振动需要一定的能量，而风加至架空线的能量大小与风速有关，这个风速一般在0.5m/s左右。风速增大时，由于地面摩擦等影响，破坏了气流的均匀性，相对地面，不均匀气流的厚度要增加，使振动停止或减弱。起振风速的上限，常与架空线悬挂点高度及地形地物有关（见表13-3-9）。

架空线产生稳定的振动还与风向有关，当风向与导线成45°~90°夹角时，导线产生稳定振动；当夹角在30°~45°时，振动的稳定较小；夹角小于

20°时，则很少出现振动。

(2) 档距与悬挂点高度 微风振动随档距增大而变得严重，档距越大，在相同的条件下越容易产生振动。这是因为振动的半波数随档距增大而凑成整数的概率就增加。同时，由于档距增大，绝缘子串、杆塔等端部吸收的振动能量所占的比例明显减小，故而振动也容易发生。另一方面，档距较大时，导线悬挂点一般较高，于是提高了振动风速的上限，扩大了振动风速的范围，增大了振动的相对延续时间。对于架设在平坦开阔地带的架空线，可能使其振动的风速范围与架设高度、档距之间的关系参见表 13-3-9。

表 13-3-9 风速范围与架设高度、档距间的关系

档距/m	悬挂点高度/m	引起振动的风速范围/(m/s)
150～250	12	0.5～4.0
300～450	25	0.5～5.0
500～700	40	0.5～6.0
700～1000	70	0.5～8.0

(3) 导线应力 架空线长期受微风振动的脉冲力作用，相当于一个动态应力叠加在架空线的静态应力上。而架空线的许用应力是一定的，因此，静态应力越大，所能允许叠加的动态应力就越小。此外，静态应力越大，振动频带越宽，越容易产生振动，而且随着静态应力的增大，架空线本身对振动的阻尼作用也要显著下降。

3. 防止振动的措施

防振的目的就是要防止导线断股。防振的方法有两类：其一是在架空线上加装防振装置以吸收或减弱振动能量，目前广泛采用的是防振锤和阻尼线；其二是加强设备的耐振强度，防止由于振动而引起架空线的损坏，可以从改善线夹的耐振性能，采用护线条以及降低架空线的静态应力等方面解决。

(1) 防振装置 防振装置主要有防振锤（阻尼器）和阻尼线。

1）防振锤：防振锤按其消耗能量的方式有两类：一类防振锤其本身是一个消耗能量的元件，利用材料磁滞及摩擦的方式消耗能量，或是利用其组成部件的相互碰击和摩擦的方式消耗能量；另一类防振锤的消振作用是借助于导线的阻尼性能来消耗振动能量，扭式防振器就属于这一类。

防振锤的种类很多，我国目前采用的 F 型防振锤多采用水平安装，它的结构见本篇 1.2.4 节的第 1 条。

防振锤的选择可按表 13-3-10 选择定型的防振锤。它的安装距离按本篇 2.4.5 节中的计算式进行计算。若架空线振动强烈时，一个防振锤不足以将此能量消耗至足够低的要求，就需要装多个防振锤。一般可按架空线型号和档距，按表 13-3-11 选择防振锤的个数。

表 13-3-10 防振锤的型号选择

型 号	适用导线截面积/mm^2	适用钢绞线截面积/mm^2
FD-1	35～50	—
FD-2	70～95	—
FD-3	120～150	—
FD-4	185～240	—
FD-5	300～400	—
FF-5、FD-8	630	—
FFH3037Y	720	—
FG-35	—	35
FG-50	—	50
FG-70	—	70
FG-100	—	100
FG-240	—	240

表 13-3-11 防振锤的个数

防振锤型号	架空线直径 d/mm	防振锤个数		
		1	2	3
FD-1、FD-2、FG-35、FG-50、FG-70	<12	$l \leqslant 300$	$300 < l \leqslant 600$	$600 < l \leqslant 900$
FD-3、FD-4、FG-100	≤12～22	$l \leqslant 350$	$350 < l \leqslant 700$	$700 < l \leqslant 1000$
FD-5、FD-6	>22～37.1	$l \leqslant 450$	$450 < l \leqslant 800$	$800 < l \leqslant 1200$

注：l—档距（m）。

多个防振锤的安装距离，一般均按等距离安装。即第一个安装距离为 S，第二个为 $2S$，第 n 个为 nS。多个防振锤也有按波分段，按不等距、不等锤重等安装方法。

2）阻尼线：其防振原理是转移线夹出口处波的反射点位置，使振动波的能量顺利地从旁路通过，从而使线夹出口处的反射波和入射波的叠加值减小到最低限值。其长度及弧垂确定见第 2.4.5 节。

对特大跨越档距的架空线多采用强度大、截面大的特制导线，其自重大、悬点高、振动频率范围大，且因线路跨越地点多位于屏蔽物很少的地段，所以很容易振动，且振动能量较大，往往需要不同型号的防振锤和阻尼线等多种防振措施联合防振，才能获得较好的防振效果，其安装方式一般应通过消振效果的测试来选定，或在运行经验的基础上反复研究试验而确定。

(2) 自阻尼导线　绞线产生自阻尼作用主要由于材料的迟滞阻尼，即每股内部的能量耗损和线股间滑动阻尼，它发生在导线各股的接触处，与摩擦有关。导线都有阻尼作用，但从防振目的出发，专门制造一种阻尼效果很大的导线（可达到一般导线的3~15倍），这种导线是在钢芯与铝层之间保持1~1.5mm的间隙，两者拉力不同，形成两个自振频率的系统，产生相互干扰作用使导线减振或不振动。

(3) 防振线夹　导线断股绝大多数是发生在悬垂线夹附近，悬垂线夹对导线振动也有影响，一般要求悬垂线夹的结构能尽可能减小导线承受的静态弯曲应力，线夹压板压力不宜过大，以免加速内层线股产生疲劳断股。线夹的造型要求线槽具有适当的曲率半径及圆滑的喇叭口，以减小导线在线夹内受到各种附加应力，并防止线夹对导线卡伤或磨伤，及防止振动时产生“锤击”情况对导线的损伤。另外，要求线夹长度短、重量轻、惯性小，且为中心回转式，能自由灵活地转动。另外，采用双线夹或三线夹的组合固定方式对导线进行多点悬挂，可显著地降低静态的振动弯曲应力，并对振动次数也有明显的降低效果。

(4) 降低架空线静态应力　架空线的平均运行应力应限制在一定范围内，根据DL/T 5219—2014《架空输电线路基础设计技术规程》规定，架空线平均运行应力的上限和相应的防振措施应符合表13-3-12的要求。

表13-3-12　架空线的平均运行应力的上限和相应的防振措施

情　况	平均运行应力上限（抗拉强度的%）		
	钢芯铝绞线	钢绞线	防振措施
档距不超过500m的开阔地区	16	12	不需要
档距不超过500m的非开阔地区	18	18	不需要
档距不超过120m	18	18	不需要
不论档距大小	22	—	护线条
不论档距大小	25	25	防振锤（线）或另加护线条

(5) 加装护线条　为预防架空线悬点处因振动而损坏，常加装护线条。护线条可使架空线在线夹附近的刚度增大，从而抑制架空线的振动弯曲，减小导线的弯曲应力及挤压应力和磨损。护线条有锥形和预绞丝两种，我国目前广泛采用的是预绞丝护线条。

4. 架空线的舞动和防止舞动的措施

架空线在导线覆冰而又有适当方向的风力形成单侧冰翼时较易发生舞动。但无覆冰而有适当方向的风力也会引起舞动，如向海的平坦地带或在河口风向与线路成直角的地方；跨越山谷或沼泽，处于风的收敛点；线路在山顶，风从下往上吹的地方等。

舞动发生的机理较为复杂，目前较普遍被接受的基本概念是由于风吹向非圆柱体的升力引起的垂直和扭转谐振。舞动的频率很低，一般小于1Hz，而振幅很大，可接近于导线的弧垂，最大振幅发生在近档距中央处。舞动时全档架空线作定向波浪式运动，且兼有摆动，摆动轨迹呈椭圆状。舞动和微风振动、次档距振动特征见表13-3-13。

表13-3-13　舞动和微风振动、次档距振动特征

项　目	舞　动	微风振动	次档距振动
风速/(m/s)	6~15	0.5~8匀速	3~22
风向夹角/(°)	20~70	45~90	45~90
覆冰厚度/mm	不均匀覆冰	一般不覆冰	一般不覆冰
有利地形	平原、山脊、河口、风口	开阔平原	平原、丘陵、山脊
导线结构	主要分裂导线	主要单导线	分裂导线
振动频率/Hz	0.1~1	3~120	1~2
振幅/cm	几十至几千	5	5~10

（续）

项　　目	舞　　动	微风振动	次档距振动
主要振动方向	接近垂直（椭圆）	垂直	接近水平（椭圆）
形成主要原因	风吹向非圆柱体的升力引起垂直和扭转谐振	受稳定微风后，背风面形成一个按一定频率变化的，上下分替的主流旋涡，使架空线受到一个上下分替的冲击力	分裂导线相邻次导线受风尾涡流影响
主要危害	易引起碰线闪络，烧伤导线、地线，造成跳闸及杆塔构件疲劳损坏	导线、地线疲劳损坏、断股、断线、金具振坏	次导线相互鞭击，造成导线磨损，间隔棒损坏

由于舞动的振幅大，有摆动，一次持续几小时，因此容易引起导线与导线、导线与避雷线的碰线，造成线路跳闸，甚至引起烧伤，烧断导线等严重事故。舞动也可能引起金具损伤，杆塔螺栓松动、掉落，引起倒搭事故。避免舞动最好是在线路设计时就注意消除足以引起舞动的因素，如在路径选择上尽可能避开易发生舞动的自然条件的地区，在不可能避开而又估计发生舞动可能性很大的区段，则尽可能选用水平排列的单导线。抗舞动的另一有效措施是在发生舞动前及时熔冰，另外还可在导线上安装各种能减弱舞动强度的阻尼装置，包括有阻尼作用的间隔棒。为防止舞动引起相间闪络，也可增大导线间和导线与避雷线间距离，或在导线间加间隔棒来防止相间闪络。

3.4.3 架空线的覆冰（雪）及预防措施

1. 架空线覆冰的形成原因

每当严冬或初春季节，当导线、避雷线的温度在零度以下时，由于雾气凝滞和阴雨，一旦遇到合适的环境条件，架空线表面就极易结冰。

架空线的覆冰量与架空线的直径、过冷却水滴直径、空气湿度、风速、风向、气温及覆冰的时间有关。

架空线覆冰形状与风向、风速有关。当风向与架空线平行时，覆冰的断面呈椭圆状；当风向与架空线垂直时，覆冰的断面呈扇形，即只在导线的一个侧面；当无风时，覆冰断面是均匀的圆形。

2. 覆冰的防止和消除措施

架空线由于覆冰不均匀，可能引起舞动；垂直排列的线路，若下部导线覆冰先脱落，导线会迅速上扬或产生跳跃，与上面导线相碰，造成短路故障。避雷线由于没有电流通过，覆冰厚度可能大于导线，避雷线弛度将增大，会缩小与导线间的距离，引起放电。另外，由于各档内覆冰不均匀，覆冰严重的档距内导线荷重大，导线严重下垂，可能使导线距地面或交叉跨越物的距离减小到危险程度，从而发生事故。严重一些都可能引起架空线断股、断线。

消除和防止覆冰的措施主要如下：

1）在选择架空线路径时，应尽可能地避开严重覆冰地带，特别是要避免横跨山口、风道、湖泊、水库及其他易形成重冰的局部地区。

2）设计杆塔和导线应力选用时，应考虑由于覆冰所形成的外加荷重，选择合理的气象组合条件，增强线路的抗冰能力。为了避免碰线，导线应采用水平排列的布置方式，并适当地加大导线与避雷线间的距离。

3）采用防覆冰导线和在导线上安装防雪环，以阻止架空线覆冰的形成。

4）一旦架空线上覆冰时，可采用电流溶冰法或机械法来消除架空线上的覆冰。电流溶冰法主要是加大负荷电流或用短路电流（也可加入无功电流）来加热导线使覆冰溶解落地，达到消除覆冰的目的。机械法是通过木棒、绝缘杆等的敲打或用除冰器套在导线上用绝缘绳牵引来达到除冰效果。

3.4.4 架空线的防腐蚀

1. 架空线腐蚀的原因

架空线长期在大自然中运行，除长期受拉力外，还受到大气中的氧和酸、碱、盐等有害成分的腐蚀，会使架空线出现变色生锈、断股断线现象。

架空线的腐蚀与大气中有害成分的浓度和空气的温度、湿度、架空线的拉力等因素有关。架空线在受到腐蚀后，表面产生缺陷，造成应力集中，使耐疲劳强度下降。在腐蚀和应力的同时作用下，腐蚀作用加速了架空线线股表面缺陷的扩展，从而进一步降低了材料的耐疲劳强度，大大影响了导线和避雷线的使用寿命。

架空线的锈蚀断股也与制造厂的生产质量有关，钢绞线在生产过程中，由于热处理中产生热应力分布不均匀，或由于拉、绞、压、弯、冷轧等变形冷加工而引起应力或应变不均匀，会使金属的电极电位不匀而加速腐蚀。

钢芯铝绞线由于其钢芯和外层铝线的金属电位不同，在水和外界酸、碱、盐等有害成分作用下，会产生电化腐蚀，而影响了钢芯铝绞线的使用寿命。

2. 架空线防腐的主要措施

1）提高铝线的纯度，高纯度的铝耐腐蚀性能较好，可延长导线的使用寿命。

2）采用铝合金导线和涂油导线。铝合金导线不用钢芯，避免了接触电化腐蚀。涂油导线是在绞制过程中内层涂油，油膜可以保护线股不受大气中的有害成分的侵蚀。

3）采用铝包钢结构，采用节距比不过大的多层结构导线。在绞制过程中，张力保持均匀，确保线股间紧密，达到外层保护内层的效果，也能达到很好的防腐效果。

4）确保钢芯质量，减少杂质，防止偏析，保持适当的含铜量能大大提高钢绞线的寿命。

5）采用股径较粗的钢绞线。运行经验证明，对于同截面的股径细而股数多的钢绞线不如股径粗而股数少的钢绞线耐腐蚀，因为多股钢绞线每股线径较细，经不起腐蚀产生锈坑后而使截面减小断股。

6）钢绞线出厂在运输及中转和架设全部过程中，要采取防止磨伤表面镀锌层的措施。

3.4.5 架空线的电气过负荷

由于气温升高或负荷增长，架空线弧垂将变大，使交叉跨越和对地距离变小。另外，架空线的过负荷会使导线机械强度下降，导线连接器过热，甚至引起断线事故。

1. 过负荷对架空线的影响

（1）对导线弧垂的影响 当导线过负荷或非正常运行时，弧垂将大大增加，导线弧垂的增长率几乎与电流增长成正比，这时档距中的交叉跨越和对地距离影响很大，容易引起导线对地或对交叉跨越物放电闪络。

（2）对导线机械强度的影响 导线的载流量取决于导线的表面散热条件，导线的直径，导线的电阻值，导线的最高允许工作温度和平均最高环境温度等。

导线的最高允许工作温度主要取决于导线材料的热机械强度，允许工作温度越高，运行时间越长，则导线的强度损失也越大。目前，一般按运行30年，而强度损失不超过7%～10%来考虑最高允许工作温度。

根据运行经验，在正常最大负荷下，一般性钢芯铝绞线和钢芯铝合金绞线宜采用70℃，必要时可采用80℃，大跨越宜采用90℃；钢芯铝包钢绞线和铝包钢绞线可采用80℃，大跨越可采用100℃；镀锌钢绞线可采用125℃。当导线过负荷或非正常运行时，导线温度将大大上升，使导线机械强度下降，影响了导线的寿命。

（3）对导线连接器的影响 导线连接点因金属表面接触空气而氧化，往往接触电阻大于导线材料本身电阻，因而在过负荷情况下会迅速发热，导线发热后又反过来加剧表面氧化，如此循环反复多次，使接触电阻越来越大，最终导致连接器烧毁，导线断落。

2. 防止导线过负荷引起断线事故的措施

1）严格按设计参数运行，不使导线经常处于过负荷状态。

2）在大负荷或夏季最高气温时，应测定对交叉跨越物及对地距离。若无法在最大负荷或最高气温时测量，应将测量结果换算到最高运行状态，不合格者应及时处理。

3）在导线通过大负荷时，检测导线连接点（包括直线、耐张连接、跳线连接及联板等）的温度或电阻值，当发现连接点不良时应及时采取措施。

另外，在污秽地区，大负荷线路上应优先采用压接方式，并严格按有关压接工艺规定处理，尽量减少用并沟线夹连接方式。实际运行经验证明，并沟线夹的连接方式，接触电阻大且暴露在大气中，宜受腐蚀，容易发生事故。

第4章

电力牵引用接触线接头、安装敷设及运行维护

4.1 接触线的连接

接触线的连接包括机械连接和电气连接。机械连接又包括接触线之间连接（接头）、接触线与绝缘器连接及接触线终端下锚连接。

4.1.1 接触线接头

接触线的接头方式有，对接式、回头式和并沟式三种。

1）对接式接头：适用于铜接触线连接，其结构如图13-4-1所示。

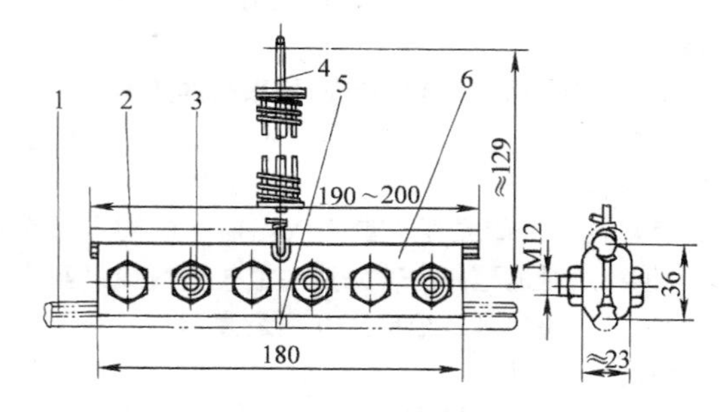

图13-4-1 对接式接头结构示意图

1—接触线 2—辅助接触线

3—夹紧螺栓 4—吊弦

5—接触线接缝 6—线夹本体

2）回头式接头：适用于钢铝接触线连接，其结构示意如图13-4-2所示。

3）并沟式接头：适用于铜接触线连接，其结构示意如图13-4-3所示。

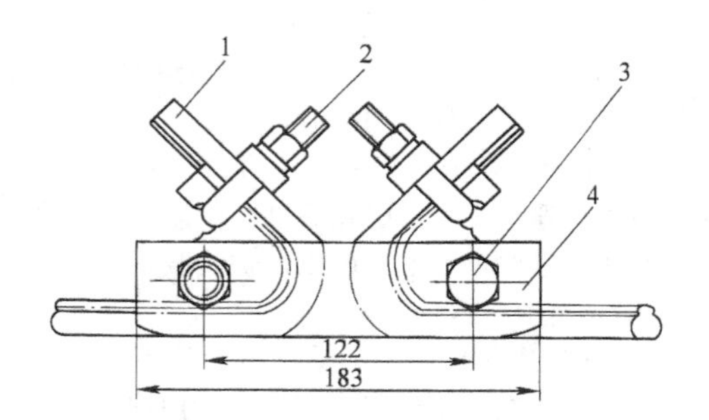

图13-4-2 回头式接头结构示意图

1—接触线 2—紧固U形螺栓

3—夹紧螺栓 4—线夹本体

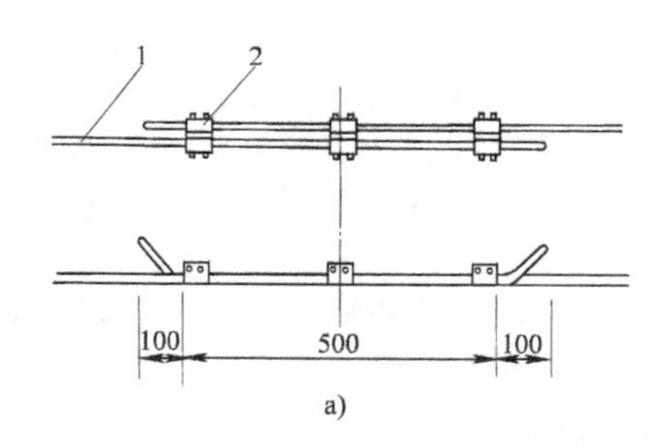

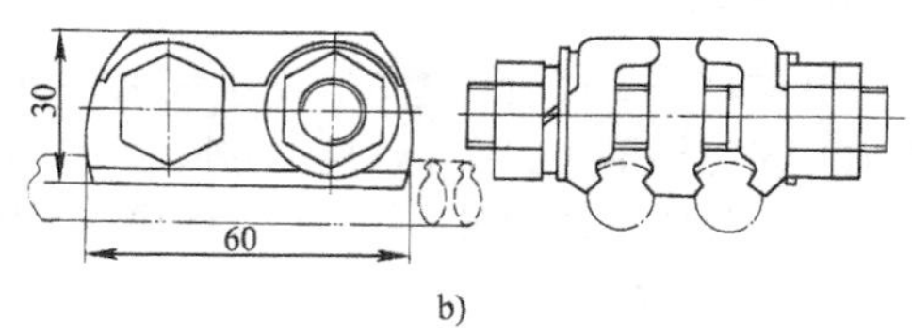

图13-4-3 并沟式接头示意图

a）连接结构图 b）线夹外形图

1—接触线 2—并沟线夹

4.1.2 与绝缘器连接

绝缘器是电气化铁道接触网用作电分段的设备，有分段绝缘器及分相绝缘器之分。前者用于同相电分段，后者用于异相电分段。接触线与绝缘器的连接是通过绝缘器上的接头线夹实现的。连接处要求过渡平滑，对电力机车受电弓不产生冲击。

1. 与分段绝缘器连接

分段绝缘器的构造及在接触网上的安装示意如图13-4-4所示。

图中表示的为国产 C－1200 型高铝陶瓷分段绝缘器。目前，在我国电气化铁道上采用的尚有滑道式菱形分段绝缘器，其结构示意如图 13-4-5 所示。

分段绝缘器接头线夹结构示意如图 13-4-6 所示。图 a 为连接铜接触线用，图 b 为连接钢铝接触线用。

菱形分段绝缘器的接头线夹也因连接线材不同而有两种，如图 13-4-7 所示。图 a 为连接铜接触线用，图 b 为连接钢铝接触线用。

2. 与分相绝缘器连接

分相绝缘器的构造及在接触网上的安装示意图，如图 13-4-8 所示。

分相绝缘器接头线夹结构示意图如图 13-4-9 所示。图 a 为连接铜接触线用，图 b 为连接钢铝接触线用。

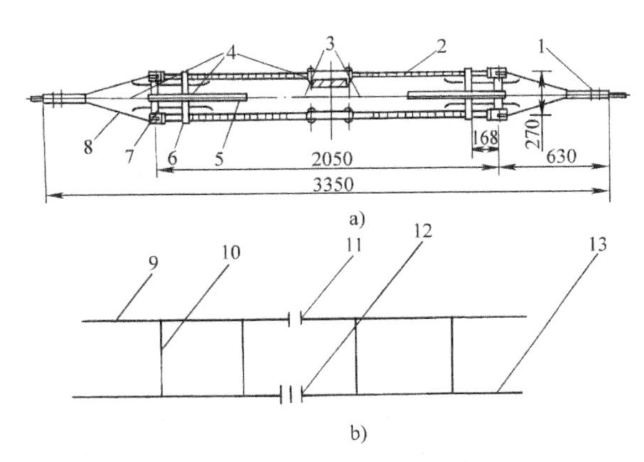

图 13-4-4 分段绝缘器构造与安装示意图

a）构造图 b）安装示意图

1—接头线夹 2—高铝陶瓷绝缘元件 3—导流角隙 4—辅助滑道 5—角钢支架 6—横撑架 7—横撑管 8—导流框架 9—承力索 10—吊弦 11—绝缘子串 12—分段绝缘器 13—接触线

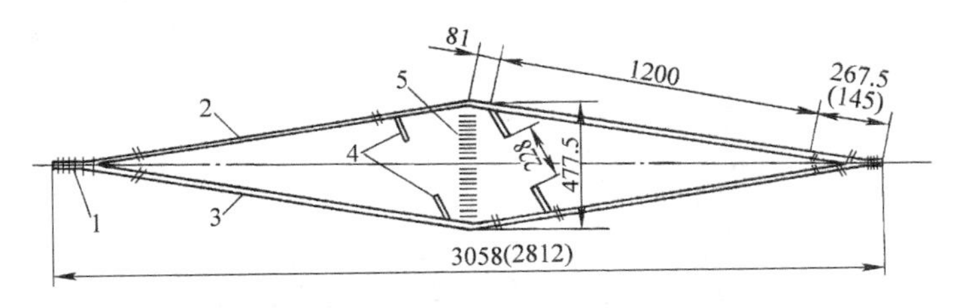

图 13-4-5 滑道式菱形分段绝缘器结构图

1—接头线夹 2—导流板 3—R、B、G、F 绝缘元件 4—不锈钢防闪络角隙 5—18 裙硅橡胶绝缘子

注：（ ）内数字为采用铜接触线时数值

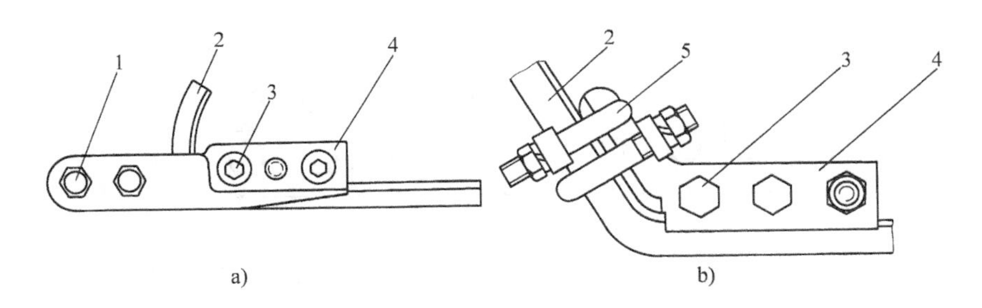

图 13-4-6 分段绝缘器接头线夹结构示意图

a）铜接触线用 b）钢铝接触线用

1—连接螺栓 2—接触线 3—夹紧螺栓 4—线夹本体 5—紧固 U 形螺栓

4.1.3 终端下锚连接

接触线终端下锚连接方式如图 13-4-10 所示。图 a 为无补偿下锚，图 b 为全补偿下锚。

下锚连接采用楔形线夹或终端锚固线夹，如图 13-4-11 所示。图 a 为铜接触线用楔形线夹，图 b 为铜接触线用锚固线夹，图 c 为钢铝接触线用锚固线杆。

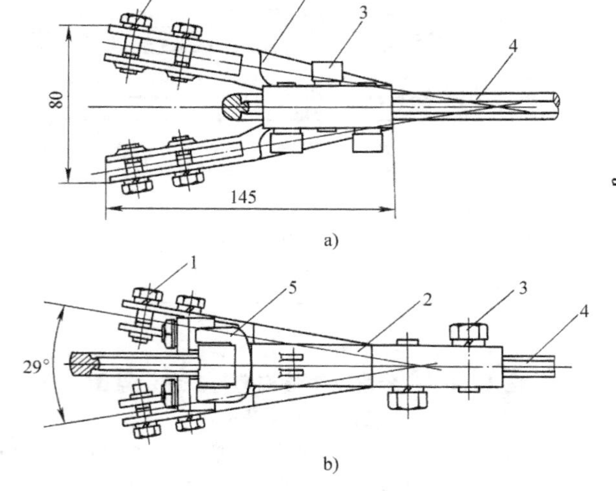

图 13-4-7 菱形分段绝缘器接头线夹

a）铜接触线用 b）钢铝接触线用

1—连接螺栓 2—线夹本体（夹板） 3—夹紧螺栓

4—接触线 5—紧固U形螺栓

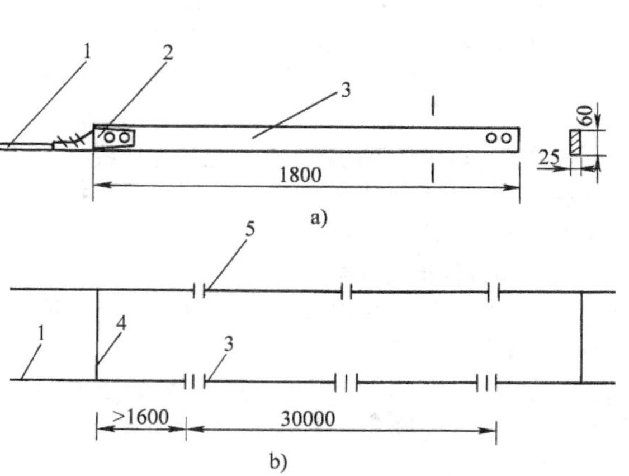

图 13-4-8 分相绝缘器的构造与安装示意图

a）构造图 b）安装示意图

1—接触线 2—接头线夹 3—分相主绝缘

4—吊弦 5—绝缘子串

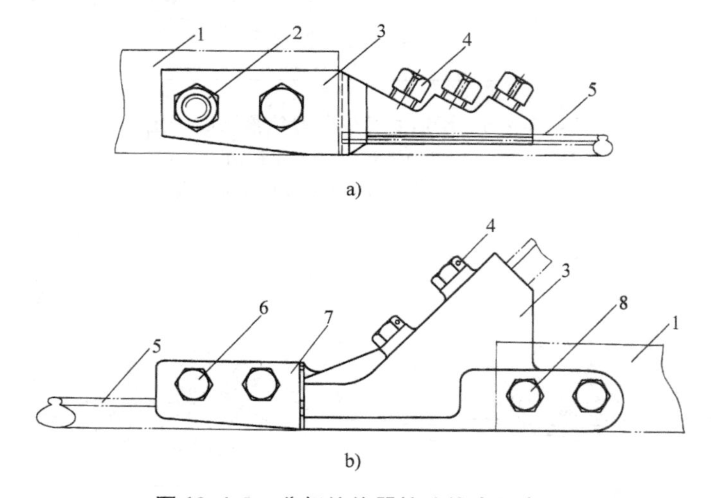

图 13-4-9 分相绝缘器接头线夹示意图

a）铜接触线用 b）钢铝接触线用

1—分相主绝缘 2—紧固螺栓 3—线夹本体（夹板） 4—顶紧螺栓

5—接触线 6—夹紧线夹 7—线夹副片 8—连接螺栓

4.1.4 电气连接

接触网的电气连接是指各导线之间、各电分段间，或各锚段接触悬挂之间的电流通路连接，通过电连接器实现。要求电流回路畅通，有良好的导电性能，并能伸缩自如。常用电连接器见表 13-4-1。

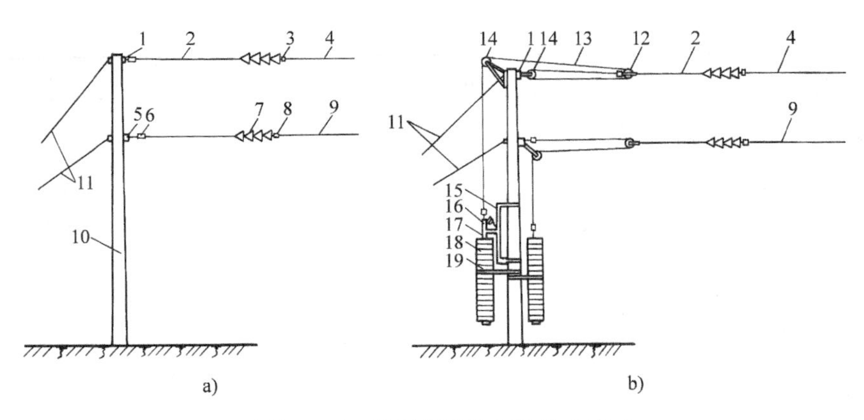

图 13-4-10　接触线终端下锚连接方式

a）无补偿下锚连接　b）全补偿下锚连接

1—承锚角钢　2—杵环杆　3—杵座楔形线夹　4—承力索　5—线锚角钢　6—双耳楔形线夹　7—悬式绝缘子串　8—终端锚结线夹　9—接触线　10—锚柱　11—下锚拉线　12—动滑轮　13—补偿绳　14—定滑轮　15—补偿制动框架　16—断线制动装置　17—坠砣杆　18—坠砣　19—限线架

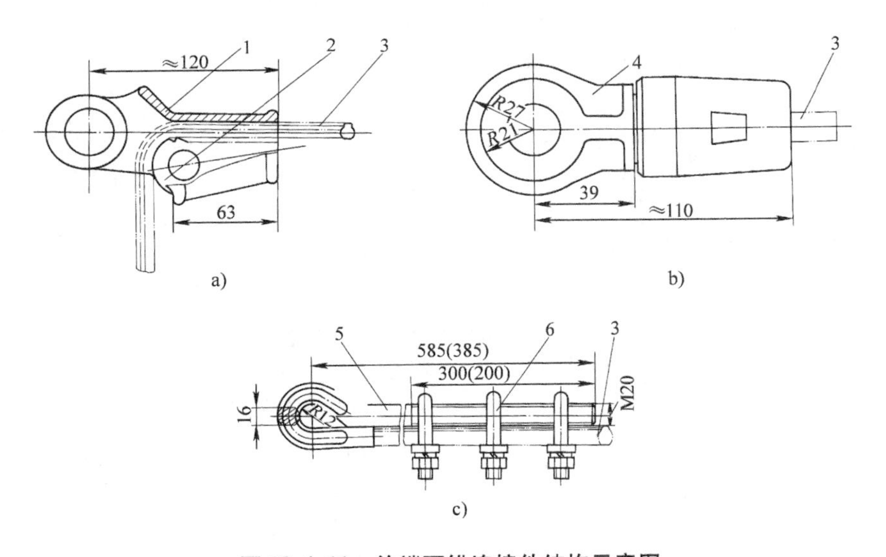

图 13-4-11　终端下锚连接件结构示意图

a）铜接触线终端楔形线夹　b）铜接触线终端锚固线夹　c）钢铝接触线终端锚固线杆

1—楔形线夹本体　2—楔子　3—接触线　4—终端锚固线夹　5—锚固杆　6—U 形螺栓

表 13-4-1　常用电连接器

序号	名称及示意图	安装地点	作　用	要　求
1	横向电连接 承力索 JLOS−71 LJ−150 JLOL(GLS)−71 接触线	隧道口（当承力索在洞口下锚，而接触线直接通过隧道时）	避免承力索的电流经吊弦流向接触线，将吊弦烧毁	做成簧圈式

（续）

序号	名称及示意图	安装地点	作　用	要　求
2	道岔处、关节处电连接 JLOS－71 LJ－150 JLQA(GLS)－150	1. 线岔处 2. 锚段关节处	将道岔和锚段关节处两支接触悬挂连接起来，导通电流	1. 水平部分做成圆弧式，垂直部分做成簧圈式 2. 距支柱约 10m
3	股道间电连接 JLOS－71 LJ－150 JLOA(GLS)－71	车站各股道接触悬挂之间	将各股道接触网并联起来，减少能耗	距软横跨 5m

电连接线的线材应与接触悬挂的材质相适应。铜接触线采用软铜绞线，通常采用 TJ－95 型；钢铝接触线采用硬铝绞线，通常采用 LJ－150 型。

电连接线与接触线的连接采用电连接线夹。为保证电气连接接触良好，安装时应将楔子打紧。安装示意如图 13-4-12 所示。图 a 为铜质，图 b 为铝质。

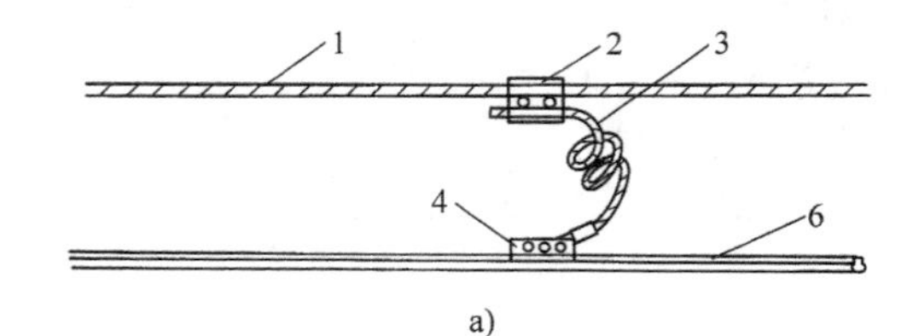

a)

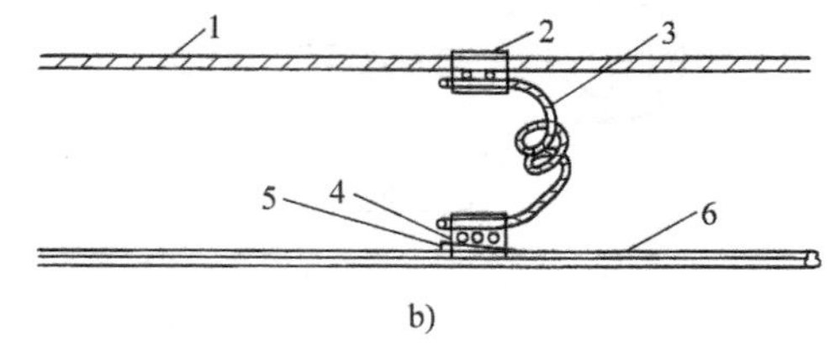

b)

图 13-4-12　电连接线夹安装示意图

a）铜接触线线夹　b）钢铝接触线线夹安装

1—承力索　2—并沟电连接线夹　3—电连接线　4—电连接线夹　5—楔子　6—接触线

4.2　接触线的安装与敷设

4.2.1　悬挂方式

电力牵引接触网的悬挂方式分为简单悬挂和链形悬挂两类。它是根据线路等级及机车运行速度的要求进行设计选用的。

1）简单悬挂：只有一根接触线，它通过吊弦或吊索悬挂在腕臂上。由于接触线在腕臂上悬挂方式的区别，简单悬挂又分为一般简单悬挂和弹性简单悬挂两种。

一般简单悬挂中，接触线通过吊弦悬挂在腕臂上，腕臂则固定在支柱上，如图 13-4-13 所示。由于支柱间的距离（跨距）不可能设计得很小，因而简单悬挂的弛度比较大，允许的机车运行速度低，一般不超过 40km/h。这种悬挂方式通常用于机车库线、整备线等处。

弹性简单悬挂中，接触线通过吊索悬挂在腕臂上，如图 13-4-14 所示。吊索长度为 12～16m。由于采用了吊索，在相同跨距下相对缩小了接触线悬吊之间的距离，同时又采取了加大接触线张力的措施，从而减小了接触线的弛度，使之较一般简单悬挂有较高的机车运行速度。弹性简单悬挂的允许速度为 75～80km/h。

2）链形悬挂：此方式中除接触线外，在其上方还有承力索。根据承力索的数目、接触线在承力索上的悬挂方式，以及承力索和接触线的相对水平布置，链形悬挂可分为简单链形悬挂、弹性链形悬挂、双链形悬挂、多链形悬挂、直链形悬挂、半斜链形悬挂、斜链形悬挂等。它们也是随着机车运行速度的不断提高而逐步发展起来的。

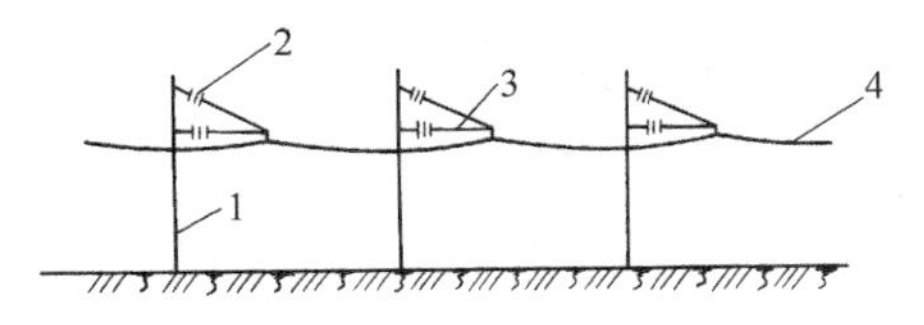

图 13-4-13　一般简单悬挂

1—支柱　2—绝缘元件　3—支持装置　4—接触线

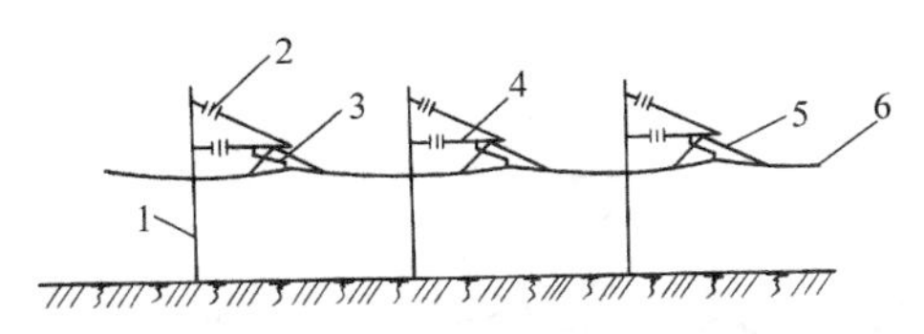

图 13-4-14　弹性简单悬挂

1—支柱　2—绝缘元件　3—定位器　4—支持装置　5—吊索　6—接触线

简单链形悬挂的结构如图 13-4-15 所示。接触线通过简单吊弦悬挂在承力索上，承力索悬挂在腕臂上。在跨距中间吊弦间距为 8 ~ 12m。由于采用了承力索，使得接触线的悬吊点间距缩小了，从而大幅度减小了接触线的弛度，提高了机车允许速度。

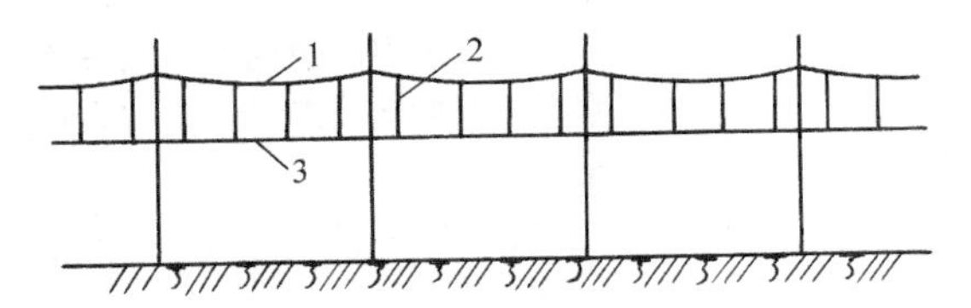

图 13-4-15　简单链形悬挂

1—承力索　2—吊索　3—接触线

为了改善支柱点的弹性，使接触网接触线的弹性更加均匀，在支柱点增加了弹性吊弦，这种悬挂方式称为弹性链形悬挂，其结构如图 13-4-16 所示。弹性吊弦长一般为 12 ~ 16m，两端固定在承力索上。这样就增加了支柱点接触线的弹性，消除了由于定位器的重量及支柱点承力索固定所产生的接触线的硬点，使弹性更加均匀。

这种悬挂方式的机车允许速度为 120 ~ 250km/h，具体适应速度取决于接触线的张力。

双链形悬挂由承力索、辅助吊索和接触线用吊弦连接组成，其结构如图 13-4-17 所示。

由承力索、辅助承吊、吊弦在接触线上方先组成一个链形，接触线通过吊弦悬挂在弛度更小的辅助承吊上，这样就使得接触线的弛度更小，弹性更加均匀，从而允许更高的列车运行速度。它是随高速电气化铁道的发展而发展起来的，允许速度可达 200km/h 以上。

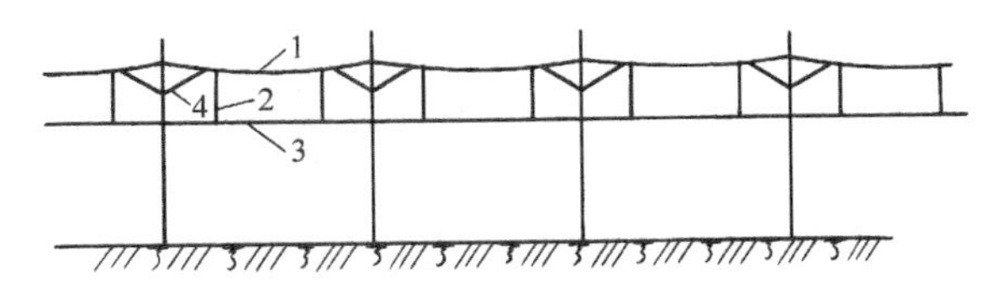

图 13-4-16　弹性链形悬挂

1—承力索　2—普通吊弦　3—接触线　4—弹性吊弦

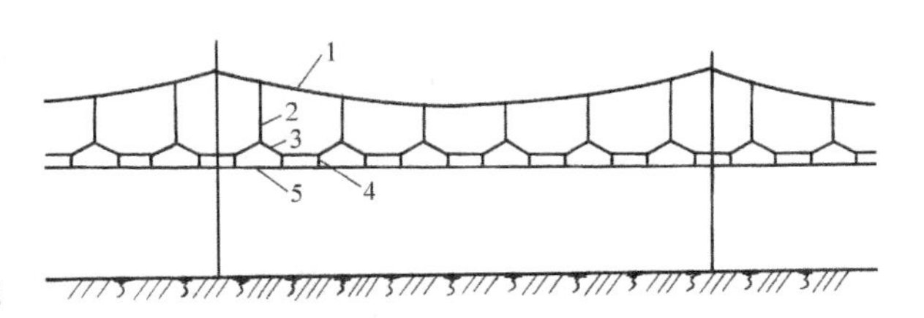

图 13-4-17　双链形悬挂

1—承力索　2—吊弦　3—辅助吊索　4—吊弦　5—接触线

多链形悬挂较双链形又增加了辅助承力索，允许速度更高。但这两种结构比较复杂，调整比较困难，在我国采用较少。为了使受电弓磨耗均匀，接触线在水平方向呈“之”字形布置。它是通过定位器来完成的。在直线上“之”字值为 200 ~ 300mm，曲线上称拉出值，为 0 ~ 400mm。“之”字值、拉出值均指水平横线路方向接触线定位点到受电弓中心的距离。

由于承力索和接触线水平横线路方向的相对位置不同，链形悬挂又可分为直链形、半斜链形和斜链形悬挂三种，其结构垂直投影如图 13-4-18 所示。

承力索和接触线布置在同一个铅垂面内叫直链形悬挂。在铅垂直面上，承力索沿线路中心布置，接触线按“之”字形布置的叫半斜形悬挂。我国目前大多采用此种方式。

在风速较大的地域，为了增加接触网的风稳定性，将承力索和接触线沿线路呈水平反“之”字形布置称斜链形悬挂。由于在同一跨距内吊弦有方向相反的水平力作用在接触线及承力索上，使得整个悬挂有较好的风稳定性。

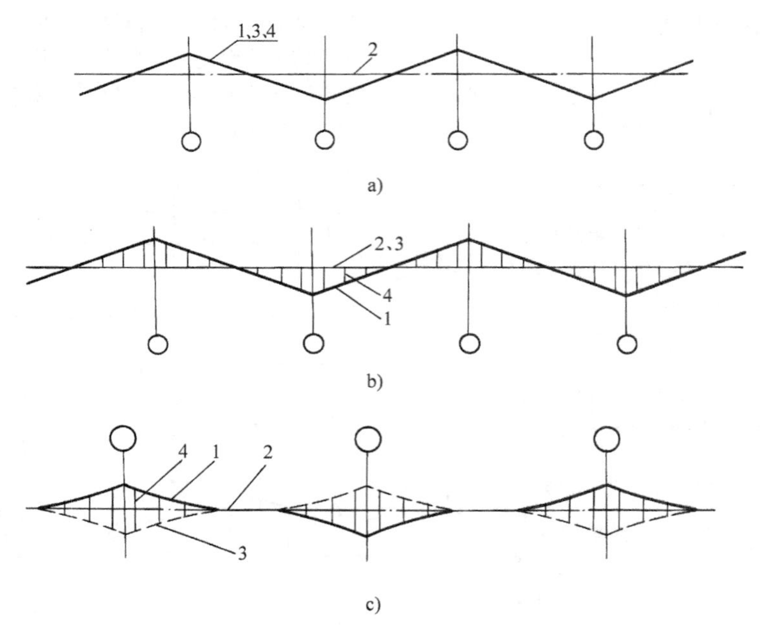

图 13-4-18 链形悬挂结构垂直投影图

a）直链形 b）半斜链形 c）斜链形

1—接触线 2—线路中心线 3—承力索 4—吊弦

4.2.2 下锚方式

无论是简单悬挂还是链形悬挂，均分锚段架设，锚段长度一般不超过 1800m。在锚段两端，接触线均采用带张力补偿装置的下锚方式。只有在站场的渡线等处，锚段长度不超过 500m，允许一端固定下锚，一端采用带张力补偿装置的下锚方式。

张力补偿装置的作用在于：当温度变化时，补偿由于接触线的伸缩而引起的张力变化，从而使接触线的张力保持基本恒定，减少温度变化对弛度的影响，维持接触悬挂固有的均匀弹性，保证接触网正常的允许速度。链形悬挂承力索也同时采用带张力补偿装置下锚的称为全补偿链形悬挂。承力索固定下锚的称为半补偿链形悬挂。

全补偿链形悬挂的下锚方式，如图 13-4-19 所示。

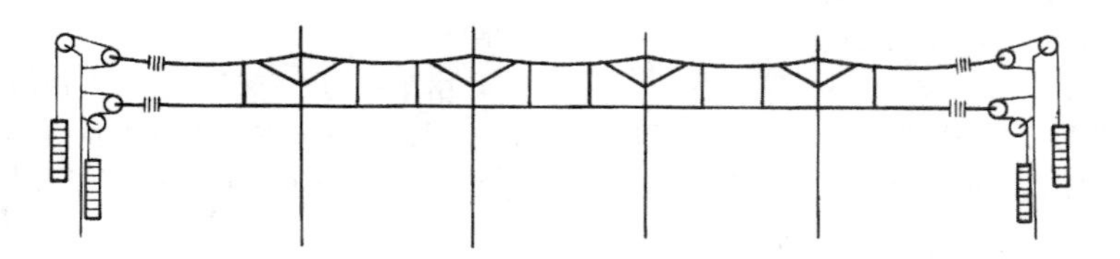

图 13-4-19 全补偿链形悬挂下锚方式

张力补偿是通过滑轮组和坠砣的作用实现的。接触线固定在滑轮组的一端，滑轮组的另一端连接一串坠砣自由下垂。当温度升高时，接触线伸长，其张力减小，滑动轮处张力失去平衡，坠砣下降直至接触线张力和滑轮组的拉力平衡为止。当温度降低时，坠砣升高重新取得平衡。可见由于张力补偿装置的作用，接触线的张力在任何温度下都是基本恒定的。

设计一般采用的接触线张力如下：

一般简单悬挂：10kN；

弹性简单悬挂：15kN；

链形悬挂：10～13kN；

承力索张力：15～20kN。

为保持上述张力，张力补偿装置的坠砣重力应分别为5（6.5）kN和7.5kN。坠砣用混凝土或生铁制成，每块250N，以便在接触线磨耗到一定程度时减少接触线的张力。

为了保证坠砣的正常升降，在最高温度时，坠砣对地面应保持足够的距离。在接触线架设时并不一定是最高温度，所以在安装坠砣时，应根据图13-4-20所示的安装曲线，查出相应温度、相应锚段长度的坠砣对地高度。并按此高度进行安装、调整。同样，承力索坠砣对地面的安装高度，应根据图13-4-21确定。

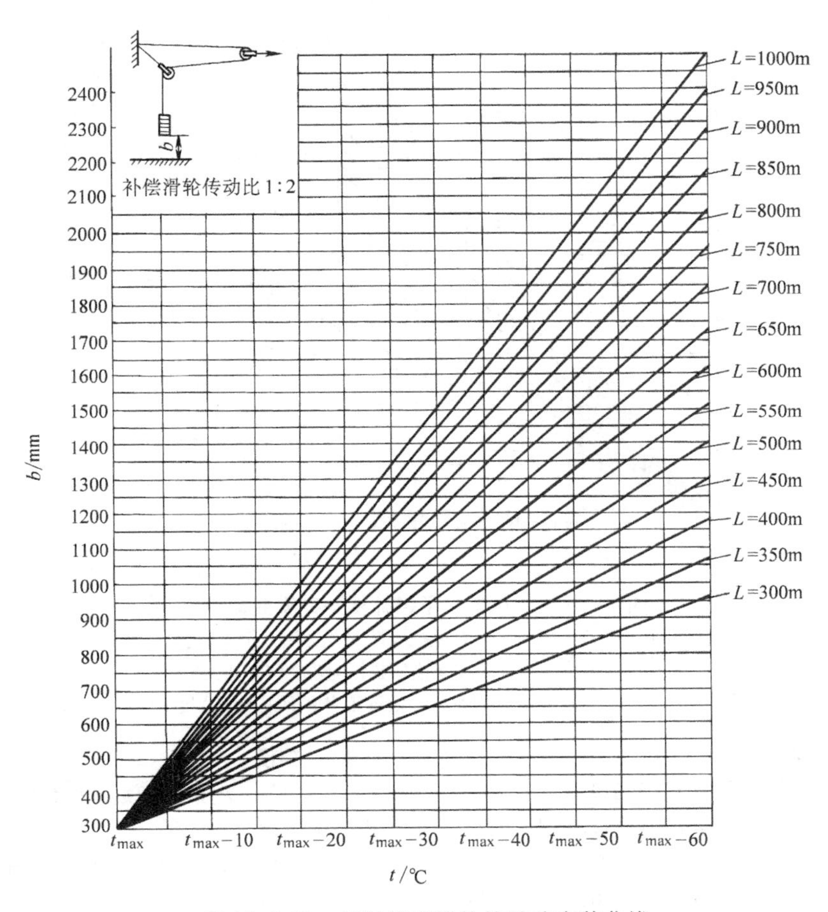

图13-4-20　接触线下锚补偿坠砣安装曲线

注：1. 接触线下锚补偿坠砣安装曲线适用于钢铝接触线及铜接触线；

2. L为中心锚结或硬锚处至补偿坠砣串的距离；

3. 采用新钢铝电车线时，补偿坠砣串底面距地面高度暂取为$b'=b+0.0006L$。

4.2.3　放线与架设

接触线的放线与架设有人工和机械两种方法。由于接触网是沿铁路上空架设的，在整个施工过程中又不能长期中断列车运行，放线、架设只能在每天90～120min的“天窗”时间内进行。在放线架设之前应具备如下条件：

1）支柱按设计立好；

2）支持装置（腕臂，软、硬横跨等）安装完毕；

3）链形悬挂承力索架设并按空载调整完毕；

4）接触线、吊弦、线夹、定位器、补偿装置等材料按需要量准备完毕；

5）各种放线、架线用的工、机具均准备好；

6）应有科学的劳动组织和施工方案；

7）有运输部门批准的足够的“天窗”时间。

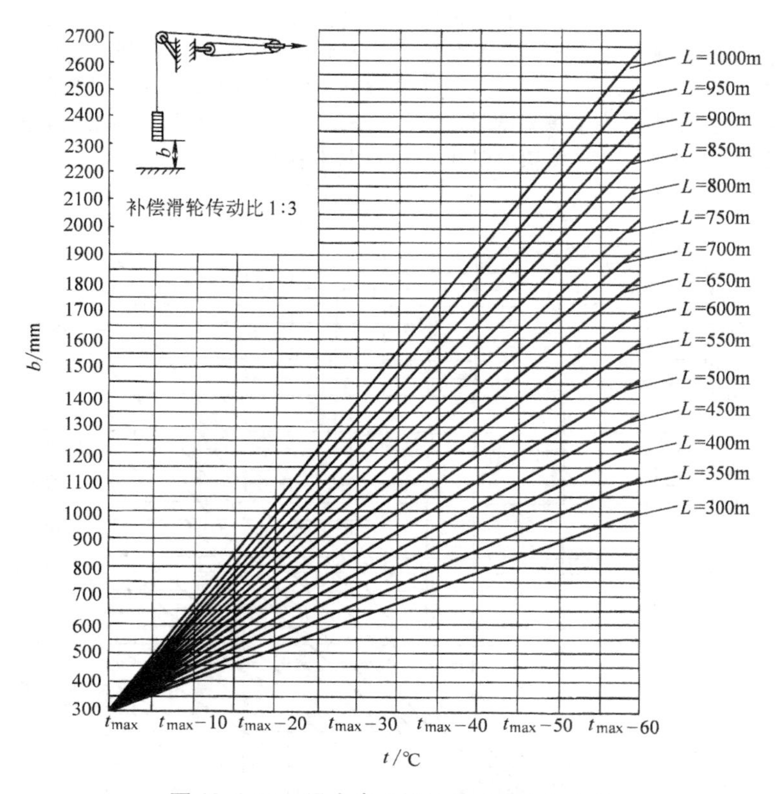

图 13-4-21 承力索下锚补偿坠砣安装曲线

注：1. 承力索下锚补偿坠砣安装曲线适用于钢绞线；

2. L 为中心锚结或硬锚处至补偿坠砣串的距离；

3. 采用新承力索时，补偿坠砣串底面距地面高度 $b' = b + 0.0003L$。

1. 人工放线架设程序

（1）准备工作 将线盘置于锚段首端并固定。准备好人工牵引绳索，并将其和接触线头固定好。

（2）放线 用人工牵引，将接触线沿支柱内侧在地面上放开，放至锚段末端时在锚柱上临时固定，如图 13-4-22 所示。

1）在每一支柱上将接触线悬吊在腕臂根部；

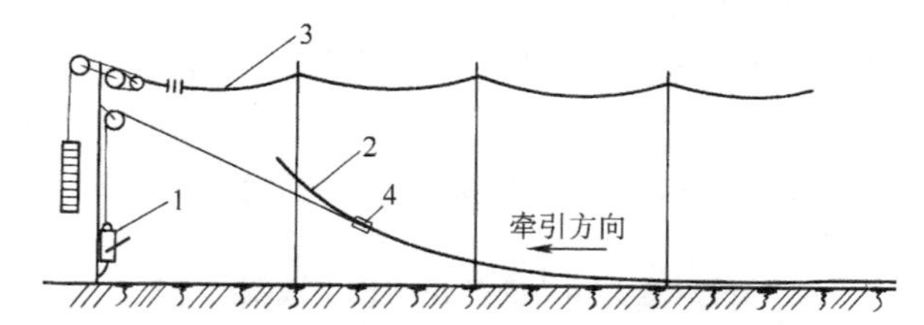

图 13-4-22 人工放线示意图

1—手扳葫芦及滑轮组 2—接触线 3—承力索 4—紧线器

2）收线盘至接触线在跨中距地面 3m 左右，将线盘固定。

（3）架设

1）在每一支柱腕臂顶悬吊紧线滑轮，其高度接近接触线的安装高度；

2）将接触线放入每一支柱滑轮内；

3）在锚段首端用紧线器人工紧线至设计张力（用拉力表测量）为止；

4）安装中心锚结；

5）在锚段两端安装下锚装置；

6）由中心锚结向两端找正接触线面；

7）安装吊弦（或吊索）；

8）安装定位装置；

9）安装电连接器。

（4）调整

1）按设计文件调整定位点高度；

2）按安装曲线调整接触线弛度；

3）按设计文件调整“之”字值；

4）按规定调整定位器坡度；

5）按计算调整吊弦及定位器偏移值；

6）按设计调整锚段关节有关距离；

7）按安装曲线调整补偿坠砣高度。

2. 机械放线架设程序

（1）准备工作 准备好一组放线架设车组（包括一台架线车和三台安装作业车），按顺序编挂，将线盘置于架线车上，并检查放线及制动性能，备齐工具及备品。

（2）放线架设 如图13-4-23将线盘上的接触线头固定在1号作业车上：

1）1号作业车停在锚段始端锚柱旁；

2）放线车向锚段末端缓行（一般不超过5km/h），并同时放线；

3）2号、3号作业车跟在放线车后面，在腕臂上挂滑轮，并将接触线放置滑轮中；

4）2号车至中心锚结处安装中心锚结，3号车继续前进作业；

5）放线车至锚段末端时，1号车同时紧线至设计张力；

6）3号车返回中心锚结处；

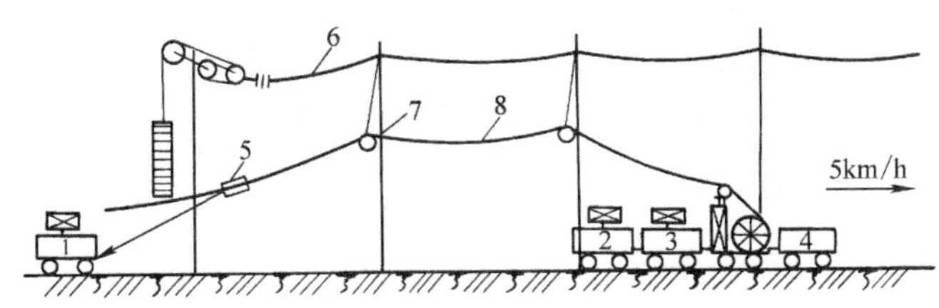

图13-4-23 机械放线架设示意图

1、2、3—安装作业车 4—架线车 5—紧线器 6—承力索 7—放线滑轮 8—接触线

7）锚段两端同时安装补偿装置；

8）2号、3号车从中心锚结处开始分别向两端找正接触线面，同时安装吊弦（吊索），定位装置；

9）相邻锚段架设后安装电连接器。

（3）调整 与人工放线一致。

人工放线利用列车运行间隙进行，可不占用“天窗”时间。但部分调整、安装工作需在“天窗”时间内进行。

机械放线架设调整均利用架线车、作业车进行，全部需占用“天窗”时间。由于“天窗”时间每天只有90～100min，需分几次才能完成一个锚段的放线架设工作。但在第一次“天窗”时间内必须将放线至安装下锚装置的工作做完，以便接触线不侵入限界。

1）人工放线架设主要工具如下：

车梯3～5台；

双钩紧线器（或手扳葫芦）两台；

楔形紧线器4只；

滑轮组（20kN）两组；

放线滑轮30只；

单滑轮（5kN）5只；

牵引绳1根；

吊绳5根；

梯子两台；

铁线（ϕ1.5～4.0mm）若干；

扳手（250mm以上）5把；

管子钳5把。

2）架线车、安装作业车主要技术性能：

额定功率：不小于141.7kW；

最大运行速度：不小于80km/h；

作业速度：正常情况5km/h；

牵引重量：平直道为30t/(60km/h)，25‰坡度道为20t/(30km/h)；

制动性能：平直道单机80km/h时，非常制动距离不大于350m；

作业台性能：中心载重10kN、前端载重3kN、左右回转各120°、上升高度3.55～6.8m、纵横向力施加装置分别为30kN和5kN、导高测量误差不大于5mm、导线拨线装置左右各600mm；

液压起重机：起重高度10m、最大起重力7kN×3.5m、回转角360°；

其他：具备照明及电动工具。

4.3 接触线的运行和维护

接触线是一种特殊的输电线，它通过与电力机车的受电弓滑板的滑动接触向电力机车供给负荷电流。因此，对其运行和维护有些特殊要求。

4.3.1 磨耗

1. 磨耗要求

铜接触线磨耗要求见表13-4-2；钢铝接触线要

求见表 13-4-3。

2. 磨耗测量与换算

利用游标卡尺或螺旋千分卡尺测出接触线的垂直剩余高度，并对照换算表来确定磨耗面积。游标卡尺的准确度要求为 0.02mm，螺旋千分卡尺的准确度要求为 0.01mm。

四种接触线磨耗换算表分别见表 13-4-4 ~ 表 13-4-7。

3. 补强

铜接触线电气补强时，即将相当长度的相同标称截面积的铜接触线作补强线，用补强线类与磨耗超限的本线并接在一起，补强线应处于工作状态，即应与电力机车受电弓接触，而使磨耗超限的本线脱离接触。补强线安装示意图如图 13-4-24 所示。

钢铝接触线的铝截面积部分损伤需要电气补强时，应采用截面积不小于 95mm^2 的硬铝绞线，用钢铝接触线电连接线夹夹在需要进行补强部分的两端，补强线不得与受电弓接触，安装示意图如图 13-4-25 所示。

当接触线磨耗超限采用补偿措施不能满足要求时，如果磨耗长度较长，通常采取更换部分导线的办法，如果磨耗只是局部，长度较短，可采用将磨耗严重处切断，重做接头。

表 13-4-2　铜接触线磨耗要求

线种和张力 / 磨损面积 / 磨损类别	CT100（张力 10kN）	CT85（张力 8.5kN）	整修方法
局部磨耗和损伤/mm^2	<20	<20	当允许通过的电流不能满足要求时加补强线
	20 ~ 40	20 ~ 30	加补强线
	>40	>30	更换或切断后做接头
平均磨耗/mm^2	>25	>20	整锚段更换

注：加电气补强线时，要使补强线处于工作状态，即与受电弓接触。

表 13-4-3　钢铝接触线磨耗要求

线种和张力 / 磨损面积 / 磨损类别	CGL $-\frac{100}{215}$（张力 10kN）	CGL $-\frac{80}{173}$（张力 8kN）	整修方法
钢截面磨耗或损伤/mm^2	30 ~ 40	25 ~ 40	更换或切断做接头
铝截面损伤/mm^2	<40	<25	当允许通过的电流不能满足要求时加电气补强线，其截面积不得小于 95mm^2，且补强线不得与受电弓接触
	>40	>25	更换或切断做接头

注：钢铝接触线磨耗或损伤使受电弓与铝面接触时，应更换或切断做接头。

表 13-4-4　CT-85 接触线磨耗换算表　（单位：%）

高/mm	0	1	2	3	4	5	6	7	8	9
6.0	42.38	42.26	42.14	42.02	41.91	41.79	41.67	41.55	41.44	41.32
6.1	41.20	41.08	40.97	40.85	40.73	40.62	40.50	40.38	40.27	40.15
6.2	40.03	39.91	39.80	39.68	39.56	39.45	39.33	39.21	39.10	38.98
6.3	38.87	38.75	38.63	38.52	38.40	38.28	38.17	38.05	37.94	37.82
6.4	37.70	37.59	37.47	37.36	37.24	37.13	37.07	36.90	36.78	36.66
6.5	36.55	36.43	36.32	36.20	36.09	35.97	35.86	35.74	35.63	35.51

（续）

高/mm	0	1	2	3	4	5	6	7	8	9
6.6	35.40	35.28	35.17	35.06	34.94	34.83	34.71	34.60	34.48	34.37
6.7	34.26	34.14	34.03	33.91	33.80	33.69	33.57	33.46	33.35	33.23
6.8	33.12	33.01	32.89	32.78	32.67	32.55	32.44	32.33	32.22	32.10
6.9	31.99	31.88	31.77	31.65	31.54	31.43	31.32	31.20	31.09	30.98
7.0	30.87	30.76	30.65	30.53	30.42	30.31	30.20	30.09	29.98	29.87
7.1	29.75	29.64	29.53	29.42	29.31	29.20	29.09	28.98	28.87	28.76
7.2	28.65	28.54	28.43	28.32	28.21	28.10	27.99	27.88	27.77	27.66
7.3	27.55	27.44	27.33	27.22	27.12	27.01	26.90	26.79	26.68	26.57
7.4	26.46	26.36	26.25	26.14	26.03	25.92	25.82	25.71	25.60	25.49
7.5	25.38	25.28	25.17	25.06	24.96	24.85	24.74	24.64	24.53	24.42
7.6	24.32	24.21	24.10	24.00	23.89	23.79	23.68	23.58	23.47	23.36
7.7	23.26	23.15	23.05	22.94	22.84	22.74	22.63	22.53	22.42	22.32
7.8	22.21	22.11	22.00	21.90	21.80	21.69	21.59	21.49	21.38	21.28
7.9	21.18	21.08	20.97	20.87	20.77	20.67	20.56	20.46	20.36	20.26
8.0	20.15	20.05	19.95	19.85	19.75	19.65	19.55	19.45	19.34	19.24
8.1	19.14	19.04	18.94	18.84	18.74	18.64	18.54	18.44	18.34	18.24
8.2	18.15	18.05	17.95	17.85	17.75	17.65	17.55	17.46	17.36	17.26
8.3	17.16	17.06	16.97	16.87	16.77	16.68	16.58	16.48	16.39	16.29
8.4	16.19	16.10	16.00	15.91	15.81	15.71	15.62	15.52	15.43	15.33
8.5	15.24	15.14	15.05	14.96	14.86	14.77	14.67	14.58	14.49	14.39
8.6	14.30	14.21	14.11	14.02	13.93	13.84	13.75	13.65	13.56	13.47
8.7	13.38	13.29	13.20	13.10	13.01	12.92	12.83	12.74	12.65	12.56
8.8	12.47	12.38	12.29	12.20	12.12	12.03	11.94	11.85	11.76	11.67
8.9	11.58	11.50	11.41	11.32	11.24	11.15	11.06	10.97	10.89	10.80
9.0	10.71	10.63	10.55	10.46	10.37	10.29	10.21	10.12	10.03	9.95
9.1	9.87	9.78	9.70	9.62	9.53	9.45	9.37	9.28	9.20	9.12
9.2	9.04	8.96	8.87	8.79	8.71	8.63	8.55	8.47	8.39	8.31
9.3	8.23	8.15	8.07	7.99	7.92	7.84	7.76	7.68	7.60	7.52
9.4	7.44	7.37	7.29	7.22	7.14	7.06	6.99	6.91	6.84	6.76
9.5	6.68	6.61	6.54	6.46	6.39	6.32	6.24	6.17	6.10	6.02
9.6	5.95	5.88	5.81	5.74	5.66	5.59	5.52	5.45	5.38	5.31
9.7	5.24	5.17	5.10	5.03	4.96	4.90	4.83	4.76	4.69	4.62
9.8	4.55	4.49	4.42	4.36	4.29	4.23	4.17	4.10	4.04	3.97
9.9	3.91	3.85	3.78	3.72	3.66	3.60	3.54	3.47	3.41	3.35
10.0	3.29	3.23	3.17	3.11	3.05	3.00	2.94	2.88	2.82	2.76
10.1	2.70	2.65	2.59	2.54	2.49	2.43	2.38	2.32	2.27	2.21
10.2	2.16	2.11	2.06	2.01	1.95	1.90	1.85	1.80	1.75	1.70
10.3	1.65	1.61	1.56	1.51	1.47	1.42	1.38	1.33	1.28	1.24
10.4	1.19	1.15	1.11	1.07	1.03	0.99	0.95	0.91	0.87	0.84
10.5	0.78	0.75	0.71	0.68	0.64	0.61	0.58	0.54	0.51	0.47
10.6	0.44	0.41	0.38	0.35	0.33	0.31	0.27	0.24	0.22	0.19
10.7	0.16	0.15	0.13	0.11	0.10	0.08	0.07	0.05	0.03	0.01
10.8	0.00									

表 13-4-5 CT-100 接触线磨耗换算表 （单位:%）

高/mm	0	1	2	3	4	5	6	7	8	9
7.0	44.67	44.54	44.42	44.29	44.17	44.04	43.92	43.79	43.67	43.54
7.1	43.42	43.29	43.17	43.04	42.92	42.79	42.67	42.54	42.42	42.29
7.2	42.17	42.04	41.92	41.79	41.67	41.55	41.52	41.30	41.17	41.05
7.3	40.92	40.80	40.68	40.55	40.43	40.31	40.18	40.06	39.94	39.81
7.4	39.69	39.57	39.44	39.32	39.20	39.08	38.95	38.83	38.71	38.68
7.5	38.46	38.34	38.22	38.09	37.97	37.85	37.73	37.61	37.48	37.36
7.6	37.24	37.12	37.00	36.88	36.75	36.63	36.51	36.39	36.27	36.17
7.7	36.02	35.90	35.78	35.66	35.54	35.42	35.30	35.18	35.06	34.94
7.8	34.82	34.70	34.58	34.46	34.34	34.22	34.10	33.98	33.86	33.74
7.9	33.62	33.50	33.38	33.27	33.15	33.03	32.91	32.79	32.67	32.55
8.0	32.43	32.31	32.20	32.08	31.96	31.84	31.72	31.61	31.49	31.37
8.1	31.25	31.14	31.02	30.90	30.78	30.67	30.55	30.43	30.32	30.20
8.2	30.08	29.97	29.85	29.73	29.62	29.50	29.39	29.27	29.15	29.04
8.3	28.92	28.81	28.69	28.58	28.46	28.35	28.23	28.12	28.00	27.89
8.4	27.77	27.66	27.54	27.43	27.32	27.20	27.09	26.97	26.86	26.75
8.5	26.63	26.52	26.41	26.29	26.18	26.07	25.96	25.84	25.73	25.62
8.6	25.50	25.39	25.28	25.17	25.06	24.95	24.84	24.72	24.61	24.50
8.7	24.39	24.28	24.17	24.06	23.95	23.84	23.73	23.62	23.51	23.40
8.8	23.28	23.18	23.07	22.96	22.85	22.74	22.63	22.52	22.41	22.30
8.9	22.19	22.09	21.98	21.87	21.76	21.66	21.55	21.44	21.33	21.22
9.0	21.12	21.01	20.90	20.80	20.69	20.58	20.48	20.37	20.27	20.16
9.1	20.05	19.95	19.84	19.74	19.63	19.53	19.42	19.32	19.21	19.16
9.2	19.00	18.90	18.80	18.69	18.59	18.49	18.38	18.28	18.18	18.07
9.3	17.97	17.87	17.76	17.66	17.56	17.46	17.36	17.26	17.15	17.05
9.4	16.95	16.85	16.75	16.65	16.55	16.45	16.35	16.25	16.15	16.05
9.5	15.95	15.85	15.75	15.65	15.55	15.45	15.36	15.26	15.16	15.06
9.6	14.96	14.86	14.77	14.67	14.57	14.48	14.38	14.28	14.19	14.09
9.7	13.99	13.90	13.80	13.71	13.61	13.52	13.42	13.33	13.23	13.14
9.8	13.04	12.95	12.86	12.76	12.67	12.58	12.48	12.39	12.30	12.21
9.9	12.11	12.02	11.93	11.84	11.75	11.66	11.57	11.47	11.38	11.29
10.0	11.20	11.11	11.02	10.93	10.84	10.76	10.67	10.58	10.49	10.40
10.1	10.31	10.22	10.14	10.05	9.96	9.88	9.79	9.70	9.62	9.53
10.2	9.44	9.36	9.27	9.19	9.10	9.02	8.94	8.85	8.77	8.68
10.3	8.60	8.52	8.43	8.35	8.27	8.19	8.11	8.02	7.94	7.86
10.4	7.78	7.70	7.62	7.54	7.46	7.38	7.30	7.22	7.14	7.06
10.5	6.98	6.90	6.83	6.75	6.67	6.60	6.52	6.44	6.36	6.29
10.6	6.21	6.14	6.06	5.99	5.91	5.84	5.77	5.69	5.62	5.54
10.7	5.47	5.40	5.33	5.26	5.19	5.11	5.04	4.97	4.90	4.83
10.8	4.76	4.69	4.62	4.55	4.49	4.42	4.35	4.28	4.21	4.15
10.9	4.08	4.01	3.95	3.88	3.82	3.76	3.69	3.63	3.56	3.50
11.0	3.34	3.37	3.31	3.25	3.19	3.13	3.07	3.01	2.94	2.88
11.1	2.82	2.77	2.71	2.65	2.59	2.54	2.48	2.42	2.37	2.31
11.2	2.25	2.20	2.15	2.09	2.04	1.99	1.94	1.88	1.83	1.78
11.3	1.72	1.68	1.63	1.58	1.53	1.48	1.44	1.39	1.34	1.29
11.4	1.24	1.20	1.16	1.12	1.07	1.03	0.99	0.95	0.90	0.86
11.5	0.82	0.78	0.75	0.71	0.67	0.64	0.60	0.56	0.53	0.49
11.6	0.46	0.43	0.40	0.37	0.34	0.31	0.29	0.26	0.23	0.20
11.7	0.17	0.15	0.14	0.12	0.10	0.09	0.07	0.05	0.03	0.02
11.8	0.00									

表 13-4-6　CGL 80　173 钢铝接触线磨耗换算表

Si (%) h'/mm h/mm	0.00	0.01	0.02	0.03	0.04	0.05	0.06	0.07	0.08	0.09
0.00	0.0000	0.0081	0.0228	0.0419	0.0644	0.0900	0.1183	0.1491	0.1822	0.2174
0.10	0.2546	0.2936	0.3346	0.3772	0.4215	0.4674	0.5149	0.5639	0.6143	0.6661
0.20	0.7194	0.7739	0.8298	0.8869	0.9453	1.0049	1.0657	1.1277	1.1908	1.2551
0.30	1.3204	1.3869	1.4544	1.5230	1.5926	1.6633	1.7349	1.8075	1.8811	1.9557
0.40	2.0313	2.1077	2.1851	2.2634	2.3427	2.4228	2.5038	2.5856	2.6684	2.7520
0.50	2.8364	2.9075	2.9942	3.0816	3.1697	3.2585	3.3478	3.4378	3.5283	3.6194
0.60	3.7111	3.8032	3.8959	3.9891	4.0828	4.1770	4.2716	4.3667	4.4622	4.5582
0.70	4.6546	4.7514	4.8486	4.9462	5.0443	5.1427	5.2415	5.3407	5.4403	5.5402
0.80	5.6405	5.7411	5.8421	5.9434	6.0451	6.1471	6.2494	6.3521	6.4551	6.5584
0.90	6.6620	6.7659	6.8701	6.9747	7.0795	7.1846	7.2900	7.3957	7.5016	7.6079
1.00	7.7144	7.8212	7.9283	8.0356	8.1432	8.2511	8.3592	8.4675	8.5762	8.6850
1.10	8.7942	8.9035	9.0131	9.1230	9.2331	9.3434	9.4539	9.5647	9.6757	9.7870
1.20	9.8984	10.0101	10.1220	10.2341	10.3464	10.4590	10.5717	10.6847	10.7979	10.9113
1.30	11.0248	11.1386	11.2526	11.3668	11.4812	11.5975	11.7105	11.8254	11.9406	12.0559
1.40	12.1714	12.2871	12.4030	12.5191	12.6353	12.7517	12.8683	12.9851	13.1020	13.2192
1.50	13.3364	13.4539	13.7515	13.6893	13.8073	13.9254	14.0437	14.1621	14.2807	14.3995
1.60	14.5148	14.6374	14.7567	14.8760	14.9956	15.1152	15.2351	15.3550	15.4751	15.5954
1.70	15.7158	15.8364	15.9570	16.0779	16.1989	16.3200	16.4412	16.5626	16.6841	16.8067
1.80	16.9275	17.0494	17.1715	17.2937	17.4159	17.5384	17.6603	17.7836	17.9604	18.0293
1.90	18.1524	18.2755	18.3988	18.5222	18.6457	18.7894	18.8931	19.0170	19.1410	19.2651
2.00	19.3893	19.5136	19.6380	19.7625	19.8872	20.0119	20.1368	20.2617	20.3868	20.5120
2.10	20.6372	20.7626	20.8881	21.0136	21.1393	21.2651	21.3909	21.5169	21.6429	21.7691
2.20	21.8953	22.0216	22.1481	22.2746	22.4012	22.5279	22.6547	22.7815	22.9085	23.0355
2.30	23.1626	23.2898	23.4171	23.5445	23.6720	23.7995	23.9271	24.0548	24.1826	24.3104
2.40	24.4384	24.5664	24.6944	24.8226	24.9508	25.0791	25.2075	25.3359	25.4645	25.5930
2.50	25.7217	25.8504	25.9792	26.1080	26.2370	26.3660	26.4950	26.6241	26.7533	26.8825
2.60	27.0118	27.1412	27.2706	27.4001	27.5296	27.6592	27.7889	27.9186	28.0483	28.1782
2.70	28.3080	28.4380	28.5679	28.6980	28.8281	28.9582	29.0884	29.2186	29.3489	29.4792
2.80	29.6096	29.7400	29.8705	30.0010	30.1315	30.2621	30.3928	30.5235	30.6542	30.7850
2.90	30.9158	31.0466	31.1775	31.3084	31.4394	31.5704	31.7014	31.8325	31.9636	32.0947
3.00	32.2259	32.3571	32.4884	32.6196	32.7509	32.8823	33.0316	33.1450	33.2704	33.4079
3.10	33.5393	33.6708	33.8023	33.9339	34.0655	34.1970	34.3287	34.4603	34.5920	34.7236
3.20	34.8553	34.9870	35.1188	35.2505	35.3823	35.5141	35.6459	35.7777	35.9096	36.0414
3.30	36.1733	36.3052	36.4371	36.5690	36.7009	36.8328	39.9647	37.0967	37.2286	37.3606
3.40	37.4925	37.6245	37.7565	37.8885	38.0204	38.1524	38.2844	38.4164	38.5484	38.6804
3.50	38.8124									

表 13-4-7 CGL 100 215 钢铝接触线磨耗换算表

Si（%） h/mm ＼ h′/mm	0.00	0.01	0.02	0.03	0.04	0.05	0.06	0.07	0.08	0.09
0.00	0.0000	0.0073	0.0206	0.0379	0.0584	0.0816	0.1073	0.1352	0.1651	0.1970
0.10	0.2307	0.2661	0.3032	0.3418	0.3820	0.4236	0.4666	0.5110	0.5567	0.6987
0.20	0.6519	0.7013	0.7519	0.8036	0.8566	0.9106	0.9656	1.0218	1.0789	1.1372
0.30	1.1964	1.2566	1.3177	1.3798	1.4429	1.5069	1.5717	1.6375	1.7042	1.7719
0.40	1.8401	1.9093	1.9794	2.0508	2.1220	2.1946	2.2679	2.3420	2.4169	2.4926
0.50	2.5690	2.6462	2.7421	2.8028	2.8822	2.9623	3.0432	3.1247	3.2070	3.2699
0.60	3.3736	3.4580	3.5430	3.6287	3.7150	3.8021	3.8897	3.9781	4.0671	4.1567
0.70	4.2469	4.3378	4.4294	4.5215	4.6143	4.7076	4.8016	4.8962	4.9914	5.0871
0.80	5.1835	5.2805	5.3700	5.4761	5.5748	5.6741	5.7739	5.8743	5.9753	6.0766
0.90	6.1789	6.2815	6.3874	6.4884	6.5927	6.6975	6.8028	6.9087	7.0151	7.1219
1.00	7.2294	7.3374	7.4459	7.5549	7.6644	7.7744	7.8850	7.9959	8.1074	8.2196
1.10	8.3320	8.4450	8.5585	8.6725	8.7869	8.9019	9.0174	9.1333	9.2496	9.3665
1.20	9.4839	9.6017	9.7199	9.8387	9.9579	10.0776	10.1977	10.3183	10.4393	10.5648
1.30	10.6828	10.8051	10.9280	11.0513	11.1750	11.2991	11.4238	11.5488	11.6743	11.8002
1.40	11.9265	12.0533	12.1805	12.3081	12.4361	12.5646	12.6935	12.8228	12.9525	13.0827
1.50	13.2132	13.3442	13.4755	13.6074	13.7396	13.8722	14.0052	14.1386	14.2724	14.4067
1.60	14.5413	14.6763	14.8117	14.9475	15.0837	15.2203	15.3573	15.4947	15.6324	15.7706
1.70	15.9091	16.0480	16.1873	16.3270	16.4670	16.6075	16.7483	16.8895	17.0310	17.1730
1.80	17.3153	17.4580	17.6061	17.7444	17.8882	18.0323	18.1769	18.3217	18.4670	18.6126
1.90	18.7585	18.9048	19.0515	19.1985	19.3459	19.4937	19.6418	19.7902	19.9390	20.0881
2.00	20.2376	20.3875	20.5376	20.6882	20.8391	20.9903	21.1418	21.2937	21.4460	21.5986
2.10	21.7515	21.9047	22.0583	22.2122	22.3665	22.5211	22.6760	22.8313	22.9869	23.1418
2.20	23.2990	23.4556	23.6125	23.7697	23.9273	24.0851	24.2434	24.4019	24.5607	24.7199
2.30	24.8793	25.0391	25.1993	25.3597	25.5204	25.6815	25.8429	26.0045	26.1665	26.3289
2.40	26.4913	26.6544	26.8176	26.9812	27.1451	27.3092	27.4737	27.6384	27.8035	27.9689
2.50	28.1346	28.3006	28.4668	28.6334	28.8003	28.9675	29.1350	29.3027	29.4708	29.6392
2.60	29.8078	29.9768	30.1460	30.3156	30.4854	30.6556	30.8259	30.9966	31.1676	31.3389
2.70	31.5105	31.6823	31.8545	32.0269	32.1996	32.3726	32.5459	32.7190	32.4932	33.0679
2.80	33.2418	33.4164	33.5914	33.7666	33.9421	34.1179	34.2940	34.4703	34.6469	34.8238
2.90	35.0010	35.1784	35.3562	35.5341	35.7124	35.8909	36.0697	36.2088	36.4281	36.6077
3.00	36.7876									

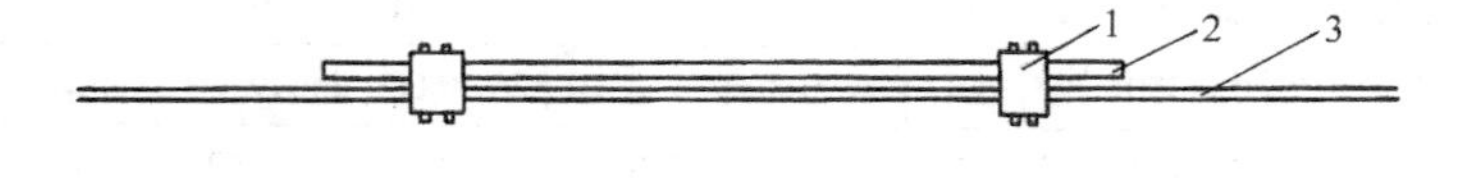

图 13-4-24 铜接触线电气补强安装示意图

1—补强线夹 2—补强线段 3—接触线本体

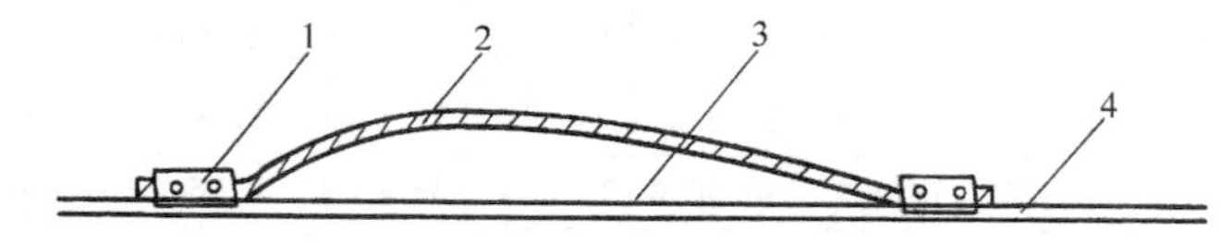

图 13-4-25 钢铝接触线电气补强安装示意图

1—电气连接线夹 2—补强绞线 3—铝面损伤部分 4—接触线本体

4. 校正

接触线截面不正，产生偏磨，可用如图 13-4-26所示的校正扳手进行校正。

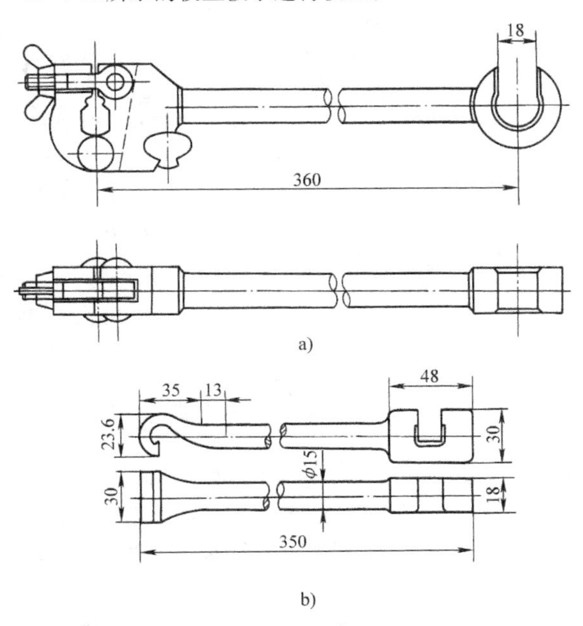

图 13-4-26　接触线校正扳手

a）适用于钢铝接触线的校正扳手

b）适用于铜接触线的校正扳手

接触线在垂直方向或水平方向发生扭曲时，容易产生加重局部磨耗，应予以校正。铜接触线材质较软，可用硬木垫在扭曲处，用硬质木槌敲平。钢铝接触线较硬，通常用直弯器来校正。直弯器外形如图 13-4-27 所示。

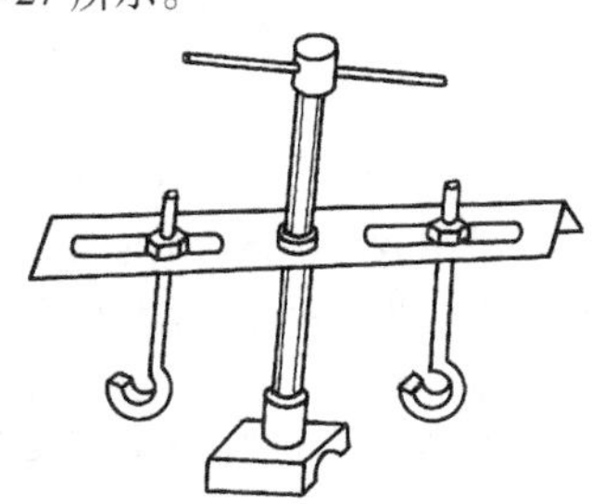

图 13-4-27　钢铝接触线用直弯器

5. 受电弓滑板的配合选用

不同材质的接触线应采用不同材质的受电弓滑板，以便两者之间的磨耗相适应。

碳滑板具有良好的自润滑性、摩擦系数小、抗磨性能好，适用于铜接触线。国产碳滑板型号为 C21，适用于干线电力机车。

钢铝接触线由于工作面为耐大气腐蚀好的磷铜稀土钢，硬度较大，且在生产过程中表面易产生毛刺，运行中也容易生锈，不适于使用碳滑板。目前多采用钢滑板，即采用普通碳素钢带（A3 型扁钢）。

粉末冶金滑板主要以铜粉或铁粉作为基体，再加以适量的金属及非金属粉末经压制烧结而成。滑板经润滑油浸渍，有利于减小磨耗。铜接触线宜采用铜基粉末冶金滑板。钢铝接触线宜采用铁基粉末冶金滑板。为减少磨耗，目前广泛采用粉末冶金滑板加装固体润滑剂形式。

4.3.2　高度调整

接触线高度系指接触线与铁路两轨顶面连线间的垂直距离。

1. 最低高度

接触线最低高度系指在最大正弛度时，接触线与两钢轨顶面连线间的垂直距离。它主要取决于允许的货物列车最大装载高度及接触网带电部分距最高装载货物的绝缘空气间隙。

我国铁路机车车辆限界高度为 4800mm；超限货物列车装载高度分三级：

一级超限　4950mm；

二级超限　5000mm；

超级超限　>5000mm。

货物最大装载高度为 5300mm。接触网带电部分距货物列车最高装载货物的绝缘空气间隙为 350mm。

因此，计算接触线的最低高度为

$$H = 5300\text{mm} + 350\text{mm} = 5650\text{mm}$$

式中　H——接触线的最低高度（mm）。

考虑到安全作业留有的裕度，设计中采用的接触线最低高度及适用条件见表 13-4-8。

表 13-4-8　接触线最低高度及适用条件

接触线最低高度/mm	适用条件
5370	不符合“隧限-2”的隧道内（5300mm 超限货物可停电通过，5000mm 超限货物可带电通过）
5700	1. 符合“隧限-2”的隧道内（5300mm 超限货物列车可带电通过） 2. 一般中间站和区间 3. 编组站区段站及配有调车组的中间站内已建成的天桥跨线桥下方如净空不足经铁道部批准可采用此值
6200	编组站、区段站及配有调车组的中间站

注：《铁路技术管理规程》规定：旧线改造时，接触线最低高度可为 5330mm，其运行方式另行规定。

表中"隧限－2"如图13-4-28所示。

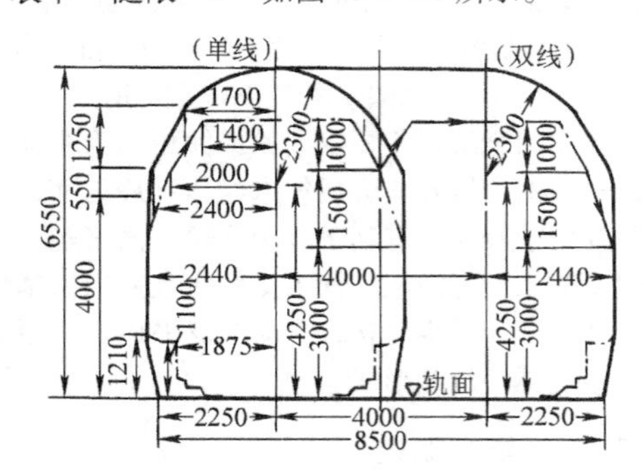

—·— 直线建筑接近限界

—— 隧道建筑限界

图13-4-28 电力牵引这段"隧限－2"图

2. 最高高度

接触线最高高度系指在最大负弛度时，接触线与两钢轨顶面连线间的垂直距离。它应保证受电弓通过时抬高100mm以后，仍不超过受电弓的最大允许工作高度。

接触线最高高度取6500mm。

3. 悬挂高度

接触线悬挂高度系指接触线在支柱悬挂点处接触线与两钢轨顶面连线间的垂直距离。它必须满足：

1）接触线在最大正弛度时的高度不小于最低高度；

2）接触线在最大负弛度时的高度不大于最高高度。

设计中采用的悬挂高度如下：

一般中间站及区间为5700～6000mm；编组站、区段站及配有调车组的中间站为6200～6450mm。

4. 高度调整

（1）半补偿链形悬挂的高度调整 如图13-4-29所示，按下列步骤进行调整：

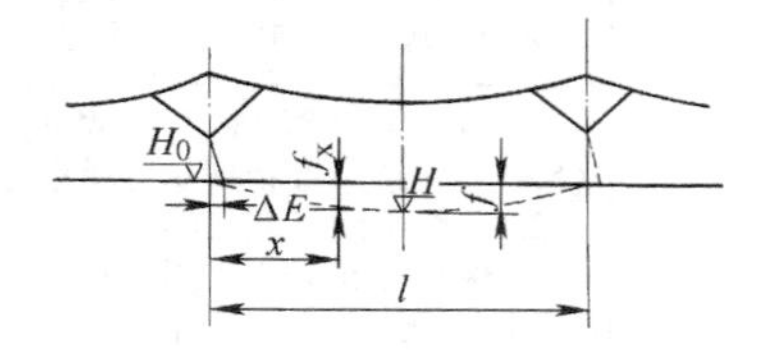

图13-4-29 半补偿链形悬挂接触线高度调整示意图

1）调整悬挂点处高度符合设计悬挂高度H_0。

2）调整悬挂点处定位器偏移为

$$\Delta E = L\alpha(t_x - t_0) \tag{13-4-1}$$

式中 ΔE——定位器偏移值（m）；

L——定位器距中心锚结的距离（m）；

α——接触线的线膨胀系数；

t_0——定位器无偏移时的大气温度（℃）；

t_x——调整时的大气温度（℃）。

计算结果为正值时，向下锚方向偏移；计算结果为负值时，向中心锚结方向偏移。

3）按照当量跨距$l_当$及实际跨距l，查相应的弛度曲线得跨中弛度f，调整跨中高度$H=H_0-f$。

当量跨距计算公式为

$$l_当 = \sqrt{\frac{\Sigma l_i^3}{\Sigma l_i}} \tag{13-4-2}$$

式中 $l_当$——当量跨距（m）；

$\Sigma l_i^3 = l_1^3 + l_2^3 + \cdots + l_n^3$——锚段中各跨距三次方之和（m）；

$\Sigma l_i = l_1 + l_2 + \cdots + l_n$——锚段中各跨距之和（m）。

弛度曲线系根据当量跨距、悬挂方式、负荷及气象条件在设计中计算的接触线安装曲线，视各条线路设计条件而异。

4）计算跨距内各吊弦处的弛度f_x，计算方法有相似三角形法和抛物线法。相似三角形法，如图13-4-30所示。

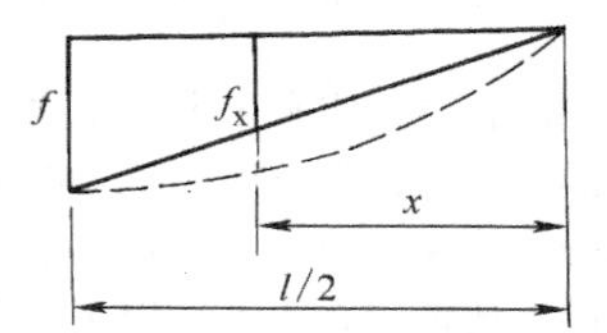

图13-4-30 相似三角形法

$$f_x = \frac{x}{l/2} f \tag{13-4-3}$$

式中 f_x——所求吊弦处接触线弛度（m）；

x——所求吊弦点距最近支柱间离（m）；

l——跨距（m）；

f——查弛度曲线得跨距中部接触线弛度（m）。

抛物线法，如图13-4-31所示。

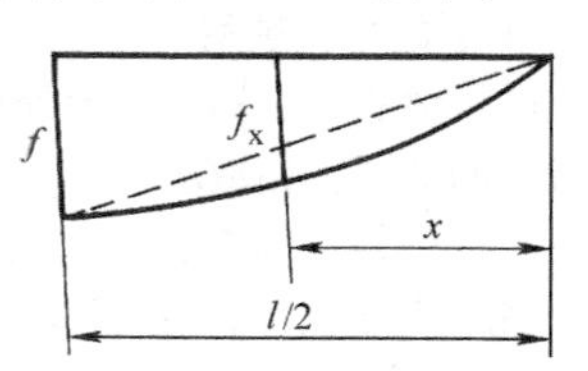

图13-4-31 抛物线法

$$f_x = \frac{(l-x)x}{(l/2)^2}f \qquad (13\text{-}4\text{-}4)$$

式中各符号与相似三角形法计算公式相同。

5）计算吊弦偏移 $\Delta E'_x$，计算公式与定位器偏移 ΔE 计算公式完全相同。按计算的吊弦偏移 $\Delta E'_x$ 及吊弦处接触线弛度 f_x 调整接触线高度 $H_x = H_0 - f_x$。

（2）简单悬挂高度的调整　简单悬挂无承力索，接触线按照安装曲线敷设后高度变化按温度自然变化，只需调整悬挂点处的高度，使之符合设计高度即可。当然同时要调整定位器偏移 ΔE。

（3）全补偿悬挂高度的调整　全补偿悬挂从理论上讲，自安装架设后接触线应保持无弛度状态，吊弦及定位器基本上无偏移（在悬挂点处承力索装在悬吊滑轮中时，定位器仍有偏移）。因此，一般调整时将跨距内各吊弦处的接触线与悬挂点高度调成一致，基本上保持水平状态即可。

4.3.3　拉出值调整

1. 接触线的平面布置及拉出值

图13-4-32所示接触线的平面布置为折线形（直线区段又为“之”字形），以使受电弓滑板磨耗均匀。

拉出值（直线区段又称“之”字值）视铁路曲线半径大小而定，见表13-4-9。

2. 接触线与受电弓中心及线路中心的相对位置

接触线的位置与接触悬挂高度、铁路线路允许速度及最大外轨超高值有关。在确定铁路线路允许速度及最大外轨超高值后，接触线与受电弓中心及线路中心的相对位置可由表13-4-10查出。

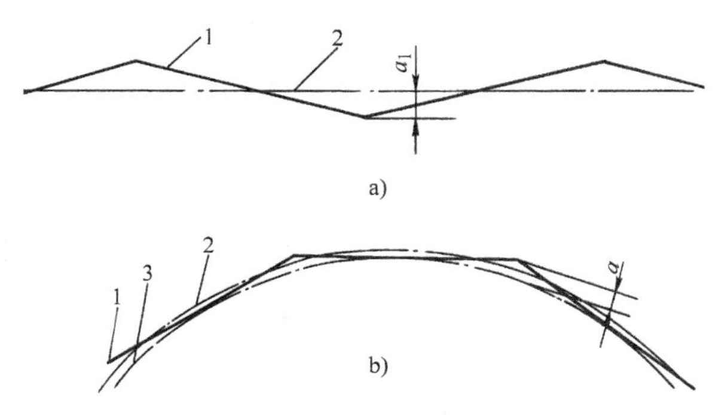

图13-4-32　接触线平面布置

a）直线平面布置　b）曲线平面布置

1—接触线　2—线路中心　3—受电弓中心

a—拉出值　a_1—之字值

表13-4-9　拉出值选用表

曲线半径 R/m	300～1200	>1200～<1800	≥1800	∞（直线）
拉出值/mm	400	250	150	±300

注：曲线拉出值均为受电弓中心曲线外侧方向；直线“之”字值“±”号表示向受电弓中心左右两侧轮流拉出。

表13-4-10中 c 计算式为

$$c = H\frac{h}{l} \qquad (13\text{-}4\text{-}5)$$

式中　c——受电弓中心至线路中心的距离（偏移值）(mm)；

H——接触线高度（悬挂定位点处）(mm)；

h——外轨超高值（mm）；

l——轨距（mm）。

拉出值 a 为受电弓中心对线路中心的偏移值 c 与接触线与线路中心的偏移值 δ 之和。

$$a = c + \delta$$

或

$$\delta = a - c$$

表13-4-10　采用125mm最大超高计算数值的外轨超高度　（单位：mm）

曲线半径/m ＼ 速度/(km/h)	30	40	50	60	70	80	90	100	110	120
200	35	60	95							
250	25	50	75	110						
300	25	40	65	90	125					
350	20	35	55	80	105					
400	15	30	50	70	95	120				
450	15	25	40	60	85	110				
500	15	25	40	55	75	95	125			

（续）

曲线半径/m \ 速度/（km/h）	30	40	50	60	70	80	90	100	110	120
550	10	20	35	50	70	90	110			
600	10	20	30	45	60	80	105	125		
650	10	20	30	40	55	75	95	115		
700	10	15	25	40	55	70	90	110		
750	10	15	25	35	50	65	80	100	125	
800	10	15	25	35	45	60	75	95	115	
850	10	15	20	30	45	55	70	90	110	
900	10	15	20	30	40	55	70	85	100	120
950	10	15	20	30	40	50	65	80	95	115
1000		10	20	25	35	50	60	75	90	110
1200		10	15	25	30	40	50	65	75	90
1400		10	15	20	25	35	45	55	65	80
1600			10	15	25	30	40	50	60	70
1800			10	15	20	25	35	40	50	60
2000			10	15	20	25	30	40	45	55
3000				10	10	15	20	25	30	35
4000					10	10	15	20	25	25

曲线外轨超高的计算式为

$$h=\frac{7.6V_{max}^2}{R} \quad (13\text{-}4\text{-}6)$$

式中 h——曲线外轨超高度（mm）；

V_{max}——线路最大允许速度（km/h）；

R——曲线半径（m）。

曲线外轨超高的设置标准，按铁路有关规定，外轨最大超高不得大于150mm，但在上、下行的行车速度相差悬殊的单线线路上，不得超过125mm。表13-4-10为采用125mm最大超高计算值的外轨超高值。

3. 拉出值调整

在直线区段可直接测量接触线与线路中心的偏差来确定“之”字值，按规定值进行调整。

曲线区段的拉出值调整时，先根据外轨超高、接触线高度，按表13-4-11查出接触线与线路中心的偏移值 δ，然后与实际测量值比较后进行调整，使之符合要求。

接触线高度与表中不符时，可用前述公式先计算出 c 值，然后再计算出 δ 值。

表13-4-11 接触线与受电弓中心及线路中心的相对位置 （单位：mm）

行车速度		30km/h						40km/h					
接触线高度		5800		6000		6450		5800		6000		6450	
曲线半径/m	拉出值 a \ 相对位置	c	δ	c	δ	c	δ	c	δ	c	δ	c	δ
200	400	140	260	145	250	155	245	240	160	248	152	266	134
250	400	100	300	103	297	155	289	200	200	207	193	223	177
300	400	100	300	103	297	155	289	161	239	166	234	178	222
350	400	80	320	83	317	89	311	140	260	145	255	155	245
400	400	60	340	62	338	67	333	121	279	125	275	134	266
450	400	60	340	62	338	67	333	100	300	101	296	112	288
500	400	60	340	62	338	67	333	100	300	104	296	112	288

（续）

行车速度		30km/h						40km/h					
接触线高度		5800		6000		6450		5800		6000		6450	
曲线半径/m	相对位置 / 拉出值 a	c	δ	c	δ	c	δ	c	δ	c	δ	c	δ
550	400	40	360	42	358	45	355	81	319	83	317	90	310
600	400	40	360	42	358	45	355	81	319	83	317	90	310
650	400	40	360	42	358	45	355	81	319	83	317	90	310
700	400	40	360	42	358	45	355	61	339	63	337	68	332
750	400	40	360	42	358	45	355	61	339	63	337	68	332
800	400	40	360	42	358	45	355	61	339	63	337	68	332
850	400	40	360	42	358	45	355	61	339	63	337	68	332
900	400	40	360	42	358	45	355	61	339	63	337	68	332
950	400	40	360	42	358	45	355	61	339	63	337	68	332
1000	400							41	359	42	358	45	345
1200								41	359	42		45	
1400								41	359	42		45	
1600													
1800													
2000													
3000													
4000													

行车速度		50km/h						60km/h					
接触线高度		5800		6000		6450		5800		6000		6450	
曲线半径/m	相对位置 / 拉出值 a	c	δ	c	δ	c	δ	c	δ	c	δ	c	δ
200	400	380	20	393	7	422	-22						
250	400	300	100	310	90	333	67	440	-40	455	-55	490	-90
300	400	260	140	269	131	289	111	360	40	372	28	401	-1
350	400	220	180	228	172	245	155	320	80	331	69	356	44
400	400	201	199	208	192	223	177	281	119	290	110	312	88
450	400	161	239	166	234	179	221	241	159	249	151	268	132
500	400	161	239	167	233	180	220	222	178	229	171	246	154
550	400	141	259	146	254	157	243	201	199	208	192	224	176
600	400	121	279	125	275	134	266	182	218	188	212	202	198
650	400	121	279	125	275	134	266	161	239	167	233	179	221
700	400	101	299	104	296	112	288	162	239	167	233	180	320
750	400	101	299	104	296	112	288	142	258	146	254	157	243
800	400	101	299	104	296	112	288	142	258	146	254	157	243
850	400	81	319	84	316	90	310	121	279	125	275	135	265
900	400	81	319	84	316	90	310	121	279	125	275	135	265
950	400	81	319	84	316	90	310	121	279	125	275	135	265
1000	400	81	319	84	316	90	310	101	299	104	296	112	288
1200		61		63		68		101		104		112	
1400		61		63		68		81		84		90	
1600		41		42		45		61		63		68	
1800		41		42		45		61		63		68	
2000		41		42		45		61		63		68	
3000								41		42		45	
4000													

（续）

行车速度		70km/h						80km/h					
接触线高度		5800		6000		6450		5800		6000		6450	
曲线半径/m	相对位置 / 拉出值 a	c	δ	c	δ	c	δ	c	δ	c	δ	c	δ
200	400												
250	400												
300	400	480	-80	497	-97	534	-134						
350	400	420	-20	434	-34	467	-67						
400	400	381	19	394	-6	424	-24	481	-81	498	-98	535	-135
450	400	341	59	353	-47	379	21	441	-41	457	-57	491	-91
500	400	302	98	313	-87	336	64	383	17	396	4	426	-26
550	400	282	118	292	108	313	87	363	37	375	25	403	-3
600	400	242	158	250	150	269	131	322	78	334	66	359	41
650	400	222	178	229	171	246	154	302	98	313	87	336	64
700	400	222	178	229	171	246	154	283	117	293	107	315	85
750	400	202	198	209	191	224	176	263	137	272	128	292	108
800	400	182	218	188	112	203	197	242	158	251	149	270	130
850	400	182	218	188	112	203	197	222	178	230	170	247	153
900	400	162	238	167	233	180	120	222	178	230	170	247	153
950	400	162	238	167	223	180	120	202	198	209	191	224	176
1000	400	142	258	146	254	157	243	202	198	209	191	224	176
1200		121	279	125		135		162		167		180	
1400		101	299	104		112		142		146		157	
1600		101	299	104		112		121		125		135	
1800		81		83		90		101		104		112	
2000		81		83		90		101		104		112	
3000		41		42		45		61		63		68	
4000		41		42		45		41		42		45	

行车速度		90km/h						100km/h					
接触线高度		5800		6000		6450		5800		6000		6450	
曲线半径/m	相对位置 / 拉出值 a	c	δ	c	δ	c	δ	c	δ	c	δ	c	δ
200	400												
250	400												
300	400												
350	400												

（续）

行车速度		90km/h						100km/h					
接触线高度		5800		6000		6450		5800		6000		6450	
曲线半径/m	相对位置 拉出值 a	c	δ	c	δ	c	δ	c	δ	c	δ	c	δ
400	400												
450	400												
500	400	481	-81	498	-98	535	-135						
550	400	443	-43	456	-56	493	-93						
600	400	423	-23	437	-37	470	-70	481	-81	498	-98	535	-135
650	400	383	17	396	4	426	-26	463	-63	479	-79	515	-115
700	400	364	36	376	24	404	-4	445	-45	460	-60	495	-95
750	400	323	77	334	66	359	41	404	-4	418	-18	450	-50
800	400	306	94	316	84	340	60	384	16	397	3	427	-27
850	400	283	117	293	107	315	85	364	16	376	24	404	-4
900	400	283	117	293	107	315	85	343	57	355	45	382	18
950	400	263	137	272	128	292	108	323	77	334	66	360	40
1000	400	242	158	251	149	270	130	303	97	314	86	337	63
1200		202		209		224		263		272		292	
1400		182		188		203		222		229		246	
1600		162		167		180		202		209		224	
1800		142		146		157		162		167		180	
2000		121		125		135		162		167		180	
3000		81		83		90		101		104		112	
4000		41		42		45		81		83		90	

行车速度		110km/h						120km/h					
接触线高度		5800		6000		6450		5800		6000		6450	
曲线半径/m	相对位置 拉出值 a	c	δ	c	δ	c	δ	c	δ	c	δ	c	δ
200	400												
250	400												
300	400												
350	400												
400	400												
450	400												
500	400												
550	400												
600	400												
650	400												
700	400												
750	400	505	-105	523	-123	562	-162						
800	400	465	-65	481	-81	517	-117						
850	400	445	-45	460	-60	495	-95						
900	400	404	-4	418	-18	450	-50	485	-85	502	-102	539	-139
950	400	384	16	397	3	427	-27	465	-65	481	-81	517	-117
1000	400	364	36	376	24	404	-4	445	-45	460	-60	495	-95
1200		303		314		337		384		397		427	
1400		263		272		292		323		334		360	
1600		242		251		270		283		293		315	
1800		202		209		224		242		251		270	
2000		182		188		203		222		229		246	
3000		121		125		135		142		146		157	
4000		101		104		112		101		104		112	

注：c—因外轨超高，受电弓中心至线路中心的距离；δ—接触线按 a 值拉出后，接触线至线路中心的距离，其中正值为向线路曲线外侧方向，负值为向线路曲线内侧方向。

第 14 篇

电力电缆附件、安装敷设及运行维护

第1章

电力电缆导体连接器材与安装工艺

1.1 概述

电力电缆导体连接是制作安装各种型式电缆头的重要组成部分，它对线路长期安全运行十分重要。实践证明，凡是连接器材、工模具设计良好，施工工艺及操作合理的导体连接，其接头都能达到电阻小而稳定，有足够的机械抗拉强度，能经受一定次数的短路冲击，并具有耐振动、耐腐蚀等特性。导体接头只要具备这些性能，都可以与完整的导体在线路运行中等效使用。故正确设计合理选择导体连接器材、工模具及其安装工艺非常重要。

根据电力电缆的结构、材料和使用条件不同，导体连接也有多种形式，长期以来使用较多有机械压力连接和加热连接两大类，近几年出现一种新的表带触指连接方法，分述如下：

1.1.1 机械压力连接

它是一种采用适当的机械压力使导体之间或导体与连接金具之间取得电气传导的接触界面的方法。这种方法按导体在连接之后是否可拆卸，又可分为夹紧连接与压缩连接两种。前者为可拆卸的，后者为不可拆卸的。

1. 夹紧连接

1）螺栓或螺旋端子连接：是靠螺栓夹紧扭矩，通过作用在螺栓或端子上的轴向压缩载荷而使导体之间或导体与连接金具之间建立紧密接触的方法。这种连接的电气性能与夹紧扭矩大小密切有关，故需按所使用的螺旋轴向载荷量、导向角及螺旋摩擦角大小来计算所需的扭矩力（N·cm），而且连接时要用扭力扳手。

2）内燃爆连接：是靠预先安放在接线端子圆筒顶端内的小型雷管通过击打振动引爆后而产生的气体膨胀压力，推动端子圆筒内四瓣楔形齿块夹紧导体而达到接触导通作用。这种连接方法虽操作工艺简单，但金具结构复杂。

2. 压缩连接

压缩连接是用专用工具对连接导体的金具与导体施加径向压力，靠压应力产生的塑性变形，使导体和金具的压缩部位紧密接触而构成导电通路。这种连接按压模的形状是否对称，可分局部压接和整体压接两类。局部压接也叫坑压或点压，所需压力较小，压接部位的伸长率也较小，但由于压坑引起电场畸变，故用在高电场下需采取填平压坑以保持电场均匀。整体压接又叫环压或围压，它所需压力较大，压缩后，压接部位伸长率也较大，但压缩部位变形比较均匀，并可塑造成各种需要的接头外形，这种压缩连接方法是目前国内中低压电缆中等以上导体截面最为广泛使用的一种方法。

1.1.2 加热连接

1. 钎焊

连接中不熔融导体或金具，而靠熔化的钎料将两者焊接成一体。按焊接钎料工作温度和焊接机械强度分硬钎焊和软钎焊两种，前者较后者机械强度要高，而相应焊接工作温度也高。按钎焊加热方法不同又可分为气体火焰钎焊、烙铁钎焊、高频感应钎焊及浸沉钎焊等几种。其中软钎焊是线缆导体连接现场施工使用较多的一种。

2. 熔焊

1）电弧焊：是利用低压大电流放电时电弧产生的热量而连接的方法。用这种方法连接导体，一般都不需连接金具而是靠导体相互熔融连接，如等直径导体连接。

2）铝热剂焊：是靠铝热剂（铁的氧化物和铝粉等量混合物）燃烧反应而产生近3000℃的高温，对连接部位加热，使导体熔融而连接的方法。这种方法多用于接地极板等接地装置的连接。

3）摩擦焊：是利用金属棒状焊件（如铜、铝棒）相对旋转摩擦生热，使接合处加热到塑性状态，然后迅速停止旋转，并加上轴向顶锻压力而达到连接。这种方法用于铜铝导体过渡连接金具的加工。

1.1.3 表带触指插拔式连接

通过环状、具有弹性、优良导电性、薄合金铜"表带"触指，连通电缆线芯金具与套管金具，实现滑动和动静止接触，可多次插拔。适用于插拔式GIS电缆终端、内锥式电缆终端等电缆附件。

特点：尺寸小、结构简单、触点多、通流能力强、可靠性高、接触稳定、耐疲劳、安装方便、使用周期长。

1.2 压缩连接用导体连接金具及压接工艺

压缩连接的塑变量的大小及实际接触面积的多少都直接影响到导体接头的电气和力学性能，其可靠性主要受以下几个因素影响：

1）导体和连接金具自身的材料性能（如电导率、线胀系数、弹性模数、布氏硬度等）和几何尺寸（如金具孔径、壁厚等）是否匹配。

2）压模形状尺寸是否合理。

3）接触面氧化皮膜和油污是否清除干净。

如能做得好，在压缩部位会具有更多的实际接触面积，而且在接触界面上残留应力能经受运行冷热循环而保持较长期稳定，使接头的接触电阻和机械抗拉强度均能达到要求。

由于压缩连接工艺简单，不用热源，接头允许短路温升高，现输配电用电力电缆和电器装置用电缆以及二次回路系统用小截面导线等导体的端头或中间连接大多数均采用了这种工艺。

1.2.1 压缩连接用连接金具种类

1. 压缩型接线端子（俗称线鼻子）

它是采用压缩方式一端与电线电缆导体连接另一端与用电装置连接用的导电金具。通常它与电线电缆导体连接的一端为管状，与用电装置连接的另一端为特定形状的平板。为了与被连接的导体材料一致，目前国内生产的接线端子按材料划分有铜、铝及铜－铝过渡等三种；按端子加工工艺划分，有冲压成型、压铸成型和挤压成型三种。对粘性及不滴流浸渍油纸电缆或交联电力电缆要求防止从端子平板顶部漏油或透潮，最好采用挤压成型。

2. 压缩型连接管

这是采用压缩方式连接电线电缆导体的导电金具。其本体材料的划分与压缩型接线端子相同，目前国内生产的结构型式有直通式和堵油式两种。

1.2.2 压缩连接用连接金具的规格、型号和结构尺寸

1. 接线端子

1）DT、DTM和TJ系列铜接线端子：形状如图14-1-1～图14-1-3所示，规格、型号和结构尺寸按表14-1-1～表14-1-3的规定。

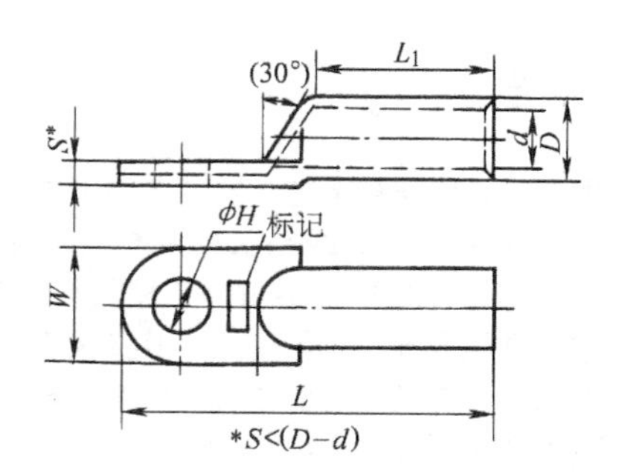

图14-1-1 DT型铜接线端子

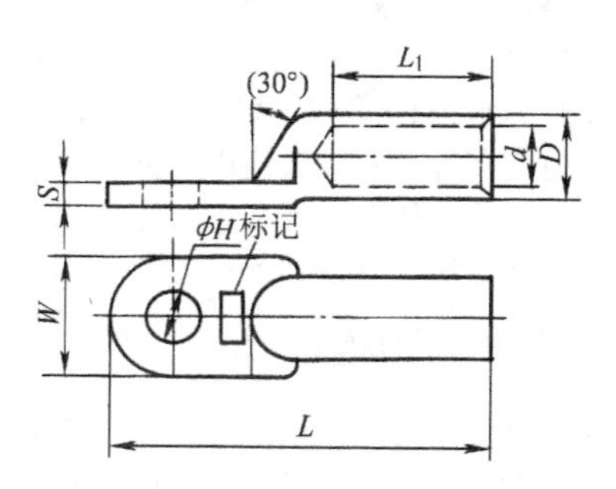

图14-1-2 DTM（DLM）型铜（铝）接线端子

2）DLM系列铝接线端子：形状如图14-1-2所示，规格、型号和结构尺寸按表14-1-4的规定。

3）DTL系列铜铝接线端子：形状如图14-1-4所示，规格、型号和结构尺寸按表14-1-5的规定。

2. 连接管

1）GT系列铜连接管：形状如图14-1-5所示，规格、型号和结构尺寸按表14-1-6的规定。

2）GL和GLM系列铝连接管：GL系列形状如图14-1-5所示，GLM系列形状如图14-1-6所示，规格、型号和结构尺寸按表14-1-7、表14-1-8的规定。

3）GTLM系列铜铝连接管：形状如图14-1-7所示，规格、型号和结构尺寸按表14-1-9的规定。它适用于铜、铝电缆过渡连接。

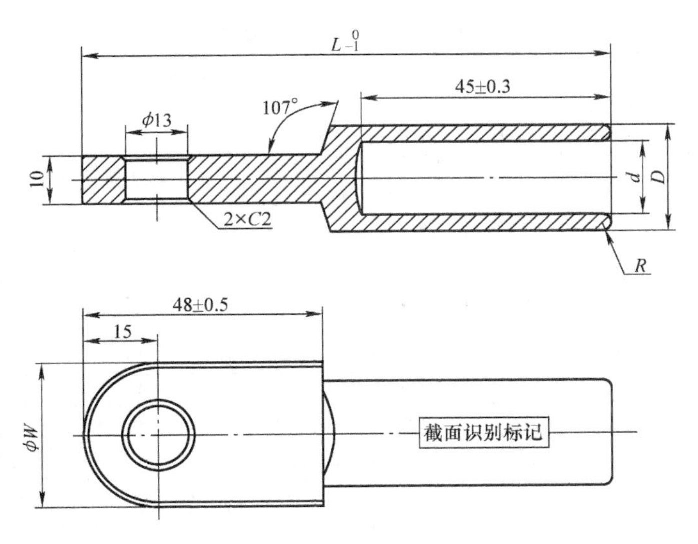

图 14-1-3　TJ 型铜接线端子

表 14-1-1　DT 型铜接线端子规格及主要尺寸

型号及规格	适用导体标称截面积 /mm²	主要结构尺寸/mm								
		ϕH H12	d		D	L_1 最小值		W	L 最大值	
			非紧压导体用	紧压导体用		短型	长型		短型	长型
DT－16	16	8.4	6.0	6.0	9	14	32	14	40	58
DT－25	25	8.4	7.0	7.0	10	16	32	15	42	58
DT－35	35	8.4	9.0	9.0	12	16	36	16	44	62
DT－50	50	10.5	10.0	10.0	14	18	40	19	50	72
DT－70	70	10.5	12.0	12.0	16	20	42	23	54	76
DT－95	95	13	14.0	13.0	18	22	44	27	62	84
DT－120	120	13	16.0	15.0	21	24	46	30	68	90
DT－150	150	13	17.0	16.0	23	26	50	33	72	98
DT－185	185	13	19.0	18.0	25	28	52	36	77	101
DT－240	240	13	21.6	20.0	28	30	56	40	84	110
DT－300	300	17	24.0	23.0	31	32	58	45	90	116
DT－400	400	17	27.0	26.0	35	34	62	50	98	126
DT－400(R)	400(R)	17	31.0	—	40	38	—	58	106	—

注：1. 表中导体标称截面积适用于固定敷设用电力电缆或电气装备电线电缆圆形及扇形铜绞合导电线芯，若用于电气装备电线电缆第 3 种和第 4 种绞合导电线芯时，其标称截面积除 400（R）可直接采用外，其余可按表中所列截面积放大一档采用。

2. 表中 L_1 有两种类型：短型主要适用于电气装备电线电缆导电线芯引出连接；长型主要适用于电力电缆导电线芯直接出线。

表 14-1-2 DTM 型铜接线端子规格及主要尺寸

型号及规格	适用导体标称截面积/mm²	主要结构尺寸/mm							
		ϕH H12	d		D	L_1 最小值	W	L 最大值	S 最小值
			非紧压导体用	紧压导体 用					
DTM－16	16	8.4	6.0	6.0	9	32	14	67	2.5
DTM－25	25	8.4	7.0	7.0	10	32	15	68	3.0
DTM－35	35	8.4	9.0	9.0	12	36	16	72	3.5
DTM－50	50	10.5	10.0	10.0	14	40	20	82	4.0
DTM－70	70	10.5	12.0	12.0	16	42	22	86	4.5
DTM－95	95	13	14.0	13.0	18	44	28	94	5.0
DTM－120	120	13	16.0	15.0	21	46	30	103	5.5
DTM－150	150	13	17.0	16.0	23	50	32	109	6.0
DTM－185	185	13	19.0	18.0	25	52	36	116	6.5
DTM－240	240	13	21.0	20.0	28	56	42	125	7.0
DTM－300	300	17	24.0	22.0	31	58	48	134	8.0
DTM－400	400	17	27.0	25.0	35	62	54	143	9.0

注：表中导体标称截面适用于固定敷设用电力电缆或电气装备电线电缆圆形及扇形铜绞合导电线芯，若用于电气装备电线电缆第 3 种和第 4 种绞合导电线芯时，其标称截面积可按表中对应截面积放大一档。

表 14-1-3 TJ 型铜接线端子规格及主要尺寸

型号及规格	适用导体标称截面积/mm²	主要结构尺寸/mm				
		d	D	R	W	L 最大值
		紧压导体用				
TJ－35	35	8.2	12	0.95	30	100
TJ－50	50	9.5	14	1.125	30	100
TJ－70	70	11	16	1	30	100
TJ－95	95	13	18	1.5	30	100
TJ－120	120	15	21	1.5	30	100
TJ－150	150	16	23	1.75	30	100
TJ－185	185	18	25	1.75	30	100
TJ－240	240	20	28	2.0	30	100
TJ－300	300	22.0	31	2.25	30	100
TJ－400	400	25	35	2.5	30	100

注：TJ 型铜接线端子是用于电缆分接箱里面的连接金具，近 10 年来，在我国电力系统的使用数量逐年增加，目前年使用数量约 10 万支。

表 14-1-4 DLM 型铝接线端子规格及主要尺寸

型号及规格	适用导体标称截面积/mm²	主要结构尺寸/mm							
		ϕH H12	d		D	L_1 最小值	W	L 最大值	S
			非紧压导体用	紧压导体 用					
DLM－10	10	8.4	4.5	4.5	9	32	14	65	3.0
DLM－16	16	8.4	5.5	5.5	10	32	18	68	3.5
DLM－25	25	8.4	7.0	7.0	12	36	18	72	3.5
DLM－35	35	8.4	8.2	8.2	14	40	20	80	4.0
DLM－50	50	10.5	9.5	9.5	16	42	22	86	4.5

（续）

型号及规格	适用导体标称截面积/mm²	主要结构尺寸/mm							
		ϕH H12	d 非紧压导体用	d 紧压导体用	D	L_1 最小值	W	L 最大值	S
DLM－70	70	10.5	11.5	11.5	18	46	24	96	5.0
DLM－95	95	10.5	13.5	12.5	21	48	28	105	5.5
DLM－120	120	13	15.0	14.0	23	52	30	114	6.0
DLM－150	150	13	16.5	15.5	25	54	32	118	6.5
DLM－185	185	13	18.5	17.5	28	58	36	127	7.0
DLM－240	240	13	21.0	19.5	31	60	40	133	8.0
DLM－300	300	17	24.0	22.0	35	64	45	145	9.0
DLM－400	400	17	27.0	25.0	40	70	50	155	10.5

注：表中导体标称截面积适用于固定敷设用电力电缆扇形或圆形铝绞合导电线芯或电气装备电线电缆第 2 种圆形铝绞合导电线芯。

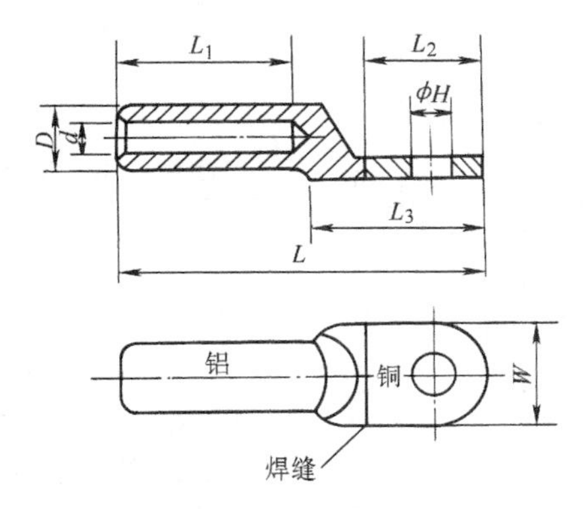

图 14-1-4　DTL 型铜铝接线端子

表 14-1-5　DTL 型铜铝接线端子规格及主要尺寸

型号及规格	适用导体标称截面积/mm²	主要结构尺寸/mm								
		ϕH H12	d 非紧压导体用	d 紧压导体用	D	L_1 最小值	L_2 最小值	L_3 最大值	L 最大值	W
DTL－16	16	8.4	5.5	5.5	10	32	18	25	66	14
DTL－25	25	8.4	7.0	7.0	12	36	18	26	70	15
DTL－35	35	8.4	8.2	8.2	14	40	22	31	80	16
DTL－50	50	10.5	9.5	9.5	16	42	22	32	82	20
DTL－70	70	10.5	11.5	11.5	18	46	29	40	100	22
DTL－95	95	13	13.5	12.5	21	48	29	41	102	28
DTL－120	120	13	15.0	14.0	23	52	36	50	115	30
DTL－150	150	13	16.5	15.5	25	54	36	52	117	32
DTL－185	185	13	18.5	17.5	28	58	42	58	134	36
DTL－240	240	13	21.0	19.5	31	60	42	59	136	42
DTL－300	300	17	24.0	22.0	35	64	52	71	160	48
DTL－400	400	17	27.0	25.0	40	70	52	74	165	54

注：表中导体标称截面积适用于固定敷设用电力电缆扇形或圆形铝绞合导电线芯或电气装备电线电缆第 2 种圆形铝绞合导电线芯。

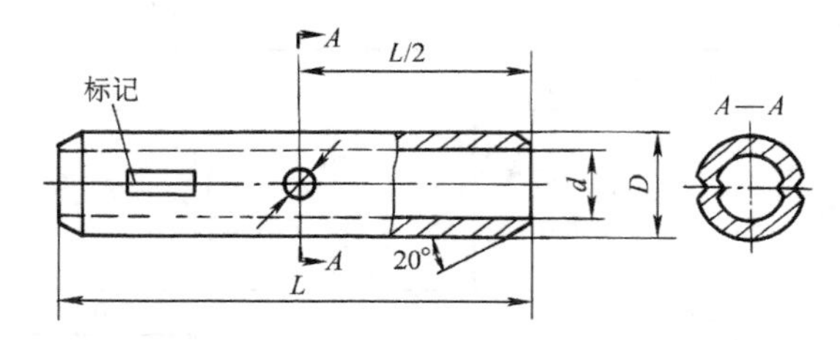

图 14-1-5 GT（GL）型铜（铝）连接管（直通式）

表 14-1-6 GT 型铜连接管规格及主要尺寸

型号及规格	适用导体标称截面积/mm²	主要结构尺寸/mm				
		d		D	L 最大值	
		非紧压导体	紧压导体		短型	长型
GT－16	16	6.0	6.0	9	32	58
GT－25	25	7.0	7.0	10	34	64
GT－35	35	9.0	9.0	12	36	68
GT－50	50	10.0	10.0	14	42	76
GT－70	70	12.0	12.0	16	44	82
GT－95	95	14.0	13.0	18	46	88
GT－120	120	16.0	15.0	21	48	92
GT－150	150	17.0	16.0	23	52	96
GT－185	185	19.0	18.0	25	54	100
GT－240	240	21.6	20.0	28	58	110
GT－300	300	24.0	23.0	31	62	120
GT－400	400	27.0	26.0	35	68	130
GT－400(R)	400(R)	31.0	—	40	78	—

注：1. 表中导体标称截面积适用于固定敷设用电力电缆或电气装备电线电缆圆形及扇形铜绞合导电线芯。若用于电气装备电线电缆第 3 种和第 4 种铜绞合导电线芯，除已标注（R）的截面积可直接引用外，其余可按相应截面积放大一档使用。

2. 表中 L 有两种：短型用于对中间连接接头机械抗拉强度要求不高的场合，长型用于对接头具有一定机械抗拉强度要求的场合。

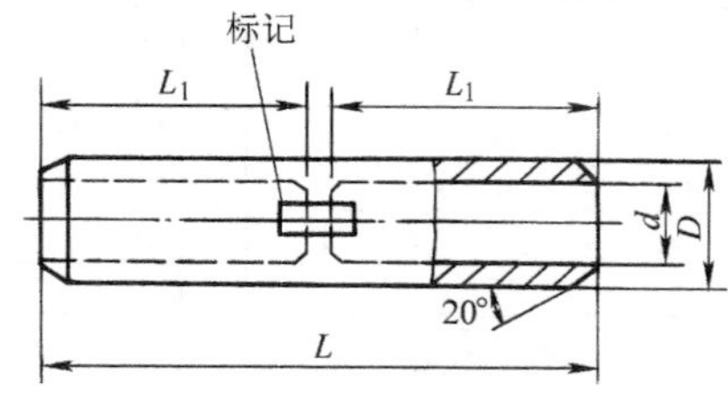

图 14-1-6 GLM 型铝连接管（堵油式）

表 14-1-7 GL 型铝连接管规格及主要尺寸

型号及规格	适用导体标称截面积/mm²	主要结构尺寸/mm			
		d		D	L 最大值
		非紧压导体	紧压导体		
GL－10	10	4.5	4.5	9	60
GL－16	16	5.5	5.5	10	65
GL－25	25	7.0	7.0	12	70
GL－35	35	8.2	8.2	14	75
GL－50	50	9.5	9.5	16	80
GL－70	70	11.5	11.5	18	90
GL－95	95	13.5	12.5	21	95
GL－120	120	15.0	14.0	23	100
GL－150	150	16.5	15.5	25	105
GL－185	185	18.5	17.5	28	110
GL－240	240	21.0	19.5	31	120
GL－300	300	24.0	22.0	35	135
GL－400	400	27.0	25.0	40	150

注：表中导体标称截面积适用于固定敷设用电力电缆或电气装备电线电缆圆形及扇形铝绞合导电线芯。

表 14-1-8 GLM 型铝连接管规格及主要尺寸

型号及规格	适用导体标称截面积/mm²	主要结构尺寸/mm				
		d		D	L 最大值	L_1 最小值
		非紧压导体	紧压导体			
GLM－10	10	4.6	—	9	70	31
GLM－16	16	5.6	—	10	75	33
GLM－25	25	7.0	—	12	80	35
GLM－35	35	8.0	—	14	90	40
GLM－50	50	9.6	—	16	95	42
GLM－70	70	11.6	—	18	105	46
GLM－95	95	13.6	12.6	21	110	48
GLM－120	120	15.0	14.0	23	120	52
GLM－150	150	16.6	15.6	25	125	54
GLM－185	185	18.6	17.6	28	135	59
GLM－240	240	21.0	19.6	31	140	61
GLM－300	300	24.0	22.0	35	150	65
GLM－400	400	27.0	25.0	40	165	73

注：表中导体标称截面积适用于固定敷设用电力电缆或电气装备电线电缆圆形及扇形铝绞合导电线芯。

1.2.3 压缩连接用工具和模具

压接接头的质量好坏是靠连接用金具与工模具的合理配合来体现，忽视哪一方面都不行。

压接工具（指压钳）的作用是具有足够的压力能使连接金具压接部位金属产生塑性变形。要求省力、工效高。目前国内压钳种类较多，按出力能源划分有液压、机械压、空压及爆炸压等四种；按操作方式划分有手动、脚踏和电动三种；按钳头和钳体能否分开划分有整体式和分离式两种。

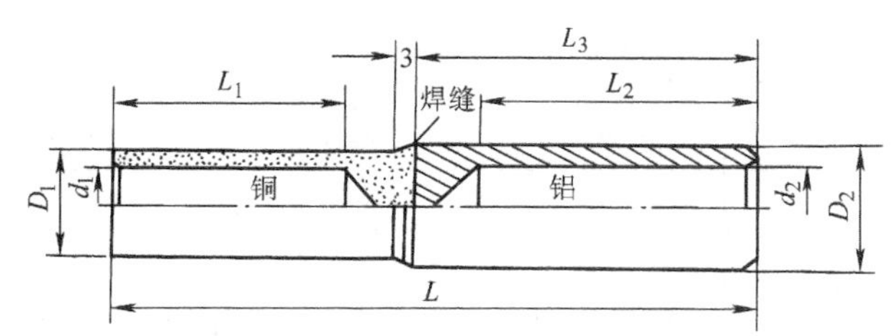

图 14-1-7　GTLM 型铜铝连接管

表 14-1-9　GTLM 型铜铝连接管规格及主要尺寸

型号及规格	适用导体标称截面积/mm^2		主要结构尺寸/mm									
			d_1		d_2		D_1	D_2	L_1 最小值	L_2 最小值	L_3 最大值	L 参考值
	铜芯	铝芯	非紧压导体	紧压导体	非紧压导体	紧压导体						
GTLM－25	16	25	6	6	7.0	7.0	9	12	32	35	44	84
GTLM－35	25	35	7	7	8.2	8.2	10	14	32	40	51	94
GTLM－50	35	50	9	9	9.5	9.6	12	16	36	42	51	94
GTLM－70	50	70	10	10	11.5	11.6	14	18	40	46	57	108
GTLM－95	70	95	12	12	13.5	12.6	16	21	42	48	57	108
GTLM－120	95	120	14	13	15.0	14.0	18	23	44	52	63	118
GTLM－150	120	150	16	15	16.5	15.6	21	25	46	54	63	118
GTLM－185	150	185	17	16	18.5	17.6	23	28	50	59	69	130
GTLM－240	185	240	19	18	21.0	19.6	25	31	52	61	69	130
GTLM－300	240	300	21	20	24.0	22.0	28	35	56	65	74	140
GTLM－400	300	400	24	23	27.0	25.0	31	40	58	73	80	150

注：表中导体标称截面积适用于固定敷设用电力电缆或电气装备电线电缆圆形及扇形铜铝绞合导电线芯。

对压钳技术要求：

1）其性能如额定出力（N）、额定压力（Pa）、压接行程（mm）、手柄操作力（N）、重量（kg）应满足设计基本参数要求。

2）其零部件用的原材料应符合有关标准的规定。

3）在规定工作状况下应灵活可靠、无漏油、无卡滞及爬行现象。

4）模具应装卸方便、结构可靠。

5）耐压性能好，以 1.25 倍额定压力试验保持 5min，各主件不允许有永久变形，各密封配合面不应产生渗漏。

6）连续工作条件下能承受 5000 次以上寿命试验，试验后，其液压系统压力值和手柄操作力应为试验前的 90% 以上。

国内现有主要生产的压钳与压接枪型号、性能见表 14-1-10～表 14-1-12。

压模作用是在压接工艺过程中，借助压钳工作压力，使导体和金具的连接部位产生塑变成形的金属模具。按需要的接头断面几何形状，只要压缩量能达到设计要求，它可以设计成各种所需的接头断面几何形状或组成坑压和围压相结合的模型。

坑压模具形状如图 14-1-8 所示，规格、结构尺寸按表 14-1-13 的规定。

表 14-1-10　手动机械压钳型号及性能

项目＼型号		SXQ－16	QX－18	QX－24	QX－24A	QX－24J	QX－3	QXS－12	QS01	QNX－3（兼断线用）
额定工作压力	kN	160	180	240	240	240	240	120	120	30
	tf	16	18	24	24	24	24	12	12	3
压接范围/mm^2		铝芯 16～240 铜芯 16～240	铝芯 16～240 铜芯 25～240	铝芯 16～240 铜芯 25～300	铝芯 70～240 铜芯 95～240	硬铝绞线 25～185 钢芯铝绞线 35～150	铝芯 10～240 铜芯 10～300	铝芯 16～240 铜芯 16～300	铜芯 2.5～6	铝芯 4～35 铜芯 6～35
压模型式		点压或围压	围压	围压	点压	围压	围压	点压	围压	点压
重量/kg		6	3.8	4.9	4.9	4.9	4.8	3.5	0.5	2

表 14-1-11 手动液压钳型号及性能

项目＼型号		SYQ－16	YQ（F）（分离式）	YQ（F）（分离式）	QYS－12－2	QYS－18
额定工作压力	kN	160	—	—	120	180
	tf	16	—	—	12	18
压接范围/mm²		铝芯 16～240 铜芯 16～240	铝芯 16～240 铜芯 16～150	铝芯 16～240 铜芯 25～240	铝芯 16～240 铜芯 25～150	铝芯 70～240 铜芯 95～300
压模型式		点压或围压	点压或围压	点压或围压	点　压	点　压
重量/kg		5.6	钳头 2.7 泵 6	钳头 6 泵 6	4	6.5

表 14-1-12 压接枪型号及性能

项目＼型号		QBS－Ⅰ（单击式）	QBS－Ⅱ（连击式）	项目＼型号	QBS－Ⅰ（单击式）	QBS－Ⅱ（连击式）
瞬时最大冲击力	kN	160	160	压接时间/s	0.5	0.5
	tf	16	16	压模型式	点压	点压
压接范围/mm²		铝芯 16～240 铜芯 16～300	铝芯 16～240 铜芯 16～300	重量/kg	3.5	3.5

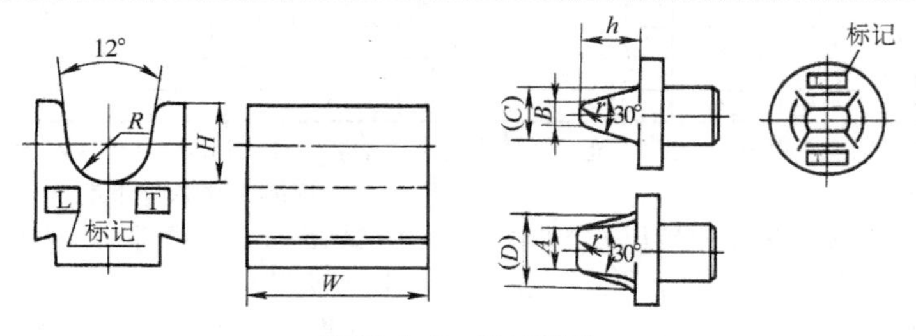

图 14-1-8 坑压模具

表 14-1-13 坑压模具规格及结构尺寸

压模型号		坑压模/mm 阴模 底径 2R	允差	腔高 H	腔厚 W	阳模 头高 h	头纵向长 根部（D）	头纵向长 端部 A	头横向长 根部（C）	头横向长 端部 B	头端倒角 r
T－16	L－10	9.1	+0.1 0	10	30	5	10.68	8	5.68	3	1
T－25	L－16	10.1		12	35	6	12.22	9	7.22	4	
T－35	L－25	12.1		13							2
T－50	L－35	14.1		16	40	8	14.29	10	9.29	5	
T－70	L－50	16.1		17	45						
T－95	L－70	18.15	+0.3 0	21.1		11	16.89	11	11.89	6	
T－120	L－95	21.15		22.5	50						
T－150	L－120	23.15		25		13	18.97	12	13.97	7	
T－185	L－150	25.15		26.5	55						
T－240	L－185	28.15		29.5		16	21.57	13	16.57	8	2.5
T－300	L－240	31.20	+0.4 0	32	60						
T－400	L－300	35.20		36.5	65	18	24.65	15	19.65	10	3
T－400（R）	—	40.20		42		20	27.72	17	22.72	12	
—	L－400	40.20		41							

常用于低压电缆的围压模具形状如图 14-1-9 所示，规格、结构尺寸按表 14-1-14 的规定。

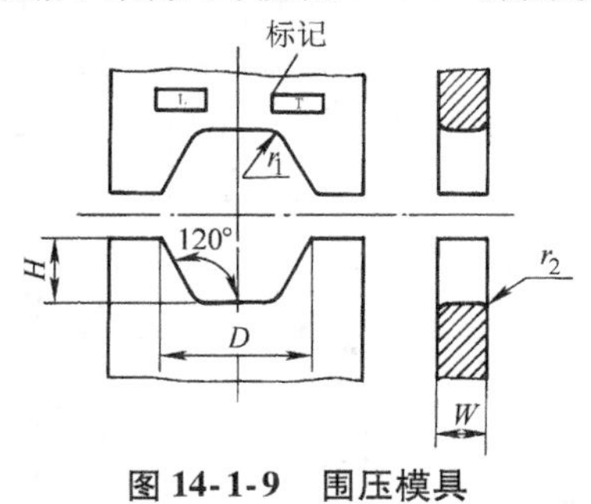

图 14-1-9 围压模具

部分进口液压钳型号及性能见表 14-1-15，这些液压钳均为目前实际应用产品。

1.2.4 压接工艺要点

1. 准备阶段

1）检查、核对连接用的金具和压模的型号规格，它应与被连接的电缆导体标称截面积、导体结构种类（紧压或非紧压）及导体硬度相符。

2）剥除被连接电线电缆的端部绝缘，剥除绝缘的长度，如没有设计另行规定外，一般为连接管端头至截止坑或堵油栅的长度再加上 5～10mm；对

表 14-1-14 围压模具规格及结构尺寸

<table>
<tr><th colspan="2" rowspan="2">压模型号</th><th colspan="5">围压模/mm</th><th colspan="2" rowspan="2">压模型号</th><th colspan="5">围压模/mm</th></tr>
<tr><th>模口宽 D</th><th>模腔高 H</th><th>模腔厚 W ±0.2</th><th>模腔倒角 r1</th><th>腔沿倒角 r2</th><th>模口宽 D</th><th>模腔高 H</th><th>模腔厚 W ±0.2</th><th>模腔倒角 r1</th><th>腔沿倒角 r2</th></tr>
<tr><td>T－16</td><td>L－10</td><td>7.8</td><td>3.4</td><td rowspan="3">10（二）</td><td rowspan="3">1</td><td>1</td><td>T－150</td><td>L－120</td><td>21.1</td><td>9.1</td><td rowspan="2">15（二）</td><td>2</td><td rowspan="4">2</td></tr>
<tr><td>T－25</td><td>L－16</td><td>8.7</td><td>3.7</td><td rowspan="6">2</td><td>T－185</td><td>L－150</td><td>23.1</td><td>10.0</td><td rowspan="4">2.5</td></tr>
<tr><td>T－35</td><td>L－25</td><td>10.2</td><td>4.4</td><td>T－240</td><td>L－185</td><td>26</td><td>11.2</td><td>16（二）</td></tr>
<tr><td>T－50</td><td>L－35</td><td>12.2</td><td>5.2</td><td>12（二）</td><td rowspan="2">1.5</td><td>T－300</td><td>L－240</td><td>29</td><td>12.5</td><td>18（二）</td></tr>
<tr><td>T－70</td><td>L－50</td><td>14.2</td><td>6.1</td><td>13（二）</td><td>T－400</td><td>L－300</td><td>32.6</td><td>14.1</td><td>10（四）</td><td rowspan="3">3</td></tr>
<tr><td>T－95</td><td>L－70</td><td>16.2</td><td>7.0</td><td rowspan="2">14（二）</td><td rowspan="2">2</td><td>T－400(R)</td><td>—</td><td>34.3</td><td>14.8</td><td rowspan="2">12（四）</td><td rowspan="2">3</td></tr>
<tr><td>T－120</td><td>L－95</td><td>19.1</td><td>8.2</td><td>—</td><td>L－400</td><td>37.6</td><td>16.2</td></tr>
</table>

注：表中括号内数字表示推荐的压接次数，T300 及以上的可自行选择。

表 14-1-15 部分进口液压钳型号及性能

项目 \ 型号		HP131	B1500	EP431	EP510	EP50	EK 50/5－1	HK 25/2	HK Powev－pios	H130
额定工作压力	kN/tf	130/13	150/15	120/12	130/13	52/5.2	50/5	250/25	120/12	130/13
压接范围/mm^2		铜、铝芯 16～400	铝芯 16～400 铜芯 25～500	铝芯 16～240 铜芯 16～300	铝芯 16～340 铜芯 16～400	铜、铝芯 10～150	铜铝芯 6～240	铜铝芯 16～630	可压接、 剪切、 冲孔	铝芯 16～240
压模型式		六角围压	六角围压	六角围压	六角围压	六角围压	六角围压	六角围压	点压围压	点压
重量/kg		7.0	10.3	6.2	7.7	4.9	1.3	17.6		6.6
结构型式		手动液压	充电式	手动液压	手动液压	手动	充电式	脚踏泵＋液压	多功能	充电式
制造商		意大利 Cembre	意大利 Cembre	日本 IZUMI	日本 IZUMI	日本 IZUMI	德国 Kiauke	德国 Kiauke	德国 Kiauke	法国 DUBUIS

注：上述液压钳是当前实际应用品种，表 14-1-10 手动机械压钳及表 14-1-12 压接枪已基本停用。

接线端子（线鼻子）剥去绝缘的长度即为接线端子圆筒部分导体所能插入的长度加上5~10mm。

3）铝连接管或端子圆筒内壁若没有预涂导电油脂，应先用蘸有干净汽油的棉布揩擦其内壁油污，再用金属砂纸擦去管内壁的氧化膜，随即均匀涂上一层薄薄的导电油脂。铜管内壁应有镀锡层，以后应严禁沾污内壁。

4）用鲤鱼钳将扇形导电线芯夹圆（圆形芯则不必），并用铜丝做扎线将导电线芯端头扎紧后锯齐锉平，然后用蘸有汽油的棉布擦洗导电线芯表面油污，用细钢丝刷进行表面刷芯。若是油纸电缆，应先解开导芯，擦净单根导线和间隙中的浸渍剂后再刷芯，最后涂上导电油脂。

5）将导电线芯插入连接管或端子圆筒内。电缆中间连接时，导电线芯插入至截止坑或连接管的中心部位，端子连接时，应充分插入到端子圆筒内。对于三芯电缆的中间连接，应先将一根电缆的三芯分别插好，然后，再将另一根电缆的三芯按相位对应分别插入连接管的另一端。

2. 压接

1）压接顺序按图14-1-10所示进行。每道压痕位置的选择应按连接管或端子圆筒上标定的位置和表14-1-16的规定进行，局部压接的压坑轴向中心线或六角形整体压接中其内接圆对边的中心线均应在同一直线上。压接程度以上下模接触（指液压钳）或达到压钳规定的有效行程为准。每压完一个压痕，应停留10~15s，然后除去压力。压钳操作方法应按压钳生产厂压钳说明书规定的程序进行。

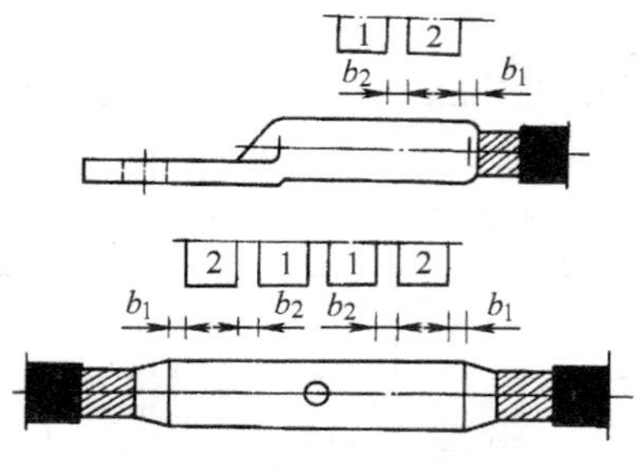

图14-1-10 压接连接时的压接顺序和压痕间距

2）压好后用细齿锉刀锉去压坑边缘及连接管端部因受压而翘起的棱角，并用砂纸打光，然后用蘸有汽油的棉布揩干净。对油浸纸绝缘电缆的导体连接接头用加热到120~130℃的电缆油冲洗，以除去潮气及污秽，然后再包绕接头处的绝缘。

表14-1-16 压痕位置 （单位：mm）

导体标称截面积/mm^2	铜压接圆筒		铝压接圆筒	
	压痕间距离	离筒端距离	压痕间距离	离筒端距离
	b_2	b_1	b_1	b_2
10	3	3	3	3
16	3	4	3	3
25	3	4	3	3
35	3	4	3	3
50	3	4	5	3
70	3	5	5	3
95	3	5	5	3
120	3	5	5	4
150	4	6	5	4
185	4	6	5	5
240	4	6	6	5
300	5	7	7	6
400	5	7	7	6

3）对6kV及以上的电缆，若采用局部压接，其压接后应在连接管表面包一层金属化纸或两层铝箔，以消除因压坑引起电场畸变的作用，对于纸绝缘电缆应先用沥青绝缘胶（或环氧树脂）填实压坑，然后再绕包金属屏蔽。接线端子则可根据要求，不一定要填实压坑和包铝箔等。

3. 压接后质量检查

1）压接部位表面应光滑，不应有裂纹和毛刺，所有边缘处不应有尖端。

2）坑压的压坑深度应与阳模应有的压入部位高度一致，坑底部应平坦无损。

3）压接接头的电气和力学性能应符合GB/T 9327—2008的规定。

4. 进口压接工具品种及特点

近十年来，国外电力电缆施工工具制造商制造的多种电缆压接工具已经进入我国市场。目前各地供电公司所使用的压接工具大部分为进口产品。

1）进口压接钳的品种：进口压接钳的主要品种比较多，包括手动机械压接钳、电动机械压接钳、可充电机械压接钳；手动液压钳、电动液压钳、钳头与液压泵分离型液压钳（手动及脚踏式）；多功能压接钳、可充电并可更换钳头式压接钳。

2）使用进口压接钳应该注意的事项：进口压接

钳加工质量比较稳定，使用比较方便，从而得到广大用户的采用。但是有两个问题必须引起重视。

a）进口压钳的模具宽度与我国相关标准规定不一致（见表14-1-17），与表14-1-14围压模具规格及结构尺寸不相同。

表14-1-17 围压模宽度尺寸比较

压模型号	进口充电式模腔厚 W	我国围压模腔厚 W
T-50	16	12
T-70	16	13
T-95	16	14
T-120	14	14
T-150	13	15
T-185	13	15
T-240	12	16
T-300	11	18

b）进口机械压钳与充电式压钳模具宽度也不相同（进口充电式压钳模具宽度比较窄）。

在使用进口机械式压接钳时可以按照图14-1-10的规定进行，在使用充电式压钳压接185mm²及以上截面积的产品时应该增加一道压接次数，如图14-1-11所示。

3）使用数量较多的进口压接钳实物图片，如图14-1-12所示。

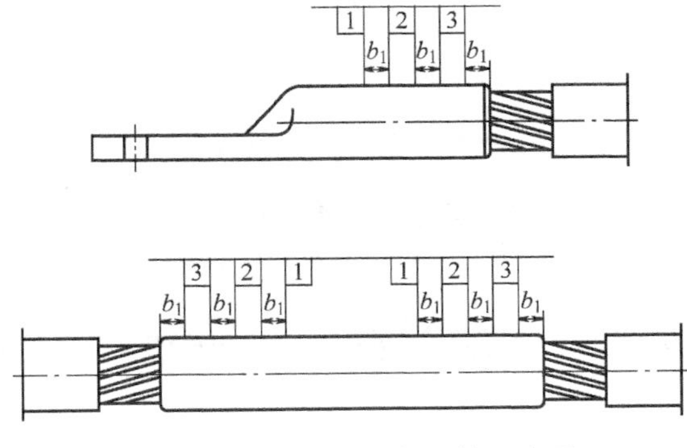

图14-1-11 进口压钳压接示意图

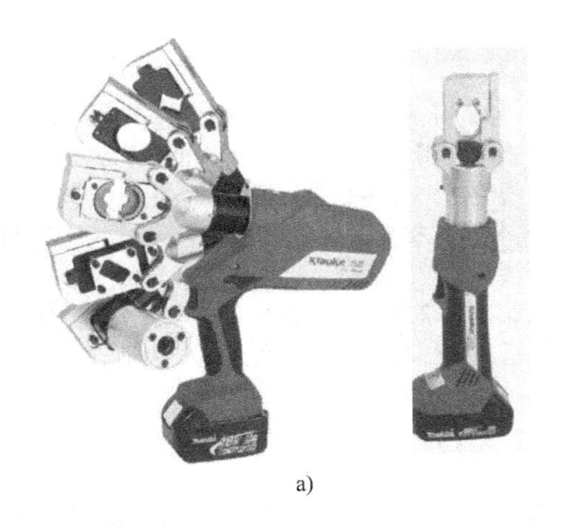

a)

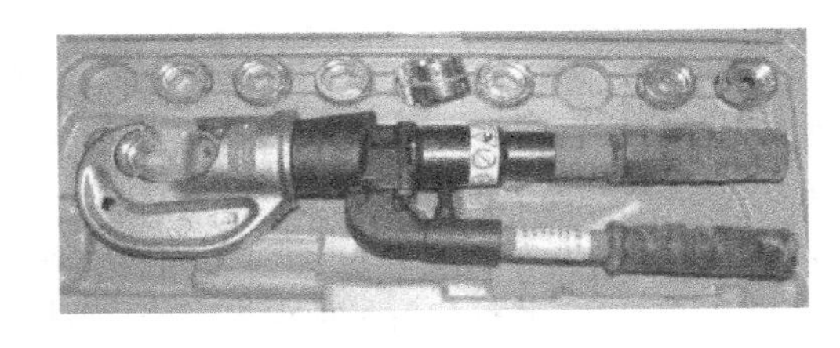

b)

c)

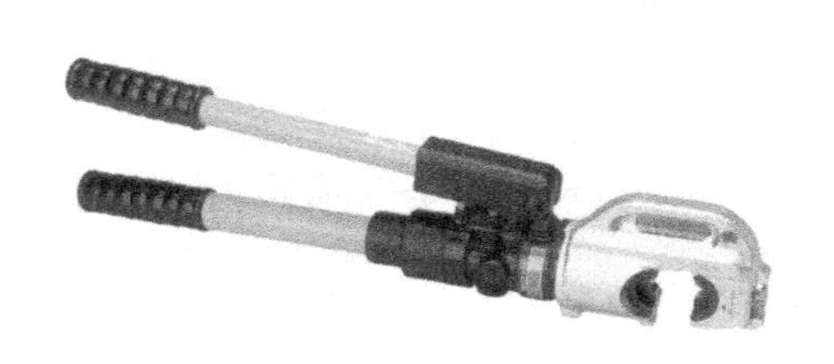

d)

图14-1-12 使用数量较多的进口压接钳

a）德国Kiauke多功能德国KiaukeEK50 b）意大利CembreHP131 c）意大利CembreHP1500 d）日本IZUMI EP431

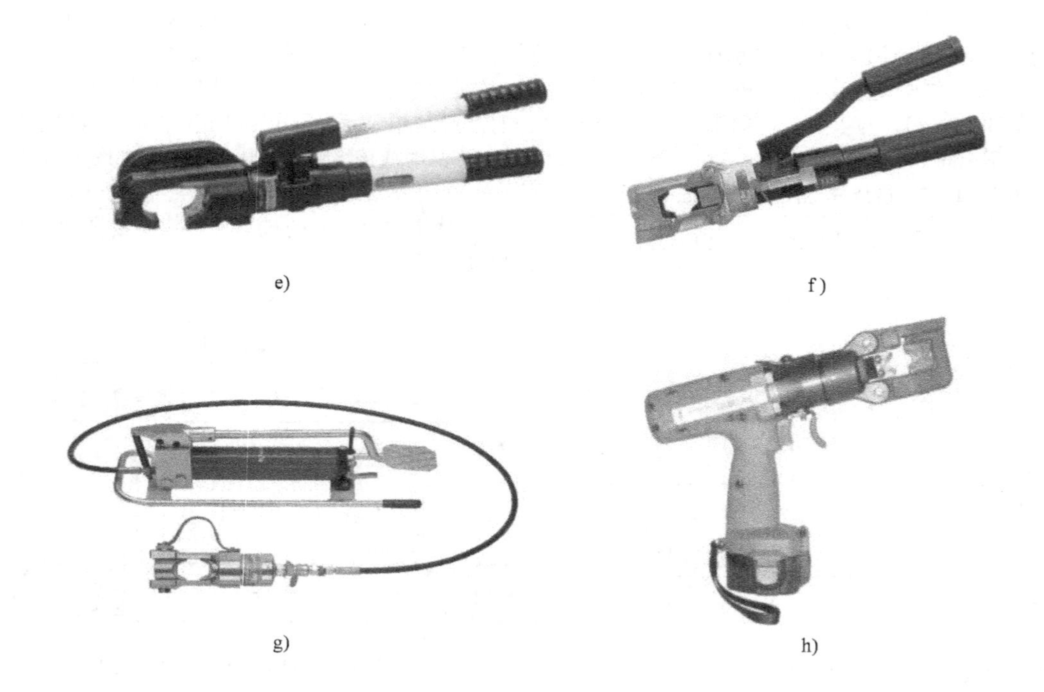

图 14-1-12 使用数量较多的进口压接钳（续）
e）日本 IZUMI EP510 f）日本 IZUMI EP50 g）德国 Kiauke 脚踏泵 + 液压 h）法国 DUBUIS 充电式 D55

1.3 钎焊连接用导体连接金具及焊接工艺

如果能采用适合铜、铝导体材料性能的焊料、熔剂及加上熟练的加工工艺技术，钎焊完全可制作成其力学和电气性能比压接更好的接头。但它的工艺复杂，其连接质量很大程度要取决于操作人员的工艺水平，故现在国内除小截面的电缆芯仍有部分使用钎焊外，中等以上截面导体的连接绝大多数均由压缩连接或机械连接取代。

有关铜导体的钎焊技术和工艺（即锡焊），国内沿用已久，很多用户和施工单位都有成熟经验，这里不再赘述，本节着重介绍一下有关铝导体的钎焊技术和工艺问题。

由于铝的一些特性，它给电缆铝导体钎焊带来一些具体问题：

1）铝和氧的亲和力很大，铝线芯表面很易生成致密难熔而又绝缘的三氧化二铝（Al_2O_3）薄膜，它的熔点（2050℃）远远超过铝的熔点，相对密度也大，这层薄膜若不清除，在钎接中会阻碍金属间良好结合，等于电路中添置了一个附加电阻；

2）铝的导热系数和比热容比铁还要大一倍多，钎焊时要求使用大功率或能量集中的热源，但又要防止电缆绝缘因过热而老化损伤；

3）铝钎焊接头焊缝的抗腐蚀性及抗拉强度与铜钎焊接头的焊缝比较，更取决于钎焊料的组分。

因此，欲获得牢固可靠的铝钎焊接头，除了要选择合适的钎焊料，还应注意清除铝表面存在的氧化铝膜。

1.3.1 焊料

铝导体用的焊料都属于软钎焊料，表 14-1-18 是国内常用的钎焊料配方，焊料 1～4 号是熔化钎接温度小于 270℃ 的低温焊料，主要是由锡、铅、镉等低熔点金属组成，有时也含有少量的锌、铝、银及铜等。它们的钎焊性能好、不易损伤绝缘、容易润湿铝，但时效性差、焊接强度低、抗腐蚀性较差。焊料 5～9 号是熔化钎接温度在 270～350℃ 之间的中温焊料，由于焊料中含锌量高，若再含有少量的银和铜，可以迅速润湿铝形成较大的扩散层，它们有较好的抗腐蚀性。焊料 10～12 号是高温软钎焊料，抗腐蚀性能好、焊接强度高，特别适用于终端焊接。

表 14-1-18 常用钎焊料配方

焊料编号	焊料成分(质量分数)(%)								熔化温度或焊接温度/℃	注
	锌	锡	铅	铜	铝	银	镉	铈		
1	9	31	51				9		150~210	即低温蜡焊料
2	10	90							200~210	
3	10	85		1.5	2.0	1.5			210~220	
4	10	85		1.5	2.0			1.5	210~220	
5	20	80							250~300	
6	20	75		1.5	2.0	1.5			270~320	
7	20	75		1.5		2.0		1.5	270~320	
8	30	64.5		2.5	1.0	2.0			300~350	
9	20.47	77.18	2.35						190~220	
10	58.0	40.0		2.0					400~425	即A型焊条
11	80.0	12.0		8.0					400	
12	88.0	12.0							390	

中低温焊料中2号及5号是目前使用较多的配方，3、4、6、7、8号几组配方，实际上是前两组配方为基础的改进。从钎焊成分中可以看到，锌是与纯铝能够在钎焊后结合成表面共晶合金的最好材料。但纯锌对铝的润湿性能很差，它聚集成球状，必须在锌中加入其他金属才能改善其润湿性。锌含量增加，对钎焊的机械强度和抗腐蚀性能好，但含量过多会使焊料熔点增加，对施工反而不利。锡是最主要的配合料，它可以降低焊料熔化温度，增加其流动性，且容易与其他多种金属结合，但它不能单独与铝焊接，必须与锌一起同铝组成三元合金。

1.3.2 助熔剂

前面讲过，铝导体在钎焊前必须清除表面存在的氧化铝膜。目前有用机械方法如机械摩擦或利用超声波的空化作用予以清除等，但因铝与空气中的氧亲和力大，除膜不易达到预期效果，故较好的方法是使用助熔剂，借助助熔剂与铝的化学反应除膜。

目前国内使用钎焊铝的助熔剂有化学型有机熔剂和反应型无机熔剂两种。前者通常由有机的物质（如三乙醇胺等）及重金属的氟硼化合物组成，这类助熔剂反应温度低，对接头腐蚀性小，有一定的除膜能力。但在高于275℃使用时，易倾向分解；在超过320℃后，则炭化而完全丧失活性，故不宜与较高熔点的钎焊料配用。后者是属于无机盐类的助熔剂，它主要由氯化物和少量氟化物等组成卤族复合性盐，反应温度在250℃左右。反应时，助熔剂渗入氧化铝膜，随着温度增加，助熔剂在膜层下迅速形成一种白色气体，其膨胀压力逐渐积累增大，使膜层产生破裂剥离而露出纯铝表面。与此同时，助熔剂中含有的重金属（锌、锡）通过反应被铝置换，并在除膜后的纯铝金属面上沉降下来，成为锌、锡合金镀层，同时也防止了纯铝表面重新氧化，为用焊料钎焊，打好了基底。助熔剂配方见表14-1-19。

表 14-1-19 助熔剂配方

类别	序号	配比成分（质量分数）（%）	特点	注
反应型无机熔剂	1	氯化锌（$ZnCl_2$）55 氯化亚锡（$SnCl_2$）28 溴化铵（NH_4Br）15 氟化钠（NaF）2	始熔188℃，全熔195℃，开始反应212℃，流动性较好，易潮解，有较好的除Al_2O_3能力，腐蚀性大	成品为粉末状
	2	氯化锌（$ZnCl_2$）38 氯化亚锡（$SnCl_2$）40 氟化钠（NaF）2 氯化银（AgCl）2 氯化铵（NH_4Cl）18	始熔146℃，全熔150℃，开始反应189℃，流动性很好，有较好的除Al_2O_3能力，易吸潮，有腐蚀性	成品为蜡笔状，易于涂抹

（续）

类别	序号	配比成分（质量分数）（%）	特　　点	注
反应型无机熔剂	3	氯化锌（$ZnCl_2$）28 氯化亚锡（$SnCl_2$）42 氟化钠（NaF）2 溴化铵（NH_4Br）28	始熔 150℃，全熔 167℃，开始反应 198℃，流动性较好，有较好除 Al_2O_3 能力，易吸潮，有腐蚀性	成品为蜡笔状，易于涂抹
化学型有机熔剂	1	氟硼酸锌　8 氟硼酸镉　10 三乙醇胺　82	熔点 150℃，反应温度 200～275℃，反应温度低，除 Al_2O_3 能力较弱，在焊温度超过 275℃时，会炭化而丧失活性	成品为液体状
	2	氟硼酸铵　8 氟硼酸镉　10 三乙醇胺　82		
	3	氟硼酸锌　10 氟硼酸胺　8 三乙醇胺　82		

1.3.3　钎焊用连接金具

在钎焊中，用于铜导体末端引出连接用的镀锡铜鼻子型式基本与压接用的相同，只是鼻子圆筒部分较短，管壁又较薄，而内径比压接用的要大一档截面，以便焊料流动填充。

用于电缆导体之间连接用的连接管，通常叫弱背连接管，即连接管具有轴向的开口槽和在管壁内部存在有与开口槽对应的槽沟，以便施焊时拉开让焊料流布填充。

铜连接管需内外镀锡；铝连接管可用铝板制造，但需用浸涂法预先在连接管内表面涂上钎焊料进行打底。

钎接用铜、铝连接管形状如图 14-1-13 所示，规格和结构尺寸按表 14-1-20 规定。

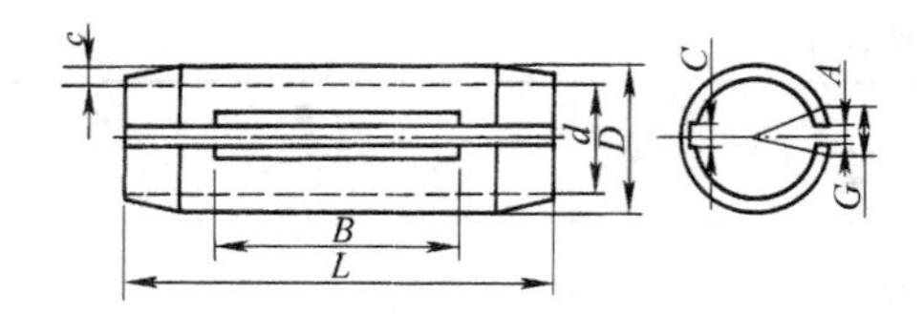

图 14-1-13　钎接用铜、铝连接管

表 14-1-20　钎接用连接管规格及主要尺寸

适用导体标称截面积/mm^2		主要结构尺寸/mm							
铜	铝	L	d	D	C	A	G	c	B
16	10	35	5.5	8.5	1.5	1.5	5.0	1.0	25
25	16	40	7	10	1.5	1.5	5.0	1.0	25
35	25	45	9	12	1.5	1.5	5.0	1.0	30
50	35	50	10	14	2.0	1.5	6.0	1.0	35
70	50	60	12	16	2.0	2.0	6.0	1.5	40
95	70	70	14	18	2.0	2.0	7.0	1.5	45
120	95	70	16	22	3.0	2.0	7.0	2.0	45
150	120	85	18	24	3.0	2.0	10.0	2.0	55
185	150	85	19	26	3.5	3.0	10.0	2.5	55
240	185	85	21	28	3.5	3.0	10.0	2.5	55
300	240	85	25	33	4.0	3.0	10.0	2.5	55
400	300	100	27	35	4.0	3.0	12.0	3.0	60

1.3.4　钎焊工艺

现在用的电缆导体钎焊工艺有，熔剂法、摩擦法和模铸法三种。其要点分述如下：

1. 铝导体熔剂法工艺

（1）准备工作

1）在电缆导体中间或终端连接时，应按一定长度剥切电缆绝缘，每端剥去绝缘长度除设计规定外，一般为连接管长度的一半或接线端子圆筒长度再加上 20～25mm。

2）在电缆导体绝缘外包绕油浸布带（指油纸电缆）或聚氯乙烯带（指聚氯乙烯绝缘电缆）以保护绝缘，然后用溶剂将导体上的油污清洗干净，用刷子刷去导体表面氧化膜，把导体放入连接管内，保持两根电缆导体两端间留出 4～5mm 的间隙，让钎接时焊料易于流动。铝连接管内表面如采用没有浸涂焊料处理的铝管，其内壁应以锉刀锉毛。

3）在连接管两端向绝缘方向包绕石棉绳（或石棉布），包至离绝缘剥切处2～3mm长，包绕厚度应大于管壁厚度，绕包应紧密，外面再包绕两层铝箔，以减少焊接时热传到绝缘上。如采用熔化温度较高的焊料（如250～320℃）时，两端最好加装冷却器制冷。

（2）焊接

1）加入助熔剂从连接管大槽口中，将助熔剂涂敷到可见的线芯上和两线芯端部之间间隙中，间隙处应多敷一些。助熔剂极易吸潮，故在敷入之前，最好事先将连接管预热到50℃左右。不要用手直接接触熔剂，防止浸入伤口或眼内。选用的助熔剂，应与所使用的焊料熔点匹配，一般要求助熔剂的反应温度应低于焊接温度20℃左右。

2）熔化助熔剂调小汽油喷灯火焰，集中火力加热连接管底部中间，将喷灯左右来回移动，应避免火焰直接接触助熔剂和线芯。在助熔剂熔化过程中，根据情况可继续添加一些助熔剂，在熔化中可用洁净铁丝将助熔剂搅动，以使助熔剂能充分在裸露线芯及其两端完全覆盖。

3）加入焊料在助熔剂已基本达到熔化均匀并呈现出胶水状颜色时，同时用喷灯加热焊料，使其熔融后加入，加入的位置应在连接管两端1/4处，而且在两端轮番加入，以使焊料熔化后从两端向中间流动，这样可使熔渣和助熔剂残渣向连接管中部浮出而得到清除。

4）反应和钎接此时液态助熔剂在继续加温下，开始大量冒白烟，即表示助熔剂已与铝开始反应，可促使熔融的焊料沿助熔剂反应所及之处流布均匀。在熔入焊料过程的中、后期，应以木棒频频敲打连接管底部，以促进焊料渗透和加速夹杂物（反应后的残渣）的浮起。敲打方向应从下而上和从焊料加入处向中部。当焊料还处在熔化状态时，可用夹钳在连接管的两端和中部用力夹紧一次，使接头内导芯与焊料结合更为紧密。同时可用铁丝（将其端头敲扁）把聚集在连接管槽口中部浮起的夹杂物除掉。

5）焊后处理用洁净的揩布轻轻擦去槽口上过多的焊料，并加以修饰使接头饱满光洁。如发现接头中焊料不饱满还可补足。用硬脂酸钠涂抹接头外表，以加速其冷却。待焊料全部凝固后，拆除绕包的铝箔及石棉绳，用砂纸或锉刀修饰接头外表。

6）包扎按电缆施工要求进行绝缘包扎。

2. 铝导体摩擦法工艺

摩擦法是用焊条边熔化边用力摩擦铝线表面，以除去氧化膜并进行施焊的方法。因此，要求焊料在熔化前有一定的强度，相对焊料熔化温度也较高。

（1）准备工作

1）为了保证多股铝线芯的每层单线都能有效地摩擦除膜，首先应剥切绝缘，并将绞合导线分层切割成阶梯状，剥切顺序、尺寸及措施如图14-1-14所示。

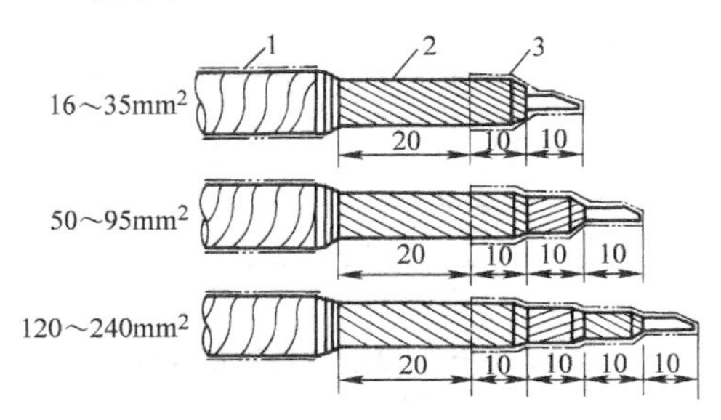

图14-1-14 铝线芯端头涂焊料的剥切尺寸与其截面的关系

1—双层铝箔带，适用于所有截面
2—安装保护遮屏的位置
3—虚线表示预涂底层焊料处

2）在靠近剥切端部的绝缘层外面（图中1位置）包绕两层铝箔层，长度为30～50mm，在完整的裸露线上（图中2位置）装上冷却器（即保护遮屏），冷却器用铁皮制成可拆式，厚度2～3mm。

3）将全部裸露铝芯用钢丝刷清除铝线上的氧化铝膜，至发出金属光泽为止。用汽油抹布仔细擦去线芯上的电缆油或橡皮塑料的残垢，若扇形芯应扎成圆形，绝缘端部用铜丝扎紧。在铝箔外面和冷却器后端的导体上包石棉绳或布。

（2）预涂底层焊料

1）用汽油喷灯将铝线芯加热到接近焊料熔化温度，边加热焊条，边用焊条摩擦各层绞线的表面和端部（图中3的位置）使熔化的焊料涂在线芯末端上。

2）用钢丝刷端头浸入到覆盖在铝端头的焊料中，来回擦刷铝芯，以进一步除去新生成的氧化铝膜，促使焊料更好地焊在线芯表面。

3）均匀涂上焊料后，将铝芯表面用干净的揩布抹一下，露出光亮的焊料层，即表示钎料打底工作完成。

(3) 端接或对接

1) 端接时，将已涂好底层焊料的铝芯垂直放入铝接线端子（其规格与用熔剂法的相同）或铜接线端子中。铜端子应预涂锡，铝端子应预涂底层焊料。做连接头时，将已涂好底层焊料的两根铝线芯放入可拆开的铁皮模中，在铁皮模两端处应包绕石棉绳（带），防止焊料淌出。然后在靠近绝缘处进行隔热保护和装上冷却器。对接用可拆卸铁皮模形状尺寸如图 14-1-15 及表 14-1-21 所示。

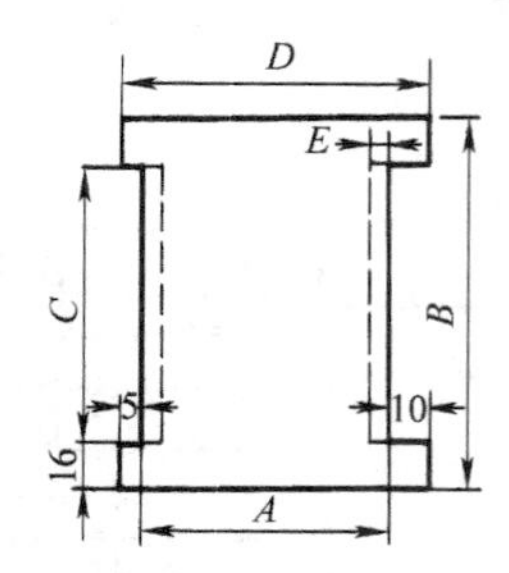

图 14-1-15 摩擦法钎焊铝线对接用的铁皮模

2) 用喷灯加热铝端子或中间对接头的铁皮模外部，直到使焊料熔化并填满模子或端子圆筒为止。在加热铁皮模时，应先从模底中间部位左右往复移动。

表 14-1-21 铁皮模结构尺寸

适用导体标称截面积/mm²	外形结构尺寸/mm				
	A	*B*	*C*	*D*	*E*
25	39	60	40	54	3
35	41	60	40	56	3
50	47	80	60	62	5
70	52	80	60	67	5
95	58	80	60	73	5
120	71	100	80	86	5
150	78	100	80	93	5
185	84	100	80	99	5
240	90	100	80	105	5

3) 在熔化焊料时，用带有木柄的钢勺慢慢搅动，除去焊渣。在停止加热后，应及时轻轻敲打模子使焊料沉陷密实。

4) 待接头冷却后，取下冷却器、铝箔、石棉绳及模子，锉平焊接头粗糙面，用汽油擦干净。然后，按电缆施工工艺进行绝缘包扎。

(4) 模铸法（镉焊） 它是目前钎接铜、铝导体较普遍使用的一种工艺。现在国内高压电缆导体等直径连接也在应用。这种方法不需借助外部的热或电的能源，而靠镉焊粉剂在石墨铸模的燃烧室以一定温度燃烧熔化后淌入成型模腔熔铸而成。铸模为半对称型，其一瓣的剖面形状如图 14-1-16 所示。

模铸法工艺：

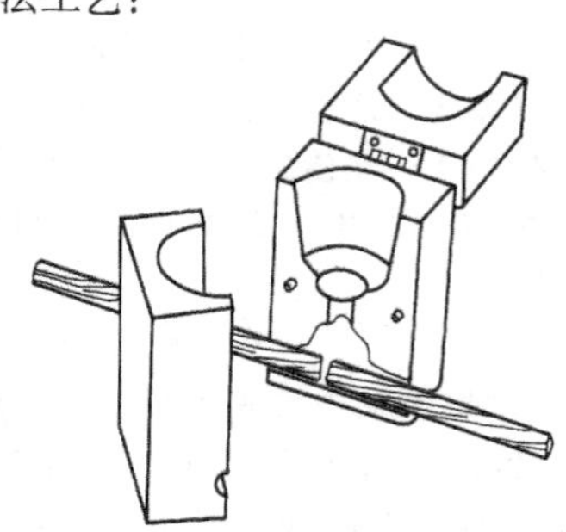

图 14-1-16 镉焊用石墨铸模

1) 将准备用石墨铸模焊接的导体用汽油擦洗干净后，选择与线径大小相配的石墨铸模，将导体插入模腔。

2) 把钢片放进铸模坩埚的底部。

3) 把粉化的镉焊剂倒入粉剂石墨坩埚中，上面敷设一层点火材料（铝热焊剂）到铸模模口为止，点火引燃。

4) 通过粉化焊剂中铝氧化铜的还原作用（即放热反应）将镉粉熔化，通过孔道流入模腔将导体焊接在一起。

5) 等焊料冷却凝固后，打开模子取出接头，对外表进行修整，并清除熔渣。

1.4 螺栓和螺旋夹紧连接用导体连接金具、表带触指插拔式连接器及连接工艺

1.4.1 螺栓和螺旋夹紧连接用导体连接金具及连接工艺

螺栓和螺旋夹紧连接与压缩连接和钎焊连接不同，它是一种可拆卸的连接。这种方法目前国内广泛应用在汇流排连接、地下电缆与架空线缆连接以及高压电器接线装置的连接等方面，并已有正式的标准规范。随着城市和林区架空电缆的出现，这种连接方法在电缆上已得到广泛应用。

这种连接在电缆上多使用各种型式的线夹连接金具，即通过拧紧螺栓，对线夹与导体的接触面施加必要的压力来增加实际接触面，以达到小的接触电阻。但并非压力（接触力）越大，接触电阻就越小，一方面施加力的大小要受螺栓本身强度的限制，另一方面不管压力怎样大，接触电阻在到达某

一数值后即很少变化。故以紧固力除以线夹与导体的表观接触面积而计算出的压强数值一般以 0.245 ~ 0.343MPa 之间为准。由于直接测量在螺栓上产生的紧固力（轴力）是困难的，故需以螺栓上施加的扭矩来计算。扭矩 T 和紧固力 F 的关系，可用下式表示：

$$T = \frac{1}{2}F[d_2\tan(\rho+\beta) + d_w\mu_w] \tag{14-1-1}$$

式中　d_2——螺纹的有效直径（mm）；

β——螺纹的导引角（°）；

$\left(\beta = \arctan\frac{l}{\pi d_2};\ l \text{ 为导向角长度}\right)$；

ρ——在螺纹面上的摩擦角（°）；

$\left(\rho = \arctan\frac{\mu}{\cos\frac{\alpha}{2}};\ \mu \text{ 为摩擦系数}\right)$；

μ_w——螺栓和座面的摩擦系数；

d_w——考虑到 μ_w 作用的直径（mm）。

亦可把 d_2 和 d_w 以螺纹的公称直径 d 表示，以"K"代表扭矩系数，它根据螺纹面和基面的摩擦系数而定，在有润滑状态时为 0.1 ~ 0.3，无润滑状态时为 0.1 ~ 0.5，一般取 $K = 0.2$。

由此进行简便计算的公式为

$$T = KFd \tag{14-1-2}$$

一般更放宽的扭矩为

$$T' = (0.75 \sim 0.8)T$$

螺栓和螺纹夹紧连接使用的螺栓和螺母，可采用低碳钢、铜或铝合金制成，连接力矩值需根据螺栓的材料和尺寸按上式计算。一般按常用低碳钢制的螺栓和螺母的力矩值见表 14-1-22。

表 14-1-22　低碳钢螺栓、螺母力矩值

螺栓标称直径/mm	拧紧力矩值/N·cm
3	49 ~ 59
4	98 ~ 127
5	196 ~ 245
6	392 ~ 490
8	882 ~ 1078
10	1164 ~ 2254
12	3136 ~ 3920
(14)	5096 ~ 6076
16	7840 ~ 9800
(18)	11270 ~ 13720
20	15680 ~ 19600
(22)	21560 ~ 26460
24	27400 ~ 34300
(27)	39200 ~ 49000

注：1. 括号内螺栓标称直径不推荐采用。
2. 用多只螺栓时，每个螺栓的拧紧力矩值均应符合本表规定。

架空电缆导体螺栓连接，目前使用的连接金具有如下几种：

1）变径线夹：它的材料有铝合金和铜铝双金属两种，适用于铝 - 铝、铜 - 铝不同截面导体组合的平行分支连接。它具有与电缆本身绝缘要求相同的绝缘保护外罩，本体由两瓣组成，每瓣内壁有网纹三角形刀口，通过螺栓拧紧力能紧紧咬住铝线，并刺穿氧化铝膜以达到紧密接触。

2）T 形线夹：它的材料、适用的导电芯种类及本身绝缘要求均与变径线夹相同，只是结构不同。这种线夹具有能分别适用压缩及夹紧连接的两种形体，即主干线连接使用线夹，适用螺栓拧接，而分支线连接使用圆筒状，可用压缩连接，这样便于干、支线回路拆卸方便。

3）绝缘穿刺线夹：它的形体与以上两种线夹相似，只是在进行主干线连接时，不必除去线缆连接处的绝缘，而是通过线夹绝缘保护罩内的金属齿状物直接刺通绝缘，达到与导体电接触。

1.4.2　表带触指插拔式连接器及连接工艺

1. 表带触指连接器的典型结构

1）异形内外均嵌入表带触指连接器如图 14-1-17 所示。

图 14-1-17　异形内外均嵌入表带触指连接器

2）圆环形外嵌表带触指连接器如图 14-1-18 所示。

图 14-1-18　圆环形外嵌表带触指连接器

3）表带触指连接器应用示意如图 14-1-19

所示。

图 14-1-19 表带触指连接应用示意图

4）双通表带触指连接器应用示意如图 14-1-20 所示。

图 14-1-20 双通表带触指连接器应用示意图

2. 表带触指的类型

两大类表带触指：一类是基于扭转弹簧片原理的产品；另一类是基于直条弹簧片原理的产品。电缆附件行业一般选用基于扭转弹簧片原理的产品，可以根据电缆接头或者电缆终端的截面，传输电流的大小选择不同通流能力的表带触指。常用的基于扭转弹簧片原理的品种如图 14-1-21 所示。

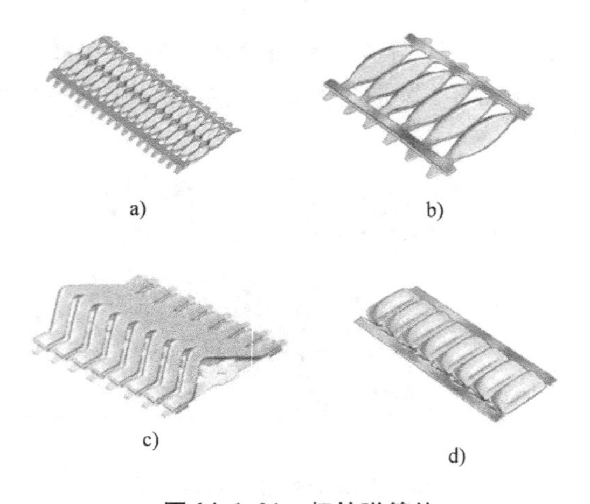

图 14-1-21 扭转弹簧片

a）LAⅡ b）LA0 c）LA－cut d）LA－cu

3. 表带触指连接可以实现大电流低电阻连接的原因

因为一个连接表带上面有多个金属触子，页片式的触子能够通过大量的固定载流点使电流连通每一片接触页片形成独立的弹性负荷的载流桥，这样多个并联连接的页片就能大大减少整个连接电阻。

4. 表带触指安装方法

1）插头安装法：将表带导电触指安装在导电金属圆柱外表面，形成一个带导电触指的插头，插入到一个固定的环形金属电极内（见图 14-1-22）。

2）插座安装法：将表带形导电触指安装在导电金属圆环内表面，形成一个带导电触指的插座，将另外一个导电金属圆柱体形插入这个带导电触指的插座内（见图 14-1-23）。

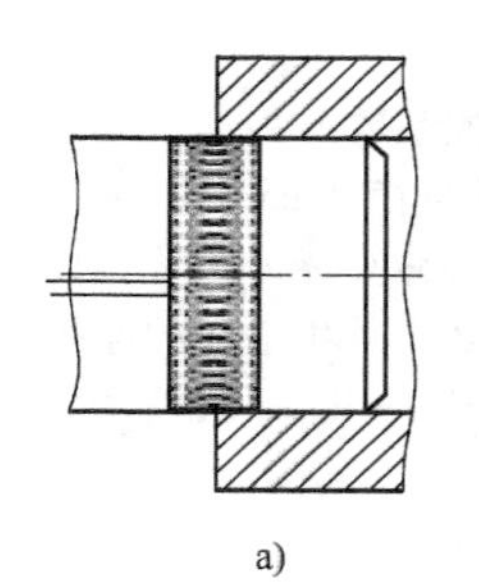

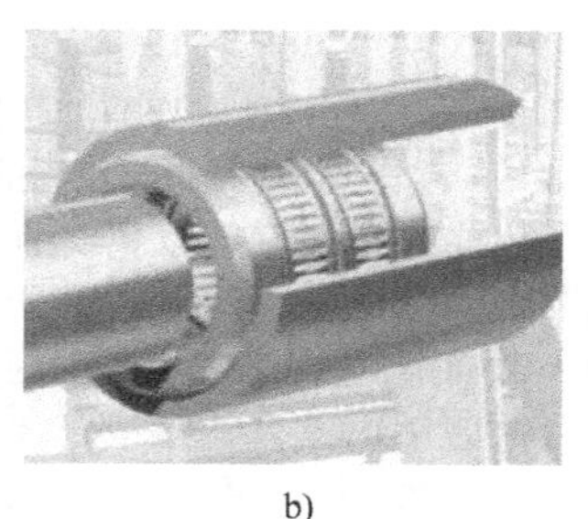

a) b)

图 14-1-22 插头安装

a）单触指插头安装法示意图

b）双触指插头安装法实例

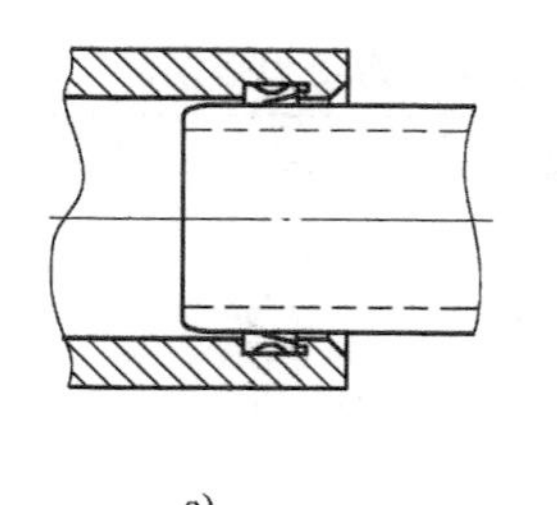

a) b)

图 14-1-23 插座安装

a）单触指插座安装法示意图

b）单触指插座安装法实例

3）插头与插座结合安装法：上面的两种方法可以相互转换，结合使用，可以根据工程设计连接的需要进行组合使用，如图 14-1-24 所示。

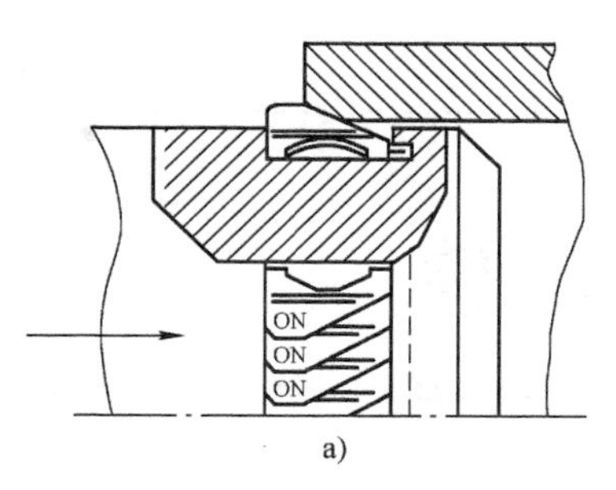

a)

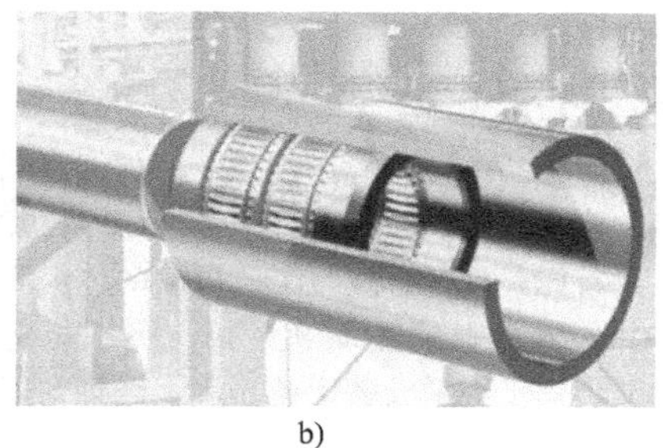

b)

图 14-1-24　插头与插座结合安装

a）单触指插座及插头安装法结合示意图

b）双触指插头及插座结合安装法实例

1.5　电缆导体压接和机械连接接头试验方法

试验目的是针对导体接头常见的一些损坏机理，模拟各种实际运行条件，用短期加重试验来代替加速接头的老化变质过程，以考察接头的稳定性和长期使用寿命。

试验按接头在运行中所体现的电气、机械和化学等方面的特性可分三种：电气试验包括稳定加热试验、热循环试验、短路试验和直流电阻测量；机械试验包括拉力试验和振动试验；化学试验仅指腐蚀试验。

在试验方法中必须规定试验条件，也就是试验场所所处的标准状态，例如环境温度、湿度、试样安置的周围空间距离等。特别是接头的电气试验都属于热性试验，强调这些条件，避免周围存在的热干扰是很重要的。

现对我国已颁布实施的国家标准中规定的几个主要试验方法及基本技术要求分述如下：

1.5.1　热循环试验

这项试验是对接头通以适当交流电进行周期性的加热，使试样具有冷热不同温度更迭变换，经规定循环周期后，考察接头接触界面由于热移动和金属蠕变影响，其电气热效应是否稳定。这项试验对铝导体接头电气性能的考察更为必要，它也是在连接金具产品标准中规定必须进行的型式试验。具体试验方法详见 GB/T 9327—2008 标准规定。试验后计算出连接头的各参数值应符合表 14-1-23 的规定。

表 14-1-23　电气试验要求

参数	标识	最大值
初始离散度	δ	0.3
平均离散度	β	0.3
电阻比率变化量	D	0.15
电阻比率比值	λ	2.0
最高温度	θ_{max}	θ_{ref}

1.5.2　机械试验

机械试验目的是确保与电力电缆导体相连接金具具有可接受的机械强度。有关连接金具机械试验方法，详见 GB/T 9327—2008 标准规定。试验要求及结果评定，应符合表 14-1-24 的规定。

表 14-1-24　机械试验要求及结果评定

导体材料	张力/N	持续时间	试验要求
铝	$40A$，最大 20000	1min	试验中不应发生滑动
铜	$60A$，最大 20000		

注：A 为标称截面积（mm^2）。

第2章

中低压电力电缆附件

2.1 概述

35kV及以下电力电缆（又称配电级电缆）线路里的各种接头和终端统称为中低压电力电缆附件（以下简称电缆附件）。电缆附件是电缆线路里必不可少的组成部分，电缆必须通过这些附件才能传输电能。

电缆附件不同于其他工业产品，它不能由工厂提供完整的电缆附件产品，工厂提供的仅仅是电缆附件里的组件、部件或材料，必须通过现场安装到电缆上去以后，才能构成完整的电缆附件。也就是说，完整的电缆附件必须由工厂制作和现场安装两个阶段来完成。因此，影响电缆附件质量，不仅取决于工厂提供的电缆附件用组件、部件或材料，还包含其他诸多因素。归纳起来，一个质量可靠的电缆附件，首先是设计合理，工厂提供的电缆附件用组件、部件或材料的性能满足相应标准规定的要求，同时还要求现场安装工艺正确、严谨，安装时的环境条件（主要指空气湿度、灰尘等）符合要求。另一个重要因素就是电缆本体质量，因为所有电缆附件里都包含有一段电缆，这段电缆绝缘好坏将直接影响电缆附件性能的可靠性，这一点也不容忽视。

中低压电缆所配用的附件品种很多，按其用途划分有以下几种（见表14-2-1）：

表14-2-1　中低压电缆附件品种分类

类别	品　种	用　途
终端	户内终端	安装在室内环境（不经受风霜雨雪和阳光照射）下运行的电缆末端，以便使电缆与供用电设备相连接
	户外终端	安装在室外环境（能经受风霜雨雪和阳光照射）下运行的电缆末端，以便使电缆与架空线或室外运行的供用电设备相连接
	设备终端（包括固定式和可分离式两类）	电缆与供用电设备直接相连接，高压导电金属处于全绝缘状态，而不裸露在空气中
接头	直通接头	连接两根相邻电缆
	分支接头	将支线电缆连接到干线电缆上去。当支线电缆与干线电缆近乎垂直的接头称T型分支接头，近乎平行的接头称Y型分支接头，在干线电缆某处同时分出两根分支电缆，称X型分支接头
	过渡接头	连接两根不同绝缘类型电缆，例如将交联电缆与油纸绝缘电缆连接的接头
	堵油接头	用于落差大于规定值的粘性浸渍纸绝缘电缆线路里，截断油路，防止高端电缆绝缘干枯，低端电缆绝缘油压超过规定值
	转换接头	连接多芯电缆与单芯电缆，多芯电缆中的每相导体分别与一根单芯电缆导体连接
	绝缘接头	用于大长度电缆线路，使接头两端电缆的金属护套或金属屏蔽层及半导电层在电气上断开，以便交叉互连，减少护层（或屏蔽层）损耗

油纸绝缘电缆用附件的增强绝缘通常都是用浸渍绝缘油的醇酸玻璃丝漆布带绕包，加灌绝缘油或沥青胶；其外部结构，对终端而言，通常用的是瓷套管加金属盒；对接头而言，通常是用铅套管或铜套管。20世纪60年代以后，环氧树脂浇铸式电缆附件在我国也得到推广应用。20世纪80年代中期开始，挤包绝缘电缆大量涌向市场，与其配套的各种新型电缆附件也相继问世，这些电缆附件一般都是按其成型工艺来命名的，其特点及适用范围见表14-2-2。

上述这些电缆附件在实际使用中还体现出各自的优点和不足之处，可从它们的适用范围、结构特点、现场安装要求及成本等几方面做一个大概的比较，见表14-2-3。

从表中可以看出，这些电缆附件都是单学科技术产品，例如绕包式电缆附件是完全用带材绕包形成的，热收缩电缆附件完全由热收缩部件组成的。通过现场安装和多年来的使用经验分析，单一学科技术产品构成的电缆附件并非理想结构，甚至难以构成完整的电缆附件。例如三芯挤包绝缘电缆采用预制式终端，三芯分开后的电缆线芯铜屏蔽保护及三芯分叉口的密封防水措施必须采用其他方法，目前多用热收缩管加分支套或冷收缩管加分支套来解决。也就是说，完整的三芯挤包绝缘10kV电缆预制式终端，实际上是利用预制式加热收缩或冷收缩两个学科技术来实现的。20世纪80年代中期以后这种多学科技术综合利用的电缆附件越来越普遍了，而其品种分类仍以主体绝缘结构的学科技术来命名。

中低压电缆附件产品品种的树枝图，如图14-2-1所示。

本章着重介绍的是中压级（6～35kV）电缆所用附件，低压电缆附件比较简单，主要是导体连接及密封问题，绝缘要求不高，且不考虑电场处理问题。其具体结构和安装工艺可参照中压级电缆附件。

表14-2-2 中低压挤包绝缘电缆附件品种、特点及适用范围

品种	结构特征	适用范围
绕包式电缆附件	绝缘和屏蔽都是用带材（通常是橡胶自粘带）绕包而成的电缆附件	适用于中低压挤包绝缘电缆终端和接头
热收缩式电缆附件	将具有电缆附件所需要的各种性能的热收缩管材、分支套和雨罩（常用于户外终端）套装在经过处理后的电缆末端或接头处，加热收缩而形成的电缆附件	适用于挤包绝缘电缆和油纸绝缘电缆接头和终端
预制式电缆附件	利用橡胶材料，将电缆附件里的增强绝缘和屏蔽层在工厂内模制成一个整体或若干部件，现场套装在经过处理后的电缆末端或接头处而形成的电缆附件	适用于中压级（6～35kV）挤包绝缘电缆终端和接头
冷收缩式电缆附件	利用橡胶材料将电缆附件的增强绝缘和应力控制部件（如果有的话）在工厂里模制成型，再扩径加以支撑物，现场套在经过处理后的电缆末端或接头处，抽出支撑物，收缩压紧在电缆上而形成的电缆附件	适用于中低压挤包绝缘电缆终端和接头
浇铸式电缆附件	利用热固性树脂（环氧树脂、聚氨酯或丙烯酸酯）现场浇铸在经过处理后的电缆末端或接头处的模子或盒体内，固化后而形成的电缆附件	适用于中低压挤包绝缘电缆和油纸绝缘电缆终端和接头
模塑式电缆附件	利用与电缆绝缘相同或相近的带材绕包在经过处理后的电缆接头处，再用模具热压成型的电缆附件	适用于中压级挤包绝缘电缆接头
内锥插拔式电缆附件	用可重复插拔的电极连通电缆线芯与环氧套管顶部金具，用弹簧压紧尾管将应力锥及电缆固定在锥形环氧套管中形成的电力终端	适用于中压级（10～35kV）挤包绝缘电缆终端

表 14-2-3　各种型式电缆附件适用性比较

对比项目			电缆附件品种						
			绕包式	热收缩式	预制式	冷收缩式	浇铸式	模塑式	内锥插拔式
适用范围	电缆种类	挤包绝缘电缆	△	△	△	△	○	△	△
		油纸绝缘电缆	△	○	×	×	△	×	×
	电压等级	35kV	○	○	△	△	○	△	△
		10kV 及以下	△	△	△	△	△	×	△
	电缆附件分类	终端	△	△	△	△	○	×	△
		直通接头	△	△	△	△	△	△	△
		分支接头	○	×	○	×	△	×	×
结构特点		结　构	△	○	△	△	△	△	△
		规　格	△	△	○	△	△	△	○
现场安装		操作技术	○	○	△	△	△	○	△
		耗费工时	○	○	△	△	△	○	○
成　本			△	△	○	○	△	△	○

注：1. △表示适用，结构简单、规格少、操作技术要求不高、耗时较少、成本较低。
2. ○表示可适用，结构较复杂、规格较多、操作技术要求较高、耗时较多、成本较高。
3. ×表示一般不适用。

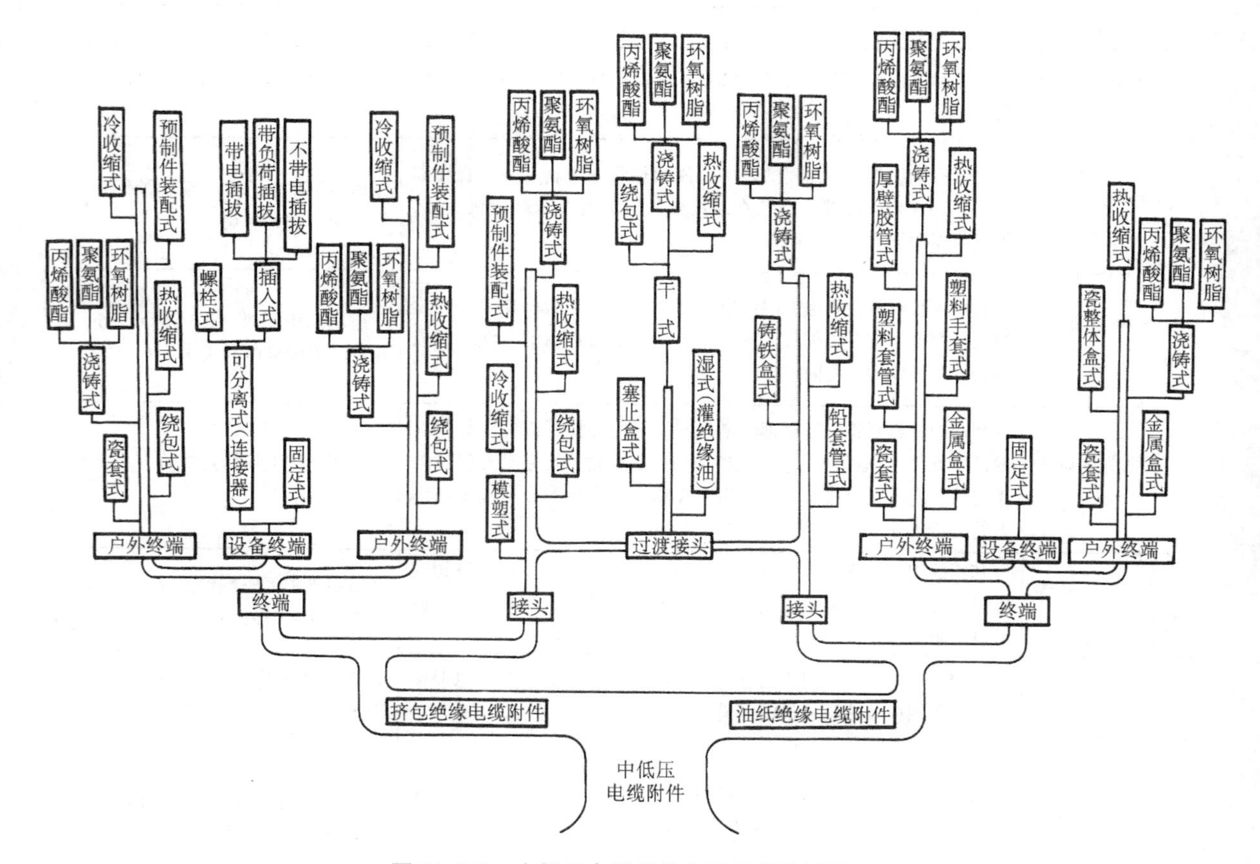

图 14-2-1　中低压电缆附件产品品种的树枝图

2.2　油纸绝缘电缆附件

2.2.1　油纸绝缘电缆附件品种

由于挤包绝缘电缆大量推广应用，35kV及以下的油纸绝缘电缆的生产和应用已逐年减少，与其配套的电缆附件多年来没有大的发展，除部分采用环氧树脂浇铸式电缆附件和热收缩式电缆附件外，大部分仍然采用传统的金属外壳加绝缘浇注剂的接头和金属外壳加瓷套管、内灌绝缘剂的终端。目前常用的油纸绝缘电缆附件品种结构和型号可参见表14-2-4和图14-2-2、图14-2-3。

2.2.2　10kV及以下电缆附件

1. 安装工艺一般程序和要求

（1）准备工作

1）检查电缆附件部件和材料应与被安装的电缆相符。

2）检查安装工具，应齐全、完好。

3）安装电缆附件之前应先检验电缆绝缘是否受潮，是否受到损伤，检验方法如下：

剥去电缆末端护层、铠装和铅护套，取一段绝缘纸浸在150℃左右的电缆油内，看是否有气泡溢出，或用火烧，看表面是否有气泡，若有气泡表明已受潮，需锯去一段电缆，再试，直到表明电缆未受潮处为止。也可用绝缘电阻表摇测电缆每相线芯的绝缘电阻，1kV及以下电缆应不小于100MΩ，6kV及以上应不小于200MΩ。还可以做直流耐压试验，其试验电压值，10kV及以下为$6U_0$，35kV为$5U_0$，时间5min。

4）擦净并校直被安装部分电缆。

（2）剥切电缆

1）按规定尺寸剥去电缆外护层。

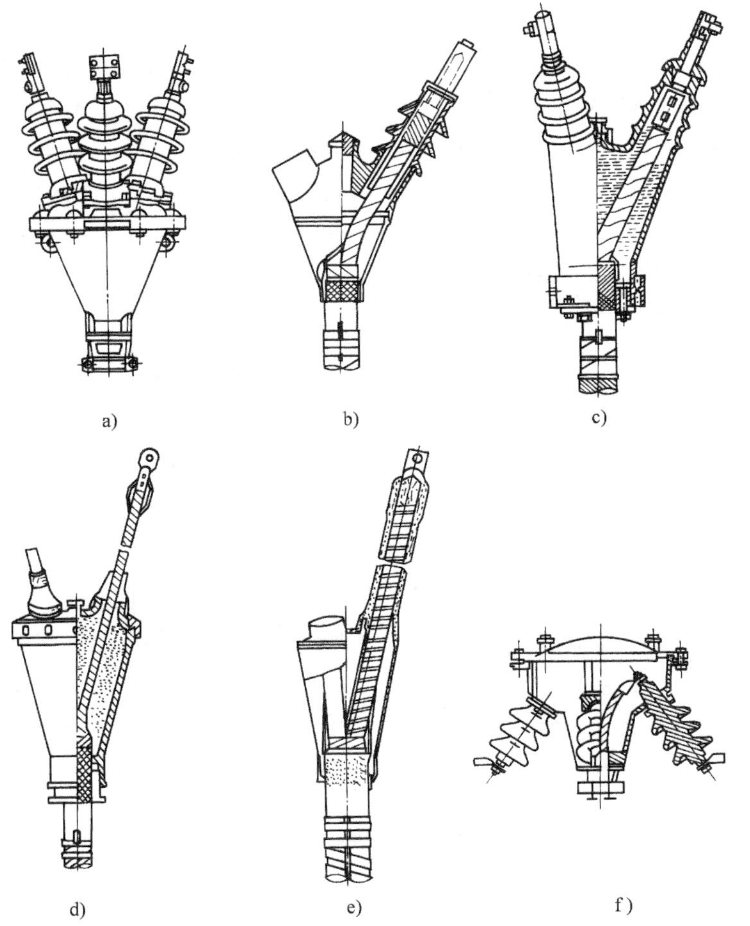

图14-2-2　10kV油纸电缆终端（部分）

a）WCY型　b）WCYL型　c）WCYC型　d）NS型　e）NHZ型　f）WCG型

表 14-2-4 油纸绝缘电缆附件品种、结构和型号

电压等级	附件名称		结构特点	型号	
				旧	新
10kV 及以下（多芯电缆）	户外终端	鼎足式铸铁（盒）电缆终端	铸铁盒盒体、盒盖加瓷套（沿圆周向上均匀分布）、内灌沥青绝缘剂	WD	WCY
		鼎足式铝合金整体（盒）式电缆终端	铝合金盒（盒体盒盖为一体）加瓷套，其他同上	WDZ	WCYL
		鼎足式瓷质电缆终端	盒体、盒盖及瓷套用电瓷材料做成一体，其他同上	WDC	WCYC
		鼎足式环氧树脂电缆终端	盒体、盒盖和套管全为环氧树脂工厂预制，现场浇铸环氧树脂	WDH	WHZ
		扇形铸铁（盒）电缆终端	3 个瓷套向上排在一个平面上，内灌沥青绝缘剂	WS	WCS
		倒挂式铸铁（盒）电缆终端	3 个瓷套向下，内灌沥青绝缘剂	WG	WCG
		热收缩式电缆终端	用具有不同特性的热收缩管及分支套、雨罩等在现场加热收缩在电缆末端	WRS	WRSZ
	户内终端	尼龙（盒）电缆终端	尼龙盒加灌沥青绝缘剂或电缆油	NTN	NS
		环氧树脂电缆终端	塑料盒，现场浇铸环氧树脂	NDH	NHZ
		热收缩式电缆终端	用具有不同特性的热收缩管及分支套等在现场加热收缩在电缆末端	NRS	NRSZ
	直通接头	铅套管式电缆接头	用铅套管现场封焊在电缆金属护套（铅或铝）上，作为接头盒，内灌沥青绝缘剂或电缆油	—	JQ
		铸铁盒整体式电缆接头	用整体式的铸铁盒作为接头盒和保护盒，内灌沥青绝缘剂或电缆油	LB	JZ
		环氧树脂电缆接头	用环氧树脂现场浇铸在电缆接头盒或模具内	—	JHZ
		热收缩式电缆接头	用不同特性的热收缩管现场加热收缩在电缆接头处	JRS	JRSZ
35kV（单芯电缆）	终端①	瓷套管式电缆终端	由铜或铝合金尾管加瓷套管构成	$558_{乙}$ WTC－511	WCT－1－51
	直通接头	铅套管式电缆接头	用铅套管现场封焊在电缆金属护套上，作为接头盒，内灌电缆油	JQ	WCT－2－51

① 户内户外均适用。

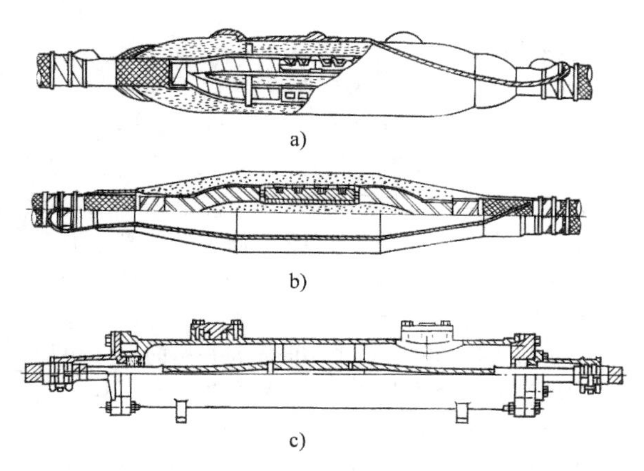

a)

b)

c)

图 14-2-3　10kV 油纸电缆接头（部分）

a）铅套管式接头　b）环氧树脂接头　c）铸铁整体式接头

2）剥切电缆铠装钢带：按规定尺寸在需留下的钢带上除去油污和铁锈，以便焊接接地线（终端用）或过桥线（接头用），用 $\phi1.5\sim\phi2$mm 的裸铜丝绑扎 2 圈，再用钢锯沿钢带圆周方向锯一深痕，痕深约为钢带厚度的 2/3，不可锯穿，以免伤及电缆内部结构。剥去钢带。

3）焊接接地线（对终端而言）：先除去铅护套表面的内衬层，擦净铅护套表面，将接地线焊接在钢带和铅护套上。接地线应该用标准规定的相应截面的镀锡铜编织线，可参见表 14-2-5。

表 14-2-5　接地线和过桥线截面积选用

电缆主线芯截面积/mm^2		接地线和过桥线截面积/mm^2
铜	铝	
≤35	≤50	10
50 ~ 120	70 ~ 150	16
150 ~ 300	185 ~ 300	25

4）剥切铅护套：按规定的剖铅长度，用刀沿铅护套圆周方向划一深痕，切忌划穿。再沿电缆纵向划两道刀痕（间隔约 10mm）直到电缆末端，从末端开始，撕下刀痕间的铅条，再剥去全部铅护套。

5）胀制铅包喇叭口：6 ~ 10kV 电缆外屏蔽（对油纸电缆常为铅护套）切断处的电场强度处理问题已不容忽视，单芯或分相屏蔽、分相铅护套电缆可采用应力锥和应力控制层来解决；三芯带绝缘电缆，上述办法不适用，传统的办法是将铅护套末端切口处胀大成喇叭口形，从而降低该处的电场集中问题。对 6 ~ 10kV 电压级来说，实践证明，足以能保证其安全运行。3kV 及以下电缆，无需胀喇叭口。

用特制的胀铅工具，沿铅护套切口圆周方向均匀扩张至原直径的 1.2 倍，要求光滑圆整，不留毛刺和凹口，不损伤内部绝缘纸，如图 14-2-4 所示。

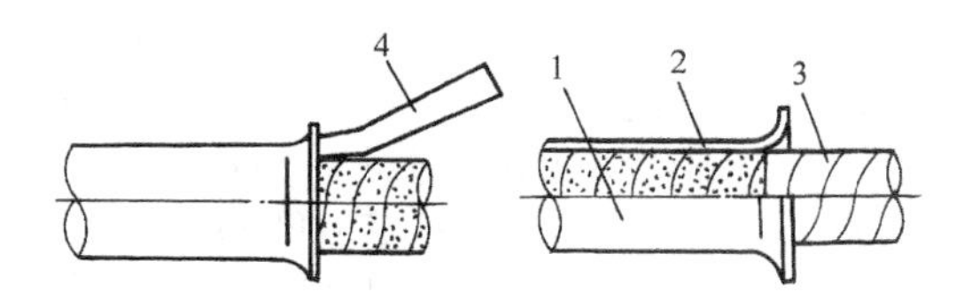

图 14-2-4　胀制铅包喇叭口

1—铅护套　2—半导电纸

3—绝缘纸　4—胀铅工具

6）剥去半导电纸和统包绝缘纸：铅护套内的半导电纸（黑色）是静电屏蔽用的，剥去铅护套后必须将半导电纸撕去，尽量撕到喇叭口内（见图 14-2-4），不可露出，否则喇叭口将起不到改善电场的作用。

按规定尺寸剥去统包绝缘纸和绝缘线芯间的填料，不可损伤线芯绝缘。

（3）压接（或焊接）接线端子（终端）或连接管（接头）　量取端子内孔深度（或连接管长度一半）加 10mm，剥去每相线芯绝缘，用鲤鱼钳或钢丝钳将每相导体整圆，再用铜丝临时扎紧，插入端子（或连接管）孔内，进行压接。点压一般压两道；围压一般压 3 ~ 4 道。压后必须除去飞边和毛刺，并清除金属粉末。当采用焊接时，线芯绝缘剥切长度比压接的长 5 ~ 10mm，焊接必须采用焊接型端子或连接管。

（4）绝缘表面处理　除去绝缘线芯表面的相位标志纸，用加热到 150℃ 左右的电缆油，从铅护套喇叭口开始浇到导体连接处，以除去潮气和杂物。

施加增强绝缘及安装盒体等有关工艺程序和要求按下列各种电缆附件规定的相应程序与要求进行。

2. 瓷套式终端

10kV 及以下瓷套式终端的主体结构是由金属盒加瓷套管组合而成，内灌沥青基绝缘剂，这类终端使用历史最悠久，目前国内仍在生产和使用的有鼎足式铸铁终端、倒挂式铸铁（或铝合金）终端、扇形铸铁终端及瓷质终端（无金属盒体）等等，其盒体结构虽有差异，但安装工艺（尤其是终端内绝缘处理）基本相同，安装程序如下：

1）按电缆终端的内部结构和制造厂提供的安装工艺尺寸剥切电缆，在胀制铅护套喇叭口前套入盒体及有关部件，如进线套、密封圈等等。

2）压接接线柱或接线端子（对倒挂式终端）。

3）包绕绝缘带时，应采用油浸绝缘带（通常为沥青醇酸玻璃丝漆布带）包绕，包绕前先将绝缘带在120～130℃电缆油里浸泡数分钟，以除潮气，并用加热到150℃左右的电缆油冲洗电缆统包绝缘和每相绝缘，包绕时带材必须拉紧，以半搭盖式包绕，从铅包喇叭口开始在统包绝缘上包4层，再从线芯分支处开始在每相绝缘线芯上顺绝缘纸绕包方向包至线芯末端，然后返回到分支处。包绕绝缘带主要是防止安装时线芯绝缘纸松脱和使绝缘不受损伤，也起到增强绝缘作用。

4）安装终端盒体时，应首先要擦净盒体及瓷套管内表面，再按规定顺序套装在电缆上，注意不要擦伤电缆绝缘。各连接部件要安装正确，保证密封。

5）终端盒与电缆铅护套之间的连接有两种方法：一种是采用橡皮圈压装式；另一种是封铅式。前一种要求橡皮圈内径与电缆铅护套外径很好配合，以保证可靠密封；后一种是用铅锡合金焊条（俗称封铅），将终端盒上的进线套与电缆铅护套封焊起来。操作要认真仔细，不可损伤护套，并保证可靠密封。

6）焊接接地线。

7）浇注绝缘剂时，应打开瓷套顶端密封件（倒挂式终端盒不必要）和盒体上的浇注孔盖，利用高脚漏斗将加热到浇注温度的沥青绝缘剂缓缓注入终端盒内，直到各瓷套都灌满为止，待冷却收缩后再补浇一次，然后拧紧浇注孔盖和瓷套顶端密封件及出线端子等。至此安装结束。

3. 浇铸式终端

这种终端是利用热固性树脂现场浇铸成型的电缆终端。用于电缆附件的热固性树脂有环氧树脂、聚氨酯和丙烯酸酯等，我国用得较多的是环氧树脂。制作电缆附件的热固性树脂一般都是工厂配制成两组分（即树脂混合物和固化剂分隔包装），现场混合搅拌后浇注到盒体或模具内，不需加热，常温下固化，故称冷浇铸式。其安装工艺如下：

1）剥切电缆应按电缆终端结构和制造厂提供的安装工艺尺寸剥切电缆（操作要求见本章2.2.2节第1条）。

2）将铅护套末端切口以下30mm一段铅护套用木锉或细钢锯条打毛成粗糙面，擦去铅末和油污，用PVC带临时包绕。套入盒体及下部有关部件，胀制铅护套喇叭口。

3）剥去半导电纸和统包绝缘纸（留25mm），剥去线芯相色纸。

4）绝缘线芯处理及浇灌浇铸剂：

a）户内终端：在绝缘芯上包绕一层PVC绝缘带，套入耐油橡胶管，直至三叉口处，上端往外翻卷，露出导体，以进行压接端子，再用PVC绝缘带填平线芯绝缘与端子间的间隙，将橡胶管翻至端子第一个压坑上，然后用涂有环氧树脂的玻璃丝带包绕端子管形部分与橡胶管（覆盖10mm），共包三层，再从铅护套喇叭口下10mm处开始向上（包括统包绝缘纸和盒体内线芯上的橡胶管）包三层，三叉口处应交叉包扎，填实压紧。固定盒体，使电缆铅护套伸入盒体内约50mm，盖好上盖。混揉环氧冷浇铸剂，待颜色均匀，且微微发热之后，缓缓注入盒内，灌满为止。

b）户外终端：每相套上接线柱，并进行压接。擦净接线柱，自铅护套喇叭口下10mm处到接线柱第一压坑沿统包绝缘纸和每相线芯用涂有环氧树脂的无碱玻璃丝带包绕两层，三叉口处应交叉包扎、填实压紧。亦可包绕乙丙橡胶绝缘带代替上述工艺，起环氧树脂固化前的临时堵油作用。安装环氧盒体、盒盖、三个套管和顶端屏蔽罩，并旋紧螺母，以便使盒体定位。再用PVC带包扎盒体下部与电缆铅护套连接处，以防浇铸环氧时流失。取下三个套管顶端的螺母和屏蔽罩，将混揉均匀的环氧冷浇铸剂从浇注孔处缓缓注入盒内，灌满后装上浇注孔盖，再从套管上口继续浇灌，直至三个套管全部灌满为止。盖上屏蔽罩，旋紧螺母，装上出线金具。

5）焊接接地线。

4. 热收缩式终端

油纸绝缘电缆采用热收缩式终端，要比传统的瓷套式终端轻，安装也较为方便。由于是粘性浸渍纸绝缘电缆，在加热热缩管时，若操作不当，将会使电缆油流出，影响密封。同时，粘性浸渍纸绝缘电缆不可在干枯的情况下长期运行（主要针对10kV及以上电压级），否则影响其运行寿命。为此，热收缩终端用在粘性浸渍纸绝缘电缆上必须采取相应措施，如一些厂家在热缩终端内绝缘线芯分叉处加贮油杯，会起到一定效果。热收缩终端用于不滴流油纸绝缘电缆较为合适，如图14-2-5所示。

热收缩式油纸绝缘电缆终端安装工艺如下：

1）剥切电缆：按电缆终端结构和制造厂提供的安装工艺尺寸剥切电缆（操作要求见本章2.2.2

节第1条)。注意，焊接接地线以后再剥铅护套及胀制铅护套喇叭口，剥去半导电纸和统包绝缘纸，剥去每相线芯上的相色带。

2）安装隔油管：将隔油管套在每相绝缘线芯上，直到分支处，自下而上加热收缩。

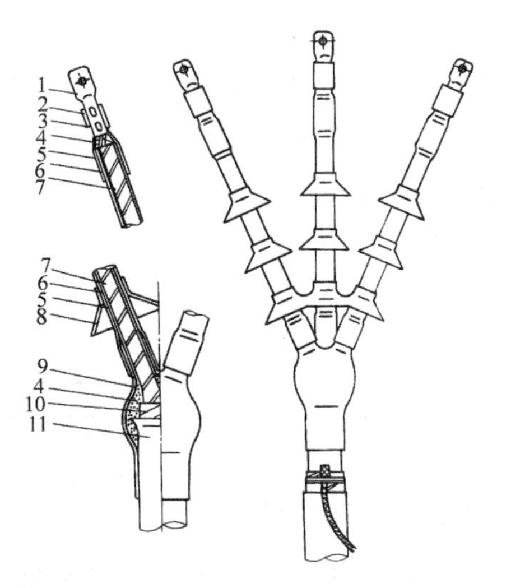

图14-2-5　热收缩终端

1—端子　2—相色标志管　3—密封管
4—填充胶　5—绝缘管　6—隔油管
7—绝缘线芯　8—雨罩　9—分支套
10—统包纸　11—铅护套

3）包绕填充胶：在铅护套喇叭口、统包绝缘纸及绝缘线芯分支处，包绕耐油填充胶，要求密实，覆盖铅护套不小于20mm。

4）安装分支套：分支套应尽量套到分支根部，从分支套中间开始加热收缩，分支套下部覆盖铅护套不少于50mm。

5）安装绝缘管：将绝缘管套在每相线芯隔油管外，直到分支套指管根部，由下至上加热收缩。

6）安装雨罩：将3孔雨罩套在3个线芯绝缘管外，直到离分支套叉口约100mm，加热收缩。户外终端还需在每相线芯绝缘管外收缩2只单孔雨罩，雨罩上下间距约150mm。户内终端不加单孔雨罩。

7）压接接线端子：量取接线端子孔深加5mm剥去每相线芯端部绝缘管、隔油管和绝缘纸，压接接线端子。

8）安装密封管：在接线端子和线芯绝缘之间间隙处包绕填充胶，覆盖于端子压接部分和绝缘管各10mm，将密封管套在端子压接部分和绝缘管端部，加热收缩。

9）安装相色标志管：将红绿黄三色短管套在接线端子下部密封管外，加热收缩。

注：① 油纸绝缘电缆热收缩终端结构各生产厂家有差异，如有在绝缘线芯上先包2层四氟乙烯带再收缩隔油管；有的在每相绝缘线芯根部加应力管，再收缩半导电分支套；有的在分支套下端铅护套、钢带及外护套上加一段护套管等。用户安装时应以生产厂提供的安装说明书为主要依据。

② 上述安装工艺主要是针对不滴流纸绝缘电缆热收缩终端，如果是粘性浸渍纸绝缘电缆采用热收缩终端，还需采取压力密封（对低端终端）或补油（对高端终端）措施。

③ 加热工具推荐采用丙烷气体喷灯或大功率工业用电吹风机，在条件不具备的情况下，也允许采用丁烷、液化气或汽油喷灯作收缩加热工具，加热温度不应过高，以黄色火焰为宜。沿热收缩管圆周方向均匀加热，不断晃动，火焰与轴线夹角约45°，缓慢向前推进。

5. 铅套管式接头

它是35kV及以下油纸绝缘电缆接头的传统结构。铅套管式接头的盒体是用工业用纯铅（含铅量不少于99.9%）挤压而成的铅管。铅套管的长度和内径按被连接的电缆电压等级和导体截面而定。考虑铅管易变形，内径不宜过大，通常最大为150mm（大于150mm的接头套管可用特制的纯铜管代替）。铅管壁厚通常为3.0～4.0mm，随内径增加而增加，但不宜过厚，否则安装接头时两端难以敲成锥形。

10kV及以下油纸绝缘电缆接头内绝缘一般是采用油浸沥青醇酸玻璃丝漆布带半搭盖绕包，内灌沥青绝缘剂，其主要结构尺寸见表14-2-6和图14-2-6。

10kV及以下油纸绝缘电缆铅套管式接头安装工艺如下：

1）按表14-2-6要求尺寸剥去钢带，擦净铅护套，套铅套管和热收缩护套管，剥铅护套，胀铅护套喇叭口，剥半导电纸到喇叭口内，剥统包纸（留25mm）及线芯间填充物，剥去相色标志带。

2）在线芯绝缘和统包绝缘外包一层油浸纱带（作临时保护用），分开线芯，在分叉处放入木制三角撑架，并绑扎固定，弯曲线芯。

3）按规定尺寸剥去每相线芯末端绝缘，套入连接管压接，除出木制三角撑架和包绕的油浸纱

表 14-2-6　6～10kV 油纸绝缘电缆剥切尺寸

电缆导体截面积/mm²		铅管尺寸/mm		电缆剥切尺寸/mm			
铜芯	铝芯	内径	长度	A	B	C	D
≤35	≤25	90	500	350	300	220	导体连接管一半加 5
50～120	35～70	115	550	450	400	250	
150～185	95～150	130	550	450	400	250	
240	185～240	150	600	470	420	270	

注：1. 3kV 及以下油纸绝缘电缆已极少使用，其接头尺寸可参照此表确定。

2. 表中符号含义：A—电缆外护层剥切长度尺寸；B—钢带剥切长度尺寸；C—铅护套剥切长度尺寸；D—线芯末端绝缘剥切长度尺寸。

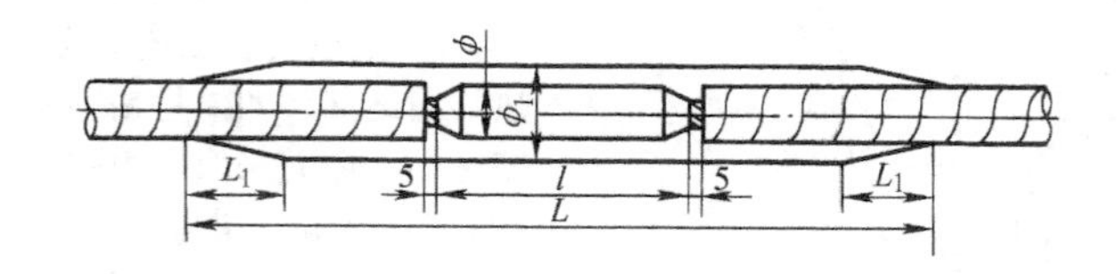

额定电压/kV	增绕绝缘尺寸/mm				
	L_1	L	ϕ_1	ϕ	l
6	30	$l+160$	$\phi+10$	导体连接管外径	导体连接管长度
10	45	$l+240$	$\phi+15$		

图 14-2-6　6～10kV 油纸绝缘电缆增绕绝缘绕包结构图

带，用加热到 150℃左右的电缆油冲洗电缆绝缘。

4）按图 14-2-6 尺寸规定，用油浸沥青醇酸玻璃丝漆布带包绕每相线芯，将瓷隔板放在三相线芯分叉处，用油浸纱带绑扎固定，并收紧三相线芯。在统包纸上绕包油浸沥青醇酸玻璃丝漆布带 4～5 层。再用热油冲洗一次。

5）将铅套管移到接头中心位置，用木槌敲击铅套管两端，边敲边转，以收小成圆锥形贴近电缆铅护套，然后封铅。

6）将所用的沥青绝缘剂加热到规定的浇注温度，然后从铅套管上的一个孔（用铅套管作接头盒时，应在安装前在管上相应位置处开两个三角口，一个用来注胶，一个出气）缓缓注入，直到浸没线芯，冷却后再补浇一次，加满为止。

7）封焊浇注孔，焊接过桥线。

8）将热缩护套管移到接头上，均匀加热收缩，作为接头防腐保护层，要求覆盖接头和两端裸露的铅护套。也可用涂沥青包桑皮纸的传统方法来实现防腐目的。

9）直埋敷设的电缆接头，应有机械保护装置，通常用水泥保护盒，内填沙土。

6. 铸铁盒式接头

它在油纸绝缘电缆接头上使用由来已久，主要作机械保护用。20 世纪 60 年代中期，为了节约铅材料，设计出整体式（LB 型）和对接式（LBT 型）铸铁盒，用于 10kV 及以下油纸绝缘电缆接头，其各部件连接处及电缆引入盒体处全以橡皮圈来满足密封要求，内部绝缘结构及材料与铅套管式接头相同，安装工艺也基本相同。由于盒体比较笨重，加上其他型式接头（如环氧树脂浇铸式接头，热收缩式接头等）也在推广应用，10kV 及以下油纸绝缘电缆又在逐年减少，因此铸铁盒式接头目前已很少使用了。

整体式铸铁盒（LB）接头比对接式铸铁盒（LBT）接头使用广泛，整体式铸铁盒接头安装时电缆剥切尺寸可参照图 14-2-7 和表 14-2-7。安装前应认真检查电缆进线处的橡皮密封圈内径与电缆铅护套外径是否相配套，允许橡皮密封圈的内径略大于铅护套外径，但最大差值不应超过 2mm。剥切电缆铅护套前，应将铸铁盒及两端部件分别套在两端的电缆上，切不可忘记。

整体式铸铁盒（LB）接头内部结构及绝缘绕包工艺可参照铅套管式接头。

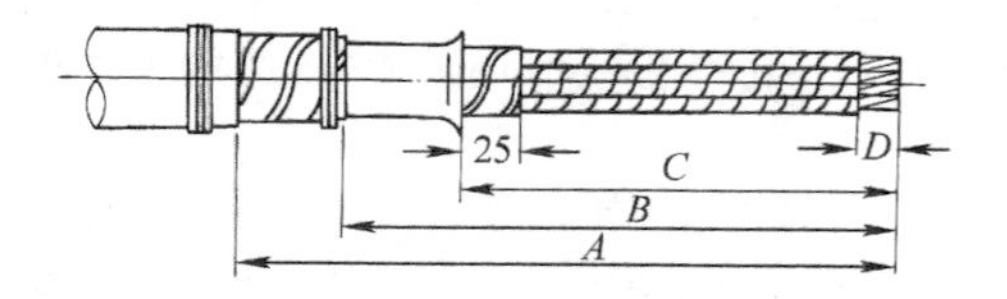

图 14-2-7　油纸绝缘电缆剥切图

A—外护套剥切长度　B—钢带剥切长度

C—铅包剥切长度　D—绝缘剥切长度

表 14-2-7　整体式铸铁盒接头电缆剥切尺寸

盒体型号	适用电缆截面积/mm²				电缆剥切尺寸/mm			
	1kV		6kV	10kV				
	3 芯	4 芯			A	B	C	D
LB－1	≤35	≤25	—	—	380	330	220	导体连接管一半加 5
LB－2	50～120	35～95	10～70	16～50	410	360	250	
LB－3	150～240	120～185	95～185	70～150	420	370	270	
LB－4	—	—	240	185～240	440	390	290	

7. 浇铸式接头

浇铸式接头是利用热固性树脂现场浇铸在电缆接头盒或接头模具内而形成的电缆接头。如同浇铸式终端一样，作为浇铸式接头的常用热固性树脂有环氧树脂、聚氨酯和丙烯酸酯，通常以双组分（即树脂混合物和固化剂分隔成两部分包装）提供现场使用，不需加温。热固性树脂用于多芯电缆接头，尤其是分支接头，有其明显的优点，它解决了多芯导体连接处绝缘绕包困难问题，但是必须妥善处理浇铸树脂与电缆油纸绝缘之间的界面过渡问题和避免固化后接头内部可能出现的气泡问题。聚氨酯浇铸剂其固化反应温度通常比环氧树脂低，固化以后具有一定弹性，但价格目前还高于环氧树脂。以下为环氧树脂浇铸式接头安装工艺：

1）按电缆接头结构和制造厂提供的安装工艺尺寸剥切电缆（操作要求见本章 2.2.2 节第 1 条）。

2）将切口处 40～50mm 一段铅护套用木锉或细钢锯条打毛成粗糙面，擦去铅末和油污，用 PVC 带临时包绕，套入接头热缩护套管，胀制铅护套喇叭口。

3）剥去半导电纸和统包纸，再剥去线芯相色标志带。

4）弯曲线芯（俗称拗角尺），压接导体连接管。

5）用涂有环氧树脂的玻璃丝带或自粘性橡胶带自三叉口处开始，在每相线芯绝缘上顺纸层绕包方向包绕至另一端电缆三叉口处，再返回绕包。在三叉口处应交叉包扎，填实压紧，然后在统包纸和铅护套喇叭口处包绕 3～4 层。

6）用涂有环氧树脂的玻璃丝带将环氧树脂制作的绝缘撑板（俗称隔板）绑扎固定在两端线芯分叉口附近。装好预制模壳，接缝处应密封可靠，与电缆铅护套相结合处用 PVC 带包扎，防止浇铸时环氧树脂漏出。

7）混揉环氧冷浇铸剂，待颜色均匀，且微微发热后缓缓注入模壳内，灌满为止。

8）待浇铸树脂固化以后，用屏蔽铜丝网在预制模壳外半搭盖式缠绕一层（若模壳内已预制有屏蔽层，则不必缠绕铜丝网，若用金属模具浇铸环氧树脂接头，则脱模后再缠绕铜丝网）。屏蔽层一定要与电缆铅护套连接起来。

9）将过桥线两端分别与铅护套及钢带焊接起来。

10）将热缩护套管移到接头处，加热收缩。作为接头护层。

聚氨酯接头安装工艺与上述工艺基本相同。浇铸树脂与电缆绝缘纸层之间的界面处理（过渡层）应按厂家提供的安装说明书规定。

8. 热收缩式接头

其增强绝缘、屏蔽、护层等都是以热收缩部件来实现的，密封和堵油是靠热收缩部件加热熔胶和耐油填充料来保证。

6～10kV 油纸绝缘电缆热收缩式接头，各制造厂提供的结构有差异，其主要区别在于外屏蔽层的处理。一种是在绝缘线芯分叉处用半导电分支套将护套接地引到每相线芯绝缘表面，使统包绝缘屏蔽（铅护套）变成分相屏蔽（注意：每相线芯绝缘内的电场仍为非径向电场），有些还在半导电分支套指口处加应力控制管，以降低该处场强。每相线芯连接按分相屏蔽处理，增强绝缘外面加屏蔽层。另一种是在绝缘线芯分叉处用耐油绝缘分支套进行密封，在每相绝缘线芯施加增强绝缘后三相线芯合拢，再施加总的屏蔽层。两种结构相比较，前者较为复杂，但因为每相线芯单独屏蔽，使线芯间的气隙处于等电位状态，不致引起放电。后者虽然结构较为简单，但是相间的气隙（虽然也有填充油膏的，但很难填实）是处于电场作用之下，有可能放电。即使两类结构，各制造厂也有差异。下面介绍有半导电分支套的热收缩式接头一般安装工艺。

1）按制造厂提供的材料和安装工艺尺寸剥切

电缆（操作要求见本章 2.2.2 节第 1 条）。注意，两端电缆剥切长度不等，长端是为了预套热收缩管件。铅护套末端不需要胀喇叭口。半导电纸剥到铅护套切口处。统包绝缘层留 20～25mm，剥去每相绝缘线芯上的相色标志带。

2）在每相绝缘线芯上顺纸包方向半搭盖式绕包一层四氟乙烯带，再套入隔油管，直到三叉口根部并加热收缩。然后套入绝缘管到三叉口根部再加热收缩。

3）在绝缘管根部、三叉口、统包绝缘层及铅护套末端（约 10mm）上绕包耐油填充胶，套入半导电分支套，由中间向两端加热收缩。

4）将半导电管套在每相线芯上，直到半导电分支套指管根部，加热收缩，如图 14-2-8 所示。

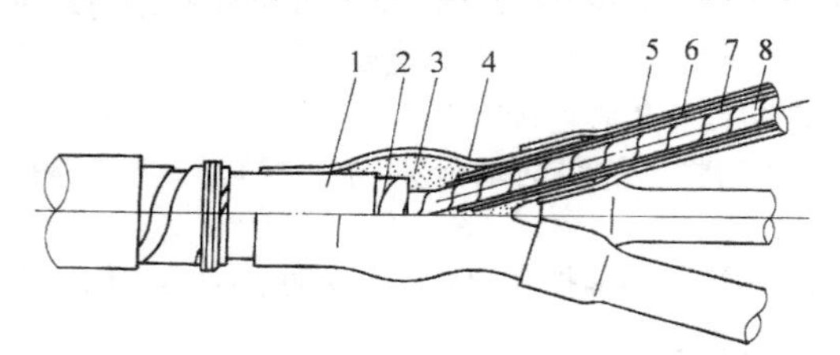

图 14-2-8 热收缩接头线芯分叉处结构

1—铅护套 2—统包绝缘 3—耐油填充胶 4—半导电分支套 5—半导电管 6—绝缘管 7—耐油管 8—绝缘线芯

5）剥去每相线芯末端绝缘，长度为导体连接管长度一半加 5mm。将热缩护套管，金属护套管（如果有的话）和屏蔽铜网等套在一端电缆上，并在剥切长的一端线芯上分别套入三组绝缘管和半导电管。

6）压接导体连接管，除去飞边和毛刺并擦洗干净，包绕半导电带，要求光滑平整。

7）在导体连接处（包括与线芯绝缘之间的间隙）包绕耐油填充胶，包绕厚度约 3mm，表面应尽量平整。

8）抽出内绝缘管，置于导体连接处，从中间开始向两端加热收缩。再抽出外绝缘管，置于内绝缘管上，从中间向两端加热收缩，然后在两端包绕填充胶填平。

9）将半导电管移至外绝缘管上，从中间开始，向两端加热收缩，收缩后的半导电管应与已收缩在两端线芯上的半导电管搭接，如图 14-2-9 所示。

10）将三相线芯捏拢，用白纱带扎紧，将屏蔽铜网套在接头半导电管外收紧，两端连同过桥线一起绑在电缆铅包上，并与铅包、钢带焊牢，过桥线跨越接头应缠在屏蔽铜网上。

11）将与热收缩护套管搭接的两端电缆护套外表面部位打毛，以增强粘结力。如果有金属护套管，则应将金属护套管套在接头处两端收小，用铜丝扎紧在电缆护套上，再将热收缩护套管套到金属护套管外面加热收缩，其两端仍要可靠的搭接在电缆外护套上。若为钢丝铠装电缆接头，应采用钢丝卡盘分别将两端电缆的铠装钢丝卡紧，并用两根拉杆将两端卡盘连接起来，以承受拉力，如图 14-2-10所示。

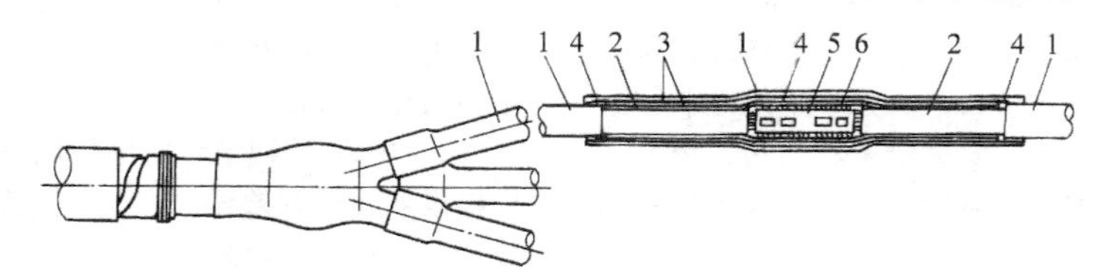

图 14-2-9 热收缩接头线芯连接处结构

1—半导电管 2—耐油管 3—绝缘管 4—填充胶 5—导体连接管 6—半导电带

2.2.3 35kV 电缆附件

1. 安装工艺一般程序和要求

1）准备工作与本章 2.2.2 节第 1 条相应条款相同。

2）按照终端或接头结构及安装说明书规定尺寸剥切外护层、铠装钢带（三芯电缆）及铅护套。剥切方法和要求与本章 2.2.2 节第 1 条基本相同，但铅护套末端不需要胀制喇叭口，将半导电纸剥到铅护套切口前 5mm。电缆末端绝缘剥切尺寸，按终端和接头安装说明书规定。接头还需按本章 2.2.3 节第 3 条要求将电缆末端绝缘剥成阶梯形或圆锥形，即反应力锥。

3）套入终端盒或接头盒相应部件后，压接导体接线柱或连接管，并用加热到 150℃ 的电缆油冲洗绝缘和导体连接处。

4）绕包增强绝缘，由于 35kV 电缆电场强度较高，铅护套切断处电场集中问题采用胀制铅护套喇叭口已无济于事了，必须采用应力锥，即从铅护套

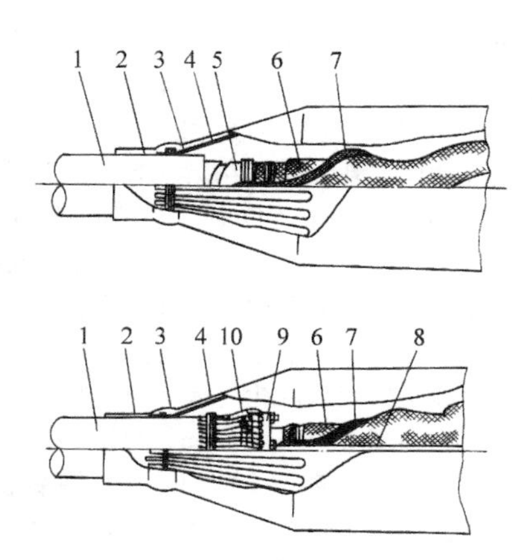

图 14-2-10　热收缩接头两端与电缆连接处结构

1—电缆外护层　2—热熔胶　3—热缩护套管　4—金属护套管　5—铠装钢带　6—屏蔽铜网　7—过桥线　8—拉杆　9—钢丝卡盘　10—铠装钢丝

切口处开始，用金属材料沿轴向逐渐扩大直径，以降低铅护套切口处的电场强度。35kV 油纸绝缘电缆应力锥通常是用油浸沥青醇酸玻璃丝漆布带或成型纸卷（经过真空浸油处理）绕包成所要求的形状，再从铅护套切口处开始到最大直径处，沿锥面施加一层金属材料，以形成控制切向场强等于或小于某一允许值的应力锥。其形状尺寸计算式为

$$R_n = \exp\frac{1}{a}\left[\frac{U}{rE}+R^{(a-1)}\ln r\right] \tag{14-2-1}$$

$$L_K = \frac{U}{E_t}\ln\frac{\ln BR_n}{\ln BR} \tag{14-2-2}$$

式中　U——电缆承受的电压；

E——电缆导体屏蔽表面电场强度；

$a=\varepsilon_1/\varepsilon_2$；

ε_1——电缆绝缘相对介电常数；

ε_2——应力锥增强绝缘相对介电常数；

$B=R^f/r^m$；

$f=m-1$；

$m=\varepsilon_2/\varepsilon_1$；

E_t——应力锥面任意一点轴向电场强度；

r——电缆导体屏蔽层外半径；

R——电缆绝缘外半径；

R_n——应力锥增强绝缘最大外半径。

由式（14-2-2）可见当 E_t 保持不变（为常数）时，应力锥面（见图 14-2-11 中 AB 曲线）为复对数曲线。现场绕包时很难操作，为便于施工，对 35kV 电缆一般都用过 A 点的切线 AB' 的一条直线来代替 AB 曲线，AB' 长度 L_{K1} 可按式（14-2-3）计算。

$$L_{K1} = \frac{U}{E_t}\frac{\Delta n}{R\ln BR} \tag{14-2-3}$$

式中　$\Delta n = R_n - R$。

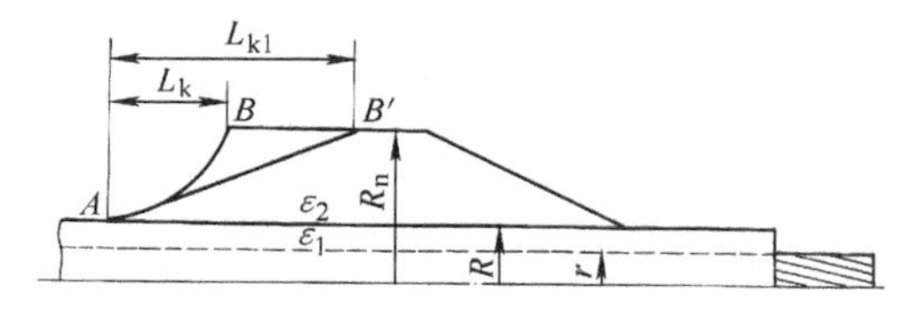

图 14-2-11　应力锥结构设计说明图

由于油浸沥青醇酸玻璃丝漆布带相对介电常数（3.5～4.0）与油浸电缆纸相对介电常数（3.50～3.75）非常接近，可认为 $\varepsilon_1=\varepsilon_2$，则 $a=1$，$m=1$，$f=0$，$B=\frac{1}{r}$，式（14-2-1）和式（14-2-3）可简化为

$$R_n = r\exp\left(\frac{U}{rE}\right) \tag{14-2-4}$$

$$L_{K1} = \frac{U}{E_t}\frac{\Delta n}{R\ln\frac{R}{r}} \tag{14-2-5}$$

根据经验，应力锥最大径向电场强度 E 可取电缆最大工作场强的 45%～60%，轴向场强 E_t 取 0.35～0.55kV/mm。一般规程上对 35kV 油纸绝缘电缆终端应力锥尺寸规定锥面和反向锥面都为 100mm，最大直径处的增强绝缘厚度为 15mm。终端应力锥形状与尺寸，如图 14-2-12 所示。

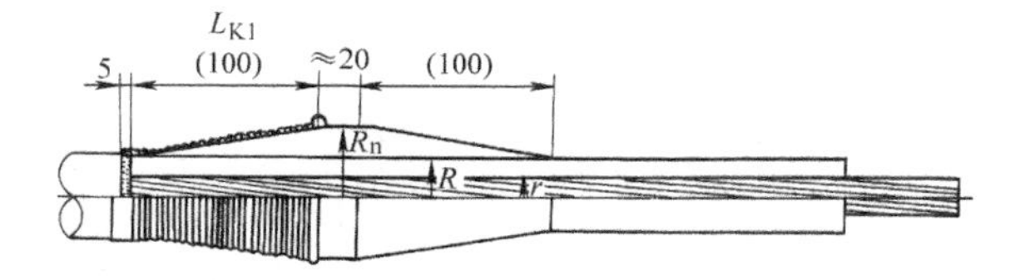

图 14-2-12　35kV 终端应力锥形状及尺寸

绕包应力锥绝缘层要求紧密，层间不可干枯锥面应为直线，允许略向内弯曲，但不可向外弯曲。锥面可用 14#熔丝缠绕作接地屏蔽，从铅护套切口处开始顺锥面一直缠绕到最大直径处，再用 4#熔丝做一光滑圆整的屏蔽环（终端使用），固定在该处，以降低应力锥末端电场强度。缠绕的熔丝应与铅护套及屏蔽环可靠地焊接起来。对接头而言，因绝缘外面有屏蔽层，故两端应力锥上不需再加屏蔽环。

5）安装终端盒或接头盒盒体，对某些终端盒和铅套管接头与电缆铅护套之间应采用封铅工艺来实现密封和机械的要求，操作时应认真仔细，防止

封铅时烧坏电缆铅护套和电缆绝缘。封铅结构应该致密，无砂眼和裂缝。

6）浇灌绝缘剂，由于终端一般都处于较高位置（通常离地面为5m），为防止电缆绝缘纸干枯，影响使用寿命，要求终端盒内灌注电缆油，接头盒内通常灌注沥青基绝缘剂，也可灌注电缆油。浇灌之前，绝缘剂需加热，以去潮气，待冷却到浇灌温度后再缓缓注入。

7）焊接接地线（终端）或过桥线（接头）。

8）接头盒外护层可采用热收缩护套管。

2. 瓷套式终端

35kV油纸绝缘电缆终端，通常都采用瓷套作为外绝缘，内灌电缆油的结构，常用品种有$558_{乙}$型㊀和WTC－511型㊀两种，户内户外通用。WTC－511型安装较为方便，终端底座（又称尾管）与电缆铅护套之间的密封采用橡皮圈压装结构，比封铅工艺简单。两种型号的终端内部结构和材料基本相同，安装尺寸略有差异。其安装程序如下：

1）准备工作：检查终端盒结构部件，应齐全、完好。擦洗盒体内外表面，并保持清洁、干燥。

2）剥除铠装钢带（仅对三芯分相铅护套电缆）：35kV分相铅护套电缆三芯分开处应安装分线盒，以防止雨水侵入电缆内部。终端盒固定支架离分线盒距离通常按终端相间距离加1000mm来确定。相间距离是指相邻两相终端带电金属部件之间的距离，户外终端不小于400mm，户内终端应不小于290mm。当相间距离取1000mm时，终端盒固定支架与分线盒支架之间距离应为2000mm，如图14-2-13所示。钢带必须从分线盒开始剥除，剥去长度应考虑两边两相线芯的弯曲长度及伸入终端盒内的线芯长度。

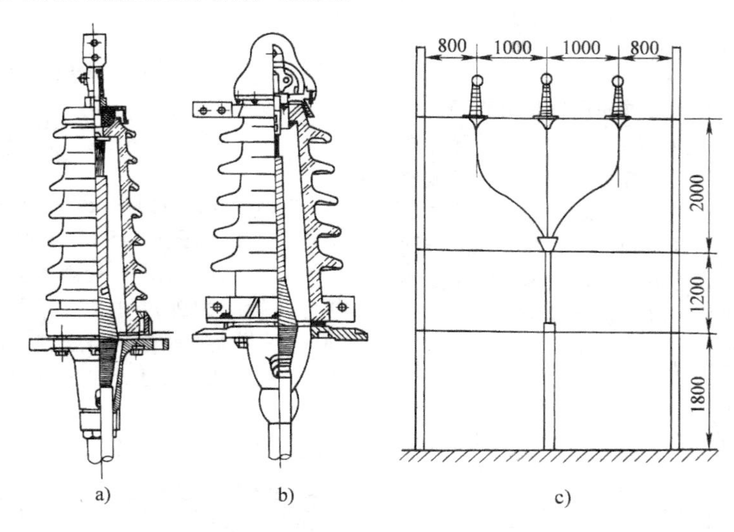

图14-2-13 35kV电缆终端及安装尺寸

a）WTC－511型 b）$558_{乙}$型 c）终端安装尺寸

3）剥切铅护套：剥切铅护套的长度取决于应力锥的位置，而应力锥在终端盒内的位置将影响终端的内外绝缘配合，当应力锥处于较低位置时，内绝缘距离长，且应力锥最高点（接地屏蔽末端）电场强度低，因此对内绝缘来说是有利的。但是使外绝缘（瓷套外表面）电位分布很不均匀，下面的几个裙边将承受很高的电位，也就是说瓷套接地法兰周围有很高的电场，可能导致外部闪络。反之，当应力锥处于较高位置时，内绝缘距离短，且应力锥最高点处电场强度高，因此对内绝缘来说是不利的；但是使外绝缘电位分布较为均匀，下面几个裙边承受的电位降低了，也就是说瓷套接地法兰周围电场降低了，外部闪络电压将会提高。图14-2-14表明了应力锥位置对终端内外绝缘配合的影响，一般都是通过计算、试验和运行经验来确定。

㊀ 该终端目前已淘汰，此部分内容便于旧有产品的运维参考用。

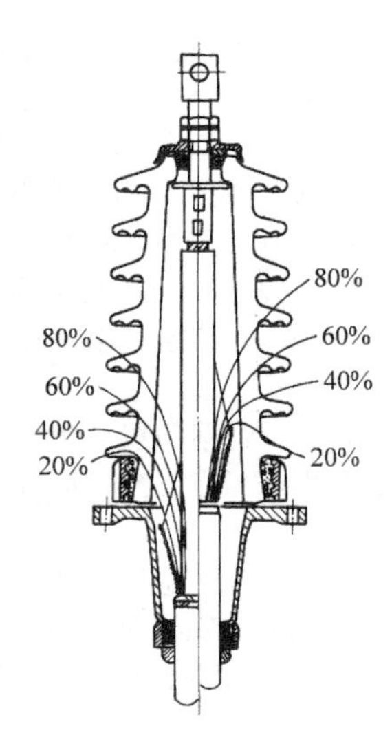

图14-2-14　电缆终端内应力锥位置对电场分布的影响

剥切铅护套之前先将电缆终端盒底座（尾管）及相应部件套在线芯上，并固定在终端安装支架上，从底座上平面开始向上量取电缆线芯长度：$558_{乙}$型终端铜芯电缆为520mm；铝芯电缆为430mm；WTC－511型终端为390mm。锯去多余电缆，再按表14-2-8规定尺寸剥去铅护套和线芯末端绝缘，压接接线柱。

表14-2-8　电缆铅护套和末端绝缘剥切尺寸

（单位：mm）

项　　目	$558_{乙}$型		WTC－511型	备　注
	铜芯	铝芯		
剥切铅护套	620	530	490	l为接线柱孔深
剥切末端绝缘	120	$l+30$	$l+10$	

4）绕包应力锥：应力锥结构尺寸和工艺要求参见本章2.2.3节第1条和图14-2-12。

5）装配终端套管及部件：要求各部件连接处密封可靠。$558_{乙}$型底座（尾管）与电缆铅护套之间采用封铅方式密封、封铅之前应拆下放油孔塞。WTC－511型终端安装之前应先焊好接地线和压接接地线端子，并固定在底座内接地孔上，然后安装瓷套和其他部件。终端套管安装完毕后，剥去下端铅护套外塑料防腐层，户外终端剥去250mm，户内终端剥到分线盒为止。

6）浇灌电缆油：旋紧放油孔塞，打开顶盖，将加热后的电缆油从终端套管上部缓缓注入，$558_{乙}$型终端油面应到瓷套顶端颈口下10mm，WTC－511型终端油面应到瓷套颈口下沿。然后安装终端上端部件。

7）装接地线：三相终端的底座和分线盒用$25mm^2$裸铜线连通接地。

8）分线盒内灌沥青：分线盒底部用麻丝塞紧，浇灌沥青，灌满即可。单芯电缆无此道工序。

3. 铅套管式接头

35kV油纸绝缘电缆接头通常都为铅套管式接头，所用材料与10kV及以下油纸绝缘电缆铅套管式接头基本相同，主要有铅套管，油浸沥青醇酸玻璃丝漆布带和沥青绝缘剂等。35kV油纸绝缘电缆多为三芯分相铅护套电缆，因此其接头也是分相结构。由于电压较高，电场处理问题不容忽视，尤其是电缆铅护套切断处和线芯绝缘末端与增强绝缘接触的界面处。前者与终端一样，在接头增强绝缘两端至电缆铅护套切断处之间采用缓缓过渡应力锥面（见本章2.2.3节第1条），以降低该处电场集中问题。电缆导体绝缘末端与增绕绝缘的界面处则是将电缆绝缘剥成锥形，来降低界面上的轴向（沿绝缘纸层方向）电场强度。因为锥形坡度方向与应力锥方向相反，故称为反应力锥（见图14-2-15CD线段）。理论反应力锥锥面曲线L_c为

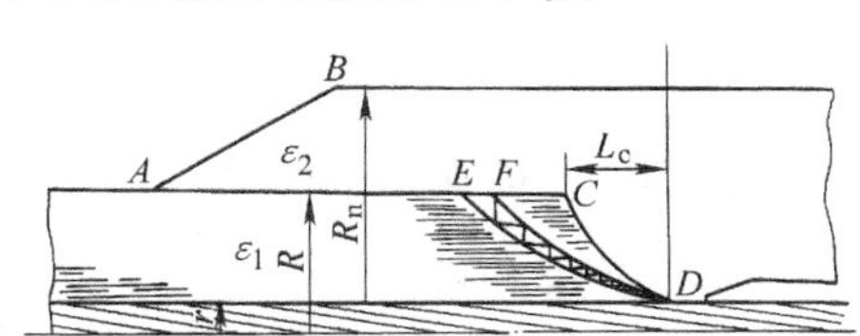

图14-2-15　反应力锥结构计算说明图

$$L_c = \frac{mU}{E_t}\frac{\ln\frac{R}{r}}{\ln PR^f} \qquad (14\text{-}2\text{-}6)$$

式中　U——电缆接头承受的电压；

E_t——反应力锥锥面任意一点轴向电场强度，设为一常数；

R——电缆绝缘半径；

r——导体屏蔽外半径；

$m=\varepsilon_2/\varepsilon_1$；

ε_1——电缆绝缘相对介电常数；

ε_2——接头增强绝缘相对介电常数；

$f=m-1$；

$P=R_n/r^m$；

R_n——接头绝缘半径；（计算应力锥时已确定，还应核算接管表面电场强度是否在允许范围内）。

因为用作接头增强绝缘的沥青醇酸玻璃丝漆布带的相对介电常数（3.5~4.0）与油浸电缆纸相对介电常数（3.50~3.75）非常接近，可取 $\varepsilon_2=\varepsilon_1$，故式（14-2-6）可简化为

$$L_c=\frac{U}{E_t}\frac{\ln\frac{R}{r}}{\ln\frac{R_n}{r}} \qquad (14\text{-}2\text{-}7)$$

由于按式（14-2-7）算出的为对数曲线，现场很难操作，为方便起见，一般是选择在允许范围内的两个轴向电场强度 E_t，算出两条反应力锥曲线，在其间将绝缘分成若干个梯级来剥切（见图14-2-15中 *ED*、*FD* 线段），通常称为剥切梯步。35kV 油纸绝缘电缆接头一般为7~9个梯级，实际操作时可按图14-2-16所示尺寸进行。绝缘表面上标注的百分数为剥去的纸层数占电缆绝缘总的纸层数的百分比。

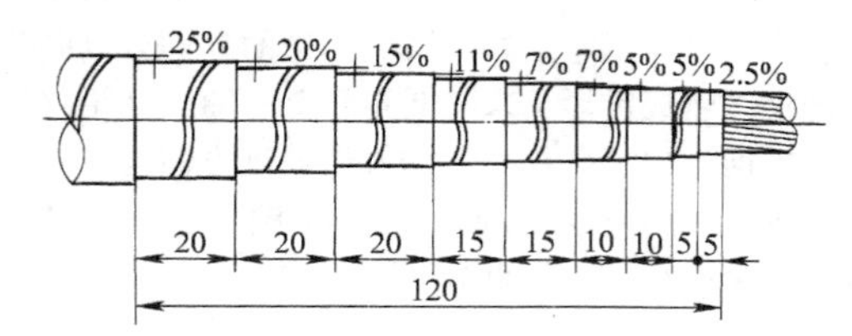

图14-2-16　35kV 油纸绝缘电缆接头电缆绝缘剥切梯步

35kV 油纸绝缘电缆铅套管式接头安装程序：

1）剥切钢带（对三芯分相铅护套电缆）：清理接头场地，放置接头水泥保护盒的底板，将两侧电缆校直后放在底板上，从底板中心向一侧量250mm作为接头中心，再在短的一侧电缆上量取800mm，长的一侧电缆上量取1300mm剥去钢带。

2）剥切铅护套和压接连接管：揩净铅护套，用专用的“山”字形木支架（两只）将三相线芯搁好，弯好三相线芯，复核接头中心位置，锯去多余电缆，再向两侧各量取325mm作好剖去铅护套的标记，先剖去两侧电缆铅护套及绝缘80mm。将铅套管套在长的一侧电缆上，压接或焊接导体连接管，除去飞边和毛刺，清除金属末，拆去“山”字形木支架，再按标记剥去其余铅护套。

3）剥切绝缘梯步：按图14-2-16剥切绝缘梯步，不可伤及不应剥去的绝缘纸层和导体，梯步全部剥完以后用油浸棉纱线将梯步处绝缘纸扎紧。再剥去半导电纸到铅护套切口前5mm处，然后用热电缆油冲洗电缆绝缘和导体连接管处。

4）绕包绝缘：从靠近导体连接管的两边梯步开始，先用5mm宽的油浸沥青醇酸玻璃丝漆布带包绕填实，再用10mm宽带子半塔盖绕包，绕包力求紧实平整，不可有明显的凹凸不平现象。在绕包过程中，应经常涂抹电缆油。到电缆梯步全部填满后，再从电缆外半导电纸前5mm处开始绕包增强绝缘，两端斜面长度为100mm，增强绝缘外径为导体连接管外径加36mm。绕包结束后在其外面用油浸白纱带绕包一层。

5）封铅：将铅套管移到接头中心位置，用木敲棒敲击铅套管两端，边敲边转动，以收小两端，然后封铅。

6）浇灌沥青绝缘剂：将加热到浇注温度的沥青绝缘剂缓缓注入铅套管内。温度降到60~70℃时，再补浇一次，然后用封铅将浇注孔和出气孔封焊起来。

7）焊接过桥线：用25mm² 软铜绞线分别将三相接头铅套管和两端电缆钢带焊接连通。铅套管和两端电缆铅护套用热涂沥青现包桑皮纸（边涂边包）作为防腐层，亦可用热收缩护套管作为防腐层，但必须在压接导体连接管之前将热收缩护套管套在一端电缆上。

8）安装保护盒：直埋敷设的35kV 油纸绝缘三芯分相铅护套电缆接头机械保护通常都是采用水泥保护盒，它被设计成八块（端头为上下两块组成）水泥板，现场组合而成。接头安装完毕后即可安装保护盒，内填泥土。

2.3　挤包绝缘电缆附件

2.3.1　挤包绝缘电缆附件品种

目前用于中低压挤包绝缘电缆（又称橡塑绝缘电缆）的附件概括起来有六类：绕包式、热收缩式、预制件式、冷收缩式、浇铸式、模塑式等（见表14-2-2和图14-2-1），在恶劣环境下运行的挤包绝缘电缆户外终端也用瓷套式终端。上述六类电缆附件的基本材料都为有机材料，而且都为固体绝缘，不用液体介质，通常不用机械结构的盒体，因此体积小、重量轻、结构简单。

挤包绝缘电缆附件里，处理电缆外屏蔽切断处电场集中问题的方法与油纸绝缘电缆附件有所不同，除了用传统的应力锥（又称几何型）的方式外，还可以用应力控制材料（参数型）。例如热收缩式电缆附件和冷收缩式电缆附件里用应力控制管，绕包式电缆附件用应力控制带，不仅使安装工

艺简化，而且能使附件体积减小。在 6 ~ 35kV 挤包绝缘电缆的附件里已广泛应用。可见，挤包绝缘电缆附件在材料、结构及安装工艺上都与油纸绝缘电缆附件有着很大的区别。

2.3.2　安装工艺的一般程序和要求

1. 准备工作

与本章 2.2.2 节第 1 条第 1）款相同。

2. 剥切电缆

1）剥切尺寸：按规定尺寸剥去电缆外护层。

2）剥去电缆铠装钢带（只对三芯钢带铠装电缆）：按规定尺寸在需留下的钢带上除去油污、漆膜或铁锈（以便焊接），用 $\phi1.5 \sim \phi2$mm 的裸铜丝绑扎 2 道，再沿圆周方向锯一道深痕（深度约为钢带厚度的 2/3，不可锯穿，以免伤及电缆内部结构），之后才可剥去钢带。

3）剥去内护层及填料（只对三芯电缆）：在钢带与线芯之间有一层挤塑内护层，以防止钢带损伤电缆线芯。安装时应将内护层剥去，一般剥到钢带前 5 ~ 10mm。当接头要求有内护层时，电缆的内护层留取长度应适当加长，以使接头内护层与其搭接，保证密封。线芯之间的填充物应除掉。注意，在剥去内护层及填料过程中不要损伤内部结构。

4）剥切金属屏蔽层：按照规定尺寸，用 1.5mm 左右的裸铜丝在屏蔽层上扎两道，若为铜带屏蔽层，则用刀在铜带上小心划一道痕，但不可划穿，再剥去铜带。若为铜丝屏蔽层，则将铜丝沿电缆圆周方向均匀地翻转过来，再用铜丝绑扎两道，余下的铜丝扭绞起来，留作接地线（终端）或过桥线（接头）。

5）剥切半导电层：6kV 以上单芯或三芯挤包绝缘电缆一般都为径向电场电缆，每相线芯导体和绝缘表面都有半导电屏蔽层，绝缘表面的半导电屏蔽层有可剥离和不可剥离两种。如果是可剥离半导电层时，可用刀子在规定的尺寸处沿电缆圆周方向划一痕迹，再沿电缆轴向划几条痕迹，划痕不可太深，以免划伤绝缘。若环境温度较低，可用喷灯略微加热，再一条一条地撕下来。如果是不可剥离的，则只能用专用刀具或玻璃片刮去。注意，不可刮去过多的绝缘，一般控制在 0.5mm 以内。如果绝缘偏芯很少，也可用旋转剥刀剥去半导电层。当绝缘表面出现局部平面时，应削去部分绝缘，以使尽量圆整。四种剥切方法如图 14-2-17 所示。

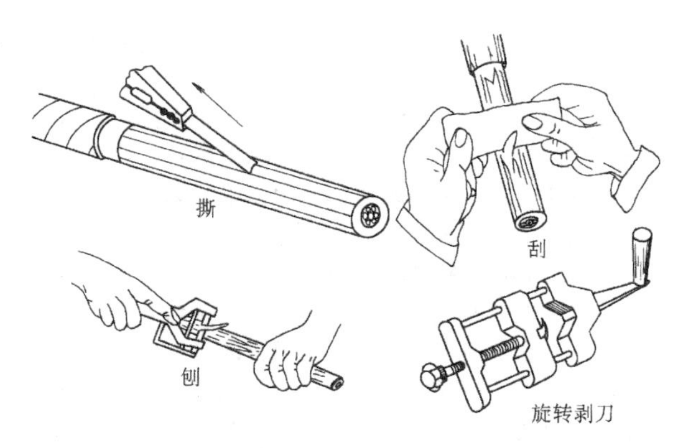

图 14-2-17　几种剥切半导电层方法示意图

半导电层剥切后的末端与绝缘交界处的处理是否合适，对电缆接头或终端的安全运行有着很大影响，为了使应力锥的半导电层与电缆半导电层能均匀地不间断地过渡，应力控制管、应力控制带与电缆半导电层末端相搭接处不能留有空隙，通常采用的方法有以下几种（见图 14-2-18）：一种方法是将电缆半导电层末端削成圆锥形，其坡度不大于 30°，操作时要特别小心，不可将半导电层末端的电缆绝缘削成一个凹槽；另一种方法是在电缆半导电层末端 15 ~ 20mm 一段绝缘表面喷涂或刷涂很薄的一层半导电漆，喷漆或刷漆之前应先用 PVC 带在电缆绝缘上包绕 50 ~ 60mm 一段，露出电缆半导电层末端要涂半导电漆的一段绝缘表面。半导电漆的电阻率应小于 $10^4 \Omega \cdot \mathrm{cm}$，形成的半导电漆膜要求有一定的附着强度（不用溶剂很难擦去），且光滑细腻。对 6 ~ 10kV 绕包式终端与接头，也可用经拉伸成很薄的半导电橡胶自粘带紧贴着电缆半导电层切断面在电缆绝缘表面上绕包 1 ~ 2 层，但这种方法不做推荐。

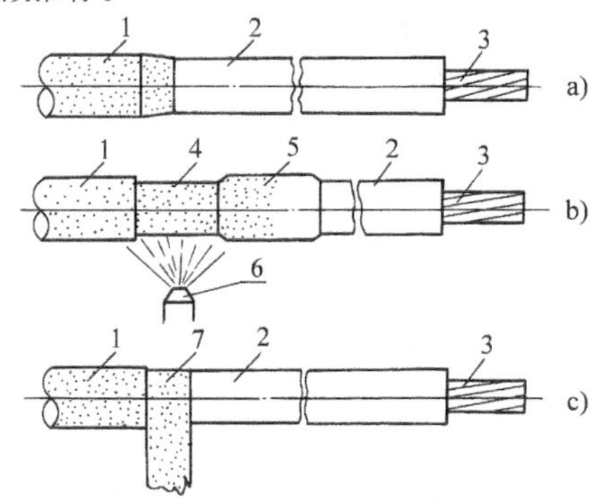

图 14-2-18　外半导电层末端处理方法

a）削成锥体　b）喷半导电漆　c）绕包半导电橡胶带

1—电缆外半导电层　2—电缆绝缘　3—导体　4—喷涂（或刷涂）半导电层　5—绕包 PVC 胶粘带　6—喷嘴　7—半导电橡胶自粘带

6）剥切线芯末端绝缘：按规定尺寸剥去线芯末端绝缘，注意不可损伤导体。剥切绝缘的方法有多种，但可归纳成两类（见图 14-2-19）：一类为螺旋式切割，适合于剥切厚绝缘的电缆；另一类为纵向剥切，适合于剥切薄绝缘的电缆。剥切绝缘前应调整好刀片位置，以免损伤电缆导体。

7）切削反应力锥（俗称铅笔头）：10～35kV单芯屏蔽电缆或三芯分相屏蔽电缆的绕包式接头和模塑式接头都要求切削反应力锥，即将电缆末端绝缘削成锥形，以降低沿增强绝缘和电缆本体绝缘界面上的电场强度，这一点与油纸电缆接头不同，因为挤包绝缘电缆的绝缘是挤包成型的，不存在轴向和径向承受电场能力的差异，所以在设计反应力锥锥面形状与尺寸时，是不以控制轴向电场强度为出发点，而是要控制承受电场强度能力最差的增强绝缘与电缆绝缘之间的界面电场。理论反应力锥锥面曲线 L_c 为

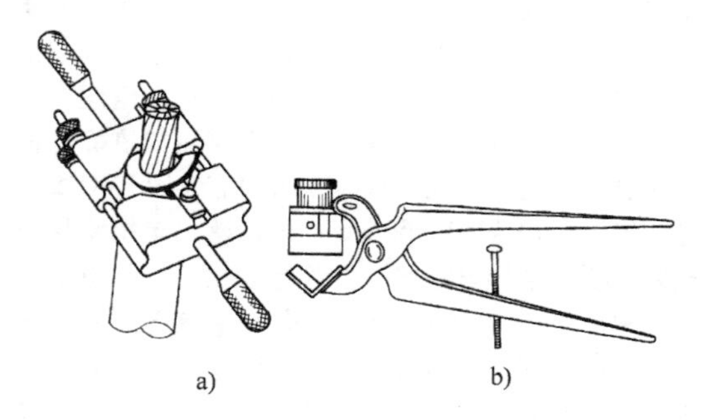

图 14-2-19 剥切绝缘示意图

a）螺旋式切割法 b）纵向剥切法

$$L_c = \frac{1}{m}\left[p - q - \ln\frac{r(1+p)}{R(1+q)}\right] \quad (14\text{-}2\text{-}8)$$

式中 $p = \sqrt{1 - m^2R^2}$；

$q = \sqrt{1 - m^2r^2}$；

$m = \frac{E_t}{U}\left[\ln\frac{R_n}{r} + (a-1)\ln\frac{R_n}{R}\right]$；

U——电缆接头承受的电压；

E_t——反应力锥锥面上任意一点切向电场强度，设为一常数；

R——电缆绝缘半径；

R_n——接头绝缘外半径；

r——导体屏蔽外半径；

$a = \frac{\varepsilon_1}{\varepsilon_2}$；

ε_1——电缆绝缘相对介电常数；

ε_2——接头增强绝缘相对介电常数。

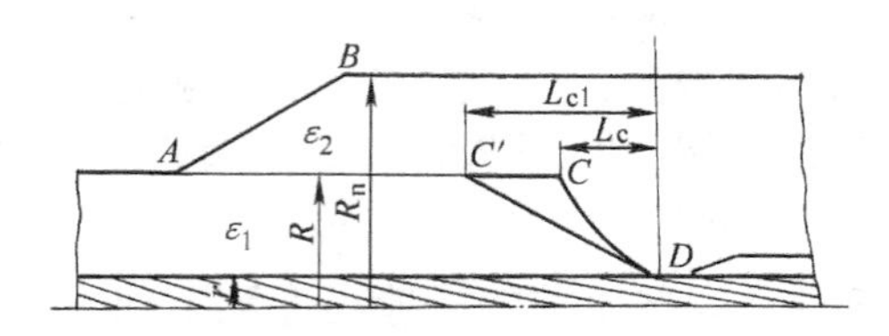

图 14-2-20 反应力锥结构计算说明

按式（14-2-8）算出的反应力锥锥面为对数曲线（见图 14-2-20），现场很难操作，为方便起见，对反应力锥锥面 CD 进行直线化处理，处理后的锥面 $C'D$ 为直线，其长度 L_{c1} 为

$$L_{c1} = (R - r)\frac{q}{mr} \quad (14\text{-}2\text{-}9)$$

式中，符号含义与前相同。当接头增强绝缘的介电常数 ε_2 接近电缆绝缘的介电常数 ε_1 时，即 $\varepsilon_2 = \varepsilon_1$，$a = 1$，则 $m = \frac{E_t}{U}\ln\frac{R_n}{r}$。影响挤包绝缘电缆绕包式接头和模塑式接头反应力锥锥面承受允许最大电场强度 E_t 的因素很多，例如锥面削制不圆整，表面粗糙，不够清洁，有刀痕以及绕包带材与锥面的粘结力很差等都会降低锥面承受电场的能力。对于35kV 挤包绝缘电缆接头，当所用材料质量符合相应标准规定，安装工艺正确，操作认真仔细的条件下，绕包式接头在最大工作电压下的 E_t 值取 0.25～0.30kV/mm 范围内，锥面直线长度 L_{c1} 大约 120mm，这样的结构尺寸是能够满足安全运行的要求。

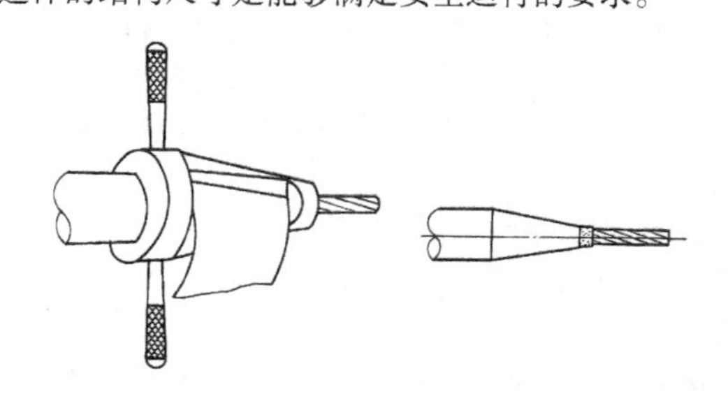

图 14-2-21 反应力锥剥切工具

反应力锥通常用类似铅笔卷刀的工具来切削（见图 14-2-21），也可用绝缘剥切工具将末端绝缘先剥成阶梯形，再用卷笔刀或刨刀加工，使其光滑平整，必要时可用砂纸打磨。反应力锥端部与导体相交接处要裸露 5mm 内半导电层（导体屏蔽层），以便在压接后的导体连接管表面包绕的半导电带与其搭接。6kV 和 10kV 单芯屏蔽电缆或三芯分相屏蔽电缆的绕包式接头和模塑接头，因为电压不高，通常都不进行复杂的运算，反应力锥取 25mm 和 30mm 即可满足安全运行的要求。

3. 压接导体连接管（接头）或接线端子或接线柱（终端）

6～35kV单芯屏蔽电缆或分相屏蔽电缆的导体为紧压圆形，采用压接方法连接时，其连接金具也应选用孔径较小的紧压型连接金具。压接后的飞边和毛刺应清除干净，若采用焊接方法，则要求密实而不留有空隙。铜导体采用锡焊连接将限制电缆线路的短路容量，标准规定，有锡焊接头的电缆线路短路温度不得超过160℃，而压接接头的短路温度由电缆绝缘确定，交联聚乙烯绝缘和乙丙橡胶绝缘电缆为250℃。

4. 电缆外屏蔽切断处的场强处理

挤包绝缘电缆外屏蔽切断处的场强处理采用两种方法，即应力锥（几何型）和应力控制层（参数型）。

1）应力锥：应力锥有绕包式和预制式两种，绕包式电缆附件和模塑式电缆附件里的应力锥属绕包式，预制式电缆附件里的应力锥为工厂预制式。绕包式应力锥仍采用油纸绝缘电缆附件应力锥的设计方法，而预制式应力锥，因增强绝缘各向同性，不存在承受轴向场强能力低的问题，主要考虑增强绝缘与电缆绝缘相配合的界面允许的轴向场强来进行设计。实际上，影响应力锥性能的因素很多，例如绕包式应力锥所用的带材，绕包后可能形成一个整体，其轴向允许场强与径向允许场强的差异远不像油纸绝缘电缆附件里应力锥那样明显。又如，预制式电缆附件应力锥里作为屏蔽接地锥面的半导电材料，其电阻值受到生产工艺影响以及运行中的热和电场作用而很难保持稳定不变（见图14-2-22）。还有，在实际使用中电缆绝缘外径公差、圆度、表面粗糙度以及绕包式附件所用带材的粘结力大小、预制式附件与电缆绝缘相配合的界面压紧力的大小等，都会影响应力锥的应用效果。这在今后的实际施工中应密切注意。具体结构尺寸将在相应章节中给出。

2）应力控制层：前面讲的是几何型的电场控制方法，也就是说用改变电场集中处的几何形状来达到控制电场的目的，但是操作不简便，几何尺寸也较大，同时对改善外绝缘的电位分布作用也比较小，希望有体积小、操作方便的新型电场控制结构。20世纪70年代开始，国外研究开发了适用了中压级电缆附件的所谓应力控制层。其基本原理是采用合适的电气参数材料复合在电缆末端屏蔽切断处的绝缘表面上，以改变绝缘表面的电位分布，从而达到改善电场的作用。从图14-2-23中可见，电

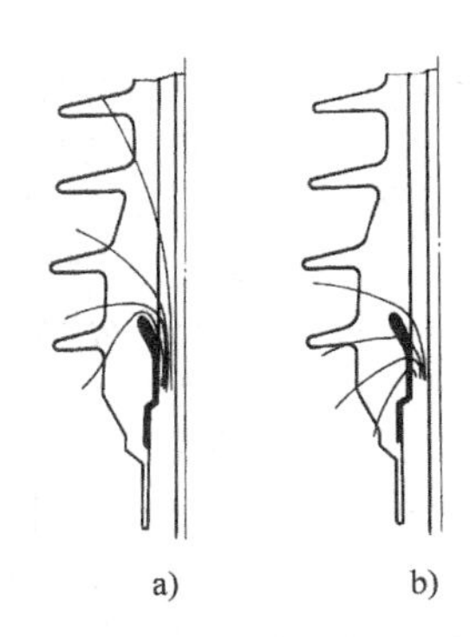

图14-2-22　应力锥半导电电阻对电场分布影响

a）应力锥锥面为零电位（理想状态）时

b）应力锥半导电电阻值太大

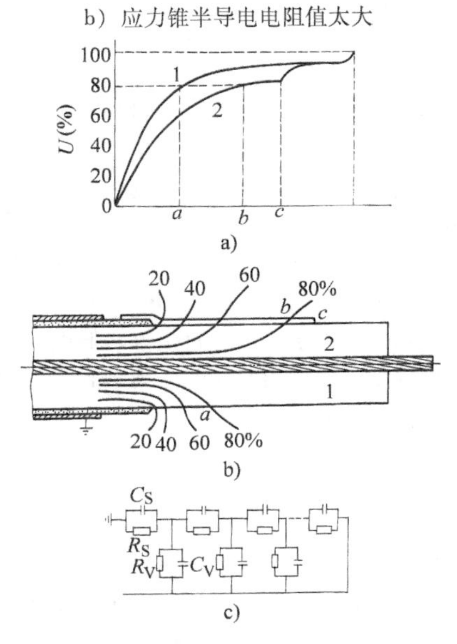

图14-2-23　应力控制层原理分析

a）电缆末端电位分布　b）电缆末端等位线分布　c）电缆末端等效电路

1—无应力控制层　2—有应力控制层

R_V—体积电阻　R_S—表面电阻

C_V—体积电容　C_S—表面电容

缆屏蔽切断后的绝缘表面电位分布是极不均匀的，50%～60%的电位分布在紧靠屏蔽切断处附近，致使该部分的电场强度非常高。要想使电缆绝缘表面电位分布趋于均匀，首先需要分析影响电位分布的各个因素。电缆绝缘内部有体积电阻R_V和体积电容C_V，绝缘表面有表面电阻R_S和表面电容C_S，这些都是分布参数。要想使屏蔽末端电位分布趋于均匀，就得改变这些参数。由于电缆末端屏蔽切断后都必须留有一段绝缘，因此体积电阻和体积电容是不可改变的，而表面电阻和表面电容是可以改变

的。如果使电缆屏蔽末端绝缘表面电阻减小，则可使电位也随之降低，这样做是有效的，但是因表面电阻减小，表面泄漏电流会增加，在高电压时导致表面发热，这是不利的。另一个方法是增大屏蔽末端绝缘表面电容，从而降低这部分的容抗，同样也能使电位降下来，但不会导致发热。由于电容正比于材料的介电常数，也就是说，要想增大绝缘表面电容，可以在电缆屏蔽末端绝缘表面附加一层高介电常数材料。目前已商品化的应力控制材料有热收缩应力管、冷收缩应力管以及应力控制带等，其介电常数通常都大于20，而一般的绝缘材料相对介电常数都在5以下。需要提醒的是，为增大材料的相对介电常数，必须加入某些配合剂（如钛酸钡、二氧化钛等），但体积电阻率会随之下降，使得在高电场的情况下，因介质损耗大而导致发热，所以在高电压电缆里使用还有待于进一步研究。

另一类应力控制材料是利用其电阻率随外施电场升高而降低的特性，如瑞典的FSD应力控制片，意大利比瑞利公司的TVR应力管等，将这种材料施加在电缆屏蔽切断处绝缘表面，从而使该处的高电场得到降低。由于这种材料是以降低电阻来达到改善电场为目的的，因此在电压高和时间长的情况下，表面也会发热。

应力控制层安装方法视不同材料而不同，将在相应的电缆附件产品安装工艺里介绍。

5. 增强绝缘

挤包绝缘电缆附件增强绝缘材料和工艺随电缆附件的品种不同而不同，如绕包式电缆附件采用绝缘橡胶自粘带现场绕包成型；模塑式电缆附件采用辐照交联或化学交联聚乙烯薄膜带材现场绕包再借用模具加热加压成型；热收缩和冷收缩电缆附件采用预扩径的热收缩管或橡胶管现场收缩成型；预制式电缆附件是用橡胶材料在工厂内预成型、现场套装而成；浇铸式电缆附件是用热固性树脂现场浇铸成型的等。具体安装工艺在相应的电缆附件产品安装工艺里介绍。

6. 外屏蔽处理

挤包绝缘电缆附件的外屏蔽包括半导电层和金属屏蔽层两部分，半导电层的施加方法也不一样，有现场完成的，如绕包式和模塑式附件，也有工厂预成型的，如预制式附件。

半导电屏蔽层仅仅起静电屏蔽作用。由于半导电材料电阻远大于金属材料，为了保证半导电层为零电位，还必须在其表面施加一层金属屏蔽层，因为电缆附件的形状一般都不可能为等直径的圆柱体，为了使金属屏蔽层能与半导电层紧密贴合，通常都采用易变形的铜丝网，套装或绕包在半导电层表面上。因为半导电层电阻值较低，金属屏蔽层可以是不连续的，但间隙距离不可以太大（一般认为网孔面积不大于10mm²是允许的）。由于铜丝网的截面积很小，通常也只起静电屏蔽作用，即强制半导电层为零电位，而不能通过很大的故障电流。

安装时铜网必须与电缆金属屏蔽层连通。

7. 安装接地线（终端）**或过桥线**（接头）

挤包绝缘电缆的接地线和过桥线为镀锡铜丝编织线，其截面可按表14-2-9选择，也可参照电缆金属屏蔽层截面来确定。

表14-2-9 接地线或过桥线截面选用

（单位：mm²）

电缆主线芯截面积		接地线和过桥线截面积
铜	铝	
≤35	≤50	10
50～120	70～150	16
150～300	185～400	25
400～630	500～630	35

对于铜丝屏蔽电缆，其接头的过桥线可用两端电缆屏蔽铜丝连接起来（扭绞后用压接管压接连通）来代替。终端的接地线可用电缆屏蔽铜丝扭绞后引出来代替。

接地线和过桥线主要作用是当电缆线路发生短路时通过故障电流。正常运行时，它起到强制电缆外屏蔽层为零电位。接地线和过桥线与电缆金属屏蔽层的连接通常采用裸铜线绑扎，然后采用锡焊的方法，也可以用特制的不锈钢恒力弹簧夹紧连接。为了在电缆运行中定期或不定期检测电缆铠装与屏蔽层之间的挤塑内护套是否完好（以免进水腐蚀金属屏蔽层），要求接头内的铠装连接线和屏蔽连接线分开，并相互绝缘，终端内的铠装和屏蔽层也要用两根互相绝缘的导线作为接地引出线，检测内护套时拆下接地线，用绝缘电阻表测量铠装接地线和屏蔽接地线之间的绝缘电阻，以此来判断电缆内护套是否完好。

2.3.3 绕包式电缆附件

绕包式电缆附件的最大特点是绝缘与半导电屏蔽层都是以橡胶为基材的自粘性带材现场绕包成型的。所用带材有以乙丙橡胶为基材的绝缘带、半导电带、应力控制带、阻燃带；以丁基橡胶为基材的绝缘带、半导电带、密封带；以硅橡胶为基材的绝缘带、抗漏电痕迹带、阻燃带；还有以聚氯乙烯或其他塑料为基带的各种保护带、相色带和低压绝缘带等。

绕包式电缆附件是挤包绝缘电缆使用最早的电缆附件，它通常用于中低压电缆接头和终端。对于35kV 电缆终端，一般只用带材绕包应力锥或应力控制层，外绝缘仍用瓷套结构，内部浇灌液体绝缘剂。

绕包式电缆附件的优点在于这种附件主体结构是在现场成型的，而所用材料（主要是不同特性的带材）在一定的电压范围内是通用的，因此使工厂生产趋于简单化。而且不受电缆结构尺寸的影响。其缺点也在于它是现场成型，所以附件的质量受环境条件（如空气湿度、灰尘等）的影响较大，而且随施工人员的素质不同有较大差异。还应指出，这种附件所用的主要材料（自粘性带材）都是非硫化型或低硫化型橡胶材料，它具有冷流性和热变形的特性，而橡胶材料的热阻系数一般都较大，因此安装好的电缆附件（主要指接头）经过长期较高温度下运行后有绝缘下垂、偏心现象，对于电压高、厚绝缘的接头应引起注意。绕包式电缆附件安装程序如下：

1. 剥切电缆

按图 14-2-24 和表 14-2-10 所示尺寸剥切电缆，操作要求见本章 2.3.2 节第 2 条，接头内电缆绝缘末端应切削反应力锥。剥切电缆过程中应特别注意，不可伤及内层应保留的结构。

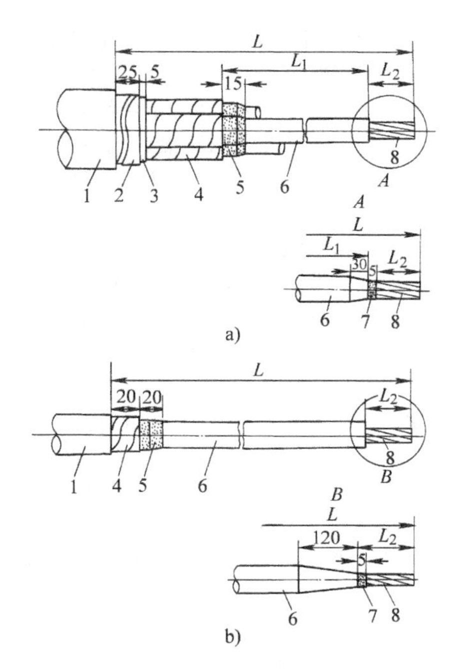

图 14-2-24　电缆剥切尺寸

a）10kV 三芯电缆接头和终端的电缆剥切
b）35kV 单芯电缆接头和终端的电缆剥切
1—外护层　2—钢带　3—内护层　4—屏蔽铜带　5—外半导电层　6—绝缘线芯　7—内半导电层　8—导体

表 14-2-10　电缆剥切尺寸　（单位：mm）

附件品种			剥切尺寸			备　注
			L	L_1	L_2	
10kV	终端		760	505	端子孔深加 10	户内终端不加雨罩
	直通式接头		$320+L_2$	160	接管一半长加 10	
35kV	终端	512	500	—	接线柱孔深加 10	绕包应力锥 + 瓷套管
		513	480	—		绕包应力锥 + 瓷套管
	直通式接头		$335+L_2$	—	接管一半长加 10	

2. 增强绝缘和电缆屏蔽末端电场处理

在施加增强绝缘和进行电缆屏蔽末端电场处理之前，需先做好下列工作：

1）10kV 三芯电缆终端，需先焊接接地线，用自粘带包绕填平线芯分叉处，再套分支套，压接接线端子。

2）35kV 单芯电缆终端，需将终端盒下部相应部件套在电缆上，焊好接地线，压接接线柱。

3）10kV 三芯电缆接头，需将热缩护套管套在电缆上，将三根屏蔽铜丝网分别套在三根线芯上，再压接导体连接管。

4）35kV 单芯电缆接头，需将热缩护套管、屏蔽铜丝网及保护盒（如果有的话）等套在电缆上，再压接导体连接管。

绕包式电缆终端和接头的增强绝缘采用绝缘乙丙橡胶自粘带（国内产品牌号为 J_{30}），绕包时应注意下列事项：

1）被绕包的电缆绝缘表面应光滑圆整，无半导电层残迹、无油污、无棱角、无凹坑、无局部平面，尤其是在电缆屏蔽末端附近的绝缘表面。

2）绕包时，先除去隔离带，将自粘带拉伸200%左右（拉伸后的带宽约等于原带宽的1/2到2/3），再绕包。

3）以半搭盖方式绕包，即每包一层都覆盖已包带子宽度的一半，往返包绕。包绕接头时，先填平低凹处，再逐渐包到规定尺寸。要求包绕平整，不可出现明显的凹凸不平现象。

4）绕包现场应清洁干燥，环境温度在10℃以上。当绕包过程中因静电效应而吸附纤维或异物时，可用镊子或其他夹具除去，不可用嘴吹或用短纤维织物擦拭，以免纤维和水汽夹入绝缘内。

5）在电缆半导电层末端包绕绝缘带材时，应离半导电层末端5mm处开始，不得覆盖到半导电屏蔽层上。

接头和终端增强绝缘最大外径ϕ_1按下列规定：

10kV电缆为电缆绝缘外径ϕ加16mm；

35kV电缆为电缆绝缘外径ϕ加30mm。

绕包式电缆接头和终端末端电场处理方法也有两种：一种是绕包应力锥；另一种是绕包应力带（见图14-2-25中的应力控制结构）。对于终端的应力锥面上，应先用半导电橡胶自粘带从电缆半导电屏蔽层上开始绕包到最大直径处，切不可超过，再返回到电缆半导电屏蔽层上，然后用屏蔽铜丝网覆盖在绕包的半导电屏蔽层上（也可用直径约2mm的熔丝在绕包的半导电屏蔽层上密集缠绕），下端与电缆屏蔽铜带搭接，不少于10mm，并绑扎焊牢。用直径约为ϕ5mm粗熔丝做一屏蔽环套在应力锥最大直径处，并与铜网焊接起来。

当采用绕包应力带作为电场处理结构（见图14-2-25）时，应力带应从电缆半导电层（也可搭盖在铜带上）开始，半搭盖绕包，用非复合应力带需拉伸200%，用3M 2220#带则应拉伸10%～15%，绕包时银灰色朝外。绕包到规定尺寸后，再返回到起始位置。在绕包层下端覆盖在电缆半导电层的一段应力带外边包一层半导电自粘带，与屏蔽铜带搭接。

对于绕包式电缆接头（见图14-2-26和表14-2-11），在接头增强绝缘绕包完成后，用半导电橡胶自粘带从一端电缆半导电屏蔽层开始，半搭盖地绕包到另一端电缆半导电屏蔽层，然后返回。再将屏蔽铜丝网移到接头中间，向两边均匀拉伸，使其紧贴在接头半导电屏蔽层上，铜丝网两端分别与电缆屏蔽铜带绑扎焊牢。铜丝网也可采用缠绕方法包在接头上。然后安装过桥线，即用规定截面的镀锡编织铜带跨接在接头上，两边分别与电缆屏蔽铜带绑扎焊牢，也可用恒压弹簧固定在屏蔽铜带上。三芯电缆接头可用一根过桥线，两端分别固定在三根线芯屏蔽铜带上。

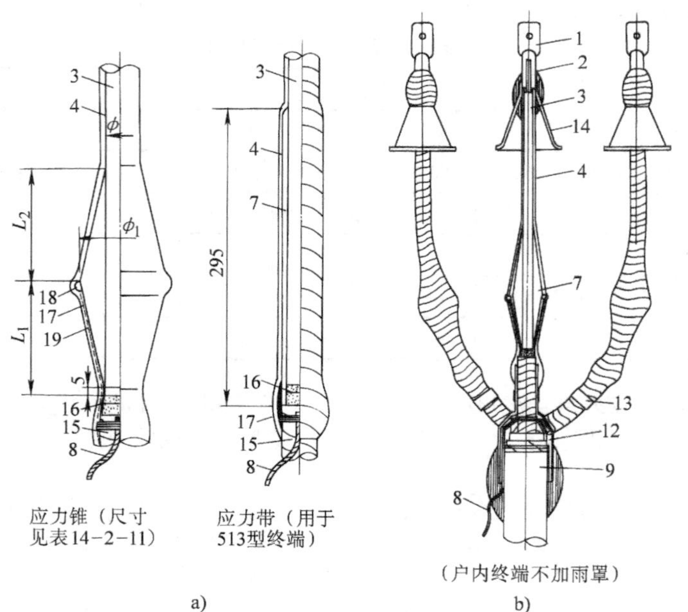

图14-2-25 绕包式电缆终端

a）绕包式电缆终端应力控制结构 b）10kV绕包式电缆终端

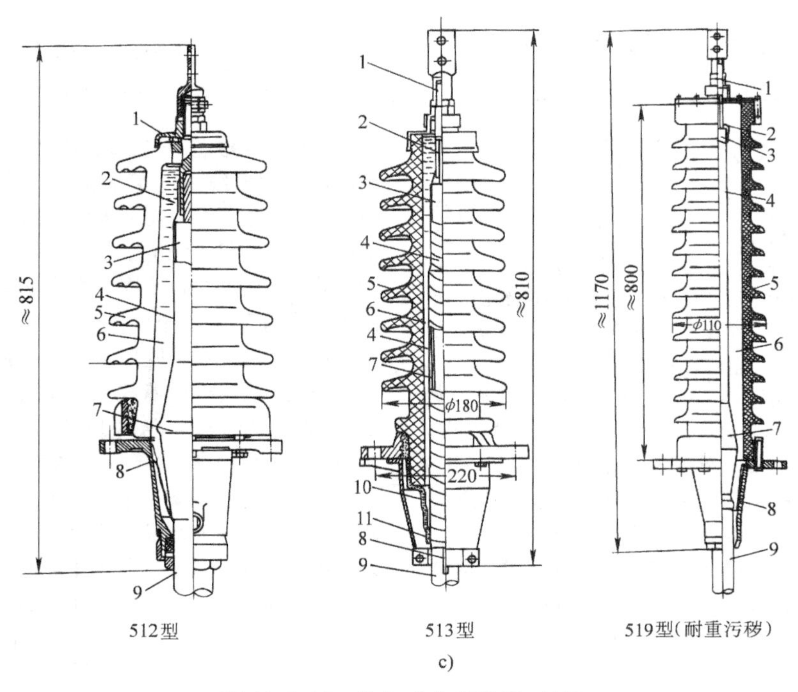

图 14-2-25　绕包式电缆终端（续）

c）35kV 电缆终端

1—接线柱（或端子）　2—电缆导体　3—电缆绝缘　4—绝缘带绕包层　5—瓷套　6—液体绝缘剂　7—应力锥或应力带　8—接地线　9—电缆外护层　10—橡皮密封套　11—不锈钢夹箍　12—分支套　13—相色带　14—雨罩　15—铜带　16—外半导电层　17—半导电带　18—屏蔽环　19—铜网或熔丝

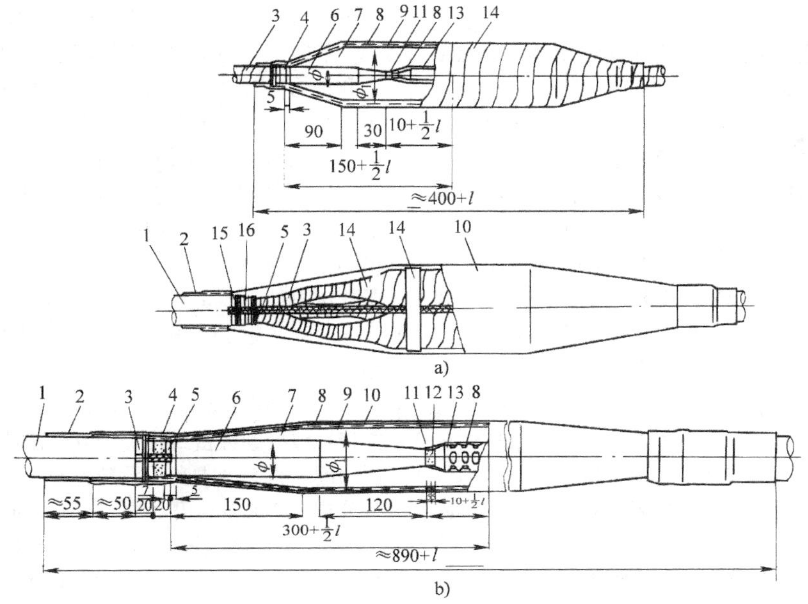

图 14-2-26　绕包式电缆接头

a）10kV 三芯电缆直通型接头　b）35kV 单芯电缆直通型接头

ϕ—电缆绝缘外径　ϕ_1—增强绝缘外径　l—导体接管长度

1—外护层　2—热缩密封管　3—屏蔽铜带　4—外半导电层　5—过桥线　6—电缆绝缘　7—增强绝缘　8—半导电带绕包层　9—屏蔽铜网　10—热缩护套管　11—内半导电层　12—导体　13—导体连接管　14—PVC 带绕包层　15—钢带　16—内护层

表 14-2-11 绕包式终端应力锥结构尺寸

（单位：mm）

额定电压	尺寸			
	L_1	L_2	ϕ_1	ϕ
10kV	90	140	$\phi+16$	电缆绝缘外径
35kV	100	100	$\phi+30$	

注：1. 三芯电缆接头，当要求钢带与铜带分开接地时，需用两根过桥线分别连接两端电缆的钢带和铜带，且在接头屏蔽外面施加内热缩护套管，与两端电缆内护层搭接，保持密封。

2. 当电缆为铜丝屏蔽时，可将接头两端电缆铜丝扭绞后用连接管压接，无需另加过桥线。

3. 安装接头和终端外护层或终端盒

1）10kV 三芯电缆终端用乙丙橡胶自粘带绕包分支套与电缆护层连接处，再从分支套的三个指管开始，沿着电缆线芯铜带屏蔽层、应力锥一直到接线端子压接部分半搭盖式绕包一层，然后返回到指管上。用红绿黄三色 PVC 胶粘带在指管处包绕2～3层，作为相色标志。户外终端还需在接线端子下部套上塑料雨罩，用乙丙橡胶自粘带包绕固定。

2）35kV 单芯终端，按照图 14-2-25 所示先套装瓷套，固定上端部件，再安装下端部件。所有密封部件都应正确安装，以确保密封。再拆去上端部件，浇灌绝缘剂。通常使用的绝缘剂为绝缘用硅油。浇灌前需适当加热，以增加其流动性。考虑温度升高会引起膨胀，浇灌不宜过满。

3）10kV 三芯电缆接头，完成每相接头后，将三相合拢，用 PVC 带或白纱带绑扎，并填平三芯分叉处。再将热缩护套管移至接头处，由中间向两端加热收缩，火焰不可太大，加热时应不断晃动，以免烧伤热缩管。当要求电缆内护层连续以保证密封，则接头需用内外两层热缩护套管，内护套管两头搭盖在电缆内护层上，然后焊接接头两端电缆钢带的跨接线，再加热收缩外护套管。内外护套管两端内壁均应预涂热熔密封胶。直埋敷设的电缆接头，可采用水泥保护盒，内填泥土。也可采用铁皮保护盒（它外面也需有热缩管保护层），或塑料盒。保护盒内不宜浇灌沥青等高热阻材料，以免散热困难，引起热击穿。

4）35kV 单芯电缆接头，通常采用热缩管作为外护层，热缩管两端内壁应预涂热熔胶，加热收缩的操作要求与 10kV 接头相同。若为三芯电缆接头，在线芯连接之前，应将热缩管套在每相需保留屏蔽铜带的一段线芯上，加热收缩。再用热缩分支套，套在三芯分叉处、加热收缩。两端电缆钢带需用跨接线连通。直埋电缆接头，通常采用水泥保护盒。

2.3.4 热收缩式电缆附件

挤包绝缘电缆用热收缩电缆附件与油纸绝缘电缆用热收缩电缆附件基本相同。其增强绝缘、屏蔽、护层、雨罩及分支套等均为热收缩部件，主要不同处在于油纸绝缘电缆热收缩附件需要用隔油管和耐油填充胶。挤包绝缘电缆热收缩附件里电场控制都是采用应力控制管或者应力控制带来实现的。为了保证热收缩电缆附件的运行可靠性，首先要求工厂提供的各种热收缩部件的性能参数、表面状态等应满足相应标准（JB/T 7829—2006、JB/T 7830—2006）要求，各种管材在加热时不开裂、不起泡，还要求安装操作正确、认真、仔细。加热工具可用丙烷气体喷灯或大功率工业用电吹风机，在条件不具备的情况下，也允许采用丁烷气体、液化气或汽油喷灯。一定要控制好火焰，不致过大，操作时要不停地晃动，不可对准一个位置长时间加热，以免烫伤热收缩部件。喷出的火焰应该是充分燃烧的，不可带有烟，以免碳粒子吸附在热收缩部件表面，影响其性能。在收缩管材时，一般要求从中间开始向两端或从一端向另一端沿圆周方向均匀加热，缓缓推进，以避免收缩后的管材沿圆周方向出现厚薄不均匀或层间夹有气泡现象。

热收缩电缆附件生产厂家较多，产品的安装尺寸和结构略有差异，以下介绍的为目前较为普遍采用的结构及其安装程序。

1. 热收缩电缆终端（见图 14-2-27）

1）剥切电缆：按图 14-2-27 所示尺寸剥去电缆外护层、钢带（如果有的话）和内护层。35kV 单芯电缆外护层剥切长度应按图中所示尺寸加上端子孔深再加 10mm。

2）焊接接地线：其要求与绕包式附件基本相同。

3）收缩分支套（对 10kV 三芯电缆）：先在焊接接地线处缠绕密封胶带，应将接地线夹在密封胶层中间，再套分支套，尽量套到三叉口根部，然后从分支套中间部位开始向上下两端加热收缩。

4）剥切屏蔽铜带和半导电层（对 10kV 三芯电缆）：从分支套指端上部 50mm 处开始剥去屏蔽铜带。保留 20mm 半导电层，其余均剥去，保留的半导电层端部应按本章 2.3.2 节进行处理。

5）剥切线芯末端绝缘：按接线端子孔深加 10mm 长度剥去线芯末端绝缘。对 35kV 电缆还需将绝缘末端削成 30mm 长的锥形。

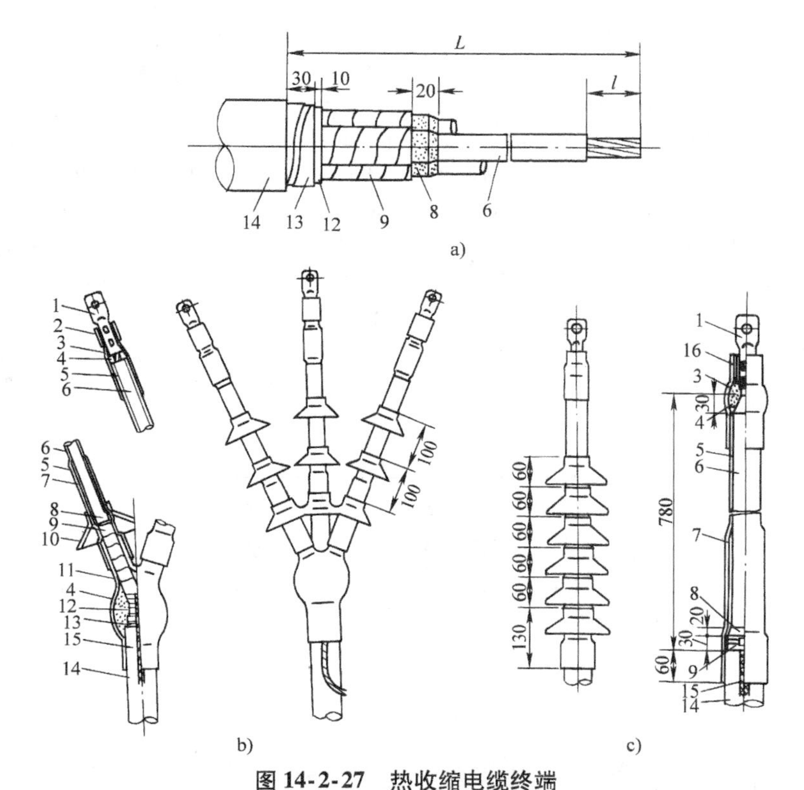

图 14-2-27　热收缩电缆终端

a）三芯电缆终端电缆剥切图　b）10kV 三芯电缆终端　c）35kV 单芯电缆终端

1—端子　2—相色管　3—密封管　4—填充胶　5—绝缘管　6—电缆绝缘　7—应力管　8—半导电层

9—铜带　10—雨罩　11—分支套　12—内护层　13—钢带　14—外护层　15—接地线　16—衬管

L—户内：550mm、户外：750mm　l—端子孔深 +10mm

6）压接接线端子：压接后除去毛刺和飞边。

7）安装应力管：用清洗剂擦净绝缘表面。但必须注意擦过半导电层的清洗布不可再擦绝缘。在绝缘表面均匀地涂一层硅脂，套入应力管，应力管下端覆盖在电缆半导电层和铜带上（10kV 电缆为 20mm，35kV 电缆为 30mm）。自下而上的加热收缩，避免应力管与线芯绝缘之间留有气隙。

8）安装绝缘管：用填充胶带绕包应力管端部与线芯绝缘之间的阶梯，使之为平滑的锥形过渡面。再用密封胶带包绕分支套指端（两层），对 35kV 单芯电缆包绕电缆外护层末端 60mm 一段（两层）。套绝缘管，10kV 三芯电缆套到分支套指端根部，35kV 电缆套到外护层末端 60mm 处。再由下向上加热收缩。

9）安装密封管：切去多余长度的绝缘管，10kV 电缆切到与线芯绝缘末端齐，35kV 电缆切到线芯绝缘锥面处。再用密封胶带包绕填平接线端子压坑以及电缆绝缘与接线端子之间的间隙，35kV 电缆还应在接线端子压接部分加热缩衬管。然后套密封管，并加热收缩。

10）安装标志管：将红绿黄相色标志管套在接线端子压接部位，并加热收缩。

11）安装雨罩：10kV 三芯电缆先将三孔雨罩套在三相线芯上，离分支套分叉处约 100mm 处，加热收缩固定，再套单孔雨罩，再加热收缩固定。雨罩固定位置如图 14-2-27 所示。雨罩数量如下：

10kV 三芯电缆户外终端安装一只三孔雨罩，每相线芯上再加两只单孔雨罩，户内终端不装雨罩。35kV 单芯电缆户外终端每相线芯安装六只雨罩，户内终端每相线芯安装四只雨罩。

说明：

1）当实际安装的热收缩附件产品结构和安装工艺与上述内容有差异时，应按生产厂提供的安装工艺说明书操作。

2）35kV 三芯挤包绝缘电缆热收缩终端的电缆外护层和钢带剥切尺寸可参照 35kV 三芯油纸绝缘电缆瓷套式终端安装工艺（本章 2.2.3 节第 2 条），线芯分叉处安装热收缩分支套，分开后的每相线芯用热缩护套管保护，其他部分与单芯电缆热缩终端相同。

3）因为热收缩材料只是在收缩温度以上时才具有弹性，在常温下是没有弹性及压紧力的，所以安装以后的热缩终端不应再弯曲和揉动，否则将会造成层间脱开，形成气隙，在施加电压时引起内部放电。如果将终端安装固定到设备上时必须扳动或弯曲，则应在定位以后再加热收缩一次，以消除因扳动或弯曲而形成的层间间隙。

2. 热收缩电缆接头

以下是10kV挤包绝缘电缆热收缩式接头安装程序：

1）剥切电缆：按图14-2-28所示尺寸剥去电缆外护层、钢带（如果有的话）、内护层、铜带、外半导电层和线芯末端绝缘。需要说明两点：①由于各电缆附件制造厂家提供的热收缩式电缆接头结构和尺寸不完全相同，热收缩管材长度也有区别，所以图中的L和L_1尺寸应按实际安装的产品生产厂家提供的材料和安装工艺说明书来确定；②由于需要将绝缘管、半导电管和屏蔽铜丝网等预先套在各相线芯上以后才能压接导体连接管，所以接头两端电缆剥切长度L不相等，但是屏蔽铜带剥切长度L_1，两端是相等的。

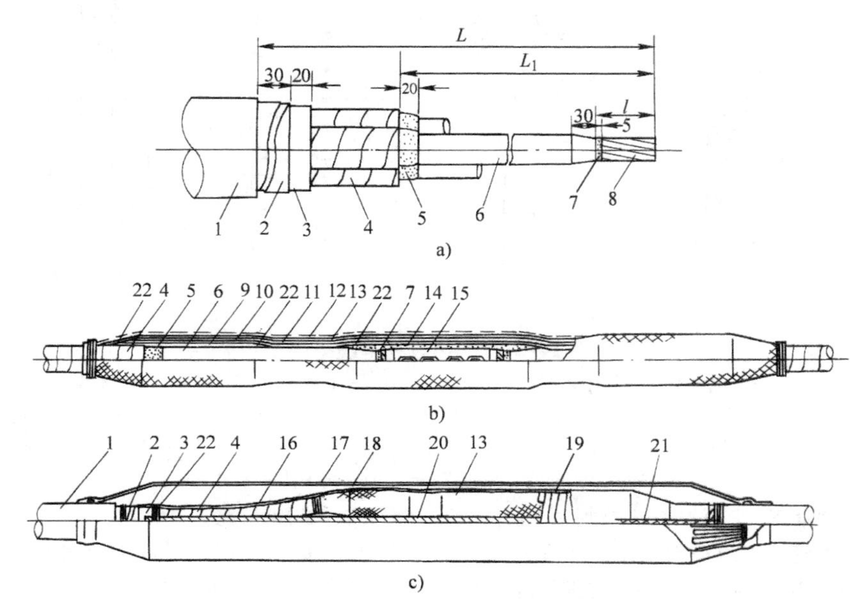

图14-2-28 10kV热收缩接头

1—外护层 2—钢带 3—内护层 4—屏蔽铜带 5—外半导电层 6—绝缘线芯 7—内半导电层 8—导体 9—应力管 10—内绝缘管 11—外绝缘管 12—半导电管 13—屏蔽铜丝网 14—半导电带 15—导体连接管 16—内护套管 17—外护套管 18—金属护套管 19—绑扎带 20—过桥线 21—钢带跨接线 22—填充胶

2）安装应力管：将六根应力管分别套在两端电缆六根线芯上，覆盖屏蔽铜带20mm，加热收缩固定（如果应力管为贯穿接头的一根管子，则应在导体连接后再固定）。

3）套各种管材和屏蔽铜网：将接头热缩外护套管、金属护套管（如果有的话）套在一端电缆上，再将屏蔽铜网和一组管材（包括绝缘管和半导电管）分别套在剥切长的三根线芯上。

4）压接导体连接管：导体连接管压接后除去飞边和毛刺、清除金属末，再用半导电橡胶自粘带包绕填平压抗，然后用填充胶带包绕连接管及两端凹陷处，使之光滑圆整。

5）安装绝缘管：用填充胶带或绝缘橡胶自粘带包绕填充应力管端头与线芯绝缘之间的台阶，操作时应认真仔细，使之成为缓缓过渡的锥面。再抽出内绝缘管，置于接头中间位置，并加热收缩，然后抽出外绝缘管置于接头中间位置，再加热收缩。加热应从中间开始沿圆周方向向两端缓缓推进，防止内部留有气泡。

6）安装半导电管：在绝缘管两端用填充胶带或绝缘橡胶自粘带包绕填充，以形成均匀过渡的锥面，再将半导电管移到接头中间位置，从中间向两端均匀加热收缩，两端与电缆半导电层搭接处用半导电带包绕填充，形成均匀过滤锥面。如果用两根半导电管相互搭接，则搭接处应尽可能避免有气隙。

7）安装屏蔽铜丝网：将屏蔽铜丝网移至接头

中间位置，向两边均匀拉伸，使之紧密覆盖在半导电管上，两端用裸铜丝绑扎在电缆屏蔽铜带上，并焊牢。也可采用缠绕方式将屏蔽铜丝网包覆在接头半导电层外面。

8）焊接过桥线：将规定截面的镀锡铜编织线两端用裸铜丝分别绑扎并焊接在三根线芯的屏蔽铜带上，然后将三相线芯捏拢，在线芯之间施加填充物，用白纱带或PVC带扎紧。

9）安装内护套管：在接头两端电缆内护套处包绕密封胶带，将内护套管移至接头处，两端搭接在电缆内护套上，并加热收缩。

10）焊接钢带跨接线：用10mm²镀锡铜编织线或多股铜绞线，两端分别绑扎并焊接在两侧电缆的钢带上。

11）安装外护套管：将金属护套管移至接头位置，两端用铜丝扎紧在电缆外护层上，再将热缩护套管移到金属护套管上，加热收缩，两端应覆盖在电缆外护层上。当不用金属护套管时，则应将热缩外护套管移到接头位置，加热收缩覆盖在内护套管上。

说明：

1）如果不要求将电缆屏蔽铜带与钢带分开接地，则不需用内护套管和钢带跨接线，过桥线应绑扎焊接在电缆屏蔽铜带和钢带上，然后安装热缩外护套管或金属护套管。

2）35kV挤包绝缘电缆用多层热缩绝缘管组合成增强绝缘不太合适，因为层间气隙难以避免，为此有用外半导电层（热缩管）与绝缘层（弹性材料）复合为一体的复合管结构来解决，对于更高电压（如72kV）电缆接头已采用热缩绝缘管与弹性绝缘管复合而成的绝缘收缩管。

2.3.5　预制件装配式电缆附件

预制式电缆附件在中压级挤包绝缘电缆线路里应用很普遍，它不仅是安装比较方便，更重要的是把电缆接头和终端的增强绝缘和屏蔽层预先在工厂里做成一个整体，从而使现场安装制作带来的各种不利因素的影响降低到最低程度。

预制式电缆附件的主要部件为合成橡胶预制件，常用材料有三元乙丙橡胶（EPDM）和硅橡胶（SIR）两种。

按结构和安装操作的不同，预制式电缆附件又分两类，如图14-2-29所示。一类是仅仅将电缆附件需要的增强绝缘和屏蔽层（包括应力锥）在工厂生产时就组合为一体，现场套装在经过处理后的电缆末端或接头处，电缆导体连接方式以及电缆接入电器设备方式仍与其他电缆附件相同，这类预制式附件称之为预制件装配式附件。而终端又称为前面带电式（因高电压裸露在空气中）预制式终端，如图14-2-31所示。另一类不仅将电缆附件需要的增强绝缘和屏蔽层（包括应力锥）在工厂生产时就组合为一体，而且带有导体连接金具，安装在电缆上以后，通过一个过渡件直接插入或借助螺栓连接到电器设备上去，需要时也可分开。其最大特点是带电导体完全封闭在绝缘内部，不暴露在外，因此又称前面不带电式电缆终端，或可分离连接器，如图14-2-30所示，它是电缆引入或引出全封闭电器设备的最佳配套件，对电器设备向小型化、全封闭方向发展起到促进作用。

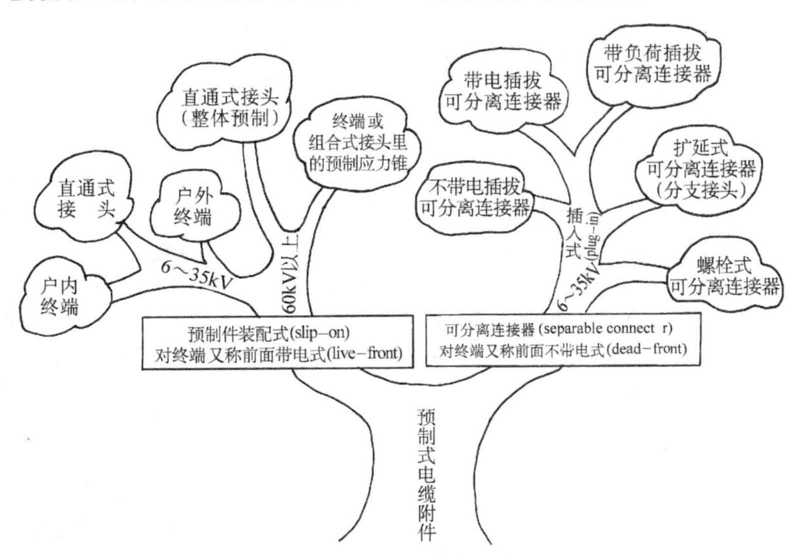

图14-2-29　预制式电缆附件分类

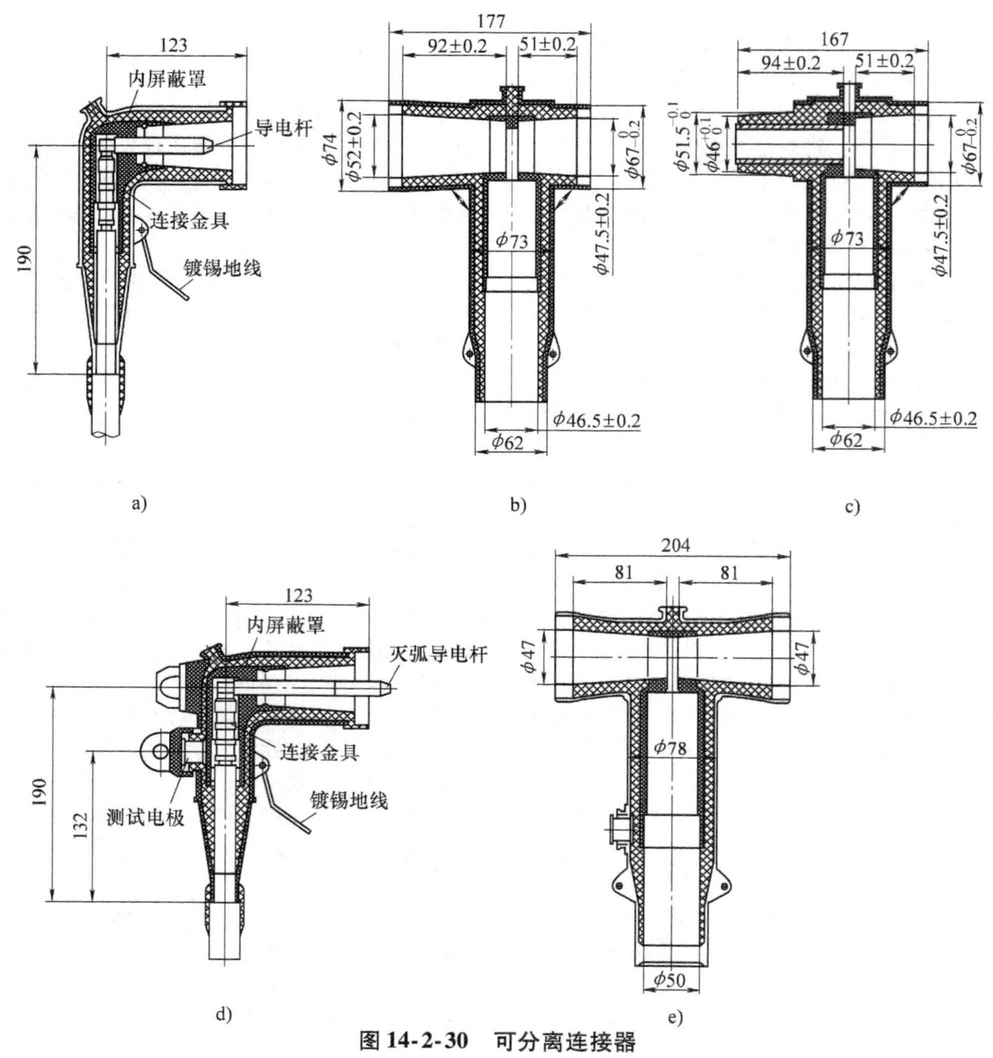

图 14-2-30 可分离连接器

a）欧式肘型附件 b）欧式前附件 c）欧式后附件

d）美式可带电插拔肘型附件 e）美式 T 型附件

上述预制式附件与其他类型附件相比还有其独到之处，因为预制式附件里电缆导体连接处有一个内屏蔽结构，它将导体连接处电场畸变和电缆绝缘轴向收缩以及切削电缆绝缘反应力锥等很难处理的问题都予以回避了，这是其他类型附件所不能比拟的。同样预制式电缆附件也存在一些不足之处，例如，预制式电缆附件与电缆的配合基本上是一一对应的，即一个规格产品只适用于一个电压等级的一个截面电缆，这是因为在预制式电缆附件里其增强绝缘与电缆绝缘相接触的界面特性主要是靠弹性压紧力来保证的。由于它与电缆是一一对应的，因此规格多，制造用模具也多。另外，在结构设计和生产工艺方面还必须注意以下问题：

1）橡胶预制件的内径与电缆绝缘外径相配合的过盈问题。过盈小，弹性压紧力就小，界面特性差，可能导致沿界面放电。反之，过盈过大，虽然初始压紧力大，界面特性好，但弹性松弛快，压紧力随时间延续很快下降，界面特性也随之变坏。为此，按胶种及配方选择合适的过盈数值是十分重要的。

2）预制式电缆附件上的半导电橡胶屏蔽层（包括应力锥）电阻值的稳定性问题，不单控制原材料的电阻值，更重要的是控制成品的电阻值，因为生产工艺对半导电橡胶电阻值有很大影响。

3）对终端（尤其是户外终端）而言，雨裙不宜过大，以免造成沿外绝缘表面泄漏电流的线密度在雨裙上和雨裙之间缩颈部位差异过大，从而使缩颈部位容易干燥，引起放电，形成漏电痕迹。这一点与电瓷套管作为外绝缘是不相同的。

4）对终端而言，因为预制式电缆附件外径都比较小，应力锥附近绝缘外表面的电场相对瓷套式终端显得更高，因此选择合适的雨裙与应力锥的相对位置，对降低绝缘外表面电场，从而提高放电电压显得非常重要。

5）对接头而言，由于其内半导电屏蔽层是与电缆导体相接触的，因而其电位与电缆导体基本相等，导体连接处的空气隙处于等电位下，不会放电，电缆绝缘末端不需要切削反应力锥，即使电缆绝缘有轴向收缩，只要其端部未缩到接头内半导电层以外，就不会影响接头性能。但是，内半导电屏蔽层的两个端部的形状与尺寸却成了接头设计的关键部位，如果设计不合理，可能导致接头击穿。

以下对10kV及35kV预制件装配式电缆终端和直通式接头的结构、安装工艺及注意事项作一介绍，由于各厂家的产品结构尺寸及安装工艺有差异，所以着重介绍的是安装工艺程序及注意事项。

1. 10kV三芯电缆终端（见图14-2-31）

1）按制造厂提供的安装说明书规定的尺寸剥去电缆外护层、钢带（如果有的话）、内护层及线芯间填料（钢带剥切长度主要按线芯弯曲半径和相间距离来确定）。

2）焊接接地线及安装分支套的工序与热收缩电缆附件基本相同，见本章2.3.4节第1条中的第2）款和第3）款。

3）收缩线芯护套管时，应将三根热缩护套管分别套在三根线芯上，直到分支套分叉处，加热收缩。在分支套指端收缩相色标志管。

4）对照安装说明书规定的线芯屏蔽铜带裸露长度剥去多余的热缩管。

5）按照安装说明书规定尺寸剥去屏蔽铜带、半导电层和线芯末端绝缘，用PVC胶粘带包绕导体末端，以防止套装预制件时擦伤其内表面。

6）在留下的屏蔽铜带处包绕半导电自粘带，呈圆柱形，宽约20mm，直径按安装说明书规定。

7）套装预制件时，应先用浸有清洗剂的清洁布擦净电缆绝缘表面，并均匀地涂上硅脂，将预制件内壁也涂以硅脂，然后套在电缆绝缘上，尽量一次套到位，如果中途停顿，时间不宜过长，否则再套就十分困难。从导体露出长度及捏摸预制件顶端是否有空隙来判断是否套到位。

8）压接接线端子时，应折去导体末端包绕的PVC胶粘带，套上接线端子并压接。户外终端在预制件下端与电缆接触处缠绕一圈密封胶。

也可采用冷收缩分支套和冷收缩管来保护线芯分支处及每相线芯。

2. 35kV单芯电缆终端（见图14-2-31）

按制造厂提供的安装说明书规定尺寸剥去电缆外护套后，将接地线绑扎并焊在屏蔽铜带上，如果是铜丝屏蔽，可先用裸铜丝绑扎，把上部电缆屏蔽铜丝翻下扭绞后作接地线用。

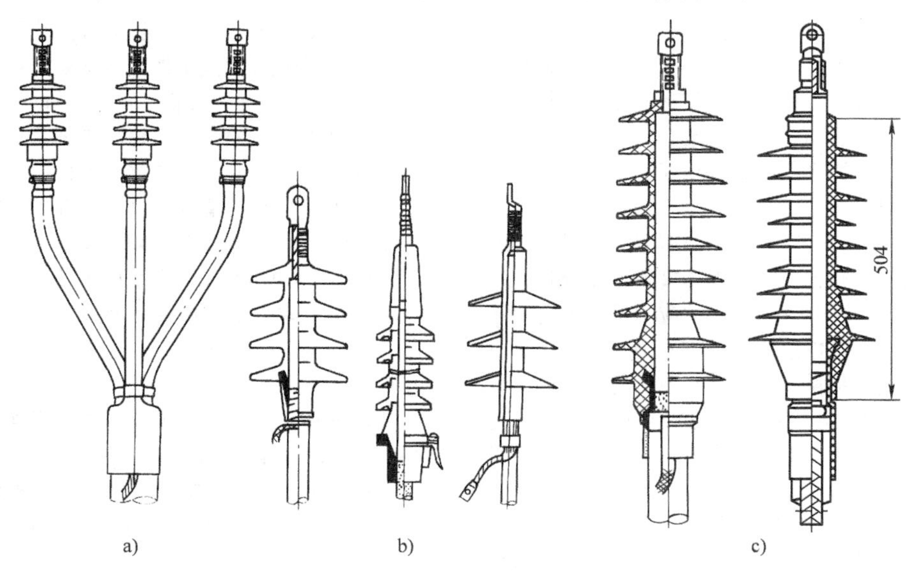

图14-2-31　10～35kV预制件装配式终端

a）10kV户外终端　b）几种常用预制式终端　c）35kV户外终端

剥除铜带、半导电层及末端绝缘，套装预制件，压接接线端子等工艺基本上与 10kV 预制式终端相同。

3. 10kV 三芯电缆接头（见图 14-2-32 中 a 和 b）

1）按制造厂提供的安装说明书规定的尺寸剥去电缆外护层、钢带（如果有的话）、内护层及线芯间填料。因为要预先套入接头预制件再压接导体连接管，所以两侧电缆剥切长度不相等。

2）剥切屏蔽铜带、半导电层和线芯末端绝缘，剥切尺寸按制造厂提供的安装说明书规定。

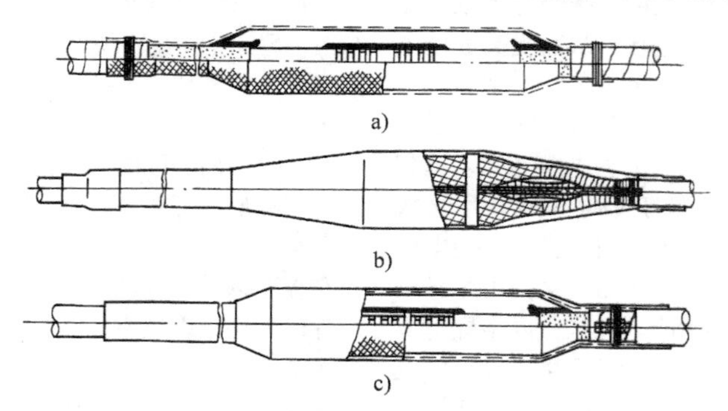

图 14-2-32　10kV 和 35kV 预制件装配式接头

a）三芯电缆接头中的每相接头　b）10kV 三芯电缆接头
c）35kV 单芯电缆接头

3）将导体连接管套在剥切长端电缆线芯导体上，先压接好后，再去毛刺飞边和清除金属屑末，用清洁布或纸擦净电缆绝缘表面、半导电层表面及导体连接管表面。

4）在剥切长端电缆绝缘表面、半导电层表面及接头预制件内孔均匀涂抹一层硅脂，然后将接头预制件套在该线芯上，直到电缆绝缘从预制件另一端露出时为止。

5）将接头外护套管套在剥切短端一侧电缆上，并在每相绝缘芯上分别套上屏蔽铜丝网，再将短端电缆每相线芯导体分别插入已压在长端电缆每相线芯导体上的连接管内，进行压接，然后除去飞边和毛刺，用清洁布擦净电缆绝缘表面、半导电层表面及导体连接管表面。

6）在两端电缆绝缘表面上均匀地涂一层硅脂，然后将预套在长端电缆线芯上的接头预制件拉到接头位置，要保证预制件内两端的应力锥半导电层正好分别搭盖在两端电缆绝缘外半导电层末端上，具体尺寸按制造厂提供的安装说明书规定。

7）在电缆线芯绝缘半导电层与预制件外半导电层搭接处包绕半导电自粘带，以形成连续的锥形过渡面。

8）将屏蔽铜丝网移到接头中间位置，均匀的向两端位伸，使其紧贴在预制件接头表面上，两端绑扎并焊接在电缆屏蔽铜带上。也可用缠绕方式施加屏蔽铜丝网。

9）将三相接头捏拢，再将过桥线（镀锡编织铜丝）分别绑扎在接头两端电缆的钢带和三个线芯屏蔽铜带上，并焊牢。用白纱带或 PVC 带绑扎三相接头，并用填料填充三相间隙处，以使其尽可能圆整。

10）将热缩外护套管移到接头位置，从中间向两端加热收缩。

说明：

1）当要求电缆金属屏蔽层与铠装层分开接地时，则接头内连接两侧电缆金属屏蔽层的过桥线安装以后还须安装内护套管，再用 10mm^2 左右绝缘导线连接两侧电缆铠装层，保证电缆金属屏蔽层与铠装层相互绝缘，最后安装接头外护层。

2）在直埋敷设情况下，接头需要有保护盒，常用的有水泥保护盒（见本章 2.2.3 节第 3 条）和金属护套管（见本章 2.2.2 节第 8 条）。

4. 35kV 单芯电缆接头（见图 14-2-32c）

安装工艺基本上与 10kV 三芯电缆中每相制作相同，应注意下列不同之处。

1）单芯电缆如果是铜丝屏蔽，用裸铜丝绑扎后再将屏蔽铜丝翻向后面，留作过桥线。

2）由于是单相，如果直埋敷设，不能用铁磁材料作保护盒，建议用玻璃钢或硬质塑料保护盒。

2.3.6　冷收缩式电缆附件

冷收缩式电缆附件是利用有机弹性材料在工厂

内注射硫化成型，再通过专用扩张设备对管状物进行预扩张，并将塑料螺旋支撑管置入管状物内部，构成各种电缆附件部件。现场安装时，将这些预扩张件套在经过处理后的电缆末端或接头处，抽出内部的支撑管，其自动复位并压紧在电缆绝缘上构成电缆附件产品。因为这种预扩张附件是在常温下靠弹性回缩力自动复位，相对热收缩电缆附件要加热收缩，故简称冷收缩电缆附件。

冷缩电缆附件一般用于 10 ~ 35kV。这种电缆附件早期有 3M 公司、比瑞利等公司制造，近 16 年以来国内有多家企业制造。冷缩电缆终端普遍采用两种结构。

一种是应力管控制电场的结构（见图 14-2-33）；另外一种是应力锥控制电场的结构（见图 14-2-34）。两种结构冷缩终端对比如图14-2-35及图 14-2-36 所示。

冷缩式电缆接头，基本上采取半导电屏蔽管、半导电应力锥复合绝缘、再外覆半导电屏蔽层的结构（见图 14-2-36）。

冷缩电缆附件具有体积小、安装方便、迅速、无需专用工具、适用范围宽、产品规格少等优点。与热缩附件相比安装不需用火，且安装以后，挪动或弯曲不会像热缩附件那样出现附件内部层间脱开的危险。与预制式电缆附件相比，虽然都是靠弹性压紧力来保证内部界面特性，但是它不像预制式电缆附件那样与电缆截面一一对应，因而规格较少。必须指出的是，在安装到电缆上去之前，预制式电缆附件的部件是没有张力的，而冷缩电缆附件是处于高张力状态下，因此必须保证在贮存期内，冷缩部件不应有明显的永久变形，或弹性应力松弛，否则安装在电缆上以后不能保证有足够的弹性压紧力，从而不能保证良好的界面特性。

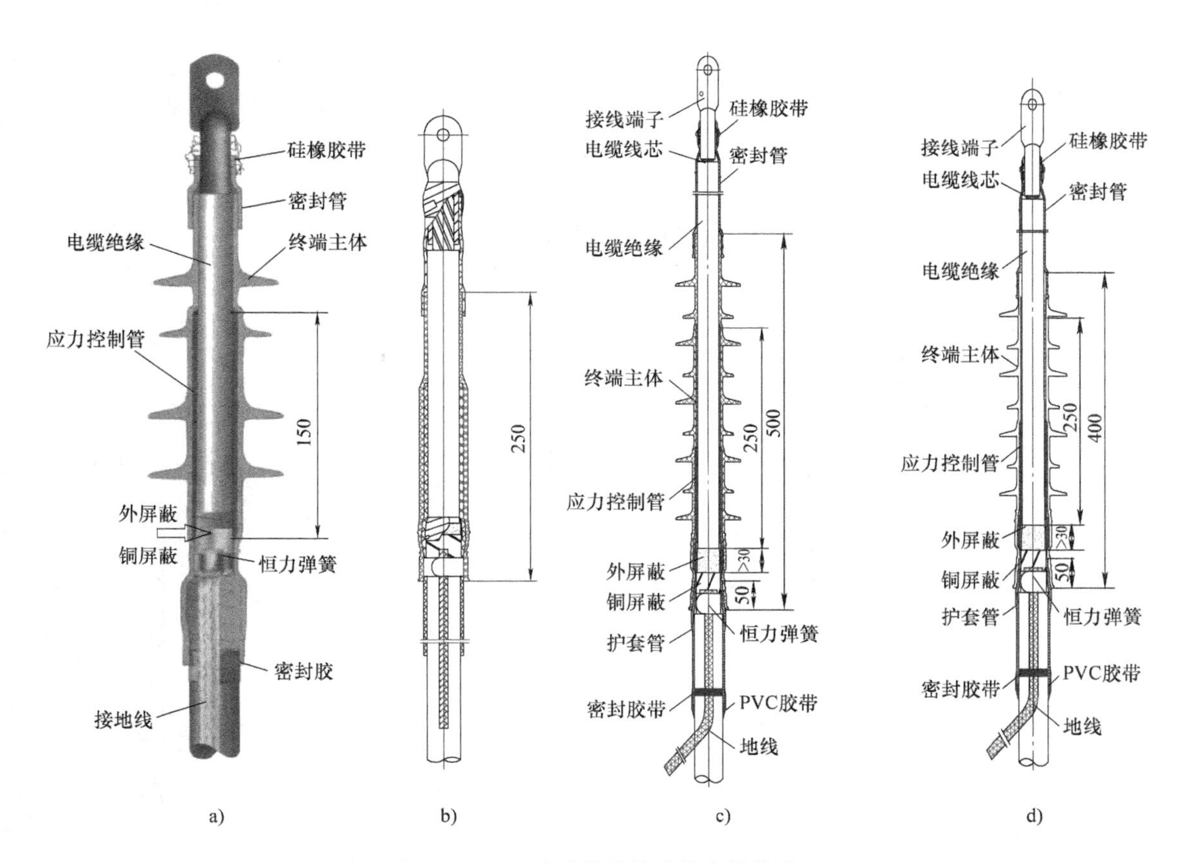

图 14-2-33　应力管结构冷缩电缆终端

a）10kV 单芯户外　b）10kV 单芯户内　c）35kV 单芯户外　d）35kV 单芯户内

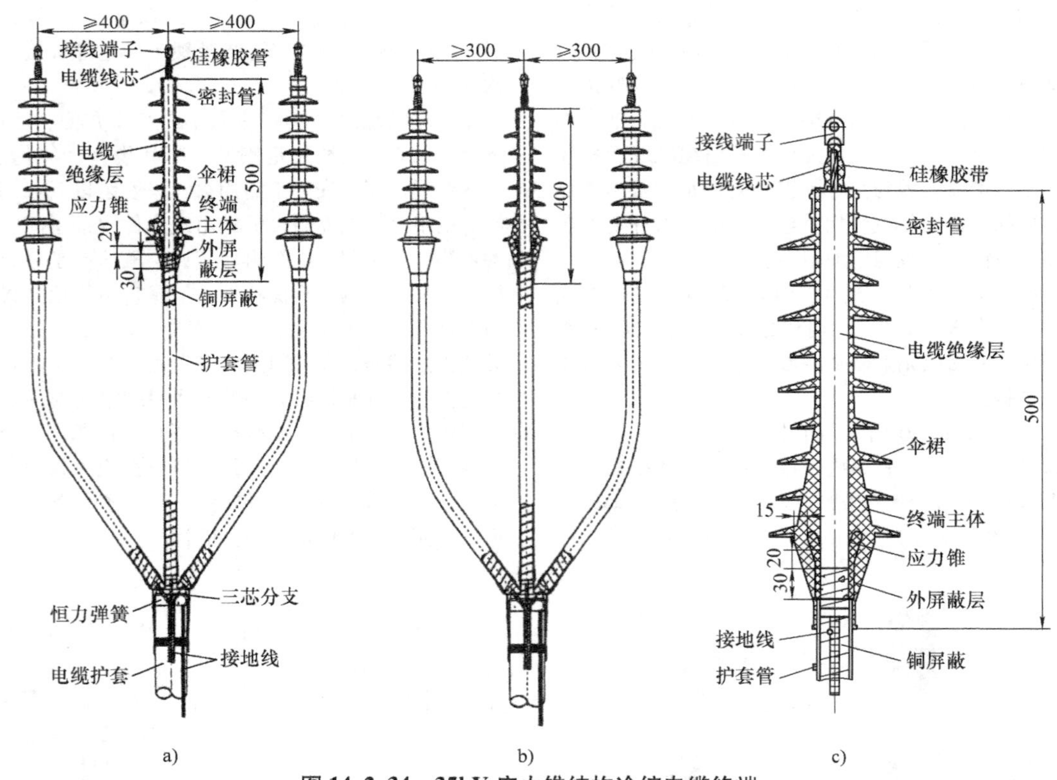

图 14-2-34　35kV 应力锥结构冷缩电缆终端

a）户外终端　b）户内终端　c）单芯户外终端

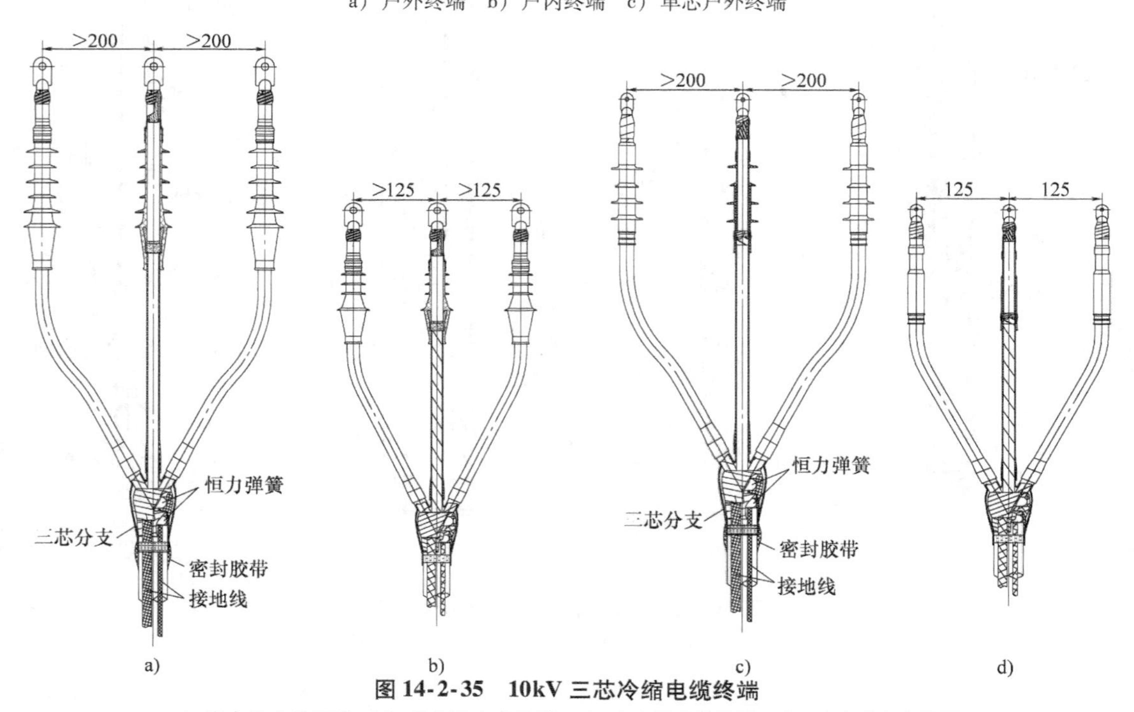

图 14-2-35　10kV 三芯冷缩电缆终端

a）应力锥户外终端　b）应力锥户内终端　c）应力管户外终端　d）应力管户内终端

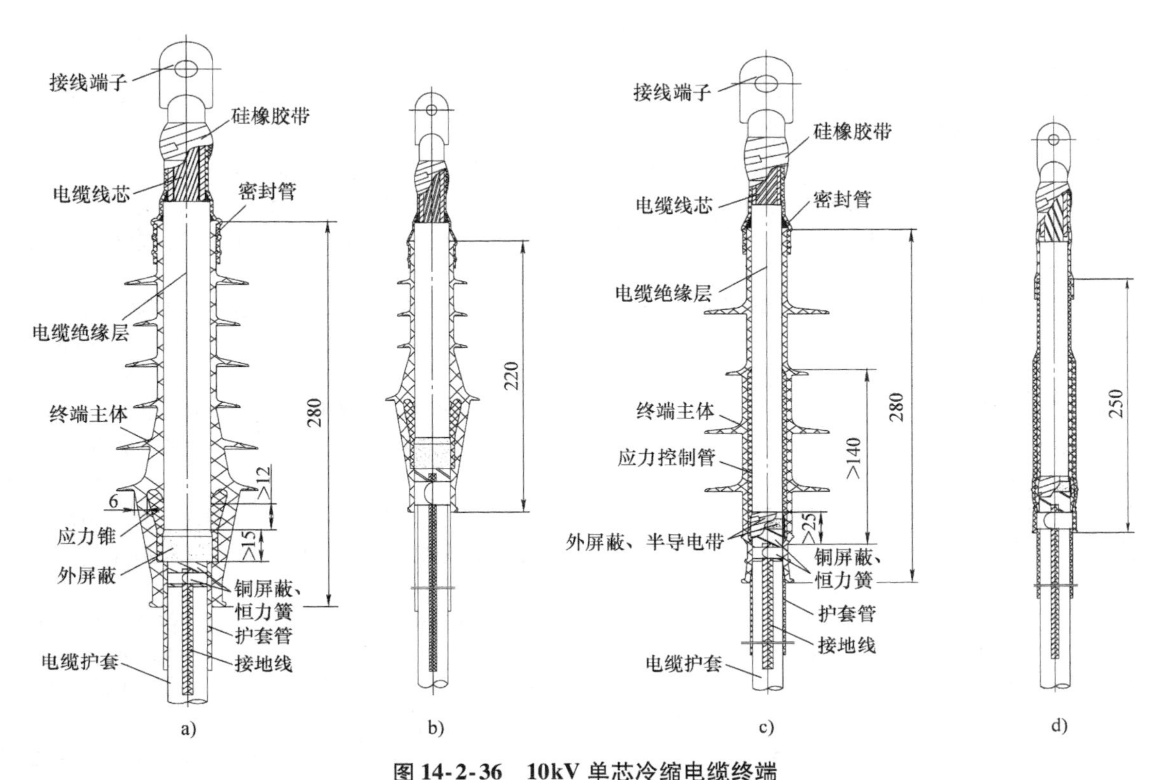

图 14-2-36　10kV 单芯冷缩电缆终端

a）应力锥户外终端　b）应力锥户内终端　c）应力管户外终端　d）应力管户内终端

以下对 10kV 和 35kV 冷收缩电缆终端和 10kV 冷收缩电缆直通式接头的结构、安装工艺及注意事项进行介绍。

1. 10kV 三芯电缆终端（见图 14-2-37）

1）按制造厂提供的安装说明书规定的尺寸剥去电缆外护层、钢带（如果有的话），内护层及线芯间填料（钢带剥切长度主要由线芯弯曲半径和相间距离来确定，但需考虑与所提供的套在线芯上的冷缩护套管长度相适配）。内护层留 10mm，钢带留 25mm。将电缆端部约 50mm 长一段外护层擦洗干净。

2）用恒力弹簧将粗接地编织铜线（一般为 $25mm^2$ 固定在铜屏蔽上。若要求钢带与线芯屏蔽分开接地，则应另取 $10mm^2$ 编织铜线用恒力弹簧固定在钢带上，然后用绝缘带绕包覆盖，再将线芯屏蔽接地编织铜线连接起来引出。注意，钢带接地线和线芯屏蔽接地线在终端内不可有电气上的连通。为了防止水汽沿接地线进入电缆，在外护层上先用防水带包两层，将接地线夹在中间，外面再包两层防水带。

3）将冷缩分支套置于线芯分叉处，先抽出下端

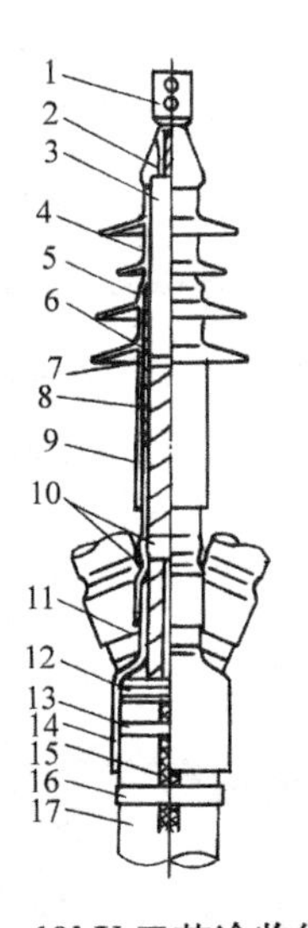

图 14-2-37　10kV 三芯冷收缩电缆终端

1—端子　2—硅橡胶带（耐漏痕）　3—绝缘线芯　4—冷缩终端主体　5—冷缩应力管　6—半导电带　7—电缆外半导电层　8—屏蔽铜带　9—冷缩护套管　10—屏蔽接地线　11—标志带　12—恒力弹簧　13—防水胶带　14—冷缩分支套　15—铠装接地线　16—PVC 带　17—电缆外护层

内部塑料螺旋条，然后再抽出三个指管内部塑料螺旋条，收缩压紧在线芯分叉处。

4）将三根冷缩护套管分别套在三根线芯上，下部覆盖分支套指管15mm，抽出管内塑料螺旋条，收缩压紧在线芯铜屏蔽上。若为加长型户内终端，则用同样方法收缩第二根冷缩护套管，其下端与第一根搭接15mm。护套管末端到线芯末端长度应等于安装说明书规定的尺寸。

5）从护套管口向上留一段铜屏蔽（30～45mm），其余剥去。再留10～15mm外半导电层，其余半导电层剥去。再按接线端子孔深加10mm剥去线芯末端绝缘。

6）从铜屏蔽带末端10mm处开始绕包半导电带直到覆盖电缆绝缘5～10mm，然后返回到铜屏蔽带上，要求半导电带与绝缘交界处平滑过渡，无明显台阶。

7）压接接线端子。

8）用清洗剂擦净电缆绝缘及接线端子压接处，并在包绕半导电带上及附近绝缘表面涂少许与硅橡胶终端主体不溶涨的硅脂。套入冷缩终端主体到安装说明书规定的位置，抽出塑料支撑条，主体收缩压紧在电缆绝缘上（若接线端子平板宽度大于冷缩终端主体支撑管内径时，则应先安装冷缩终端主体，然后压接接线端子）。

9）用绝缘橡胶带包绕接线端子与线芯绝缘之间的间隙，外面再包绕自粘性硅橡胶带（户外终端在该处绕包自粘性硅橡胶带可以达到长期密封、绝缘的作用）。

10）在三相线芯分支套指管外包绕相色标志带。

2. 35kV单芯电缆终端

比10kV三芯电缆终端的结构和工艺简单，不需要安装分支套和线芯上的护套管，其余和三芯电缆终端基本相同。

3. 10kV三芯电缆接头（见图14-2-38）

其安装工艺与预制件接头类似，但应注意下列不同之处：

1）将冷缩接头主体套在剥切较长的一端电缆线芯上时，塑料螺旋条的抽头应朝该端电缆芯分叉处。

2）有关部件全部套在电缆线芯上后，两端电缆导体与压接管，不必像预制件接头那样分两次压接。

3）冷缩中间接头主体安装时，将冷缩接头主体移向接头中间前，在半导电层与绝缘交界处及绝缘表面均匀涂抹由制造厂提供的专用混合剂，再将主体里面的支撑管拉出，使其回缩紧压在电缆绝缘上面，及时校验接头的安装位置，如有偏差可推动接头，使接头处于中心位置，保证接头两端应力锥与外屏蔽搭接10mm以上，内导电屏蔽管覆盖连接管并与绝缘搭接10mm以上，如图14-2-38所示。

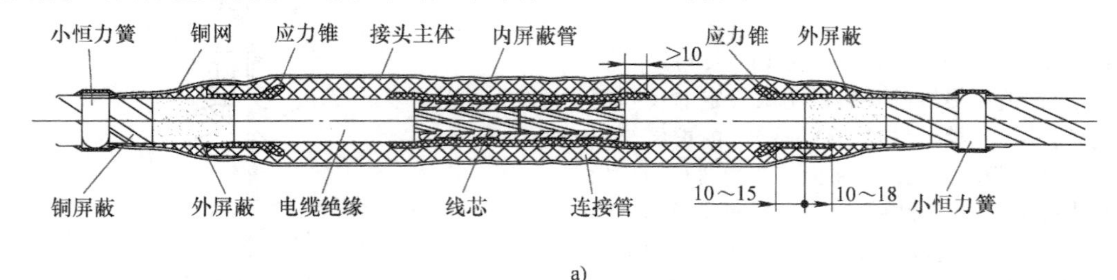

a)

恒力弹簧
铜屏蔽
外屏蔽
电缆绝缘
连接管
接头主体
铜网
PVC带
防水带
铠装带
外护套

b)

图14-2-38 冷收缩电缆接头

a）线芯接头 b）三芯电缆接头

4）安装屏蔽铜网及钢带跨接线通常采用恒力弹簧固定。

5）三芯冷收缩接头并拢以后，先采用半搭盖绕包一层PVC胶带，再绕包一层防水绝缘带，两端搭盖电缆内护层，安装铠装接地线以后再绕包一层防水绝缘胶带与两端外护套搭接，再用铠装带绕包整个接头表面，固化后有良好的机械保护作用。这种铠装带（Armorcast）是水性预浸渍可固化的黑色聚氨酯玻璃纤维编制带，真空包装的。使用前先打开包装，灌水15s后将水倒出，即可使用。也可采用其他合适的保护层或保护盒。

2.3.7　模塑式电缆附件

模塑式电缆附件主要用在35kV及以上交联电缆直通型接头上。它是利用辐照交联或化学交联的聚乙烯薄膜带材绕包在经过处理后的电缆接头处，借助于专用模具（铝模或耐热张力带）压紧，并加热成型的接头。

辐照交联聚乙烯带材在生产过程中，经过预拉伸处理（在100℃下拉伸30%，再冷却切卷），绕包成接头后，经加热有回缩的作用，使绕包的带材层间气隙受到压缩，从而有提高气隙放电电压的作用。因此这种接头的局部放电水平较高，适合于制作电压等级较高的电缆接头。由于绕包和加热时间长，对35kV以下电缆一般都不采用这种接头。即使35kV电缆接头，因为绕包式和预制式接头工艺都比较方便，模塑式接头也用得不多了。

35kV电缆模塑式接头是现场绕包成型的，因此除了要求操作人员严格按照图样规定的尺寸和要求施工，还与施工时的环境条件（湿度和灰尘等）有关，湿度不宜过大，施工现场应有防雨防尘的帐篷，绕包时应戴橡皮手套等。接头的结构尺寸，国内和国外有关厂家规定有所差异，以下对35kV电缆模塑接头的常用结构和工艺进行介绍。

1）剥切电缆可按图14-2-39a所示尺寸剥去电缆外护层、屏蔽铜带、外半导电层、末端绝缘和反应力锥，要求绝缘和反应力锥表面光滑圆整，不留半导电残迹和刀痕，内半导电层应留出5mm。

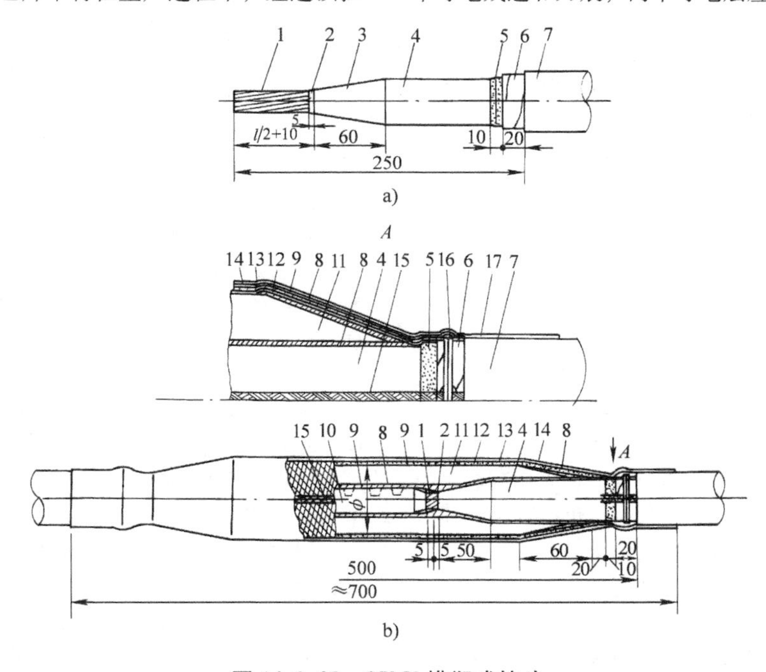

图14-2-39　35kV模塑式接头

1—导体　2—内半导电层　3—反应力锥　4—绝缘线芯　5—外半导电层　6—屏蔽铜带　7—外护层　8—乙丙橡胶带　9—半导电带　10—导体连接管　11—交联聚乙烯带　12—屏蔽铜丝网　13—PVC带　14—热缩护套管　15—接头过桥线　16—铜扎线　17—热熔胶

2）将屏蔽铜丝网和热缩护套管套在一端电缆上。

3）压接导体连接管之后应除去飞边和毛刺，清除金属屑。

4）进行预热去潮时，要安装加热模具，加热温度为120℃，保持1h，然后冷却至70℃以下，即可脱模。本道工序对提高接头电气性能有一定好处，但增加了施工时间。因此当电缆在制造、贮存和运输过程中严格控制，不使其受潮，施工时环境湿度又很低的情况下，免去本道工序是允许的。

5）用半导电带填平接头压坑，并包绕1～2层，使之圆整包，绕的半导电带应与电缆线芯内半导电带搭接，不可包到反应力锥绝缘上去。

6）用未硫化的乙丙橡胶带从一端电缆半导电层末端到另一端电缆半导电层末端沿电缆绝缘、反应力锥及导体连接管表面包绕两层，再将导体连接管和反应力锥处的凹陷部分包绕填平。

7）用辐照交联聚乙烯带从接头中心向两端各200mm（总长400mm）范围内半搭盖式来回包绕，两端包绕成60mm长的锥形，包绕后的直径可见表14-2-12。

表14-2-12　35kV模塑接头绝缘外径尺寸

电缆截面积/mm²	70	95	120	150	185	240	300	400
包绕直径 ϕ/mm	56	59	62		66	68	70	74

注：当制造厂提供模具时，其接头包绕尺寸应按制造厂的说明书规定，与模具相适应。

8）在接头两端锥面上包绕2～3层未硫化的乙丙橡胶带。

9）以半搭盖式在整个接头表面包绕一层聚四氟乙烯带。

10）装好加热模具，接通电源进行加热。先从室温升到120℃，保持2h，然后升到150℃，保持1.5h，再逐渐升到165℃保持3h，即可切断电源。待冷却到70℃后，方可脱模。采用铝模（又称硬模），操作比较麻烦，每一截面电缆都需要一个模衬。瑞典卡勃顿公司和日本昭和公司采用耐热张力带拉伸绕包在接头表面，再加热，可达到硬模同样的效果，而不需要配置很多的随电缆截面而变化的模衬。模塑接头的加热温度和时间，各公司也有一些差异。加热温度不可过高过快，否则接头内外温差太大，造成外层过热烧焦，而内层温度还未达到规定要求。

11）脱模后拆除聚四氟乙烯带，用半导电带在接头表面半搭盖包绕两层，两端与电缆绝缘外半导电屏蔽层搭盖，也有用半导电交联聚乙烯带包绕，再进行一次模塑。

12）将铜屏蔽网移至接头中间位置，向两端拉伸，使其收缩紧贴在接头半导电层上，然后将过桥线（铜编织丝）沿着接头轴向平行的敷设在屏蔽铜网外面，两端用铜丝将过桥线与屏蔽铜网一起绑扎在电缆铜带上，并用锡焊焊牢。

13）安装热缩护套管时，要先在屏蔽铜网外绕包两层PVC带，将两端电缆外护层表面打毛，再将热缩护套管移到接头部位，用喷灯从中间向两端均匀加热收缩，若护套管两端内壁未预涂热熔胶时，需先在电缆外护套上绕包热熔胶带，再收缩热缩管。

14）当接头为直埋式敷设时，需加保护盒，一般用水泥保护盒或环氧玻璃钢保护盒（见本章2.2.3节和2.3.5节第4条）。

2.3.8　浇铸式电缆附件

浇铸式电缆附件所用的材料有环氧树脂、聚氨酯和丙烯酸酯等，在挤包绝缘电缆上使用较多的是聚氨酯，主要用于直通式接头和分支式接头。固化后的聚氨酯具有较高的弹性，其膨胀系数也比较接近挤包电缆绝缘材料的膨胀系数，这对提高接头内电缆绝缘与增强绝缘的界面特性非常有利。聚氨酯和聚氯乙烯有较强的结合力，因此用作聚氯乙烯绝缘接头更显其优越性。

浇铸式电缆接头的结构和安装工艺各厂家有一定的差异，但是电缆剥切工艺和操作要点与其他电缆接头基本相同。电缆外半导电屏蔽层切断处的电场处理方法有两种：一是在该处包绕应力控制带；另一方法是包绕应力锥。对35kV电缆接头，一般都在电缆绝缘表面包绕乙丙橡胶自粘带作为过渡层。接头外壳通常由工厂提供，外壳内的金属屏蔽层应与两端电缆屏蔽层可靠连接起来，若用模具浇注，则应在脱模后用半导电自粘带缠绕接头绝缘表面，然后施加屏蔽铜网，铜网应与两端电缆屏蔽层可靠连接。再安装接头过桥线和接头外保护层（通常为热收缩护套管）。

浇注工艺操作正确与否对电缆附件性能影响很大，因此要特别注意。首先应检查所使用的浇铸剂是否超过贮存期（包装上有说明），浇注前应将浇铸剂的两个组分充分搅拌均匀，然后从浇注孔缓缓注入，以避免出现气泡。

详细的安装工艺见生产厂家的安装说明书。

2.3.9　内锥插拔式电缆终端

内锥插拔式电缆终端是硅橡胶预制应力锥与环氧套管组合型结构。带弹簧的铝合金锥形尾管将塑料压紧环顶压硅橡胶预制应力锥于内锥形环氧套管上，同时组合连接金具的可插拔电极将电缆线芯与内锥形环氧套管内固定电极连通。

产品由环氧套管、硅橡胶预制应力锥、组合导体连接金具即可插拔电极（导电接触弹簧表带、压紧锥、承力环）、组合尾管（铝合金尾管、塑料压紧环、密封圈、弹簧）构成。

其中可插拔电极外表面嵌有两个导电环形螺旋弹簧接触表带，与内锥形环氧套管内固定电极保持弹性紧密接触；可插拔电极内径通过锥形弹簧连接套与电缆线芯紧密连接。

产品优点：

1）安装方便（结构紧凑，占用空间小）；

2）检修方便（电缆端头与设备之间是可分离结构）；

3）干式结构（不需绝缘剂）；

4）性能可靠（弹簧压紧结构可确保应力锥与电缆绝缘层及外屏蔽层断口处的接触紧密。能防止应力锥弹性松弛的现象，可提高终端的长期安全运行寿命）；

5）标准化程度高（产品符合 DIN EN 50181 及 GB/T 28427—2012 的规定）。

目前国内使用较多的有三个领域：一是配电系统 35kV（21/35kV；26/35kV）；二是电气化铁路系统 27.5/48kV；三是城市地下轨道系统 26/35kV。

以下对内锥插拔式电缆终端产品的具体结构（见表 14-2-13 及图 14-2-40 和图 14-2-41）及安装工艺进行介绍。

表 14-2-13 内锥插拔式电缆终端参数表 (DIN EN50181)(单位：mm)

参数	Ⅰ型	Ⅱ型	Ⅲ型
L_1	140	140	217
L_2	115	115	185
L_3	70	70	97
D_1	ϕ65	ϕ71	ϕ95
D_2	ϕ45	ϕ50	ϕ58
D_3	ϕ36	ϕ39	ϕ55
D_4	ϕ53.6	ϕ59.6	ϕ79.3
D_5	ϕ63.5	ϕ69.5	ϕ93

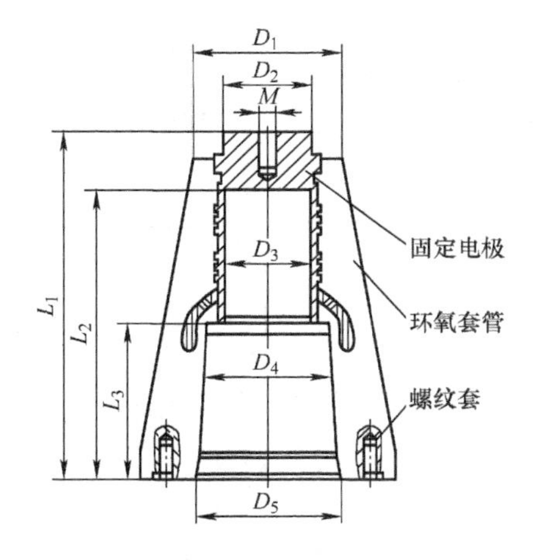

图 14-2-40 内锥插拔式终端选型参考图

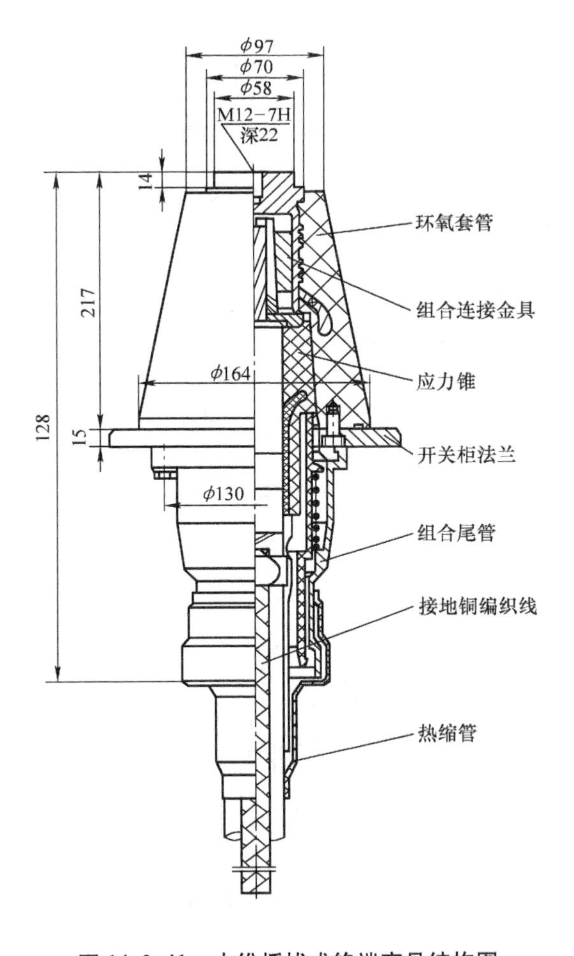

图 14-2-41 内锥插拔式终端产品结构图

2.3.10 内锥插拔式电缆终端产品安装工艺简介

1. 电缆预处理

1）检查待安装电缆，自末端开始校直电缆长度约600mm（见图14-2-42）。

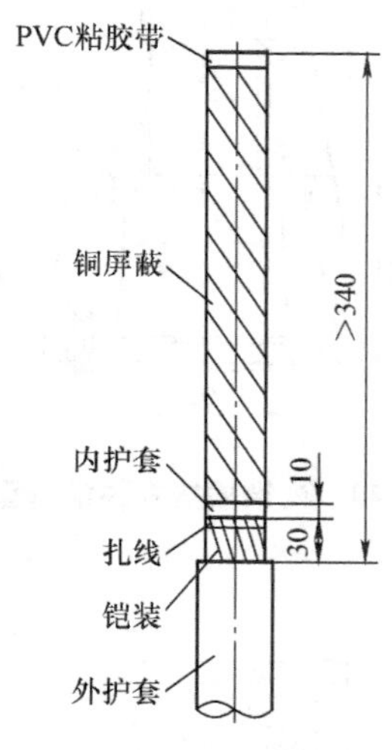

图14-2-42 电缆预处理

2）按图14-2-42规定尺寸处理电缆，注意处理电缆护套时勿损伤铜屏蔽层。

2. 安装接地线及下护套管

1）按照14-2-43安装接地线。铠装电缆安装两条接地线，两条接地线之间相互绝缘隔离，绕包绝缘胶带及PVC胶带；铜丝屏蔽电缆则将屏蔽铜丝回折并适当编织直接接地使用（不用另外安装接地线）。

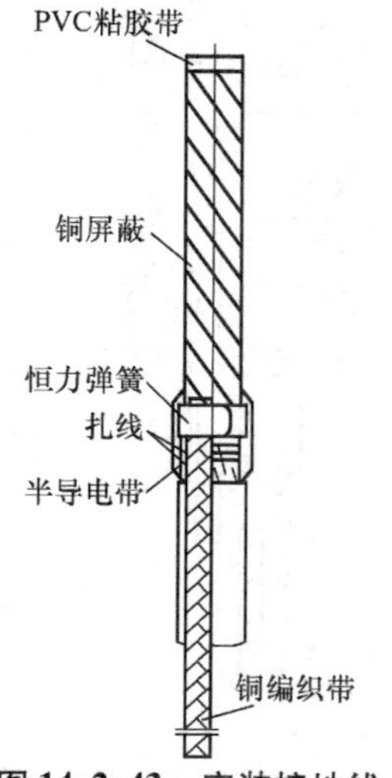

图14-2-43 安装接地线

2）按照图14-2-44安装护套管。将冷缩管套入到规定位置拉出支撑条；或者套入热缩管到规定位置，加热收缩。

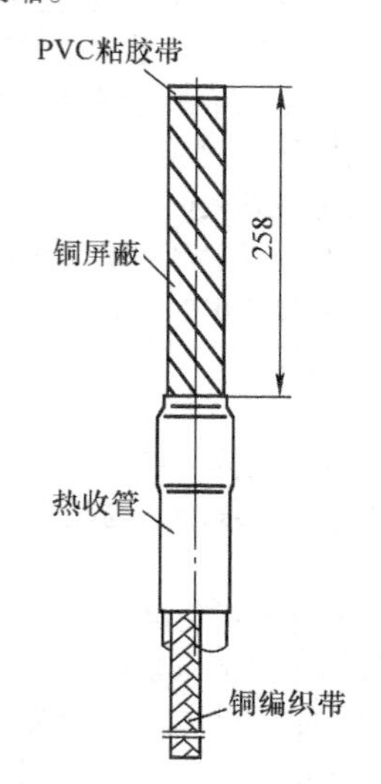

图14-2-44 安装护套管

3. 精细处理电缆（见图14-2-45）

1）电缆铜屏蔽剥切尺寸为258mm；外屏蔽剥切尺寸为185mm；绝缘剥切尺寸为80mm。

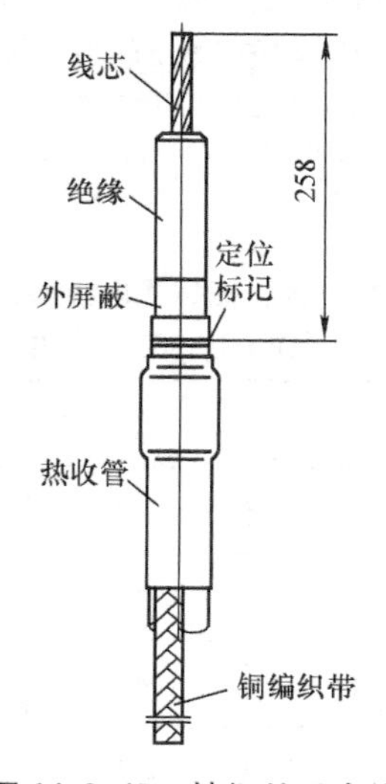

图14-2-45 精细处理电缆

2）剥除电缆铜屏蔽时勿损伤外屏蔽。剥除电缆外屏蔽时勿划伤绝缘（一般采取薄玻璃片去除外屏蔽）。外屏蔽断口应该打磨圆整，形成斜坡过渡。

3）用半导电胶带将铜屏蔽层切断口固定（外屏蔽断口处不要绕半导电胶带）。

4）用砂带将电缆绝缘打磨光滑圆整。外屏蔽断口处要求与绝缘之间形成圆滑过渡（可处理成一个长约 30mm 的斜坡）。

4. 安装相关部件

1）自电缆末端往下量取 242mm，做一应力锥安装定位标记如图 14-2-46 所示。

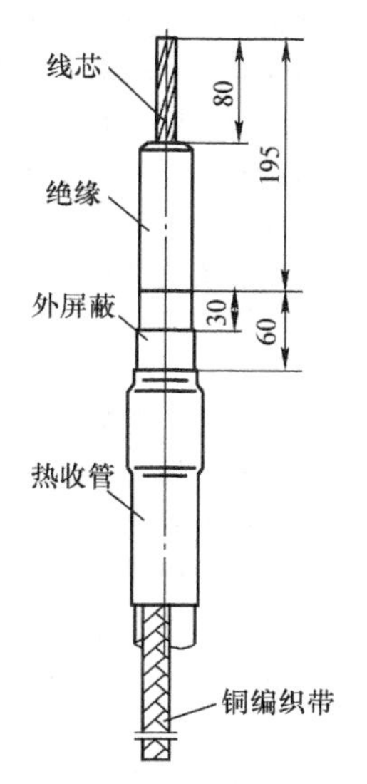

图 14-2-46　应力锥安装定位标记

2）依次将热缩护套管、组合铝合金尾管套入电缆。

3）用清洁巾从上往下，清洁电缆绝缘层表面。

4）待电缆绝缘层表面清洁剂完全挥发后（或用电热风枪处理后），再次检查电缆绝缘层表面质量，符合要求后再准备安装应力锥。

5）安装硅橡胶应力锥，在电缆绝缘层外表面和电缆终端应力锥内表面，均匀抹上一层硅脂（注意：①硅脂为不与硅橡胶溶胀的品种；②过程应清洁）。把塑料帽罩套在线芯上，用力将硅橡胶应力锥套入，直至硅橡胶应力锥底部与定位标记齐平（见图 14-2-47）。

6）安装止动圈、组合导体连接金具（可插拔电极）。将止动圈、组合导体连接金具（锥型弹簧连接套、导电接触簧、内锥套）依次套入电缆。注意，顺序不能错，止动圈倒圆角的一端面贴向应力锥。如图 14-2-48 所示。

注意，组合导体连接金具（可插拔电极）要使用产品制造公司提供的专用安装工具进行安装。

7）将应力锥插入环氧套管，并将尾管固定。

清洁终端应力锥外表面、内锥绝缘座（环氧套）内表面，待清洁剂完全挥发后，均匀地将专用硅脂抹在终端应力锥表面，将终端插入到开关内锥

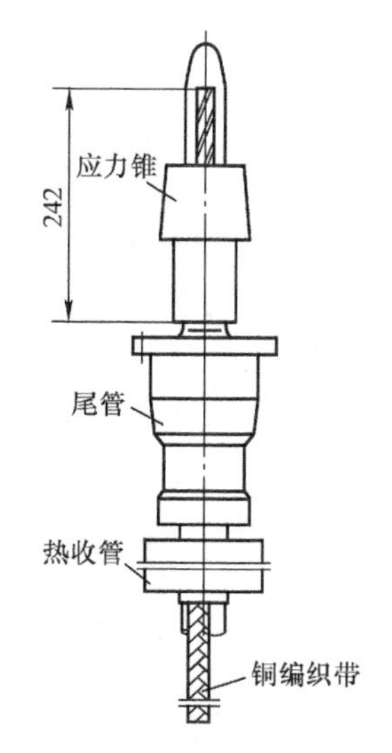

图 14-2-47　安装硅橡胶应力锥

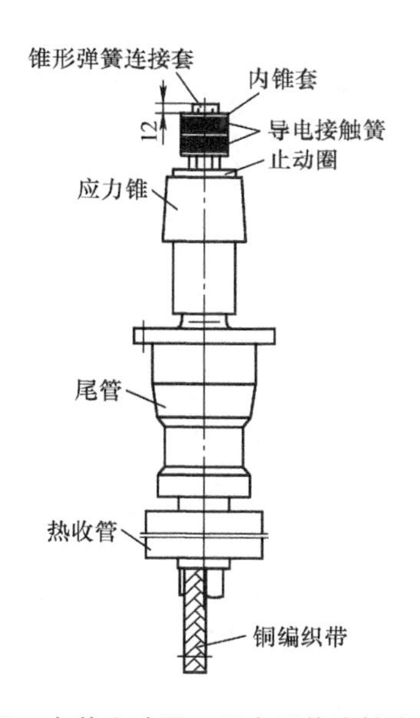

图 14-2-48　安装止动圈、组合导体连接金具示意图

绝缘座（环氧套管）内，如图 14-2-49 所示，将可插拔组合金具插入环氧套管内电极（顶部金属连接套），使应力锥贴于环氧套管锥形内壁，如图 14-2-50所示。用螺栓固定铝尾管，先用两根供过渡使用的长螺栓将尾管与环氧套管连接，通过压缩专用弹簧使塑料压紧套将应力锥顶紧于环氧套管内锥壁，再将另外四个专用固定螺栓旋入固定（退出先安装的两根过渡使用的长螺栓，换入规定的固定螺栓）。最后再逐一旋紧固定（见图 14-2-50）。

8）将步骤 2）套入的热缩管移到尾管与外护

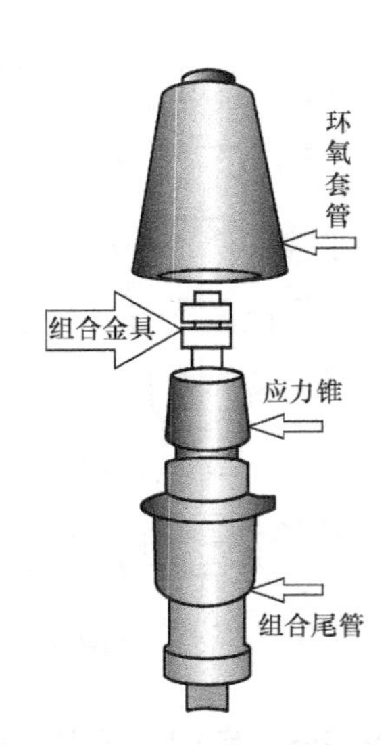

图 14-2-49 应力锥插入环氧套管示意图

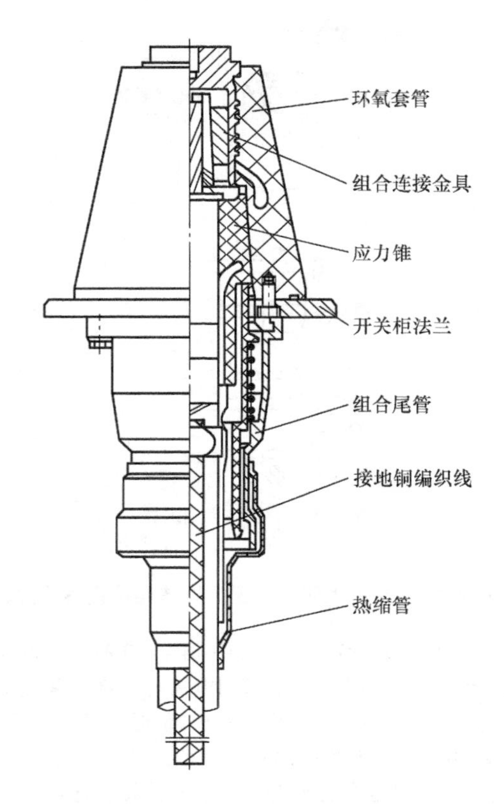

图 14-2-50 安装完毕示意图

套搭接处，加热收缩，与尾管搭接约 60mm。

9）将接地铜编织丝可靠接地。然后清洁现场，安装完毕，如图 14-2-50 所示。

2.4 其他电缆附件

2.4.1 过渡接头

随着电缆工业的不断发展，在中低压范围内，原先大量生产使用的油纸绝缘电缆，已逐渐被挤包绝缘电缆所代替。在逐步更换的过程中，出现了油纸绝缘电缆与挤包绝缘电缆相互连接的过渡接头。目前电力系统中遇到最多的是交联聚乙烯绝缘电缆与油纸绝缘电缆相互连接的接头，这种接头与常用的同种绝缘结构的电缆接头相比有其特殊要求，主要表现在以下几个方面：

1）导体连接金具两端截面不相等，材料也可能不同。这是由于不同绝缘材料电缆，导体允许的长期运行温度不同，从而载流量不同。在同一条供电线路上，为了充分的合理的发挥所有电缆的载流能力，势必两段电缆截面不能相等。如果是两段电缆导体材料不相同（一段为铜导体，另一段为铝导体），其导体截面又有差异。由于两段电缆导体材料的绝缘结构和敷设环境等不同，出现上百种结构尺寸的连接金具，这是其他电缆接头所没有的。另外，连接金具还须考虑能阻止油纸绝缘电缆里的电缆油流向交联电缆的措施。由于上述原因，过渡接头的连接金具通常都是根据用户具体需要加工，很难预先加工及库存发货。

2）接头的绝缘结构不同，尤其是量大面广的 6～10kV 电压级电缆，因该电压级油纸绝缘电缆通常为带绝缘（即统包绝缘）、铅护套结构，而交联聚乙烯绝缘电缆通常为分相屏蔽电缆，以致接头内每相绝缘和屏蔽结构及总的接头结构都不同于同种绝缘结构电缆的接头。

3）堵油或防油的特殊要求，这是过渡接头的一个重要的结构要求，即要使得油纸绝缘电缆里的油不能通过增强绝缘和界面流向交联电缆一边，与交联电缆绝缘接触，因为交联电缆绝缘长期与电缆油相接触会产生溶胀现象，从而降低绝缘性能。

过渡接头在国外已有多年的运行经验，就其结构来说，大致可分为两类：

一类为“干式结构”，即接头内无液体绝缘剂，如用自粘性橡胶带绕包式接头，热固性树脂浇铸式接头和热收缩式接头等。

另一类为“湿式结构”，即采用与油纸绝缘电缆接头基本相同的绝缘带材绕包加灌液体绝缘剂。

这两类结构的最大区别在于前者（干式结构）

必须采用适当措施，阻止油纸绝缘电缆的油流出，即在油纸绝缘表面施加堵油层如硅橡胶自粘带或隔油管等。后者（湿式结构）则是在交联电缆绝缘表面施加防油层，防止接头内的绝缘油与交联电缆绝缘相接触，前者（堵油层）要耐受一定油压，尤其是油纸绝缘电缆处于高端情况，后者（防油层）则无压力要求。除“干式结构”和“湿式结构”外，还有用带有塞止元件的塞止盒式结构。目前，10kV级电缆较多地使用热固性树脂浇铸式过渡接头和热收缩式过渡接头，35kV级电缆较多的是用绕包式过渡接头。现就常用的几种过渡接头工艺进行简单介绍，实际的具体的安装操作工艺按制造厂提供的安装说明书进行。

1. 10kV 浇铸式过渡接头

1）按照纸绝缘电缆接头的电缆剥切工艺剥切油纸电缆。

2）用硅橡胶自粘带在油纸电缆每相绝缘线芯上包绕两层，线芯分叉处用耐油填充胶带包绕填充，再用玻璃丝带勒紧，也可用聚氯乙烯软手套套到线芯分叉根部，然后用乙丙橡胶自粘带从铅护套端部开始包绕到分叉口上，再在每相线芯硅橡胶带外面包两层。

3）按照交联电缆接头的电缆剥切工艺剥切交联电缆。

4）在电缆外半导电屏蔽层末端电缆绝缘表面包绕应力控制带，再从电缆外半导电层开始沿每相绝缘线芯包绕两层乙丙橡胶自粘带。

5）压接导体连接金具，除去飞边毛刺，用半导电自粘带包平压坑，再在导体连接金具上包绕两层硅橡胶自粘带，并填平金具两端间隙，外面再包两层乙丙橡胶自粘带与两端电缆的乙丙橡胶自粘带搭接。

6）装好接头外壳，将外壳上的屏蔽和过桥线分别焊接到油纸电缆铅护套和铠装钢带上及交联电缆屏蔽铜带和铠装钢带上。

7）搅匀浇铸剂，从接头外壳浇注孔缓缓注入接头内，避免产生气泡。

固化后进行试验后投入运行。

2. 10kV 热收缩过渡接头

1）按照油纸绝缘电缆热收缩式接头的电缆剥切工艺剥切电缆，剥切长度按较短一端尺寸。

2）在每相绝缘线芯上顺纸包方向半搭盖式绕包一层四氟乙烯带，再套入隔油管，直到三叉口根部，加热收缩。然后套入绝缘管到三叉口根部，再加热收缩。

3）在绝缘管根部、三叉口、统包绝缘层和铅护套末端（约10mm）上绕包耐油填充胶，套入半导电分支套，由中间向两端加热收缩。

4）将半导电管套在每相线芯上，直到分支套指管根部，加热收缩（半导电管末端到绝缘线芯末端留取的长度应满足制造厂规定的尺寸）。

5）按导体连接金具孔深加5mm剥去每相线芯末端绝缘。将热缩护套管、金属护套管（如果有的话）套在电缆上，并在每相线芯上分别套入屏蔽铜丝网。

6）按照交联电缆热收缩式接头的电缆剥切工艺剥切电缆，剥切长度按较长一端尺寸。

7）将应力管套在每相线芯上，覆盖屏蔽铜带20mm，加热收缩固定。再用绝缘橡胶自粘带包绕填平应力管末端与线芯绝缘之间的台阶，使之成为缓缓过渡的锥面。

8）将三组管材（包括绝缘管和半导电管）分别套在三根线芯上。

9）压接导体连接金具，除去飞边和毛刺，用半导电带包绕填平压坑，再用耐油填充胶带包绕连接金具及两端间隙，要求覆盖到油纸电缆绝缘线芯隔油管上不少于20mm，表面应尽量光滑圆整，两端有均匀过渡的斜坡。

10）将内绝缘管和外绝缘管依次移到接头中间位置，加热收缩，使之覆盖在油纸绝缘电缆线芯隔油管和交联电缆线芯绝缘（包括应力管）上。

11）在绝缘管两端用填充胶带或绝缘橡胶自粘带包绕填充，以形成均匀过渡锥面。再将半导电管移到接头中间，加热收缩，两端用半导电带包绕填充，均匀过渡到交联电缆的半导电层和油纸电缆线芯上的半导电管上。

12）套装屏蔽铜网，使之紧贴在接头半导电管表面。交联电缆一端应覆盖在电缆屏蔽铜带上，扎紧焊牢；油纸绝缘电缆一端应覆盖到电缆铅护套上，扎紧焊牢。再将接头过桥线的一端绑扎焊牢在油纸电缆的钢带和铅包上，另一端绑扎焊牢在交联电缆每相线芯屏蔽铜带和电缆钢带上。

13）三相合笼，间隙和凹陷处加入填充料，使之尽可能圆整，用PVC带将三相绑扎在一起，套入金属护套管，两端绑扎在电缆外护套上，再将热缩外护套移到金属护管上加热收缩，两端应搭盖在电缆外护套上，不少于50mm。

3. 35kV 绕包式过渡接头

1）按照油纸绝缘电缆接头的电缆剥切工艺剥切电缆。绝缘末端应剥成120mm长的锥面，裸露导体长度为连接金具孔深加 5mm。

2）按照交联电缆接头的电缆剥切工艺剥切电缆。裸露导体长度为连接金具孔深加 5mm。绝缘末端应削成 120mm 长的锥面，外半导电层末端应削成平缓过渡的光滑锥面，内半导电层露出绝缘约 5mm。

3）将屏蔽铜丝网和热收缩护套管套在一端电缆上。

4）压接导体连接金具，除去飞边和毛刺，再用半导电带包绕填平压坑处，使之尽量圆整光滑。

5）用硅橡胶自粘带从交联电缆绝缘末端开始，半塔盖式绕包，经导体连接金具及油纸电缆绝缘表面一直到电缆铅护套上约 20mm 处，然后再返回到起始位置。包绕时要有一定的拉力。

6）用乙丙橡胶自粘带半搭盖式拉伸绕包，先填平导体连接处，直到与两边电缆绝缘外径相等，再向两边绕包，油纸绝缘电缆包到铅包切断处，交联电缆包到离半导电层末端 5mm 处，然后来回包绕。接头两端应包成 150mm 长的锥面，接头最大包绕直径为交联电缆绝缘外径加 30mm。

7）用半导电橡胶自粘带从交联电缆半导电层开始，沿整个接头表面半搭盖拉伸绕包，直到油纸绝缘电缆铅包表面，然后返回到起始位置。

8）施加屏蔽铜网，使其紧贴在整个接头半导电层表面，两端分别绑扎并焊牢在铅护套和铜屏蔽上。

9）施加接头过桥线，两端分别绑扎并焊牢在铅护套和铜屏蔽上。

10）将热收缩护套管移到接头中间，向两边加热收缩，护套两端内壁预涂热熔胶，收缩后紧贴在电缆外护套上，其覆盖长度不少于 50mm，起到密封保护作用。

2.4.2 架空绝缘电缆附件和金具

目前我国生产和使用最多的 10kV 架空绝缘电缆是黑色交联聚乙烯绝缘无外屏蔽单芯电缆。与这种电缆相配套的附件有终端、直通接头和分支接头，架设电缆用金具有握着电缆承受拉力的张力金具（又称耐张线夹）和握着电缆使其悬挂在支撑物上的悬挂金具（又称悬挂线夹）。现将 10kV 无外屏蔽单芯架空电缆用的附件和金具介绍如下：

1. 10kV 架空电缆附件

这种电缆的附件结构比较简单，无须考虑外部电场处理问题（如应力锥或应力控制层等），只需保证导体连接性能可靠，外部结构要求密封和具有一定的绝缘水平，且能耐大气老化和抗漏电痕迹。分支接头的结构设计相对来说难度要大些，主要表现在：

1）分支电缆与干线电缆导体材料和截面配用范围宽，因此导体连接金具的规格很多，而且无序，工厂无法计划备料，只能按用户实际情况设计加工。

2）由于 10kV 架空电缆分支很多，故要求分支处干线电缆导体尽可能不切断，以避免导体连接点过多，影响载流的可靠性。

3）因为分支接头时为高空作业，要求方便迅速，少用或不用笨重安装工具和喷灯（因空中风大）等。

目前无外屏蔽单芯绝缘架空电缆终端和直通式接头常用结构如图 14-2-51 所示。终端是先剥切电缆末端绝缘，将耐漏痕橡胶管套在电缆上，再压接接线端子，用绝缘橡胶自粘带绕包填平压接部位，并覆盖到电缆绝缘上（20mm 左右），绕包层外涂抹硅脂，将橡胶管移至绕包层上，两端用锁紧条锁紧即可。直通式接头是先剥去两端电缆末端绝缘，并削成锥形。将耐漏痕橡胶管套在一端电缆上。压接导体连接管，除去飞边毛刺，用半导电橡胶自粘带绕包填平压坑，再用绝缘橡胶自粘带绕包填平接头部位，并覆盖两端电缆绝缘（不少于50mm），绕包层外涂硅脂，将橡胶管移至接头绕包层上，两端用锁紧条锁紧即可。

无外屏蔽单芯架空电缆分支接头常用结构，如图 14-2-52 所示。

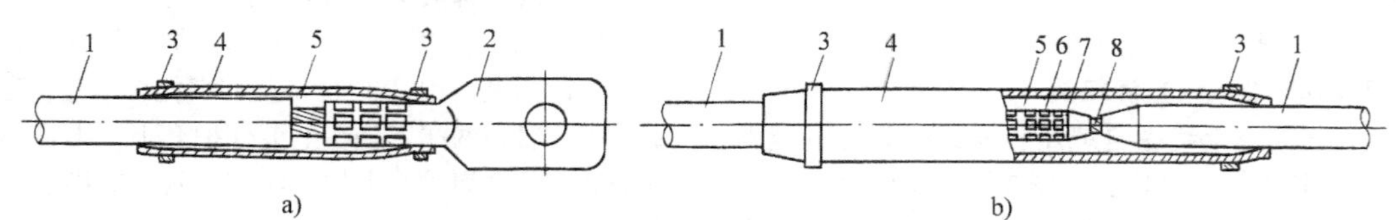

图 14-2-51 架空电缆直通式接头和终端

a）终端 b）直通式接头

1—电缆 2—端子 3—锁紧条 4—耐漏痕橡胶管 5—绝缘橡胶自粘带

6—半导电橡胶自粘带 7—连接管 8—导体

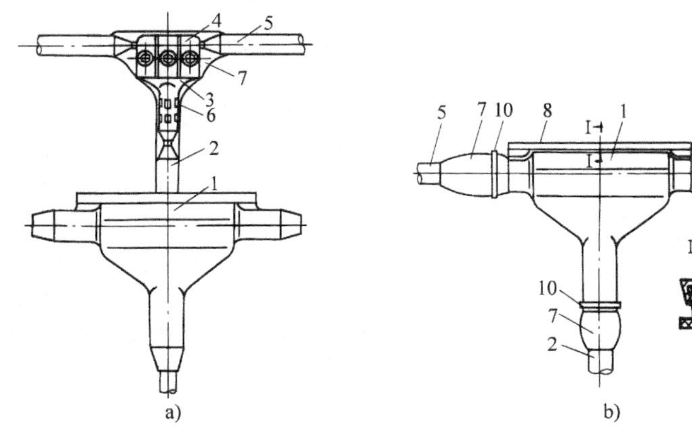

图14-2-52　架空电缆分支接头

a）安装中的分支接头　b）安装后的分支接头

1—橡胶预制绝缘体　2—分支电缆　3—分支连接金具　4—压板　5—干线电缆

6—半导电带　7—绝缘橡胶自粘带　8—不锈钢套夹　9—不锈钢衬板　10—不锈钢锁紧条

安装工艺要点：

1）按连接金具孔深加5mm剥去分支电缆末端绝缘，绝缘末端削成锥形。将分支电缆末端约300mm一段清洁后涂抹一层硅脂，再套上橡胶预制绝缘体，然后压接分支金具，压坑外用半导电带包绕填平。

2）用电缆绝缘剥切钳（见图14-2-53）剥切干线电缆绝缘，剥切长度为分支金具连接干线电缆导体的长度加10mm，两端绝缘削成锥形，剥切方法如下：

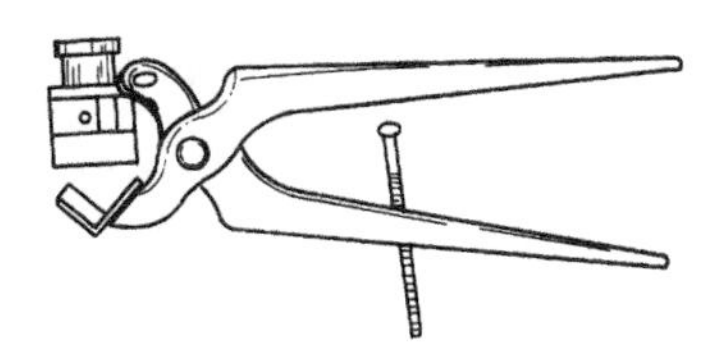

图14-2-53　电缆绝缘剥切钳

a）调节钳把上的螺栓，使两臂合拢时，钳口刀片下降的距离不大于电缆绝缘厚度。

b）将钳口刀片旋至与电缆轴线相垂直方向，在预定剥去绝缘的两端位置分别卡住电缆，旋转一圈，将电缆绝缘沿圆周方向切一道痕。

c）将钳口刀片旋至与电缆轴线相一致方向，在需剥切的绝缘段上卡住电缆，沿轴向多次切割，形成一连续切痕。再沿电缆圆周方向另一位置，同样切一连续刀痕，即可剥去绝缘。

3）拆下连接金具上的压板，将连接金具装在干线电缆导体上，用套筒扳手拧紧压板螺栓（最好用力矩套筒扳手，拧紧力矩控制在43～45N·m）。

4）绕包绝缘橡胶自粘带，填充金具与电缆绝缘之间的间隙，并在整个金具表面包绕2～3层。

5）将橡胶预制绝缘体移至干线电缆处，扳开上口，套在干线电缆上，用专用的粘胶涂在绝缘体开口两边，再合拢，外面放上衬板，套上不锈钢套夹。

6）在分支电缆和干线电缆进入绝缘体的入口处，包绕绝缘橡胶自粘带，并用锁紧条锁紧。

几点说明：

a）由于分支电缆截面配用范围很宽，且导体材料（铜或铝）不确定，使分支接头连接金具规格太多，加工不方便。鉴于电缆线路分支处一般都需安装避雷器，或者分支后连接到地下电缆终端或杆上变压器上，距离都不远，因此可取与干线电缆导体同种材料相同截面或少量几种截面的短段电缆作为干线电缆的分支引出线，分支线的另一端做终端，这样可以减少连接金具的规格。

b）目前用于10kV无外屏蔽单芯架空电缆的附件尚未标准化，还有其他一些形式，如用绝缘橡胶自粘带绕包式和热收缩带绕包式等，其分支连接金具一般都采用并沟线夹。

c）有金属屏蔽架空电缆，其附件一般都采用与地下电缆相似的结构，但无需径向机械保护外壳。

d）1kV级架空电缆直通式接头和终端很简单，一般都采用绝缘橡胶自粘带绕包式。分支接头采用带外壳的并沟线夹或绝缘穿刺接头（类似并沟线夹，但接触面为齿形，安装在电缆绝缘外面，拧紧螺栓后，以刺破绝缘，接触导体来实现电气连接要求)。

2. 10kV 架空电缆金具（见图 14-2-54）

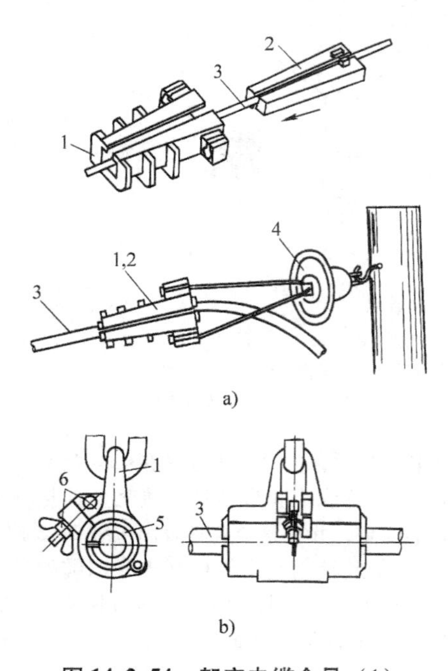

图 14-2-54 架空电缆金具（1）

a）张力金具 b）悬挂金具

1—线夹体 2—楔形块 3—电缆

4—悬式绝缘子 5—橡胶衬件 6—锁紧件

它包括张力金具（又称耐张线夹）和悬挂金具（又称悬挂线夹）两种。目前常用的张力金具是由热固性树脂为原材料制成的两片楔形夹块及铝合金或钢板制成的线夹体、吊杆等三部分组成。使用时通过悬式绝缘子固定到支架或电线杆上。楔形夹块直接夹持在电缆绝缘上，要求与电缆之间无相对滑动。张力金具要有足够的机械强度，以便将架空电缆规定的机械张力传递到支撑物上。通常使用在电缆线路末端和线路中角度较小的拐弯处。悬挂金具由铝合金或钢板制成的线夹体、橡胶衬件及锁紧件等三部分组成。线夹体带有挂钩，可悬挂在支撑物上。橡胶衬件为硬质橡胶制成的开口管状物，夹紧后电缆不会滑动，而且有增强绝缘作用。悬挂金具应能承受电缆自身重量和风力冰雪等各种负荷产生的力。

无外屏蔽单芯架空电缆金具与其附件一样，目前也尚未标准化，除上述两种类型外还有其他一些型式，如耐张预绞钢丝拉线夹和三线悬挂线夹，如图 14-2-55 所示。耐张预绞钢丝拉线夹是将钢丝预绞合成型，中间段绞合为一体，两端绞合成空管状，使用时将两端空管状钢丝同时缠绕在架空电缆上，然后固定在绝缘子上，当电缆拉紧后，绞合钢丝收紧，产生握力，以承受电缆的拉力。三线悬挂线夹可以同时悬挂三根架空电缆，保持一定的相间距离。除了用悬挂方式来架设电缆外，也有采用绑扎在支柱绝缘子或针式绝缘子上来架设电缆，这种方法更为简单。

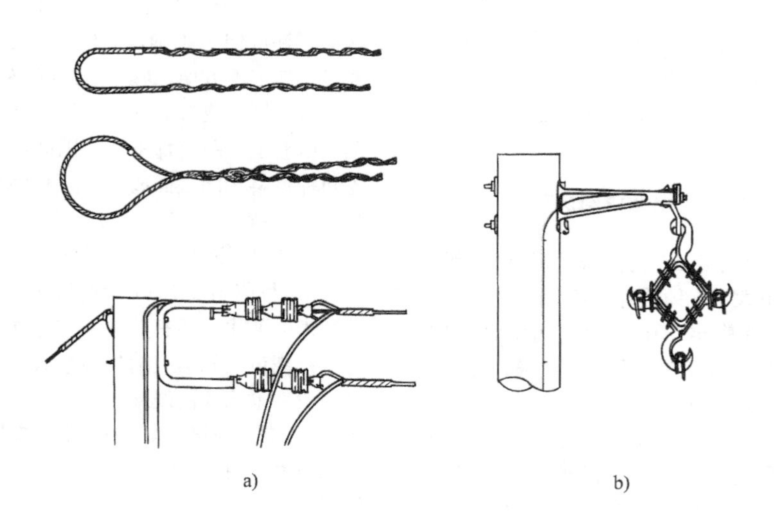

图 14-2-55 架空电缆金具（2）

a）耐张预绞钢丝拉线夹 b）三线悬挂线夹

2.5　电缆附件用材料的性能要求

电缆附件用材料可分为电缆附件本身所用材料和安装用材料。电缆附件本身用材料又分为导电材料、绝缘材料（或部件）、屏蔽用材料、电应力控制材料、护层材料和配套材料等；安装材料包括润滑用硅脂、清洗剂等。

电缆附件用导电材料为铜和铝，主要用作电缆导体相互连接和引出用的各种金具，一般都为电工用铜和铝，也有些部件（如出线端子）用铜或铝的合金材料。

电缆附件用的绝缘材料种类很多，有各种绝缘带材（如沥青醇酸玻璃漆布带、自粘性橡胶绝缘带、辐照交联聚乙烯带等）、管材（如热收缩管、冷收缩管、橡胶管）、浇注（铸）材料（如沥青基浇注剂、松香石油基流体绝缘剂、硅油、聚丁烯、冷浇铸环氧树脂和聚氨酯等）和用各种绝缘材料预制成的绝缘件（如橡胶预制终端和接头、冷收缩终端和接头、瓷套管等）。

电缆附件用的屏蔽材料有半导电材料和金属材料两种。半导电材料有自粘性橡胶带、热收缩管、皱纹纸带等；金属屏蔽材料主要是铜屏蔽网。

电缆附件用的应力控制材料有应力控制带、热收缩应力管、冷收缩应力管和应力片等。

电缆附件用的护层材料包括防水密封材料（如热收缩护套管、防水带等）、防火材料（如耐火带）以及机械保护盒。

电缆附件用配套材料有各种填充胶、密封胶、热熔胶、焊锡、橡胶密封圈、铜编织线（作接地线和过桥线用）等。

现将常用的主要材料性能要求和试验方法介绍如下：

1. 电缆附件用沥青基浇注剂

电缆附件用的沥青基浇注剂是以沥青为主要成分的电气用绝缘剂。作为 10kV 及以下电力电缆接头和终端的有一定电气要求的填充物用。产品牌号和技术要求如下：

1）电缆附件用沥青基浇注剂，按软化点不同分为五种牌号。其性能指标和试验方法见表14-2-14。

表 14-2-14　沥青基浇注剂主要性能指标

项目名称		性能要求					试验方法
		1#	2#	3#	4#	5#	
软化点(环球法)/℃		44～55	55～65	65～75	75～85	85～95	GB/T 4507—2014
溶解度（苯）（质量分数）（%）	≥	99.5	99.5	99.5	99.5	99.5	GB/T 11148—2008
闪点（开口）	≥	200	230	230	230	230	GB/T 267—2008
击穿电压(间隙 2.5mm，60℃，1min)/kV	≥	40	40	45	50	60	GB/T 507—2004
浇注温度/℃①		120～140	150～160	160～170	170～180	180～190	
脆点/℃	≤	−45	−35	−30	−25	−25	GB/T 4510—2006
收缩率（150～20℃）（质量分数）（%）	≤	8	8	8	8	8	
灰分（质量分数）（%）	≤	0.5	0.5	0.5	0.5	0.5	GB/T 508—2004
粘附率（%）	≥	90	90	90	90	90	
游离硫		无	无	无	无	无	GB/T 15251—2008
蒸发损失（质量分数）（%）	≤	0.3	0.3	0.3	0.3	0.3	GB/T 11964—2008
吸水（2mm，6.5mm²）24h（质量分数）（%）	≤	0.01	0.01	0.01	0.01	0.01	
水溶性酸或碱		中性	中性	中性	中性	中性	GB/T 259—1988

① BS1858 标准规定浇注温度也可按软化点温度加 85℃来确定。

2）沥青基浇注剂性能应该稳定，当加热到软化点以上85℃时不应起泡，也不应产生过量的烟。在正常使用条件下，浇注剂内部不应有气穴、空腔或裂纹。

3）在浇注温度和运行条件下，浇注剂对铜、铝及铸铁应无有害作用。当电缆线芯用绝缘包带也能耐受同样温度时，则要求对绝缘包带也不产生有害作用。

4）浇注剂应能反复熔化，当不超过浇注温度以上20℃和无局部过热的情况下，不应有分解物出现。

5）本产品分5kg、10kg、50kg三种规格，装在洁净干燥的白铁桶或不致沾污、变质的容器内可靠密封、防止进潮。包装桶（或其他包装容器）上应有下列标志：型号、产品名称、净重、毛净、生产厂名、制造日期及“易燃品”“小心轻放”等字样。应存放在清洁、干燥、通风良好的库房内，不得靠近火源、暖气和受日光直射。注意，在用户与生产厂商定的情况下，也可改变其包装量。

2. 电缆附件用松香石油基流体绝缘剂

松香石油基流体绝缘剂是以石油质低压电缆油或合成低压电缆油为基材，加入松香熬制而成的流体状绝缘混合物。电缆附件用松香石油基流体绝缘剂主要作为35kV油纸电缆接头和终端的绝缘浇注剂用，也可用作20kV及以下的油纸电缆的接头和终端绝缘浇注剂。其技术要求如下：

1）松香石油基绝缘剂的基本组分：低压电缆油：65%～70%，松香：35%～30%。低压电缆油可用光亮油或合成低压电缆油。低压电缆油和松香的技术要求按中低压电缆用材料规定。

2）松香石油基绝缘剂的主要技术指标要求见表14-2-15。

表14-2-15　松香石油基流体绝缘剂主要性能指标

项目名称		性能指标	试验方法
运动粘度(厘斯)　100℃ 50℃		60～70 1400～1600	GB/T 265—1988
密度/(g/cm³)　25℃		0.89～0.95	GB/T 1884—2000
闪点/℃	≥	200	GB/T 3536—2008
燃点/℃	≥	250	GB/T 3536—2008
浇注温度/℃		80～85	
酸值/(mg·KOH/g)	≤	0.1	GB/T 258—2016
游离硫		无	GB/T 380—1977
灰分(质量分数)(%)	≤	0.1	GB 508—2004
击穿场强/(kV/mm)　20℃ 80℃	≥ ≥	14 10	GB/T 507—2004
介质损耗 $\tan\delta$　20℃ 80℃	≤ ≤	0.03 0.05	GB/T 5654—2007
介电常数（40～60℃）		2.4～2.8	GB/T 5654—2007
体积电阻率/Ω·m	≥	5×10^{10}	GB/T 5654—2007

3）松香石油基流体绝缘剂应分5kg、10kg、50kg三种包装，装在洁净干燥的白铁桶或不致使其沾污、变质的塑料桶内，可靠密封，防止进潮。包装桶上的标志和贮存均同本节第1条第5）项。

4）松香石油基绝缘剂的熬制参考工艺熬制工艺包括熬煮和去气两个工艺。

熬煮：

a）按配比将压滤处理过的低压电缆油和捣碎或熔化后的松香放入混油罐内。

b）关紧混油罐盖，逐渐加温到125～140℃，同时抽真空到13332Pa（100mmHg）以下。

c）当松香基本熔化后，搅拌4～6h，然后循环过滤，并取样测试，直到性能符合要求为止。

去气：将熬煮过的绝缘剂在真空下保持一定温度，喷成雾状，进行去气，去气工艺参数大致如下：

真空度为 26664Pa（200mmHg）以下；
温度为 120～130℃。
去气后的绝缘剂即可装入桶内。

3. 电缆附件用硅油

电缆附件用硅油为无色透明电性能优异的甲基硅油，作为交联电缆终端套管和接头盒内的绝缘填充剂用。其技术要求如下：

1）电缆附件用硅油的主要性能指标和试验方法见表 14-2-16。

表 14-2-16　硅油主要性能指标

项目名称		性能指标	试验方法
密度/(g/mL)		0.97	GB/T 1884—2000
闪点/℃	≥	300	GB/T 3536—2008
凝固点/℃	≤	-45	GB 510—2004
挥发度/质量比（%）	≤	2.0	GB 7325—1987
粘度(23℃)/(mm^2/s)		10000～12500	GB/T 265—1988
介电系数		2.6～2.8	GB/T 5654—2007
体积电阻率/Ω·m	≥	10^{12}	GB/T 5654—2007
介质损耗（%）	≤	0.1	GB/T 5654—2007
击穿强度/(kV/mm)	≥	14	GB/T 507—2004

注：对与硅油直接接触的为非硅橡胶材料制品的终端和接头，也可用粘度较低的硅油，但其他性能应满足表中要求。

2）本产品采用金属桶或塑料桶包装，包装材料对产品性能应无有害影响。要求包装密封可靠，并有足够的机械强度。单元包装量可按被浇注的终端或接头实际需要量分成若干规格，也可大桶（金属桶）包装。单元包装上应标有，产品名称、型号、重量、生产日期、保质期（贮存期）、制造厂名，并附检验合格证。总包装箱上应有下列标志：产品名称、型号、单元包装数量、生产日期、制造厂名等。运输和贮存时应注意防碰、防压、避免日光直照和淋雨、浸水，并远离火源。

3）本产品的贮存期，在环境温度不高于 35℃时，自出厂之日算起，不少于 2 年。

4. 电缆附件用双组分冷浇铸环氧树脂

电缆附件用双组分冷浇铸环氧树脂是将环氧树脂混合物（包括环氧树脂、填充剂、稀释剂及其他添加剂等）与固化剂分别包装在隔成两部分的塑料袋或两个罐头内，使用时在常温下将两个组分混合，搅拌后浇注的绝缘浇铸剂。本产品主要用作 10kV 及以下油纸绝缘电力电缆接头和终端的绝缘和密封，也可用于有相应要求的其他电气产品。其技术要求如下：

1）电缆附件用双组分冷浇铸环氧树脂机械物理性能和电气性能要求见表 14-2-17。

2）本产品在环境温度 10～40℃下使用时应有

表 14-2-17　冷浇铸环氧树脂主要性能指标

项目名称		性能指标	试验方法
闪点（在开放式坩埚中）/℃			
不参加反应的材料	≥	100	GB/T 3536—2008
参加反应的材料	≥	50	
浇注时限（每个包装量在环境温度 10℃、23℃、35℃时）/min	≥	20	JB/T 7831—2006
最高反应温度/℃	≤	160	JB/T 7831—2006
物理结构		①	JB/T 7831—2006
耐冲击强度/(N·mm/mm^2)	≥	6	GB/T 2571—1995
抗压强度/(N/mm^2)	≥	100	
热导率/(W/m·K)	≥	0.1	GB 3399—1982
燃烧特性②氧指数	≥	30	GB/T 2406.1—2008、GB/T 2406.2—2009
吸水性/质量分数（%）			
23℃冷水浸 24h	≤	0.5	GB/T 1034—2008
50℃热水浸 42d	≤	4	GB/T 1036—2008

（续）

项 目 名 称		性能指标	试验方法
热膨胀系数(20～50℃)/K^{-1}	≤	1×10^{-4}	GB/T 1408—2006
工频耐压强度(23℃，1min)/(kV/mm)	≥	20	GB/T 1409—2006
介电系数（50Hz，23℃）	≤	6	
体积电阻率/Ω·m			GB/T 1410—2006
23℃	≥	10^{12}	
23℃浸水24h后	≥	10^{11}	GB/T 6553—2014
抗漏电痕迹性能③	≥	1A 3.5	JB/T 7831—2006
耐油性能④（80℃粘性浸渍电缆油168h）（重量变化率）（%）	≤	5	

① 物理结构检查：沿试样中间和轴线切开，断面应均匀，无肉眼可见气泡。表面个别气泡可忽略。

② 燃烧特性针对有阻燃要求的环氧树脂浇铸附件。

③ 抗漏电痕迹针对户外终端用环氧树脂浇铸剂。

④ 耐油性能针对用于油纸绝缘电缆附件的环氧树脂浇铸剂。

满意的浇铸工艺性能，低于10℃时允许对浇铸树脂和被浇铸的电缆部位加热，但温度不得超过40℃。

3）本产品浇铸时，固化前后体积变化率应不大于4%。

4）将环氧树脂混合物与固化剂分别包装在隔开为两部分的塑料袋或两个罐头内，包装材料对所包装物应无有害影响。要求包装密封可靠、不吸潮、不变质。用塑料袋包装，必须保证分隔处可靠密封，防止固化剂与环氧树脂混合物相互渗透。可按实际需要量分成数个小包装。单元包装上的标志基本同本节第3条第2）项外，并附有简要使用说明。数个单元包装产品再装入专用包装箱内，总包装箱上的标志和运输、贮存与本节第3条第2）项一样。

5）本产品的保质期（贮存期），自出厂之日算起不少于一年。

5. 电缆附件用双组分冷浇铸聚氨酯树脂

电缆附件用双组分冷浇铸聚氨酯树脂是将聚氨酯树脂与固化成分分别包装在两只罐头内或者包装在隔成两部分的塑料袋内，使用时在常温下将两个组分混合搅拌后浇注的绝缘浇铸剂。本产品主要用作35kV及以下电力电缆接头和终端的绝缘和密封，也可用于有相应要求的其他电气产品。其技术要求如下：

1）本产品的机械物理性能和电气性能要求见表14-2-18。

表14-2-18 冷浇铸聚氨酯树脂主要性能指标

项 目 名 称		性能指标	试验方法
闪点（在开放式坩埚中）/℃			
不参加反应的材料	≥	100	GB/T 3536—2008
参加反应的材料	≥	55	
浇注时限（每个包装量在环境温度10℃、23℃、35℃时）/min	≥	20	JB/T 7831—2006
最高反应温度/℃	≤	120	JB/T 7831—2006
物理结构		①	JB/T 7831—2006
耐冲击强度/($N\cdot mm/mm^2$)	≥	10	GB/T 2571—1995
压缩试验			
镦粗30%的压缩应力/(N/mm^2)	≥	20	GB/T 1041—2008
卸去负荷24h后残余变形/(体积分数)(%)	≤	10	
硬度/(邵氏D)	≥	30	GB/T 2411—2008

（续）

项目名称		性能指标	试验方法
抗张强度/(N/mm²)	≥	5	
断裂伸长率（%）	≥	10	
热导率/(W/m·K)	≥	0.1	GB 3399—1982
燃烧特性②氧指数	≥	30	GB/T 2406.1—2008
吸水性(质量分数)/(%) 23℃冷水浸 24h 50℃热水浸 42d	 ≤ ≤	 0.50 4	GB/T 2406.2—2009 GB/T 1034—2008
热膨胀系数(20～50℃)/K^{-1}	≤	1×10^{-4}	GB/T 1036—2008
工频耐压强度(23℃，1min)/(kV/mm)	≥	20	GB/T 1408—2006
介电系数（50Hz，23℃）	≤	6	GB/T 1409—2006
体积电阻率/Ω·m 23℃ 23℃浸水 24h 后	 ≥ ≥	 10^{12} 10^{11}	 GB/T 1410—2006
抗漏电痕迹性能③	≥	1A　3.5	GB/T 6553—2014
耐油性能④（80℃粘性浸渍电缆油 168h）重量变化率（%）	≤	5	JB/T 7831—2006

① 物理结构检查：沿试样中间和轴线切开，断面应均匀，无肉眼可见气泡。表面个别气泡可忽略。
② 燃烧特性针对有阻燃要求的聚氨酯树脂浇铸附件。
③ 抗漏电痕迹针对户外终端用聚氨酯树脂浇铸剂。
④ 耐油性能针对用于油纸绝缘电缆附件的聚氨酯树脂浇铸剂。

2）本产品在环境温度 10～40℃下使用时应有满意的浇铸工艺性能，低于 10℃时允许对浇铸树脂和被浇铸的电缆部位加热，但温度不得超过 40℃。

3）本产品浇铸时，固化前后体积变化率应不大于 4%。

4）聚氨酯树脂混合物与固化成分的包装材料对所包装物应无有害影响。包装应密封可靠、不吸潮、不变质。用塑料袋包装时，要求分隔处密封可靠防止两边包装物相互渗透。可按实际需要量分成数个小包装，单元包装、总包装的标志以及运输和贮存均同 2.5.4 节第 4 项。

5）本产品的保质期（贮存期），自出厂之日算起不少于一年。

6. 电缆附件用沥青醇酸玻璃漆布带

沥青醇酸玻璃漆布带是用无碱玻璃纤维布浸涂沥青醇酸漆，经烘干切制而成的电工用绝缘包带。电缆附件用沥青醇酸玻璃漆布带采用 2430 沥青醇酸玻璃漆布斜切而成的带材，作为 35kV 及以下油纸绝缘电缆接头和终端用绝缘包带。其技术要求如下：

1）电缆附件用沥青醇酸玻璃漆布带技术要求及试验方法见表 14-2-19。

表 14-2-19　沥青醇酸玻璃漆布带主要性能指标

项目名称		性能指标	试验方法
抗张强度/(N/15mm 宽)	≥	98	
伸长率（%）	≥	10	
体积电阻率/Ω·cm　20℃ 130℃	≥ ≥	10^{12} 10^{9}	 GB/T 1409—2006
介电系数		3.5～4.0	GB/T 1409—2006
击穿强度/（kV/mm）20℃ 130℃	≥ ≥	50 20	 GB/T 1409—2006
介质损耗 tanδ（%）20℃	≤	3.5	
耐油性（浸在 105℃ ±2℃的低压电缆油中 48h 后）		漆层不应发粘和脱膜	
吸水率（在 20℃水中浸 24h 后（质量分数）（%）	≤	3	

2）电缆附件用沥青醇酸玻璃漆布厚 0.15 ~ 0.24mm，斜切，方向为沿经向 45°角，宽为 20mm 和 25mm。每卷长度不少于 40m，其中每段长不得少于 2m，搭接头长度不大于 40mm。搭接头可采用缝合或粘合的方法连接，接头处的抗张强度除供需双方另有协议外，不小于材料抗张强度的最小值。

3）每卷漆布带端面应涂蜡，并用一层蜡纸或油纸和一层包装纸包装，每 10 卷为一筒，用两层包装纸包好，再装入塑料袋并封好口。每卷漆布带和每筒漆布带上应标明制造厂名、产品名称、型号、规格、制造日期和保质期（贮存期），并附有检验合格证。

4）本产品应贮存在不超过 40℃、干燥、洁净和通风良好的库房内，不得靠近火源、暖气和受日光直接照射。包装、运输等其他要求应符合相关标准的规定。

7. 电缆附件用自粘性橡胶绝缘带

电缆附件用自粘性橡胶绝缘带是合成橡胶（丁基橡胶或乙丙橡胶）为主体材料加入其他配合剂制成的自粘性橡胶带。主要作为 35kV 及以下挤包绝缘电缆接头与终端的绝缘用，也可用于其他场合。

1）电缆附件用自粘性橡胶绝缘带的性能要求与试验方法见表 14-2-20。

表 14-2-20 自粘性橡胶绝缘带主要性能指标

项目名称		性能指标		试验方法
		Ⅱ型	Ⅲ型	
抗张强度/MPa	≥	1.0	1.7	GB/T 528—2009
伸长率（%）	≥	500	500	GB/T 528—2009
击穿场强/(kV/mm)	≥	25	28	GB/T 1695—2005
体积电阻率/Ω·m	≥	10^{13}	10^{13}	GB/T 1692—2008
介质损耗 tanδ	≤	0.05	0.05	GB/T 1693—2007
介电系数	≤	3.5	3.5	GB/T 1693—2007
自粘性		无松脱		见注
耐热应力开裂		不开裂		见注
耐热性/℃		100	130	见注

注：1. Ⅱ型和Ⅲ型推荐的长期允许工作温度：Ⅱ为 70℃，Ⅲ型 90℃。

2. 试样制备：从成品带卷上截取（150±10）mm 长一段，去掉隔离层，拉伸 200%~300%，以半搭盖方式绕包在直径为（10±0.2）mm 的金属棒上，共绕包四层，绕包长度为（50±5）mm。

3. 耐热性试验：将按注 2 制备的 3 个试样置于室温（23±2）℃下 4h，然后将试样置于（100±2）℃电热鼓风干燥箱内（不鼓风）经 168h 后取出，若 3 个试样均无松脱、变形下坠、开裂、表面气泡等现象，则试验通过，否则试验不通过。

4. 自粘性试验：将按注 2 制备的 3 个试样置于室温（23±2）℃下 4h，然后再将试样在该温度下放置 24h，若 3 个试样均无自动松脱现象，则试验通过，若有 1 个试样松脱，则试验不通过。

5. 耐热应力开裂试验：将按注 2 制备的 3 个试样置于室温（23±2）℃下 4h，然后将试样悬置于（130±2）℃电热鼓风干燥箱内，经 1h 后取出，若 3 个试样均不开裂，则试验通过，若有 1 个试样开裂则试验不通过。

2）本产品为厚度 0.7mm，宽 20mm 的带材，卷绕在外径 25mm 的轴筒上，5m 长为一卷。每卷带材应卷绕紧密，两边切口光滑平整，无毛刺。层间有防粘隔层。该隔层在施工时应很容易除掉而不留残片。

3）本产品每卷采用塑料袋或塑料盒、纸盒包装，每卷轴筒内壁上应有下列标志：产品牌号、名称、规格、生产日期、生产厂名等。数卷装在一个大纸箱内，箱上的标志同轴筒内壁一样，并附有检验合格证。本产品应贮存在清洁、通风、室温为 -15 ~ +35℃的干燥库房内，防压、防潮，远离热源，避免日光直接照射。

4）本产品保质期（贮存期），自出厂之日算起两年。在保质期内产品性能应保持标准规定的性能指标而不降低。

8. 电缆附件用自粘性橡胶半导电带

电缆附件用自粘性橡胶半导电带是以合成橡胶为主体材料加入导电炭黑及其他配合剂制成的半导电带。主要作为 35kV 及以下挤包绝缘电缆接头和终端的屏蔽用。本产品推荐的长期允许工作温度为

90℃。其技术要求如下：

1）电缆附件用自粘性橡胶半导电带的性能要求与试验方法见表14-2-21。

2）本产品为厚0.7mm、宽20mm和25mm的带材，卷绕在外径为25mm的轴筒上，5m长为一卷。卷绕紧密，两边切口应光滑平整，没有毛刺。层间有防粘隔层，该隔层在施工时应能很容易除掉而不留残片。

表14-2-21　自粘性橡胶半导电带主要性能指标

项 目 名 称		性能指标	试验方法
抗张强度/MPa	≥	1.3	GB/T 528—2009
伸长率（%）	≥	500	GB/T 528—2009
体积电阻率(20℃)/Ω·m	≤	10^2	GB/T 3048.3—2007
自粘性		无松脱	见注
耐热应力开裂		不开裂	见注
耐热性/℃		130	见注

注：1. 试样制备：从成品带卷上截取（150±10）mm长一段，去掉隔离层，拉伸200%～300%，以半搭盖方式绕包在直径为（10±0.2）mm的金属棒上，共绕包四层，绕包长度为（50±5）mm。

2. 耐热性试验：将按注1制备的3个试样置于室温（23±2）℃下4h，然后将试样置于（100±2）℃电热鼓风干燥箱内（不鼓风）经168h后取出，若3个试样均无松脱、变形下坠、开裂、表面气泡等现象，则试验通过，否则试验不通过。

3. 自粘性试验：将按注1制备的3个试样置于（23±2）℃下4h，然后再将试样在该温度下放置24h，若3个试样均无自动松脱现象，则试验通过，若有1个试样松脱，则试验不通过。

4. 耐热应力开裂试验：将按注1制备3个试样置于室温（23±2）℃下4h，然后将试样悬置于（130±2）℃电热鼓风干燥箱内，经1h后取出，若3个试样均不开裂，则试验通过，若有1个试样开裂，则试验不通过。

3）本产品的包装、贮存和保质期均同本节第7条第3）、4）项。

9. 预制式电缆附件橡胶材料

预制式电缆附件用橡胶材料通常是以乙丙橡胶或硅橡胶为主体材料加入相应的配合剂，用作35kV及以下挤包绝缘电缆终端、接头和可分离连接器的预制绝缘体及半导电屏蔽层。其技术要求如下：

1）预制式电缆附件用绝缘橡胶材料主要性能指标和试验方法见表14-2-22。

2）预制式电缆附件用半导电橡胶材料主要性能指标和试验方法见表14-2-23。

表14-2-22　预制件用绝缘橡胶材料主要性能指标

项　　目		EPDM	SIR	试验方法
抗张强度/MPa	≥	4.2	4.0	GB/T 528—2009
断裂伸长率（%）	≥	300	300	GB/T 528—2009
硬度（邵氏A）	≤	65	50	GB/T 531.1—2008
抗撕裂强度/(N/mm)	≥	10	10	GB/T 529—2008
耐压强度/(kV/mm)	≥	25	20	GB/T 1695—2005
体积电阻率/Ω·m	≥	10^{13}	10^{12}	GB/T 1692—2008
介电系数（50Hz）		2.6～3.0	2.8～3.5	GB/T 1693—2007
介质损耗角 $\tan\delta$	≤	0.02	0.02	GB/T 1693—2007
抗漏电痕迹	≥	1A　3.5	1A　3.5	GB/T 6553—2014

注：1. 表中EPDM为三元乙丙橡胶，SIR为硅橡胶。

2. 表中数据为室温下试样的性能要求。

表 14-2-23　预制件用半导电橡胶材料主要性能指标

项　　目		EPDM	SIR	试验方法
抗张强度/MPa	≥	10.0	4.0	GB/T 528—2009
断裂伸长率（%）	≥	350	350	GB/T 528—2009
硬度（邵氏 A）	≤	70	55	GB/T 531.1—2008
抗撕裂强度/(N/mm)	≥	30	13	GB/T 529—2008
体积电阻率/Ω·m	≤	1.5	1.5	GB/T 2439—2001

注：同表 14-2-22。

3）以橡胶材料制成的电缆附件预制件，其内外表面应光滑，无肉眼可见的因材质和工艺不善引起的斑痕、凹坑、裂纹，结构尺寸应符合图纸要求。

4）所有带应力锥的橡胶预制件都应通过下列规定的例行试验：

a）工频电压：干态，1min，$3U_0$

b）局部放电：$1.73U_0$，不大于 10pC

5）以半导电橡胶作为外屏蔽和内屏蔽的橡胶预制件，其半导电屏蔽层的电阻值不应大于 5kΩ。

6）乙丙橡胶生胶应用聚乙烯塑料薄膜袋外面再加多层牛皮纸包装，硅橡胶应装在清洁、干燥、密闭、具有一定的机械强度的容器中。包装物外面应标明产品名称、型号、净重、批号、生产日期、保质期（贮存期）及制造厂名，并附有检验合格证。贮存和运输过程中，应保持清洁、通风、干燥、防压、防潮、远离热源（有些材料要求贮存在规定的温度内），避免日光直接照射。

10. 电缆附件用热收缩材料

电缆附件用热收缩材料是以热塑性聚合物为基材，经挤出或注射成型后交联，在加热的情况下扩张，迅速冷却后定型的材料，它具有加热再收缩的特性。其技术要求如下：

1）电缆附件用热收缩材料性能要求见表 14-2-24（热收缩绝缘管、耐油管）、表 14-2-25（热收缩半导电管、应力管）、表 14-2-26（热收缩耐漏痕管、雨罩、分支套、护套管）。

2）电缆附件用热收缩管，收缩前标称内径推荐如下：18mm、23mm、30mm、40mm、50mm、60mm、70mm、85mm、100mm、125mm、150mm、175mm、200mm。其长度按实际需要确定。

表 14-2-24　热收缩绝缘管与耐油管主要性能指标

项目名称		性能指标		试验方法
		绝缘管	耐油管	
抗张强度/MPa	≥	10		GB/T 1040—2006
断裂伸长率（%）	≥	350		GB/T 1040—2006
脆化温度/℃	≤	-40	—	GB/T 5470—2008
硬度（邵氏 A）	≤	80		GB/T 2411—2008
空气箱热老化（130℃，168h）				GB/T 7141—2008
抗张强度变化率（%）	≤	±20		
断裂伸长率变化率（%）	≤	±20		
体积电阻率/Ω·m	≥	10^{12}		GB/T 1410—2006
介电系数	≤	4		GB/T 1409—2006
击穿强度/(kV/mm)	≥	20		GB/T 1408—2006
热冲击（160℃，4h）		不龟裂、不流淌		JB/T 7829—2006
氧指数	≥	30	—	GB/T 2406.1—2008
耐油性（80℃粘性浸渍电缆油 168h）				
抗张强度变化率（%）	≤	—	±20	
断裂伸长率变化率（%）	≤	—	±20	
限制性收缩后外观		不龟裂		JB/T 7829—2006
工频耐压（1min）/kV	≥	2		JB/T 7829—2006

表 14-2-25 热收缩半导电管及应力管主要性能指标

项目名称		性能指标		试验方法
		半导电管	应力管	
抗张强度/MPa	≥	10		GB/T 1040—2006
断裂伸长率（%）	≥	350		GB/T 1040—2006
脆化温度/℃	≤	-40	—	GB/T 5470—2008
硬度（邵氏 A）	≤	80		GB/T 2411—2008
空气箱热老化（130℃，168h）				GB/T 7141—2008
抗张强度变化率（%）	≤	±20		
断裂伸长率变化率（%）	≤	±20		
体积电阻率①/Ω·m		1～10	10^6～10^{10}	GB/T 1410—2006
介电系数	≥	—	15	GB/T 1409—2006
热冲击（160℃，4h）		不龟裂、不流淌		JB/T 7829—2006
限制性收缩后外观		不龟裂		JB/T 7829—2006

① 半导电管体积电阻率测试方法按 GB/T 3048.3—2007《电线电缆电性能试验方法 第 3 部分：半导电橡塑材料体积电阻率试验》规定。

表 14-2-26 热收缩耐漏痕管、雨罩、分支套、护套管主要性能指标

项目名称		性能指标		试验方法
		耐漏痕管雨罩	分支套护套管	
抗张强度/MPa	≥	8	12	GB/T 1040—2006
断裂伸长率(%)	≥	300		GB/T 1040—2006
脆化温度/℃	≤	-40		GB/T 5470—2008
硬度(邵氏 A)	≤	80		GB/T 2411—2008
空气箱热老化(130℃,168h)				GB/T 7141—2008
抗张强度变化率(%)	≤	±30	—	
断裂伸长率变化率(%)	≤	±30	—	
体积电阻率/Ω·m	≥	10^{12}	10^{11}	GB/T 1410—2006
介电系数	≤	5	—	GB/T 1409—2006
击穿强度/(kV/mm)	≥	20	15	GB/T 1408—2006
耐漏电痕迹	≥	1A 3.5	—	GB/T 6553—2014
热冲击(160℃、4h)		不龟裂、不流淌		JB/T 7829—2006
吸水率[(23±2)℃,24h]/(质量分数)(%)	≤	0.1		GB/T 1034—2008
限制性收缩后外观		不龟裂		JB/T 7829—2006
工频耐压(1min)/kV	≥	2		—
耐大气和光老化 42 天后				GB/T 14049—2008
抗张强度变化率(%)	≤	±30		
断裂伸长率变化率(%)	≤	±30		
21 天老化后与 42 天老化后对比				
抗张强度变化率(%)	≤	±15		
断裂伸长率变化率(%)	≤	±15		

3）所有热收缩材料表面应无材质和工艺不善引起的斑痕和凹坑，热收缩部件内壁应根据电缆附件的具体要求确定是否预涂热熔胶。

4）热收缩管形材料（包括热收缩分支套）的壁厚不匀度应不大于 30%，测试和计算方法按JB/T 7829—2006 的附录 A 规定。

5）热收缩管形材料收缩前和在非限制条件下收缩（即自由收缩）后纵向变化率应不大于 5%，

径向收缩率应不小于50%，测试和计算方法按JB/T 7829—2006附录A规定。

6）热收缩材料的收缩温度应为110～140℃。

7）热收缩材料的保质期（贮存期）在环境温度不高于35℃、时间应不少于2年。

8）热收缩材料除与电缆附件其他材料部件配套供应按JB/T 7829—2006、JB/T 7830—2006标准规定包装外，单独供货时应用塑料袋封装，以防受潮。根据需要，一袋也可装数件同种同规格产品。每袋内应附材料名称、规格、数量、生产日期、制造厂名等标签和检验合格证。

9）数个单元包装再装入一特制的纸箱内，纸箱上应有下列标志：产品名称、型号规格、单元包装数量、生产日期、保质期（贮存期）、制造厂名等，并有防雨、防钩刺标记，贮存和运输时应避免淋雨、浸水、并远离火源。

11. 热收缩电缆附件用热熔胶热收缩

电缆附件用热熔胶是与热收缩材料配套使用的加热熔融的胶状物，起密封防潮作用。其技术要求如下：

1）热收缩电缆附件用热熔胶主要性能要求和试验方法见表14-2-27。

表14-2-27 热熔胶主要性能指标

项目名称		性能指标	试验方法
针入度(25℃,100g)/(1/10mm)		6～9	GB/T 4509—2010
软化点（环球法）/℃	≥	80	GB/T 4507—2014
体积电阻率/Ω·m	≥	10^{10}	GB/T 1410—2006
击穿强度/(kV/mm)	≥	10	GB/T 1408—2006
剥离强度/(kN/m)	≥		
热收缩材料—非金属材料		5.0	
热收缩材料—金属材料		7.5	

2）本产品通常是在工厂内预涂在热收缩材料相应部位，涂胶后，要求用与其不粘结的材料覆盖，以防相互粘结和保持胶面清洁。

3）本产品单独供货时，可做成带材（其厚度为0.7mm±0.1mm，宽度30mm±3mm，每卷长约5m），缠绕在外径25mm的轴筒上，要求层间用不粘结易剥离的材料作为隔离层。要求带材厚薄均匀，不含杂质不含气泡。供需双方协商同意的情况下，可用金属桶包装，包装材料对产品应无有害影响。

4）单独供货热熔胶的包装及标志：以带材供货的，要求每卷装在一只塑料袋内，封口，以防进潮。再装入纸盒内，纸盒上应印有产品牌号、名称、规格、生产日期、保质期（贮存期）、制造厂名、检验合格证。数卷装在一个大纸箱内，箱上应有下列标志：产品牌号、名称、规格、单元包装数量、生产日期、生产厂名等。以金属桶包装的，桶上应有下列标志：产品牌号，名称、净重、生产日期、保质期（贮存期）、生产厂名、及检验合格证。

5）本产品应贮存在清洁、通风、室温为-15～+35℃的干燥库房内，防压、防潮、远离热源、避免日光直接照射等。

6）本产品保质期（贮存期）自出厂之日算起两年，在保质期内产品性能应保持标准规定的性能指标而不降低。

12. 热收缩电缆附件用填充胶热收缩

电缆附件用填充胶是与电缆附件用热收缩材料配套使用的填充接头和终端凹陷部位的胶泥状材料。用于油纸电缆热收缩附件里的具有耐油性能的填充胶称为耐油填充胶；用于接头内导体连接部位的具有高介系数的填充胶称为应力驱散胶。填充胶的技术要求如下：

1）热收缩电缆附件用填充胶性能要求和试验方法见表14-2-28。

表14-2-28 填充胶主要性能指标

项目名称		性能指标			试验方法
		普通胶	耐油胶	应力驱散胶	
针入度(25℃,100g)/(1/10mm)		40～50	60～65	40～50	GB/T 4509—2010
体积电阻率/Ω·m	≥	10^{10}	10^{12}	10^{8}	GB/T 1410—2006
击穿强度/(kV/mm)	≥	12	12	—	GB/T 1408—2006
介电系数	≥	—	—	15	GB/T 1409—2006
油中变化率（80℃粘性浸渍电缆油168h）（质量分数）(%)	≤	—	±5	—	JB/T 7829—2006

2）本产品应以带状供货，采用与其不粘结的材料覆盖在带子的两面，以防相互粘结，且便于操作。

3）除与热收缩电缆附件配套供应的填充胶应按热收缩附件的材料包装要求外，单独供货的填充胶带，可数根装在一个塑料袋内，每个包装袋内应附产品名称、数量、生产日期、保质期（贮存期）、生产厂名、及检验合格证。数个单元包装袋装在一个纸箱内，箱上应有下列标志：产品名称、单元包装数量、生产日期、生产厂名等。也可以金属桶或塑料桶包装，桶上应有产品名称、净重、生产日期、保质期（贮存期）、生产厂名及检验合格证等标志。

4）本产品保质期（贮存期）要求均同本节第11条第5）、6）项。

13. 电缆附件用铜编织线

电缆附件用铜编织线是用镀锡铜丝斜纹编织而成的带状编织裸导线，主要用作电缆终端接地线（将电缆金属屏蔽层或金属护套引出接地）和电缆接头过桥线（把接头两端的电缆金属屏蔽层或金属护套连接起来）。其技术要求如下：

1）电缆附件用铜编织线应采用直径为0.20mm、0.15mm、0.10mm镀锡软铜丝斜纹编织而成。

2）电缆附件用铜编织线的结构、外形尺寸和直流电阻值应符合表14-2-29（单丝直径为0.20mm斜纹镀锡铜编织线）、表14-2-30（单丝直径为0.15mm斜纹镀锡铜编织线）和表14-2-31（单丝直径为0.10mm斜纹镀锡铜编织线）的规定。

3）铜编织线的编织密度，应符合JB/T 6313—2011标准规定。铜编织线不允许缺股、跳股、漏编或断线现象，股线接头处应修剪平整。

表14-2-29 单丝直径为0.20mm铜编织线结构、外形及直流电阻要求

标称截面积/mm²	结构股数×根数×套数	外形尺寸/mm		直流电阻(20℃)/(Ω/km)≤
		宽度≤	厚度(参考)	
16	24×22×1	16	3.0	1.36
25	24×33×1	18	3.5	0.91
35	24×44×1	20	4.0	0.68
50	24×33×2	22	5.0	0.45
70	24×40×2	24	6.5	0.33
95	24×40×3	20	—	0.25

表14-2-30 单丝直径为0.15mm铜编织线结构、外形及直流电阻要求

标称截面积/mm²	结构（股数×根数×套数）	外形尺寸/mm		直流电阻(20℃)/(Ω/km)≤
		宽度≤	厚度(参考)	
6	48×6×1	12	1.2	4.42
10	48×12×1	20	1.4	2.22
10	36×16×1	16	2.0	2.22
16	48×20×1	22	2.0	1.33
16	36×26×1	20	2.5	1.35
25	48×30×1	22	3.0	0.89
25	36×40×1	26	3.0	0.89
35	48×20×2	26	3.2	0.67
35	36×56×1	32	3.0	0.64
50	48×20×3	28	4.8	0.44
50	36×40×2	28	5.0	0.44
70	48×28×3	36	5.0	0.31
70	36×56×2	35	6.0	0.31
95	48×28×4	40	6.0	0.24

4）编织线的结构和宽度测试方法按GB/T 4909.2—2009规定。编织线的直流电阻测试方法按GB/T 3048.4—2007规定。

表14-2-31 单丝直径为0.10mm铜编织线结构、外形及直流电阻要求

标称截面积/mm²	结构股数×根数×套数	外形尺寸/mm		直流电阻(20℃)/(Ω/km)≤
		宽度≤	厚度(参考)	
10	36×36×1	14	2.0	2.22
16	36×56×1	16	2.5	1.42
25	36×42×2	18	3.5	0.95
35	36×42×3	20	4.5	0.63

5）作为电缆终端接地线配套定长供应的产品，应在其一端离末端40mm处开始浸镀锡50mm长，要求浸镀充分，不留空隙（防止沿接地线进潮气和水分）。

6）本产品应成盘或成圈包装，每个包装件应为同一型号、同一规格。若作为电缆终端接地线配套定长供应时，应采用专用包装箱包装、每个包装内应为同一型号、同一规格。

7）成盘包装用的线盘应符合JB/T 8137.1—2013及JB/T 8137.2—2013的规定。

8）成圈线每圈重量不超过50kg，或由供需双方协商确定，成圈包装的产品应有防潮措施。

9）每个包装件上应附有标签，标明：产品名称、型号、规格、长度、毛重及净重、制造日期、生产厂名，并附有检验合格证。本产品贮存期不限。

14. 电缆附件用铜屏蔽网

电缆附件用铜屏蔽网是用镀锡软铜丝编织而成的管状产品，主要作为电力电缆接头或终端的静电屏蔽用。电缆附件用铜屏蔽网的技术要求如下：

1）铜屏蔽网用直径为0.12mm镀锡软铜丝，55股，每股2根编织而成，原始内径为(50±2)mm（非拉伸或扩张状态）。

2）铜屏蔽网不允许缺股、跳股、漏编或断线现象。

3）铜屏蔽网最大扩张内径不小于150mm，最小收缩内径不大于20mm。扩张试验是取（200±5）mm试样，用两只手的拇指插入屏蔽网内，逐渐向外扩张，直到能顺利套在直径为ϕ150mm（长为200mm）的硬质塑料管或金属管为止。不可将铜丝拉断。收缩试验是取（200±5）mm试样套在直径为ϕ20mm（长为400mm）的硬质塑料管（或棒）或金属管上，再用两只手抓住铜屏蔽网的两端，转动并拉伸，直到铜网完全贴合在管上，而无皱折或重叠为止，不可将铜丝拉断。

4）铜屏蔽网的拉断强度应不小于245N。试验方法是取200mm长试样三根，两端用锡焊实，其长度各为50mm（以便于夹持）。取三个试样试验结果的算术平均值作为该试样拉断强度。

5）本产品应成圈包装，每圈重量不超过20kg，也可按供需双方协商确定。包装应有防潮措施。每个包装件上应附有标签，并标明：产品名称、型号、规格、毛重及净重、制造日期、生产厂名，须附有检验合格证。该产品贮存期不限。

15. 电缆附件用硅脂润滑剂

电缆附件用硅脂润滑剂，又称硅脂、硅脂膏，是白色半透明膏状有机硅化合物。在安装橡胶预制式电缆附件时，涂覆在电缆绝缘表面和预制件内壁，作为润滑剂，以减少套装时的摩擦力，并能填充预制件与电缆绝缘间可能出现的间隙。其技术要求如下：

1）电缆附件用硅脂润滑剂的性能要求和试验方法见表14-2-32。

表14-2-32 硅脂润滑剂主要性能指标

项目名称		性能指标	试验方法
耐压强度/（kV/mm）	≥	8	GB/T 507—2004
介电系数（50Hz）		2.8～3.2	GB/T 5654—2007
介质损耗（%）	≤	0.5	GB/T 5654—2007
体积电阻率/Ω·m	≥	10^{11}	GB/T 5654—2007
针入度/（1/10mm）		200～300	GB/T 269—1991
挥发物（喷霜）（200℃、24h）（%）	≤	3	GB 7325—1987

2）电缆附件用硅脂润滑剂应清洁、干燥、无杂质，与硅橡胶附件材料不溶涨。

3）电缆附件用硅脂润滑剂的贮存期，在环境温度不高于35℃时应不少于2年。

4）电缆附件用硅脂润滑剂应按每个电缆附件实际安装需要量配置，建议采用塑料管（如牙膏管式）或塑料盒方式包装，要求密封，并方便使用。每个单元包装上都应有产品名称。数个单元包装再装入一特制的包装箱内，箱内应附有产品名称、数量、生产日期、保质期（贮存期）、生产厂名及检验合格证。箱上应有下列标志：产品名称、单元包装数量、生产日期、保质期（贮存期）、生产厂名等，并有防雨、防压、防钩刺标记。贮存和运输时应避免淋雨、浸水，并远离火源。

16. 电缆附件用导电金属材料

电缆附件用导电金属材料是指电缆与电缆及电缆与用电设备或电网相连接时，具有良好导电性的各种连接部件所用的金属材料。通常电缆附件所用的导电金属材料有纯铝、纯铜及铜合金。利用这些导电材料加工成各种连接管、接线端子和其他型式的电气连接金具。电缆附件用导电金属材料的技术要求如下：

1）电缆附件用导电金属材料的技术性能要求见表14-2-33。

2）电缆附件用导电金属材料特性及其推荐使用范围见表14-2-34。

3）电缆附件用导电金属材料的基本化学成分及其含量百分比的参考值见表14-2-35。

表 14-2-33　电缆附件用导电金属材料主要性能指标

项目名称	电工用纯铜（管、棒）	电工用纯铝（管、棒）	铸造加工铜						压力加工铜				试验方法
			黄铜			青铜			黄铜		青铜		
			普通黄铜	铝黄铜	硅黄铜	铝青铜	锡锌青铜	锡锌铝青铜	普通黄铜	铝黄铜	铝青铜	硅青铜	
电导率（20℃）/（IACS①%）　≥	98	60	24.3	—	8.6	14.0	10.8	21.6	24.3	19.2	15.6	11.5	
电阻率（20℃）/（$10^{-2}\Omega\cdot mm^2/m$）　≤	1.76	2.87	7.1	—	20.0	12.3	16.0	8.0	7.1	9	11	15	GB/T 1424—1996
密度/（g/cm^3）	8.9	2.7	8.5	8.5	8.2	7.5	8.6	8.7	8.6	8.2	7.6	8.4	GB/T 1423—1996
抗张强度/MPa　≥	220	100	328	400	300	400	200	150	680	760	600	900	GB/T 228—2015
屈服强度/MPa　≥	80	40	—	—	160	—	—	—	480	—	300	500	GB/T 228—2015
拉断伸长率（%）　≥	35	20	35.5	12	12	10	10	6	3	9	25	0.5	GB/T 228—2015

① IACS 为国际韧铜标准，即 1g 重，1m 长的纯铜细丝在 20℃时的电阻为 0.15328Ω，以该铜丝的电导率作为 100%。100% IACS 相当于电阻率 $0.017241\Omega\cdot mm^2/m$。

表 14-2-34　电缆附件用导电金属材料特性及用途

材料名称	特性	推荐使用范围
纯铜	具有高的导电性、导热性和塑性，在大气、淡水和海水中有一定的耐腐蚀性，但机械强度和硬度不高	适用于压接和焊接方法连接的铜或铜－铝双金属接线端子、连接管及其他连接金具
纯铝	导电性、导热性和塑性很好，但强度低、切削性能不好、不易钎焊	适用于压接方法连接的铝或铝－铜双金属等各种连接金具
普通铸造黄铜	力学性能比纯铜好，一般环境下不易锈蚀、塑性好、价格比纯铜便宜得多、铸造性能好	适用于一般环境条件下的螺纹连接、螺栓机械连接的各种可拆卸的连接金具
铸造硅黄铜	力学性能好，流动性好，耐大气、淡水、海水腐蚀性高，铸造性好、价格便宜，但导电和导热性差	适用于有一定腐蚀性环境下的螺纹、螺栓等机械连接金具
铸造铝黄铜	力学性能好，抗腐蚀性稳定，铸造性好，切削性中等、钎焊性不好、塑性低、价格便宜	同铸造硅黄铜
铸造铝青铜	机械强度高，化学稳定性、塑性、硬度和工艺性都很好，但体收缩率大、铸造和钎焊性能较差	同铸造硅黄铜，可用在力学性能要求较高的条件下
铸造锡锌青铜和锡锌铝青铜	有高的耐磨性，机械强度、铸造性能和耐蚀性也很好，但价格较贵，后者电导率较高	适用于插接方法连接的各种连接金具
压力加工合金铜（包括普通黄铜、铝黄铜、铝青铜、硅青铜）	机械强度比铸造合金铜高，电导率相应也较高，硬度也较大，其他性能见铸造铜合金	通常利用压力加工成型的板材、型材制作螺纹或螺栓机械连接金具中的螺母、螺栓垫片等各种部件

表 14-2-35 电缆附件用导电金属材料主要化学成分

材料名称		主要化学成分（质量分数）(%)								杂质（质量分数）(%) ≤
		Cu≥	Al	Zn	Sn	Si	Pb	Mn	Fe	
纯铜		含铝量≥99.90 (%)								0.10
纯铝		含铜量≥99.50 (%)								0.50
铸造加工铜	普通黄铜	60	—	36.5~39.5	—	—	—	—	—	0.50
	铝黄铜	62	2.0~3.0	29~32	—	—	—	—	—	3.4
	硅黄铜	75	—	15~18	—	2.5~4.5	—	—	—	—
	铝青铜	85	8.0~10	—	—	—	—	—	2.0~4.0	1.7
	锡锌青铜	85	—	2.0~4.0	9.0~11.0	—	—	—	—	1.0
	锡锌铅青铜	82	—	4.0~6.0	4.0~6.0	—	4.0~6.0	—	—	1.3
压力加工铜	普通黄铜	60.5	—	39	—	—	—	—	—	0.5
	铝黄铜	60	0.75~1.50	36.5~37.5	—	—	—	0.1~0.6	0.75~1.50	0.7
	铝青铜	86	8~10	—	—	—	—	1.5~2.7	—	1.7
	硅青铜	95	—	—	—	2.75~3.5	—	1.0~1.5	—	1.1

4）各种纯铜、纯铝和合金铜的管材、棒材和板材应用金属丝扎紧，并包以草席或麻布，以防碰伤。

注：经双方协议，包装方法可以改变。

5）每捆毛重不应超过 80kg，并带有标签或标牌，注明生产厂、牌号、规格等。

6）铸造合金材料以铸锭散装供应，每个铸锭上均应标注牌号，炉号。每批铸锭应附质量证明书，其上注明：生产厂名或代号，铸锭名称及牌号，化学分析结果，批（炉）号等。

7）每批纯铜、纯铝和合金铜的管材、棒材和板材应附有产品质量证明书，其上应注明：生产厂名或代号、金属牌号、产品规格、包装件数、产品净重、试验结果及产品标准编号。

8）各种管材、棒材和板材在运输和贮存时应防止碰伤及潮湿和活性化学试剂的侵蚀。

9）本材料贮存期不作规定。

17. 电缆附件用铅套管

电缆附件用铅套管是由纯铅挤制而成的铅管，通常作为铅或铝护套电缆直通式接头的密封外壳。用铅锡焊料将铅套管与电缆铅（或铝）护套焊接起来以达到密封的要求。电缆附件用铅套管的技术要求如下：

1）电缆附件用铅套管的结构尺寸见表14-2-36。

2）电缆附件用铅套管的性能要求和试验方法见表 14-2-37。

表 14-2-36 铅套管结构尺寸（单位：mm）

内径	60	70	80	90	100	115	130	150
壁厚	3.0					3.5		4.0
长度	>2500						1500	

注：铅套管尺寸也可由供需双方商定进行适当变动，表中长度为供货长度。

表 14-2-37 铅套管主要性能指标

项目名称	性能指标	试验方法
密度/(g/cm^3)	11.34	GB/T 1423—1996
熔点/℃	327	GB/T 1425—1996
抗张强度/MPa	11~13	GB/T 228—2015
伸长率(%)	30~40	GB/T 228—2015
硬度(布氏)/(kN/mm^2)	35~45	GB/T 231.1—2009
电阻率/($\Omega \cdot mm^2/m$)	0.2065	GB/T 1424—1996
线胀系数/(10^{-6}/℃)	20.5	GB/T 4339—2008

3）铅套管原材料化学成分（质量分数）：含铅不少于 99.9%，杂质（银、铜、砷、锑、锡、锌、铁、铋）不大于 0.1%。

4）铅套管应经扩径试验，试样直径扩大 50% 时，不应有裂缝。

5）铅套管内外表面应光滑，无裂缝、砂眼、夹层和杂质。

6）铅套管壁厚允许有不大于壁厚 10% 的正公差，管内径椭圆度公差应不大于 5%。

7）管材成捆供应，每捆应附有标签或标牌，其上应注明生产厂名（或代号）、金属牌号产品规格、批号，并附有检验合格证。包装时应考虑防压措施。每批管材应附有产品质量证明书，其上应注明生产厂名（或代号）、金属牌号、产品规格、批号、包装件数、产品净重、试验结果及标准编号。

8）运输和保管时应防压、防碰，以保证表面光滑，椭圆度不超过第6条的要求。

9）本产品贮存期不作规定。

18. 电缆附件用锡铅合金焊料

锡铅合金焊料是由一定比例的锡和铅为主要成分制成的钎焊材料。电缆附件用锡铅合金焊料主要作电缆终端盒进线套（金属）及电缆接头盒（金属）与电缆铅或铝护套的密封用焊料（俗称封铅），以及铜芯电缆导体连接用焊料（俗称焊锡）。电缆附件用锡铅合金焊料的技术要求如下：

1）本产品的化学成分应符合表14-2-38规定。

2）本产品主要技术性能和试验方法见表14-2-39。

3）本产品为长条形，其尺寸如下：

表14-2-38　锡铅合金主要化学成分（%）

产品	主要成分（质量分数）			杂质含量（质量分数）≤（铜、铋、砷、铁、硫、锌、铝）
	锡	锑	铅	
1#焊料	35～37	≤0.12	余量	0.28
2#焊料	49～51	≤0.12	余量	0.28

表14-2-39　锡铅合金主要性能指标

项目名称	性能指标		试验方法
	1#	2#	
熔点/℃	256	210	GB/T 1425—1996
电阻率/(Ω·cm²/m)	0.182	0.156	GB/T 1424—1996
抗拉强度/MPa	33	38	GB 228—2015

注：本条技术性能指标只供参考，不作验收依据。

1#焊料：厚10～15mm、宽20～25mm、长400～600mm。

2#焊料：厚5～10mm、宽10～15mm、长200～250mm。

注：本产品的尺寸也可由供需双方商定作适当变动。

4）焊料表面应光滑、清洁、不应有油迹、起皮、裂缝、夹层和杂质。

5）本产品推荐使用范围：

1#锡铅焊料（俗称封铅）主要用作焊封电缆终端盒进线套（金属）和接头盒（金属）与电缆金属护层之间的连接处。

2#锡铅焊料（俗称焊锡）主要作为铜芯电缆导体连接用焊料以及电缆屏蔽和铠装接地用焊料。

6）焊料用木箱包装，每箱毛重不应超过80kg。每箱焊料应有标签或标牌，其上应注明：制造厂名称（或代号）、产品牌号、规格、批号、生产日期、净重、毛重，并有“小心轻放”“防潮”等字样。每箱产品都应附有检验合格证。注：经双方协议，包装方法可以改变。

7）运输和贮存时，应防止碰撞、潮湿和化学试剂的侵蚀。

8）本产品贮存期不作规定。

19. 电缆附件用电瓷套管

本电缆附件用电瓷套管是指35kV及以下电缆终端用电瓷材料制作的绝缘套管。电缆附件用电瓷套管主要起着导电线芯引出部件与接地盒体之间的外部绝缘作用。其技术要求如下：

1）电缆附件用电瓷套管（以下简称瓷套）电气性能要求见表14-2-40。

表14-2-40　电缆附件用瓷套管电气性能要求

（单位：kV）

额定电压 U_0/U	工频电压试验			冲击电压试验
	1min干耐受电压	(1.2/50μs)冲击电压试验	湿闪络电压	
≤1.8/3	25	27	20	44
3.6/6	32	36	26	60
6/10	42	47	34	80
8.7/10	57	63	45	105
21/35	100	110	85	200
26/35	120	135	110	200

注：1. 试验方法按GB/T 16927.1—2011和GB/T 775.2—2003规定。
2. 湿闪络电压试验只对户外终端瓷套有要求。
3. 表中数字为在标准大气压条件下的要求，如果试验条件为非标准态时，要按GB/T 16927.1—2011规定进行修正。

2）瓷套壁厚击穿电压应不小于表14-2-41中要求。

表14-2-41　瓷套壁厚击穿电压要求

瓷套壁厚/mm	10	15	20	25	30
工频击穿电压/kV	65	80	90	100	105

3）瓷套剖面应均匀致密，经孔隙性试验后不应有任何渗透现象。孔隙性试验的压力不低于20MPa，压力与时间（小时）的乘积为60。

4）瓷套应能耐受压力0.5MPa持续15min的液压试验而不损坏或渗漏。

5）瓷套应能耐受两次温度急剧变化而不损坏，温差规定为70℃。

6）瓷套尺寸偏差、壁厚偏差以及椭圆度、中心轴弯曲度、端面不平行等应符合GB/T 772—2005规定值。

7）瓷套外部结构尺寸应考虑表面泄漏距离要求，不同环境条件按污秽程度分为五级；

其泄漏比距规定如下：

0级：非污秽区1.48cm/kV；

Ⅰ级：轻污秽区1.6cm/kV；

Ⅱ级：中等污秽区2.0cm/kV；

Ⅲ级：重污秽区2.5cm/kV；

Ⅳ级：很重污秽区3.1cm/kV。

注：泄漏比距为瓷套外表面泄漏距离与电缆线路最高工作电压之比。

8）瓷套表面要求釉面光滑，颜色均匀，缺陷不超过GB/T 772—2005规定值。

9）瓷套应按图样规定的部位清楚而牢固地标出制造厂商标及制造年月。

10）瓷套应用木箱或竹（或藤）篓包装，以保证在正常运输中不致损碎。包装箱或篓上应标明制造厂名称、瓷套型号（或代号）、瓷套数量，以及“小心轻放”“瓷件”等字样或指示标记。

11）每批送交用户的瓷套应附有产品检验合格证。本产品贮存期不作规定。

20. 电缆附件用密封橡胶垫圈

电缆附件用密封橡胶垫圈是指35kV及以下电缆终端盒和连接盒采取机械连接方法密封时所用的密封橡胶部件。它广泛用于电缆终端盒绝缘套管顶端，套管与盒盖连接处，盒盖与盒体连接处，盒体进线处（电缆入口处）以及电缆连接盒各部件之间，连接盒与电缆之间及终端盒和中间盒的浇剂孔处，起着防止水分和潮气侵入及内部浇注剂流出的作用。其技术要求如下：

1）电缆附件用密封橡胶垫圈的性能要求和试验方法见表14-2-42。

2）橡胶垫圈表面应光滑，无气孔、杂质和裂痕。“O”形垫圈应圆整，无明显飞边。

3）电缆附件用密封橡胶垫圈制品应包装在密封的塑料袋内，每袋内包装的垫圈制品数量供需双方商定，数袋垫圈制品再包装在纸板箱内。

4）垫圈制品包装袋上应印有下列标记：生产厂名（或代号）、产品名称和牌号规格、数量、出厂年月等。袋内应附检验合格证。

5）垫圈制品包装纸板箱上应有下列标记：产品名称、规格、单元包装数量、生产厂名、出厂年月等。

6）贮存和运输时应避免淋雨、浸水、并远离火源。

表14-2-42 密封橡胶垫圈主要性能指标

项目名称		性能指标	试验方法
硬度(邵氏A)		65±5	GB/T 531.2—2009
抗张强度/MPa	≥	10.0	GB/T 528—2009
断裂伸长率(%)	≥	300	GB/T 528—2009
拉伸永久变形(%)	≤	25	HG/T 4859—2015
老化系数(100℃±2℃×96h)K_1,K_2	≥	0.7	GB/T 3512—2014
耐油重量变化率(%)			
120号汽油(75份)+苯(25份)(15~25℃,24h)	≤	+25	
15号机油(15℃±2℃,24h)		+5,-3	

2.6 中低压电缆附件的试验

2.6.1 充油电缆终端及接头各类试验

中低压充油电缆附件在国内没有应用，在国际市场有使用，新版国家标准GB/T 9326.1—2008《交流500kV及以下纸或聚丙烯复合纸绝缘金属套充油电缆及附件 第1部分 试验（IEC 60141-1：1993，MOD）》已经将相应产品要求包括在内，具体试验内容可参见这两份标准。

2.6.2 纸绝缘电缆终端及接头各类试验

与纸绝缘电缆附件有关的国家标准及对应的IEC标准如下：

GB/T 12976.3—2008《额定电压35kV及以下

纸绝缘电力电缆及其附件　第3部分　电缆和附件试验（IEC60055-1：2005，MOD）》

GB/T 18889—2002《额定电压6kV（U_m = 7.2kV）到35kV（U_m = 40.5kV）电力电缆附件试验方法（IEC61442：1997，MOD）》

国家标准中主要对附件的型式试验和竣工试验进行了规定，分别简述如下。

1. 型式试验

35kV及以下纸绝缘电缆附件型式试验要求、试验布置和试样数量具体见GB 12976.3—2008《额定电压35kV及以下纸绝缘电力电缆及其附件 第3部分 电缆和附件试验》。认可条件和范围简述如下：

1）附件配用电缆应采用截面积为120mm²、150mm²、185mm²或240mm²中的任一截面；

2）认可与电缆导体材料无关，试验可采用铝导体或铜导体电缆进行。

3）对三芯附件进行的试验认为适用于相同设计的单芯附件，反之则不适用。

4）对安装在整形过的导体电缆上的附件进行的试验，应认为适用于圆形导体电缆的相同类型的附件，反之则不适用。

终端的试验程序和试验要求见表14-2-43，直通或分支接头试验程序和试验要求见表14-2-44。

表14-2-43　终端的试验程序和试验要求

序号	试验项目①	要求		试验程序				
				1	2	3	4	5
1	交流耐压或直流耐压 交流耐压	4.5U_0，5min　或　6U_0，15min 4U_0，1min，淋雨②		× ×	×	×		
2	冲击电压试验（在θ_t③下）	每个极性冲击10次		×				
3	恒压负荷循环试验（在空气中）	63次④，在θ_t③和1.5U_0下		×				
4	短路热稳定（导体）	升高到电缆导体的θ_{sc}下，短路2次，无可见损伤			×	×⑤		
5	短路动稳定⑥	在I_d下短路1次，无可见损伤				×		
6	冲击电压试验	每个极性冲击10次		×	×	×		
7	交流耐压	2.5U_0，15min		×	×	×		
8	潮湿试验⑦,⑧	1.25U_0，300h					×	
9	盐雾试验②,⑧	1.25U_0，1000h						×

① 除非另有规定，试验应在环境温度下进行；
② 仅用于户外终端；
③ θ_t是正常运行时导体最高温度加（5～10）℃；
④ 每一循环8h，温度稳定时间至少2h，冷却时间至少3h；
⑤ 短路热稳定试验可以与短路动稳定试验结合进行；
⑥ 仅对起始峰值电流i_p > 80kA的单芯电缆附件和峰值电流i_p > 63kA的三芯电缆附件有此要求；i_d值由制造商提供；
⑦ 仅适用于户内终端，对瓷绝缘套管的终端无此要求；
⑧ 对有瓷套管的终端无此要求。

表14-2-44　直通或分支接头试验程序和试验要求

序号	试验项目①	要求		试验程序		
				1	2	3
1	交流耐压或直流耐压	4.5U_0，5min　或　6U_0，15min		×	×	×
2	冲击电压试验（在θ_t②③下）	每个极性冲击10次		×		

（续）

序号	试验项目①	要求		试验程序		
				1	2	3
3	恒压负荷循环试验（在空气中）	3次④，在θ_t②③和$1.5U_0$下		×		
4	恒压负荷循环试验（在水中⑤）	63次④，在θ_t③和$1.5U_0$下				
5	短路热稳定（导体）②	升高到电缆导体的θ_{sc}，短路2次，无可见损伤			×	×⑥
6	短路动稳定⑦	在I_d下短路1次，无可见损伤				×
7	冲击电压试验	每个极性冲击10次		×	×	×
8	交流耐压	$2.5U_0$，15min		×	×	×

① 除非另有规定，试验应在环境温度下进行；
② 对过渡接头（纸绝缘到挤包绝缘），试验参数由额定值较低的电缆来确定；
③ θ_t是正常运行时导体最高温度加（0~5）℃；
④ 每一循环8h，温度稳定时间至少2h，冷却时间至少3h；
⑤ 对采用焊接连接的连续金属护层（如金属套）结构的电缆和接头，该试验可在空气中进行；
⑥ 短路热稳定试验可以与短路动稳定试验结合进行；
⑦ 仅对起始峰值电流i_p>80kA的单芯电缆附件和起始峰值电流i_p>63kA的三芯电缆附件有此要求；i_d值由制造商提供。

2. 竣工试验

当电缆及其附件安装完成后，应进行直流电压试验，绝缘应不击穿。

（1）径向电场电缆

在每一导体和金属护套或屏蔽之间施加5min工频电压，试验电压为：

- 对额定电压3.6/6kV及以下电缆线路，为$1.75U_0+1.4$kV；
- 对额定电压6/10kV及以上电缆线路，为$1.75U_0$kV；

或采用直流电压，所施加的电压为工频试验电压的2.4倍，时间为5min。

（2）非径向电场电缆（带绝缘电缆）

1）三相试验（仅适用于三芯电缆）：试验电压通过三相变压器施加到导体上，变压器的中性点和金属套相连。

- 对额定电压3.6/6kV及以下电缆线路，为$1.75U_0+2$kV；
- 对额定电压6/10kV及以上电缆线路，为$1.75U_0$kV；

或采用直流电压，所施加的电压为工频试验电压的2.4倍，时间为5min。

2）单相试验：试验电压通过三相变压器施加到导体上，变压器的中性点和金属套相连。

- 对额定电压6/6kV及以下电缆线路，为$(1.75\times\frac{U_0+U}{2})+1.4$kV；
- 对额定电压6/10kV及以上电缆线路，为$1.75\times\frac{U_0+U}{2}$kV；

依次在每一相导体和与金属护套连在一起的其他导体之间进行，时间为5min。

或采用直流电压，所施加的电压为工频试验电压的2.4倍，时间为5min。

2.6.3 交联电缆终端及接头各类试验

我国目前的中压挤包绝缘电缆附件的国家标准为GB/T 12706.4—2008《额定电压1kV（U_m=1.2kV）到35kV（U_m=40.5kV）挤包绝缘电力电缆及附件 第4部分：额定电压6kV（U_m=7.2kV）到35kV（U_m=40.5kV）电力电缆附件试验要求》，电缆附件试验方法按GB/T 18889—2002《额定电压6kV（U_m=7.2kV）到35kV（U_m=40.5kV）电力电缆附件试验方法》进行。

中压电缆附件种类较多，每一类电缆附件的要求又各不相同。IEC标准（IEC 60502.4）和国家标准中只规定了型式试验，对此我国对应于每一种类型电缆附件制定了相应的机械行业标准，在行业标准中对每一类电缆附件提出了更为具体的要求，其中包括出厂试验和抽样试验要求。

这些行业标准中适用于挤包绝缘电缆的有：

JB/T 8503.1—2006《额定电压 6kV（U_m = 7.2kV）到 35kV（U_m = 40.5kV）挤包绝缘电力电缆 预制件装配式附件 第1部分：终端》

JB/T 8503.2—2006《额定电压 6kV（U_m = 7.2kV）到 35kV（U_m = 40.5kV）挤包绝缘电力电缆 预制件装配式附件 第2部分：直通接头》

JB/T 7829—2006《额定电压 1kV（U_m = 1.2kV）到 35kV（U_m = 40.5kV）电力电缆热收缩式终端》

JB/T 7830—2006《额定电压 1kV（U_m = 1.2kV）到 10kV（U_m = 12kV）挤包绝缘电力电缆热收缩式直通接头》

JB/T 10740.1—2007《额定电压 6kV（U_m = 7.2kV）到 35kV（U_m = 40.5kV）挤包绝缘电力电缆 冷收缩式附件 第1部分：终端》

JB/T 10740.2—2007《额定电压 6kV（U_m = 7.2kV）到 35kV（U_m = 40.5kV）挤包绝缘电力电缆 冷收缩式附件 第2部分：直通接头》

JB/T 10739—2007《额定电压 6kV（U_m = 7.2kV）到 35kV（U_m = 40.5kV）挤包绝缘电力电缆 可分离连接器》

JB/T 6465—2006《额定电压 35kV（U_m = 40.5kV）电力电缆 瓷套式终端》

JB/T 7831—2006《额定电压 1kV（U_m = 1.2kV）到 10kV（U_m = 12kV）电力电缆 树脂浇铸式终端》

JB/T 7832—2006《额定电压 1kV（U_m = 1.2kV）到 10kV（U_m = 12kV）电力电缆 树脂浇铸式直通接头》

JB/T 6468—2006《额定电压 1kV（U_m = 1.2kV）到 10kV（U_m = 12kV）挤包绝缘电力电缆 绕包式终端》

JB/T 6464—2006《额定电压 1kV（U_m = 1.2kV）到 35kV（U_m = 40.5kV）挤包绝缘电力电缆 绕包式直通接头》

美洲市场应用比较广泛的美国 IEEE 标准如下：

IEEE Std404—2012《IEEE Standard for Extruded and Laminated Dielectric Shielded Cable Joints Rated 2.5kV to 500kV》

IEEE Std48—2009《IEEE Standard for Test Procedures and Requirements for Alternating - Current Cable Terminations Used on Shielded Cables Having Laminated Insulation Rated 2.5kV through 765kV or Extruded Insulation Rated 2.5kV through 500kV》

1. 例行试验

随着电缆附件的不断发展，有的种类的电缆附件现在已经较少使用，以下介绍几种目前常用电缆附件的例行试验要求。

（1）预制式附件的例行试验要求

1）所有橡胶预制件内外表面应光滑，无肉眼可见的因材料和工艺不完善引起的斑痕、凹坑和裂纹，结构尺寸应符合图样要求。

2）橡胶预制应力锥半导电屏蔽层电阻值应不大于 5kΩ。

3）橡胶预制件的工频耐压和局放试验：

工频电压 干态，1min，$3U_0$；

局部放电 $1.73U_0$，不大于 10pC。

（2）热收缩附件的例行试验要求

1）所有热收缩部件表面应无材质和工艺不善引起的斑痕和凹坑，热收缩部件内壁应根据电缆附件的具体要求确定是否需涂热溶胶。凡涂热溶胶的热收缩部件，要求胶层均匀，且在规定的贮存条件和运输条件下，胶层应不流淌，不相互粘搭，在加热收缩后不会产生气隙。

2）热收缩管形部件的壁厚不均匀度应不大于 30%。

3）填充胶应以带材提供，填充胶带应采用与其不粘结的材料隔开，以便于操作。在规定的贮存条件下，填充胶应不流淌、不脆裂。

（3）冷收缩附件的例行试验要求

1）所有冷收缩部件内外表面应光滑，无肉眼可见的因材料和工艺不完善引起的斑痕、凹坑和裂纹，结构尺寸应符合图样要求。

2）冷收缩部件外半导电屏蔽层、含应力锥的冷收缩部件，其应力锥半导电屏蔽层及内半导电屏蔽管电阻值应不大于 5kΩ。含应力管的冷收缩部件，其应力管介电系数应不小于 15，体积电阻率不小于 $10^{10}\Omega \cdot m$。

（4）可分离连接器的例行试验要求

1）所有可分离连接器橡胶件内外表面应光滑，无肉眼可见的因材料和工艺不完善引起的斑痕、凹坑和裂纹，结构尺寸应符合图样要求。

2）可分离连接器内半导电屏蔽层和应力锥半导电层电阻值应不大于 5kΩ。

3）可分离连接器（包括含应力锥的部件）应按下列规定进行例行试验：

工频电压 干态，1min，$3U_0$；

局部放电 $1.73U_0$，不大于 10pC。

2. 抽样试验

IEC 和其他国家的电缆标准都只规定了电缆附

件型式试验要求，我国电缆附件国家标准为了与IEC标准相对应，也只规定了型式试验要求。考虑型式试验的试验项目多，周期长，对已通过型式试验的电缆附件进行定期或不定期的检查很不方便。为此，我国制定的电缆附件行业标准中规定了试验项目较少、周期较短的抽样试验。

抽样试验内容包括导体连接金具的要求和电缆附件部分要求。

导体连接金具要求：导体连接金具应符合GB/T 14315—1993中的相应规定，铜铝过渡接线端子的直流电阻应不大于相同长度、相同截面铝导体直流电阻的1.2倍。

电缆附件抽样试验内容归纳见表14-2-45。

表14-2-45 电缆附件抽样试验内容归纳

试验项目	终端		直通接头	可分离连接器	评定
	户内	户外			
交流耐压4.5U_0/5min 或直流耐压4U_0/15min	×		×	×	不击穿
交流耐压，湿态4U_0/1min		×			不击穿
局部放电	×	×	×	×	不大于10pC
负荷循环，不加电压，在θ_t①下，在空气中，循环3次②	×	×	×	×	由后续试验评定
插拔试验③				×	触点无可见损坏
局部放电	×	×	×	×	不大于10pC
冲击试验，正负极性各10次	×	×	×	×	不击穿
交流耐压4h	×	×	×	×	不击穿
检查	×	×	×	×	

① θ_t温度为电缆正常运行时最高导体温度以上（5～10）℃；

② 每个负荷循环周期为8h，电缆导体稳定在规定的θ_t温度下至少2h，冷却时间至少3h；

③ 插拔试验应在电缆不带电时进行。

3. 型式试验

中低压电缆附件型式试验要求、试验布置和试样数量具体见GB 12706.4—2008。除非另有规定，电缆截面如下：

1）终端、接头和绝缘终端：120mm²、150mm²或185mm²；导体截面通过型式试验后，则应认为对95mm²至300mm²这一范围内的所有截面均有效。当电缆导体截面积小于95mm²或大于300mm²时，为了实现更大范围的认可，应根据标准GB 12706.4—2008中表10（最小和最大导体截面的附加试验）要求进行附加试验，通过后获得认可。

2）可分离连接器：用铝导体或铜导体电缆对表14-2-46中所列的每一个额定值进行试验。

表14-2-46 用于可分离连接器试验的电缆截面

额定值/A	电缆截面积/mm²	
	铜	铝
200/250	50	70
400	95	150
600/630	185	300
800	300	400
1250	500	630

认可与电缆导体材料无关，因此试验可以用铝导体或铜导体电缆进行。

对安装在成型导体电缆上的附件进行的试验，应被认为覆盖了圆形导体电缆的相同类型附件，反之则不行。为了实现从圆形导体扩展到扇形导体的认可，应按标准GB 12706.4—2008中表11（对不同型式的电缆绝缘屏蔽及从圆形导体到成型导体认可的附加试验）进行附加试验。绝缘终端按标准GB 12706.4—2008中表6（绝缘终端的试验程序和要求）试验，试样取标准GB 12706.4—2008中图3（绝缘终端试品数量和试验排列）中的一半。

不同被试电缆绝缘的认可范围见表 14-2-47。

表 14-2-47　被试电缆绝缘的认可范围

试验电缆的绝缘	认 可 范 围
XLPE	XLPE、EPR、HEPR 和 PVC
EPR 和 HEPR	EPR、HEPR 和 PVC
PVC	PVC

对不同类型电缆绝缘屏蔽的认可的扩展应按标准 GB 12706. 4—2008 中表 11（对不同型式的电缆绝缘屏蔽及从圆形导体到成型导体认可的附加试验）规定进行附加试验。绝缘终端应按标准 GB 12706. 4—2008 中表 6（绝缘终端的试验程序和要求）进行试验，试样取标准 GB 12706. 4—2008 中图 3（绝缘终端试品数量和试验排列）的一半。

由非纵向阻水型电缆试验获得认可后将扩展到金属屏蔽内有纵向阻水层而其他方面结构相同的电缆，反之则不适用。

在三芯附件上进行的试验应认为适用于相同结构的单芯附件，反之则不适用。

如果在较低 U_0 值电缆的绝缘半导电屏蔽层上的径向电场强度不大于试验电缆的径向电场强度，则对规定 U_0 的试验附件认可后可扩展到低于该 U_0 值的同类附件。

终端的试验程序和要求见标准 GB 12706. 4—2008 中表 4（终端的试验程序和要求），直通接头或分支接头试验程序和要求见标准 GB 12706. 4—2008 中表 5（直通接头或分支接头试验程序和要求），屏蔽不带电插拔可分离连接器的试验程序和要求见标准 GB 12706. 4—2008 中表 7（屏蔽不带电插拔可分离连接器的试验程序和要求），非屏蔽插拔式可分离连接器的试验程序和要求见标准 GB 12706. 4—2008 中表 8（非屏蔽插拔式可分离连接器的试验程序和要求（不包括护罩式终端））。

表 14-2-48 归纳了各种附件所要求的试验，表 14-2-49 归纳了试验电压和要求。其中：盐雾试验对有机材料做外绝缘的户外终端进行，潮湿试验对有机材料做外绝缘的户内终端进行，对瓷套终端则不需要进行盐雾试验和潮湿试验；恒压负荷循环试验对终端要求在空气中进行 60 次，对接头和可分离连接器则要求在空气中进行 30 次，还有 30 次在水中进行，以考核接头和可分离连接器绝缘结构的密封性能；对于连接不同电缆的过渡接头，导体加热电流按额定值较低的电缆来确定。

表 14-2-48　各种电缆附件试验项目的归纳

试 验 项 目	终　端		直通接头和分支接头	绝缘终端	可 分 离 连 接 器	
					不 带 电 插 拔	
	户 内	户 外			屏蔽型	非屏蔽型
交流耐压						
$4.5U_0$/5min，干态	×	×	×	×	×	×
$2.5U_0$/15min，干态	×	×	×	×	×	×
$2.5U_0$/500h，干态				×		
$4U_0$/1min，湿态		×				
直流耐压						
$4U_0$/15min，干态	×	×	×	×	×	×
局部放电						
在 θ_t 下	×	×	×		×	×
在环境温度下	×	×	×	×	×	×
冲击电压试验						
在 θ_t 下	×	×	×		×	×
在环境温度下	×	×	×	×	×	×
恒压负荷循环试验						
在空气中	×	×	×		×	×
在水中			×		×	×

（续）

试验项目	终端		直通接头和分支接头	绝缘终端	可分离连接器 不带电插拔	
	户内	户外			屏蔽型	非屏蔽型
短路热稳定						
屏蔽	×	×	×		×	×
导体	×	×	×		×	×
短路动稳定	×	×	×		×	×
潮湿试验	×					
盐雾试验		×				
插拔试验					×	×
操作环试验					×	
屏蔽电阻					×	
屏蔽泄漏电流					×	
故障电流引发					×	
操作力试验					×	
试验点电容测试					×	
检验	×	×	×	×	×	×

注：带负荷插拔可分离连接器在考虑中。

表 14-2-49　试验电压和要求的归纳

试验项目	试验电压	额定电压 U_0/U（U_m）/kV 3.6/6（7.2）	6/10（12）	8.7/15（17.5）	12/20（24）	18/30（36）	21/35（40.5）	26/35（40.5）	要求
潮湿试验 盐雾试验	$1.25U_0$	4.5	7.5	11	15	22.5	26.25	32.5	不击穿或闪络 跳闸不超过三次 无显著的损伤②
局部放电①	$1.73U_0$	6	10	15	20	30	36.33	45	≤10pC
恒压负荷循环和交流耐压，15min 和 500h	$2.5U_0$	9	15	23	30	45	52.5	65	不击穿或闪络
交流耐压/1min	$4U_0$	14.5	24	35	48	72	84	104	不击穿或闪络
直流耐压/15min	$4U_0$	14.5	24	35	48	72	84	104	不击穿或闪络
交流耐压/5min	$4.5U_0$	16	27	39	54	81	94.5	117	不击穿或闪络
冲击电压试验（峰值）	—	60	75	95	125	170	200	200	不击穿或闪络

① 安装在 3.6/6kV 无绝缘屏蔽电缆上的附件无此要求；

② 由于漏电痕迹或电蚀引起附件表面绝缘质量降低，导致性能下降十分明显，即认为发生了明显损伤。

4. 竣工试验

电缆附件的竣工试验按电缆标准中电缆的竣工试验要求与电缆一起进行。

（1）对于 6～30kV 电缆及附件

1）交流电压试验：

a）在导体和金属屏蔽间施加系统的相间电压，时间 5min；

b）或施加正常系统电压，时间 24h。

2）直流电压试验：作为交流电压试验的替代，可以采用直流电压 $4U_0$，时间 15min。

考虑到直流电压试验对挤包绝缘电缆的伤害，不推荐进行直流电压试验。

（2）对于 35kV 电缆及附件

进行交流电压试验，时间电压 $2U_0$，时间 60min；作为替代，可以施加系统额定电压 U_0，时间 24h。

第3章

高压电缆终端与接头

3.1 概论

本章所论述的高压通常指 66kV 及以上高电压系统。高压电缆由电缆本体和附件组成，高压电缆附件可分为交联、充油、直流和超导电缆附件，附件从结构上可分为终端和（中间）接头两部分。

终端在电缆线路的末端，它起到密封电缆作用，同时改善电缆末端电场，以便与输变电其他设备或器具（例如架空线、开关等）连接。

接头是用于电缆自身的连接，有直通（普通）接头、绝缘接头，对充油电缆及钢管充油电缆还有塞止接头等。对于单芯长电缆线路，为了提高载流容量而又不使护层电压过高，通常采用交叉换位敷设，这就需要绝缘接头，它的导体连接及绝缘结构与直通接头相同，仅是两电缆的绝缘屏蔽与外壳分成两段，相互之间绝缘，并且两段对地均绝缘。在一回电缆线路中，绝缘接头之间的间隔距离由护层上电压不超过运行规定电压来确定，它随着电缆线路负荷的大小等有所不同，一般在 400～600m 范围内。长线路中直通接头与绝缘接头的数量占据优势地位。塞止接头用于分开电缆邻近段的油路，起到电气上相连而油路不通的作用。它用于长线路中分段供油或在高落差电缆线路中承受压力。作为供油接头，塞止接头的安装间隔可在 2～5km 内，这主要取决于线路静油压力的变化及供油系统能力。

终端和接头都是在电缆端部制作，如图 14-3-1 所示，电场集中在靠近金属护套的边缘，并且有很大的轴向分量。而油纸绝缘沿纸表面的击穿场强（轴向场强）比垂直于纸表面的击穿场强（径向场强）低得多，因此轴向场强的存在大大降低终端及接头的电气强度。

沿电缆末端各点电压 U_x 及电场强度 E_x 可以用式（14-3-1）和式（14-3-2）来表示。

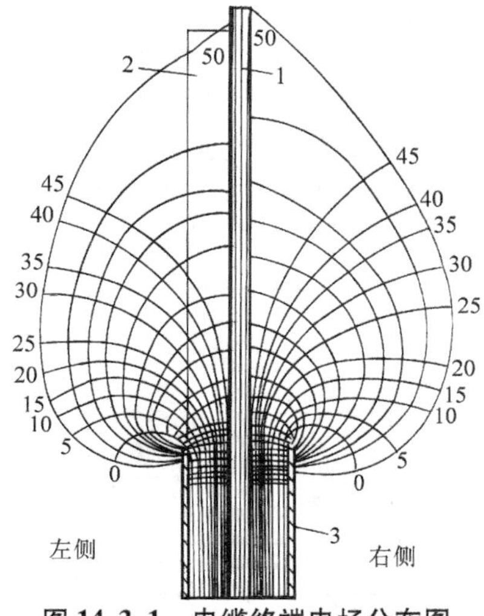

图 14-3-1 电缆终端电场分布图

左侧—剥去金属护套

右侧—剥去金属护套和电缆护层

1—电缆导体 2—电缆绝缘 3—金属护套

$$U_x = U\left\{1 - \frac{\mathrm{sh}\left[\sqrt{\dfrac{\varepsilon_v}{R_{eq}\varepsilon_M K}}(l-x)\right]}{\mathrm{sh}\left[\sqrt{\dfrac{\varepsilon_v}{R_{eq}\varepsilon_M K}}\right]}\right\} \tag{14-3-1}$$

$$E_x = \sqrt{\frac{\varepsilon_v}{R_{eq}\varepsilon_M K}}U\left\{\frac{\mathrm{ch}\left[\sqrt{\dfrac{\varepsilon_v}{R_{eq}\varepsilon_M K}}(l-x)\right]}{\mathrm{sh}\left[\sqrt{\dfrac{\varepsilon_v}{R_{eq}\varepsilon_M K}}\,l\right]}\right\} \tag{14-3-2}$$

式中 U_x、E_x——分别表示 x 处对地电压与该点电场强度；

R_{eq}——等效半径，它等于 $r_i \ln \dfrac{r_i}{r_c}$（r_i 是绝缘半径，r_c 是电缆线芯屏蔽半径）；

ε_{v}——电缆绝缘层相对介电系数；

ε_{M}——周围媒质相对介电系数；

K——与周围媒质性质有关的系数；

l——电缆端部剥去的金属护套长度。

从式（14-3-1）及式（14-3-2）中可以看到，最大电场强度发生在靠近金属护套边缘处，即 $x=0$ 的地方。该处场强为

$$E_{x=0}=U\sqrt{\frac{\varepsilon_{\mathrm{v}}}{R_{\mathrm{eq}}\varepsilon_{\mathrm{M}}K}}\mathrm{cth}\left(\sqrt{\frac{\varepsilon_{\mathrm{v}}}{R_{\mathrm{eq}}\varepsilon_{\mathrm{M}}K}}l\right) \tag{14-3-3}$$

同时可以看到，当 l 相当大时，即 $\sqrt{\frac{\varepsilon_{\mathrm{v}}}{R_{\mathrm{eq}}\varepsilon_{\mathrm{M}}K}}l\geqslant1.5$ 时，$\mathrm{cth}\left(\sqrt{\frac{\varepsilon_{\mathrm{v}}}{R_{\mathrm{eq}}\varepsilon_{\mathrm{M}}K}}l\right)\approx1$，改变 l 不可能使金属护套附近的场强减小，也就是说，增大 l 不能提高放电电压。在不同 l 的情况下，沿绝缘表面电压分布如图 14-3-2 所示。

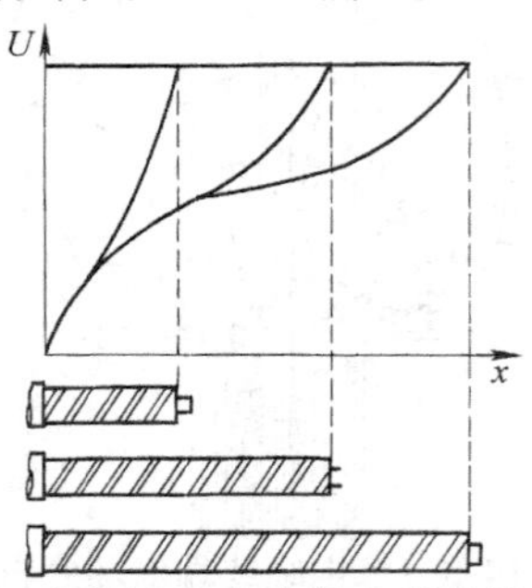

图 14-3-2　不同 l 长度电缆末端处的电压分布

要改善金属护套处的场强，必须增加等效半径 R_{eq}，媒质相对介电系数 ε_{M} 和增大表面电容。通常采用增加绝缘厚度或者用电容来强制终端或接头电场分布方法使电场沿轴向均匀分布。

由于处在高电压下，高压电缆终端与接头电性能的设计、安装工艺等均应予以重视。对充油电缆及钢管充油电缆终端及接头，还必须承受一定油压，这样应考虑外壳强度及密封可靠性。

3.2　终端的结构型式

高压电缆终端在结构上一般由以下几部分组成：①内绝缘，它起到改善电缆终端电场分布的作用，通常有增强式及电容式两种结构；②内外绝缘隔离层，它保护电缆绝缘不受外界媒质的影响，一般由瓷套或环氧套管组成；③出线梗，它把电缆导体引出，可以与架空线或其他电器设备相连；④密封结构；⑤屏蔽帽；⑥固定金具。

按种类区分，终端又可分为敞开式终端（户外终端）、全封闭变电站用电缆终端（GIS 终端）与油浸变压器用终端（包括象鼻式终端）。

按绝缘方式分，可分为普通增强式及电容式终端。

3.2.1　敞开式终端

敞开式终端（户外终端）用于连接电缆与架空线，或在大气条件下与变压器套管、其他电器设备相连，通常采用瓷套作内、外绝缘隔离，以防止水分与空气进入电缆，同时又可防止浸渍剂逸出。一般情况下，110～220kV 级用增强式结构居多，而 330kV 级及以上，多数采用电容式终端。

充油电缆增强式终端是在电缆绝缘的外部加包增绕绝缘层，以降低电缆末端部分的径向场强及轴向场强；在接地应力锥的末端，套上浇铸成型的环氧增强件，由于环氧树脂具备较高的各向同性介电强度，它提高了端部的内绝缘电气强度，使得内绝缘距离可以大大缩短，应力锥可以大大高出瓷套的接地法兰屏蔽，从而改善了瓷套表面的电场分布，提高终端的滑闪放电电压。该终端结构如图 14-3-3 所示，它对户内、户外均适用，主要尺寸见表 14-3-1。

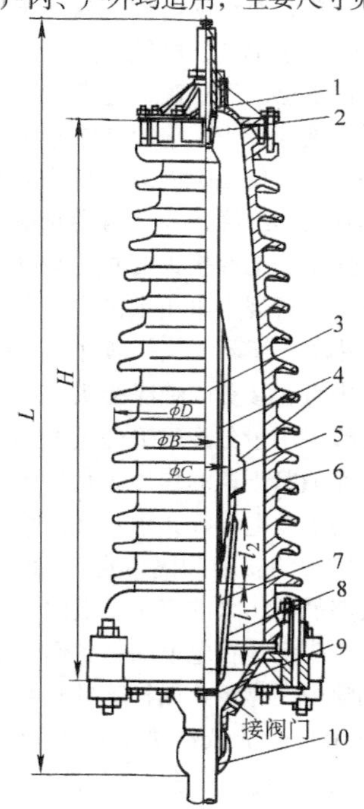

图 14-3-3　110～220kV 充油电缆环氧增强式终端

1—出线梗　2—压接芯管　3—电缆绝缘　4—增绕绝缘　5—环氧增强件　6—瓷套　7—应力锥　8—环氧支撑架　9—支撑架固定扎线　10—铅封

表 14-3-1　110～220kV 充油电缆环氧增强式终端的主要尺寸

额定电压 /kV	线芯截面积 /mm^2	尺寸 /mm						
		L	H	D	B	C	l_1	l_2
110	240	1790	1200	420	70	100	224	140
	400				70	100	200	170
	700				70	100	144	206
220	240	2800	2200	500	95	140	280	215
	400				110	140	360	145
	700				110	140	320	175
	845				120	140	335	95

电容式终端有电容锥式和电容饼式两种型式，它们的结构特点是在电缆绝缘表面附加电容元件，使轴向电场分布均匀，减小了电缆终端瓷套的长度与直径。330kV 电容饼式终端的结构如图 14-3-4 所示，500kV 级电容锥式终端结构如图 14-3-5 所示。为了方便施工和提高性能，可以采用预制式结构。

对于高落差充油电缆线路底部的终端，如果瓷套强度不足以承受高油压，往往采用双室式结构。在增绕绝缘的外面装置一个环氧玻璃钢筒，由它承受高油压，而瓷套处在低油压工作状态。图 14-3-6 是 220kV 双室式高落差终端的结构，在环氧玻璃钢筒及瓷套之间是低油压工作室，用一个小容量的压力箱来补偿热胀冷缩油的变化。

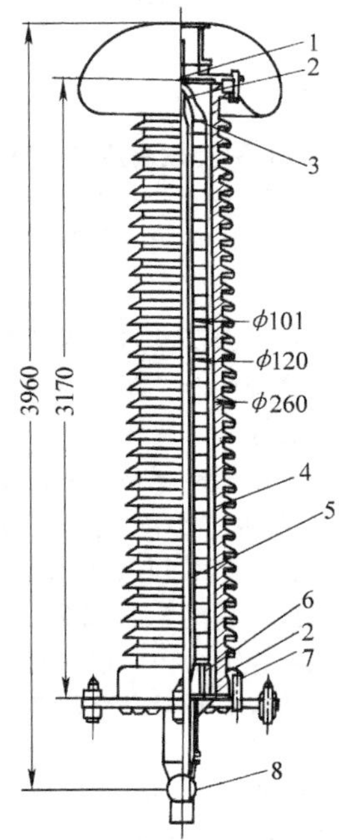

图 14-3-4　330kV 充油电缆电容饼式终端

1—出线梗　2—引接软线　3—填充皱纹绝缘纸　4—电容饼　5—增绕绝缘　6—支撑板　7—应力锥屏蔽　8—瓷套

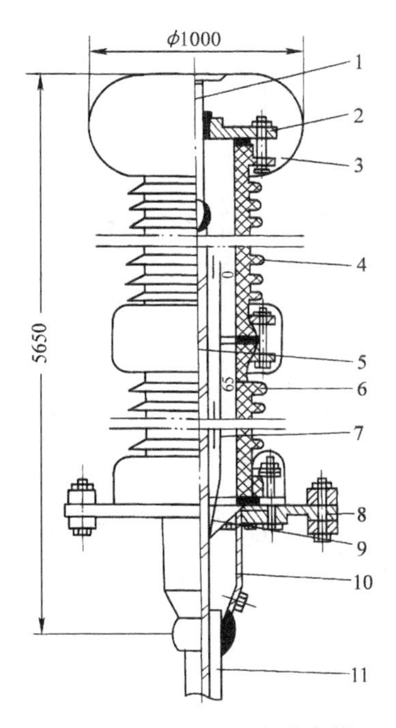

图 14-3-5　500kV 充油电缆电容式终端

1—出线梗　2—顶盖　3—屏蔽帽　4—上瓷套　5—增绕绝缘　6—下瓷套　7—电容锥　8—底板　9—应力锥　10—尾管　11—电缆铝包

钢管充油电缆终端的绝缘结构一般与充油电缆终端相同，但在电缆末端处有一个分歧铜管，各相电缆通过它接到终端上。另一不同点是钢管电缆终端一般为半塞止结构，即终端油与电缆油不直接相通，而是经过一个旁路管道相连。

塑料高压电缆敞开式终端广泛使用预制件式，其结构如图 14-3-7 所示。在工厂中把乙丙橡胶或硅橡胶预制成橡胶增强件，预制件底部应力锥处与挤压半导电性合成橡胶（接地屏蔽）完全粘合成整

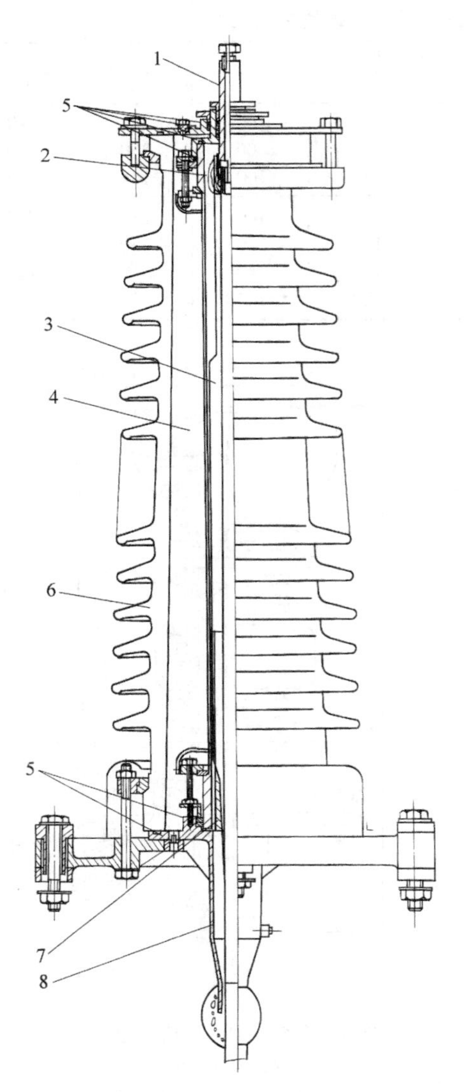

图 14-3-6 220kV 双室式高落差终端

1—出线梗 2—环氧玻璃钢筒 3—内腔电容锥 4—外腔油 5—密封结构 6—瓷套 7—应力锥托架 8—尾管

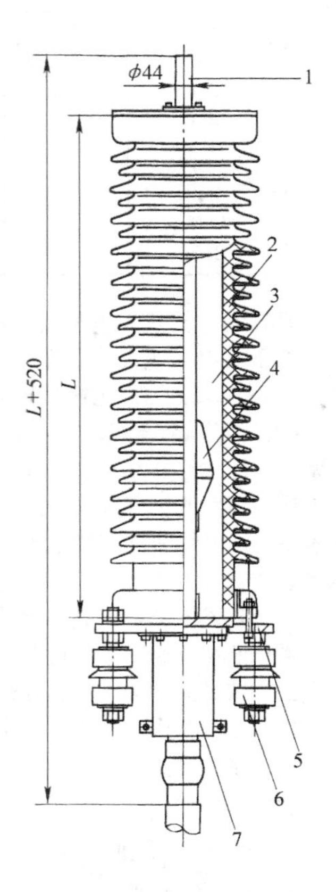

图 14-3-7 110kV 交联高压电缆敞开式终端

1—出线梗 2—瓷套 3—绝缘油（硅油） 4—预制件 5—底板 6—绝缘子 7—尾管

体。增强件在工厂内通过检查后运往工地，现场安装时剥除电缆绝缘屏蔽之后，电缆经过抛光处理，把预制件套入。瓷套内充填绝缘油，底部尾管处有保护金具及防水层，顶部有屏蔽帽及连接金具。由于负荷变化及冬、夏气温变化而造成绝缘油热胀冷缩，瓷套顶部留一空隙以补偿油热胀冷缩变化。也可以在尾管部装有弹性波纹元件，通过波纹元件体积变化来补偿套管内油的热胀冷缩问题。

在有些结构中，为了提高增强件与电缆表面的接触压力以提高绝缘性能，在乙丙橡胶增强件的上部加上一个环氧支撑座，在橡胶增强件的下部加一个弹簧压缩金具，用螺栓调整压力，使橡胶件牢固压在环氧支撑件及电缆绝缘上，从而提高绝缘性能，这种结构示意图如图 14-3-8 所示。

330kV 及以上交联电缆终端为了提高电性能，也有采用油浸纸电容锥结构。它与充油电缆敞开室终端一样，但在结构上要考虑交联聚乙烯膨胀系数远高于油纸，在电缆热胀冷缩中容易损坏油纸电容锥，因此在电缆绝缘与油纸电容锥之间设有一个缓冲层，吸收电缆绝缘的热胀冷缩，防止油纸电容锥的损坏。终端中充以硅油，尾管处装有弹性波纹元件，补偿套管内油的热胀冷缩。

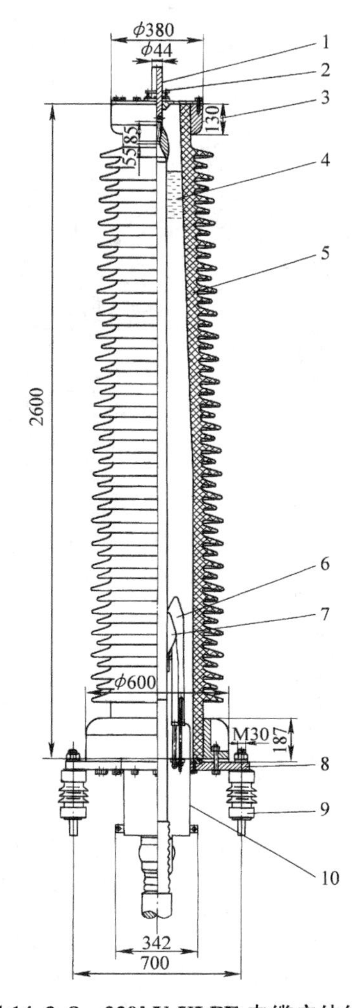

图 14-3-8　220kV XLPE 电缆户外终端

1—出线杆　2—定位环　3—上法兰　4—绝缘油
5—瓷套　6—环氧套管　7—橡胶应力锥
8—底板　9—支撑绝缘子　10—尾管

3.2.2　全封闭变电站用电缆终端

全封闭变电站用电缆终端（以下称全封闭电缆终端或 GIS 终端）用于电缆与全封闭变电站连接，终端封闭于 SF_6绝缘气体中。它的结构紧凑，不受外界大气条件影响，在沿海污染地区、城市中心及高海拔地区，越来越得到广泛应用。通常采用环氧套管或者环氧浸渍纸套管来取代瓷套作为隔绝油纸绝缘与 SF_6气体的元件。由于存在接地外壳，沿环氧套管表面的电场分布较为均匀，电场集中在高压屏蔽处，而不像敞开式终端那样集中在接地屏蔽处。因此内绝缘结构方面，增强式与电容式均得到应用，但电容式性能更好一些。110～330kV 充油电缆全封闭电缆终端的结构如图 14-3-9 所示，其主要尺寸列于表 14-3-2 内。

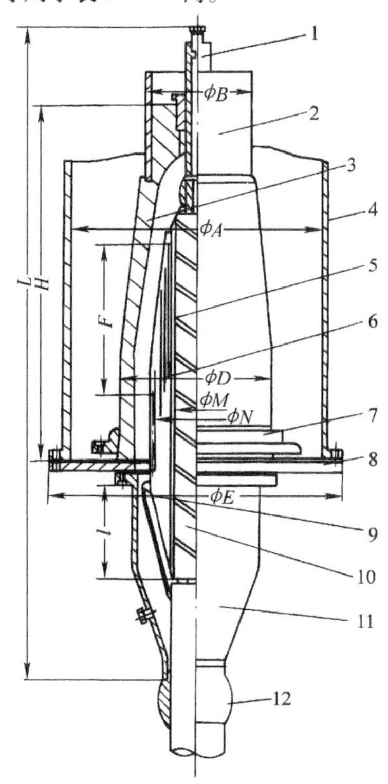

图 14-3-9　110～330kV 充油电缆全封闭电缆终端

1—出线梗　2—高压屏蔽　3—环氧树脂套管
4—外壳　5—增绕绝缘　6—油纸电容锥
7—套管法兰　8—底板　9—电容锥支撑架
10—电缆绝缘　11—尾管　12—铅封

表 14-3-2　110～330kV 全封闭电缆终端的主要尺寸

额定电压 /kV	电缆型式	尺寸/mm						
		L	*H*	*D*	*A*	*B*	*E*	*F*
110	充油电缆	～1240	546	160	300	110	400	280
220	充油电缆	～1700	870	261	500	170	620	490
330	充油电缆	～1900	1130	300	630	200	760	700
110	交联聚乙烯电缆	～1210	757	200	336	110	430	560

交联聚乙烯电缆的全封闭电缆终端与敞开式终端一样，基本上是乙丙橡胶预制增强件结构型式。110kV交联聚乙烯电缆全封闭电缆终端结构如图14-3-10所示，它的主要尺寸参考表14-3-2。

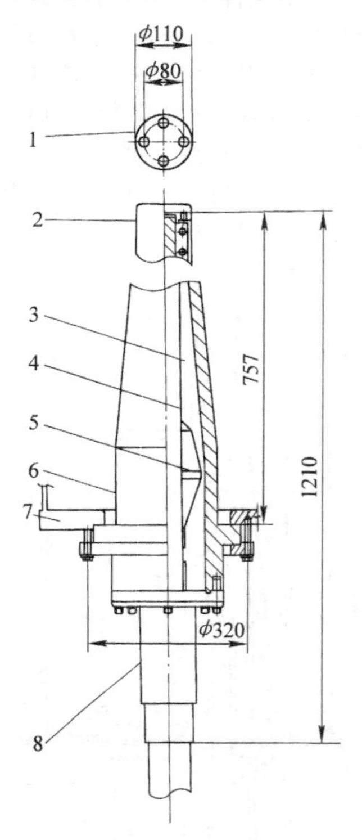

图14-3-10 110kV交联聚乙烯电缆全封闭终端

1—终端与GIS结合面 2—屏蔽帽 3—硅油
4—电缆绝缘 5—橡胶应力锥 6—环氧套管
7—GIS开关底板 8—尾管

3.2.3 象鼻式终端

它用于电缆直接进入变压器，与变压器出线端相连。在结构上有直接式及间接式两种：直接式是电缆终端顶部与变压器顶端机械的连接在一起，并封闭在一个单一的顶屏蔽罩内，它的结构简单，但是如果发生事故，分不清是电缆制造者的责任还是变压器套管制造者的责任，而且修复困难；间接式是电缆终端顶部与变压器套管顶部在机械上是分开的，各有一个顶端屏蔽，电气连接是由一个绝缘连臂相连，它的结构比直接式复杂，但责任分清，而且两个终端分处两方，一旦发生事故可以分别加以处理。高电压系统一般采用间接式。象鼻式终端的结构基本上与全封闭电缆头相仿，用瓷套或环氧套管隔离内、外绝缘。内绝缘可以用环氧增强式或电容式，外绝缘充填变压器油，而不像全封闭电缆终端使用SF_6气体。图14-3-11是110kV充油电缆象鼻式终端的结构图，其结构分成三部分：

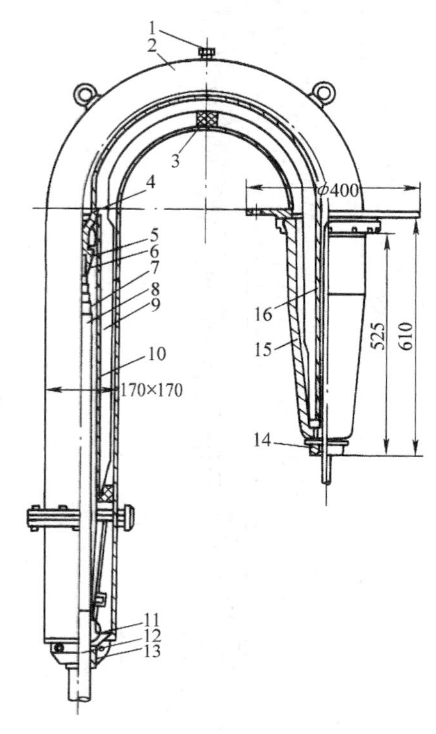

图14-3-11 110kV充油电缆象鼻式终端

1—油嘴 2—壳体 3—衬垫 4—电缆连接触头
5—电缆连接头 6—电缆导体 7—增绕绝缘
8—电缆绝缘 9—终端主绝缘 10—胶木筒
11—铅封 12—电缆铅包 13—防振管
14—套管引出触头 15—瓷套 16—导电杆

1）瓷套处是变压器终端，它采用电容锥结构；

2）弯曲处铜管采用宽10~40mm、厚0.125mm的皱纹绝缘纸绕包，是绝缘连臂；

3）电缆入口处是电缆终端，为电容式结构。应力锥总长为230mm，电容锥外径为135mm。

交联聚乙烯电缆的预制增强式象鼻式终端的结构如图14-3-12所示。它的结构形式与敞开式终端相同，在电缆端部套上一个乙丙橡胶预制件，瓷套作内、外部绝缘分割，环氧套管作内部预制增强件的支撑座，在瓷套管上、下有屏蔽电极，起到控制电场的作用。

由于变压器外壳振动传递到象鼻式终端尾管下部铅包处，造成电缆铅包振动疲劳，使其容易发生开裂，充油电缆就容易发生漏油事故，对110kV及以上的高压交联聚乙烯电缆容易造成水汽进入引起

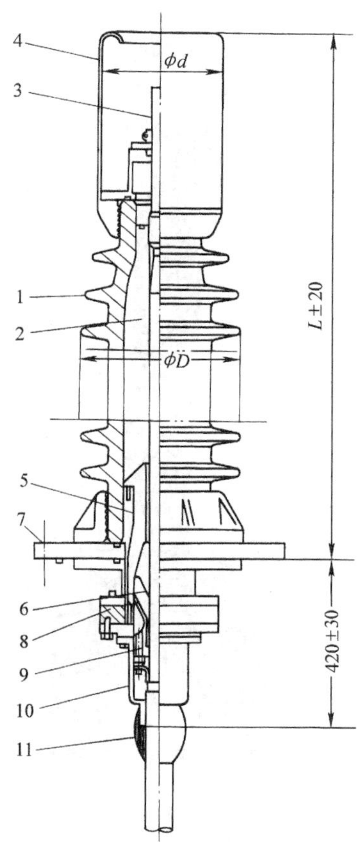

图14-3-12 交联聚乙烯电缆象鼻终端的结构

1—瓷套 2—绝缘充填剂 3—出线梗
4—屏蔽帽 5—环氧绝缘套管
6—橡胶增强绝缘 7—底板 8—底板绝缘
9—弹簧 10—尾管 11—保护带

树枝放电，因此对这部分应有防振措施，例如在尾管下面用2~4m铜管就可以简单而有效地达到这一目的，使铅封及铅包应变大大减小。

3.2.4 柔性直流电缆附件

1. 概论

由于直流输电可以远距离大功率输电、易于电网非同步互联以及长距离输电经济性优于交联输电，因而在世界范围内获得广泛的发展。另外，随着风能和太阳能等新能源发电的兴起，加上现代城市对空中走廊的限制，柔性直流输电技术也越来越受到关注。柔性直流输电均采用塑料绝缘电力电缆。

2. 终端的结构型式

与普通交流终端类似，直流终端按使用场合可分为户内终端及户外终端，如图14-3-13所示。外绝缘可根据使用条件选用瓷套管或复合套管，爬电比距至少选择45mm/kV以上。

3. 直流接头

（1）工厂接头 工厂接头用来连接不同生产长度的电缆，主要是海底电缆。工厂接头应在一个清洁的密闭环境中制作，以减少污染的可能。工厂接头的主绝缘恢复有两种工艺：一种采用绕包工艺，然后加热硫化；另一种采用挤出工艺。具体工艺根据企业的技术特点进行选择。

（2）绕包接头 采用自粘性乙丙橡胶带按设计要求绕包制作，由于接头性能的工艺分散性较大，操作时间长，因此陆地电缆的连接一般不采用该型号接头。

（3）预制接头 采用乙丙橡胶制作的橡胶预制件，该接头工厂预制，可以进行出厂试验保证产品质量，而且施工方便，是直流陆缆接头及海底维修接头的首选产品。

接头结构均类似于交流接头，不同点在于材料配方的变化。

4. 直流终端与接头的设计 直流附件的工作电压为直流电，因此直流附件必须根据直流电压的分配特点进行附件设计。但是直流电缆附件同样需要承受操作冲击电压及雷电冲击电压，这两种电压可以看成是高频交流电压。因此直流电缆附件必须具备同时承受这三种电压的能力，因此直流附件的设计较交流附件复杂得多。

（1）直流电缆附件设计要点

1）需承受三种不同电压的共同作用；

2）直流电压（场强）分布与材料的电导率成反比；

3）电导率是温度及电场的函数；

4）带负荷电缆绝缘中的温度梯度分布造成电场反转，如图14-3-14所示；

5）温度升高，材料电导率增大，产生更多热量，易导致热击穿；

6）界面及材料内部空间电荷导致局部场强严重畸变，导致聚合物材料分子降解，加速电树的生长；

7）其他共性设计，如导体连接、热机械性能等方面问题见交流电缆附件设计。

（2）抑制空间电荷的方法

1）选择介电参数匹配的绝缘材料。优先选择三元乙丙橡胶，调整配方，使得在工作场强和温度范围内，电缆主绝缘与附件绝缘的电导率之比接近介电常数之比，即

$$\frac{\varepsilon_1}{\varepsilon_2} \approx \frac{\gamma_1}{\gamma_2}$$

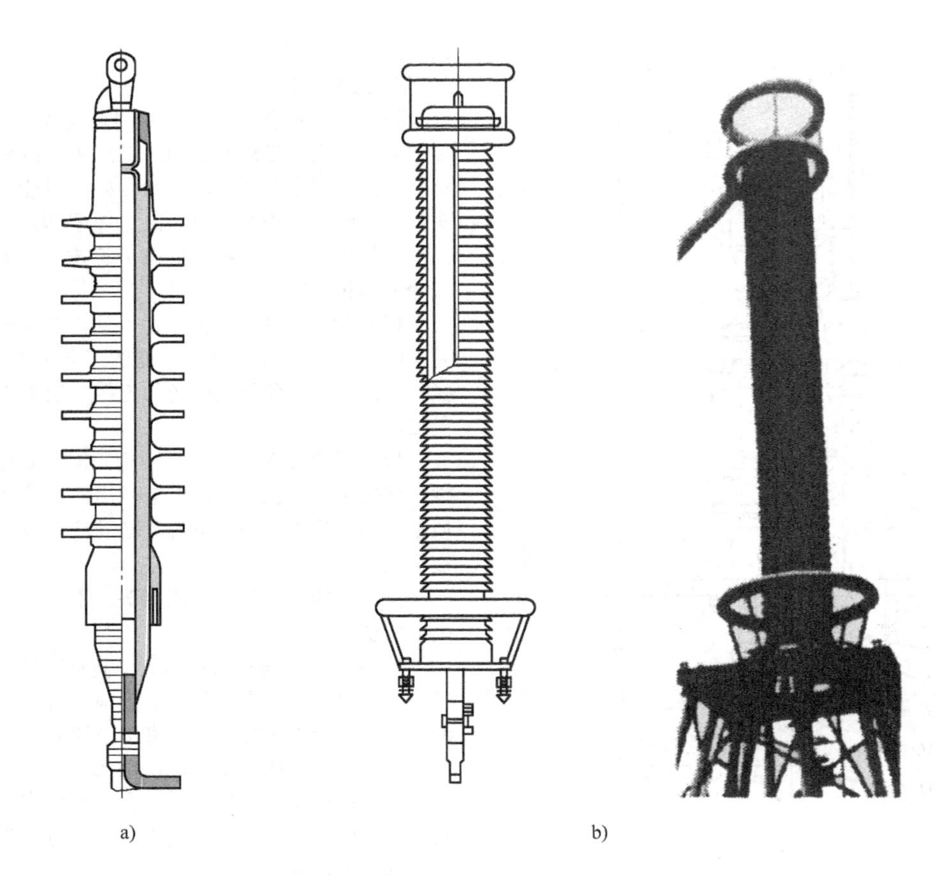

图 14-3-13　直流户内终端及户外终端

a）户内终端　b）户外终端

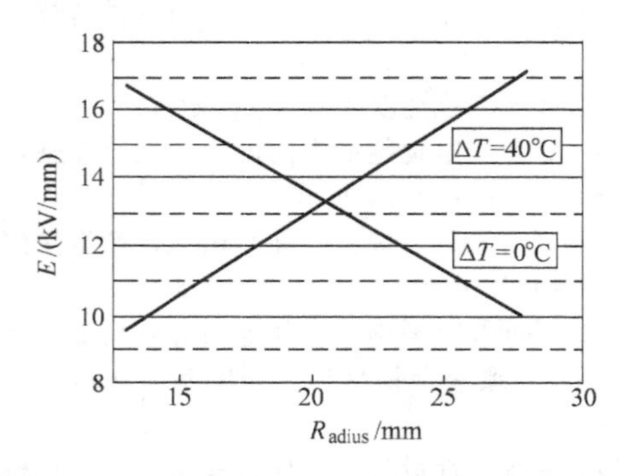

图 14-3-14　电缆绝缘层电场分布的仿真结果

2）采用纳米材料改性橡胶配方，降低空间电荷及电场畸变量，控制材料电导率。

3）采用非线性材料（ABB 专利技术），控制界面电压分布。

4）电缆绝缘表面氟化处理，氟原子取代氢原子形成碳氟键，增大介电常数。

5. 直流电缆附件安装要点

在安装方面，直流电缆附件与交流电缆附件类似，必须严格控制安装质量，主要是安装环境温度、湿度、洁净度等方面的控制，以及电缆绝缘表面的抛光处理。由于直流电缆附件在绝缘界面的缺陷更容易导致空间电荷的积聚，因此直流附件的安装应比交流附件更加小心细致。

6. 直流电缆附件标准及试验

（1）直流电缆附件标准　直流电缆附件的国家标准正在起草中，国家电线电缆质量监督检验中心在 2012 年发布了技术规范：TICW 7－2012《额定电压 500kV 及以下直流输电用挤包绝缘电力电缆系统技术规范》。

国际大电网组织 CIGRE WG 21－01 在 2003 年发布了如下推荐规范：CIGRE：219《Recommendation for Testing DC Extruded Cable Systems for Power Transmission at a Rated Voltage up to 250kV》。在 2012 年 CIGRE WG B1. 32 又发布了新的推荐规范：

CIGRE：496《Recommendation for Testing DC Extruded Cable Systems for Power Transmission at a Rated Voltage up to 500kV》（直流500kV及以下聚合物绝缘推荐测试规范）。

目前未见国际电工委员会（IEC）相关标准。

（2）直流电缆附件试验

1）附件的电气型式试验（VSC运行的电缆系统）：

a）负荷循环试验；

b）叠加操作冲击电压试验；

c）叠加雷电冲击电压试验；

d）直流电压试验。

2）附件预鉴定试验（VSC运行的电缆系统）：预鉴定试验应包括约100m的电缆和完整附件（每种类型至少一件），其绝缘设计适用于实际应用。在进行预鉴定试验前，适当时考虑机械预处理。

基本试验程序如下：

a）长期直流电压试验；

b）叠加冲击电压试验；

c）检查。

3）例行试验：

a）预制接头和终端：预制接头通常用于直流陆地电缆之间的连接，终端则用于直流陆地电缆和直流海底电缆的连接。对预制附件的主绝缘应进行相关标准规定的直流电压试验。

需要时，也可进行交流电压试验和局部放电试验作为附加试验。交流电压试验应在环境温度下进行，试验电压逐渐升到$0.8U_0$，保持30min，应不击穿。局部放电试验按照GB/T 3048.12的规定进行，测试灵敏度为5pC或更优，在$0.6U_0$下应无超过申明灵敏度的可检出的放电。

b）海底电缆的工厂接头：工厂接头通常用于大长度的海底电缆，至少有四种方式检查工厂接头绝缘的质量：

① 直流电压试验：带工厂接头的海底电缆应经受负极性电压U_T，持续60min，绝缘不击穿。

② 交流电压试验：推荐的交流试验电压为$0.8U_0$，保持30min，绝缘不击穿；也可根据制造商的质保程序进行。

③ 局部放电试验：局部放电试验按照GB/T 3048.12的规定进行，测试灵敏度为5pC或更优，推荐在$0.6U_0$下应无超过申明灵敏度的可检出的放电；也可根据制造商的质保程序进行。

④ X射线检查：应无有害杂质和气孔。

c）海底电缆的修理接头：对于预制型海底电缆修理接头，例行试验按相关标准的规定进行；对于模塑型海底电缆修理接头，不能进行例行试验，应按相关标准的规定进行抽样试验以控制接头的质量水平。

4）抽样试验：本试验仅适用于海底电缆工厂接头的抽样试验。

5）竣工试验：安装后的高压电缆系统应经受负极性直流电压（$1.45U_0$），试验持续时间为60min，不击穿。

3.2.5　高温超导终端

终端是高温超导（HTS）电缆结构中的重要组成部分，是HTS电缆和外部其他电器设备之间相互连接的端口，也是电缆冷却介质和制冷设备的连接端口，担负着温度和电势的过渡。终端的结构是和电缆的结构相配套的，根据电缆主绝缘所处的工作温度，高温超导电缆可分为冷绝缘（CD）和室温绝缘（WD）两类。冷绝缘结构的电缆，由于多了一层超导屏蔽层和绝缘材料处于低温液氮浸泡状态，结构较复杂，但基本结构如图14-3-15所示。

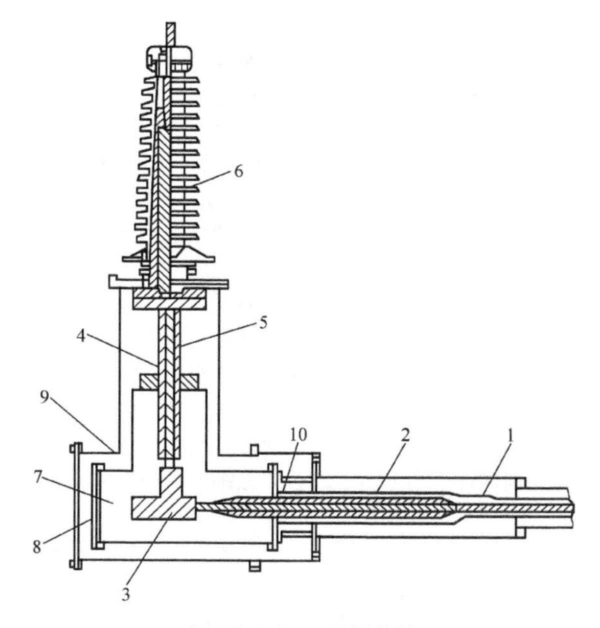

图14-3-15　超导终端

1—超导电缆　2—增绕绝缘　3—导体连接件
4—电流引线　5—衬套　6—瓷套　7—液氮
8—内腔封板　9—绝热真空层
10—绝缘封隔件

高温超导终端的设计主要考虑以下几个方面。

1. 电流引线

超导电缆的电流引线一端与高压母线连接，处于室温状态；另一端与超导电缆相连，处于液氮温度。选择较大的电流引线截面积可减小焦耳热，但同时也增加了从室温向液氮的传导热；加长电流引线长度可降低传导热，但同时增加了焦耳热。因此电流引线几何尺寸的优化设计是关系到终端热性能的重要设计。

虽然电流引线两端电位相等，但是由于它必须有机械固定，需要穿过零电位金属法兰区域，因此电流引线类似于变压器出线套管中间的导杆，绝缘设计必不可少，牵涉到低温绝缘材料的开发，具体耐受电压根据设计电压确定。

2. 终端恒温器

高温超导电缆终端恒温器是封闭整个超导终端的金属结构，为减少漏热，通常采用真空多层绝热结构。为提高超导电缆的绝缘性能，冷绝缘高温超导电缆需在一定压力的液氮下工作，因此恒温器的内筒结构应按压力容器的要求进行设计加工。

终端恒温器的漏热点主要是恒温器本体、与超导电缆连接的承插式接头、与液氮管路连接口及屏蔽引线连接口等位置。

3. 超导带材与常导材料的焊接

超导终端必然存在超导带材与普通常导材料的连接问题，最有效的方法是采用焊接来实现两者之间的有效连接，实现低接触电阻、高焊接强度的目标。由于超导带有一代、二代之分，因此焊接方法、焊料、助剂等必须根据实际情况进行选择。为减少焦耳热，接触电阻应小于 1μΩ。

4. 超导电缆与电流引线的连接

带外屏蔽的超导电缆进入终端恒温器后，必须按照常规单芯高压电缆一样对电缆端部进行绝缘处理，解决端部由于屏蔽切断导致的电场集中问题。冷绝缘高温超导电缆采用纸绝缘，因此电缆端部绝缘材料同样采用电缆纸绕包工艺结构。与普通充油电缆附件不同的是，超导终端内电缆纸只能采用不浸油的干纸，因此绕包工艺也完全不同于油浸纸的绕包工艺。

总之，超导电缆终端不同于普通电缆终端，由于低温液氮的存在，导致终端结构非常复杂，需要考虑的问题较多。

3.3 电缆中间接头结构型式

接头的结构型式根据电缆品种、电压等级及用途不同而异，下面按不同电缆品种叙述各种接头的结构型式。

3.3.1 自容式充油电缆接头

1. 普通接头

在自容式充油电缆的接头中，电缆线芯连接不仅要保证电气连通，而且还要保持线芯中油流畅通。由于连接头在现场手工施工，工艺条件差，在线芯连接采用压接条件下，线芯连接处电场集中，需要增加绝缘厚度、降低接头工作场强来确保连接头的安全运行，因此在电缆绝缘上面绕包增绕绝缘，增绕绝缘的两端形成锥形面应力锥。应力锥与反应力锥均按沿其表面轴向场强小于或等于某一常数进行设计。在增绕绝缘外面绕包绝缘屏蔽，它把两端电缆绝缘屏蔽相连。在其外面有一外壳铜管把绝缘与大气隔绝，并承受充油电缆的油压。

我国 110～220kV 自容式充油电缆普通接头的结构如图 14-3-16 所示，主要尺寸列入表 14-3-3中。

2. 绝缘接头

绝缘接头内绝缘结构和尺寸与普通接头相同，在增绕绝缘外面绕包绝缘屏蔽时，电缆两端屏蔽在接头中间或邻近接地外壳的隔绝片处断开，如图 14-3-17 所示。接头两端外壳也用环氧树脂绝缘片隔开，使电缆护层相互间绝缘，便于交叉换位连接。

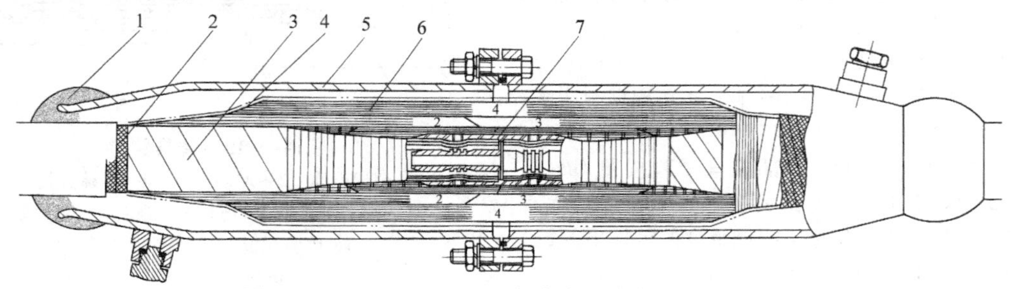

图 14-3-16　110～220kV 自容式充油电缆普通接头

1—铅封　2—电缆绝缘屏蔽　3—电缆绝缘　4—应力锥　5—外壳　6—增绕绝缘　7—压接管

表 14-3-3　110～220kV 自容式充油电缆普通接头主要尺寸

额定线电压/kV	线芯截面积/mm^2	尺寸/mm					
		铅封距离 M	电缆绝缘间距离 S	外壳外径 D	增绕绝缘外径 H	第一级应力锥长度 l_1	第二级应力锥长度 l_2
110	240 400 700	990	780	110	90	205 155 115	35 45 55
220	240 400 700 845	1450	1300	140	120	180 180 180 180	100 90 80 70

3. 塞止接头

塞止接头是充油电缆附件电性能最薄弱的环节，也是结构最复杂的接头。导体连接通常采用压接或插接，用油纸及环氧树脂浇铸件作绝缘，并用环氧树脂套管将两根电缆的油流分开。塞止盒的结构多种多样，但一般分为单室式和双室式两种。单室式塞止接头通常用一个环氧树脂套管将两根电缆的油流分开；双室式塞止接头是用两个环氧套管将两根电缆的油流分开，在两段电缆的塞止管上面有一外腔，两个含有电缆的内腔及一个外腔油流均不相通，呈两道密封结构。图 14-3-18 是单室式塞止接头的结构例子，图 14-3-19 是双室式塞止接头的结构例子。

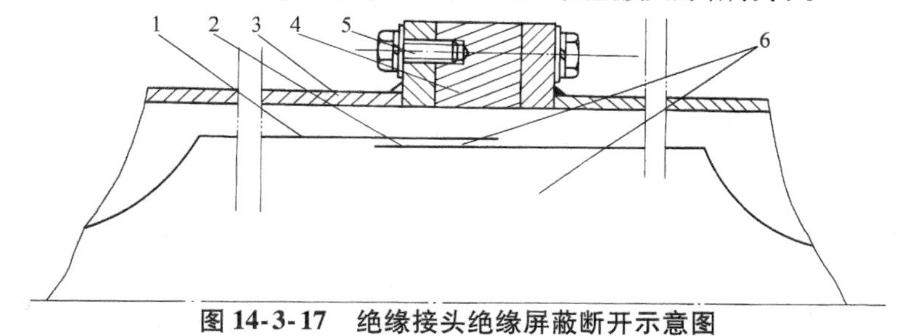

图 14-3-17　绝缘接头绝缘屏蔽断开示意图

1—绝缘屏蔽　2—另一端绝缘屏蔽　3—外壳　4—环氧隔离片　5—螺栓　6—油纸绝缘

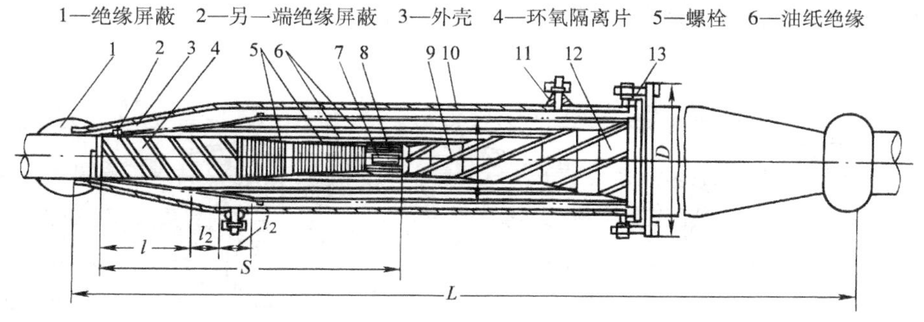

图 14-3-18　110kV 单室式塞止接头的结构

1—铅封　2—接地屏蔽　3—半导体屏蔽　4—电缆　5—填充绝缘　6—增绕绝缘　7—芯管　8—压接管　9—油道　10—外壳　11—油嘴　12—环氧树脂塞止管　13—密封填圈

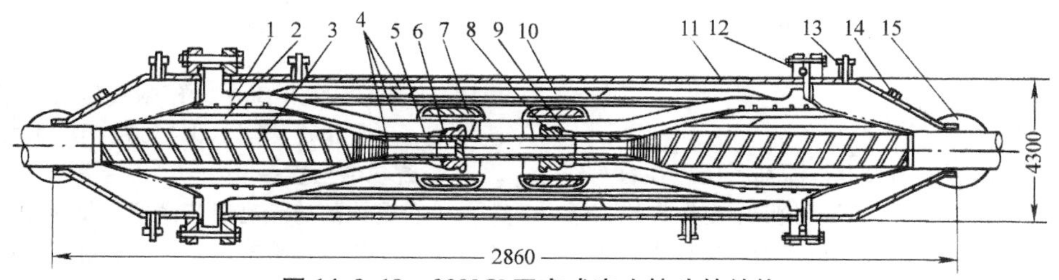

图 14-3-19　220kV 双室式塞止接头的结构

1—环氧树脂套管　2—电缆增绕绝缘　3—电缆　4—填充绝缘　5—芯管　6—导体连接　7—带有绝缘的电极　8—轴封螺母　9—密封垫圈　10—外腔增绕绝缘　11—外壳　12—密封　13—油嘴　14—接地端子　15—铅封

3.3.2 钢管充油电缆接头

1. 普通接头

钢管充油电缆的接头，用于电缆制造长度的连接，它的内绝缘结构一般与自容式充油电缆接头相同，它的外壳是一个直径稍大于电缆管道的钢管。钢管充油电缆普通接头的结构例子如图14-3-20所示。

钢管充油电缆是三相电缆放在一根钢管内，它不需要单芯自容式充油电缆那样交叉换位连接，因此不需要绝缘接头。

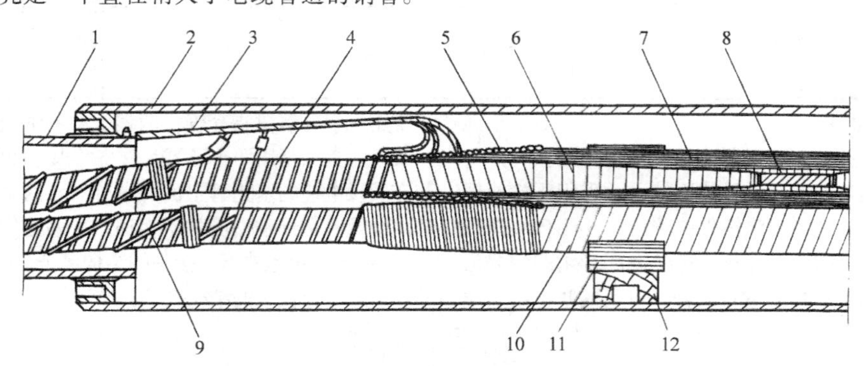

图 14-3-20 钢管充油电缆普通接头的结构

1—电缆钢管 2—接头钢管 3—接地线 4—电缆芯 5—应力锥接地屏蔽 6—反应力锥阶梯 7—增绕绝缘 8—导体连接管 9—滑丝 10—增绕绝缘屏蔽 11—纸卷 12—浸渍过的木支架

2. 半塞止接头

对于较长的钢管充油电缆线路，为了避免一旦发生漏油事故大量电缆油的流失，所以钢管充油电缆也采用半塞止接头。它用以分隔供油区段，使两区段的油经过电缆绝缘层或旁通管路流通。在接头的钢管与电缆钢管连接处，采用密封结构把电缆油路分开。图 14-3-21 是钢管充油电缆半塞止接头的结构图。

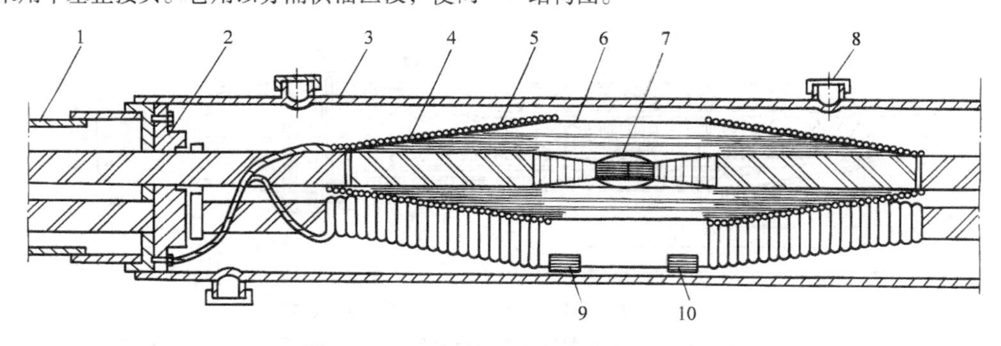

图 14-3-21 钢管充油电缆半塞止接头

1—电缆钢管 2—半塞止结构 3—接头的钢管 4—应力锥接地屏蔽 5—增绕绝缘 6—增绕绝缘屏蔽 7—连接管 8—油嘴 9—纸卷 10—支架

3.3.3 塑料电缆接头

由于高压塑料电缆没有浸渍剂，所以在自身线路中不需要塞止接头，只需要普通接头与绝缘接头。按其制作工艺分，有绕包带型、模塑型、模铸型及预制式四种接头。绕包带型接头广泛用于66 ~ 77kV 系统中，过去也有部分应用于 110kV 系统中；模塑型接头应用于 110kV 级中；模铸型接头已广泛应用于 110 ~ 500kV 级中，预制式接头近期得到广泛发展，已大量推广到 110 ~500kV 级的电缆中。

1. 绕包带型接头

这种型式的特点是工艺简便，价格便宜。把电缆外护层、绝缘屏蔽按规定尺寸剥除，对电缆绝缘表面进行整修，并且削成铅笔尖形状的反应力锥，再进行导体连接，对导体连接进行光洁处理之后绕包内屏蔽层、增绕绝缘自粘带及绝缘屏蔽，并套上外壳。以上工作均在现场制作。这种接头的缺点是允许工作场强低，所以结构尺寸大、性能低，工人劳动强度也大。基本上仅用在66kV级及以下接头中，广泛采用的是乙丙橡胶绝缘自粘带。绕包型接头的结构如图14-3-22所示。

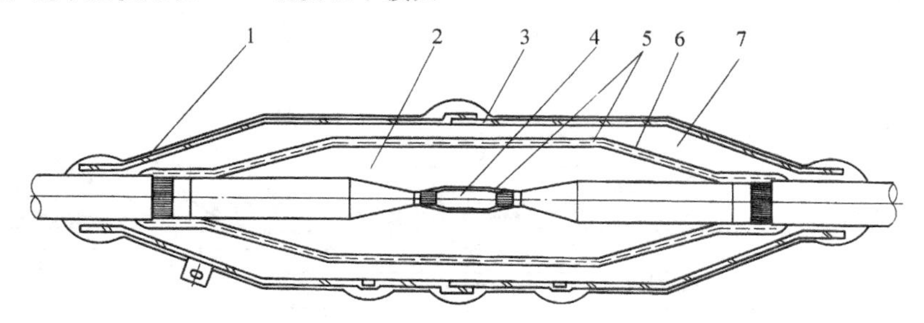

图14-3-22 交联聚乙烯电缆绕包型接头

1—防水层 2—绝缘带 3—外壳 4—压接套 5—屏蔽带 6—金属编织带 7—防水浇铸剂

2. 模塑型接头

用自粘带绕包型接头，带层与层之间的间隙及带层与应力锥外半导体带形成的三角形间隙造成的电性危害使110kV级不能使用绕包型接头。在110kV~154kV级中，为了防止产生局部放电，气泡间隙必须小于150μm，这就限制了乙丙橡胶带的厚度，因为不可能做成这样薄的带子。由于该原因，而开发了交联聚乙烯模塑接头。在该接头中，间隙较小，且气体能被压得很薄。

模塑型接头的结构型式及制作前期工作与绕包带型相同，用与电缆绝缘相同的绝缘带（交联聚乙烯电缆用化学交联聚乙烯带或者辐照交联聚乙烯带）代替自粘性乙丙橡胶带进行绕包后，再进行绝缘屏蔽处理，在上面工作结束之后加热模塑成型，使增绕绝缘带与电缆绝缘成一体。用这种方法做成的接头，其电气性能比自粘带绕包结构好，并且热性能与力学性能与电缆相当，结构紧凑。图14-3-23所示为加热模塑工艺示意图。

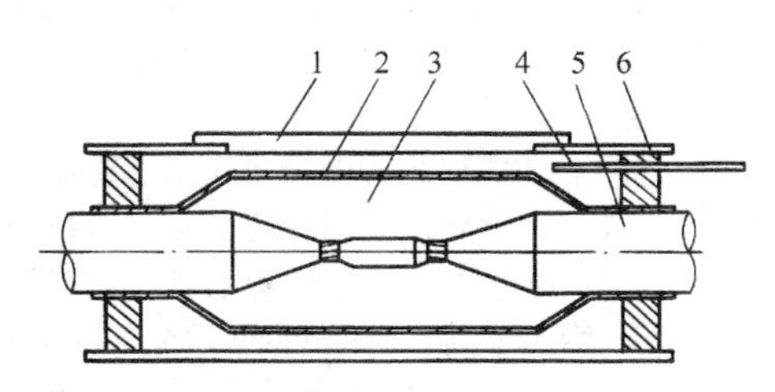

图14-3-23 加热模塑工艺示意图

1—观察窗 2—透明四氟化树脂带
3—辐照聚乙烯带 4—温度计
5—电缆绝缘 6—可分开金属加热套

3. 模铸型接头

但对于220~275kV级的接头，从外界进入的杂质不允许超过100μm，用模塑型制作的接头在该电压等级中就不行了，因而开发了模铸型接头。

模铸型接头的导体连接与内半导体处理方法与前面相同，在完成上述工序之后套上模子，预热模子到规定温度并予以保持一定时间之后，用挤塑机把与电缆绝缘相同料的粒子挤进模子，冷却之后对绝缘屏蔽进行处理，对交联聚乙烯电缆还要再次加热、并且加压使其交联，使接头绝缘与电缆绝缘形成一个整体。这种接头性能优良，尺寸可以做得比模塑型更小，更适宜于220kV及以上电压等级的塑料电缆中。图14-3-24所示为气体加压模铸接头交联示意图。

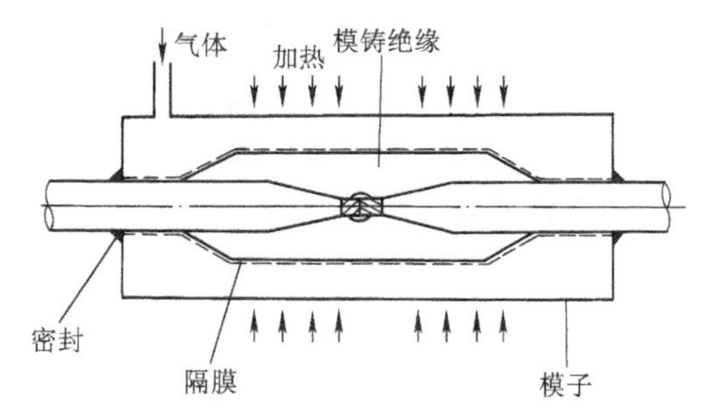

图14-3-24 气体加压模铸接头交联示意图

4. 预制式接头

随着高压大长度交联电缆大量地应用，要求接头的数量也日趋增多，而模铸型或模塑型接头三相一组制作需要花费3~4星期时间，长期占用马路施工显然不能符合城市管理要求，而且这两种接头现场安装控制要小心，并要有良好的接头制作技术，因而需要开发预制式接头。该接头施工时间仅为模铸型接头的一半时间，而且对工人操作水平的要求也没有像模铸型接头那样高。

预制式接头目前有两大流派：一种是用整体乙丙橡胶或硅橡胶做成预制件，高压屏蔽及应力锥屏蔽均模铸在乙丙橡胶或硅橡胶中，如图 14-3-25 所示；另一种为高压屏蔽浇铸在环氧元件中，两侧电缆用乙丙橡胶预制件做成应力锥元件，把橡胶应力锥推到环氧元件内，并用弹簧施加压力，环氧与乙丙橡胶的交界面、乙丙橡胶与电缆的交界面压力应保持稳定，确保电气可靠，如图 14-3-26 所示。

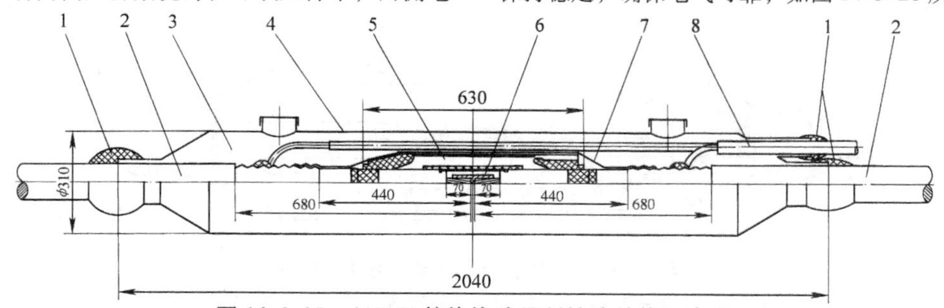

图 14-3-25　110kV 整体橡胶预制接头结构示意图

1—密封带　2—电缆　3—灌封胶　4—保护壳体　5—橡胶绝缘件
6—导体压接管　7—热收缩管　8—同轴电缆

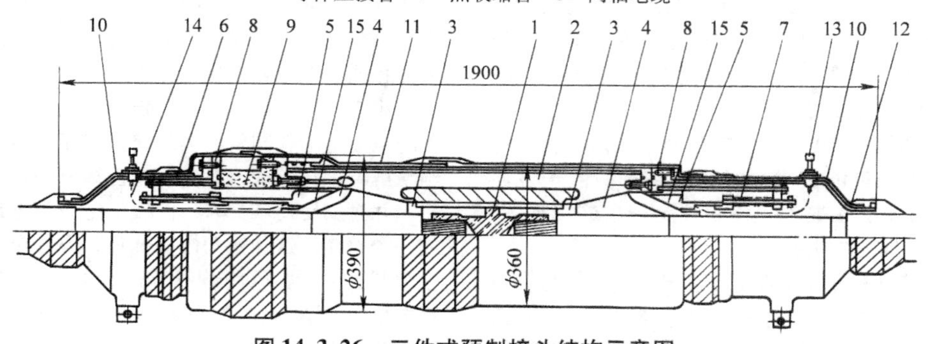

图 14-3-26　三件式预制接头结构示意图

1—导体压接套　2—环氧元件　3—塞止　4—橡胶预制件　5—压紧管　6—压紧金具 A
7—压紧金具 B　8—中间法兰　9—环氧绝缘筒　10—电缆保护金具　11—防腐层
12—防腐绕包带　13—局放测试用端子　14—局放测试用引线　15—局放测试电极

3.4　终端与接头的设计

高压电缆终端与接头的设计要考虑以下四个方面：

1）导体连接的方法及其设计。

2）电气性能问题：选用合适的材料及合理的结构使得终端与接头能承受线路上的各种电压（正常工作电压、暂态过电压、操作过电压及雷电过电压），从而在线路中方可安全运行。

3）热性能问题：接头温升不宜高过电缆本体的温升。

4）热力学性能问题：解决电缆负荷变化时，导体、绝缘、护层之间发生相对移动问题。

本节重点论述电气性能问题和介绍绝缘设计，对解决热性能及热力学性能的问题也作基本介绍。

3.4.1　导体连接的方法及其设计

终端与接头导体连接方法有压接、焊接与机械连接。连接处要求在传输电流时温度升高不超过电缆导体温度升高值，并能承受电缆导体允许的抗张力。

1. 压接

它广泛用于终端与接头中。在高压电缆中较多采用环压方式，对于截面大的电缆，因受压机吨位的限制也采用点压方式。压接套管设计原则如下：

1）压接套截面使其压接后的截面积至少与电缆截面积相等，并且其最小厚度包含最后的加工余量 3mm。

2）压接套内径的选取按式（14-3-4）选取

$$d_o = 1.03d_{co} + \alpha \qquad (14\text{-}3\text{-}4)$$

式中　d_o——压接管内径（mm）；

d_{co}——电缆标称线芯外径（mm）；

α——插进压接管的余度，通常取 0.2～0.3mm。

3）接头压接套的长度 L 可以按下式考虑：

$$L=2(l+l_s) \qquad (14\text{-}3\text{-}5)$$

式中 l——压接套有效压缩长度（mm），

$l=KA/\pi d_{co}$；

A——导体截面积（mm^2）；

K——系数，一般取5~7；

d_{co}——电缆标称外径（mm）；

l_s——压接套斜面长（mm），它的设计见接头的绝缘设计部分。

为了得到较好的压接性能，对于铜芯圆绞线建议采用13%~15%的压缩比。

2. 焊接

在大截面超高压电缆接头中，压接时需要很大的压接机，并且压接套凸出电缆线芯造成该处电场集中，形成一个薄弱环节，所以采用焊接比较优越。焊接也广泛地使用在水底电缆接头中。一般采用氩弧焊，它又可分为钨极氩弧焊（TIG）及焊条氩弧焊（MIG）两种。氩弧焊接的温度较高，容易烧焦导体连接附近的绝缘，因此在两侧导体上各装有可以拆卸的用水冷却的散热片。对于充油电缆，除了冷却外，还要防止电缆油沾污而影响焊接的质量，往往采用吸油夹具，它不但防止电缆油进入焊接区，也防止电缆油燃烧。焊接的质量取决于导线的清洁，所以要用溶剂仔细地把线芯擦洗干净。导体的对焊面应做成"V"形，便于焊接。在强度要求不高的场合，也可以采用钎焊。具体焊接工艺见本篇第1章。

3. 卡接

终端的导体连接也可采用卡接，它连接方便、迅速。卡接的示意如图14-3-27所示。各截面的卡接尺寸见表14-3-4。

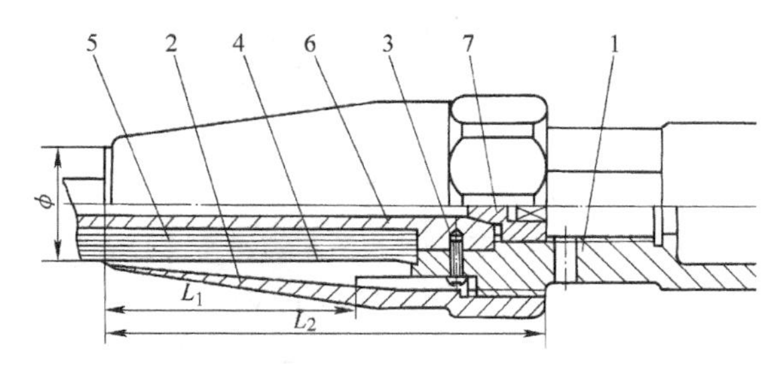

图14-3-27 终端卡接示意图

1—卡接芯 2—卡接螺母 3—固定螺钉 4—填片 5—电缆线芯 6—衬芯管 7—塞子

表14-3-4 各电缆线芯截面的卡接尺寸

电缆截面积/mm^2	卡接芯内径 ϕ/mm	卡接芯长度 L_1/mm	卡装螺母长度 L_2/mm
240	24	65	82
400	29.4	65	85
700	37.5	100	115

3.4.2 绝缘设计

1. 设计电压

终端与接头绝缘设计通常以1min工频试验电压及冲击耐压为设计依据，按照我国高压输变电设备的绝缘配合、高电压试验技术标准及有关高压电缆标准，关于终端、接头耐受各种试验的电压见表14-3-5。

表14-3-5 高压电缆终端与接头试验电压值 （单位：kV）

电缆品种	额定系统电压 U	最高系统工作电压 U_m	电缆额定相电压 U_0	绝缘安全试验交流电压	1min工频试验电压	标准雷电冲击波试验电压(峰值)	操作冲击试验电压（峰值）	安装后竣工试验电压
充油电缆	110	126	64	160	185/200	450 550(138)①	—	290(DC)
	220	252	127	320	360 395 460	850 950(220)① 1050	—	510(DC)
	330	363	190	430	460 510 570	1050 1175(325)① 1300	850 950	665(DC)
	500	550	289	600	630 680 740	1425 1550(495)① 1675	1050 1175	1015(DC)

（续）

电缆品种	额定系统电压 U	最高系统工作电压 U_m	电缆额定相电压 U_0	绝缘安全试验交流电压	1min 工频试验电压	标准雷电冲击波试验电压（峰值）	操作冲击试验电压（峰值）	安装后竣工试验电压
交联电缆	110	126	64	128	185/200	550(160)①		110(AC)5min 64(AC)24h 192(DC)15min
	220	252	127	254	460	1050(317)①		220(AC)5min 127(AC)24h 381(DC)15min

① 括号内数字为雷电冲击波试验后，进行的工频 15min 耐电压数值。

为确保产品性能可靠，设计电压应有一定的安全系数，内绝缘因为是非自恢复性绝缘，它的设计电压应略高于外绝缘（自恢复绝缘）设计电压。一般选取：

内绝缘工频设计电压 $U_{di}=1.2U_t$

外绝缘工频设计电压 $U_{do}=1.15U_t$

绝缘冲击设计电压 $U_{dim}=1.1U_{tim}$

式中 U_t——工频 1min 试验电压；

U_{tim}——标准雷电冲击波试验电压。

2. 终端的绝缘设计

（1）敞开式终端的内绝缘设计及内、外绝缘配合设计

1）环氧增强式结构：该终端增绕绝缘厚度，一般由线芯处场强为电缆本体线芯处场强的 45% ~ 60% 来确定。线芯处场强为

$$E_r=\frac{U_{di}}{r_c\ln\frac{r_j}{r_c}} \qquad (14\text{-}3\text{-}6)$$

式中 U_{di}——设计电压（kV）；

E_r——终端增强绝缘处导芯场强（kV）；

r_c——电缆导体屏蔽半径（mm）；

r_j——增绕绝缘半径（mm）。

由式（14-3-6）得

$$r_j=r_c e^{\frac{U_{di}}{r_cE_r}} \qquad (14\text{-}3\text{-}7)$$

增绕绝缘的厚度为

$$\Delta_n=r_j-r_i=r_c e^{\frac{U_{di}}{r_cE_r}}-r_i \qquad (14\text{-}3\text{-}8)$$

式中 r_i——电缆绝缘半径。

金属护套末端从电缆绝缘外径过渡到增绕绝缘外径的过渡段（应力锥），如果处理不好，往往在该处容易发生轴向场强过大而产生击穿，因此它的形状及长度是按其表面的轴向场强等于或小于其允许最大轴向场强来设计的。对于增绕绝缘的介电系数与电缆绝缘介电系数相同的条件下，即增绕绝缘不分阶，应力锥各点轴向场强相等的方程式为

$$x=\frac{U_{di}}{E_t}\ln\frac{\ln\frac{y}{r_c}}{\ln\frac{r_i}{r_c}} \qquad (14\text{-}3\text{-}9)$$

式中 x，y——应力锥的轴向及径向坐标（见图 14-3-28）；

E_t——轴向设计场强，对充油电缆及钢管充油电缆，一般油纸取 1.0 ~ 2.0kV/mm，它的数值大小取决于结构形式、安装工艺方法、施工人员的技术水平。在径向场强高的场合，采用现场手工绕包制作接头，施工人员技术水平不高情况下，轴向场强通常取低一些；反之可以取高一些水平。

（其他符号与前相同）。

应力锥的理想最短长度为

$$L_k=\frac{U_{di}}{E_t}\ln\frac{\ln\frac{r_j}{r_c}}{\ln\frac{r_i}{r_c}} \qquad (14\text{-}3\text{-}10)$$

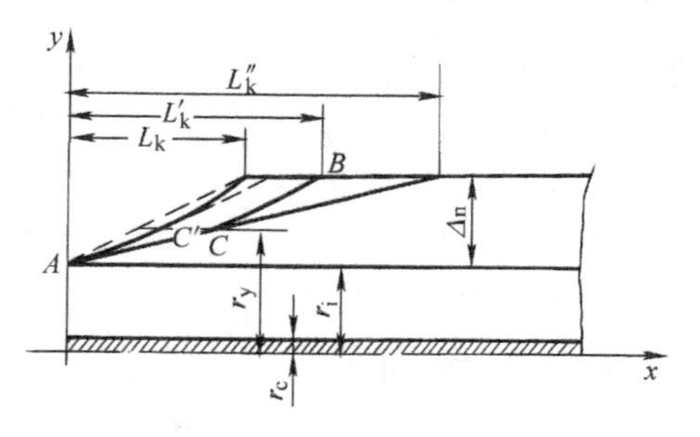

图 14-3-28 应力锥形状示意图

事实上除了预制件由机床加工成型的是这种对数曲线的理论应力锥外，为了施工方便，现场施工时一般用折线来取代这种理想曲线。那时各段直线上各点轴向场强不是一个常数，而是随 y 增大而减

小。用一根直线代替理想曲线 AB 所得应力锥太长，一般用两根或两根以上直线来取代。在图 14-3-28 中最大场强只可能在 A 点及 C 点，令 A 点及 C 点轴向场强等于允许轴向设计场强 E_t，这时应力锥长度 L'_k应为

$$L'_k = \frac{(r_y - r_i)U}{E_t r_i \ln \dfrac{r_i}{r_c}} + \frac{(r_j - r_y)U}{E_t r_y \ln \dfrac{r_y}{r_c}} \tag{14-3-11}$$

式中　r_y——C 点的半径。

要取得 L'_k最小值，将式（14-3-11）对 r_y进行微分，并令 $\mathrm{d}L'_k/\mathrm{d}r_y = 0$ 就可以得到。为了计算方便，绘制了系列曲线，如图 14-3-29 所示，从图中可以根据相关数据求出最佳 r_y以满足上述微分条件，使得两条折线所组成的应力锥总长度为最小。

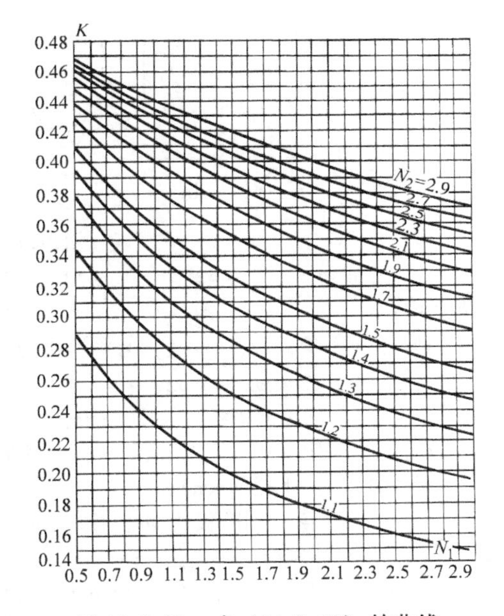

图 14-3-29　式（14-3-12）的曲线

在图 14-3-29 中，

$$K = \frac{r_y - r_i}{\Delta_n}$$

$$N_1 = \frac{\Delta_n}{r_c}, \quad N_2 = \frac{r_i}{r_c} \tag{14-3-12}$$

式中　$\Delta_n = r_j - r_i$。

在应用图 14-3-29 时，先按式（14-3-12）求出 N_1及 N_2，再从图中查出相应的 K 值，再根据式（14-3-12）求出最佳 r_y。一般情况下，$N_1 = 1.25 \sim 2.5$，L'_k长度约为 L_k 的 120% ~150%。

对于 330kV 级及以上的终端，它的增绕绝缘厚度比较厚，仅用两段折线不能减小应力锥长度，这时可以使用多段折线，在径向场强小的地方，轴向场强也可取大一些数值，用此方法来进一步缩短应力锥长度。

环氧增强件也有一段应力锥，由于环氧树脂是各向同性介质，不存在轴向场强过低的问题，因此该段应力锥设计是确保环氧与油纸接触界面上的轴向场强等于或小于规定的油纸轴向设计场强值，应力锥各点轴向场强相等的方程式为

$$x = \frac{U_{di}}{E_t}\left(1 - \frac{\ln \dfrac{r_y}{r_c}}{\ln \dfrac{r_i}{r_c}}\right) \tag{14-3-13}$$

一般说来，环氧增强件的接地屏蔽越是高出瓷套接地屏蔽，瓷套外表面电场分布越是均匀，提高环氧增强件的位置有利于提高套管的滑闪电压，但是过分抬高位置会使内绝缘放电距离缩短而导致内绝缘击穿，因此环氧增强件高出瓷套屏蔽的位置应由施工工艺水平来确定，通常可取高出瓷套接地屏蔽为瓷套有效放电长度的 20% ~35%。

2）电容锥式结构：电容锥式终端内绝缘结构如图 14-3-30 所示，它的等效电路如图 14-3-31 所示。

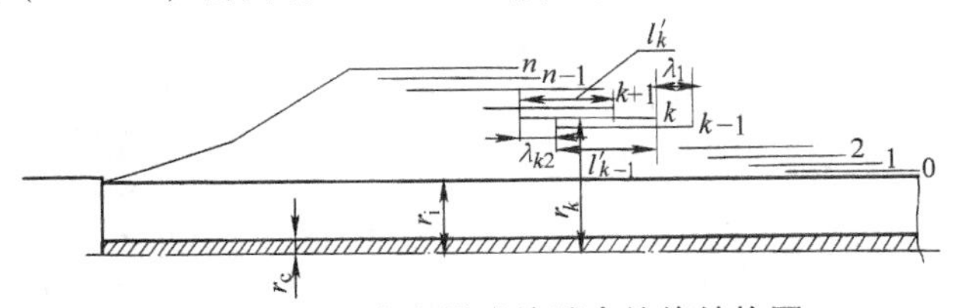

图 14-3-30　电容锥式终端内绝缘结构图

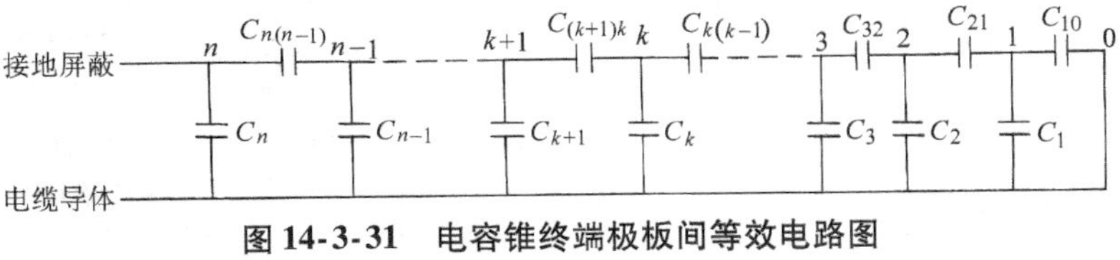

图 14-3-31　电容锥终端极板间等效电路图

电容锥式终端的内绝缘厚度由所采用的极板数目来确定。它的选取应保证最大长期工作电压下不发生电晕，在试验电压下不发生滑闪放电。（为安全起见，选用工频内绝缘设计电压代替试验电压进行计算。）电晕起始电压 U_c 和滑闪起始电压 U_g 与极板之间绝缘厚度 d 的关系可用如下经验公式：

$$\begin{aligned} U_c &= 6.2d^{0.45}\text{kV} \\ U_g &= 15.85d^{0.45}\text{kV} \end{aligned} \qquad (14\text{-}3\text{-}14)$$

一般各极板之间的绝缘厚度取 1mm，这样 $U_c = 6.2\text{kV}$，$U_g = 15.85\text{kV}$。

在最高工作相电压 U_0 下不发生的电晕所需的电容极板数为

$$n_c = \frac{U_0}{U_c}$$

在试验电压下不发生滑闪放电所需的电容极板数 n_g 为

$$n_g = \frac{U_{di}}{U_g}$$

式中　U_{di}——内绝缘设计电压，用它来代替试验电压进行计算更安全。

电容极板数 n 从 n_c 及 n_g 的计算值应选取较大者。

设计电容极板尺寸时通常与极板之间绝缘厚度相同，用改变极板长度的方法控制极板之间的电容，使各极板之间的电压应相等。在图 14-3-31 中，假设有 $n+1$ 个极板数（0 ~ n 号极板），最后极板为 n 号极板，在 k 点的电流应有下列关系：

$$i_{(k+1)k} = i_{k(k-1)} + i_k$$

即

$$[U_{(k+1)} - U_k]\omega C_{(k+1)k} = [U_k - U_{(k-1)}]\omega C_{k(k-1)} + U_k\omega C_k \qquad (14\text{-}3\text{-}15)$$

式中　$C_{(k+1)k}$，$C_{k(k-1)}$——分别表示（$k+1$）号极板与 k 极板，k 极板与（$k-1$）号极板之间的电容值；

C_k——表示 k 极板与电缆线芯之间的电容值；

$U_{(k+1)}$，U_k，$U_{(k-1)}$——分别表示（$k+1$）、k、（$k-1$）号极板与线芯之间的电位差；

ω——角频率。

正如前述，电容锥设计的原则是使各极板之间的电位差相等，这样得到

$$U_{(k+1)} - U_k = U_k - U_{(k-1)} = \frac{U}{n}$$

$$U_k = \frac{U}{n}k$$

把这些值代入式（14-3-15）中，简化后得

$$C_{(k+1)k} = C_{k(k-1)} + kC_k \qquad (14\text{-}3\text{-}16)$$

各极板均是以电缆芯轴为中心的同心圆柱体，因此各电容近似地可以用圆柱体电容器公式计算，即

$$\begin{aligned} C_{(k+1)k} &= \frac{2\pi\varepsilon_0\varepsilon_r l'_k}{\ln\dfrac{r_{(k+1)}}{r_k}} \\ C_{k(k-1)} &= \frac{2\pi\varepsilon_0\varepsilon_r l'_{(k-1)}}{\ln\dfrac{r_k}{r_{(k-1)}}} \\ C_k &= \frac{2\pi\varepsilon_0\varepsilon_r\lambda_{k2}}{\ln\dfrac{r_k}{r_c}} \end{aligned} \qquad (14\text{-}3\text{-}17)$$

把式（14-3-17）代入式（14-3-16），加以简化得

$$l'_k = \frac{l'_{(k-1)}\left[\dfrac{1}{\ln\dfrac{r_k}{r_{(k-1)}}} - \dfrac{k}{\ln\dfrac{r_k}{r_c}}\right] + \dfrac{k\lambda_1}{\ln\dfrac{r_k}{r_c}}}{\dfrac{1}{\ln\dfrac{r_{(k+1)}}{r_k}} - \dfrac{k}{\ln\dfrac{r_k}{r_c}}} \qquad (14\text{-}3\text{-}18)$$

$$l_k = l'_k + \lambda_1 \qquad (14\text{-}3\text{-}19)$$

以上各式中：

l'_k，$l'_{(k-1)}$——第 k 号、（$k-1$）号电容极板工作长度（mm）；

l_k——第 k 号极板总长度（mm）；

$r_{(k+1)}$，r_k，$r_{(k-1)}$——第（$k+1$）、k、（$k-1$）号极板的半径（mm）；

λ_{k2}——第 k 号极板内伸长度（mm），它等于 $l_k - l'_{(k-1)}$；

λ_1——各极板外伸长度（mm），它可按 $\lambda_1 = \dfrac{L_{on}}{n}$ 确定；

L_{on}——内绝缘放电长度，它为套管外绝缘有效放电距离的 60%；

n——极板间电容个数。

设计时先假设第 0 号极板的工作长度 l'_0，通常取 $l'_0 \geqslant 20\text{mm}$，按式（14-3-18）及式（14-3-19）分别算出各极板的工作长度与总长度。

电容锥在瓷套内的位置对瓷套沿面放电影响很大，兼顾正、负极性冲击电压及工频滑闪电压性能，电容锥接地极板（n 号极板）的顶端高出瓷套接地屏蔽距离选取 10% 左右瓷套有效放电距离较为合理；高压“0”号极板顶端与瓷套高压屏蔽的距

离取 25% ~30% 对瓷套外绝缘有效放电距离较为合理，这样内、外绝缘配合可以达到较完美的效果。

3）电容饼结构：这种结构是在电缆增绕绝缘的外面套上一定数量的电容饼，顶端电容饼与线芯相连，下部电容饼与接地屏蔽相连，由电容饼串接而成。它的等效电路图与电容锥式相同，如图 14-3-31所示。由于每只电容饼的外形尺寸一致，等效电路中

$$C_1 = C_2 = \cdots = C_k = \cdots = C_n = C$$

如要达到电压均匀分布，电容饼电容应有如下关系：

$$\begin{aligned} C_{(k+1)k} &= C_{k(k-1)} + kC_k \\ &= C_{10} + (1+2+\cdots+k)C \\ &= C_{10} + \frac{k(k+1)}{2}C \end{aligned}$$

事实上，这样逐个选取电容饼是很麻烦的，为了减少设计工作量，采用分段变化电容量来代替逐个变化量的方法，即把整个电容饼分成 n 组，每组电容量相等，把这 n 组电容器串联。在选择各组电容量时，要确保电压分布与理想值偏差在一定范围内，同时提高电容饼耐压强度来补偿由于电容量与理论值不一致，而带来的电压分布不均匀。图 14-3-32是一个典型的电容饼元件结构示意图，图中 C_1 与 C_2 是串联的。对于这种结构，电容极板长度可由下式得

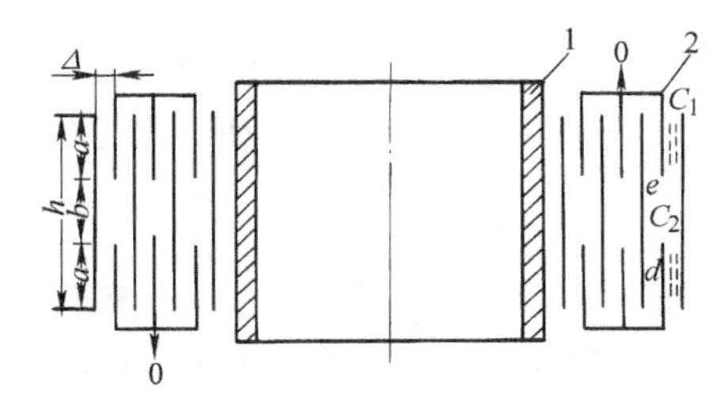

图 14-3-32　电容饼极板结构示意图

1—电容饼衬筒　2—电容极板　h—铝箔宽度　a—两极板重合宽度　b—两个电容器极板边缘间距　Δ—电容器绝缘厚度

$$l_{(k+1)k} = \frac{C_{(k+1)k}\Delta}{0.00886\varepsilon a} \qquad (14\text{-}3\text{-}20)$$

式中　$l_{(k+1)k}$——电容饼极板长度（mm）；

$C_{(k+1)k}$——电容饼电容（pF）；

Δ——电容器极板绝缘层厚度（mm）；

ε—— 电容器绝缘的相对介电常数；

a——两极板重合宽度（mm）。

在电容饼元件设计时要注意消除电感，如果有电感存在就会影响电场分布，从而降低均匀电场的作用。在设计时 C_{10} 一般可选 6000 ~8000pF。

4）终端外绝缘设计：敞开式终端的沿面放电电压与内绝缘结构有很大关系，电容式终端由于使瓷套表面的电场分布均匀，瓷套的沿面放电电压在相同长度下相应高一些，增绕绝缘结构要低一些，增绕绝缘的接地屏蔽高出瓷套接地法兰的位置对瓷套的沿面放电电压有很大影响。电容锥终端的沿面放电受到接地极板位置的影响也很大。接地极板的端末低于接地法兰可提高正极性冲击沿面放电电压，但大大降低了负极性冲击沿面放电电压；相反接地极板高于接地法兰屏蔽时，提高了负极性但降低了正极性冲击沿面放电电压；工频沿面放电电压随接地极板抬高会先增加而后又降低。外绝缘往往使用平均滑闪场强进行设计，即瓷套长度由式（14-3-21）中选取较大值确定。

$$\begin{aligned} l_p &= \frac{U_{do}}{E_{pt}} \\ l_{pim} &= \frac{U_{dim}}{E_{imt}} \end{aligned} \qquad (14\text{-}3\text{-}21)$$

式中，E_{pt} 及 E_{imt} 为工频及冲击平均放电设计场强，分别选取 0.28 ~0.45kV/mm 及 0.6 ~0.8kV/mm。它的取值视终端的结构型式及电压等级而定，电容式结构、电压等级较低的瓷套可取较高值，而增绕绝缘结构、电压等级较高的瓷套可取较低值。

在外绝缘设计中还要考虑爬电比距，我国对外绝缘污秽分五个等级，每级要求最小公称爬电比距见表 14-3-6。

表 14-3-6　最小公称爬电比距分级数值

外绝缘污秽等级	最小公称爬电比距/（mm/kV）	
	线路	电站设备
0	13.9（14.5）①	14.8（15.5）①
Ⅰ	16	16
Ⅱ	20	20
Ⅲ	25	25
Ⅳ	31	31

① 括号内数据是 330kV 级的最小公称爬电比距。

在污秽地区，由于爬电比距不能符合要求，所以应适当增加瓷套长度。

在外绝缘设计中有时还要考虑海拔系数及进洞效应等。当电缆终端使用于海拔高于 1000m 但不超过 4000m 时，外绝缘耐受电压还要乘以海拔校正系数 k_a

$$k_a = \frac{1}{1.1 - H \times 10^{-4}} \qquad (14\text{-}3\text{-}22)$$

式中　H——安装地点的海拔（m）。

这样，瓷套相应要放长。有些地区，特别是水电站使用高压电缆终端，由于位置限制需要放置在山洞内，如果终端过分靠近洞壁造成电场畸变，降低了沿面放电电压，为了确保安全，还要乘以进洞系数，它由试验加以确定。

(2) GIS 终端与油浸终端的内、外绝缘配合设计 这两种终端的电场相近，设计方法也相同，在此一并介绍。由于终端外面有一个接地外壳，因而使套管表面的电场分布得到改善。敞开式终端电场集中在接地屏蔽处，而这两种终端电场集中在高压屏蔽处。

套管的外面绝缘是油或有一定压力的 SF_6气体，它们的绝缘强度与套管内的内绝缘相近，因此在内绝缘设计过程中只要以它能承受的电气强度为基准，而不必兼顾外绝缘。

环氧增强式结构的增绕绝缘厚度与应力锥的设计与户外敞开式终端的设计一样，但在内、外绝缘配合设计上不相同，接地屏蔽末端可与套管接地屏蔽相平，不宜高出。因为高出并不改善套管外表面电场分布，反而会恶化内绝缘强度。

对于电容锥式结构，极板数量的选取与敞开式终端相同。为了使内、外绝缘配合更好，通过电场分布计算及高压试验结果可以得到如下几点结论：

1）接地极板不需要像敞开式终端那样高出套管接地屏蔽的10%套管外绝缘有效放电距离，而可以与接地屏蔽相平。

2）高压极板不必低于高压屏蔽的30%套管外绝缘有效放电距离，只要低于50mm即可，过分降低不会均匀电场，反而缩小内绝缘放电距离，降低绝缘水平。

电容极板的内绝缘设计需要考虑极板对接地外壳电容的影响，它的等效电路如图14-3-33所示。

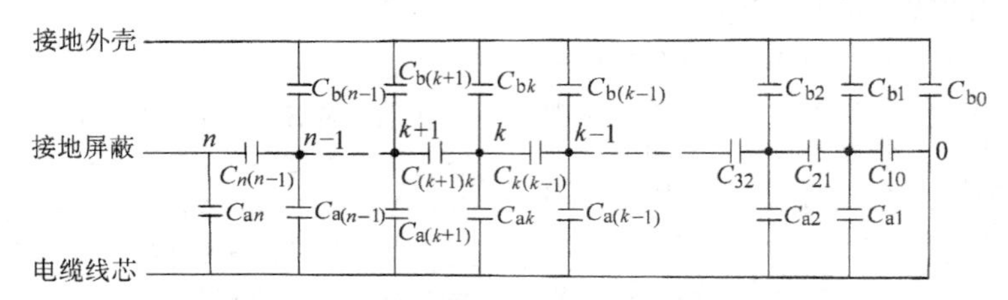

图 14-3-33 全封闭电容锥式终端的极板等效电路图

由等效电路图可以得到

$$\frac{U}{n}\omega C_{k(k-1)}+\left(\frac{U}{n}k\right)\omega C_{ak}=\frac{U}{n}\omega C_{(k+1)k}+\frac{U}{n}(n-k)\omega C_{bk}\quad(14\text{-}3\text{-}23)$$

式中 C_{ak}——第 k 层极板与电缆线芯之间的电容；

C_{bk}——第 k 层极板与接地外壳之间的电容；

$C_{(k+1)k}$——第 k、$(k+1)$ 层极板之间的电容；

$C_{k(k-1)}$——第 k、$(k-1)$ 层极板之间的电容；

U——工作电压；

n——电容个数。

用同心圆柱体电容器公式计算代入式(14-3-23)中简化后得到 k 极板的工作电容极板长度为

$$l'_k=\frac{l'_{(k-1)}\left[\dfrac{1}{\ln\dfrac{r_k}{r_{(k-1)}}}-\dfrac{k}{\ln\dfrac{r_k}{r_c}}\right]+\lambda_1\left[\dfrac{k}{\ln\dfrac{r_k}{r_c}}-\dfrac{n-k}{3.5\left(\dfrac{1}{2.2}\ln\dfrac{r_g}{r_k}+\dfrac{1}{4}\ln\dfrac{r'_g}{r_g}+\ln\dfrac{r}{r'_g}\right)}\right]}{\dfrac{1}{\ln\dfrac{r_{(k+1)}}{r_k}}-\dfrac{k}{\ln\dfrac{r_k}{r_c}}}\quad(14\text{-}3\text{-}24)$$

式中 r_c——电缆导体屏蔽半径（mm）；

$r_{(k-1)}$、r_k、$r_{(k+1)}$——分别为 $(k-1)$、k、$(k+1)$ 层极板半径（mm）；

r_g，r'_g——分别为环氧套管内、外半径（mm）；

r——外壳的内半径（mm）；

3.5，2.2，4——分别为油纸、油、环氧相对介电系数。

第 k 层极板总长度 $l_k=l'_k+\lambda_1$。

对于象鼻式终端，第 k 层极板的工作电容极板长度计算式为

$$l'_k = \frac{l'_{(k-1)}\left[\frac{1}{\ln\frac{r_k}{r_{(k-1)}}} - \frac{k}{\ln\frac{r_k}{r_c}}\right] + \lambda_1\left[\frac{k}{\ln\frac{r_k}{r_c}} - \frac{n-k}{3.5\left(\frac{1}{2.2}\ln\frac{r_g}{r_k} + \frac{1}{4}\ln\frac{r'_g}{r_g} + \frac{1}{2.2}\ln\frac{r}{r_g}\right)}\right]}{\frac{1}{\ln\frac{r_{(k+1)}}{r_k}} - \frac{k}{\ln\frac{r_k}{r_c}}} \qquad (14\text{-}3\text{-}25)$$

式中符号含义与前相同。

高压屏蔽外绝缘设计应以同轴圆柱形电极公式计算。对于象鼻式套管，考虑该处是大油隙，选取高压屏蔽表面工频、冲击的设计场强分别为2.5～3kV/mm及9～10kV/mm。高压屏蔽在110kV以上一般采用油纸等绝缘物覆盖，110kV以下可以使用裸金属。全封闭终端的外绝缘通常是用加压的SF_6气体，由于该气体的冲击比一般为1.5左右，所以外绝缘通常由冲击耐压确定。在0.25～0.3MPa气体压力下，其设计电压取10～13kV/mm。沿环氧套管表面平均工频设计场强取3～5kV/mm。这些数据是在屏蔽金具形状及表面粗糙度相当完善，并且高压屏蔽帽上喷有环氧绝缘层情况下取得的。

全封闭电缆终端的高压屏蔽帽外径应是外壳筒体内径的$1/e$，这样屏蔽帽处场强为最小，可以确保SF_6气体不发生击穿。SF_6气体击穿强度受到电场均匀性程度影响颇大，电场不均匀性会大大降低击穿性能，因此高压屏蔽及其连接处的结构要充分注意这一点。

3. 接头的绝缘设计

普通接头与绝缘接头的内绝缘是相同的，所以在此一起加以叙述。

（1）增绕绝缘厚度的确定 增绕绝缘的外径一般由连接套处最大场强来确定

$$E_r = \frac{U_{di}}{r_s \ln\frac{r_j}{r_s}} \qquad (14\text{-}3\text{-}26)$$

式中 E_r——导体连接套处最大场强（kV/mm）；

r_j——增绕绝缘半径（mm）；

r_s——连接套屏蔽外径（mm）；

U_{di}——设计电压（kV）。

各种电缆的接头的设计场强见表14-3-7。

表14-3-7 接头径向设计场强

（单位：kV/mm）

电缆种类		工频设计场强	冲击设计场强
充油电缆		15～25（最大场强）	35～60（最大场强）
交联电缆	自粘带式	7～10（平均场强）	22～25（平均场强）
	模塑、模铸型	18（平均场强）	45.5（平均场强）

（2）应力锥设计 充油电缆接头应力锥的计算公式与终端绝缘设计相同，详细见终端设计。自粘带塑料高压电缆接头应力锥由于选用材料与电缆绝缘介质不同，它的计算式为

$$x = \frac{U_{di}}{E_t}\ln\frac{\ln By}{\ln Br_i}$$

当$y=r_j$时，$x=L_k$，即理论应力锥长度应为

$$L_k = \frac{U_{di}}{E_t}\ln\frac{\ln Br_j}{\ln Br_i} \qquad (14\text{-}3\text{-}27)$$

式中

$$B = \frac{r_i^f}{r_i^a};$$

$$a = \frac{\varepsilon_j}{\varepsilon_i};$$

$$f = a - 1;$$

ε_j、ε_i——分别表示增绕绝缘绕包带与电缆绝缘的相对介电系数；

r_j、r_i、r_c——分别是增绕绝缘绕包带、电缆绝缘、电缆线芯屏蔽的外半径；

U_{di}——设计电压；

E_t——轴向设计场强，一般取0.3～1.0kV/mm。

在实际使用过程中，与油纸电缆一样，往往使用折线来取代理论应力锥曲线，其基本方法与终端一样，在此不再叙述。

（3）反应力锥 这个锥面也是接头的薄弱环节，设计或施工不完善的接头往往容易沿此锥面发生移滑击穿。反应力锥的形状也是根据沿此锥面轴向场强等于或小于一常数来确定。反应力锥的长度和应力锥长度一样，是决定接头长度的主要因素之一。充油电缆接头的反应力锥部分长度与外径的关系可用式（14-3-28）表示，它的示意图如图14-3-34所示。

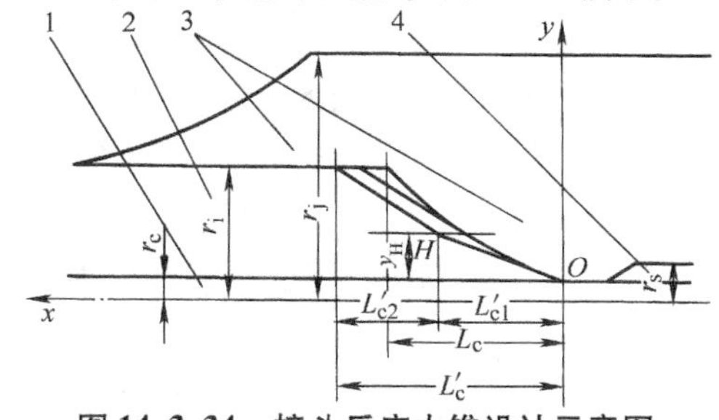

图14-3-34 接头反应力锥设计示意图

1—电缆线芯 2—电缆绝缘
3—增绕绝缘 4—线芯连接管

$$x = \frac{U_{di}}{E_t} \frac{\ln \frac{y}{r_c}}{\ln \frac{r_j}{r_c}} \qquad (14\text{-}3\text{-}28)$$

式中字母含义与前相同。轴向设计场强选取应与应力锥设计选用相同。为了安装方便，反应力锥也可采用分段直线或阶梯形折线来代替理论曲线。如果采用分段直线来代替理论反应力锥曲线，例如用两段折线，其最大轴向场强出现在 O 点及 H 点，使这两点轴向场强不超过允许最大轴向场强即可。此时反应力锥的总长度为

$$L'_c = \frac{(y_H - r_c)U}{r_c E_t \ln \frac{r_j}{r_c}} + \frac{(r_i - y_H)U}{y_H E_t \ln \frac{r_j}{r_c}} \qquad (14\text{-}3\text{-}29)$$

当采用阶梯折线时，阶梯的顶点应落在理论反应力锥曲线上，如图 14-3-35 所示。若将理论反应力锥沿电缆长度方向 L_c 分成 n 个相等长度阶梯面，此时各阶梯面的直径为

$$S = \frac{L_c}{n} = \frac{1}{n} \frac{U}{E_t} \frac{\ln \frac{y}{r_c}}{\ln \frac{r_j}{r_c}} \qquad (14\text{-}3\text{-}30)$$

阶梯数 n 依据经验选定。

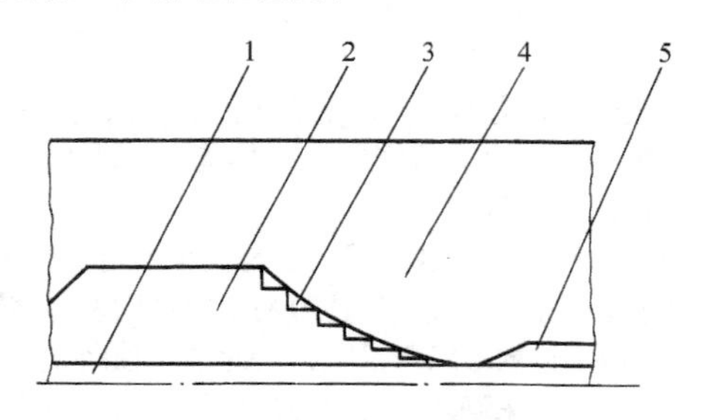

图 14-3-35 反应力锥阶梯折线示意图

1—电缆线芯 2—电缆绝缘
3—阶梯折线反应力锥 4—增绕绝缘
5—线芯连接管

（4）压接套斜面长度 L_s 的确定 图 14-3-36 中压接套斜面形状及长度可用式（14-3-31）确定。

$$x = \frac{U}{E_t} \ln \frac{\ln \frac{r_j}{y}}{\ln \frac{r_j}{r_s}} \qquad (14\text{-}3\text{-}31)$$

事实上压接套斜面往往由直线来代替式（14-3-31）计算出来的曲线，此时压接套斜面长度为

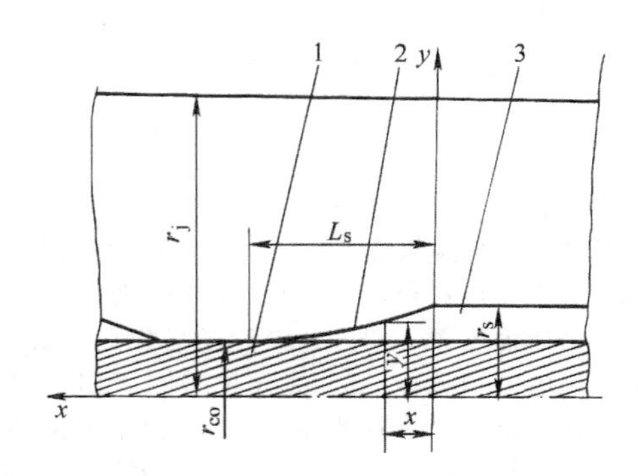

图 14-3-36 压接套斜面设计示意图

1—电缆线芯 2—压接套斜面 3—压接套

$$L_s = \frac{(r_s - r_{co})U}{E_t r_{co} \ln \frac{r_j}{r_{co}}} \qquad (14\text{-}3\text{-}32)$$

式中 r_{co}——导体半径；

r_s——压接套半径。

E_t数值可以略取高一些，否则压接套斜面会太长。压接套是接头主要弱点之一，在施工中要小心，严格按工艺要求进行。

（5）内部绝缘距离的确定 除了上述各部分设计外，接头还要考虑总的内绝缘放电长度。从应力锥起始点到电缆导体暴露部分的总长度可用平均场强来校核，也就是

$$l \geqslant \frac{U_{di}}{E_t}$$

式中 E_t——平均滑闪场强。

对于高压充油电缆接头，E_t 取 0.8～1.2kV/mm；对于高压塑料电缆自粘带接头，E_t 取 0.5～0.7kV/mm。

交联电缆模塑或模铸型接头，由于采用与电缆绝缘相同的材料，加热后与电缆绝缘粘合成一体，不存在各向异性问题，因此这两种接头设计主要依据接头径向场强来考虑，一般不考虑轴向场强。

对于预制式接头设计，以三件式预制接头为例，表面场强设计特别重要。从电场分布结果看，主要是在表 14-3-8 的图中 τ_1～τ_4 点的场强，从而确定 l_1 及 l_2 的最短距离。当然 τ_4 作为应力锥的起始点和电缆末端径向场强是由电缆绝缘厚度确定的，对超高压电缆接头，如何改进工艺及结构，提高 τ_4 点击穿场强水平也很重要。

表 14-3-8　预制接头在最大工作电压下允许场强

电场强度/(kV/mm)	场强示意图
$\tau_1 = 1.30 \sim 1.50$	
$\tau_2 = 4.86 \sim 5.10$	
$\tau_3 = 0.70 \sim 1.04$	
$\tau_4 = 4.30 \sim 4.81$	
$\tau_5 = 3.36 \sim 3.70$	

4. 塞止接头的绝缘设计

塞止接头结构较复杂，设计中问题也较多，但基本上与接头的设计相同。首先，应力锥的设计与接头、终端相同；从导体露出部分与应力锥端部的沿面放电按连接头平均滑闪场强进行校核；径向绝缘厚度的设计一般以高压屏蔽上场强为对象，与接头的设计和计算相同。

终端与接头的绝缘设计，特别是塞止接头绝缘设计是相当复杂的问题，以上仅是介绍最基本的方法。在实际设计过程中还广泛使用差分法及有限元方法对接头或终端各关键部位进行计算，此工作需借助于计算机进行。也可采用静电比拟法，用电解槽测定终端与接头的电场分布，在此基础上进行绝缘设计。

3.4.3　机械设计

此部分不可能详细介绍各种零件的机械设计，只能把主要部件的设计原则作介绍。

1. 瓷套（或环氧套管）厚度的确定

瓷套长度在 1～3m 之间，其最佳壁厚在 30～40mm 之间，同时应从瓷套内压及瓷套弯曲应力加以校核。

由于瓷套内压力而引起的应力为

$$\sigma_H = \frac{D^2 + d^2}{D^2 - d^2}p \qquad (14\text{-}3\text{-}33)$$

式中　σ_H——瓷套发生的圆周应力（Pa）；

D——瓷套外径（cm）；

d——与外径相对应的瓷套内径（cm）

p——内压力（Pa）。

一般取安全系数 4 以上即可。

由于瓷套弯曲力矩作用产生的应力由式（14-3-34）求出，它取安全系数 2.5 以上，或者与上述内压引起应力合计的复合应力可取 2.0 以上的安全系数。

$$\sigma_B = \sigma_0 + \sigma_s$$

$$\sigma_0 = \frac{d^2}{D^2 - d^2}p \qquad (14\text{-}3\text{-}34)$$

$$\sigma_s = \frac{10.39I^2D(kl_e + h_el_p)}{S(D^4 - d^4)} \times 10^2$$

式中　σ_B——瓷套弯曲应力总和（Pa）；

σ_0——由于内压力而引起瓷套轴向应力（Pa）；

σ_s——由于短路电磁力在瓷套底部产生的应力（Pa）；

I——短路电流（kA）；

D，d——瓷套底部外、内径（cm）；

S——终端之间相间隔（m）；

l_e——瓷套底部到外部引线产生电磁力点的距离（m）；

l_p——瓷套底部到电缆导体产生电磁力点的距离（m）；

h_e——终端瓷套内的电缆导体长度（m）；

k——外部引线长（m）。

短路电磁力引起的应力由两部分组成：一部分是外部引线在瓷套底部产生的弯曲应力；另一部分是电缆导体在瓷套底部产生的应力。

环氧套管一般用于全封闭终端、象鼻式终端、塞止接头中，它没有最佳壁厚的考虑，只需从应力校核加以确定。

2. 法兰强度校核

法兰受力如图 14-3-37 所示，它受到弯曲应力作用，弯曲应力 σ_B 按式（14-3-35）计算，安全系数通常取材料抗拉强度大于 3。

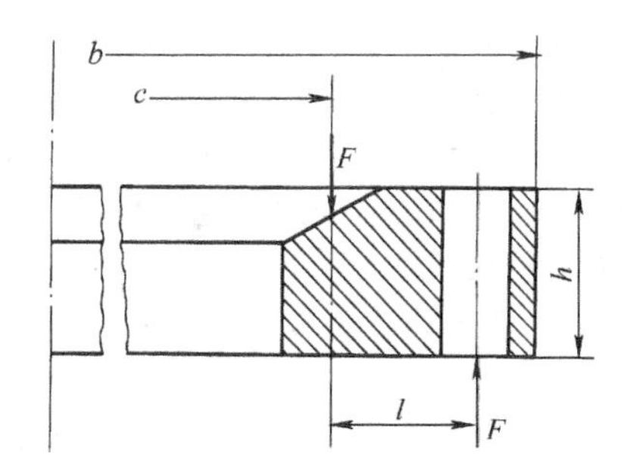

图 14-3-37　法兰受力示意图

c—法兰斜面中心半径　b—法兰外半径

l—法兰两力间距　h—法兰厚度

$$\sigma_B = \frac{6M}{h^2 c \ln \dfrac{b}{c}} \qquad (14\text{-}3\text{-}35)$$

$$M = \frac{Fl}{2\pi}$$

式中　M——弯曲力矩（N·cm）；

c、b、h、l——分别为法兰斜面中心半径、法兰外半径、法兰厚度以及两力之间的间距；

F——在工作状态下，为保证密封所需的作用力，一般按 $F=\frac{1}{4}\pi d^2 p$ 进行计算；

p——瓷套内压力（Pa）；

d——瓷套底部内径（cm）。

3. 螺栓强度校核

对于电缆附件常用的方槽“O”形橡皮密封圈结构，螺栓强度主要考虑在工作状态下为保证密封所需承受的力，其计算式为

$$F = F_h + F_c = \frac{\pi}{4}D_n^2 p + 2\pi D_n bmp \qquad (14\text{-}3\text{-}36)$$

式中 F_h——内压力所产生的轴向力（N）；

F_c——为保持密封所需要的力（N）；

D_n——橡皮圈中心直径（cm）；

b——密封填圈宽度（cm）；

m——填圈系数。

对于“O”形圈而言，$m \approx 0$，因此，每个螺栓受力与应力为

$$F' = \frac{1}{n}F_n = \frac{1}{4n}\pi D_n p \qquad (14\text{-}3\text{-}37)$$

$$\sigma = \frac{F'}{s}$$

式中 n——螺栓数量；

s——螺栓截面积（cm^2）。

由于瓷套受到风力、短路电磁力作用而承受弯曲应力，相应部分螺栓也将受到拉力，但这些力与承受内压力相比较小，如果选取抗拉强度的安全系数大于3.5时，一般就不必再加以校核了。

4. 尾管或接头外壳强度计算

圆柱形尾管与接头外壳一般采用薄壳筒体，其应力计算式为

$$\sigma = \frac{pd}{2h} \qquad (14\text{-}3\text{-}38)$$

式中 p——筒体内压力（Pa）；

d——筒体内径（cm）；

h——筒体厚度（cm）。

对于圆锥形尾管及接头外壳圆锥形部分如图14-3-38所示。其应力计算式为

$$\sigma = \frac{pS\tan\alpha}{h\cos\alpha} \qquad (14\text{-}3\text{-}39)$$

式中 p——筒体内压力（Pa）；

S、h 及 α 如图14-3-38所示。

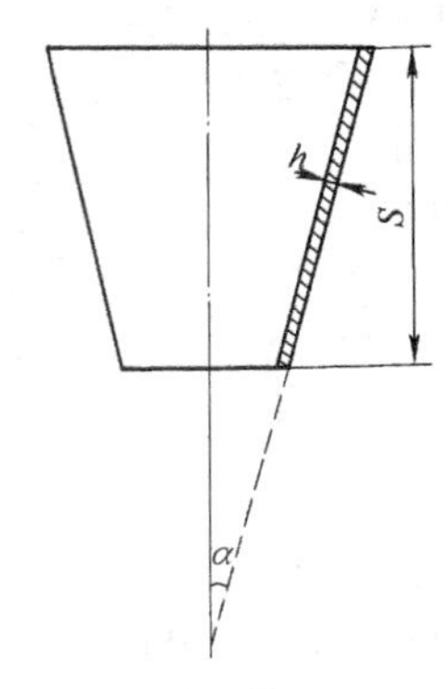

图14-3-38 圆锥形尾管与外壳应力计算示意图

h—壁厚 S—尾管高度 α—锥形角度

尾管与外壳材料的强度一般取抗拉强度的安全系数为大于3。

3.4.4 热性能问题

接头大部分是现场手工绕包，绝缘质量比工厂制作差，加上其电场不仅存在径向场强，而且还存在轴向场强，这样使接头的绝缘厚度大大超过电缆，从而使接头散热性能差。在输送电流时，接头温升超过电缆，成为限制传输容量的“热瓶颈”。这种现象在220kV级以上显得更为突出，可以使用模拟网络法、差分法、有限元法以及轴向传热解析法对接头的温升进行计算。改进接头过热性能有两种方法：

1）低热阻接头：使用环氧树脂、油等热阻小的材料作为接头增强材料，降低接头热阻，使接头温升下降；也可以在确保接头电气性能的基础上采用改进接头绝缘的方法，减薄绝缘厚度，降低接头热阻。

2）接头强迫冷却：可以对接头采取单独外冷或内冷方法来降低接头温升，也可采用降低接头人孔内的气温来达到降低接头温升的目的。

终端及塞止接头的热性能问题比连接头小，这是由于终端存在良好的轴向散热性；塞止接头采用低热阻的环氧树脂很容易把热量传出，使其温升有明显改善。

3.4.5 热力学性能问题

由于导体、绝缘及护层的膨胀系数不一致，当电缆负荷变动时，导体与绝缘、护层之间要发生相对移动，如果导体移动超过3mm就会损伤绝缘，因

此电缆线路末端要采取预防措施阻止线芯发生移动。对大截面电缆，该力达到相当高的程度，这就是热力学性能问题。

在电缆终端设计中，把热产生的力尽可能由瓷套来承担，同时增绕绝缘要有足够刚性使电缆导体受到推力时不会使电缆发生弯曲。对于接头，加热时产生推力，容易导致电缆弯曲而损伤绝缘，因此接头增绕绝缘要有足够的刚性阻止弯曲；而在冷却时在导体连接处受到张力，设计时要考虑导体压接或焊接均能承受住此张力。塞止接头的导体连接与接头相同，有的塞止接头采用插接，此时插接头要采取防止发生移动3mm的措施。热产生的力也作用到电缆护套中，电缆与接头护套的连接（通常使用铅封）不仅要能耐受住电缆的内压力，也要耐受住热胀冷缩力，如果需要，应对铅封进行加固。

3.5　终端与接头的安装工艺

3.5.1　充油电缆及钢管电缆终端与接头安装工艺要点

充油电缆与钢管电缆终端与接头安装工艺大致相同，有如下几个步骤：

1. 安装前的准备工作

1）出发到现场前要检查终端与接头的零件形状、外壳是否损伤，件数是否齐全；对各零件尺寸按图样进行校核，最好进行预装配。之后清洗所有安装零件，特别是与内绝缘油纸相接触的零件必须清洗干净，并用塑料袋装好，发送到现场。检查所带工具及安装所用图样与说明文件。

2）在现场，电缆弯曲应符合规定要求。整理好接头及终端的制作场地，在容易漏水、潮湿场所和220kV及以上的终端与接头制作场所，要有工作棚，里面最好有降低湿度措施，一般控制在60% RH相对湿度以下，并有防尘措施。

3）在接头与终端制作前一天，电缆线路的另一端接上压力箱，并调整好压力，使制作终端及接头过程中处在油压下工作。剥除防腐层到规定位置，如果是铝护套，还必须在需要铅封处涂一层铅层，并在铅层表面加以防腐措施。

2. 切断电缆，进行导体连接

1）首先清洗切断口附近铅（或铝）护套，切口断面应与电缆轴线垂直。切断口应略高于周围电缆以防止油流失，防止空气、潮气进入电缆。切断电缆后套入外壳（对于接头）或尾管（对于终端），对于三芯充油电缆或钢管充油电缆终端与接头，还要套入分叉铜管及密封圈或半塞止元件。

2）导体连接前仔细清洗断口，除去金属粉末与脏物。电缆导体连接可以采用压接与焊接，压接又可分环压与点压。压接首先在压接套中心进行，之后向左、向右进行逐次压接，压缩到上、下模子相合。在压接过程中要防止压接套边缘产生翘起。焊接通常应用于铝导体，也应用于水底电缆接头那样要求等直径导体连接场所，以及大截面铜导体电缆连接。焊接方式可以是氩弧焊，也可以采用钎焊。

3. 增绕绝缘及绝缘屏蔽的制作

1）潮气是绝缘的主要危害，因此按图样除去铅包（或铝包）后绕包增绕绝缘要尽可能改善操作环境，特别对于220kV及以上电缆终端及接头制作尤应重视。绕包绝缘应在正压力下操作，使油徐徐向外溢出，阻止潮气与水分进入电缆绝缘。增绕绝缘纸圈应放在专用的容器中，加温到40～50℃条件下取出绕包。不可以使用污染过的纸圈，也尽量避免使用存放时间过长的纸圈。

2）绕包前注意接头的直线性及终端的固定性，防止终端脱落。接头绕包首先从压接套两头的低谷开始，其次在连接套上绕包纸圈，之后由小到大进行绕包；终端首先从铅包末端处开始绕包。不论终端还是接头，绕包尺寸应严格按图样尺寸施工，并在绕包过程中不断用油冲洗，除去潮气与脏物。

3）增绕绝缘制作完毕后，在其外面绕包半导体屏蔽及金属屏蔽，如果是绝缘连接头，注意两端屏蔽应相互绝缘。

4. 装配外壳或套管

终端用套管以及接头、塞止接头的外壳内壁事先要充分清洗干净并加以干燥。

移动电缆，使终端接地末端在终端套管内位置与装配图一致。放下套管，装配固定金属件及密封垫圈。与此同时可再次检查出线梗高出套管位置，必要时可作进一步调整，装配结束后进行封铅，并接上抽真空及浸油、逸油管路。

接头及塞止接头外壳位置调整到与两端大致对称位置，之后装配固定金属件、密封垫圈，封铅并接上抽真空及浸油、逸油管路。

5. 抽真空及浸油

1）抽真空的目的是除去制作接头过程中吸湿、吸气，同时除去绕包纸层间的空气。在抽真空过程中要考虑到电缆中油会排出一部分，特别是位于线路水平位置低的连接头，油大量流入会降低抽真空去气效果，因此除了在结构上要有半塞止装置外，在终端与接头低端也要有逸油罐。真空处理时间及达到规定真空度目标数值随接头电压等级、操作时间长短而有不同规定。真空处理结束的判断一般用漏增来检验，不同电压等级及不同产品真空处理时间有所不同。

2）进入终端及接头的油必须经过去气处理，并要经过电气检验合格后才能注入。对于110～220kV充油电缆终端与接头，注入油的介质损耗tanδ在100℃温度下，电场强度10kV/cm时应小于0.002，室温下油的击穿强度应不低于200kV/cm。对于330～500kV等级充油电缆终端与接头，注入油的介质损耗tanδ在与上相同条件下小于0.0015，室温下油的击穿强度应不低于240kV/cm。

注入终端与接头油经24h后取出，在上述同样条件下测试介质损耗tanδ时，对110～220kV等级应不大于0.005；330～500kV等级应不大于0.004。室温下击穿强度对110～220kV等级应不低于180kV/cm；330～500kV等级应不低于200kV/cm。

3）钢管充油电缆终端与接头的抽真空与浸油往往在线路敷设及制作终端及接头之后同电缆一起处理，它的真空度及处理时间的要求随电缆长度、电压等级不同而有所不同。

3.5.2 高压交联电缆终端及接头安装工艺要点

高压交联电缆终端及接头与高压充油电缆附件安装有很大区别，而不同型式的交联电缆终端与接头也有所不同，在此仅介绍一些主要工艺方法。

1. 交联电缆预制终端的制作

1）安装前的准备工作：同充油电缆终端相同。

2）切割电缆及电缆加热校直：按终端尺寸要求，切割电缆外护层和金属护套。电缆外半导电层外面包以加热带或套入加热套，在80～100℃下加热2～4h，用两个半圆金属管捆扎电缆（此工艺也可在加热前进行），等电缆冷至室温后，卸除捆扎在电缆上的金属管，并依次将金属底座、密封垫圈……套入电缆，最后安装好底座及支承绝缘子（此工作一般在电缆绝缘处理及导体连接工艺前一天进行）。

3）导体连接及电缆绝缘处理：测量瓷套实际准确长度，确定电缆位置，剥除电缆绝缘部位前做好标记，选用合适的压机、压模，对电缆出线梗与电缆导体进行压接。之后将电缆垂直吊直进行绝缘屏蔽剥离工作，可采用剥离工具，也可以用玻璃刮剥方式。达到规定尺寸要求后分别用240#、320#、400#、600#等不同型号的砂纸对电缆进行打磨和抛光处理。处理的重点是应力锥套在电缆绝缘的部位，要求电缆粗糙度应在20μm以下，且电缆重点抛光部位的绝缘直径应达到图样设计要求的范围。在抛光绝缘部位时注意不要打磨到绝缘屏蔽上，以避免绝缘屏蔽中导电粒子进入绝缘表面。

4）电缆绝缘下部绝缘屏蔽处理：此处理有两种方式：一种是采用涂刷半导电漆方式；另一种是采用半导电半硫化带加热方式。对涂半导电漆方式，可分为溶剂型及硫化型，硫化型又分加热硫化及室温硫化两种，该工艺重点是注意半导电涂层应与电缆绝缘粘接可靠，表面光滑均匀，上端平整不起边。采用半硫化带加热及硫化型加热处理方式大多用在220～500kV终端上。

绝缘屏蔽处理也可以将电缆绝缘屏蔽末端加工成一个锥形，电缆绝缘与绝缘屏蔽打磨抛光呈平滑过渡状，预制增强绝缘应力锥套入到绝缘屏蔽上的长度为20～50mm。

5）装配预制件：复核尺寸并做好标记，用合适的清洗剂对绝缘表面及绝缘屏蔽表面进行清洗，用电吹风吹干后在电缆绝缘及绝缘屏蔽表面涂抹硅油，然后将预制橡胶增强件从出线梗处缓缓套入，对110～220kV终端可用手工套入，对部分220kV及以上终端一般使用专用工具套入。套到规定位置后，清除应力锥末端处多余硅油，用半导电带绕包，之后用金属屏蔽网或带绕包把绝缘屏蔽与应力锥半导电相连。同时对出线梗与电缆导体之间进行密封处理。

6）安装套管：对户外终端，在套入前用合适的溶剂将瓷套内部清洗干净，然后用起吊工具缓缓将瓷套垂直套入电缆，在套入过程中注意瓷套不得碰撞预制增强件。对GIS终端与油浸式终端，套入前应清洗环氧套管内、外面。对交联电缆终端，保证内部清洁是至关重要的一环，因为终端内无论是充以硅油或聚异丁烯油，特别是干式终端，如应力锥与电缆表面存在杂质将会导致终端致命故障。在瓷套与环氧套管安装完毕后，将金具连接好。

7）压力真空检查及注油：110～220kV电压等级户外终端通常是在常温下灌入硅油或聚异丁烯

油，在瓷套顶部留有100~200mm的空气腔，作为终端的膨胀腔。更高电压等级的终端往往采用补油装置。在GIS或油浸式终端中往往采用有补油装置的终端，应先采用真空检漏，然后再进行真空浸油，当然也有采用直接灌入的方法。而对干式终端，保持预制件对环氧套管及电缆表面的一定压力是至关重要的，则应按设计要求，将弹簧调整到规定压缩比，且均匀拧紧。

8）收尾工作：GIS及油浸终端在完成上述工作后，应将终端及电缆一起上升到GIS箱体或变压器箱体处，上升过程中，注意保护好套管表面不要被刮伤，然后通过螺栓将其终端固定。所有终端均应将电缆金属护套通过终端的接地系统连接好。注意终端接地宜采用10kV单芯接地电缆，接地线应有足够的截面，它连接到直接接地箱或带阀片接地的接地箱内，并在其连接部位用密封带绕包密封，以避免潮气、水分从该处逐步渗透到电缆中。

更高电压等级目前仍采用电容锥式结构，它使套管表面电场分布均匀，其制作方法与充油电缆电容锥终端工艺基本一致。在制作过程中要考虑交联电缆绝缘的膨胀系数10倍于油浸纸，因此电容锥与电缆绝缘间应有一个缓冲层。

过去高压终端中曾用过自粘带绕包式终端，因其性能差、工艺制作要求高，现在已逐步淘汰，在此不再作介绍。

目前，SF_6气体或SF_6与N_2混合气体取代硅油或聚异丁烯油的充气电缆终端也得到应用，它的结构与预制终端基本相同，仅是充油换成充气，因此终端密封性要求更高一些。

2. 交联电缆接头的制作

（1）预制式接头 这是目前国内应用最多的型式，它分为整体式预制与三件组合式预制接头，其工艺要点如下：

1）前期准备工作：同终端要求相同。

2）切割电缆及电缆校直：与终端处理相同，所不同的是电缆绝缘处理长度远小于户外终端，比GIS终端及油浸式终端还要短，但对电缆校直的精度要高于终端要求，一般在400mm长度内的垂直偏离度小于2~5mm。在电缆校直后依次套入金属盒、外套、密封圈等。

3）电缆绝缘表面处理：接头一般先进行表面处理，套入预制件再进行导体压接。电缆绝缘表面处理工作与终端相似，所不同的是绝缘表面抛光处理的长度远小于终端长度，但表面粗糙度要求高于终端，由于接头往往是平卧放置处理的，因此处理工艺要达到规定粗糙度及圆整度需花费较长的时间。

4）套入预制件及导体压接：用合适清洁剂将电缆表面清洗后套入预制件，对整体预制件目前有两种套入方法：一种是采用专用工具过盈式套入电缆一端，采用这种工艺时一根电缆必须剥除较长的金属护套；另一种方法是将整体预制件扩张至二哈夫圆管上，将该圆管套入电缆一端金属护套外，当用压机、压模压接两根电缆导体与连接管后，由于压接后会导致导体连接伸长，故在两端涂刷加热半导电漆或绕包半导电带前，应考虑这一伸长因素。当导电漆或带子固化（硫化）后降至室温，用合适的清洗剂清洗电缆绝缘表面。为防止电缆热机械应力而导致绝缘与导体相对移动过大，两根电缆端部的绝缘上开槽放入金属环，然后清洗连接头部的绝缘与绝缘屏蔽，待干后在绝缘表面涂以硅油（或硅脂）润滑剂，再将整体预制件移至导体压接部位预先标记处，并将两端多余的硅油（或硅脂）润滑剂抹除。

5）外保护盒处理：在整体预制件外绕包一定尺寸的半导电带、金属屏蔽带、防水带，对热收缩管进行加热收缩处理之后，再将外保护盒套入。外保护盒一般采用铜塑外壳或玻璃钢外壳。套好外保护盒后，在其里面灌入灌封剂或填充剂，它通常是室温固化材料，也可以采用非固化填充液体或导热性良好的颗粒状固体材料。最后将端口及同轴电缆（绝缘接头用）密封好。

6）后处理：对绝缘接头一般要将同轴电缆（或绝缘接地线）与绝缘接头连接好，并将带保护层保护器的交叉连接箱内部连接好。如果接头为直埋，在连接箱内灌入一定量密封材料，并将箱体螺栓拧紧，将同轴电缆与箱口处用防水材料密封好。

对于三件套预制件，处理完两端绝缘表面后，在一根外半导电留出较长的电缆上套上乙丙橡胶预制件及环氧树脂预制件，在另一根电缆套上橡胶预制件后进行导体压接，移动环氧预制件到规定位置，把两根电缆上的乙丙橡胶预制件移到与环氧元件相接触，并固紧弹簧，使橡胶预制件与环氧及电缆表面之间的压力在规定范围内。其他工艺与整体式预制件相同。

（2）绕包带型接头制作 20世纪80年代初这种接头在110kV级广泛应用，目前已很少用了，在某些特殊场合有可能少量应用，为此作简单介绍。

1）准备工作：出发到现场去前的准备工作与充油电缆终端及接头准备工作相同。在正式制作接头前，先把电缆固定伸直，水平放置在同一高度，把两根电缆略有重叠部分剥去电缆外护层，除去金属护套上的沥青，铅护套在需要铅封之处镀铅。

2）导体连接及绝缘处理：按规定尺寸剥去金属护套，使电缆接头部分保持直线形，然后垂直切断电缆。将接头外壳及外护套等套上电缆，剥除外半导体，并在头部露出导体，将端部的绝缘部分刮削成所要求的锥形，对整个绝缘层表面进行光滑处理，使其表面没有任何划伤、杂质及其他缺陷存在。当导体采用压接时，套入压接套，从中部开始加压，之后向两端移动加压；如果采用焊接，要有防止导体过热、烧焦绝缘的措施。对导体连接部分进行磨锉，使其平滑，并用溶剂清洗导体和连接套。

3）绕包半导体带及绝缘带：待清洗溶剂充分挥发后，用半搭盖方式在导体连接套、内半导体层上及电缆导体上绕包规定层数的半导体带。之后在电缆接头两端做好标准位置的标记，用绕包机或用手按一定张力在标准位置内绕包绝缘带。首先在压接套及锥形绝缘处绕包，之后在整个绝缘表面进行绕包，应力锥每层绕包尺寸在绕包前要预先计划好。增绕绝缘绕包后，绕包外半导体层及导电层，如果是绝缘连接盒，外半导体要做好绝缘处理。不论绕包内、外半导体层或绝缘层，结束时切不可用手拉断，必须用刀或剪刀切断胶带。

4）装置保护外壳及进行防水处理：与预制件接头相同。若是绝缘接头，同样应做好交叉互连接地箱工作。

（3）模塑型接头制作 此工艺也是20世纪80年代应用较多，目前较少应用。它的工艺与绕包型接头相近，只是使用的带子是与电缆相同绝缘材料，在制造过程中主要点是防止杂质的混入，因此现场工作室内要相当清洁，最好要有调温、调湿、除静电的装置。进行外半导体处理后，加热、加压使其交链，与电缆绝缘成为一个整体结构。为了确保交链充分、性能可靠，要严格控制加热温度、加热时间，冷却时间也应充分之后才能除去外层压带。

（4）模铸型接头的制作 它的制作工艺可以简化成如下形式：

接头制作前处理→整修电缆绝缘表面→进行导体连接→进行内半导体处理（可以使用半导体热收缩管）→套上模子→进行预热→空挤→把交链剂加入聚乙烯料中并混合→把料注入模子中→冷却→进行外半导体处理→加热、加压交联→进行外屏蔽处理→装配外壳→加入防水复合物并绕包防水带。

在整个过程中，整修电缆表面、挤塑接头绝缘工艺及加热、加压交联几个步骤是至关重要的。因此通常用下列措施，包括现场环境的控制，以达到高质量目的。

1）现场要有清洁房，控制尘灰量、温度与湿度，工人要穿上防尘衣服。

2）为了防止杂质进入增强绝缘中，聚乙烯在工厂内用专门容器包装与密封；输送到现场后，在密闭系统下模铸进接头中。

3）挤塑与交联自动控制，使挤塑压力及挤塑量稳定，交联工艺稳定并达到高质量。

为了加强检测电气缺陷，有的国家专门开发各种仪器设备，检测表面质量与高清晰度探测杂质大小。

3.6 终端与接头的试验

终端与接头试验按其目的与任务，一般可以分成下列几种：

1）出厂试验：这是制造厂对产品进行出厂时的例行检查试验，其目的是为了证明每个产品的完善性，产品质量是否符合技术条件要求，发现制造过程中的偶然性缺陷。

2）特殊试验：根据用户订货时提出的要求可以进行这一试验，它是由制造厂从附件的部件上按规定试验频度进行取样试验，以证明产品质量符合设计要求。

3）型式试验：这是在一个新产品定型成批生产前进行的试验，以证明成品具有满足使用要求的满意性能。除了产品设计或使用的材料变化有可能改变产品的性能外，这种试验通过后一般不需要重复进行试验。

4）竣工试验：这是在电缆线路敷设完毕、终端及接头全部安装竣工之后的验收试验，其目的是为了检查总的安装质量，以便发现在施工过程中可能产生的缺陷。

在终端与接头的试验中，特殊性试验暂无规定，因此本文不再加以叙述。

3.6.1 充油电缆及钢管电缆终端及接头各类试验

1. 出厂试验

终端与接头均由各部件组成，为了确保正确装配，每个部件在进行下列试验前及出厂前要按图样要求检查尺寸。

除电缆外，把终端及接头各个部件进行装配，电缆进入地方可以用焊接平板或专门制作盖板密封，终端瓷套、接头外壳及带焊缝的组件在环境温度下承受2倍设计最高静压力15min液压试验，试验结果不应发生泄漏。试验结束后检查金属零件不应有不可接受的变形。

2. 型式试验

一般利用在系统中与终端及接头相连接的电缆进行终端与接头的型式试验。如果经用户和制造厂协商同意，也可使用额定电压等级高的电缆。

1）绝缘安全试验：试验在环境温度下进行，在每个线芯与金属护套之间试验电压见表14-3-5，它的数值由下列原则所确定：

系统额定工频相电压 U_0 不超过87kV，施加 $2.5U_0$；

系统额定工频相电压超过87kV，施加 $1.73U_0+100kV$。

试验过程中不应发生击穿，终端（包括GIS及象鼻式终端）也不应发生滑闪。

2）雷电冲击电压试验：试验在电缆加热到最高连续运行温度偏差0～+5℃下进行，而不是附件温度，试验电压见表14-3-5，在每个线芯与金属护套之间施加正极性10次及负极性10次冲击电压，终端及接头不应击穿，终端套管不应发生滑闪。冲击试验完成后，应在环境温度下或制造厂决定的在冷却过程的任何温度下进行工频交流耐压15min试验，试验电压按表14-3-5所示，其确定原则如下：

U_0不超过87kV，施加 $2U_0+10kV$；

U_0超过87kV，施加 $1.67U_0+10kV$。

工频耐压试验时也不允许内绝缘击穿。

3. 竣工试验

电缆系统完成敷设安装后，终端及接头与电缆一起要承受高压直流试验，电压加在每个导体与金属护套上，历时15min，耐受电压见表14-3-5中数值，它由下列原则加以确定：

U_0不超过64kV，施加 $4.5U_0$；

U_0超过64kV而不超过130kV，施加 $4U_0$；

U_0超过130kV，施加 $3.5U_0$。

象鼻式终端及全封闭终端的竣工试验需要由用户与变压器或开关制造厂以及电缆承包商之间达成协议之后才能进行。

3.6.2 高压交联电缆终端与接头各类试验

高压交联电缆终端与接头与高压充油电缆终端与接头既有许多相同之处，也有一些不同点，现简述如下。

1. 出厂试验

所有零件均应按图样要求检查尺寸及外观形状，无明显缺陷，最好进行试装配。对终端和接头中各主要部件的电气、力学性能要从事下列试验：

1）局部放电试验：环氧预制件、橡胶预制件要从事此试验。220kV产品要求在190kV下局放量小于5pC。

2）耐压试验：220kV产品的环氧预制件、橡胶预制件要求通过318kV工频30min耐压。

3）压力泄漏试验：终端与接头所用密封金具、瓷套、环氧套管，在0.2MPa气压或水压下，时间在5min至1h之间不应观察出泄漏发生。

4）真空漏增试验：此试验主要针对密封件，在室温下试样抽真空至一定真空度，切断真空泵后，经数十分钟，真空漏增不超过规定值。

2. 型式试验

型式试验要求终端数量为2件，接头为2件。接头主绝缘一样的直通、绝缘接头可各取一件。试验按如下顺序进行：

1）室温下局部放电试验：要求在 $1.5U_0$ 电压下放电量应不大于5pC。

2）热循环电压试验：整个试验回路电缆导体加热到95～100℃，加热时间至少8h，其中至少2h保持在上述温度内，随后自然冷却至少16h，上述程序共进行20个周期，在整个试验期间，施加电压 $2U_0$。

3）高温、室温下局放试验：上述试验结束后分别进行95～100℃下及室温下局放试验。其局放量不应大于5pC。

4）雷电冲击试验：在95～100℃下对试样施加表14-3-5规定的冲击电压正负极性各10次，不应发生击穿或滑闪。之后试样承受表14-3-5规定的工频耐压试验15min不发生击穿或闪络。

5）其他试验：直埋接头外保护层要从事线路规定的耐压试验。金属两端绝缘板之间应承受线路要求的工频、冲击耐压试验。终端用支撑绝缘子也应承受规定耐压试验。导体压接根据用户要求也应从事热电机械试验。

3. 预鉴定试验

本试验仅用于220kV及以上交联电缆终端与接

头。试样施加恒定电压一年（对220kV终端与接头施加216kV），至少有半年时间应从事热循环试验，即电缆加热到90～95℃，加热时间至少8h，其中至少2h应保持在该温度下，然后自然冷却16h，加热、冷却周期不少于180次。

4. 竣工试验

有两种试验方法可供选择。

1）交流耐压试验：可由用户与制造商协商同意，可按下面两种方式进行工频交流耐压试验。

a）以系统正常工作电压空载加电压24h。

b）在导体与金属屏蔽护层之间施加系统线电压试验5min。

2）直流耐压试验：如果用直流替代交流试验，则应施加$3U_0$的直流电压15min。

由于交联电缆空间电荷影响，使直流击穿电压降低，因此一般不推荐直流耐压试验。

此外，接头外护层也应能承受负极性直流耐压10kV 1min。

第4章

电力电缆敷设

4.1 电缆的牵引计算

电力电缆的敷设方法有多种多样，根据电缆的类型、安装方式而不同，如直埋电缆、排管电缆或水底电缆等。这些方法都需要人力或机械牵引。尤其是近年来，电缆的输送容量不断增大，需要增大导体截面或绝缘厚度，来提高输送电压。这样使得单位长度的电缆重量明显增加；此外为了使电缆线路中尽可能少用接头，增加了每盘电缆的长度，使得原来可以用人力牵引的，也必须依靠机具牵引了。

怎样牵引，牵引力有多少，就成了敷设电缆线路前首先需要考虑的事项。也就是需要尽可能地作精密的牵引力计算，定出牵引机具的容量和数量，以防在施工时，由于不恰当的牵引力或侧压力而损坏电缆。

电缆线路的装置，虽然不尽相同，但计算牵引力时，总可将全长电缆线路分成几种类型，如直线段、上倾斜段、下倾斜段、上弯曲段、下弯曲段等，累计逐段计算牵引力，可得各段相应的牵引力和总的牵引力，分析牵引力和侧压力的允许值，做出是否需要增添或调整牵引机具或者更改牵引方式。

4.1.1 牵引力计算式

各种类型的牵引力计算，见表14-4-1。

表14-4-1 各种类型的牵引力计算式

弯曲种类		示意图	牵引力/N
水平直线牵引			$T=9.8\mu WL$
倾斜直线牵引			上引力计算 $T_1=9.8WL(\mu\cos\theta_1+\sin\theta_1)$ 下引力计算 $T_2=9.8WL(\mu\cos\theta_1-\sin\theta_1)$
水平弯曲牵引			布勒公式 $T_2=9.8WR\sinh\{\mu\theta+\sinh^{-1}[T_1/(9.8WR)]\}$ 李芬堡公式 $T_2=T_1\cosh(\mu\theta)+\sqrt{T_1^2+(9.8WR)^2}\sinh(\mu\theta)$ 尤拉公式 $T_2=T_1\varepsilon^{\mu\theta}$
垂直弯曲牵引	凸曲面		$T_2=[9.8WR/(1+\mu^2)][(1-\mu^2)\sin\theta+2\mu(\varepsilon^{\mu\theta}-\cos\theta)]+T_1\varepsilon^{\mu\theta}$ 当 $\theta=\pi/2$ 时，$T_2=[9.8WR/(1+\mu^2)][(1-\mu^2)+2\mu\varepsilon^{\mu\pi/2}]+T_1\varepsilon^{\mu\pi/2}$
			$T_2=[9.8WR/(1+\mu^2)][2\mu\sin\theta-(1-\mu^2)(\varepsilon^{\mu\theta}-\cos\theta)]+T_1\varepsilon^{\mu\theta}$ 当 $\theta=\pi/2$ 时，$T_2=[9.8WR/(1+\mu^2)][2\mu-(1-\mu^2)\varepsilon^{\mu\pi/2}]+T_1\theta^{\mu\theta}$

（续）

弯曲种类		示意图	牵引力/N
垂直弯曲牵引	凹曲面		$T_2=T_1\varepsilon^{\mu\theta}-[9.8WR/(1+\mu^2)][(1-\mu^2)\sin\theta+2\mu(\varepsilon^{\mu\theta}-\cos\theta)]$ 当 $\theta=\pi/2$ 时，$T_2=T_1\varepsilon^{\mu\pi/2}-[9.8WR/(1+\mu^2)][(1-\mu^2)+2\mu\varepsilon^{\mu\pi/2}]$
			$T_2=T_1\varepsilon^{\mu\theta}-[9.8WR/(1+\mu^2)][2\mu\sin\theta-(1-\mu^2)(\varepsilon^{\mu\theta}-\cos\theta)]$ 当 $\theta=\pi/2$ 时，$T_2=T_1\varepsilon^{\mu\pi/2}-[9.8WR/(1+\mu^2)][2\mu-(1-\mu^2)\varepsilon^{\mu\pi/2}]$
倾斜面上垂直牵引	凸曲面		$T_2=T_1\varepsilon^{\mu\theta}+[9.8WR\sin\alpha/(1+\mu^2)][(1-\mu^2)\sin\theta+2\mu(\varepsilon^{\mu\theta}-\cos\theta)]$
			$T_2=T_1\varepsilon^{\mu\theta}+[9.8WR\sin\alpha/(1+\mu^2)][(1-\mu^2)(\cos\theta-\varepsilon^{\mu\theta})-2\mu\sin\theta]$
	凹曲面		$T_2=T_1\varepsilon^{\mu\theta}+[9.8WR\sin\alpha/(1+\mu^2)][-(1-\mu^2)\sin\theta+2\mu(\cos\theta-\varepsilon^{\mu\theta})]$
			$T_2=T_1\varepsilon^{\mu\theta}-[9.8WR\sin\alpha/(1+\mu^2)][(1+\mu^2)(\cos\theta-\varepsilon^{\mu\theta})+2\mu\sin\theta]$

注：T—牵引力（N）；μ—摩擦系数；W—电缆单位重量（kg/m）；L—电缆长度（m）；θ_1—电缆线直线倾斜牵引时的倾斜角（rad）；θ—弯曲部分的圆心角（rad）；T_1—弯曲前的牵引力（N）；T_2—弯曲后的牵引力（N）；α—电缆弯曲部分平面的倾斜角（rad）；R—电缆的弯曲半径（m）。

4.1.2 摩擦系数及阻塞率

1. 摩擦系数

牵引计算式中的摩擦系数，在没有实测数据时，可参照表14-4-2所列数值。

表14-4-2 摩擦系数

牵引时条件	摩擦系数
滑轮上牵引	0.1～0.2
混凝土管内，无润滑剂	0.5～0.7
混凝土管内，有水	0.2～0.4
混凝土管内，有润滑剂	0.3～0.4
塑料管内牵引	0.4
砂中牵引	1.5～3.5
钢管内牵引	0.17～0.19

2. 阻塞率

当三根电缆敷设在同一管道时，管径 D 要大于3.15倍电缆外径 d 或小于 $2.85d$。2.85～3.15为管径的阻塞率。选用管径不能在2.85～3.15倍电缆外径的范围内。

4.1.3 电缆盘轴孔摩擦力和牵引钢丝绳重量

通过电缆都绕装在电缆盘上，在牵引电缆时还需克服电缆盘轴孔和钢轴之间的摩擦力。在孔和轴配合较好的情况下，摩擦力可折算成相当于15m长的电缆重量。

在估算总的牵引力时，还需计入钢丝的重量，通常可折算成相当于5m长的电缆重量。

4.1.4 侧压力计算公式

1. 弧形板直埋弯曲、钢管或排管中电缆弯曲侧压力计算

牵引直埋电缆时，往往用弧形板使电缆按规定形状弯曲，排管电缆与钢管电缆在线路弯曲时，弯曲的内壁上电缆受到牵引力分量的侧压力。侧压力的计算式见表14-4-3。

表 14-4-3　弧形板、排管孔及钢管中弯曲侧压力计算式

敷设线路	缆芯形状	计算式
直埋弯曲用弧形板或排管内一根电缆	—	$P=\frac{T}{R}$
钢管弯曲或排管孔内三根电缆	三角形	$P=\frac{T_1K_1}{2R}$
	摇篮形	$P=\frac{(3K_2-2)T}{3R}$

注：P—侧压力（N/m）；T—牵引力（N）；R—弯曲半径（m）；K_1—缆芯呈三角形排列时的重量增加系数，见表 14-4-4；K_2—缆芯呈摇篮形排列时的重量增加系数，见表 14-4-4。

在排管中同时将三根单芯电缆牵引入同一孔内时所需的拉力，比不在排管中牵引时为大。所增加的牵引力和电缆在排管内的排列方式有关，当管孔内径 D 和电缆外径 d 之比大于 2.31 或小于 2.85 时，电缆芯排列成三角形；如大于 3.15 时，电缆芯排列成摇篮形。通常把牵引力增加都折算成电缆重量的增加，称之重量增加系数。其计算式见表 14-4-4。

表 14-4-4　重量增加系数的计算式

排列形式	三角形	摇篮形
重量增加系数	$K_1=\frac{1}{\sqrt{1-\left(\frac{d}{D-d}\right)^2}}$	$K_2=1+\frac{4}{3}\left(\frac{d}{D-d}\right)^2$

注：D—管道内径；d—电缆外径。

2. 滑轮侧压力

电缆在弯曲牵引时，用滑轮代替弧形板在实际施工中更实用，则滑轮上的侧压力可用表 14-4-5 计算式计算。

表 14-4-5　滑轮上侧压力计算式

侧压力	计算式
滑轮滚动	$P\approx 2T_2\sin\frac{\theta}{2}=\frac{T_2l}{R}$
圆弧滑动	$P=\frac{T_2}{R}$

注：P—侧压力（N）；T_2—牵引力（N）；θ—滑轮间平均夹角（rad）；α—弯曲部分圆心角（rad）；R—弯曲半径（m）；l—滑轮间距（m）。

实际应用中不可能用弧形板来防止电缆弯曲半径过小，施工时用滑轮组比较现实。因此计算每只滑轮上的侧压力后可得出弯曲处需放置滑轮只数。

4.1.5　电缆受力允许值

1. 最大允许牵引力

电缆最大允许牵引力原则上按电缆受力材料抗张强度的 1/4 计算，该强度乘以材料的断面积为最大牵引力。在以下各种材料时，单芯电缆相应的最大允许值如下：

1）牵引铜芯电缆导体时　$T=68A_c$

2）牵引铝芯电缆导体时　$T=39A_c$

3）牵引聚乙烯绝缘时　$T=4A_i$

4）牵引交联聚乙烯绝缘时　$T=6A_i$

5）牵引聚氯乙烯护套时　$T=7A_j$

6）牵引铅合金护套时　$T=10A_s$

7）牵引铝护套时（波纹套除外）$T=19A_s$

以上式中　T——最大允许牵引力（N）；

A_c——导体截面积（mm^2）；

A_i——绝缘层截面积（mm^2）；

A_j——外护层截面积（mm^2）；

A_s——金属护层截面积（mm^2）。

但导体如采用空心结构，如单芯充油电缆，为了不使空心结构变形，导体截面积大于 $400mm^2$，其最大允许牵引力以小于 27kN 为宜。

橡塑电缆的主绝缘外面通常都有一层聚氯乙烯外护套，虽然主绝缘的允许牵引强度比外护套小，但后者的截面积和主绝缘截面积相比，比例较大，此外橡塑材料不如金属材料容易发生永久变形，因此可以全部采用 $7N/mm^2$ 作允许牵引强度。

牵引力同时作用在电缆的不同材料时，允许值只计算其牵引强度较大的一种及其截面积。装有牵引端时允许拉力只计算导体允许张力。

2. 最大允许侧压力

最大允许侧压力分为滑动允许值和滚动允许值，前者适用于弯曲部分采用弧形板并涂抹润滑油或钢管电缆、排管电缆，后者用于角尺滚轮，最大侧压力允许值见表 14-4-6。

表 14-4-6　最大侧压力允许值

电缆种类	滑动/(kN/m)	滚动(每只滚轮)/kN
铅套	3	0.5
波纹铝套	3	2
无金属套橡塑电缆	3	1
钢管电缆	7	—

4.1.6 电缆的允许最小弯曲半径

各种电缆的允许最小弯曲半径，包括排管和钢管电缆，见表14-4-7。

表14-4-7 电缆的允许最小弯曲半径

项目	35kV及以下电缆				66kV及以上电缆
	单芯电缆		三芯电缆		
	无铠装	有铠装	无铠装	有铠装	
敷设时	20D	15D	15D	12D	20D
运行时	15D	12D	12D	10D	15D

注：D为成品电缆标称外径。

4.1.7 电缆线路牵引计算

用电缆线路的全长来定出每盘电缆的起始和终点的位置，然后将每盘电缆的路径分成各种类型的基本段，如水平直线牵引、水平弯曲牵引、垂直提升牵引等。因为电缆线路的牵引力与侧压力和牵引方向有关，为了减少重复的繁琐计算，以便得出最小的牵引力和侧压力，宜将各种计算式事先编入计算机程序，然后按不同方向牵引计算，比较计算结果，定出合适牵引方向。

[例题] 如图14-4-1所示的电缆线路，电缆的单位重量为32kg/m，电缆线芯的铜芯为845mm^2。在敷设路径上除了第7处~第8处之间必须穿越15m长的塑料导管外，其余部分均可将电缆放在滚轮上牵引。在弯曲90°处放置4只垂直滚轮；在弯曲45°处放置3只垂直滚轮。试求电缆放在位置1和12时，总的牵引力和各弯曲处的侧压力各为多少?

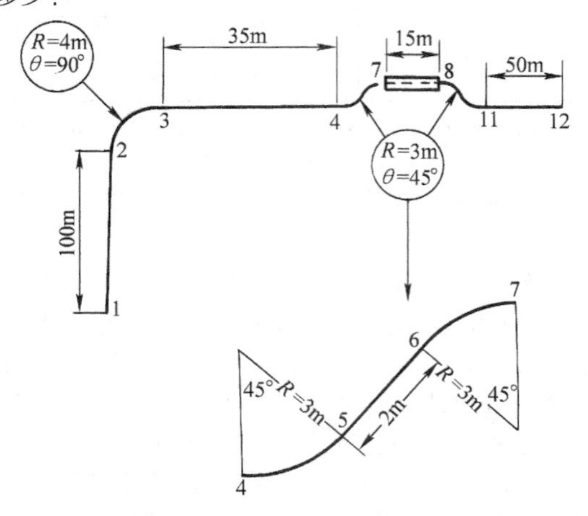

图14-4-1 例题中电缆敷设途径

解：先假设电缆盘放在位置1，各基本段的牵引力和侧压力见表14-4-8。

再假设电缆盘放在位置12，各基本段的牵引力和侧压力见表14-4-9。

表14-4-8 电缆从1处牵引到12处累计牵引力与侧压力

基本段	直线距离/m	弯曲半径/m	弯曲角/rad	滚轮只数	累计牵引力/kN	侧压力/kN
电缆盘①→2	100				10.98	
2→3		4	$\frac{\pi}{2}$	4	15.03	7.86
3→4	35				17.23	
4→5		3	$\frac{\pi}{4}$	3	20.15	7.90
5→6	2				20.27	
6→7		3	$\frac{\pi}{4}$	3	23.71	9.31
7→8②	15				25.60	
8→9		3	$\frac{\pi}{4}$	3	29.94	11.75
9→10	2				30.06	
10→11		3	$\frac{\pi}{4}$	3	35.17	13.81
11→12	50				38.30	

① 电缆盘摩擦力作15m电缆重量。

② 摩擦系数为0.4，其余段为0.2。

表 14-4-9 电缆从12处牵引到1处累计牵引力与侧压力

基本段	直线距离/m	弯曲半径/m	弯曲角/rad	滚轮只数	累计牵引力/kN	侧压力/kN
电缆盘①→11	50				7.85	
11→10		3	$\frac{\pi}{4}$	3	9.18	3.60
10→9	2				9.30	
9→8		3	$\frac{\pi}{4}$	3	10.88	4.27
8→7②	15				12.76	
7→6		3	$\frac{\pi}{4}$	3	14.93	5.85
6→5	2				15.04	
5→4		3	$\frac{\pi}{4}$	3	17.59	6.90
4→3	35				19.79	
3→2		4	$\frac{\pi}{4}$	4	27.09	14.18
2→1	100				33.36	

① 电缆盘摩擦力作15m电缆重量。
② 摩擦系数为0.4，其余段为0.2。

从以上计算结果可知，电缆盘放在位置12比放在位置1，不论总的牵引力和平均侧压力均可小些，但都超过了允许值。因此必须改变牵引方式，如绑扎钢丝绳牵引或采用履带牵引机、电动滚轮，以降低牵引力。

4.1.8 水底电缆张力计算

水底电缆不论用盘装或散装成圈状，均潜存有铠装退扭力。水底电缆敷设和陆地电缆敷设的主要区别是前者由其自重在一定高度自由沉降于水底，当积累在自由沉降段中的退扭力大于它的自重，电缆在水中自行退扭，形成电缆打结，因此敷设水底电缆需保持一定张力。此外为了保证水底部分电缆的自由沉降弯曲不小于允许弯曲半径，也需计算敷设水底电缆时的张力。

1. 退扭力和张力

水底电缆因结构和钢丝铠装不同，形成它的刚度各异。为了将水底电缆自制造厂运送至施工地点，电缆经常盘装或堆成圈状或筒装。当电缆自直线状态盘绕成圈形，电缆自身逐渐旋转，在每一个圈绕周长一周电缆要旋转360°，也即是将钢丝铠装旋紧或旋松（通常用旋紧方向，防止旋松后胀破钢丝的外护层），这些因电缆旋转的铠装捻紧力，也即是电缆的潜在退扭力，当电缆自圈状再转变成直线状态时（如自电缆敷设船施放电缆时），潜在的退扭力有促使电缆旋转恢复其原状的趋势。因为退扭力是由不同钢丝结构和不同盘绕方式形成，较难用计算方式表达，因此计算张力是至少保持不小于电缆在水中自由悬挂部分的重量。保持张力和入水角的关系可按下式计算：

$$T=\frac{9.8Wd}{1-\cos\alpha} \tag{14-4-1}$$

式中 T——电缆的张力（N）；
W——电缆在水中单位重量（kg/m）；
d——水深（m）；
α——入水角（°）（见图14-4-2）。

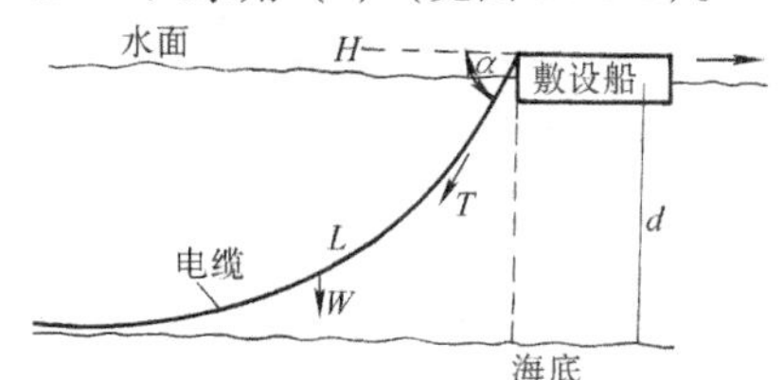

图 14-4-2 电缆的入水角

敷设电缆时的入水角可按下式计算：

$$\cos\alpha=\left\{1+\frac{1}{4}\left(\frac{H}{V}\right)^4\right\}^{\frac{1}{2}}-\frac{1}{2}\left(\frac{H}{V}\right)^2 \tag{14-4-2}$$

式中 H——沉降常数，$H=\left(\frac{2gW}{C\rho D}\right)^{\frac{1}{2}}$；
g——自由落体加速度（9.8m/s²）；
C——电缆表面毛糙系数，麻护层为1.5；
ρ——水的密度（kg/m³）；
D——电缆外径（m）；
V——电缆船的速度（m/s）。

2. 弯曲半径和张力

水底电缆自敷设船自由沉入水底处在悬垂轨迹线上，出现有上下两个弯曲，保持张力也是为了保证弯曲半径是否在允许范围内，上弯曲是电缆入水的自由弯曲，一般用放线弧形滑滚槽，容易控制，下弯曲是电缆沉入水底自由接触水底时的弯曲，如图 14-4-3 所示。弯曲半径和退扭力的关系，可按式（14-4-3）和式（14-4-4）计算。

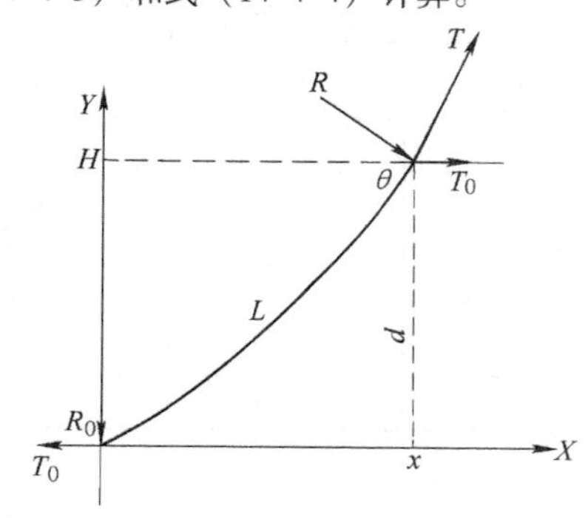

图 14-4-3　弯曲半径和退扭力

图中　T 为保持允许弯曲半径的张力（N），$T=\dfrac{9.8Wd}{1-\cos\theta}$；

d为水深（m）；

L为悬垂轨迹电缆长度（m），$L=\dfrac{T_0}{9.8W}\sinh\left(\dfrac{9.8xW}{T_0}\right)$；

θ为保持允许弯曲半径的入水余角（°）；

R为上弯曲半径（m）；

R_0为下弯曲半径（m）。

其中

$$R=\frac{T_0}{9.8W}\cosh^2\left(\frac{9.8xW}{T_0}\right) \quad (14\text{-}4\text{-}3)$$

$$R_0=\frac{T_0}{9.8W} \quad (14\text{-}4\text{-}4)$$

式中　T_0——退扭力（N）；

x——$\dfrac{T_0}{9.8W}\cosh\left(\dfrac{yT_0}{9.8W}+1\right)$；

y——$\dfrac{T_0}{9.8W}\cosh\left(\dfrac{xT_0}{9.8W}-1\right)$；

W——电缆在水中单位重量（kg/m）。

如上节所述，由于退扭力无法计算，需先设定各种退扭力 T_0，然后验算相应的弯曲半径和张力。但也应注意 T_0 不应设定得过大，一般小于 10kN，否则得出过大的张力，使电缆悬挂在海底凹凸不平的峰顶上，日久受到潮流的冲击，峰顶部分的电缆因疲劳而损坏。

3. 弯曲半径和张力计算例子

［例题］　设水底电缆在水中单位重量为 29.7kg/m，允许弯曲半径不小于 3m，试求在不同水深时必须保持的电缆张力。

解：按式（14-4-4），有

$$T_0=9.8WR_0=9.8\times29.7\times3\text{N}=873\text{N}$$

当 $T_0=873\text{N}$ 时，不同水深时需保持电缆的张力见表 14-4-10。

表 14-4-10　不同水深需保持电缆的张力

水深 H/m	距离 x/m	入水角的余角 θ/(°)	悬垂弧长 L/m	上弯曲半径 R/m	下弯曲半径 R_0/m	张力 T/N
0	0	90	0	3	3	874
2	3.3	37	4	8.3	3	1456
4	4.5	25	6.3	16.3	3	2039
6	5.3	19	8.5	27	3	2621
8	5.9	16	10.6	40.3	3	3204
10	6.4	13	12.7	56.3	3	3786
12	6.9	11	14.7	75	3	4369
14	7.3	10	16.7	96.3	3	4951
16	7.6	9	18.8	120.3	3	5534
18	7.9	8	20.8	147	3	6116
20	8.2	7	22.8	176.3	3	6700

4.2　直埋电缆的敷设

直埋电缆是最经济的安装方式，但敷设方法关系到电缆长期安全运行的可靠性，因此不应予以忽视。由于输送容量的日益增加，电缆的导体截面不断增大，电缆的单位长度重量必定加重，每米可达几十千克，当长度达数百米时，就必须借助机械设备进行牵引敷设。如果使用人工肩扛手抬，由于人多，行动很难取得一致，不但不易保证敷设质量，且容易发生事故。严重的如弯曲角度过小或电缆压扁；轻微的则擦坏护层，而且容易发生人身事故。本节只扼要说明一般直埋电缆的敷设特点。

4.2.1 专用工具

1. 牵引端

连接卷扬机的钢丝绳和电缆首端的金具，称作牵引端或拉线头。它的作用不但是电缆首端的一个密封套头，对有压力的电缆，它还带有可拆接的供油或供气的端口，以便需要时连接供气或供油的压力箱，而且又是牵引电缆时将卷扬机的牵引力传递到电缆导体的连接件。通常这种牵引端在使用前必须做过拉力试验，符合要求后才能应用，以免在牵引时滑动或断裂。一般制造厂供应有压力的电缆时，都装有牵引端，如果缺少这种牵引端或虽然没有压力但单位重量较大的电缆，需要时应在敷设前设计好牵引端，并通过密封和拉力试验，确保其性能。图14-4-4及图14-4-5分别为单芯充油电缆和高压塑料电缆牵引端的示意图。

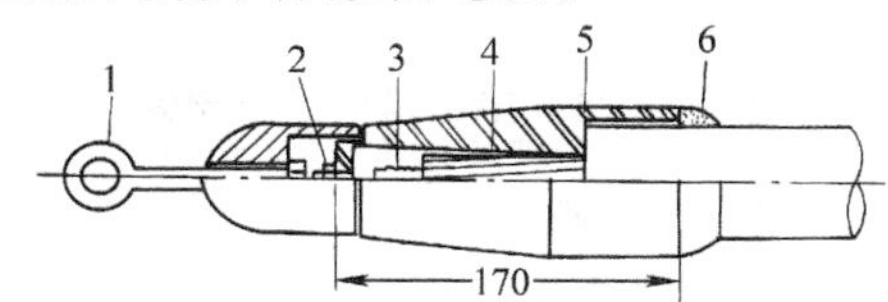

图14-4-4 单芯充油电缆牵引端

1—牵引梗 2—端口 3—倒刺钢塞
4—导体 5—牵引头本体 6—铅封

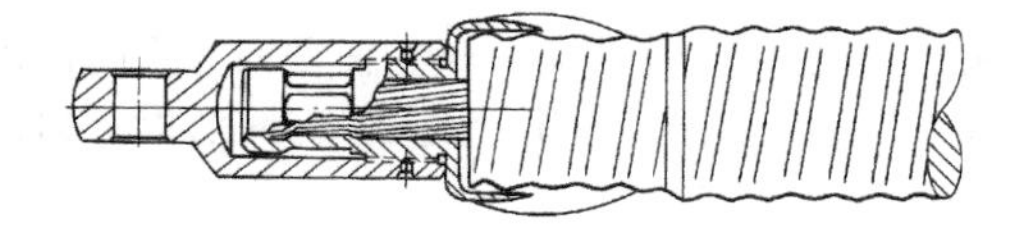

图14-4-5 高压塑料电缆牵引端

2. 牵引网套

它是用细钢丝（也有用尼龙绳或白麻绳）由人工编织而成。由于牵引网套只是将牵引力过渡到电缆护层上，而护层的允许牵引强度较小，因此不能代替牵引端。只有在线路不长，经过计算，牵引力小于护层的允许牵引力时才可单独使用。因此一般只可作为辅助牵引之用。图14-4-6为安装在电缆端头的牵引网套示意图。

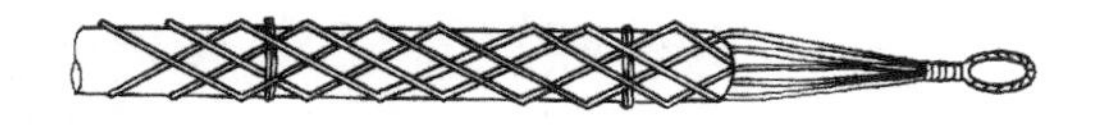

图14-4-6 牵引网套

3. 防捻器

用钢丝绳牵引电缆时，在达到一定张力后，钢丝绳会出现退扭，更由于卷扬机将钢丝绳收到收线盘上时，增大了旋转电缆的力矩，如不及时消除这种退扭力，电缆会受到扭转应力，不但能损坏电缆结构，而且在牵引完毕后，积聚在钢丝绳上的扭转应力能使钢丝绳弹跳，易于击伤施工人员。为此在电缆牵引前应串联一只防捻器，如图14-4-7所示。防捻器的作用是一侧如受到扭矩力时可自由旋转，这样及时消除了钢丝绳或电缆的扭转应力。

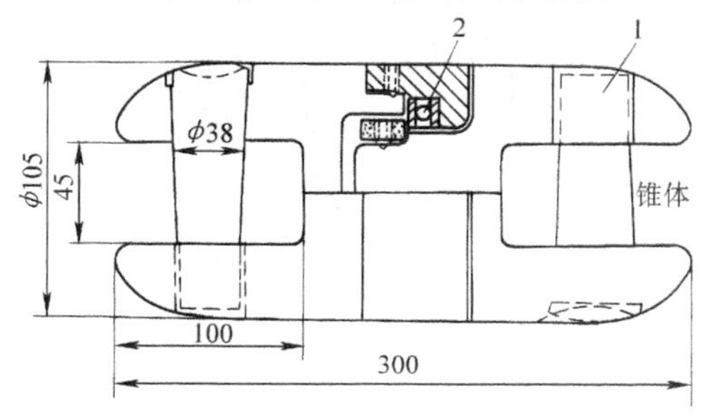

图14-4-7 防捻器

1—螺栓销 2—平板轴承

4. 电缆滚轮

一般滚动摩擦系数比滑动摩擦系数小，同时为使电缆外护层不受到滑动摩擦力的损坏，因此需将牵引电缆过程中的滑动摩擦尽量转化成为滚动摩擦，这就需要较多电缆滚轮，使电缆在滚轮上移动。这样不但减小了所需牵引力，又可保护电缆外护层的完好。电缆滚轮如装有轴承，可获得最小的滚动摩擦系数，但限于施工环境，一般不常采用。滚轮的只数，按电缆线路长度配备，滚轮之间距离一般为1.5～3m，图14-4-8为一种常用的电缆滚轮。

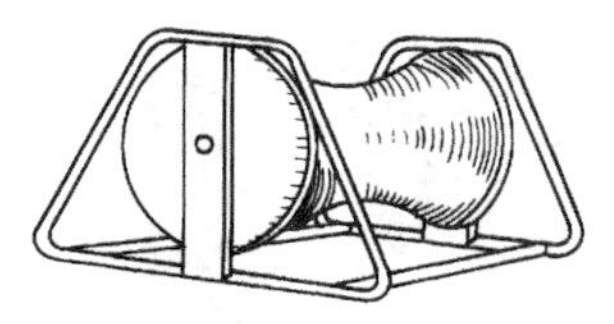

图14-4-8 电缆滚轮

5. 履带牵引机和电动滚轮

有些电缆线路，如途径弯曲过多或电缆太长，为不增加线路的分盘段数等，当所需牵引力或侧压力大于允许值时，可配备履带式电缆牵引机或电动滚轮，两者应用摩擦力推动电缆的外护层。前者出力可达5kN，后者出力一般为1kN。对弯曲较多的线路，用较轻便的电动滚轮为宜。配备的台数可根据所需牵引力和允许牵引力之差，除以每台出力。安放的位置宜在各个弯曲点之前，达到既降低牵引力，又可降低电缆的侧压力。必须注意的是各个电缆滚轮要和卷扬机同步驱动，就需有完善的控制系统，因而比较复杂。履带牵引机宜用在线路较直而牵引力较大的场所，如水底电缆等。图 14-4-9 为履带牵引机，图 14-4-10 为电动滚轮。

图 14-4-9 履带牵引机

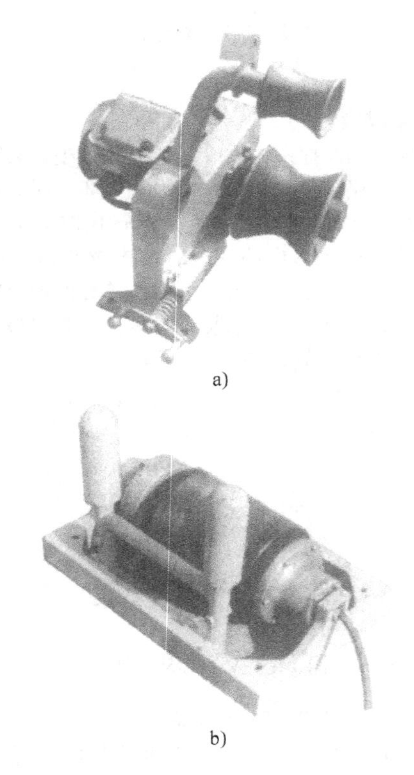

a)

b)

图 14-4-10 电动滚轮

6. 电缆盘千斤顶支架

电缆盘重量不大时，常用蜗轮蜗杆式千斤顶。当重量超过 3t 后，一般的蜗杆千斤顶不但稳定性较差，且抬升费力，因此需要特制的电缆盘液压千斤顶支架，才能使电缆盘在盘轴上平稳转动不致倾倒。它不但能满足现场使用轻巧的要求，也满足了不同电缆盘直径的通用性。如液压千斤顶行程较短，可将支架设计成为千斤顶在支架内的位置能上下移位，使其能抬起既重又大的电缆盘。图 14-4-11为一种用液压千斤顶的电缆盘支架示意图，使用时在电缆盘的两面各放一只。

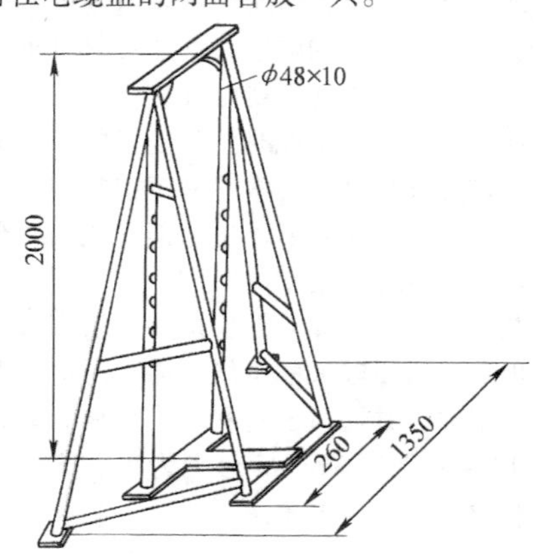

图 14-4-11 电缆盘千斤顶支架

7. 电缆盘制动装置

在牵引电缆过程中，经常需要时停时牵，而正在转动中的电缆盘，由于较大惯性，如不及时制动，很容易蹩扭刚离盘的一段电缆。此外，当电缆盘转速大于牵引速度时，盘上的电缆容易下垂和地面摩擦，损伤电缆外护层，因此电缆盘宜装配有效的制动装置。图 14-4-12 为一种简单而有效的盘边带式人工制动装置，适用于直径为 4m 及以下的钢制电缆盘。

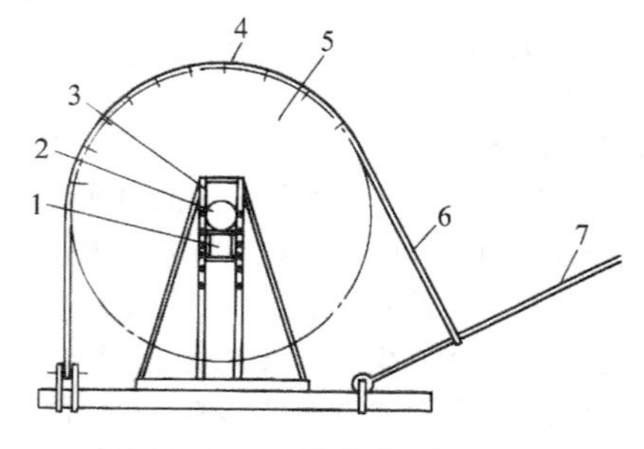

图 14-4-12 电缆盘制动装置

1—千斤顶 2—盘轴 3—电缆盘支架
4—带防滑器的制动带 5—电缆盘
6—制动带 7—制动手柄

8. 管口保护喇叭

电缆线路经常碰到电缆需要穿越一些导管（埋

设在铁轨或交叉公路等下面），如这些管口内边缘未作削成圆角处理，很易在牵引过程中将电缆外护层刮破擦伤。因此在管孔口先安装由两个半片合成的临时保护喇叭，牵引完成后，可以在原处拆除。保护喇叭用薄钢板制作，它的式样可参阅图14-4-13所示。

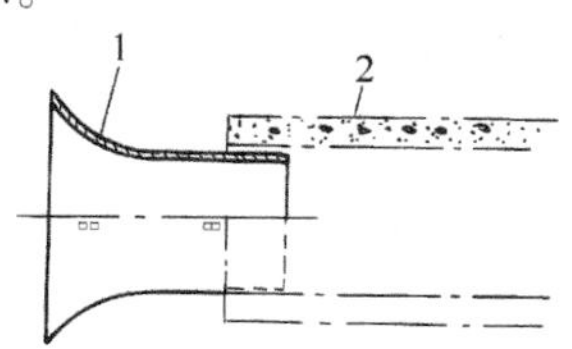

图14-4-13　管口保护喇叭
1—保护喇叭　2—管道

9. 张力计

为了监视电缆在牵引过程中牵引力或侧压力是否超过允许规定值，宜装设张力计。张力计既可装在卷扬机侧，也可装在牵引端上，按牵引力的大小和张力计的种类而定。图14-4-14为一种装在卷扬机侧的30kN（3000kgf）常用张力计。理想的张力计还带有牵引长度和张力同时记录的仪表，以便分析研究牵引过程中各种力的关系，提高牵引技术。具有体积小、外形圆滑、能穿过各类导管和越过各种滚轮等敷设机具的张力计更有实用性。

图14-4-14　张力计

10. 卷扬机

卷扬机的牵动容量原则上只能按最大常用允许牵引力配置，它的动力可以取自电动或由特种机动车驱动。牵引动力不宜成倍大于电缆的允许牵引力，因为出力过大的牵动设备，稍不谨慎，就有可能拉坏电缆。一般30kN（3000kgf）牵引力的卷扬机已可满足牵引各种常规电缆之用。图14-4-15为装置在挂车上的卷扬机。速度以3～7m/min低速机为宜。

图14-4-15　挂车上的卷扬机

11. 电缆盘搬运车

电缆盘的重量常达数吨，电缆盘不允许平放，因此在机动搬运时接触平面的是两侧盘周的边缘；盘的重心又较高，在运输中很不稳定，为了避免可能的意外事故，需要特殊运输车辆。车辆的特点是车架较低，并配有防止前后摇摆的垫衬或托盘。完善的搬运车尚备有机械驱动的卷扬机或履带牵引机，既可提升重量不大的电缆盘，又兼有施放电缆时牵引或送出电缆的功能。图14-4-16为常用的电缆盘搬运车。

图14-4-16　电缆盘搬运车

4.2.2　施工前准备

1. 检验电缆

除了环境温度低于电缆允许敷设温度之外，一般电缆盘需提前搬运到施工场地。在搬运之前，核对电缆盘上标识，如电压、截面、型号等是否符合工程设计书上要求。对无压力的油纸电缆，需检验电缆盘的两个电缆端头的油纸和导线内是否含有水分。检查的方法是将油纸逐层浸入加热到约150℃的电缆油中，如有白沫翻出，表明电缆端部已侵入水分，需逐段锯除，直至无水分为止。重新进行密封及加装牵引端。

对有压力的电缆，只要压力计指示高于大气压，表明绝缘内并无水分，只需测量护层的绝缘是否符合要求。反之整盘电缆宜送回制造厂重新进行真空干燥浸油处理。

橡塑电缆检查导线内是否有水分，若有，需用加热干燥氮气在电缆一端输入，另一端用真空泵抽气，进行抽真空及通干燥气体去潮处理。

2. 穿越道路导管

电缆线路全长中经常需要穿越多处公共道路或桥梁等场所，为了避免牵引电缆时对公共交通的影响，横越道路部分的一段事先需埋置多孔导管。导管顶部一般不小于地坪1m，导管孔数需留有50%的备用孔。图14-4-17为道路导管的断面示意图。

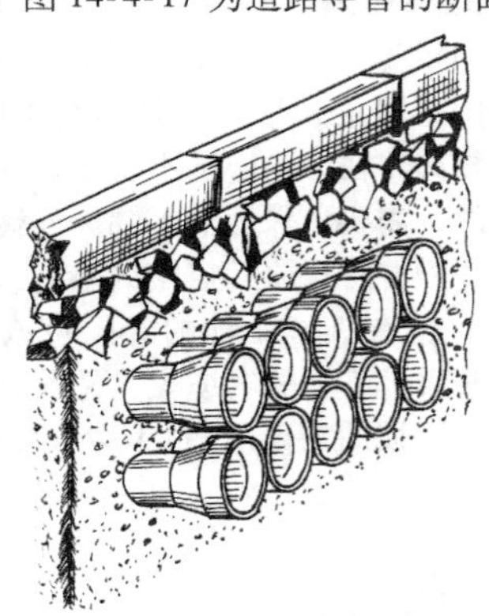

图14-4-17 道路导管断面示意

埋设横越道路的导管，其中心线不论在平面和垂直方向需保持直线，这就需要先挖出一半长度的横断道路电缆沟土方，在其上临时铺平通行钢板，然后开挖另一半横断道路的电缆沟土方，证实沟中确无障碍物，能保持导管成一直线，而后捣浇所需混凝土导管，待养护坚实，覆土填平后，再进行前一半长度的导管捣浇。

3. 材料工具

为了缩短为敷设电缆所开挖的电缆沟对公众交通影响的时间，所需材料如电缆盘、电缆保护砖盖板、标志牌或带，以及各类施工用具，如电缆滚轮、汲水泵、牵引卷扬机、电缆盘支架以及安全遮栏牌等均需在敷设电缆前运送至施工现场。电动用具在搬运前要进行检查，防止使用时失灵和贻误牵引电缆时间。

4. 人员组织

敷设电缆需要统一指挥又需明确分工，通常电缆盘的管理为一组，土方的挖掘为一组，卷扬机牵引为另一组，此外辅以电缆接头和测绘组。由于电缆线路较长，敷设时各组间一般用步话机相互联系。

4.2.3 敷设电缆

1. 一般牵引程序

敷设直埋电缆的牵引程序大体如图14-4-18所示。

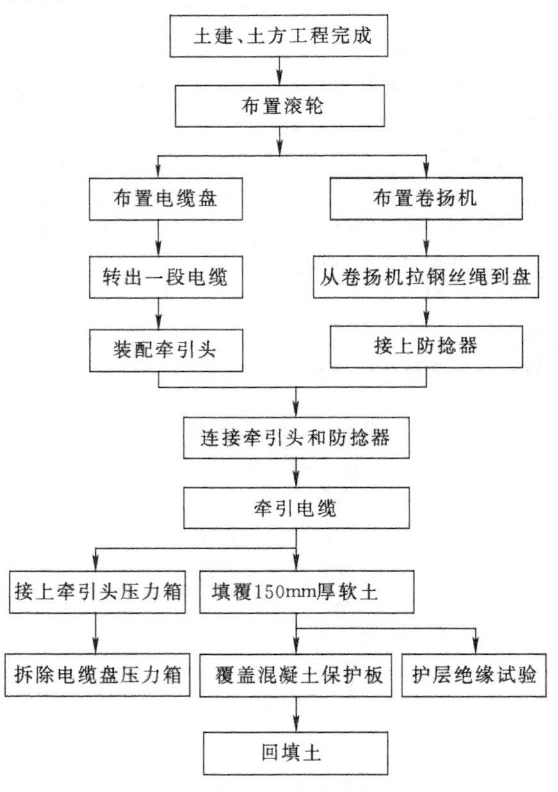

图14-4-18 直埋电缆的敷设和牵引程序

2. 牵引方式

1）绑扎牵引：如计算的牵引力或侧压力大于允许值而又无辅助牵引机具，如电动滚轮、履带牵引机，则宜采用钢丝绳绑扎牵引。即电缆盘侧，配置一盘和电缆同长的钢丝绳，以便和电缆同时敷设，而牵引钢丝绳的牵引力只作用在边敷设、边把电缆绑扎在钢丝绳上，这就需要在电缆上每2m的间隔用尼龙短绳，临时将钢丝绳和电缆平绑扎紧，待敷设完成后，解开尼龙绳绑扎带，回收钢丝绳。绑扎牵引的方法，如图14-4-19所示。

2）直接牵引：直埋电缆的直接牵引方式，如图14-4-20所示。一般牵引速度为5～6m/min。在牵引过程中应注意滚轮是否翻倒，张力是否适当。特别应注意电缆引出导管口或电缆经弯曲后电缆的外形和外护层有无刮伤或压扁等不正常现象，以便及时采取防范措施。

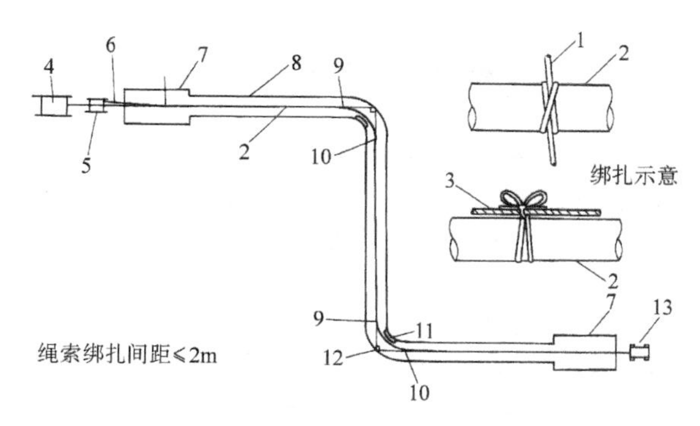

图14-4-19 绑扎牵引方法

1—绑扎绳索 2—电缆 3—牵引钢丝绳 4—电缆盘 5—装在拖车上钢丝绳盘 6—牵引钢丝绳 7—接头坑或接头井 8—电缆沟或隧道 9—进单轮滑车前解除绑扎绳索 10—再绑扎 11—弧形护板 12—单轮滑车 13—卷扬机

4.2.4 重要事项

波纹铝护套的电缆牵引完毕后，应检查电缆的末端，导体和铝护套是否有相对位移。表面有导电粉末的外护层电缆，宜在覆土之前测量外护层绝缘，以便及时修理，避免重复挖土。

1. 现场测绘

电缆牵引完毕取出滚轮、电缆放平在沟底后，需作精确的平面测绘丈量，其后才能回填覆盖土。测绘的基准依据应是较永久性的固定点，如永久性建筑物的明显边、角，及其他管线设备相对位置。在地下设备较复杂的地段，测绘丈量应增添管线通道断面的相对位置，包括电缆埋设深度。现场测绘之所以重要，是因为如地坪修复后，即使备有较新型电缆路径定位仪表，也很费时费力，日后就很难定出电缆线路途径的确切位置。如线路平面图采用GIS技术（见本篇5.1节）时，现场测绘方法也应采用DGPS（Differential Global Position System，差分全球定位系统）技术，现场可采用DGPS定位仪和全站仪结合测定电缆及邻近管线位置，再输入GIS计算机即可完成电缆线路平面图。如在现场测量电缆埋设深度，可制成有平面位置及埋设深度的完整电缆路径图。

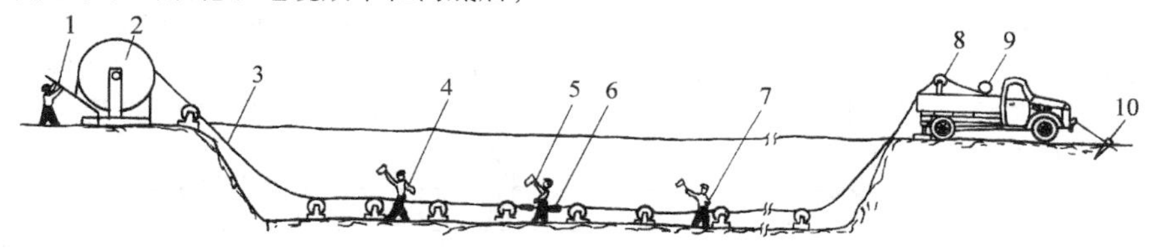

图14-4-20 直接牵引方法

1—制动 2—电缆盘 3—电缆 4、7—滚轮监视人 5—牵引头监视人 6—防捻器 8—张力计 9—卷扬机 10—锚定装置

2. 电缆覆盖层

电缆的覆盖层，包括垫底层，即电缆表面15cm厚周围的覆土，除了起到保护电缆外护层不受机械损伤外，还影响到电缆的输送容量。在土壤热阻率较高和地表水较低地区，如同时要求电缆能输送应有容量，以膨润土作为电缆覆盖层也是必要的。覆盖层需是小颗粒的细砂或者松土。然后铺盖50mm×200mm×1000mm水泥保护板或者防止日后开挖误损电缆用的塑料醒目警戒标志带层，其后才分层夯实回填土，填平电缆沟。

3. 电缆线路标志

在建筑物欠密集的地段，沿电缆线路途径每隔100～200m及在线路转弯处埋设用水泥制作的“下有电缆”标志桩。标志桩的底部宜浇铸在水泥基础内，防止日后倾斜或反倒，图14-4-21为一种标志桩的示意装置图。

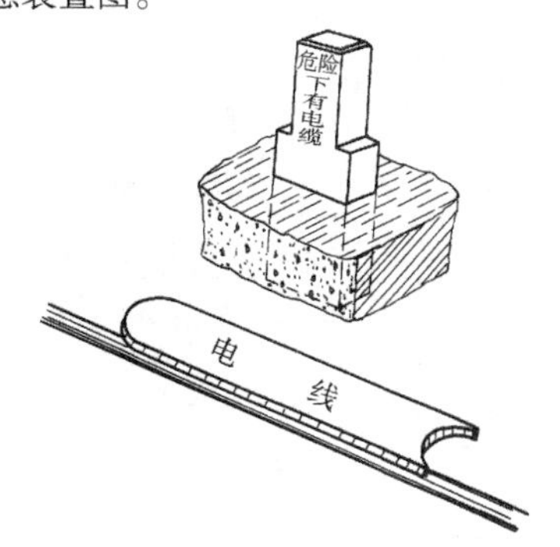

图14-4-21 电缆线路标志桩装置

4.3 排管电缆的敷设

城市的发展和工业的增长，电缆线路势必日益密集，采用直埋电缆方式逐渐会被排管电缆装置代替。由于敷设排管电缆时无法窥知排管内壁情况，因此敷设前检查排管孔内壁是十分需要重视的事。此外不同于直埋电缆的是沿线无法应用滚动摩擦机具，增大了电缆牵引力，这就不但需要精确的牵引力计算，还需在敷设过程中不停地添加润滑剂，使滑动摩擦系数降至最小值。

4.3.1 专用工具

敷设排管电缆的工具与直埋电缆基本相同，以下仅介绍排管电缆的专用工具。

1. 排管疏通器（俗称铁牛）

它是由外径小于排管孔内径 10mm 的短段厚壁钢管组成，约 600 ~ 1000mm 长，钢管的重量宜相等于同长度电缆，两端焊接有牵引环，其后串接一只橡胶塞组成，如图 14-4-22 所示。在试通一段排管孔后，如发现钢管表面有纵向刮伤痕，表明管孔内壁有毛糙尖角，不宜急于敷设电缆，橡胶塞是为了排除管孔内的残存屑末或淤泥等用。

2. 电缆导向管

敷设排管电缆时，电缆自电缆盘进入人井内排管口时很容易在牵引过程中刮坏，为了保护电缆在这一区域的允许弯曲半径和外护层不致损伤，在人井口至排管孔间放置一根约 2m 长的大口径波纹塑料管，管的下端伸至排管孔附近。敷设时电缆在波纹管上口及排管孔前段涂抹润滑剂。图 14-4-23 为一种常用的导向管。牵引完毕后，可自电缆末端取出。

3. 单轮开口滑车

牵引排管电缆时，由于人井内工作面积较小，卷扬设备一般在地坪上，这就需要在人井内临时安装开口单轮滑车，以便改变自上而下的牵引力方向。滑车的规格应和牵引力相配，滑车开口是为了便于取出或放进钢丝绳，校正安放滑车挂钩位置。图 14-4-24 为一种常用单轮开口滑车。

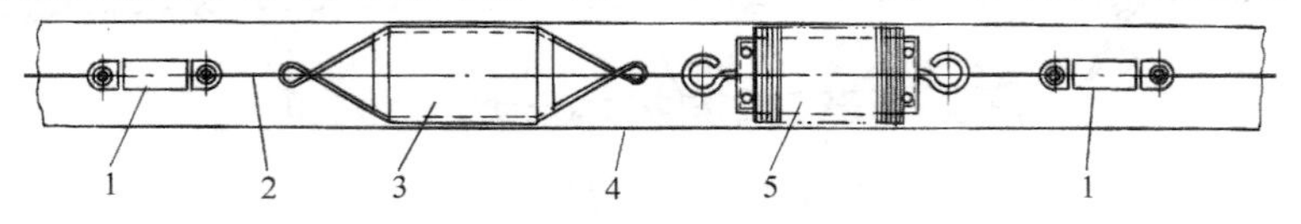

图 14-4-22 排管电缆专用疏通器

1—防捻器 2—钢丝绳 3—疏通器 4—排管 5—管道清扫刷

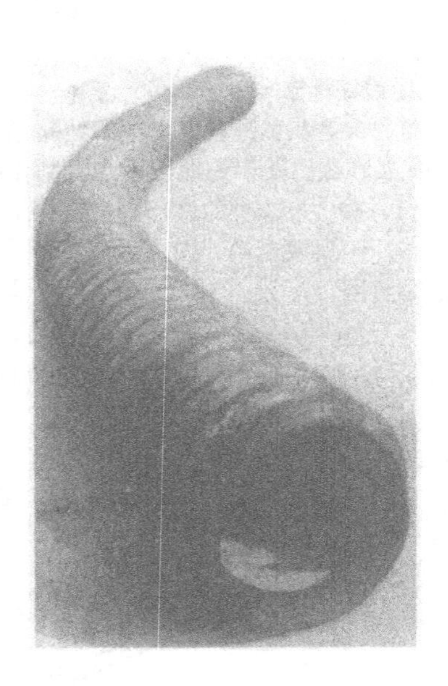

图 14-4-23 电缆导向管

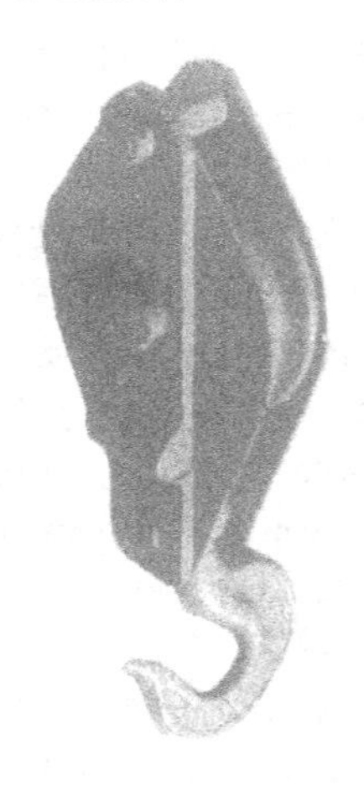

图 14-4-24 单轮开口滑车

4.3.2 检查排管

1. 接口方向检查

排管中管子和管子的连接，现普遍采用承插式接口，即管子的小头插入另一段管子的大头的连接口，因为牵引电缆的方向，自管子的大头至小头要比逆向牵引来说，对防止电缆外护层的擦损要安全得多，也就是为什么需要事先检查接口方向的原因了。对由排管块组成的插销连接，也需检查管孔是否错位，检查的机具可以用“铁牛”或专用的管孔内壁检查工业电视机。

2. 杂物检查

在浇捣排管的施工过程中，有时砂浆从管子的衔接缝处渗漏进入管孔内，固化后不但形成粗糙的内壁，也可能凝固成尖角的毛刺；在地表水较高地段，自浇捣排管建成到牵引电缆前期间，有时管中会沉积大量淤泥。这些杂物，应在牵引电缆前及时检查出并加以清除，防止损伤电缆护层。

3. 试牵引

对经过检查后的排管，如尚存有疑问时，可用一短段长约 5m 的同样电缆，作模拟性牵引，然后观察电缆表面，擦损是否属于许可范围。

4.3.3　敷设电缆

1. 牵引程序

排管电缆的牵引程序，通常如图 14-4-25 所示。

2. 牵引方式

排管电缆的牵引方式如图 14-4-26 所示。可以在一孔内同时牵引三根电缆，但牵引前需校核阻塞率（参阅第 4.1.2 节第 2 条）。

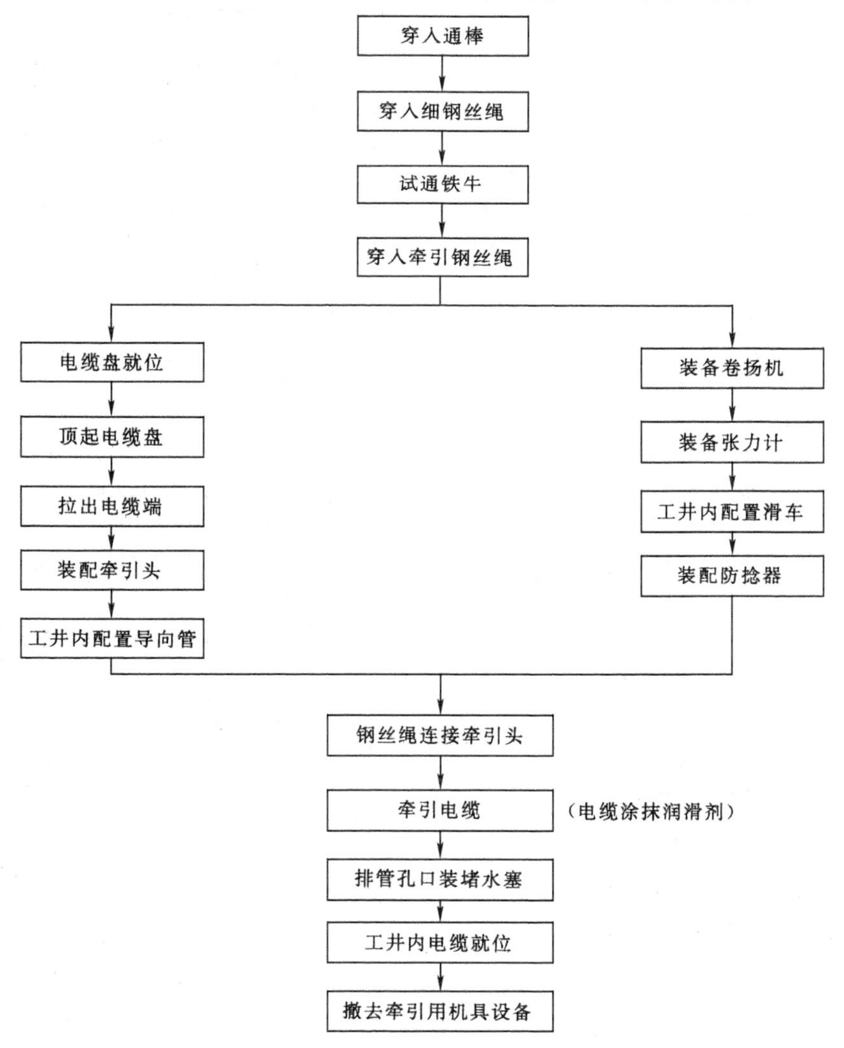

图 14-4-25　排管电缆牵引程序

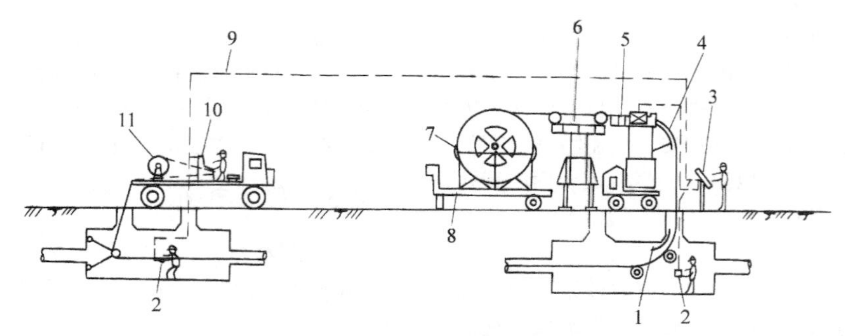

图 14-4-26　排管电缆牵引方式

1—R形护板　2—卷扬机停机按钮　3—卷扬机及履带牵引机控制台　4—滑轮组　5—履带牵引机　6—敷设脚手架　7—手动电缆盘制动装置　8—电缆盘拖车　9—卷扬机遥控及通信信号用控制电缆　10—卷扬机控制台　11—卷扬机

4.3.4　重要事项

1. 滑轮位置

由于牵引力的变化，布置在工井内的滑轮位置，既要考虑到受力时的最佳状态，又需顾及牵引力松弛时的自由位置，以达到最小牵引力，以及防止人身或设备事故的要求。滑轮在受力时的最佳状态是滑轮外径切线和拟敷排管孔中心线一致。悬挂滑轮的受力钩必须保证有足够牵引力的安全系数。

2. 润滑钢丝绳

一般钢丝绳涂有防锈油脂，但用作排管牵引，进入管孔前仍要涂抹电缆润滑油，这不但可减小牵引力，又防止了钢丝绳对管孔内壁的擦损。

3. 牵引力监视

装有监视张力表是保证牵引质量的较好措施，除了克服起动时的静摩擦力大于允许的牵引力外，一般如发现张力过大应找出其原因，如电缆盘的转动是否和牵引设备同步，制动有可能未释放，等解决后才能继续牵引。比较牵引力记录和计算牵引力的结果，可判断所选用的摩擦系数是否恰当。

4.4　水底电缆的敷设

水底电缆的敷设方法，按线路的布置和长度不同而有较多差别，以长度分，可有盘装和散装两种。盘装是指敷设时电缆盘置于陆上或船上能转动；散装是指不用电缆盘的筒装或者堆叠在电缆船舱内的圈装。盘装适用于较短线路或电缆外径较小的水底电缆；大长度的水底电缆一般都采用散装。

筒装可以避免将电缆再次转放到电缆敷设船中，减少电缆弯曲次数，但需要较大的起卸装备。而电缆船舱内圈装不受装卸设备出力的限制，电缆长度可比筒装更长。

4.4.1　电缆盘置放陆地牵引

河道不宽或船只往来不频繁的水底电缆可用图14-4-27所示方式敷设。在河道虽不宽而船舶频繁航道，可先用挖泥船开挖河床成水下电缆沟，其后牵引电缆进入河床，也可先埋设捆扎的钢管组，再将电缆作为排管电缆牵引入钢管内，再覆盖泥土。

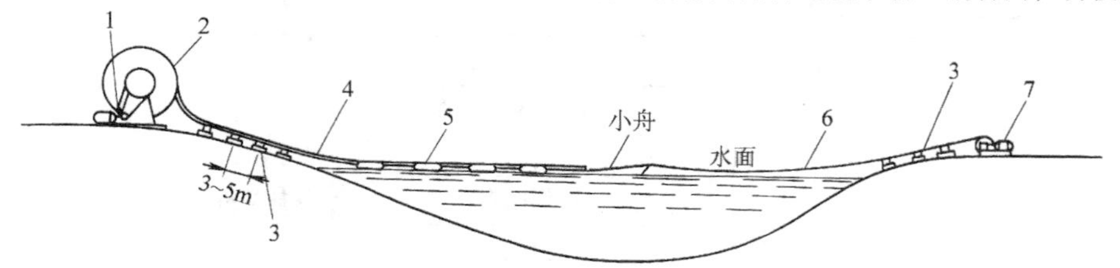

图 14-4-27　电缆盘置放陆地牵引

1—电缆盘制动装置　2—电缆盘　3—电缆用滑轮　4—电缆　5—浮筒　6—牵引钢丝绳　7—牵引卷扬机

4.4.2　船上敷设

1. 船上敷设方法种类

1）船上盘装敷设：能用盘装的水底电缆而河道又较宽可用如图14-4-28所示方式敷设。敷设船的前进可以用装设在对岸的卷扬机，用钢丝绳牵引；也可将卷扬机装在敷设船上，在对岸设置牢固的锚定装置并将牵引钢丝绳引至敷设船上牵引前进；或者不用卷扬机，用驳船拖带牵引。由于盘装的水底电缆仅是一盘的电缆长度，因此这种方式一般只用于线路长度在 2km 左右范围内。

2）船上散装敷设：对筒装或叠堆成圈的水底电缆，一般按需要临时组装电缆敷设船。其区别于盘装敷设，主要是需要消除在盘圈时产生的退扭力，因此要在船上组装有足够高度的退扭架，其高度约等于电缆盘圈直径的周长，使电缆在提升过程中能自由地退尽盘绕时积累的退扭力。盘装电缆的制动装置可采用和陆上电缆盘相似方法，而散装电缆的制动装置，目前一般采用履带牵引机，它兼有将盘圈电缆牵引提升功能，又有降低电缆敷设船前进阻力的效用。敷设船的前进可以和盘装方式相同。国内在敷设水底电力电缆工程中尚未采用具有自航动力的敷设船，主要是因为有自航动力的敷设船，通常吃水较深，不易靠近岸边浅滩。

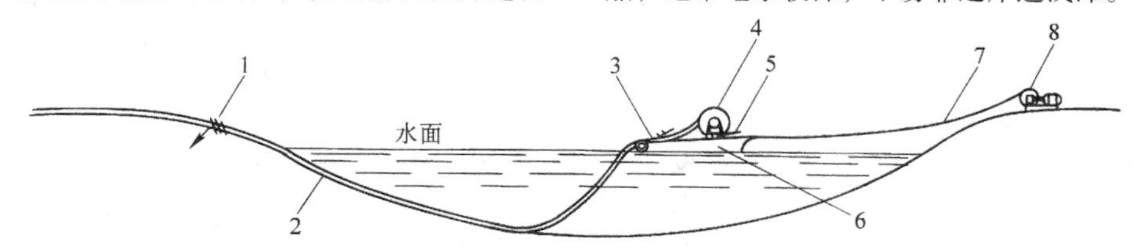

图 14-4-28　船上盘装敷设

1—陆上锚定装置　2—电缆　3—木棍制动装置　4—电缆盘　5—电缆盘制动装置　6—敷设船　7—牵引钢丝绳　8—卷扬机

2. 敷设船

1）敷设船要求：敷设船除了能承载必要的吨位即电缆加机具重量外，主要能有吃水浅并有宽大工作舱面的性能。因此常选用相应载重的平板驳船改装成敷设船。吃水浅的平驳不但能紧靠堤岸，退潮后即使搁滩也能保持船的平稳。电缆重量如超过单艘平驳吨位的敷设船，也可用两艘平驳绑接，装载较长整根电缆。

2）敷设船机具：敷设船通常需要装备的主要机具见表 14-4-11，机具的布设位置如图 14-4-29 所示。

表 14-4-11　敷设船机具

机具名称	用　　途
退扭架	消除盘绕电缆时产生的潜在退扭力
履带牵引机	电缆敷设时的制动装置
卷扬机	敷设船牵引动力
入水槽	保证电缆入水时的弯曲半径
入水角测量仪	监视电缆张力
车轮内胎	托浮电缆
长度记录仪	控制敷设长度
测深仪	控制电缆张力
测距仪	校核敷设长度和敷设船应有离岸距离

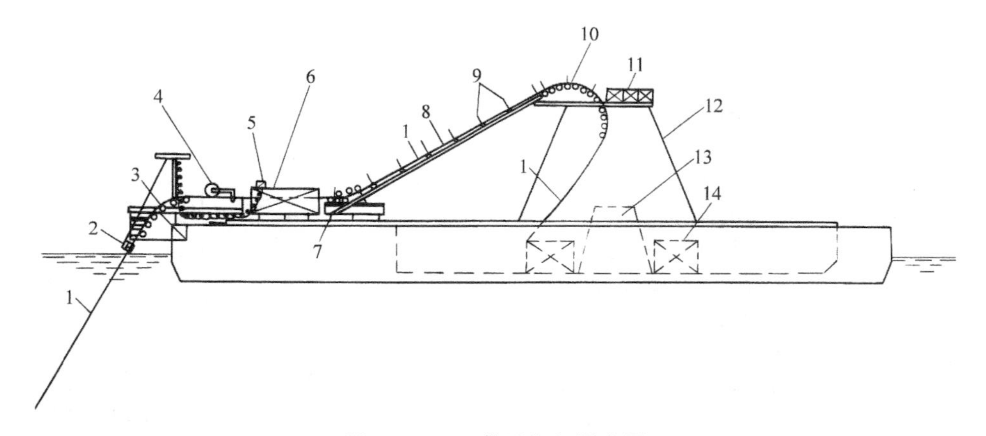

图 14-4-29　敷设船机具布置

1—敷设的海底电缆　2—入水角测定器　3—入水槽　4—长度测量仪　5—入水角指示仪　6—履带牵引及制动装置　7—电缆下压滑轮组　8—电缆滑道　9—竖导向滑轮　10—上“R”滑轮组　11—指挥台　12—退扭架　13—中心支架（防扭结）　14—电缆圈

3. 敷设前准备

敷设水底电缆能否顺利进行，主要决定于准备工作是否充分，除了掌握在设计资料中已得的数据外，还需及时了解气象和水文的可能变化。由于敷设水底电缆工作有较多工序，又相互联系需在较短的时间内同时完成（一般敷设时间仅几个小时），因此敷设前需要有一个施工组织，以便明确分工又能统一指挥。在职责分清后各施工小组能独自完成其敷设前的准备工作。

1）导标：为了牵引敷设中船只不偏离预定的途径，在线路的两岸，除了竖立线路中心线的标志牌外，还需在中心线标牌的两侧（距离按设计规定）各竖立前后对应的边界线标志牌，表示敷设船在航行时的极限区域。这些标志牌通称为导标，它的布置如图 14-4-30 所示。导标虽是施工时的临时措施，但为了敷设航行时在较远距离外的能见度清晰鲜明，一般固定在 10m 高的杆顶上，而标志颜色要和背景底色有明显反差。但对远距离跨越海峡或大江大河时，导标只能作为近岸的导航用具。主要的导航措施要采用 DGPS 定位仪。

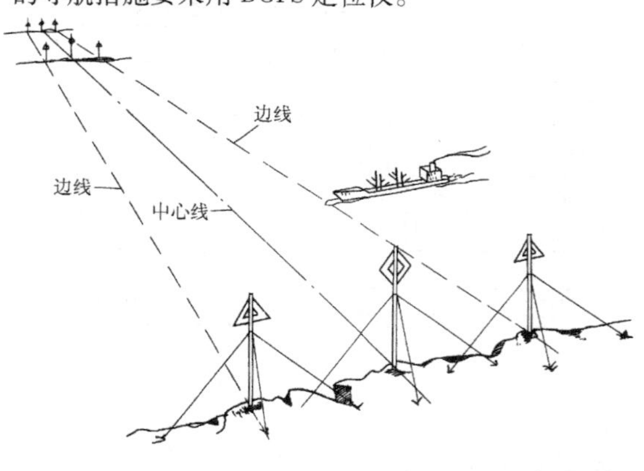

图 14-4-30 导标布置

2）地锚：为了牵引和制动能紧密协调，通常将卷扬设备装在敷设船上，这时需要在岸上选择恰当位置，装置牢固的地锚，系挂开口滑轮，以便在敷设船上倒牵电缆上岸。地锚离岸的位置，视需要牵引电缆上岸的长度而定，用导管穿越防汛堤的水底电缆，则地锚位置宜选在导管中心线上。自地锚至导管口挖掘电缆沟，并装设必要数量的电缆滚轮。再自敷设船上将钢丝绳引向地锚开口滑轮后转返船上卷扬机，等待电缆牵引上岸。

3）浅滩开挖：通常水底电缆为了避免锚害和捕捞作业的损坏等外伤，要求埋在河床底下不少于 0.5m 深。在邻近堤岸的浅滩地段，可以待退潮或枯水期间逐段开挖，浅滩如系露岩底基，则宜先爆破成沟。浅滩段开挖不宜过早，避免沟中淤泥沉渍或者沟壁塌方。

不能爆破的露岩底基，也可用足够数量混有水泥的沙袋包、大石块，作电缆敷设后的覆盖保护层。

4）试航：试航的目的是检验准备工作是否充分，同时检查各施工小组的相互关系是否协调。试航用的电缆可以用约两倍于水深长度的铁链或废弃电缆。逼真的试航对敷设水底电缆起到保证作用。

4. 敷设方法

敷设水底电缆的过程一般分为三个阶段，即①首端上岸；②航行敷设；③末端上岸。通常选择浅滩较长的一侧作为首端上岸，这样压缩了末端的上岸长度，可以减小末端离敷设船后在水面成弧状漂浮区域。

1）首端上岸：一般利用涨潮将电缆敷设船尽量泊近岸边，如落潮前能完成将电缆牵引上岸，则可顺落潮潮流作航行敷设。电缆离敷设船到堤岸的一段，为了减少电缆在泥面上摩擦损伤外护层，在泥面地带，放置足够数量的毛竹竿，在浅水区域，每隔 3～4m 绑扎充气内胎一只，浮托电缆，以减少电缆在水底泥面的摩擦力。牵引首端上岸的方法如图 14-4-31 所示。

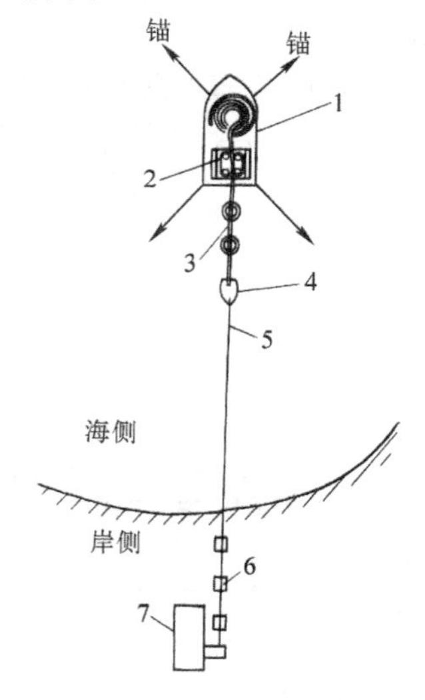

图 14-4-31 首端上岸方法

1—敷设船 2—履带牵引及制动装置
3—海底电缆 4—载电缆端头的小船
5—钢丝绳 6—电缆滚轮 7—卷扬机

退潮前如未能完成将电缆牵引上岸，则航行敷设可在翌日进行。但在敷设船停泊前需勘察泥面确无坚硬的岩石或石块等，以免破损舱底。

2）航行敷设及张力控制：航行敷设的特点是敷设船不偏离预定途径，同时始终保持电缆应有的张力，这就需要抵住水流及风的横向推力。航行尽可能不停留，更不能倒退而缓速牵引前进。敷设的速度一般为每分钟 20～60m。为了顶住横向水流和风的推力，可在敷设船的两侧各备拖驳一只，以防海潮转流时拖驳不及变换顶推位置。敷设船要求良好航行控制性能。

为了避免在航行过程中的停顿，除了在施工前发布航行通告外，尚需在现场的上下游配备机动警戒小艇，拦阻或拖带有碍敷设船航行的其他船只。航行队伍的船只配置如图 14-4-32 所示。

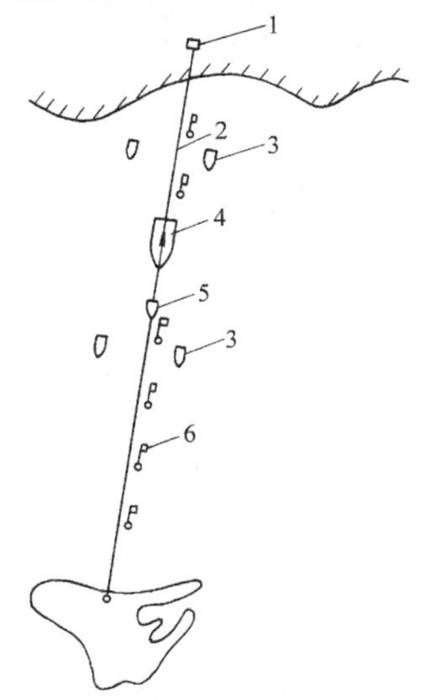

图 14-4-32　航行船只配置

1—首端临时锚定装置　2—水底电缆　3—警戒船
4—敷设船　5—拖轮　6—舟线浮标

敷设航行过程中不断核对离岸距离和电缆上的制造厂尺码标记，以免剩余电缆过多或不足，同时监视水深和入水角，保持相应电缆张力，防止电缆退扭成圈结。

一般敷设水深在几米至几十米之间，将入水角控制在 45°～65°间能使电缆敷设剩余张力适中，也不会使电缆打结。入水角是敷设张力和放出电缆速度与航速之比的综合反映。当放出电缆速度过快时，入水角成 90°，电缆就有可能在水底形成圈结。在敷设中入水角变大时要及时用盘缘刹车或履带牵引机制动。反之，减小制动力，甚至要送出电缆。

3）末端上岸：继航行敷设段完成，准备末端上岸前需将敷设船逆水流转向 120°，敷设船移近边线中心后泊定位置。同时将电缆自敷设船上拉出，每隔 3～4m 系绑上充气内胎，使电缆能形成弧状顺水流漂浮在水面，待全部剩余电缆拉离敷设船，在末端装配牵引端，连接已架设的上岸钢丝绳牵引。上岸浅滩的布置可相似于首端上岸滩地，末端上岸的过程如图 14-4-33 所示。

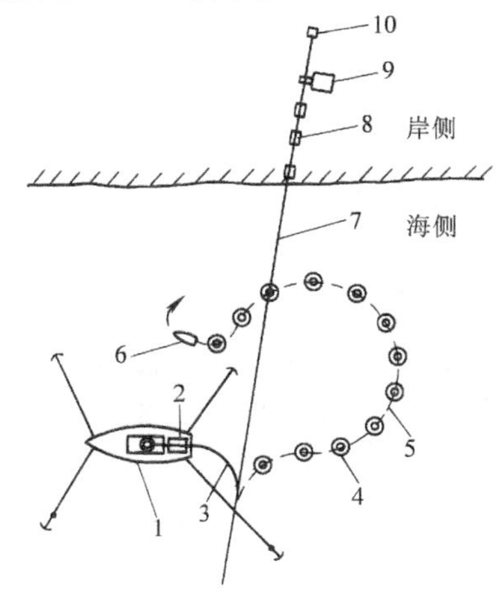

图 14-4-33　末端上岸方法

1—敷设船　2—履带牵引及制动装置
3—电缆临时偏离路径　4—汽车内胎漂浮
5—电缆弧状浮在水面　6—载电缆端头小船驶向岸边
7—电缆永久位置　8—电缆滚轮
9—卷扬机　10—终端房或终端杆

4.4.3　防护措施

水底电缆的事故一般都是机械性破坏，因此必须采用埋在河床底下的措施来防止事故发生。埋深的方法可以将河底开挖成沟，电缆敷设后覆土；也可敷设后用高压水枪或埋设机冲成深沟后再埋入；也可用埋设机边敷设边埋入，按各工程特殊而异。

1. 水底挖沟埋设

用疏浚航道挖泥船，开挖水下电缆沟，这种埋深方法虽然挖方量较大，但能保证有效深度，挖方量一般可按泥土安息角 9°～13°计算。对敷设多根单芯水底电缆的工程，不但在经济上较有利，且缩短了埋深工时。待电缆敷设后再覆土。

2. 埋设机

埋设机的功能是应用高压水泵通过成排的高压水喷嘴将泥土吹松吹深，由卷扬机将埋设机牵引向前推进，电缆沉下深度可达 4m，因此一般视土质和需要深度调整水泵压力。埋设机可以在电缆敷设后按已敷电缆途径逐渐埋深，也可在电缆敷设过程中随同敷设船航行当即埋深，前者的工序称作“先敷后埋”，后者称作“边敷边埋”。

“先敷后埋”不增加敷设电缆时间，采用较多；“边敷边埋”，由于埋深速度小于敷设速度，因此敷设工时较长。水底电缆敷设航行的时间不宜过长，因此不常采用“边敷边埋”。图 14-4-34 为一种先敷后埋的埋设机。

图 14-4-34　埋设机

3. 警戒标志

敷设水底电缆后，在两侧岸边的线路中心线上下游，通常距中心线 100m 设置警戒标志牌，作为对航行船只“下有水底电缆”的警告，不准抛锚。敷设后虽然埋深的电缆，由于日久河床的变迁，有可能埋深的覆盖层在发觉前已被冲刷，警戒标志牌也作为弥补防止电缆被机械损伤的一种措施。警戒标志牌的式样需按当地航运或港湾管理部门的航标规范制作，图 14-4-35 为内河航标规范内规定的电缆标志示意图。警戒标志还需及时要求河道、海图管理部门在船舶航行图或海图上加以注明。

图 14-4-35　电缆标志示意图

4.5 其他安装敷设方法

4.5.1 隧道敷设

隧道中敷设电缆具备兼有直埋和排管两种牵引的方式，但滚轮的布置可以装设在电缆支架或立柱的金具上，也可平放在通道上。牵引方式如图 14-4-36所示。

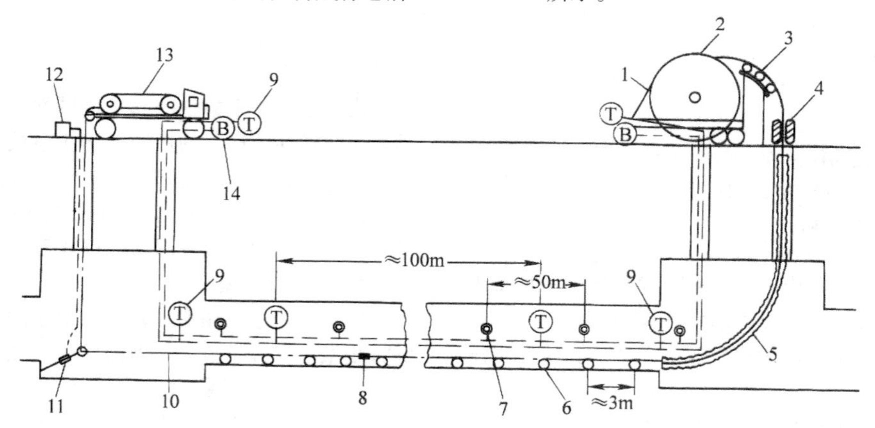

图 14-4-36　隧道中敷设电缆

1—电缆盘手动制动装置　2—电缆盘　3—上弯曲滑轮组　4—履带牵引机　5—波纹保护管　6—滑轮　7—警急停机按钮　8—防捻器　9—电话　10—牵引钢丝绳　11—张力感受器　12—张力自动记录仪　13—卷扬机　14—警急停机音响报警器

1. 蛇行敷设

隧道中的电缆，由于防火要求，一般不加固定地放在防火槽中。导线截面较大的电缆，由于热胀冷缩，机械力有较大的移动量，或在设有坡度的隧道内，或者由于电缆绕在盘上时的残剩弧状变形，形成电缆向下滑动或自由拱起。

蛇行敷设是将电缆线路敷设成正弦波形状，而不是自由直线状态，如图14-4-37所示。它的特点是将热胀冷缩的移动量分散多处，也就减小和分散了金属护套的蠕变应力，避免在自由状态时集中在一处。一般采用的蛇形节距为4~6m，偏置的波幅值以节距的5%为宜。

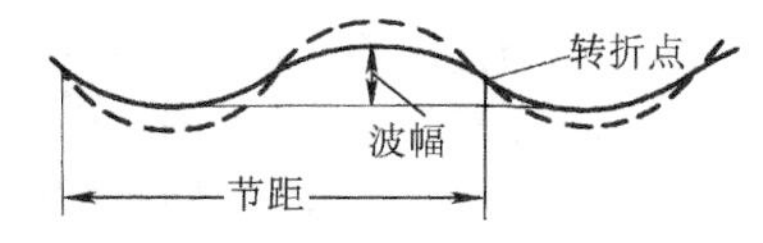

图14-4-37 蛇形敷设

2. 防火措施

敷设在隧道中的电缆，不同于直埋或排管方式的特点之一是电缆和电缆之间没有隔离层，当一根电缆击穿，引起火焰就会蔓延到隧道中的全部电缆。为预防这种可能性，可按不同防火要求，采取如下各种措施：

1）采用阻燃电缆或绕包防火包带；

2）采用防火槽盒、防火门进行有效隔离；

3）添备灭火设备和监视装置（例如光纤测温系统、消防报警系统、视频监控系统等）。

4.5.2 架空敷设

悬挂敷设的电缆，宜用特殊制造的架空电缆。有些国家对60kV以下的电缆线路，在穿越高速公路或在郊区茂盛绿化道旁，较多采用了架空电缆。为了减轻重量，一般采用了铝芯导体和铝护套，并用塑料作绝缘。国内有些城市在闹市区将10kV及以下的有塑料外护套的电缆，也悬挂敷设，先装设具有高强度的悬挂线，其后逐段用挂钩将电缆挂在悬挂线上，它区别于架空绝缘导线的是电缆的金属护套都接地，因此悬挂线和挂钩都在地电位。

4.5.3 桥架敷设

发电厂、变电站内的内部联络电缆，常采用桥架敷设，它的典型装置如图14-4-38。桥架敷设不但解决了安装较多电缆途径复杂的困难，同时也有防止机械损坏作用。桥架中如敷有导体截面较大的单芯电缆，则桥架需采取相应措施，减小由于电缆线芯电流而产生的感应电压或环路电流。

图14-4-38 桥架敷设

4.5.4 桥梁敷设

一般在跨度较大的桥梁上敷设电缆，需要解决电缆和桥梁的相对伸缩量，同时也要考虑桥梁伸缩节处理和振动等问题。在我国公路工程技术标准中，不允许在桥梁上敷设电力电缆。这样的规定有碍基础设施的综合利用，实际国外在大型桥梁上架设电缆是相当普遍，2005年上海在洋山深水港工程中建成了中国第一条长距离跨海桥梁电缆的敷设，电缆回路长度38km，其中桥梁敷设长度达27km。在城市内河桥梁上，由于河面较狭，因此只考虑电缆的热伸缩量和振动。前者可在桥的两侧桥堍，在敷设电缆时留有余线或安装Offset回弯装置，即可解决热伸缩量的需要，同时也防止桥梁和桥堍因相对沉降而损伤电缆。后者用金属蠕变强度较高的铝护套电缆取代铅护套电缆或者将铅护套电缆架设在橡胶防振垫上，可以延长金属护套因振动而产生龟裂的现象，从而增加了使用年限。橡胶防振垫如图14-4-39所示。

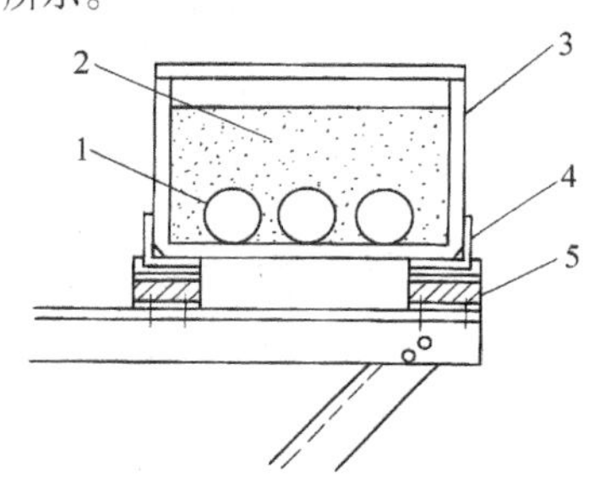

图14-4-39 橡胶防振垫
1—电缆 2—砂 3—电缆槽 4—角钢支架 5—防振橡胶垫（间隔衬垫）

4.5.5 垂直敷设

近年来不少水电站和地下变电站采用了竖井电缆通道，常在竖井中用电缆连接地下与地面的电气设备。在竖井中垂直安装电缆，主要分为将电缆“自下而上”和“自上而下”两种敷设方式。这两种方式各有优缺点，需按电缆结构和现场环境而定。必须指出竖井用电缆，一般都用钢丝铠装，防止电缆顶部集中承受电缆自重。

“自下而上”的方式，必须将电缆盘能搬运到竖井底部，在竖井上口装设卷扬机，用放下的钢丝绳提升电缆牵引端。对提升重量较大的电缆，即大于导体允许牵引力，可采用绑扎钢丝绳提升。这种方法的优点是可以避免电缆受到侧压力。

“自上而下”的方式，一般用在电缆盘无法运送到竖井底部的场所。电缆盘运送到竖井洞口，由电缆的自重往下敷设，因此不需要机动卷扬设备。但为了防止电缆盘惯性转动使电缆自由降落，必须有可靠的制动机具。或者在电缆下敷的同时，绑扎一根由绞磨控制的钢丝绳，使电缆能平稳朝下敷设。也可用履带牵引机夹紧电缆，有控制地向下输送电缆。

垂直固定竖井电缆时，常用蛇行敷设。每个固定夹子的紧固力除了能夹紧由于热伸缩的推力外，再需加上一个节距长度的电缆重量。夹子的轴线应与垂直线成约 11°的夹角。图 14-4-40 为一种竖井电缆蛇形敷设的夹子示意图。

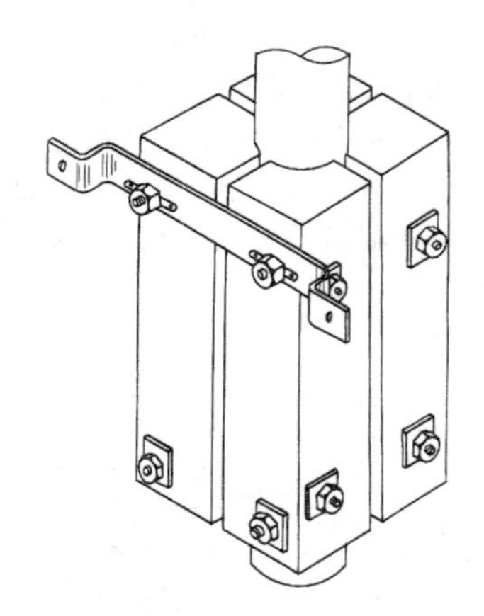

图 14-4-40 竖井电缆蛇形敷设的夹子

4.6 竣工试验

为了检查电缆线路在敷设和安装过程中是否存有不能投入系统运行的施工质量，同时为满足电力调度和运行的需要，电缆线路在竣工后宜作如下试验：

1）核相试验；

2）绝缘耐压（视具体情况选用直流或交流）试验；

3）护层耐压试验；

4）油阻试验（仅充油电缆使用）；

5）油样试验（仅充油电缆使用）；

6）参数试验。

4.6.1 核相试验

电缆线路的核相试验是证明电缆内的每根线芯在电缆线路的两侧相位是否一致，也即是一侧的线芯相色至另一侧线芯相色应是连续的，这是因为电缆线路和架空线路不同，无法沿线路认定相位的连续性。

核相试验的方法很多，如常做这种试验，可采用干电池和电压表法，其接线方式如图 14-4-41 所示。

图 14-4-41 核相试验接线图

E—干电池盒 V—电压表

在电缆线路的任一侧，确定相位后，将干电池的正极引线接电缆的 A 相，负极引线接 B 相，然后在另一侧用零值在中央的直流电压表，寻找电缆线芯相应的极性，当电压表指向“+”时，接正极引线的电缆线芯应为 A 相，接负极引线的电缆线芯应为 B 相。

4.6.2 绝缘耐压试验

1. 直流耐压试验

和交流做耐压试验相比，直流耐压试验具有试验设备容量小、重量轻和便于携带的优点。纸绝缘电缆及充油电缆线路的竣工试验通常采用直流做耐压试验；10kV 及以下的橡塑电缆由于数量巨大，考虑到工期等因素，通常也采用直流耐压试验。

试验电压的倍数是模拟电缆线路在电力系统运行过程中需经受的过电压倍数，以及交流和直流对介质击穿的性能比值而定。由于不同的电缆绝缘介质在相同直流电压下性能不一，因此在同一系统电压中使用的电缆线路，它的竣工直流试验电压也不相同，需按电缆绝缘介质而定。表 14-4-12 为我国现行的直流试验电压倍数。

直流试验的接线，按试验设备的不同，试验电压的高低等有多种方法，图 14-4-42 为一种常用的硅堆整流，微安表处于高压侧的接线方法。

表 14-4-12　竣工直流试验电压倍数

电缆绝缘种类	额定线电压 U_N/kV	直流试验电压 U_t/kV
粘性纸绝缘电缆	2～10	$6U_N$
	15～35	$5U_N$
不滴流电缆	2～35	$2.5U_N$
充油电缆	110～220	$4U_0$①
橡塑电缆②	2～10	$2.5U_N$
	110～220	$3U_0$①

① $U_0=U_N/\sqrt{3}$。

② 由于高压直流试验对交联聚乙烯绝缘有累积损伤作用；目前国内外对以交流试验代替直流试验的认识日趋一致。IEC60840 推荐交流试验的两种试验标准：ⓐ在导体和金属屏蔽间施加额定线电压 U_N，历时 5min；ⓑ施加标称相对地系统电压 U_0，历时 24h。

2. 工频交流耐压试验

交联聚乙烯电缆根据其绝缘材料的性质不宜采用直流耐压试验，主要原因有以下几点：

1）交联聚乙烯等挤包绝缘电缆的缺陷在直流电压下不易被发现；

2）交联聚乙烯电缆在直流电压作用下易造成绝缘损伤；

3）对于高压的交联聚乙烯电缆，直流耐压试验不能反映整条线路的绝缘水平。

因此，交联聚乙烯电缆的竣工试验应采用工频交流耐压试验（10kV 及以下的橡塑电缆由于数量巨大，考虑到工期等因素，通常也采用直流耐压试验）。表 14-4-13 为我国现行的工频交流耐压试验的标准。

3. 0.1Hz 超低频交流耐压试验

由于直流耐压试验不容易发现交联聚乙烯绝缘电缆线路的缺陷，且该试验对交联聚乙烯绝缘具有一定的损伤，而工频交流耐压试验由于试验设备容量大而不适合现场试验的要求。0.1Hz 超低频交流耐压试验设备的容量远比工频交流耐压的试验设备小，可以说它克服了直流耐压试验和工频交流耐压试验的缺点，因而得到了广泛的重视。目前中国还没有 0.1Hz 超低频交流耐压试验的标准，一般采用的试验标准为 $3U_0$/1h。

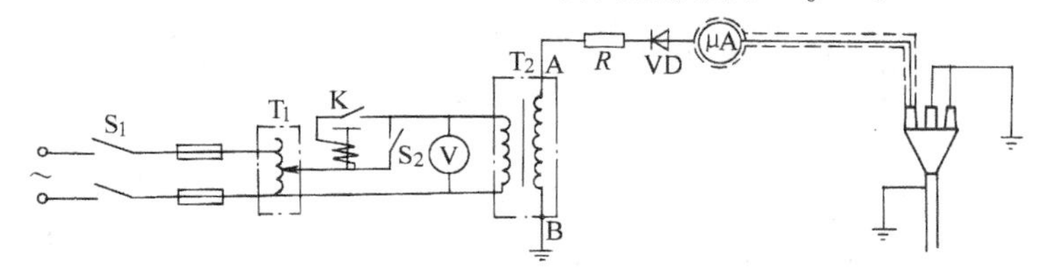

图 14-4-42　直流试验的仪表接线图

VD—高压硅堆　T_1—调压器　T_2—高压试验变压器　K—脱扣线圈　R—限流保护电阻

表 14-4-13　我国现行的工频交流耐压试验的标准

电缆绝缘种类	额定线电压 U_N/kV	工频交流试验电压标准 U_t(kV)/时间
交联聚乙烯电缆	10	相间电压/5min 或系统电压/24h
	35	相间电压/5min 或系统电压/24h
	110	110kV/5min 或系统电压/24h
	220	$1.4U_0$或$1.7U_0$/1h 或系统电压/24h
	500	$1.7U_0$/1h 或 320kV/1h 或系统电压/24h

4.6.3　护层耐压试验

电缆线路采用金属护套一端接地或交叉互连，在竣工后需做金属护套对地的耐压试验，防止施工中可能损坏护层绝缘，以达到一端接地或交叉互连目的。

竣工试验电压为直流 10kV，时间为 1min。护套如装设保护器，试验前需临时解除。

铝护套电缆线路，即使采用两端接地，也需做护层绝缘试验。但可用绝缘电阻表测量代替直流耐压试验，绝缘电阻应不低于 2MΩ，因为铝护套比铅护套的化学性能活泼，容易受到各种腐蚀。

中压三芯交联聚乙烯电缆以绝缘电阻表测外护套及内衬层绝缘电阻。

4.6.4 油阻试验

充油电缆的油阻试验是检验接头或终端在安装过程中的油道是否被异物堵塞和电缆在敷设过程中的油道是否变形，以及油流是否畅通。

在电缆线路没有供油箱的一端，接上汞柱压力表、放油阀、盛油量杯。阀门开启前，读测压力为 P_1，开启后待油流稳定，读测时间、油量和压力为 P_2，油道的油流阻力为

$$R=\frac{P_1-P_2}{Ql} \tag{14-4-5}$$

式中 R——油流阻力（$gf\cdot s/cm^6$）⊖；

Q——每秒油量（cm^3/s）；

l——使油箱至测试端距离（cm）；

P_1——放油前压力（gf/cm^2）（$1gf/cm^2\approx 100Pa$）；

P_2——油流稳定时压力（gf/cm^2）。

以试验测得的油流阻力和理论计算值相比，差别不应过大。

在现场测量三相电缆之间的相对油流值，可较简便地发现油道或油管路内是否有异物堵塞。测量时在对端将三相电缆由同一只压力箱供油，在测试端以量杯及秒表测量油流，正常时三相的油流应相似，并与理论计算值差异不大。

4.6.5 油样试验

国际电工委员会（IEC）有关的标准对油样试验没有做出规定。国内的《电力设备预防性试验规程》（DL/T 596—2015）中规定：充油电缆要做油样试验。因此在竣工试验中也应做相应的油样试验。标准应高于预防性试验规程的指标。真空注油静止24h后，取油样做耐压试验及介质损耗因数（tanδ）试验：

1）击穿电压：试验按GB/T 507—2002规定进行。在室温下测量油的击穿电压应大于50kV。

2）tanδ：电缆油在温度100℃±1℃和场强1MV/m下的tanδ不应大于0.005。

4.6.6 参数试验

电缆线路的参数是电力系统调度的常用数据，也是继电保护整定依据之一。重要的电缆线路需测量：

1）导线的直流电阻；

2）金属护套的直流电阻；

3）电缆的静电电容；

4）线路的正序阻抗；

5）线路的零序阻抗。

1）和2）可用携带型双臂电桥测得；3）可用1000Hz电容电桥测量；4）和5）可用图14-4-43与图14-4-44所示的线路接线，测得功率、电压、电流后，再用下列各式计算。

$$Z_1=\frac{V}{\sqrt{3}I}$$

$$R_1=\frac{P_1+P_2}{3I^2}$$

$$X_1=\sqrt{Z_1^2-R_1^2}$$

$$Z_0=\frac{3V}{I}$$

$$R_0=\frac{3P}{I^2}$$

$$X_0=\sqrt{Z_0^2-R_0^2}$$

式中 Z_1——正序阻抗（Ω）；

R_1——正序电阻（Ω）；

X_1——正序电抗（Ω）；

Z_0——零序阻抗（Ω）；

R_0——零序电阻（Ω）；

X_0——零序电抗（Ω）；

V——电压表读数（V）；

I——电流表读数（A）；

P、P_1、P_2——功率表读数（W）。

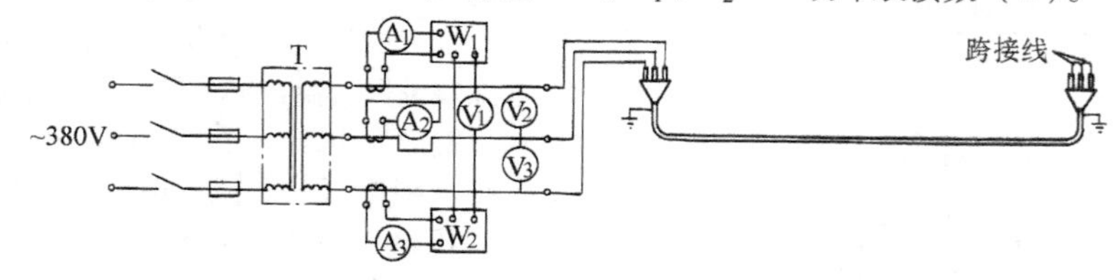

图14-4-43 测正序阻抗接线图

T—抽头式降压变压器 A_1、A_2、A_3—电流表 V_1、V_2、V_3—电压表 W_1、W_2—功率表

⊖ $1gf=9.80665\times10^{-3}N$，为式中计算方便，所以单位不改，后同。

以试验测得的参数和理论值相比，不应有较大差别，否则应查找其原因。必须指出：测得的零序电阻一般高于理论值，这是因为零序电阻回路也包括了护层间引线的接触电阻。如相差过大，需改善引线的接触电阻。

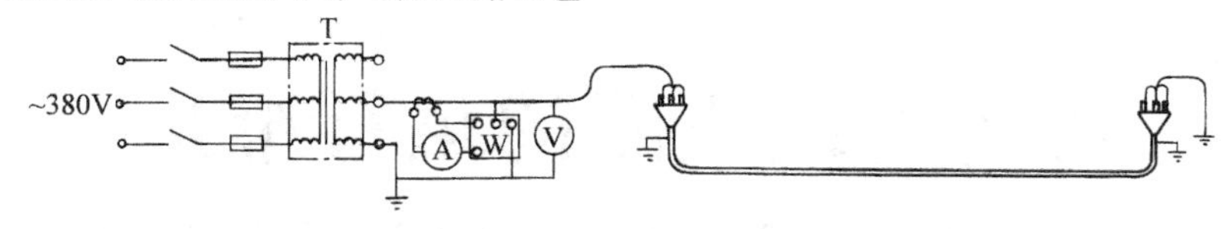

图 14-4-44　测零序阻抗接线图

T—抽头式降压变压器　A—电流表　V—电压表　W—功率表

第5章

电力电缆线路的运行维护

5.1 技术管理

电缆线路能否正常运行与技术管理密切有关。即当电缆线路发生事故，它的恢复运行时间和缩小损坏范围，也就决定于技术管理是否完善。一般电缆线路在正常运行时，容易忽视技术管理的重要性，其原因是这些工作似可有可无，较难以经济效益的数字方式表示，在未发生事故前，认为这些管理工作所需投入的人力、财力似乎得不偿失，并无收益。但必须指出的是，电缆线路的使用年限一般不少于40年，甚至更长，国内有的地区已达70～80年，它又属于隐蔽工程，如果无完好的技术管理，电缆在运行过程中将会暴露出各种问题，影响电缆网络的安全运行。

5.1.1 电缆线路装置记录

电缆线路的装置记录，可以采用硬卡片式样，以便能长期保存。卡片的颜色可按系统电压，分为多种浅色，如粉红、淡绿、淡黄等，在选取使用的电压时就可一目了然。卡片上的记录，应以黑墨水填写，便于长期保存。

每条电缆线路以一线一卡为原则，并按线路编号，顺次收藏于钢制抽屉柜内，取用后需当日复归原处，便于电缆线路一旦发生事故时，能随时检索。

装置记录的内容，可按需要印制，表14-5-1为一种常用电缆线路装置记录卡片的正反面。

表14-5-1 电缆线路装置记录卡片

（正面） 电 缆 线 路 装 置 记 录

＿＿＿＿kV 电缆线路名称＿＿＿＿ 地下电缆路程＿＿＿＿km 电缆编号＿＿＿＿

长度/m	路线	制造厂	出厂盘号	截面积/mm^2	电压/V	型式	每芯电阻	每千米电容		已用年数	装置日期	图样编号
								芯与芯间	芯与地间			

总长＿＿＿＿ 单芯总电阻＿＿＿＿ 总电容＿＿＿＿

终 端 匣						电缆历史	地 点
型	剂	所在地	日期	技工	备注	摘 要	

（续）

（反面）　　　　　　　　故　障　记　录

次数	日期		技工姓名	相	故障部分	故障类别	故障原因及所在地	修理情况
	故障	修理						

附件 1　表 2　　　　　　　　**接头及终端盒装置记录**

________kV 电缆线路名称________

编号	型式	图样编号	剂	技工姓名	装置日期	备注	编号	型式	图样编号	剂	技工姓名	装置日期	备注	编号	型式	图样编号	剂	技工姓名	装置日期	备注
编号	型式	图样编号	剂	技工姓名	装置日期	备注	编号	型式	图样编号	剂	技工姓名	装置日期	备注	编号	型式	图样编号	剂	技工姓名	装置日期	备注

由于计算机的普及，这些装置记录基本已输入计算机或专门设计的生产信息管理系统。这样不但便于检索，统计装置记录的各种特殊要求，还节省了大量的汇总时间，又减少了堆存装置记录的存放场所。

5.1.2　电缆线路图

电缆线路敷设后，尚未覆盖填土前，由测绘人员在现场测量电缆线路对其他永久性建筑物的平面相对距离，包括电缆线路的长度、余度、弧度和电缆接头的精确位置。线路图一般用 1∶500 的比例，在线路中个别复杂地段，可局部放大，达到既详细又清晰的要求。显而易见，一般电缆线路设计图不能取代电缆线路竣工图，前者通常是敷设电缆线路的文本依据，后者是电缆线路实际占有的地理位置。

多条平行的电缆线路可以合用一张竣工图，但经验表明一张竣工图不宜绘制四条以上电缆线路，以便保持图面清晰。

绘制一张精确的电缆线路图，需要较多人力和时间，如一旦失落很难再于补绘，因此它的原始底图，宜保存在远离他处的防火、防潮安全室内。日常使用时，宜用它的复制品或晒图。图 14-5-1 为一条电缆线路示意图。

5.1.3　电缆线路总布置图

电缆线路总布置图是电缆线路图的索引，它不但是设计电缆线路的必要资料，也为电缆网络运行管理提供了全貌。

通常一个电压等级需要一张电缆线路总布置图，图的比例可为 1∶2000。因为不需要如电缆线路图那样表明邻近建筑物的相对位置，只是说明在一个地区的电缆线路条数、名称及装置方式，据此可查找有关线路的详细资料。图 14-5-2 为电缆线路总平面图的部分方块图。

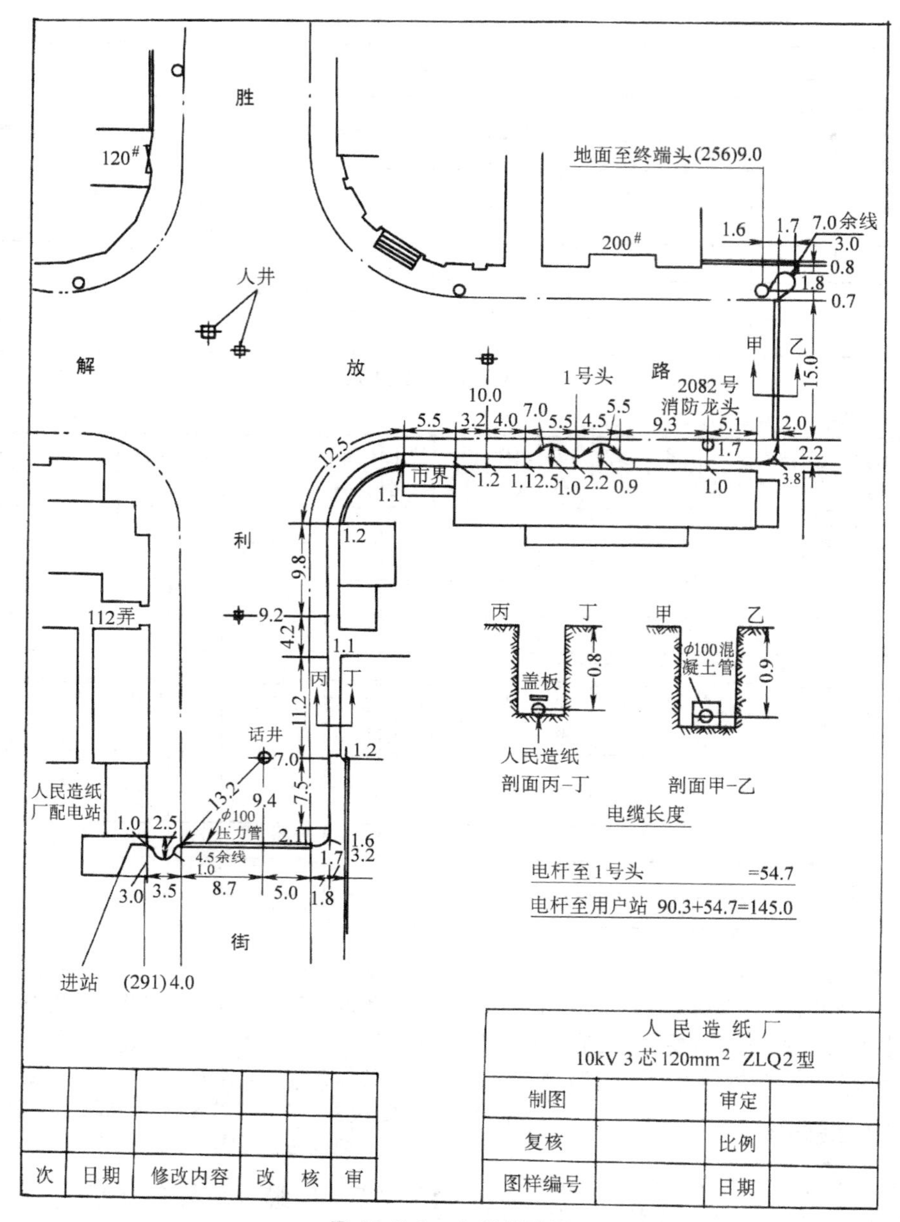

图 14-5-1 电缆线路图

随着计算机的普及，电缆线路图及总图应采用“地理信息系统”（GIS，Geography Information System）技术，使电缆线路图及总图修改简便、保持正确、增加信息量和检索方便。

5.1.4 电缆和附件结构图

不同电压、不同装置的电缆有它不同的制造结构。即使同一电压，相同装置的电缆由于制造厂不同，也并不相同。而同一制造厂，由于材料的不断改进或者工艺的革新，电缆结构也会随技术的进展而改变。因此对新敷设的电缆要锯一段短样实测电缆各部件的精确尺寸，绘制成 1∶1 的电缆剖面图。电缆结构图不但可作为所敷设电缆日后需要了解的资料，又可作为各种参数，包括电缆载流量等计算的原始依据。它不同于制造厂提供的产品技术规范，后者只是作为合同交货时的验收参照样品，和实际结构不一定完全一致。图 14-5-3 为一种电缆结构剖面图。

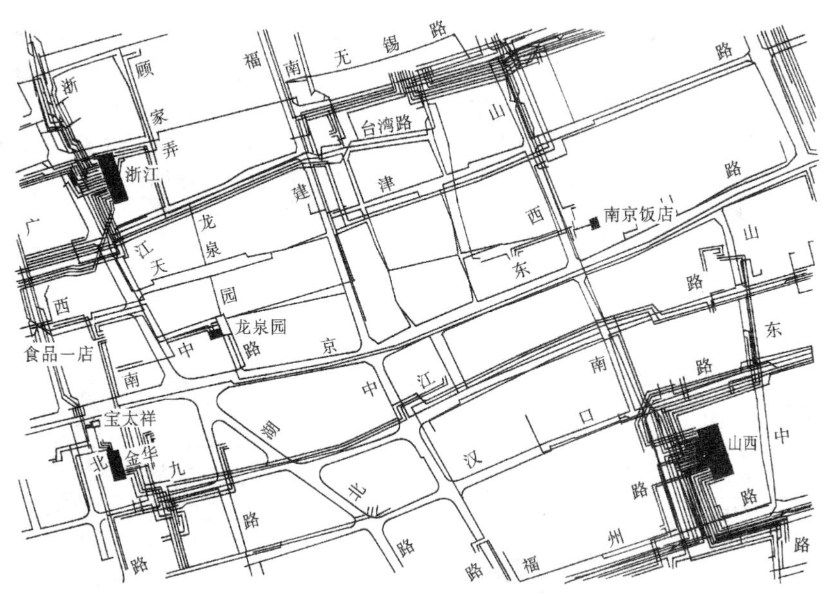

图 14-5-2　部分电缆线路总图

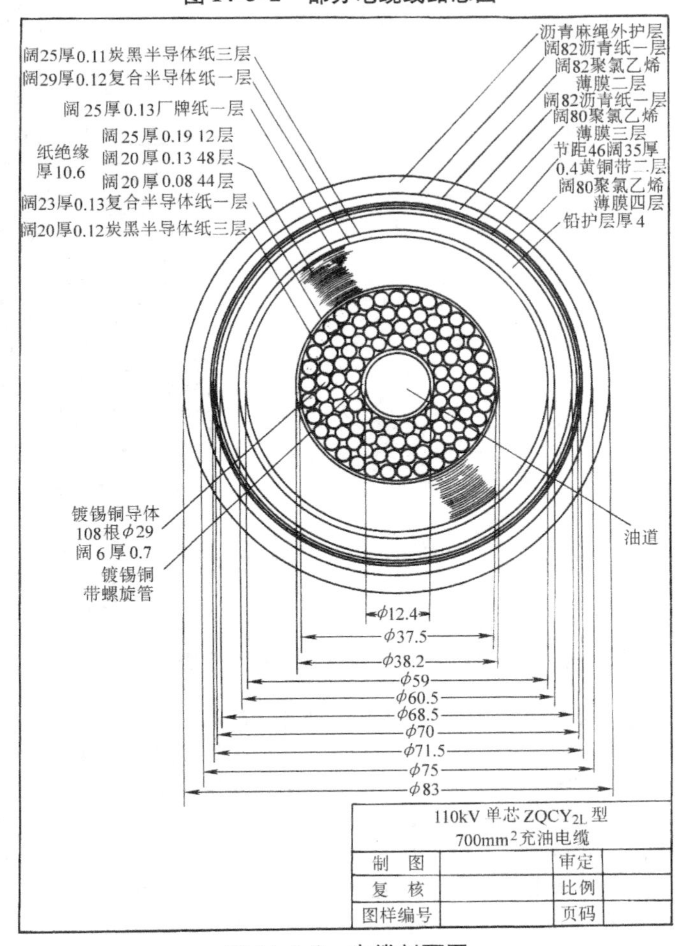

110kV 单芯 ZQCY$_{2L}$ 型 700mm^2 充油电缆			
制　图		审定	
复　核		比例	
图样编号		页码	

图 14-5-3　电缆剖面图

电缆附件结构图是指电缆敷设后所安装的接头或终端的装配图。因为附件的设计和结构，按制造厂不同有很大差异，也按时间的不同，同一制造厂同样用途的附件，结构也不尽相同。为了便于日后查阅电缆线路当时安装的附件结构，安装之前先应具备定出编号的电缆附件图。电缆附件图既是安装的依据，也是检查安装质量的标准。电缆附件图中，对主要部件有变动时，电缆附件图应另立新编号，便于日后统计，研究分析。电缆附件图中的每个组成部件，应另有零件图，也可作为加工图。它不但要求外形尺寸的配合，还需注明对材质的要求；特殊材料，需注明产品来源。图 14-5-4 为一种电缆附件结构示意图。

序号	名称	材料
1	出线杆	紫铜
2	防雨罩	铝合金
3	顶盖	铝合金
4	绝缘油	硅油
5	110kV瓷套	
6	应力锥	乙丙橡胶
7	底板	铝合金
8	支撑绝缘子	环氧树脂/电瓷

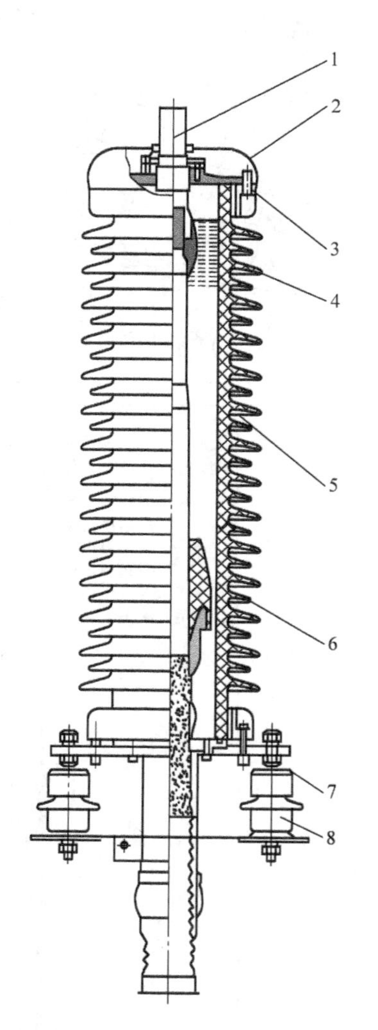

图 14-5-4　电缆附件结构示意图

5.1.5　电缆附件安装工艺

电缆附件常是电缆线路中的薄弱环节，因为安装的质量取决于现场环境及安装人员的技术水平。几乎所有的电缆附件，它的组装时间要求尽量缩短，使电缆的绝缘尽可能减少暴露在空气中的时间，这就不但需要熟练的操作人员，也需要一套合乎逻辑的安装程序，称之为安装工艺。

电缆附件的种类较多，也就有各种安装工艺，但有些操作在各类安装工艺中相同的则列为电缆安装基本工艺。基本工艺熟练的电缆工，按此可安装合格的电缆附件。举例说明一种 110kV 电缆中间接头的安装工艺，其结构如图 14-5-5 所示，其安装工艺程序如下：

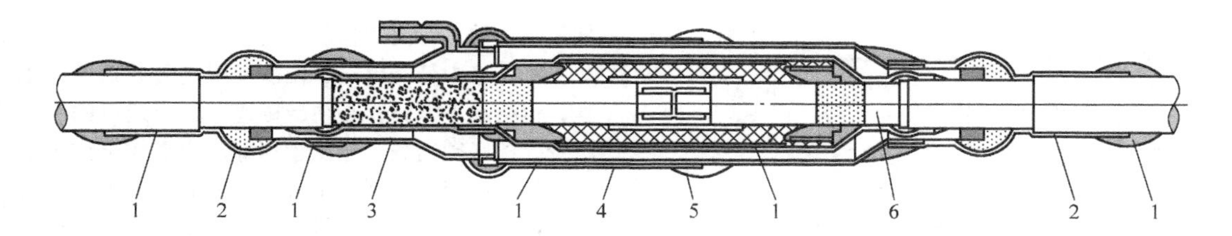

序号	名称	材料
1	热缩管	PE
2	铅封	铅焊条、铅条
3	绝缘铜壳	铜、PE
4	橡胶预制件	EPDM
5	压接管	紫铜
6	半导电漆	橡胶

图 14-5-5　110kV 电缆中间接头

1）确定接头中心位置，切割电缆；

2）对电缆进行加热校直；

3）剥切外护套、金属护套、内衬层；

4）剥除外半导体屏蔽层；切削绝缘，并用专用砂纸将绝缘表面打磨光滑；

5）外半导电断口处理；

6）外保护壳体等部件套入电缆；

7）预制橡胶件扩径；

8）压接接管，用锉刀和砂纸将接管毛边打磨光滑；

9）用无水酒精将绝缘、半导体、接管进行清洁处理；

10）预制橡胶件定位；

11）橡胶件密封及接地处理。

5.1.6　电缆线路专档

电缆线路专档是收集有关所敷设一条电缆线路的资料和文件，如途径的许可协议书，电缆的出厂合格证，原始的现场施工填报记录，竣工试验报告，日常运维记录（包括巡视记录、工地管理记录、设备缺陷记录、状态检测记录、检修记录、大修记录、更改记录、故障记录等）等。资料和文件虽然在存档时似乎无多大作用，但它经常成为日后需要探讨问题时的宝贵依据。

5.1.7　维护记录

电缆线路敷设以后，为了能安全运行，预防事故发生，以及即使发生了事故，记录修理的过程和采取避免再度发生的措施等都是属于电缆维护工作的范围。其中重要的是有些事故原因需要分析、试验和研究（见 5.4 节故障分析），这就需要积累有关记录，以能彻底消除事故的起因。此外这些资料的总结，也是电缆线路的运行经验，是提供产品或线路设计更完善化的依据，因此不能忽视。电缆线路维护记录有线路巡视（见 5.2 节）、故障点测定（见 5.3 节）、故障分析（见 5.4 节）等。这类记录应该一式两份，一份归入属该线路的专档内，另一份归入这类事故原因的专题档案内，例如电缆接头漏油、制造不良专题等，以便集中反映电缆线路安全运行情况，区分轻重缓急，改进和解决各类技术关键问题。

5.1.8　年度事故分析统计

年度事故分析统计是协助提高电缆系统安全运行的有效措施之一。当电缆线路发生事故，包括预防性试验击穿和严重缺陷，除了分析其原因外，还需分门别类（如发生部位属电缆本体、终端接头和所属电压级），以便研究其损坏是属于偶然性或必然性，以及必须采取改进措施的缓急程度。表 14-5-2为年度事故分析统计的举例，表 14-5-3 为年度事故原因统计的举例。

表 14-5-2　电缆事故年度分析统计

××××年

电压/kV	损坏部位	运行中/次	试验中/次
220	电缆	0	0
	接头	0	0
	终端	0	0

（续）

电压/kV	损坏部位	运行中/次	试验中/次
35	电缆	3	1
	接头	3	2
	终端	1	2
10	电缆	5	3
	接头	3	2
	终端	10	7

表 14-5-3 电缆事故原因年度分析统计

××××年

电压/kV	缺陷原因						
	机械性损伤	绝缘老化	制造缺陷	施工缺陷	材料缺陷	设计缺陷	其他
220							
35	2		1	3	3	1	1
10	6		1	5	6	6	4

年度事故分析统计也可多年积累统计而后取其平均值对比，这样更可确证电缆系统技术管理水平和绝缘老化的关系。

从年度事故分析统计中可得出故障率（次/年·10万m），这是电缆系统考核运行水平的一个重要指标。35kV及以下的电缆系统，如事故率小于2次/年·10万m，已经属于较好的管理水平；如大于6次/年·10万m，则必须加强运行维护工作。否则忙于检修，不及时维护，又需修理。必须指出以上所指的故障率包括电压在2kV及以上的电缆，因各种原因，未能投入系统的所有缺陷。

5.2 线路巡视

不论国外和国内的长期运行经验表明，电缆线路的电缆自身故障绝大部分是由于机械性损伤引起的，而这些机械性损伤绝大部分都属于人为的。预防这类事故的发生，需有健全的线路巡视和管理制度，制度的严格和实施的完善，可以有效减少电缆机械损伤故障的发生。

1. 挖土制度

电缆线路的途径一般为公用道路，这些道路属辖城市建设管理部门，因此电缆线路部门需和城市建设管理部门密切配合、取得支持。这就要求设计电缆线路之前，必须办理电缆途径申请批准书，而在施工前又需办理掘土许可证明，使城市建设管理部门具备地下管线的精确资料。

在城市中任一建设单位需要影响公共道路的工程，包括地下部分，必须严格遵守城市建设的管理法令，即必须向城市建设管理部门申请挖土许可证明，管理部门据此判断是否有必要通知有关管线管理部门。电缆运行单位需与城市各市政管线运行单位建立信息沟通机制，在城市地下管线开展应急抢修前，城市建设管理部门应及时将抢修信息（地点、时间、联系人）通知电缆运行单位，由电缆运行管理人员确认是否有地下电缆管线，如有电缆管线需安排电缆运行人员前往现场指导电缆管线保护工作。

电缆线路途径如不在公共道路，而在企事业单位的厂区内，则电缆线路管理部门需和企事业单位的动力部门制订个别协议，并提供厂区内电缆途径图，责任代为履行挖土管理制度。必要时通知电缆管理部门予以协助。

2. 许可制度

许可制度是指在电缆线路途径临近其他工程建设，由电缆运行单位派遣的巡视人员按电缆线路图所示向建设单位的施工人员交底明确电缆所在准确位置和应该注意的事项。建设单位施工人员在理解巡视人员的要求后，要制定电缆管线保护方案并履行文件签证手续，以明职责。任一方不重视许可制度常是电缆线路机械损坏的基本原因。

3. 电缆守护

城市中时有不少地下建设工程，需要开挖路基而暴露电缆，例如在电缆线路下穿越其他管线等。它的频繁程度取决于城市发展速度，因此电缆管理部门需有准备配备足够的对电缆技术熟悉的人员以及必需的工具和器材，进行日常监视和守护工作。图14-5-6为开挖暴露电缆后的悬吊装置示意，不能忽视的是开挖工程结束后，应待电缆底下泥土全部沉填坚实或人工夯实，才能松弛悬吊装置恢复原状。

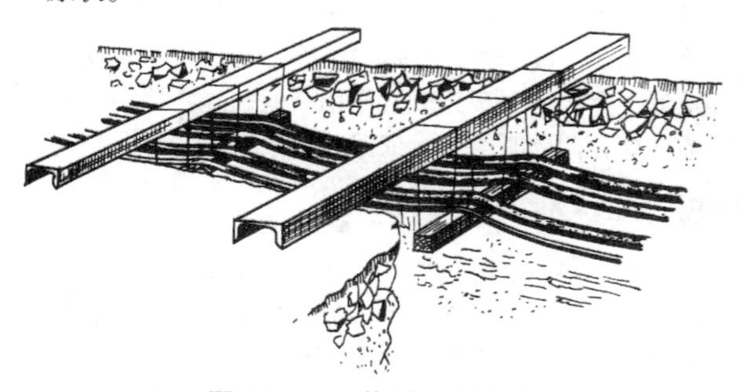

图 14-5-6 临时悬吊电缆

需要守护的工地现场，应根据工地的性质制定巡检周期，并做好巡视或守护记录，最后存入该电缆线路的技术档案内，这些资料是判断有些电缆事故日后原因的依据，也是提供和改进其他类似电缆需要守护时的参照。工地现场的电缆通道上可安装电缆标识牌或采用安全隔离措施，防止盲目施工导致电缆故障。

4. 定期巡视

电缆线路因埋在地下或穿在管中或敷在水底，目前尚缺乏有效巡视方法外，对电缆暴露部分，例如室内、室外的终端，工井、竖井、电缆沟、隧道内的电缆装置，应有定期巡视制度，这是保持电缆线路设备经常良好状态的一种有效办法。

定期巡视的周期，可根据各地区电缆线路的电压等级、设备类型、实际环境等制定。经历过环境温度变化和正常负荷变化规律后，电缆线路在定期巡视后，未发现异常现象，则可以巡视到的部分应该认为在下次定期巡视周期前能保持良好运行状态。

5. 重点巡视

有些电缆事故，它的发展过程，需要相当时间，之前如能及时发现，就可以防患于未然，这就需要特别巡视。

重点巡视的内容，取决于积累往年发生各种事故后分析其原因所取得的经验。如户外的塑料电缆终端，包括环氧终端等高分子材料制成的热缩或模塑压制的终端，经过多年的气候老化，终端表面会出现不同程度的树枝电炭痕；又如垂直装置，高差较大的铅包电缆，位于高处的铅包，日久受到铅包自重应力，分子结晶逐渐变粗，形成蠕变龟裂等。

重点巡视的周期，可按电缆线路装置的历史记录和发生事故周期的经验确定，例如电炭痕的生长一般仅3～4年就会出现，视材质而定。又如15m垂直高差的铅包蠕变现象，一般在6～7年，但也按中间固定电缆夹具的只数和紧固力而定。

6. 保电特巡

当电缆线路作为重要保电线路供电或单电源运行时需要开展保电特巡工作，根据保电特巡级别，缩短巡视周期，开展相关状态检测工作，确保保电电缆线路安全运行。另外当电力系统发生故障或恶劣自然灾害后，要对相关电缆线路及附属设备进行特巡检查，如巡视电缆线路护层保护器的完好状态和互连线的接点是否烧毁等。

5.3 故障点测定

电缆线路一般装设在隐蔽场所，如直埋电缆、排管或水底电缆，因此不论在运行中发生故障或在试验中发生了击穿，需要有完善的测试方法，快速定出故障点位置后，才能修理。由于故障的类别不同，如单相接地、相间短路、三相断线等，测试方法也不同，因此首先要鉴别故障属于哪类性质，然后选取最佳测试方法和相应测试仪表。用仪表和计算所测得故障点的距离通常称之为初测。用声测法或定点仪将初测故障范围确定为故障点称之为定点。通常在定点试验之后，才能进行电缆线路检修。

5.3.1 电桥法

单相接地故障是最常见的一种，通常占了各类故障的90%，传统的测试是用电桥法。由于同一性质的单相接地故障，它的接地电阻可从几欧至兆欧，因此可用的电桥也稍有差别，但其原理均相同。近几年来应用行波原理，发展了脉冲回波法，它比电桥法有不少优点，但测量准确度还不及电桥法，因此电桥法迄今仍不失为测试电缆故障的一种较好方法。

电桥法的原理和基本接线如图14-5-7所示。

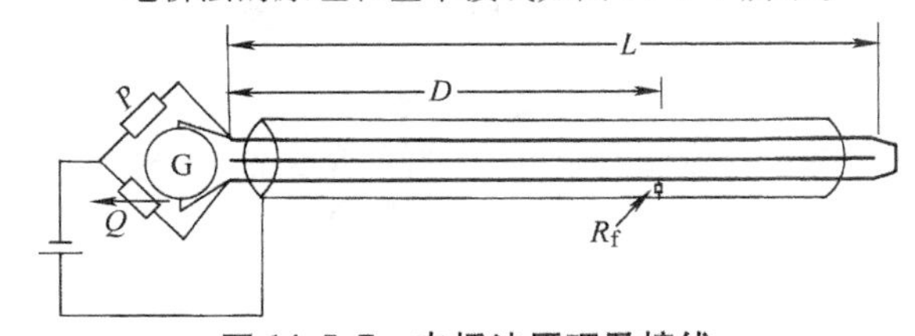

图14-5-7 电桥法原理及接线

当电桥平衡后，故障点距离可用下式计算：

$$D=\frac{Q}{P+Q}2L \qquad (14\text{-}5\text{-}1)$$

式中 D——故障点距离（m）；

L——电缆线路长度（m）；

Q——电桥可变臂读数；

P——电桥固定臂读数。

用电桥法测试故障点距离的准确性和接地电阻值有关，接地电阻值越小则准确度越高。因此为达到可能的准确度，常用大电流烧低接地电阻。但接地电阻不宜过小，因为烧低接地电阻需要时间，也不利于其后的定点试验，因此保持接地电阻在千欧数是最为理想的，其准确度可小于0.1%。为了去除电桥法中临时引接线带入的误差，除了将电桥接到电缆的两根引线轮换测试外，还应在电缆线路的另一侧进行重复测试。经验表明：在近故障点一侧测试的故障点距离比远离一侧的准确度高。因而不一定取四次测试距离的平均值作为初测的故障点范围。

5.3.2 脉冲回波法

脉冲回波法是应用脉冲行波和时间成线性关系的原理，因此和电缆线路的结构，即导线的截面、导电芯材料无关，只要绝缘介质均匀，仍可较方便地检测故障范围，它的原理如图 14-5-8 所示。

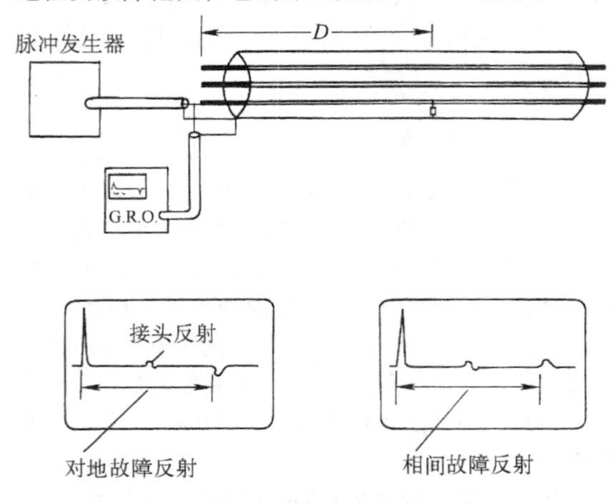

图 14-5-8 脉冲回波原理图

只要得知脉冲波离脉冲发生器到达故障点返回后的往返时间，以及电缆绝缘的介电常数，就可按下式计算出故障点离测试端的距离。

$$D = T\frac{V}{2} \qquad (14\text{-}5\text{-}2)$$

式中 D——故障点离测试端距离（m）；

V——脉冲波速（m/μs），$V = 300/\sqrt{\varepsilon}$；

ε——电缆绝缘介电常数；

T——脉冲波往返时间（μs）。

脉冲回波法中识别故障点的回波和区别于其他由于不均匀性造成的回波，如电缆接头回波，是测试技术中的关键。回波的幅值，主要取决于故障点电阻对波阻抗之比。图 14-5-9 为接地或断线故障回波幅值和其比值的示意图。从图中可看出接地故障的电阻和波阻抗之比（R_f/Z_o）大于 10 时，回波幅值仅是或小于脉冲起始波的 5%，而多数电缆的波阻抗为 10～100Ω，也即是接地故障的电阻值应远小于 100～1000Ω，才能获得可识别的较大回波幅值。但一般电缆故障接地电阻远大于 $10Z_o$，因此需用大电流烧低接地电阻，才能测试故障点距离。已如上节所述，降低接地电阻，对测试准确度有利，但不利于定点试验，因此单相接地故障的测试，局限了脉冲回波法的应用。而断线故障，由于断线电阻较大，可得几乎近 100% 的回波幅值，因此脉冲回波法特别适用于断线故障。

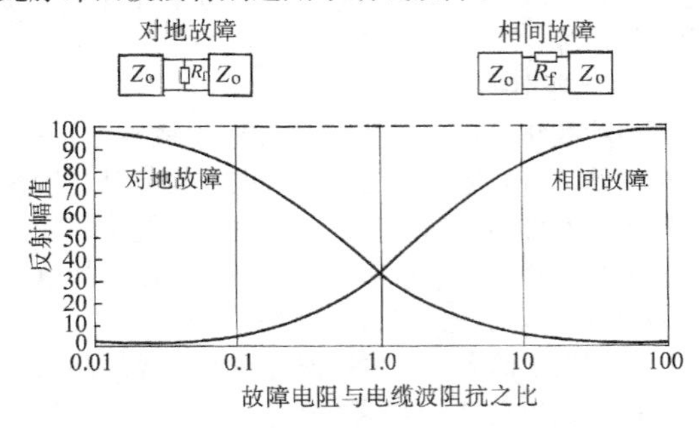

图 14-5-9 脉冲幅值和波阻抗比值

接地电阻较大的故障或者故障点在试验电压时击穿，在电压较低时又恢复到较大电阻的故障（称作闪络性故障），现在也采用了脉冲电流法，它的原理如图 14-5-10 所示。它采用高压脉冲发生器，在发生闪络时，故障点产生两个方向相反的新脉冲波，而击穿时形成的离子气体提供了较低阻抗，只需在高压脉冲发生器的接地回路中添加线性耦合装置，就能检测脉冲电流波的往返时间 T（μs），用式（14-5-2）同样可计算出故障点离试验端的距离。

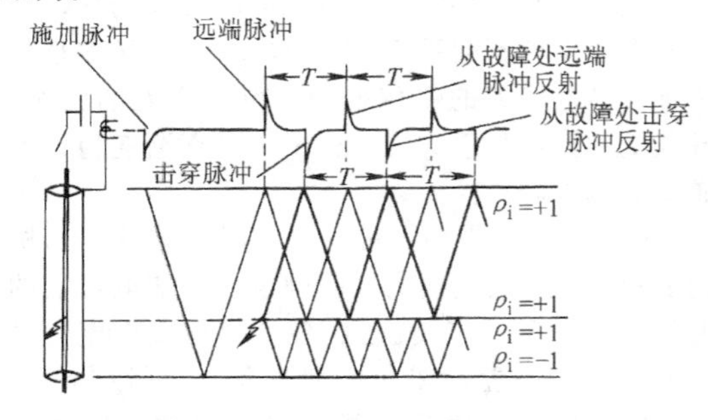

图 14-5-10 脉冲电流回波法原理

5.3.3 定点试验

定点试验通常使用声测试验，它对测寻直埋电缆线路故障颇见成效。因为用各种仪表测试得的故障距离，有时存在误差，定点试验用来验证故障点是否是测试所得的位置。定点试验的原理是应用故障点在击穿放电时产生的机械振动声波，用人耳的听觉予以区别，因此较为仪器测定可靠。声波的强弱，取决于击穿放电时的能量。能量大的放电，可以在地坪表面辨别，能量小的就需用灵敏度较高的拾音器沿测试所得距离内加以辨认。放电功率的大小取决于放电电压和接地电阻，其间相互的关系式如下：

$$P = EI \tag{14-5-3}$$

$$R = \frac{P}{I^2} = \frac{E^2}{P} \tag{14-5-4}$$

式中　P——放电功率（W）；

E——放电电压（V）；

I——放电电流（A）；

R——接地电阻（Ω）。

常用的试验设备主要用高压电容器提供放电电流，但为了试验设备的携带方便，能提供的放电电流和能量都有限制，一般在60mA和400J以内。从式（14-5-4）中可知，当P和I值受限制后，要充分发挥电容器的储能功效，接地电阻值宜在一定的范围内。因此声波的最大值取决于接地电阻的最佳值，而并不单纯取决于放电电流、放电电压或接地电阻中的一个因素。

从式（14-5-4）中可知，如电容器总的放电电流可达50mA，则接地电阻的最佳值为160kΩ，放电电压为8kV。如接地电阻的最佳值为16kΩ（1/10），则即使放电电流达到50mA，其声波能量只是最大强度的1/10。因此从定点试验的要求，接地电阻不宜太小。有时电缆的接地电阻很低，即使用灵敏度较高的拾音器也难辨认，这时可借助在电缆线路中放置上的感应线圈，接收放电电流的电磁波，用毫伏表或耳机核对放电电流的时间间隔是否和拾音器所听到的一致。

定点试验如在夜间进行，可以排除各种杂音干扰，效果更好。

5.3.4　漏油测量

经验表明：充油电缆线路的绝缘击穿事故比较少，而护层的缺陷较多，包括漏油和渗油。迄今为止测定漏油点的距离，尚缺乏快速精确的方法，因此如何解决漏油缺陷，按漏油程度，采取综合试验方法，如巡视检查可疑渗油点，如查看终端的供油管路和阀门，人井中水面有无油迹等，同时用油流量表测定距离，或者用液氮逐段冷冻电缆，缩小侦查漏油点范围，或者测量和冷冻两种方法交错使用。

1. 油流法

应用油流量对油流摩擦力及距离成反比的原理，从图14-5-11的装置和下式中可计算出漏油点的距离。

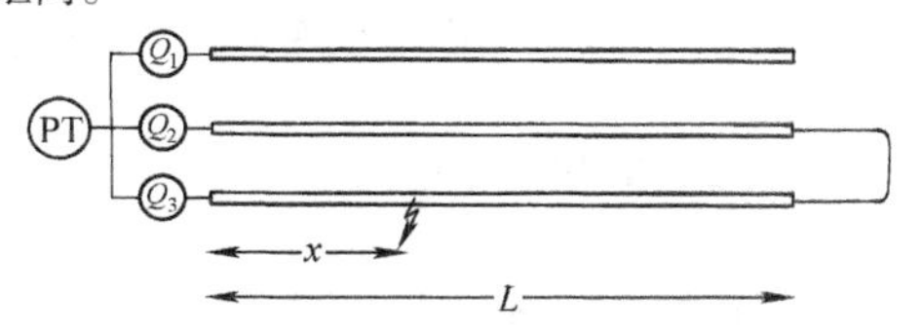

图 14-5-11　油流法测量装置

$$x = \frac{Q_2 - Q_1}{Q_3 + Q_2 - 2Q_1} \times 2L \tag{14-5-5}$$

式中　x——漏油点距离（m）；

Q_1——参考相油流量（mL）；

Q_2——跨接相油流量（mL）；

Q_3——漏油相油流量（mL）；

L——电缆线路长度（m）。

参考相的作用是由于供油压力箱和电缆线路的环境温度不相等，同时两者的温度变化也不相同，压力箱在电缆不漏油时也有些微油流量向电缆线路吞吐，因此需要计入Q_1的参考油流量，以达到尽可能地准确测试漏油点。

2. 冷冻法

充油电缆的矿物油或合成油，其最低流动温度在－50～－60℃，如在电缆周围灌注液氮，任其汽化，由于液氮的临界温度为－147℃，远低于油的流动温度，因此可以在短时间内将电缆油凝固，借以分别漏油点的区段，如图14-5-12所示。

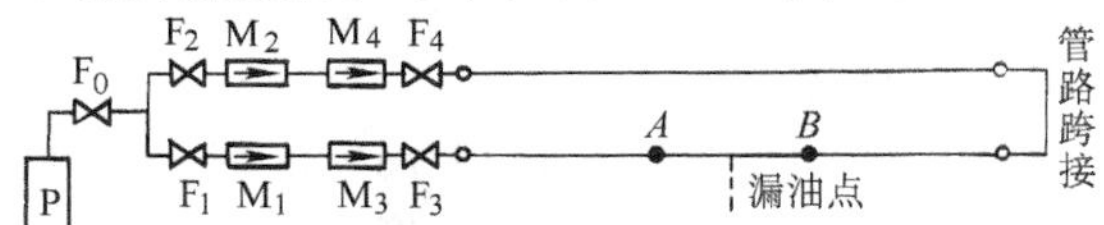

图 14-5-12　冷冻法示意图

P—压力箱　F_0、F_1、F_2、F_3及F_4—控制阀

M_1、M_2、M_3及M_4—流量计

用对分法优选冷冻点，可较迅速地找到漏油点。如先在A点冷冻，在冷冻开始时，因油冷却收缩，自压力箱向电缆中补油，油流增加，流过流量计M_1及M_2的油流Q_1及Q_2就增加；约1h后，油道内的油冻结时，Q_1值就迅速下降至零值，Q_2值也会下降（但读数要比冷冻前大些，这是因为漏油量原由两条路径供油，在A点冷冻后，油流不通过M_1，而只通过M_2流量计，所以Q_2值要比冷冻前大些）。冷冻时压力箱油压应稍微低些（约0.1MPa左右），以便漏油量小些且易于冷冻。待A点解冻后，再在B点冷冻，则在M_1及M_2表计上出现与上述相反的

现象。用对分法选点经数次冷冻后，可将区域逐渐缩小，直至找到漏油点。在 A 点解冻前，不应在 B 点冷冻，防止 A—B 段间电缆出现负压而造成电缆进气或进水。

为了有效地使用液氮耗量，冷冻匣用密封隔层比只用石棉带包绕冷冻匣经济有效，密封隔层内保持低真空不但容易隔热，且冷冻结束后需要解冻，只破坏真空，也容易导热，这对已冷冻的电缆绝缘和外护层，减少受到振动而脆裂的危险性，特别有利。只有在油流量表再次出现有读数时，可以认为电缆已解冻，才能拆除冷冻装置。

电缆油在冷冻过程中电缆绝缘内部容易产生局部真空，为了防止出现负压，电缆线路的两侧应各接有供油压力箱。

5.4 故障分析

故障分析是保证电缆线路系统安全运行的一项重要工作，重视这项工作是消除电缆故障起因的基础，也是改进电缆技术，包括线路设计、电缆制造和运行的有力依据。虽然电缆结构包括附件的设计，在生产过程中都经过细致的研究，在投入运行前也通过一系列有关试验，但这些都未能全部逼真模拟个别实际电缆线路的长期运行，因此电缆线路的发生故障，都可确定在哪些环节有加以改进的必要。如果只满足急于修复电缆故障而忽视故障原因的分析，则将始终处于被动状态，疲于奔命。

1. 故障分类

故障原因查清后，逐年将其次数分类统计，有助于制订消除事故对策的缓急程度，有时也反馈出如采取措施后，是否有效。显而易见，每次故障必须查到真正的原因，否则会导致错误的对策，不但不能消除或减少事故，而且耗费人力和财力，因此要谨慎对待。

各种故障可归类为两大类：一种属于先天性的缺陷，如绝缘正常老化、制造上的缺陷等；另一种是后天性的缺陷，如机械损伤或施工缺陷等。前者可为制造厂改进产品质量提供依据，后者可为电缆管理部门制订减少事故的年度大修计划提供信息。有些事故一时无法查找出其真正原因，则不宜急于定性归类，需积累有关事故次数资料，包括故障部位实物在内。常年累积而未能妥善解决的事故原因，可列为专题，由研究部门做课题研究。

为了便于分析研究和归类，将故障原因分为以下几种：制造缺陷、施工不良、设计不良、机械损伤、绝缘老化、水树枝、腐蚀、蚁害、原因不明及其他。每年统计各类事故次数，并计算年·10 万 m 的故障率。

2. 现场分析

不少电缆事故和现场环境有关，因此要查明其发生的真实原因，需要将现场的情况了解清楚。如铅包腐蚀，则需分析邻近土壤的酸碱值或者电缆铅包的电位是处于阳极区或阴极区；又如机械性损坏，需要核查以往邻近有无挖土工程；再如有些轻微机械损伤，只是金属护层受到破损而绝缘完好，需有较长时间土壤中水分逐渐渗透绝缘，才发展成事故。

在现场对电缆损坏部件无法找到明显的确证原因时，需将破损残片包括部分电缆锯回，供在实验室内进一步试验研究。

3. 实验室分析

有些电缆事故的起因，无法从外观上辨认，如地下水及土壤腐蚀性测定，塑料绝缘中的水树枝或金属护层的分子结晶，腐蚀的定性等。这就必须借助精密的仪器，对事故电缆的破损残片做物理和化学的全面分析，并做好详细记录，供日后查考。对事故起因未能肯定的电缆破损残片，也需妥为保存，对日后类似分析，有参考价值。

第15篇

通信电线电缆与光缆附件、安装敷设及运行维护

第1章

通信电缆接续与附件

通信电缆的接续是通信电缆线路的一个重要组成部分，其接续技术及接续质量，将直接影响电缆线路的传输质量和使用寿命。因此，通信电缆的接续技术是电缆施工、敷设的一项重要技术关键。本章主要对全塑通信电缆的接续技术进行较详细的介绍。

1.1 全塑通信电缆缆芯接续

全塑通信电缆缆芯接续包括两部分：一是导线的连接；二是绝缘的恢复。

1. 导线接续前的准备工作

（1）接续前的测试 在接续前应测试电缆的气压，检查是否有碰线、接地、混线及绝缘不良等障碍线对，若有，应做好标志并详细登记，以便及时处理。若有漏气，应修复合格。对填充电缆及不要求充气的全塑电缆免去电缆气压测查项目。

（2）全塑电缆护层的开剥 全塑电缆护层的开剥顺序、尺寸及方法，随全塑电缆的型号、规格、结构的不同略有差异，现将全塑电缆各层的开剥方法归纳如下：

1）先把需要连接的两电缆交叉放置（见图15-1-1），确保导线的接续长度后，把多余部分的电缆切去。

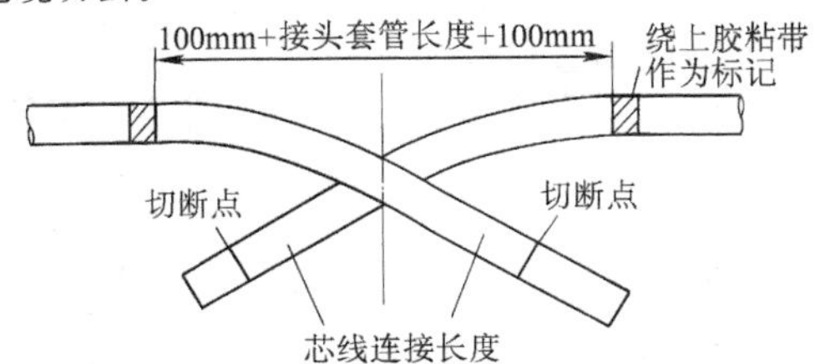

图15-1-1 全塑通信电缆外护层开剥准备

2）将待开剥的两电缆端头的接续部分用棉纱或软纸等擦净，套入护层接续套管（开启式接续套管除外）。按选用的接续方法所需的长度，选定接续位置，绕上胶粘带做好标记。

3）铝－聚乙烯粘接护层的开剥：用全塑电缆外护层切刀，在离开胶粘带标记线190mm的位置上把外护层横截面切一圈，再把外护层剥掉。之后如图15-1-2所示，用外护层切刀把外护层切开，用以安装V形锯齿屏蔽接线端支头，切开后先用胶粘带把切口暂时贴着。

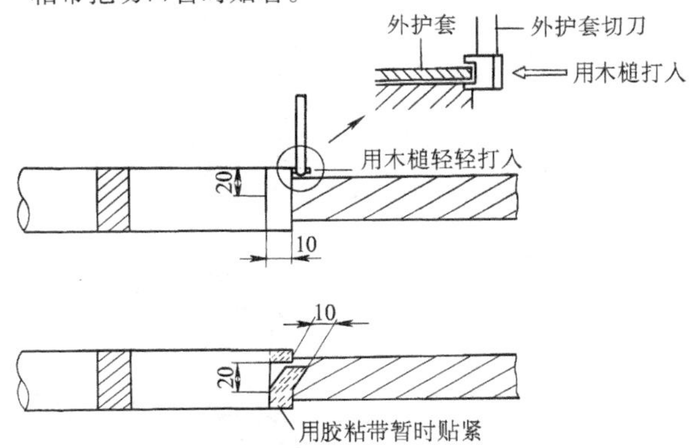

图15-1-2 安装V形屏蔽连接端末的切口

如不采用V形锯齿屏蔽连接线端夹头或毛刺屏蔽连接线端夹头等专用夹头连接屏蔽时，在开剥时，应将粘接护层中的铝带露出，长度约为15～20mm，以便采用镀锡铜线缠扎连接线恢复电缆屏蔽层的电气连通。

绕包在缆芯上的PE包带，留下约15mm的长度后用剪刀或切刀把其余部分切除，切除时应注意切勿损坏绝缘线芯。

4）普通全塑电缆护层的开剥：一般普通全塑电缆护层是指：单聚乙烯护层、单聚氯乙烯护层、聚氯乙烯外护层及聚乙烯内护层双塑护层。在离开胶粘带规定的位置上，把全塑电缆开剥切刀在外护层上横截面方向圆周上割切一刀，注意不要切穿护层厚度，然后再用刀尖沿纵向把护层切开，刀口角度与电缆成切线方向，以免损伤线芯或内护层。对小对数电缆，可不纵向切开，只要把横截面切口处断开，再将外护层从电缆端部拉脱即可。当开剥尺寸较长时，可分段进行。

如果有双层护层，在离外护层切口约 15 ~ 20mm 处按开剥外护层同样方法剥去内护层。

离护层切口 20mm 处用胶粘带把铝屏蔽层固定，把其余的铝带切割除去，注意在切割铝带时不要损伤线芯绝缘或内层包带。如有铜接地线，应予以保留，以便进行接地线的接续。

在离开铝屏蔽切口的 20mm 处把聚烯烃包带层固定，用切刀或剪刀把固定处之外的多余布带除去，露出线芯，准备接续。

对于石油膏填充电缆，剥出线芯后，理好编组层，用溶剂清洗石油膏，擦净、擦干后准备线芯接续。

5）自承式电缆护层开剥，与普通全塑电缆的相同。

6）粘接护层屏蔽连接线的安装方法，卸开胶带后，在外护层切口处对外护层再切开 10mm 宽 20mm 长缝隙，把切开外护层向外拉起，将屏蔽连接线端子部分夹进外护层内，再用钳子钳紧，然后再绕上胶粘带固定包紧。屏蔽连接线安装应在电缆导线连接完毕、接续部分保护带包扎后进行。几种常用普通护层全塑电缆的开剥示意图，如图 15-1-3 所示。

（3）编线与对号 全色谱全塑电缆的编线对号应按色谱顺序编线对号，以 25 对为基本单位的有 10 种颜色，组合原则是，白、红、黑、黄、紫五色为 a 线，蓝、橙、绿、棕、灰五色为 b 线；以 10 对为基本单位的有七色，组合原则是，白、红两色为 a 线，蓝、橙、绿、棕、灰五色为 b 线，见表 15-1-1。每个基本单位又用有色扎带区分，按面向电缆截面看的色谱顺序顺时针转为 A 端，定向电信局方；反之为 B 端，定向用户。同时按顺序定为基本单位的顺序，由小到大，基本单位的序号编线见表 15-1-2。基本单位中的线序按表 15-1-1 中色谱顺序由小到大数编线排列，芯层基本单位为小号，向外数编线排列。

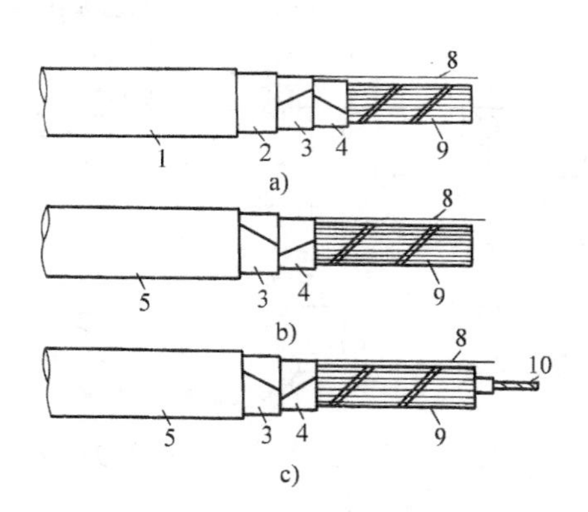

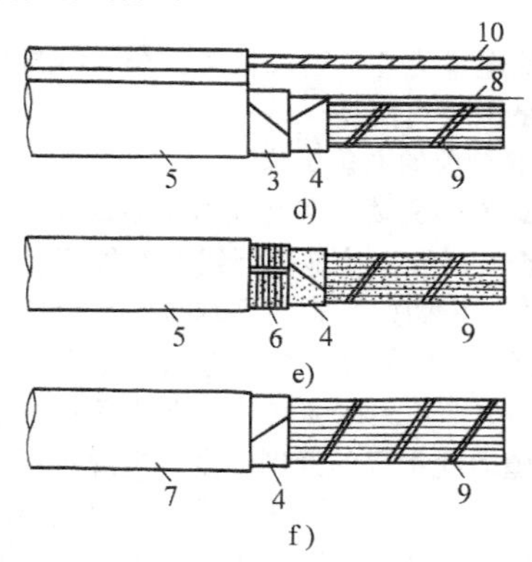

图 15-1-3 全塑通信电缆开剥示意图

a）HYYV 型 b）HYY 型 c）HYYC 型（同心型） d）HYYC 型（葫芦型）
e）HYYT 型（石油膏填充） f）HYA 型（粘接护层）
1—PVC 外护套 2—PE 内护套 3—铝箔绕包屏蔽层 4—PE 包带 5—PE 外护套 6—轧纹纵包铝箔屏蔽 7—铝 - PE 粘接带 8—接地线 9—线芯 10—钢绞线加强筋

表 15-1-1 全色谱电缆基本单位中线对色标及组合

a. 10 对基本单位线对色标组合及排列顺序表

色标序号	色标组合		色标序号	色标组合		色标序号	色标组合	
	a 线	b 线		a 线	b 线		a 线	b 线
1	白	蓝	5	白	灰	9	红	棕
2	白	橙	6	红	蓝	10	红	灰
3	白	绿	7	红	橙			
4	白	棕	8	红	绿			

（续）

b. 25对基本单位线对色标组合及排列顺序表

色标序号	色标组合		色标序号	色标组合		色标序号	色标组合	
	a线	b线		a线	b线		a线	b线
1	白	蓝	11	黑	蓝	21	紫	蓝
2	白	橙	12	黑	橙	22	紫	橙
3	白	绿	13	黑	绿	23	紫	绿
4	白	棕	14	黑	棕	24	紫	棕
5	白	灰	15	黑	灰	25	紫	灰
6	红	蓝	16	黄	蓝			
7	红	橙	17	黄	橙			
8	红	绿	18	黄	绿			
9	红	棕	19	黄	棕			
10	红	灰	20	黄	灰			

表15-1-2 缆芯各单位扎丝（带）色标表

100对主单位		50对主单位		10对基本单位			100对主单位		50对主单位		25对基本单位		
单位号	扎丝色	单位号	扎丝色	单位号	线对号	扎丝色	单位号	扎丝色	单位号	扎丝色	单位号	线对号	扎丝色
1	白	1	白	1	1-10	蓝	1	白	1	白		1-25	白蓝
				2	11-20	橙						26-50	白橙
				3	21-30	绿			2	白		51-75	白绿
				4	31-40	棕						76-100	白棕
				5	41-50	灰	2	白	3	白		101-125	白灰
		2	白	6	51-60	白						126-150	红蓝
				7	61-70	红			4	白		151-175	红橙
				8	71-80	黑						176-200	红绿
				9	81-90	黄							
				10	91-100	紫							

（4）料具准备 电缆导线接续前应根据所选择的接续方法准备好需用的全部工具和材料。

2. 导线接续方法

（1）导线接续的基本原理 通信电缆导线接续，目前最广泛采用的是机械压力法，两导线相接触通过施加并保持一定的压力互相连接在一起。连接界面的接触电阻取决于两导线的接触面积、压力及因污染或腐蚀产物而生成的薄膜电阻值。

任何金属面在显微镜下都能看出是粗糙不平的，当两金属彼此接触时，不平的尖顶部分相互接触而构成了电气连通，如施加于接触面的压力增大了，那么微小的不平点就会变形，从而形成了更多的接触点，以产生足够的承受面积来支持所施加的压力。

由于电流通过接触面时只能靠真正接触的小区域导电，这就相当于接触面的截面积变小了，其结果就产生了接触电阻，其电阻值与所用材料的电阻率、硬度、表面粗糙度以及机械受力情况有关，随着接触压力的增大而减小，随着材料的硬度及其电阻率的增大而增大。

金属表面通常都覆盖有一层污染物或腐蚀产物的薄膜。当然这些薄膜很薄，在 100 ~ 150nm 以下时，薄膜对接触电阻的影响可以忽略不计，当薄膜的厚度继续增大时，膜电阻值将随着增大，覆盖在导体上的氧化膜电阻值可高达几兆欧，并与其电路参数（如阻抗、电压等）有关。当薄膜两端的跨接电压增大时，最终将导致膜的击穿，对于铜导体上的氧化铜膜击穿电压值在 50mV 以上，击穿后跨接在接触点的电压应是介于该材料的熔化点电压和软化点电压之间，而与电流无关。铜接触点的熔化点电压为 430mV，软化点电压为 120mV，当薄膜上电压低于上述数值时，氧化层金属桥通道未形成，击穿后的电阻仍然很高，因此导线的接续除了考虑增大和保持接触面间的压力外，极其重要的一点是要除去或刺穿任何存在于导体表面的薄膜，因为信号电压不一定能击穿它，同时要保持这些接触面上没有绝缘膜，这就需要有足够的紧密的气密接触面，以防产生新的氧化膜，这是导线接续上必须注意的一个问题。

导线的接续不管采用任何方法，一般要求应做到接续电阻必须与导体电阻基本上相当，并且在整个电缆寿命内的正常运行条件下，接续电阻必须保持稳定。其次，要求导线接续的体积尽可能缩小及接头成本较低。

在电缆导线接续上，通常采用接线子法接续，它不用去除导线上的绝缘层，即可获得可靠的电气连接，并且可以使用各种接续机具，以降低工人劳动强度和加快接续速度，实现接线机械化。

接线子法接续导线的基本原理是通过接线子本身的金属部件刺穿或压移导线上的绝缘层和氧化膜，使与导线达到紧密的金属接触，接线子起到导线连接和绝缘的双重作用。接线子中常用的刺穿绝缘层和除去氧化膜的方法是沟槽式。

沟槽式接线子中与导线接触部分是叉簧状的金属沟槽，槽的宽度比导线直径稍窄些，当导线被强压入沟槽时，绝缘层和氧化膜便为沟槽边缘所除去，导线也随之变形以适应沟槽的宽度。接着将导线压入槽中更深些，可进一步起到扩大清除导线表面和沟槽壁上污染物的作用，并且沟槽像平行悬臂梁一样存储着弹性压力，以保证长期与导线的紧密接触。为了提高可靠性，每一导线最好有两个沟槽，这种形式的接线子称为绝缘移位式接线子，常见的接线子有纽扣式接线子和接线模块两种。

（2）全塑电缆导线连接方法 全塑电缆导线连接方式分为一字形、Y 形及 V 形接续三种方式。其导线接续次序是从电缆中心层的线组开始连接，导线不管采用什么方法连接，都应把各组、各线的连接部位分开，使连接后电缆接续部位的外径均等。

采用接线子接法接续时，导线接头排列情况如图 15-1-4 所示。

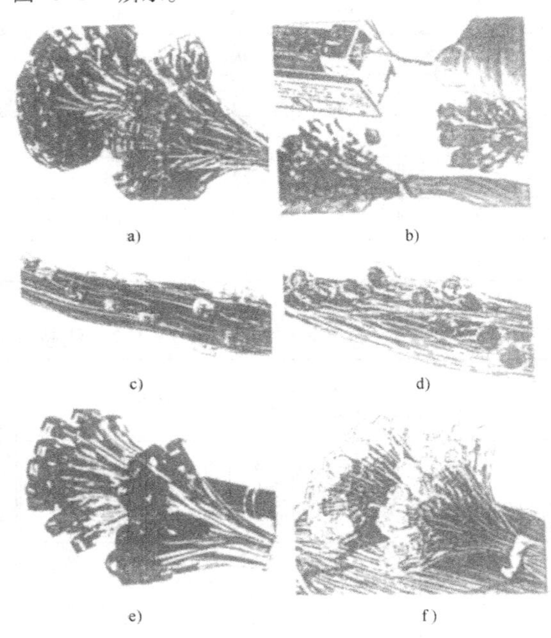

图 15-1-4 接线子的排列

1）纽扣式接线子接线法：纽扣式接线子是根据沟槽式接线原理设计的，结构外形像纽扣，在其塑料盖内嵌镶有镀锡带 V 形槽的铜片，操作时芯线插入接线子后用特殊的手压钳把纽扣盖压下，芯线便被压入槽内，槽口比线径稍窄，压入时槽的两侧壁将芯线相应位置的绝缘除去，使芯线和铜片达到紧密的接触，绝缘移去后在接线子内有足够的空间存放，接触处存储着弹簧能，接触可靠，接线子内充有防潮油脂，以防潮气入侵。

纽扣式接线子的结构与接续情况，如图 15-1-5 所示。

纽扣式接线子内的金属插接片由 0.5 ~ 0.6mm 厚的黄铜带镀锡制成，有两槽口、三槽口和承拉单槽口三种。其槽口间隙按接续导线直径而定。对 0.32 ~ 0.7mm 直径的导线，槽口间隙为 $(0.23^{+0.03}_{0})$ mm；对 0.4 ~ 0.9mm 直径导线，槽口

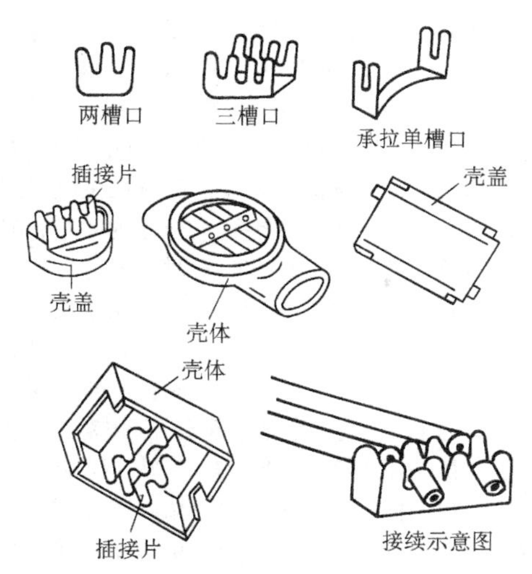

图 15-1-5　纽扣式接线子的结构及接续示意图

间隙为（$0.3^{+0.03}_{0}$）mm；对 0.9～1.3mm 直径导线，槽口间隙为（$0.47^{+0.03}_{0}$）mm。金属插片大部嵌在壳盖上，也有装在壳体内。

各种纽扣式接线子的规格及使用范围见表 15-1-3，其接续方式如图 15-1-6 所示。

一般架空电缆的导线接续，使用 CTX－Y、CTX－R、CTX－8A 接线子为宜。

纽扣式接线子多用于中、小对数电缆线芯的接续，其接续操作及导线接头排列如下：

a）接续工具一般有三种：手动单压钳、手动连发连压钳和手动加重单压钳。

手动单压钳又有棘齿式和剪切式两种。棘齿式是钳上装棘齿用于制动和控制压力；剪切式的特点是钳上带有剪切口，用于剪切余线。手动单压钳适用于 CTX－Y、CTX－R、CTX－8A 和 CTX－B 接线子。

手动连发连压钳依靠顶杆不断顶出接线子，从而可连发连压，它适用于 CTX－Y 和 CTX－R 两种接线子，因此弹夹也分 CTX－Y 及 CTX－R 接线子弹夹，前者尺寸为 196.5mm×11.5mm×10mm，可装接线子 16 只，后者尺寸为 188.5mm×14.5mm×10mm，可装接线子 10 只。

手动加重单压钳适用于 CTX－DW 型接线子。

b）使用接线子接续芯线，其芯线接头长度（接线间距）及护层剥除最小长度可参照表 15-1-4。

表 15-1-3　各种接线子的使用范围　（单位：mm）

接线子型号	适用带绝缘层导线最大外径	适用于电缆种类及导线直径		
		全塑空气电缆	全塑充油电缆	纸绝缘电缆
CTX－Y	1.52	铜线 0.4～0.7	铜线 0.4～0.7	铜线 0.4～0.7
CTX－R	1.67	铜线 0.4～0.9	铜线 0.4～0.9	铜线 0.4～0.9
CTX－8A	1.92	铜线 0.32～0.9	铜线 0.32～0.9	铜线 0.32～0.9
CTX－B	1.27	铜线 0.4～0.7	铜线 0.4～0.7	铜线 0.4～0.7
CTX－6（槽式）	1.43	铜线 0.32～0.63 铝线 0.5～0.8	铜线 0.32～0.63 铝线 0.5～0.8	铜线 0.32～0.63 铝线 0.5～0.8
CTX－DW	0.9～1.3	铜、铝和铜包钢用户引入线		

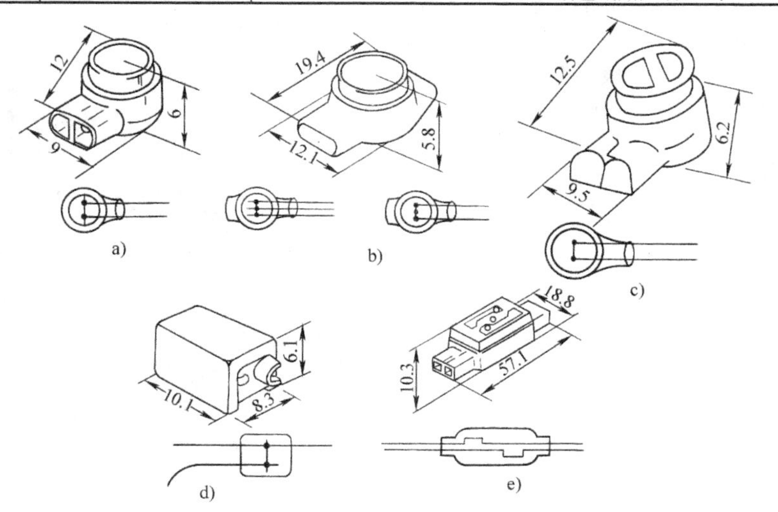

图 15-1-6　各种接续方式及外形尺寸

a）CTX－Y　b）CTX－R　c）CTX－8A　d）CTX－B　e）CTX－DW

表 15-1-4 接线子接续间距及护套剥除最小长度

（单位：mm）

标称电缆对数	接线间距	护套剥除最小长度
5 ~ 30 对	200	300
50 对	250	350
80 ~ 200 对	300	400
300 ~ 600 对	400	500
800 ~ 1200 对	500	600
>1800 对	600	700

c）CTX－Y、CTX－R 和 CTX－8A 接线子接线方法及排列。首先把两端或三端要连接的电缆线芯扭合在一起（不用剥绝缘层），左线压右线顺时针扭转绞两个花，留 25mm，并把余线剪去，如图15-1-7所示。

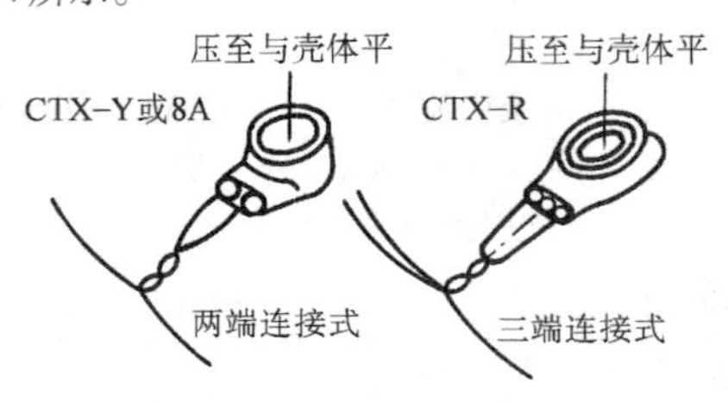

图 15-1-7 CTX－Y 或 8A、CTX－R 接线子接线示意图

剪留的线芯要整齐，不可长短不一，应拉直不弯，端部不能有钩。第一对线芯扭花处与电缆护层切口相距 50mm，相邻线对扭花间距 50mm。然后把芯线插入接线子穿线孔，顶端直插到底，用压接钳压一下，使接线子盖平行压入壳体并与壳体齐平，电缆导线接好后，各接线子一般都倒向电话局方，只有最后两行倒向反方向，接线子的排列见表15-1-5。

表 15-1-5 接线子的接续排列

标称电缆对数	接线子排列行数
5 对	4
10 对	4
20 对	4
25 对	4
30 对	4
50 对	5
80 对	6
100 对	6
150 对	6
200 对	6

d）CTX－B 接线子接线方法及排列接线操作方法与 CTX－Y、CTX－R、CTX－8A 的相同。

CTX－B 接线子是用于主线不切断的复接，一般情况下一处复接线对不会过多，因此复接线对的接线子排列，可按复接线对数量而不按主电缆对数来定，即复接 5 ~ 30 对时接线子排列为 4 行；复接 50 对时为 6 行；复接 80 ~ 200 对时为 8 行。

e）CTX－DW 接线子接线方法适用于用户引入线的接续。如用户引入线是两芯平行线，应把护套剥除 18 ~ 20mm，但不必剥内绝缘层。外护层剥除长度不宜过长，压接后剥除部分不能露在接线子外，所要接续的导线必须拉直不弯，线端不可带钩。接续时，把带着绝缘层的两端四根线芯分别插入接线子穿线孔内，用手动加重单压钳压接，使接线子壳盖平行压入壳体，壳盖高出 1.0mm 即可。

2）模块接线系统接续：模块接线系统，主要用于大对数电缆的接续。模块有 5 对、10 对、20 对和 25 对等多种，其中以 25 对用得最多。模块是由底板、主体和上盖三部分组成，接线用的 U 形接触铜片就装在主体内，铜片前面并安一小刀片为切断多余导线之用。操作时先将模块底板安装在接线机支架上，然后将左方线束按色谱顺序将线芯从左至右分配在线槽内，槽上色标应与线芯色谱相同，检查无误后放上上模块主体。将右方线束也按色谱顺序分配在线槽内，然后盖上模块上盖，使用专门的液压传动工具将这三部分压接在一起，导线即被压进 U 形铜片的槽内，主体上下两根导线即通过铜片而连通，而多余的导线用小刀片切断。分支接续可使用专门的模块，使用模块系统接续电缆导线的接头如图 15-1-8 所示。

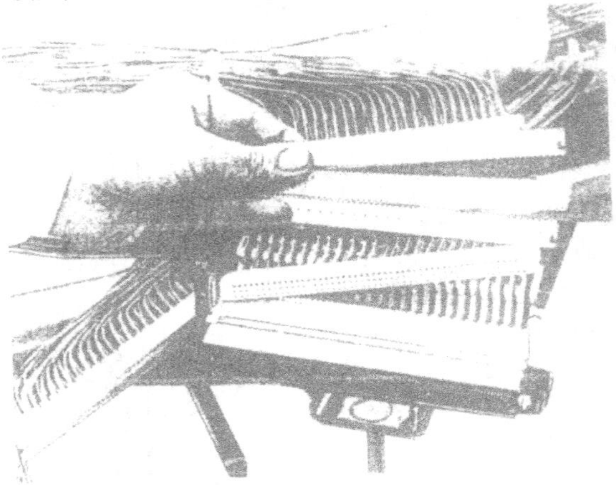

图 15-1-8 模块接续电缆导线接头

模块可用于 $\phi0.32\sim\phi0.8$mm 的塑料绝缘电缆导线的接续，接续质量好、速度快，操作也较简单。一般人员经过简单培训都可承担此接线工作，如1200对电缆导线的接续，只需一名工人，工作3h即可完成。

1.2　全塑电缆护套的连接密封

全塑电缆的护套主要是铝－聚乙烯粘接护层，其接续的基本要求如下：

1）能防止水气的入侵，至能限制在一个可以被接受的水平；

2）有足够的机械强度，特别是抗张和抗弯强度，以防止接续在日后维修操作中移动受损；

3）能耐受周围环境温度的变化；

4）密封性能良好，不漏气；

5）能重复开启，以利测试和维修；

6）使用寿命长，应与电缆相一致；

7）接续处应保持电缆的屏蔽性能和抗雷击能力不下降。

全塑电缆综合护层的连接目前采用较多的方法有，热缩套管接法、注塑接法、灌注密封胶接法及可重复启闭的帽式套管接法等。现分别介绍如下：

1. 热缩套管接法

热缩套管是由带热敏粘胶剂为热缩塑料制成。它由三层不同性能的材料组成。内层涂有热熔胶，在常温时为固体，加热到80℃时，成流体状，起着高强度粘接功能，冷却到常温时可将热缩套管与所连接的电缆护层紧紧粘牢。中层是热缩塑料，热缩塑料属聚烯烃材料，是根据不同用途的扩张比例，经过加热扩张、高能辐射或化学交联方法处理，再经冷却定型而制得的。其扩张比例不小于3，不超过6。这种管材有所谓的记忆效应，即当重新加热时，它具有自然恢复到原形的功能，从而起固紧密封作用。最外层喷有色温显示剂，当温度达到热收缩温度时，就变色指示，便于操作者掌握。

热缩套管的品种，按形状可分为O形（圆形）和W形（片形）。O形一般用于新线路敷设以及小对数话缆的维护；W形一般用于大对数电缆的接续，用于旧线路的维护等，如图15-1-9所示。

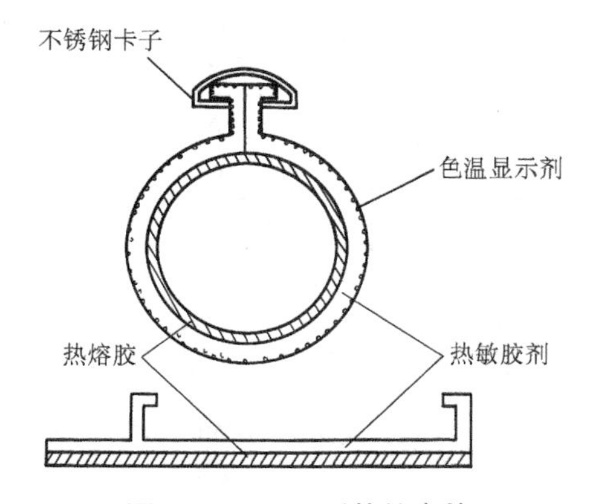

图15-1-9　W形热缩套管

国产聚乙烯热缩管型号、规格、用途见表15-1-6，美国产聚乙烯热缩管的型号规格见表15-1-7，国产聚乙烯热缩管性能数据表见15-1-8。

表15-1-6　国产聚乙烯热缩管型号、规格、用途　（单位：mm）

型号规格	收缩前内径	收缩后最小内径	收缩后最小壁厚	长度	用于接续的电缆外径
RS－O－23/9－450	23	9	3	450	9～14
RS－O－27/12－500	27	12	3	500	12～20
RS－O－40/15－600	40	15	3.5	600	15～25
RS－O－47/18－800	47	18	3.5	800	18～30
RS－O－56/22－800	56	22	3.5	800	22～35
RS－O－76/27－800	76	27	3.5	800	27～46
RS－O－93/35－900	93	35	4.0	900	35～60
RS－O－220/45－1000	220	45	4.0	1000	45～90
RS－W－90/30－1000	90	30	3.0	1000	30～46
RS－W－140/45－1000	140	45	3.0	1000	45～60
RS－W－45/15－500	45	15	3.0	500	15～25
RS－W－60/20－500	60	20	3.0	500	20～35

注：1. 表中所列为成都电缆厂的产品。
2. O形是圆管状热缩管，适用于新做电缆接头；W形是片状纵包形热缩管，除可用于新做电缆接头外，尚可用于修补在用电缆接头和护套破损处。
3. 用于接续全塑电缆的热缩管配套供应铝质内衬套。
4. 用于金属护套电缆接头保护层时，除电缆外径需大于热缩管收缩后最小内径之外，接头套管的外径应小于热缩前内径最少数毫米。

表 15-1-7 美国产聚乙烯热缩管的型号规格 （单位：mm）

型号	收缩前内径最小值	完全收缩后内径最大值	厚度 ±0.25	长度 ±20	适用电缆接头尺寸	
					电缆外径最小值	套管外径最大值
76/22	76	22	2.0	1100	22	70
101/30	101	30	2.0	1200	30	90
138/38	138	38	2.0	1300	38	120
190/55	190	55	2.0	1400	55	170

表 15-1-8 国产聚乙烯热缩管实测性能

测试项目	实 测 性 能
常温下气闭性	充气 0.3MPa，在 30℃下保气 24h 不漏
高温下气闭性	充气 0.07MPa，在 （60±5）℃水中 15 天保气良好
冷热交变时的气闭性	1. 充气 0.07MPa，在 -20 ~ +60℃气温下，经 50 次循环，保气良好 2. 0.07MPa，室内保存，随季节昼夜温度变化一年后仍保气良好
抗振性能	充气 0.07MPa，振幅 ±3mm，频率 10Hz，振动 10^6 次后，保气良好
抗拉性能	充气 0.07MPa，轴向拉力 686N，30min 后，保气良好
扭转试验	充气 0.18MPa，扭矩 49N·m，保气性能不变，试验后保气一年不漏
抗弯曲性能	充气 0.07MPa，弯曲负荷 98N，保气性能不变，试验后保气一年不漏
抗压性能	充气 0.07MPa，压负荷 392N，保气性能不变，试验后保气一年不漏
水汽透入度	透入水汽浓度仅 75×10^{-4}%

注：表中性能是用聚乙烯热缩管连接铅护套电缆和聚乙烯护套电缆做成电缆接续后测试的。

内壁涂有良好热熔胶的聚乙烯热缩管，是制作各种塑料综合护层电缆接头的理想材料，能用于充气电缆、石油膏填充电缆的接续，也可用于全塑电缆与铅护套电缆，铝护套电缆的接续。

用于辅助铅套管半热可缩接续的规格见表15-1-9。

表 15-1-9 用于辅助铅套管半热可缩套规格

（单位：mm）

热缩管型号	电缆直径	辅助铅套管直径
ALSS-50	10	24
ALSS-100	17	36
ALSS-200	23	55
ALSS-300	42	90
ALSS-400	59	130

热收缩管操作工艺基本相同，以 W 形为例，其操作方法如下：

1）先用隔热带将接好的缆芯部分包扎好，将铝圆筒用隔热带固定在电缆护套上，接缝处用粘胶带密封。

2）用砂纸或刷子把收缩管在加热收缩后将会接触到的电缆外护套部分打毛以增加粘接面积，管口附近缠以铝带以加快散热。

3）用喷灯在粘接处均匀预热，使表面温度升高到约 60℃左右。

4）将热缩套包在铝筒上，在包管接合处用锁口槽带锁紧，如是 Y 形接续，在有两根电缆一端，应将直径大的电缆放在上面接近包管接合处，然后在两电缆间的热缩管上插入分支夹。

5）用喷灯从套管中间在接缝处相反方向开始环绕接缝处周围 3/4 圈均匀加热，直到温度指示颜色从绿变黑为止，加热应从中间移向套管一端，一半完成后再加热另一半，最后再加热包管的接缝处，使其全部收缩紧密与电缆护套粘接在一起，这样套管就安装好了，最后再用自粘胶带和胶带在套管外全部各重叠绕包一层，到此接续工作便告完毕。

O 形热收缩套管施工基本上与 W 形一样，仅是在接续缆芯前应把热收缩套管预先套上。

在有鼠害或白蚁危害的地区，热缩套管接续完毕，应增加保护层，并使电缆接头与外加的保护层之间不应有空隙。

2. 灌注密封胶接法

该接法主要用于填充电缆或非充气电缆的接续。电缆密封胶是一种填充剂，是由工厂合成好分成两组分，装入分隔成两防潮包装袋中，在两组分未混合前均为流体，使用时，将两组分混合后，灌入电缆接头，此时，密封胶因未固化，很容易灌注，灌注后慢慢固化以达到填充防潮的目的。

这种填充剂为美国3M公司生产，如4440填充剂，国内研制的一种JT01胶也可作为填充剂。JT01胶是一种分子量较低的高分子聚合物，化学稳定性好，无毒、无刺激性，它的电气绝缘性能良好，固化后收缩性小，不干燥，保持粘性，且有一定弹性；因此密封性好。

灌注密封胶接法，可以用于热缩套管接续和普通塑料套管的接续上，以提高接续的防潮可靠性。普通套管接续可以是半剖套管，也可以是圆筒套管，下面以国内已采用的聚乙烯螺纹套管灌注密封胶接法为例，介绍具体接续操作方法。

（1）聚乙烯螺纹套管　该套管是采用与电缆外护套相同的黑色聚乙烯电缆护套料制造的。分直通型和分支型两种，其结构如图15-1-10和图15-1-11所示。

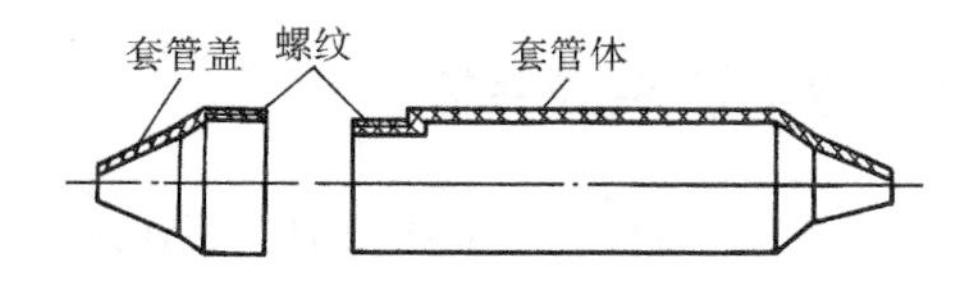

图15-1-10　直通型聚乙烯螺纹套管

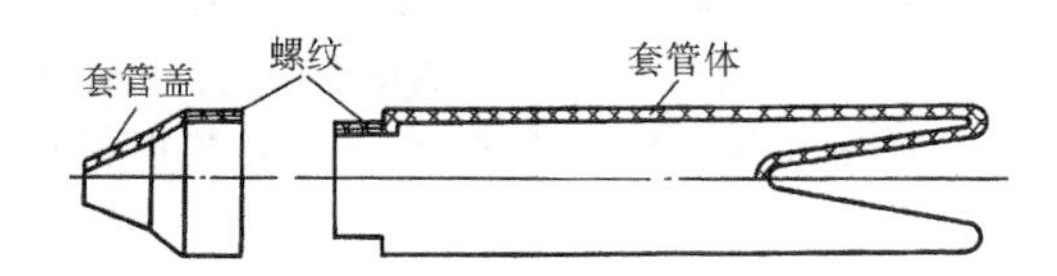

图15-1-11　分支型聚乙烯螺纹套管

这种套管是配合JT01胶使用的，套管规格及适用范围见表15-1-10。

表15-1-10　聚乙烯螺纹套管规格及适用范围

规格	适用范围
I型30×220	5～10对通信电缆
I型40×270 Y型40×300	20～30对
I型50×320 Y型50×350	30～50对
I型70×350 Y型70×400	80～200对
I型108×400 Y型108×430	300～600对
中间套管108×200	中间套管，用于300对以上接续的加长套管

注：I型为直通型套管，Y型为分支型套管。

（2）操作方法

1）缆芯接续完毕后，将预先套好的螺纹套管移至接续中央位置，并将管身与电缆外护层紧密接触的外端，用丁基自粘胶带和PVC胶带紧绕3～4层，PVC胶带在外层，作为辅助密封层。

2）将电缆接续竖直固定，从管身螺纹端向里灌注混合好的JT01胶，注满为止。

3）用棉花球在JT01胶内浸透，用镊子将浸透的棉花球塞满套管管盖，注意塞得越紧越好，塞好后，将管盖盖入管身拧紧。

4）用PVC胶带和丁基自粘胶带，从套管螺纹处开始，往电缆护层方向绕包3～4层，作辅助密封之用。

螺纹套管JT01胶灌注密封接续情况如图15-1-12所示。

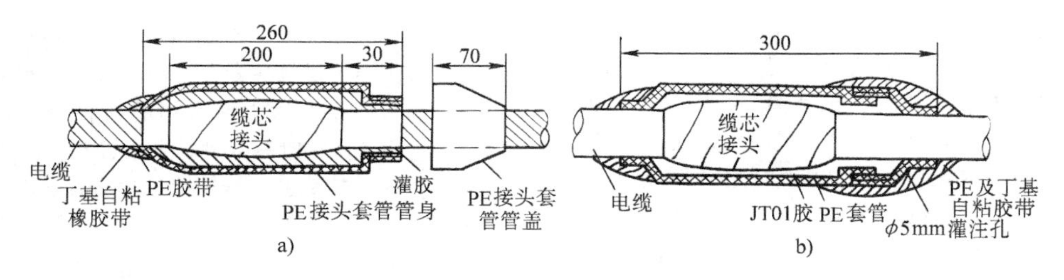

图15-1-12　螺纹套管JT01胶灌注接续

3. 注塑法简介

注塑法接续，主要用于对密封性要求高的充气电缆的接续。注塑法所用接续套管由下列部分组成：

1）圆筒套管：是由聚乙烯塑料制造的，直径ϕ50～ϕ120mm，共分6种规格，最大的容量为单根0.32mm线径的6500对电缆。

2）堵盖和衬环：堵盖是由聚乙烯塑料制成，分内堵盖和外堵盖两种。内堵盖是套入圆筒套管的内部而外堵盖则套在外部，除了最大号套管的一端使用外堵盖外，其他都使用内堵盖。堵盖上可用打孔工具按电缆外径尺寸打孔。衬环是用不锈钢制造，套在堵盖内壁起支持作用，以防止加热时堵盖变形并增加接续的机械强度。

3）电气连通线：线两端铆接在电缆的铝防潮屏蔽层上，以保证接续的电气连通。

4）注塑料：由电缆同质材料聚乙烯制成，呈白色、圆柱形。

操作方法：施工时先按电缆外径在堵盖上打洞，将放好衬环的堵盖套在电缆一端，安放电缆至堵盖的塑封模具，然后用注塑枪向模具内注入熔融状态的塑料。注塑枪有气热式和电热式两种，枪内放入注塑料用喷灯或电加热至365℃时便可使用。注入完毕后用顶杆在模具入口处将塑料加压，以防止塑料冷却时内部产生空洞或裂纹，冷却后拆去模具。两端电缆与堵盖连接处塑封完毕后套上圆筒套管，再安放套管至堵盖的塑封模具，按上法塑封完毕后可进行充气试验，塑封一个直通套管接续约需55min。

维修时可使用专门工具除去封焊塑料将套管打开，维修完毕后再进行封接。更换套管时可用带缝的剖管，不需切断电缆，剖缝可用专门的模具塑封，维修方便。

4. 可重复启闭的帽式接续

帽式接续31A系列外形像炮弹，可分为底座和帽盖两部分。底座是用聚丙烯塑料制成，为电缆引入处，内有碳酸氢盐材料制造的间格层，间格的大小和形状均不相同，可适应不同直径电缆的引入。安装时可按电缆尺寸用一圆锥形工具在底部开洞，电缆从此洞进入底座的一格，然后用快速固化环氧树脂灌入格内封死，引入的电缆可用B型或纽扣式接线子在套管内接续，底座上盖上一个圆筒形的聚丙烯材料制造的帽，帽与底座接合处放一密封用的圆环；然后用夹持器将帽和底座夹紧以保证密封不透气。

帽式接续套管适合于架空和地下配线电缆使用。31A最大的接线容量为200对，32A可到300对50mm直径的电缆。这种接续优点是，与配套的接线机互相配合，可将人孔中或杆上的电缆引到地面上接续，工人可坐着工作，改善劳动条件；接续很容易打开和封闭，易于维修和增加电缆；结构牢固，适应性强，能适应各种温度变化；既能用于充气电缆，也能用于充石油膏电缆及光缆；任何材料的电缆护套（铅、聚氯乙烯、聚乙烯等）均适用。

帽式接续情况，如图15-1-13所示。

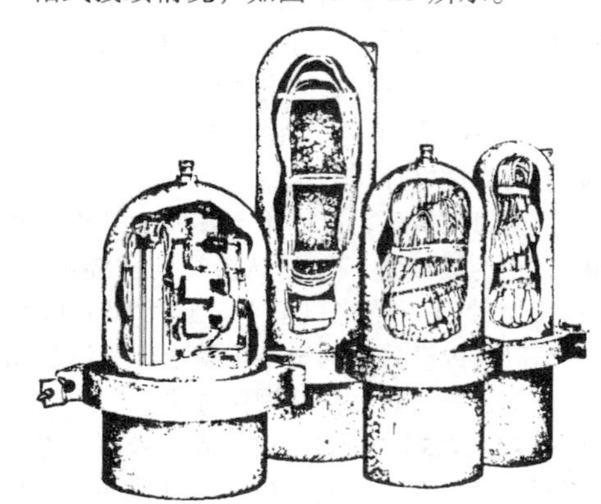

图15-1-13　帽式接头套管接续情况图

1.3　电缆接头的保护

电缆的接头破坏了电缆原有的护层结构，改变了电缆对敷设环境的适应能力，直埋长途通信电缆，由于接头铅套管承受不了土壤的压力和冻土的拉力，所以需要在接头外增设防机械损伤的保护层；但在管道人孔、楼内或架空等敷设时，由于不易受到机械损伤，也可以不增设防机械损伤保护层。

1.3.1　保护电缆接头的常用材料

1. 防机械损伤材料

为了防止接头遭受机械损伤和抵抗外加应力，需用一些比接头材料强度大、刚性好的材料作为电缆接头的保护层，这方面常用的材料有铸铁接头盒、木盒和硬塑料管等数种，下面分别予以介绍。

（1）铸铁接头盒　铸铁接头盒具有强度大、刚性好、坚实可靠等优点，因为价格昂贵又十分笨重，所以早已不在一般电缆接头上使用，但在需较高机械强度、较好抗压性能的电缆接头上仍有使用。

（2）木制接头盒 木制接头盒虽然性能远不如铸铁接头盒，但由于其制作容易，成本低廉而且材料来源方便，因而几十年来一直被广泛应用。木制接头盒一般用来保护直埋电缆接头，木盒中灌注沥青混合物作为防腐包封。

为了使木盒具有较长的使用寿命除应采用坚实完好的木材制作外，使用前应用沥青浸煮防腐，如处理得当，木盒寿命可达十年以上。

（3）硬塑料管 用硬塑料管保护电缆接头只有二十几年历史，但由于料源充足，效果可靠，价格低廉且施工方便，故应用范围不断扩大。保护电缆接头的硬塑料管一般采用硬聚氯乙烯管（PVC管）、聚乙烯管（PE管）或聚丙烯管（PP管），其规格尺寸及重量见表15-1-11和表15-1-12。

表15-1-11 保护电缆接头常用聚氯乙烯管规格尺寸及重量

外径/mm	轻型		重型	
	壁厚及公差/mm	近似重量/(kg/m)	壁厚及公差/mm	近似重量/(kg/m)
63	$2.5^{+0.5}_{-0.0}$	0.71	$4.0^{+0.8}_{-0.0}$	1.11
75	$2.5^{+0.5}_{-0.0}$	0.85	$4.0^{+0.8}_{-0.0}$	1.34
90	$3.0^{+0.6}_{-0.0}$	1.23	$4.5^{+0.9}_{-0.0}$	1.81
110	$3.0^{+0.7}_{-0.0}$	1.75	$5.5^{+1.1}_{-0.0}$	2.71
125	$4.0^{+0.8}_{-0.0}$	2.29	$6.0^{+1.1}_{-0.0}$	3.35
140	$4.5^{+0.9}_{-0.0}$	2.88	$7.0^{+1.2}_{-0.0}$	4.38

表15-1-12 保护电缆接头常用聚丙烯管规格尺寸及重量

标称直径/mm(in)	外径/mm	壁厚/mm	理论重量/(kg/m)
50.8（2）	60	6	1.02
63.5$\left(2\frac{1}{2}\right)$	75.5	6	1.31
76.2（3）	88.5	6	1.55
101.6（4）	114	8	2.66
127（5）	140	9	3.70
152.4（6）	165	10	4.87

2. 防腐蚀用材料

（1）石油沥青及沥青混合物 沥青是最常用的涂料和防水材料之一，也是制作电缆接头防蚀覆盖层的最常用材料，沥青的优点如下：

1）对铅、铝及多种材料都有良好的粘附性能且没有腐蚀性；

2）透水性小，能做成隔水性能优良的防腐覆盖层；

3）性质稳定，使用方便；

4）料源充足，价格低廉。

沥青分石油沥青和煤焦沥青两类，煤焦沥青的防水、防腐性能虽也不错，但因毒性较大，所以电缆接头中防腐不予采用。石油沥青的隔水防腐性能很好，但是机械强度比较低，容易脆裂，特别是在低温时更容易脆裂，因此有时需用别的材料配合使用。用于低温环境时，沥青中可加入10%机油以改善韧性。石油沥青的密度为1.15～1.25g/cm³，熔点（软化点）为70～90℃。

（2）30号塑料胶粘剂 30号胶粘剂是用石油沥青、热塑性树脂、石油树脂等配制而成的热熔型胶体，是专为通信电缆接头防腐而研制的胶粘剂。

30号胶粘剂的物理性能如下：

外观：　黑色固体

密度：　0.9929g/cm³

软化点：　65℃

针入度：　16（百克25°1/10mm）

加热损失：<0.5%

热分解温：296℃

自修复性：良好

30号胶粘剂与各种电缆护层、接头材料有良好的粘附性。与聚乙烯、聚丙烯、聚氯乙烯等塑料粘接时，粘接缝的抗剪强度可达0.6～3.1MPa；与铅、铝和铜等金属粘接时，粘接缝的抗剪强度可达1.3～2.4MPa；用于粘接塑料与塑料或塑料与金属时，粘接缝的剥离强度为1.96～19.6N/cm。30号胶粘剂对各种酸、碱、盐水有较强的耐受能力，能在各种有害物质中长期保持性质稳定。使用温度为0～30℃。当温度达到180℃左右时开始分解，会放出有刺激性的气体。30号胶粘剂涂层有自行流补破损点的性能，当涂层遭尖锐物刺破时，在30℃气温下经24h就能自行填补好破损处。

（3）塑料带 绕包型防腐覆盖层由防腐涂料（胶粘剂）和绕包物构成，塑料带是最常用的绕包材料，常用塑料带有聚氯乙烯带和聚乙烯带两种。

（4）塑料胶粘带 塑料胶粘带有聚乙烯胶粘带和聚氯乙烯胶粘带两种，都可以作为绕包型接头防腐覆盖层使用。国产带的主要性能如下：

胶粘带厚度：　0.36～0.4mm

胶层厚度：　0.11～0.14mm

带基厚度：　0.25～0.28mm

拉力强度：　725N/10mm
伸长率：　>450%
电阻率：　$>1\times10\Omega\cdot10$mm
击穿电压：　>30kV/mm
对胶带背面胶粘力：　4.9N/25mm
耐海水、湿热空气、1% NaOH 水溶液性能良好。

（5）自粘性橡胶带 丁基自粘性橡胶带常用作电缆接头的绝缘防腐蚀材料，这种橡胶带的特点是在拉长绕包后，各绕包层之间能自行粘合成一个整体，成为一整块橡胶，因此具有良好的密闭性。国产J系列丁基自粘性橡胶带的主要技术性能如下：

厚度：　0.7~1.0mm
宽度：　20~30mm
抗张强度：　≥1MPa
伸长率：　≥500%
热老化性能（121℃×7天）：
　$K_1\geq0.7$，$K_2\geq0.7$
介质损失：　≤0.02
击穿场强：　≥20kV/mm
体积电阻率（20℃）：$\geq10^{15}\Omega\cdot$cm
自粘性：　≥29.4N

（6）软塑料套管 用热熔接法连接电缆塑料外护套时，需用与电缆外护套同种材料的软塑料套管。

这种软塑料套管的型号，规格及适应的电缆见表15-1-13。

表15-1-13 热熔接法外护套连接套管规格、用途

编号	型号	规格 内径/mm×总长/mm	套管材料	适应电缆 外径/mm	用途
1	I-50 直通式	$\phi50\times456$	PE 或 PVC	$\phi8\sim\phi40$	100 对以下通信电缆
2	L-65 直通式	$\phi62\times600$	PE 或 PVC	$\phi23\sim\phi44$	1×4、4×4 高频对称电缆
3	Y-80 分支式	$\phi80\times480$	PE 或 PVC	$\phi10\sim\phi50$	200 对以下分支接续

（7）聚乙烯热缩管 已在1.2节全塑电缆护套的连接密封中阐述。

1.3.2 接头保护层的制作

1. 木盒灌沥青混合物保护层

（1）选用沥青 一般地区可用3号石油沥青和5号石油沥青按1:1比例混合后使用，湿热地区可用5号沥青，较寒冷地区宜用3号沥青，高寒地区可用3号沥青加入10%机油以改善沥青的低温脆性，防止脆裂。

（2）浇灌沥青

1）浇灌温度：沥青应在熬炼过程中不断搅拌，尽量脱除水分至干净。

为了防止烫伤缆芯绝缘物，沥青浇灌入接头盒的温度应视电缆种类的不同而不同。纸绝缘电缆的灌注温度可以高一些，一般可为130~140℃。耐高温性能较好的中同轴电缆可为120~130℃。耐高温性能较差的小同轴电缆、聚乙烯绝缘的高频对称电缆，特别是采用低熔点焊锡封焊的电缆接头，浇灌时沥青的温度决不能超过120℃，一般以控制在110℃以下为宜。

2）浇灌方法：对不同电缆，采用不同温度的沥青浇灌时，其操作方法也稍有不同。

沥青温度在130℃以上时，可分两次灌满木盒，第一次将沥青灌到木盒的一半，待其冷却到100℃左右再灌第二次，直到灌满。

沥青温度在120℃以下时，需分三次浇灌。接头先不放入木盒内，第一次用180℃的热沥青先灌入木盒底部，直到接头下面的高度，待沥青冷到120℃左右放入电缆接头，并用温度不超过120℃的沥青灌第二次，直至埋没电缆和接头，如果是用低熔点焊锡封焊的接头，沥青的温度以不超过110℃为宜。待灌入的沥青开始冷凝（约80~90℃）再灌第三次，仍用110~120℃的沥青，直到灌满。

2. 涂刷30号胶粘剂绕包塑料带保护层

将电缆接续表面及其两端电缆外护套100mm长一段清洗干净，之后用毛刷均匀涂刷熔融的30号胶一层，大约2mm厚，用喷灯文火烘烤胶体表面，待其熔化后在接头及其两端电缆外护套上按50%搭盖绕包50mm宽、0.23mm厚的PVC带或PE带，再在塑料带上涂刷30号胶，按上述同样工艺处理，绕包多层塑料带，直到符合工艺要求为止。将用过的容器用汽油擦洗干净，以备第二次使用。30号胶用后应密闭储存，防止长期曝晒变质或被灰沙污染，影响今后使用。

3. 涂刷沥青绕包塑料带保护层

沥青内部常会混入一些杂质，使用前需预先进行熬炼脱水，过滤去杂质。在施工现场，加热到

130℃左右即可使用。将套管接头及其两端电缆外护套100mm长的一段清洗干净，在铅封处用喷灯稍加烘烤后用棉纱除净硬脂酸等物，趁热用沥青涂擦一薄层，再用毛刷蘸煮化的沥青把清洗部位涂刷一薄层，使沥青厚度达1～2mm，之后用塑料带按30号胶绕包型工艺绕包一层，注意在塑料带起皱折处产生的孔隙，必须用热沥青堵塞严密，如此反复多次，直到符合工艺要求为止。对于低熔点焊锡封焊的接头，沥青的温度以110～120℃为宜。

4. 绕包塑料胶粘带保护层

用塑料胶粘带直接绕包电缆接头作为保护层操作十分方便，而且干净卫生，劳动条件良好。其做法，一般从离接头100mm的电缆外护层处绕起，按30%～50%搭盖绕包后到另一端电缆外护层100mm处为一层，折回绕包第二层……直到绕够4～5层结束。绕包时胶粘带要用力拉紧，直径变化处不允许出现皱纹及生成孔隙。绕包前电缆及接头要清洗干净。

5. 自粘性橡胶带，塑料胶粘带联合绕包的保护层

自粘性橡胶带绕包能消除内部的一切缝隙，因此能构成隔水性能良好的保护层，但自粘性橡胶带在与外界接触的情况下易老化，且硬度太低极易受外界机械损伤，因此不宜单独使用。一般用作接头保护层的方法是先在电缆接头外涂刷一薄层沥青，要求与沥青塑料带保护层中的第一层沥青相同。在沥青涂层上绕包2～3层自粘性橡胶带，外面再绕包两层聚氯乙烯胶粘带。绕包时，外面一层的长度要超过里面一层以构成多道防水线，构成复合防水保护层。

6. 塑料外护套热熔连接保护层

通信电缆的外护套一般由聚氯乙烯或聚乙烯挤塑护套组成，因此可采用热熔法来连接保护层。首先需按照电缆外径大小车制一套专用加热器，按图15-1-14原理进行热熔连接，具体操作如下：

接续电缆前先穿入与护套相同材料制作的塑料连接管，使套管内径比电缆外径大3mm左右，以能用手稍加压即能插入加热器而不留空隙为宜，并用丙酮将熔接段内壁擦洗干净。待接头金属护套封焊完毕后，在裸露的金属护套外均匀涂刷一层石油沥青或30号胶，厚度约1mm左右，确保与金属护套粘接良好。之后用干净棉纱头将塑料护套熔接段和加热器的加热面擦干净，将预先套入的塑料套管移到预先规定位置。将加热器的加热面插入套管和电缆护套搭接缝内。用弹性橡胶带（一般用0.5mm厚、26mm宽的乳胶带拉紧，拉力约为9.8N）缠绕10圈左右以对熔接面进行加压。将固体燃料剪片放到加热器燃烧面上，用火点燃，使加热器的温度迅速上升到加热面温度超过塑料熔化温度，使其处于半熔融状态。弹性橡胶带对接缝的压力会导致加热器从熔接面中滑出（从点火到加热器的缓慢滑出一般需要2min左右）。随着加热器的缓慢滑出，弹性橡胶带的压力就将熔融的套管、护套接触面上的塑料熔接在一起，形成浑然一体的连接缝。也可采用喷灯加热加热器，但喷灯嘴距加热器应有3～5cm距离，火力不宜太大，并尽可能使两个半加热器受热均匀，升温一致。同样控制加热器在2min左右滑出脱落为好。

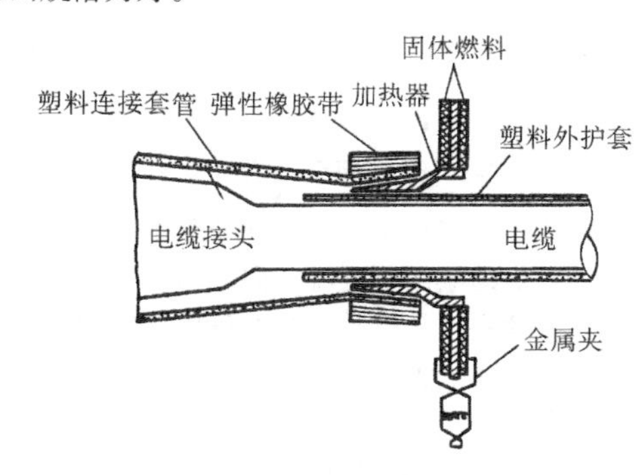

图15-1-14　塑料外护套热熔接原理图

待冷却2～3min后，即可解开弹性橡胶带。熔接结束，进行检查是否紧密接触，若不好，需返工重新熔接直至满意为止。

7. 聚乙烯热缩管接头保护层

用热缩管也可作电缆接头保护层，详见1.2节全塑电缆护套的连接密封部分。

8. 硬塑料管接头保护层

四管综合中同轴电缆接头用硬聚氯乙烯管保护，如图15-1-15所示。

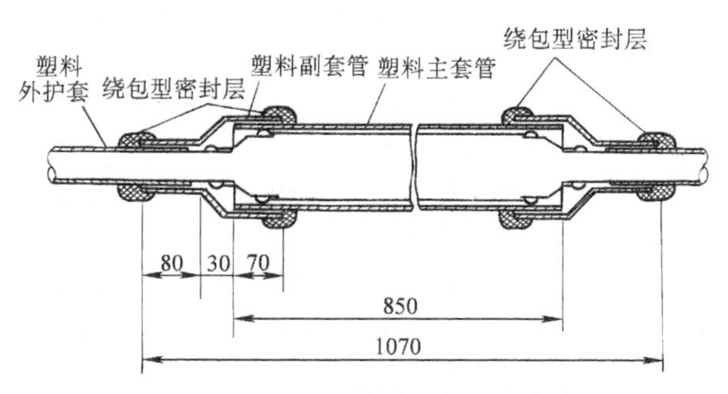

图15-1-15　四管综合中同轴电缆接头用硬塑料管保护

硬塑料管套入电缆前用砂纸打净主套管两端外表面10cm，副套管内外表面各5cm。在电缆接续前，在两端依次套上副套管及主套管。待接续封焊完毕后在金属护套上均匀涂刷一层30号胶（或沥青），若是铝护套，最好涂刷两层胶后加两层塑料带防腐蚀保护层。用砂纸打净连接处的外护套，并用清洗剂擦洗。把主、副套管移到规定保护位置，如果电缆是聚氯乙烯护套，用聚氯乙烯带涂以环己酮（或聚氯乙烯胶）用力绕包于电缆护套与塑料副套管之间。最后用棉纱层绑扎牢固。如果电缆外护套由聚乙烯组成，则用自粘性橡胶带或聚乙烯胶粘带绕包密封，工艺同上。

主、副套管之间的连接缝，用聚氯乙烯带涂环己酮或聚氯乙烯胶带绕包，外面用棉纱绳绑扎牢固。

1.3.3 监测线的安装

监测线是焊连在接口两侧钢带上的导线，用来测量电缆外皮的电位和电流方向，以研究电缆遭受腐蚀的可能性及可能遭受腐蚀的程度。监测线的安装地点由设计决定，每组监测线由a、b两条导线组成，两条线均采用多股铜芯塑料绝缘软线，a线用白色或浅色线，b线用蓝色或深色线，每根线长4.5~5.0m，两条导线分别焊接在中间断开的外层铠装钢带上，相距1m。焊在北（东）侧的为a线，焊在南（西）侧的为b线，安装方法如下：

1. 在接头处安装监测线

在电缆接头处安装监测线时，在接头两端用3×ϕ1.2（或5×ϕ0.9）mm铜线将内外层钢带与电缆铅包用锡焊接连通电路，监测线从接头两端相隔1m左右的钢带上焊接引出，并用ϕ1.6mm铁线将监测线捆扎固定在护层切口处。

2. 电缆上开天窗安装监测线

1）在安装处剥除电缆外护层1m长（称为“开天窗”）。

2）剥除外护层的电缆中间锉断两层铠装钢带，剥去内衬层露出电缆铅护套。

3）用多股铜线连接两端内外层钢带和中间露出的铅护套，连接点用锡焊牢。

4）在多股铜线与两端钢带焊接点上用锡焊接引出a、b监测线，并用ϕ1.6mm铁线将监测线绑牢在两端外护层切口处。

5）接头和“天窗”用30号胶加塑料带作防腐覆盖层相同。

1.4 终端设备

1.4.1 分线盒、交接箱

1. 分线盒及分线箱

（1）分线盒 它是一种有保安装置的分线设备，当用户线路是短段电线或小对数电缆，而且不太可能有强电流流入电缆的情况下可采用分线盒，其容量一般可分为5对、10对、20对、30对几种。盒内装设一层接线板，接线板的内外两侧均设有接线端子，内侧（背面）接线端子通过尾巴电缆接至配线电缆，而外侧（正面）接线端子则接至用户进线，如图15-1-16所示。

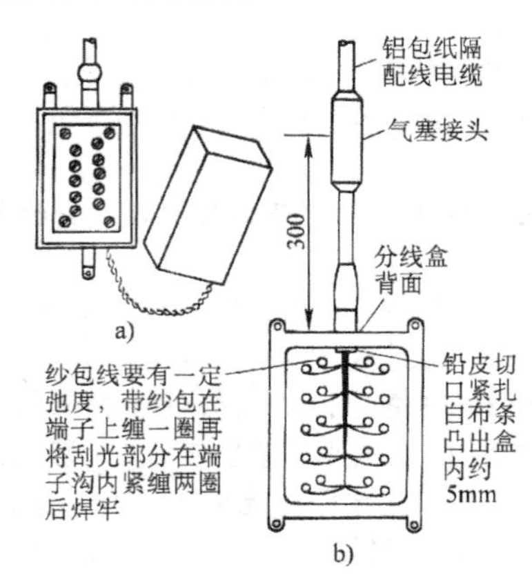

图15-1-16 分线盒

a）正面 b）背面

（2）分线箱 它是一种装有熔丝和避雷器等保安装置的分线设备。当分线设备到用户话机间设有架空明线的情况下可采用分线箱，其容量一般有5对、10对、20对、30对、50对等几种。箱内有两层接线板，每层接线板的内外侧均设有接线端子，内层接线板一侧端子通过尾巴电缆接至配线电缆，而外层接线板的端子则接至用户进线，如图15-1-17所示。分线箱一般制成圆罐形，箱内的熔丝用以防止3~7A以上的电流从明线冲进电缆，云母避雷器则用以避免雷击或其他高压电流的破坏。

（3）分线盒和分线箱的安装 分线盒和分线箱一般在电杆上装设，分线盒也有在墙上装设的。在电杆上装设时应装在架空电缆的下方，面向局侧的杆面上。联络电缆两端的分线盒（箱）则装在杆上联络电缆一侧，而联络电缆中间的分线盒（箱）则装于局线来源的一侧。

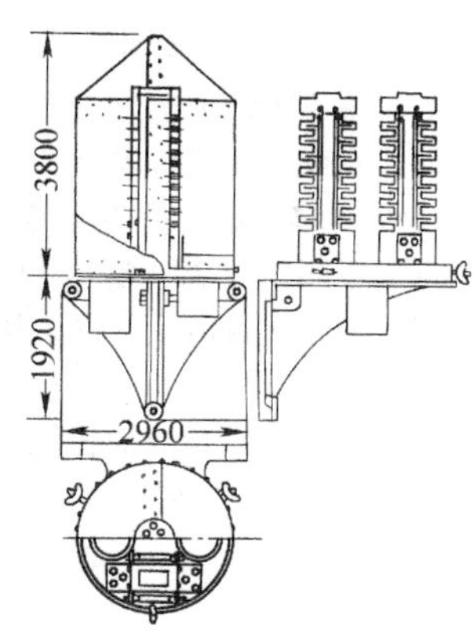

图 15-1-17 分线箱

分线设备尾巴电缆需用的主要材料及规格见表15-1-14。

2. 交接箱

交接箱是用来重新分配从局方接来的主干电缆线路的分线设备。它相当于一个小型的配线架，箱内无保安设备，主要由箱壳，接头排组成，如图15-1-18所示。交接箱一般有400对、600对、900对、1200对、1800对、2400对等几种，可根据实际需要接用。一般箱内允许有不接电缆的空间接头排，但以不超过1/3为原则，且空间接头排应在交接箱的右下侧。各电缆占用接头排的位置是以跳线在箱内连接的距离最短为原则，因此当主干电缆小于配线电缆对数时，可将主干电缆接于中间位置的接头排，否则应将配线电缆接于中间。对于专线电缆（包括小交换机中继电缆）可接于右下方的接头排上。

表 15-1-14 分线设备尾巴电缆需用主要材料及规格表

项目	单位	分线箱对数						
		5	10	15	20	25	30	50
铅包纱隔电缆长度	m	1.45	1.55	1.60	1.60	1.65	1.65	2.1
铅包纸隔电缆长度	m	1.75	1.75	1.75	1.8	1.8	1.8	2.0
纸管排列数	排	2	2	2	3	3	3	4
使用铅套管(内径×长)	mm	20×200	25×200	25×200	30×250	30×250	30×250	40×350

项目	单位	分线盒对数					
		5	10	15	20	25	30
铅包纱隔电缆长度	m	0.6	0.60	0.70	0.75	0.80	0.85
铅包纸隔电缆长度	m	1.4	1.4	1.4	1.45	1.45	1.45
纸管排列数	排	2	2	2	3	3	3
使用铅套管(内径×长)	mm	20×200	25×200	25×200	30×250	30×250	30×250

注：1. 电缆线径以0.4~0.65mm为宜。
2. 对于只有一排端子的25对箱（旧式）可按50对箱选用电缆长度。
3. 如因设备情况的需要，可特制长尾巴（只延长纸隔电缆）。

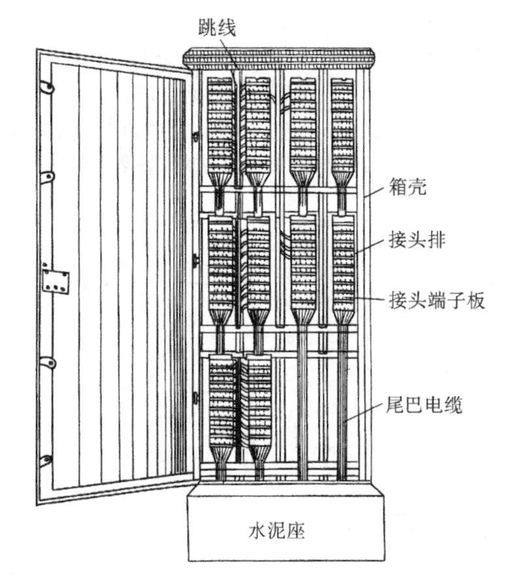

图 15-1-18 交接箱的构造

交接箱的安装方式，可分为挂墙式、架空式和落地式三种。架空线路安装交接箱时可装设于H杆或地上。

1.4.2 电缆配线架

电缆配线架安装在电信局测量室内，所有外线均应接至配线架。配线架一般由横和直列铁架、成端电缆线把、保安器弹簧排、保安器、试验弹簧排、端子板和用户跳线等部分组成。

横、直列铁架用以支持电缆及弹簧排等其他设备用。

保安器弹簧排可分为20回线，21回线两种。装于铁架直列上，用于连接外线及跳线，安装保安器用。安装保安器弹簧排时，每直列为100对的列架应每列装设5块弹簧排，200对的每列装10块，300对的每列装15块，每5块弹簧排中应包含4块20回线的和1块21回线的，其中21回线弹簧排应集中地安装于直列的末端为宜。

保安器安装于保安器弹簧排的一侧，它是由炭精避雷器和热线轴所组成。

试验弹簧排及端子板均装设于配线架的铁架横列上。在试验弹簧排处可将局内、外线路切断，利用横列的测试塞孔，可进行局内、外线路的障碍测试，以便及时进行查修。

端子板一般位于试验弹簧排的上侧，特殊用户一般均应接入端子板。

用户跳线可分为纱包跳线和塑料跳线两种，它的作用是用来调度和沟通局内外线路。

配线架一般有A、B两种型式。A型配线架把弹簧组横架接外线，保安器排纵架接内线；B型配线架把保安器排纵架接外线，弹簧组横架接内线。由于配线架的型式不同，成端电缆芯线的引出方法有单列式和多列式两种。目前生产的常用配线架种类见表15-1-15。

配线架的连接线方式，有绕线轮绕接、压接及绕接加焊等。

表 15-1-15 常用配线架种类

型号	回线数	每直列回线数	使用场合
HPX-01	240~720	120	适用于工矿企事业单位内部通信
HPX-02	300，600，900	101	适用于小容量电信局和工矿企事业单位通信
HPX-03	<10000	202	适用于万门以下电信局
HPX-04	<10000	303	适用于万门以下电信局
HPX-05	<10000	202	适用于万门以下电信局
HPX-06	4000	800	适用于大容量的电信局，其特点是体积小、容量大、占用机房面积小，是当前建新局、改造老局普遍使用的一种

1.5 电缆的成端

1.5.1 全塑通信电缆的成端要求

全塑通信电缆的成端要求一般如下：

1）电缆在成端前，必须核对缆线标识内容是否正确；

2）电缆中间不应有接头；

3）电缆成端处必须牢固、接触良好；

4）对绞电缆与连接器件连接应认准线号、线位色标，不得颠倒和错接。

1.5.2 综合布线系统对绞电缆的成端要求

综合布线系统对绞电缆的成端要求一般如下：

1）成端时，每对对绞线应保持扭绞状态，扭绞松开长度对于3类电缆不应大于75mm；对于5类电缆不应大于13mm；对于6类及以上电缆应尽量保持扭绞状态，减小扭绞松开长度。

2）对绞线与8位模块式通用插座相连时，必须按色标和线对顺序进行卡接。插座类型、色标和编号应图15-1-19所示的规定。两种连接方式均可采用，但在同一布线工程中两种连接方式不应混合使用。

3）屏蔽对绞电缆的屏蔽层与连接器件终接处屏蔽罩应通过紧固器件可靠接触，电缆屏蔽层应与连接器件屏蔽罩360°圆周接触，接触长度不宜小于10mm。屏蔽层不应用于受力的场合。

4）对不同屏蔽层应采用不同的端接方法。应对编织层或金属箔与汇流导线进行有效的端接。

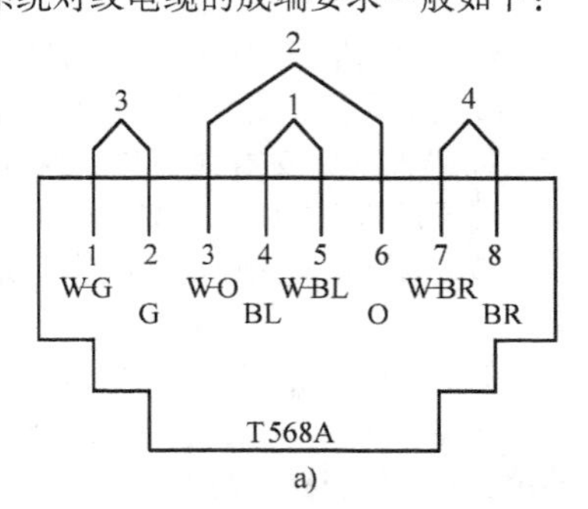

a)

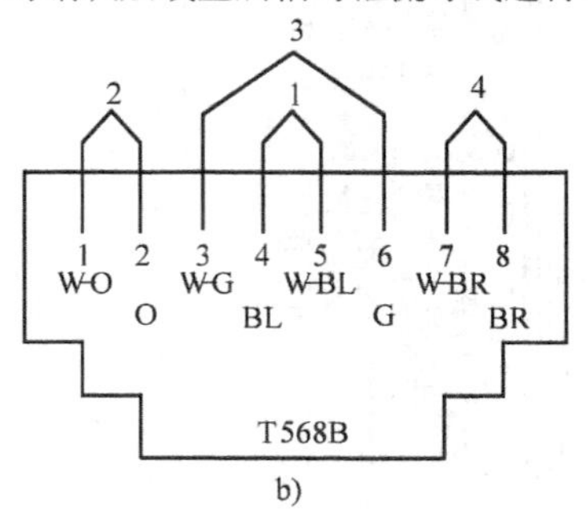

b)

图 15-1-19 8位模块式通用插座连接图

a）A类 b）B类

W（White）—白 G（Green）—绿 O（Orange）—橙

BL（Blue）—蓝 BR（Brown）—棕

第2章

通信电线电缆的安装敷设

2.1 架空墙壁电缆及室内电缆的安装敷设

架空电缆由于本身具有一定的重量，而且机械强度又比较差，所以不能直接把电缆悬挂在电杆中间，必须设有吊线，用挂钩或挂带，或者采用自承式将电缆托挂在吊线上。

2.1.1 架设吊线

1. 吊线规格的选用

吊线是架空电缆的支持物，以7股镀锌钢绞线为主，吊线的规格应根据所挂电缆的重量、杆档平均距离、所在地区的气象负荷，以及发展的情况等因素来选用，见表15-2-1。表中悬挂电缆的对数是指一条钢绞线上只挂一条电缆而言。如果受条件限制需要挂两条小对数电缆时，两条电缆重量之和不应超过表中悬挂电缆重量数值。

2. 装设吊线夹板

电缆吊线一般采用三眼单槽夹板固定在电杆上。对木杆和有预留孔的混凝土杆采用穿钉固定；对无预留孔的混凝土杆采用专用的吊线抱箍固定，如图15-2-1所示。

表15-2-1 电缆吊线选用表

负荷区划	杆间距离 L/m	吊线规格	悬挂电缆重量 W/(kg/m)	悬挂电缆(线径)/对数			
				0.4mm	0.5mm	0.6mm	0.7mm
轻负荷区	L≤45	7/2.2	W≤2.11	150及以下	100及以下	100及以下	50及以下
		7/2.6	2.11＜W≤3.02	200	150、200	150	80、100
		7/3.0	3.02＜W≤4.15	300、400	300	200	150
中负荷区	L≤40	7/2.2	W≤1.82	150及以下	100及以下	80及以下	50及以下
		7/2.6	1.82＜W≤3.02	200	150、20	100、150	80、100
		7/3.0	3.02＜W≤4.15	300、400	300	200	150
重负荷区	L≤35	7/2.2	W≤1.46	100及以下	80及以下	50及以下	30及以下
		7/2.6	1.46＜W≤2.52	150、200	100、150	80、100	50、80
		7/3.0	2.52＜W≤3.89	300、400	200	150、200	100

注：表中悬挂电缆的线径对数系按铜芯铅包电缆考虑。

装设吊线夹板应符合下列要求：

1）装设吊线夹板的位置不宜过高，应使所挂电缆符合表15-2-2距地面最小垂直净距的要求。吊线夹板至杆梢的距离一般不小于50cm；吊线坡度一般不超过杆距的1/40，在地形受到限制时，以不超过杆距的1/20为宜。

2）在同一杆路上设有明线和电缆吊线时，吊线夹板至末层线担穿钉的距离不应小于45cm。在同一电杆上装设多层吊线时，各层吊线夹板之间的距离为40cm。

3）在电杆上新装设吊线时，吊线夹板应装于电杆背向街道的一侧。吊线夹板的穿钉螺母应与夹板同侧；吊线夹板的线槽应朝上面，夹板的唇口应面向电杆，在内角杆上夹板唇口应背向电杆。

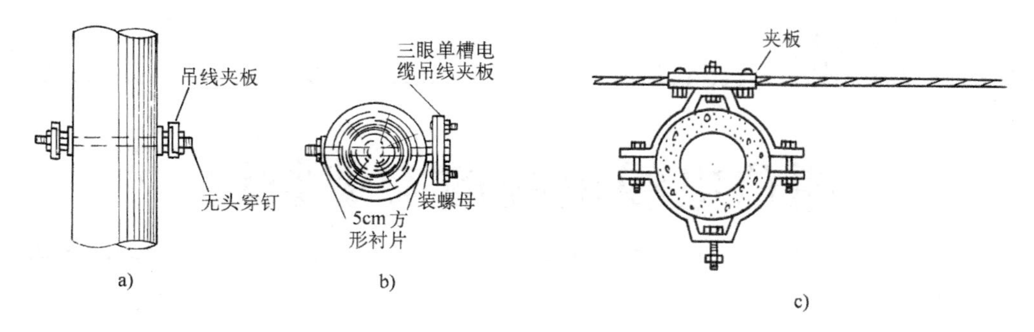

图 15-2-1 装设吊线夹板

a）采用无头穿钉装两副吊线夹板

b）采用穿钉装一副吊线夹板

c）混凝土杆采用专用吊线抱箍

表 15-2-2 架空电缆与其他设备的垂直空距或最小间隔

其他设备名称	与线路方向平行时		与线路交越时	
	垂直空距或最小间隔/m	备注	垂直空距或最小间隔/m	备注
市内街道	4.5	最低电缆到地面	5.5	最低电缆到地面
市内里弄、胡同	4.0		5.0	
铁路	3.0		7.5	最低电缆到轨面
公路	3.0		5.5	最低电缆到路面
土路	3.0		4.5	
房屋建筑物	—	—	0.6	最低电缆到屋脊
	—	—	1.5	最低电缆到房屋平顶
其他通信导线	—	—	0.6	一方最低缆线到另一方最高线条
河流	—	—	1.0	最低电缆到最高水位时的最高船桅
市区树木	—	—	2.5	最低电缆到树枝的垂直距离
郊区树木	—	—	1.5	

注：本表摘自 YD 5102—2010《通信线路工程设计规范》。

3. 架设吊线

架设吊线时，把钢绞线放在具有转盘装置的放线架上，然后转动放线架上的转盘，即可开始放线。牵引吊线的方法有下列几种：

1）把吊线搁在吊线夹板的线槽里，并把外面的螺母旋紧，以防吊线脱出线槽，即可进行牵引吊线。

2）将吊线搁在电杆和夹板中间的螺母上，但在直线线路上每隔六根电杆和在拐弯线路上的所有角杆上，均需按照前法，把吊线放在夹板的线槽里。

3）在无障碍物的地方，可以把吊线放在地上，然后再搬上电杆。但使用此法必须以不使吊线受损和不妨碍交通为原则。

在架设吊线的过程中，尽可能使用整条的钢绞线，在一个杆档内吊线接头不能多于一个。要特别注意安全，避免与电力线、电车线等碰触，以免发生事故。

4. 吊线的收紧和终结

（1）收紧吊线

1）吊线架设后，即可在线路一端作好吊线终结，以便在另一端收紧。收紧吊线时可根据吊线张力大小、工作地点和工具配备等情况而定，可使用绞盘收紧吊线（见图 15-2-2）及使用辘轳收紧吊线的方法（见图 15-2-3）。收紧吊线时，每段一般不应超过 20 档，如角杆较多或吊线坡度变更较大时，紧线档数可适当减少。在收紧吊线前后，应检查拉线和拴固紧线器的绳索等装设情况，以保证安全。

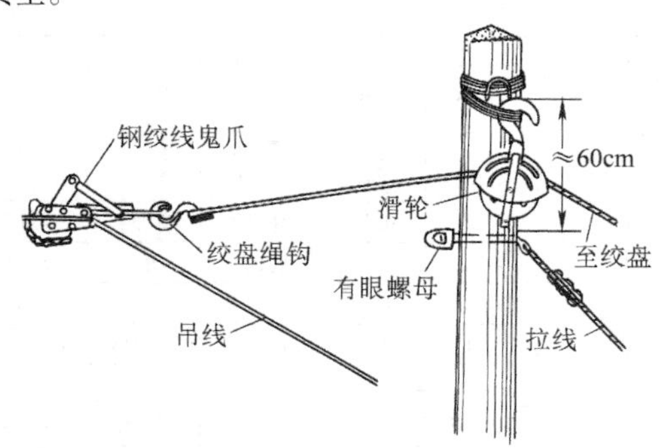

图 15-2-2　用绞盘收紧吊线方法

2）吊线的垂度，各种规格的吊线和在不同负荷区架设电缆前的原始垂度见表 15-2-3 ~ 表15-2-15。

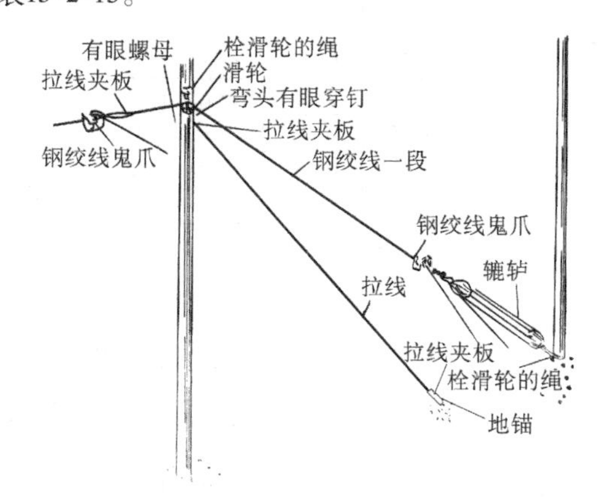

图 15-2-3　用辘轳收紧吊线方法

表 15-2-3　无冰凌轻负荷区吊线原始安装垂度（吊线程式：7/2.2mm）

杆距/m	吊线安装垂度/mm							
	-30℃	-20℃	-10℃	0℃	10℃	20℃	30℃	40℃
45	64.9	70.2	76.3	83.6	92.4	103.2	116.6	133.9
50	80.5	86.9	94.6	103.6	114.5	127.8	144.4	165.5
55	97.7	105.6	114.9	125.9	139.1	155.2	175.3	200.6
60	116.8	126.2	137.3	150.5	166.2	185.5	209.3	239.1
65	137.7	148.8	161.9	177.4	196.0	218.6	246.4	281.2
70	160.4	173.5	188.8	206.8	228.5	254.7	286.9	326.7
75	185.1	200.2	217.9	238.7	263.7	293.8	330.6	375.8
80	211.8	229.1	249.4	273.2	301.7	336.0	377.6	428.5
85	240.6	260.2	283.2	310.3	342.6	381.3	428.1	484.7
90	271.4	293.7	319.6	350.2	386.5	429.9	482.0	544.6
95	304.4	329.4	358.8	392.8	433.4	481.7	539.4	608.1
100	339.7	367.6	400.2	438.4	483.5	536.9	600.4	675.2
105	377.2	408.4	444.5	486.9	536.7	595.6	664.9	746.0
110	417.2	451.7	491.7	538.5	593.3	657.7	733.1	820.5
115	459.7	497.7	541.8	593.2	653.2	723.4	805.0	898.7
120	504.7	546.5	595.0	651.2	716.6	792.7	880.6	980.7
125	552.4	598.3	651.2	712.5	783.6	865.7	959.9	1066.3
130	602.9	653.0	710.7	777.3	854.2	942.5	1043.0	1155.7
135	656.3	710.8	773.5	845.6	928.4	1023.1	1130.0	1248.9
140	712.6	771.8	839.7	917.5	1006.5	1107.5	1220.8	1345.8
145	772.0	836.1	909.4	993.2	1088.4	1195.8	1315.5	1446.5
150	834.7	903.9	982.8	1072.6	1174.2	1288.1	1414.0	1550.9

表 15-2-4 无冰凌轻负荷区吊线原始安装垂度（辅助吊线程式：7/3.0mm；正吊线程式：7/2.2mm）

杆距/m	辅吊线安装垂度/m					杆距/m	辅吊线安装垂度/m				
	-10℃	0℃	10℃	20℃	30℃		-10℃	0℃	10℃	20℃	30℃
150	0.56	0.59	0.63	0.63	0.71	330	5.39	5.65	5.91	6.17	6.43
160	0.65	0.69	0.73	0.78	0.83	340	5.97	6.24	6.51	6.77	7.04
170	0.75	0.80	0.85	0.90	0.96	350	6.52	6.80	7.07	7.35	7.62
180	0.88	0.93	0.99	1.06	1.13	360	7.10	7.38	7.66	7.94	8.21
190	1.01	1.07	1.14	1.21	1.30	370	7.71	7.99	8.27	8.55	8.82
200	1.15	1.22	1.30	1.39	1.49	380	8.40	8.68	8.96	9.24	9.52
210	1.31	1.40	1.49	1.59	1.70	390	9.05	9.33	9.62	9.90	10.17
220	1.51	1.61	1.71	1.83	1.96	400	9.72	10.00	10.29	10.57	10.85
230	1.71	1.82	1.95	2.08	2.22	410	10.41	10.69	10.98	11.26	11.54
240	1.94	2.07	2.20	2.35	2.51	420	11.18	11.47	11.75	12.04	12.31
250	2.19	2.33	2.49	2.65	2.83	430	11.91	12.20	12.49	12.77	13.05
260	2.50	2.66	2.83	3.02	3.21	440	12.66	12.95	13.24	13.52	13.79
270	2.81	2.99	3.18	3.38	3.59	450	13.43	13.72	14.00	14.28	14.56
280	3.16	3.35	3.55	3.77	3.99	460	14.28	14.57	14.86	15.14	15.41
290	3.53	3.74	3.96	4.18	4.42	470	15.09	15.38	15.66	15.94	16.22
300	3.98	4.21	4.44	4.68	4.92	480	15.92	16.20	16.48	16.76	17.04
310	4.42	4.66	4.90	5.15	5.40	490	16.76	17.04	17.33	17.60	17.88
320	4.89	5.14	5.39	5.65	5.91	500	17.69	17.97	18.25	18.53	18.80

表 15-2-5 有冰凌轻负荷区吊线原始安装垂度（吊线程式：7/2.2mm）

杆距/m	吊线安装垂度/mm							
	-30℃	-20℃	-10℃	0℃	10℃	20℃	30℃	40℃
45	76.3	83.6	92.4	103.2	116.6	133.9	156.2	186.3
50	94.6	103.6	114.5	127.8	144.4	165.5	192.8	228.6
55	114.9	125.9	139.1	155.2	175.3	200.6	233.1	275.0
60	137.3	150.5	166.2	185.5	209.3	239.1	277.1	325.2
65	161.9	177.4	196.0	218.6	246.4	281.2	324.8	379.3
70	188.8	206.8	228.5	254.7	286.9	326.7	376.2	437.2
75	217.9	238.7	263.7	293.8	330.6	375.8	431.4	498.8
80	249.4	273.2	301.7	336.0	377.6	428.5	490.2	564.1
85	283.2	310.3	342.6	381.3	428.1	484.1	552.7	633.0
90	319.6	350.2	386.5	429.9	482.0	544.6	618.9	705.5
95	358.6	392.8	433.4	481.7	539.4	608.1	688.8	781.6
100	400.2	438.4	483.5	536.9	600.4	675.2	762.3	861.2
105	444.5	486.9	536.7	595.6	664.9	746.0	839.4	944.3
110	491.7	538.5	593.3	657.7	733.1	820.5	920.2	1031.0
115	541.8	593.2	653.2	723.4	805.0	898.7	1004.6	1121.1
120	595.0	651.2	716.6	792.7	880.6	980.7	1092.6	1214.7
125	651.2	712.5	783.6	865.7	959.9	1066.3	1184.3	1311.8
130	710.7	777.3	854.2	942.5	1043.0	1155.7	1279.5	1412.3
135	773.5	845.6	928.4	1023.1	1130.0	1248.9	1378.4	1516.3
140	839.7	917.5	1006.5	1107.5	1220.8	1345.8	1480.9	1623.8
145	909.4	993.2	1088.4	1195.8	1315.5	1446.5	1587.0	1734.8
150	982.8	1072.6	1174.2	1288.1	1414.0	1550.9	1696.8	1849.2

表 15-2-6 有冰凌轻负荷区吊线原始安装垂度（辅助吊线程式：7/3.0mm；正吊线程式：7/2.2mm）

杆距/m	辅吊线安装垂度/m					杆距/m	辅吊线安装垂度/m				
	-10℃	0℃	10℃	20℃	30℃		-10℃	0℃	10℃	20℃	30℃
150	0.57	0.60	0.64	0.68	0.72	330	5.15	5.40	5.66	5.92	6.19
160	0.66	0.70	0.74	0.79	0.84	340	5.70	5.96	6.23	6.50	6.77
170	0.76	0.81	0.86	0.91	0.98	350	6.22	6.49	6.76	7.04	7.31
180	0.88	0.94	1.00	1.06	1.14	360	6.76	7.04	7.32	7.60	7.87
190	1.01	1.07	1.14	1.22	1.31	370	7.23	7.61	7.89	8.18	8.45
200	1.15	1.23	1.31	1.39	1.49	380	7.98	8.27	8.56	8.84	9.12
210	1.31	1.39	1.48	1.59	1.70	390	8.60	8.89	9.17	9.46	9.74
220	1.50	1.60	1.70	1.82	1.95	400	9.23	9.52	9.81	10.10	10.38
230	1.70	1.81	1.93	2.06	2.20	410	9.88	10.18	10.47	10.76	11.04
240	1.91	2.04	2.17	2.32	2.48	420	10.62	10.92	11.21	11.50	11.78
250	2.15	2.29	2.44	2.60	2.78	430	11.32	11.61	11.91	12.19	12.48
260	2.45	2.60	2.77	2.95	3.14	440	12.03	12.33	12.62	12.91	13.19
270	2.74	2.91	3.10	3.29	3.50	450	12.76	13.05	13.35	13.64	13.92
280	3.06	3.25	3.45	3.66	3.88	460	13.58	13.88	14.17	14.46	14.74
290	3.41	3.61	3.33	4.05	4.28	470	14.35	14.64	14.93	15.22	15.51
300	3.83	4.05	4.28	4.52	4.76	480	15.13	15.43	15.72	16.01	16.29
310	4.24	4.48	4.72	4.96	5.21	490	15.93	16.23	16.52	16.81	17.09
320	4.68	4.93	5.18	5.43	5.69	500	16.83	17.12	17.41	17.70	17.98

表 15-2-7 中负荷区吊线原始安装垂度（吊线程式：7/2.2mm）

杆距/m	吊线安装垂度/mm							
	-30℃	-20℃	-10℃	0℃	10℃	20℃	30℃	40℃
40	62.4	68.7	76.2	85.5	97.4	112.7	133.2	161.0
45	79.3	87.2	96.8	108.6	123.6	142.9	168.3	202.2
50	98.3	109.1	120.0	134.6	153.0	176.6	207.3	247.6
55	119.5	131.4	145.8	163.5	185.7	213.9	250.3	297.1
60	142.9	157.1	174.3	195.5	221.8	255.0	297.2	350.5
65	168.6	185.4	205.7	230.5	261.2	299.7	348.0	408.0
70	196.6	216.2	239.8	268.6	304.0	348.1	402.6	469.2
75	227.1	249.7	276.9	309.9	350.4	400.2	461.1	534.3
80	260.1	286.0	317.0	354.6	400.3	456.1	523.4	603.0
85	295.6	325.0	360.2	402.5	453.8	515.7	589.5	675.5
90	333.8	367.0	406.5	453.9	510.9	579.1	659.4	751.6
95	374.7	411.9	456.1	508.8	571.7	646.2	733.0	831.3
100	418.5	460.0	509.1	567.3	636.3	717.2	819.4	914.9

表 15-2-8 中负荷区吊线原始安装垂度（吊线程式：7/3.0mm）

杆距/m	吊线原始垂度/mm							
	-30℃	-20℃	-10℃	0℃	10℃	20℃	30℃	40℃
100	417.0	456.3	502.7	557.4	621.9	697.5	784.9	883.5
105	461.3	504.6	555.2	615.0	684.9	766.2	859.2	963.2
110	508.0	555.4	610.8	675.5	750.9	837.8	936.4	1045.7
115	557.3	608.9	669.0	738.9	819.8	912.4	1016.5	1130.9
120	609.0	665.1	730.1	805.3	891.7	989.9	1099.4	1218.9
125	663.4	724.0	794.0	874.5	966.5	1070.3	1185.2	1309.5
130	720.3	785.7	860.7	946.7	1044.3	1153.6	1273.7	1402.9

（续）

杆距/m	吊线原始垂度/mm							
	-30℃	-20℃	-10℃	0℃	10℃	20℃	30℃	40℃
135	779.9	850.1	930.4	1021.8	1125.0	1239.7	1365.0	1498.9
140	842.2	917.3	1002.9	1099.9	1208.6	1328.7	1459.0	1597.6
145	907.3	987.4	1078.4	1180.9	1295.1	1420.6	1555.9	1698.9
150	975.1	1060.4	1156.7	1264.8	1384.5	1515.2	1655.4	1802.9

表 15-2-9　中负荷区吊线原始安装垂度（辅助吊线程式：7/3.0mm；正吊线程式：7/2.2mm）

杆距/m	辅吊线安装垂度/m					杆距/m	辅吊线安装垂度/m				
	-10℃	0℃	10℃	20℃	30℃		-10℃	0℃	10℃	20℃	30℃
150	0.81	0.87	0.94	1.02	1.11	230	4.06	4.27	4.47	4.67	4.87
160	0.99	1.07	1.17	1.27	1.38	240	4.69	4.9	5.11	5.31	5.5
170	1.23	1.33	1.44	1.56	1.7	250	5.36	5.57	5.77	5.97	6.17
180	1.57	1.7	1.84	1.99	2.15	260	6.16	6.37	6.57	6.77	6.96
190	1.93	2.08	2.25	2.42	2.59	270	6.89	7.1	7.3	7.49	7.68
200	2.35	2.52	2.71	2.89	3.08	280	7.65	7.85	8.05	8.25	8.44
210	2.83	3.02	3.22	3.41	3.6	290	8.44	8.64	8.83	9.03	9.22
220	3.47	3.67	3.87	4.07	4.27	300	9.36	9.55	9.75	9.94	10.12

表 15-2-10　重负荷区吊线原始安装垂度（吊线程式：7/2.2mm）

杆距/m	吊线原始垂度/mm							
	-30℃	-20℃	-10℃	0℃	10℃	20℃	30℃	40℃
25	26.2	29.0	32.5	37.0	42.9	50.8	62.1	78.9
30	37.8	41.9	47.0	53.4	61.8	73.3	89.0	112.0
35	51.7	57.3	64.2	72.9	84.3	99.6	120.6	150.2
40	67.7	75.1	84.2	95.6	110.4	130.1	156.7	193.2
45	86.1	95.5	107.0	121.5	140.1	164.6	197.3	240.8
50	106.9	118.4	132.7	150.6	173.5	203.2	242.3	292.8
55	130.0	144.1	161.4	183.1	210.6	245.9	291.5	349.0
60	155.7	172.5	193.2	219.0	251.4	292.7	344.9	409.3
65	183.9	203.8	228.2	258.3	296.1	343.5	402.5	473.6

表 15-2-11　重负荷区吊线原始安装垂度（吊线程式：7/3.0mm）

杆距/m	吊线原始垂度/mm							
	-30℃	-20℃	-10℃	0℃	10℃	20℃	30℃	40℃
65	187.4	207.2	231.2	260.7	297.3	343.1	399.7	468.0
70	218.0	240.8	268.5	302.4	344.2	395.7	458.5	532.8
75	251.0	277.2	308.8	347.3	394.3	451.6	520.5	600.8
80	286.5	316.3	352.0	395.2	447.7	510.9	585.8	671.8
85	324.6	358.1	398.1	446.4	504.3	573.5	654.3	745.9
90	365.2	402.6	447.3	500.6	564.2	639.2	725.9	823.0
95	408.4	450.0	499.3	558.0	627.3	708.2	800.7	903.0
100	454.3	500.2	554.5	618.5	693.5	780.3	878.4	986.0

表 15-2-12　重负荷区吊线原始安装垂度（辅助吊线程式：7/3.0mm；正吊线程式：7/2.2mm）

杆距/m	辅吊线安装垂度/m					杆距/m	辅吊线安装垂度/m				
	-10℃	0℃	10℃	20℃	30℃		-10℃	0℃	10℃	20℃	30℃
100	0.37	0.40	0.44	0.48	0.54	160	2.90	3.06	3.21	3.36	3.50
110	0.52	0.57	0.63	0.70	0.78	170	3.61	3.76	3.91	4.05	4.19
120	0.74	0.82	0.90	1.00	1.11	180	4.53	4.67	4.81	4.95	5.08
130	1.06	1.17	1.29	1.42	1.56	190	5.32	5.46	5.60	5.73	5.86
140	1.65	1.80	1.95	2.10	2.24	200	6.16	6.29	6.42	6.56	6.68
150	2.24	2.40	2.55	2.70	2.85						

表 15-2-13　超重负荷区吊线原始安装垂度（吊线程式：7/2.2mm）

杆距/m	吊线原始垂度/mm							
	-30℃	-20℃	-10℃	0℃	10℃	20℃	30℃	40℃
25	27.9	31.2	35.2	40.5	47.6	57.5	72.0	94.0
30	40.4	45.0	50.9	58.5	68.7	82.7	102.8	132.1
35	55.2	61.6	69.6	79.9	93.6	112.4	138.6	175.4
40	72.4	80.8	91.3	104.8	122.6	146.5	179.3	223.5
45	92.1	102.8	116.2	133.2	155.5	185.2	224.7	276.2

表 15-2-14　超重负荷区吊线原始安装垂度（吊线程式：7/3.0mm）

杆距/m	吊线原始垂度/mm							
	-30℃	-20℃	-10℃	0℃	10℃	20℃	30℃	40℃
45	94.9	105.7	119.2	136.3	158.6	187.8	226.6	276.6
50	117.5	130.8	147.4		195.2	230.1	275.4	332.2
55	142.5	158.6	178.6	203.6	235.5	276.3	328.0	391.3
60	170.1	189.3	212.9	242.3	279.4	326.2	384.4	453.9
65	200.2	222.7	250.2	284.3	326.9	379.8	444.3	519.8
70	233.0	259.0	290.7	329.7	377.9	436.9	507.6	589.0
75	268.4	298.2	334.3	378.5	432.4	497.6	574.4	661.4
80	306.6	340.3	381.1	430.5	490.3	561.6	644.4	736.9

表 15-2-15　超重负荷区吊线原始安装垂度（辅助吊线程式：7/3.0mm；正吊线程式：7/2.2mm）

杆距/m	辅吊线安装垂度/m					杆距/m	辅吊线安装垂度/m				
	-10℃	0℃	10℃	20℃	30℃		-10℃	0℃	10℃	20℃	30℃
80	0.28	0.30	0.34	0.38	0.42	150	5.09	5.18	5.28	5.37	5.46
90	0.46	0.51	0.58	0.65	0.74	160	6.03	6.12	6.21	6.30	6.39
100	1.02	1.14	1.26	1.38	1.49	170	7.02	7.11	7.20	7.29	7.38
110	1.66	1.79	1.90	2.02	2.13	180	8.29	8.37	8.46	8.54	8.63
120	2.38	2.50	2.61	2.72	2.83	190	9.41	9.50	9.58	9.66	9.75
130	3.15	3.26	3.36	3.47	3.57	200	10.60	10.68	10.76	10.85	10.93
140	4.20	4.30	4.40	4.49	4.59						

（2）吊线终结　在各种情况下，吊线的始端、终端交叉和必要地点应做各种不同的终结。终结方法有一般吊线终结、合手终结、假终结、十字终结、丁字终结、辅助终结及泄力终结等。现将常用的几种终结方法简要介绍如下：

1）一般吊线终结：在终端杆或小于 120°的大

角杆上的吊线，均应做一般吊线终结。吊线终结方法有另缠法、钢线卡法及夹板法等（见图15-2-4）。采用另缠法与夹板法时，先将吊线在电杆上捆两周，然后分别采用3.0mm镀锌铁线另缠或用三眼双槽夹板固定。

2）合手终结：它是两条相同规格的平行吊线做在一起的终结，应使用一根适当长度的无头穿钉扣住两个三眼双槽夹板，以防止电杆因受力不均而扭转。如两条吊线上的负荷相差较大时，则每条吊线应单独做终结。各种合手终结如图15-2-5所示。

3）假终结：相邻杆档的吊线规格不同时，为了使电杆受力平衡，应在杆上做假终结和泄力拉线。做假终结用的钢绞线应与吊线大小一致。各种吊线的假终结，如图15-2-6所示。

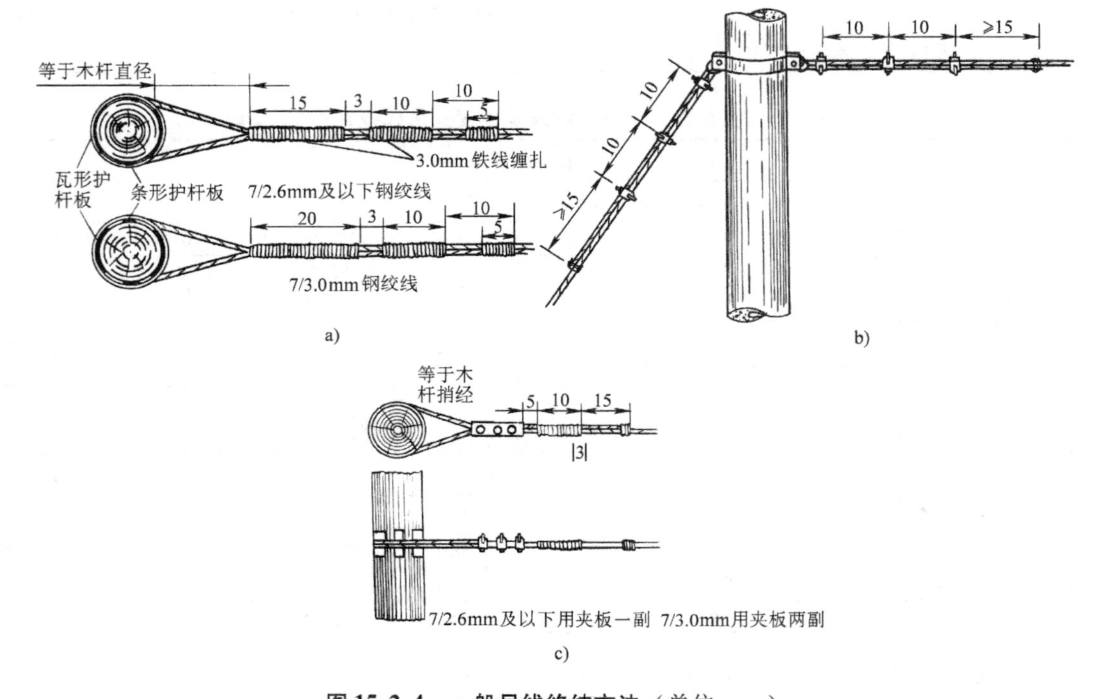

图15-2-4 一般吊线终结方法（单位：cm）

a）另缠法终结 b）钢线卡法终结 c）夹板法终结

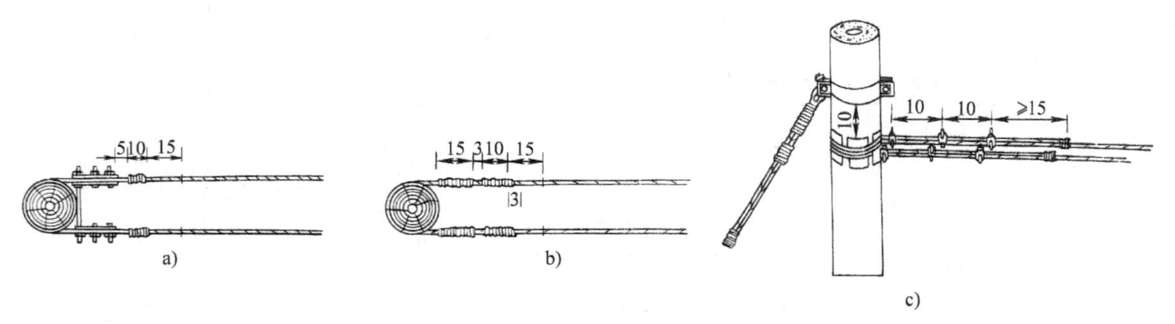

图15-2-5 各种合手终结（单位：cm）

a）同规格钢线合手终结 b）不同规格钢线合手终结 c）合手终结

4）十字终结：当两条同一高度的吊线交叉时，应在交叉点装用两个三眼单槽夹板做成十字吊线，装置成十字终结。较小的吊线应放在上面，如图15-2-7所示。

5）丁字终结：在市区内无法在原有电杆做电缆分支线路或十字吊线时，如电缆负荷较小，可采用夹板法做丁字吊线，与主吊线的连接应做成丁字终结。丁字终结如图15-2-8所示。

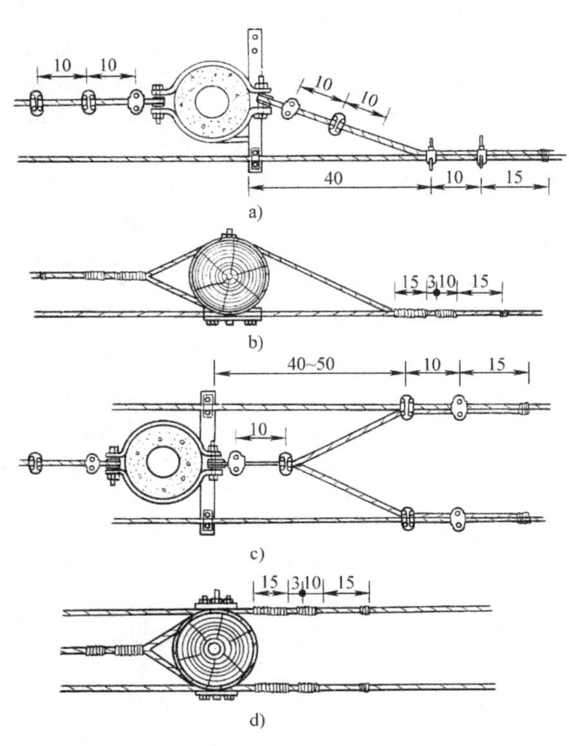

图 15-2-6　吊线假终结（单位：cm）

a）水泥杆假终结　b）木杆假终结

c）水泥杆假合手　d）木杆假合手

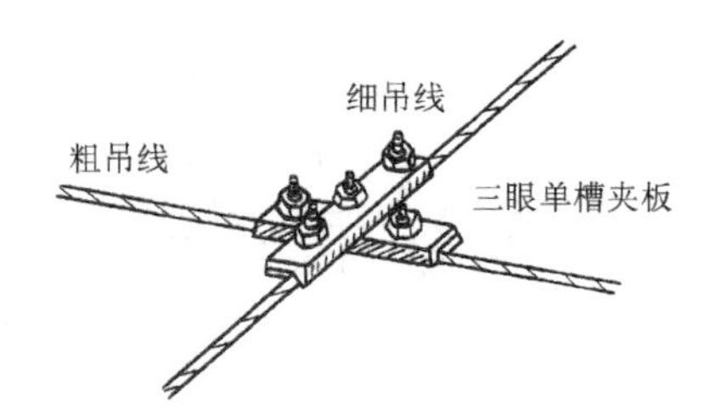

图 15-2-7　十字终结

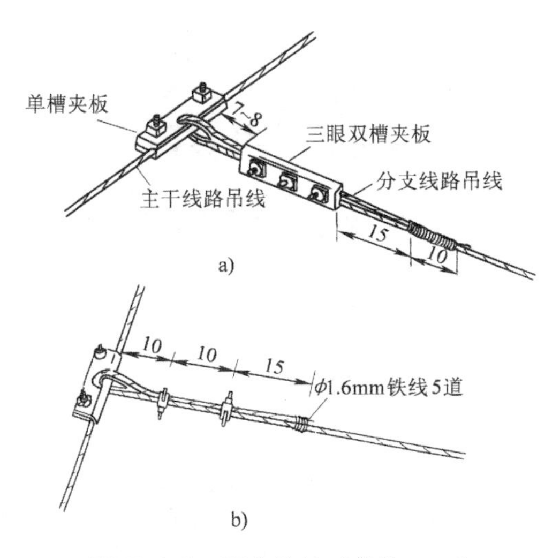

图 15-2-8　丁字终结（单位：cm）

a）夹板法　b）钢线卡法

2.1.2　安装挂钩

1. 挂钩的选用

选用电缆挂钩的规格，应与所挂电缆的直径相适应，既不能太大，也不能太小，否则将磨损或卡坏电缆。选用挂钩规格可参照表 15-2-16。

2. 架设挂钩

1）架设电缆挂钩，要求距离均匀整齐。一般架空电缆卡距为 60cm；靠近电杆两旁的挂钩距电杆中心为 30cm。

2）架空电缆在吊线接续处不应用挂钩承托，而改用单股皮线吊扎的方法。

3）架空电缆接头中心应用铅皮挂带或单股皮线缠扎承托，不得用挂钩承托。

4）引上电缆地线及接头在引上杆及吊线上的装设方法，如图 15-2-9 所示。

表 15-2-16　电缆挂钩选用

电缆直径 /mm	电缆对数（铜芯）					选用挂钩规格 /mm
	0.4mm 线径	0.5mm 线径	0.6mm 线径	0.7mm 线径	0.9mm 线径	
32 以上	400	300	200	100 ~ 160	100	65
32 及以下	300	150 ~ 200	100 ~ 150	50 ~ 80	50 ~ 80	55
24 及以下	150 ~ 200	80 ~ 100	50 ~ 80	30	20	45
18 及以下	50 ~ 100	25 ~ 50	20 ~ 30	10 ~ 20	10 ~ 15	35
12 及以下	5 ~ 30	5 ~ 20	5 ~ 10	5	5	25

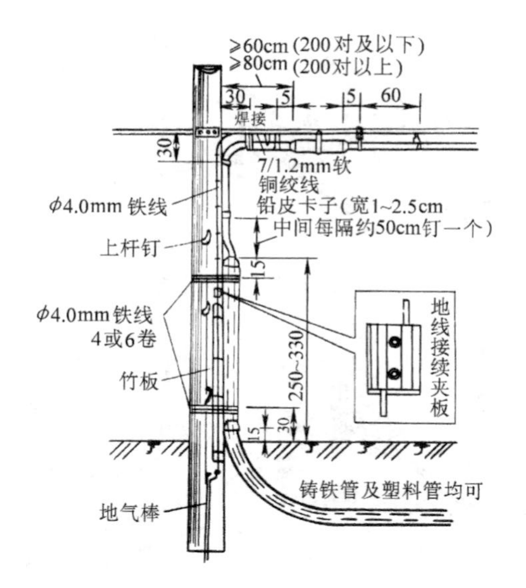

图 15-2-9　引上电缆的装设方法（单位：cm）

2.1.3　架设架空电缆

1. 预架设挂钩牵引法

此法适用于架设距离不超过 200m 并有障碍物的地方。架设时首先在架设段落的两端各装一个滑轮，然后在吊线上每隔 60cm 预挂一个电缆钩，挂钩的死钩应逆向牵引方向，以免牵引电缆时挂钩被拉跑。在架设挂钩的同时，应将一根细绳穿过所有挂钩及角杆滑轮，细绳末端绑扎抗张力大于 13.7kN 的棕绳，利用细绳把棕绳带进挂钩里，在棕绳末端利用电缆网套与电缆连接。电缆敷设时用千斤顶托起电缆盘，一边用人力转动电缆盘，一边用人力或汽车拖动棕绳，使棕绳牵引电缆穿过所有的挂钩，将电缆敷设在吊线上。

2. 动滑轮边放边挂法

此法适用于杆下无障碍物，虽然不能通行汽车，但可以把电缆放在地面上，并且架设电缆距离较短的地方。架设时首先在吊线上挂好一只动滑轮，在滑轮上拴好拉绳，把吊椅与滑轮连接，再把电缆放入动滑轮槽内，电缆的一头扎牢在电杆上。然后一人坐在吊椅上挂挂钩，两人徐徐拉绳，另一人往上托送电缆。这样随走随拉绳，随往上送电缆，随挂挂钩，直到将电缆放完。

3. 定滑轮牵引法

此法适用于杆下有障碍物不能通行汽车的地方。架设时首先将电缆盘架在千斤顶上，放置在电缆放出杆的后面。在电缆放出端套上电缆网套，并用铁线扎紧网口。然后在吊线上每隔 5～8m 挂一只定滑轮，定滑轮的滑道要与电缆直径相适应。再将细绳穿过所有的定滑轮，并拉过抗张力大于 13.7kN 的棕绳或钢丝绳所做的牵引绳。牵引绳一端连接电缆网套，另一端由人力或其他动力牵引。放好电缆后及时挂上挂钩，同时取下定滑轮。

4. 汽车牵引动滑轮托挂法

此法适用于杆下无障碍物而又能通行汽车，且架设电缆距离较长、电缆对数较大的场合。架设时首先将千斤顶固定在汽车上，顶起电缆盘并固定好。然后把电缆拖出适当长度，将电缆始端穿过吊线上的一个动滑轮，并引至起始的电杆上扎牢。再将牵引绳一端与动滑轮连接，另一端固定在汽车上。把吊椅与动滑轮用引绳连接起来。汽车徐徐向前开动，人力转动电缆盘放出电缆。吊椅上的人一面随引绳滑动，一面每隔 60cm 挂一只电缆钩，直到电缆放完为止。施工方法如图 15-2-10 所示。

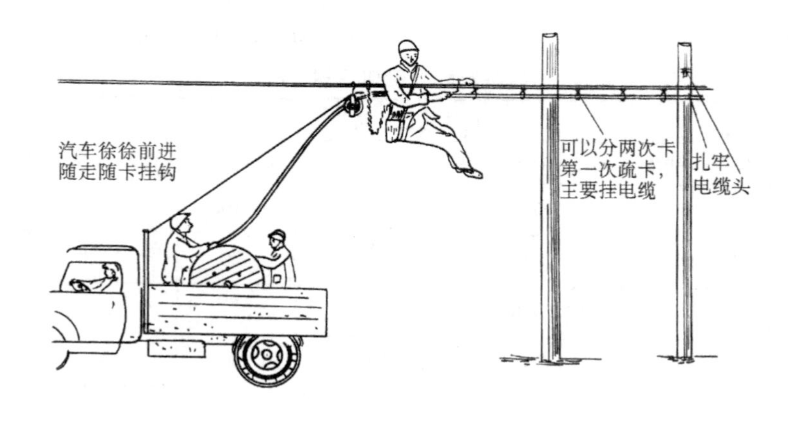

图 15-2-10　汽车牵引动滑轮托挂法

2.1.4　沿墙壁及在室内敷设电缆

1. 沿墙壁敷设电缆

（1）一般要求

1）敷设墙壁电缆要做到横平竖直，同时要照顾到房屋建筑外表的整齐美观，还要考虑到电缆不易受损伤，便于维护使用。

2）墙壁电缆应避免与电力线、避雷线、煤气管、锅炉及柴油机的排气管等设备交越或接近，更不能与任何接地的金属体接触，否则应加装保护装置。

3）在安装墙壁电缆支持物前，应按照规定的间距打眼，墙眼要求正直，尽量减少破坏墙面。

4）水平方向的墙壁电缆，在跨越街道、小巷时，距地面的垂直距离不得小于5m；跨越街坊或院内通道时不得小于4m；在院内的外墙上不得小于3m。

5）墙壁电缆进入室内时，可在窗框或墙上打成室内高、室外低的斜洞，并安装穿线管引入室内。

（2）敷设方式

1）吊线式敷设墙壁电缆：用电缆挂钩将电缆挂在墙壁吊线上。吊线两端用拉攀作终结，中间用支、或插墙板支撑或卡担。

① 吊线与墙壁平行时，吊线终结应使用有眼拉攀固定（见图15-2-11），也可以使用大型插墙板斜插固定（见图15-2-12）；中间则用卡担支持。

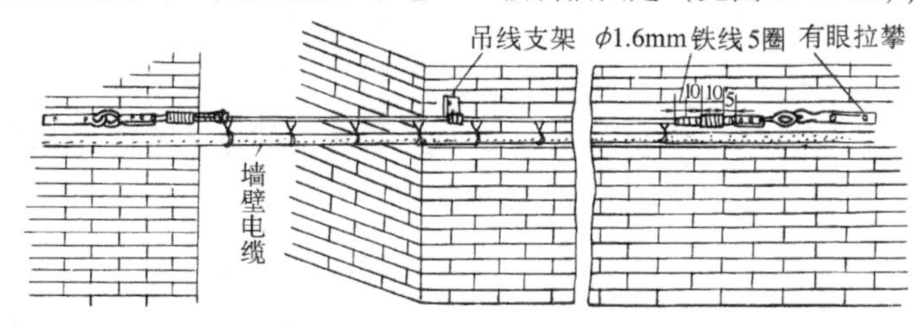

图15-2-11　有眼拉攀固定方式（单位：cm）

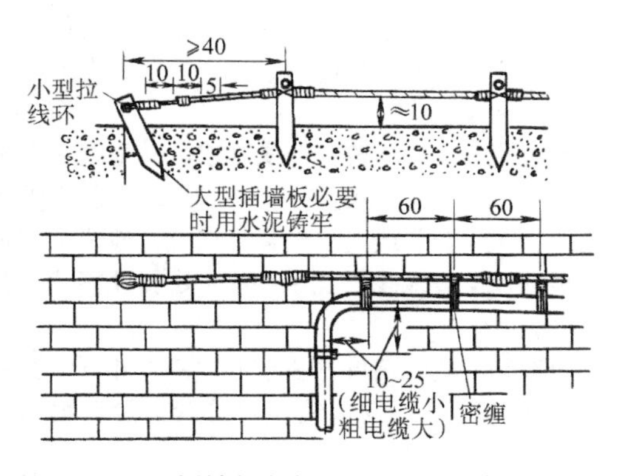

图15-2-12　插墙板斜插固定方式（单位：cm）

② 吊线与墙壁垂直时，吊线终结应采用垂直拉攀固定。如果垂直拉力较大，应改用有眼螺栓固定。

③ 墙壁上如有突出物，应采用凸出支架支撑吊线（见图15-2-13）。沿墙壁敷设的吊线规格及支持物的间隔见表15-2-17。

④ 装设吊线的支持物遇到钢筋混凝土墙、毛石或水泥砌砖等坚硬的墙壁时，可用射钉枪将射钉弹射入墙内后，再固定支架或卡担。

2）卡固式墙壁电缆：用卡钩或铅皮条将电缆直接卡挂在墙壁上。卡子大小应适合电缆外径。卡距要求均匀，其间隔水平方向为60cm，垂直方向为100cm，转弯处为10～25cm。卡固式墙壁电缆与其他管线应保持一定距离，其最小净距见表15-2-18。

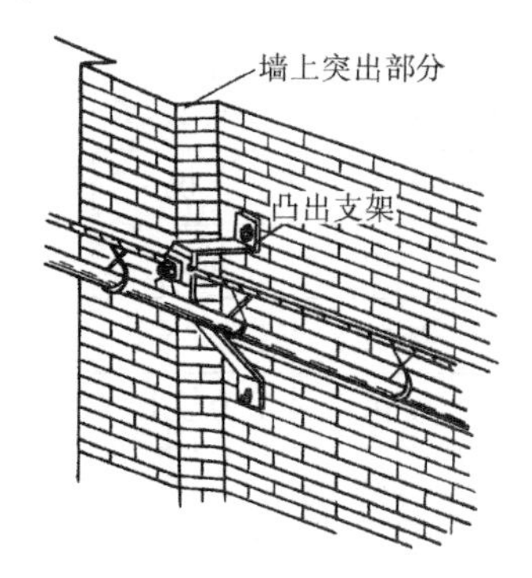

图15-2-13　凸出支架支撑吊线装置

2. 在室内敷设电缆

为了保持室内的美观整齐，室内敷设电缆多采用暗管方式。暗管式电缆是在新建建筑时预先在墙内、地板或天棚之中敷设金属或塑料管、槽、桥架，将电缆直接穿入暗管、槽或布放在桥架内。管内穿放大对数电缆时，直线管路的管径利用率应为50%～60%，弯管路的管径利用率应为40%～50%；管内穿放4对对绞电缆时截面利用率应为25%～30%。在预埋或密封线槽内布放缆线时线槽截面利用率应为30%～50%。当暗管需要弯曲时，其角度不能小于90°。在弯曲处不能有皱折和坑瘪，以免磨损电缆。

表15-2-17 吊线规格及支持物的间隔

电缆重量/(kg/km)	电缆规格/〔(线径/mm)×对数〕	吊线规格	支持物的间隔
1000以下	0.4×50以下 0.5×30以下 0.6×30以下 0.7×20以下	1.0/7钢绞线或2股×4.0mm铁线	L形卡担：10m 插墙板：3m
1000～2000	0.4×80～150 0.5×50～100 0.6×50～80 0.7×30～50	2.0/7钢绞线	L形卡担：5m 插墙板：3m

表15-2-18 卡固式墙壁电缆与其他管线的最小净距

管线种类	最小净距/m		备注
	垂直交越	平行	
电力线	0.10	0.20	
避雷引下线	0.30	1.00	
保护地线	0.10	0.20	
给水管	0.10	0.15	
煤气管	0.10	0.30	
热力管	0.30	0.30	包封
热力管	0.50	0.50	不包封
电缆线路	0.10	0.15	

暗管内穿放电缆前，先将管内的杂物清刷干净，然后涂以中性凡士林。暗管的出入口必须光滑，并装设暗线箱。对暗线箱的使用要求有下列几点：

1）电缆应装在暗线箱的四壁，不要占用箱的中心。

2）在干燥楼房内的暗线箱，可接设端子板；在地下室或潮湿的地方应装设分线盒。

3）暗线箱内的接头，其电缆均应绕一周或半周，便于今后拆焊接头，有利改接。

4）箱内严禁穿放电力线或广播线；在箱的门板上要标明局线线序。

缆线桥架和线槽敷设缆线应符合下列规定：

1）密封线槽内缆线布放应顺直，尽量不交叉，在缆线进出线槽部位、转弯处应绑扎固定。

2）缆线桥架内缆线垂直敷设时，在缆线的上端和每间隔1.5m处应固定在桥架的支架上；水平敷设时，在缆线的首、尾转弯及每间隔5～10m处进行固定。

3）在水平、垂直桥架中敷设缆线时应对缆线进行绑扎，且应根据缆线的类型、数量、缆径分束绑扎，绑扎间距不宜大于1.5m，间距应均匀，不宜绑扎过紧或使缆线受到挤压。

2.1.5 架空电缆的地线保护及防碰保护安装

1. 地线保护

为了防止架空电缆及分线设备被电力线或雷电击伤，在架空电缆及吊线上应做地线保护。一般在有分线箱的电杆、电缆引上杆、终端杆及可能或曾经被电力线、雷电击伤过的电杆上的全部电缆与吊线，均应装设地线。

地线用ϕ4.0mm镀锌钢线制成，其上端用接地夹板与吊线连接，然后再用7/1.2mm软铜线焊连在电缆接头铅套管或电缆金属外皮上；地线下端焊接在接地棒上。地线出土后约2m处装设接地夹板以便测试。

分线箱的地线装设方法与上述基本相同，其地线上端先用分线箱的地线螺钉拧紧，然后再引至吊线。

当地线与避雷线同杆装设时，其安装方法除与一般电缆及吊线的地线相同外，地线应伸出杆顶约10cm。

接地棒一般采用直径不小于18mm、长度不小于2m的钢棒。目前已采用石墨地线，效果良好。如果一根接地棒不能满足接地电阻要求时，可以采取下列措施：

1）增加接地棒根数，根据具体地质、环境等情况，可采用2～3根。一般成直线埋设，接地棒之间距离不小于4m。

2）延长地线，横埋ϕ4.0mm镀锌钢线，埋深一般为0.7m，长度视需要而定。

3）在接地棒四周填埋活性炭或食盐。目前采用化学降阻剂来降低接地棒的接地电阻，效果显著。

2. 防碰保护

架空电缆及吊线通过或接近各种障碍物（如树木、电杆、电车滑线及电力线等），如有碰触可能，应根据不同情况，在电缆及吊线上加装竹筒保护套或木夹板等保护装置。

2.2 直埋式电缆的敷设

2.2.1 电缆沟及电缆埋深

1. 电缆沟

电缆沟的深度与宽度是有一定关系的。为了防止土壤塌方，沟壁应具有一定坡度，即沟的上宽尺寸要大于底宽尺寸。

在确定电缆沟的宽度时，首先要确定底宽。当沟内只放一条电缆时，主要考虑挖沟人站在沟内能把土壤挖出来所需要的尺寸，一般为30cm。当沟内敷设两条或两条以上时，由于电缆之间要保持5cm的间距而且要平行，因此底宽要适当加大。敷设两条电缆的底宽，一般为35cm。底宽尺寸确定以后，上宽尺寸的确定主要考虑电缆沟的土质及地下水位，工程中一般使用的沟壁放坡数值见表15-2-19。

表15-2-19　沟壁放坡数值

土壤种类	深:坡(沟深不足2m)
粘土	1:0.10
砂质粘土	1:0.15
砂卵石	1:0.50
炉渣回填土	1:0.75

2. 电缆埋深

埋式电缆的埋深应不小于0.8m，上方应加覆盖保护物，并设标志。

2.2.2 挖沟

挖沟可用人工、机械，在岩石或冻土地带，可采用爆破挖沟。

人工挖沟的优点是操作和使用工具比较简单，适用范围也较宽，无论在市区还是在野外的平原、丘陵或山区等地带均能使用。其缺点是劳动强度大、工效低。

机械挖沟的优点是能够大大提高劳动生产率、进度快、消灭笨重体力劳动。其缺点是使用机械设备的费用较高，适用范围有局限性，如在石质山区、水田、地下管线较多的市区不宜使用。用挖沟机挖沟，因为它还不是挖沟和敷设电缆联合作业的，所以在目前电缆施工中使用的还不多。

电缆敷设机挖沟可用犁刀式电缆敷设机和链齿式电缆挖沟敷设机。犁刀式电缆敷设机的结构采取拖挂式，由一台履带式103～132kW的拖拉机和犁刀式电缆敷设机组成。在拖拉机主机后，装有绞盘转动装置，由钢丝绳控制犁刀的升降。犁刀入土依靠犁刀本身的重量。电缆盘在拖拉机主机的前面，由机顶引向后面的敷设机，通过电缆走道入电缆导盒，将电缆敷放到沟底。由于是联合作业，从挖沟、敷设电缆到回填土一次完成。在一般土壤中，敷设深度可达1.5m以上，工作速度为2.3km/h，日进度可达5～6km。

用电缆敷设机施工，电缆的曲率半径要求在100cm以上，以免损坏电缆。在地形有坡度且不规则的地区施工时，要事先对坡度进行平整，以保证电缆的埋深和曲率半径的要求。在坡度超过30°的地形且长度较大的地区，要使坡度减小到30°以下有困难时，可以改用人工挖S弯的电缆沟，以减小电缆承受的张力，避免损伤电缆。

采用爆破挖沟通常使用炸药、雷管、导火线、电雷管所用的电线与电源等材料。炸药通常使用硝铵炸药；雷管可使用6～8号火雷管或者瞬发电雷管；当使用电雷管时用单股或双股铜芯橡胶线或塑料线，用10号点火机或串接1.5V干电池点燃雷管；导火线是用黑色火药做的芯药，用麻、线和纸做包皮，并涂有防潮剂。电缆沟的爆破方法一般采用多炮眼爆破法，即在电缆线路上的坚石处打出一排炮眼，在炮眼内装上炸药、雷管，然后进行爆破。

2.2.3 单盘电缆检验

电缆在敷设之前，对单盘电缆要进行检验。检验的内容见表15-2-20。现将检验的主要内容和技术要求，简要介绍如下。

1. 测试环路电阻

电缆导线的环路电阻测试结果，不应大于表15-2-21所列数值。测试环路电阻一般使用850型惠斯顿直流电桥或万用电桥。

2. 测试绝缘电阻

绝缘电阻测的是每对芯线a、b线之间以及a或b线对地（金属护套）的绝缘电阻。在温度为20℃，

表 15-2-20 电缆检验的内容

检验项目＼电缆型式	市话电缆	长途对称电缆	同轴电缆
导线间的绝缘电阻	√	√	√
导线对铅皮的绝缘阻	√	√	√
导线断线	√	√	√
导线间混线（短路）	√	√	√
同轴管内外导体之间电气绝缘强度			√
同轴管外导体之间电气绝缘强度			√
线对的环路电阻	选测几对	√	√
线对的不平衡电阻		√	√
近端串音衰减		√	
远端串音防卫度		√	
电缆端别		√	√
同轴对的端阻抗			√
同轴对的反射系数			√
电缆的气闭（气压）	√	√	√

注：表中√表示需要检验的内容。

表 15-2-21 导线的环路电阻（20℃时）

铜芯线径/mm	环路电阻/(Ω/对 km)
0.4	296
0.5	190
0.6	131.6
0.7	96
0.9	57
1.2	31.9
2.6	7.6
0.5	308
0.65	184
0.8	120

相对湿度为 80% 时，市话电缆的绝缘电阻要求不小于 2000MΩ · km；长途电缆的绝缘电阻要求不小于 10000MΩ · km；0.9mm 信号线的绝缘电阻要求不小于 5000MΩ · km；0.6mm 信号线的绝缘电阻不小于 2000MΩ · km。测试绝缘电阻的仪器，市话电缆常用 ZC25 – 3 型绝缘电阻表，其额定电压为 500V。当电缆连接有避雷器排或分线箱时，应使用电压不超过 250V 的绝缘电阻表。长途对称电缆常用ZC25 – 4 型绝缘电阻表测试，其额定电压为 1000V。同轴电缆常用 RCJ – 3 型绝缘电阻测试仪测试。以上绝缘电阻的测量均可采用数字绝缘电阻表。

3. 测试断线、混线、接地

在进行断线、混线和接地检验时，一般使用耳机和电池。检验时先将两端电缆头打开，剥掉适当长度的外皮，露出芯线束，并剥去导线绝缘层 2 ~ 3cm，然后进行检验。

1）断线测试：把电缆一端导线束全部短路，在该端接出一根测试引线，引线另一端与耳机（或灯泡）及干电池（3 ~ 6V）串联，电池另一端接出一根模线，它与电缆另一端（测试端）导线束逐根碰触，如果耳机听到“喀”声，说明是好线，如无声音，则是断线。若用灯泡，灯亮是好线，不亮是断线。

2）混线测试：电缆一端全部开路，测试端为短路。在测试端串接引线、干电池、耳机（或灯泡）、模线。在测试端逐一取出被测导线，与模线碰触时，耳机听到“喀”声或灯泡亮时即表明该线有混线。

3）接地测试：电缆两端导线束全部开路，引线、干电池、耳机（或灯泡）、模线与金属护套串联，模线另一端与导线逐一碰触，若听到“喀”声或灯泡亮，表示该线有接地。

4. 测试电气绝缘强度

当电缆附近的高压输电线发生接地故障时，在电缆导线上将产生较高的感应电压。为了保证电缆导线间及导线与外皮间的绝缘不致被击穿，因此要具有一定的耐压强度。

全部导线对接地的外皮间要大于交流 1800V（如用直流测试其值应乘以$\sqrt{2}$），持续 2min。除信号线外，任意导线间要大于交流 1000V，持续 2min。测试仪表一般使用 JN – 5003 型晶体管耐压测试器，输出电压为直流。长途对称电缆也可以使用输出为交流电压的耐压测试器。

5. 测试近端串音衰减

要求被测的所有电缆，有 50% 以上的标称制造长度，至少要有一端的全部数据不低于 62.5dB。

测试近端串音衰减，常用的仪器是晶体管串音衰耗测试器。它包括 QF – 661 型振荡器、QW –

803B型串音衰耗测试器及QP－200B型指示器三部分。串音衰减的测试方法有直读法（电平差法）和比较法两种。直读法比较复杂，从准确性来说，如果对仪表校核不准，容易产生偏差，故一般多采用比较法。

6. 测试远端串音防卫度

要求七组电缆（除9个数据外）及四组电缆（除4个数据外），在每个标称制造长度中，均不小于74dB。使用的仪器与测试近端串音衰减使用的仪器相同。

7. 充气检查

其目的为了检验电缆护套的密闭性。充入电缆内的气压，最高不能大于0.15MPa。当电缆内的气压达到稳定状态后，全塑电缆的气压要求为0.05～0.06MPa。

用气压表测量电缆两端的气压，或者连续两天在电缆的同一端，量出的气压值相同，则说明气压已经平稳。当电缆内气压平稳后，经过72h测得的气压值不变，则认为电缆不漏气。如果发现有漏气现象，可以倒盘查漏，及时把漏洞修补好。

另外电缆要识别端别。将电缆头打开后，要把A端或B端识别出来，并用红漆书写在盘上，便于电缆接续和运输。

2.2.4 敷设电缆

1）在敷设电缆前，在现场的电缆盘上要再量一次气压，检查气压是否下降。如果有漏气现象，这盘漏气电缆不要放进沟内而放在沟边进行查漏，修补后再放入沟内。

2）人工敷设电缆，一般采取一条龙的抬放办法。通信电缆用肩扛、手扶电缆办法敷设，布放时，让抬放人员排好队，根据电缆程式不同确定每人抬放电缆长度（通常每5m/人）。在转角点抬放电缆时，要使弯曲弧度尽可能大一些，以免损伤电缆。

3）汽车牵引电缆拖车敷设电缆，一般是在电缆拖车后面的大梁上电缆盘两侧各站立2～3人担任转盘工作。当汽车缓慢向前行驶时，转动电缆盘，让电缆从盘上放出下落到电缆沟内。

在较小的工程中，如果没有电缆拖车，敷设电缆，可以把电缆盘用千斤顶支架在汽车车厢内。在车厢下面设专人与驾驶员配合，控制汽车行驶速度，避免电缆发生弯曲和拉伸而损伤电缆。

4）电缆的曲率半径大小与电缆结构有关。全塑电缆的曲率半径不小于电缆外径的15倍。

2.2.5 电缆保护、填沟及埋设标石

1. 电缆保护

1）在规划河道、穿越村镇易动土处及市区等地方，在电缆上方需铺设红砖作保护电缆标志。当敷一条电缆时，将砖竖铺在电缆上方；若是两条电缆，应将红砖横铺在电缆上方。

2）在山坡上的电缆沟，为了防止山水把电缆冲刷出来，需采取堵塞措施。一般每5～10m做一个堵塞。在坡度较大的地方，为了减小电缆承受的拉力，采用丝网或卧式锚桩加固。

2. 填沟

将保护措施处理完毕后，进行填电缆沟工作。回土时不要把大石块填在沟内，以免损伤电缆。在农田内的电缆沟不需要夯实，回土要高出地面20cm左右。在公路、河堤、市区马路上的电缆沟，要分层夯实，一般每回土30cm夯实一次。在斜坡地带，地面高差超过1m，坡度超过15°时，也应分层夯实。对梯田的石坝应恢复原状，每层石块间用水泥沙浆灌缝，防止山洪冲刷露出电缆。

3. 埋设标石

为了便于维护，容易找到电缆敷设位置和接头位置，需埋设标石。

标石埋设地点：

1）电缆的转弯点设置标石，可以很快找到电缆线路。

2）超过600m直线段的中间附近设置标石，便于查找线路（因为直线太长，在转弯点插上标杆，肉眼不易看到）。

3）穿越铁路、河流等障碍物的两侧设置标石，便于查找电缆位置。

4）在规划的河流处及电缆盘留地点应设置标石。

5）为了查修障碍，有时需要打开接头套管，因此在电缆接头点，也应设置标石。

6）在电缆与其他部门的电缆（电力电缆、通信电缆）及管线交越处，为了便于寻找电缆，也应设置标石。

7）为了便于找出与其他电缆同沟敷设的地段，在同沟的起点和终点都要设置标石。

在标石埋设附近，如有固定建筑物（电杆、涵洞、桥梁、房屋等），可以利用建筑物代替标石作为三角定标。

2.2.6 直埋电缆与其他建筑物的间距

直埋电缆与其他建筑物的间距见表15-2-22。

表 15-2-22 直埋电缆与其他建筑物的间距

建筑物名称	最小净距/m	
	平行时	交越时
市话管道边线（不包括人孔边）	0.75	0.25
非同沟的直埋通信电缆	0.5	0.5
直埋电力电缆：35kV 以下 35kV 及其以上	0.5 2.0	0.5 0.5
给水管：管径 <300mm 管径为 300 ~ 500mm 管径 >500mm	0.5 1.0 1.5	0.5 0.5 0.5
高压石油，天然气管	10.0	0.5
燃气管：气压 <0.3MPa 气压为 0.3 ~ 1.6MPa	1.0 2.0	0.5 0.5
热力管、排水管	1.0	0.5
排水沟	0.8	0.5
房屋建筑红线（或基础）	1.0	—
市内及村镇大树、市外经济林、树林、穿越路旁行树	0.75	—
市外大树	2.0	—
水井、坟墓	3.0	—
粪坑、积肥池、沼气池等	3.0	—
架空杆路及拉线	1.5	—

注：1. 地下电缆与高压石油、天然气管平行或交叉跨越时，除满足表中的距离要求外，还应考虑防腐蚀的距离要求或采取共同防腐措施。
2. 当地下电缆用钢管保护时，与水管、煤气管、石油管等交叉跨越的最小净距可降为 0.15m。电缆与热力管靠近时，应采取隔热措施。电缆与地下金属管道或设备接近时应考虑其间的防腐蚀保护措施的相互影响。
3. 地下电缆采取防腐蚀和防机械损伤的设施后，与粪坑积肥池等的间距可降为 1 ~ 1.5m。
4. 地下电缆与易塌方的土井的间距不宜小于 5m。

2.3 管道电缆的敷设

2.3.1 电缆管道及管孔选用

1. 电缆管道

电缆管道是由导管、人孔、手孔等构成的整体，由电信局开始，每隔 120 ~ 150m 设置一个人孔（或手孔），在所有人（手）孔之间用导管连通，整个管道铺设至电信局前人孔或引上杆（或墙壁），然后将电缆引入局内或与其他电缆相接。

电缆管道的导管，按制造材料的不同有混凝土管、塑料管、镀锌钢管等。按管孔数目不同又可分为单孔、两孔、四孔、六孔、二十孔等。目前国内多采用塑料管，需要抗压保护的地段采用镀锌钢管或塑合金管、MPVC 管等其他抗压性能更好的新型塑料管。

2. 管孔选用

1）敷设电缆前应先选定管孔。选择管孔是按照由下向上，由两侧向中间的顺序安排使用。一般情况下是将主干电缆尽可能敷设在下层或靠侧壁的管孔，分支电缆或小对数电缆敷设在上层或靠中间的管孔。

2）同一人孔内同一条电缆占用的管孔位置要尽量对应使用，同时，在沿线各人孔内应尽量保持不变。电缆要排列整齐，避免重叠交错。

3）电缆在管孔内不得有接头，当不得已做接头时，须进行特殊接续，并在一段管道内只允许有一个接头。

4）在同一管孔内，原则上只能放一条电缆，细缆径的光缆可以放 2 ~ 4 条，但须在管孔内敷放子管（塑料管）。

5）每个方向、每段管道都应有备用管孔，以应急需。

2.3.2 敷设电缆前的准备工作

1. 人孔上面的安全措施

人孔开盖之后，立即在井口围上铁栅，并设红旗、红灯作警示信号。堆放电缆和停放工具车等应尽量避免妨碍交通。

2. 人孔内有害气体的检查与通风

人孔盖打开后，把安全灯悬入人孔底部，如灯焰迅速减弱或熄灭，则说明缺氧；如灯焰发生爆炸而熄灭，则说明有可燃气体；如灯焰伸长并呈蓝色，则说明有汽油气；如灯焰不熄灭能正常燃烧，则说明无有害气体。

发现有有害气体后，应通风。通风可以用自然通风法或强迫通风法。通风工作进行 10min 后才能进入人孔内工作。

3. 排除人孔内的积水和污泥

如积水排出后仍有渗水现象，应在作业过程中及时掏出。

4. 清刷管道及人孔

清刷管道时，先用竹片穿通，竹片间用 ϕ2.0mm 的铁线逐段扎接。在穿通比较长的管孔时，可在管孔两端同时穿入竹片，在竹片头上要装十字环和四爪铁钩，以便竹片相碰时能勾连起来。

在竹片始端穿出后，在竹片末端捆上 ϕ4.0mm 或 ϕ3.0mm 钢线，带入管孔内作为引线。在引线后面连接清刷管道的整套工具（铁锤、钢丝刷、棕刷、抹布及木棒），从管道的一端至另一端拉通，使它在管孔内畅通无阻。清刷工具末端连上一根软钢丝绳，以备敷放电缆用。

5. 电缆配盘

配盘应在单盘检验后进行。配盘前应仔细测量管道长度，然后根据段长，并考虑电缆在人孔内的弯曲长度和电缆接头的重叠长度，选定盘长合适的电缆盘号。应尽量减少配盘后的剩余短段电缆，避免在管道中出现电缆接头。

6. 敷设对称电缆

应注意 A、B 端，按照规定的端别方向敷设电缆。

2.3.3　敷设电缆

管道电缆的一次性敷设长度：600 对以下电缆不得超过 500m；600 对及以上电缆不得超过 300m。

1）将指定的电缆盘运到准备穿入电缆管孔的同一侧。电缆从盘的上方放出，由电缆盘至管孔的一段电缆应成均匀的弧形。人孔口圈上要垫麻包，管口要装喇叭形铜口，以保护电缆。

2）牵引电缆前，应将电缆网套套在电缆头上，用 ϕ1.6mm 或 ϕ2.0mm 铁线扎牢。牵引钢丝绳与电缆网套连接处加接一个防捻器，以防扭伤电缆。

3）牵引电缆的速度要均匀，一般每分钟不超过 10m，并避免间断顿挫。电缆进入管孔前应涂以中性凡士林。电缆拉到牵引端的人孔后，要检查电缆头有无被拉空现象，并进行气压试验。

4）牵引电缆的方式，可根据人孔内有无拉力环而定。无拉力环和有拉力环的牵引方式，如图 15-2-14 所示。牵引电缆时要使电缆盘的中线尽可能和管道平行，如位置不适当应进行调整。

5）电缆牵引完毕后，应在人孔内留下适当长度，一般比接续套管长 10cm 即可。锯断电缆后，在距管孔口 5 ~ 8cm 处做第一个弯，在靠近人孔壁处再弯成第二个弯，将电缆放在电缆托板上，以便接续封焊。电缆弯曲的最小曲率半径应大于电缆外径的 15 倍。

2.3.4　人孔内的电缆排列

为了使电缆的排列有一定顺序，不致发生交叉

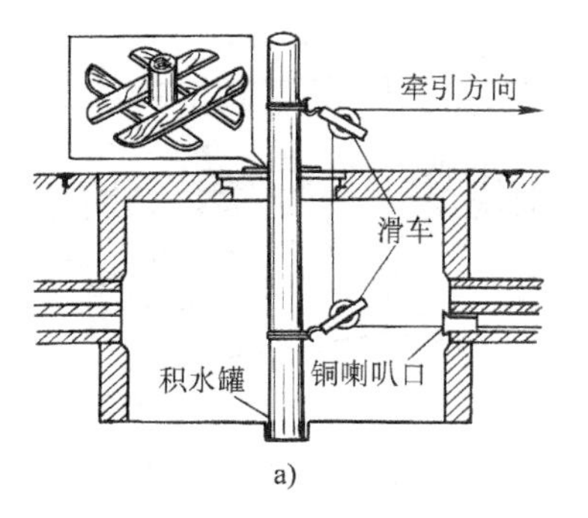

a)

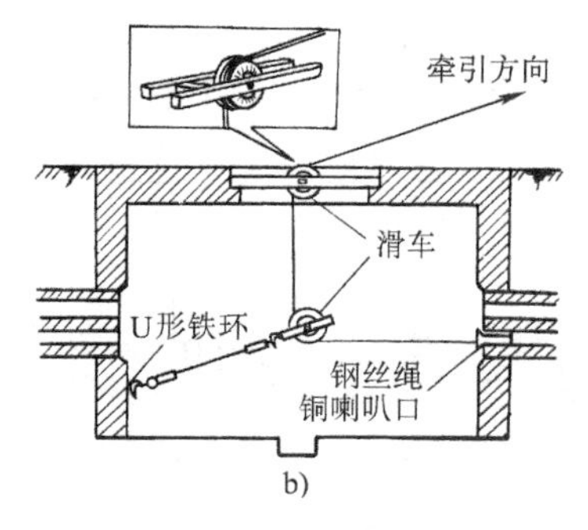

b)

图 15-2-14　牵引方式

a）无拉力环　b）有拉力环

和相压，便于施工和维护，管道电缆在人孔内应按下列要求和方法进行排列：

1. 排列要求

1）电缆在人孔内必须按一定顺序沿侧壁整齐排列在托板上，不准从人孔中间直穿或相互交叉，也不准有多余的电缆盘留在人孔内。

2）电缆接头要平放在托板中间，并应考虑拆除套管时退移的位置。

3）从电缆接头到管孔口的电缆长度，一般不得小于 40cm，以便改装。

2. 排列方法

1）管道是纵向双孔时，一律采用单线托板，分两侧作单线排列，如图 15-2-15 所示。

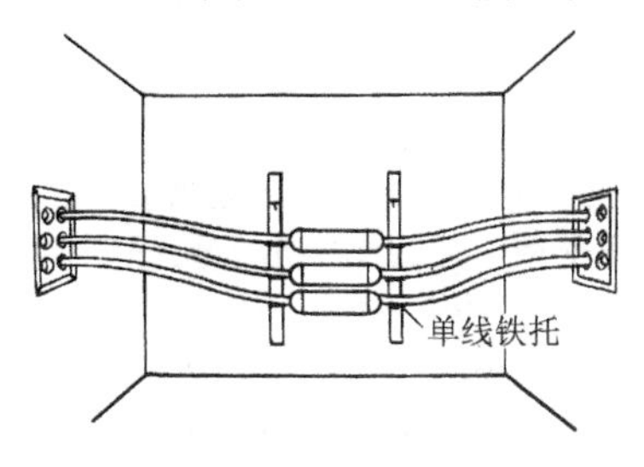

图 15-2-15　双孔单线排列

2）管道是纵向四孔时，以采用双线托板为宜，

分两侧作双线排列，如图 15-2-16 所示。

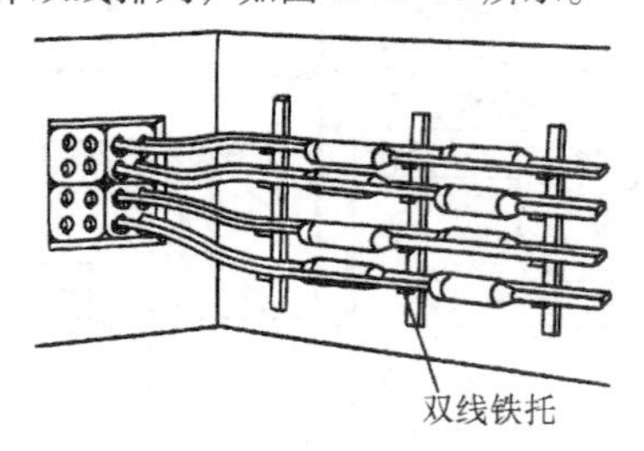

图 15-2-16 四孔双线排列

当管道是纵向四孔，但管孔数量多时，可采用三线托板分两侧作三线排列，如图 15-2-17 所示。

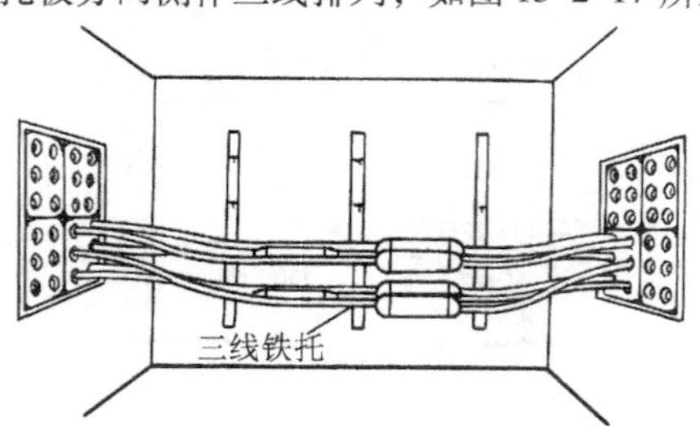

图 15-2-17 四孔三线排列

3）管道是纵向六孔以上时，采用三线托板，分两侧作三线排列为宜。但管孔不多时，也可用双线托板，如图 15-2-18 所示。

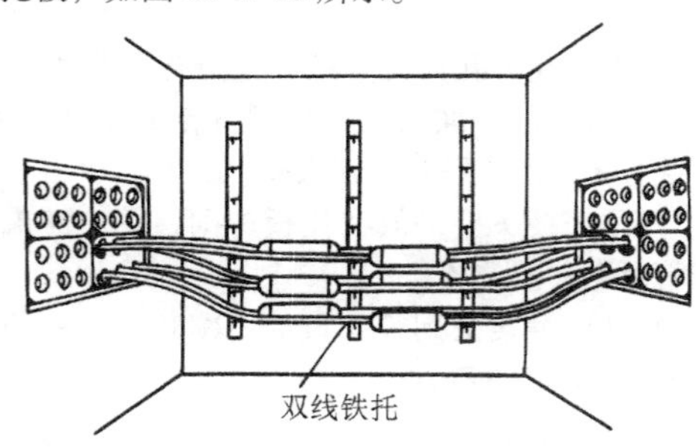

图 15-2-18 六孔双线排列

4）人孔两端的管孔排列方式不同时，其排列的基本方法如图 15-2-19 所示。管孔要对应使用。如果管孔的排列方式在全线上只有个别段落不同时，电缆通过此段后，仍应恢复原来的管孔位置。

5）分支型人孔或十字形人孔的电缆，也按照上述原则排列，并应注意以下两点：

a）电缆接头应穿插地排列在人孔侧壁的托板间，不得安排在管口的上方或下方。

b）必须保证接头一侧距管口不小于 40cm，根据需要电缆应做大迂回的预留。

6）Y 形接头在人孔内上下分支时，应按上下

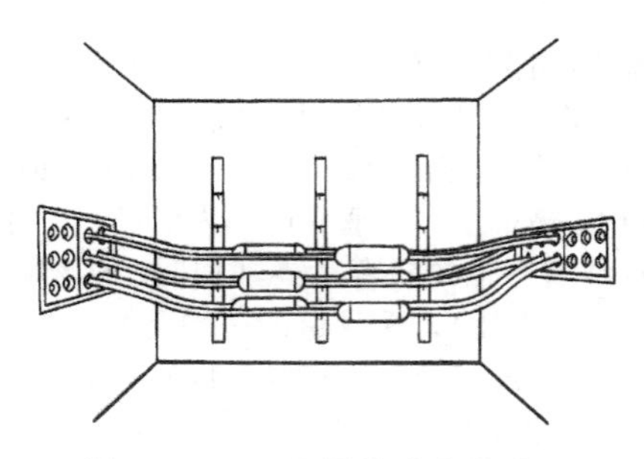

图 15-2-19 不同管孔电缆排列

排列；两侧分支时，应按横平排列分支电缆。

7）引上电缆在人孔内的敷设，如果引上铁管的管口在管道同侧时，可按图 15-2-20a 所示方法排列；如果引上铁管的管口在管道侧壁时，可按照图 15-2-20b 所示方法排列。

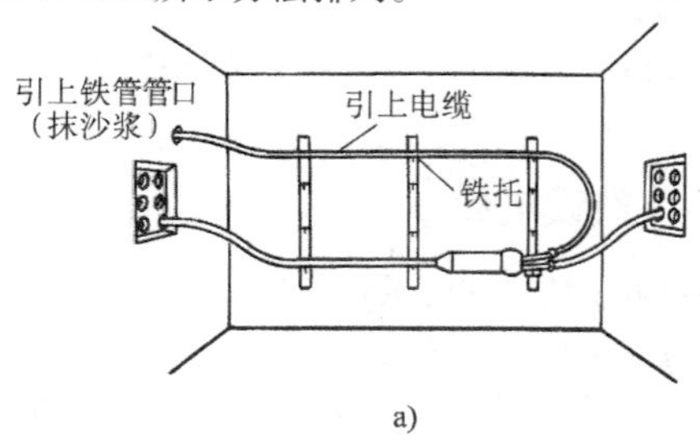

a)

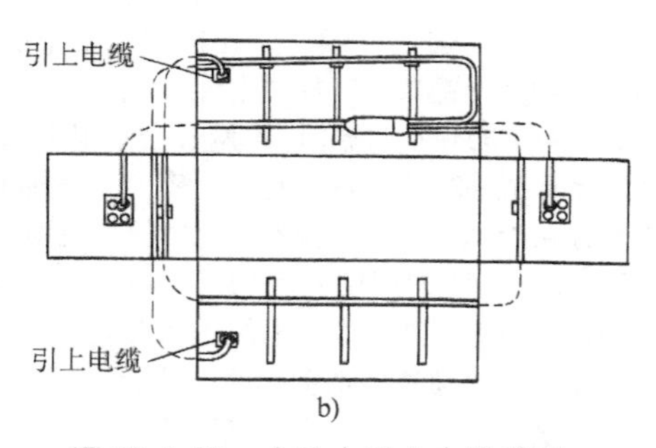

b)

图 15-2-20 人孔内引上电缆排列

a）引上管孔口在管道同侧

b）引上管孔口在管道侧壁

2.3.5 电缆引上

管道电缆与架空电缆或墙壁电缆相接时，需要从地下引上地面。管道电缆一般多在电杆处引出地面，此时应采用不同管径的铸铁管或钢管加以保护。

引上管的安装，必须正直牢固，管子上口穿放电缆后，要用铅皮帽焊接封闭，空余的钢管要用木塞堵住，以防进水和掉进杂物。引上电缆从出口至电杆的杆上部分，如是木杆每隔 50cm 用铅条卡固；

如是混凝土杆，应垫上铅皮再用 ϕ1.6mm 铁线绑扎牢固。

为了便于更换电缆，每根引上管，一般只穿放一条电缆。电缆的埋设部分超过40m及跨越街道超过20m时，在引上杆附近设置手孔，然后电缆从手孔引上。引上电缆两端的留长，应符合接续的需要。在电杆的钢绞线上，电缆接头距电杆的距离，200对及以下的电缆不小于60cm；200对以上的电缆不小于80cm。引上电缆与架空电缆或墙壁电缆的接头应设在水平位置。

2.4 水底电缆的敷设

2.4.1 水底电缆铠装型式的选用

水底电缆的铠装型式，可以采用钢带铠装、单钢丝铠装及双钢丝铠装。根据水文、河床土质、通航等情况，选用不同铠装型式的电缆。其适用条件如下：

1. 钢带铠装电缆

1）河床稳定或河床变化甚小的河流；

2）能将电缆敷设在河床变化幅度以下的河流；

3）河宽在200m以下及两岸土质坚固的不通航河流。

2. 单钢丝铠装电缆

1）通航及通木筏的河流；

2）流速较大且河床不稳定的河流；

3）电缆不能埋设到河底变化幅度以下的河流；

4）有规划疏浚加宽的河流。

3. 双钢丝铠装电缆

1）流速急、河床变化大，水底电缆无法埋设到河床变化幅度以下的河流；

2）经计算电缆承受张力已接近或超过单钢丝铠装电缆的允许范围；

3）河床是岩石、风化石、大卵石，电缆无法埋设或虽能埋设但要采取其他措施，而电缆仍有移动可能时，应采用双钢丝铠装电缆；

4）通信中占有特殊重要的地位，需要加强保护的场合，也应使用双钢丝铠装电缆。

2.4.2 埋设深度

1. 河床部分的埋深

1）水深不到8m（在枯水季节的深度）的区段，河床不稳定或土质松软的河段，电缆埋入河底的深度不小于1.5m。河床稳定或土质坚硬的河段，不宜小于1.2m；

2）水深超过8m（指枯水季节的深度）的区段，一般可将电缆直接放在河底不加掩埋，特殊地段应按设计要求办理；

3）在冲刷严重和极不稳定的区段，应将电缆埋设在河床变化幅度以下。如遇特殊困难，在河底的埋深也不应小于1.5m，并应预留一定长度的电缆；

4）在有加深计划的河段，应将电缆埋设在计划深度以下1m，或者在施工时暂按一般埋深，但需预留电缆，待加深时再埋至要求深度；

5）石质和风化石质河床，埋深不应小于0.5m。

2. 岸滩部分的埋深

1）岸滩比较稳定的地段，电缆埋深不小于1.5m；

2）洪水季节易受冲刷或土质松散不稳定的地段应适当加深；

3）电缆上岸的坡度宜小于30°，超过30°时应采取加固措施。

2.4.3 水底电缆长度的确定

水底电缆的敷设长度，可根据经验值或实际需要情况确定。

1. 根据经验值确定

电缆敷设长度可按下式确定：

敷设长度 = 电缆实际线路水面宽度 × （1 + 经验百分数）

上式中的经验百分数可根据下列不同的河流情况取值：

1）河宽在200m以内，河水较深，两岸较陡，水流急且河床变化大的情况下，可取15%；河床平坦，水流较缓，河床变化不大的情况下，可取12%。

2）河宽在200～500m间，水流较急，河床变化很大的情况下，可取12%。

3）河宽在500m以上，水流较急，且河床变化较大的情况下，可取10%；水流不急，且河床比较稳定的情况下，可取6%～8%。

2. 根据实际情况确定

电缆敷设长度可按下式确定：

$$敷设长度 = l_1 + l_2 + \cdots + l_{11}$$

式中 l_1——电缆实际线路水面宽度；

l_2——终端或引上的电缆长度，按具体需要情况确定；

l_3——接续损失，包括接续耗用及接续处的盘留电缆；

l_4——S弯固定及盘留；S弯固定电缆的长度，$l_4=n(2\pi R-4R)=2.28Rn$，（其中，R为S弯的半径；n为S弯的个数）；

l_5——全程电缆弯曲损失（岸滩地形变化小时可取1%；岸滩地形变化大时可取1.5%～1.8%）；

l_6——因穿堤坝而增加的长度，按实际丈量的长度确定；

l_7——河槽及电缆上下岸所增加的长度，根据河槽断面情况取定；

l_8——河中松弛，按要求确定；

l_9——电缆弧度增长，当$h=0.1\sim0.15l$时，则$l_9\approx 8h^2/(3l)=Kl$（其中，l为两点间的直线距离；h为两点间直线长度与弧长的中心距离）；

l_{10}——备用量，l_{10}=施工时水面宽度×施工备用百分数（施工备用百分数，采用人工抬放电缆，根据实际情况，可以少量备用；采用快放法敷设电缆，备用可取4%～7%；采用抛锚法敷设电缆，备用可取5%～8%）；

l_{11}——其他需要电缆增加的长度。

水底电缆的敷设长度除按上述方法确定外，还要满足下列要求：

1）水底电缆应伸出堤外或岸边一般不小于50m。

2）河道、河堤有拓宽或改变规划的河流，水底电缆应延至规划堤外，并不得小于50m。

3）如设有备用水底电缆，则主、备用水底电缆的长度应尽量相等。长途水底电缆在一个无人增音段内，主、备用水底电缆长度偏差不得超过150m。如采用双缆制，则甲、乙两条电缆长度相差不得超过50m。

2.4.4 水底电缆的敷设

水底电缆的敷设应根据电缆型式、河宽、水深、流速、河床土质和施工技术水平等因素，确定采用不同的施工方法。

1. 敷设前的准备工作

1）电缆必须经过严格检查和配盘，根据电缆长度、铠装方式和施工条件，可将电缆按敷设方向以“∞”形散盘，并进行接续，待进行电气和气闭等项检查后，再倒到工作船上，若发现外护层有损坏，应及时修补。也可将整盘电缆装上工作船。电缆或电缆盘应按顺序排列，电缆头应向外。

2）敷设水底电缆前，应在河面及电缆登陆点上设置施工标志。

3）敷设前应将水底电缆一端临时固定在堤岸上，以防起航时电缆受拉力而向河中移动。

4）原有漏气并已修复好的水底电缆，不宜敷设在水区内，可敷设在水线的岸滩部分。

2. 敷设水底电缆的施工要求

1）在敷设过程中，应控制电缆工作船的航速，随时校正航向，测量水深和调节冲放器的冲埋深度，以确保沉放、埋设的位置和埋设深度。

2）在敷设过程中，电缆不得打小圈，不得在河床腾空。

3）在敷设过程中和敷设以后，对电缆进行严格的气压监测，发现问题及时处理。

4）电缆穿越大堤，应征得水利部门的同意，并符合以下规定：

a）电缆应在历年最高洪水水位以上位置穿越河堤。

b）电缆通过土堤时，宜爬堤敷设，在堤顶的埋深不宜小于1.5m，在堤坡的埋深不宜小于1m。如堤面兼作公路，当达不到埋深要求或不能破堤而在堤面敷设时，应在电缆上面垫土增加堤的高度，增加堤高不小于0.8m。

c）对于较小的、不会因穿越电缆引起灾害的河堤，可在堤基下直接穿越。

d）电缆通过石砌、混凝土河堤或兼作公路的土堤时，应用钢管或其他管材保护。

e）在挖沟或加高堤岸敷设电缆的地段，使用回填土时应分层夯实。表面应铺盖草皮，防止土壤流失。对于石堤、混凝土堤应按原状恢复堤岸。

5）电缆的平衡元件和降压信号器，不应装在有水区段的电缆套管内。

3. 敷设方法

（1）挖沟方法

1）水泵冲槽法：水泵冲槽法适用于水深小于10m，河底为沙土、粘土或淤泥，流速小于1m/s的河流。操作时先将电缆敷放到河底，然后潜水员拿住水枪（或固定在船上的喷水头）沿着电缆边冲槽，电缆即随之沉入槽中，有时需要用脚踩电缆，使之达到应有的深度。

2）链斗式挖泥船法：链斗式挖泥船法适用于水深在8～13m间，河床为沙质、砾石或粘土。该方法是利用一系列泥斗，在斗架上连续转动，将河底挖成一条沟槽。

3）抓扬式挖泥船法：抓扬式挖泥船法适用于水深在12～18m间，河床为砾石、粘土，不适用于大石块细沙。该方法是利用固定于钢丝绳的抓斗，在重力作用下放入河底，抓取泥土挖成沟槽。

4）铲扬式挖泥船法：铲扬式挖泥船法适用于水深在6～12m间，河床为粘土、沙粘土或碎石。

5）犁刀式敷设机法：犁刀式敷设机法适用于干河或浅水的沙河，河床为沙土、粘土或粘壤土；也适合在不通航或季节性河流中使用。其操作与在陆地施工法相同。

6）水打沙法：水打沙法适用于水深小于50cm，有一定流速，河床为细沙或粗沙。

7）爆破法：爆破法适用于石质河床。该法是利用炸药的爆炸力，在水底将石块炸开，形成沟槽。

上述几种挖沟方法，在过去实践中都是有效的，目前多采用水泵冲槽法，也可以因地制宜，根据客观条件选用。

（2）敷设方法

1）浮具引渡法：它适用于河宽小于200m，流速小于0.3m/s的河流。该方法是将电缆绑在木桶或油桶上，对岸用绞车将电缆牵引渡河，然后解开浮桶，把电缆放到沟槽里。

2）船锚法：适用于水深在1～10m间，流速小于2m/s的河流。该方法是借助于收放锚链，使电缆船只移动，然后将电缆放入沟槽里。

3）拖轮引放法：适用于河水较深，流速小于2～3m/s的河流。该方法是借助于拖轮的动力，带动电缆船敷设电缆。

4）冲放器法：适用于水深在1m左右，流速小于2m/s的河流，河床土质除大卵石及岩石外，其他土质河床均可使用。该方法是将冲放器放到河底，冲放器被牵引时，从冲放器的喷嘴喷出水柱，把河床冲出一条沟槽，船上的电缆即可由冲放器后面的电缆管槽沉入河底的沟槽中。如果是沙底，要边冲边用脚踩电缆，逐步下沉到要求深度。

5）敷设机法：适用于河床平坦，流速较小的河流。当敷设机前进时，敷设机上的两把刀在河床中挖出一条沟，电缆随即从敷设槽中放入沟里。

2.4.5 水底电缆的保护及末端加固

1. 水底电缆的保护

靠近河岸部分的水底电缆，如有易受冲刷、塌方、抛石护坡或船只靠岸等影响时，可根据具体情况采取下列措施：

1）增加电缆埋设深度；

2）覆盖水泥板；

3）安装关节型套管；

4）砌石的护坡或用石笼堆砌成斜坡；

5）若为石质电缆沟，电缆周围应采取防止电缆被磨损的措施；

6）培植草皮及植树。

2. 水底电缆的末端加固

水底电缆的末端固定方式，根据不同情况，分别采取下列措施：

1）一般河流，水陆两段电缆的接头，应设置在地势较高和土质稳定的地方，直埋于地下。在终端处的水底电缆部分可分设两个S弯，作为锚固和预留的措施。S弯的弯曲半径一般应大于1m。

2）较大的河流或岸滩有冲刷的河流，以及电缆末端处的土质不稳定时，除设置S弯外还要将电缆锚固在桩上。

采用桩加固有一般型和加强型两种。岸滩和其他受力地段的电缆加固通常采用一般型；土质特别松软或受力很大的地段需采用加强型。一般型桩采用一根2m长，16～20cm直径的防腐横木，也可用水泥帮桩代替，水平地埋于土壤中。加强型桩采用两根垂直木桩打入土中，打入深度宜为木桩长度的2/3左右，两根垂直木桩间绑一根水平横木，其表面应与电缆沟齐平。水底电缆部分用4.0mm钢线8根编成网套，总长3m，中间每隔0.3m用3.0mm钢线密扎20圈。钢线全部涂抹沥青防腐。

2.4.6 标志牌的设置

为了保护水底电缆不受通航船只的损坏，凡敷设水底电缆的通航河流，均需在河堤或河岸上设置“禁止抛锚”的标志牌。标志牌的设置的数量与设置方式应根据河流的具体情况确定。对于小于50m的较窄河流，只在主航道一侧水底电缆上、下游的堤岸上各设置一块；对于较宽的河流，应在水底电缆上、下游的两岸各设置一块。

标志牌应设置在地势较高、无障碍物遮挡的地方。标志牌的正面应分别与上、下游方向成25°～30°的角度。标志牌与水底电缆间的距离见表15-2-23。

标志牌的三角标志板可采用木质或钢板，板上涂白色油漆，并写上“禁止抛锚”黑字。

在夜航频繁的大河，标志牌上要安装灯光设

备。灯光的选用也要因条件而异。

表 15-2-23 标志牌与水底电缆的间距

（单位：m）

河宽	上游距基线	下游距基线	禁区宽度
<1000	250	100	350
1000~2000	400	200	600
2000~3000	500	300	800

注：基线是水底电缆在两岸登陆点间的连线。

2.5 综合布线系统对称电缆的敷设

2.5.1 一般敷设要求

综合布线系统对称电缆的敷设应满足下列要求：

1）电缆的布放应自然平直，不得产生扭绞、打圈、接头等现象，不应受外力的挤压和损伤。

2）电缆两端应贴有标签，应标明编号，标签书写应清晰、端正和正确。标签应选用不易损坏的材料。

3）电缆应有余量以适应终接、检测和变更。对绞电缆预留长度：在工作区宜为3~6cm；电信间宜为0.5~2m；设备间宜为3~5m；有特殊要求的应按要求预留长度。

4）电缆的弯曲半径应符合下列规定：

a）非屏蔽4对对绞电缆的弯曲半径应至少为电缆外径的4倍。

b）屏蔽4对对绞电缆的弯曲半径应至少为电缆外径的8倍。

c）主干对绞电缆的弯曲半径至少为电缆外径的10倍。

5）电缆间的最小净距应符合下列要求：

a）电源线、综合布线系统电缆应分隔布放，并应符合表15-2-24的规定。

表 15-2-24 对绞电缆与电力电缆最小净距

条件	最小净距/mm		
	380V <2kV·A	380V 2~5kV·A	380V >5kV·A
对绞电缆与电力电缆平行敷设	130	300	600
有一方在接地的金属槽道或钢管中	70	150	300
双方均在接地的金属槽道或钢管中	10	80	150

注：1. 当380V电力电缆<2kV·A，双方都在接地的线槽中，且平行长度≤10m时，最小间距可为10mm。
2. 双方都在接地的线槽中，系指两个不同的线槽，也可在同一线槽中用金属板隔开。

b）综合布线与配电箱、变电室、电梯机房、空调机房之间最小净距宜符合表15-2-25的规定。

表 15-2-25 综合布线电缆与其他机房最小净距

名称	最小净距/m	名称	最小净距/m
配电箱	1	电梯机房	2
变电室	2	空调机房	2

c）建筑物内电缆暗管敷设与其他管线最小净距宜符合表15-2-26的规定。

表 15-2-26 综合布线电缆及管线与其他管线的间距

管线种类	平行净距/m	垂直交叉净距/m
避雷引下线	1000	300
保护地线	50	20
热力管（不包封）	500	500
热力管（包封）	300	300
给水管	150	20
煤气管	300	20
压缩空气管	150	20

d）综合布线电缆宜单独敷设。

e）对于有安全保密要求的工程，综合布线电缆与信号线、电力线、接地线的间距应符合相应的保密规定。对于具有安全保密要求的电缆应采取独立的金属管或金属线槽敷设。

6）屏蔽电缆的屏蔽层端到端应保持完好的导通性。

2.5.2 预埋线槽和暗管敷设电缆要求

预埋线槽和暗管敷设电缆应符合下列要求：

1）敷设线槽和暗管的两端宜用标志表示出编号等内容。

2）预埋线槽宜采用金属线槽，预埋或密封线槽的截面利用率应为30%～50%。

3）敷设暗管宜采用钢管或阻燃聚氯乙烯硬质管。布放大对数主干电缆时，直线管道的管径利用率应为50%～60%，弯管道应为40%～50%。暗管布放4对对绞电缆时，管道的截面利用率应为25%～30%。

2.5.3　桥架和线槽内敷设电缆要求

桥架和线槽内敷设电缆应符合下列要求：

1）电缆在桥架内垂直敷设时，在电缆的上端和每间隔1.5m处应固定在桥架的支架上；水平敷设时，在电缆的首、尾、转弯及每间隔5～10m处进行固定。

2）在水平、垂直桥架中敷设电缆时，应对电缆进行绑扎。对绞电缆及其他信号电缆应根据电缆的类别、数量、缆径分束绑扎。绑扎间距不宜大于1.5m，间距应均匀，不宜绑扎过紧或使电缆受到挤压。

3）电缆在密封线槽内布放时应保持顺直，尽量不交叉，在电缆进出线槽部位、转弯处应进行绑扎固定。

4）在顶棚内采用吊顶支撑柱固定的线槽内敷设电缆时，每根支撑柱所辖线槽范围内的电缆可以不设置密封线槽进行布放，但应分束绑扎，电缆应阻燃，电缆选用应符合要求。

第3章

通信电缆的防雷、防蚀和防强电干扰

3.1 架空电缆与地下电缆的防雷

3.1.1 概述

1. 雷电种类

雷电对通信线路威胁甚大，按影响不同，可分为下列几种：

（1）直击雷 当雷云对大地放电时，直接击中通信线路设备，并通过这些设备进入大地的叫做直击雷，如雷击电杆、雷击断电线、击坏绝缘子等，直击雷对通信线路设备造成的危害最大，不过雷直击通信线路设备的次数并不多。

（2）感应雷 由于雷击通信线路附近大地或其他物体时通过电和磁的耦合，在线路上感应产生的过电压叫做感应雷。在线路上因雷电感应的过电压主要是静电感应造成的。如在架空电缆的上空，存在带有负电荷的雷云，由于静电感应，在地面上将呈现出正电荷，此时雷云与大地之间便产生了电场。当架空电缆正处于该电场之中，将会被极化，在靠近雷云的一面带有正电荷，靠近大地的一面带有负电荷。由于架空电缆是导体，它与大地的绝缘不会是无穷大的，因此，导线上的负电荷便向两侧移动，离开雷云影响的地方而逐渐流入大地。导线上留下来的正电荷，在雷云放电之前，导线上的电位等于零；当雷云放电时，电场随着放电的速度同时消失，导线上的正电荷被释放变成自由电荷，立即向导线两侧移动，形成对地的过电压，有时可达6～50kV。

感应雷一般较弱，对通信线路设备的危害较轻，但感应雷袭击通信线路设备的次数却很多。

（3）反击雷 因大地电位升高所引起的雷害（反方向对线路设备袭击和闪络）叫做反击雷。如当雷击架空地线时，由于架空地线与分级保护、终端保安器共用一根地线，此时，雷电入地点的电位大大升高，并通过放电器或分级保护的放电间隙对线路设备进行反击而产生雷危。

2. 雷电对地下电缆的影响

根据调查分析，总结出下面一些规律：

（1）易遭受雷击的地区

1）大地电阻系数普遍都比较大（$\rho>500\Omega\cdot m$）的地区，出现个别大地电阻系数小（$\rho\geq100\Omega\cdot m$）的地方，则大地电阻系数小处易遭雷击。

2）地形突变或大地电阻系数突变的地方。

3）矿泉沼泽地、河流岸滩部分、地下水出口处及地下矿产较多的地区。

4）若海滨有山，则邻海一面的上坡上。

5）经常落雷的地区。

（2）易遭受雷击损坏的电缆线路

1）经常落雷的地区。

2）附近有电杆或高大建筑物时，隔距小于表15-3-1，以及附近有单棵大树而隔距小于表15-3-2的线路。

表15-3-1 电缆与电杆或高大建筑物的隔距

大地电阻系数$\rho/\Omega\cdot m$	隔距l/m
≥100	10
≤500	15
>500	20

表15-3-2 电缆与单棵大树的隔距

大地电阻系数$\rho/\Omega\cdot m$	隔距l/m
≤100	15
≤500	20
>500	25

3）电缆外径小的比外径大的易遭雷击。

4）耐压强度低的电缆线路。

5）施工质量不好，如覆土不实出现深沟孔洞，甚至把电缆扭伤拉细，均会增加雷击次数和故障的严重性。

3.1.2　雷电对架空电缆的危害及保护措施

1. 雷电对架空电缆的危害

造成架空电缆设备雷击故障主要是直击雷。直击雷如击中电杆，当雷电经电杆放电入地时，由于电流很大，可能烧毁电杆，或者产生很大热量，使电杆内部所含水分与空气突然膨胀，发生爆炸，把电杆炸成碎片、劈裂或炸掉一块。当雷击杆档中间时，可把导线击断。这是由于当导线被直接击中时，在导线着雷点处会出现电弧，使导线部分截面熔化并出现陷口，使导线截面减小；导线受雷击时使导线退火，抗拉强度降低，就可能被拉断。

绝缘子的耐压强度约为 10kV/mm，沿表面闪络放电时约为 80 ~ 100kV（淋湿的要更低一些）。当导线上的过电压幅值和陡度都很大而来不及经表面放电时，常会在绝缘子颈槽处将瓷体击穿并经直螺脚及电杆入地。

2. 保护措施

电杆上安装避雷线是专门用来保护该电杆不受雷击，它在电杆周围形成 35° ~ 45°的圆锥体状的保护伞，保护电杆免遭雷击。

1）装设地点：

① 终端杆、引入杆及接近电信局、站的五根电杆。

② 角深大于 1m 的角杆、分线杆、试线杆及杆长超过 12m 的高杆、坡顶杆。

③ 飞线跨越杆、飞线终端杆及飞线跨越兼终端杆。

④ 在直线路上的一般中间杆上避雷线的间隔，按设计要求办理。

在岩石砂砾及其他干燥处的电杆，以及有高大建筑物隐蔽的处所、有高大建筑物的市区内的电杆可不装设避雷线。

2）装设方法：

① 避雷线用 4.0mm 钢线制成。

② 钢筋混凝土杆上的直接入地式避雷线装法。新设电杆，从杆顶穿入避雷线至杆底，盘 3 ~ 5 圈，压在杆底或引出。其上部应高出杆顶 10cm，并将杆顶用水泥砂浆封实抹平。在原有电杆上加装避雷线时，用避雷线附在电杆外部，每隔一定距离以 3.0mm 钢线缠绕两圈扎紧固定，第一道箍线距杆顶 5cm，以下每隔 50cm 缠扎一次。

③ 木电杆上安装直接入地的避雷线。采用卡钉钉固在电杆上。避雷线顶部高出杆顶 10cm，距杆顶 5 ~ 10cm 处用第一只卡钉钉固，以下每 30cm 钉一卡钉。

④ 电杆上装有拉线时，避雷线可利用拉线入地。

⑤ 终端杆、引入杆、装有交接设备的电杆，应装设直接入地的避雷线。

⑥ 避雷线捆扎或钉在电杆上的位置应装在线路进行方向的一侧。

⑦ 避雷线入土后，应按照表 15-3-3 的规定向侧面延伸，入地深度为 70cm；飞线杆、跨越杆及高度超过 12m 的高杆，不得小于 1m。

表 15-3-3　延伸式避雷线的延伸长度

土壤类别、土壤电阻系数/Ω · m	湿粘土、沼地、淤泥 20 以内	黑土、粘土 50 以内	砂质粘土 100 以内	砂土 300 以内	砂、石质土 500 以内
试线杆、分线杆、飞线杆、引入杆、跨越杆/m	2	2	2	5	8
接近局、站的五根电杆、架空地线或分级保护装置的电杆/m	2	4	8	另做接地装置	另做接地装置

注：如因地形的影响避雷线无法延伸，可将下端编成网形埋设在离地面 1m 以下。

3.1.3　雷电对地下电缆的危害及防护

1. 雷电对地下电缆的危害

雷云对大地放电时：能使地下电缆遭到破坏。当雷电流进入电缆护套后，就会沿线传播，不仅使落雷点及其附近的电缆遭到破坏，而且有时能在几千米甚至几万米的范围内使电缆发生故障，阻断通信。地下电缆遭受雷击常见故障有以下几方面。

1）电缆接头的雷击故障：当雷电流进入电缆后就沿着电缆护套传播，同时流过接头跨接线。如雷电流很大超过了跨接线的熔断电流时，就会把跨接线熔断。在跨接线熔断的瞬间，有火花产生并把套管熔成孔洞，尤其在铝皮电缆上最容易发生。

2）电缆外护套的雷击故障：当雷击电缆时，闪电温度极高，使电缆的外护层燃烧，并将钢带熔成孔洞变软等。同时由于电缆周围水分蒸发，气体剧烈膨胀，瞬时产生强大压力冲击在电缆上，引起电缆外护套压扁、凹痕、弯曲等现象，严重时会使钢带断裂。雷电流陡度越大、土壤越潮湿，对电缆的破坏就越严重。

3）电缆导线的雷击故障：由于雷电放电时产生的热效应，而引起导线间或导线与护套间的绝缘损坏、导线熔断、纸带烧焦等。有时也因为在雷电放电时，电缆护套与导线间，导线与导线间产生很高的电压，使绝缘击穿放出火花而熔断导线。另外，雷电放电时，除对电缆本身破坏外，还会击毁或磁化电缆附件，如信号器、平衡元件、加感线圈等。

2. 保护措施

1）跨接线：它的截面不宜过小，且与电缆及套管焊接不得有虚焊或假焊。一般使用5股1.2mm铜绞线。

2）均压线：它是将同路由敷设的几条电缆护套和钢带用3股1.2mm铜芯塑料线并联起来，共同分担外界的雷电流，同时还能防止一条电缆遭受雷击后对邻近电缆因产生电弧而击穿钢带和护套。

均压线每隔一个制造长度做一个，如果两条电缆的接头相距较远，可在一条电缆上开口做均压线。

3）电缆金属护套接地：在电缆需要防雷而雷电活动又不太强烈或电缆本身防雷击能力较强的地段，可将电缆的金属护套、钢带和地线连接，使电缆金属护套与大地间保持紧密的电气连接。

4）地下消弧线：它是在电缆线路附近有孤立的大树、电杆、高塔等单独的引雷物体需要进行防雷保护时，所采用的办法。

地下消弧线一般用两根7/2.2mm钢绞线做成，其中一根与电缆埋深相同，另一根的埋深是电缆埋深的一半。其安装情况如图15-3-1所示。图中的b值与a、ρ_2的关系见表15-3-4。

5）地下防雷线：它是电缆防雷常用的措施之一。它适用于地下电缆需要防雷保护区段较长或不宜采用避雷针防雷的地方。地下防雷线采用两根7/2.2mm镀锌钢绞线或ϕ6mm镀锌钢筋，平行埋设在电缆上方，线间距离为30~60cm，距离电缆约30cm。

地下防雷线不与电缆连通，也不另作接地装置，但应把地下防雷线两端延伸至土壤电阻系数较小的地方。

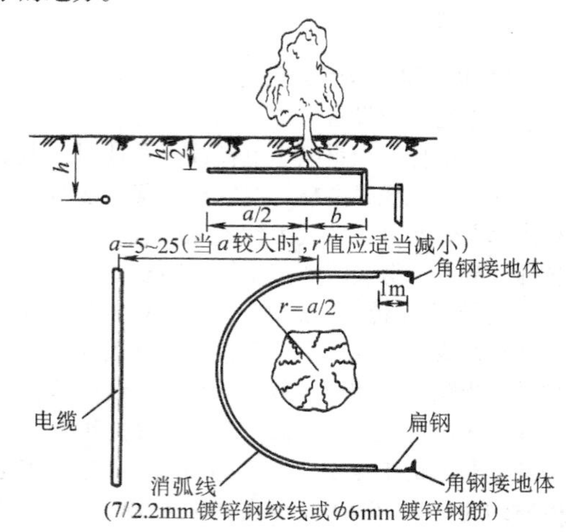

图15-3-1 地下消弧线安装示意图

表15-3-4 b值与a、ρ_2的关系表

ρ_2/Ω·m	a/m	b/m
<100	≥13	2
	<13	15~a
≥100~500	≥18	2
	<18	20~a
>500	≥23	2
	<23	25~a

3.1.4 防雷接地装置

1. 接地电阻要求

电缆线路防雷保护地线装置的接地电阻，一般要求不超过5Ω，对于土壤电阻系数大于100Ω·m的地区，接地电阻不应超过10Ω，困难地点不应超过20Ω，如接地电阻达不到要求时，应采取降阻措施，将接地电阻降到5Ω以下。

2. 安装接地装置

电缆线路防雷保护地线应采用角钢或钢板接地装置。接地方向应与电缆方向垂直。

(1) 安装角钢接地装置

1）接地体采用50mm×50mm×5mm、长2m的角钢，用40mm×4mm扁钢连接。角钢的根数根据接地点的土壤电阻系数计算确定，角钢接地装置的安装如图15-3-2所示。

2）接地体的顶端距地面不小于0.7m，角钢之

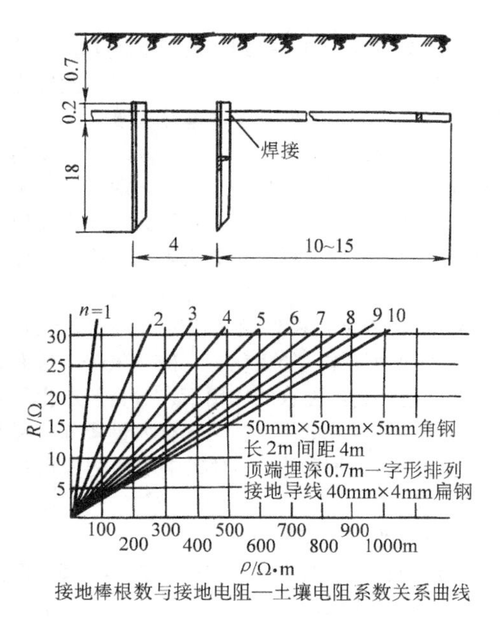

接地棒根数与接地电阻—土壤电阻系数关系曲线

图15-3-2 角钢接地装置安装图

间的距离可为4m，距电缆最近一根角钢到电缆的垂直距离为15m，如受地形限制时可适当减少，但不应小于10m。

3）接地体与电缆金属护套或无人站间采用16mm^{2}的铜芯塑料线连接线。

4）接地体如达不到接地电阻要求时，应增加接地体角钢根数或采取其他措施。

（2）安装钢板接地装置

1）在岩石或沙砾土地区可采用钢板接地装置。钢板接地体采用1400mm×700mm×5mm的钢板（或1m^{2}的钢板）。钢板间采用40mm×4mm扁钢焊接，其间距为6m。

2）接地体的埋深为0.8～1m，连接接地体的扁钢埋深为0.5m，距电缆最近的一块钢板到电缆的垂直距离为15m，如受地形限制可适当减少，但不应小于10m。

3）为了减小接地电阻，在坑内可填入焦炭或导电性能较好的粘土，并分层夯实。必要时可填入化学降阻剂来降低接地电阻。

3.2 电缆防蚀

3.2.1 概述

电缆腐蚀是指电缆的金属护层（包括金属护套、钢带、钢丝）由于周围介质的化学或电化学作用、电气设备的直流或交流的电解作用，以及长期经受外界固定或交变的机械作用而引起的破坏或变质。

1. 电缆腐蚀分类

通常按照腐蚀的破坏作用来分，可以分为湿蚀和干蚀两大类。所谓湿蚀就是在腐蚀的反应进程中，伴随有水分。简而言之，可以认为是金属在电解液中产生的腐蚀。所谓干蚀就是在腐蚀的反应进程中，没有水分。可以认为金属与干燥气体反应或在高温中氧化，以及在非电解质中产生的腐蚀。具体分类如下：

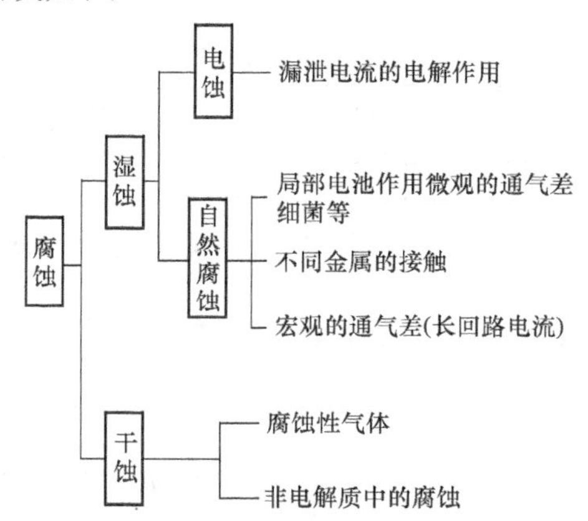

（1）电蚀 电蚀也称为电解腐蚀。电蚀主要是由于外界电气装置的漏泄电流进入电缆护套之后，又从电缆护套流出时所引起的腐蚀。外界电气装置的漏泄电流有直流和交流两种。直流漏泄电流通常来源于牵引网（电车、电气铁道等）或以大地为回路的直流配电网。交流漏泄电流通常是由于高压输电线路与地下金属护套电缆接近，输电线对地下金属护套电缆会产生感性耦合影响，在金属护套电缆上就有交流感应电流流动。感应电流进入金属护套电缆之后又流出来。通常在阳极区引起金属护套的破坏。尤其在金属护套电缆的绝缘层有破损的地方，其腐蚀更为严重。

另外，由于电缆周围土壤性质的差异，或电缆与附近埋设的其他金属管线间形成电偶，这些不均匀性引起的电位差，会在电缆与大地之间产生环流，在电缆上有阴极区和阳极区出现。这种情况没有外来的电动势，但它与漏泄电流产生的电解作用是近似的。

（2）自然腐蚀 它包括范围比较广，腐蚀条件和因素也比较复杂，下面就其主要方面进行简要介绍。

1）土壤腐蚀：电缆与周围土壤产生电化学作

用而引起的破坏称为土壤腐蚀。土壤中含有水分、有机物质以及各种盐类，可视为导体和电解质，由于土壤成分的不同和土壤含盐浓度的不同，在金属表面形成电池偶尔引起金属损坏。土壤中所含的可溶盐类和酸碱物质，如醋酸、石灰质、硝酸盐等，对电缆铅套危害极大。土壤中存在的氯盐、钙盐、钠盐等碱性物质，对电缆铝皮产生强烈腐蚀。土壤中存在的硫及硫酸化合物对电缆钢皮、钢带、钢丝的腐蚀更为严重。

2）接触腐蚀：不同金属互相接触，由于金属的基本电位不同产生电池作用，从而产生电化学腐蚀。如电缆的金属护套与地线接触处的腐蚀等。

3）细菌腐蚀：细菌腐蚀也称微生物腐蚀。微生物破坏金属的过程是由于它们进行新陈代谢活动的直接或间接的结果。它可以直接促进阳极区或阴极区的电化学反应，或者削弱金属表面膜的抵抗力创造腐蚀条件。另外，由于微生物的分解作用，对土壤性质有一定影响。在细菌活跃的地方，土壤一般反应为中性；真菌活跃的地方，土壤一般反应为酸性；放射状菌一般作用于微碱性土壤中。

4）应力腐蚀：它也称腐蚀疲劳。金属受到外界交变应力的作用而破坏。应力的来源常常产生于外界的机械作用。这种腐蚀在腐蚀介质和交变应力的共同作用下，使金属的疲劳极限大大降低，因而过早地被破坏。如桥梁上的电缆腐蚀等。

5）气体腐蚀：在工业区或矿井地区，经常散发大量腐蚀性气体，如氯化氢、硫化氢等，还有大量粉尘，这些物质在水的作用下，对金属产生严重腐蚀。如在沿海一带，气体中含有大量盐分（氯化钠），在电化学的反应下，对架空电缆的金属护套产生严重腐蚀。

2. 电缆腐蚀的鉴别方法

电蚀与自然腐蚀的鉴别方法见表 15-3-5。腐蚀产物的鉴别方法见表 15-3-6。

表 15-3-5 电蚀与自然腐蚀的鉴别方法

方法＼种类	电蚀	自然腐蚀
电缆对地电位	电缆对地电位波动较大，对地电位最高可达几伏	电缆对地电位较稳定，对地电位一般在 0.5V 以下
电缆上的电流	腐蚀电流随着电气装置的负荷大小而变化，电流数值比较大，容易测出	腐蚀电流变化幅度不大，电流数值也比较小，一般在 30mA 以下，不易测出
腐蚀产物形状	多为不均匀腐蚀，分布不规则，有时呈直线分布。腐蚀边缘锐利，有时外小里大，常形成沟状	多为均匀腐蚀，大部分呈凹痕状，偶尔有洞也较浅
腐蚀产物成分	透明晶状或白色晶状。含有多量氯化物及硫酸盐类，产生 PbO_2	红色或浅蓝色晶状氯化铅。大部分为碳酸盐、碱性碳酸铅。不产生 PbO_2，但有时产生亚硝酸盐
地下水成分	含有一般数量的氧化物、碳酸盐及硫酸盐，不含有机物	含有大量硝酸盐、氯化氨及有机物

表 15-3-6 腐蚀产物的鉴别方法

腐蚀产物名称及分子式	状态	在 100mL 水中的溶解度
氯化铅 $PbCl_2$	无色斜方晶体	15℃时溶 0.91g，100℃时溶 3.2g
盐酸铅 $Pb(ClO_3)_2$	白色单方晶体	18℃时溶 60.2g，溶于酒精
氧化铅 PbO	黄色粉末斜方晶体	20℃时溶于 0.017g，溶于酸
氧化铅（密陀僧）	红色六方晶体	
四氧化三铅 Pb_3O_4	红色柱体	不溶于水，在硝酸中分解
二氧化铅 PbO_2	褐色晶体	难溶于水，微溶于酸

（续）

腐蚀产物名称及分子式	状态	在 100mL 水中的溶解度
硫酸铅 $PbSO_4$	白色单斜方	17℃时溶 0.004g，不溶于酒精
硝酸铅 $Pb(NO_3)_2$	无色单斜同轴	10℃时溶 30.8g，100℃时溶 56g，溶于酒精 45%
碳酸铅 $PbCO_3$	无色斜方晶体	20℃时溶 0.00015g，不溶于酒精
氢氧化铅 $Pb(OH)_2$	白色非晶体	难溶于水，易溶于酸
$PbCO_3 \cdot Pb(OH)_2$	白色非晶体	不溶于酒精

3. 影响电缆腐蚀的因素

影响电缆腐蚀因素比较多，同时也比较复杂。一般来讲，由于电缆本身的特性而产生的腐蚀称为内因；由于外部电源或周围介质的作用而产生的腐蚀称为外因。下面对影响电缆腐蚀的主要内、外因素进行简要介绍。

（1）影响电缆腐蚀的内在因素　电缆金属护套本身由于冶炼的原因，往往含有其他金属杂质。这些金属杂质具有不同的电极电位，在合金表面形成腐蚀电池，各相之间的电位差越大，腐蚀的可能性就越强。另外金属表面状态对电缆腐蚀也有影响。譬如粗糙的金属表面比光滑的表面容易产生腐蚀。

（2）影响电缆腐蚀的外在因素

1）水的影响：水中含钙盐、镁盐的多寡决定于水的硬度。钙盐、镁盐多的水叫硬水，反之为软水。一般电缆铅护套在软水中易腐蚀，在硬水中不易发生腐蚀。

2）土壤的物理化学性质影响：土壤氧或氧化剂浓度较小处为阳极，金属易于腐蚀；土壤中含可溶性盐类（主要有硝酸盐、碳酸盐、氯盐及硫酸盐等）浓度不同时，靠近浓度较大区域为阳极区，电缆易发生腐蚀；土壤微生物多时，由于它使物质发酵及分解有机质，改变土壤性质，加重电缆腐蚀。

3）土壤电阻率的影响：土壤电阻率小的地方及土壤电阻率骤然变化的地段，都容易引起电缆的腐蚀。除了土壤结构外，土壤电阻率还受到温度影响。温度高时电阻率低，而温度低时电阻率高；在土壤冻冰时电阻率可增大数十倍。故在测定土壤电阻率时，一定要考虑季节因素。

4）pH 值的影响：不同介质、不同金属，对 pH 值的影响都不一样。如铅、铝、锌、锡等金属，它们在酸性及碱性介质中都会发生腐蚀。这是因为这些金属氧化物在酸、碱中都能溶解。无论 pH 值升高或降低，腐蚀量都会增加。但也有特殊情况，铝在浓硝酸中由于钝化而变得很耐腐蚀。铁的氧化物溶于酸而不溶于碱，它在酸中很容易被腐蚀，尤其是在非氧化的酸中，pH 值降低能使铁表面膜的溶解度增加，腐蚀速度相当快；但是在碱性溶液中，由于其腐蚀产物氢氧化铁的不溶性，其腐蚀速度是比较慢的。

5）地中漏泄电流密度对电缆腐蚀的影响：漏泄电流密度与腐蚀效率关系如图 15-3-3 所示。

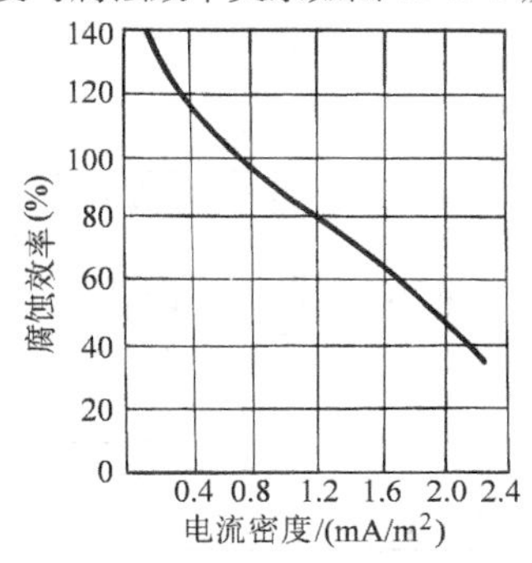

图 15-3-3　漏泄电流密度与腐蚀效率的关系

电流密度为

$$j = \frac{I}{S} \qquad (15\text{-}3\text{-}1)$$

式中　I——测得的电流值（mA）；

S——电缆与大地的接触面积（m^2）。

S 可用下式求得，即

$$S = \frac{\pi dlq}{100} \qquad (15\text{-}3\text{-}2)$$

式中　d——电缆金属护套外径（cm）；

l——电缆长度（cm）；

q——电缆与土壤接触系数（铠装电缆可取 0.5）。

6）氧化还原电位对电缆腐蚀的影响：氧化还原电位是电子得失的反映，它反映了土壤中氧化芯物质与还原芯物质的活（浓）度比。氧化还原电位计算式为

$$E = E_0 + \frac{RT}{nF}\ln\frac{a_{ox}^p}{a_{red}^q} \qquad (15\text{-}3\text{-}3)$$

式中　E——在该种氧化剂浓度 a_{ox} 和该种还原剂浓

度 a_{red} 下的氧化还原电位；

E_0——当氧化剂和还原剂的浓度均为1N时的氧化还原电位；

n——在该反应中氧化剂的价数；

F——法拉第常数，等于96500；

R——气体常数，等于8.31J/℃；

T——热力学温度；

p——在该氧化反应中氧化剂的系数；

q——还原剂系数。

土壤的氧化还原电位在很大程度上反映了土壤腐蚀性的强弱，电位越低腐蚀性越强。

7）其他：架设在桥梁和火车运行轨道下面的电缆，由于振动产生疲劳而易被腐蚀；架设在高温车间的电缆及与热力管道同沟敷设的电缆，由于温度过高而易被腐蚀；海底电缆若在海水流速较大的岩石地段和岸滩部分，由于波浪冲击会受到磨损，加强氧向阴极区的扩散与对流，同时也冲坏金属表面的保护膜而加速腐蚀。

3.2.2 电缆线路环境腐蚀性的判定及其指标

1. 根据介质的物化特性判定环境腐蚀性

1）土壤的物化特性及其腐蚀性的划分见表15-3-7。

2）水的物化特性及其腐蚀性划分见表15-3-8。

表15-3-7 土壤腐蚀性的划分

腐蚀性	土壤特性	指标		
		pH值	有机质（%）	NO_3^-/（mg/L）
弱、中	砂土、砂粘土、壤土	6.5~8.5	1.0以下	1×10^{-4}以下
	粘土、盐土、黄土、红土等	4.5~6.5	1.0~1.5	1×10^{-4}~1×10^{-3}
强	石灰土、泥炭土、沼泽土、腐殖土、人工土壤（垃圾、粪土、炉渣、灰烬等）	4.5以下 8.5以上	1.5以上	1×10^{-3}以上

表15-3-8 水腐蚀性的划分

腐蚀性	水的特性	指标			
		pH值	有机质/(mg/L)	NO_3^-/(mg/L)	总硬度/度
弱	海水、湖水等	6.5~8.0	20以下	10以下	15以上
中	河水、池塘水、生产用水、灌溉水等	5.0~6.4 8.0~10.0	20~40	10~20	14~9
强	沼泽水、生活污水、工业废水、积水等	5.0以下 10.0以上	40以上	20以上	8以下

2. 根据腐蚀性的空间环境判定其腐蚀性

1）弱活性化学介质的车间：生产中需要应用和贮存少量的酸、氨、碱（如碳酸、尿素等）的车间及其附近。

2）活性化学介质的车间：生产中需要应用可以和水蒸气作用形成酸雾的气体（如二氧化氮及氯化氢等）的车间及其附近。

3）强活性化学介质的车间：生产中需要连续应用和贮存强酸（如硝酸、盐酸及氢氟酸等）的车间及其附近。

3. 根据电气测试判定环境腐蚀性

1）土壤电阻率对电缆腐蚀性的划分见表15-3-9。

表15-3-9 土壤电阻率的划分

腐蚀性	土壤电阻率/Ω·m
无	>100
弱	50~100
中	23~50
强	<23

2）氧化还原电位对电缆腐蚀性的划分见表15-3-10。

3）电缆的防护电位见表15-3-11。

4）电流密度：电缆铅护套上允许的漏泄电流密度不得超过0.15mA/m^2。

表15-3-10 氧化还原电位腐蚀指标

氧化还原电位/V（标准氧电极）	土壤状况	pH值	腐蚀等级
+0.5 +0.4	好气	>6.5 <6.5	不腐蚀 腐蚀
+0.3 +0.2			轻腐蚀
+0.1 0			中等腐蚀
-0.1	嫌气		强腐蚀

表15-3-11 电缆防护电位

	对硫酸铜电极防护电位/V	介质性质
最小允许值	-0.52	酸性
	-0.74	碱性
最大允许值	-0.92(有防护覆盖层)	酸性
	-1.22(有防护覆盖层)	碱性
	-1.22(无防护覆盖层)	酸性
	-1.32(无防护覆盖层)	碱性

3.2.3 电缆防蚀测试

1. 环境调查及搜集资料

（1）关于电气铁道及地下埋设物的电蚀调查

1）直流变电所的位置及供电状态；

2）电车的运行状态（时刻表）；

3）轨道结构（铁轨的重量、单线还是复线）；

4）铁轨对地的电压及其分布；

5）铁轨流出的漏泄电流及地电位梯度；

6）铁轨对地漏泄电阻；

7）铁轨连接的电阻；

8）埋设物的对地电位；

9）埋设物对铁轨电压；

10）在埋设物上流动的电流；

11）从埋设物流出和流入的电流；

12）埋设物对地漏泄电阻；

13）在有关地区了解过去发生腐蚀的实例。

（2）关于地下埋设物的腐蚀环境调查

1）其他设施的电气防蚀设备概要；

2）附近超高压输电线的感应电压及铁塔的接地电流；

3）大地电位分布；

4）土壤及水的电阻率；

5）土壤及水的pH值；

6）土壤和水的极化特性；

7）土壤的氧化还原电位；

8）土壤和水的分析；

9）腐蚀产物的分析。

（3）搜集有关资料

1）电缆线路图，图中应包括线路走向、电缆条数、电缆规格、管道规格、人孔规格和间距，以及电缆占用管孔的位置等。

2）历年电缆防蚀测试资料及防蚀设备的使用工作情况，以及特殊的腐蚀障碍资料。

3）与其他单位有关的地下金属管线位置及分布图。

4）在有地下铁道、无轨电车、有轨电车的地区，它们的正、负馈电线如有接地情况，还应搜集轨道网供电站、回归线及供电站昼夜工作情况等资料。

5）如有高压输电线路与通信电缆平行接近，应搜集输电线的供电方式、供电电压，与通信电缆平行接近的段长和相隔距离等资料。

6）如有以大地作回路的直流供电设备，应搜集供电站的位置、供电电压及线路图等资料。

2. 测试电极及测试方法

（1）测试电极 电缆防蚀测试使用的电极有铅电极、钢电极、非极化电极及固体参比电极等。在腐蚀性弱的地区，一般不使用铅电极或钢电极，因为使用这种金属电极由于极化电动势的作用会使测试结果产生极大误差（其值可以达到0.2～0.3V）。故在防蚀测试中多用非极化电极。

非极化电极有许多种，如氢电极、甘汞电极、氯化银电极、氧化铝电极及硫酸铜电极等。这些非极化电极的电极电位是不同的，常用的几种非极化电极的电位见表15-3-12。

表15-3-12 常用的非极化电极电位

电极种类	25℃时的电极电位/V
氢电极	0
甘汞电极	0.24
氯化银电极	0.20
硫酸铜电极	0.32

用非极化电极测试出的数值中包含非极化电极的自然电位。测量时若电缆接仪器的正端子，非极化电极接仪器的负端子，则电缆对地电位的真正数值为

$$U = \pm U_1 + U_2 \quad (15\text{-}3\text{-}4)$$

如果非极化电极接仪器的正端子，电缆接仪器的负端子，则电缆对地位的真正数值为

$$U = U_2 - (\pm U_1) \quad (15\text{-}3\text{-}5)$$

式中 U_1——测试电位值（V）；

U_2——非极化电极电位值（V）。

地下电缆采用恒电位仪作外加电源的阴极保护时，衡量阴极保护区内的保护程度及作为恒电位仪控制信号，需要使用固体参比电极。固体参比电极有锌铝硅固体参比电极及纯锌固体参比电极。

（2）测试方法 电缆防蚀测试的内容有，电缆对地电位、土壤电阻率、pH 值、电缆金属套上的电流方向及电流量、电流密度、电位梯度、漏泄电流量等项目。下列仅对前四项的测试方法进行简要介绍。

1）电缆对地电位的测试：

① 管道敷设电缆：其测试一般在人孔上方进行。接线方法如图 15-3-4 所示。

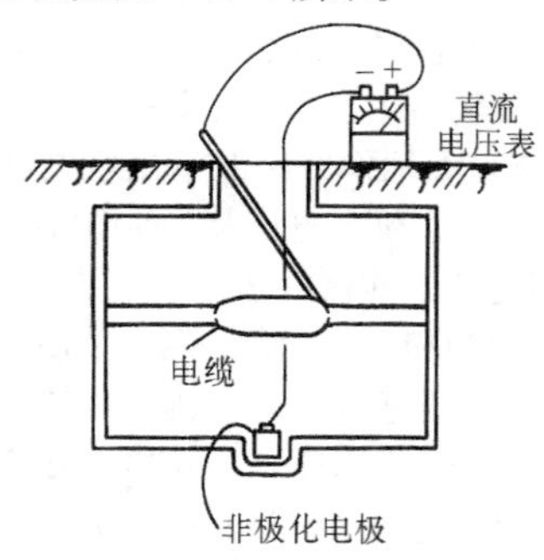

图 15-3-4 管道敷设电缆对地电位的测试

图中直流电压表的正端子通过铅电极与电缆铅包接触。表的负端子通过硫酸铜非极化电极与地接触（非极化电极垂直立在人孔内积水面上或放在积水罐中）。记下表的读数。如指针不稳定应多记几个读数，然后取其平均值。

② 直埋电缆：直埋电缆在相隔一定距离的电缆接头上，应设有监测线。专为电缆防蚀测试用。接线方法为将直流电压表的正端子用引线与监测线相连，表的负端子通过硫酸铜非极化电极与大地接触（为了接触良好，可用挤塑料奶瓶电极，使硫酸铜溶液溢出以湿润土壤），然后记取表的读数。

测试电缆对铁轨或对其他地下金属管线的电位。须使用钢电极与铁轨或其他金属管接触。测试方法与上述相同。

2）土壤电阻率的测试：测试土壤电阻率有三极法和四极法，一般多采用四极法。测试仪表可使用 ZC－8 接地电阻测试仪、K－7 地阻仪、JD－1 型晶体管接地电阻测试仪、MC－07 或 MC－08 接地电阻测试仪等；还可以使用电流、电压表进行测量。下面介绍使用 MC－07 接地电阻测试仪测试土壤电阻率的方法，使用其他仪表测试的方法类同。

MC－07 接地电阻测试仪外形及接线情况如图 15-3-5 所示。

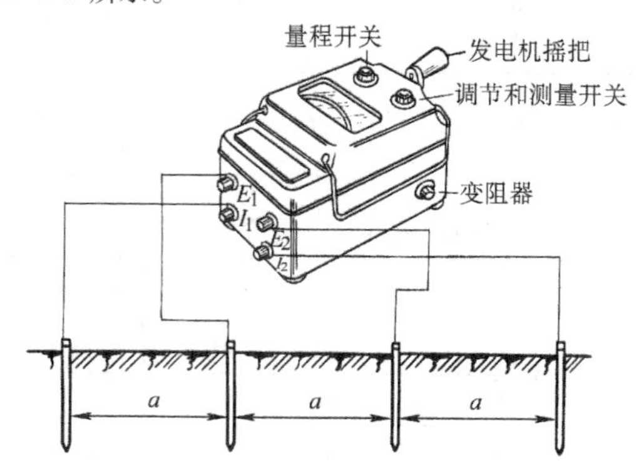

图 15-3-5 MC－07 测试仪测试土壤电阻率

在所测的段落上，沿直线把四根金属棒的接地电极以 2m 的距离打入大地中，接地棒的长度一般约为 30～40cm，金属棒打入地中的深度不得大于两个金属棒间距的 1/20。再将仪器的电流端子 I_1 和 I_2 接于两边的两根接地电极上。将电位端子 E_1 和 E_2 接于中间的两根接地电极上。先把调节和测试开关放在“调节”位置上，然后不停地转动发电机的摇把并调节变阻器的电阻，使仪器的指针处于刻度盘的红线上。如果指针不能指在这条红线上，说明中间两个电极接地电阻太大，需要将这两根电极附近的土壤加湿。使仪器指针处于红线以后。停止转动发电机摇把。将调节和测试开关拨向“测试”位置上。根据电阻的范围。将量程开关顺序调节到“用 10 除”“100 除”或“1 除”的位置上，转动发电机的摇把进行测试。

从仪器的读数上，便得出中间两根金属棒间的电阻数。土壤电阻率为

$$土壤电阻率 = 2\pi aR$$

式中 R——仪器的读数（Ω）；

a——接地电极间的距离（m）。

3）pH 值的测定：

① pH 试纸法：用 pH 试纸（可在化工试剂商

店购买）测试土壤或水的 pH 值非常简单、方便而且速度快。它是利用比色的方法来求得的。将试纸与电解质接触（如果是干土则需用蒸馏水浸泡）后，试纸上就出现不同的颜色。然后，与标准色阶相比较。试纸的颜色与色阶的某颜色相同的。色阶某颜色所标定的 pH 值即是土壤或水的 pH 值。

② 比色法：该法是在现场速测土壤 pH 值的方法。首先取一小块土壤，放在特制的瓷板上，滴入 3～5 滴混合指示剂。见有溶液从土壤中渗出少许即可（不必搅动以免土色干扰），约 3min 后即可用比色瓶进行比色确定 pH 值。测试前可先用稀盐酸分辨土壤的性质，滴上稀盐酸土壤中有气泡发生，说明是碱性土壤，可用碱性混合指示剂滴定，再进行比色；如没有气泡发生，则说明是酸性土壤，可用酸性混合指示剂滴定，通过比色确定出 pH 值。

如果要求比较准确的 pH 值，可以使用 PHS－29A 型酸度计，使用方法见仪器说明书。

4）电缆金属护套上的电流方向及电流量的测试：

① 电流方向：直流将毫伏表的两接线子分别用引线与电缆金属护套相连（使其接触电阻尽量小）。电缆上接触的两点之间的间隔应尽可能长（至少 1m），并以不跨过接续套管为宜。

根据指针的偏转方向，判定电流的方向。

② 电流量：测试电缆金属护套上流过电流量的方法有直接测试法、两表法、三表法、电压降法及补偿法等。下面仅介绍使用电压降法测试流过电缆金属护套上的电流量。

接线方法如图 15-3-6 所示。

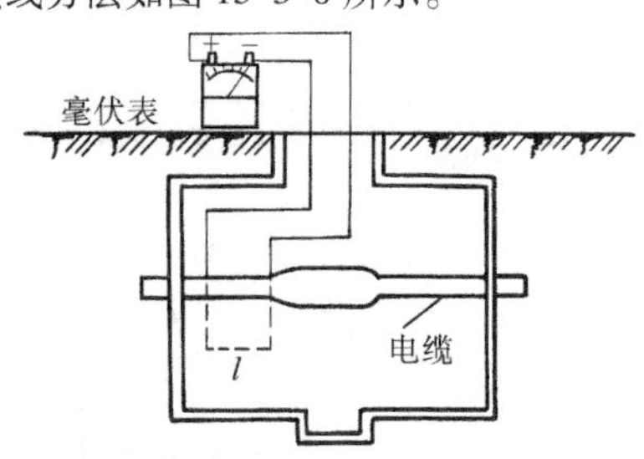

图 15-3-6 电压降法测试金属护套电流量

将两根引线的一端接至电缆金属护套（相隔 l 米）。另一端接毫伏表的正、负端子。电缆金属护套的电流为

$$I=\frac{U}{R} \tag{15-3-6}$$

式中 U——测出的电压数值（即被测电缆段长两点间的电压降）（V）；

R——l 长电缆金属护套电阻（Ω）。

3.2.4 防蚀措施

防止电缆腐蚀可以从多方面采取措施。首先是从电缆的护套和护层结构上进行改善，以提高其抗蚀能力。其次可以从电力设备方面采取措施，降低轨道的电压降和增加轨道与大地间的接触电阻，以减小对电缆的腐蚀影响。从电缆的设计和维护方面采取预防和防止腐蚀障碍的措施有各种方式，概括起来分类如下：

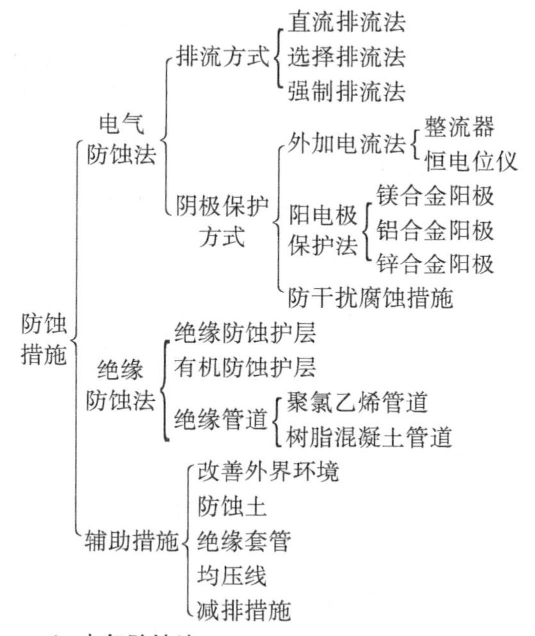

1. 电气防蚀法

（1）排流方式

1）直接排流法：直接排流法是将电缆与变电站（所）的负极或回归线用排流线连接起来而进行排流的方法。直接排流法的优点是排流量大、设备结构简单、维护方便、价格便宜。缺点是不能防止电流反向流入电缆。因此它仅适用于稳定的阳极区（无反向电流）。安装地点一般多装设在距电车或地铁的变电站（所）、回归点附近。直接排流法的电路如图 15-3-7 所示。

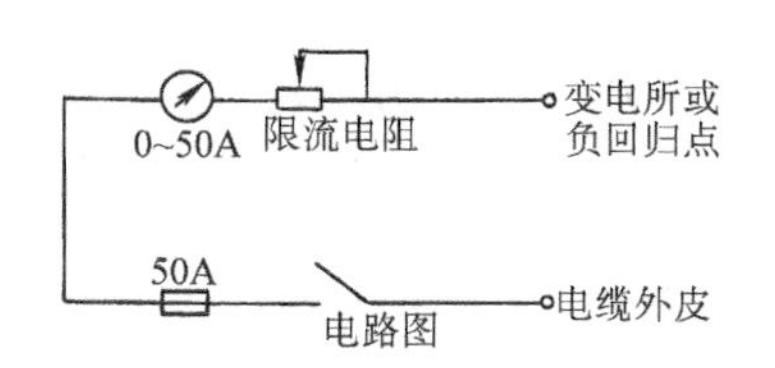

图 15-3-7 直接排流法电路图

图中的限流电阻是用来调节排流量大小的，使电缆上都呈现负电位并不超过规定范围。该电阻要求具有大电流低电压的特性，一般要求总电阻为1Ω。允许通过电流为100A的可变电阻。

排流线一般可使用油麻铠装电缆或有绝缘护层的铜绞线。排流线的截面积要适当，一般使用100对×0.5mm的通信电缆，或截面积为16～25mm^2的多股绝缘铜导线。

2）选择排流法：选择排流法的作用与直接排流法一样，其不同的是通过一些电子控制部件，以消除由铁轨反向流入电缆外皮的电流，选择排流器具有单向传导电流的性能，它可以用在极性稳定或极性变化的地区。在电缆对铁轨或回归线的电位时正时负的地区，必须使用选择排流器。

选择排流器的种类很多，有电解型、整流器型、继电器型、半导体型等排流器。半导体排流器的电路，如图15-3-8所示。

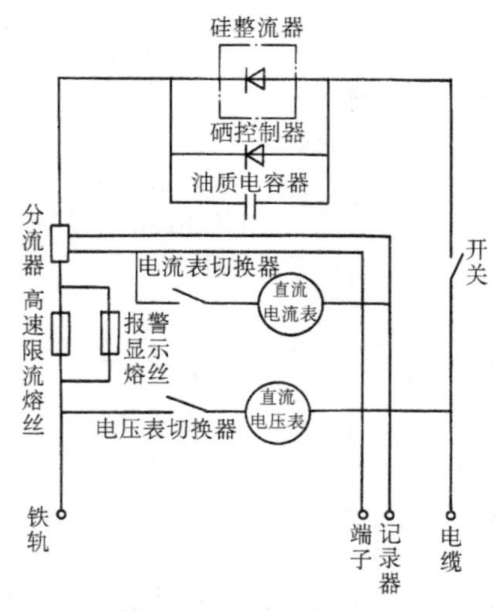

图15-3-8 半导体排流器电路图

当电缆电位低于铁轨或回归线的电位时，由于半导体处在反向阳极电压的情况下，控制极没有正向电压，半导体处于断开状态，电流不能流通；反之，当电缆电位高于铁轨电位时，半导体在正向阳极电压的情况下，半导体处于工作状态而导通电路进行排流。

3）强制排流法：强制排流法是将电缆与回归线（或铁轨）连接起来，在回路中加入直流电源以促进排流的方法。如图15-3-9所示。

强制排流法一般在用直接排流法无法将电缆上的电流排到铁轨或回归线时加以使用。具体使用场合有以下两种：

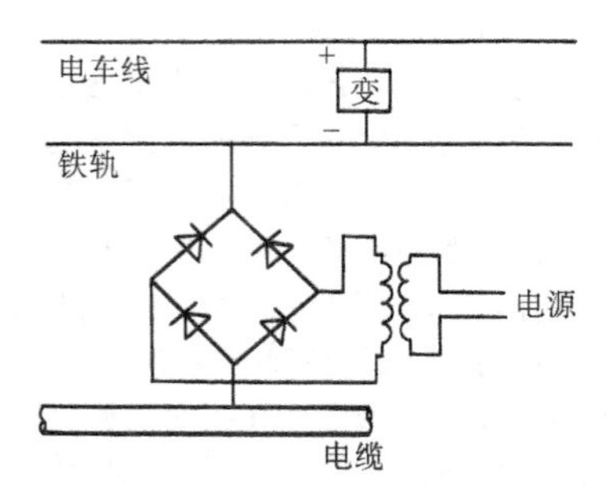

图15-3-9 强制排流法

① 电缆金属护套电位虽然比大地电位高，但低于附近的铁轨或回轨线时。

② 电缆金属护套虽然处于阳极区，但由于地铁是设在较深的隧道中，无法引入排流线时。

（2）阴极保护方式

1）外加电流法：如果把电解质中的金属护套电缆和一个直流电源的负极相连，直流电源的正极和外加的辅助电极（阳极接地体）相连，当接通电路后使金属护套电位处在负电位。当电位降至腐蚀电池的阳极起始电位时，金属护套电缆就不腐蚀或减轻腐蚀了，从而得到了保护。这种方法叫外加电流法。

外加电流法目前多采用恒电位仪对电缆进行保护。

恒电位仪包括主电路及控制电路两大部分。主电路由晶闸管整流电路，限流环节及防雷防干扰电路组成。控制电路由比较放大器、移相触发器、失控报警电路、防雷及集中观测通话电路组成，如图15-3-10所示。

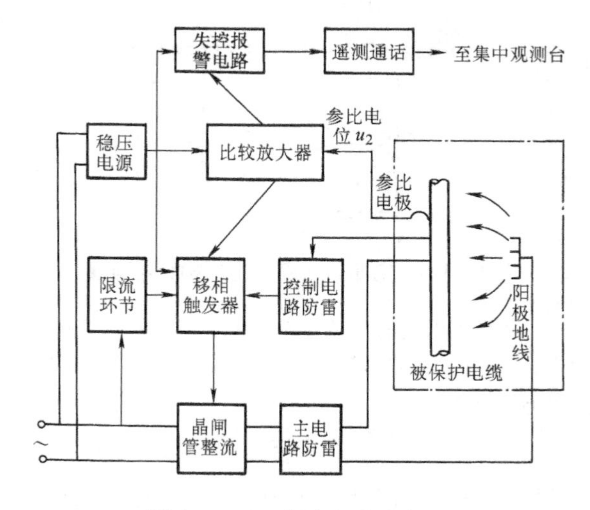

图15-3-10 恒电位仪方框图

仪器输出直流电源，负极接被保护电缆（排流点），正极接阳极接地体，电流通过大地形成一个直流电场达到保护电缆的目的。

所谓恒电位就是要使排流点的电位恒定，为此必须给定一个十分稳定的电位 u_1 作为标准，它是由交流整流并通过三级稳压后获得的。同时用一个参比电极放置在排流点上方的土壤上，随时测量该点电位，即获得一个参比电位 u_2。将给定电位 u_1 及参比电位 u_2 同时输入比较差动放大器，如果 $u_2 = u_1$ 则晶闸管整流输出功率保持一定值。当 $u_2 < u_1$ 时则比较放大器输出信号控制移相触发器，使触发脉冲信号提前，晶闸管整流输出功率增加，从而排流点参比电位向负偏移，绝对值增加直至使 $u_2 = u_1$ 时，输出功率保持稳定，反之当 $u_2 > u_1$ 时，同样通过启动调节使输出功率降低直至使 $u_2 = u_1$，保持稳定。上述参比电位偏离给定电位的自动调节过程只需几微秒，所以当仪器正常工作时排流点的电位总是恒定不变的。

外加电流法使用辅助电极（阳极接地体）的电性能和分布情况直接影响保护效果。作为阳极接地体材料必须是良导体，在腐蚀介质中抗蚀性要高，同时材料来源广泛而且价廉。用作阳极接地体的材料有石墨、硅铸铁、钢铁、铅银合金、钛镀铂等。

石墨是一种非金属耐腐蚀导电材料，属于碳的一种。它具有很高的化学稳定性和耐酸碱腐蚀的特点，在力学性能上质软而多孔，加工制造容易。在不通电的情况下，石墨材料的化学稳定性很强，在土壤中不受氧化与还原作用的影响，用它作接地体可以说是一种永久性的地线。在通电的情况下，由于在石墨的晶格结构中，碳原子之间的共价键结合非常紧密，在常温下不可能产生阳离子，因而腐蚀很慢。石墨阳极接地体的腐蚀，在某种程度上是由于与阳极上产生的氧作用生成二氧化碳而被腐蚀，但实际上阳极所产生的氧大部分都成为气态扩散出去了，因此其腐蚀速度是非常缓慢的。据调查，埋在土壤中的石墨阳极接地体，当平均电流密度不大于2.7A/m^{2}时，其每年消耗率只有0.45kg/A。

目前石墨阳极接地体已有定型产品。这种产品是由无烟煤、焦炭、沥青混捏制成型后，在高温下焙烧而成。石墨阳极接地体的形状一般为圆柱形，为了便于施工，在一端车有螺纹，另外还附有一个石墨螺母，供接续引线用。

2）阳电极保护法：阳电极保护法是采用一种电极电位比被保护电缆金属护套电极电位低的金属（如镁、铝、锌）及其合金，用绝缘导线将它直接接到被保护的电缆上。接通后电缆即可得到保护。

作为牺牲阳极材料应具备下列条件：

① 具有比被防蚀金属体更负的电位，在长期使用过程中保持稳定，即极化电位要小。

② 单位重量的实际发生电量要大（即电流效率高）。

③ 阳极表面不生成钝化膜，腐蚀产物疏松易溶，不粘附于阳极表面形成高阻硬壳。

④ 具有一定的机械强度，铸造成型加工容易，原料来源充足，价格便宜、无公害。

牺牲阳极一般采用在镁、铝、锌中添加其他元素，通过优选配方，按照严格的熔炼工艺制造而成。

目前国内锌、铝合金阳极及镁合金阳极均有定型产品。国内生产的锌、铝合金阳极系列的组分及性能见表15-3-13。

表15-3-13　锌、铝合金阳极系列组分质量分数及特性

合金系列	元素及组分质量分数（%）						初始电位/V	电流效率（%）
	Zn	Al	Cd	In	Sn	Mg		
锌-铝-镉系列	余量 余量	0.3~0.6 0.5	0.025~0.1 0.2	—	—	—	-1.05 -1.03	>90 90
铝-锌-铟-锡系列	2.5 5.0	余量 余量	—	0.025 0.025	0.02 0.02	—	-1.08~-1.10 -1.08~-1.10	82 85
铝-锌-铟-镉系列	2.5	余量	0.01	0.02		-1.08	85	—
铝-锌-铟-锡-镁系列	4.0 3.0	余量 余量	—	0.04 0.02	0.05 0.05	0.5 4	-1.08 -1.09	85 90

注：初始电位指相对于饱和甘汞电极而言。

镁、铝、锌阳极各具有不同的特点，适用场合也有所不同，其性能比较见表15-3-14。

为了使阳电极具有较高和较稳定的工作电位以及减小“电极-大地”的接触电阻，从而提高电极效率及表面活动性，在电极周围必须埋设填充剂。在选用填充剂时必须考虑到大地的导电程度。在电阻率较小的大地中，土壤本身的可溶盐类较多，故填充剂中的盐分不宜过多。在干燥的大地中，电阻率较大，填充剂的盐分必须加多。不同金属的阳电极，所使用的填充剂的成分及重量配合比等也各异。镁、铝、锌阳电极所使用的填充剂的配方见表15-3-15。

表 15-3-14 镁、铝、锌阳极的性能比较

牺牲阳极 性能	镁合金	铝合金	锌合金
阳极电位/V	< -1.50	-1.2 左右	> -1.10
理论发生电量/(A·h/g)	2.21	2.88	0.82
电流效率（%）	<50	>70	>90
特点	密度小（1.77）自腐蚀大，体积消耗快、易燃、熔炼较困难费用较高	材料来源广、价廉、易铸造、极化性能差	自腐蚀小，难燃、耐磨、密度大（7.14）
适用场合	土壤电阻较高的地下电缆、油气管等	船舶及地下金属管线	船舶及绝缘护层较好、需保护电流较小、土壤电阻率低的地下电缆及输气管等

表 15-3-15 填充剂的配方

填料 各种阳极	填料成分	质量分数（%）	填料性质	说明
镁合金	石膏 无水硫酸钠 膨润土	75 5 20	中性	填料中的材料，可以使用工业纯的。膨润土是一种水膨胀性的铝硅酸盐，可以形成不易透水层，起到防止填料流失和降低接地电阻的作用，市场上很容易购买，最好不要用粘土代替
铝合金	消石灰 食盐 膨润土	20 60 20	碱性	
锌合金	石膏 无水硫酸钠 膨润土	25 25 50	中性	

阳电极的埋深及隔距见表 15-3-16。

表 15-3-16 阳电极的埋深及隔距

（单位：m）

土壤	电极埋深（由大地表面至电极顶部表面的距离）	电极距电缆的距离	电极隔装距离
泥炭土和泽土	0.6~0.8	5~6	60~80
黑土和粘土	1.0~1.2	3~4	80~100
盐土	1.2~1.5	5~6	100~120
砂土	1.5~1.8	2~3	120~150

阳电极的安装方法如下：

① 将连接导线焊在每个电极的钢芯上，焊接后立刻在焊接地点小心地灌注绝缘剂。

② 挖安放电极的坑和敷设连接导线的沟，沟深为70cm，宽25cm。

③ 坑底放置40~50cm 的填充剂，将电极放在坑的中间，在电极周围灌注填充剂（可用薄钢片制成的模型，在电极与模型间灌注填充剂）。

④ 安装电极后，在连接导线焊接到电缆铅套之前，应检查电极—导线—电缆的电路是否正常，用电压表检查在电路中产生的电位差，如果情况正常，将连接导线焊接到电缆铅套上。

3）防干扰腐蚀措施：外加电源阴极保护在正常情况下，保护电流是由直流电源的正极流到阳极接地体，再经过大地流入被保护的电缆金属护套上，然后流回到电源的负极。当被保护的电缆附近有其他地下金属物时，流经阳极接地体上的电流有一部分漏泄到邻近的地下金属物上，从而使这些金属物产生阳极区而受到腐蚀，这种腐蚀称为干扰腐蚀。

判断被保护电缆附近的地下金属物是否受到干扰腐蚀，可以采用测试邻近地下金属物对地电位的办法进行判断。测试方法是，先将阴极保护停用，测试邻近地下金属物对大地的电位；然后再将阴极保护接通使用，再测试其对大地的电位。如果这两种情况测试的电位值基本不变，则说明邻近地下金属物没有受到干扰腐蚀，如果阴极保护接通使用后的电位比停用时的电位向正的方向偏移（如停用时的电位为 -0.6V，接通使用时的电位为 -0.2V），则说明该地下金属物已经受到干扰腐蚀。防止干扰腐蚀，可以采取以下几种措施：

① 采用均压线连接：在同一人孔内有多条电缆时，必须将阴极保护的汇接点与人孔内的所有电缆铅套用铅带焊接起来。

② 使接地体远离地下金属物：阴极保护设备的阳极接地体的埋设位置要选择适当，在条件允许的情况下，应使它尽量远离地下金属物。

③ 采取绝缘手段：在被保护电缆段附近有地下金属物而又无法避开时，如果是管道电缆，可将被保护段的管道在汇接点一段作绝缘包封或采用绝缘管道办法解决，防止电流漏泄到邻近地下金属物上。

④ 采用共同保护法：用绝缘导线将阴极保护设备与电缆金属护套连接的汇接点与邻近地下金属物连接起来，进行共同保护。但是这样连接以后，必然要减小被保护电缆的保护范围，否则必须加大保护电流。这里需要注意的是，如果被保护的电缆有绝缘层，而邻近的地下金属物没有绝缘层或绝缘护层的绝缘不好时，则必须在电缆与邻近地下金属物之间的连接导线上串联一个可变电阻（一般用200W/50Ω 的可变电阻），将它调节到使邻近地下金属物的电位保持在比自然电位略负一些即可。

2. 绝缘防蚀法

（1）绝缘防蚀护层　绝缘护层防蚀法是用绝缘耐蚀材料（塑料带、玻璃纤维带等）与粘合剂相结合，均匀连续地缠绕在电缆铅套的外面，组成一个具有绝缘性能好而又耐蚀的保护层。这个保护层的作用一是把电缆铅套与腐蚀介质隔开，阻止腐蚀性溶液侵蚀电缆，同时也防止腐蚀电流从电缆铅皮流出；另外是给电缆周围提供一个均匀的环境，使铅套先通过一层均匀介质（护层），然后再与外界环境相接触，从而减少或免除浓差电池和通气差电池等电化作用的影响达到保护电缆的目的。护层绝缘的要均匀连续不得有破损和缺陷，并应具有良好的不透水性和电气绝缘性能。护层与铅套之间和护层内各种材料之间的粘附性要高，结合要牢固。护层材料本身的耐蚀性要高，不应含有能够发生化学分解和对铅套有腐蚀作用的物质。此外，护层材料应具有较好的化学稳定性能和热稳定性，能经受电缆施工时的弯曲变形和磨损，高温时不软化，低温时不龟裂变脆（-25～+40℃），便于施工等性能。

在维护工作中，自己加工制作绝缘护层可以有两种结构型式，即沥青-玻璃纤维带和沥青-塑料带。下面介绍一下护层材料的选配和具体施工方法。

1）护层材料：

① 沥青：作为电缆绝缘护层多采用石油沥青。沥青的标号以选用四号沥青为宜，也可以用三号和五号沥青按不同配合比配置。为了提高沥青的软化点和增加沥青的硬度并具有足够的可曲性，需在沥青中加入填充料和增韧剂。填充料有高岭土、云母和石灰石等，常用的是高岭土。加入高岭土后可以使沥青的粘度有所增加并且容易涂刷。加入数量应根据沥青的硬度和施工时的气温而定（一般可为沥青重量的10%～25%）。加入高岭土时，必须将它捣成细粉，在沥青中搅拌均匀。加入增韧剂可使护层增加可塑性和可曲性。增韧剂可采用绿油、轴承油或干漆等。一般多采用轴承油，加入数量为沥青重量的2%～3%。

为了增强铅套与护层之间的结合能力，需要配置底漆作为护层的底层（最内一层）。底漆是用沥青和汽油按1:2（容积比）配置。如在低温条件下施工，沥青与汽油之比可取1:3。配置时先将沥青加热熔化，待冷却到100℃左右。徐徐加入汽油（此时停止加热）并不停地搅拌，一直到沥青完全溶解为止。涂刷底层时底漆不必加热：可在常温下直接往电缆上涂刷。

② 玻璃纤维带：玻璃纤维带是用玻璃纤维编织成的带形编织物。按照它的化学成分可分为无碱纤维、低碱纤维和含碱纤维三种。作为电缆护层的缠绕材料应该选用无碱玻璃纤维。玻璃纤维是无机硅酸盐材料，性能稳定，抗蚀能力高，与沥青的结合能力较强。

③ 塑料带：作为电缆护层的缠绕材料应该使用软塑料。塑料的种类很多，为了经济实惠一般多选用聚氯乙烯作护层材料。它具有良好的电气绝缘性能、足够的耐腐蚀性和耐磨性。因它与沥青的结合能力差，所以电缆护层用塑料带绕包需要使用过氯乙烯胶作粘合剂。

沥青－玻璃纤维带和沥青塑料带绝缘护层由下列同心层组成，见表 15-3-17。

表 15-3-17　绝缘护层

层次（由里向外）	沥青－玻璃纤维带	沥青－塑料带
1	底漆（底层）	底漆（底层）
2	沥青混合物（涂层）	沥青混合物（涂层）
3	玻璃纤维带	浸渍的电缆纸
4	沥青混合物	过氯乙烯胶
5	玻璃纤维带	塑料带
6	沥青混合物	

2）施工方法：沥青－玻璃纤维带和沥青－塑料带两种护层的施工方法和步骤基本相同。为简化起见一并介绍如下：

① 将铅套表面的腐蚀物去掉。然后用棉纱蘸上汽油将被保护的电缆铅皮擦洗干净。

② 在铅套上涂刷底漆，底层要求尽可能薄而均匀。其厚度以 0.1～0.15mm 为宜，然后阴干。

③ 配置沥青混合物，将四号沥青放入锅中加温（180℃左右）熔化后加入适量高岭土和轴承油，搅拌均匀。

④ 将熔化的沥青混合物用小勺取出浇在电缆上。然后用刷子涂刷使沥青均匀地涂在电缆的四周，其厚度不宜过厚，一般为 3～4mm。

⑤ 在沥青混合物未冷凝之前缠以玻璃纤维带（或浸渍的电缆纸带）。缠绕时沥青混合物的温度应以能够保证沥青与缠绕材料有良好的粘结性来决定。带子要求缠得平整而紧密。

⑥ 在玻璃纤维带的外面再涂一层沥青混合物，在适当的温度下，以相反的方向再缠一层玻璃纤维带，最后再涂一层沥青混合物，待冷凝后撒以干土以防粘连和龟裂。如果是“沥青－塑料带”护层，则在浸渍的电缆纸带外面先涂一次过氯乙烯胶，为了增强其粘结能力，等它干燥以后再涂一次，当第二次涂的过氯乙烯胶干燥到粘手而不拉丝的程度时开始缠塑料带（与浸渍的电缆纸带缠绕方向相反）。同样要求带子缠得要平整而紧密。

（2）有机防蚀层　有机防蚀护层主要用来防止工业大气腐蚀及弱腐蚀性的土壤及水对电缆的腐蚀。有机防蚀护层是一种耐蚀涂料。它的种类很多，常用的有沥青涂料、过氯乙烯涂料、沥青氨基甲酸酯涂料及沥青环氧树脂涂料等。日本在沥青环氧树脂涂料中加入适量铝粉，对架空电缆防止有害气体的腐蚀效果良好。美国采用玻璃纤维与沥青环氧树脂涂料结合使用。涂装在地下电缆或埋设管的外面，厚度为 0.25～1.5mm，防蚀效果也很好。

1）731 涂料：731 涂料是一种绝缘树脂胶，具有色泽鲜艳、牢度强和绝缘性能好等优点。它分为 731－1 和 731－2 两部分，使用时根据配料比（731－1∶731－2＝1∶2）进行调和，对防止腐蚀效果良好。

涂刷前首先应将金属体外部进行清洁，用钢丝刷和砂纸将氧化物除净，然后用醋酸乙酯或 100 号溶剂汽油和丙酮擦洗干净。将涂料按配料比均匀调和好后，用毛刷涂刷。涂刷的厚度可根据需要而定，一般应进行二度以上，涂刷时应待第一度干后再进行第二度涂刷。施工中清洁工作很重要。清洁好坏直接影响涂料的牢度。在自然条件下，一般经过 24h 就能完全硬化，如果有良好的通风条件，硬化时间可以相应缩短。

2）锌涂料：其配方见表 15-3-18。

表 15-3-18　锌涂料配方

材料	重量比/g
聚苯乙烯	15
香料	5
二甲苯	80
锌酚	500

香料即四氯化二苯，用聚苯乙烯作为可塑剂，用二甲苯作为溶媒，锌粉的含量（质量分数）在 96%～93% 范围内较适当。

使用方法如下：首先用钢丝刷除去金属表面的氧化物、污垢及涂料等物，然后在金属表面上直接涂抹。使用前要充分搅拌锌粉末使展色剂保持均匀，在涂抹作业中还要进行搅拌，以防锌粒子沉淀。

（3）绝缘管道　采用绝缘管道也是防止电缆腐蚀的办法之一。绝缘管道可以采用陶瓷管、聚氯乙烯硬塑料管、石棉水泥管、树脂混凝土管等。

3. 辅助措施

（1）改善外界环境　根据外界的条件采取相应的对策，以杜绝或排除腐蚀因素的来源，从而使电缆得到保护。改善外界环境的办法通常有以下几方面：

1）拆除以大地作回路的直流供电装置，减少或排除漏泄电流源。

2）使电缆与桥架、铁架、托板等金属物绝缘，切断漏泄电流回路。

3）更换耐腐蚀的管道（陶管或瓷管），并加强接口包封，严防污水渗出，或采取改道办法，避免污水侵蚀电缆。

4）应尽量排除人孔中的污水，保持人孔内干燥与清洁。

5）直埋式电缆四周铺黄沙10cm。以增大电缆铅套与大地接触电阻。

6）避免和工业废水和生活污水地区接近。

7）建议有关单位及时修理轨道不良接头，减少漏泄电流源。

8）对于水泥管道电缆腐蚀，在不常年积水的管道电缆上，可以采用冲洗管道的办法，使水泥管道继续脱碱。

9）水泥管道在局部地区对电缆有腐蚀性的地段，可以对管道采取绝缘包封的办法来保护电缆。方法是将管道用水清洗后，用水泥沙浆包封1～2cm，然后涂沥青并加盖油毡1～2层，最后在管道周围更换黄土。

总之，改善外界环境，方法有各式各样，针对电缆产生腐蚀的外界情况和条件，采取相应的对策，减缓或杜绝腐蚀的发生。

（2）防蚀土 防蚀土是一种用表面活性物质及试剂处理过的普通土壤，这些物质在土壤微粒的表面形成一个由防水材料组成的薄膜系统。经过这样的处理改变了土壤微粒间的接触性质。因此改变了土壤的防水性、电气绝缘和其他特性，在电缆周围铺上一层具有高度电气绝缘和防水性能的防蚀土，对于土壤腐蚀及漏泄电流腐蚀有良好的绝缘和保护作用。由于防蚀土中含水量极少，不受冻融和土壤膨胀的影响。

1）防蚀土的一般性能：主要决定于它的抗水性及绝缘性。此外，它的松散程度、干湿情况等对质量也有一定影响。如果防蚀土中表面活性物质的种类及其用量选择得当，且经过很好处理以后，它的抗水性能很好，可经受得住1m左右的水柱压力。干燥的防蚀土具有非常好的绝缘性能，可视为完全不导电的绝缘体，除了过大水压能使防蚀土发生机械性的变形外，一般情况下不会发生被水湿润的现象。防蚀土应该是松散的，但当有机材料用量过多时，也容易压成疏松的凝块，加多了反而会降低防蚀土的性能。防蚀土的传热性能很低，所以能经受剧烈的温度变化。

2）加工配置过程：把经过自然干燥的黄土用筛孔直径小于1mm的筛子筛过，并测定其含水量。方法是称黄土的重量，然后放入锅中加热搅拌，待充分干燥后再称其重量。则含水率W为

$$W=\frac{g_1-g_2}{g_1}\times 100\% \tag{15-3-7}$$

式中 g_1——原来的土重；

g_2——烘干后的土重。

称一定量经过自然干燥的细黄土，放到大型搅拌锅中加热，加热时略加翻动，使其温度达到180～200℃，与此同时，把有机材料的数量称好，在铁勺内加热至100℃以上，然后把热的有机材料慢慢注入热土中，温度保持在180～200℃，搅拌10～20min后即成。

3）有机材料的配合比：见表15-3-19。

表15-3-19 材料配比

黄土	防腐油	硫酸铜	松脂酸铝
5.5kg	440g（8%）	11g（0.2%）	11g（0.2%）

4）施工要求：在需要用防蚀土保护的地段。可按下述方法进行：在电缆敷设完毕后，电缆周围能保持4～5cm厚的防蚀土。

（3）绝缘套管 在电缆网一定地点破开电缆的金属护套，使沿电缆金属护套流动的电流遇到很大的电阻，以减少由土壤流入电缆或由电缆流入土壤的电流。电缆金属护套破开处用绝缘套管来保护。绝缘套管可以防止潮气侵入电缆，还能缩短腐蚀区段。它不能用来作为保护电缆免受腐蚀的独立措施，绝缘套管和阴极保护法联合使用，防蚀效果显著。在某些场合，绝缘套管也可以与平衡变阻器共同使用。绝缘套管一般用于电缆引上处，水底电缆或过桥电缆的两端，进行排流的电缆对于附近的地下金属管线增加腐蚀危险性的地区。

绝缘套管有沥青砂绝缘套管及铅绝缘套管两种。

铅绝缘套管是两个单独的，彼此之间用绝缘胶绝缘的铅筒组成的。铅筒可以利用相同尺寸的电缆连接套管做成。铅筒也可用薄铁片筒来代替。套筒间注以纯沥青。

（4）均压线 为了平衡各条电缆之间的电位，用金属线将人孔或地下室内的所有电缆横向焊连起来，防止电缆腐蚀。

均压线的规格，对铅套电缆一般采用铅带，宽20～40mm，厚1～2.5mm，也可采用直径为1.5～2.0mm的铜线，焊到电缆金属护套上。均压线焊接部位在电信局内地下室、所有的局前人孔、接箱人孔、支线人孔及手孔，以及采用电气防蚀法保护地区的电缆。

（5）减振措施 这种措施主要用于桥上，减少

振动，防止发生晶间腐蚀，具体方法如下：

1）桥上电缆用水泥槽或铁皮木槽（电缆槽）进行机械防护，槽内每0.5～0.8m垫设120mm×30mm×120～150mm聚氨甲酸酯泡沫塑料块承托电缆，以缓振。

2）电缆槽要卡紧在桥身上，钢桥上的铁皮木槽用双U形卡箍（带螺栓）每隔2m固紧于桥铁件上。这样可以缓和在这一点上所受到的冲击，并防止别的区段的振动向这里传播。

3）在钢梁桥处，可将原预留在桥端的电缆挖出，将预留点移至桥上钢梁与钢筋混凝土梁的接头处（桥的上方），长度以2m左右为好。

4）有的桥梁在下弦有检查走道，电缆可敷放在该走道上而不放在桥面上。

5）将桥上电缆外套以导电管，每隔几米加一防振弹簧，将整条电缆架空吊挂于桥上人行道外侧，具有防振效果。

6）在桥的上方（即梁连接处）两侧电缆槽内卡放“缓拉伸器”，每侧5m左右，1m装1个。此器外形似小型电缆滑车，在缓拉伸器上放一条4～5mm×40mm长8～10m扁钢。将电缆绑扎在扁钢上。这样处理后，当桥的两侧振动时，扁钢托住整段电缆缓振，并缓和此点因不断变动的两侧高低不等引起的剪切力；当钢梁因弯曲而产生纵向位移时，扁钢下有缓拉器滑动，可不直接拉动电缆。

7）在有严重冰冻的区段，桥上电缆槽内不宜填埋沙土。

8）桥上电缆采用特种护套防振电缆，或使用皱纹铝护套塑料外套电缆。

9）尽可能在施工配盘时不在桥上作电缆接头，若不得已在桥上接续时，应在接头套管上采取防振措施：下垫泡沫塑料，同时将接头套管紧固在保护槽内，使套管不与槽的内壁互相碰撞，不产生金属疲劳。

(6) 芒硝防蚀法 芒硝（Na_2SO_4）防蚀法主要用于管道电缆上。在铅套被积水浸泡的人孔中。投入一定数量的芒硝，可以减轻铅套的腐蚀。这是因为在水中投入芒硝后，在电缆铅套表面形成一层不溶性的保护膜，可以起到一定的保护作用，尤其在电缆上生成过氯化铅的场合，效果更为显著。

芒硝投入的数量约相当积水量的0.5%～1.5%比较适宜。

3.3 通信线路防强电干扰

强电线路（高压输电线路及交流电气铁道的触线网）中所通过的交变电流而产生的交变电磁场，作用到其附近的通信线路上，在通信线路上产生很高的感应电压（或感应电流），严重的能破坏机线设备，危及工作人员的生命安全，这种影响称为危险影响；轻则在通信回路中干扰通话，这种影响称为干扰影响。

3.3.1 强电线路对通信线路的影响

强电线路对通信线路的影响，从物理性质来说可以分为电磁影响、静电影响和直接传导影响三种。从影响产生的后果来说，可以分为危险影响和干扰影响两种。

1. 电磁影响

强电线路电流所产生的磁场，能使附近的通信线路受到影响，这种影响称为电磁影响。它会在通信导线上诱生感应电动势。

三相三线制的输电线路，在正常运行情况下，三相电流的相量和在理论上为零，对通信线路的电磁感应影响甚微，可以不进行计算。当三相三线制输电线路发生接地短路故障时，因接地短路电流很大，其磁场将使邻近的通信线路上诱生较大的感应电动势，此时需要计算它的电磁影响。

对于两线一地制输电线路，由于两相电流在导线中流动，另一相电流通过大地，输电线路周围空间的磁场不能互相抵消，即使在正常运行情况下，也会对邻近的通信线路感应出较大的电动势，需要进行计算。

交流电气化铁道接触网在电气机车行驶时，以铁轨为回归导体，但铁轨对大地的漏导很大，大量电流逸入大地，使接触网周围的磁场不能抵消，因而对邻近的通信线路产生电磁感应影响，需要进行计算。

2. 静电影响

我们知道，带有电压导体的周围都会产生电场，金属导线的电场中，导线中的自由电子作有规则的移动，引起电荷的重新分布，使导线呈带电状态。这种由于外电场的影响，使中性导线出现电荷的现象，叫作静电感应现象。

当强电线和通信线路接近时，它们之间存在着电容，通信线和大地之间也存在着电容，所以在通信线上的静电感应电压，是通过与强电线之间的电容耦合而产生的。

三相三线制的强电线，在正常运行情况下输电线路的三根相导线通过电容耦合在通信线上的静电感应电压可以互相抵消不需进行计算。

中性点不直接接地的三相三线制输电线路在发生一相接地故障时，故障相导线的对地电压为零，其余两根相导线的对地电压升至线电压，这时输电线导线通过电容耦合在通信线上的静电感应电压，不能互相抵消，需要进行计算。

两线一地制输电线路和交流电气铁道接触网在正常运行时，强电导线通过电容耦合在通信线上产生的静电感应电压，也不能互相抵消，需要进行计算。

3. 直接传导影响

不对称强电线路在正常运行状态和短路接地状态，以及对称强电线在短路接地状态时，都有电流流过大地，使大地上各点产生电位差。因此它对以大地代替一根导线的单线通信回路、通信系统的接地装置和地下通信电缆产生影响。这种影响称为直接传导影响或地电流影响。

当强电线的接地电流流过工作接地装置时，大地表面形成漏斗状的分布电位。在以强电线的接地装置为圆心，一定距离为半径的范围内，它对通信设备的接地装置、单线通信回路和地下通信电缆带来影响。在中性点直接接地的三相三线制输电线路发生短路接地故障时，在变电站内接地装置附近、输电线路短路点附近都产生很高的地电位。因此，通信设备的接地装置和地下通信电缆，都要和变电站内的接地装置、架空输电线路的杆塔、地下电力电缆等，保持必要的隔距以保安全。

4. 危险影响

在通信回路内，由于强电流线路感应所产生的电压和电流，足以危害维护与使用通信设备人员的健康，甚至危及其生命，或损坏与该线路相连接的通信设备和仪器、引起电信局所在房屋火灾或铁路信号装置的误动作等，这种影响称为强电线对通信线路的危险影响。

强电线路可以通过电磁影响、静电影响和直接传导影响三种方式，对通信线路产生危险影响。

5. 干扰影响

在通信回路内，因受强电流感应所产生的电流和电压，足以破坏通信设备的正常工作，这种影响称为强电线路对通信线路的干扰影响。

强电线路对电话的干扰杂音，除了考虑强电线路基波（50Hz）电流和电压产生的影响以外，还要考虑强电线各次谐波电流和电压产生的影响。

3.3.2　危险影响及干扰影响的容许标准

我国采用的强电线路对通信线路危险影响和干扰影响的容许标准见表 15-3-20。根据各种类型的强电线路和通信线路，在不同场合下，如何考虑危险影响和干扰影响，见表 15-3-21。

表 15-3-20　强电线对通信线危险及干扰影响的容许标准

<table>
<tr><th colspan="2">影响类别</th><th>影响性质</th><th>强电线路运行状态</th><th>容 许 标 准</th></tr>
<tr><td colspan="2" rowspan="3">危险（木杆明线通信线路）</td><td rowspan="2">磁影响</td><td>三相对称输电线一相接地故障；两线一地制输电线两相短路故障；电气化铁道接触网接地故障</td><td>通信线上任何两点间的感应电动势不超过 750V，同时任何一点的对地电压不得超过 500V</td></tr>
<tr><td>不对称制强电线正常运行时</td><td>通信线上任何两点间的感应电动势不超过 60V</td></tr>
<tr><td>电影响</td><td>中性点不直接接地输电线一相接地故障；接上或断开电源</td><td>通信线上储有能量不超过 20mJ</td></tr>
<tr><td colspan="2" rowspan="2">危险（电缆通信线路）</td><td rowspan="2">磁影响</td><td>三相对称中性点直接接地的输电线发生一相接地故障；电气化铁道接触网接地短路；两线一地制输电线两相短路故障；中性点不直接接地输电线两相短路（只考虑对长途电缆的磁影响）</td><td>电缆通信线上任何两点间的感应电动势不超过 750V；电缆通信线上任一点的对地电压不超过 500V；同时应满足感应电动势不超过电缆试验电压的 60%</td></tr>
<tr><td>不对称制输电线正常运行时</td><td>通信导线上任如两点间的电动势不超过 60V</td></tr>
<tr><td rowspan="2">干扰</td><td rowspan="2">明线电话回路</td><td>电影响</td><td>不对称强电线正常运行时，中性点不直接接地输电线一相接地故障在 2h 以上，中性点直接接地输电线正常运行时</td><td rowspan="2">长途通信的双线电话回路上的杂音计电动势不超过 4.5mV；长途网以外的双线电话回路上的杂音计电动势不超过 10mV；单线电话回路上的杂音计电动势不超过 30mV；电话线上的电影响感应电动势不超 215V，以免引起杂音</td></tr>
<tr><td>磁影响</td><td>不对称强电线正常运行时</td></tr>
</table>

表 15-3-21 危险影响和干扰影响的考虑

通信线路		强电线路 / 影响类型	交流三相输电线路							交流电气化铁道接触网	
			中性点直接接地		中性点不直接接地			两线一地制			
			正常运行	一相接地故障	正常运行	一相接地故障	两相接地故障	正常运行	两相短路故障	正常运行	短路
电话线路	明线（包括载波电报）	危险	不计算	计算磁影响	不计算	计算电影响	不计算	计算磁及电影响	计算磁影响	计算磁及电影响	计算磁影响
		干扰	计算电影响	不计算	不计算	计算电影响	不计算	计算磁及电影响	不计算	计算磁及电影响	不计算
	电缆	危险	不计算	计算磁影响	不计算	不计算	计算对长途通信电缆的磁影响	计算磁影响	计算磁影响	计算磁影响	计算磁影响
		干扰	不计算	不计算	不计算	不计算	不计算	计算磁影响	不计算	计算磁影响	不计算
电报线路	明线直流电报	危险	不计算	计算磁影响	不计算	计算电影响	不计算	计算磁及电影响	计算磁影响	计算磁及电影响	计算磁影响
		干扰	计算电影响	不计算	不计算	计算电影响	不计算	计算磁及电影响	不计算	计算磁及电影响	不计算
		危险	不计算	计算磁影响	不计算	不计算	计算对长途通信电缆的磁影响	计算磁影响	计算磁影响	计算磁影响	计算磁影响
	电缆载波电报	干扰	不计算	不计算	不计算	不计算	不计算	计算磁影响	不计算	计算磁影响	不计算

3.3.3 强电线路对通信线路影响的计算

1. 电危险影响的计算

在强电线的电场影响下，通信线上引起的对地感应电压为

$$U_a = K_1 U_r \frac{\sum_{1}^{M} l_m \frac{bc}{a_{cm}^2 + b^2 + c^2}}{l} pq \frac{n}{n+2} \tag{15-3-8}$$

式中 U_a——通信线上引起的感应电压（V）；

a_{cm}——在 m 接近段中强电线与通信线之间等效距离；

b——强电线距地面的平均高度（m）；

c——通信线距地面的平均高度（m）；

n——通信线中接地导线的条数；

l_m——通信线在 m 段内接近长度（km）；

l——通信线长度（km）；

U_r——强电线路的线电压（V）；

p——强电线路架空地线对静电影响的屏蔽系数，一般取 $p=0.75$；

q——树木对静电影响的屏蔽系数，在两线路间距通信线 3m 以内的距离有一行树木时，取 $q=0.7$，否则 取 $q=1$；

K_1——是与强电线有关的系数，K_1 值见表 15-3-22。

表 15-3-22 K_1数值表

线路类型	中性点绝缘三相对称输电线一相接地	单线－大地输电线	双线－大地输电线	单相输电线一相接地
K_1	0.25	0.24	0.32	0.2

在强电线电场影响下，接地通信导线内将诱生感应电流，此感应电流（mA）为

$$I_A = 2K_2 U_r \sum_{1}^{M} \frac{l_m}{n+2} \times \frac{bc}{a_{cm}^2 + b^2 + c^2} pq \times 10^{-3} \tag{15-3-9}$$

式中 K_2——与强电线有关的常数，其值见表 15-3-23；其他同式（15-3-8）。

表 15-3-23 K_2数值表

线路类型	中性点绝缘三相输电线一相接地	单线－大地输电线	双线－大地输电线	对称单相输电线一相接地
K_2	0.7	0.68	0.9	0.55

2. 磁危险影响的计算

在强电线电流影响下，通信线上感应电动势为

$$E = -\mathrm{j}\omega M I_1 l_p K \qquad (15\text{-}3\text{-}10)$$

式中　E——感应电动势（V）；

M——通信线与强电线之间互感（H）；

l_p——通信线与强电线路接近长度（km）；

I_1——强电线影响电流的计算值（A）；

K——屏蔽系数。

当中性点接地三相输电线正常运行时，I_1值一般不大，只产生磁干扰影响。当计算中性点接地的三相输电线在一相短路接地的情况下对通信明线的影响时，I_1可取供电系统提供的短路接地电流I_K的0.7倍；在计算通信电缆的影响时，I_1取I_K的0.85倍。对于“双线－大地”式输电线，当一线短路接地时，与中性点接地三相输电线一相短路接地的情况相同。计算对通信明线的影响时，I_1取$0.7I_K$；计算对通信电缆的影响时，I_1取$0.85I_K$。在“两线－大地”式输电线正常运行时，由于两导线上电流的大小相差不多，因此在计算时可取

$$I_1 = \frac{P}{\sqrt{3}U\cos\varphi} \qquad (15\text{-}3\text{-}11)$$

式中　P——供电功率（W）；

$\cos\varphi$——功率因数；

U——强电线路线电压（V）。

上述感应电动势的计算仅适用于平行接近段的情况和大地导电率无变化的地区。对于大地电导率有变化的地区，或有斜接近段等复杂接近线路的情况下，通信线路上感应电动势的计算应采用分段求和的方法。

3. 干扰影响的计算

电话回路中，承受的干扰影响，常用杂音电动势或杂音电压表示。测量电话回路的杂音时，在电话回路的两端接入与线路特性阻抗相等的电阻，则在电阻上测得的是杂音电压，此值是杂音电动势的1/2。

（1）单线电话回路中杂音干扰　在单线电话回路中，总的杂音电动势为

$$U_{mo} = 10^7 \frac{z_a}{z_e l + 2z_a} F_i I \sum_1^M M_e l_m \lambda r_{800} \qquad (15\text{-}3\text{-}12)$$

式中　U_{mo}——杂音电动势（mV）；

z_a——在800Hz时电话机的阻抗（Ω）；

z_e——通信线在800Hz时的阻抗

$$z_e = R_{800} + \mathrm{j}\omega L_{800}$$

R_{800}——为单线－大地回路的800Hz交流有效电阻（Ω）；

L_{800}——为单线－大地回路在800Hz时的电感（H），$L_{800} = L_{外} + L_{内}$（其中，$L_{内}$为内感，$L_{外}$为外感，它们可用表15-3-24中的电感公式计算）；

F_i——杂音电流的波形因数，取0.005；

I——强电线路最大负载电流（A）；

λ——电气化铁路铁轨屏蔽系数，单轨取0.6，双轨取0.5，如两线－地输电线λ取1；

r_{800}——通信电缆800Hz时的屏蔽系数；

l_m——在m段中接近长度（km）；

M_e——800Hz时强电线与通信线之间回路的互感系数（μH/km），可从图15-3-11中查到；图中a_1、a_2为斜接近段两端至强电线的等值距离（m）。

表15-3-24　单线－大地及双线－大地回路电感计算公式

	单线－大地回路	双线－大地回路
按波拉切克公式计算的外电感/(H/km)	1）当$\sqrt{\sigma f}c<11$ $L_{外} = \left(2\ln\frac{8}{d_c\sqrt{0.1\sigma f}} + 1 - j\frac{\pi}{2}\right)\times10^{-4}$ 2）当$\sqrt{\sigma f}c>14$ $L_{外} = \left(2\ln\frac{4c}{d_c} + \frac{5}{c\sqrt{0.1\sigma f}}\right)\times10^{-4}$	1）当$\sqrt{\sigma f}c<2.8$ $L_{外} = \left(\ln\frac{320}{\sigma f d_c d} + 1 - j\frac{\pi}{2}\right)\times10^{-4}$ 2）当$\sqrt{\sigma f}c>20$ $L_{外} = \left(\ln\frac{8c^2}{d_c d} + \frac{2.5}{c\sqrt{0.1\sigma f}} + \frac{5}{c\sqrt{0.1\sigma f}} - j\frac{5}{c\sqrt{0.1\sigma f}}\right)\times10^{-4}$
内电感/(H/km)	对均匀导线回路 $L_{内} = \frac{1}{2}\mu k_2\times10^{-4}$	对均匀导线回路 $L_{内} = \frac{1}{4}\mu k_2\times10^{-4}$

注：表中σ—50Hz大地电导率（Ω/m）；f—频率（kHz）；d_c—通信导线的外直径（m）；d—双通信线路两根导线间距（m）；μ—相对磁导率；c—通信线路导线对地平均高度（m）；k_2—因趋肤效应自感减少系数，见表15-3-25。

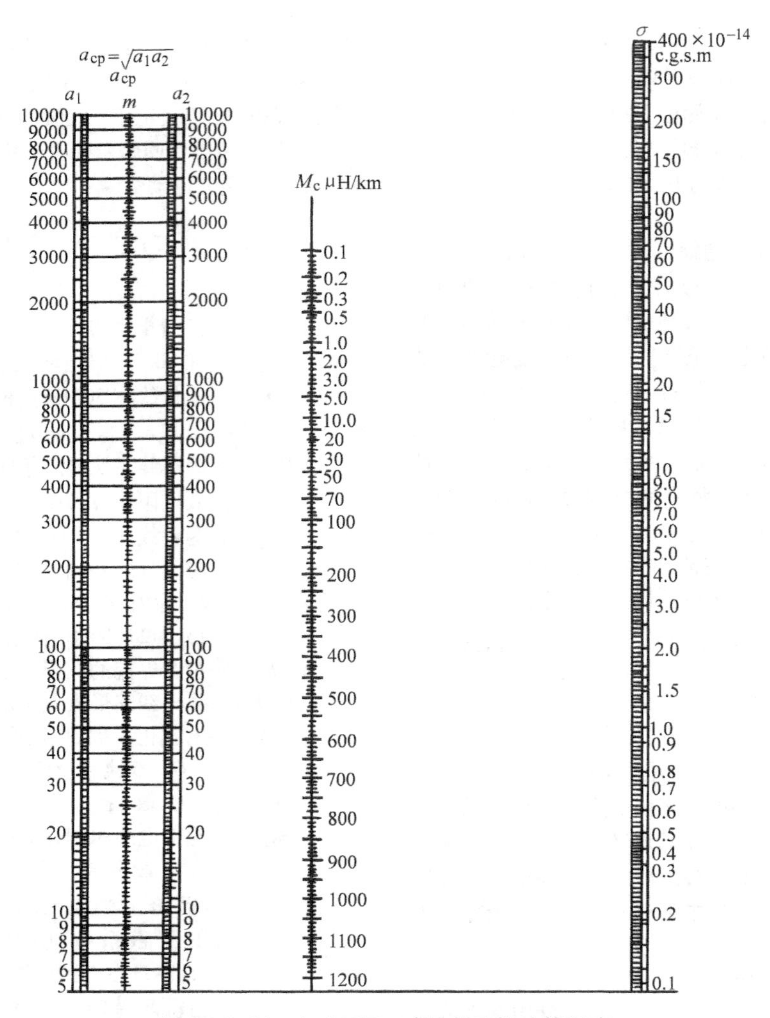

图 15-3-11 $f=800$Hz 时互感系数计算图表

因趋肤效应导线电阻增加的系数 k_1 也在表15-3-25中查出。k_1 和自感减少系数 k_2 均是 $x=7.09\sqrt{\dfrac{\mu f}{R_0\times10^4}}$的函数，如已算出 x，则可由表15-3-25查出 k_1和 k_2值。

单根通信导线的交流有效电阻与直流电阻关系可按如下通常熟知的关系式计算为

$$R=R_0k_1$$

为了方便读者计算，表 15-3-26 列出电流频率与导线直径交、直流有效电阻计算值。

(2) 双线电话回路的杂音干扰 不对称强电线对双线电话回路的磁影响所引起的杂音电动势为

$$U_m=\sqrt{U_{m1}^2+U_{m2}^2} \qquad (15\text{-}3\text{-}13)$$

式中 U_m——双线电话回路杂音干扰电压（mV）；

U_{m1}——由于双线电话回路对强电线位置不对称所引起的杂音电动势（mV）；

U_{m2}——由于双线电话回路对地不对称所引起的杂音电动势（mV）。

$$U_{m1}=\omega M_d I_e l'_s \lambda r_{800} \qquad (15\text{-}3\text{-}14)$$

$$U_{m2}=5\times10^6\eta I_e\sum_1^M M_e l_m \lambda r_{800} \qquad (15\text{-}3\text{-}15)$$

式中 M_d——双线电话回路和强电线路之间的互感系数，$M_d=200\times\dfrac{d}{a}\times10^{-5}$；

d——电话回路导线间的距离（m）；

a——强电线到电话回路导线间的距离（m）；

I_e——强电线等效于800Hz 干扰电流，等于杂音电流波形系数 F_i和最大负荷电流的乘积 $I_e=F_iI$（A）；

l'_s——通信线路交叉间隔的计算用长度，采用最大两邻近交叉间隔的 1/3（km）；

η——杂音敏感系数，取 0.008。

λ、r_{800}、M_e、l_m 见式（15-3-12）的说明。

表 15-3-25　因趋肤效应导线电阻增加的系数 k_1 和因趋肤效应导线自感减少的系数 k_2 的值

X	k_1	k_2	X	k_1	k_2	X	k_1	k_2	X	k_1	k_2
0.0	1.0	1.0	3.0	1.318	0.845	7.0	2.743	0.400	20.0	7.328	0.141
0.1	1.0	1.0	3.1	1.351	0.830	7.2	2.813	0.389	21.0	7.681	0.135
0.2	1.00001	1.0	3.2	1.385	0.814	7.4	2.884	0.379	22.0	8.034	0.126
0.3	1.00004	1.0	3.3	1.42	0.798	7.6	2.954	0.369	23.0	8.387	0.123
0.4	1.00013	1.0	3.4	1.456	0.782	7.8	3.024	0.360	24.0	8.741	0.118
0.5	1.00032	1.0	3.5	1.492	0.766	8.0	3.094	0.351	25.0	9.094	0.113
0.6	1.00067	1.0	3.6	1.529	0.743	8.2	3.165	0.343	26.0	9.446	0.109
0.7	1.00124	0.999	3.7	1.566	0.733	8.4	3.235	0.335	27.0	9.797	0.105
0.8	1.00212	0.999	3.8	1.603	0.717	8.6	3.306	0.327	28.0	10.154	0.101
0.9	1.0034	0.998	3.9	1.64	0.702	8.8	3.376	0.320	29.0	10.508	0.098
1.0	1.005	0.997	4.0	1.678	0.688	9.0	3.446	0.313	30.0	10.861	0.094
1.1	1.008	0.996	4.1	1.715	0.671	9.2	3.517	0.306	32.0	11.568	0.088
1.2	1.011	0.995	4.2	1.752	0.657	9.4	3.587	0.299	34.0	12.275	0.083
1.3	1.015	0.993	4.3	1.789	0.643	9.6	3.658	0.293	36.0	12.982	0.079
1.4	1.02	0.99	4.4	1.826	0.629	9.8	3.728	0.287	38.0	13.688	0.074
1.5	1.026	0.987	4.5	1.863	0.616	10.0	3.799	0.282	40.0	14.395	0.071
1.6	1.033	0.983	4.6	1.899	0.603	10.5	3.975	0.268	42.0	15.102	0.067
1.7	1.042	0.979	4.7	1.935	0.590	11.0	4.151	0.256	44.0	15.809	0.064
1.8	1.052	0.974	4.8	1.971	0.570	11.5	4.327	0.245	46.0	16.516	0.061
1.9	1.064	0.968	4.9	2.007	0.567	12.0	4.504	0.235	48.0	17.223	0.059
2.0	1.078	0.961	5.0	2.043	0.556	12.5	4.680	0.226	50.0	17.930	0.057
2.1	1.094	0.953	5.2	2.114	0.535	13.0	4.856	0.217	60.0	20.465	0.047
2.2	1.111	0.945	5.4	2.184	0.516	13.5	5.033	0.209	70.0	25.001	0.040
2.3	1.13	0.935	5.6	2.253	0.498	14.0	5.209	0.202	80.0	28.536	0.035
2.4	1.152	0.925	5.8	2.324	0.481	14.5	5.386	0.195	90.0	32.071	0.031
2.5	1.175	0.913	6.0	2.394	0.465	15.0	5.562	0.188	100.0	35.607	0.028
2.6	1.2	0.901	6.2	2.463	0.451	16.0	5.915	0.176			
2.7	1.227	0.883	6.4	2.533	0.436	17.0	6.268	0.166			
2.8	1.256	0.874	6.6	2.603	0.424	18.0	6.621	0.157			
2.9	1.286	0.860	6.8	2.673	0.412	19.0	6.974	0.149			

表 15-3-26　按电流频率和导线直径的交流有效电阻计算值　（单位：Ω/km）

电流频率/Hz	铁线			铜线		
	3mm	4mm	5mm	3mm	3.5mm	4mm
0	19.6	11.05	7.04	2.52	1.86	1.42
200	20.5	12.6	9.10	2.52	1.86	1.42
300	21.6	14.0	10.7	2.52	1.86	1.42
500	24.5	17.2	13.4	2.52	1.86	1.42
800	29.2	21.1	16.5	2.52	1.87	1.44
1200	34.9	25.2	19.7	2.52	1.88	1.45
2000	43.7	31.7	24.8	2.57	1.92	1.51
3000	52.3	38.1	30.0	2.63	2.01	1.61
5000	66.0	48.2	38.2	2.81	2.23	1.86
7000	77.0	56.6	45.0	3.05	2.50	2.13
10000	91.0	67.1	53.4	3.45	2.90	2.49
15000	—	—	—	4.09	3.47	2.98
20000	126	93.7	74.5	4.65	3.93	3.37
25000	—	—	—	5.13	4.32	3.72
30000	153	114	90.6	5.56	4.69	4.03
35000	—	—	—	5.95	5.03	4.32
40000	176	139	104.3	6.30	5.33	4.59

3.3.4 保护措施

1. 后建线路设计时首先采取的措施

1）在强电线路方面采取的措施：

① 选线时与通信线路保持一定的隔距；

② 增加屏蔽（如改良架空地线、增设屏蔽线等）；

③ 增加换位；

④ 限制短路电流值。

2）在通信线路方面采取的措施：

① 迁移或改变线路；

② 选用塑料护套外加双层钢带铠装聚乙烯护层的电缆。

3）采取上述防护措施有困难，而通信线路上的危险影响超过允许标准时，也可以适当采用加装放电器的保护措施。

2. 对干扰影响的防护措施

1）在强电线路方面：

① 选择电机的最佳结构，以限制由电机本身产生的谐波分量；

② 选择变压器的工作状态，不使铁心饱和；

③ 当把交流变直流时会使相数增多，将大地作为一根导线用于高压直流输电线中，该措施非常实用；

④ 在谐波源及强电线间接入特种滤波器等；

⑤ 在交流电气铁道的接触网与轨道间，接入由电容、电阻组成的阻尼电路。电容一般在 1.25 ~ 2.75μF 之间选用，电阻在 10 ~ 70Ω 之间选用。

⑥ 将输电线每隔一定距离换位。

2）在通信线路方面：

① 与输电线路保持合理的间距和交叉角度；

② 增设屏蔽线；

③ 改迁电缆线路路由。

3. 对危险影响的防护措施

1）采用良导体架空地线：将强电线路杆塔上防雷用的架空地线换成良导体（如钢芯铝绞线）地线，是降低强电线对通信线磁感应影响的重要措施。

2）限制短路电流值及短路时间：短路时间越短，通信线上出现的危险电压的持续时间也越短，因而维护人员受到危险电压作用的可能性就更小。

3）在交流电气铁道接触网上装设吸流变压器：其作用是加大接触网与回归导线之间的互感系数。当接触网的负荷电流通过一次绕组时，在二次绕组中就有感应电流产生，在有回流线时可使回流线中的电流与接触网中的电流近似相等，而无回流线时，则可使轨道内电流加大，这样可以改善屏蔽作用。

4）安装反电压导线：反电压导线架在接触网的电杆上，它在通信线路中产生的电位与接触线在通信线路中产生的电位之相位相反。如果这两个电位的大小相等，则通信线路不会受到电影响。实际上，反电压导线至通信线的距离与接触线至通信线的距离并不相等，所以接触线对通信线的电影响还是存在的。

5）增加通信电缆绝缘外护层的介质强度。

第4章

通信线缆的运行维护

4.1 电缆充气维护

通信电缆的充气维护是在电缆内充入一定压强的干燥气体，使电缆内的气体压强大于电缆外面的大气压强，当电缆出现漏洞时，可以阻止外界的潮气或水分侵入电缆，保持电缆内部处于干燥状态，使电缆回路的信号传输不受影响，保证通信正常运行。

4.1.1 充气维护系统

电缆实行充气维护，需要确立一套充气维护系统。充气维护系统一般包括充气段系统、充气设备、供气方式及监测设备等几部分。

1. 充气段系统

为了便于维护，往往将每条出局电缆及所属的分支电缆分成一个或几个充气维护单元，其中每一个单元称为充气段。在一个充气段的各部分电缆端头，均应加以堵塞，构成每个充气段的供气系统。在设有自动充气站或具有输气管气源的充气段，为了便于输气和调气，可将若干个充气段串联起来构成充气网。

(1) 充气的划分原则

1）一般以每条出局（站）电缆为单元（包括本条电缆的主干电缆和配线电缆）作为一个充气段，也可以将两条电缆（包括各条电缆的主干和配线电缆）以局（站）内成端电缆为中点，用气管连接起来组成一个充气段。

2）对于长度比较短（500m 以下）的电缆，应并入附近的电缆中，而不单独设置充气段。

3）地下电缆和架空电缆宜分开设置充气段。

4）专用电缆、水底电缆及备用电缆，应单独设置充气段。

在划分充气段时，还应考虑以下因素：

① 同一充气段内的电缆外径尽可能近似；

② 同一条路由和性质相近的电缆，尽可能组合在一起；

③ 设有自动充气站或具有供气气源的充气段，尽可能将附近的充气段互相连通，使它有一个连续的有控制的充气系统。

(2) 气塞 气塞是安装在电缆上用来隔断气路的气闭装置。

(3) 气门 安装在充气段上的气门，可以用来充气、放气、测量气压、连通气路和气压表。气门的配置应按照下列原则进行：

1）气门的安装间距应尽量均匀；

2）结合电缆段（盘）长，气门应设置在电缆接头处；

3）管道电缆的气门应设置在人（手）孔内。

2. 充气设备

无热再生分子筛干燥充气设备，该充气设备包括压气、干燥、充气三大部分，设备的气路情况如图 15-4-1 所示。

压气部分是电缆充气的气源，目前多采用空气。在空气充入电缆之前，必须经过干燥处理。它可以用于地下电缆，也可以用于架空电缆。氮气使用较少，因为氮气供应不如空气方便，同时不希望在管道电缆中使用，避免对维护人员的身心带来危害。

使用无热再生分子筛干燥充气设备，压气设备应该配用无油空气压缩机。如果由于条件限制或某些原因尚不能使用无油空气压缩机时，设备中必须考虑在散热器与气水分离器之间加装滤油措施，以保证和提高气体的干燥效果。

充气设备干燥部分的核心构件是分子筛吸附器。

分子筛吸附器最简单的形式是由两只填充着分子筛吸附剂的干燥罐及辅助设备（两个转换电磁阀、转换阀、气孔等）所组成。其动作过程如图 15-4-2 所示。在图 a 中，由气水分离器出来的压缩湿空气，从入口进去，经转换电磁阀 1 到干燥罐 1，气体中的水分子被干燥罐1内再生好了的分子筛所吸附而成为干燥的气体。干燥的气体从干燥罐1出来经转换阀由出口送出。与此同时，有少部分干燥气体通过气孔而被减压，进一步增加气体的干燥度，然后进入干燥罐2，对干燥罐2内已完成吸水工作而处于吸湿饱和状态的分子筛进行吹洗再生，从干燥罐2出来的潮气经转换电磁阀2排到大气中。图b为相反的动作过程。罐内分子筛的吸水及再生，每隔一定时间转换一次，如此交替动作下去，不断地将干燥气体送至储气罐。

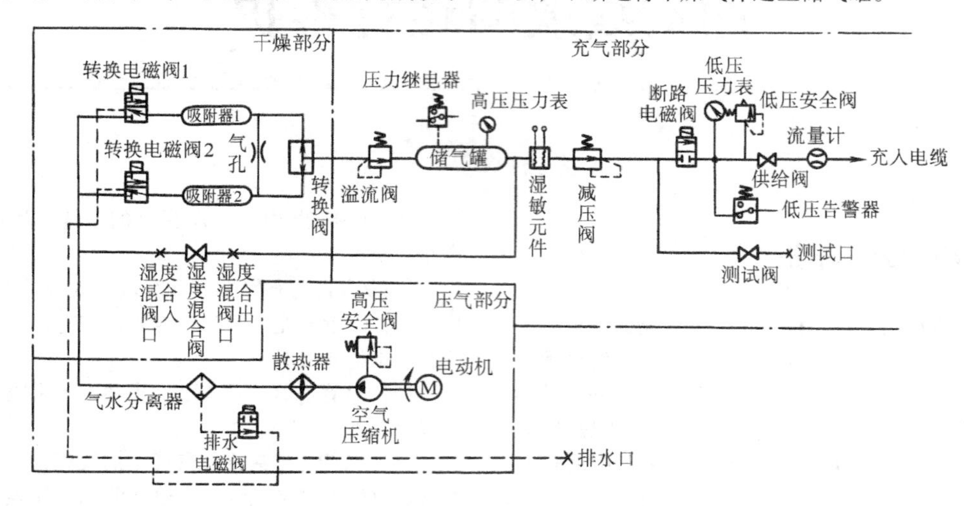

图15-4-1　无热再生分子筛干燥充气设备气路图

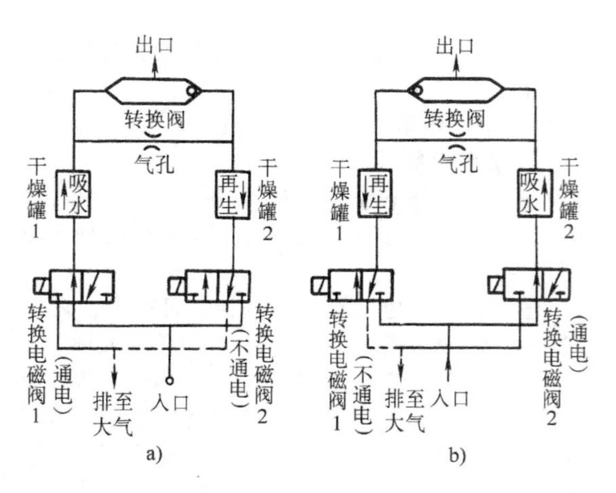

图15-4-2　分子筛吸附器的动作过程

两只干燥罐的交替动作，除采用转换电磁阀进行控制外，还可以采用射流控制。射流控制是利用流体高速度运动的原理和流体本身存在着的附壁效用制成的器件来实现自动控制的。

充气部分设有减压阀，将干燥的高压空气减到所需充气气压后，再经断路电磁阀、低压气压表、低压告警器、低压安全阀和流量计等控制显示装置后，向电缆供气。

无热再生分子筛干燥充气设备国内外部分产品的技术数据见表15-4-1及表15-4-2。

3. 供气方式

1）定期充气方式：当电缆内的气压小于正常维护气压标准时，在充气段内（一般在其两端），用人工控制的方法，间断或定期地向电缆内充入所需气量。

表15-4-1　无热再生分子筛干燥充气设备技术数据

设备型号	空气压缩机功率/kW	输出流量/(m^3/h)	供气路数/条	输出气体干燥度（露点）/℃	湿度告警点（露点）/℃	供气压强（可调）/MPa
FC系列	0.18～5.5	0.7～24	1～72	-50	-18	0～0.16
FZC-1	2.2	10	12～36	-40	-18±2	0～0.18
ZCS-1系列	—	0.4	4～56	-40	-20	0～0.12
QZK-8	0.8～1.1	1.5	8	-40	-18±2	0～0.16
QZK-32/16	2.2	3.5～4	32以下	-40	-18±2	0～0.16

（续）

设备型号	空气压缩机功率/kW	输出流量/(m^3/h)	供气路数/条	输出气体干燥度（露点）/℃	湿度告警点（露点）/℃	供气压强（可调）/MPa
FF系列	—	0.9	10	-30	—	0~0.1
LCFZ系列	—	2~3	34	-40	-20	0~0.12
LCF系列	—	2~2.5	18	-40	-20	0~0.14
WQ系列	—	—	6~36	-40	—	0~0.1

表15-4-2　无热再生分子筛干燥充气设备技术数据（国外部分厂家产品）

设备型号	空气压缩机功率/kW	输出流量/(m^3/h)	输出气体干燥度（露点）/℃	湿度告警点（露点）/℃	工作环境温度/℃	噪声电平	厂家
P3100-T1	0.37无油	2.1	-40以下	-20	-40~48	距离0.9144m 70dB	美国通用电缆公司
P4200-T1	0.99无油	3~5	-40以下	-20	-40~48	距离0.9144m 70dB	美国通用电缆公司
P-550	0.124无油	0.35~0.6	-40以下	-20	2~48	距离3.048m 72dB	美国通用电缆公司
3100-C0	0.37无油	2.1~3.6	-40以下	—	—	距离0.9144m 70dB	美国通用电缆公司
4200-C0	0.99无油	3~5	-40以下	—	—	距离0.9144m 70dB	美国通用电缆公司
8542	0.37无油	2.8	-27	—	0~43	—	美国通用电缆公司
8542A	0.37无油	4.1	-27	-11	0~43	—	美国通用电缆公司
9400	0.74无油	5.5	-29	-11	1~49	—	美国通用电缆公司
7000	0.99无油	4.1	-29	-11	1~49	—	美国通用电缆公司
RTS1200	0.25	1.2	-30以下	-18	1~45	—	西德兰西雅公司
RTS2800	0.56	2.8	-30以下	-18	1~45	—	西德兰西雅公司
RTS5000	1.12	5	-30以下	-18	1~45	—	西德兰西雅公司
RT2002	0.75	2	-30以下	-8	1~45	1000Hz 86dB	西德兰西雅公司
RT5002	2	5	-30以下	-8	1~45	1000Hz 87dB	西德兰西雅公司
REL300~5000系列	0.15~1.12	0.3~5	-30以下	-9	—	—	西德兰西雅公司
12000系列	0.186~1.12	2.5~6.66	-40以下	-18	0~45	—	英国特拉利姆公司
12222系列	0.186~0.99	0.75~3.25	-40以下	-18	0~45	—	英国特拉利姆公司
12000MK11系列	0.186~0.99	1.67~4.17	-40以下	-18	0~45	—	英国特拉利姆公司
141系列	0.124	0.4	-40	—	0~50	—	澳大利亚纯净气体有限公司
8750系列	0.99	2.2	-40	—	0~50	—	澳大利亚纯净气体有限公司
固定式	0.65	0.9	-50以下	-26	—	—	日本

这种制式的优点是设备简单、投资少，发生漏气时，电缆的气压曲线比较平坦而有规律，便于用气压曲线法查漏。其缺点是预防障碍的效能差、自动化程度低、功效低、消耗劳力较大。

2）连续充气方式：也叫自动充气方式。在连续充气系统中，电缆内的气体是由连接在气路里的气源供给的。当电缆内的气量或压强降到规定值时，气源能及时、连续地自动向电缆补气，使电缆内经常保持正常的压强。连续充气方式比定期充气方式的保护效果好，容许的漏气速率也较大，自动化程度和预防障碍的效能都比较高。

3）输气管连续充气方式：输气管连续充气方式，可以给电缆提供更大的气量。它是在直埋电缆旁边（或利用同一管孔）敷设一条输气管，专门用来输送干燥气体供电缆使用。干燥气体从设在局内的干燥空气供给装置送出来，经流量计等控制及显示部件送到输气管内。在输气管上每隔 1.8 ~ 2.0km 设一个增压供气点。每两个供气点中间设置一个压力变换器，可以每隔 0.02MPa 取一个读数。当电缆上发生漏气，可以从输气管及时地、大量地向电缆补气，可以保证电缆内径常有足够的气压，防止电缆性能受害。

输气管的内阻必须很小，并且不能透潮。输气管的内径通常为 25.4mm，空管的构造与铝塑粘结型电缆的护套一样。

4. 监测设备

为了简化充气维护工作量，节省维修时间和劳力，应采用性能可靠而显示准确的气压远程监测设备。该设备包括压力信号器和局内设备两部分。监测系统可以采用两线制或四线制，将压力传感器跨接在电缆的一对芯线或一个四芯组上，并与局内设备相接。压力信号器的体积应该较小，可以封在电缆的接续套管内。

4.1.2 充气维护标准

1. 气压标准

表 15-4-3 所列气压标准为 20℃ 时的数据，对不同温度下气压值应按下式换算：

$$P_t = P_{20}[1 + (t - 20) \times 0.7\%] \quad (15\text{-}4\text{-}1)$$

式中 P_t——温度为 t℃ 时的气压值；

P_{20}——温度为 20℃ 时的气压值；

t——实测温度（℃）；

0.7%——电缆内气压值随温度变化的修正系数。

电缆的气闭性，长途电缆在气压平稳后，经过十天，其气压下降值不得超过 4kPa。市话电缆当气压平稳后，在气温相同的情况下允许气压下降值见表 15-4-4。

表 15-4-3 气压标准

项目		充气气压/kPa	维护气压/kPa	补气气压/kPa
市话电缆	地下	<150	50 ~ 70	40
	架空	对于使用五年以上的旧电缆为 <100	40 ~ 60	30
长途电缆	HEQ、HEQ_2	<150	60 ~ 70	50
	HEQ_{15}单独气闭段	<200	100 ~ 120	80
	无人增音机箱	<100	60 ~ 70	50

表 15-4-4 市话电缆在气温相同 24h 允许气压下降值

允许下降值/kPa / 电缆长度/km / 线路类别	0.3	0.3 ~ 1	1 ~ 3	3 ~ 5	5 ~ 10	10 ~ 15	15 以上
地下电缆	1.5	1.0	0.7	0.6	0.5	0.4	0.3
架空电缆（无分线设备）	2.0	1.6	1.1	0.8	0.6	0.5	0.4
架空电缆（有分线设备）	6.0	4.0	2.5	1.4	1.4	1.0	

2. 干燥标准

充入电缆内的气体，其干燥度不得高于露点 -14℃；对无热再生分子筛干燥充气设备的干燥标准，要求在露点 -40℃ 以下。

4.2 电缆查漏

电缆实行充气以后，就要解决如何又快又准地查找电缆漏气点的问题。查漏在日常维护和施工中都是不可缺少的工作。查漏时一般遵循的原则是先查大漏气，后查小漏气；先查气压低处的漏气点，后查气压高处的漏气点。采用自动充气制的电缆，还应先查离气源远的漏气点，后查离气源近的漏气点；先查支线上的漏气点，后查主干电缆上的漏气点。但是对于采用定期充气制的电缆，应先查主干电缆后查支线电缆上的漏气点。查漏的步骤是先粗查后细查，逐步缩小范围，即先定段后定点。查漏的方法很多，大致可归纳如下几种方法。

4.2.1 直接体察法

1）耳听法：当电缆漏气较大时，在漏气部位附近能听到电缆漏气的声音，然后按声响的方向寻找漏气点。这种方法适用于漏气较大的情况，特别是查找管道电缆漏气。

2）鼻闻法：电缆中充入对人体和电缆无害的有味气体（乙醚等），然后靠近电缆闻味，味最浓的部位，即是漏气点。这种方法一般用于查找气闭接头、接续点、地槽中的电缆及架空电缆上的漏气点。

3）眼看法：用眼看的方法有气泡法、肥皂水法、火焰法、气流指示法等。其中以肥皂水法用得较多。

4.2.2 分析计算法

1. 计算法

在同一时间内测量漏气电缆两端的气压下降值，代入数学公式，可以计算出漏气点的大致位置。计算公式为

$$X=\frac{P_b}{P_a+P_b}L \qquad (15\text{-}4\text{-}2)$$

式中 X——漏气点距A端的距离（m）；

L——气闭段长度（m）；

P_a——单位时间内A端气压下降量；

P_b——单位时间内B端气压下降量。

需要注意的是，开始漏气时，气闭段两端的气压下降速度不稳定。因此，每隔一定时间要测量一次，直到气闭段两端气压下降速度稳定时为止。

这种方法适用于定期充气制且无分支的直埋电缆发生大漏气时的情况。

2. 气压曲线法

这是在充气段上测取较多点的气压值，然后以气压值为纵坐标，以电缆长度为横坐标绘制成曲线，两线段的交叉点为漏气点。这种方法适用于查找大、中、小漏气点。采用气压曲线法应注意以下几点：

1）至少要根据漏气点两侧各三个点的气压值，绘制气压曲线。

2）在图样上要按比例真实地反映出气压值和测点距离。

3）图的比例要取得适当。

4）气压值一定要读准确，最好使用汞柱（水银）气压表或微量气压表。必要时须对所测气压值进行温度修正。

4.2.3 仪表查漏法

仪表查漏法是利用各种查漏仪，在确定的漏气范围内，进一步找出漏气点的方法。由于仪表查漏法的灵敏度较高，而且是在地面上操作，可以减轻劳动强度，提高工作效率。

1. 超声波查漏法

它主要适用于查找架空电缆的漏气点。这种方法是利用超声波查漏仪的探头，把气体通过电缆漏洞时产生的超声波信号接收后，送到换能器（声电转换元件），将声能转换成电能，通过放大和检波以后，送入监听耳机或电表显示出来。当耳机内听到“呼呼”的连续声，电表指示为最大时，则该处即为漏气点。

使用超声波查漏仪表，应注意区分周围环境的干扰声与漏气声。换能器（电容式微音器）的灵敏度是本仪器的关键，必须妥善保护，不要用手或其他物品碰触上面的膜片。

2. 气敏查漏法

它是利用对某些气体敏感的半导体元件来查找电缆的漏气点。用气敏查漏仪查漏时，先往电缆内充入乙醚或氢气，传感器把这些气体浓度的变化转变成电的变化，经放大器放大后指示出来。

气敏查漏法可用于查找架空电缆漏气点，也可以用于查找直埋电缆的漏气点，如果充入电缆的是氢气，当找到漏气点后，在修复之前必须先将电缆内的氢气放掉，然后再充入一定量的干燥空气，以排除剩余的氢气。操作时严禁带氢气封焊，以防起火爆炸。

3. 卤素查漏法

它适用于直埋电缆的查漏。查漏时在电缆内充入氟利昂气体，卤素气体就会从漏气点泄漏到土壤中。查漏时先在漏气段上用钢钎每隔3m左右扎一个深度约50cm的洞，然后用卤素查漏仪的探枪依次伸入洞穴，如果查漏仪的指示电表反应很大，表

示漏气点就在附近。反应越强越接近漏气点，气体浓度最大的地方就是漏气点。

氟利昂气体的扩散与时间有关，时间越长扩散半径越大。一般在充入氟利昂气体两三天后即可查漏。使用时必须注意切勿让探头接近高浓度的卤素气体，以免引起离子室中毒。

4. 低气压告警查漏法

它是沿电缆相隔一定距离安装压力传感器，并用信号线与安装在局内的气压遥测设备连通。当某一点气压下降到规定值能使压力传感器接通电路，局内遥测设备发生告警信号。如果压力传感器的精度很高，通过气压遥测设备不但可以确定漏气段落，还可以确定漏气点位置。

4.3 通信电缆线路的维修

通信电缆线路维修的目的和任务是提供优良的线路设备，以保证全程全网的畅通；保持线路的规定强度和电气性能，符合规定标准的要求；保证线路设备完整良好，延长其使用寿命；预防和排除障碍，迅速恢复通信；节约维护费用和器材，提高经济效益。

通信电缆线路的技术维修工作分为日常维护、中修和大修三部分。

1. 通信电缆线路的日常维护

对架空电缆巡查，观察电缆悬挂状况，电缆挂钩是否正常，电缆线路与房屋、树木、电力线接近及交叉处最小隔距是否符合要求。电缆交接、分线箱等附件设备、引入电缆以及保护装置完好情况，若有不符合规定的地方应加以纠正。在线路附近有施工单位，应主动联系，防止因施工而损伤电缆。

对地下电缆巡查还应对电缆上引的保护铁管完整及牢固性进行检查，对人（手）孔设备完好性进行检查。不符合规定则应予以纠正。

2. 通信电缆线路的中修

（1）整修配线区

1）修好全部障碍线对，调整使用不均衡的相邻配线区的线序。

2）更换不良的分线设备，调整使用不合理的分线设备及线对。

3）对未实行充气维护不保气的电缆进行查漏保气。

4）全面调整不合规定的挂钩，整理好蛇形电缆。

（2）整修分线设备 设备安装规格及电气性能要符合规定标准；预防障碍措施齐全有效；尾巴电缆不漏气。

（3）小规模调整线路 对杆档皮线或引入线较集中及易发生障碍的皮线更换成电缆。局部调整配线。

（4）有计划地测试和修理电缆 有计划地测试电缆串音，提高电缆线芯绝缘电阻，进行防蚀、防虫措施，整理人孔内地下电缆，使其技术状况符合规定。

3. 通信电缆线路的大修

（1）大修范围

1）更换质量变差，而无法修复的电缆，全配线区、交接区或每段长度在200m以上者。

2）有计划地调整电缆配线，在一个全配线区及以上者。

3）为改进传输质量有计划的修理，为中修所不能解决者。

4）大批整修更换分线设备、交接设备，为中修所不能解决者。

5）加装或整修较复杂的充气设备或防蚀设备。

6）加深水底电缆的埋深，改造已腐坏的水线标志牌及改变电缆埋深或路由，土方量较大，为中修所不能解决者。

7）改变电缆的敷设方式，以及整修或增设电缆标石，为中修所不能解决者。

8）其他整修或调整电缆工程，工作量较大，为中修所不能解决者。

（2）大修周期 架空电缆10~15年；地下及水底电缆10~15年；分线设备、防蚀设备4~6年；充气设备6~10年；千门以下局的综合周期3~6年；总配线架10~15年；地下管道及人（手）孔15年以后；钢绞线10年。

4.4 电缆障碍的查修及测试

4.4.1 电缆障碍的种类及产生的原因

（1）混线 电缆导线与导线之间相互碰触或导线间的绝缘电阻降到很低程度，以致形成短路状态时称为混线障碍。混线分为两种：一种是同一线对本身的混线，称为自混；另一种是一线对与其他线对间的混线，称为他混。造成混线的原因很多，一般是由于电缆护层折裂渐渐侵入潮气，接续电缆时不慎使芯线碰触，或受外力影响使芯线绝缘遭到破坏而造成的。

（2）断线　电缆导线的一根或数根断了称为断线障碍。造成断线障碍的原因多数是由于敷设或接续时不慎，致使导线折断，或受外力侵袭受伤，或被外来强电流将芯线烧断所致。

（3）接地　电缆导线对地（铅皮）绝缘电阻甚低或导通时称为地气障碍。产生地气障碍的原因一般是电缆金属套破裂浸水，或受外力碰、砸、磨损电缆外皮和绝缘层，以及由于工作不慎，使芯线接地而造成。

（4）绝缘不良　电缆绝缘芯的绝缘电阻低于规定的数值，但尚未达到混线时称为绝缘不良。造成绝缘不良障碍的原因一般是接头封焊前驱潮处理不好，或因电缆折裂孔洞浸水、受潮，使绝缘纸发霉、变色，甚至出现黑斑的电缆击穿现象。这些现象都会使绝缘电阻下降。

（5）串音、杂音　在电缆一对线芯上，可以听到另外用户通话的声音，叫作串音。在电缆一对心线上面，不接任何机件，用受话器去试听，可以听到“嗡嗡”“吱吱”或“咯咯”的声音，称为杂音。产生串音、杂音的原因，是由于芯线间的电容不平衡、电阻不平衡、线对差接，或接续松动等所引起的。

4.4.2　电缆障碍查修要求

1）电缆发生障碍，应尽快恢复通话；对重要用户必须采取适当措施，先恢复通话或临时用空闲好线调通，待修复后改回原线。

2）同时发生几处障碍时，应先修复影响用户较多和有重要用户的电缆，后修复影响较少的电缆。

3）查找电缆障碍时，应先测全部障碍线对及确定障碍性质，然后根据线序的分布情况和配线表分析障碍段落，再用仪器测量、测听，通过直接观察或充气检查确定障碍点。一般不得采用缩短障碍区间的方法而大量拆开电缆接头或铅皮。

4）修复障碍的几点规定：

a）障碍点心线的绝缘物被烧伤或芯线变色过多过长时，应采取改接一段电缆的方法；如果个别线对不良时，可以改接部分芯线。

b）电缆浸水不足1m且无损伤时，应剥开铅套完全烘干后缠以白布条，用包管封焊；电缆浸水1m以上时，应缩接（有余长时），或改接一段程式相同的电缆。

c）不能因修复障碍而产生反接、差接、交接、地气等新的障碍。同时在接续、封焊以及建筑或安装上都要符合规定要求。更不得降低绝缘电阻，必须经过测量台测试检验后才能封焊。

d）对电烧雷击障碍，除必须修复全部芯线障碍外，对铅套漏洞应仔细检查并全部修复，恢复到应有的保气性能。

e）对自恢复障碍必须彻底追查，采取各种方法修复。

4.4.3　电缆障碍的修理

1. 电缆接头故障修理

1）切开接头：在切开前首先应检查接头内是否有积水及潮气，若存在，不能用喷灯切开接头，因为喷灯加热使潮气从接头两侧赶向电缆内部，最好用铁锤和斫刀切开套管；如果没有潮气及水分，则可用喷灯把铅套烫开，除去铅套污垢，刮净锈斑，擦去焊锡渣，从电缆连接处移开，以备再用。

2）除去潮气：可用烘烤法。它是用喷灯或炭火烘烤，驱除潮气。这种方法只能用于少量潮气情况下使用。当纸绝缘芯线受潮严重，可采用浇蜡法，用热蜡来除去潮气。由60%白蜡和40%中性凡士林混合后加温到130～140℃熬制而成，浇蜡时控制在120～130℃，浇蜡从两侧电缆铅套切口10～15cm处电缆铅套开始，逐渐向切开处移浇，待切口处蜡料凝结后再向接头中央浇注，直到芯线上没有气泡和浸渍的声音为止。

如果以上两种处理在电缆接头中还有残余潮气，当时不能完全除尽，用矽胶干燥法做进一步除潮气，即在接头内放入适当蓝色矽胶干燥剂，然后再封焊铅套管。芯线残余潮气将慢慢地被矽胶吸收，芯线绝缘电阻将逐渐提高。

2. 修理电缆内部故障

1）电缆内部除去潮气：当在接头附近的电缆或电缆受潮小于3m时，可纵向剖铅套管，用上述方法去潮后用纵剖型铅套管或用比电缆铅包外径大的铅套包起来再进行封焊。如果受潮芯线超过3m，则改接这一段电缆。

2）改接电缆：准备好一条新电缆，其长度应长于准备拆下来的电缆，以便改接。改接前，新旧电缆线芯都必须编号，并逐对对号，以免发生错接而影响通话。改接时，在两改接点应复对号一次，对一对，改接一对，即双方先对出新电缆线对，然后再对出旧电缆（使用电缆）的同号线对。当用户不通话时，双方联系后同时将旧线对切断，并将已对出的新电缆线对连接上去。其余芯线，仿此顺序改接。一般每改接 5 ~ 15 对后，应通知测量室测试，如证实改接无误，方可继续进行改接，直到改接完毕为止。改接后即封焊接头。

4.4.4 电缆线路障碍测试

电缆线路障碍测试可以使用直流电桥、交流仪表或线路脉冲测试器等测试方法。脉冲测试法较之一般的直流测试法和交流测试法具有以下优点：

能以极短的时间确定线路障碍；

能以相当高的准确度确定障碍的距离；

能区别同时存在的几个障碍的地点；

操作简单方便、容易掌握，测试结果可以从指示器上直读。

但是用脉冲去检查线路绝缘不良的障碍，并不十分有效，因此还需要与其他方法配合使用。

使用脉冲测试器测试线路障碍，是在被测线路上送入一脉冲电压，当发射脉冲在线路上遇到障碍时便产生反射，在示波管的荧光屏上反映出来，能迅速而又准确地确定障碍点的距离和性质。障碍点的距离可由下式求出：

$$L_X = \frac{1}{2}v\Delta t \qquad (15\text{-}4\text{-}3)$$

式中 L_X——障碍点至测试点的离；

v——脉冲传播速度；

Δt——反射脉冲到达测试端的时间间隔。

对于各种线路来说，脉冲传播速度 v 是已知数，因此只要测出脉冲在线路上往返的时间，便能确定障碍点的距离。为了准确地测量障碍点的距离，仪器备有按上述公式换算出来的距离刻度标志，故可直接读出障碍点到测试点的距离。

4.5 综合布线系统对称电缆的测试

综合布线系统已经广泛应用于建筑与建筑群的建设中，但如果工程存在施工质量问题，将给通信网络和计算机网络造成潜在的隐患，影响信息的传送。综合布线系统的测试则可为判断该系统质量是否合格提供标准。综合布线系统的测试包括电缆系统电气性能测试及光纤系统性能测试，在此主要介绍对称电缆系统的电气性能测试。

4.5.1 电气测试方法

3 类和 5 类布线系统按照基本链路，5e 类和 6 类布线系统按照永久链路和信道进行测试，连接模型如图 15-4-3 ~ 图 15-4-5 所示。

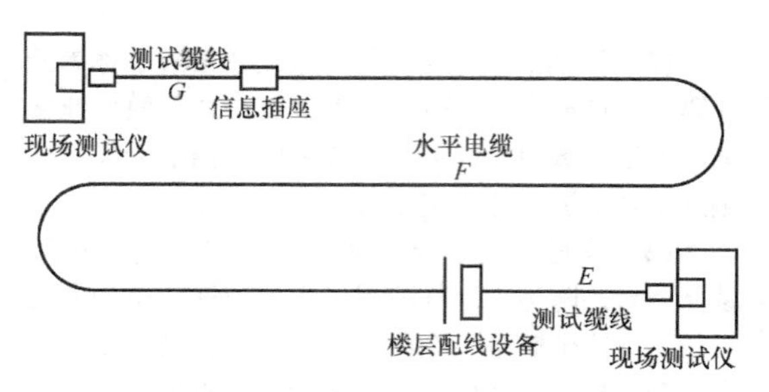

图 15-4-3 基本链路连接方式

注：$G = E = 2\text{m}$ $F \leqslant 90\text{m}$

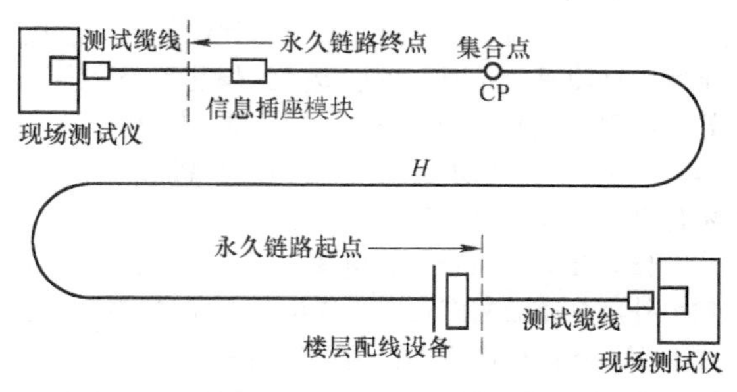

图 15-4-4 永久链路连接方式

H—从信息插座至楼层配线设备（包括集合点）的水平电缆，$H \leqslant 90\text{m}$

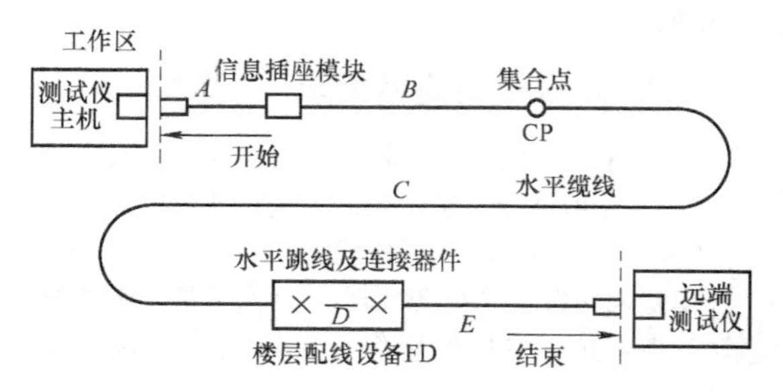

图 15-4-5 信道连接方式

A—工作区终端设备电缆 B—CP 线缆 C—水平缆线 D—配线设备连接跳线 E—配线设备到设备连接电缆

$B + C \leqslant 90\text{m}$ $A + D + E \leqslant 10\text{m}$

注：信道包括最长 90m 的水平缆线、信息插座模块、集合点、电信间的配线设备、跳线、设备线缆在内，总长不得大于 100m。

4.5.2 测试内容

综合布线系统对称电缆的测试包括以下内容：

1）接线图的测试，主要测试水平电缆终接在工作区或电信间配线设备的 8 位模块式通用插座的安装连接正确或错误。正确的线对组合为 1/2、3/6、4/5、7/8，分为非屏蔽和屏蔽两类，对于非 RJ45 的连接方式按相关规定要求列出结果。布线过程中可能出现以下正确或不正确的连接图测试情况，具体如图 15-4-6 所示。

2）布线链路及信道电缆长度应在测试连接图所要求的极限长度范围之内。

3）3 类和 5 类水平链路测试项目及性能指标应符合表 15-4-5 和表 15-4-6 的要求（测试条件为环境温度 20℃）。

4）5e 类、6 类和 7 类信道测试项目及性能指标应符合以下要求（测试条件为环境温度 20℃）。

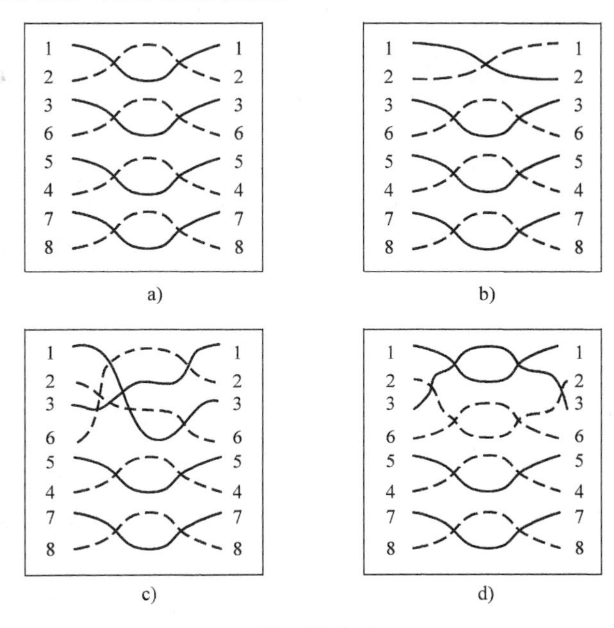

图　15-4-6

a）正确连接　b）反向线对　c）交叉线对　d）串对

表 15-4-5　3 类水平链路及信道性能指标

频率/MHz	基本链路性能指标/dB		信道性能指标/dB	
	近端串音	衰减	近端串音	衰减
1.00	40.1	3.2	39.1	4.2
4.00	30.7	6.1	29.3	7.3
8.00	25.9	8.8	24.3	10.2
10.00	24.3	10.0	22.7	11.5
16.00	21.0	13.2	19.3	14.9
长度/m	94		100	

表 15-4-6　5 类水平链路及信道性能指标

频率/MHz	基本链路性能指标/dB		信道性能指标/dB	
	近端串音	衰减	近端串音	衰减
1.00	60.0	2.1	60.0	2.5
4.00	51.8	4.0	50.6	4.5
8.00	47.1	5.7	45.6	6.3
10.00	45.5	6.3	44.0	7.0
16.00	42.3	8.2	40.6	9.2
20.00	40.7	9.2	39.0	10.3
25.00	39.1	10.3	37.4	11.4

（续）

频率/MHz	基本链路性能指标/dB		信道性能指标/dB	
	近端串音	衰减	近端串音	衰减
31.25	37.6	11.5	35.7	12.8
62.50	32.7	16.7	30.6	18.5
100.00	29.3	21.6	27.1	24.0
长度/m	94		100	

注：基本链路长度为94m，包括90m水平电缆及4m测试仪表的测试电缆长度，在基本链路中不包括CP点。

a）回波损耗（RL）：只在布线系统中的C、D、E、F级采用，信道的每一线对和布线的两端均应符合回波损耗值的要求，布线系统信道的最小回波损耗值可参考表15-4-7所列的关键频率建议值。

b）插入损耗（IL）：布线系统信道每一线对的插入损耗值可参考表15-4-8所列的关键频率建议值。

c）近端串音（NEXT）：在布线系统信道的两端，线对与线对之间的近端串音值可参考表15-4-9所列的关键频率建议值。

表15-4-7 信道回波损耗建议值

频率/MHz	最小回波损耗/dB			
	C级	D级	E级	F级
1	15.0	17.0	19.0	19.0
16	15.0	17.0	18.0	18.0
100	—	10.0	12.0	12.0
250	—	—	8.0	8.0
600	—	—	—	8.0

表15-4-8 信道插入损耗建议值

频率/MHz	最大插入损耗/dB					
	A级	B级	C级	D级	E级	F级
0.1	16.0	5.5	—	—	—	—
1	—	5.8	4.2	4.0	4.0	4.0
16	—	—	14.4	9.1	8.3	8.1
100	—	—	—	24.0	21.7	20.8
250	—	—	—	—	35.9	33.8
600	—	—	—	—	—	54.6

表15-4-9 信道近端串音建议值

频率/MHz	最小NEXT/dB					
	A级	B级	C级	D级	E级	F级
0.1	27.0	40.0	—	—	—	—
1	—	25.0	39.1	60.0	65.0	65.0
16	—	—	19.4	43.6	53.2	65.0
100	—	—	—	30.1	39.9	62.9
250	—	—	—	—	33.1	56.9
600	—	—	—	—	—	51.2

5）5e类、6类和7类永久链路测试项目及性能指标应符合以下要求：

a）回波损耗（RL）：布线系统永久链路每一线对和布线两端的回波损耗值可参考表15-4-10所列的关键频率建议值。

b）插入损耗（IL）：布线系统永久链路每一线对的插入损耗值可参考表15-4-11所列的关键频率建议值。

c）近端串音（NEXT）：布线系统永久链路每一线对和布线两端的近端串音值可参考表15-4-12所列的关键频率建议值。

表15-4-10 永久链路回波损耗建议值

频率/MHz	最小回波损耗/dB			
	C级	D级	E级	F级
1	15.0	19.0	21.0	21.0
16	15.0	19.0	20.0	20.0
100	—	12.0	14.0	14.0
250	—	—	10.0	10.0
600	—	—	—	10.0

表15-4-11 永久链路插入损耗建议值

频率/MHz	最大插入损耗/dB					
	A级	B级	C级	D级	E级	F级
0.1	16.0	5.5	—	—	—	—
1	—	5.8	4.0	4.0	4.0	4.0
16	—	—	12.2	7.7	7.1	6.9
100	—	—	—	20.4	18.5	17.7
250	—	—	—	—	30.7	28.8
600	—	—	—	—	—	46.6

表15-4-12 永久链路近端串音建议值

频率/MHz	最小NEXT/dB					
	A级	B级	C级	D级	E级	F级
0.1	27.0	40.0	—	—	—	—
1	—	25.0	40.1	60.0	65.0	65.0
16	—	—	21.1	45.2	54.6	65.0
100	—	—	—	32.3	41.8	65.0
250	—	—	—	—	35.3	60.4
600	—	—	—	—	—	54.7

第5章

通信光缆接续附件、安装敷设及运行维护

5.1 通信光纤光缆接续及附件

5.1.1 光纤之间接续

1. 光纤接续的要求

一般金属电缆接续采用简单的扭绞、压接、焊接的方法，只要保证机械强度和电气连通即可；而光纤之间的接续效果对保证高质量的传输和维护运行来说是很重要的。通常对光纤接续有以下要求：

1）光纤接续损耗低；

2）光纤接续后机械强度高；

3）接续方法简单，时间短，易于操作；

4）能适应于各种环境条件；

5）具有长期可靠的稳定性，且性能不随时间发生变化；

6）用尽可能少的仪器设备就能完成接续；

7）接续成本低。

2. 影响光纤接续损耗的因素

（1）固有损耗 造成光纤接续的固有损耗（又称本征损耗）通常是由光纤本身参数（如材料折射率等）失配而产生的。主要有以下几种：

1）端面反射：光传输通过不同折射率的介质时，在两种介质边界发生反射，如图 15-5-1 所示。若两光纤端面之间存在空气等其他介质时，由于耦合效率的影响，光传输时在端面处产生反射损耗。两光纤间的耦合效率 η 的计算式为

$$\eta=\left[\frac{4n_1n_0}{(n_1+n_0)^2}\right]^2=\frac{16k^2}{(1+k)^4} \quad (15\text{-}5\text{-}1)$$

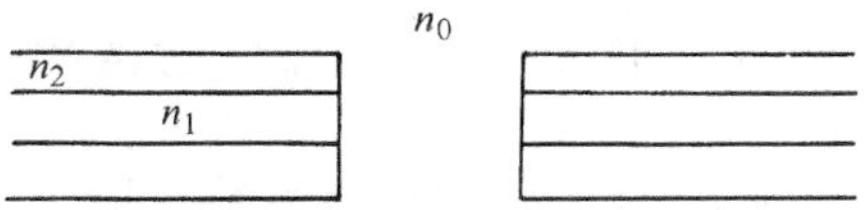

图 15-5-1 端面反射示意图

式中 $k=n_1/n_0$；

n_1——传输介质的折射率；

n_0——两端面间介质的折射率。

产生的反射损耗计算式为

$$\alpha=10\lg\frac{1}{\eta} \quad (15\text{-}5\text{-}2)$$

式中 α——反射损耗（dB）。

2）光纤芯径偏差：当光在两根不同芯径的光纤中传输经过连接点时，由于能量不能完全由一根光纤耦合到另一根光纤中，在连接处产生接续损耗。对于多模光纤，其耦合效率为

$$\eta=\frac{16k^2}{(1+k)^4}\left(\frac{a_2}{a_1}\right)^2 \quad (a_1\geqslant a_2\text{ 时})$$

$$\eta=\frac{16k^2}{(1+k)^4} \quad (a_1<a_2\text{ 时})$$

(15-5-3)

式中 a_1、a_2——光纤芯半径（μm）。

由式（15-5-3）可看出当光由大芯径光纤传输入小芯径光纤时，接续损耗与芯径比的二次方有关，而当光由小芯径光纤传输入大芯径光纤时则接续损耗很小。接续损耗与芯径比的关系如图 15-5-2 所示。

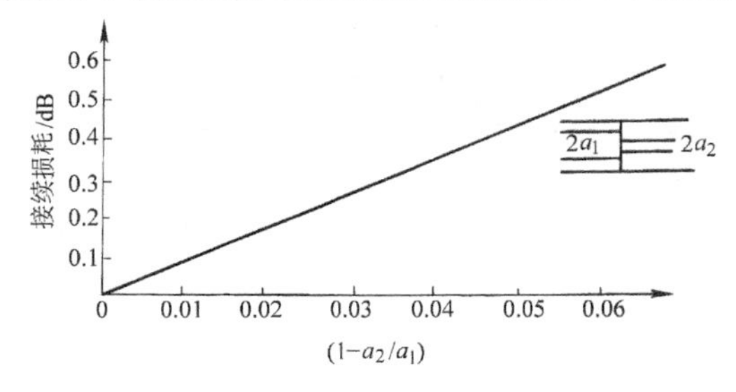

图 15-5-2 接续损耗与芯径比的关系

对于单模光纤，耦合效率为

$$\eta=\frac{1}{4}\left(\frac{W_1}{W_2}+\frac{W_2}{W_1}\right)^2 \quad (15\text{-}5\text{-}4)$$

式中 $W=a\left(0.65+\dfrac{1.619}{v^{1.5}}+\dfrac{2.879}{v^6}\right)$；

v——归一化频率，$v=2\pi a n_1\sqrt{\frac{2\Delta}{\lambda}}$；

λ——传输光的波长（μm）；

Δ——相对折射率差，$\Delta=\frac{n_1-n_2}{n_1}$；

a——模场直径的一半（μm）。

所产生的接续损耗与模场直径关系如图 15-5-3 所示。

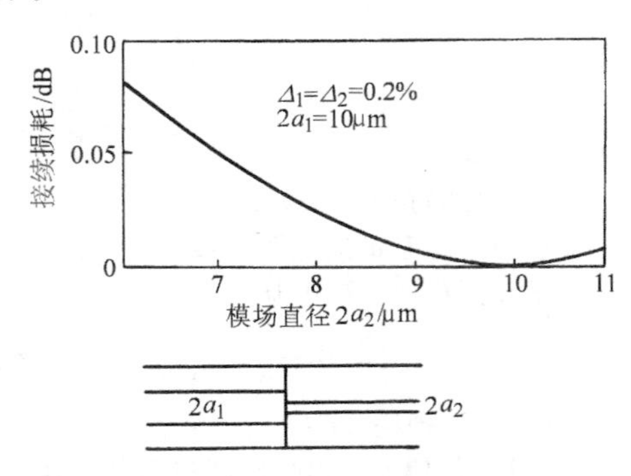

图 15-5-3　单模光纤接续损耗与模场直径的关系

3）数值孔径 NA、相对折射率差 Δ 的偏差：当光在两根 NA 和 Δ 不相同的光纤间传输时，耦合效率为

$$\eta=\frac{16k^2}{(1+k)^4}\left(\frac{NA_2}{NA_1}\right)^2 \quad (NA_2\geqslant NA_1 \text{ 时})$$

$$=\frac{16k^2}{(1+k)^4}\frac{\Delta_2}{\Delta_1}=\frac{16k^2}{(1+k)^4} \quad (NA_2<NA_1 \text{ 时})$$

（15-5-5）

式中　NA——光纤的数值孔径，$NA=n_1\sqrt{2\Delta}$；

Δ——光纤的相对折射率差；

其他符号与前公式一致。

从式 15-5-5 中看出，当光由 NA 大、Δ 大的光纤向 NA 小、Δ 小的光纤传输时，会产生较大的接续损耗，反之则接续损耗很小。

接续损耗与 NA 的关系如图 15-5-4 所示；接续

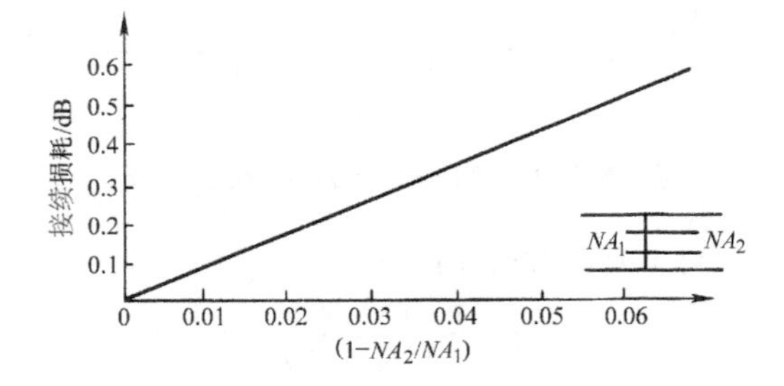

图 15-5-4　接续损耗与 NA 的关系

损耗与多模光纤相对折射率差 Δ 的关系如图 15-5-5 所示；接续损耗与单模光纤相对折射率差 Δ 的关系如图 15-5-6 所示。

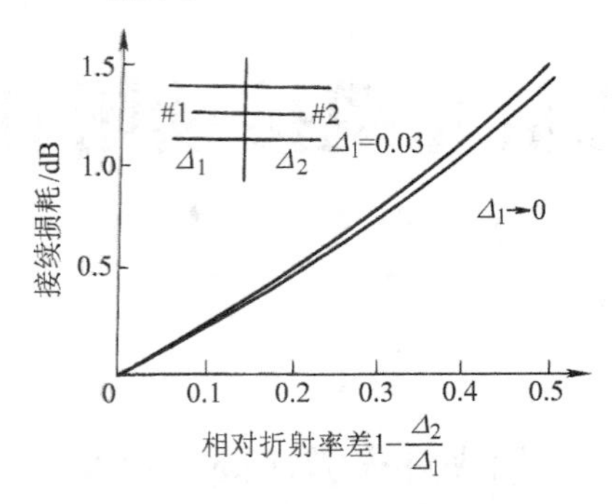

图 15-5-5　接续损耗与多模光纤 Δ 的关系

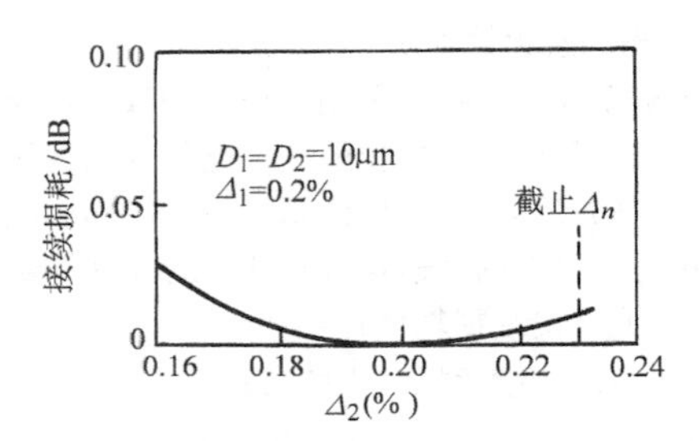

图 15-5-6　接续损耗与单模光纤 Δ 的关系

4）折射率分布偏差：光在折射率分布不同的光纤间传输时，由于折射率分布不同而使能量分布不同，在连接处能量不能完全耦合，产生接续损耗。此时耦合效率为

$$\eta=\frac{16k^2}{(1+k)^4}\frac{\alpha_2(\alpha_1+2)}{\alpha_1(\alpha_2+2)} \quad (\alpha_1\geqslant\alpha_2 \text{ 时})$$

$$=\frac{16k^2}{(1+k)^4} \quad (\alpha_1<\alpha_2 \text{ 时})$$

（15-5-6）

式中　α——光纤折射率分布指数；

其他符号与前公式一致。

从式中可看出，光由 α 大的光纤向 α 小的光纤传输时，连接处会产生较大的接续损耗，反之接续损耗很小。

接续损耗与折射率分布关系如图 15-5-7 所示。

（2）非固有损耗　它是由光纤的连接方法或操作不当而引起的。主要有以下几个方面：

1）轴芯偏移影响：当两光纤轴芯未对准有偏移时，能量不能完全进入下一根光纤，在连接处产

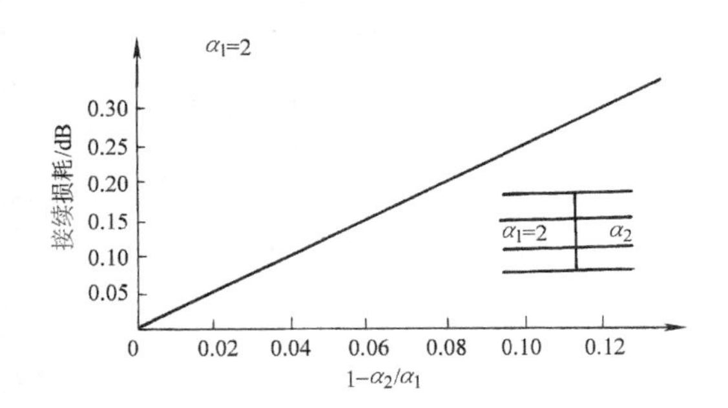

图 15-5-7　接续损耗与折射率分布的关系

生接续损耗，如图 15-5-8 所示。此时耦合效率为

a）多模光纤：

$$\eta = \frac{16k^2}{(1+k)^4}\frac{1}{\pi}\left[1-2.35\left(\frac{x}{a}\right)^2\right] \quad (15\text{-}5\text{-}7)$$

式中　a——光纤芯半径（μm）；

x——轴芯偏移量（μm）；

其他符号与前公式一致。

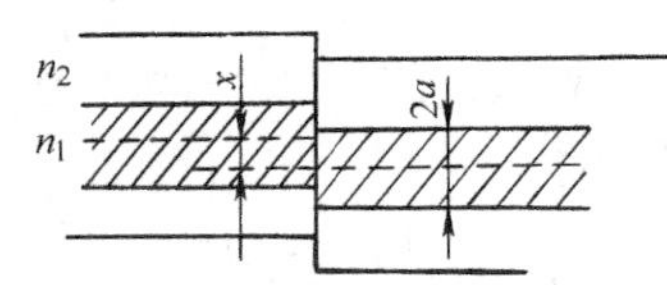

图 15-5-8　光纤轴芯偏移示意图

b）单模光纤：$\eta = \frac{16k^2}{(1+k)^4}e^{-\left(\frac{x}{W}\right)^2}$　(15-5-8)

式中　$W = a\left(0.65+\frac{1.619}{V^{1.5}}+\frac{2.879}{V^6}\right)$；

$V = 2\pi a n_1 \frac{\sqrt{2\Delta}}{\lambda}$；

其他符号与前公式一致。

当一根光纤偏芯，虽然包层外径对准，由于偏芯，同样造成芯径的轴芯偏移，此时计算方法与轴芯偏移计算方法相同，只是将 x 用偏芯量代替。

从式（15-5-7）和式（15-5-8）中可看出，由轴芯偏移造成的接续损耗与光纤的传输方向无关。接续损耗与偏移量的关系如图 15-5-9 所示。

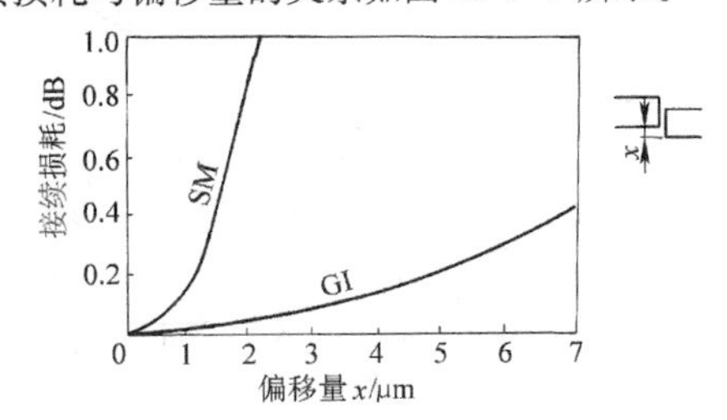

图 15-5-9　接续损耗与偏移量的关系

2）端面夹角影响：当两光纤端面间有夹角，光传输过连接点时，部分能量散射出去产生接续损耗，如图 15-5-10 所示。其耦合效率为

a）多模光纤：

$$\eta = \frac{16k^2}{(1+k)^4}(1-1.68\theta^2) \quad (15\text{-}5\text{-}9)$$

式中　θ——两光纤端面间的夹角（°）；

其他符号与前面公式一致。

b）单模光纤：

$$\eta = \frac{16k^2}{(1+k)^4}e^{-(\pi n_2 W\theta/\lambda)^2} \quad (15\text{-}5\text{-}10)$$

式中　$W = a\left(0.65+\frac{1.619}{V^{1.5}}+\frac{2.879}{V^6}\right)$；

$V = 2\pi a n_1\sqrt{\frac{2\Delta}{\lambda}}$；

n_2——光纤包层折射率；

其他符号与前面公式一致。

接续损耗与端面夹角的关系如图 15-5-11 所示。

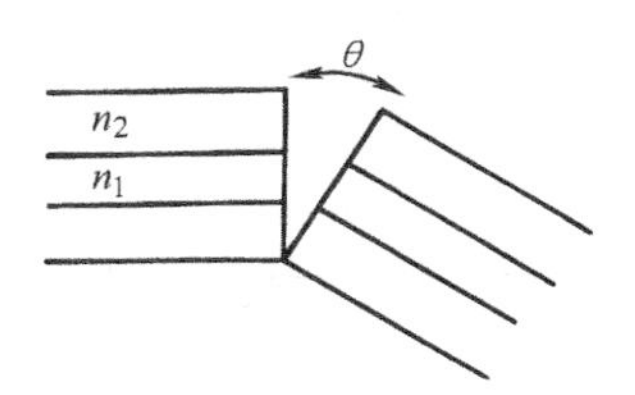

图 15-5-10　光纤端面夹角

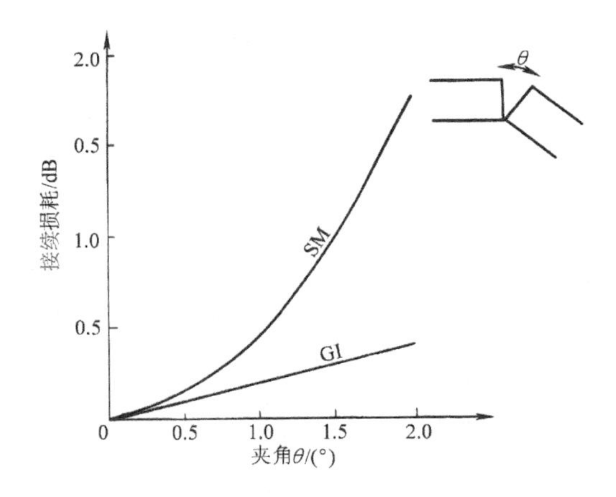

图 15-5-11　接续损耗与夹角的关系

3）端面不平影响：当两光纤端面不平，如倾斜、曲面时，光传输过连接点造成能量散射，产生接续损耗。下面按两种情况分别介绍。

a）倾斜：当两光纤端面倾斜时，分别有夹角 θ_1、θ_2，如图 15-5-12 所示。其耦合效率为

$$\eta=\frac{16k^2}{(1+k)^4}\left[1-\frac{|1k-1|}{\pi k\sqrt{2\Delta}}(\theta_1+\theta_2)\right]$$

(15-5-11)

式中 θ_1、θ_2——分别为两光纤端面的倾角（°）；

其他符号与前面公式相同。

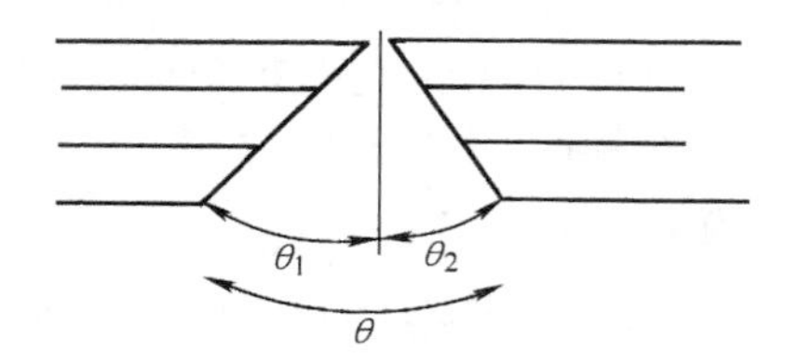

图 15-5-12 光纤端面倾斜

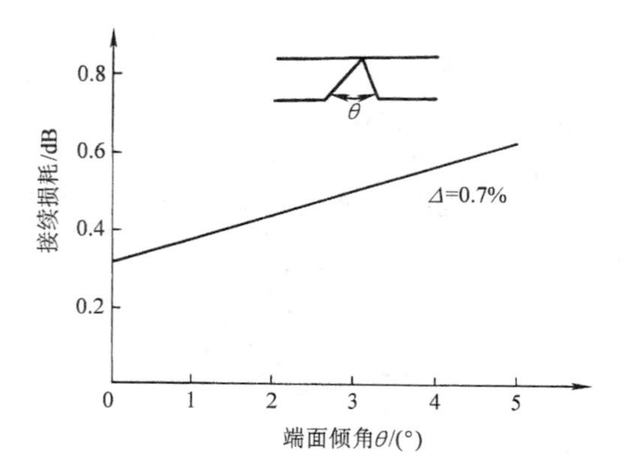

图 15-5-13 接续损耗与端面倾角的关系

接续损耗与端面倾角的关系如图 15-5-13 所示。

b）曲面：当两光纤端面为曲面时（见图 15-5-14），其耦合效率为

$$\eta=\frac{16k^2}{(1+k)^4}\left[1-\frac{1}{2\sqrt{2\Delta}}\frac{|k-1|}{k}\frac{(d_1+d_2)}{a}\right]$$

(15-5-12)

式中 d_1、d_2——分别为两光纤曲面顶部至底部距离（μm）；

其他符号与前面公式相同。

接续损耗与曲面关系如图 15-5-15 所示。

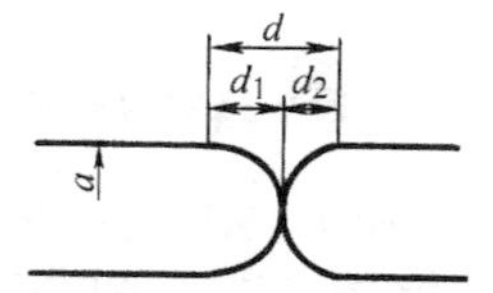

图 15-5-14 光纤端面曲面示意图

4）间隙：当两光纤端面之间有间隙时，如图 15-5-16 所示，光传输过连接点时，产生能量泄漏

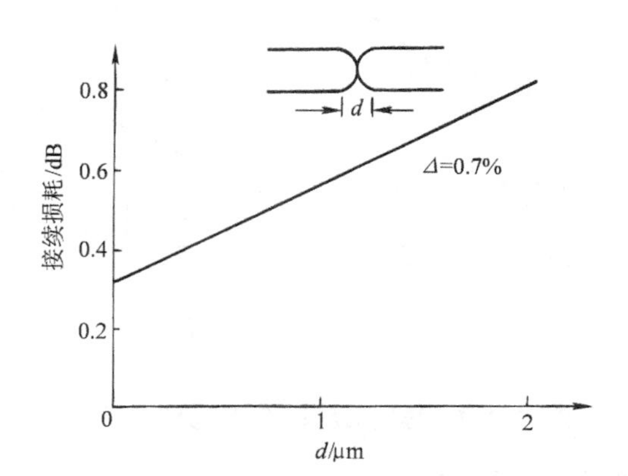

图 15-5-15 接续损耗与曲面关系

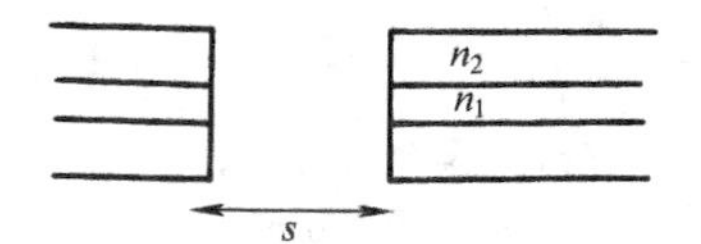

图 15-5-16 光纤端面示意图

及多次反射造成接续损耗。其耦合效率为

a）多模光纤：

$$\eta=\frac{16k^2}{(1+k)^4}\left[1-\frac{S}{4a}k(2\Delta)^{1/2}\right] \quad (15\text{-}5\text{-}13)$$

b）单模光纤：$\eta=\dfrac{1}{[1-(\lambda S)^2/(2\pi n_2 W^2)]}$

式中 S——端面之间间隙（μm）；

$$W=a\left(0.65+\frac{1.619}{V^{1.5}}+\frac{2.879}{V^6}\right);$$

$$V=2\pi a n_1\sqrt{\frac{2\Delta}{\lambda}};$$

其他符号与前面公式一致。

接续损耗与端面间隙的关系如图 15-5-17 所示。

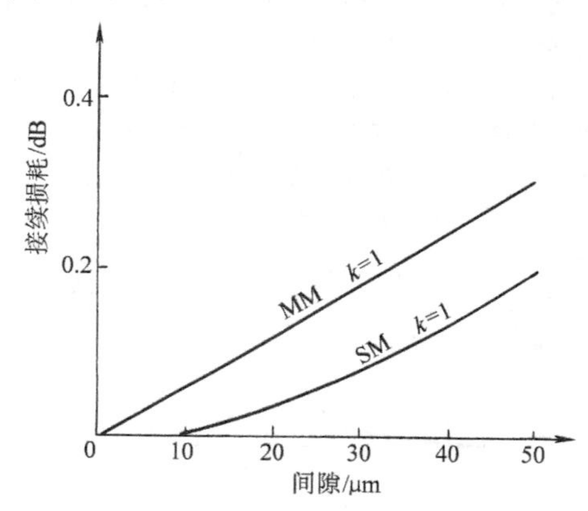

图 15-5-17 接续损耗与端面间隙的关系

(3) 环境因素 环境条件的好坏（如灰尘、潮气等）都会对光纤接续损耗产生一定的影响。

无论采用何种接续技术或接续方法，都应在清洁、稳定的环境下进行光纤接续，以保证接续质量。

3. 光纤端面制作

为保证接续的质量，光纤在连接前需进行端面制作，一般有切割、研磨等方法。从使用的效果来看，在光纤接续中采用切割方法来制作端面有操作简单、制作的端面平整、成功率高的特点，是目前广泛使用的方法。

(1) 涂覆层剥除 光纤外有一层起保护作用的UV 固化树脂涂覆层，在光纤端面制作前需剥去。剥去涂覆层的方法要求操作方便、光纤表面不能受损，一般有机械剥除、化学药品腐蚀、加热剥除等方法。目前广泛使用的是用剥线钳进行机械剥除，如图 15-5-18 所示。

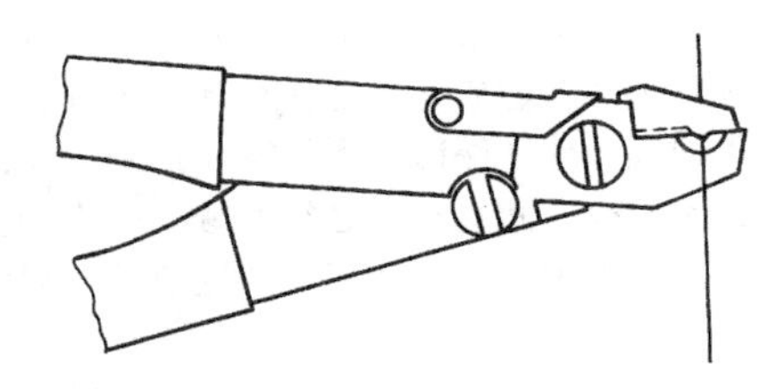

图 15-5-18 用剥线钳剥除光纤涂覆层

用剥线钳剥去涂覆层的光纤还需用酒精棉拭去表面的杂质。

(2) 切割 光纤切割时，不应在光纤表面留下产生连接损耗的不完整性端面（如端面倾斜、粗糙等），也即光纤断面应该是镜面区而不是劈裂区，如图 15-5-19 所示。采用切割方法是利用玻璃的特性来切断光纤并得到镜面区。首先在光纤表面划出伤痕，然后使光纤沿适当直径弯曲，同时沿弯曲方向施加张力，就可切断光纤并获得平滑的切口，如图 15-5-20 所示。

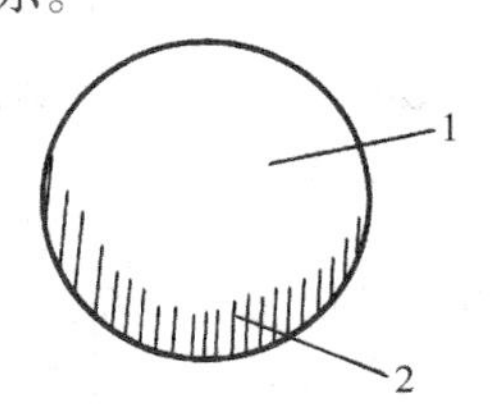

图 15-5-19 光纤断面图

1—镜面区 2—劈裂区

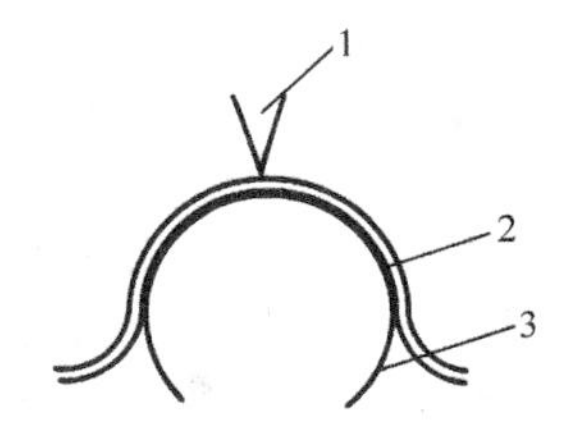

图 15-5-20 光纤断面切割

1—切割刀 2—光纤 3—圆柱体

4. 光纤固定接续技术

(1) 接续分类 通常可以分为两类：非熔接法和熔接法，各种方法见表 15-5-1。

表 15-5-1 各种固定接续技术

分类		示意图	方法
非熔接法	V 形槽法	盖板 光纤 V形槽底板	在 V 形槽底部对接光纤端面，从上压光纤使其对准后用粘结剂固定
	套管法	充填粘接剂（匹配剂）的孔 套管 光纤	从玻璃套管的两端插入光纤轴心对准后粘接固定
	三芯固定法	收缩管 光纤 导杆 F F F	对导杆施加均匀力，使光纤位于 3 根导杆中心
	松动管法	光纤 松动管	把光纤压在具有角度的管子内角中进行轴心对准

（续）

分　类	示 意 图	方　法
熔接法	电极 光纤 固定台	由电极放电加热光纤端面，使其熔融后连接在一起

非熔接法主要是通过光纤外径的对准、固定来实现，因此光纤的尺寸精度、均匀性、偏芯等情况对光纤接续损耗影响很大。当然，制作一个良好的光纤端面也是非常重要的。

在非熔接法中，使用最广泛的是V形槽法。这种方法只需使用简单的夹具就可实现低损耗接续。单根光纤接续时，连接部分尺寸为4mm×6mm×30mm，接续损耗一般可控制在0.1dB左右。

套管法常用于一些简单的非真正永久性接续，如测试、试验、临时系统等。由于接续后接头的强度较低，故不适用于光缆线路中光纤间的连接。接续部分尺寸约为ϕ8mm×30mm，接续损耗一般为0.2dB左右。

熔接法是由加热光纤端面而熔化、连接的方法，它是目前最可靠的一种光纤接续方法。由于可在熔接前进行光纤芯轴对准的调节，使接续损耗降至最低。光纤熔接后成为一体，接续损耗的稳定性也很好，不受外界环境条件的影响。接续损耗一般可在0.1dB以下。本节只重点介绍常用连接方法。

（2）单芯光纤熔接

1）光纤熔接过程：

a）光纤端面制作：将待接光纤用切割工具制成符合光纤熔接要求的端面，以保证熔接的效果。

b）预熔：在光纤端面上瞬间放电，清除端面上的灰尘及减少端面的不平整性。

c）对芯：在微调架上将待接光纤的芯轴对准至最佳状态。

d）熔接：在光纤端面间加高压电弧产生高温，使光纤端面熔融，同时将两端面靠拢，使端面熔合在一起。

e）检测：对熔接好的光纤连接处进行性能检测。一是检测光纤连接处的接续损耗，二是检测连接处的强度是否达到所要求的强度。

2）熔接条件对光纤接续损耗的影响：光纤熔接时，影响光纤接续损耗的熔接条件有下列几个因素：

a）放电间距：它会影响放电电弧宽度，关系到被加热的光纤长度。缩小电极间距，实现窄范围放电，使电弧加热集中在光纤端面上，产生最小的光纤纤芯变形，对降低接续损耗有利。对偏芯量小的光纤，窄范围放电对光纤的接续损耗影响不大；对偏芯量大的光纤，若不使用窄范围放电对接续损耗影响很大，因此必须缩短电极间距来实现窄范围放电。

b）放电时间：即使是窄范围放电，若放电加热时间过长，对偏芯量大的光纤仍会造成纤芯变形严重而使接续损耗增加。对偏芯量小的光纤则影响不大。因此，放电时间短对接续损耗降低有利。

c）光纤熔接时：随着连接处加热、熔化，光纤端面有一定的进量使光纤熔接在一起。在端面进量开始时，光纤端部发生变形，若放电时间过短则不能使变形消除，造成光纤连接点强度下降，有足够的放电时间才能使端部变形消除，达到较高的强度。因此在放电时间选择上必须兼顾两个方面，过长对接续损耗不利，过短则连接强度过低，通常选择在1.5～3s内。

d）预熔时间：预熔是在光纤熔接前进行。预熔时间过长，端面变形大，造成接续损耗增加，而预熔时间过短，无法消除端面不平整性的影响。通常预熔时间为0.2～0.3s。

e）端面进量：光纤在端面熔融后两边同时进给，从放电前端面相碰开始，光纤进给的距离为端面进量。进量过少，纤芯不能达到原纤芯尺寸，接续损耗增加，进量过多，纤芯变形，接续损耗也增加。通常选择端面进量为20μm左右。

3）光纤熔接机：光纤熔接机是进行光纤熔接的专用仪器，主要由三个部分组成：第一部分为光纤对准系统，两根光纤分别固定于两个独立的调节系统，通过精密调节，使两根光纤的芯轴对准至最佳程度；第二部分为高压放电系统，在两根光纤端面之间施放高压电弧，使光纤熔融、推进、熔接；第三部分为光纤放大、监视系统，通过该系统可将光纤放大，监视整个光纤调整、熔接过程。

经过多年的发展，光纤熔接机从早期的人工操作方式发展到现在的由微处理机自动进行的智能化控制。通常可将熔接机的发展分为三代：

a）第一代远端监测方法：光纤由始端注入光，安装在连接点的熔接机根据远端光功率计接收到的光信号进行调节、熔接，如图 15-5-21 所示。在整个过程中都是人工操作，因此难以达到很高精度，获得低接续损耗，也不能直接计算接续损耗，操作时间长。

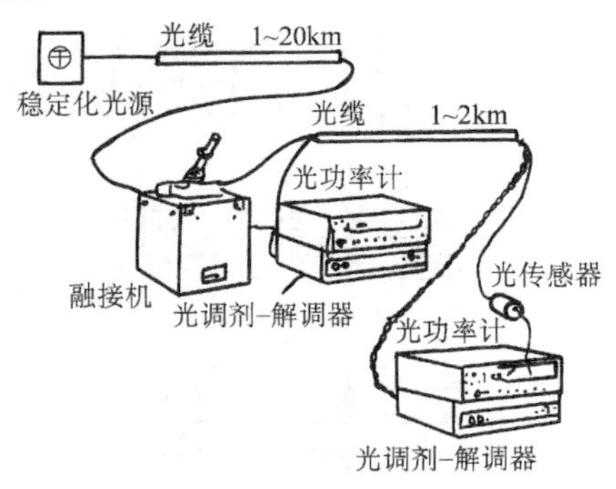

图 15-5-21　远端监测方法

b）第二代局部检测方式：两端待接光纤在熔接机上进行小半径弯曲，直接将光信号注入和检测，根据检测所得的信号对光纤进行对芯调节、熔接，如图 15-5-22 所示。可采用自动调节和熔接，并可估算光纤接续损耗。由于光注入是在整个光纤端面上进行的，因此调节也是以整个包层为基准，对于结构参数偏差较大的光纤，其接续损耗不会降得很低。

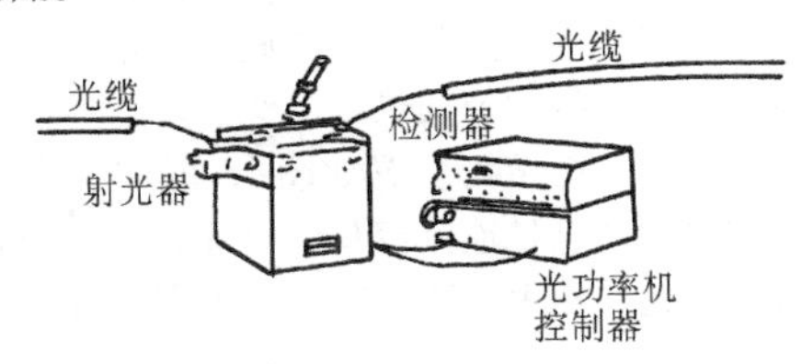

图 15-5-22　局部检测方法

c）第三代直视纤芯法：光纤熔接机在待接光纤端部（约数十微米长）加以侧向照明，根据光纤折射率分布而在摄像机上形成光纤芯的图像，根据该图像进行光纤对芯调节、熔接。由图 15-5-23 和图 15-5-24 可实现全部自动操作，并可根据熔接后光纤纤芯的像来准确地计算光纤接续损耗。

对于有偏芯的光纤，即使在芯轴对准后进行熔接，由于光纤表面张力的作用，使接续在熔接后仍会造成光纤芯轴偏移（见图 15-5-25），不能使接续损耗降到最低。采用偏芯校正技术，对于有偏芯的光纤在熔接前先计算出熔接时由表面张力会引起的移动量，在芯轴调节时先将移动量考虑在调整之中，从而使光纤熔接后芯轴在表面张力作用下恢复到最佳状态，来得到最低接续损耗，如图 15-5-26 所示。

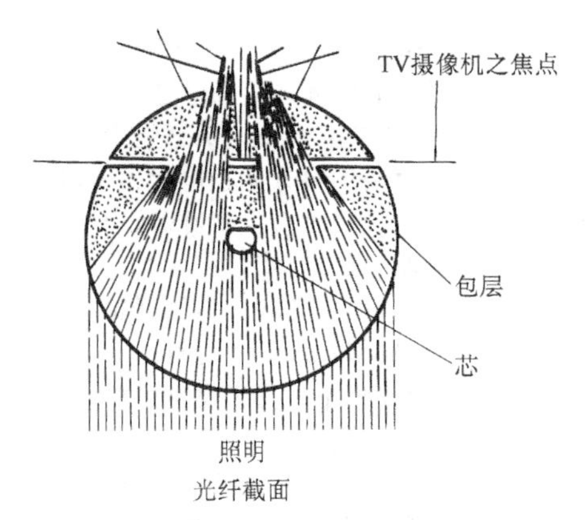

图 15-5-23　直视纤芯照明

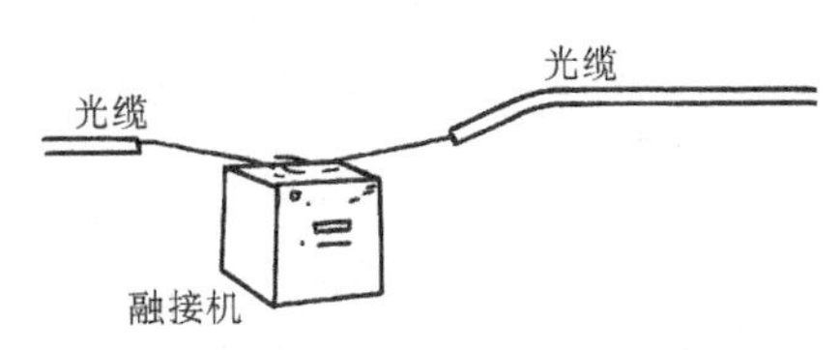

图 15-5-24　直视纤芯法

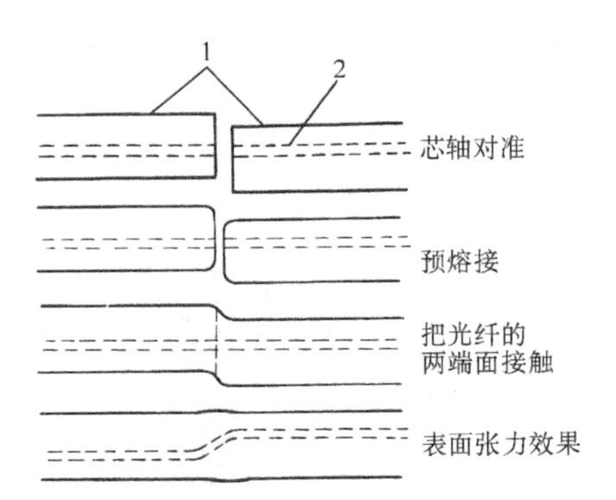

图 15-5-25　由表面张力引起芯轴偏移

1—光纤　2—芯

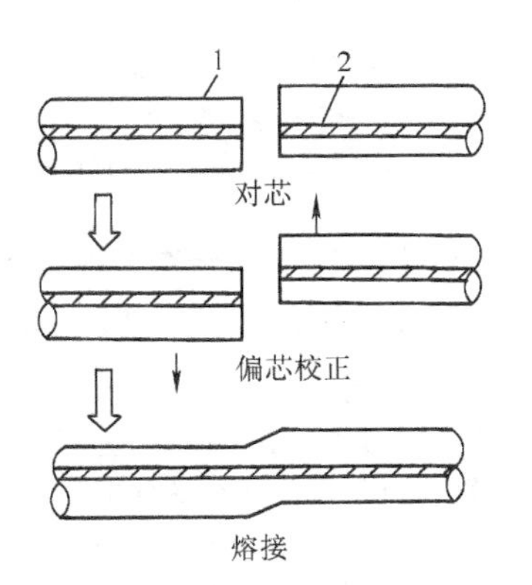

图 15-5-26　偏芯校正法

1—光纤　2—芯

(3) 多芯光纤一次接续 对于用户网或大型传输系统中所用的大芯数光缆，通常芯数达到数百至上千芯。若采用单芯接续方法来连接操作极不方便，操作时间长，接续部分体积也大，所以必须采用多根光纤一次接续技术。主要要求如下：

1）操作简单，操作时间短；

2）有较低的接续损耗和较高的可靠性；

3）使用较少的仪器设备和材料；

4）连接部分体积小，易于收容保护。

由于多根光纤一次接续时各光纤间的差异，使光纤的接续损耗要达到单芯光纤接续时的接续损耗尚有一定困难。目前大芯数光缆多为带状光缆，它的一次接续技术可以充分利用带状光纤的特点，使用专用的仪器和工具，使多芯光纤一次接续，同样能达到较高的水平。

多芯光纤一次接续方法主要有以下两种：

1）多芯光纤一次V形槽接续：它是单芯V形槽接续的发展。但在光纤末端处理上采用了一次连接所需独特的技术和专用工具（见图15-5-27）。多芯光纤一次V形槽接续的特点是，只需用简单的夹具即可实现低损耗接续，但该方法要求操作熟练，且接续损耗不易降至最低，接续后的稳定性也较差。

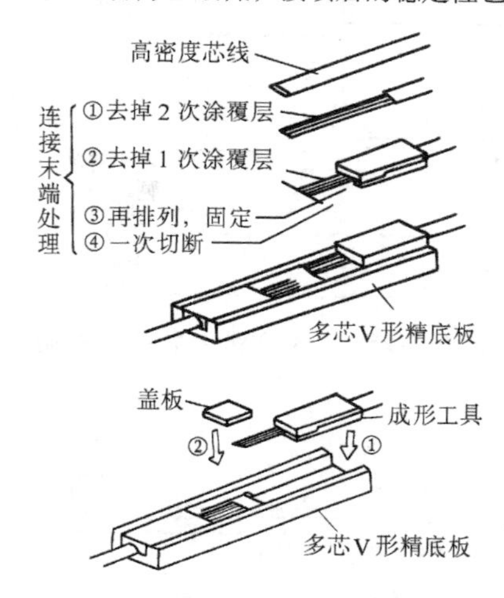

图15-5-27 多芯光纤一次V形槽接续

2）多芯光纤一次熔接 在该技术中有如下两方面是与单芯光纤熔接不同的新技术：

a）调整光纤端面间隔相等：使用专用的多芯光纤一次切割工具来切割光纤端面时仍会使各光纤端面略有差异（不超过20μm），因此在熔接前必须使各端面间隔调整到相同，才能保证在熔接时各光纤加热及推进量相同。调整光纤端面间隔过程，如图15-5-28所示。

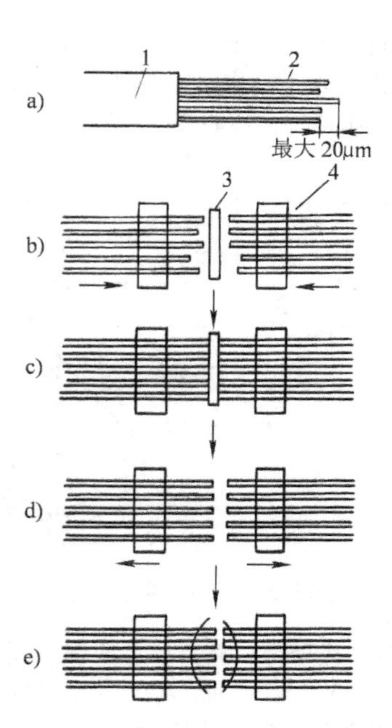

图15-5-28 多芯光纤一次熔接间隔调整

1—光纤带 2—光纤芯 3—挡板 4—软夹具

b）保证各光纤放电加热温度均匀：因加热温度对光纤熔接的效果影响很大，故各光纤在熔接时必须处在同一温度下加热熔接。电极间放电温度分布如图15-5-29所示，光纤需要放置在偏离两电极中心线上方可得到均匀加热。

多芯光纤一次熔接装置如图15-5-30所示。这种接续方法的特点是连接容易，可靠性高，可得到低的接续损耗，是大芯数光缆普遍采用的方法。

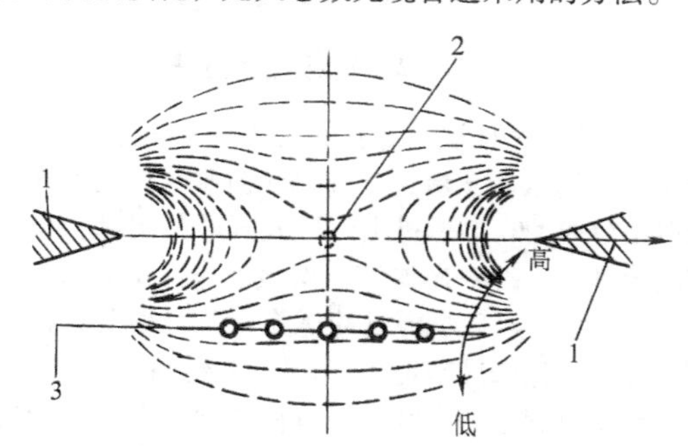

图15-5-29 多芯光纤一次熔接放电温度分布

1—电极 2—单根光纤位置 3—光纤带位置

(4) 光纤熔接后补强 光纤熔接时由于剥去了涂覆层及熔接时的热应变等原因，光纤在接续部分的机械强度下降到原光纤的1/10左右，因此需要在光纤熔接后进行补强，使接头处强度达到与原光纤芯线相当。对于光纤熔接处的补强主要有以下

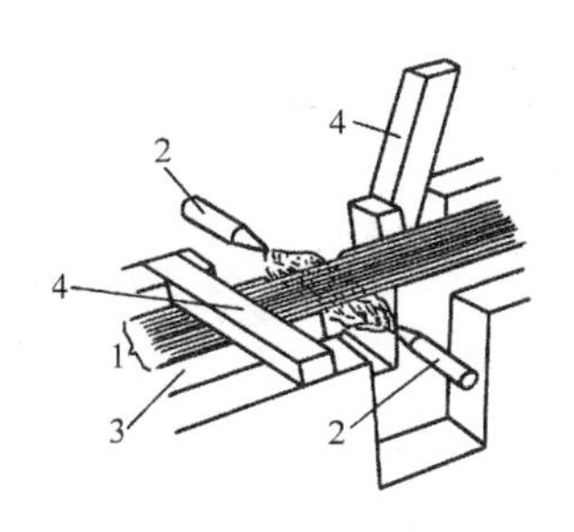

图 15-5-30　多芯光纤一次熔接装置

1—光纤　2—放电电极　3—V 形槽台　4—压板

要求：

① 提高接续部分的抗拉、抗压强度；

② 不因增强而改变接续部分的传输特性；

③ 增强后强度及传输特性不随时间而发生变化；

④ 操作简单，时间短，不需要太多的工具及材料。

目前常用的补强方法有以下几种：

1）套管法：在光纤熔接处套一玻璃管或不锈钢管，管内两端用环氧树脂固化，如图 15-5-31 所示。它需要较长的固化时间，且管内有空气，可能对连接处有影响。

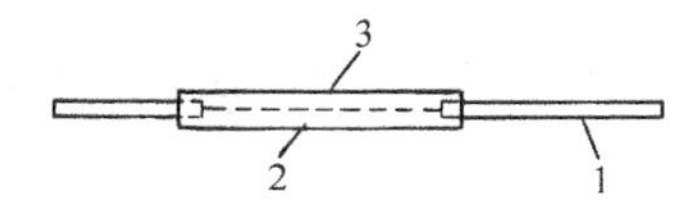

图 15-5-31　套管法补强

1—光纤芯　2—熔接部分　3—玻璃管或不锈钢管

2）三明治法：在光纤熔接处上下用两块表面粘有柔软粘性橡胶的金属板夹紧，将光纤熔接处保护，如图 15-5-32 所示。该方法操作简单，但连接后强度不大，橡胶长期老化对光纤连接处影响较大。

3）热收缩管法：在光纤熔接处套一由 EVA 塑料热熔管、PE 热收缩管、不锈钢棒组成的套管，加热后 EVA 管熔化，分布在光纤接续处周围，热收缩管收缩时将管内空气排出，不锈钢棒保证连接

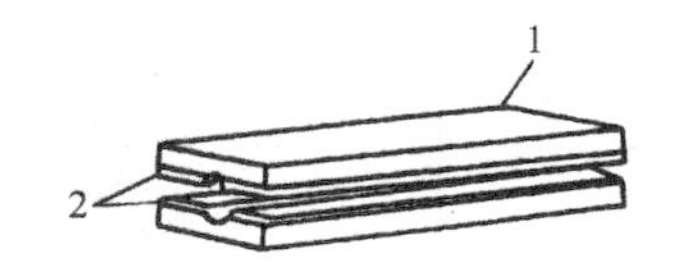

图 15-5-32　三明治法补强

1—金属压板　2—粘性橡胶

部分的机械强度，如图 15-5-33 所示。该方法操作简单、可靠性高，是目前常用的方法。

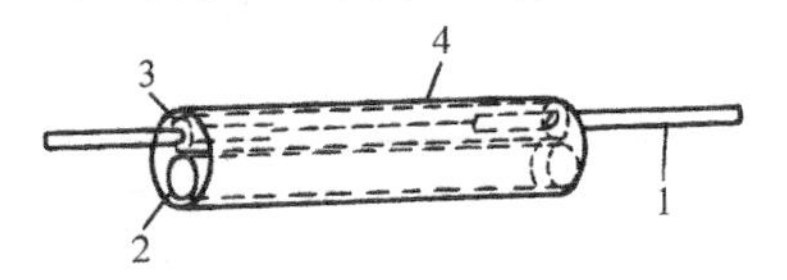

图 15-5-33　热收缩管法补强

1—光纤　2—钢棒　3—EVA 管　4—PE 热收缩管

5. 光纤活动接续

（1）光纤活动接续的要求　光纤在光缆线路终端与端机相连、测试等一些场合下需要一些可经常连通、中断、互换的非永久性连接即活动接续。通常对光纤活动接续有以下要求：

1）有较低的接续损耗，具有较强的互换性和重复性，在互换和重复使用中有较好的稳定性；

2）操作简单，重复连接、中断方便；

3）连接后性能稳定，不易受外界环境影响。

（2）光纤活动接续器

1）光纤活动接续器关键技术：通常由一对插头及其相应的配合系统组成。在插头内部对光纤进行高精度定芯，插头端面经研磨等处理后进行配合。接续技术中最重要的是定心技术和端面处理技术。

a）光纤活动接续器的定芯方法：可分为调芯型和非调芯型两种。典型例子见表 15-5-2。调芯型通常将纤芯调整后粘接定位，非调芯型直接以光纤外表面为基准来定心粘接。

表 15-5-2　接续器的定芯方法

	名　称	简　图	特　点
调芯型	双重偏芯型	外侧偏芯管 中间偏心管 内侧管 光纤纤芯 纤芯中心的可动范围	如果旋转内侧管和中间偏心管，则光纤纤芯的中心可以移动到图示范围内的任意位置。这种方法是使纤芯中心与外侧偏芯管的外圆中心相吻合

（续）

	名　称	简　图	特　点
调芯型	中心纤芯型	切削部分 光纤的纤芯	采用光学手段把光纤的纤芯调节到外侧管的中心，使它们同心
	外周切削型	外侧管 光纤的纤芯	以光纤的纤芯为中心，切削插头外表面，使光纤纤芯同插头同心
非调芯型	精密套管型	精密套管 光纤	在圆筒的中心加工小孔形成精密套管，在孔中插入光纤并固定
	V 形槽型	光纤 V形槽	把光纤固定在经过精密加工的 V 形槽上
	3 球型	球 光纤	用 3 个球固定光纤
	插入光纤铸塑型	塑料 模具 光纤	把光纤固定在金属模内，用塑料直接成形

b）光纤活动接续器端面处理：一般有机械研磨、人工研磨和应力断裂三种。机械研磨是把光纤端面精密加工成光学镜面，效果好，是目前普遍使用的方法。光纤研磨机如图 15-5-34 所示。

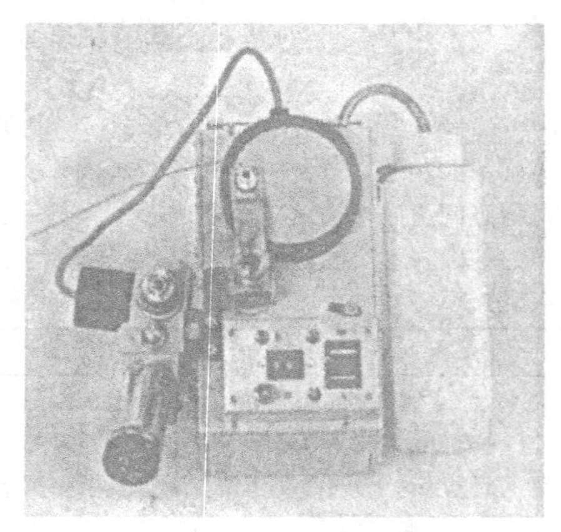

图 15-5-34　光纤研磨机

2）光纤活动接续器种类：一套完整的光纤活动接续器由两只活接头及一只适配器组成。常用的光纤活动接续器有以下几种：

a）FC/PC 型光纤活动接续器：

多模光纤插入损耗：<0.6dB

单模光纤插入损耗：<0.3dB

单模光纤回波损耗：>35dB

结构如图 15-5-35 所示。

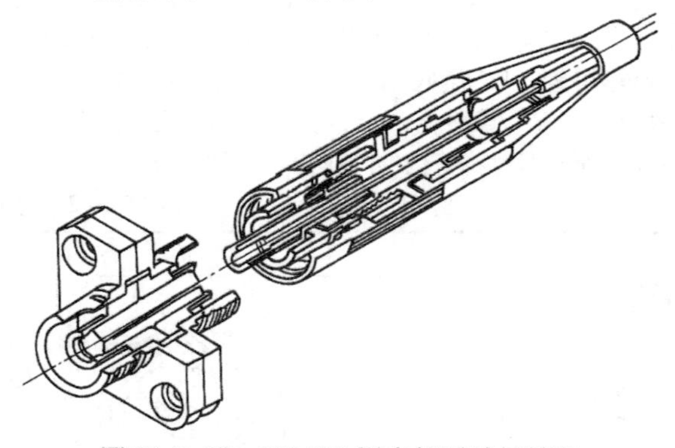

图 15-5-35　FC/PC 型光纤活动接续器

b）BICONIC 型光纤活动接续器：

多模光纤插入损耗：<0.6dB

单模光纤插入损耗：<0.3dB
单模光纤回波损耗：>30dB
结构如图 15-5-36 所示。

c）FC－APC 型光纤活动接续器
单模光纤插入损耗：<0.5dB
结构如图 15-5-37 所示。

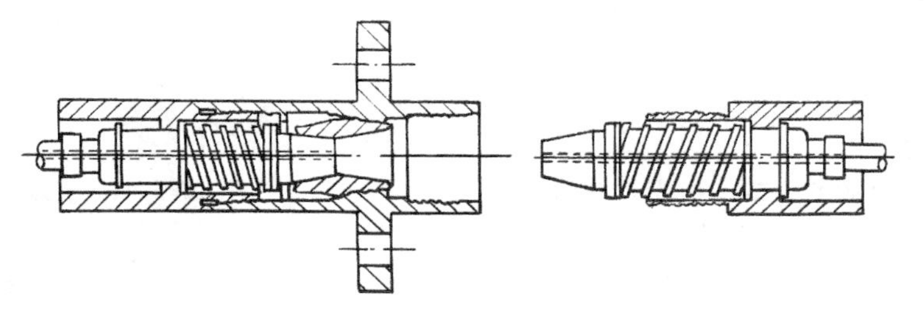

图 15-5-36　BICONIC 型光纤活动接续器

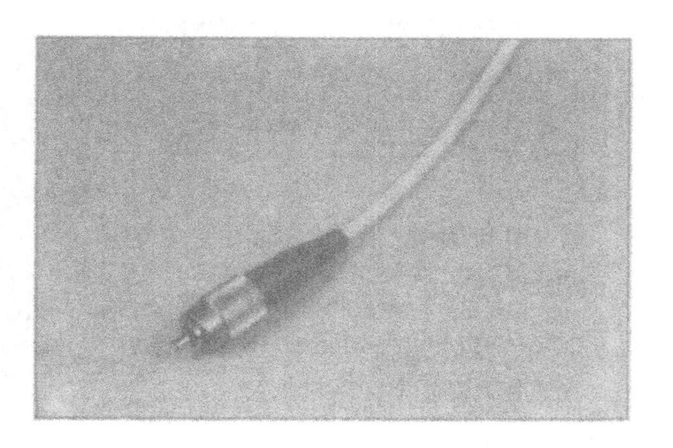

图 15-5-37　FC－APC 型光纤活动接续器

d）SC/PC 型光纤活动接续器：
多模光纤插入损耗：<0.6dB
单模光纤插入损耗：<0.3dB
单模光纤回波损耗：>38dB
结构如图 15-5-38 所示。

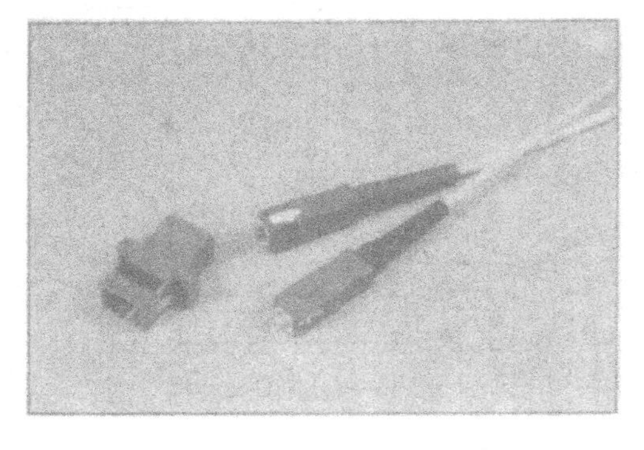

图 15-5-38　SC/PC 型光纤活动接续器

e）ST 型光纤活动接续器：
多模光纤插入损耗：<1.1dB
结构如图 15-5-39 所示。

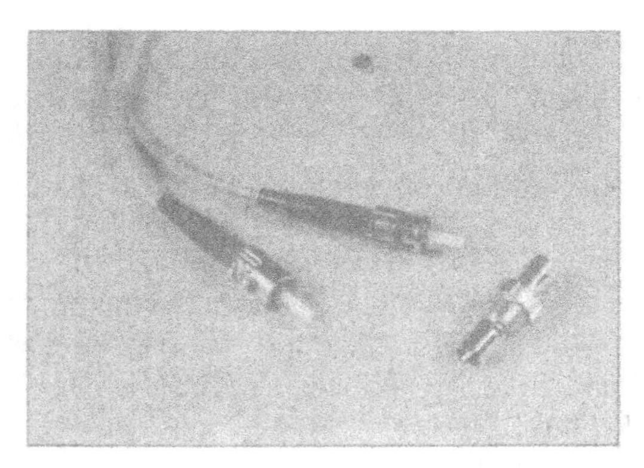

图 15-5-39　ST 型光纤活动接续器

5.1.2　光缆接续

1. 光缆接续的要求

光缆接续一般指机房或室外的光缆接续。在实际的光缆线路中，光缆在自然环境中受到由风、冰雪、热、水等各种环境因素及人为因素对光缆及连接点产生的拉伸、振动、收缩、压缩、老化等影响，造成光纤连接点性能劣化、断裂。因此，光缆接续技术、工艺、材料等均十分重要。

光缆接续的主要内容是光缆护套连接及光纤接续的保护。其方法是在电缆护套连接技术的基础上增加了光纤接头的特殊处理。光缆接续有以下要求：

1）保持光缆护套的完整性及加强件的连续性；
2）保护光纤的接续不受环境条件的影响；
3）提供光纤接续点和余长的贮存；
4）提供光缆内铜导线的电气连接；
5）提供光缆内金属铠装层及加强件的电气连接及接地、引出；
6）接续方法通用性强，可适用于多种型号、规格的光缆；

7）操作简单，允许拆卸及重复使用；

8）能为光缆接续点提供足以承受所受到的外界机械应力、振动、光缆蠕变、弯曲等影响所需的机械强度；

9）成本低，所用仪器、材料少。

2. 光缆接续方法

（1）光纤接续及余长存放 由于光纤的特殊性，考虑到维护及重复接续的需要，因此在接续点需要有一部分光纤余留，通常为每端1m以上。同时光纤对于弯曲半径有一定的要求，因此光纤接续及余留部分的存放需要有一定的空间。余留空间通常有两种方式：

1）单芯光纤接续及余留存放：每一芯光纤接续及余留单独存放在一个容纳空间内。其优点是光纤单独存放，易于分辨，维修方便。但芯数多时体积过大，不适应于多芯数连接。

2）多芯光纤接续及余留存放：数根光纤接续及余留共同存放于同一存纤盒内，存纤盒的尺寸满足光纤弯曲的要求，即光纤最小弯曲半径大于40mm。优点是可大大减少光纤接续及余留存放的体积，但由于每一存纤盒内存放数根光纤，维修时不易寻找其中一根光纤。

光纤存纤盒如图15-5-40所示。

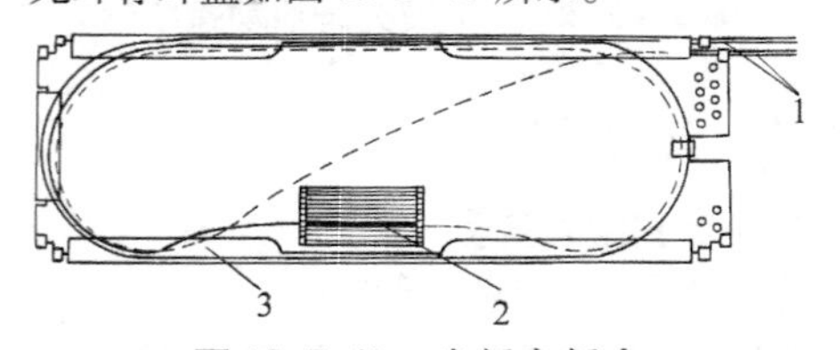

图15-5-40 光纤存纤盒

1—来自两个方向的光纤 2—光纤接头固定板 3—存纤盒

（2）光缆固定 通常用金属夹具固定。固定前可根据需要在光缆外护套内套一金属环，将光缆金属铠装层电气引出连接或接地，如图15-5-41所示。

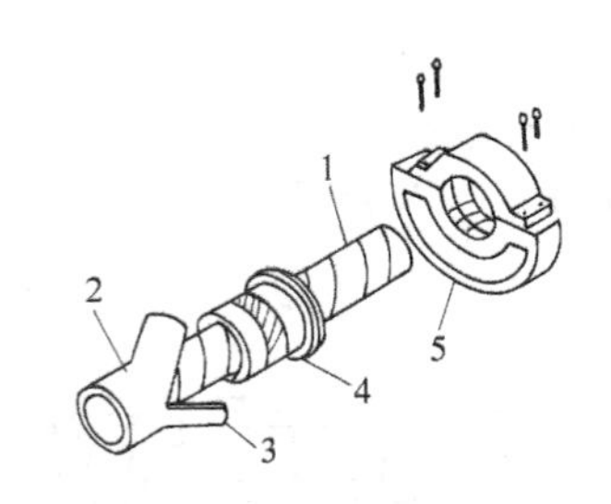

图15-5-41 光缆固定

1—光缆芯 2—光缆护套 3—切成两半的光缆护套 4—内金属夹具 5—外金属夹具

（3）加强件固定 光缆中加强件在光缆线路接续点有电气连通、接地、中断等不同要求，还应提供光缆接续点所需的机械强度。主要有两种方法：

1）金属套管法：两根光缆的加强件剥出后穿入金属套管（通常为铜管），压接连接，保证电气连通及提供所需的机械强度。

2）压板固定法：光缆加强件剥出后直接固定于压板上，根据需要将加强件电气连通、接地或中断。

光缆加强件固定，如图15-5-42所示。

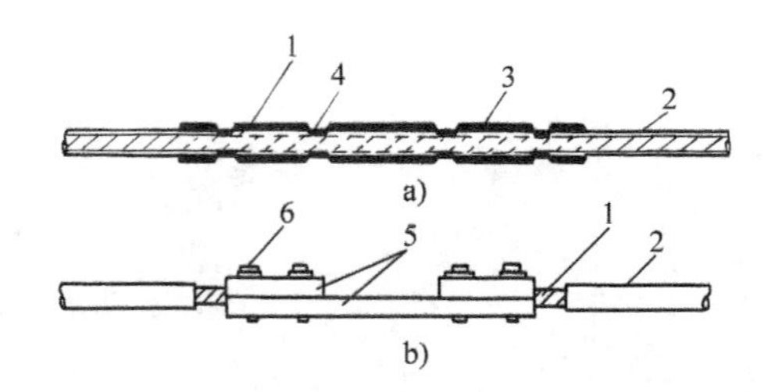

图15-5-42 光缆加强芯固定方式

a）金属套管法 b）压板法

1—加强芯 2—加强芯被覆层 3—金属套管 4—压接点 5—连接压板 6—紧固螺栓

（4）信号线连接 光缆中常有用于供电、联络、远控的铜导线，在光缆连接点进行连接。常用方法如下：

1）扭绞连接：两根铜导线扭绞在一起后用锡焊，并套入塑料管绝缘及防潮。

2）接线子连接：铜导线直接穿入接线子压接连接。

信号线连接如图15-5-43所示。

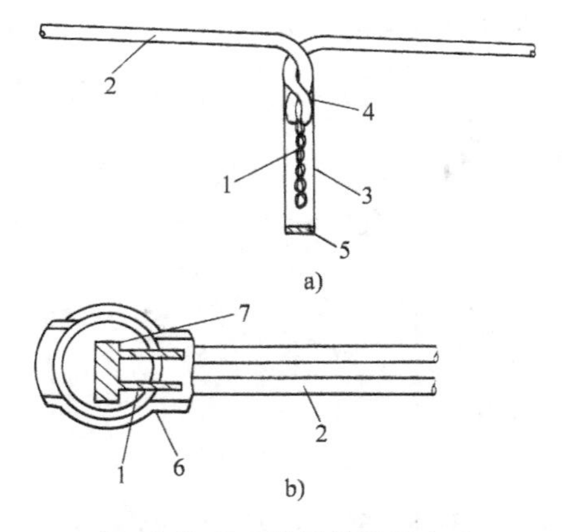

图15-5-43 信号线连接方法

a）扭绞连接 b）接线子连接

1—裸铜线 2—绝缘铜线 3—塑料管 4—热熔或滴胶密封 5—封口 6—接线子外壳 7—连接片

3. 光缆的成端要求

光缆通过尾纤终端在ODF、光交接箱、光分纤箱、用户光终端盒等配线设施的终端组件上叫作光缆的成端。光缆的成端要求如下：

（1）光缆的终端要求

1）光缆进入配线设施之前应余留3~6m以便于接续。

2）光缆进入配线设施的入口处应采用防尘垫圈进行防尘。

3）光缆在配线设施内应进行良好固定，弯曲处的曲率半径应符合设计要求。

4）光缆的松套管应进入熔纤盘内，并良好固定。

5）光缆内的金属构件应根据设计要求可靠连接至配线架（或箱）内的高压防护接地装置上。

6）光缆内的信号线（如有）应按设计要求进行可靠连接。

（2）尾纤的安装及接续要求

1）尾纤的外护套应进入熔纤盘内，并良好固定。

2）尾纤与光缆中的光纤接续也分为非熔接法和熔接法两种，为了保证接续的可靠性和更低的接续损耗，最常用的是熔接法。熔接要求与光纤接续相同。

3）熔纤盘内的光纤留长宜大于200mm。

4）自熔纤盘引出的尾纤应走向合理、美观，在配线设施内不宜有过多余长。盘绕的曲率半径应符合设计要求。

5）自熔纤盘引出的尾纤应按设计要求插入光配线设施上的适配器线路一侧，对侧盖上防尘帽。

（3）标识要求

1）进入配线设施的光缆应悬挂标识牌。

2）尾纤头尾应标识对应的纤序。

3）光缆配线设施内的适配器应粘贴标识，按外单、内双编号。

4）光缆配线设施内的分配盘上应粘贴标识，标明该光缆去向。

5.1.3 光缆线路连接附件

1. 光缆接头盒

（1）光缆接头盒的技术要求 光缆接头盒是光缆线路中的重要连接附件，用于光缆间接续点的光纤相互接续及分支，起着保护光纤接续处及光缆结构元件接头的作用。对光缆线路的传输可靠性、使用寿命都有着重要的影响。

光缆接头盒的主要技术要求如下：

1）接头盒应能提供存放光纤接续处及余留的空间：光纤在接续部位通常有1m以上的余留长度，按一定的半径盘绕在接头盒中的存纤盒内，光纤在接头盒内应不受压、拉力。一般要求光纤弯曲半径≥30mm。

2）接头盒具有良好的气密性、水密性：接头盒在用于野外环境时必须具有良好的密封性，防止接头盒内进水，影响光纤接头的性能及寿命。一般要求接头盒的密封性为充气（100±5）kPa气压下，保持15min不漏气。

3）接头盒具有良好的机械、环境、温度性能：接头盒在实际使用中具有与所用光缆相当的机械、环境、温度性能来满足线路的要求。基本要求如下：

a）抗拉力：不低于所用光缆抗拉力的70%；

b）抗侧压力：与所用光缆相当；

c）抗冲击：与所用光缆相当；

d）适用温度：与所用光缆相当。

4）接头盒能适用多种型号、规格光缆接头盒应能适应以下多种光缆：

a）不同环境、温度条件下不同结构的光缆；

b）不同外径的光缆；

c）不同芯数的光缆；

d）不同根数光缆达到光缆连接、分支。

5）接头盒具有重复开启使用性：考虑到光缆接续维修、检查的需要，接头盒应在不降低其原有性能的基础上具备重复开启、修复的功能。

（2）接头盒的密封技术 它包括接头盒体密封及接头盒与光缆间密封。目前应用的密封方式有三类：

1）热注塑密封：在接头盒体及接头盒与光缆间需密封处套上模具，然后将聚乙烯塑料熔化后由专用注塑枪注入模具，冷却后成为一体达到密封，如图15-5-44所示。

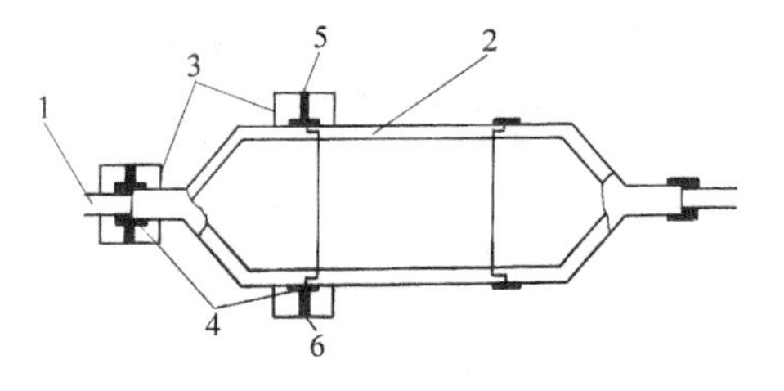

图15-5-44 接头盒的热注塑密封

1—光缆 2—盒体 3—模具
4—密封塑料 5—注塑孔 6—出料孔

2）热收缩套管密封：在接头盒体及接头盒与光缆间需密封处套以热收缩套管，加热后收缩密封，如图 15-5-45 所示。

3）机械密封：在接头盒接缝处及接头盒与光缆之间接合处垫橡胶密封材料，施加机械压力达到密封，如图 15-5-46 所示。

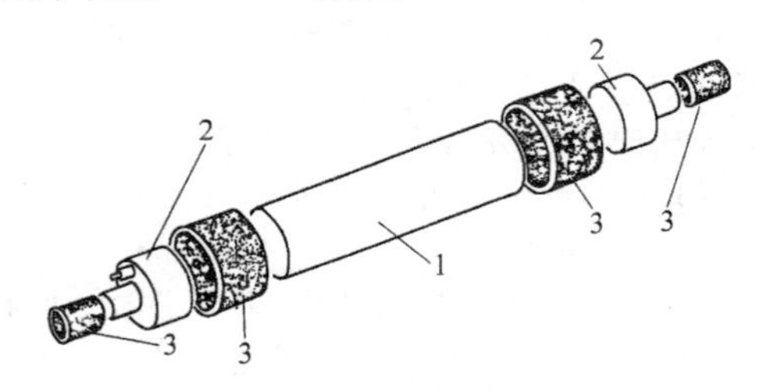

图 15-5-45 接头盒热收缩套管密封

1—盒体 2—端盖 3—热收缩套管

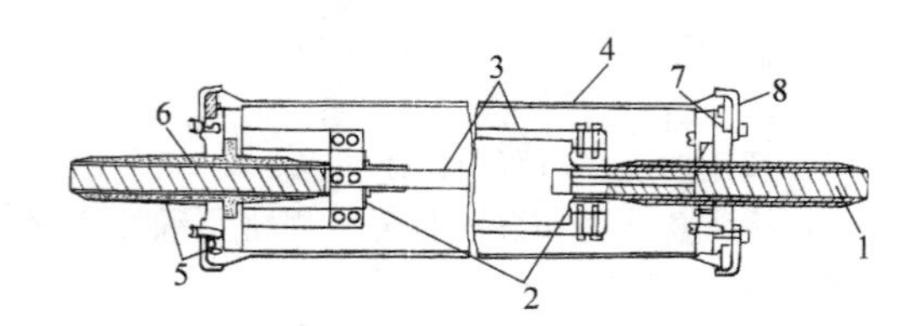

图 15-5-46 接头盒机械密封

1—光缆 2—夹持零件 3—连接杆 4—主套管 5—密封材料 6—橡胶管 7—端面板 8—套管密封垫板

三种密封方式的比较见表 15-5-3。

表 15-5-3 三种密封方式的比较

项目	热注塑法	热收缩管法	机械式
密封效果	好	好	好
重复开启性	难	较易	容易
适用环境情况	广	较广	较广
操作情况	难	较简单	简单
密封成本	高	较高	低
所用器具	多	较少	少

（3）光缆接头盒结构 可分为两大类：

1）一端进出：待接的数根光缆均由接头盒的一端进出，又可称为帽式接头盒，如图 15-5-47 所示。其密封方式多为机械密封，也可采用热收缩套管密封和热注塑密封。由于开启方便，可重复使用，适合固定在电线杆上，因此常用于架空敷设光缆线路中。

2）两端进出：待接的数根光缆由接头盒的两端分别进出，盒体可分为两种：一种盒体为塑料或金属圆管状，又称直通式。密封方式多为热收缩套管密封或热注塑密封，也可用机械密封。这种结构

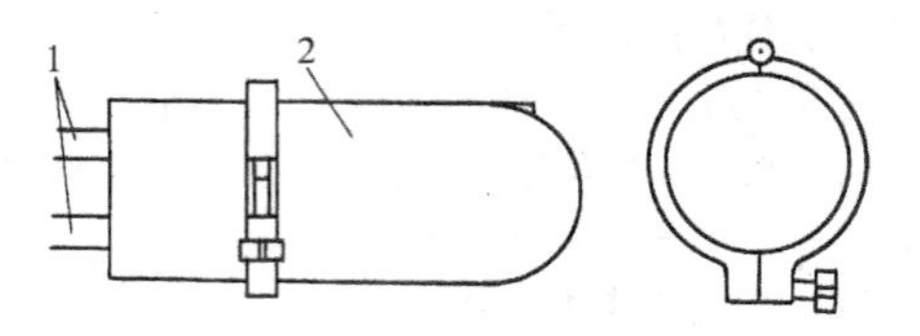

图 15-5-47 帽式光缆接头盒

1—光缆 2—接头盒

密封性好，适用于架空或管道敷设光缆线路中，若用于埋地敷设时，需外加适当保护。

另一种盒体为塑料或金属制成可打开的长方形盒体，又称开启式。密封方式为机械密封，如图 15-5-48 所示。这种结构机械强度高，易于开启重复使用，适合各种光缆敷设线路中使用。

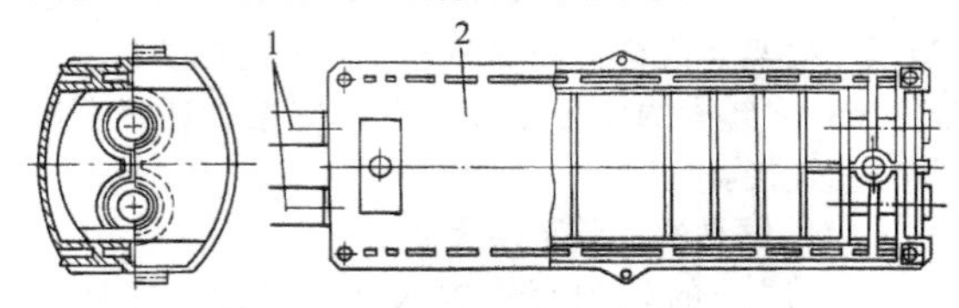

图 15-5-48 开启式光缆接头盒

1—光缆 2—接头盒

2. 光缆终端盒

它是在光缆敷设的终端保护光缆和尾纤熔接的盒子，主要用于室内光缆的直通接续和分支接续及光缆终端的固定，起到尾纤盘储和保护接头的作用。由于终端盒是放置在室内，故对其密封及环境性能的要求较低。光缆终端盒的主要要求如下：

1）有容纳光纤接续处及光纤余留的空间，余留光纤的弯曲半径≥30mm；

2）能将光缆内的金属构件引出接地；

3）具有一定的抗压、冲击的性能；

4）操作简单，便于安装，常安装于机架或室内墙上。

光缆终端盒的典型结构，如图 15-5-49 所示。

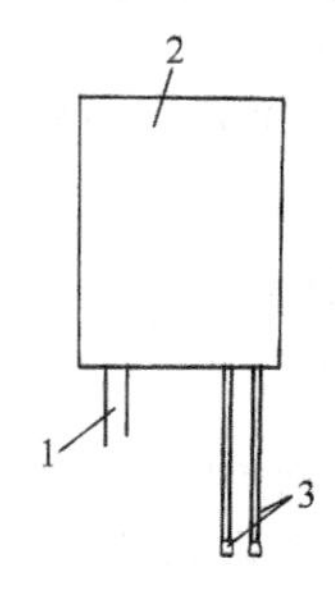

图 15-5-49 光缆终端盒

1—光缆 2—终端盒 3—光纤活动接续器

3. 光纤插座盒

它与光缆终端盒同属光缆线路的终端，用于引入光缆的终端和固定以及光信号在墙面或其他表面的引出。光纤插座盒的主要功能要求如下：

1）应能方便开启，便于使用并有一定防尘功能；

2）应有光缆固定功能，并使其性能不受影响；

3）应有集纤功能，可余留1m以上的光纤；

4）应有醒目的激光警示标志提醒操作人员或用户保护眼睛；

5）需要时应具有高压防护接地装置，接地处有明显的接地标志。

4. 光缆配线设施

光缆配线设施依其在光缆线路网中所处位置的不同可分为以下几种：

（1）光纤配线架　它是用于连接中继光缆之间、主干光缆和光通信设备之间或光通信设备与光通信设备之间的配线设施，通常安装在机房内。光纤配线架的主要功能要求如下：

1）光缆固定与保护功能：具有光缆引入、固定和保护装置，该装置具有以下功能：

a）保护光缆及缆中纤芯不受损伤；

b）光缆金属部分与机架绝缘；

c）固定后的光缆内金属构件可靠连接至高压防护接地装置。

2）光纤终接功能：应具有光纤终接装置，该装置应便于光缆纤芯及尾纤接续操作、施工、安装和维护；能固定和保护接续部位避免外力影响；保证盘绕的光缆纤芯、尾纤、跳纤不受损伤。

3）调线功能：通过跳纤应能迅速方便地调度光缆中的光纤资源以改变传输路由。

（2）光缆交接箱　它是用于连接主干光缆和配线光缆的配线设施。光缆交接箱的主要功能要求如下：

1）光缆的固定和保护功能：光缆引入交接箱时应有可靠的固定与保护装置，固定后的光缆金属挡潮层、铠装层及加强芯应可靠连接至箱内高压防护接地装置。

2）光缆纤芯的终接功能：设备内的光纤终接装置应便于光缆纤芯与光缆纤芯或尾纤的熔接、安装和维护等操作，同时设备应具备余留富余光纤光缆的贮存空间。熔接后的接头部分应用保护套管加以保护。

3）调纤功能：通过跳纤应能迅速方便地调度光缆中的光纤资源以改变传输系统的路由。

4）光分路器的安装与连接功能：当需要时，设备内应能提供空间供光分路器的安装和与光缆线路的连接。

5）力学性能：箱体顶端表面应能承受不小于1000N的垂直压力，箱门打开后，在门的最外端应能承受不小于200N的垂直压力。当有光缆引入时，光缆固定后应能承受不小于1000N的轴向拉力。

6）箱体密封性能：交接箱箱体的防护性能应达到GB/T 4208—2008中IP65级要求。

（3）光缆分纤箱　它是用于连接配线光缆或配线光缆与引入光缆的配线设施。光缆分纤箱的主要功能除与光缆交接箱功能一致以外，其他要求如下：

1）~4）同光缆交接箱1）~4）

5）力学性能：箱体顶端表面应能承受不小于500N的垂直压力，箱门打开后，在门的最外端应能承受不小于100N的垂直压力。当有光缆引入时，光缆固定后应能承受不小于500N的轴向拉力。

6）箱体密封性能：室外型箱体的防护性能应达到GB/T 4208—2008中IP55级要求；室内型箱体的防护性能应达到GB/T 4208—2008中IP53级要求。

5.1.4　光缆现场接续技术要求

1. 光缆现场接续的要求

1）接续时接头盒内光纤应做出永久性标记。

2）光缆接续的方法和工序应符合不同接续器件的工艺要求。

3）光缆接续应有良好的工作环境，一般应在车辆或帐篷内作业，以确保熔接设备正常工作。

4）光缆接续余留长度和接头盒内光纤的余留分别为：接头盒外光缆余留每端不少于6m，接头盒内光纤余长每端不少于0.6m。

5）每条光纤通道的平均连接损耗应达到标准的规定值。

2. 光缆接续放置的规定

1）架空光缆的接头盒一般安装在杆旁，光缆余长应盘放在相邻杆上。

2）管道人孔内光缆接续及余留光缆，应尽量固定在人孔内最高一层托架上，以减少雨季时人孔内积水的浸泡。

3）埋地光缆的接续坑，应与该位置埋地光缆的埋深相同，坑底应铺10cm厚的细土，接头盒上方应加盖水泥板保护，然后回填。

3. 光缆接续的主要步骤

（1）准备工作

1）技术准备：了解将要使用的光缆接头盒的性能，操作方法和质量要求。

2）器材准备：器材准备包括光缆接头盒的配

套部件、熔接机、光纤接续保护材料及常用工具。

（2）光缆护层的处理 光缆外护层、金属层的开剥尺寸、光纤余留尺寸按不同结构接头盒的所需长度在光缆上做好标记，然后用专用工具逐层开剥。光缆护层开剥后，缆内的油膏可用专用清洗剂擦干净。

（3）加强芯、金属护层的接续处理 加强芯、金属护层的连接方法应按所选用的接头盒规定的方式进行，电气导通与否应根据设计要求实施。

（4）光纤的接续 除应急抢修外，光纤应采用熔接方式连接，以热融热缩套管或三明治式保护夹保护。

（5）光纤连接损耗的监测 光缆接续中光纤连接损耗应予现场监测。

（6）光纤余留长度的盘整 光纤连接后，经检测接续损耗达到标准要求并完成保护后，按接头盒结构所规定的方式进行光纤余长的盘绕处理，光纤在盘绕过程中，应注意曲率半径和放置整齐。

（7）光缆接头盒的密封处理 不同结构的接头盒，其密封方式也不同。具体操作中应按接头盒封装标准中规定的方法严格执行。对于光缆密封部位均应做清洁和打磨，以提高光缆与防水密封材料间密封性能的可靠性。

（8）光缆接续完成后的处理 应按要求安装放置接头盒，架空及人孔内的光缆接头盒及余缆应注意整齐、美观和有标志。

4. 光缆现场接续测试方法

（1）功率计测试 功率计测量时，首先应在局内将待测光纤接到标准光源上（波长为850μm、1300μm、1550μm可调），然后到线路第一个接头点，用便携式光功率计测试接收光功率，应重复测试三次，取其中接收值最大的一个数值作为该点的接收光功率值P_1，待光纤接好后，再到线路第二个接头点测试接收光功率，也需重复三次或更多，以接收功率值最大的一个数据作为该点的接收光功率值P_2，接续损耗的计算为

$$\alpha = 10\lg\frac{P_2}{P_1} - \alpha_2 \qquad (15\text{-}5\text{-}14)$$

式中 α——接续损耗（dB）；

P_1——第一点的接收光功率值；

P_2——第二点的接收光功率值；

α_2——第二根光缆中光纤的损耗值（dB）。

这种方法要求测试出每条光缆中每芯光纤的准确的损耗值。

（2）光时域反射仪（OTDR）测试法（后向散射法）

1）远端监测方式：这种方法是将OTDR仪放在机房内，对正在连接的线路光缆中的光纤进行连接损耗的测量，测量人员通过电话及时报出光纤接续损耗值以便使接续人员及时掌握接续的质量。

这种方法只能测出光纤接续的单方向损耗，接续完毕或接至全程的1/2时，应进行反向损耗的测量（根据中继段长度和OTDR的测量动态范围决定），然后按OTDR双向测量的数据，计算出各个接续的平均损耗。

2）近端监测方式：采用这种测试方法时，OTDR仪始终设置在连接点前方一个盘长的距离处，这种方法通常用于长途干线施工。从防雷效果考虑，缆内金属元件在接头盒内断开，如从远端监测，光缆接续人员无法与监测人员联络。

这种测试方法也应进行反向测试并计算出光纤接续的平均损耗。

3）远端环回双向监测方式：这种方法是将缆内光纤在始端环接，即1#同2#连接、3#同4#连接……测量时分别由1#和2#光纤测出接续的两个方向的接续损耗，即时算出光纤接头的平均损耗，以确定接续质量。

5.2 光缆线路工程设计

5.2.1 光缆线路传输特性及设计要点

1. 光缆线路损耗设计

以传输损耗确定光缆线路传输距离，其计算式为

$$L_{max} = \frac{P_s - P_R - n\alpha_c - M_e}{\alpha_f + \alpha_s + \alpha_g + M_c} \qquad (15\text{-}5\text{-}15)$$

式中 L_{max}——光缆线路传输距离（km）；

P_s——光发射机的平均发送光功率（dB）；

P_R——光接收机的平均接收光功率（dB）；

α_c——连接器损耗（dB）；

n——光缆线路中连接器数量；

α_f——光纤损耗常数（dB/km）；

α_s——光纤固定连接损耗（dB/km）；

α_g——其他附加损耗（包括光缆敷设效应损耗、接头盒内余纤盘留弯曲损耗及测量误差等，一般多模光纤按0.05dB/km考虑，单模光纤按0.01～0.02dB/km考虑）；

M_c——光缆线路富余度（多模光纤按0.2～

0.3dB/km 考虑，单模光纤按 0.01 ~ 0.02dB/km 考虑)；

M_e——系统设备富余度（一般按 3dB 考虑)。

2. 光缆线路带宽（色散）设计

多模光纤以带宽确定最大传输距离时，其传输带宽和传输距离的关系计算式为

$$L_{max} = r\sqrt{\frac{B_m}{B_{mt}}} \qquad (15\text{-}5\text{-}16)$$

式中 L_{max}——最大传输距离（km)；

B_m——多模光纤每千米的带宽值（MHz·km)；

B_{mt}——光缆线路中对光纤总的带宽要求值（MHz)；

r——带宽系数（0.5 ~ 1，一般取 0.75)。

对于单模光纤系统，在使用波长为 1.3μm 区域、色散 $|D| \leqslant 3.5$ps/km·nm 时，对于 34Mbit/s、140Mbit/s 系统，其长度完全取决于损耗的限制，色散完全可满足系统运行的要求。当使用波长为 1.55μm 时，采用动态单纵激光器，可以满足系统开 5 次群的要求。

5.2.2 光缆的结构类型与适用范围

根据不同的光缆线路的要求及不同的应用场合，可参照表 15-5-4 选择采用光缆的结构类型。

表 15-5-4 常用光缆结构类型及适用范围

结构型式	名称	派生型式		适用敷设方式和条件										
		阻燃	防蚁	进局	管道	槽道	隧道	电缆沟	架空	直埋	竖井	水下	深水下	强电磁危害
GYTA	金属加强构件、松套层绞填充式、铝-聚乙烯粘结护套通信用室外光缆			√	△	√		√	△					
			GYTA04		△				△					
		GYTZA		△			△		△					
GYA	金属加强构件、松套层绞（半）干式、铝-聚乙烯粘结护套通信用室外光缆			√	△	√		√	△					
			GYA04		△				△					
		GYZA		△			△		△					
GYTA53	金属加强构件、松套层绞填充式、铝-聚乙烯粘结护套、纵包皱纹钢带铠装、聚乙烯套通信用室外光缆			√		√		√		△				
			GYTA34							△				
GYTA33	金属加强构件、松套层绞填充式、铝-聚乙烯粘结护套、单细圆钢丝铠装、聚乙烯套通信用室外光缆			√						△	√	△		
			GYTA34							△				
		GYTZA33									△			
GYTS	金属加强构件、松套层绞填充式、钢-聚乙烯粘结护套通信用室外光缆			√	△	√		√	△					
			GYTS04		△				△					
		GYTZS		△			△		△					
GYTS333	金属加强构件、松套层绞填充式、钢-聚乙烯粘结护套、双细圆钢丝铠装、聚乙烯套通信用室外光缆											△	√	
GYTS43	金属加强构件、松套层绞填充式、钢-聚乙烯粘结护套、单粗圆钢丝铠装、聚乙烯套通信用室外光缆											△	√	
GYTY53	金属加强构件、松套层填充式、聚乙烯护套、纵包皱纹钢带铠装、聚乙烯套通信用室外光缆			√	√	√		√	△	△				
			GYTY54		√				△	△				
		GYTZY53		△			√		△					

（续）

结构型式	名称	派生型式		适用敷设方式和条件										
		阻燃	防蚁	进局	管道	槽道	隧道	电缆沟	架空	直埋	竖井	水下	深水下	强电磁危害
GYFTY	非金属加强构件、松套层绞填充式、聚乙烯护套通信用室外光缆			√	△	√		√	△					△
			GYFTY04		△				△					△
		GYFTZY		△			△	√	△					△
GYFTY63	非金属加强构件、松套层绞填充式、聚乙烯护套、非金属加强材料、聚乙烯套通信用室外光缆			√	√	√		√	√	△	△			△
			GYFTY64							△				△
		GYFTZY63		△			√				△			△
GYDXTW	金属加强构件、光纤带中心管填充式、夹带钢丝的钢－聚乙烯粘接护套通信用室外光缆			√	△	√		√	△					
			GYDXTW04		△				△					
		GYDXTZW		△			△		△					
GYDXW	金属加强构件、光纤带中心管干式、夹带钢丝的钢－聚乙烯粘接护套通信用室外光缆			√	△	√		√	△					
			GYDXW04		△				△					
		GYDXZW		△			△		△					
GYDXTW53	金属加强构件、光纤带中心管填充式、夹带钢丝的钢－聚乙烯粘接护套、纵包皱纹钢带铠装、聚乙烯套通信用室外光缆			√		√		√		△				
			GYDXTW54							△				
GYDXTW33	金属加强构件、光纤带中心管填充式、夹带钢丝的钢－聚乙烯粘接护套、单细圆钢丝铠装、聚乙烯套通信用室外光缆			√						△	√	△		
			GYDXTW34							△				
GYDGA	金属加强构件、光纤带骨架干式、铝－聚乙烯粘接护套通信用室外光缆				√	△	△		△	△				
			GYDGA04				△		△					
		GYDGZA			△	△				△				

注：1. 表中△表示适用，√表示可用。
2. 表中所列具有非金属加强构件的光缆，护层中均无金属，并应不含任何金属导电线芯，实质上是无金属光缆。
3. 表中所列具有保护管作外护层的光缆，其抗伸性能以此种光缆未加保护管时按管道敷设方式要求，其压扁性能和允许弯曲半径按直埋光缆要求。
4. 表中所列具有聚乙烯外套的光缆，在有防虫咬要求时，可在此外套上加一薄层尼龙套。
5. 深水下敷设一般指15～60m水深下敷设光缆。

5.2.3 光缆敷设张力计算

1. 管道光缆张力计算

1）直线路径的敷设张力：

$$T_0 = fWL \qquad (15\text{-}5\text{-}17)$$

式中 T_0——直线路径的敷设张力（kN）；
f——摩擦系数（见表15-5-5）；
W——缆重（kN/m）；
L——直线路径的长度（m）。

路径示例如图15-5-50a所示。

2）转弯时的敷设张力：

$$T_1 = T_0 e^{f\theta} \qquad (15\text{-}5\text{-}18)$$

式中 T_0——转弯前的张力（kN）；
T_1——转弯后的张力（kN）；
e——自然对数之底；
θ——交角（rad）。

路径示例如图15-5-50b所示。

3）曲线路径时的敷设张力：

$$T_3 = (T_2 + fWL) e^{f\theta} \qquad (15\text{-}5\text{-}19)$$

式中 T_2——曲线路径前的张力（kN）；
T_3——经过曲线路径后的张力（kN）；
fWL——把曲线路径看成直线路径时的张力（kN）。

路径示例如图15-5-50c所示。

适用于张力计算的张力增加率见表15-5-6。

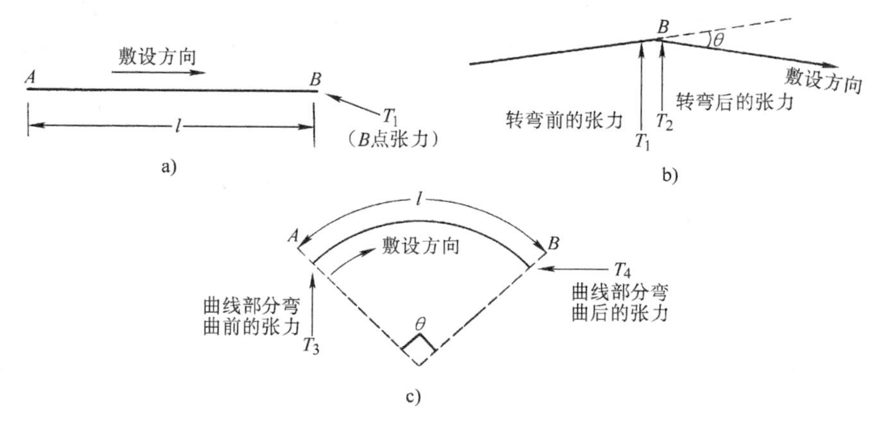

图 15-5-50　敷设状态示意图

a）直线　b）转弯　c）曲线

表 15-5-5　适用于张力计算的摩擦系数

序号	组　合	摩擦系数	序号	组　合	摩擦系数
1	管道与光缆	0.5	7	弯曲部分用金属轮与光缆	0.16
2	管道与钢丝绳	0.3	8	隧道用敷设滚轮与光缆	0.2
3	拉通弯曲人孔的工具与光缆	0.16	9	喇叭口与光缆	0.5
4	拉通弯曲人孔的工具与钢丝绳	0.16	10	喇叭口与钢丝绳	0.3
5	人孔位差拉通工具与光缆	0.16	11	PE 软管与光缆	0.5
6	人孔位差拉通工具与钢丝绳	0.16	12	PE 软管与钢丝绳	0.3

表 15-5-6　适用于张力计算的张力增加率

摩擦系数／交角／序号	0.5		0.3		0.2		0.16		张力增加率 $e^{f\theta}$
	°	rad	°	rad	°	rad	°	rad	
1			6~9	0.105~0.157	6~13	0.105~0.227	10~17	0.175~0.297	1.05
2	6~10	0.105~0.175	10~18	0.175~0.314	14~27	0.244~0.471	18~34	0.314~0.593	1.1
3	11~16	0.192~0.279	19~26	0.332~0.454	28~40	0.489~0.698	35~50	0.611~0.873	1.15
4	17~20	0.297~0.349	27~34	0.471~0.593	41~52	0.715~0.907	51~65	0.89~1.134	1.2
5	21~25	0.366~0.436	35~42	0.611~0.737	53~63	0.925~1.099	66~79	1.152~1.379	1.24
6	26~30	0.454~0.524	43~50	0.75~0.873	64~75	1.117~1.309	80~90	1.396~1.571	1.3
7	31~34	0.541~0.593	51~57	0.89~0.995	76~85	1.326~1.483			1.35
8	35~38	0.611~0.663	58~64	1.012~1.117	86~90	1.501~1.571			1.4
9	39~42	0.681~0.737	65~70	1.134~1.222					1.45
10	43~46	0.75~0.8	71~77	1.239~1.344					1.5
11	47~50	0.82~0.873	78~83	1.361~1.448					1.55
12	51~53	0.89~0.925	84~89	1.466~1.553					1.6
13	54~57	0.942~0.995	90	1.571					1.65
14	58~60	1.012~1.047							1.7
15	61~64	1.064~1.117							1.75
16	65~67	1.134~1.169							1.8
17	68~70	1.187~1.222							1.85
18	71~73	1.239~1.274							1.9
19	74~76	1.291~1.326							1.95
20	77~79	1.344~1.379							2
21	80~82	1.396~1.431							2.05
22	83~85	1.448~1.483							2.1
23	86~87	1.501~1.518							2.15
24	88~90	1.536~1.571							2.2

4）跨过暗管道等障碍物的弯曲管道区间：路径示例如图 15-5-51 所示。应先计算出交角后再计算张力。

a）在图 15-5-51a 的情况下：

$$\theta = 2\arctan\frac{b}{a} + 2\arctan\frac{d}{c} \quad (15\text{-}5\text{-}20)$$

在 b/a 及 $d/c < 0.05$ 的情况下，可以忽略张力的增加，按直线路径的公式计算，否则将交角 θ 代入式（15-5-19）计算出张力。

b）在图 15-5-51b 的情况下：

$$\theta = 2\arctan\frac{b}{a} \quad (15\text{-}5\text{-}21)$$

在 $b/a < 0.05$ 的情况下，也按前例处理。

c）当管道有位差时，如图 15-5-52a 所示的情况下：

$$\theta = 2\arctan\frac{b}{a} \quad (15\text{-}5\text{-}22)$$

式中 a——人孔长度；

b——位差高度。

d）在图 15-5-52b 所示的情况下：

$$\theta = 2\arctan\sqrt{\frac{b^2 + c^2}{a}} \quad (15\text{-}5\text{-}23)$$

式中 c——水平位差。

当 $\theta < 10°$时，张力增加值可忽略不计。

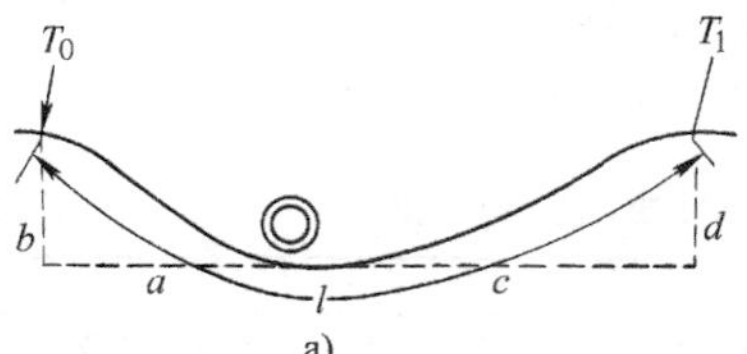

a)

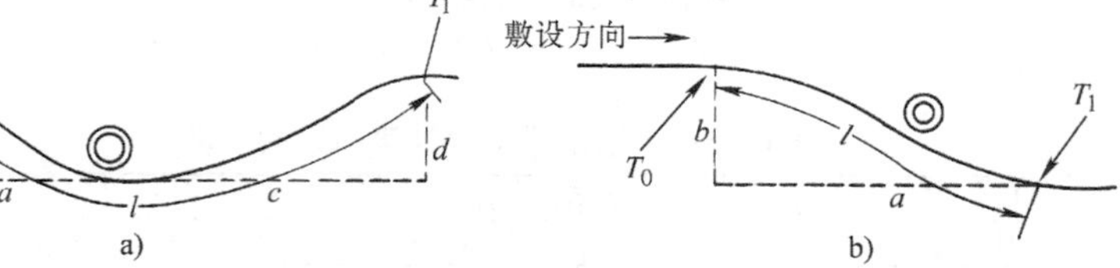

b)

图 15-5-51 管道交角示意图

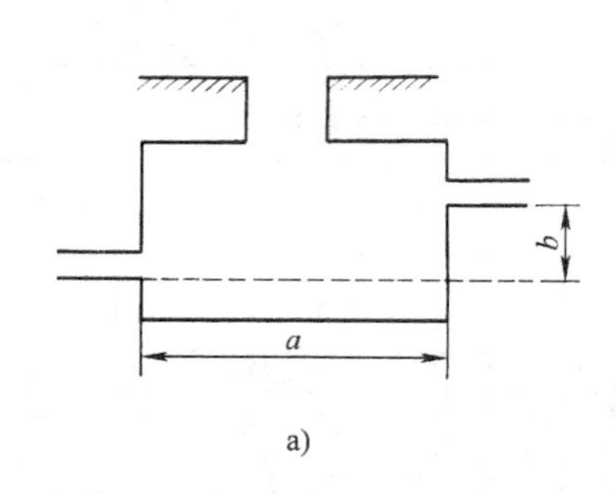

a)

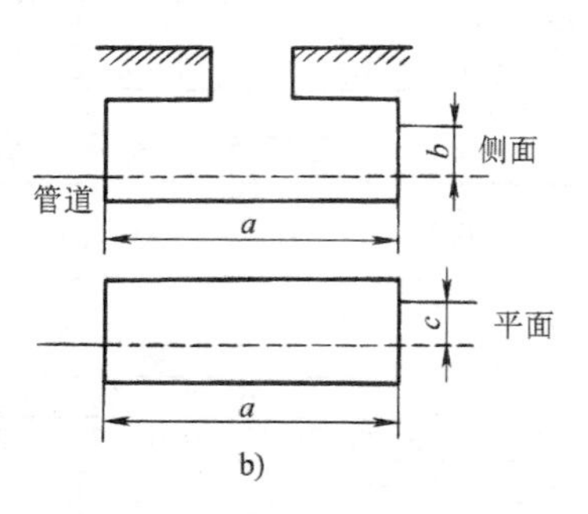

b)

图 15-5-52 人孔交角示意图

a）位差在同一平面 b）水平与垂直位差同时存在

2. 海底光缆敷设的张力计算

在水底较平坦的区域敷设海底光缆时（见图 15-5-53），光缆所承受的张力的计算式为

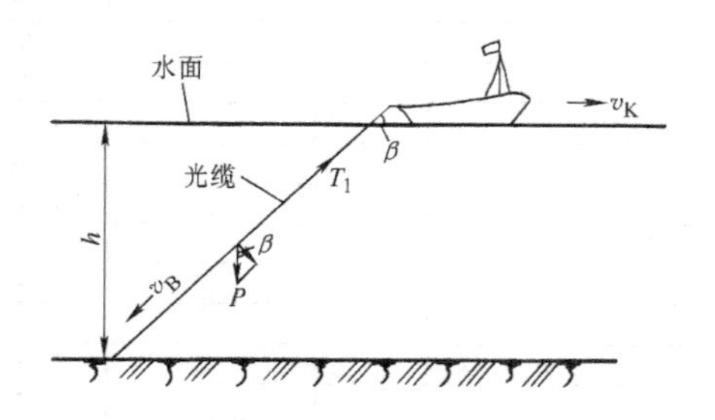

图 15-5-53 光缆受力状况

$$T = h\left[P - \frac{4.4v_K^2 D\left(\frac{v_B}{v_K} - \cos\beta\right)^2}{\sin\beta}\right] \quad (15\text{-}5\text{-}24)$$

式中 T——光缆承受的张力（kN）；

h——水面至海底的深度（m）；

P——单位长度光缆在水中的重量（kN/m）；

v_K——拖轮行驶速度（m/s）；

v_B——光缆放出速度（m/s）；

D——光缆外径（m）；

β——光缆入水角（°）。

当水底存在上升和下降等倾斜状况时，如图 15-5-54 所示，其放缆速度 v_B 为

$$v_B = \left(\frac{1 \pm a\gamma}{2}\right)v_K \quad (15\text{-}5\text{-}25)$$

式中　γ——水底倾斜角度；

a——敷设船由 A 点至 C 点时光缆的着地长度；

±——水底呈下降或上升倾斜的不同状态。其中正号表示水底地势下降，负号表示水底地势上升。

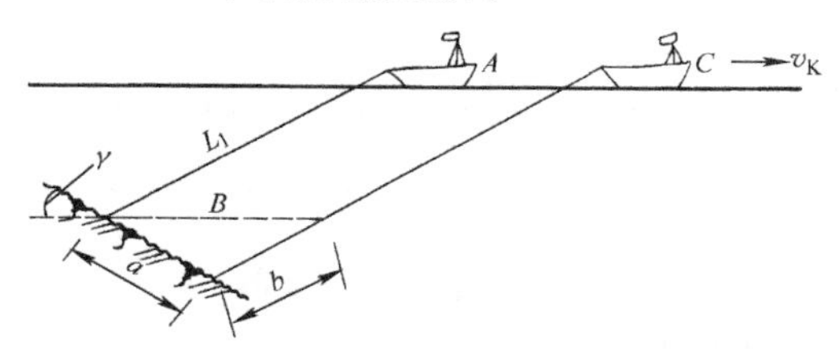

图 15-5-54　在倾斜水底的光缆敷设

3. 架空光缆敷设张力计算

架设张力的计算方式，斜坡时可用式（15-5-26）来计算，斜坡示意如图 15-5-55 所示。

$$T_0 = WL(f\cos\theta + \sin\theta) \qquad (15\text{-}5\text{-}26)$$

架空光缆敷设时转弯路径敷设张力可由式（15-5-18）求出；曲线路径的敷设张力可由式（15-5-19）求出。适用于架空光缆张力计算的摩擦系数见表 15-5-7，适用于张力计算的张力增加率见表 15-5-8。

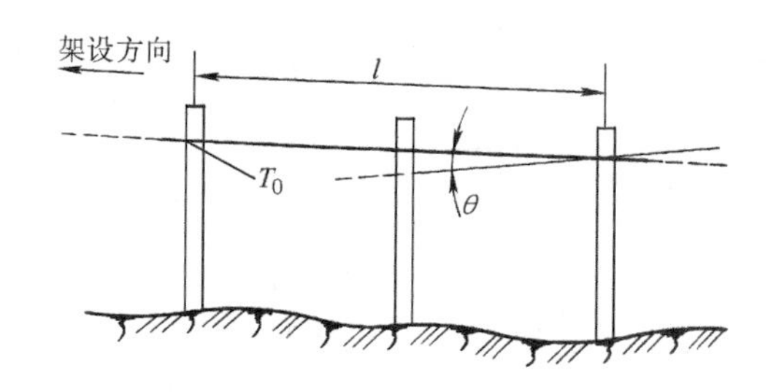

图 15-5-55　计算斜坡架设张力示意图

表 15-5-7　适用于张力计算的摩擦系数

组合	摩擦系数
金属轮与光缆	0.1
小型弯曲用金属轮与光缆	0.16

4. 埋地光缆的敷设张力计算

敷设埋地光缆时，路径经常是弯曲的或上下不平的，除人工抬放时可不考虑敷设张力外，在机械牵引和人力牵引时，由于各种路径及相应路径的摩擦系数均于管道光缆敷设时相近，故可参考管道光缆的张力计算方法，近似地得出埋地光缆的敷设张力。

表 15-5-8　适用于张力计算的张力增加率

序号 \ 交角 \ 摩擦系数	0.1		0.16		张力增加率 $e^{f\theta}$
	°	rad	°	rad	
1	6 ~ 11	0.105 ~ 0.192	6 ~ 7		1.02
2	12 ~ 22	0.209 ~ 0.384	8 ~ 14		1.04
3	23 ~ 30	0.401 ~ 0.524	11 ~ 20		1.06
4			21 ~ 27		1.08
5			28 ~ 34		1.1
6			35 ~ 40		1.12
7			41 ~ 47		1.14
8			48 ~ 53	0.838 ~ 0.925	1.16
9			54 ~ 59	0.942 ~ 1.03	1.18
10			60 ~ 65	1.047 ~ 1.134	1.2
11			66 ~ 71	1.152 ~ 1.239	1.22
12			72 ~ 77	1.256 ~ 1.344	1.24
13			78 ~ 82	1.361 ~ 1.431	1.26
14			83 ~ 88	1.448 ~ 1.536	1.28
15			89 ~ 90	1.553 ~ 1.571	1.3

5.3　光缆敷设

光缆敷设时在不同地段适用的敷设方式见表 15-5-9。

5.3.1　架空光缆敷设

1. 架空光缆敷设特点

1）架空光缆主要用于二级干线及其以下等级的光缆线路，适用于地形平坦、起伏较小的地区。

2）架空光缆主要有挂在钢绞线下和自承式两种吊挂方式，目前基本都采用钢绞线支承式。其敷设方式为通过杆路吊线托挂或捆绑（缠绕）架设。

表 15-5-9 不同地段的敷设方式

敷设方式	适用地段
直埋	光缆线路在郊外一般采用直埋敷设方式，只有在现场环境条件不能采用直埋方式，或影响线路安全、施工费用过大和维护条件差等情况下，可以采用其他敷设方式 国外在敷设郊外光缆时，多采用硬塑料管管道敷设
管道	光缆线路进入市区，应采用管道敷设方式，并利用市话管道。当无市话管道可利用时，可根据长途、市话光（电）缆发展情况，考虑合建电信管道
架空	光缆线路遇有下列情况，可采取架空架设方式 1. 市区无法直埋又无市话管道，而且暂时又无条件建设管道时，以架空架设作为短期过渡 2. 山区个别地段地形特别复杂，大片石质，埋设十分困难的地段 3. 水网地区路由无法避让，直埋敷设十分困难的地段 4. 过河沟、峡谷埋设特别困难地段 5. 省内二级光缆线路路由上已有杆路可以利用架挂地段 超重负荷区及最低气温低于 -30℃地区，不宜采用架空光缆线路
桥上	光缆线路跨越河流的固定桥梁和道路的立交桥等，桥的结构中已预留有电信管道、沟槽或允许架挂时，可在桥上的管道、沟槽或支架上敷设光缆
水底	光缆线路穿越江河、湖泊、海峡等，无桥梁、隧道可利用时，可敷设水底光缆

2. 架空光缆敷设对光缆的要求

1）架空光缆应具有良好的力学性能，使之能承受敷设施工时的牵引张力及敷设后的悬垂张力，并应具有良好的抗弯曲、抗振动性能。

2）架空光缆应具有良好的防潮、防水性能。

3）架空光缆应具有良好的温度特性，以适应各种不同的使用环境。在不同纬度的地区，按当地的气温变化情况，按表 15-5-10 给出的光缆温度特性级别，选择适当的光缆。

表 15-5-10 光缆的适用温度范围

代号	适用温度范围/℃
A	-40 ~ +60
B	-30 ~ +60
C	-20 ~ +60
D	-5 ~ +60

3. 架空光缆的敷设方式

1）架空光缆线路架设的工作流程：其工作流程如图 15-5-56 所示。

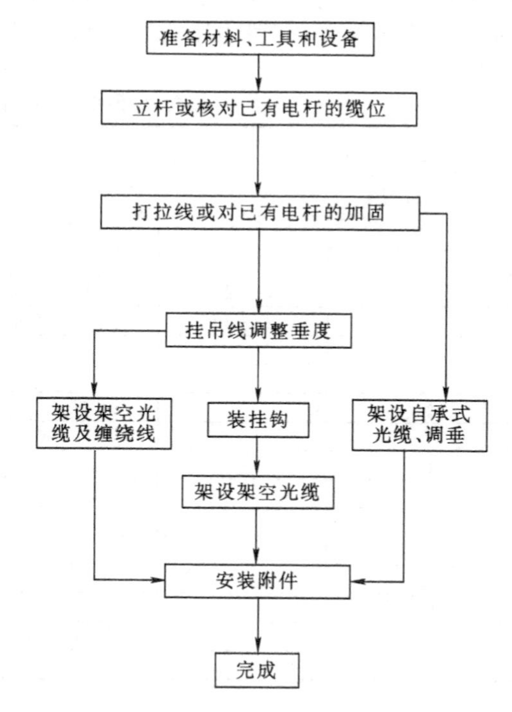

图 15-5-56 架空光缆架设工作流程

2）吊挂式架空光缆的敷设：吊挂式架空光缆是目前国内采用最多的光缆架空方式，其主要敷设方式有滑轮牵引法、杆下牵引法及预挂钩牵引法三种。

a）滑轮牵引法：

① 为顺利布放光缆并不损伤光缆外护层，应采用导向滑轮和导向索，并在光缆始端和终点的电杆上如图 15-5-57 所示各安装一个滑轮。

② 每隔 20 ~ 30m 安装一个导引滑轮，一边将

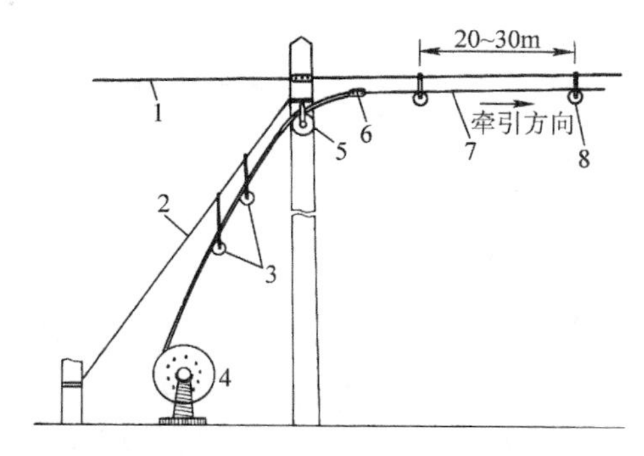

图 15-5-57　滑轮牵引法示意图

1—吊线　2—导向索　3—导向滑轮　4—光缆盘
5—大号滑轮　6—牵引头　7—牵引索　8—导向滑轮

牵引绳通过每一滑轮，一边按顺序安装，直至光缆放线盘处与光缆牵引头连好。

③ 采用端头牵引机或人工牵引，在敷设过程中应注意控制牵引张力。

④ 一盘光缆分几次牵引时，可在线路中盘成“∞”形分段牵引。

⑤ 每盘光缆牵引完毕，由一端开始用光缆挂钩将光缆托挂于吊线上，替换下导引滑轮。挂钩之间的距离见表 15-5-11，并如图 15-5-58 所示按要求在杆上做伸缩弯。

表 15-5-11　光缆挂钩程式

挂钩程式	光缆外径/cm
65	32 以上
55	25 ~ 32
45	19 ~ 24
35	13 ~ 18
25	12 以下

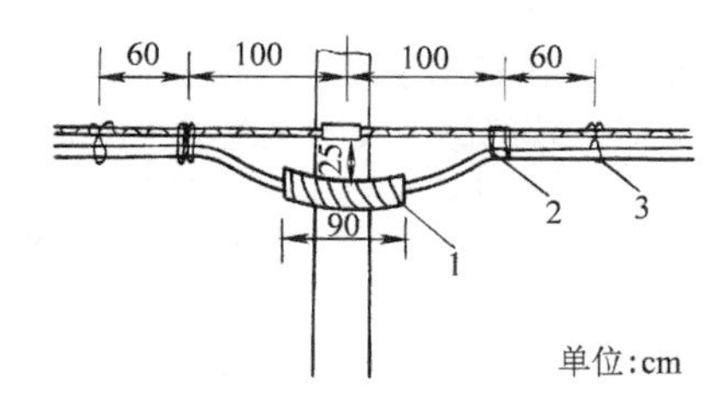

图 15-5-58　光缆在杆上的伸缩弯及保护

1—聚乙烯软管　2—扎线　3—挂钩

⑥ 光缆接头预留长度为 8 ~ 10m，应盘成圆圈后用扎线固定在杆上。

b）杆下牵引法：对于郊外杆下障碍不多的情况下，可采用杆下牵引法。

① 将光缆盘置于一段光路的中点，采用机械牵引或人工牵引将光缆牵引至一端预定位置，然后将盘上余缆倒下，盘成“∞”形，再向反方向牵引至预定位置。

② 边安装光缆挂钩，边将光缆挂于吊线上。

③ 在挂设光缆的同时，将杆上预留、挂钩间距一次完成，并做好接头预留长度的放置和端头处理。

c）预挂钩牵引法：

① 在杆路准备时就将挂钩安装于吊线上。

② 在光缆盘及牵引点安装导向索及滑轮如图 15-5-57 所示。

③ 将牵引绳穿过挂钩，预放在吊线上，敷设光缆时与光缆牵引端头连接，光缆牵引方法如图 15-5-59 所示。

④ 牵引完毕后，稍调挂钩间距，并在杆上做伸缩弯（见图 15-5-58）及放置好预留接头长度。

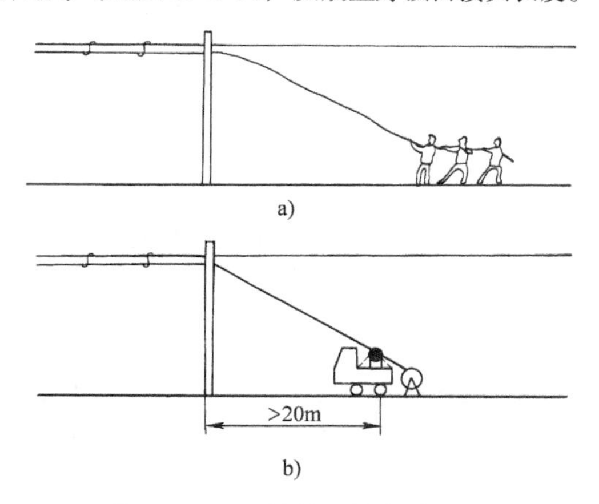

图 15-5-59　挂钩吊挂牵引方法

a）人工地面牵引　b）机械牵引

3）缠绕式架空光缆的敷设：缠绕式架设是采用不锈钢捆扎线把光缆和吊线捆扎在一起。这种方式具有省时省力、不易损伤护层、可减轻风的冲击振动、维护方便等优点，但需要的设备较多。其敷设方式有两种，即人工牵引和机械牵引架设。

a）人工敷设缠绕式光缆：

① 在光缆盘及终端牵引点安装导向索和导向滑轮，并在杆上安装导引器。

② 安装活动滑轮组如图 15-5-60 所示。

③ 牵引光缆，并由活动滑轮托挂完成临时架设（光缆和安装在吊线上的活动滑轮一起向前移动）。

④ 用人工牵引自动缠绕机，当缠绕机被牵引向前移动时，随着缠绕机滚动部分与前进方向的垂

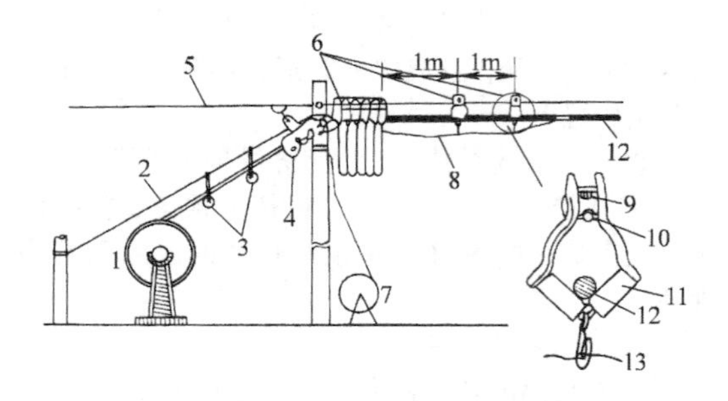

图 15-5-60 活动滑轮临时架设

1—光缆盘 2—导引索 3—导引滑轮
4—导引轮 5—吊线 6—移动滑轮 7—系缆盘
8—系绳 9—系绳 10—吊线
11—转轴 12—光缆 13—系绳

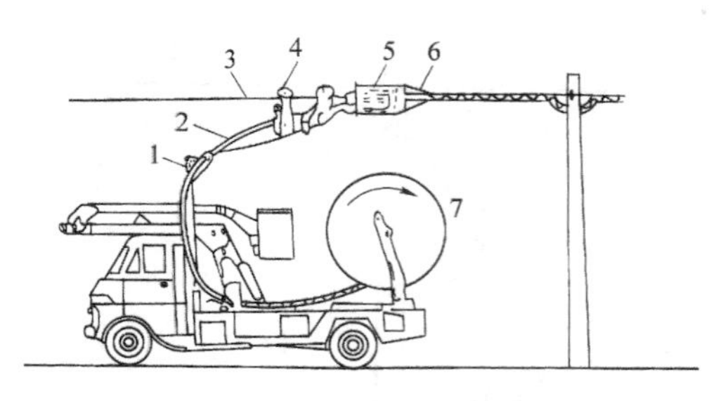

图 15-5-62 机械架设缠绕光缆

1—导引器 2—光缆 3—吊线 4—导引滑轮
5—缠绕机 6—扎线 7—光缆盘

直转动，完成将光缆和吊线用捆扎线缠绕在一起。缠绕机过杆由专人移动，安装好后继续缠绕。

⑤ 杆上余留，应按图 15-5-58 的要求做伸缩弯，扎线过杆时不需断开，可直拉过杆，伸缩弯两侧应使用固定卡将光缆固定，如图 15-5-61 所示。

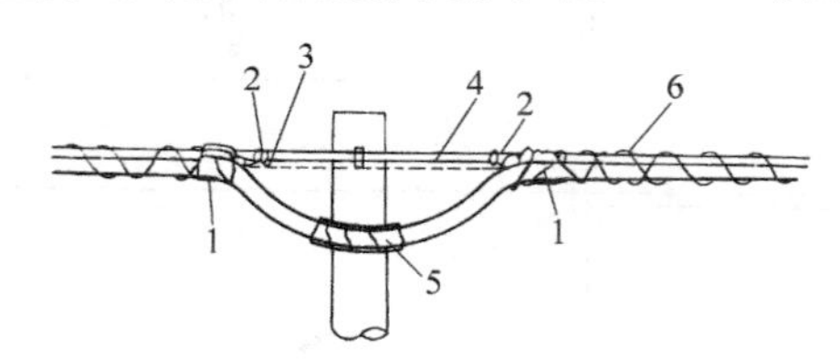

图 15-5-61 缠绕式光缆杆上安装示意图

1—光缆固定卡 2—扎线终结 3—扎线非终结部位
4—吊线 5—聚乙烯波纹管 6—绕扎线

⑥ 接头点扎线做终结扣，光缆用固定卡固定，光缆接头预留部分应捆好固定于杆上。

b）机械方式敷设缠绕光缆：机械方式敷设即采用汽车装载光缆，将光缆的架设、捆扎同时进行，省去了光缆临时架设的过程。当汽车载放光缆慢速前驶时，缠绕机随之进行自动绕扎，将光缆捆扎于吊线上，如图 15-5-62 所示。

光缆经过线杆时，同人工牵引绕扎一样，由人工作伸缩弯、固定光缆并将缠绕机由杆子一侧移至另一侧安装好。

这种架设方式虽然有较多优点，但使用汽车架设受条件的限制，一般应具备下列条件：

① 道路宽度能允许车辆行驶；

② 架空杆路离路肩距离不大于 3m；

③ 架设段内无障碍物；

④ 光路吊线位于杆路其他线路的最下方。

5.3.2 管道光缆敷设

1. 管道光缆敷设特点

1）城市地下管道光缆敷设一般用于市区内光缆线路，其管道为塑料管、钢管或水泥管道内的塑料子管或纺织子管。管道路由较复杂，使光缆所受张力、侧压力不规则。

2）简易直埋管道敷设一般用于长途光缆在郊区、野外的敷设，其管道为小口径硅芯管，不需敷设子管，光缆直接在硅芯管内敷设，其管道段长较长，通常为 1～2km，多采用气吹方式敷设，也可人工敷设。

3）城市地下管道大多有积水和淤泥，在光缆敷设前要对管道管孔进行疏通和清洗。

2. 管道光缆敷设对光缆的要求

1）由于管道复杂，光缆受力不规则，因此管道光缆应具有良好的抗张、抗侧压及弯曲性能。

2）由于管道中的光缆有可能长期浸泡在水中，因此管道光缆应采用全截面阻水结构，应具有良好的防潮、防水性能。

3. 管道光缆的敷设方式

1）管道光缆线路敷设工作流程：在市区管道中光缆的敷设工作流程如图 15-5-63 所示，长途光缆在专用小口径塑料管道中的敷设工作流程如图 15-5-64 所示。

2）管道光缆敷设对牵引头的要求：由于管道光缆敷设时环境的特殊性，其光缆牵引头应符合下列要求：

a）牵引张力应主要加在光缆的加强件上（75%～80%），其余加到外护层上（20%～25%）。

b）缆内光纤不应承受张力。

c）牵引端头应具有一般的防水性能，避免光缆端头浸水。

d）牵引端头直径要小。

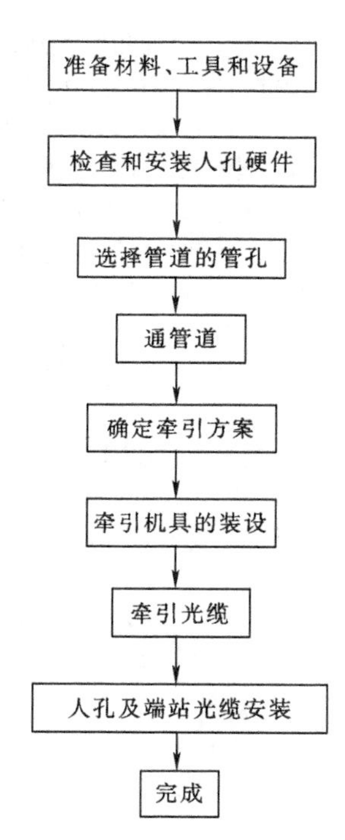

图 15-5-63　管道光缆线路敷设工作流程

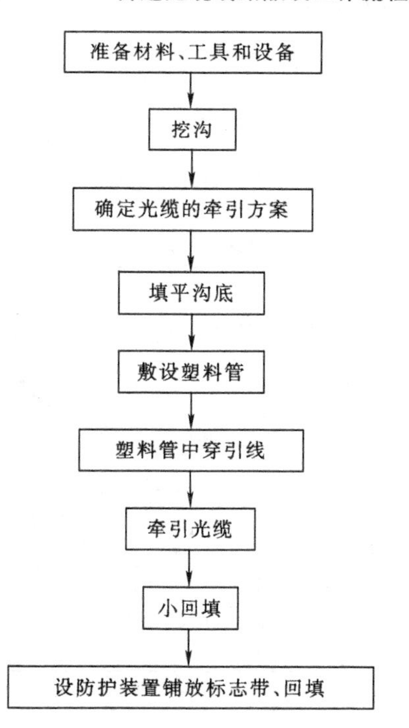

图 15-5-64　长途光缆在专用小口径塑料管道中的敷设工作流程

3）敷设：

a）机械牵引敷设：

① 集中牵引法：集中牵引即端头牵引，牵引绳通过牵引端头与光缆端头连接，用终端牵引机按设计张力将整条光缆牵引至预定敷设地点。

② 分散牵引法：不用终端牵引机而是用 2～3 部辅助牵引机完成光缆敷设。这种方法主要是由光缆外护套承受牵引力，故应在光缆允许承受的侧压力下施加牵引力，因此需使用多台辅助牵引机使牵引力分散并协同完成。

③ 中间辅助牵引法：除使用终端牵引机外，同时使用辅助牵引机。一般以终端牵引机通过光缆牵引头牵引光缆，辅助牵引机在中间给予辅助牵引，使一次牵引长度得到增加。三种机械牵引敷设的示意如图 15-5-65 所示。具体操作过程如下：将牵引绳接到光缆牵引端头上；按牵引张力、速度要求开启终端牵引机；光缆引至辅助牵引机位置后，将光缆按规定安装好，并使辅助牵引机与终端牵引机以同样的速度运转；光缆牵引至接续人孔时，应留足供接续及测试用的长度。

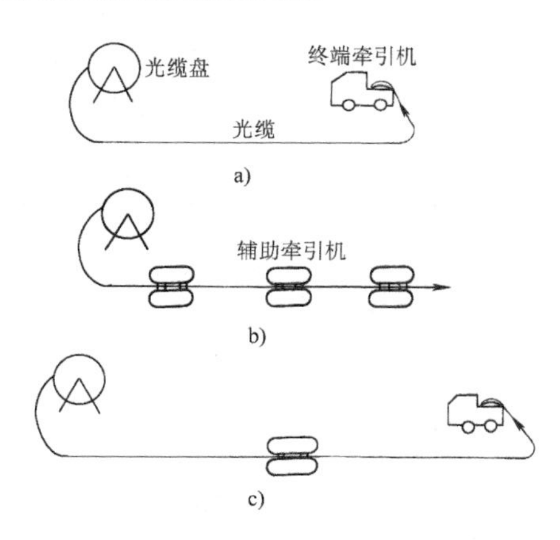

图 15-5-65　机械牵引敷设示意图

a）集中牵引方式　b）分散牵引方式
c）中间辅助牵引方式

b）人工牵引敷设：在管路复杂、不能使用牵引机或没有牵引机时，可采用人工牵引方式完成光缆的敷设。

人工牵引需有良好的指挥人员，使前端集中牵引的人与每个人孔中辅助牵引的人尽量同步牵引。

c）小口径塑料管内气吹法敷设：

① 吹缆前应从光缆盘中倒出足够的余缆盘成“∞”形，确保吹缆时光缆不绞折或打小圈。

② 采用可开启的活接头将人（手）孔内硅芯管（露出窗口不小于 30cm 长）至充气设备段的导引管牢固连接，确保密封安全。

③ 选择合适的引导“弹头”并与光缆端头可靠连接。

④ 吹放前检查人（手）孔，先将管道内杂物和水吹出后再吹光缆。

⑤ 根据地形情况选择单向从头至尾吹放或从中间开口朝两边吹放光缆。需要在中间开口向两边吹放时，应在中间手孔使用专用工具将直通的塑料管剪切开，切口要求平直。剪开后，先将接头用的附件穿入剪开的塑料管上，待吹放完毕后将接头正确安装，两端头光缆管孔应封堵严密。

⑥ 吹放光缆时应设专人检查光缆有无受冲击、划伤、背扣和光缆外护层不清洁等状况，发现后需及时处理。

⑦ 施工中使用的气吹机和空气压缩机必须由专职人员操作，根据光缆直径选用气吹机气垫圈，调节控制进缆速度。吹进速度一般要求 100 ~ 150m/min，遇有转弯较多的地段可调气压力，布放时注意保持联系，保证安全布放。为确保输送高压气体，空气压缩机离气吹点的距离一般不应超过 300m。

⑧ 吹放光缆时必须加专用润滑剂。

⑨ 光缆敷设完毕后，应密封光缆与塑料管口。气吹点（即塑料管开口点）应做好标记，便于日后维护。

气吹法敷设光缆示意图如图 15-5-66 所示。

d）管道光缆敷设的防机械损伤：管道光缆敷设防机械损伤的措施见表 15-5-12。

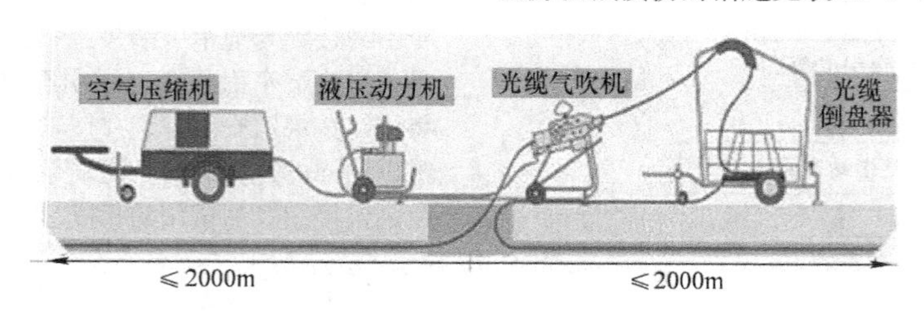

图 15-5-66　气吹法敷设光缆示意图

表 15-5-12　管道光缆防机械损伤的措施

<table>
<tr><th>措施</th><th colspan="5">保 护 用 途</th></tr>
<tr><td>蛇形软管</td><td colspan="5">在人孔内保护光缆：
1）从光缆盘送出光缆时，为防止被人孔角或管孔入口角摩擦损伤，采用软管保护（见图 15-5-67）
2）绞车牵引光缆通过转弯点和弯曲区，采用 PE 软管保护（见图 15-5-68）
3）绞车牵引光缆通过人孔中不同水平（有高差）管孔时，采用软 PE 管保护（见图 15-5-69）</td></tr>
<tr><td>喇叭口</td><td colspan="5">光缆进管口保护：
1）光缆穿入管孔，使用两条互连的软金属管组成保护。金属管分别长 1m 和 2m，每管的一个端装喇叭口（见图 15-5-70）
2）光缆通过人孔进入另一管孔，将喇叭口装在牵引方向的管孔口（见图 15-5-71）</td></tr>
<tr><td rowspan="5">润滑剂</td><td colspan="5">光缆穿管孔时，应涂抹中性润滑剂。当牵引 PE 护套光缆时，液状石蜡是一种较优润滑剂，它对 PE 护套没有长期不利的影响。给出的摩擦系数概值如下：</td></tr>
<tr><td>管道种类</td><td>无润滑静态</td><td>液体润滑静态</td><td>无润滑动态</td><td>液体润滑动态</td></tr>
<tr><td>PVC</td><td>0.5</td><td>0.3</td><td>0.2</td><td>0.13</td></tr>
<tr><td>瓷</td><td>0.5</td><td>0.2</td><td>0.16</td><td>0.12</td></tr>
<tr><td colspan="5">此外，还成功地采用以尼龙微球（直径 0.2 ~ 0.6mm）为基础的润滑剂，将微球吹进管道，或将微球置于液状石蜡中涂抹光缆以减小牵引时的摩擦系数</td></tr>
<tr><td>堵管口</td><td colspan="5">将管孔、子管孔堵塞，防止泥沙和鼠害</td></tr>
</table>

4. 人孔内光缆的固定

1）直通人孔内光缆的固定和保护：光缆牵引完毕后，应将每个人孔中的余缆沿孔壁放置于规定的托架上，一般尽量置于上层，采用蛇皮软管或 PE 软管保护后，用扎线绑扎使之固定。

2）接续用光缆在人孔中的固定：人孔内供接续用的光缆余留长度应不少于 8m，由于接续往往要在光缆敷设完成几天或较长的时间后进行，因此

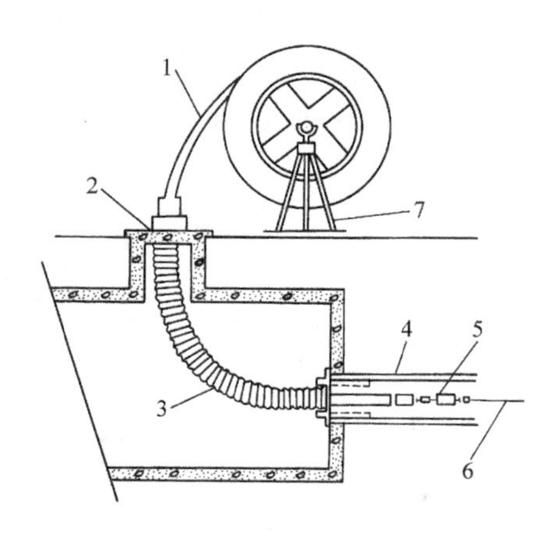

图15-5-67 防止光缆在人孔角和管孔入口处的损伤

1—光缆 2—软管座 3—软管 4—管道 5—活头钩 6—牵引钢丝绳 7—光缆千斤顶

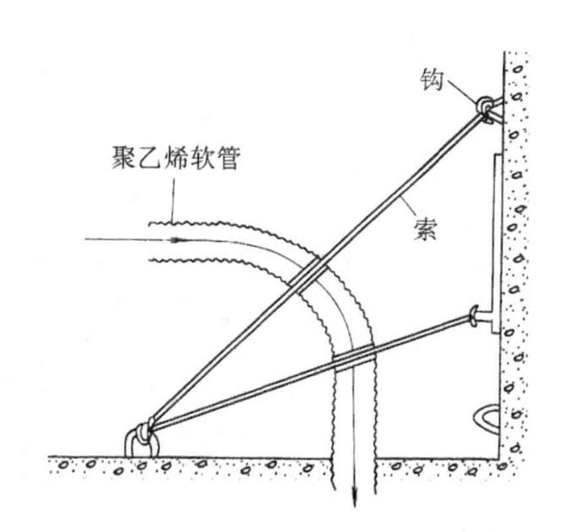

图15-5-68 光缆的弯曲保护

余留光缆应按以下方式盘放:

a) 光缆端头做好密封处理，为防止光缆端头进水，应采用端头热收缩帽做热缩处理。

b) 余留光缆应按弯曲半径的要求，盘圈后挂在人孔壁上或系在人孔盖上，注意端头不要浸泡在水中。

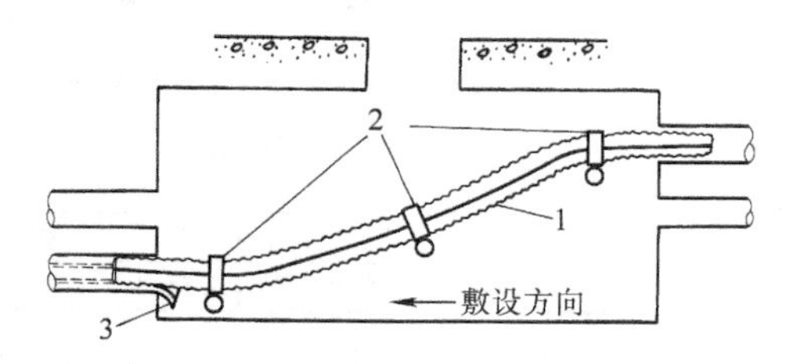

图15-5-69 光缆通过有高差管孔的保护

1—软管 2—固定工具或索 3—喇叭口

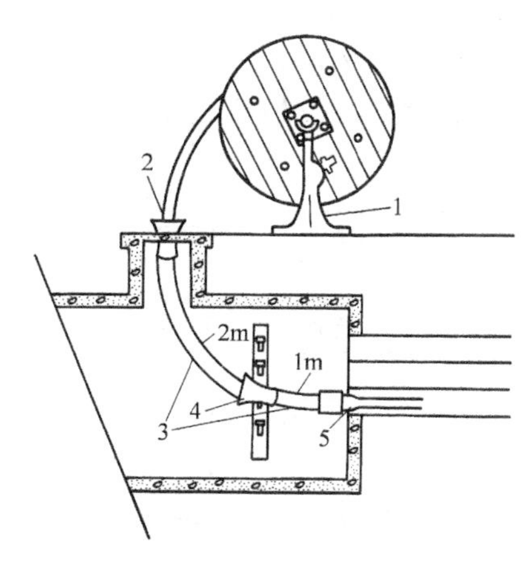

图15-5-70 电缆穿入人孔及管孔时的保护

1—光缆盘千斤顶 2—光缆涂中性润滑剂 3—软导管 4—喇叭口 5—管口

5.3.3 直埋光缆敷设

1. 直埋光缆敷设特点

长途干线光缆工程主要采用直埋敷设。其主要特点是能够防止各种外来的机械损伤，而且在达到一定深度后地温较稳定，减少了温度变化对光纤传输特性的影响，从而提高了光缆的安全性和传输质量。

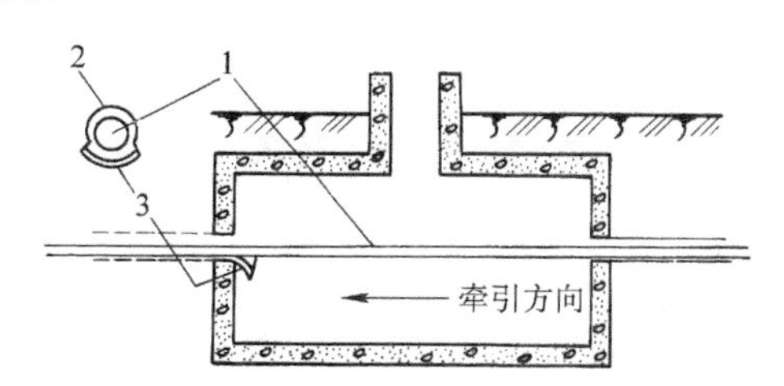

图15-5-71 防止人孔口光缆的损伤

1—光缆 2—管道 3—喇叭口

由于直埋光缆多用于地域宽阔的野外敷设，适用于机械化或很多人同时施工，因此光缆盘长可达2~4km，减少了光缆接头，有利于降低全线路损耗，但同时也对光缆提出了更高的要求。

2. 直埋敷设对光缆的要求

1) 由于直埋光缆埋深达1.2m，并且通常为大长度敷设，因此要求光缆有足够的抗拉力和抗侧压力，以适应较大的牵引拉力和回填土的重力。

2) 应有良好的防水、防潮性能，以适应地下水和潮湿的长期作用。

3) 光缆护套应具有防鼠、防白蚁、防腐蚀性能，避免老鼠、白蚁的啃咬破坏和化学侵蚀。

3. 直埋光缆的敷设方式

1）直埋式光缆线路的敷设工作流程如图15-5-72所示。

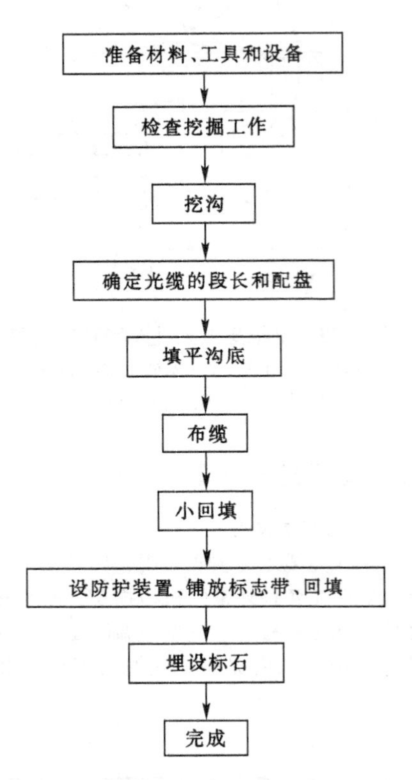

图 15-5-72 直埋式光缆的敷设工作流程

2）开挖光缆沟：

a）挖沟应尽量保持直线路径，沟底要平坦，不得蛇形弯曲。

b）沟深要求：对于不同土质和环境，光缆埋深有不同的要求，施工中应按设计规定地段的地质情况达到表15-5-13中的深度要求。对于全石质路径，在特殊情况下，埋深可降为50cm，但应采取封沟措施。

表 15-5-13 直埋式光缆的埋深

敷设地段	埋深/m
普通土、硬土	≥1.2
半石质（砂砾土、风化石）	≥1.0
全石质、流沙	≥0.8
市郊村镇	≥1.2
市区人行道	≥1.0
穿越铁路（距道砟底）公路（距路面）	≥1.2
沟、渠、水塘	≥1.2

光缆沟的横截面如图15-5-73所示，光缆沟底宽 W_b 随光缆数目而变，见表15-5-14。

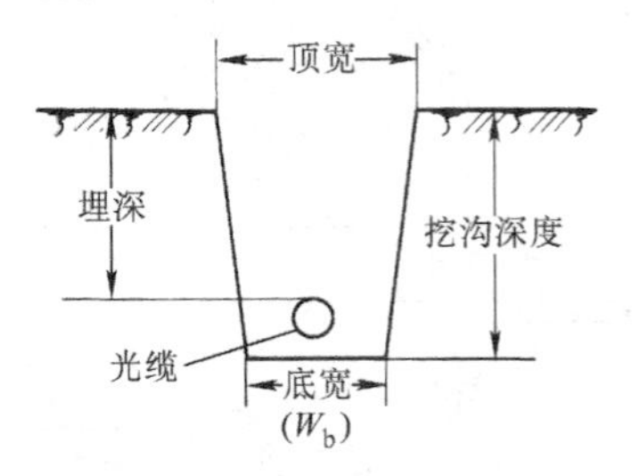

图 15-5-73 光缆沟的横截面

表 15-5-14 光缆数目与底宽

光缆数目/条	底宽/cm
1 或 2	40
3	55
4	65

光缆沟的顶宽 W_a 的计算式为

$$W_a = W_b + 0.1D \tag{15-5-27}$$

式中 D——光缆的埋深（cm）。

c）"S"形光缆沟的要求：

①"S"形余留的规定：光缆敷设在坡度大于20°，坡长大于30m的斜坡上时，应做"S"形余留；无人中继站进局时做"S"形余留；穿越铁路、公路时做"S"形余留。

②"S"形弯的标准尺寸：根据"S"形余留规定及特殊要求地段的"S"形敷设的光缆沟，均应按图15-5-74所示标准尺寸来挖，一个"S"形弯的余留长度 ΔS 由表15-5-15中的比例决定。

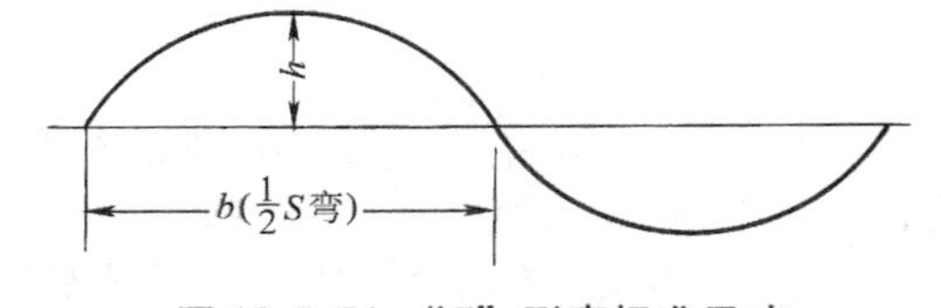

图 15-5-74 "S"形弯标准尺寸

表 15-5-15 "S"形弯的余留长度 ΔS

（单位：m）

b \ h (ΔS)	2.02	2.03	4.04	5.04
3	1.12	1.4	1.65	1.88
5	1.42	1.76	2.06	2.33

d）起伏地形的沟深要求：光缆埋地敷设时会遇到梯田、陡坡等起伏地形，这些地段挖沟时不能随着梯田或陡坡挖成直上直下成直角形的沟底，否

则会出现光缆腾空及弯曲半径过小的情况。应在陡坡两侧适当加深，使沟底成缓坡（见图 15-5-75），这样即可保证埋地深度也不会使光缆腾空并符合光缆弯曲度的要求。

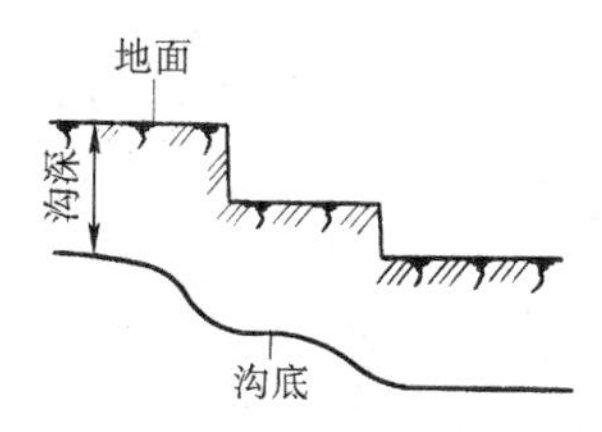

图 15-5-75　起伏地形的沟底要求

e）穿越沟渠的挖沟要求：当采用截流挖沟时，光缆沟的深度要从沟渠水底的最低点算起。在沟渠两侧的陡坡上，应挖成类似起伏地形的缓坡，坡度应大于光缆标称弯曲半径的要求，在沟渠两侧应按设计要求进行“S”形弯处理。穿越沟渠的沟底，如图 15-5-76 所示。

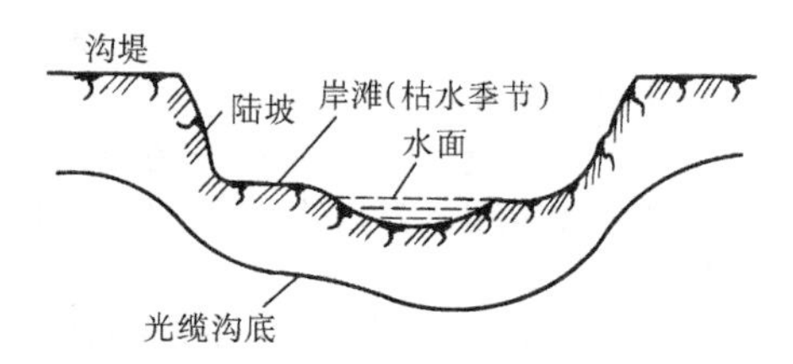

图 15-5-76　穿越沟渠的光缆沟要求

f）沟底处理：

① 普通土质地区沟底的处理：挖沟完成后，在沟底填一层优质沙或软土（厚约 10cm），作为光缆地基。用木夯或机夯夯实。

② 风化石和碎石地区沟底的处理：沟底的软土和碎石被清除后，在软土和碎石构成的切削面上填一层厚度最小为 5cm 的砂浆，再在砂浆上面填一层约 10cm 厚的优质沙或软土，并且要夯实。

③ 石质地区沟底的处理：挖到所需深度后，清理表面，然后铺上砂浆（1∶4 水泥和黄沙的混合物）、石质地区沟底的处理，如图 15-5-77 所示。

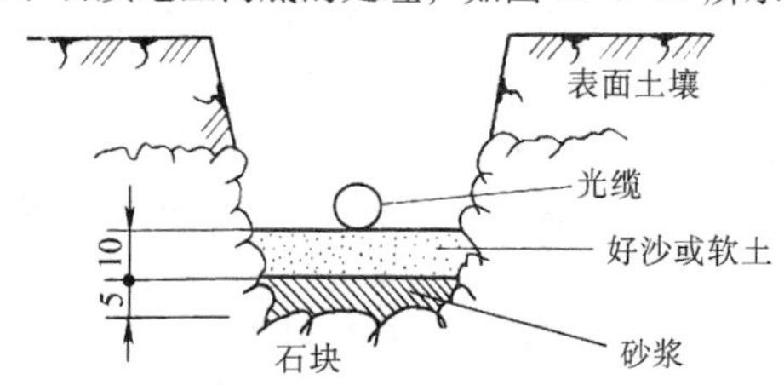

图 15-5-77　石质地区沟底的处理

3）穿越障碍物路由的准备工作：长途直埋光缆在敷设过程中，路由中会遇到铁路、公路、河流、沟渠等障碍物，应视具体情况在光缆敷设前做好准备。

a）预埋管：光缆路由穿越公路、机耗路、街道时，有条件开挖路面时采用破路预埋管方式，即先挖出符合深度要求的光缆沟，然后视路面承受压力的情况，埋设钢管或硬塑料等。

b）非开挖敷管（水平定向钻进、顶管）：光缆路由穿越铁路、重要公路、交通繁忙要道口及不宜搬移拆除的地面障碍物，不能采用挖沟方式时，可选用非开挖方式，如水平定向钻进、顶管等方式。水平定向钻进铺管是利用水平定向钻机以可控钻进轨迹的方式，在不同地层和深度进行钻进并通过定位仪导向抵达设计位置而铺设地下管道的施工方法；顶管是用液压顶管机从顶进工作坑将待铺设管道由一端顶入。

c）架设过桥通道：光缆埋设路由上有时遇到桥梁，大型桥梁一般都有电缆槽道，敷设光缆时在桥两侧预留做“S”形弯即可。对于一般桥梁则应另行设计架设过桥通道。

① 架设钢管通道：对于跨度为几米的桥，一般在桥的一侧用钢管直接跨越，钢管应紧靠桥壁并用铁箍固定。较长的桥梁可用抱箍将挂钩固定在栏杆上，用挂钩支托光缆。

② 吊线架挂：跨度较大的桥梁，可以采用在护栏外边加挂吊线的方式，埋式光缆穿越此桥梁时，可同架空路由一样用挂钩吊挂过桥。

4）光缆敷设方法：

a）移动光缆盘敷设：在机动车辆能接近光缆沟的地段，将光缆载在卡车平台上，以千斤顶托起，或用光缆专用运输工具，准备好导向滚轮，确保光缆所受张力不超过允许值，并由张力仪监控。

b）固定光缆盘敷设：在机动车辆不能接近光缆沟的地段，光缆盘以千斤顶托起，适当配置滚轴，用人工或绞盘将光缆拉入光缆沟。

① 用绞盘在光缆沟内敷设，绞盘装在距离光缆盘一个盘长处牵引光缆，张力由张力仪监控。

② 人工牵引光缆时，牵引索处配备 2 ~ 3 人，再根据光缆的重量每 10 ~ 15m 配备 1 人，应防止出现锐角并避免猛拉。

c）人工抬放敷设：在山区、丘陵地带斜坡多又无道路的情况下，采取将整盘缆盘成若干个“∞”形，由多人分抬，同步前进敷设。

5）光缆沟的预回土和回填：

a）必须把光缆放在厚为10cm的沙质基底上，然后填上10cm厚的软土，之后每回填20cm厚的土壤应用夯实机或其他夯实工具彻底夯实。为了避免光缆损坏，在光缆附近必须使用无石头的土。

b）在碎石地区，用上述类似的方式回填，但必须预先从回填土中除去由爆破产生的刃形碎石。如果敷设工地上的回填土无法利用，必须从其他地方运来适宜的沙或土。

c）在硬石地区，混凝土层回填的好沙或软土上面一直铺到沟中岩床的上缘，并使混凝土与岩床之间有良好的粘合力。填满光缆沟的尺寸如图15-5-78和表15-5-16、表15-5-17所示。

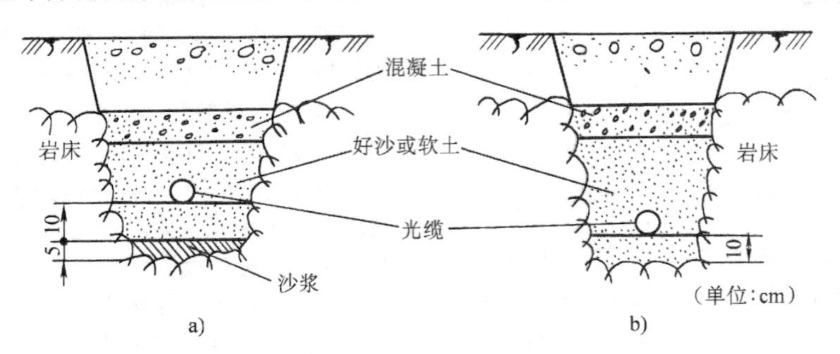

图 15-5-78 硬石地区的回填

a）钢带铠装光缆 b）钢丝铠装光缆

表 15-5-16 一般公路（硬石地区）光缆沟回填（单位：cm）

表面土壤的厚度	埋深	混凝土保护		好土厚度
		厚度	成分	
0	50	20	1:2:4	30
10	50	20	1:2:4	20
20	55	20	1:2:4	15
30	60	15	1:3:6	15
40	70	15	1:3:6	15
50	80	15	1:3:6	15
60	90	无	不需要	30
70	100	无	不需要	30
80	100	无	不需要	20
90	100	无	不需要	15
100	100	无	不需要	15

表 15-5-17 硬石地区山区或无汽车通行的公路（单位：cm）

表面土壤的厚度	埋深	混凝土保护		好土厚度
		厚度	成分	
0	50	10	1:2:4	40
10	50	10	1:3:6	30
20	50	10	1:3:6	20
30	55	10	1:3:6	15
40	65	10	1:3:6	15
50	75	10	1:3:6	15
60	80	无	不需要	20
70	80	无	不需要	10
80	80	无	不需要	10

6）光缆路径标志（一般安装在下列位置）：

a）光缆连接位置；

b）沿同样路径敷缆位置改变的地方；

c）敷缆位置改变的公路处的分支位置和交叉位置；

d）从河床下穿过时河床边缘处埋设光缆的上方；

e）走近路方式埋设光缆的弯曲段两端；

f）与其他建筑靠近的光缆位置；

g）为便于光缆维护而必须定位的其他点，或由于其他原因，至少200m有一个标志的地方。

为了长年使用，光缆标志必须耐风化，并在清楚的表面上标上必要的数据。

5.3.4 水下光缆敷设

1. 水下光缆敷设特点

1）水下光缆在敷设过程中，除承受牵引张力，自身的重力外，还要承受水流的冲力和压力，因此对光缆本身的机械强度要求很高。水下光缆的敷设方式与直埋光缆不同点是在较浅的水域敷设光缆时可先挖沟后放光缆，也可先敷设光缆后挖沟。在枯水期水深超过8m的水域一般不要挖沟。

2）水下光缆由于其长度大，通常直接以“∞”形盘放船上而不需成盘，敷设时不是由设备牵引，而是在船前进的同时将光缆放入水中。

2. 水下光缆敷设对光缆的要求

1）水下光缆力学性能应按表15-5-18的条件选用。

表 15-5-18　水下光缆的选用

序号	铠装程式	适用场合
1	钢带铠装	河道顺直、河床稳定或变化很小、河底平坦、流速较小的狭窄河流或不通航的河流，能将光缆敷设在河床稳定的土层中
2	细钢丝铠装	河床稳定、流速较小、河面不太宽的较小河流和湖泊
3	单层粗钢丝铠装	1）常年通航及木筏运输的河流和湖泊 2）河床为泥沙，流速较大且河床不稳定的季节性河流，光缆不能埋设到河底变化幅度以下的土层中 3）有规划疏浚加宽的河道
4	双层粗钢丝铠装	1）经计算光缆承受的张力已接近或超过单层粗钢丝铠装光缆的容许范围 2）河床是石质土壤，冲刷较大的季节性河流，光缆无法埋深使光缆易遭磨损或拉力较大时 3）流速特急、河道变化较大、光缆无法埋到河底变化幅度以下时
5	塑料护套钢丝铠装	需要防蚀的河流和湖泊

2）由于水下光缆长期浸泡在水中，故应具有良好的防水、防潮性能。

3. 水下光缆的敷设方式

1）水下光缆过河地段的选择：

a）河面较窄，路径顺直；

b）河床起伏变化平缓、水流较慢，河床土质稳定；

c）两岸坡度较小。

2）水下光缆的埋深规定：一般应根据河流水深、河床土质及通航情况确定。水下光缆埋深的一般要求见表 15-5-19。

3）水下光缆的敷设要求：

a）光缆在河底应以测量的基线为准向上游按弧形敷设，弧形的顶点应在河流的主流位置。

b）控制敷设速度，避免光缆在河床腾空、打小圈。

4）水下光缆的敷设方法：水下光缆的布放方法见表 15-5-20。

5）水下光缆沟的挖掘：水下光缆安全敷设至水底后，除深水区可以自然淹埋不加挖掘外，其余非深水区和岸滩均应按表 15-5-21 选择一种适用的方法挖掘。

表 15-5-19　水下光缆埋深的一般要求

河床部位和土质等情况			埋设深度
岸滩部分	比较稳定的地段		应不小于 1.2m
	洪水季节会受冲刷或土质松散不稳定的地段		应不小于 1.5m
	光缆上岸，坡度应尽量小于 30°		应不小于 1.5m
有水部分	年最低水位水深小于 8m 的区段： 1）通航河流：河床不稳定、土质松软 河床稳定、土质坚硬 2）不通航河流：河床稳定、土质坚硬 河床不稳定、土质松软		 应不小于 1.5m 应不小于 1.2m 应不小于 1.2m 不宜小于 1.5m
	水深大于 8m 的深水区域		可放在河底、不加掩埋
	冲刷严重、极不稳定的区段		应埋在河床变化幅度以下；如果施工困难，埋深应不小于 1.5m，并根据需要将光缆做适当预留
	有疏浚计划的河床	通航的河流	应埋在疏浚深度以下 1m
		不通航的河流	应埋在疏浚深度以下 0.7m
	石质和风化石河床		应不小于 0.5m

表 15-5-20 水下光缆敷设方法

<table>
<tr><th>序号</th><th colspan="2">敷设方法</th><th>适用条件</th><th>施工特点</th><th>备注</th></tr>
<tr><td>1</td><td colspan="2">人工抬放法</td><td>1）河流水深小于1m
2）流速较小
3）河床较平坦河道较窄</td><td>用人力将光缆抬到沟槽边，然后依次将光缆放至沟内</td><td>需用劳动力较多</td></tr>
<tr><td rowspan="2">2</td><td rowspan="2">浮具引渡法</td><td>浮桶法</td><td>1）河宽小于200m
2）河流流速小于0.3m/s
3）不通航的河流或近岸浅滩处
4）水深小于2.5m</td><td>将光缆绑扎在严密封闭的木桶或铁桶上，对岸用绞车将光缆牵引过河到对岸后，自中间到两岸逐步将光缆由浮桶上移到水中的沟槽内</td><td rowspan="2">较人工抬放法省劳动力，在缺乏劳动力时可采用</td></tr>
<tr><td>浮桥法</td><td>适用条件同上</td><td>与浮桶法相似但较浮桶法经济方便</td></tr>
<tr><td>3</td><td colspan="2">冲放器法</td><td>1）水深大于3m
2）流速小于2m/s
3）除岩石等石质河床外，其他土质的河床均可采用，冲槽深度视河床土质有关，可达2～5m
4）河道宽度大于200m</td><td>施工方法较简单经济，利用高压水，通过冲放器把河床冲刷出一条沟槽，同时船上的光缆由冲放器的光缆管槽放出，沉入沟槽内，施工进度快，埋深符合要求，节省施工费用等优点</td><td>不适用于原有水底光（电）缆附近增设光缆的情况</td></tr>
<tr><td>4</td><td colspan="2">拖轮引放法</td><td>1）河道较宽大于300m
2）水流速度小于2～3m/s
3）河流水深大于6m</td><td>利用拖轮的动力牵引盘绕光缆的木驳船，把光缆逐渐放入水中，如不挖槽时，宜采用快速的拖轮，要求拖轮的动力大些</td><td>不适用于浅滩或流水有旋涡的河道。机动拖轮会使施工速度加快</td></tr>
<tr><td>5</td><td colspan="2">冰上布放法</td><td>1）河面上有较厚的冰层，且可上人时
2）河流水深较浅、河床较窄的段落</td><td>在光缆路由上挖一冰沟但不连续或挖到冰下，将光缆放在冰层上，施工人员同时将冰沟挖通，将光缆放入水底
施工人员劳动条件差，需要劳动力较多，施工季节和地区受到限制</td><td>不适用于南方各省，仅在严寒地区施工，施工条件受到限制</td></tr>
</table>

表 15-5-21 水下光缆沟的常用挖掘方法

挖掘方法	适用条件
人工直接挖掘	水深小于0.5m、流速较小，河床为粘土、砂粒土、砂土
人工截流挖沟	水深小于2m、河宽小于30m，河床为粘土、砂粒土、砂土
水泵冲槽	水深大于2m而小于8m、流速小于0.8m/s，河床为粘土、淤泥、砂粒土、砂土
挖泥船、吸泥机	水深6～12m，河床为粘土、淤泥、砂粘土、小砾石
爆 破	河床为石质
冲放器①	河床为砂粒土、砂土、粗细砂
挖冲机①	河床为砂粒土、砂土、粗细砂以及硬土

① 挖掘在敷设时同时完成。

5.3.5 路面微槽光缆敷设

1. 路面微槽光缆敷设特点

路面微槽敷设方式是在路面层浅槽内将光缆嵌入槽内的一种暗敷设方式，是一种对路面破坏小，对周边环境影响小，施工周期短的暗敷设方式，适用于城区无条件开挖路面或开挖成本过高，但又必须暗敷设光缆的区域，适用于配线及引入段光缆的敷设。

2. 路面微槽敷设对光缆的要求

1）考虑到路面开槽的难度及对环境美观的影响，路面微槽光缆不宜选择外径过大的光缆，芯数不宜超过48芯。

2）光缆结构应是全截面阻水结构，其技术指标、性能要求应符合YD/T 1461—2013《通信用路面微槽敷设光缆》的相关要求。

3）容量小于12芯的微槽光缆应采用中心管式结构；容量大于12芯的微槽光缆宜采用层绞式结构，便于分纤。

4）由于嵌入在微槽内且外径较细，光缆直接承压的可能性小，微槽光缆的力学性能要求略低于常规室外光缆。

5）光缆长期使用中允许的静态最小弯曲半径为$10D$；短期使用中允许的最小弯曲半径为$20D$。

3. 路面微槽光缆的敷设方式

1）画线：根据设计的要求，在拟施工道路上画出光缆敷设路由，对开槽位置进行画线，以保证所开沟槽不发生偏斜。

2）开槽：

a）光缆沟槽一般应采用路面切割机进行一次性切割，沟槽的转角角度应保证光缆敷设后的曲率半径符合规范要求。

b）光缆沟槽应切割平直，结合微槽光缆施工工艺，开槽宽度应比缆外径大2～4mm，一般开槽宽度为10mm＋2mm；设定切缝深度，槽深度一般为100～120mm，槽道总深度不得大于路面层厚度的2/3。

c）开槽时不得把路面层割透，沟槽底部不能有影响光缆布放的凹凸不平状。沟槽转弯时，转弯半径需大于光缆允许的弯曲半径。

d）光缆沟槽的沟底应平整、光滑、无硬坎（台阶）。在同一连续段内，当出现路面层厚度不同且距离较短时，光缆沟槽的深度宜保持一致。如采用不同沟深标准时，应保证在两沟深交接处的沟底平滑过渡。

3）光缆敷设：

a）光缆敷设前，应先使用高压水枪、清缝机等设备对切割后沟槽内的沙、石、土、水泥粉末、水泥浆等进行清除，使用热喷枪（或喷灯）对沟槽进行去潮、排潮处理。处理后的沟槽内应干净干燥，底部不得有碎石等杂物，沟底应平滑。

b）在沟底敷设一根用作保护层的PE泡沫填充条。为平整地敷设PE条至沟槽底部，应利用压条机把PE条平整地压到沟底。如发现在沟槽底部不平，也可在敷设第一层PE条之前先在沟槽底部敷设一层10mm厚薄细沙以保证槽底部的平整。

c）微槽光缆可以采用人工或机械法敷设，在敷设过程中应逐步将光缆从缆盘上放出敷设进路面微槽中。当路由方向发生改变时，应保证满足光缆的最小弯曲半径要求。

d）槽道内最上层光缆距路面深度不小于80mm。在光缆的上方放置第二层PE条，再次利用压条机将第二层PE条和光缆一起平整地压在第一层PE条的上面。

e）根据沟深情况依次放入一层至多层承压橡胶填充条，逐条逐次用压条机进行压实，如图15-5-79所示。

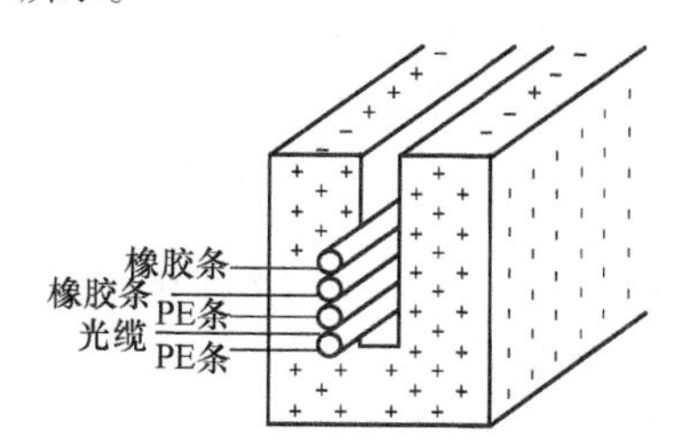

图15-5-79 路面微槽光缆敷设及保护断面示意图

4）路面恢复及清洁：在槽的两侧沿槽口贴上耐高温胶带，将熔化的密封胶平整地浇灌到沟缝中，并要求注满、刮平。当密封胶冷却和路面、沟槽粘合后，趁密封胶没凝固前把槽两侧的胶带撕掉，如已凝固，可用火烤后撕掉。最后利用工业吸尘器等设备清除路面的沙、石、土、水泥浆等杂物。路面的恢复应符合物业管理部门或城市道路主管部门等相关的要求。

5.3.6 建筑物内光缆敷设

1. 建筑物内光缆敷设特点

1）建筑物内的光缆路径多比较曲折、狭小；

2）一般无法用机械敷设，只能采取人工敷设方式。

2. 建筑物内敷设对光缆的要求

无论是埋地光缆还是架空光缆一般均可在建筑物内敷设。特殊情况下应使用阻燃型光缆或无金属光缆。

3. 建筑物内光缆的敷设方式

1）一般由局前孔通过管孔内预放的牵引绳牵引至进线室，然后向机房内布放；

2）上下楼层间一般可采用预先放好的绳索与光缆连接，再牵引上楼。穿越楼层洞时应做好消防封堵；

3）拐弯处应有专人传递，确保光缆的弯曲半径。

4）建筑物内光缆的长度预留：

a）普通型进局光缆，进线室余留5～10m，机房内预留8～10m；

b）阻燃型或无金属进局光缆，进线室内连接用预留 5 ~ 8m，机房内预留 15 ~ 20m。

5）成端固定：光缆进入 ODF 时，金属构件应与 ODF 上高压防护装置可靠连接。

5.3.7 FTTH 引入光缆敷设

1. FTTH 引入光缆敷设特点

FTTH 引入光缆是指 ODN 中最靠近用户的分纤点到用户端之间的光缆，引入光缆的敷设具有以下特点：

1）入户建筑形态、类型多样化，敷设环境复杂，需要多种敷设手段；

2）引入光缆敷设条件差异很大，路由复杂，受外部条件限制较多；

3）敷设空间有限，资源条件苛刻。

以上特点决定了引入光缆的敷设需要不断探索各种新材料、新施工工艺，结合现场条件灵活采用多种方式进行敷设。

2. 入户敷设对引入光缆的要求

1）通过建筑暗管入户时，由于暗管所余空间有限，要求引入光缆具有体积小、重量轻、摩擦系数低等特点，以便于在暗管中穿放。常用的室内引入光缆有蝶形引入光缆和圆形引入光缆两种。

2）通过室外架空方式入户的引入光缆应采用自承式结构，自承钢线易于剥离且具有防腐性能。

3）通过管道入户的引入光缆应采用全截面阻水结构。

4）由于敷设路由多曲折，引入光缆所用光纤应具有良好的抗弯曲性能，通常采用 G. 657A1、G. 657A2 类光纤。

5）引入光缆外护套均应采用低烟无卤材料。

6）引入光缆应有方便、快速的端接功能，便于现场制作成端并端接。

3. FTTH 引入光缆的敷设

1）引入光缆的敷设要求：

a）引入光缆敷设的最小弯曲半径应符合下列要求：

① 敷设过程中光缆弯曲半径不应小于 30mm；

② 固定后光缆弯曲半径不应小于 15mm。

b）一般情况下，引入光缆敷设时的牵引力不宜超过光缆允许张力的 80%；瞬间最大牵引力不得超过光缆允许张力的 100%，且主要牵引力应加在引入光缆的加强构件上。

c）引入光缆布放时须使用放缆托架或将全程光缆从光缆盘上一次性以盘 8 字圈法倒盘后再布放，光缆中间禁止有接头。

d）在引入光缆敷设过程中，应密切注意光缆所受的外力及弯曲半径，避免光缆被缠绕、扭转、损伤和踩踏。

2）引入光缆的敷设方式：根据入户建筑类型不同、场景不同，引入光缆应选择不同的敷设方式，典型场景下采用的敷设方式见表 15-5-22。

表 15-5-22　引入光缆的敷设方式

<table>
<tr><th colspan="2">布线场景</th><th>光缆敷设方式</th><th>建筑类型</th></tr>
<tr><td colspan="2" rowspan="3">室外布线</td><td>架空敷设</td><td>旧式里弄、
农村住宅</td></tr>
<tr><td>沿墙钉固敷设</td><td>旧式里弄、
公寓住宅</td></tr>
<tr><td>管道敷设</td><td>别墅</td></tr>
<tr><td rowspan="2">楼道内布放</td><td>有暗管、
竖井</td><td>暗管穿放
竖井布放</td><td>公寓住宅</td></tr>
<tr><td>无暗管、
竖井</td><td>沿墙钉固线槽、
明管穿放</td><td>公寓住宅、
旧式里弄</td></tr>
<tr><td rowspan="3">户内布线</td><td>有暗管</td><td>暗管穿放</td><td>别墅、
公寓住宅</td></tr>
<tr><td rowspan="2">无暗管</td><td>室内线槽穿放</td><td rowspan="2">公寓住宅、
旧式里弄、
农村住宅、</td></tr>
<tr><td>沿墙钉固敷设</td></tr>
</table>

a）架空敷设：

① 采用架空方式敷设时，应选用自承式引入光缆。

② 应根据装置牢固、间隔均匀、有利于维修的原则选择支撑件及其安装位置。优先利用原有的引入光缆支撑件，但同一支撑件上自承式引入光缆布放条数不得超过支撑件最大可承载条数。

③ 一般采用紧箍钢带与紧箍夹将紧箍拉钩固定在电杆上，采用膨胀螺栓与螺钉将 C 形拉钩固定在外墙面上，木质外墙可直接将环形拉钩固定在墙上。

④ 紧固钢线时，应将钢线与光缆分离，将自承钢线扎缚于固定件上，并通过固定件拉紧固定支撑件上，该处余长光缆应采用纵包管包扎保护。

⑤ 当架空引入光缆长度较长时，宜选择从中间点位置朝两侧布放。

b）沿墙钉固：

① 选择合适的钉固路由：一般引入光缆宜钉固在隐蔽且不易被触碰的墙面上。

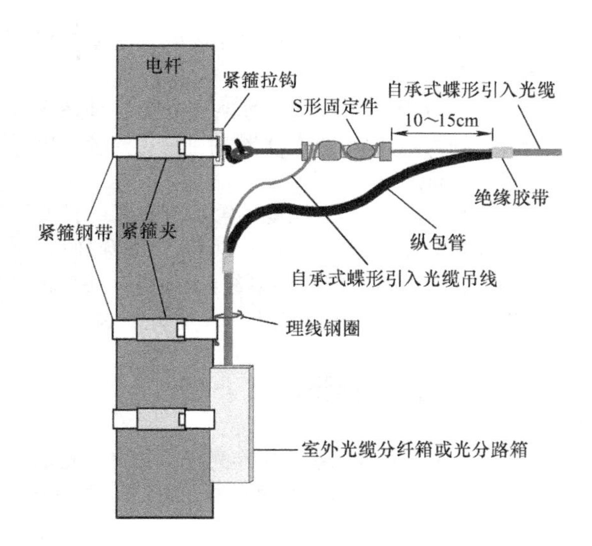

图 15-5-80 自承式引入光缆杆路终结处安装示意图

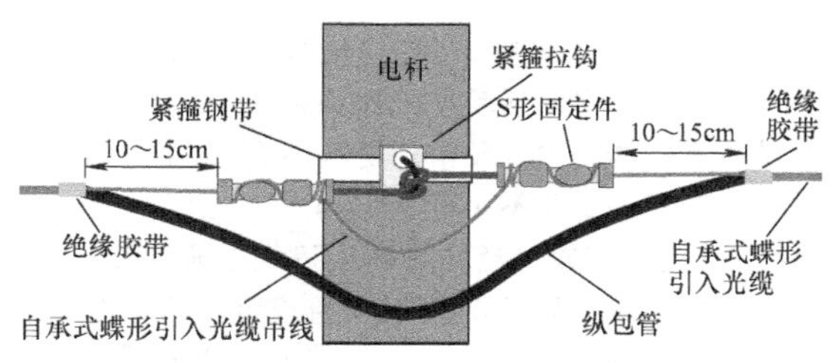

图 15-5-81 自承式引入光缆过杆安装示意图

② 选择合适的钉固件：根据引入光缆的类型以及墙面安装情况选用合适的光缆钉固件。

③ 钉固光缆时应注意一边目视检查，一边进行光缆的固定，必须确保光缆无扭绞、无损伤、无弯曲半径过小，且无钉固件挤压光缆等现象发生。

④ 在墙的弯角处或光缆转弯处，引入光缆需留有一定的弧度，从而保证光缆的弯曲半径满足要求，并宜采用套管进行保护。严禁将引入光缆贴住墙面沿直角弯转弯。

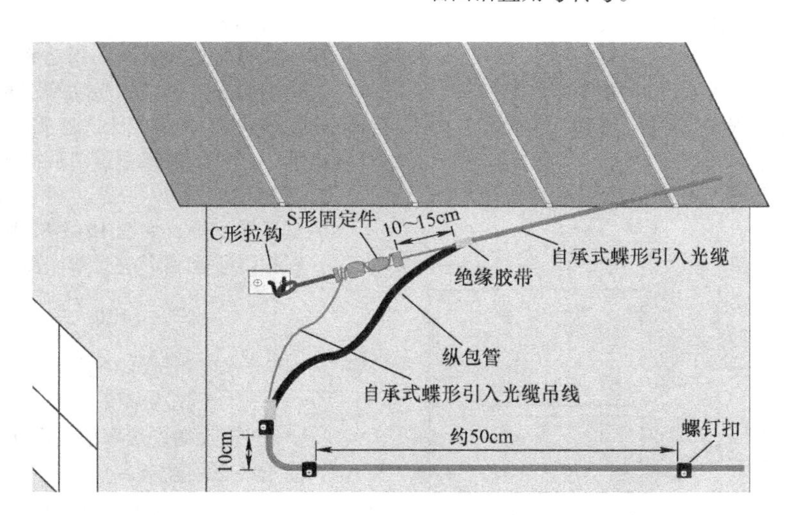

图 15-5-82 自承式引入光缆建筑物外墙安装示意图

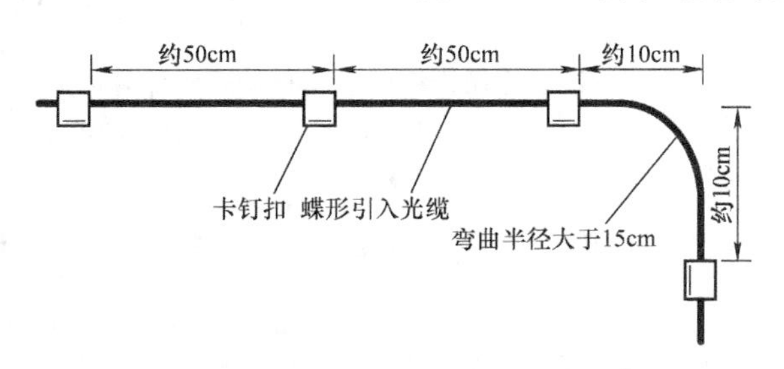

图 15-5-83 引入光缆沿墙钉固安装示意图

⑤ 引入光缆布放完毕后，需全程目视检查光缆，确保光缆没有受外力。

c）管道敷设：引入光缆的管道敷设方式同常规光缆，采用人工敷设方式。

d）暗管穿放：

① 根据光分路器、ONU 等设备的安装位置，以及入户暗管和户内暗管的实际情况，确定光缆入户的具体位置。

② 引入光缆在暗管内无法直接穿通时，应使用穿管器，同时可在暗管管孔内倒入适量的润滑剂，或者在穿管器上涂抹润滑剂，以提高穿缆效率，不得用蛮力拉拽光缆。

③ 将引入光缆牵引出管孔后，应仔细检查光缆引出段的外护套是否有凹陷或损伤，如果有损伤，则应放弃穿管的施工方式。

④ 穿放完毕的引入光缆应预留合适的长度，用于现场制作光纤活动连接插头和光缆的端接。通常光缆在家居箱内的预留长度不小于500mm，在插座盒内的预留长度不小于300mm。

e）竖井布放：竖井是高层建筑的垂直布线通道，引入光缆一般情况下很少通过竖井跨层布放，必须在竖井桥架内布放时应与其他缆线分开布放，引入光缆的外部应套波纹软管等保护管，在上端和每间隔1.5m处应固定在桥架的支架上，不宜绑扎过紧使光缆受到挤压。

f）线槽布放：

① 选择合适的线槽安装路由：布放线槽时应选择弯角较少，且墙壁平整、光滑的路由。

② 选择合适的线槽：光缆敷设时应选择合适的线槽，特别是在转弯或转角处，应满足引入光缆弯曲半径的要求。

③ 选择合适的线槽安装方式：根据环境及墙面情况，选择合适的线槽安装方式，如双面胶粘贴方式或螺钉固定方式。

④ 根据现场的实际情况对线槽及其配件进行组合，线槽盖和底槽应配对进行切割，一般不宜分别处理线槽盖和底槽。

⑤ 关闭线槽盖时，应注意槽盖不得挤压引入光缆。

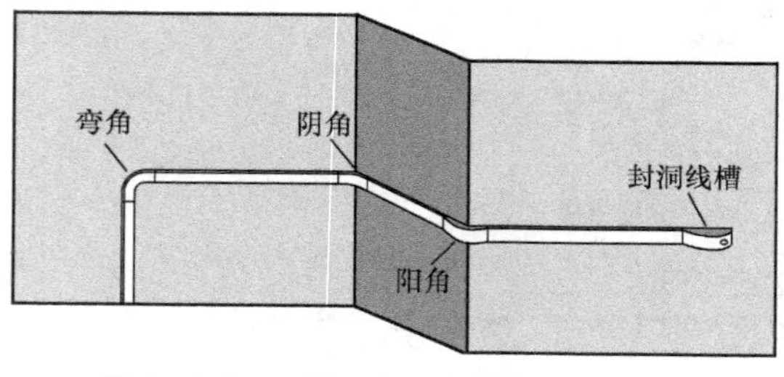

图15-5-84　引入光缆线槽布放示意图

g）明管穿放：

① 选择合适的明管安装路由及合适的管径：明管应尽量安装在不易被触碰的地方，且尽可能不影响环境美观，一般宜采用外径不小于20mm的管材。

② 确定过路盒的安装位置：在住宅单元的入户口处以及水平、垂直明管的交叉处需设置过路盒；当水平管直线段长度超过30m或段长超过15m并且有两个以上的90°弯角时，也应设置过路盒。

③ 在路由的拐角或建筑物的凹凸处，明管需保持一定的弧度后安装固定，以确保光缆的弯曲半径符合规定，且便于引入光缆的穿放。

④ 在段长距离较长的管内穿放引入光缆时可使用穿管器。

⑤ 连续穿越两个直线路过路盒或通过过路盒转弯以及在入户点牵引引入光缆时，应把光缆抽出过路盒后再行穿放。

⑥ 过路盒内的引入光缆不需留有余长，只要满足光缆的弯曲半径要求即可。引入光缆穿通后，应确认过路盒内的光缆没有被挤压，通过过路盒转弯处的光缆弯曲半径符合规定。

5.4　光缆线路测试

在完成光缆敷设及接头制作完毕后，要对光缆线路损耗进行测试，通常使用两种方法，即插入法和后向反射法。

5.4.1　插入法测量光纤线路损耗

1. 功率计校准

插入法测量是接收端局用功率计测量接收光功率，发送局由光源送出的光功率需用另一个光功率计测出发送光功率值，因此要求两端功率计校准，使测试值一致，以确保测试值的准确性。

2. 功率值测量

测试系统框图，如图15-5-85所示。

一般中继段光路需进行双向测试，线路损耗为

$$\alpha = 10\lg\frac{P_1}{P_0} \qquad (15\text{-}5\text{-}28)$$

式中　α——单向测试线路损耗（dB）；

P_1——入纤光功率值（dB）；

P_0——接收端光功率值（dB）。

长途干线工程经A→B、B→A端双向测试后，其光路损耗平均值（dB/km）为

$$\bar{\alpha} = \frac{\alpha(A\to B)+\alpha(B\to A)}{2}\Big/L \qquad (15\text{-}5\text{-}29)$$

现场测试时应做详细记录，测试完毕计算无误后，按测试表格要求填入表15-5-23作为竣工资料。

5.4.2　后向散射法测量光路损耗

用OTDR进行后向散射法测量，可直接从仪器的显示屏上观察到光纤的后向散射信号曲线，通过对该曲线的检测能发现光纤接续部位是否可靠，光纤损耗随长度分布是否均匀，光纤全程有无微裂部位等异常。这种测试方法的可重复性、准确度均较高。

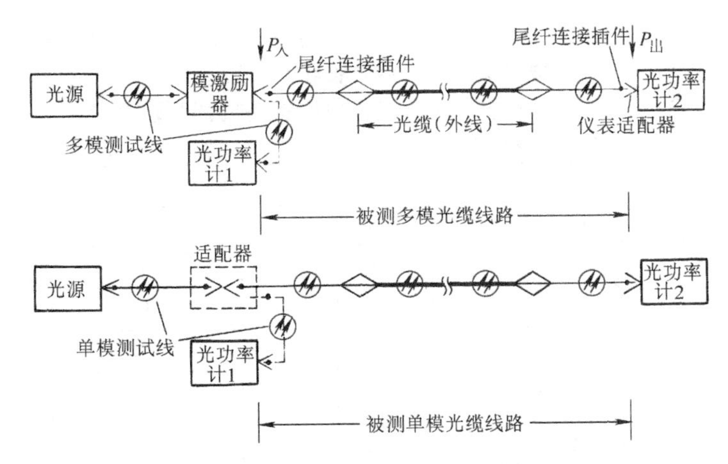

图 15-5-85　插入法光功率测试框图

表 15-5-23　竣工测试表

至　　中继段光纤线路衰减测试记录

中继段长______（km）光源______仪表______波长______（μm）温度______（℃）指标______（　）

光纤		$P_入$	$P_出$	α	$\bar{\alpha}$		光纤		$P_入$	$P_出$	α	$\bar{\alpha}$	
					dB	dB/km						dB	dB/km
1	A—B					7	6	A—B					
	B—A							B—A					
2	A—B						7	A—B					
	B—A							B—A					
3	A—B						8	A—B					
	B—A							B—A					
4	A—B						9	A—B					
	B—A							B—A					
5	A—B						10	A—B					
	B—A							B—A					

测试系统框图（按实际画出）：　　测试人________记录________审核________日期________

1. 检测内容

1）观察后向散射信号曲线的全部有无异常，当发现有可疑现象时，应将该部位波形扩展，以便正确判断。

2）按光缆接续时的现场资料，抽测核实接头点距离及连接损耗值。

3）测量光路损耗。

4）打印光纤后向散射信号曲线。

2. 光路损耗的测量方法

光路损耗一般用两点法测试。当测量距离较长、被测线路损耗接近仪器动态范围时，可用最小二乘法测试。

3. 线路总长度的测试

线路总长度包括盲区内长度和尾部的偏差长度，一般选测一条光纤的实际长度即可。一根光缆中各条光纤的测长不完全一样是正常的，因为各条光纤的光学参数总是有一些差异的。

4. 光纤连接损耗检测

通常用最小二乘法检测光纤连接损耗，用手动或自动模式使＊标置于接续点，另四个标记分别置于接续两侧，当被测接续点两侧单段光纤长度不足500m 时，应使用手动模式，以确保测试值的真实性，一般用自动即可。

在使用 OTDR 测试光缆线路时，应采用双向测试方式，测试完成后，应将检测结果、测试条件记入表15-5-24所示的检测记录表。

表15-5-24 光纤后向散射信号检测记录

至____中继段光纤后向散射信号曲线检测记录

中继段纤长________（km）测试仪表________ 波长________ 折射率________ 温度________

测试方向	通道	全程损耗/(dB/km)	测试状态							图片（曲线）编号
			HOR/nl	标1/km	标2/km	dB/div	km/div	PW	ATT	
A										
↓										
B										

测试人________________日 期________________

5.5 通信光缆的运行维护

5.5.1 通信光缆线路的维护管理

1. 通信光缆工程资料的整理

为了有效地对线路光缆进行维护，对已经敷设好的光缆，根据光缆线路的路径图、接头位置、敷设前后各盘光缆的各个通道（或光纤芯序）的损耗数据、带宽、色散、背向散射扫描曲线等数据资料收集整理，以备进行检测、维护和整治时加以对照分析。

这些资料应包括：

1）光缆出厂检测报告；

2）光缆现场验收资料；

3）光缆线路路径及光缆敷设位置资料；

4）光缆施工及特殊路段处理资料；

5）光纤光缆接续及接头盒安装、光缆余长安置情况的资料；

6）线路光纤传输特性及光纤接续损耗测试资料；

7）线路敷设施工竣工报告。

2. 通信光缆线路定期巡查和测试

对已敷设好的光缆线路，要做定期的巡回检查，主要内容如下：

1）光缆路由环境有无对光缆可产生破坏的异常变化；

2）光缆线路路径标志是否破坏；

3）光缆线路设备，如线杆、防护标志、光缆及接头盒等是否损坏。

另外，应该定期对敷设好的光缆中继段进行损耗测试，观察光缆的温度特性，判断其工作是否正常，并预告光缆线路今后的可靠性。测试工作的频次，可根据季节变化和外界环境变化来规定。敷设好的第一年和外界环境温度变化大时可多测几次，一年以后逐渐减少。对损耗变化较大的通道，还可用背向散射仪（OTDR）进行扫描，重新绘出背向散射曲线，与以前的资料进行对比分析。

定期巡查和测试的结果均应做好记录，作为资料档案。

5.5.2 通信光缆线路的防护

1. 防雷

（1）雷电对通信光缆的危害 含有金属构件（如铜导线、金属铠装层等）的光缆应该考虑雷电的影响。雷击大地时产生的电弧，会将位于电弧区内的光缆烧坏、结构变形、光纤碎断以及损坏光缆内的铜线。落雷地点产生的喇叭口状地电位升高，会使光缆内的塑料外护套发生针孔击穿等，土壤中的潮气和水，将通过该针孔侵袭光缆的金属护套或铠装，从而产生腐蚀，使光缆的寿命降低。入地的雷电流，还会通过雷击针孔或光缆的接地，流过光缆的金属铠装层，导致光缆内铜线绝缘的击穿。

有铜线光缆通信线路受雷电的危害，与具有塑料护套的电缆线路相似；无铜线光缆的通信线路，除直击雷外，主要是雷击针孔的影响。雷击针孔虽不致立即阻断光缆通信，但对光缆通信线路造成的潜在危害仍不应忽视。

（2）通信光缆遭受雷击的概率　埋地通信光缆一般为塑料外护层，当光缆埋设处的雷击地电位超过塑料护套的绝缘耐电压强度时，将发生针孔击穿。它导致与塑料外护层击穿的距离计算为

$$r = \frac{\rho I}{2\pi V} \tag{15-5-30}$$

式中　r——光缆至雷击点的距离（m）；

ρ——大地电阻率（Ω·m）；

I——雷电流（kA）；

V——光缆塑料外护层冲击击穿电（kV）。

CCITT《防雷手册》指出，雷电流峰值的平均值约为20kA，大于100kA的记录是罕见的，雷电流的累积频次如图15-5-86所示。光缆外护层的厚度一般为2mm，设冲击击穿电压为100kV时，可计算出直埋光缆受雷击的危险区如图15-5-87所示。

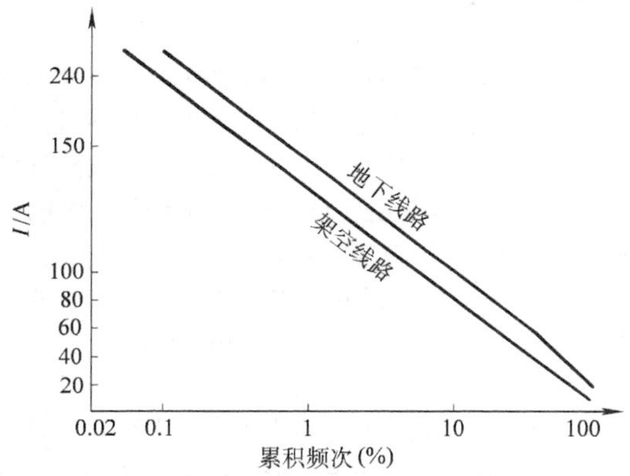

图15-5-86　架空和地下线路雷电流幅值的累积频次

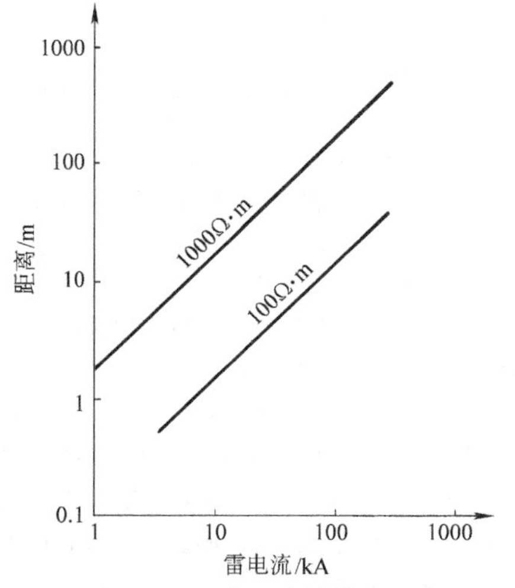

图15-5-87　直埋光缆遭受雷击的危险区域

塑料护套埋地光缆遭受雷击穿的可期次数，具体计算为

$$N_G = \frac{n_g \rho DL}{\pi V b} \times 10^{-3} \tag{15-5-31}$$

式中　N_G——雷击可期次数［次/(100km·年)］；

n_g——单位面积和每个雷暴日的雷击次数［次/(km·雷暴日)］；

D——年平均雷暴日数；

L——光缆线路长度（km）；

V——光缆塑料外护层的耐冲击击穿电压（kV）；

b——累积次数常数（1/kA）；

ρ——大地电阻率（Ω·m）。

假设：$n_g = 0.015$ 次/(km·雷暴日)；$L = 100$km；$V = 100$kV；$b = 0.021$（1/kA）。

每100km光缆通信线路每年的雷击可期次数的计算值，如图15-5-88所示。由图可知，当年平均雷暴日D为20，大地电阻率ρ为100Ω·m的光缆通信线路上，雷击可期次数为0.5次；ρ为1000Ω·m时为4.6次；当D为40，ρ为100Ω·m时，雷击可期次数为0.9次；ρ为1000Ω·m时，雷击可期次数为9.1次。据此，说明光缆的塑料外护层，被雷电击穿，出现针孔的情况，还是较多的。

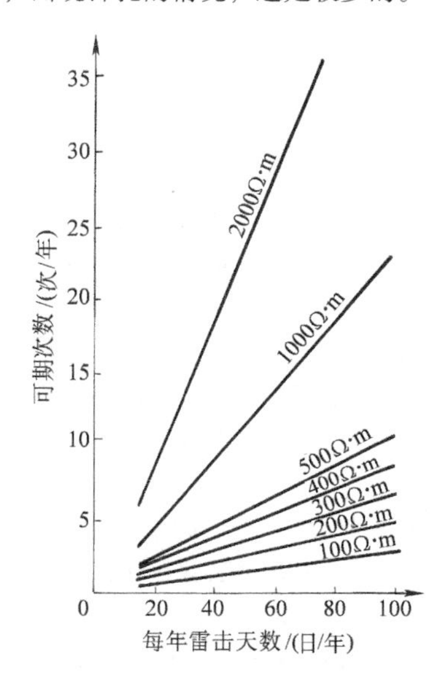

图15-5-88　每100km光缆线路塑料外护套雷击针孔的每年可期次数

有、无铜线（如信号线等）的光缆塑料外护层被击穿的可期次数是相同的。光缆内铜线的绝缘被

击穿，是发生在塑料外护层被击穿之后，其击穿的可期次数远小于塑料外护层被击穿的次数。

（3）通信光缆线路的防雷措施 根据光缆的结构特点，宜采取的防雷措施如下：

1）光缆的金属护层或铠装层不做接地，使之处于浮动地位。

2）光缆的金属护层（或铠装）、金属加强构件，在接头处相邻光缆间不做电气连通；光缆中各金属构件也不做电气连通。

两侧的金属铠装层，各用一根监测线，分别由接头盒两端引出接至监测标石，供线路维护人员监测聚乙烯护套的绝缘性能用。监测线平时不接地，只是测试时才临时接地。监测线也可在标石上临时连通，以作为施工和维护中临时业务通信。

在线路终端，如中继站，需将金属部件相互连通直接接地。

3）通信光缆线路通过地区的年平均雷暴日数和大地电阻率，大于或等于表15-5-25数值时，对于无铜线光缆应敷设一根防雷线（ϕ6mm），对于有铜线光缆应敷设两根防雷线。

表15-5-25 光缆通信线路防雷地段

年平均雷暴日数	大地电阻率/Ω·m
20	≥500
40	≥300
60	≥200
80	≥100

注：表中数值，是按每100km光缆通信线路。

光缆外护层每年可能发生两次针孔击穿确定的。

4）在年雷暴日数超过80天、大地电阻率在500Ω·m以上屡遭雷击，以及光缆、电缆曾遭受雷击的地点，除敷设两根防雷线外，加强构件宜采用非金属材料。

5）光缆距地面上高于6.5m的电杆及其拉线、高耸建筑物及其保护接地装置小于表15-5-26的净距要求时，应采取防雷措施。

表15-5-26 光缆与电杆、高耸建筑物间防雷净距

大地电阻率/Ω·m	净距/m
≤100	10
101~500	15
>500	20

光缆与高于10m孤立大树树干的净距小于表15-5-27的要求时，应采取防雷措施。

表15-5-27 光缆与孤立大树间防雷净距

大地电阻率/Ω·m	净距/m
≤100	15
101~500	20
>500	25

注：表中净距要求是按树根半径为5m考虑的；对于树根大于5m的大树，则应实况加大距离。

当净距不能满足要求时，可选用消弧或避雷线保护措施进行防雷保护。

6）采用多层金属护层的防雷电缆。在年雷暴日数小于20，且大地电阻率<100Ω·m的地区，可不采用任何防雷措施。

2. 防强电

（1）强电对通信光缆线路的影响 当有金属的光缆线路与高电压电力线路、交流电气化铁道接触网、发电厂或变电站的地线网、高压电力线路杆塔的接地装置等强电设施接近时，需考虑由电磁感应、地电位升高等因素对光缆内的铜线与金属构件所产生的危险和干扰影响。其危险和干扰影响的形式为光缆铜线上产生感应的纵向电动势。

有铜线光缆的强电影响允许值，以铜线及铜线工作回路所能承受的允许值来确定；无铜线光缆的强电影响允许值，以光缆的金属护层（如皱纹钢带护层、钢丝护层、铝护层）的允许影响值来确定。

用作远距离供电回路的铜线，其短期危险影响允许的纵向电动势为

$$E \leqslant 0.6u_s - \frac{u_g}{2\sqrt{2}} \qquad (15\text{-}5\text{-}32)$$

式中 E——容许的纵向电动势（V）；

u_s——光缆中继段铜线的直流试验电压标准值（V）；

u_g——远供电压（V）。

没有固定电压与感应纵电动势相叠加铜线，其短期危险影响的纵向电动势为

$$E \leqslant 0.6u_s \qquad (15\text{-}5\text{-}33)$$

光缆金属护层短期危险影响允许的纵向电动势，可暂按光缆塑料外护层直流绝缘介质试验电压标准值的60%来确定；其长期危险影响容许的纵向电动势为≤60V。

按上式和标准求得的强电影响容许的纵向电动势值见表15-5-28。

表 15-5-28　光缆通信线路受强电影响允许的纵向电动势（单位：V）

光缆类别	危险影响允许值		干扰影响允许值
	短期影响	长期影响	
有铜线光缆： 一般铜线 远供回路铜线	 ≤1200 ≤740	 ≤60 ≤60	 ≤60
无铜线光缆： 金属护层	 ≤12000	 ≤60	

（2）强电影响计算　当光缆通信线路与高压电力线路、交流电气铁道接触网接近时，强电线路在故障状态或工作状态，由电磁感应在光缆铜线上和金属护层上，产生的纵向电动势有效值为

$$E = 2\pi fMLIS \tag{15-5-34}$$

式中　E——感应纵向电动势（V）；

f——强电线路的电流频率（Hz）；

M——强电线路与光缆线路间的互感系数（H/km），取 f 为 50Hz 时的数值；

L——接近段光缆线路在强电线路上的投影长度（km）；

I——强电线路中通过的电流值（A），在故障状态时为短路电流乘以 0.85，在工作状态时为电力线路的不平衡电流，在交流电气铁道接触网时为接近段内的平均牵引电流；

S——接近段内的综合屏蔽系数，一般按光缆线路和强电线路及两线路附近（距两线路不大于 10m）金属管线的屏蔽系数的乘积计算。

高压电力线路短路故障状态在平行较近的光缆线路和铜线上感应产生的纵电动势可从表 15-5-29 中查出。表列数据的计算假设条件为，高压电力线路的故障短路电流分别为 5000A（110kV 电力线）、8000A（220kV 电力线）、15000A（500kV 电力线）；接近段的大地电阻率为 100Ω·m、500Ω·m、1000Ω·m 三种；平行接近段长度为 10km；高压电力线路的屏蔽系数为 0.9，光缆线路的屏蔽系数为 1，两线路附近无其他屏蔽体。

工程中的实际情况与表中假设条件不同时，例如故障短路电流为 I_x、平行接近长度为 L_x、综合屏蔽系数为 S_x 时，感应纵电动势则为

$$E_x = E\frac{I_x}{I}\frac{L_x}{L}\frac{S_x}{S} \tag{15-5-35}$$

将依据假设条件在表 15-5-29 中查得的纵向电动势值和假设条件数值以及实际情况的数值代入式（15-5-35）中即可换算出实际情况的纵向电动势值。

表 15-5-29　高压电力线路故障短路时在光缆铜线上感应的纵向电动势

隔距/m	光缆铜线上感应的纵向电动势/V								
	电力线电压								
	110kV			220kV			500kV		
	土壤电阻率/Ω·m								
	100	500	1000	100	500	1000	100	500	1000
50	7183	9152	9908	11492	14643	15853	21547	27456	29726
100	5885	7506	8288	9416	12011	13260	17655	22520	24862
500	2282	3363	4924	3652	5381	7902	6846	10089	14773
1000	1081	2643	3363	1730	4228	5381	3243	7927	10089
2000	337	1321	1981	538	2114	3171	1009	3964	5945
3000	133	280	1201	212	1250	1922	396	2342	3603
5000	48	300	601	77	480	961	145	901	1802

设平行接近的 110kV 电力线路，平行接近距离为 1000m，大地电阻率为 100Ω·m，短路电流为 6000A，平行接近长度 $L_x = 20\text{km}$，屏蔽系数 $S_x = 0.9$。从表中查出隔距为 1000m，$\rho = 100\Omega\cdot\text{m}$ 时的 E 为 1081V，将假设数值代入换算公式，则

$$E_x = 1081 \times 6000/5000 \times 20/10 \times 0.9\text{V} = 2335\text{V}$$

交流电气铁道接触网工作状态在平行接近的光缆线路的铜线上，感应产生的纵向电动势可从表 15-5-30 中查出。当工程中的实际情况与表中假设条件不同时，也可以换算求出。表列数据的计算条件为：交流电气铁道接触网的平行牵引电流为 500A；平行长度为 10km；铁道的屏蔽系数为：ρ 为

100Ω · m时等于0.32；ρ为500Ω · m时等于0.29；ρ为1000Ω · m时等于0.28；光缆线路的屏蔽系数为1；两线路附近无其他屏蔽体。

表15-5-30　交流电气铁道工作状态在光缆铜线上感应的纵向电动势

隔距/m	光缆铜线上感应的纵向电动势/V		
	土壤电阻率/Ω · m		
	100	500	1000
50	300	347	362
100	246	285	303
500	95	127	180
1000	45	100	123
2000	14	50	73
3000	6	30	44
4000	2	11	22

当光缆的金属护层和金属加强构件未做间隔接地时，它们上面所感应的纵向电动势，与光缆内的铜线相同。

通信光缆线路与发电厂或变电站的地线网、高压电力线路杆塔接地装置接近时，光缆敷设位置可能出现强电系统接地电流而引起地电位抬高，对于发电厂或变电站的地线网的计算式为

$$u = \frac{2}{\pi} IR_u \arcsin\frac{d}{d+x} \quad (15\text{-}5\text{-}36)$$

对于杆塔接地装置的计算式为

$$u = IR_u\frac{d}{d+x} \quad (15\text{-}5\text{-}37)$$

式中　u——光缆距接地装置等效半径x处的地电位（V）；

I——通过接地装置的电流（A）；

R_u——接地电阻（Ω）；

d——接地装置的等效半径（m）；

x——距接地装置等效半径的距离（m）。

通信光缆线路的中继段较长（一般大于40km），光缆的屏蔽效果又很差（屏蔽系数接近1），从表中的数字可以看出，通信光缆线路与强电线路接近时，在铜线上感应的纵向电动势是相当大的，接近间距稍小一点，土壤电阻率稍高一点，其感应电动势即超过了铜线或铜线工作回路的允许标准，故在光缆内加入铜线，给通信光缆线路的防强电设计带来了很大困难。

（3）通信光缆线路与强电线路的隔距　有铜线光缆线路，按铜线与允许的纵向电动势为740V，与110kV、220kV和550kV电力线需保持的隔距见表15-5-31。

表15-5-31　有铜线光缆线路与高压电力线路需保持的隔距

平行长度/km	隔距/m								
	电力线电压								
	110kV			220kV			500kV		
	土壤电阻率/Ω · m								
	100	500	1000	100	500	1000	100	500	1000
10	1300	3000	4200	1800	4100	5500	2200	5100	7000
20	1900	4400	6000	2200	5200	7200	3100	7100	9000
30	2100	5200	7000	2700	6500	8800	3500	7000	11000

有铜线光缆，按铜线上允许的纵向电动势为60V，与交流电气铁道需保持的隔距见表15-5-32。

表15-5-32　有铜线光缆线路与交流电气铁道需保持的隔距

平行长度/km	隔距/m		
	土壤电阻率/Ω · m		
	100	500	1000
10	850	1800	2200
20	1300	2900	4000
30	1650	3800	5100

无铜线光缆，按金属护层上容许的纵向电动势为12kV，与高压电力线路的隔距见表15-5-33。

对无铜线光缆，按金属护层容许的纵向电动势为60V，与交流电气铁道需保持的隔距见表15-5-34。

光缆内加入铜线，使光缆失去了抗电磁干扰的优越性，同样需要考虑对强电影响的防护问题。

（4）通信光缆线路的防强电措施

1）光缆的金属护层、金属加强件，在接头处相邻光缆间不作电气连通，以减小影响的积累段长度。

表15-5-33 无铜线光缆线路与高压电力线路需保持的隔距

平行长度/km	隔距/m								
	电力线电压								
	110kV			220kV			500kV		
	土壤电阻率/Ω·m								
	100	500	1000	100	500	1000	100	500	1000
10	4	15	20	45	100	140	210	480	680
20	90	200	290	230	520	680	650	1500	2100
30	220	490	650	450	1000	1800	800	2000	2900

表15-5-34 无铜线光缆与交流电气铁道需保持的隔距

平行长度/km	隔距/m		
	土壤电阻率/Ω·m		
	100	500	1000
2	51	85	100
10	850	1800	2200

2）在接近交流电气铁道的地段，当进行光缆施工或检修时，将光缆的金属护层与加强构件做临时接地，以保证人身安全。

3）通过地电位升高区域时，光缆的金属护层与金属加强构件不做接地。

4）对于有铜线回路的光缆，可做如下特殊处理：

a）改变路径，增大与强电线路的隔距，或缩短影响积累段长度。

b）在铜线回路中安装放大器或安装防护滤波器。

c）在不影响中继站供电的情况下，调整远供段长度。

d）在业务通信回路中，安装纵向干扰抑止线圈或隔离变压器。

3. 通信光缆的防蚀

光缆的塑料外护层，对光缆金属护层或铠装层，已具有良好的防蚀保护作用，可不考虑外加防蚀措施。但为防止光缆塑料护层的局部损伤，致使绝缘性能下降，甚至形成透潮进水的隐患，在光缆工程建设中，要求金属护层或铠装层对地绝缘指标是，中继段不小于10MΩ·km，光缆单盘制造长度不小于1000MΩ·km。

4. 通信光缆的防鼠害

鼠害多发生在管道光缆地段，有效易行的办法是在人孔内将管道口堵塞，或者采用子管敷设光缆。也可选用抗鼠害材料（如尼龙12）护层光缆。

5. 通信光缆的防白蚁

白蚁生长在我国南方温暖和潮湿的地方，适宜的生活温度为25～30℃。白蚁在寻找食物过程中，会啃咬光缆的聚乙烯护套，并分泌蚁酸，从而加速了对金属护层的腐蚀。目前防白蚁的主要措施见表15-5-35。

表15-5-35 直埋式光缆防白蚁主要措施

措施	做 法
生态防蚁	按白蚁的生活习性多在离地面1m附近的浅土层，通过勘测设计，提出需要将光缆增加埋深的地段。选择路径时，尽量避开枯树、居民区、木桥、坟场等可能繁殖白蚁的地点
毒土法	毒土的药物有如下几种： 1）氯丹乳液，用1%～2%氯丹乳液不溶于水而溶于有机溶剂，故毒土后有较好残留的药效，缺点是人体吸收一定药量后，会积累或慢性中毒，不易排出体外 2）砷铜油质合剂：含硫酸铜5%、亚砒酸10%、苛性钠5%、碳酸3%、鱼油10%、水67%。此法毒土后土质变得坚硬，药物不易流失，有一定药效，同时对人体毒害，可以通过一些医疗药物化合，排出体外 3）含砷合剂药物塑料带：亚砒酸、苛性钠、焦油等稠成糊状，涂在薄塑料带上，带宽约200mm，直接覆盖在光缆的底部和上面各一层。此法施工较方便，性能与砷铜油质合剂基本相同
防蚁光缆	国外防蚁光缆采用在PE外护层上增挤一层尼龙12的被覆物，此法已大量推广使用 目前科研工厂进行的防蚁方法：①修改PVC外护层配方，采用聚酯、聚胺基甲酸酯等；②在PVC外护层减少增塑剂，提高邵氏D硬度为63～65度的方法，已在农话电缆使用

5.5.3 光缆线路障碍查修方法

1. 光缆线路障碍分类及定位方法

光缆线路障碍指由于自然灾害或人为破坏造成光缆内的某些光纤或全部光纤损耗增大或阻断，从而导致通过该条光缆传输的部分或全部光系统严重误码或完全中断的情况。如光纤接续点损耗增大、光纤自然断裂、外力作用损坏光缆、光纤传输链路中的某一段光纤衰减性能劣化、局内尾纤和跳纤盘放不当，久而久之自然下坠而在某点弯曲过度，甚至纤芯坠折等，都会使光系统传输严重误码或中断。

光缆线路障碍从对光缆线路的损坏严重程度分类，大致可分为全阻断障碍、部分断纤障碍和隐含的断纤障碍三种形式。从障碍的性质（也就是对通信的影响程度）分类又可分为一般障碍、全阻障碍和重大通信阻断障碍。障碍处理的基本原则是，先抢通，后修复；先干线，后支线；先重要，后次要；先主用，后备用。

目前，光缆线路障碍定位的主要方法是使用OTDR对光纤长度及光纤线路中某点的损耗进行测量。通过对OTDR测量出的背向散射信号曲线上异常点的位置及其对应的损耗台阶或菲涅尔反射峰等的分析，获得光纤沿线上各特征点（接续点、断裂点、跳接点、损耗过大点等）所对应的长度量值，这为障碍定位提供了科学有效的数据，再结合光缆线路的实际路由走向和余留情况就能找到障碍点。

2. 光缆线路查障及修复

（1）全阻断障碍查修 全阻断障碍即整条光缆中的光纤全部阻断，又称全阻障碍，多为外力作用造成，如挖掘、钻孔、车挂等。其特点是障碍现场有明显的痕迹，很容易被发现。对于全阻障碍，如果光缆断点两边没有被拉抻，OTDR测试各纤长度一致，背向散射信号曲线在断点处的菲涅尔反射峰都很明显，可从两边把光缆向断点移动，达到够接续的长度，进行修复接续。对于管道光缆，大多数情况下光缆发生障碍时，管道也肯定受损。待光缆修复且通信恢复正常后，应尽快修复管道，并在光缆抢修接头处增做一个人（手）孔，放置光缆接头盒和保护有关的线路。

如果管道光缆断点两边的光缆受到拉抻，在人（手）孔的拐点处光缆受力是不平衡的，可能会有部分纤芯被抻断，有的光纤可能出现两处乃至多处阻断现象。因而在初步确定障碍的性质和位置后，还要进一步确定断点附近是否还存在他处断纤现象。若断点附近几米内还有断纤，由于测试误差，用OTDR从局端光缆尾纤测试是很难确定断点的。应从断点向两边测试（测试时应选择空闲纤，占用纤内有光信号，最好不要用OTDR测），测试时介入一段200～500m的测试光纤，依次和每一根被测光纤耦合进行测试，测试脉宽尽可能选择得小一些以获得长度上的最大分辨率。若发现断纤，再把曲线展宽细测，结合从局端测得的测试数据一起进行综合分析，即可比较准确地确定他处断纤位置。若经测试未发现有其他断纤，则再对占用纤芯进行测试。对于占用光纤，由于纤内有光信号，可先用光功率计做接收测试以判断是否有断纤情况，然后再用OTDR确定断纤位置。如果障碍点距离局端的长度在红光发生器的测试范围内，可用红光发生器判断障碍点附近是否还存在断纤。用红光发生器从局端向被测光纤送红光，在障碍点能看见红光，说明障碍点附近没有断纤，若看不见红光，则说明障碍点附近还有断纤，需要进一步判断断纤的大概位置。

对于大芯数且纤芯占用比较多的光缆线路，全阻障碍抢修接续时，一般不主张对占用的纤芯用OTDR测试。光纤接续时要按重要系统、一般系统到非占用纤芯的先后顺序接续。对于占用纤芯，接续损耗以熔接机显示的值为参考，肉眼观察又无异常现象时，系统端机立即恢复正常工作即可。对于非占用纤芯，应当用OTDR监测接续和进行全程背向散射信号曲线测试。

（2）部分断纤障碍查修 造成部分断纤障碍的原因很多，例如外界施工铲挖、风钻破路等擦伤、挤断光缆内的部分光纤；管道内的其他电信线路施工踩伤、锯坏光缆的部分光纤；接头老化，受到振动而松动进水，使光纤接头异化，损耗增大或中断；自然断纤；局内尾纤与跳纤的活动接头松动造成光路阻断；尾纤和跳纤的余长盘放不当，久而久之自然下坠，造成在某点弯曲过大而使传输中断等。在一般情况下，部分断纤障碍相对全阻障碍而言对通信的影响要小得多，但障碍点的隐蔽性较强。以下分几种情况介绍部分断纤障碍的查修方法。

1）外力造成的部分断纤障碍查修：

因外界施工等外力作用造成的部分断纤障碍，一般情况下，光缆中可能有1芯或数芯光纤中断，有占用光纤，也有非占用纤。查修时首先从局端用OTDR测试获得障碍光纤的长度（对非占用光纤要逐一测试，以确定共有多少断纤），并结合光缆的路由走向和余留情况推断出障碍点的大致范围，然后沿途仔细查找。

光缆中部分光纤阻断的修理根据实际情况大致有以下几种处理方式：

a）光缆被从上向下的外力直接作用而阻断部分纤芯的硬伤障碍，无论是在管道段内还是在人（手）孔内，一般障碍点两侧的光缆不会受到拉抻，附近不会再有断纤情况。若障碍点两侧有余留光缆并能串移到障碍点足够接续用，可在障碍点处纵剥光缆，做一接头直接把断纤接上，使通信恢复，抢修接续如图 15-5-89 所示。注意在做接续处理时要特别小心，不要弄断其他正常光纤。

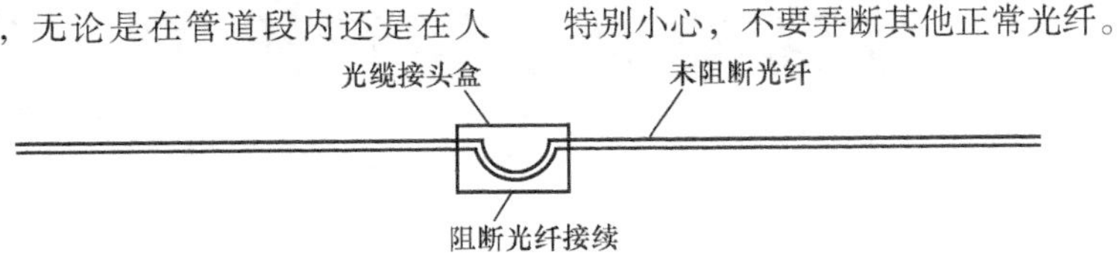

图 15-5-89　障碍点接续抢修示意图

b）若障碍点两侧没有余长光缆可用或有余长光缆但串移不动，则无法在障碍点修复光缆，需要换段修复，即更换该障碍点所在的整段盘长的光缆。

c）若障碍点两侧的余长光缆虽然无法向障碍点串移，但具备光缆接续操作的条件，可先用接头盒把障碍点光缆保护好（即把未断的光纤保护起来，使之安全），再从障碍点两侧有接续条件的位置介入一段光缆临时修复阻断的光纤（见图 15-5-90）待条件具备时再考虑通过换段来完全修复光缆。介入光缆长度一般不小于 200m，应尽可能选择同厂、同批次或同质量参数的光缆。

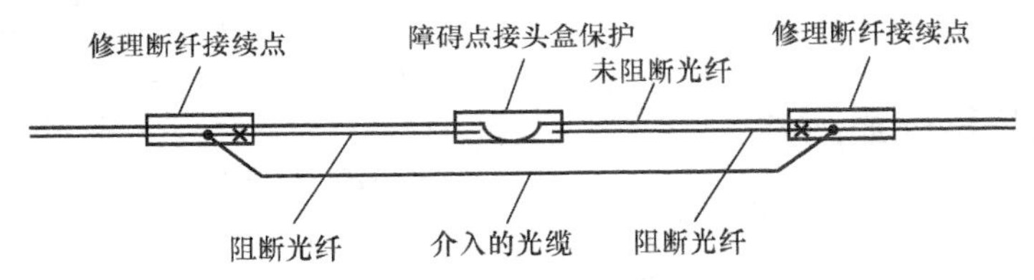

图 15-5-90　介入光缆抢修示意图

2）自然断纤造成的部分中断障碍查修：由于光纤的质量原因，光缆内出现自然断纤造成的障碍也偶有发生，这种情况虽然极少，但查修起来很困难。路由上和光缆上无任何痕迹，障碍点的位置难以确定。测试时要选择准确的测试折射率和恰当的测试脉宽，断点菲涅尔反射的强弱、光纤和光缆的胶合率、光缆长度和路由长度的差、各处的余留情况等都要考虑到，弄准确。必要时，可从光缆两端进行双向测试，以准确判断断纤在哪一段管道内、哪两杆之间或哪两块标石之间。一般说来，这种障碍难以确定准确的位置，但可把障碍点的范围缩减到最小。绝大多数情况下，这种障碍只能采取换段割接的方式修复。

3）局内和接头内断纤造成的障碍查修：

a）尾纤和跳纤障碍查修：出现系统障碍后，若用 OTDR 从局端测试确定的障碍点在局端或中间跳接局内的尾纤或跳纤上，首先要仔细检查尾纤和跳纤有无异常现象，活动连接器的连接是否松动，进一步还可用红光发生器检测尾纤和跳纤故障。跳纤有故障更换即可；若是尾纤有故障，修复比较麻烦一些。要先把中断的传输系统通过其他光纤临时跳通，待尾纤修复后再复原。

b）接头盒内光纤障碍查修：光缆接头盒里光纤接头损耗增大或断裂等造成的系统障碍，用 OTDR 测试可以很容易地确定障碍点。对于这种障碍，要先仔细检查接头两边的光缆有无伤痕，把余留光缆理顺后看障碍是否消除，而后再考虑打开接头盒检查光纤。千万不要不检查就贸然打开接头盒。虽然 OTDR 测试判断障碍点在接头盒里，但由于 OTDR 的测试误差，也有可能障碍点不在接头盒内而在接头盒外 2m 或 3m 的范围内。

（3）隐含的断纤障碍查修　隐含断纤是指某条光缆的某些备用纤芯阻断而不能及时察觉的障碍。光缆备用纤芯的定期不定期测试是发现隐含断纤障碍的重要手段。备用纤芯的不定期测试是指有时传输要占用某纤时，通过测试发现该纤有障碍，不能用，或是由于其他原因需要对光纤进行测试，结果发现了障碍。只要做到对备用纤芯进行完全而认真的测试，就能够把隐含的断纤障碍全部找出来。进行备用纤芯的背向散射信号曲线测试时，宜双向测试，这样可顺便检测出尾纤（或尾纤的活动连接器头）可能存在的隐含障碍。

第6章

电力架空特种光缆接续附件、安装架设及运行维护

电力通信光缆是电力系统重要的基础设施，是保障电网安全稳定运行的重要手段，是电力企业信息化的重要组成部分。其架设方式原则上与传统的架空电力线施工安装方式基本一致，遵守电力部门架空输电线施工安装技术、管理等文件和当地的相关安全规范，而在线路架设时使用专用的预绞丝式连接附件使线缆与杆塔等相连接，同时也采用全金属结构的接头盒对光纤进行接续保护。

6.1 电力架空特种光缆附件

电力架空特种光缆采用预绞式金具附件。预绞式金具是由预绞成型的螺旋状金属丝或非金属丝及其相关附件组成的金具。用于电力架空特种光缆与架设杆塔之间的连接并保证其各项功能正常运行的一种电力金具。

预绞式金具一般分为悬垂线夹、耐张线夹、防护金具和接续金具四类。

电力特种架空光缆主要是应用的金具有预绞式悬垂金具、预绞式耐张线夹、防护金具。其性能符合 GB/T 2314—2008《电力金具通用技术条件》、DL/T 763—2013《架空线路用预绞式金具技术条件》、DL/T 766—2013《光纤复合架空地线（OPGW）用预绞式金具技术条件和试验方法》和 DL/T 767《全介质自承式光缆（ADSS）用预绞式金具技术条件和试验方法》。

6.1.1 OPGW 用预绞式金具

1. OPGW 用预绞式金具定义

预绞式金具由预绞成型的螺旋状金属丝或非金属丝及其相关附件组成，是用于 OPGW 并保证其各项功能正常运行的电力金具。

预绞式金具一般分为悬垂线夹、耐张线夹、防护金具和接续金具四类。

表 15-6-1 给出了预绞式金具的名称和代号。

表 15-6-1 预绞式金具类别代号

预绞式金具类别	预绞式金具名称	代号
悬垂线夹	悬垂线夹	X
耐张线夹	耐张线夹	N
防护金具	防振金具	FZ
	防舞金具	FW
	护线条	FYH
接续金具	接续条	J
	修补条	JX

2. OPGW 用预绞式金具结构型式

常用的 OPGW 用预绞式金具典型结构型式如图 15-6-1 所示。

3. OPGW 预绞式金具技术要求

（1）一般要求 预绞式金具一般技术条件应符合 GB/T 2314—2008 和 DL/T 763—2013 的规定，并按规定程序批准的图样制造。

1）尺寸及公差：金具的尺寸应符合设计图样的要求。预绞式耐张线夹的预绞丝有效长度不宜少于 5 个节距；预绞式接续金具的预绞丝有效长度不宜少于 10 个节距。

制造预绞线的单丝直径公差应符合 GB/T 17937—2009、GB/T 23308—2009 和 YB/T 4222—2010 的规定。

2）预绞丝外观：预绞丝的端头一般为圆台或半球形。若有防电晕要求，预绞丝的端头宜为鸭嘴形。预绞丝表面应光洁，无裂纹、折叠和结疤等缺陷。

3）预绞丝螺旋方向：预绞式金具外层预绞丝应与绞线的外层旋向一致，一般为右旋。对于有两层预绞丝的金具，耐张线夹内层预绞丝的旋向与外层预绞丝相反，悬垂线夹内层预绞丝的旋向与外层预绞丝相同。OPGW 用耐张线夹内层预绞丝的旋向应与 OPGW 的外层旋向相反。悬垂线夹内层条的旋向与 OPGW 最外层旋向相同。

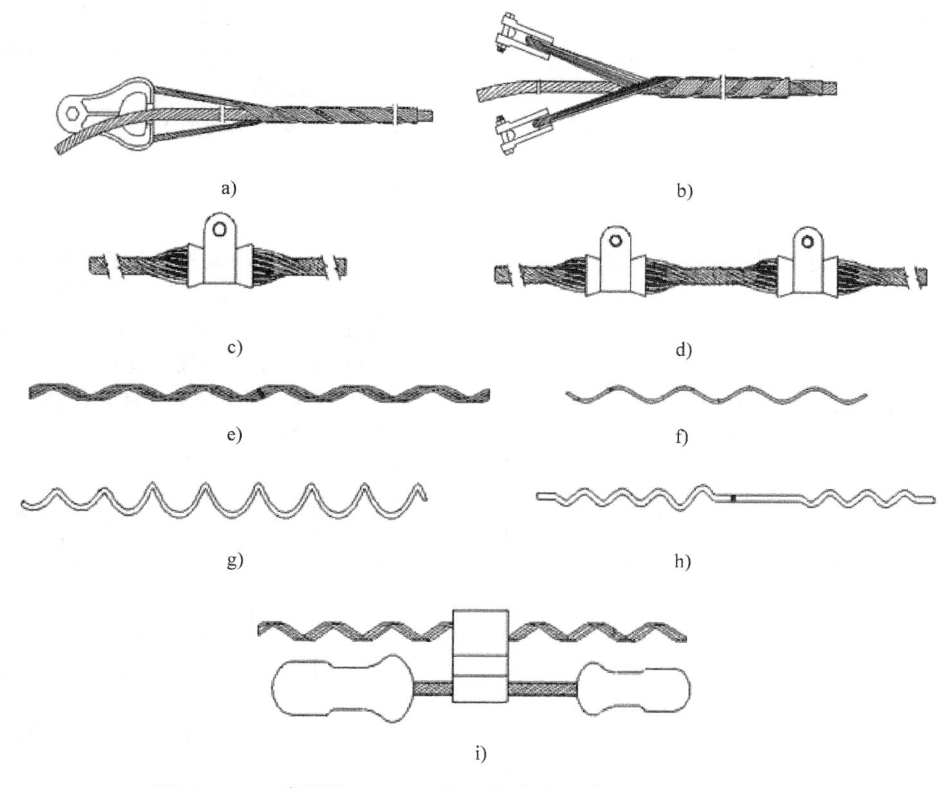

图 15-6-1　常见的 OPGW 用预绞式金具典型结构型式示意图

a）单耐张线夹　b）双耐张线夹　c）单悬垂金具　d）双悬垂金具　e）接续金具
f）护线条　g）防振鞭　h）防舞鞭　i）预绞式防振锤

4）预绞丝的材料：预绞丝的材料应符合设计规定。铝合金丝的抗拉强度应不低于 340MPa，铝包钢丝的抗拉强度应不低于 1100MPa。预绞丝所用镀锌钢丝上的力学性能、镀锌质量等性能应符合 YB/T 4222—2010 的规定。绝缘线缆用预绞式耐张线夹用的预绞丝材料应采用强度高于绝缘线缆芯的金属丝制造。

5）增加预绞丝与线缆表面摩擦力使用的白刚玉应符合 GB/T 2479—2008 的规定。

6）采用黑色金属制造的部件及附件，一般采用热镀锌方法进行防腐处理。

7）如需其他特殊要求，由供需双方协商确定。

8）当 OPGW 达到规定的最大工作张力（40% RTS）时，金具对 OPGW 不应有任何损伤，不应影响光信号传输。

（2）悬垂线夹

1）单悬垂线夹的双侧悬垂角的和 α 应不小于 30°，双悬垂线夹的双侧悬垂角的和 α 应不小于 60°。

2）悬垂线夹本体用铸造铝合金应符合 GB/T 1173—2013 或 GB/T 15115—2009 的规定。

3）悬垂线夹中合成橡胶件应具有良好的抗老化性能、防臭氧、防紫外线及防空气污秽的能力，橡胶元件性能应满足 DL/T 1098—2016 的规定。

4）悬垂线夹应满足垂直荷载和握力的要求。悬垂线夹握力应满足 GB/T 2314—2008 的规定，一般为线缆额定拉断力的 15%。

5）当不平衡荷载超过设计值时，线夹应当滑动。

（3）耐张线夹

1）耐张线夹破坏载荷应不小于 95% RTS。

2）耐张线夹用心形环的制造质量：铸钢件制造质量应符合 GB/T 11352—2009 的规定；球墨铸铁件制造质量应符合 DL/T 768.4—2002 的规定。

（4）接续金具

1）接续金具一般技术条件应满足 DL/T 758—2009 中相关的要求。

2）接续金具的电气性能应满足设计要求。

3）接续金具内侧与导线接触部位宜使用导电

砂以提高握紧力和导电性能。

4）接续金具用于线路补修时按 DL/T 1069—2016 执行。

5）接续金具的握力应不小于线缆额定拉断力的 95%。

（5）防护金具

1）防振金具：

① 防振金具应能抑制微风振动，符合其设计要求。

② 在运行条件下，不应对 OPGW 产生损伤。自身不应产生疲劳损坏。

③ 预绞式防振金具的制造材料应具备良好的抗老化、抗紫外线及必要的电气性能。

④ 防振鞭所用材料延伸率不应低于 18%。

2）防舞动金具：

① 防舞动金具应能有效降低舞动幅度，符合其设计要求。

② 在运行条件下，不应对线缆产生损伤。自身不应产生疲劳损坏。

③ 预绞式防舞动金具的制造材料应具备良好的抗老化、抗紫外线及必要的电气性能。

④ 防舞动金具所用材料延伸率不应低于 18%。

4. OPGW 预绞式金具试验项目

OPGW 预绞式金具试验项目见表 15-6-2。

表 15-6-2 OPGW 用预绞式金具试验的项目及要求

试验项目	金具名称	悬垂线夹			耐张线夹			防振金具			防舞动金具		
	检验规则	例行	型式	抽样	例行	型式	抽样	例行	型式	抽样	例行	型式	抽样
外观和尺寸		√	√	√	√	√	√	√	√	√	√	√	√
材质		√	√	√	√	√	√	√	√	√	√	√	√
机械强度													
握力	耐张线夹和接续金具				√	√	√						
	悬垂线夹	√	√	√									
	其他预绞式金具							√	√	√	√	√	√
垂直荷载		√	√	√									
转向角			√										
光测下张力						√							
微风振动疲劳			√			√			√			√	
舞动疲劳			√			√						√	
消振									√①				
短路电流			√			√							
抗紫外线性能			√②						√②			√②	
热老化			√②						√②			√②	
镀锌层			√			√			√			√	
断裂伸长率			√②						√②			√②	
盐雾			√			√			√			√	

① 由用户和供货方协商确定的项目。

② 仅限含有非金属材料的金具，由用户和供货方协商确定的项目。

6.1.2 ADSS 预绞式金具

1. ADSS 预绞式金具定义

ADSS 预绞式金具由预绞成型的螺旋状金属丝或非金属丝及其相关附件组成，是用于 ADSS 并保证其各项功能正常运行的电力金具。

ADSS 预绞式金具一般分为悬垂线夹、耐张线夹和防护金具等三种。

表 15-6-3 给出了 ADSS 预绞式金具的名称和代号。

表 15-6-3 ADSS 预绞式金具类别代号

预绞式金具类别	预绞式金具名称	代号
悬垂线夹	悬垂线夹	X
耐张线夹	耐张线夹	N
防护金具	防振金具	FZ
	防舞动金具	FW
	护线条	FYH

常用的ADSS预绞式金具典型结构型式（同OPGW预绞式金具中的部分结构），如图15-6-1a、c、f、g、i所示。

2. ADSS预绞式金具技术要求

（1）一般要求 预绞式金具一般技术条件应符合GB/T 2314—2008和DL/T 763—2013的规定，并按规定程序批准的图样制造。

1）尺寸及公差：金具的尺寸应符合设计图样的要求。预绞式耐张线夹的预绞丝有效长度不宜少于5个节距；预绞式接续金具的预绞丝有效长度不宜少于10个节距。

制造预绞线的单丝直径公差应符合GB/T 17937—2009、GB/T 23308—2009、YB/T 4222—2010的规定。

2）预绞丝外观：预绞丝的端头一般为圆台或半球形。若有防电晕要求，预绞丝的端头宜为鸭嘴形。预绞丝表面应光洁，无裂纹、折叠和结疤等缺陷。

3）预绞丝螺旋方向：预绞式金具外层预绞丝一般为右旋。对于有两层预绞丝的金具，耐张线夹内层预绞丝的旋向与外层预绞丝相反，悬垂线夹内层预绞丝的旋向与外层预绞丝相同。

4）预绞丝的材料：预绞丝的材料应符合设计规定。铝合金丝的抗拉强度应不低于340MPa，铝包钢丝的抗拉强度应不低于1100MPa。预绞丝所用镀锌钢丝上的力学性能、镀锌质量等性能应符合YB/T 4222—2010的规定。绝缘线缆用预绞式耐张线夹用的预绞丝材料应采用强度高于绝缘线缆芯的金属丝制造。

5）增加预绞丝与线缆表面摩擦力使用的白刚玉应符合GB/T 2479—2008的规定。

6）采用黑色金属制造的部件及附件，一般采用热镀锌方法进行防腐处理。

7）如需其他特殊要求，由供需双方协商确定。

8）当ADSS达到规定的最大工作张力（40% RTS）时，金具对ADSS不应有任何损伤，不应影响光信号传输。

（2）悬垂线夹

1）单悬垂线夹的双侧悬垂角的和α应不小于30°。

2）悬垂线夹本体用铸造铝合金应符合GB/T 1173—2013或GB/T 15115—2009的规定。

3）悬垂线夹中合成橡胶件应具有良好的抗老化性能、防臭氧、防紫外线及防空气污秽的能力，橡胶元件性能应满足DL/T 1098—2016的规定。

4）悬垂线夹应满足垂直荷载和握力的要求。悬垂线夹握力应满足GB/T 2314—2008的规定，一般为线缆额定拉断力的15%。

5）当不平衡荷载超过设计值时，线夹应当滑动。

（3）耐张线夹

1）耐张线夹破坏载荷应不小于ADSS额定拉断力的95%。

2）耐张线夹用心形环的制造质量：铸钢件制造质量应符合GB/T 11352—2009的规定；球墨铸铁件制造质量应符合DL/T 768.4—2002的规定。

（4）防护金具

1）防振金具：

① 防振金具应能抑制微风振动，符合其设计要求。

② 在运行条件下，不应对ADSS产生损伤。自身不应产生疲劳损坏。

③ 预绞式防振金具的制造材料应具备良好的抗老化、抗紫外线及必要的电气性能。

④ 防振鞭所用材料延伸率不应低于18%。

2）防舞动金具：

① 防舞动金具应能有效降低舞动幅度，符合其设计要求。

② 在运行条件下，不应对线缆产生损伤。自身不应产生疲劳损坏。

③ 预绞式防舞动金具的制造材料应具备良好的抗老化、抗紫外线及必要的电气性能。

④ 防舞动金具所用材料延伸率不应低于18%。

3. ADSS预绞式金具试验项目

ADSS预绞式金具试验项目见表15-6-4。

表15-6-4 ADSS用预绞式金具试验的项目及要求

试验项目	金具名称	悬垂线夹			耐张线夹			防振金具			防舞动金具		
	检验规则	例行	型式	抽样	例行	型式	抽样	例行	型式	抽样	例行	型式	抽样
外观和尺寸		√	√	√	√	√	√	√	√	√	√	√	√
材质		√	√	√	√	√	√	√	√	√	√	√	√
机械强度													

（续）

试验项目	金具名称	悬垂线夹			耐张线夹			防振金具			防舞动金具		
	检验规则	例行	型式	抽样	例行	型式	抽样	例行	型式	抽样	例行	型式	抽样
握力	耐张线夹				√	√	√						
	悬垂线夹	√	√	√									
	其他预绞式金具							√	√	√	√	√	√
垂直荷载		√	√	√									
转向角			√										
光测下张力						√							
温升下张力试验						√							
微风振动疲劳			√			√			√			√	
舞动疲劳			√			√						√	
消振									√①				
短路电流			√			√							
抗紫外线性能			√②						√②			√②	
热老化			√②						√②			√②	
镀锌层			√			√			√			√	
断裂伸长率			√②						√②			√②	
盐雾			√			√			√			√	

① 由用户和供货方协商确定的项目。

② 仅限含有非金属材料的金具，由用户和供货方协商确定的项目。

6.2 电力架空特种光缆安装架设

6.2.1 工程选型设计

根据电网公司规定，对于新建或已建成的220kV及以上的高压输电线路，且作为通信干线走廊的，为保证通信线路与输电线路运行寿命（30年以上）的匹配性，从光纤通信的可靠性，施工和维护等方面考虑，选择采用OPGW。对于已建成的220kV及以下的输电线路，特别是区域变电站（所）间的通信，可以考虑选用ADSS光缆。首先应考虑现有电力线路上架设ADSS光缆的可靠性，对包括电力线路已运行时间、杆塔的老化程度、原设计标准等条件来进行评估，从而确定架设的可行性。

1. OPGW工程选型设计

（1）一般原则

1）OPGW的选型应满足工程设计条件与通信需求，其各项性能及参数应符合相关标准要求。

2）同塔架设的OPGW与另一根地线在物理参数、机械及电气特性等方面应互相匹配。推荐常用架空地线的型号规格和参数见表15-6-5。

表15-6-5 常用架空地线参数表

产品型号规格	结构		直径/mm	单位长度重量/(kg/km)	截面积/mm²		额定抗拉力/kN	直流电阻/(Ω/km)
	铝（合金）	(铝包）钢			铝（合金）	(铝包）钢		
JL/G1A-70/40-12/7	12/2.72	7/2.72	13.60	510.2	69.73	40.67	58.22	0.4141
JL/G1A-95/55-12/7	12/3.20	7/3.20	16.00	706.1	96.51	56.30	77.85	0.2992
JLB20A-70-7	—	7/3.60	10.80	474.2	—	71.25	81.44	1.2021
JLB20A-95-7	—	7/4.16	12.48	633.2	—	95.14	101.04	0.9002
JLB40-120-19	—	19/2.85	14.25	570.3	—	121.21	74.18	0.3606
JLB40-150-19	—	19/3.15	15.75	696.7	—	148.07	90.62	0.2952
JLB40-185-19	—	19/3.5	17.50	860.1	—	182.80	111.87	0.2391
JL/LB20A-70/40-12/7	12/2.72	7/2.72	13.60	461.8	69.73	40.67	60.66	0.3458

（续）

产品型号规格	结构		直径/mm	单位长度重量/(kg/km)	截面积/mm²		额定抗拉力/kN	直流电阻/(Ω/km)
	铝（合金）	（铝包）钢			铝（合金）	（铝包）钢		
JL/LB20A－95/55－12/7	12/3.20	7/3.20	16.00	639.2	96.51	56.30	83.48	0.2498
1×7－9.0－1270－B(GJ－50)	—	7/3.00	9.0	411.9	—	49.48	57.80	—
1×7－11.4－1270－B(GJ－80)	—	7/3.80	11.4	630.4	—	79.39	92.70	—
1×19－13.0－1270－B(GJ－100)	—	19/2.60	13.0	803.0	—	100.88	115.00	—
1×19－14.5－1270－B(GJ－120)	—	19/2.90	14.5	999.0	—	125.5	143.40	—

3）对于重覆冰、大跨越等特殊线路段，OPGW的设计或选型可不在型谱所涵盖的产品系列范围内，但应满足标准及相关规程的规定，亦应满足用户要求。

（2）耐雷击等级的选型原则

1）OPGW的选型应考虑其耐雷击性能，并确认其遭受雷击后的安全可靠性。

2）途经多雷或雷电活动频繁地区的线路，OPGW的外层单线宜选用铝包钢线，并在满足技术要求的条件下选用较大直径的单线。

3）根据OPGW安装地区的年雷暴日数最大值，通过计算雷击电荷的转移量提出OPGW耐雷性能要求和耐雷等级。OPGW的耐雷等级见表15-6-6。

表15-6-6　OPGW的耐雷等级

耐雷等级	0级	1级	2级	3级
计算转移电荷最大值/C	50	100	150	200

4）选型型谱对OPGW标准系列规格推荐了参考耐雷等级。必要时或在用户提出特殊要求时，可通过试验的方法确定所选用OPGW的耐雷性能。

（3）短路电流热容量的选型原则

1）OPGW的选型应选择具有足够短路电流热容量的规格，并确认发生短路后的温升效应对产品各项技术指标不产生功能性影响。

2）计算短路电流热容量时，短路电流持续时间取值一般分为两类：220kV（含）及以下电压等级线路取0.3s；500kV（含）及以上电压等级线路取0.25s。

3）计算短路电流热容量时初始温度取40℃，最高允许温度取200℃。

4）必要时或在用户提出特殊要求时，可通过试验的方法测定所选用OPGW的短路电流热容量。

2. ADSS工程选型

一般原则：ADSS光缆的电气性能或力学性能确定是ADSS安装设计中的一个重要环节，关系到线路的安全运行和光缆的使用寿命。不但与电力线路的运行状况、气象条件有关，还与ADSS本身的机械性能有关，影响到ADSS类型，ADSS的悬挂位置确定（电气性能），交叉跨越和杆塔负荷所要求的ADSS的张力和弧垂的选取（力学性能）。

1）杆塔条件主要包括杆塔型号和尺寸、系统电压、导线型号或外径、导线回路、导线分裂数及分裂间距、地线型号或外径、相位排列（双回或同塔多回很重要）。根据这些条件，计算并绘制出空间电位分布图。根据空间电位分布图初选光缆安装位置（即悬挂点）并确定光缆护套等级。

2）光缆最大允许弧垂的确定除了机械强度，ADSS光缆的最大允许弧垂取决于光缆弧垂最低点与地面（或交越物）的最小间距与悬挂点位置（或高度），悬挂点位置设计与该点的空间电位直接相关。这是工程重要的控制条件之一。

3）光缆的张力－弧垂－跨距特性计算：张力－弧垂－跨距特性需要有设计气象组合条件和光缆的初始安装弧垂两个前提。ADSS的弧垂及张力取决于线路的重要交叉跨越和杆塔结构的强度，两者互相制约。

4）ADSS的最大使用张力要根据原电力线路杆塔的设计荷载来确定，应依据不同耐张段内各档距的跨越情况，确定各耐张段内的最大使用张力。

5）当ADSS根据杆塔结构或跨越等因素要求必须挂在某个位置时，如110kV线路选在空间感应电场为20kV的地方时，ADSS就不能按惯例选择PE护套。必要时，通过经济比较，在一条线路上以耐张段为单位，选用不同张力和护套类型的ADSS。

总之，在实际工程设计中，要结合已建电力线路的实际情况，当上述条件同时出现时，就要正确选定控制条件，使ADSS的安装设计经济、安全、合理。

6.2.2　电力特种光缆安装架设

电力特种光缆架设方式原则上与传统的架空电力线施工安装方式基本一致。但在遵守电力部门架空输电线施工安装技术、管理等文件和当地的相关安全规范的前提下，必须根据不同结构特征的光缆和具体的线路情况、施工安装单位规范和经验及施工机械，制订详细的施工方案，以此确保施工安装的顺利进行，避免因施工不当造成人力、物力的浪费。

1. OPGW 安装架设施工

(1) OPGW 施工准备

1) 确定施工方案：由设计单位向施工单位进行施工设计图样交底。施工单位根据工程概况、线路路由情况、光缆预留接续位置等编制 OPGW 光缆架设施工方案（或作业指导书，含施工跨越情况图、OPGW 施工计划工期表），对相关资料进行复核。

依据 OPGW 设计技术规范、出厂报告等资料，了解 OPGW 力学性能、传输特性、接续损耗等指标，为产品现场开盘测试、最终验收做准备。

2) 施工材料及工器具准备：

a) 主要施工机械一般用量推荐见表 15-6-7（一个作业组）。

表 15-6-7　一个作业组的施工机械用量

序号	名　　称	单位	数量	参考规格	备　　注
1	张力放线机	台	1	3.5t	可调整张力范围
2	牵引机	台	1	3t	可调整张力范围
3	放线架	台	2	5t	
4	滑　轮	只	20	轮槽直径 600/800mm	
5	无扭钢丝绳	m	7000		与缆径匹配
6	牵引网套	根	数根	与光缆匹配	视施工光缆数量而定
7	牵引退扭器	个	2		与光缆匹配
8	防扭鞭	只	2		可选
9	紧线耐张预绞丝	套	数根	与缆径适应	视施工光缆数量而定
10	对讲机	只	20		建议数量
11	电台	台	2		建议数量
12	弧垂板	块	4		建议数量
13	经纬仪	台	1		建议数量
14	手拉链条葫芦	套	若干		根据施工人员而定
15	望远镜	只	2	300 倍	

注：辅助设施如交通工具、吊车、登高板、安全帽、安全带、接地线、验电器、绳索、红白小旗、毛竹、防护网、安全警示牌等在安装前都要准备齐全。

b) 主要施工机具操作要领：

① 牵引机、张力机：张力机和牵引机上应有张力指示和限制装置，能随时调整张力和放线速度，使 OPGW 在任何时候都能维持特定的张力值平稳地运行。张力机、牵引机都应有灵活的制动装置，使得暂停放缆时，光缆仍维持张力不变。原则使用自动保护型的制动装置（见图 15-6-2 和图 15-6-3）。

图 15-6-2　主动式液压张力

张力机轮槽直径应为半圆形，建议深度不小于 OPGW 外径的 50%，槽壁的张角在 5° ~ 15° 之间（相对于凹槽的中垂线），张力机轮的直径（从凹槽的底部算起）必须大于 OPGW 直径的 70 倍并不小于 1200mm。为确保 OPGW 光缆的外绞丝不被刮伤，张力机轮槽中应包覆氯丁橡胶或其他合适材料，以减少磨损。OPGW 在张力轮上至少应缠绕 6 圈并固定，为了避免人为地增加光缆扭力，OPGW 端头在从线盘上拉出后，不能直接往张力机上缠绕，应先采用软绳缠绕在张力机上再牵引通过。

② 滑轮：OPGW 光缆在安装和接续过程中，最

图 15-6-3　牵引机

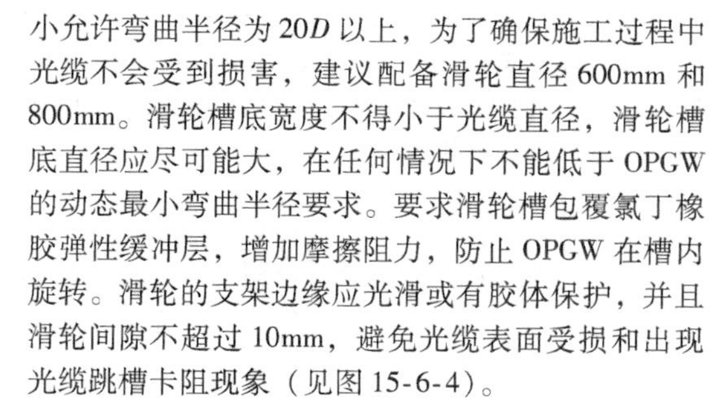

小允许弯曲半径为 20D 以上，为了确保施工过程中光缆不会受到损害，建议配备滑轮直径 600mm 和 800mm。滑轮槽底宽度不得小于光缆直径，滑轮槽底直径应尽可能大，在任何情况下不能低于 OPGW 的动态最小弯曲半径要求。要求滑轮槽包覆氯丁橡胶弹性缓冲层，增加摩擦阻力，防止 OPGW 在槽内旋转。滑轮的支架边缘应光滑或有胶体保护，并且滑轮间隙不超过 10mm，避免光缆表面受损和出现光缆跳槽卡阻现象（见图 15-6-4）。

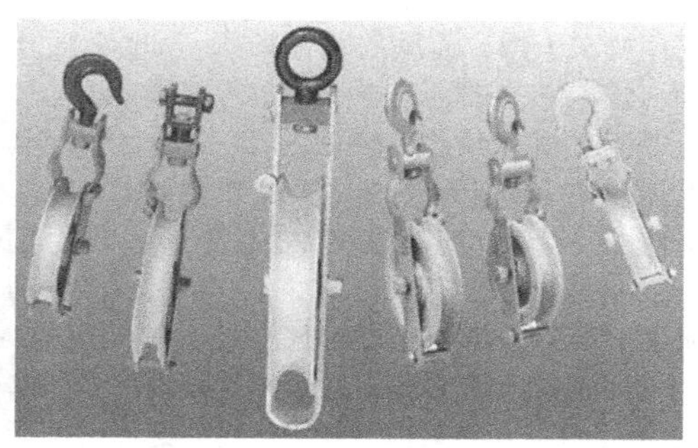

图 15-6-4　滑轮

滑轮应处于良好的工作状态，并适当地加以润滑，使 OPGW 在不受挤压的情况下平滑地牵引，以减少对 OPGW 外绞线的磨损，缓冲层不能破损、老化剥落。在线路停电安装 OPGW 光缆时，滑轮应该接地，至少两个牵引端的滑轮应和杆塔一同接地。

③ 牵引网套：牵引网套用来牵引 OPGW 顺利通过滑轮，网套应是双层或三层的绞合空心管（见图 15-6-5），其内径与 OPGW 缆径相匹配。牵引网套严格按照厂方说明进行使用。

④ 牵引退扭器及防扭鞭：牵引退扭器（见图 15-6-6）与牵引网套配合使用（见图 15-6-7），主要用来在施工展放过程中保护 OPGW，防止牵引绳打扭导致 OPGW 扭转。防扭鞭能有效防止 OPGW 牵引过程中旋转，破坏缆内光纤余长，避免退扭松胶和“鸟笼”现象产生，能顺利通过滑轮且不损伤光缆。

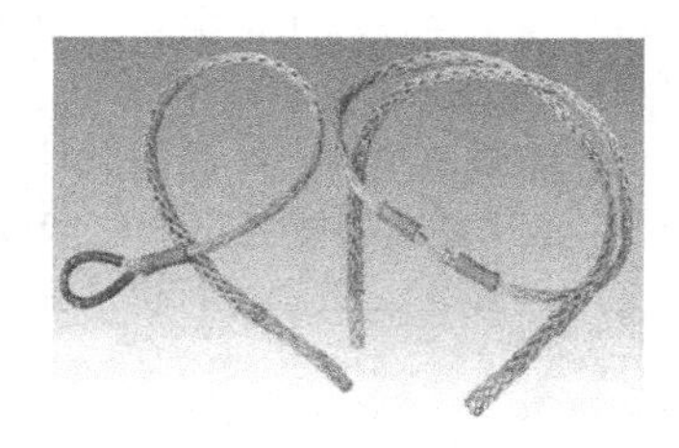

图 15-6-5　牵引网套

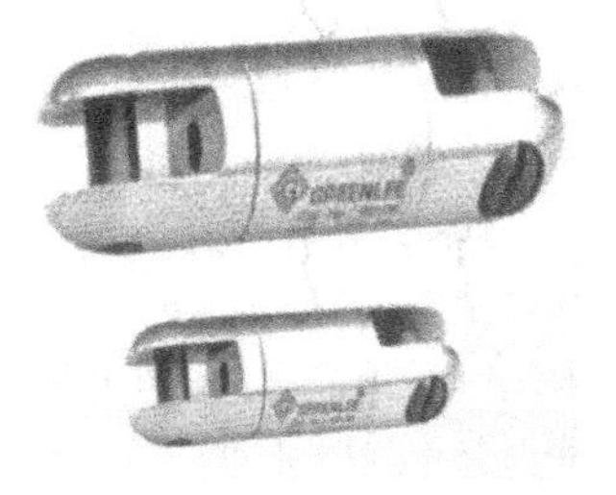

图 15-6-6　退扭

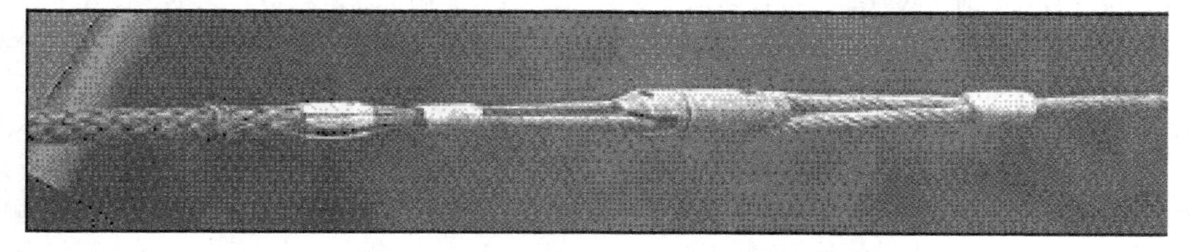

图 15-6-7　牵引退扭器、牵引网套配合使用

⑤ 紧线预绞丝：推荐采用耐张预绞丝作为光缆紧线工具（见图15-6-8），对OPGW进行张力和弧垂调节。耐张预绞丝作为紧线工具使用时，视操作情况最多可重复使用三次。

c）光缆线盘的运输与存放：OPGW光缆采用全木或者铁木电缆盘进行包装，包装盘具含有木质材料，鉴于木质材料本质因素，在光缆运输与存放应注意以下事项：

图15-6-8 紧线预绞丝

① 光缆应存放在干燥、通风的室内场所。如果条件不具备而必须在室外露天存放时，放置光缆的场地应平整、坚实，排水设施良好。

② 在雨水较多的季节，应在光缆上面覆盖防雨布，以避免光缆线盘长期淋雨后发生变形、腐烂。

③ 在气候很干燥的季节，光缆线盘经过长时间的放置后，木材可能会干燥收缩，在展放前要对木盘进行检查，有条件的在展放前一天将光缆盘进行浸水处理。

④ 光缆存放场所应采取有效措施，防止蛀虫及其他对木材有害昆虫的侵害。

⑤ 光缆线盘滚动不允许超过5m，并且在作短距离滚动时应按OPGW盘标明的旋转箭头方向滚动。

⑥ 必须使用专用车辆（吊车、叉车）进行搬运装卸，装卸时应确保缆盘直立，以免损坏包装盘条。不能用人工直接从车上往下推（见图15-6-9）。

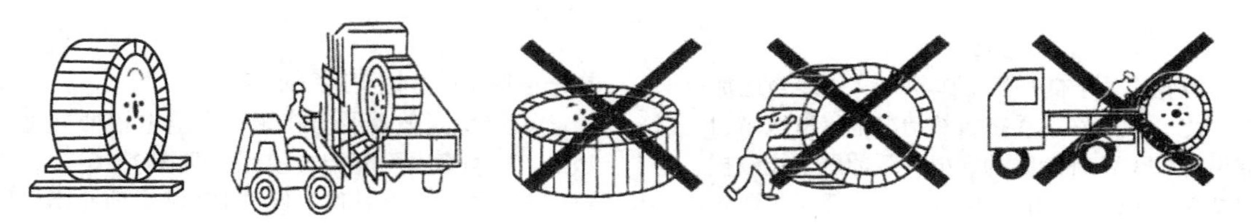

图15-6-9 光缆搬运示意图

⑦ 缆盘在运输过程中必须直立，缆头应固定好以免光缆松开，所有的盘条和保护装置要在光缆运抵施工现场后安装时方可拆除。

⑧ 严禁将光缆叠堆、倒置，严禁将其他物品堆放在光缆上面。

d）OPGW及金具附件现场验收：OPGW及金具附件材料运抵施工材料仓库后，应组织业主、监理、施工方及厂方代表等相关各方共同对到货材料进行现场开箱验收。对照合同和设计单位出具的施工图样，对到货的光缆进行性能测试，对金具附件进行清点、核对型号、确认数量等。检查到货产品在运输过程中是否受到损坏。现场盘测清点验收合格后，参与各方履行签字交接手续。

（2）OPGW开盘测试

1）OPGW外观检查：目测缆盘外观、光缆外观及端头的处理等有无破损。

2）OPGW端头处理：光缆的外端和内端均应有密封套，以防止装运和保管期间潮气和水进入光纤或油膏溢出。光缆的内端应在缆盘外面保留至少3m的长度，用于现场光纤性能的测试。

3）测试仪器：在现场测试主要采用便携式光时域反射仪（OTDR）。

4）光纤性能测试项目：纤芯连续性测试、纤芯长度测试和光纤衰减性能测试（一般现场测试1550nm波长）。同时测试数据进行记录和保存（光纤后向散射曲线）。

光缆必须经盘测合格后方可架设。

（3）金具附件清点

1）各施工标段材料站应按照设计图样和技术协议的数量对到货的金具材料进行清点、分类和试安装，发现问题及时联系调换。

2）金具型号因光缆直径、受力情况不同而不同，应将不同规格型号的金具标上明显的标志并放在不同的区域，要根据光缆的型号配备相适应的金具，切不可以搞错。材料保管员必须根据设计图样要求发放材料。

(4) 施工技术培训交底　严格贯彻电力工业技术管理法规、电力安全工作规程、现场检修规程，对施工操作人员、试验人员进行有效的培训。

施工前进行技术交底，由技术人员或现场施工督导讲解 OPGW 的结构性能、质量标准、施工步骤、施工工器具要求、施工注意事项、金具附件使用方法等，必要时进行操作演示和试组装（如耐张线夹、悬垂线夹等）和试操作（如光纤熔接等）。同时解答放线操作人员提出的疑难问题。对特殊条件下的施工方案进行研讨。

每一工序开工前，由班组长进行考查和辅导，保护人身和设备安全，确保工程质量和施工进度。

2. OPGW 光缆展放过程控制

(1) OPGW 常用安装方法　OPGW 常用安装架线方法推荐为张力放线法，张力放线法是通过张力设备，使 OPGW 在整个放线过程中受到一定恒定张力，以保证与障碍物和其他物体有足够的间隙，避免发生摩擦，且不会损伤 OPGW，同时可减少青苗赔偿、减轻体力劳动并加快施工进度（见图 15-6-10）。

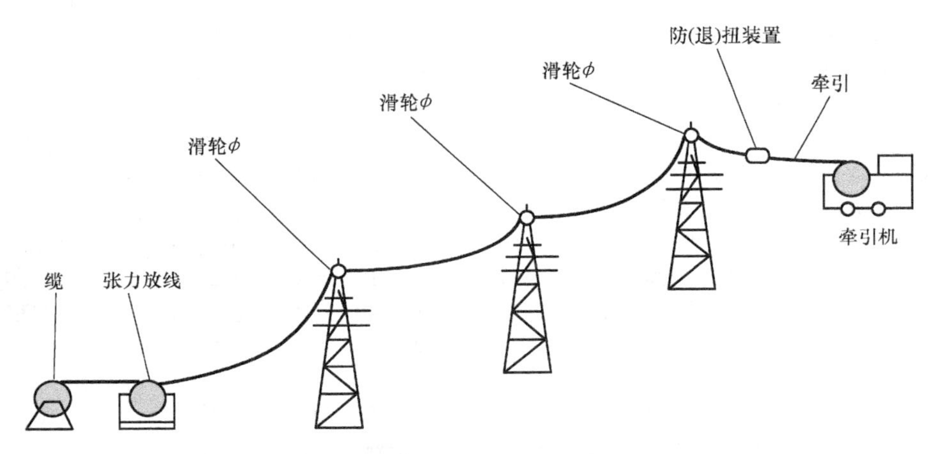

图 15-6-10　OPGW 安装示意图

(2) OPGW 展放前的准备

1）放线通道处理、障碍物清除、交叉跨越协议及防护措施：一般与电力线路施工结合进行，按《架空送（配）电线路设计技术规程》《电力建设施工及验收暂行技术规范》等有关规定，在施工前对线路所经过的区域进行通道清理，保证运输畅通。查明障碍物、交叉跨越的具体位置，对交叉跨越的铁路、高速公路、河流、不停电线路、通信广播线路、街道、果林等，提前办理交叉跨越协议，搭建防护架或其他保护措施（如承力绝缘牵引绳）（见图 15-6-11），尽量少损失周边农作物等。在穿过其他线路施工时，应防止任何物体上抛触及上方线路，分别用承力绝缘绳（尼龙绳）拉住，以防碰击引起该线路混线短路事故。牵张设备、大型车辆通过的道路、桥梁在施工前必须实地勘察，必要时予以修整和加固。

2）牵引场和张力场的布置：

a）张力场一般选择宽约 10m，长约 25m 的平整场地设置，并应能方便张力机、光缆线盘等材料与设备的放置与搬运；牵引场可以参照张力场的条件进行选择。

图 15-6-11　防护架

b）牵引场和张力场应尽量布置在被架设段两端耐张塔外侧且应布置在线路方向上。在受到地形限制时也可选在内侧。若牵张场不能布置在放线方向上，可通过大直径滑轮来导向，但注意放线时不要滑槽。

张力机和牵引机到第一基铁塔的间距应至少保

持3倍塔高，张力机与放线架线轴之间的距离应不小于5m。

牵引机卷扬轮、张力机导向轮、光缆放线架与牵引绳及牵引绳卷筒的受力方向均必须与其轴线垂直，并应避免光缆在导向轮上改变方向。

牵引机、张力机、光缆放线架必须按要求进行锚固。

3）悬挂放线滑轮：根据OPGW施工技术要求，在每一个铁塔上吊挂满足尺寸要求的滑轮。

临近牵引场和张力场的第一基铁塔、转角塔和因高差过大而使光缆对滑车的包络角不能满足要求的铁塔，应悬挂槽底直径不小于800mm的滑轮（或使用600mm的组合滑轮）。对于转角塔直通放线，滑车在放线过程中会有一个从铅垂方向向转角内侧倾斜的过程，这一过程很不稳定，特别是在防扭鞭通过滑车时的冲击力很大，很容易造成光缆跳槽而卡线。为防止可能出现的光缆跳槽卡线现象，可将滑车向内侧进行预倾斜处理。

4）牵引绳布放与升空：牵引绳采用人工展放，按牵引绳盘长分段布线、展放，然后用抗弯连接器连接，连接必须有专人负责；展放完毕后，应对所有牵引绳顺线检查连接是否良好。每次使用牵引绳连接器前都要检查有无断裂、变形，不合格的严禁使用。牵引绳展放完毕后，应将其升高到每一基杆塔塔顶的放线滑轮槽里。

5）牵引端头连接：在放线过程中，OPGW内的光纤容易因OPGW的额外扭转而受到影响和损伤，因此应按要求制作好牵引端，以确保在放线过程中OPGW不发生扭转。

光缆端头在从光缆线盘上拉出后，不能直接往张力机上缠绕，应先采用软绳缠绕在张力机上再牵引通过，避免人为地增加光缆扭力。光缆出张力机后与牵引绳的连接方式为，光缆—牵引网套—抗弯连接器—防扭鞭（可选）—螺旋连接器—牵引绳。

如果OPGW为层绞式结构，可不使用防扭鞭，而采用两个螺旋连接器通过钢丝绳串联的连接方法，如图15-6-12所示装配。

如果OPGW为中心管式结构，必须使用合适的防扭鞭（重锤），按如图15-6-13所示装配。防扭鞭在安装时不能装反，在通过滑轮时则要注意减慢速度。

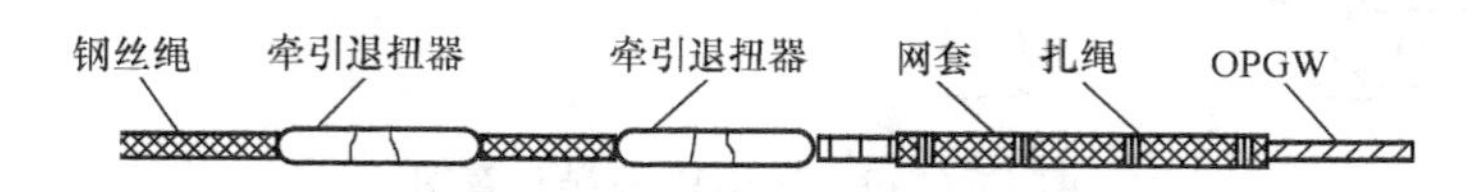

图15-6-12 不带防扭鞭退扭装置

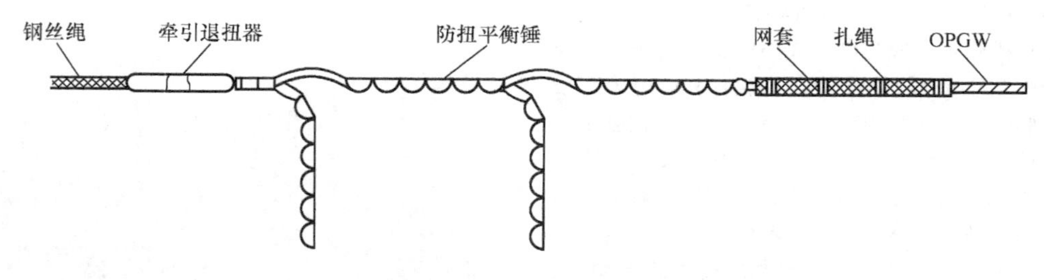

图15-6-13 带防扭鞭退扭装置

必须保证牵引网套与光缆外径的匹配和保证网套与光缆连接的紧固性。最好在牵引网套末端用铁丝进行绑扎（不少于30匝）并裹上黑胶布。

（3）OPGW展放过程控制

1）展放前的检查及要求：

① 检查跨越架的位置、宽度、高度、结构牢固程度和整体稳定程度。

② 检查牵、张场的布置和机械锚固情况。

③ 各岗位工作人员是否全部到位，通信是否畅通，沿线是否有故障。

④ 牵、张机试车运行要正常，制动、保险装置要可靠；放线架的中心轴要呈水平状态。牵引端头连接是否牢靠。

⑤ 放线前要除去缆盘上在展放过程中可能碰到光缆的钉子，清除放线架周围杂物。

⑥ 固定好尾缆，并在展放过程中随时检查。

2）OPGW的展放：

① 按技术部门给定的参数调整控制光缆张力，

施加的张力一般控制在10% RTS以内，在施工过程中施加在光缆上的任一张力，均不应超过20% RTS。

② 牵引机的牵引力应按技术部门所给定的设定值控制。

③ 起始放线速度为5m/min，待光缆通过第一基铁塔后，可均匀加速至30m/min左右，最大放线速度应不超过40m/min。牵引时尽量匀速前进，严禁突然加速或减速，严禁放线中抖动。

④ 放线时，每个转角杆塔顶部和交叉跨越点均必须有专人看管，以便在发生夹线或其他情况时及时报告处理。光缆牵引端头应在施工人员监视下通过滑轮。

⑤ 施工中，张力机操作人员应时刻注意张力控制情况，在牵引过程中，牵引力突然大幅度增加，悬挂放线滑车的金具串倾斜过大时，均应视为异常，应及时停车，待查明原因，排除故障后再行牵引。

⑥ 光缆端头及防扭鞭临近放线滑车，尤其是转角塔放线滑车时，应均匀放慢牵引速度，以便防扭鞭顺利通过滑车。防扭鞭顺利通过滑车后可均匀加速至原来的牵引速度。

⑦ 光缆在展放过程中不能落地，确保光缆与跨越物保持3～5m的安全距离。各信号人员应随时观察光缆的展放情况，及时通知调整张力，避免光缆与已架设好的导线、跨越架或其他障碍物相碰撞而磨损或折曲。

⑧ 光缆的最小弯曲半径应确保在0.5m以上，架设过程中临时中断时，应及时通过手闸或磨杠阻止缆盘上的光缆继续绕出，否则易造成弯曲损坏，同时要避免在光缆上产生扭矩。

⑨ 光缆展放完毕后，尾缆要留住，并且预留长度应不少于耐张接续塔的高度（或门形构架高度）再加15m，作为接头或者备用。不要使尾缆着地，不可使光缆的弯曲半径小于0.5m，严禁出现硬弯、打金钩等现象。

⑩ 光缆不允许两盘连放，如受地形限制，确实需要两盘连放的必须经过相关方面的确认，并制订详细的方案。

3）OPGW临时固定和尾端锚：

① 光缆如未能在一日内展放完毕时，应在牵引端、张力端各自对牵引绳、光缆进行临时锚固。张力端锚线点到张力机之间的光缆松弛度以解除对牵张机的拉力为宜，不能过分松弛，光缆不得拖地。

② 光缆展放完毕后如不能立即紧、挂线，也应将光缆临时锚住。此时应在光缆尾端锚线，将光缆专用卡线工具卡在光缆尾端3～4m处。

③ 锚线时也应有相应的防扭措施，可在与卡线器相连的U形环上坠重物防扭。

4）OPGW紧线与挂线：

① 紧线张力应不超过20% RTS，以确保光缆中光纤的性能不受影响，否则会对光缆中的光纤引起潜在损伤。

② 在耐张段一端铁塔进行高空软挂，然后逐渐缓慢松开临锚，使耐张串受力，撤除此处临锚，即可在另一端紧线。

③ 紧线时牵引速度要平稳，其方向应沿线路方向进行，如受地形限制须改变方向，则应设置地滑车。在短档中紧线时，光缆弧垂上升较快，牵引速度要保持缓慢，不能过牵引。高落差和转角度较大时，宜采用平行挂线法紧线。

④ 直接拉紧OPGW或调整张力弧垂时建议使用紧线预绞丝作为光缆紧线工具。光缆的耐张金具可以作为紧线工具使用一次，在第二次使用时必须作为安装材料。作为紧线工具使用时应通过心形环受力，不允许直接拉外层预绞丝，要尽量不使其变形。严禁使用导（地）线卡线器夹持OPGW，如图15-6-14所示，否则容易引起局部侧压力过大，损伤光纤单元，严重时会造成光缆断纤。

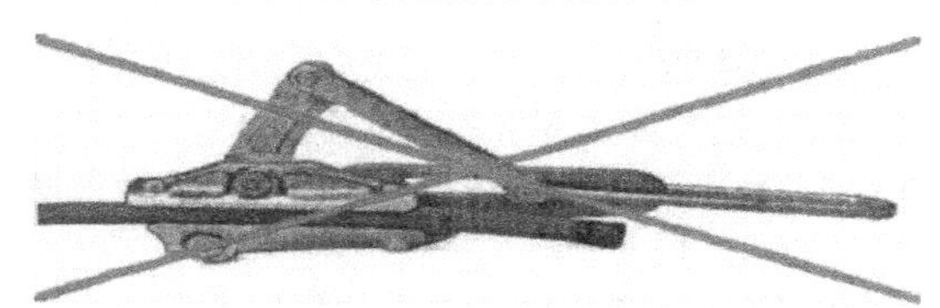

图15-6-14 OPGW上禁止使用导（地）线卡线器

⑤ 当弧垂接近设计要求时，停止预紧，用手扳葫芦在高空将光缆弧垂紧至设计值后，用记号笔划印并安装耐张金具。

⑥ 紧线作业中，要保持信号通畅。

⑦ 直通型耐张杆塔跳线弧垂应按以下原则进行控制：光缆在地线支架下方通过时，弧垂一般控制为400mm ± 100mm；光缆从地线支架上方通过时，弧垂一般控制为150～200mm。跳线除应满足最小弯曲半径要求外，还应满足在风偏时不得与金具及塔材相碰。

⑧ 紧线完成后，按照设计要求及时制作引下线，余缆盘成直径1.2m左右的圈平置于导线横担上，并用尼龙绳稳妥固定，留待以后接头。

（4）配套金具附件安装 一个耐张段内OPGW紧线完毕后，为防止光缆在滑轮里外表被磨损以及振动引起光缆过度疲劳对光纤造成伤害，应在48h之内安装好金具附件。金具附件在安装时应严格按照设计单位出具的光缆施工图样及金具附件生产厂家提供的使用说明书进行操作。

OPGW配套的金具附件一般包括：耐张线夹、悬垂线夹、专用接地线、防振锤、护线条、引下线夹等。

1）耐张金具的安装：耐张线夹是架设OPGW的关键金具，它不仅要将光缆紧固在杆塔上，承受较大的张力，对光缆又有较大的握着力，且又不能超过光缆的侧压强度。耐张线夹一般用于终端塔、大于15°的转角塔、光缆接续塔或高差大的杆塔上。标准预绞丝式耐张线夹由内绞丝、外绞丝、嵌环、螺栓、螺母等组成，如图15-6-15所示。

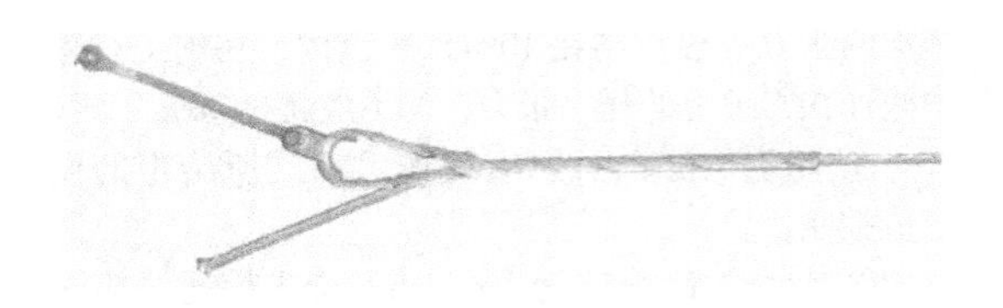

图15-6-15　耐张金具装配图

2）悬垂金具的安装：预绞丝式悬垂线夹是用来将光缆吊挂在杆塔上，起支撑作用，与通常输配电线路的悬垂线夹作用相似，每个直线搭配一套。标准的预绞丝式悬垂线夹由内绞丝、外绞丝、铸铝壳体、橡胶夹块、螺栓、螺母、垫圈等结构组成，如图15-6-16所示。

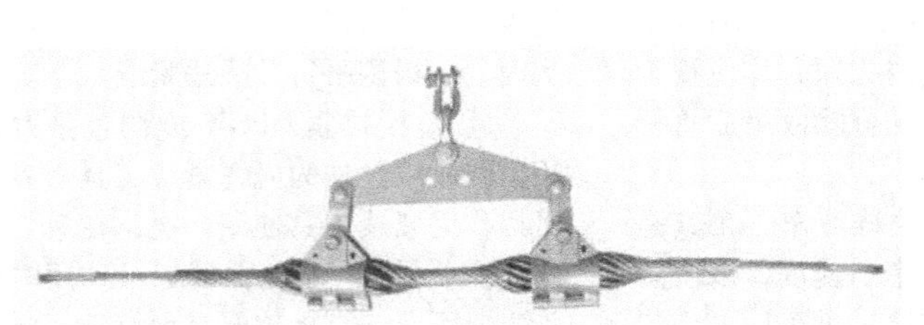

图15-6-16　悬垂金具装配图

3）防振锤的安装：防振锤主要用于消除或降低OPGW光缆运行时因各种因素的影响而产生的振动，从而保护光缆及金具，延长OPGW使用寿命。

防振锤的安装数量和安装位置应严格按设计说明书或金具厂家提供的图样。如现场无设计说明时，可参考下面的原则：

① 安装数量配置原则：防振锤安装数量一般按以下原则配置：档距不大于250m为2只，档距在250～500m之间（含500m）为4只，档距在500～750m间（含750m）为6只，档距在750～1000m间为10只，超过1000m档距将根据线路情况另行提供配置方案。

② 安装位置：计算公式

$$L_1 = 0.4D\sqrt{\frac{T}{M}}$$

$$L_2 = 0.7L_1$$

$$L_3 = 0.6L_1$$

式中　D——光缆直径（mm）；

T——光缆年平均运行张力（kN），一般取20% RTS；

M——光缆的单位重量（kg/km）。

防振锤安装起始点：L_1的起始点为悬垂线夹的本体中心线和耐张线夹的心形环的中心线；L_2的起始点为第一只防振锤的中心；L_3的起始点为第二只防振锤的中心；依此类推。

第一只防振锤安装在金具内绞丝上，从第二只防振锤开始均应安装在专用护线条上。

③ 防振锤安装方向：一般情况下，防振锤锤头的朝向并无原则上的规定，也不影响防振效果，但国内用户倾向于第一只防振锤的大锤头（低频端）朝向杆塔一侧，而后按大头对大头，小头对小头方法的安装。如防振锤数量为单数，则按高塔多装的原则；如防振锤数量为双数，则按平均数量的原则。

4）接地线的安装：OPGW光缆必须逐塔接地，接地线由铝线绞合而成一定长度，采用并沟线夹或插片与光缆金具连接，另一端安装在铁塔主材接地孔上。接地线安装应工艺美观，长短适宜，不得有硬弯或扭曲，连接部位应接触良好，保持全线统一。

5）OPGW余缆引下与接头盒的安装：接续点铁塔上的光缆需引下地面后进行接头，光缆从铁塔两侧沿线地线支架下平面至主腿塔身主材后沿塔身主材内侧引下。引下线经过的路径弯曲半径不得小于1m，在引下线操作过程中光缆的最小弯曲半径应确保，一般规定为大于0.5m。光缆引下后，采用引下线夹将光缆固定在铁塔主材或斜材上面。若是沿水泥杆（如变电站、电厂构架）引下光缆，需使用抱箍型引下线夹。引下线夹从地线支架开始往下每隔1.5～2m安装一个。光缆引下线应挺直、美观。

接头盒和余缆架安装在铁塔主材或斜材的合适位置（见图15-6-17），距铁塔基础面8～10m。安装要牢靠并保持全线统一。

图15-6-17 接头盒和余缆

（5）光纤接续、全程测试

1）OPGW光纤接续：当OPGW紧线、金具附件安装、余缆引下固定工作都完毕后，OPGW基本处于即将正常运行状态了，这时候应该对光纤进行接续，同时测试光衰减，以确定放线过程中是否损伤光纤。若无明确其他测试波长窗口要求外。一般在1550nm波长下光衰减，同时记录和保存测试结果。

接续一般由专业的光纤接续人员用专门的光纤熔接机进行。

2）全程测试：

a）光缆施工完毕后应进行双向全程测试，测试项目包括单向光纤损耗及计算双向平均损耗等，测试结果应满足合同要求。

① 光缆全程单向损耗采用光时域发射仪进行测试，应同时提供后向散射信号曲线及事件表，并根据测试结果计算双向全程平均损耗。

② 采用光功率法进行光缆全程总损耗的复测及对纤芯排序的核对。

b）光缆线路配盘图：检查由A端ODF到B端ODF的光缆线路配盘图，图中应标有导引光缆长度、每盘光缆架设长度、接续盒所在位置及挂高等参数。

c）光缆线路熔接点配纤图：检查由A端ODF到B端ODF沿线所有接续点的光缆熔接点配纤芯图。

（6）质量控制要点及施工注意事项

1）质量控制要点：

a）运输与存放控制要点：光缆及金具、附件在运输过程中是否受磨损，存放时是否受潮、受腐蚀。

b）放、紧线控制要点：光缆展放过程中的弯曲半径必须得到有效保证，应极力避免出现打金钩的情况。防止光缆过张力、磨损、折曲、扭转次数过多。

c）附件安装控制要点：防止光缆受力的各种螺栓的紧固力矩过多，防止光缆的磨损、折曲和不合理受压。

2）施工注意事项：

a）施工前应将对讲机进行频率和灵敏度校验；在放缆过程中，应该考虑实际情况及以往的经验，服从统一的调度指挥。

b）安装时OPGW和所有的金属器械必须可靠接地，以避免由于电容和电感耦合造成对人员和设备的伤害。

c）光缆端头在从光缆线盘上拉出后，不能直接往张力机上缠绕，应先采用软绳缠绕在张力机上再牵引通过，避免人为增加光缆扭力。

d）OPGW的架设，原则上线路必须停电作业，不能在大风、雷雨等恶劣气候下施工；必须执行“电业安全工作规程”，填写工作票，贯彻高压架空线路安全工作的组织措施，遵守电力系统的有关工作规程。

e）尽管OPGW光缆的结构较坚固耐用，但在安装时仍需注意避免因不正确的操作而导致光缆受到不必要的伤害，OPGW布放过程中，不应出现任何突然的的振动、拉拽或导线跳动。

f）在街道、高速公路上作业时，OPGW放置应和车流方向一致，并派专人指挥交通，采用警告、交通导向标志来划定工作区域，必要时可请公安交警协助疏导交通。

（7）文件归档处理

1）现场原始记录文件应按规定收集整理，在规定时间内向建设单位移交。当系统改造或紧急情况下，可用于参考解决问题。

2）建议将下述现场记录文件归档处理：

a）施工过程中建设单位委派工地代表组织的随工检验、施工弧垂及交叉跨越间距的测量记录、隐蔽工程随工验收合格记录、系统开通验收报告。

b）系统线路地形图：杆塔明细表、接头位置、交叉跨越图等。

c）系统组成图：标识在各接头点或分支点、终端设备、主要路口处所用光缆的缆盘序号、盘长，光缆及光纤的型号、长度、数量数据，光纤连接色谱排列、跳接资料。

d）安装数据表：记录每一个杆塔处进行作业所用的实际设备装置、杆塔结构、尺寸、各接点或终端预留长度、接地及固定等情况。

e）验收测试数据表：包括输入光功率、接收光功率、光纤平均衰减值、接头和光纤活动连接器的插入损耗、光缆线路长度等。

3）归档文件要求：

a）工程文件材料应以原件进行收集、整理、归档；

b）文字材料应齐全完整、字迹清楚、图样清晰、图标整洁、签字完备，破损的文件材料应予以修整；

c）文字材料不得用易褪色书写材料书写、绘制，字迹模糊或易褪色文件应予复制。

3. ADSS 安装架设施工

（1）ADSS 光缆架线施工的基本技术要求

1）光缆挂点的位置选择：满足“在带电线路杆塔上工作”的安全距离的规定。（距带电导线最小距离：110kV≥1.5m、220kV≥3.0m）。根据安全操作规程在带电线路上进行 ADSS 光缆架设施工，可以认定为是在带电线路杆塔上的工作。因此作业人员活动范围及其所携带的工具、材料等，与带电导线最小距离不应小于上述安全距离（见表 15-6-8）。施工中必须使用绝缘无极绳索、绝缘安全带、绝缘工具，风力应不大于五级，并设专人监护。如满足不了以上条件时，应按带电作业施工或停电施工。

表 15-6-8　在带电线路杆塔上工作与带电导线最小安全距离

电压等级/kV	安全距离/m≥	电压等级/kV	安全距离/m≥
10 及以下	0.7	154	2.00
20～35	1.0	220	3.00
44	1.2	330	4.00
60～110	1.5	500	5.00

2）ADSS 光缆的架设施工中张力和侧压力不能过大：ADSS 光缆内的玻璃纤芯极易脆断，受到拉伸和侧压将造成损坏，所以光缆在架设施工时，光缆不能受到挤压和超标拉伸。施工时要采用张力放线机进行张力放线，牵引张力要平稳，牵引张力不能超出指标要求。

3）ADSS 光缆外护套不能受到磨损和划伤：ADSS 光缆外护套平整光滑的表面能有效地减少电腐蚀，若光缆外护套受到磨损、划伤、破裂，光缆将在短时间内被腐蚀损坏，所以光缆在架设施工时，光缆不能与地面、树枝、房屋、跨越架、杆塔、缆盘边沿等物体发生摩擦和碰撞，不能使用金属工具划伤光缆。

4）ADSS 光缆不能过分弯曲：ADSS 光缆的弯曲是有限度的，超过限度将造成损坏，光缆的弯曲半径指标如下：

a）光缆施工时的弯曲半径≥30D（D 为光缆的直径）；

b）光缆运行时的弯曲半径≥20D（D 为光缆的直径）。

所以 ADSS 光缆施工时对放缆滑车的直径要求如下：

① 直线杆塔轮径≥ϕ400mm；

② 张力场、牵引场两端杆塔轮径≥600mm；

③ 大于 60°的转角杆塔轮径≥600mm。

5）ADSS 光缆严禁纵向扭曲：ADSS 光缆纵向受到扭曲将造成损坏，所以在施工时必须使用无极性绝缘编织牵引绳和防扭器。

6）ADSS 光缆不能受潮和进水：ADSS 光缆内的玻璃纤芯受潮和进水后将会断裂，所以施工时，不论是开盘测试还是施工结束后，光缆端部必须用防水胶带进行密封。

7）施工时光缆不得随意调对，金具不能随意替代：每盘光缆的型号、长度、芯数、跨距以及配套金具的配置都不相同，是根据设计院的设计进行生产的。每盘光缆都有一个统一的编号，每个编号与某一条线路中的某一基杆塔都是一一对应的。所以施工时光缆不得随意调兑。光缆金具是针对每一种光缆的直径、张力、档距而设计生产的，不能随意替代。施工队必须严格按照设计院设计的缆盘、金具配置表来进行光缆展放施工。

8）每盘光缆施工完成后必须留有足够长的余缆：

a）光缆接头盒处的杆塔上，必须留有足够长的余缆；接头余缆长度≥光缆挂点距地面的高度+25m。

b）光缆进机房后必须留有足够长的余缆；光缆进机房到达安装位置后，余缆长度≥25m。

9）在保证安全距离的前提下，光缆接头盒、余缆盘安装高度为距地面≥10m，在条件允许时，尽可能提高安装位置。

（2）ADSS 光缆施工前的准备

1）人员准备：

a）参加光缆架设施工的人员，必须经过本技术规范培训并经考试合格；

b）高处作业人员、牵引机司机、测量工及汽车司机必须有本专业考试的合格证；

c）架设施工各工序的指挥员或施工负责人，必须选择有经验的线路技工担任；

d）光缆架设施工组织一般分为安监协调组、准备组、展放牵引绳组、光缆展放紧线组。

2）人员分工（见表15-6-9）：

表15-6-9　张力架线的人员配置参考表

组别	技工	民工
安监协调组	3～5人	
准备组	2～4人	8～10人
展放牵引绳组	5～7人	10～15人
光缆展放紧线组	10～12人	10～15人

a）安监协调组的任务：

① 负责施工的组织协调，安全、质量的检查；

② 负责对外协调，联系停电、停航、跨越、青苗赔偿等后勤工作；

③ 指派一名经验丰富的安全技术人员跟随光缆牵引端头，沿途检查各路口、障碍、跨越、急转弯等处光缆过滑车情况，发现异常情况随时迅速停止牵引，排除故障。

b）准备组的任务：

① 清除线路通道障碍；

② 光缆及金具材料的清点、运输；

③ 搭设跨越架。

c）展放牵引绳组的任务：

① 负责一盘光缆所要架设的杆塔的抱箍夹具以及放线滑车的安装。

② 将牵引绳逐塔展放并用防扭连接器连接。

③ 使用轻便绞磨或机动绞磨，将牵引绳升空离开地面安全距离后临锚。

工作组人员在牵引绳升空时必须检查：是否有滑轮跳槽及不转现象，牵引绳有无摩擦及杆塔及障碍现象，有无上拔现象，及时采取补救措施。滑轮包络角过小时必须加挂串联滑轮，而且及时通知紧线组，因为这些故障同样也会发生在光缆的牵引过程中。

④ 发现特殊地形，线路异常变动情况必须报告施工负责人，通知安监协调组和光缆展放紧线组负责人。并派留守人员监护光缆的牵引工作，发现异常情况立即停止牵引。

d）光缆展放紧线组的任务：

① 负责牵引场、张力场、缆盘的布置；

② 负责牵引光缆及紧线工作；

③ 负责安装光缆金具；

④ 负责转场布置牵张场，准备明天牵引光缆工作。

3）技术准备：

a）架设施工前，技术准备工作主要内容：

① 进行线路调查，重点是交叉跨越及障碍物的情况调查；

② 编写架设施工技术措施，包括施工计算；

③ 架设施工的技术交底。

b）线路调查的目的是为架设技术措施的编制提供依据，其主要项目：

① 沿线交通运输及地形条件；

② 线路通道内障碍物情况；

③ 沿线交叉跨越情况，应包括被跨越物的物主及其现场条件等。

c）编写架设施工技术措施的要求：

① 必须依据设计施工图；

② 应由有架设施工经验的技术人员编写，编写人必须参加现场调查，熟悉现场情况，熟悉设计图样及文件；

③ 架设施工技术措施的内容包括：架设施工有关说明；放线紧线及弛度观测方法；金具安装图；缆盘及金具配置表；杆塔明细表；架设施工各工序的施工方法、人员划分、现场布置、工器具配置、操作要求、质量标准及安全措施等；

④ 架设施工计算中应计算耐张段内观测档的弛度值；

⑤ 制作放线作业图内容包括：杆塔档号、档距、交叉跨越等，重点是牵、张场的布置，牵引力、张力的控制值。

d）架设施工技术措施编制后，需经施工监理人员、厂家督导人员同意后并经生产局长（或总工）批准，方可实施。施工前必须向施工工人进行全面技术交底。

4）基本施工工器具准备：

a）架设前，应做好机具准备工作，其主要内容：

① 根据确定的施工组织及施工方法，编制机具清册；

② 根据机具清册清点现场机具，不足应及时补充，确保机具数量满足施工需要；

③ 清理和检查施工机具，所有机具要按安全规程要求进行实验，确保施工机具的质量合格，特别是绝缘牵引绳的绝缘检查；

④ 所有机械设备如牵引机、张力机、制动缆架、机动绞磨等，必须在施工前进行检查并维修保养。确保设备状况良好；

⑤ 放线滑车必须逐个检查、维修、保养，确保部件齐全，转动灵活；

⑥ 通信工具必须逐个检查确保电力充足；

⑦ 安全保护用具应有专人管理，在使用期间应按规定进行试验。

b）每个施工队必须具备如下基本施工器具：

① 张力机（或带刹力不小于1.3kN的放线架）一台；

② 牵引机（3t）一台；

③ 机制编织锦纶牵引绳（ϕ16mm×200m/条）17条；

④ 防扭连接器（1t）17只；

⑤ 尼龙轮放线滑车（ϕ400mm）20只；

⑥ 尼龙轮放线滑车（ϕ600mm）6只；

⑦ 手搬葫芦（1.5t）4只；

⑧ 钢丝绳套；

⑨ 蚕丝绳（ϕ12mm）200m；

⑩ 对讲机（范围5km）10只；

⑪ 钢绳千斤套（2m）4副。

c）放线张力机必须是双卷筒、大鼓轮式。牵引机拉力必须在1t以上。如果不具有张力机，可使用制动力为1.3kN以上的双制动放线缆盘支架。

d）放缆滑轮不得有锈蚀和破损现象，轮径为ϕ400mm，槽口为40mm。使用时需清洗干净并加适量润滑油。保证滑轮处于良好的工作状态。牵引场两端杆塔滑轮盘径应不小于600mm，如图15-6-18所示。

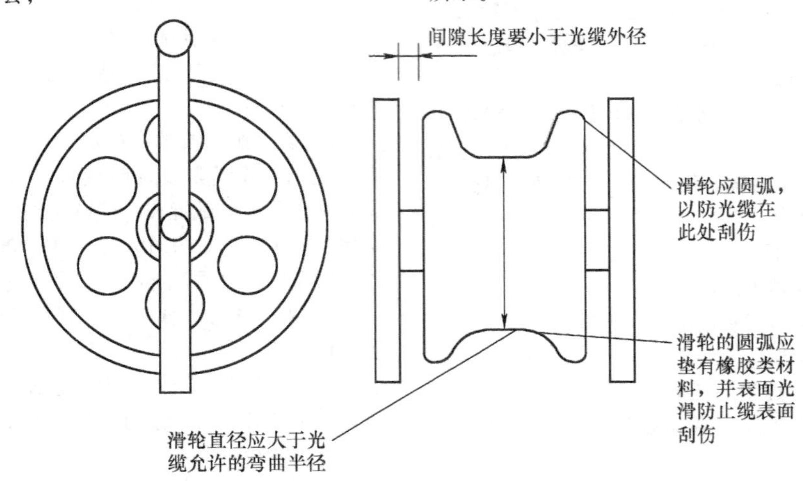

图15-6-18 施工滑轮尺寸要求图

e）观测弛度所使用持光缆夹具，如果没有专用夹具，可使用同光缆型号一致的耐张金具临时锚线，但是夹持导线和地线的夹具绝对不能使用在ADSS光缆上。

5）材料准备：施工前必须做好架设材料的准备工作：

a）根据杆塔明细表、光缆及金具配置表，确定施工装置性材料及消耗材料的规格、型号、数量。

b）用光时域反射仪（OTDR）对光缆进行开盘测试，检查光缆的衰耗指标，核查光缆长度。

c）对到货的金具进行外观检查，发现有锈蚀、变形、裂纹等损伤的，严禁使用，并对金具进行试组装。

6）光缆展放场地的选择：

a）施工班组派出的专职负责人应在放光缆的前一天，提前前往施工现场考察地形、地貌、障碍跨越及杆塔路径等情况，根据设计院的杆塔明细表要求，选择出合理的展放光缆场地。

b）选场要点：张力场、牵引场应尽量避开青苗、园林赔偿地段，36m以上挂点的加高塔前后位置不宜作牵张场地，牵张场地应选择机动车能到达的开阔地带。张力机、牵引机与相邻的第一基杆塔的牵引坡度，必须满足1（竖）:4（横）的条件要求（见图15-6-19和图15-6-20）。

c）特殊条件地段选场在耐张塔转弯角度小于90°时，考虑到光缆布放时牵引阻力过大，弯曲力和侧压可能损伤光缆时，应采用分段牵引法。将缆盘布置在转弯处牵引放缆，先将较长的一段光缆牵引到位后，再转向布置张力机，展放另一段较短的光缆。这种方法经常被使用在变电站进站光缆的展放施工中。

7）跨越的要求和准备：

a）跨越架：为了防止在展放牵引光缆和紧线过程中发生事故性张力失控，要求所有跨越的铁路、公路和带电高压设备，必须搭设跨越架，并派专人手持信号旗在路口看管。

ADSS光缆对地面及交叉跨越的最低高度：

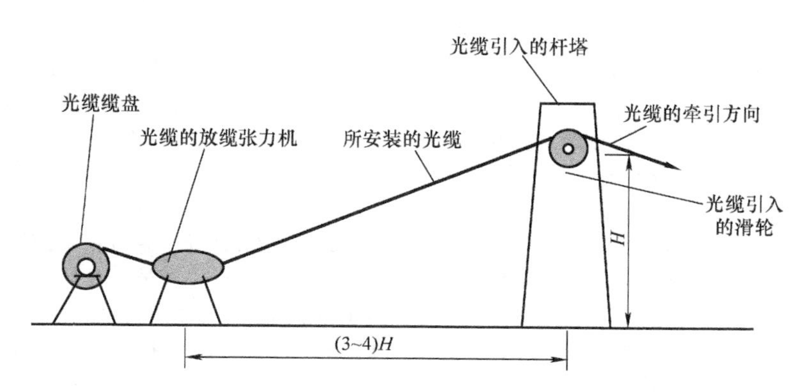

图 15-6-19 光缆施工引入端示意图

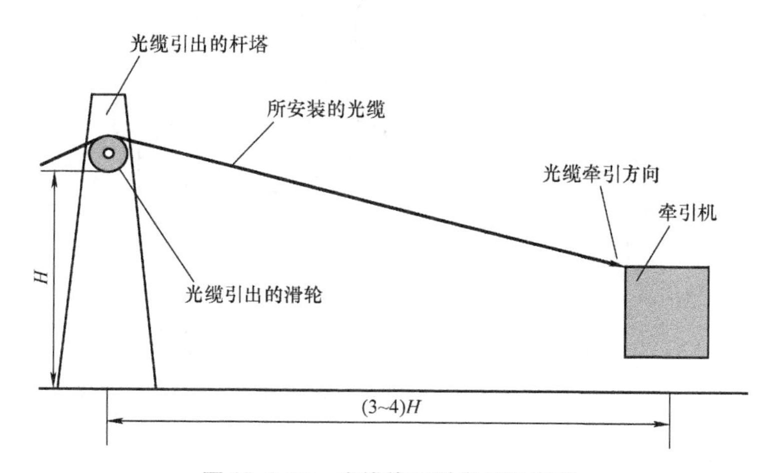

图 15-6-20 光缆施工引出端示意图

① 对居民区（村庄） 6m
② 对铁路 7.5m
③ 对公路 6m
④ 对房屋垂直距离 2.5m
⑤ 对通信线交叉距离 1m
⑥ 对 10kV 电力线交叉距离 1.5m
⑦ 对 35kV 带电导线/架空地线 3/1m
⑧ 对 110kV 带电导线/架空地线 3.5/1m

b）除按照常规的搭设跨越架进行跨越外，还可采用利用架空地线跨越的方法：在光缆展放过程中，线下交跨物多且繁杂，如要顺利展放应事先搭跨越架，由于较多的是带电的 10 ~ 110kV 线路，农民的塑料大棚、铁路、公路等，要做的工作太多，综上原因应充分发挥现 110 ~ 220kV 设备的优势，即利用架空地线，在其上面挂滑轮，跨越障碍展放光缆。跨越示意如图 15-6-21 所示。

该方法可随意控制对交跨物的高低及远近，穿放导引绳较为方便。

该方法在使用中，应注意在两导线中间，需使用两条绝缘控制绳尽量控制放缆轮左右摇摆。在架空地线上挂滑轮时应有防感应电的措施（挂小地线等）。

（3）运行线路上进行光缆张力架设施工

1）缆盘的运输和布置：

a）光缆经过单盘检验合格后，运至各施工单位指定集中点。

b）由集中点运至施工作业班级点时，应根据中继段光缆分配表或中继段配盘图编制运输计划，由分点运至放缆点后交由施工班级负责。分点运输应由专人负责。

c）光缆从车上卸下时，不得直接跌落到地面。

d）光缆盘不得长距离在地面上滚动。需要短距离滚动时，滚动方向由B端方向向A端方向运动（光纤是顺时针方向排列为A端，反之为B端）。

e）运至施工现场的缆盘，其盘号必须正确，光缆的端别出线方向与布放方向应确认无误，方可放线。

缆盘架设后出线端头必须从缆盘上方引出。

2）光缆在电力线路中的定位与走向：

a）光缆定位与走向的确定原则：

① 光缆挂在杆塔的外侧；

② 线路转弯时，光缆应挂在线路转弯的内角侧；

③ 一般情况下，光缆挂在线路前进方向（杆塔号增加的方向）的右侧；

④ 两个接头盒之间的整盘缆必须在线路的同一侧；

⑤ 线路转弯与线路前进方向不符合光缆走向要求时，光缆可以调到线路左侧，但必须是两个接头盒之间的整盘缆全部调整。

b）放线滑车应按图15-6-22安装。

3）光缆导引绳的展放：

a）展放光缆导引绳的准备工作：

① 施工的有关人员应在前一天对施工现场进行全面了解，包括张力场、牵引场、各路段的进出车辆的道路，交叉跨越物（并做出对路跨越物的跨

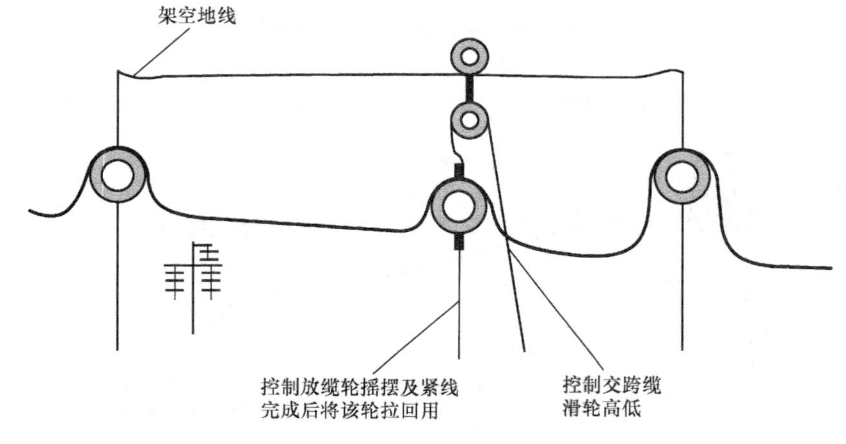

图15-6-21 跨越示意图

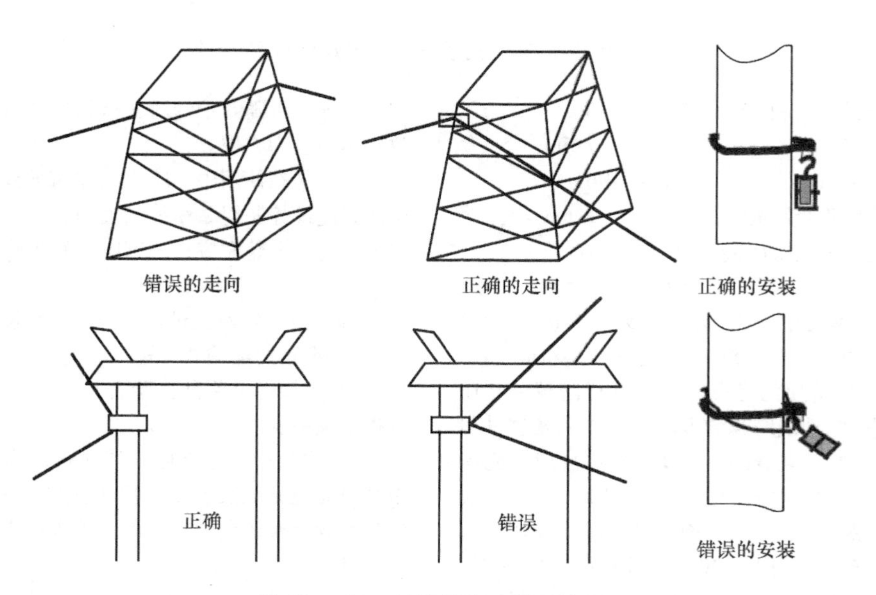

图15-6-22 放线滑车安装示意图

越施工方法），施工器具的准备。

② 由于是在带电线路上进行施工，为保证施工安全，在条件较好的地段（平原、丘陵）可以采用低挂的方式进行施工，即在比设计挂点低4～5m的地方进行导引绳的展放、光缆的牵引、紧线和光缆金具的安装，然后再将光缆提升到设计挂点固定。

b）光缆导引绳的展放：使用的导引绳一般均为ϕ16mm编织不扭锦纶绳200m一条。为达展放最优（省工、省绳），应在前一天根据杆塔明细表的档距大体进行一次排绳。施工中将每捆绳按照排放地点分配，分组同时进行展放，展开后再将各段牵引绳用防扭器进行连接，然后升空。

光缆导引绳展放注意的事项：

① 进行该工作时应注意，因尽量使展放的导引绳垂直于架空地线，两导引绳连接处应仔细检查，检查两绳与防扭器连接的钢环是否有开焊、拉开现象，发现应及时采取补救措施。展放中应对沟河的跨越采取必要措施，防止绝缘绳进水使其降低绝缘水平。

② 导引绳在通过转角塔时，特别要注意监视滑轮运转情况，对因转弯而发生的滑轮偏向、拧绞缆绳现象应立即采取补救措施。

③ 牵引绳展放过杆塔时，先将牵引绳放过几十米再让牵引绳回松，用绝缘传递绳将牵引绳吊上杆塔穿过滑车。放线时每隔1～3基杆应设一人监视，如发现吊档、跳槽、卡线、滑轮转变不灵或滑车拧绞引绳等现象应立即停止牵引排除故障，因为在以后的光缆牵引过程中也会发生如此故障，所以一定不能掉以轻心，要防患于未然。

④ 禁止走弯线：牵引绳展放通过经济园林时，必须走直线，以免引起勾挂树木造成经济损失。牵引绳在通过转角塔时特别要注意监视滑轮运转情况，对因为转弯而发生的滑轮偏向拧绞缆绳现象应该立即采取补救措施。

⑤ 牵引绳在通过低压电力线路和通信线路时，先使用一根较细的绝缘导引绳跨过线路，再用此导引绳将牵引绳引渡过线路。注意牵引绳与导引绳如果浸水受潮，其绝缘电阻可能会降至为零。施工班组千万要注意施工安全，防止电害伤人。

4）光缆的牵引和展放：

a）牵引端头制作：

① 目前普遍使用的是钢丝绳编的3m长的网套来连接光缆头，取一段硬度较好的钢丝绳直径为ϕ12mm，长度为3m左右。在绳头的一端做好插式绳套，在绳套处用铁丝扎好，散开另一头各股以扎辫方式缠绕在光缆上，缠绕距离一般为2～2.5m，交叉节距为100～120mm，在端头尾端用铁丝捆扎结实即可。制作马鞭式牵引端头示意图如图15-6-23所示。

② 由于钢丝绳编的3m长的网套前端非绝缘部分太长，在跨越带电线时，在特殊情况下对带电体易造成短路，针对上述情况，最好使用光缆本身的芳纶丝编织成牵引头，与防扭器连接，该方法拉力强，绝缘性能好，建议推广使用。

其制作方法：

在施工现场缆盘支放好后，剥开光缆头外护套3～4m，再剪去聚乙烯内套及内部所有部分，仅保留芳纶丝部；然后将其分成3股编成芳纶丝小辫；穿入防扭器按图15-6-24打结待用。

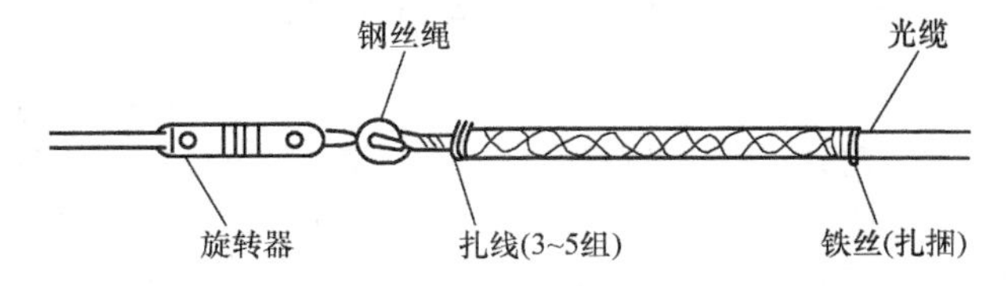

图15-6-23 马鞭式牵引端头示意图

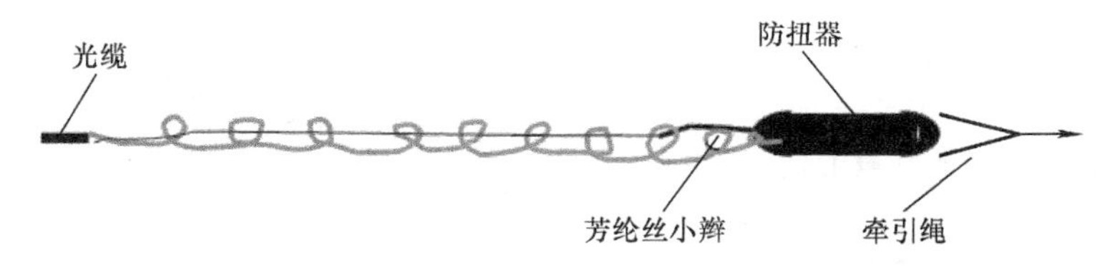

图15-6-24 芳纶丝编织成牵引头

b）光缆展放安全注意事项：光缆展放采用张力牵引法一牵一引方式，和全线采用不停电的方式进行施工。施工班组必须执行高空安全监护制度和高空作业的工器具检查制度，把安全施工的工作做到实处。对重要交叉跨越及危险地带施工，要制定相应的专项安全措施。接到停车命令应该先停牵引机后停张力机。

c）牵引设备注意事项：牵引机和张力机应该布置在耐张段两端杆塔之外的线路延长线上。设备与相邻杆塔放线滑车的倾角，最大水平角应不大于27°，最佳牵引坡度为1（竖）：4（横）。如因地形地物的限制，可将塔上的滑轮适当下移至达以上条件止，这样可确保光缆在展放过程中不受损伤。

d）若施工队不具备张力放线机，也可使用带制动的放线缆盘支架替代张力放线机，牵引机一般使用的是机动绞磨或带绞盘的拖拉机。在展放过程中，一是张力，一是牵引力，双方应配合好。由于带制动的放线缆盘支架的张力无任何的标记，这样就靠规律和经验，尤其是张力机，初放时绞盘转速较慢，随着展放将加快，这样就要求操作人员根据前一档的弛度来调整对线盘的制动。牵引机应保持匀速，牵引速度一般控制在每小时2km左右为好。光缆距地一般在5～6m为宜。

e）牵引时的通信一定要畅通，指派一名经验丰富的安全监督人员跟着光缆牵引端头走，沿途检查各路口、障碍、跨越、急转弯等处过滑车情况，发现异常情况随时迅速停止牵引，排除故障。

f）特殊条件地段选场在耐张塔转弯角度小于90°时，考虑到光缆布放时牵引阻力过大，弯曲力和侧压力可能损伤光缆时，应该采用分段牵引法，将缆盘布置在转弯处牵引放缆，先将较长的一段光缆牵引到位后，再转向布置张力机，展放另一段较短的光缆。这种方法经常被使用在变电站进站光缆的展放施工中。光缆牵引示意图如图15-6-25所示。

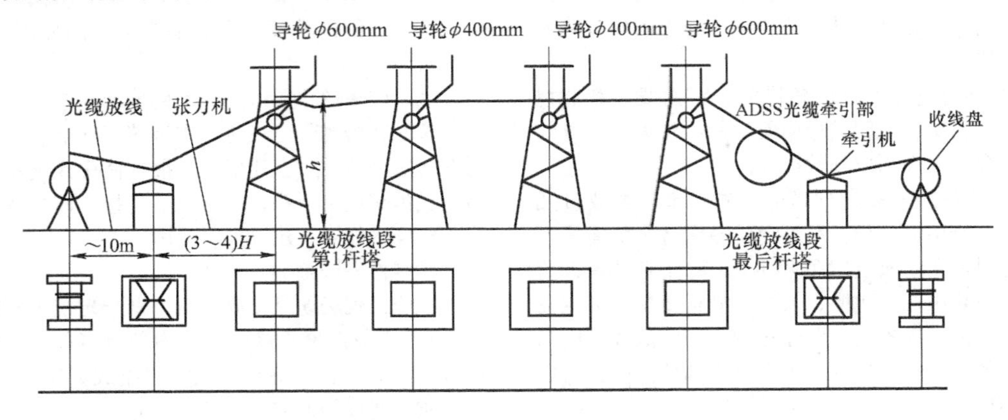

图15-6-25 光缆牵引示意图

5）光缆的弛度观测：

a）观测弛度负责人员要提前到达指定杆塔做好准备紧线工作。

b）光缆的弛度应符合设计规定数值，弛度太大或太小都将降低光缆线路的安全系数。弛度太小时在气温降低或覆冰过大时易发生断线故障；若弛度太大则会发生与相线鞭击现象以及机械疲劳故障。

c）观测档的选择：在耐张段的连续档中，选择中间档或接近中间档的较大档距、悬点高差较小者作为观测档。如档数在7～15档时，则应在两端分别选2个观测档。除特殊情况外，不宜在有耐张杆的档距内观测。

d）等长法观测弛度：此法为最常用的观察法之一，具有易掌握、准确度高等优点。具体操作方法为，在观察档内A、B杆的悬挂点向下量取一长度f，在f处绑扎两横观测板，若目测弛度最低点与横尺f_a、f_b成一线时，此时的弛度即为要求的f值。等长法示意图如图15-6-26所示。

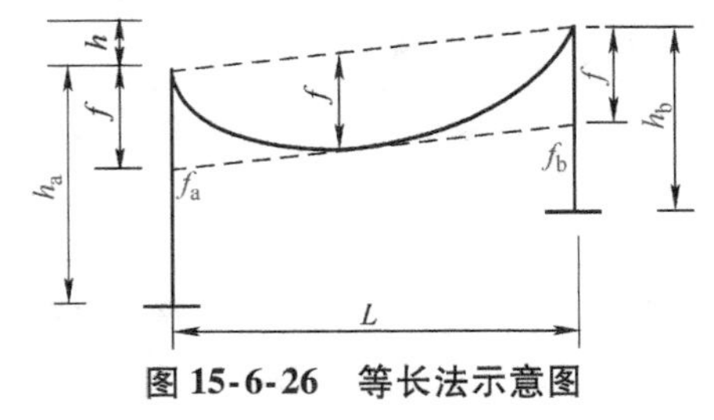

图15-6-26 等长法示意图

用等长法测垂度应满足如下条件：

$$h<20\%L$$

$$\{f\leqslant h_a-2, f\leqslant h_b-2\}$$

式中　h——观测档的悬挂点间高差；

f——观测档的平行四边形弛度；

h_a——测站端导线悬挂点至基础面的距离；

h_b——视点端导线悬挂点至基础面的距离。

e）异长法观测弛度：当观测档的架空线悬挂点间高差较大时，为了保证视线切点靠近弛度最低点，此时需要使用异长法。

所谓异长法既观测档两端弛度板捆扎位置不等高进行弛度观测，它分为测量端在悬挂点的低测和高侧两种，示意图如图 15-6-27 和图 15-6-28 所示。

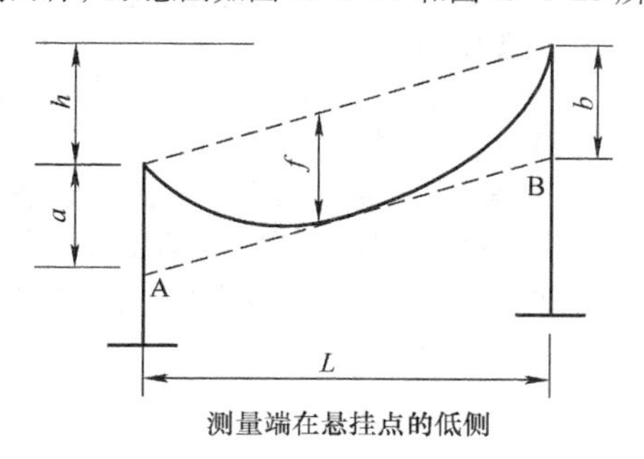

图 15-6-27　异长法示意图（一）

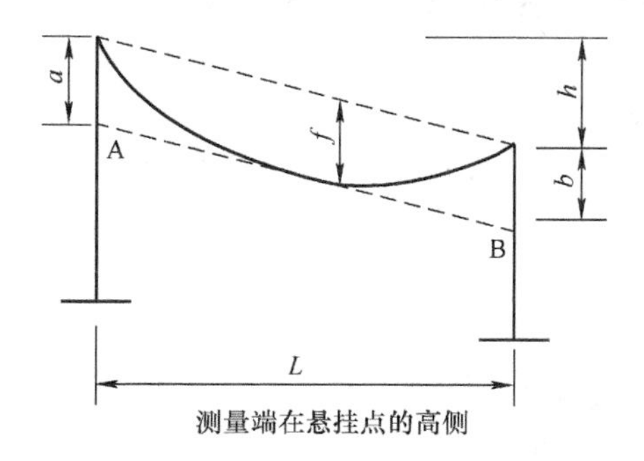

图 15-6-28　异长法示意图（二）

计算方法：

f 为中点弛度，A、B 为架空线的切线与杆塔的交点，则 a、b 与 f 存在下列关系：

$$a_1/2+b_1/2=2\times f_1/2$$

$$b=(2\times f_1/2-a_1/2)2$$

测量其步骤：

首先确定一端弛度观测板悬点的距离为 a，然后根据给定的弛度值按公式 $b=(2\times f_1/2-a_1/2)2$ 求出另一端弛度板悬点的距离计算值 b。

若观测时 a、b 连接线与架空线相切，则档距中心的弛度即为所要求的 f 值；若与架空线不相切，则说明弛度不符合要求，须进行调整。

f）张力测量法观测弛度：同一耐张段内各档的光缆张力值在光缆处于静止状态时均于代表档距的张力值等同。据此原理串联张力表根据设计规定的张力来控制弛度值。

第一次紧好线后，应将线稍回松，使耐张段中间档弛度值达到标准值后，然后再次紧线，这里有两种情况下的受力，稍回松时约有半数的滑车倒转；第二次紧时约有 1/3 的滑车再次正转，所以初次使用本法时最好与弛度的观测法配合进行一次以弛度观测为主的测量，看有无误差，取得修正经验后再按张力测量法进行紧线施工。

6）光缆的紧线施工：

a）紧线前应先检查所放光缆有无损伤，交叉跨越处有无障碍和缠绕卡住现象，牵引场是否准备就绪，观测弛度人员是否到位，通信设备通话是否良好，紧线人员及工具是否准备完毕。若耐张段两段另一面架空线已紧好，则不需要设置临时拉线，防止杆塔受力变形。反之则要设置临时拉线。

b）紧线方法介绍：

① 紧线采取单线多次紧线法：光缆牵引到位后在对面张力机端做好耐张夹具，松下光缆在张力机端第一基杆上挂线。

② 紧线前先抽余缆待前方架空缆脱离地面 2～3m 之间，直接套上紧线夹具以牵引设备牵引光缆紧线。

如果没有紧线专用夹具，也可以用耐张金具临时代替，然后挂上拉力表开始紧线。

③ 当架空缆线收紧将接近弛度值时，应减慢速度甚至停止牵引，改换手链葫芦来调整弛度使其弛度值达到预定要求。然后等待半分钟无变化时即可以操作杆上划印，如拉力表发生误差较大现象应以弛度为准。

④ 划印要以分红笔划印，再在印记边包黑胶布。

⑤ 印记做好后可以一次性直接在牵引端操作塔上安装金具，也可放下光缆安装好金具再进行紧线挂缆。

c）杆上一次安装法：一般使用在跨越较复杂且不能将光缆放下的耐张杆。光缆的弛度观测好并划印后，紧线人员在杆塔上安装耐张金具，此时最好使用耐张平梯或梯头，操作由两人来进行，预绞丝活动的方向应始终和光缆的方向一致，不得垂直于光缆上下活动，造成与导线安全距离的缩小，应尽量将人员的活动范围缩小，始终要保证与带电体110kV1.5m，220kV3.0m的安全距离。监护人应认真监护，随时纠正杆塔上工作人员的不正确的动作。

d）多次紧线法紧线：此方法是在地形较好的地段使用，要注意光缆不得在地面上滑动，以免磨损外护套。

① 光缆在牵引到位后，张力机端做好耐张附件后，挂至耐张塔上。

② 张力机牵引，将弛度观测好后，划印，将光缆松下，在地面将两侧的耐张金具做好（应将中间引流线的长度留足，铁塔应是挂线点处塔体的11/2长）。先不装张力场侧的防振器，待张力场侧耐张器具过滑轮后，停止牵引，装上防振器后再牵至挂上张力场侧的耐张器具。牵引机放松将牵引侧的耐张器具挂上。再观测弛度、划印，做耐张器具，挂做好的光缆，反复进行。

7）光缆金具的安装方法：

a）光缆金具的长度与光缆的结构强度有关，不同结构的光缆，其金具有不同的设计要求。具有相同直径的光缆其金具也不一定相同。所以一定要按原设计要求来配置金具。

b）静端金具的安装完成后，由于光缆在弧垂调整完后，需组装悬挂金具，该金具的保护条和结构增强杆均为2m多长的金属丝制成，在制作过程中，若操作不当可能会危及人身安全。为确保工作人员的安全，在组装悬挂金具时，可将已紧好的光缆连同滑车用绝缘线一齐下放4m，待光缆金具在该处组装完成后，再提升至挂点位置连接好。如该档由于交叉跨越等原因光缆不易下落时，该杆塔组装金具的施工人员应两人来进行操作，预绞丝活动的方向应始终和光缆的方向一致，不得垂直于光缆上下活动，造成导线的安全距离的缩小，应尽量将人员的活动范围缩小。

c）ADSS光缆的主要金具有耐张金具、悬垂金具、防振器、导引线夹。

d）耐张金具：耐张金具主要安装在终端杆塔，耐张杆塔上，对于特殊线路段，在直线杆塔上通过连接板形成直线耐张方式而采用耐张金具。图15-6-29为耐张金具的装备图。

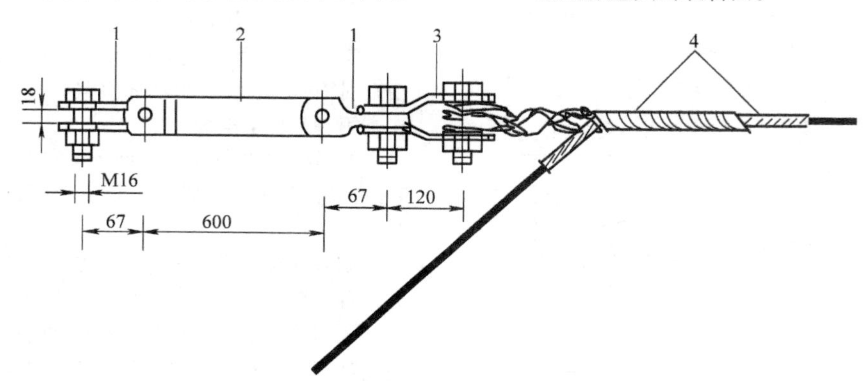

图15-6-29 耐张金具装配图

1—U形环 2—连接板 3—心形环 4—内层和外层预绞丝

耐张金具的安装步骤：

第一步：安装内层预绞丝。安装的位置依据所调整完光缆的垂度和张力后进行安装，预绞丝两端应平齐。

第二步：安装外层预绞丝。在安装中，外层预绞丝在中部有油漆标志，此标志为安装外层预绞丝时两端对称缠绕。

第三步：安装心形环。安装的位置在外层预绞丝中部油漆处。

第四步：安装第一个U形环。

第五步：安装连接板。

第六步：安装第二个U形环。

e）悬垂金具：悬垂金具主要安装在直线杆塔上，对于某些转角杆塔其转角度≤15°时，也可采用悬垂金具。悬垂金具装配图如15-6-30所示。

悬垂金具的安装步骤：

第一步：安装内层预绞丝。内层预绞丝的中部有油漆标志，此标志为预绞丝两端对称，标志处安装悬垂线夹，所安装的内层预绞丝两端应平齐。

第二步：安装橡胶衬圈。安装在内层预绞丝中部的油漆处。

第三步：安装外层预绞丝。在外层预绞丝的中部有油漆，此油漆点应与内层预绞丝中部的油漆点一致。

第四步：安装悬垂线夹。

第五步：安装 U 形环。

f）防振器：防振器主要安装在杆塔两端，其安装的数量根据线路的档距而定。主要起到减少光缆的振动作用。图 15-6-31 为预绞形防振器的结构图。

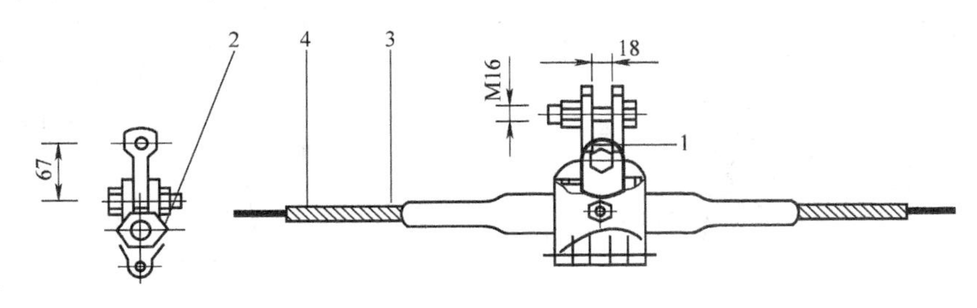

图 15-6-30　悬垂金具装配图

1—U 形环　2—橡胶衬圈、悬垂线夹　3—外层预绞丝　4—内层预绞丝

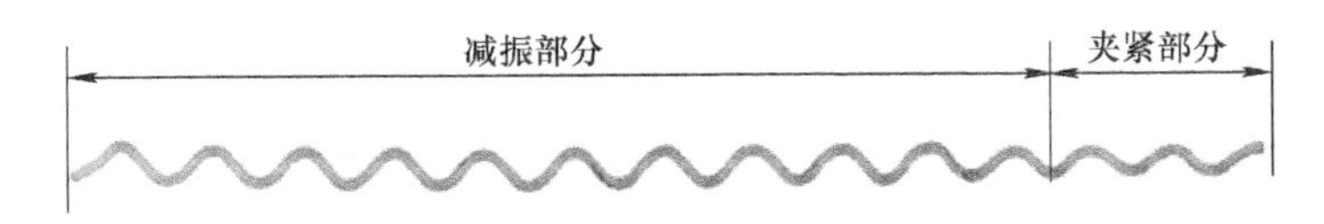

图 15-6-31　预绞形防振器

防振器的安装方法：

在安装防振器时应注意，防振器的小形端朝杆塔方向，在同一处可安装 1 ~ 3 个防振器，防振器的安装位置距耐张金具（悬垂金具）内层预绞丝端头约 10 ~ 15cm。如果超过三个，与前防振器距离 10 ~ 15cm 依次往后排列。安装位置图如图 15-6-32 所示。

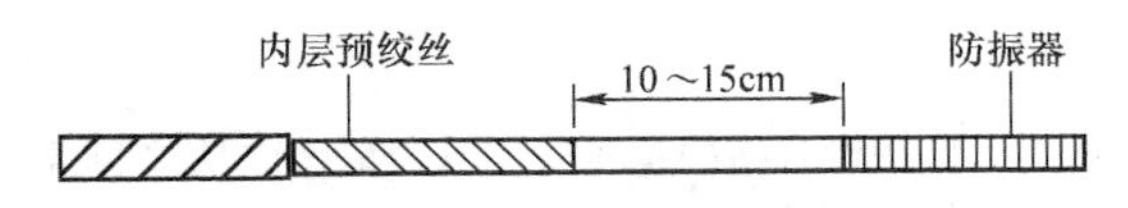

图 15-6-32　防振器的安装位置

g）导引线夹：导引线夹主要安装在有耐张金具的杆塔上，起到固定光缆的作用。导引线夹结构图如图 15-6-33 所示。

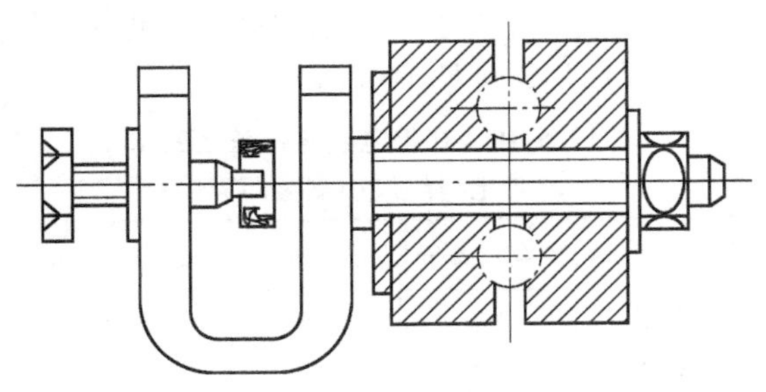

图 15-6-33　导引线夹结构图

① 导引线夹的基本组成部件：固定橡胶衬叠和固定在杆塔上的 U 形环。

② 导引线夹的安装方法：在有光缆接头的耐张杆塔上，原则按每间隔 1.5 ~ 2.0 为一个导引线夹；在无光缆接头的耐张杆塔上，应安装两个导引线夹，以固定光缆，防止光缆在杆塔处因晃动而擦伤光缆外护套；在终端杆塔上，因光缆下地而使用数个导引线夹使光缆固定在杆塔上。

以上三种方法如图 15-6-34 所示。

8）ADSS 光缆余缆的处理办法：ADSS 光缆紧线悬挂完成后，静端金具安装完毕，须将余留光缆用（耐张水泥杆和铁塔）专用引下线夹顺耐张杆塔每隔 1.5 ~ 2m 的距离固定，引下的余留光缆在水泥杆和铁塔，距离地面 10m 以上处安装一副余缆收容架，将留待熔接的光缆盘好挂在收容架上，留交检测、熔接工作组来处理工作。

（4）光缆施工的安全措施

1）光缆架设的安全管理：

a）高处作业：

① 凡在坠落高度基准 2m 及以上的地点进行工作都应视为高处作业。高处作业遵照电业安全工作规程的有关规定执行。

② 参加高处作业的人员，应进行体格检查。患有不宜从事高处作业病症的人员不得参加高处作业。

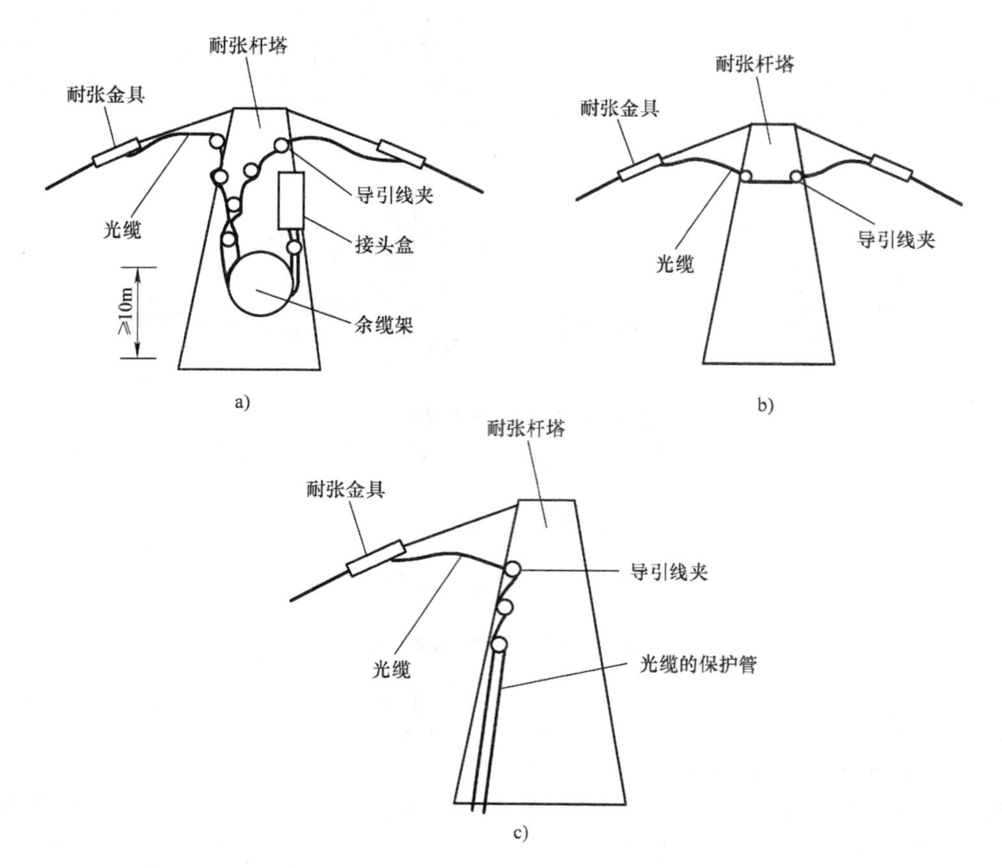

图 15-6-34　导引线夹安装示意图

a）在光缆接头杆塔处的导引线夹安装图　b）在无接头杆塔上的导引线夹安装图
c）在终端杆塔上的导引线夹安装图

③ 在没有脚手架或者在没有遮拦的脚手架上工作，高度超过 1.5m 时，必须使用合格的安全带。安全带（绳）必须拴在牢固的构件上，并不得低挂高用。

④ 高处作业所用的工具和材料应放在工具袋内或用绳索绑牢；上下传递物件应用绳索吊送，严禁抛掷。

⑤ 高处作业人员在转移作业位置时不得失去保护，手持的构件必须牢固。

⑥ 在 6 级及以上的大风以及暴雨、打雷、大雾等恶劣天气，应停止露天高处作业。

⑦ 在带电体附近进行高处作业时，与带电体的最小安全距离必须满足表 15-6-10 的规定。遇特殊情况达不到该要求时，必须采取可靠的安全技术措施，经总工程师批准后方可施工。

b）越线架搭设：

① 在跨越输电线、通信线、铁路、公路等路段时，应搭设合格的越线架。越线架上应悬挂醒目的警告标志。重要的越线架应经验收后方可使用。

② 搭设或拆除越线架应设安全监护人。

③ 搭设跨越重要设施的越线架，应事先与被跨越设施的单位取得联系，必要时应请其派员监督检查。

④ 越线架与铁路、公路及通信线的最小安全距离应符合表 15-6-11 的规定。

表 15-6-10　在带电线路杆塔上工作与带电导线最小安全距离

电压等级/kV	安全距离/m	电压等级/kV	安全距离/m
10 及以下	0.7	154	2.0
20～35	1.0	220	3.0
44	1.2	330	4.0
60～110	1.5	500	5.0

表15-6-11 越线架与铁路、公路及通信线的最小安全距离

	铁路	公路	通信线
与架面水平距离	至路中心：3m	至路边：0.6m	0.6m
与封顶垂直距离	至轨顶：7m	至路面：6m	1.5m
与绝缘网垂直距离	到轨顶：8m	至路面：7m	2.5m

c）机械牵引放线：

① 放线时的通信必须迅速、清晰、畅通；若采用旗语时，打旗人应站在前后通视的位置上且旗语必须统一，严禁在无通信联络及视野不清的情况下放线。

② 放线滑车使用前应进行外观检查；带有开门装置的放线滑车，必须有关门保险。

③ 线盘架应稳固、转动灵活、制动可靠。

④ 线盘或线圈展放处，应设专人传递信号。

⑤ 作业人员不得站在线圈内操作。线盘或圈接近放完时，应减慢牵引速度。

⑥ 低压线路或弱电线路需要开断时，应事先征得有关单位的同意。开断低压线路必须遵守停电作业的有关规定；开断时应有防止杆子倾倒的措施。

⑦ 架设光缆时，除应在杆塔处设监护人外，对被跨越的房屋、路口、河塘、裸露岩石及越线架和人畜较多处均应派专人监护。

⑧ 光缆被障碍物卡住时，作业人员必须站在线弯的外侧，并应用工具处理，不得直接用手推拉。

⑨ 穿越滑车的引绳应根据光缆规格选用；引绳与线头的连接应牢固。施工人员不得站在光缆的垂直下方。

⑩ 机械牵引放线应遵守下列规定：

第一，展放牵引绳应按人力放线的安全规定进行；

第二，牵引绳的连接应用专用连接工具；牵引绳与光缆连接应使用连接网套或被施工负责人批准的连接方法。

d）张力放线：

① 导引绳、牵引绳的安全系数不得小于3。

② 牵引场转向布设时应遵守下列规定：

第一，使用专用转向滑车、锚固必须可靠；

第二，各转向滑车的荷载应均衡，不得超过允许承载力；

第三，牵引过程中，各转向滑车围成的区域内侧严禁有人。

③ 转角塔的预倾滑车及上扬处的压线滑车必须设专人监护。

④ 导引绳、牵引绳的端头连接部位、旋转连接器及抗弯连接器在使用前应由专人检查；钢丝绳损伤、销子变形、表面裂纹等严禁使用。

⑤ 张力放线前应由专人检查下列工作：

第一，牵引设备及张力设备的锚固必须可靠，接地良好；

第二，牵引段内的越线架结构应牢固、可靠；

第三，通信联络点不得缺岗；

第四，转角杆塔放线滑车的预倾措施和牵引绳上扬处的压线措施必须可靠；

第五，交叉、平行或临近带电体接地措施必须符合安全施工技术的规定；

⑥ 张力放线必须具有可靠的通信系统；牵引场、张力场必须设专人指挥。

⑦ 牵引时接到任何岗位的停车信号都必须立即停止牵引；张力机必须按现场指挥的指令操作。

⑧ 导线或牵引绳带张力过夜必须采取临锚安全措施。

⑨ 旋转连接器严禁直接进入牵引轮或卷筒。

⑩ 牵引过程中发生导引绳、牵引绳或光缆跳槽，必须立停处理。

⑪ 导引绳、牵引绳或光缆临锚时，其临锚张力不得小于对地距离为5m时的张力，同时应满足对被跨越物距离的要求。

e）光缆升空：

① 升空作业必须使用压线装置，严禁直接用人力压线。

② 光缆升空作业应与紧线作业密切配合并逐根进行；在转角杆塔内升空作业时光缆的线弯内角侧不得有人。

③ 升空场地在山沟时，升空的大绳应有足够长度。

f）紧线：

① 紧线的准备工作应遵守下列规定：

第一，按施工技术措施的规定进行现场布置及选择工器具；

第二，杆塔的部件应齐全，螺栓应紧固；

第三，紧线杆塔的临时拉线和补强措施以及导线、地线的临锚准备应设置完毕。

② 牵引锚桩距紧线杆塔的水平距离应满足安

全施工的技术规定；锚桩布置与受力方向一致并埋设可靠。

③ 紧线前应由专人检查下列工作：

第一，通信畅通；

第二，障碍物以及光缆应处理完毕；

第三，各交叉跨越处的安全措施可靠。

④ 紧线过程中，监护人员应遵守下列规定：

第一，不得站在悬空牵引绳或光缆的垂直下方；

第二，展放余线人员不得站在线圈内或线弯的内角侧；

第三，不得跨越将离地面的光缆；

第四，监视行人不得靠近牵引中的光缆；

第五，传递信号必须及时、清晰；不得擅自离岗。

⑤ 紧线应使用卡线器，卡线器的规格必须与线材规格匹配，不得代用。

⑥ 耐张线夹安装应遵守下列规定：

第一，在高处安装光缆的耐张线夹时，必须采取防止路线的可靠措施；

第二，在地面安装时，光缆的锚固应可靠，锚固工作应由技工担任。

⑦ 挂线后应缓慢回松牵引绳，在高速拉线的同时应观察耐张金具串和杆塔的受力变形情况。

⑧ 附件安装前，作业人员必须对专用工具和安全用具进行外观检查，不符合要求者严禁使用。

⑨ 在跨越电力线、铁路、公路或通航河流等的线段杆塔上安装附件时，必须采取防止光缆坠落的措施。

g）预防电击：

① 为了预防雷电以及临近高压电力线电击，在停电线路上架设光缆时，必须按安全技术规定装设可靠的接地装置。

② 装设可靠装置应遵守下列规定：

第一，各种设备及作业人员的保安接地线的截面积均不得小于16mm²，停电线路的工作接地线的截面积不得小于25mm²；

第二，接地线应采用纺织软铜线，不得使用其他导线；

第三，接地线不得用缠绕法，应使用专用夹具，连接应可靠；

第四，接地棒宜镀锌，截面积不应小于16mm²，插入地下的深度应大于0.6m；

第五，装设接地线时，必须先接接地端，后接导线或地线端；拆除时的顺序相反；

第六，挂或拆接地线时必须设监护人；操作人员应使用绝缘棒（绳）或戴绝缘手套，并穿绝缘鞋。

③ 附件安装时的接地应遵守下列规定：

第一，附件安装作业区间两端必须装设保安接地线；

第二，作业人员必须在装设保安接地线后，方可进行附件安装；

第三，地线附件安装前，必须采取接地措施，竣工后方可拆除。

2）不停电跨越与停电作业安全工作条例：

a）不停电跨越的一般规定：

① 在带电体附近作业时，人身与带电体之间的最小安全距离必须满足表15-6-10的规定。

② 绝缘工具必须定期进行绝缘试验，其绝缘性能应符合相关规定；每次使用前应进行外观检查。

③ 绝缘工具的有效长度不得小于有关的规定。

④ 被跨越的带电线路在施工期间，其自动重合闸装置必须退出运行，发生故障时严禁强行送电。

⑤ 临近带电体作业时，上下传递物件必须用绝缘绳索，作业全过程应设专人监护。

⑥ 遇浓雾、雨、雪、以及风力在5级以上天气时应停止进行。

b）有越线架不停电架线：

① 越线架的搭设或拆除，应在被跨越电力线停电后进行。

② 越线架的宽度应满足光缆施工要求。

③ 越线架与带电体之间的最小安全距离在考虑施工期间的最大风偏后不得小于表15-6-11的规定。

④ 跨越电气化铁路时，越线架与带电体的最小安全距离，必须满足对35kV电压等级的有关规定。

⑤ 跨越不停电线路时，作业人员不得在越线架内侧攀登或作业，并严禁从封顶架上通过。

⑥ 光缆通过越线架时，应用绝缘绳作引绳。

c）停电作业：

① 停电作业前，施工单位应向运行单位提出停电申请，并办理工作票。

② 停电、送电工作必须指定专人负责，严禁采用口头或约时停电、送电的方式进行任何工作。

③ 在未接到停电工作命令前，严禁任何人接

近带电体。

④ 在接到停电工作命令后，必须首先进行验电；验电必须使用相应电压等级的合格的验电器。验电时必须戴绝缘手套并逐相进行；验电必须设专人监护。同杆塔设有多层电力线时，应先验低压、后验高压，先验下层、后验上层。

⑤ 验明线路确无电压后，必须立即在作业范围的两端挂工作接地线，同时将三相短路；凡有可能送电到停电线路的分支线也必须挂工作接地线。同杆塔设有多层电力线时，应先挂低压、后挂高压，先挂下层、后挂上层。

⑥ 工作间断或过夜时，施工段内的全部工作接地线必须保留；恢复作业前，必须检查接地线是否完整、可靠。

⑦ 施工结束后，现场作业负责人必须对现场进行全面检查，等全部作业人员（包括工具、材料）撤离杆塔后方可命令拆除停电线路上的工作接地线，接地线一经拆除，该线路即视为带电，严禁任何人进入带电区。

6.2.3　电力特种光缆线路工程验收

1. 验收前准备工作

电力特种光缆线路工程竣工验收前，应由施工单位编制的竣工技术资料一式三份，交建设单位或验收小组审查。

竣工技术资料内容包括：

1）竣工图样，可利用原有施工设计图改绘，其中变更部分要醒目标注，变动较大更改后不清楚的要重新绘制；

2）竣工测试记录，包括光缆开盘资料，光缆接续间隔长度表，光缆配盘图，全程固定接头资料，中继段全程衰减测试资料，中继段 OTDR 全程后向散射曲线；

3）全部工程中的隐蔽工程签证；

4）其他资料，包括设计变更通知，开、停、复、竣工报告，工程协商纪要，安装的设备清单，工余料交接清单等。

2. 随工检验

由建设单位委派的工地代表随工验收，若发现质量问题可随时向施工单位指出并及时整改。随工检验主要适用于施工中的隐蔽项目和竣工时不便检验的项目。随工检验项目合格由工地代表及时签署文件，以后的竣工验收不再复验。随工检验项目见表 15-6-12。

表 15-6-12　随工检验项目及内容

序号	项目	检验内容	检验方式
1	ADSS 架空光缆	1）光缆的规格、程式 2）安装方法和工器具 3）光缆挂点位置与电力线的安全距离 4）与其他物体的水平和垂直距离 5）光缆布放质量 6）光缆接续线序、工艺和质量 7）光缆接头安装质量及保护 8）光缆塔上引缆及其夹具的安装工艺和质量 9）光缆引上线规格、质量（包括地下部分） 10）预留光缆盘放质量及弯曲半径 11）光缆垂度 12）金具的规格及安装质量 13）成端设备安装工艺与质量 14）光缆成端工艺与质量等	随工检验
2	OPGW	1）复合光缆规格 2）安装方法和工器具 3）光缆的放线质量、收线质量、安装质量 4）线路金具的规格及安装质量 5）光缆塔上引缆及其夹具的安装工艺和质量 6）垂度是否符合要求 7）接地引下线是否安装 8）光缆接续线序、工艺和质量 9）光缆接头安装质量及保护 10）预留光缆盘放质量及弯曲半径 11）成端设备安装工艺与质量 12）光缆成端工艺与质量等	3）~7）项由线路验收部门负责检验；其余由通信部门负责检验

3. 交工验收

当一个中继段完成后，施工单位按工程设计及验收大纲或规范对工程进行严格检查，提供完整准确的竣工资料，由验收小组进行检查或抽查。交工验收时应检查工程是否完成设计要求的全部工程量，竣工资料是否符合要求。如验收小组已派代表参加了中继段全程衰减等测试，交工验收可不专门测试。属随工验收的项目一般不再重验。

(1) 验收条件

1) 施工图设计的工作量已全部完成；

2) 随工验收项目已全部合格；

3) 竣工文件齐全，最迟应于一周前送建设单位审验合格并符合档案要求；

4) 施工单位正式发出交工或完工报告。

(2) 一般程序

1) 成立验收领导小组；

2) 成立路面组、测试组和资料组；

3) 分组检查；

4) 书面检查结果；

5) 会议讨论，做出评语和质量等级；

6) 通过验收报告。

(3) 主要内容

1) 验收工作的组织情况；

2) 验收时间、范围、方法和主要过程；

3) 质量指标与评定意见；

4) 实际的建设规模、生产能力、投资和建设工期的检查意见；

5) 对工程竣工技术文件的检查意见；

6) 存在问题的落实解决办法；

7) 下一步安排、竣工验收意见。

(4) 试运行

当上述条件具备并满足时，可移交相关运行部门投入试运行。工程移交应有正式移交手续。

1) 材料移交：应列出明细单经建设方清点接收，一般在交工验收前办理完成。

2) 器材移交：包括施工单位代为检验、保管及借用的仪表、机具及备品备件等其他器材，应按设计配备的产权单位进行移交。

3) 遗留问题处理：交工验收中明确的遗留问题，按会议落实的解决意见，由施工单位与运行维护单位协商确定具体处理方法。

4. 竣工验收

工程竣工验收是基本建设的最后程序，是考核工程建设成果、检验工程设计和施工质量及工程建设管理的重要环节。

(1) 验收条件

1) 经规定的试运行（一般为2~6个月），各项技术性能符合规范、设计要求；

2) 技术文件、档案、竣工资料齐全、完整；

3) 主要维护仪表、工具、车辆和维护备品备件已按设计要求配齐；

4) 工程竣工决算和工程总决算的编制及经济分析等资料准备就绪。

(2) 主要程序

1) 文件准备：工程决算和竣工技术文件；

2) 组织验收机构：领导小组和技术组；

3) 会议审议、现场检查：审查、讨论竣工报告，现场抽样检查；

4) 讨论通过验收结论和竣工报告；

5) 会签签字；

6) 工程竣工验收一周内，应包括但不限于以下竣工技术资料：到货验收记录、开工、竣工报告、工程施工联系单、接头塔和接头盒电子照片、随工检查和验收记录、光缆线路结构简图、光缆熔接配纤方案表、ODF 架配线记录、竣工测试记录、施工质量事故记录及处理记录，其格式必须符合招标方要求。

6.3 电力架空特种光缆运行维护

电力光纤通信网络运行管理是电力通信网运行管理的组成部分，其管理遵循相关标准的规定。

6.3.1 光缆线路的维护管理

1. 维护界面

(1) 电力特种光缆的界面划分

1) 随一次线路架设的 OPGW、ADSS 光缆（包括线路、预绞丝、耐张线夹、悬垂线夹、防振锤等线路金具，线路中的光缆接续盒）的巡视、维护、检修等工作，由线路运行维护部门负责。通信机构负责协调进行纤芯接续、性能检测等工作。

2) 连接到发电厂、变电站内的 OPGW、ADSS 光缆，进发电厂、变电站内分界点一般为门形构架（特殊情况另行商定）光缆接续盒，分界点向线路方向侧由通信机构负责；进入中继站时，分界点为中继站光缆接续盒，分界点向线路方向侧由线路运行维护部门负责，光缆接续盒及引入机房光缆等由通信机构负责。

(2) 与二次系统其他专业的界面划分 与二次系统其他相关专业的界面划分维护分界点如图15-6-35所示。

1) 通过通信机房音频配线架连接的业务电路，分界点为音频配线架（VDF）；

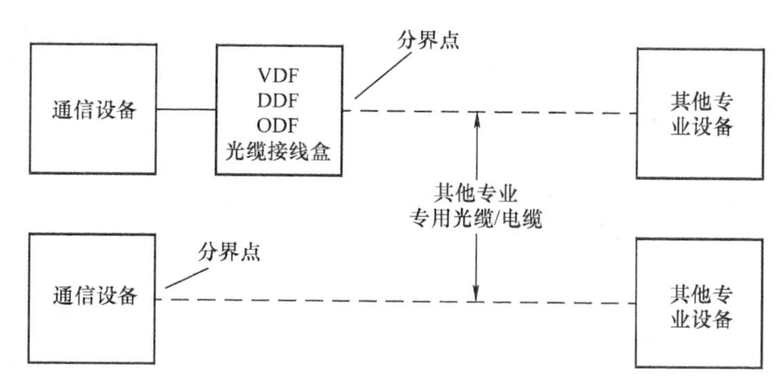

图15-6-35　通信专业与其他系统的维护专业分界图

2）通过通信机房数字配线架连接的业务电路，分界点为数字配线架（DDF）；

3）通过通信机房光纤配线架连接的业务电路，分界点为光纤配线架（ODF）；

4）通过门形构架光缆接续盒直接至二次系统其他专业设备的分界点为门形构架光缆接续盒；

5）不通过通信机房配线架而通过通信设备连接至二次系统其他专业设备的分界点为通信设备的输入了输出端口。

2. 运行条件

1）光纤通信机房的运行环境条件应符合DL/T 5391—2007的有关规定。

2）光纤通信机房的防过电压要求应符合DL/T 548—2012的有关规定。

3）无人值守的光纤通信站应符合DL/T 544—2012的有关规定。

4）光纤通信机房应具备设备、动力环境监测系统，并能将主告警信息送至有人值守处。

5）光纤通信设备和光缆应做好标识，标识应准确、牢固、清晰、规范。复用继电保护和安全自动装置信号的通信设备应使用明显区别于其他设备的标识。

6）光纤通信运行维护应配备光源、光功率计、可变光衰耗器、OTDR、误码仪、光纤熔接机、尾纤清洁工具等相应的仪器、仪表、工具。

7）光纤通信运行维护应包括以下资料，并可通过信息化手段查询调用：

a）机房内设备供电原理图及布线图；

b）与光纤通信有关的通信系统结构图；

c）光缆路由资料、业务电路及配线资料；

d）设备说明书、原理图及安装图；

e）工程设计、竣工和验收测试资料；

f）设备测试记录；

g）使用的仪表、仪器说明书；

h）光纤通信设备及光缆线路的检修、维护记录；

i）光纤通信设备及纤芯的定期测试记录；

j）设备缺陷及处理分析记录；

k）备品备件、工具材料消耗记录。

3. 电路管理

1）各级通信网络电路资源应服从通信调度的统一调配。

2）光纤通信电路网络结构、保护方式、带宽分配和业务电路组织方式由各级通信机构根据需要确定。

3）业务电路的开通、调整、停运、退役应履行申请、审批程序。

4）各类业务电路的开通，应根据各级通信机构下达的通信电路方式单执行。

5）传输电流差动保护的通信电路不应采用自愈环保护方式。

4. 特种电力光缆运行维护

（1）维护准则

1）特种电力光缆投入运行前，应通过相关主管部门的工程验收，并将电力光缆验收资料及测试参数报相关通信机构。

2）负责电力特种光缆运行维护的线路运行维护部门应根据与通信机构或电网使用者签订的运行维护协议，落实光缆运行维护管理工作。

3）光缆线路应定期进行巡视，电力特种光缆巡视周期应按线路巡视规定执行，重要入城光缆应加大巡视频率，汛期、覆冰天气等特殊情况，应加强光缆线路巡视工作。巡视中发现异常，应查明原因及时处理。

4）各级通信机构应与线路运行维护部门和光缆运行维护责任单位建立定期联系沟通制度和光缆故障处理快速响应机制。

（2）光缆巡视

1）基本要求：

a）光缆线路路由走廊是否有施工作业的新痕迹，线路走廊是否存在火灾隐患或其他异常情况；

b）光缆安全警示标志和光缆标识应醒目，不应破损、丢失；

c）光缆接续盒应密封、无受损，且应与光缆结合良好，必要时，应对安装光缆接续盒的杆塔登塔检查；

d）电缆沟、电缆室出入处、机房出入处、机柜底座的孔、洞应做好防小动物的封堵措施。

2）OPGW 光缆：

OPGW 光缆的巡视主要内容和要求如下：

a）光缆线路金具应完整，不应有变形、锈蚀、烧伤、裂纹、螺栓脱落、金属预绞丝断股或松股等现象，金具与光缆之间不应有相对位移；

b）光缆外层金属绞线不应有单丝损伤、扭曲、折弯、挤压、松股等现象；

c）光缆的引下部分及盘留部分不应松散，余缆及余缆架应固定可靠；

d）光缆垂度不应超过正常范围；

e）防振锤应无移位、脱落、偏斜、扭转、钢丝断股等现象，并应与地面垂直；

f）阻尼线应无移位、变形、烧伤、扭转、绑线松动等现象，并应与地面垂直；

g）耐张线夹预绞丝缠绕间隙应均匀，预绞丝末端应与光缆相吻合并且排列整齐，预绞丝不应受损；

h）悬垂线夹预绞丝间隙应均匀、不交叉，金具串应与地面垂直，相关技术指标应符合工程设计要求。

i）引下光缆应顺直美观、固定牢固，不应与杆塔碰擦，弯曲半径应符合工程设计要求。

3）ADSS 光缆：

ADSS 光缆的巡视主要内容和要求如下：

a）光缆线路金具应完整，不应有变形、锈蚀、烧伤、裂纹、螺栓脱落、金属预绞丝断股或松股等现象，金具与光缆之间不应有相对位移；

b）光缆外层不应有损伤，表面不应有电腐蚀现象，憎水性能不应被破坏；

c）光缆的引下部分及盘留部分不应松散，余缆及余缆架应固定可靠；

d）光缆垂度不应超过正常范围；

e）剪除影响光缆的树枝，清除光缆上的杂物；

f）光缆与其他设施、树木、建筑物等的最小净距应满足表 15-6-13 和表 15-6-14 的要求。

表 15-6-13　架空线光缆与其他设施、树木最小水平净距表

名称	最小水平净距/m	名称	最小水平净距/m
消火栓	1.0	郊区、农村树木	2.0
人行道（边石）	0.5	铁道	地面杆高的 1.33 倍
市区树木	1.25		

表 15-6-14　架空光缆与其他建筑物、树木的最小垂直净距表

名称	平行时		交越时	
	最小垂直净距/m	备注	最小垂直净距/m	备注
街道	4.5	最低缆到地面	5.5	最低缆线到地面
胡同	4		5.0	
铁道	3		7.5	
公路	3		5.5	
土路	3		4.5	
房屋建筑			距脊 0.6 距顶 1.5	最低缆线距屋脊或平顶
河流			1.0	最低缆线距最高水位时最高桅杆顶
市区树木			1.5	最低缆线到树木顶
郊区树木			1.5	
通信线路			0.6	一方最低缆线与另一方最高缆线

（3）光缆测试

1）每年应至少对光缆备用纤芯进行一次测试，测试时每根纤芯应进行双向测量，测试值应取双向测量的平均值。测试内容应包括线路衰耗、熔接点损耗、光纤长度等。光纤线路衰耗、熔接点损耗的测试值应在工程设计的允许范围内。发现异常应查明原因，及时处理。

2）对光缆纤芯的测试应做好记录，并与上一次测试结果进行对比分析，测试分析结果应上报相关通信机构。

3）光缆线路的运行环境及运行状态发生改变后，应重新组织测试，测试数据应上报相关通信机构。

4）使用OTDR对运行光缆纤芯进行测试时，应将光缆两端光纤通信设备光接口与纤芯断开后方可进行测试，以避免测试时对光器件造成损坏。

5. 检修管理

1）涉及光纤通信系统的电网检修应纳入光纤通信检修管理范围，影响通信光缆的电网一次检修应经通信机构会签后方可执行。

2）对于光缆改线、更换类型的检修，检修完工后应对光缆技术指标进行重新测试，并报相关通信机构备案。

3）光缆检修工作应得到相关通信调度的许可后方能开工，工作结束后应向相关通信调度汇报，有条件时，应通过网管系统进行确认，得到许可后，方能撤离现场。

4）对于影响电网继电保护、安全自动装置等业务的检修工作，应得到现场电网运行负责人的许可后方能开工。

5）对光缆检修时，应严格遵守相关安全规定，确保人身和设备安全。

6.3.2 特种电力光缆线路故障修复技术

1. 主要故障及修复措施

由于受到产品质量不稳定、施工不当、天气等内外因的影响，电力特种光缆不可避免会发生各种故障。

（1）故障类型 故障主要分为外部状态故障和内部传输性能故障两大类。

外部状态故障主要表现包括OPGW金属类光缆金属单丝断股或散股；ADSS外层护套电腐蚀、鸟啄等；内部传输性能故障主要表现为光纤断纤或衰减值异常。

（2）故障主要原因

1）外部状态故障主要发生原因：通常有外力破坏、线路覆冰、雷击、线路状态异常、生物侵害、金具附件和光缆自身质量原因等。

2）内部传输性能故障主要原因：通常有异常外力作用、线路超载荷、暂态短路温升、接头盒进水、金具附件和光缆自身质量原因等。

（3）故障修复措施

1）机械故障修复措施：目前，如果发现OPGW断股，可以采用专用修补护线条抢修，以避免故障进一步扩大。至于断股经修补后OPGW要不要更换，目前有的观点是参照OPGW光缆雷击试验的要求：计算扣除断股后OPGW的余抗拉力，若大于75% RTS则可考虑不更换，但经修后光缆的RTS应达原设计的95%且在同一档内修点不超过两个。

2）传输故障修复方式措施：

a）若光纤传输全部中断或异常时，如果有光缆预留时则采取集中预留，增加接头的方式处理；如果没有光缆预留或预留不足则需要采取在故障点附近的两个杆塔间敷设一段与原线路光缆型号完全相同的新光缆，然后进行两端接续的方式处理。

b）若光单元中部分光纤传输中断，如若能够申请通信调度线路停止运行，可以按照光缆全断时的方式处理。否则，可以采用开天窗的方式进行故障光纤的修复，或是跳转启用备用纤芯。

（4）故障修复一般程序

1）故障发生后的处理：光纤通信系统发生故障后，传输站应首先判断是站内故障还是光缆线路故障，同时应及时实现系统倒换。

2）故障测试判断：如果确定是光缆故障时，则应迅速利用有关仪器仪表判断故障的具体情况，应立即通知相应的线路人员携带抢代通器材赶赴故障点进行查修，必要时应进行抢代通作业。

3）抢修准备：接到通知应立即了解故障情况，与有关维护单位取得联系。

4）建立通信联络系统：维护人员到达障碍点后，应立即与传输站取得联系，建立通信联络系统，联络方式因地制宜。

5）抢修的组织和指挥：抢修现场的指挥由光缆线路维护单位的领导担任。

6）光缆线路的抢修：当找到故障点时，一般应使用应急光缆或其他应急措施，首先将主用光纤通道抢通，迅速恢复通信。同时认真观察分析现场情况，并做好记录，必要时应进行现场拍照。在接续前，应先对现场进行净化。在接续时，应尽量保持场地干燥、整洁。

抢修过程中，抢修现场应与上级传输站保持不间断的通信联络，并及时将抢修情况通报值班室。抢修过程中要接受传输站的业务指导。未经通信值班室批准，抢修人员不得中断作业或撤离现场。

抢代通过程中，每代通一根纤，应通知传输站进行测试。当临时连接损耗大于0.2dB时，应重新作业，直至要求抢代通的光纤都达到标准要求。

7）抢修后的现场处理：在抢修工作结束后，清点工具、器材，整理测试数据，填写有关登记，并对现场进行处理。对于废料、残余物（尤其是剧毒物），应收集袋装，统一处理，并留守一定数量的人员，保护抢代通现场。

8）修复及测试：

a）光缆抢（维）中心赶到故障点后，应积极与维护单位商讨修复计划，并上报上级主管部门审批。条件成熟，即可进行修复作业。

b）光缆线路故障修复已介入后或更换光缆方式处理时，应采用与故障缆同一厂家同一型号的光缆，并要尽可能减少光缆接头和尽量减小光纤接续损耗。

c）修复光缆进行光纤接续时要进行接续损耗的测试。有条件时，应进行双向测试，严格把接头损耗控制在允许的范围之内。

d）当多芯光纤接续后，要进行中继段光纤通道衰减的测试，将测试结果打印或记录，并逐芯交付传输站验证，合格后即可恢复正常通信。

9）线路资料更新：修复作业结束后，整理测试数据，填写有关表格，及时更补线路资料，总结抢修情况，报告上级通信值班室。

2. OPGW的防雷

20世纪90年代以来，在国内外均发生过多次OPGW光缆遭到雷击断股的事件。在我国，110kV、220kV和500kV的输电线路都曾发生过雷击断股现象。从2000年到2009年，近30条500kV线路上发生过雷击断股事件，一般断股1～2股，最多的能到10股以上，有的线路甚至每年都有断股发生。大多数的雷击造成OPGW外层单线高温熔化成熔斑或熔断，甚至造成内层单线的损伤。

（1）OPGW雷击机理分析 自然界中的雷电放电基本上包括两种最基本的电流形式，即脉冲冲击电流和长时连续电流。这两种电流形式对光缆的损坏是不同的。

1）脉冲冲击电流：脉冲冲击电流的特点是，电流峰值大（为几十到几百千安），但持续时间短（为几百微秒）。脉冲冲击电流通常只会引起金属导线表面熔化，深度为零点几个毫米。虽然，在雷电弧的落雷点会达到很高温度，有时温度甚至会超过金属的熔化点，但是，由于金属的热传导性有限，在雷电脉冲冲击电流作用的很短的时间内（小于1ms），热量就来不及深入到金属材料内部，就不会使内部金属材料熔化。因此，脉冲冲击电流引起的熔化金属的熔斑的面积大（通常宽度为几厘米），但是，熔斑的深度浅（为零点几个毫米）。

2）长时连续电流：长时连续电流大致为直流电流，它的幅值低（为几百安），但是持续时间长（为几毫秒到零点几秒）。这样，热量就会深入到金属材料内部，引起深层金属熔化。例如，可能会导致OPGW的股线熔化断裂。因此，与脉冲冲击电流引起的金属的熔斑不同，长时连续电流的熔斑的面积小（通常宽度为1cm），但是，熔斑的深度很深，甚至会导致OPGW的股线熔化断裂。

有研究表明，长时连续电流是引起OPGW光缆熔化的主要原因。

（2）OPGW防雷典型措施

1）避雷线逐塔接地：线路经雷电频发地域时，对于普通避雷线采用逐塔接地、多点接地的接地方式对OPGW防雷有一定帮助。

2）增高避雷线：将普通避雷线假设高度略高于OPGW可降低其受雷击概率。

3）加装放电尖针：加装放电尖针可将雷击击着点引向普通避雷线，由于普通避雷线熔点高，雷击时不易发生断股。

4）除在以上线路设计方面考虑防雷能力外，也可从OPGW结构和选材上采取措施以提高线路耐雷水平，已有的研究表明：

a）在保证OPGW光缆截面积不变的情况下，外层单丝直径大于内层单丝直径，以提高外层单丝的溶蚀能量。

b）OPGW结构宜采用层绞式不锈钢管结构，整体材料尽可能全部选用铝包钢线，特别是外层应以高导电率铝包钢为佳，提高铝钢比，增大铝层厚度，有利于提高其耐雷水平，减少雷击断股的概率。

5）深入研究OPGW线路分段绝缘技术，总结配套线路设计、施工规范。

6.3.3 ADSS抗电腐蚀

大部分的ADSS用于老线路的通信改造，安装在原有的电力杆塔上，因此ADSS只能适应原有的杆塔条件，尽量去寻找有限的安装空间。

这些空间主要包括：杆塔强度、空间电位强度（与导线的间距和位置）和与地面或交越物的间距。

一旦这些相互关系失配，ADSS 光缆就容易出现各类故障，其中最主要的是电腐蚀。

1. ADSS 电腐蚀机理

在潮湿条件下，强电场会使光缆表面漏电流增加（0.5～5mA），使得光缆表面局部受热，导致光缆表面失去水分，形成干燥带，阻碍接地电流的继续流动，当干燥带附近的电荷积累到一定程度时，即两端的场强足够高，超过介质（空气）的绝缘强度时，将产生拉弧放电，这就是我们常说的电弧，电弧瞬间温度可高达 500℃ 甚至更高，电弧现象重复发生导致光缆表面熔化形成电灼伤痕迹。一般电痕现实体现为材料表面的“树枝化”、灼伤、炭化、熔化等。由此可知，电腐蚀发生的基本条件是要有一定的漏电流和足够高的电位。

一般来讲，随着光缆运行时间的推移，受到各种环境因素影响（如环境污染、覆冰、覆雪等）及通过护套的泄漏电流产生的热量等，使光缆表面聚合物慢慢失去结合力并最终失效，表现在光缆表面粗糙、护套减薄致使光缆腐蚀，这种腐蚀在光缆寿命期间是正常现象不会对光缆造成故障，但是在光缆金具出口处，由于存在巨大的电位差，加上粗糙的光缆表面及交变感应电压的影响，就再次为干弧放电创造了条件，形成恶性循环，从而加剧了放电。以后由于电腐蚀作用的加强加深，在张力的作用下开裂并露出纺纶纱，最终使得光缆材料的物理性能遭到破坏或熔化形成空洞状，使光缆护套发生击穿，直到维持不了张力的那一刻，造成光缆断缆故障。

2. ADSS 耐电腐蚀标准

根据 DL/T 788—2016 的规定，ADSS 光缆外护套能承受的空间电位分为两级。

A 级：PE 护套 承受空间电位≤12kV；

B 级：AT 护套 承受空间电位≥12kV。

B 级护套的上限在相关标准和规范中未做规定，通常的提法为 20～25kV≥12kV。

3. ADSS 电腐蚀影响因素

（1）干带电弧引起的电腐蚀　在 110～220kV 高压电网中，光缆长时间运行在高电场及污秽环境中，光缆的表面带有高电位，其表面受污秽环境影响而形成半导电层。这样，ADSS 光缆和接地的金具产生一定漏电电流，并从每档光缆的中部流向两端电流产生的热量使表面的水分蒸发形成局部干燥区域，当这个电位积累到足够高时，ADSS 光缆放电形成电弧，随着放电次数的增加光缆外护套发生破裂甚至断缆。可见，ADSS 光缆发生电腐蚀的罪魁祸首就是这个干带电弧。

（2）电晕放电引起的电腐蚀　ADSS 光缆由于其为非金属材料，并且线径较小，虽然光缆施工时在预绞丝的外侧 15～20cm 加防振鞭，但是微风振动频率和振动幅度均比直径较大的金属导线要高出很多。因此预绞丝的末端和防振鞭或者防振锤的末端接触面小造成电场分布不均；其次，感应电压顺着光缆方向变化比其他地方快得多；当场强达到一定高度时预绞丝的末端和防振鞭的末端成为放电电极产生电晕放电。电晕放电造成的电腐蚀会使光缆外护套开裂，内部芳纶纱炭化变质，光缆抗拉强度降低，最终造成断缆现象。

（3）光缆的设计施工

1）挂点的设计位置方面：通过计算场强，选择在场强较小的地方设置挂点。目前基本都是采用场强计算软件，一种静态的数学模型。计算几种极端状态下的场强，选择合适的光缆挂点，这些软件都没有考虑铁塔进行计算，实际上铁塔作为一个地电极，对计算结果会产生很大的影响，因此还应该结合现场的实际情况谨慎处理。

2）施工方面：相对其他因素来说，光缆的施工引起电腐蚀影响较小，但同样存在。施工过程中，可能对光缆外护套造成损伤或磨损的原因主要有三：

a）没有按照电力光纤通信工程施工规范采用张力放线，使光缆遭地面石头或树枝等划伤；

b）放缆时，滑轮与光缆外径不匹配；

c）金具划伤光缆外护套。光缆外皮一旦被划破，随时间将极有可能出现电的通道，发生电腐蚀。

（4）防护措施

1）提高外护套材料的耐电痕水平：设法降低材料吸收电场能量的速率，提高材料散发能量的速率。

a）降低材料实际承受的电场强度：由于材料本身不均匀，使得材料实际承受的电场强度是不均匀的，许多局部区域的电场强度可以远高于外施平均场强，破坏将首先从这些地方开始，而此时外施平均场强可能远低于材料的击穿场强。因此为了使材料充分均匀化，最大程度地减少由于不均匀造成的局部场强过高，聚乙烯护套的结晶度、结晶尺寸、结晶数目都必须要得到适当的控制，非结晶区的结构要比较紧密。另外还要减少炭黑的用量以增加导电炭黑颗粒之间的距离，从而减少炭黑颗粒之间的电场强度，避免材料的损坏。

b）提高材料发散能量的速率：这种方法主要靠在材料中添加 AL（OH）$_3$、Mg（OH）$_2$等金属氧化物的水合物，利用高温下结晶水的释放，带走大量的热能、转移材料由电场吸收的能量，使得材料中能量积累达不到使材料遭到破坏的水平，同时产生的水蒸气还可以稀释、冲刷因破坏而形成的碳化物，避免造成电场集中而加剧破坏的过程。

目前 110kV 线路大都采用 AT 抗电腐蚀护套光缆，同时采用耐电腐蚀防振鞭。220kV 以上的电力线路不宜采用 ADSS 光缆。采用 AT 料的 ADSS 光缆可在不大于 25kV 感应电动势环境中运行。

2）关于防振鞭：根据对 ADSS 光缆电腐蚀现象的分析可以认为光缆电腐蚀与防振鞭有关，防振鞭如果仅仅是普通的 PVC 材料加工制成，并且加工过程中没有任何去除气泡、水分以及杂质的工序，特别是金属杂质，就难以保证它的性能。在高压环境中，一旦被击穿形成树枝，防振鞭将构成一个电导体。电流流过时产生极高的热量，该热量将导致光缆护套融化、变形。同时在靠近金具的尾端，由于与金具（接地）距离太近，形成电弧放电烧坏光缆。

3）挂点的选择：通过计算场强，选择在场强较小的地方设置挂点。现在不管是国内还是国外，采用的场强计算软件考虑的都是一种静态的数学模型。通过计算几种极端状态下的场强，然后选定光缆的挂点，这些软件都没有考虑铁塔进行计算，实际上铁塔作为一个地电极，对计算结果会产生很大的影响，因此还应该结合具体情况谨慎处理。此外对于双回路线路要考虑只有一路供电时的场强影响。

4）光缆的施工：对于电腐蚀来说，光缆的施工因素影响相对较小，只要严格按照 ADSS 光缆的施工规范进行施工，不破坏光缆的外护套，一般不会存在问题。

a）施工时注意防止工具或金具划破光缆表皮；

b）施工时采用张力放线，防止光缆表皮拖地刮伤；

c）张力放线时注意滑轮与光缆外径匹配，防止光缆滑出轮外而刮伤。

第16篇

电气装备用电线电缆附件、安装敷设及运行维护

第1章

工业、公用设施及民用建筑用电线电缆安装敷设

1.1 电线敷设的一般规定

本节适用于交流电压500V及以下室内、室外（指建筑物、构筑物及其相关联以外部位）绝缘电线的线路敷设，它的一般规定如下：

1）布线方式：

a）明敷设：电线用绝缘子支持直接敷于建筑物上，或穿明管或放于电缆桥架内，敷设于墙壁、柱子、顶棚的表面及桁架、支架等处。

b）暗敷设：电线穿管、穿走线槽等敷设于墙壁、顶棚内、楼板地坪等处内部或在多孔混凝土板板孔中。

电线的选择和敷设方法的选择应根据电线的品种和它的适用场合，有关规程的规定和各类建筑物的性质、要求，以及用电设备的分布及环境特征等因素综合考虑确定，见表16-1-1。

2）电线敷设经过建筑物的沉降缝或伸缩缝时，要设有补偿装置。在跨越该处的两侧将电线固定，并要留有适当余量。通常情况下，不得将电线敷设在锅炉、烟道及其他产生热量的表面上，与其他各种管道应至少保持最小的间距，见表16-1-2。

表16-1-1　线路敷设方法的选择

敷设方法＼敷设场所	干燥	潮湿	户外	可燃场所	腐蚀场所	易燃易爆场所
木槽板	✓					
塑料线直敷	✓					
瓷夹板明线	✓					
鼓形绝缘子明线	✓	✓	✓	✓		
针式和蝶式绝缘子明线	✓	✓	✓	✓	✓	
塑料护套线	✓	✓	✓	✓	✓	
明、暗管线	✓	✓	✓	✓	✓	✓
电缆线槽	✓	✓	✓	✓	✓	✓

注：1. “✓”表示可以适用。

2. 易燃易爆场所指甲类、乙类生产场所；可燃场所指丙类生产场所。

3. 根据生产过程中火灾危险性的特征，将生产场所分成下列五类：

甲类生产：有高度易燃、易爆炸危险性的工厂企业。例如，汽油提炼车间、乙炔站、电石仓库等。

乙类生产：一般易燃或可能产生爆炸危险性的工厂企业。例如，油漆制造车间、氧气站、赛璐珞仓库等。

丙类生产：一般可燃物料的生产或加工的工厂企业。例如，锯木车间、纺织厂前纺车间、可燃性油料及固体燃料仓库等。

丁类生产：明火生产或加工的机器制造工业及冶金工业。例如，锻工车间、翻砂车间、锅炉房等。

戊类生产：在一般常温下对非燃烧物质或材料进行加工的工厂企业。例如，金属冷加工车间、鱼肉及乳类食品加工车间、水泵房、纺织工业及造纸工业内具有湿润生产过程的车间等。

3）铝芯电线通常可广泛使用于一般场所，但在下列场所严禁使用铝芯电线：

a）重要的档案室、资料室、仓库及集会场所；

b）易燃易爆的车间、厂房和仓库；

c）剧场舞台照明；

d）配电盘的二次回路；

表 16-1-2 配线与管道间最小距离

管道名称 \ 最小距离/mm \ 配线方式		穿管配线	绝缘电线明配线
蒸汽管	平行	1000 (500)	1000 (500)
	交叉	300	300
暖、热水管	平行	300 (200)	300 (200)
	交叉	100	100
通风、上下水、压缩空气管	平行	100	200
	交叉	50	100

注：1. 表内有括号者为在管道下边的数据。
2. 在达不到表中距离时，应采取下列措施：
1）蒸汽管：在管外包隔热层后，上下平行净距可减至200mm。交叉距离须考虑便于维修，但管线周围温度应经常在35℃以下；
2）暖、热水管：包隔热层；
3）裸导线：在裸导线处加装保护网。
3. 裸导线应敷设在管道的上面。

e）木槽板中；

f）移动用的电线或敷设在有剧烈振动的场所的电线。

在下列场所使用铝芯电线时必须采用穿明管或暗管：

a）可燃的场所或仓库；

b）凡空气中含有对铝材起腐蚀作用的气体或蒸汽的场所；

c）人流集聚、人数众多的公共场所；

d）建筑物的平顶内及木质板壁上。

4）采用铝芯电线的连接处必须保证可靠，一般采用熔接和压接，见表 16-1-3。

5）室内、室外配线工程中选用绝缘电线时，其最小截面积见表 16-1-4。

明配线路在施工中允许的中心线偏差应不超出表 16-1-5 的规定数字。

当电线的绝缘层为塑料时，其允许环境温度不应低于 -15℃。

6）配线工程结束后，应进行绝缘性能检查，并有测量记录，测量绝缘电阻的要求应符合相应规程的规定。

表 16-1-3 铝芯电线的压接

导线截面积/mm^2	16	25	35	50	70	95	120	150	185	240
压坑数目	6	6	6	8	8	10	10	10	10	12
压坑深度 A/mm	10.5	12.5	14	16.5	19.5	23	26	30	33.5	43

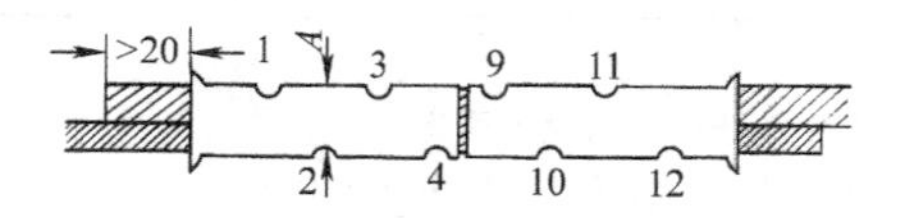

注：图中数字为压坑数目及顺序。

表 16-1-4 线芯允许最小截面积

敷设方式及用途		线芯最小截面积/mm^2		
		铜芯软线	铜　线	铝　线
1. 敷设在绝缘支持件上的绝缘电线其支持点间距				
1）1m 及以下	室内	1.0	1.0	1.5
	室外		1.5	2.5
2）2m 及以下	室内		1.0	2.5
	室外		1.5	2.5

（续）

敷设方式及用途	线芯最小截面积/mm²		
	铜芯软线	铜 线	铝 线
3）6m 及以下	1.0	2.5	4
4）12m 及以下		2.5	6
2. 穿管敷设的绝缘电线		1.0	2.5
3. 槽板内敷设的绝缘电线		1.0	1.5
4. 塑料护套线敷设		1.0	1.5

表 16-1-5 明配线路的中心线允许偏差值

配线方式	允许偏差/mm	
	水平线路	垂直线路
瓷夹板配线	5	5
鼓形绝缘子或针式和蝶式绝缘子配线	10	5
塑料护套线配线	5	5
槽板配线	5	5

1.2 电线明敷设

1.2.1 粘贴法敷设

粘贴法配线一般适用于照明线路，而且应用于室内干燥场所，除此以外不应采用。粘贴法一般用环氧等粘接剂将粘接件（白铁底座或塑料线夹）粘贴于无粉刷层的混凝土构件上。构件粘贴处要给以清洁处理。当塑料护套线排列宽度在 20mm 以下，则每个固定点贴上一个白铁底座，而宽度在 20～30mm 时，应粘上两个白铁底座，而其白铁底座与白铁底座的最大距离不应超过 200mm，与灯头盒和开关盒距离不大于 100mm。

粘贴固定用的塑料线夹间距应符合下列要求：

1）双线或三线圆形单芯线夹，双芯或三芯圆形护套线夹，双线或三线长形线夹和推入式线夹，间距均应小于 600mm；

2）马鞍形线夹具间距应小于 700mm；

3）圆柱形线夹具间距应小于 1500mm；

4）在转弯中心两侧的 50～100mm 处应加装线夹。

1.2.2 槽板敷设

槽板有木质和塑料两种材质。均适用于空气干燥的室内环境的一种明配线，适用于橡皮绝缘或塑料绝缘的单芯电线，考虑到不损伤电线，木质、塑质槽板内应光滑、无棱刺，并涂有绝缘漆。这类槽板通常用于较隐蔽的地方，应紧贴于建筑物表面，整齐排列。它的固定点的间距，底板应不大于 800mm，盖板不大于 300mm，而终端底板距终端不大于 50mm，盖板距终端不大于 30mm，均须加以固定，对于三线槽的槽板应用双钉加以固定。

为了考虑槽板连接的牢固，盖板接口和底板接口应予以错开，错距应大于 20mm，而盖板的接口在直线段上和弯角处均应锯成 45°角的斜口。

采用槽板敷设的电线接头应设置于专用的铝皮接头盒中，接头处用磁接头或电阻焊后包以绝缘层，禁止在槽中间进行接头，当槽板两端各进入电气开关或插座底座时，除导线留有余量外，还应考虑将槽板端头放于底座下加以压住。

1.2.3 瓷夹板和绝缘子的敷设

瓷夹板一般多用于配电板装置上，作板面行线之用，或用来沿建筑物表面敷设，但不能用于室外配线。绝缘子中又分鼓形绝缘子、针式绝缘子和蝶式绝缘子。其中鼓形绝缘子，一般可直接敷设于建筑物表面。针式绝缘子和蝶式绝缘子，目前仍大量采用作为室内外敷设沿墙、顶、柱、屋架等表面上，用作支持绝缘电线。由于针式和蝶式绝缘子有一定高度，它不仅适用于一般场所，也能用于潮湿和某些多尘、高温、有雨雪落到的地方，对单层排架厂房比较适宜用来作照明和电力配线之用，安置时不能倒置。

上述三种适用于单芯橡皮或塑料绝缘电线。瓷夹板配线导线截面积在 10mm² 及以下，鼓形绝缘子用于导线截面积在 25mm² 及以下，超过上述截面积应用针式和蝶式绝缘子配线。应用以上方式配线应该遵守下列规定：

1）绝缘电线在沿室内墙壁、顶棚安装时，其支持绝缘子的固定间距应与表 16-1-6 中数据相符。

表 16-1-6　室内沿墙壁、顶棚支持件固定点距离

允许最大距离/mm 导线 配线方式	线芯截面积/mm^2				
	1~4	6~10	16~25	35~70	95~120
瓷夹板配线	700	800			
鼓形绝缘子配线	1500	2000	3000		
针式和蝶式绝缘子配线	2000	2500	3000	6000	6000

而在室外将电线安装在鼓形绝缘子、针式和蝶式绝缘子上，并直接固定在墙面上，其固定点的间距不应超过 2m；若鼓形绝缘子、针式和蝶式绝缘子在支架上固定时，其固定点的间距不应超过表 16-1-7 中数据。

表 16-1-7　支架固定间距允许表

导线最小截面积/mm^2		允许间距 敷设于支架固定间距的间距/m
铜线	铝线	
1.0	1.5	室内　≤1
1.5	2.5	室外　≤1
1.0	2.5	室内　≤2
1.5	2.5	室外　≤2
2.5	4	≤6
2.5	6	≤12

2）绝缘电线敷设于室内外时，其距地间距应符合表 16-1-8 规定。

3）绝缘电线以鼓形绝缘子或针式和蝶式绝缘子敷设时，电线线间最小距离应符合表 16-1-9 规定。

4）室外绝缘电线到建筑物的最小间距应符合表 16-1-10 规定。

表 16-1-8　室内、外绝缘电线至地面最小距离

敷　设　方　式		最小允许距离/m
水平敷设	室内 室外	2.5 2.7
垂直敷设	室内 室外	1.8 2.7

表 16-1-9　室内、外绝缘电线线间最小距离

固定点间距/m	导线最小间距/mm	
	室内配线	室外配线
<1.5	35	100
1.5~3	50	100
3~6	70	100
>6	100	150

表 16-1-10　室外绝缘电线至建筑物最小距离

敷设方式	最小允许距离/mm
1. 水平敷设时的垂直距离：	
距阳台、平台、屋顶	2500
距下方窗户	300
距上方窗户	800
2. 垂直敷设时至阳台窗户的水平距离	750
3. 电线至墙壁和构架的距离（屋檐下除外）	50

注：如不能达到上述规定时，则应用遮栏保护。

5）绝缘电线与建筑物表面之间最小距离为，瓷夹板配线不小于 5mm，鼓形绝缘子、针式和蝶式绝缘子配线不小于 10mm。

1.2.4　塑料护套线明敷设

塑料护套线具有防潮性能，可敷设在有机械防护要求的场合，但不能置于离地 1.5m 以下作明线敷设，如一定要在 1.5m 以下敷设，应该使用明管保护。这种电线通常用于照明回路支线敷设，施工方法也比较简便，适用面比较广。一般情况下，施工步骤如下：画线；在基准线上固定夹线卡（钢精轧头），接着放线和敷线。由于它是明敷于建筑物墙顶部位，必须考虑走向整洁大方，电线也必须扁平贴于墙顶上，否则会影响室内美观。

轧头的间距一般为150～200mm，但要均匀；离灯和开关盒的距离应为50～100mm之间；在近转弯处时应逐距调整，以保持美观。线夹必须与基准线垂直，不应歪斜，以免影响放线和夹线。

钢精轧头与护套线的配合见表16-1-11。

表16-1-11 钢精轧头与护套线的配合

导线截面积/（根×mm²）	轧头规格			
	0号	1号	2号	3号
BVV 2×1.0	1	2	2	3
BVV 2×1.5	1	1	2	3
BVV 3×1.5		1	1	2
BLVV 2×2.5		1	2	2

1.2.5 钢索配线

钢索配线适用于大跨度车间、流水线上的照明配线，也可用于层高较高的车间，考虑到将灯具固定于建筑物顶板上时悬挂物过长，而采用的一种既可配线又可吊挂灯具的钢索配线。它适用于管子明配线，鼓形绝缘子、护套电线、各型软电线明配线。通常情况下，不论环境有无腐蚀性介质，都应采用有塑料护套的铜电线，它广泛使用在纺织厂、化纤厂、木工间、门式起重机上等。

通常情况下，每根钢索的长度在50m以内为好，可在一端装花篮螺栓固定于墙面上；当长度超过50m时，就应该采用两个终端各放一个花篮螺栓。中间固定的间距不应大于12m，采用圆钢吊钩，其直径不小于8mm，电线敷设后其弧垂不应大于100mm，如大于上值，要缩小档距。

钢索上的各类电线的敷设，支夹件、灯头盒及鼓形绝缘子配线的线间距离如表16-1-12和图16-1-1、图16-1-2所示。

表16-1-12 钢索配线零件间和线间距离

配线类别	支持件最大间距/mm	支持件与灯头盒间最大距离/mm	线间最小距离/mm
钢管	1500	200	—
硬塑料管	1000	150	—
塑料护套线	200	100	—
鼓形绝缘子配线	1500	100	35

1.2.6 引入线敷设

1. 引入线的一般规定

引入线又称接户线，凡由室外低压电杆架空线路（包括沿建筑物外墙架设的线路）向一个建筑物内第一个支持点或引入点的这段电线均称为引入线（本节所述均指架空引入而不包括电缆引入）。引入线自电杆引向建筑物的最大距离不宜超过25m。档距超过25m时，宜另增设接户杆，低压引入接户线必须采用绝缘电线，其最小截面积见表16-1-13。

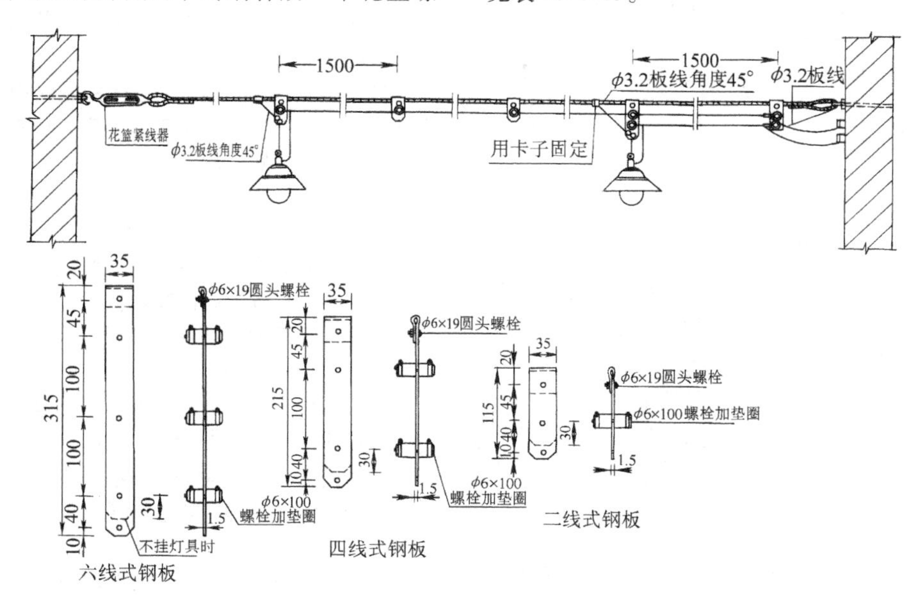

图16-1-1 钢索吊鼓形绝缘子配线图

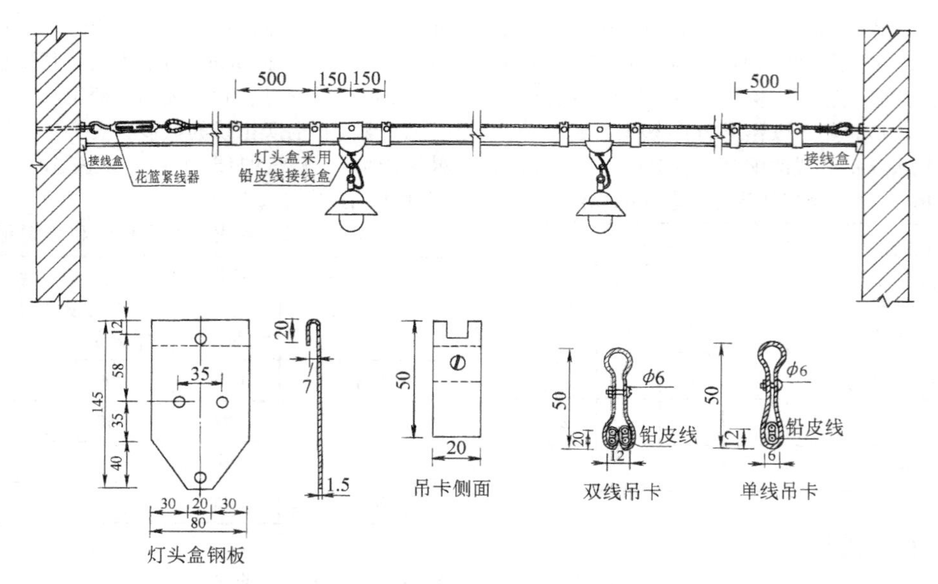

图 16-1-2 钢索吊铅皮线配线图

表 16-1-13 低压引入接户线的最小截面积

接户线架设方式	档距/m	最小截面积/mm²	
		绝缘铜线	绝缘铝线
自电杆上引下	10 以下	2.5	4.0
	10～25	4.0	6.0
沿墙敷设	6 及以下	2.5	4.0

低压引入线之间的最小间距见表 16-1-14。

表 16-1-14 低压引入接户线的最小线间距离

架设方式	档距/m	最小线间距离/mm
自电杆上引下	25 及以下	150
	25 以上	200
沿墙敷设	6 及以下	100
	6 以上	150

其对地距离不应小于 2.7m，当它跨越通车辆的街道时，道路中间对地的垂直距离不小于 6m。跨越胡同、里弄或小巷时，不小于 3m。低压引入线距建筑物有关部分的最小距离如下：与下方窗户的垂直距离不小于 300mm，与上阳台的垂直距离不小于 800mm，同阳台与窗户的水平距离不小于 750mm，与墙壁的距离不小于 50mm。

上述引入线中间均不能有接头，当导线截面积大于 16mm² 时，则不应采用鼓形绝缘子而应采用针式或蝶式绝缘子。

2. 引入线（接户线）的一些具体做法

1）进户瓷套管的敷设时，原则上一线一根瓷套管，目前常用瓷套管有，直瓷套管（UZA、UZB 型）、弯头瓷套管（UW 型）和包头瓷套管（UB 型）。其长度可用 125mm 或 30.5mm。进户瓷套管最好采用整根，其两头露出内外墙面，室外方向略带向下倾斜。如用弯头瓷管，则应将弯头放于室外一侧，并略带向下倾斜。如墙身过厚，则可用两根接长，但必须注意中心同心，如太长了可截短，但管口要平整。如用多根多排瓷管，可排成两层，其下口距地不应低于 2.7m。

2）进户钢管敷设时，通常将电线引下管和进户管连接成一个整体，用管卡固定，而在墙外一端的进户管端，应做成倒置的弯形手柄状，以防雨水渗入管内。

3）接户线和进户线之间的导线连接应采用绞接法。当用多股线，则应将进户线嵌入接户线中加以绞接，绞接的方向应由高处向低处方向绞接，这样可防止雨水沿导线进入，采用绝缘线引入的做法如图 16-1-3 所示。

当采用护套线引入时，要考虑防渗水而把绝缘割开，具体做法如图 16-1-4 所示。

室内进线盒同时在穿入瓷质进线管前的一段电线应有垂度，一般应比瓷质进线管口低 0.2m 左右。

4）当接户线引向一个建筑物而其引入点高度低于 2.7m 时，应设法架高，加装接户杆。

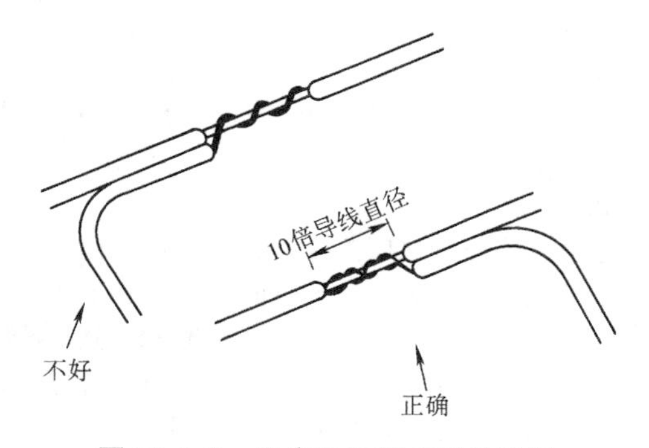

图 16-1-3　进户线与接户线的连接

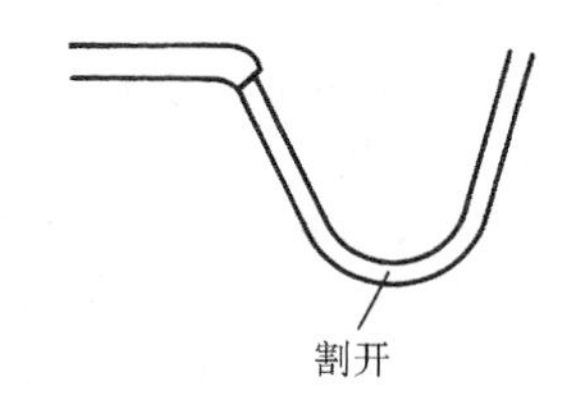

图 16-1-4　防渗水把绝缘线割开示意图

当其高度已满足 2.7m 要求，但其接户线与进线电线垂直距离超过 500mm 时，视垂距大小可加装角铁支架若干档。

1.3　电线在管内敷设

从我国应用来看，钢管明暗配线的优点如下：

1）电线因有钢管（走线槽）保护，一般不易遭到机械等因素的外伤，不易受潮；

2）由于钢管本体是个导体，因此如接零和接地正确，可大大减少配电故障；

3）更换电线很方便；

4）暗敷时，建筑表面层上无电线，较美观。

对有火灾和爆炸危险等场所，必须使用管配线。高层民用等建筑广泛采用暗管配线。但在工厂中随着科学技术的不断发展，工厂工艺更新周期不断缩短，暗管的不可变更性已成为不可克服的缺点，暗管配线在国外工厂已基本上被淘汰了，取而代之的是明管明配线、线槽及保护式母线等。这些配线具有一次投资、多次重复使用的特点。当车间工艺变更，那么它可随意按新的工艺流程重新进行拆装敷设。

1.3.1　一般规定

由于管材的不同，它的施工方法也不一样，但都要遵照下列规定：

1）除低压及同台设备或同类照明的回路外，不同回路不同电压的交流与直流的电线，一般均不应穿于同一管内。

管内电线通常不应多于 8 根，多根电线穿于管内的总截面积不应超过管孔截面积的 40%。三相交流回路的电线，必须穿于同一钢管内。

2）常用电源及事故时备用的电源线，不允许穿于同一管内，同时应注意除直流和接地线之外，均不应将一根单芯电线穿于钢管内。

3）管内电线不应有接头。当管线埋于潮湿场所，其管接头均应密封处理，并且注意不要穿过设备的基础。暗管埋设于墙内或地坪内，离表面的净距离不应小于 15mm。进入落地配电箱的管路，应排列整齐，且其管上应高出基础面不少于 50mm。

4）电线管路的弯曲，不应有折皱、凹穴和裂缝，其弯瘪程度不应大于管径的 10%，弯曲半径应符合下列要求：

a）明配时，一般不小于管外径的 6 倍。当只有一个弯头时，允许不小于管外径的 4 倍。

b）暗配时，不应小于管外径的 6 倍。埋设于地下和混凝土楼板内，不应小于管外径的 10 倍。弯曲角度不应小于 90°。

5）当电线管超过下列长度和弯头时，中间应加装接线盒，所设位置要便于施工穿线。

a）当无弯时，管长超过 45m；

b）有一个弯时，管长超过 32m；

c）有两个弯时，管长超过 20m；

d）有三个弯时，管长超过 12m。

施工塑料管时，其环境温度不应低于 -15℃，配套的附件也应使用塑料制品，并应将塑料管与配套附件的连接加以固定。当其埋设于砖墙内，表面护层厚度不应小于 15mm。

1.3.2　电线在明、暗电线管中的安装敷设

1. 电线管的连接、弯制与安装

明、暗电线钢管安装敷设的大量工作量是钢管的连接与弯制。在通常情况下，钢管之间的连接大多数是采用束接连接，这时管端套螺纹长度不应小于管接头长度的 1/2；也可采用焊接。不论采用哪种方法，它的连接管口必须光洁。当钢管与接线盒、灯头或开关盒之间进行连接时用螺母。

由于敷设时不可能都是直线的，还有许多不规则弯曲部分，例如 16mm 直径的小口径电灯管可用手工具弯曲，对超过上述管径或管壁较厚的电灯管

(或黑铁管)，一般要用专有工具，例如弯管器、涡轮弯管器、液压弯管器。

根据配管图，明敷管线一般在土建结构施工结束以后进行，敷设在建筑物表面。而暗管配线一般都放置在建筑结构中，与土建施工有密切配合关系，因此它的施工过程分散，需和建筑结构施工同时进行。在进行管路安装时，大致有下列几个步骤：

1）对两端连接的电器装置，首先要定位；

2）标出管路走向中心线，量出管线长度进行落料；

3）对明管，标出固定管装置位置，埋固定件，如膨胀螺栓，打木榫；

4）弯曲管子、锯管、铰牙，之后配管敷设；

5）对暂时无法连通的暗管管子，其管口（包括已连接好的管口）都需加木榫将管口堵死，以防灌浇混凝土或建筑垃圾进入；

6）暗管出地面段一般需高出地面200mm；

7）实施保安措施，接地或接零。明、暗管接地是一个需要认真对待的环节，它涉及整个工程和电气工程线路通电使用后的安全问题。

2. 管内穿线

它也是明、暗管安装敷设中的大量工作之一，通常情况下，穿线方向应从配电支线末端开始，逐步穿向配电箱，一般有以下几个步骤：

1）清理管内可能存在的垃圾或杂物。

2）穿引线铅（钢）丝，引线一般采用ϕ1.6mm铅丝或ϕ1.2mm钢丝，头部弯成一个半圆形状的弯头，它的直径约为管径的1/2～3/4，穿入管内。在管路较长或弯头较多场合，可在敷管时就将引线穿入。

3）制作拉线头子并进行穿线。当引线穿通之后，其中一端和导线结扎在一起做成拉线头子，它要求光洁、柔软光滑、直径细、可靠。当穿引的导线在一根以上时，则要分段结扎，外面再包上布后即可拉线（见图16-1-5）。拉线时特别要注意送拉要密切配合，同时要注意电线进出口必须垂直于（或平行于）管口，以防拉破电线绝缘层，在电线穿入后两端均应留有适当余量，用剪刀剪断。

图16-1-5 多根电线分段结扎图

电线相序标记是穿线时必须注意的问题，否则相序接错会造成供电事故，所以通常要将电线两端做上明显标志，也可用不同颜色电线作标志。

4）套入管口护套，这一工序主要防止电线因某种外力而被管口磨破。对中间过路箱的护管套入，必须在穿引线时就套入。

3. 接线

接线可分电线之间连接和电线与电气装置之间的连接两种。接线是一个十分重要的施工环节，做不好容易产生发热而引起事故，因此必须注意下列一些要求：不能剥伤导体；连接点的接触电阻要小；导线接头要有足够的机械强度，同时不应承受外力。

1）导线和电气装置件的连接：其连接对小截面导线通常使用螺母旋转压紧的方法，此时要注意导线要顺螺母旋紧方向绕一圈再压紧。对于支紧连接的方法，导线穿入孔的面积要大于1/2孔的面积，如达不到可把导线双折，甚至加垫铜皮，对于10mm^{2}以上多股导线，一般使用接线端子，导线与接线端子连接可用压接或焊接，再由接线端子与电气装置连接。小截面分支导线与开关、插座的连接一般在开关盒、插座盒和灯头盒内进行分支连接，可用电阻焊钳在线路上焊接短支线，之后再与电气装置件进行连接。

2）导线之间的连接：

a）电阻焊：一般适用于小截面铝芯导线，在连接处进行短段绞接后，涂上焊药，用焊钳接通电源，使绞接处熔接。除去焊渣，修复绝缘。

b）气焊：它应用于多股较粗的铝芯导线，它的连接部位尺寸见表16-1-15。

表16-1-15 导线气焊连接时的连接长度

多股		单股	
导线截面积/mm^2	连接长度/mm	导线截面积/mm^2	连接长度/mm
16	60	2.5	20
25	70	4	25
35	80	6	30
50	90	10	40
70	100		

c）套管压接：用压接钳或液压机对导线进行压接连接。前者用于小截面导线，后者用于大截面导线，压接套可以有圆形和椭圆形两种，见图16-1-6。

d）绞接和绑扎连接：此方法一般适用于铜芯

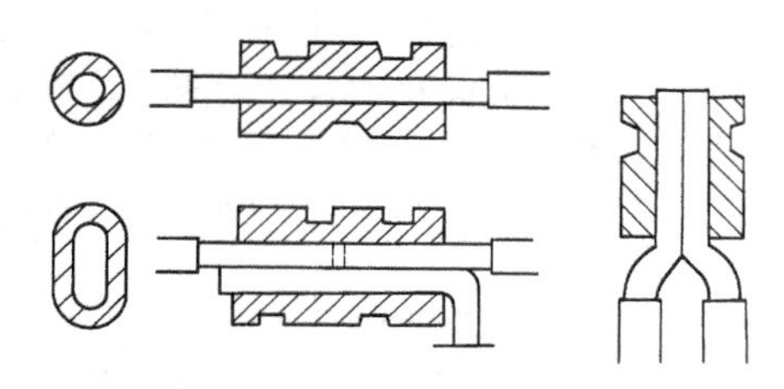

图 16-1-6 铝套管压接

导线。小截面导线可用绞接，它的方法是除去绝缘层，将线芯拉直，除去氧化层后将线芯拧在一起，之后用焊锡焊上。绑扎法用于大截面导线，用铜丝把两线芯扎住，绑扎宽度为线芯直径的 20 倍，之后用焊锡焊上。

1.3.3 电线在硬、半硬塑料管中的敷设

塑料管适用于有腐蚀的场所，如有碱、酸等介质的场所，但它不能适用于高温场所和直接受到机械损伤的场所，通常它多用于化工、电镀、印染车间等。硬塑料管多用于明管配线，而半硬塑料管多用于暗敷设。由于它是由塑料材质做成，因此采用它必须注意其材质是否有阻燃性，这种管材在施工中的加工一般都比钢管方便。埋于地下的硬塑料管应使用壁厚不小于 3mm 的管子，在工程中，一般选用的管材都为热塑性硬、半硬塑料管，如聚乙烯、聚氯乙烯、聚苯乙烯等。明敷的塑料管其管壁厚可为 2mm，不仅要有一定的机械强度，而且要求弯曲时不发生开裂和皱纹，能有耐冲击的韧性，还有较小的热膨胀系数和较高的软熔点，外观要光洁平直。

1. 明配塑料管敷设

明配硬塑料管应排列整齐，它的固定点要均匀，管卡与终端、转弯中点、电气器具或接线盒边缘的距离为 150 ~ 500mm，中间管卡最大距离见表 16-1-16。

表 16-1-16 硬塑料管中间管卡最大距离

硬塑料管 / 最大允许距离/m / 敷设方式	内径/mm		
	<20	25 ~ 40	<50
吊架、支架或沿墙敷设	1.0	1.5	2.0

当硬、半硬塑料管直线段长度超过 15m 或直角弯超过三个时，应考虑设接线盒。当它的安装高度低于距地 0.5m 时，则应用钢管加以保护。

2. 塑料管之间的连接

ϕ50mm 以下的管可用插接法，做法如下：将管口倒角（外管倒内角，内管倒外角），先将管口段用溶剂擦净污垢，两管接管处长度一般为管径的 1.2 ~ 1.5 倍，将外管用喷灯、电炉或炭火炉加热，将其浸入 130℃ 左右热甘油或石蜡中使它软化，可在内管插入段上涂上胶合剂（如聚乙烯胶合剂）后迅速插进外管内，保持内外管中心线一致，进而用湿布降温冷却。当外管变硬就基本上接牢，如图 16-1-7 所示。

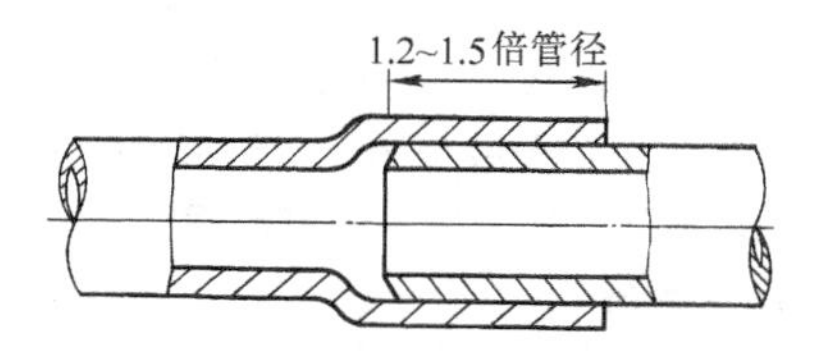

图 16-1-7 塑料管插接

对 ϕ6.5mm 以下管子，可用模具胀管办法进行两管连接。将管口倒角，除去污垢，并加热（基本上与上面讲的一样），待塑管软化后，即将加热的金属模具插入，待冷却到 50℃ 左右即将模具抽出，继续用冷水降温冷却成型，然后将内管插入段的外表面涂上胶合剂，插入外管内后再进行加热软化，然后采用急速冷却的办法，使其收缩成型，将两管口处的水擦干后用聚氯乙烯焊条在外管倒内角处焊 2 ~ 3 圈加以密封，如图 16-1-8 所示。第三种方法是套接法，如图 16-1-9 所示，即将两根管子口倒外角，外表涂上胶合剂，再将一根软化的套管套在两管端外部，进行加热软化，并急速冷却，使其收缩成型。

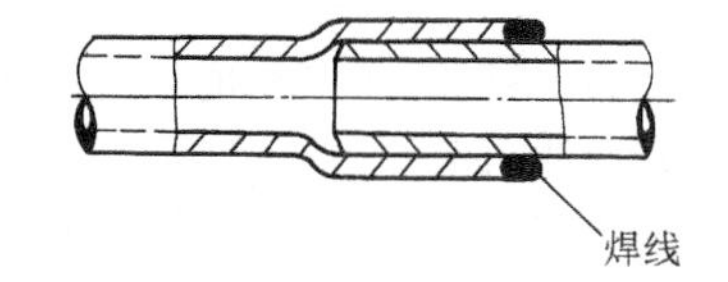

图 16-1-8 模具胀管法

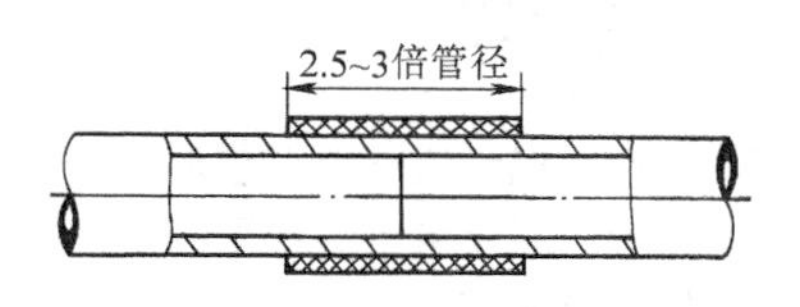

图 16-1-9 套接法连接

3. 硬塑料管的敷设

敷设方法与钢管敷设相似，但由于其材质为塑

料，因此明敷时管卡设置距离与钢管管卡距离不一致，见表 16-1-17。

表 16-1-17　硬塑料管中间管卡最大间距

硬塑料管 / 最大允许距离/m / 敷设方式	内径/mm		
	<20	25 ~ 40	41 ~ 50
吊装、支架或沿墙敷设	1.0	1.5	2.0

由于塑料管的材质热膨胀系数比钢材大 5 ~ 6 倍（0.08mm/(m · ℃)），所以需设置热补偿装置，每隔 30m 加 1 个。一般是用 1 个塑料接线盒与两端管子连接，中间各加一段软聚氯乙烯管连接。

4. 管内穿线

与在电线管中的穿线相同。

1.3.4　预制板孔中软管穿线

这种配线方式适用于正常环境下一般室内的局部配线，即平顶末端至灯头配线，潮湿场所不能使用。目前这种配线方法多见于多层工房建筑、多层办公楼、中小学校教学楼。塑料护套明线敷设时，从墙面引到灯头的这一小段平顶的末端电线敷设。当这段电线走向又正好与板孔平行时，则往往将护套线直接穿于空心楼板的板孔之中。在楼板中敷线，必须先将软塑料管穿入板孔中，然后再将绝缘电线穿入。在敷设中应注意：

1）首先要求板孔内光滑无毛刺，而且在穿入护套线前将建筑物垃圾除去。在墙面与板交接处的穿线孔在穿线完毕后应用粉刷粉掉。

2）在暗配线时，其墙面上设一暗的塑料接线盒，作为墙中暗塑料管和板孔中的软塑料管的连接点，也是穿线引线之点。

同时在灯具木台与楼板之间，垫胶垫以防潮气进入。

1.4　母线槽敷设

母线槽又称母线干线系统。它是一种能适用于工厂户内车间、高层建筑中的水平、垂直干线系统中的一种新颖配电方式，尤其适用于工艺更新期短的工厂。

目前，我国生产的产品有空气绝缘的母线槽、紧密绝缘的母线槽、小容量滑接式母线槽三种结构形式。第一种具有母线带被覆层和不带被覆层两种形式；第二种是采用固体绝缘，其连接方式有插接式和螺栓式两种，这两种容量可达 5000A，适用于电力和照明电路；第三种适用于有特殊选择性照明场所。

第一、二种母线槽结构，通常是由母线本体、进线盒、配线盒及终端封头等四大部分组成；另外配有“T”形、“L”形、“十”字形等弯头以及吊装等附件。安装十分灵活，可以组成各种形式的配电系统。结合建筑环境有吊装、墙装和支撑安装三种形式。当工艺路线改变，它可以拆掉按照新的工艺流程，重新组成供电系统，对工艺设备进行供电，特别是对配电系统需要很多用电出口的场所，其更具有灵活性。第三种通常是由滑触式母线本体及可滑触移动的灯具所组成。采用这几种母线槽一般均在土建竣工之后进行装配，施工快速、周期短，施工过程中没有材料的损失。母线槽已在国内外广泛采用，目前又开发出阻燃型、耐火型母线槽，适于满足各种场合下的应用。

1.4.1　母线槽适用范围及结构要求

1. 母线槽适用范围

空气清洁，环境温度 -5 ~ 40℃，其相对湿度在最高环境温度 +40℃时不超过 50%， +20℃时允许为 90%，对随着温度变化而偶然出现的中度冷凝要给予注意。

安装场所的海拔不得超过 2000m。

母线槽应能适用于交流电压 1000V 及以下，直流电压 1500V 及以下，额定电流可达 5000A。

2. 结构要求

对户内型母线槽，其结构要求应能达到一定等级的防护要求，一般为 IP50，同时应由能承受一定的机械、电及热应力的材料做成。表面处理除适应于防腐蚀的条件外，还应在一定的拆装条件下，达到不影响其表面处理，通常采用喷塑处理。

结构连接应安全可靠、操作方便、维修容易，同时应能承受一定的机械负荷。

在无引出、引入线的情况下，母线槽本体的出线口和连接端必须有封闭装置。

母线导体选用良好导电性能的铜、铝排，在采用铝材时，对其有插接的地方应有适当的被覆层（铜包铝）。

目前它的结构应能满足三种保安措施的要求：零制系统的三相四线制和三相五线制，及地制系统的接地制。

分接元件应选用具有高分断能力而又具有良好的保护特性的开关元件，这对缩小故障范围是一个十分重要的问题。

1.4.2　安装方法

母线槽使用的场所较多，它的安装方法十分简易，用于单层车间内的安装，通常如图16-1-10所示。用于多层厂房或高层建筑时，水平和垂直安装一般如图16-1-11所示。

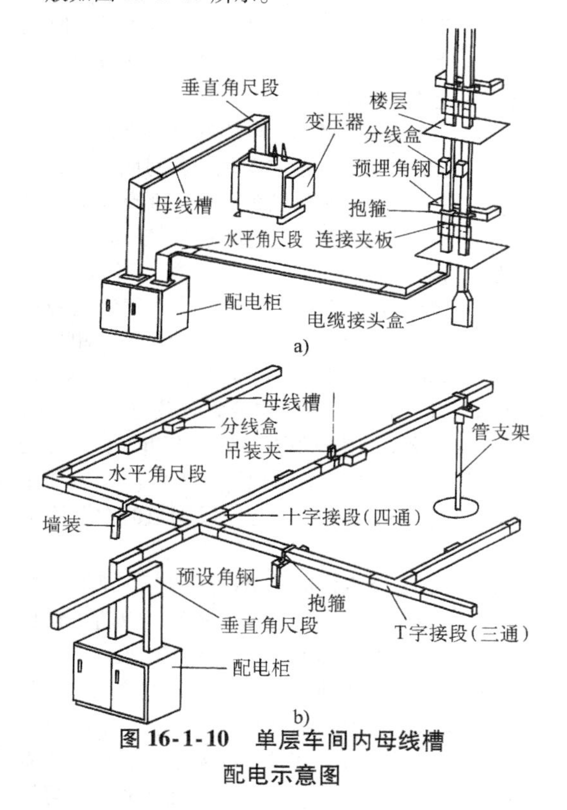

图16-1-10　单层车间内母线槽配电示意图

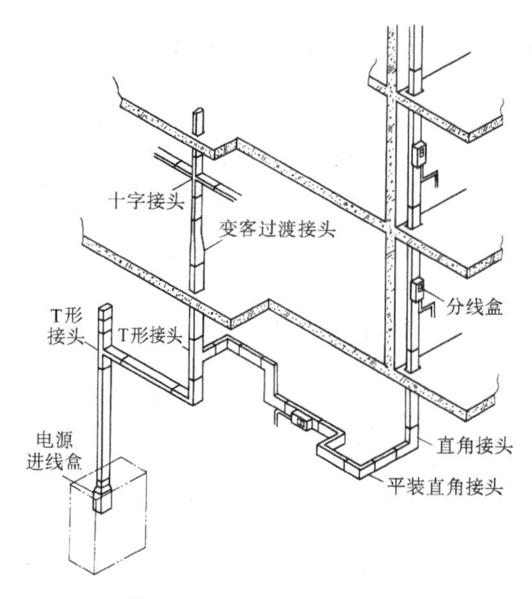

图16-1-11　高层建筑母线槽配电示意图

一般工厂车间较多采用墙上侧装和平顶吊装，有时由于工艺布置关系，还采用立柱支撑安装，如图16-1-12所示。

母线槽本体一般长度为3m，故水平支点距一般为2～3m，距地面距离不小于2.2m，垂直安装支点距一般为1.5m。

母线槽的引出支线，通常采用明挂敷设方式，宜用软电缆或垂直段穿管，不宜埋地暗设。凡过建筑物的伸缩缝或沉降缝时，必须采用软连接。垂直安装的母线槽，必须设有弹性支座架与楼板面固定，在母线敷设完毕后应将楼板的预留孔采用钢板和防火料堵孔，以防火灾时蔓延。

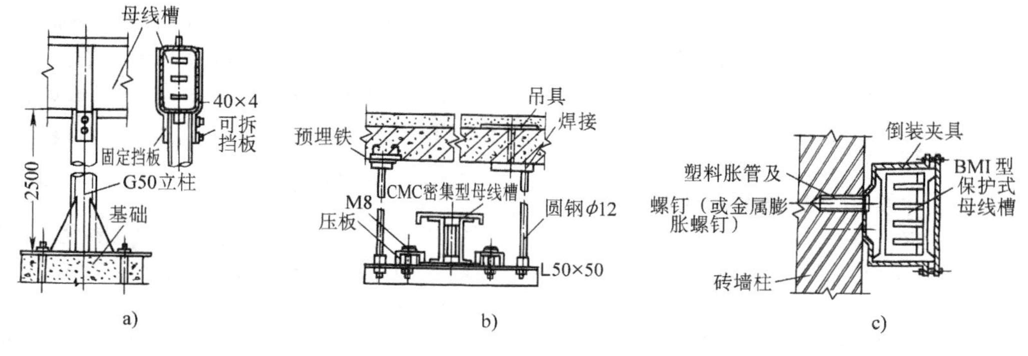

图16-1-12　母线槽立柱，水平、墙柱侧装图

a）母线槽在立柱上（柱距3m）安装形式　b）母线槽在楼板下水平悬挂安装形式
c）母线槽在墙柱上侧装形式

1.5 竖井内电线电缆敷设

高层建筑垂直配电线路一般采用五种敷设方法：第一种，一般采用竖井内敷设电线电缆配线，国内通常采用明管配线，管内穿绝缘导线；第二种，采用电力电缆支架明设；第三种，采用母线槽沿墙直敷设方式；第四种，用裸母排敷设于支架绝缘子上；第五种，采用分支电缆。重要场所或重要负荷的高层建筑和超高层建筑，应选用铜导体电缆、绝缘线、母线槽或分支电缆。

选用竖井内的电线电缆时应注意以下问题：

1）要考虑超高层建筑物的每层到顶部的最大可能的变位。

2）由于竖井通风较差，应考虑天热时的载流量有一定的裕度。

3）对母线槽选用还应考虑其动热稳定时产生的作用力，要有足够的强度。当选用裸母排时，必须在每层总垂直长度范围内加设保护网，以防人体触及带电体。

4）当采用垂直管路敷设电线时，为减少电线承担过大的自重，应设有接线箱，并将电线在箱内加以夹紧固定。当导线截面积在50mm^{2}及以下时，则接线箱间最大距离不应大于30m，超过上述截面积时不应大于20m。

5）在竖井内要有保安接地装置（可以是接地或接零），要将支架与管道、电缆护套、母线槽外壳妥善接地，允许将高压和低压电力线路设于同一竖井内，但相互之间要保持一定的距离，或采取隔离的措施。

1.6 电缆室内敷设

本节所述适用于工厂内部和民用建筑内部的35kV及以下电缆线路的敷设。

1.6.1 电缆明敷设

1）室内外电缆明敷设一般采用的方法有支架、吊架、托盘、桥架、钢索等方式。支架、吊架、钢索是将电缆挂在上面，因此它们之间的档距不能太大，可参照表16-1-18中数字确定。明敷设电缆不宜交叉敷设，要排列整齐，当其水平安装除首末和转弯支架处电缆要固定外，其余可不设固定卡子。当垂直或45°倾斜敷设时，在每个支架上设固定卡子，交流单芯电缆及分相后的分相铅包电缆的固定，不应采用铁质夹具。托盘、桥架水平敷设时电缆要排齐放在里面，当托盘和桥架垂直布置时，同样要用固定件把电缆加以固定。

表16-1-18 电缆各支持点间的距离

（单位：m）

电缆种类＼敷设方式	支架上敷设[①]		钢索上悬吊敷设	
	水平	垂直	水平	垂直
橡塑及粘性浸渍油纸电缆（包括不滴流）	1.0	2.0	0.75	1.5
控制电缆	0.8	1.0	0.6	0.75

① 包括沿墙壁、构架、楼板等非支架固定。

同时，在电缆的两端和电缆的接头端设置标志牌，在上面应有明显的线路编号，并写明型号、规格和起止位置；如电缆线路为并联，那么还应有电缆的顺序号，字迹要清晰，标志牌要统一规格、挂装牢固、不易腐蚀。

2）明敷设电缆相互间距尺寸，无铠装电缆在室内明敷于非专用层间时，水平安装至地面距离不应小于2.5m，垂直安装时不应小于1.8m。1kV以下和1kV以上的电力电缆和控制电缆应分开安装，如并行明敷设时，其净距不要小于150mm，而这些明敷设电缆与热力管道的净距不应小于1m，如小于1m，则要加隔热措施，与一般管道的净距不应小于0.5m。

3）当电缆沿墙外穿过楼板层时，或垂直安装在距地面1.8m以下部分应加保护管，以防机械损伤，安装于专用电缆垂直通道井内则除外。

4）电缆在放线前，应检查电缆的绝缘电阻，合格后才能敷设，用托架将电缆盘架空，应注意将电缆从盘的上端引出，不应从下部引出，在电缆着地部位开始处设置滚轮，将电缆放在滚轮上，再用人力或机械牵引，以防电缆被地面摩擦拖坏保护层，滚轮之间的距离，一般为2.5m左右。

5）当电缆在室内明敷设时，应剥去黄麻和可燃护层。

1.6.2 电缆暗敷设

它通常采用管道内敷设及电缆沟敷设。管道可埋地也可明敷设，有时候两者可结合使用。

1. 电缆管的加工和敷设

1）电缆管通常是用钢管、塑料管，但也有用瓦筒管、混凝土管和石棉水泥管。一般穿电缆用的金属管道不应有裂缝、穿孔、显著的凹凸不平及严重的锈蚀，管子内壁应光滑无毛刺，管子弯制后不应有裂缝或显著的凹瘪现象，如其弯扁程度不超过管子外径的10%仍可使用。它的弯曲半径不应小于所穿入电缆允许的弯曲半径规定。为了便于穿引电缆，每根电缆管最多不应超过三个弯头，而90°弯头不应多于2个。同时直管内径一般不应小于所穿电缆直径的1.5倍。当采用瓦筒管、混凝土管、石棉水泥管时，其内管径不应小于100mm。

2）金属电缆管的连接一般采用大一级的短管套接，短管两端应加焊密封，也可采用螺纹管连接，连接应有良好的密封性能。如采用塑料管作配管，在套接或插接处的深度不要小于管子直径的1.1～1.8倍。在插接面上应涂以胶合剂粘牢；如采用套接时，套管两端应加焊密封。

3）凡引至用电设备的电缆管管口位置要不影响设备的拆装和进出。多根电缆管的管口一定要排列整齐。

当采用瓦筒管、混凝土管、石棉水泥管时，其敷设管路的地基要坚实、平整，不应有沉陷。埋设深度按设计图规定，如无要求，则一般在地下0.7～0.8m处埋设。在电缆管引入室内时应有坡度，坡度坡向室外，或有由内向外不小于0.1%的排水坡度。

2. 电缆在管道内的敷设

1）通常情况下，在下列场所应采用保护管或穿管敷设：当电缆从室外引入室内（隧道）穿过墙或基础时，穿过室内楼板处，从电缆沟道引至用电设备、或电杆上、或其他可能遭受外力损伤的地方，容易与人接触的地方等。为了方便施工维护，垂直保护管可用两个半圆管合拢。

2）电缆穿管时要符合下列要求：

a）每根管只能穿一根电缆，而交流电的单芯电缆不应穿钢管敷设；

b）裸铠装控制电缆不能和其他外护层的电缆穿入同一根管内；

c）穿入陶土管、混凝土管中的电缆，最好使用塑料护套电缆或钢带外有护层的电缆；

电缆管在穿电缆前，应清除杂物和积水，穿缆时，可涂无腐蚀性的润滑剂来避免护层拉引时对它的损伤。

3. 电缆在电缆沟或隧道内敷设

1）电缆支架的配制：沟道内敷设时有时使用支架作分层敷设，支架所用钢材应无明显扭曲，要平直，断料误差允许在5mm范围内，而断切口处应无毛刺和卷边，在焊制过程中尤应注意不要产生变形。电缆支架层间最小允许垂直净距见表16-1-19，而电缆支架横档上档至沟顶和楼板及沟底的距离见表16-1-20。已制作好的支架，必须先涂防腐底漆，再刷油漆，如有化学腐蚀地区，应选用热镀锌处理的钢材。

表16-1-19 电缆支架层间最小允许垂直净距

（单位：mm）

敷设方法 / 层间最小允许垂直净距 / 电缆种类		电缆夹层	电缆隧道	电缆沟	架空（吊钩除外）
电力电缆	≤10kV	200	200	150	150
	20～35kV		250	200	200
控制电缆		120	120	100	100

表16-1-20 电缆支架横档至沟顶、楼板或沟底的距离

（单位：mm）

敷设方式 / 项目	电缆隧道及夹层	电缆沟	吊架
最上层横档至沟顶或楼板	300～500	150～200	150～200
最下层横档至沟底或地面	100～150	50～100	

2）电缆敷设：电缆根数较多，但不超过18根，而且水平通道不够，与地下其他管道交叉不多情况下，可采用电缆沟敷设。电缆沟应考虑有排水措施，在沟底一般有不小于0.5%的坡度，将积水排入下水道，沟的盖板通常使用混凝土制品。在电缆根数超过18根时可采用电缆隧道敷设，隧道高度不应小于1.8m，隧道应有良好通风措施，电缆在沟与隧道内通常用金属支架沿沟壁（隧道）一侧或两侧吊装，这时电缆支架之间的最小间距见表16-1-21，固定点的间距见表16-1-22。

表16-1-21 电缆支架在隧道、电缆沟内敷设时的最小净距（单位：m）

名称		电缆隧道	电缆沟	
			沟深 <0.6m	沟深 >0.6m
通道宽度	两侧设支架	1.0	0.3	0.5
	一侧设支架	0.9	0.3	0.45
支架层间垂直距离		与表16-1-18相同		

表 16-1-22 电缆支架上固定点间的最大间距

（单位：m）

敷设方法＼电缆种类	塑料护套、铝包、铅包、钢带铠装		钢丝铠装
	电力电缆	控制电缆	
水平敷设	1.0	0.8	3.0
垂直敷设	1.5	1.0	6.0

挂吊的排列上，基本原则如下：

a）电力电缆放在控制电缆的上层。

b）控制电缆可与 1kV 电力电缆并列敷设，但一般宜分开。1kV 以下及 1kV 以上电力电缆应分架敷设。

c）设在电缆沟内支架长度一般为 350mm，隧道内不大于 500mm。支架宜用铸铁材料或采用角钢外涂防腐涂料。

4. 排管内敷设

它通常指总体布线，又多见于通信电缆，大城市中电力电缆也开始采用。在转弯处一般要设置人孔井以供穿电缆和制作接头之用。只有在地下无空间直埋或因有熔化金属液体流入地段，或在电缆根数不多而与道路交叉又比较多的情况下，可采用排管敷设。排管多为混凝土制品，它的规格有单、二、三、四、六孔五种，其尺寸和规定通常符合表 16-1-23 规定。排管敷设宜采用塑料护套电缆、裸铠装和加厚裸铅包电缆。

人孔井的直线间距一般不大于 100m，通常设于直线段、转弯处、分支或变更敷设方式的地方。

表 16-1-23 混凝土管尺寸和重量表

管孔	混凝土管块宽度/cm	混凝土管块高度/cm	孔直径/cm	混凝土管块长度/cm	每个混凝土块重量/kg
单孔管	14	14	9	60	15 ~ 16
二孔管	25	14	9	60	26 ~ 27
三孔管	36	14	9	60	36 ~ 39
四孔管	25	25	9	60	40 ~ 47
六孔管	36	25	9	60	60 ~ 65

1.7 走线槽敷设

随着高层建筑标准化，办公楼、展览馆、商场、实验室的增多，一般常规的明暗电线管配线就显得不能适应灵活多变的要求。必须寻找一种能容纳强、弱电源多线路，并能适应随时增加线路，而又能随时引出各种电源的配线方式；同样要保持暗配线的原则，又要达到出线灵活，适用于地下（楼板层内敷设又能在墙内敷设），线槽能满足这一要求。目前国内线槽的产品如图 16-1-13 所示（又称共敷设走线槽）。其线槽本体宽度有两种尺寸，一种为 150mm，另一种为 90mm；线槽本体长度一般为 2m，也可特殊加工，但不能超过 3m。其外形尺寸见表 16-1-24。

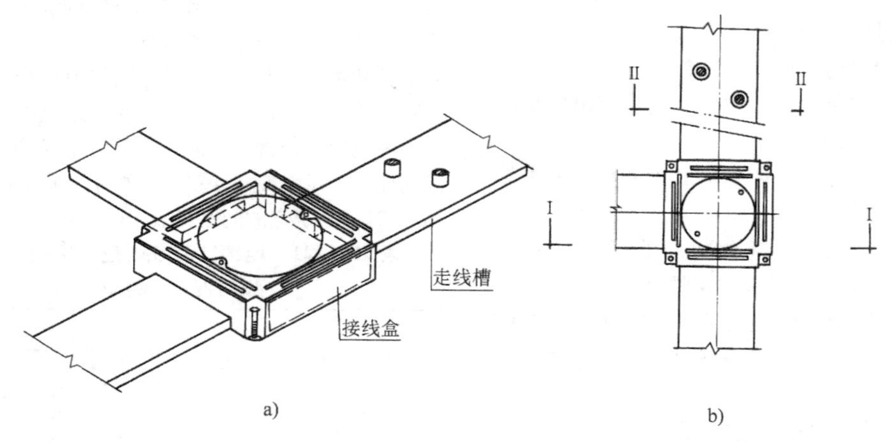

图 16-1-13 走线槽与接线盒

a）线槽立体示意图 b）线槽局部单面图 1:5

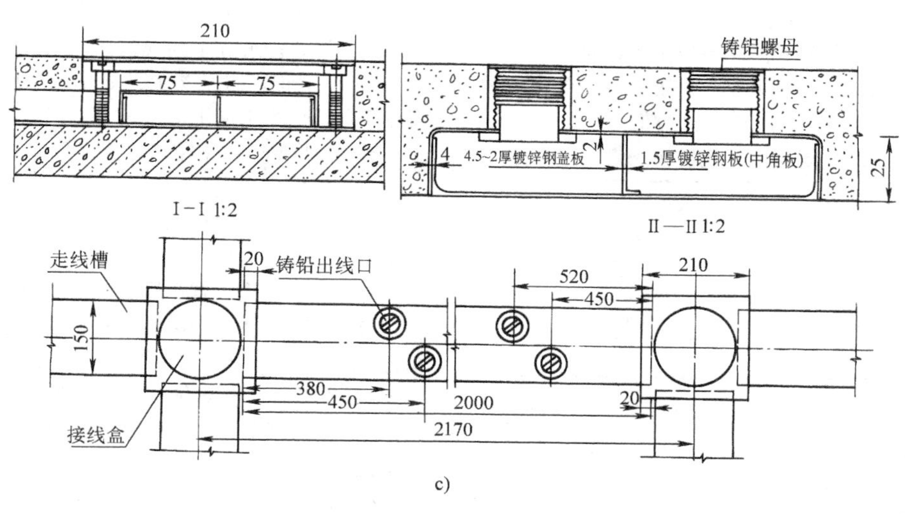

图 16-1-13　走线槽与接线盒（续）

c）线槽及接线盒连接尺寸图 1:5

表 16-1-24　走线槽的外形尺寸

尺寸/mm	长 L	宽 b	高 h	ϕ	备　注
线槽	2000	150	25		出线口处高度为 41mm
	2000	90	25		
接线盒	210	210	33.5	120	有两通、转角、三通、四通四种

走线槽由线槽本体、接线盒、出线器、连接件、端板等组成。

线槽内穿线做法类似于管配线，导线所占线槽的截面积为50%左右，布线通常有格式系统、鱼骨式系统和梳式系统几种常见方式，而引出线方式，即将出线器旋于接线盒盖板上，然后将导线从出线口引出到用电的设备上。

1.8　裸导体（母线）敷设

在工业企业中，铝母排的应用十分广泛。如用于各种电压等级的变电站中作高低压母线、车间变压器母干线成组的三相四线制配电系统中作配电干线或支干线、各种高低压开关柜中的主接线及支接线。

当裸导体用于单跨、多跨、单层排架结构的工业厂房及各车间工段中，一般敷设在人们不易接触到的地方。例如，在冷加工及热加工车间中，其建筑结构多为单跨或多跨的单层排架形式，裸导体通常架设于屋架上或敷设于桥式起重机梁的内侧面，安装在这些距地较高的位置。

铜母排应用的地方也不少，如电镀车间中镀槽供电的低电压大电流直流电源作主母线，化工电解车间中作大电流直流主母线，以及高低压开关柜中的主接线、支接线。

裸铝绞线和裸铜绞线，多用于露天变电站的室外配电装置、室外电杆上的架空配线等敷设。

1.8.1　一般规定

1）裸导体（铝母排）敷设一般适用于工业企业厂房内，通常为水平架设或垂直架设，它距地面的高度不应低于 3.5m，当有网栅保护时，不要低于 2.5m，否则应采用封闭遮栏遮护。如敷设在正常生产操作者可能接触到的地方，应装设遮栏。从安全角度来看，裸导体不应设于需经常维护的管道或生产设备的下方，而与经常维护的管道的距离不小于 1m，同生产设备的距离不小于 1.5m，离正常有人工作的平台，其高度不应小于 2.5m，达不到时应加遮栏。当裸导体架设于车间屋架上其本身无遮护时，其下方至桥式起重机大车铺板的净距不应小于 2.2m，只有在起重机上装有网孔及遮栏时才除外。当使用网孔遮栏措施时，其网眼不应大于

20mm×20mm，它距离裸导体不小于100mm，而在使用封闭遮栏遮护时其间距不应小于50mm。

2）裸导体的相间以及其中任一相线到建筑物间的最小距离见表16-1-25所列数值。

表16-1-25 裸导体到建筑物的最小距离

固定点间距/m	最小净距/mm
≤2	50
>2~4	100
>4~6	150
>6	200

在考虑表16-1-25数值时同时还应考虑硬导体固定点的间距尺寸，应该适应最大短路电流时的动稳定要求。当它跨越车间建筑物的沉降缝或伸缩缝时，应加装软补偿装置。

3）所选用的铝、铜母排，当无出厂合格证或材质数据资料不全时，应按表16-1-26所列要求进行检验。

表16-1-26 合格的铝铜母排数据表

母线类型		抗拉强度/(N/mm²) ≥	20℃时电阻率/Ω·m ≤	伸长率(%) ≥
硬铝母排		120	0.029×10^{-6}	3
硬铜母排	厚1.33~3.35mm	270	0.0179×10^{-6}	6
	厚3.36mm以上	260	0.0179×10^{-6}	6

同时，硬裸导体的表面应光洁平整，不应有裂纹，内部无损伤、折叠及夹杂物。如为管状或槽形状的材料，也不应有变形、扭曲现象出现。

4）母排与母排、母排与分支排及电器端子搭接连接时，其搭接处理应符合下列要求：

a）铜-铜：敷设于室内干燥场所可以直接连接。如在室外，温度高而且潮湿的或对母排有腐蚀性的场所，必须镀锡。

b）铝-铝：在任何环境下可以直接连接，当然在有条件时宜镀锡。

c）铜-铝：在室内且干燥的环境下应镀锡，而在室外或特殊潮湿的室内则应使用铜-铝过渡接头。

5）相序与相色标志，裸导体的相序排列以正视方向为准，应遵守下列规则：

a）上下布置的裸导体，交流L_1、L_2、L_3相或直流正负极应由上向下。

b）水平布置的裸导体，交流L_1、L_2、L_3相或直流正负极应由内向外。

c）引下线的裸导体，交流L_1、L_2、L_3相或直流正负极应自左向右。

母排应按下列规定涂刷相色油漆：

a）三相交流裸导体：L_1相——黄色、L_2相——绿色、L_3相——红色。

b）单相交流裸导体与引出相颜色相同，独立的单相线，一相刷黄色，一相刷红色，其相序与三相交流相同。

c）直流裸导体：正极——棕色，负极——蓝色。

d）直流均衡裸导体，不接地者为紫色，接地者为紫色带黑色条纹。交流中性线裸导体应刷黄绿色斜条纹。

所有裸导体应刷相色油漆，涂刷部位为：单片裸导体的所有各个面；多片裸导体所有可见面。

考虑导体连接可靠，所有裸导体的下列部位就不应刷漆：裸导体与裸导体的螺栓连接处，裸导体与支持连接处，以及裸导体与电器的连接处，上述所有连接处10mm以内的地方。供携带式设备接地连接用的接触面上不着色部位的宽度应为母线的宽度或直径，但不应小于50mm，并以宽度为10mm的黑色带与母线色相分隔。

6）裸导体在室内外安装时应符合配电装置的安全距离的规定，如图16-1-14、图16-1-15及表16-1-27、表16-1-28所示。

1.8.2 硬裸导体连接、敷设和焊接

硬裸导体安装前应矫正平直，母线的配置应按设计规定，相同布置的主母排、分支母排、引下线及设备元件的连接线应对称一致、横平竖直、整齐美观。

一般制作安装过程为，弯制尺寸的确定、下料切断、弯曲成形，然后再进行架设和连接，最后对各相序排列涂色予以区别。

硬裸铝导体加工首先是矫正平直，可用手工锤打或用机械矫正工具。母排的弯曲应根据车间电气施工图的走向位置确定母排下料长度（略留一定余量），弯制成形后再切割。母排弯制应符合下列规定：母排开始弯曲处距最近绝缘子的母线支持夹板

边缘不应大于 0.25L（L 为两母排支持点距离），但不得小于 50mm，并不得有裂纹及明显的折皱。在多片母排弯曲时，应彼此保持一致。母排的弯曲半径不得小于表 16-1-29 规定。

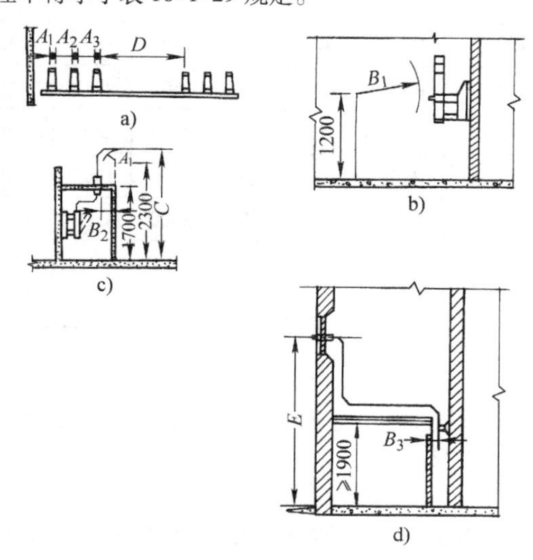

图 16-1-14　室内配电装置最小安全净距

a）带电部分至接地部分、不相同的带电部分之间和不同时停电检修的无遮栏裸导体之间的水平净距　b）带电部分至栅栏的净距　c）带电部分至网状栅栏和无遮栏裸导体至地（楼）面的净距　d）带电部分至板状遮栏和出线套管至室外通道路面的净距

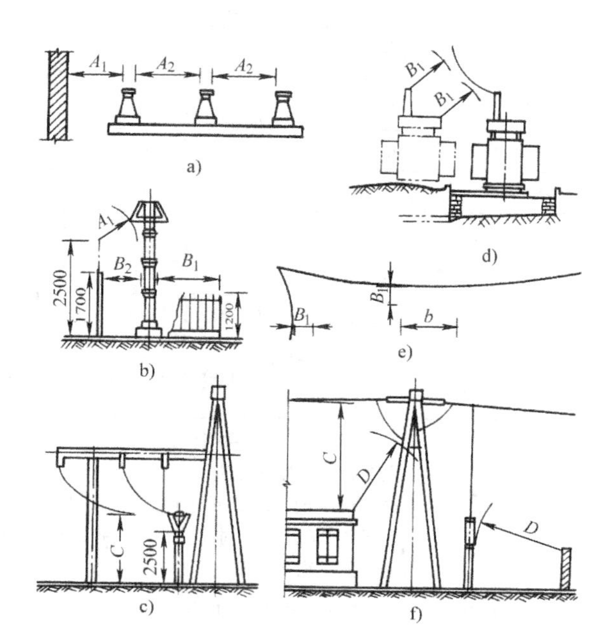

图 16-1-15　室外配电装置最小安全净距

a）带电部分至接地部分和不同相的带电部分之间的净距　b）带电部分至围栏的净距　c）带电部分和绝缘子最低绝缘部位对地面的净距　d）设备运输时其外廓至无遮栏导体的净距　e）不同时停电检修的无遮栏裸导体之间的水平和垂直交叉净距　f）带电部分至建筑物和围墙顶部的净距

表 16-1-27　室内配电装置的最小安全净距

名称　安全净距/mm　额定电压/kV	0.4	1～3	6	10	15	20	35	60	110J	110
带电部分至接地部分 A_1	20	75	100	125	150	180	300	550	850	950
不同相的带电部分之间 A_2	20	75	100	125	150	180	300	550	900	1000
带电部分至栅栏 B_1	800	825	850	875	900	930	1050	1300	1600	1700
带电部分至网状遮栏 B_2	100	175	200	225	250	280	400	650	950	1050
带电部分至板状遮栏 B_3	50	105	130	155	180	210	330	580	880	980
无遮栏裸导体至地（楼）面 C	2300	2375	2400	2425	2450	2480	2600	2850	3150	3250
不同时停电检修的无遮栏裸导体之间的水平净距 D	1875	1875	1900	1925	1950	1980	2100	2350	2650	2750
出线套管至室外通道的路面 E	3650	4000	4000	4000	4000	4000	4000	4500	5000	5000

注：1. 110J 系指中性点直接接地电力网。

2. 海拔超过 1000m 时本表所列 A 值，应按每升高 100m 增大 1% 进行修正，B、C、D 值应分别增加 A_1 值的修正差值。

3. 本表所列各值不适用于制造厂生产的成套配电装置及设备。

表 16-1-28 室外配电装置的最小安全净距

名称 \ 安全净距/mm \ 额定电压/kV	0.4	1~10	15~20	35	60	110J	110	154J	154	220J	330J
带电部分至接地部分 A_1	75	200	300	400	650	900	1000	1300	1450	1800	2600
不同相的带电部分之间 A_2	75	200	300	400	650	1000	1100	1450	1600	2000	2800
带电部分至栅栏 B_1	825	950	1050	1150	1350	1650	1750	2050	2150	2550	3350
带电部分至网状遮栏 B_2	175	300	400	500	700	1000	1100	1400	1500	1900	2700
无遮栏裸导体至地面 C	2500	2700	2800	2900	3100	3400	3500	3800	3900	4300	5100
不同时停电检修的无遮栏裸导体之间的水平净距 D	2000	2200	2300	2400	2600	2900	3000	3300	3400	3800	4600

注：1. 110J、154J、220J、330J 系指中性点直接接地电力网。

2. 330kV 栏内的数值为试行值。

3. 海拔超过 1000m 时本表所列 A 值，应按每升高 100m 增大 1% 进行修正，B、C、D 值应分别增加 A_1 值的修正差值。但对 35kV 及以下的 A 值，可在海拔超过 2000m 时进行修正。

4. 本表所列各值不适用于制造厂生产的成套配电装置及设备。

表 16-1-29 母排最小允许弯曲半径 R

（单位：mm）

项次	弯曲种类	母线尺寸	最小弯曲半径		
			铜	铝	钢
1	平弯	50×5 及以下	$2b$	$2b$	$2b$
		125×10 及以下	$2b$	$2.5b$	$2b$
2	立弯	50×5 及以下	$1a$	$1.5a$	$0.5a$
		125×10 及以下	$1.5a$	$2a$	$1a$
3	圆棒	直径 10 及以下	50	70	50
		直径 30 及以下	100	150	150

注：a—母线宽度；b—母线厚度。

一般应使母排弯曲处距母排连接处不小于 30mm。弯曲法在现场可采用手动、杠杆或千斤顶弯曲器等拉弯装置，也可用火焰加热弯曲。有关弯曲工艺详见电气安装规程。

下面就裸导体的连接、敷设与焊接分别加以叙述。

1. 母排连接

母排与母排、母排与电气元件或设备连接通常采用搭接，用螺栓紧固。因此尚应根据不同结构采用不同连接方法，具体要求见表 16-1-30。

表 16-1-30 矩形母线搭接要求

（单位：mm）

图例	类别	序号	连接尺寸		钻孔要求			螺栓规格
			b_1	b_2	a	ϕ	数量/个	
	直线连接	1	125	125		19	4	M18
		2	112	112		17	4	M16
		3	100	100		17	4	M16
		4	90	90		17	4	M16
		5	80	80		17	4	M16
		6	71	71		13	4	M12
	垂直连接	7	125	125		19	4	M18
		8	125	112~71		17	4	M16
		9	112	112~71		17	4	M16
		10	100	100~71		17	4	M16
		11	90	90~71		17	4	M16
		12	80	80~71		17	4	M16
		13	71	71		13	4	M12

（续）

图　例	类　别	序　号	连接尺寸		钻孔要求			螺栓规格
			b_1	b_2	a	ϕ	数量/个	
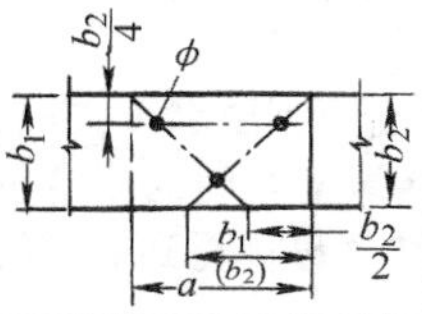	直线连接	14	63	63	95	13	3	M12
		15	56	56	84	13	3	M12
		16	50	50	75	13	3	M12
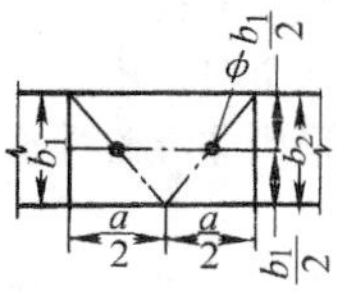	直线连接	17	45	45	90	13	2	M12
		18	40	40	80	13	2	M12
		19	35.5	35.5	71	11	2	M10
		20	31.5	31.5	63	11	2	M10
		21	28	28	56	11	2	M10
		22	25	25	50	11	2	M10
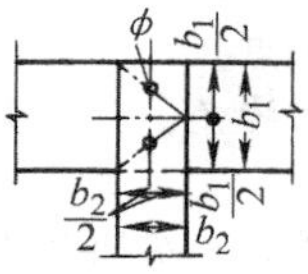	垂直连接	23	125	63 ~ 40		13	2	M12
		24	112	63 ~ 40		13	2	M12
		25	100	63 ~ 40		13	2	M12
		26	90	63 ~ 40		13	2	M12
		27	80	63 ~ 40		13	2	M12
		28	71	63 ~ 40		13	2	M12
		29	63	50 ~ 25		11	2	M10
		30	56	45 ~ 25		11	2	M10
		31	50	45 ~ 25		11	2	M10
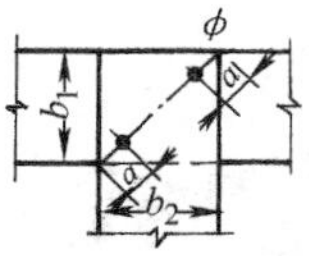	垂直连接	32	63	63 ~ 56	25	13	2	M12
		33	56	56 ~ 50	20	13	2	M12
		34	50	50	20	13	2	M12
		35	45	45	15	11	2	M10
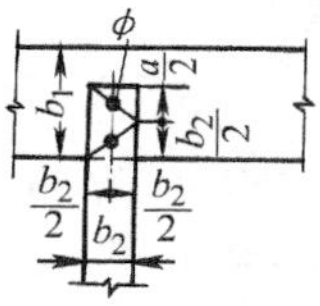	垂直连接	36	125	35.5 ~ 25	60	11	2	M10
		37	112	35.5 ~ 25	60	11	2	M10
		38	100	35.5 ~ 25	50	11	2	M10
		39	90	35.5 ~ 25	50	11	2	M10
		40	80	35.5 ~ 25	50	11	2	M10
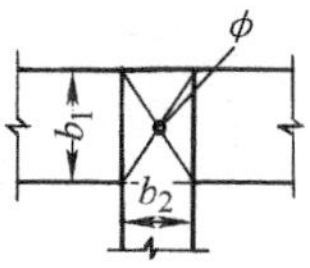	垂直连接	41	40	40 ~ 25		13	1	M12
		42	35.5	35.5 ~ 25		11	1	M10
		43	31.5	31.5 ~ 25		11	1	M10
		44	28	28 ~ 25		11	1	M10
		45	25	22		11	1	M10

母排采用螺栓搭接时，连接处距支柱绝缘子的支持夹板边缘应不小于 50mm。上片母线端头与其下片母线平弯开始处的距离应不小于 25mm，如图 16-1-16 所示。

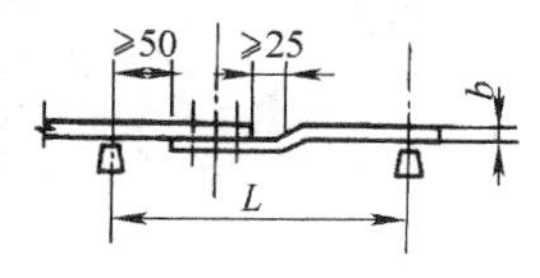

图 16-1-16　母线两支持点之间的距离

母排与母排其连接孔眼的直径不大于螺栓直径 1mm，钻孔应垂直，不歪斜，孔眼间中心距的误差不应大于 0.5mm。两块母排的接触面加工应平整，无氧化膜。经加工后其截面积减少值：铝质母排应不超过 5%，铜质母排应不超过原截面积的 3%，在具有镀银层的母排搭接面，不得任意挫磨。

2. 母排的安装和架设

一般是用支架形式水平或垂直安装，如图 16-1-17所示。

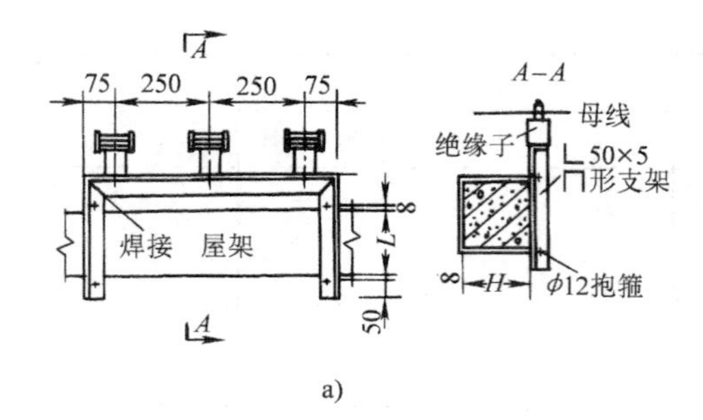

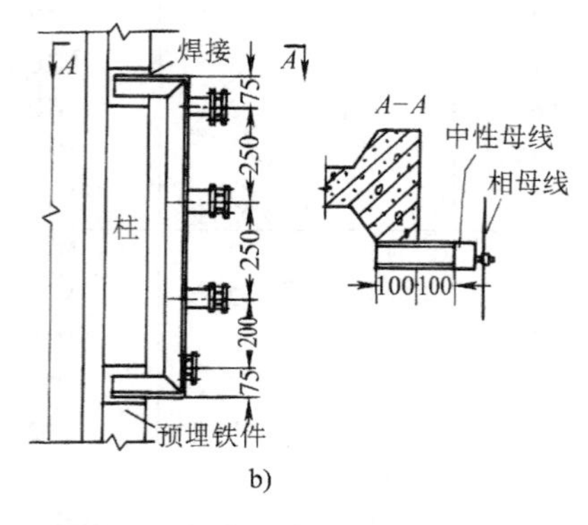

图 16-1-17 母线水平或垂直安装图

a）水平安装 b）垂直安装

1）母排与母排或与电器端子的螺栓搭接面的安装应符合下列要求：

a）母线连接用的紧固件应采用符合国家标准的镀锌螺栓、螺母和垫圈。

b）接触面应清洁，并涂以中性凡士林或复合脂。

c）母线平置时，贯穿螺栓应由下向上穿；在其余情况下，螺母应置于维护侧；螺栓长度宜露出螺母 2 ~3 螺纹扣。

d）螺栓两侧均应有垫圈，相应螺栓的垫圈间应有 3mm 以上的净距，螺母侧应装有弹簧圈或锁紧螺母，紧固件宜用镀锌件。

通常扁形母排与母排之间的连接应采用焊接、贯穿螺栓搭接或用夹板夹持螺栓搭接。管形和圆截面母排应采用专用线夹连接，但不得用内螺纹管头连接或镀焊。

螺栓受力要均匀，不应使电器端子受到力的作用，一般用扭力扳手控制用力大小。推荐力矩（力×力臂）：M10 时为 1500 ~ 2000N · cm，M12 时为 3000 ~ 4000N · cm，M16 时为 7000 ~ 80000N · cm，M18 时为 10000 ~ 13000N · cm。额外应力不易过紧，也不易太松，用力过头，则母排变形，过松则压紧力不够。

e）接触间连接应紧密，用 0. 05mm × 10mm 塞尺检查，查接触面积的间隙。当母排宽在 63mm 及以上者，不得塞入 6mm；当母排在 56mm 及以下者，不得塞入 4mm。检查后须擦净油垢，在表面和缝隙处涂以 2 ~ 3 层能产生弹性薄膜的透明清漆密封处理。

2）母排在支架上固定应符合下列要求：

a）母排固定金具与支持绝缘子之间的固定位置应平整牢固，不应使其所支持的母排受到额外的应力作用。

b）当母排工作电流大于或等于 1500A 时，每相交流母排的固定金具及其他支持金具，不应有铁磁闭合回路的磁路存在，否则应采用非导磁性材质的固定金具或其他措施。

c）当母排平置时，母排支持夹板的上部压板应与母排面保持 1. 0 ~ 1. 5mm 间隙，立放时应保持 1. 5 ~ 2mm。

d）母排在支持绝缘子上的固定死点应位于母排全长或两个母排补偿点之间的中点。

e）母线固定装置应无明显的棱角，以防尖端放电。

f）当终端或中间采用拉紧装置的车间低压母排的安装，其终端或中间拉紧固定支架宜装有调节螺栓的拉线，如图 16-1-18 所示，拉线固定点应能

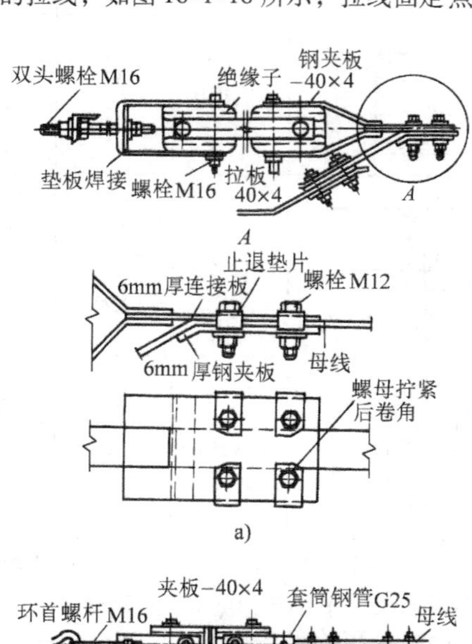

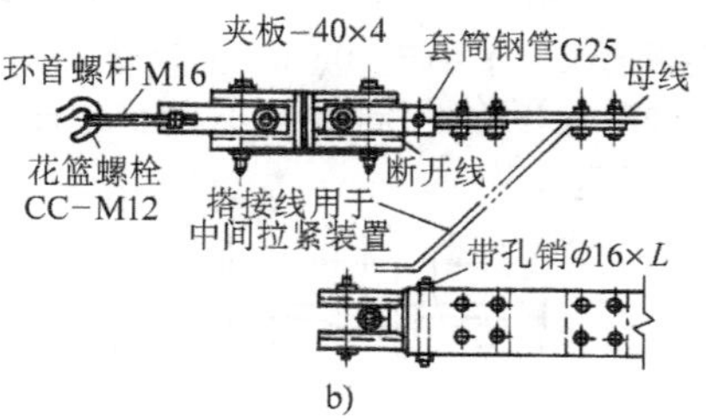

图 16-1-18 母线的拉紧装置

承受拉线张力，在同一档内的母排，各相弛度误差应小于10%。

g）母排应按设计规定装设补偿器，如图16-1-19所示。补偿器不得有裂纹、折皱或断股，其总装后的总截面积不应小于母排的1.2倍。当补偿器采用多片螺栓连接时，各片间应除去氧化层，铝质者应涂中性凡士林或复合脂，铜质者应搪锡。通常补偿装置是用多片0.2～0.5mm厚的铜片或铝片（只用于铝质母排）叠成。有时也可采用一段铝质母排做成。

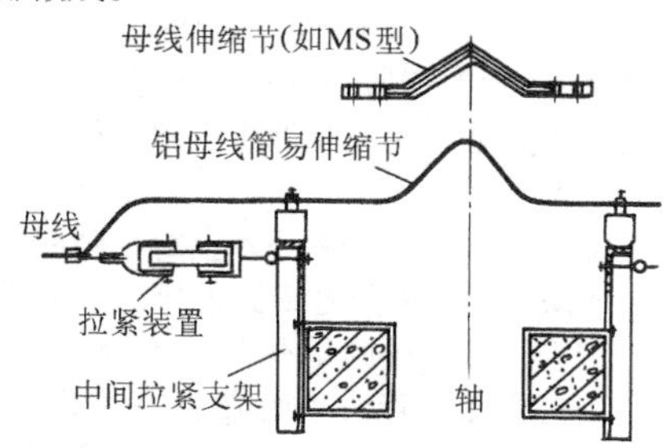

图16-1-19　铝母线跨越建筑物伸缩缝的补偿装置示意图

3）母排在绝缘子上的固定，它必须通过某一种方式加以固定，对相线母排来说，必须设有支持绝缘子。而对中性线母排来讲，在三相四线接零制系统中，通常可不设绝缘子。而在三相五线接零或接地制系统中，中性线必须固定于绝缘子上。

母排在绝缘子上的固定方式，目前通常做法有两种：

a）夹板式：如图16-1-20所示，这种方法用得较多，对母排由于某种原因引起的温升变化，能有自由地伸缩的余地，平放母排的上夹板应与母排面保持1.0～1.5mm的间隙，立放母排保持1.5～2mm的间隙。而垂直敷设的母排不应留有间隙。上夹板通常采用非磁性材料，如酚醛层压板或铝、铜材质母排制成，以防构成闭合铁磁回路而发热。

b）卡板式：如图16-1-21所示，安装时卡板开口方向90°垂直于母排纵方向，待母排全线放进卡板后，就可把各个绝缘子上的卡板逐个转一个角度卡住母线。

当母排支持档距过大，中间又无法设支持点，则常常采用中间夹板的做法，如图16-1-22所示。用它来缩短档距，以提高母排能承受较大的短路电流，也就是说，在母排抗弯矩不变的情况下，以提高动稳定的承受能力。夹板通常采用硬木条制成，经烘干后浸入热的变压器油中进行处理，以提高它的抗潮能力。也有采用层压板条的做法，将层压板条用弯钩固定于母排上（通常设于三相之间或三相加中性线之间），受弯钩夹紧处的母排表面应包缠两层塑料绝缘带，同时应注意它的施工程序应在母排拉紧后再进行安装中间夹板。

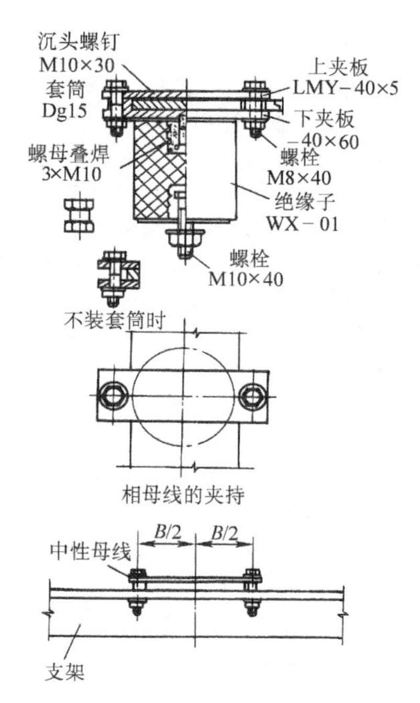

图16-1-20　平放母线的夹板式固定方式

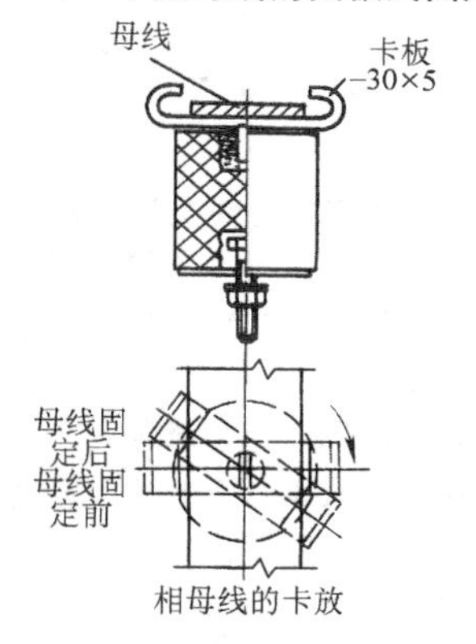

图16-1-21　平放母线的卡板式固定方式

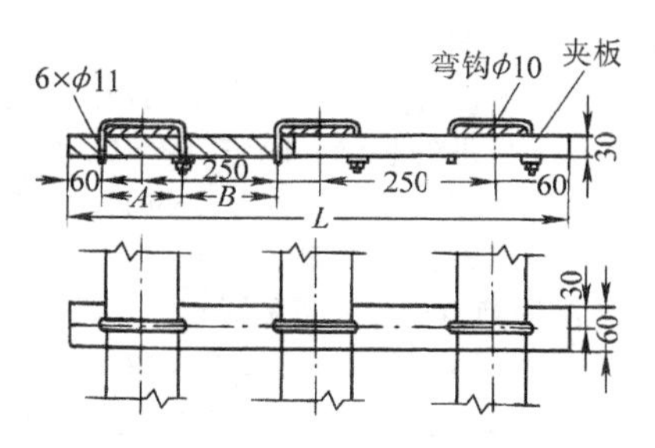

图16-1-22　酚醛板制的中间固定夹板的安装

3. 母排的焊接

当母排用在车间作配线时，由于长度较长时，宜采用熔焊进行连接，这样可以减少由于采用螺栓连接而带来增大的接触电阻，从而引起发热和氧化等缺点。但是焊接技术要求高，须由专职焊工来进行操作。焊接方法常采用的有氧－乙炔气焊、直流碳弧焊或氩弧焊（管形母排宜采用此焊接法）等，在地面进行操作并注意下列问题：

1）母排焊接所采用的填充材料，其物理性能和化学成分应与原材料一致。

2）焊接前，应将母排对口两侧表面各 20mm 范围内清刷干净，不得有油垢、斑疵及氧化膜等。对口焊接处，宜有 35°～40°的坡口，1.5～2mm 的钝边。在对口焊接前尤应注意对口的平直，其弯折偏移不应大于 1/500mm，而其中心偏移不得大于 0.5mm，如图 16-1-23 所示。

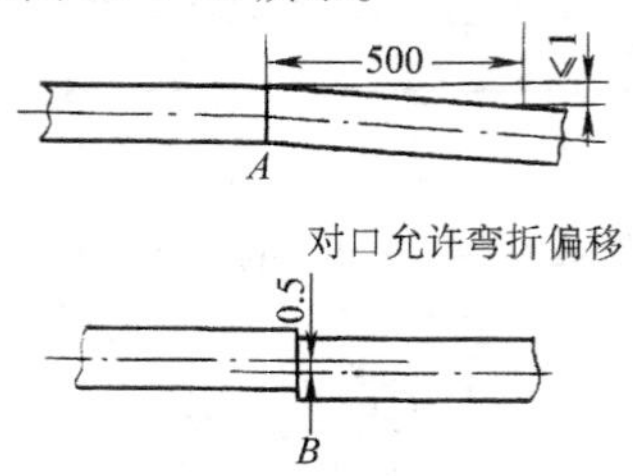

图 16-1-23 对口中心线允许偏移及变析偏移

焊接质量的要求：对每个焊缝应一次焊完，除瞬时断弧外不准停焊，焊点未冷却前不得移动或受力，以防引起变形。

3）母排对接焊缝的上部应有 2～4mm 的加强高度，如采用气焊及碳弧焊的对接缝尚应在它的下部有 2～4mm 的凸起高度，而母排焊口两侧应各凸出 4～7mm 的高度。

而母排对接焊缝部位应符合下列要求：焊缝应离开支持绝缘子母排夹板边缘不小于 50mm，同一片母排上宜减少对接焊缝，而焊缝间的距离应不小于 200mm，当采用氧－乙炔气焊或碳弧焊的接头在焊接完成后，应用 60～80℃ 的清水将药渣清洗干净。

4）母排在焊接完毕应做下列检查：首先对其接头的对口焊缝部位应符合本章中的规定。通常用眼检查母排无可见的裂缝、凹陷、损缺、气孔及夹渣等，对咬边深度不超过母排厚度的 10%，咬边长度不得大于对焊缝长度的 20%。

4. 母排用绝缘子和套管的要求

1）母排所用的绝缘子和套管在安装之前应对其质量进行检查，首先瓷件和法兰应完整无裂纹，同时外填料完整，结合牢固，并应按照有关规章进行交接试验，合格后才能采用。

2）所有支持绝缘子和穿墙套管，不论其水平安装还是垂直安装，其顶面均应位于同一平面上，且其中心线位必须在同一直线段上。如支持绝缘子叠装时，中心线也应一致，而且它们的底座或法兰盘不应埋入混凝土中或抹灰层内，以防止人为减少爬电距离。通常应安装在角钢、槽钢支架上或钢板上（穿墙套管固定用）。

如选用无底座的低压支持绝缘子，则在安装时，应在其底部与金属支架连接处衬上厚度不小于 1.5mm 的橡胶、青壳纸或石棉纸垫圈。

3）穿墙套管的安装，孔径应比套管嵌入部分至少要大 5mm，如采用的是混凝土预制板，则其厚度不要大于 50mm。

当母排电流大于 1500A 及以上时，则固定套管用的钢板要采取防铁磁闭合回路的措施。通常是采用两块“哈夫”板，中间留有 2mm 空隙。

同时还应注意套管法兰的安装位置的正确性，一般在垂直安装时，法兰应向上；在水平安装时，则法兰应向外。

1.8.3 软裸导体（中低压架空线）安装敷设

软裸导体安装敷设，主要指工厂总体、工厂生活区及城市居民住宅区、街坊小区中的中压和低压供电线路，它的电压等级通常有中压为 10～35kV，低压为 380/220V。一般采用电线杆（混凝土杆）架空敷设，它的立杆位置大多在人行道的侧石以内 0.5～1m 处，沿道路平行架设，并综合考虑施工、交通和线路的供电半径，及沿街建筑物、绿化（行道树）及地下其他管道等诸因素，当然应尽可能满足有关规程的最小安全距离，例如，与城市绿化树木、地面、山坡等最小距离见表 16-1-31。

表 16-1-31 导线与绿化树、地面、山坡、峭壁、岩石最小净距 （单位：m）

		中压	低压
与绿化树最小距离	最大弧垂时的垂直距离	1.5	1.0
	最大风偏时的水平距离	2.0	1.0
导线与地面最小距离	线路通过居民区	6.5	6.0
	线路通过非居民区	5.5	5.0
	线路通过交通困难地区	4.5	4.0
导线与山坡峭壁、岩石最小净距离	线路通过步行可达到的山坡	4.5	3.0
	线路通过步行不能达到的山坡、峭壁及岩石	1.5	1.0

架空线与各种道路、其他架空线、铁路等的交叉要求见表 16-1-32。

表16-1-32 架空线路与铁路、道路及各种架空线路交叉或接近的基本要求

<table>
<tr><td colspan="2" rowspan="2">项 目</td><td colspan="4">铁 路</td><td colspan="2">道 路</td><td colspan="2">电车道</td><td colspan="2">弱电线路</td><td colspan="2">电力线路</td><td colspan="2" rowspan="2">特殊管道</td><td colspan="2" rowspan="2">一般管道</td></tr>
<tr><td colspan="2">标准轨距</td><td colspan="2">窄轨</td><td>一、二级</td><td>三级</td><td colspan="2">有轨及无轨</td><td>一、二级</td><td>三、四级</td><td>1kV 以下</td><td>6~10kV</td></tr>
<tr><td colspan="2">导线最小截面积</td><td colspan="16">铝绞线及铝合金线为35mm²，钢芯铝线为25mm²，铜线为16mm²</td></tr>
<tr><td colspan="2">导线在跨越档内的接头</td><td colspan="2">不得有接头</td><td colspan="2">—</td><td>不得有接头</td><td>—</td><td colspan="2">不得有接头</td><td>不得有接头</td><td>—</td><td>—</td><td>—</td><td colspan="2">不得有接头</td><td colspan="2">不得有接头</td></tr>
<tr><td colspan="2">导线支持方式</td><td colspan="4">双固定</td><td>双固定</td><td>单固定</td><td colspan="2">双固定</td><td>双固定</td><td>单固定</td><td>单固定</td><td>双固定</td><td colspan="2">双固定</td><td colspan="2">双固定</td></tr>
<tr><td rowspan="3">最小垂直距离/m</td><td rowspan="2">线路电压/kV</td><td rowspan="2">至轨顶</td><td rowspan="2">至承力索或接触线</td><td rowspan="2">至轨顶</td><td rowspan="2">至承力索或接触线</td><td colspan="2" rowspan="2">至路面</td><td rowspan="2">至路面</td><td rowspan="2">至承力索或接触线</td><td colspan="2" rowspan="2">至被跨越线</td><td colspan="2" rowspan="2">至导线</td><td colspan="4">至管道任何部分</td></tr>
<tr><td>管道上人</td><td>管道不上人</td><td>管道上人</td><td>管道不上人</td></tr>
<tr><td>10
6</td><td>7.5
7.5</td><td>3.0
3.0</td><td>6.0
6.0</td><td>3.0
3.0</td><td colspan="2">7.0
6.0</td><td>9.0
9.0</td><td>3.0
3.0</td><td colspan="2">2.0
1.0</td><td>2.0
1.0</td><td>2.0
2.0</td><td>3.0
2.5</td><td>3.0
1.5</td><td>3.0
2.5</td><td>3.0
1.5</td></tr>
<tr><td rowspan="3">最小水平距离/m</td><td rowspan="2">线路电压/kV</td><td colspan="4">电杆外缘至轨道中心</td><td colspan="2" rowspan="2">电杆中心至路面边缘</td><td rowspan="2">电杆中心至路面边缘</td><td rowspan="2">电杆外缘至轨道中心</td><td colspan="4" rowspan="2">在最大风偏情况下与边导线间距</td><td colspan="4" rowspan="2">在最大风偏情况下边导线至管道任何部分</td></tr>
<tr><td>交叉</td><td>平行</td><td>交叉</td><td>平行</td></tr>
<tr><td>10
6</td><td>5.0
5.0</td><td>杆高+3
杆高+3</td><td>5.0
5.0</td><td>杆高+3
杆高+3</td><td colspan="2">0.5</td><td>0.5
0.5</td><td>3.0
3.0</td><td colspan="2">2.0
1.0</td><td colspan="2">2.5
2.5</td><td colspan="2">2.0
1.5</td><td colspan="2">2.0
1.5</td></tr>
</table>

注：1. 电力线路与弱电线路接近时，最小水平距离值未考虑对弱电线路的危险和干扰影响，如需要考虑时应另行计算。
2. 特殊管道指架设在地面上输送易燃、易爆物的管道，各种管道上的附属设施均视为管道的一部分。
3. 架空线路与管道交叉时，交叉点不应选在管道的检查平台和阀门处，与管道交叉跨越或平行接近的旧管道应接地。
4. 弱电线路等级、道路等级见DL/T5092—1999《架空配电线路设计技术规程》附录六、七中的划定。

软裸导体架空敷设较多地使用LJ型铝绞线，只有电杆塔的档距较大或高差较大时使用钢芯铝绞线，由钢芯承受拉力。当架设的场所有盐雾或有化学腐蚀的介质，宜用防腐铝绞线或铜绞线，并应考虑下列问题。

1. 一般规定

1）由于架空线路多数架设于有人流活动的地方，因此要注意由于断线而发生触电危险，在导线的机械强度计算时要考虑足够的安全系数，见表16-1-33。

表16-1-33 导线的设计安全系数

导线种类	单股	多股	
		一般地区	重要地区
铝绞线、钢芯铝绞线及铝合金绞线	—	2.5	3.0
铜线	2.5	2.0	2.5

注：重要地区指大、中城市的主要街道及人口稠密的地方。

2）导线截面积的确定：6～10kV线路要考虑节能问题，使线损减少，通常是按经济电流密度来选择，见表16-1-34。

表16-1-34 裸导线的经济电流密度

（单位：A/mm^2）

导线材料	年最大负荷利用小时数		
	<3000	3000～5000	>5000
铝	1.65	1.15	0.9
铜	3.0	2.25	1.75

低压线路则一般按最大计算负荷确定导线截面积，再按允许电压损失综合确定。如电压降超过，则应放大截面积。中、低压电力线路，允许电压降不大于±7%，而低压照明线路则为－10%～+5%。

同时，还要考虑环境温度对长期允许载流量的影响，周围空气温度采用当地最热月份的平均最高温度，最高允许工作温度一般按+70℃，特殊情况下可取+90℃，见表16-1-35。

表16-1-35 裸导线载流量温度校正系数

最高允许温度/℃	环境温度/℃											
	−5	0	+5	+10	+15	+20	+25	+30	+35	+40	+45	+50
+70	1.29	1.24	1.20	1.15	1.11	1.05	1.00	0.94	0.88	0.81	0.74	0.67
+90	2.14	1.95	1.14	1.11	1.07	1.04	1.00	0.96	0.92	0.88	0.83	0.79

除此以外，还有一个最小允许截面积的规定，主要考虑到导线要有一定的机械强度，同时不允许采用单股铝线用来架空敷设，见表16-1-36。

在低压线路跨越铁路线时，则铝绞线最小截面积不应小于$35mm^2$，而且在同一档距内不得采用大小截面积不同的导线进行连接，以及铜、铝两种不同材质的导线进行连接。对于三相四线制的导线，其中性线的截面积应不小于相线截面积的50%，而在线路供电对象为气体放电灯等非线性负荷的情况下，那么中性线截面积应与相线相等。

表16-1-36 导线最小截面积

（单位：mm^2）

导线种类	中压线路		低压线路
	居民区	非居民区	
铝绞线及铝合金绞线	35	25	16
钢芯铝绞线	25	16	16
铜绞线	16	16	（直径3.2mm单股体）

3）导线的架设，通常均采用圆形混凝土电杆，杆与杆之间的档距，见表16-1-37。高低压线路可以合杆。一般情况下，高压在上部，低压在下部，粗线在上部，细线在下部，路灯一般均在最低处，不同线路横担之间最小尺寸见表16-1-38。

表16-1-37 架空线路档距

（单位：m）

地　区	高　压	低　压
城　区	40～50	30～45
郊　区	50～100	40～60
厂　区	35～50	30～40

表16-1-38　同杆架设的线路横担之间的最小垂直距离

（单位：m）

导线排列方式	直线杆	分支或转角杆
高压与高压	0.80	0.45/0.60
高压与低压	1.20	1.00
低压与低压	0.60	0.30

注：表中转角或分支线横担距上面的横担取0.45m，距下面的横担取0.6m。

高压线路在最高层，一般采用三角布置或水平布置，或两回路垂直排列，一般不宜超过两回路。但应注意，对重要负荷供电的双回路电源不应同设于一根杆上。通信线路与高压线路可以同杆架设，但它们之间的垂直距离不应小于2.5m。低压线路与广播通信电缆之间的垂直间距不应小于1.5m。

2. 电杆的基本形式

一般电杆的形式有直线杆、转角杆、终端杆、耐张杆和分支杆、十字杆等六种基本形式。

1）直线杆：它位于电线线路的直线段上，电杆原则上只承担导线垂直方向的负荷和水平方向的风负荷，不承担导线纵向的线路拉力，支撑导线的绝缘子，10～35kV采用针式绝缘子、角铁横担或高压瓷横担。

2）转角杆：一般位置设于线路需要改变方向的方位，由于所处转角的大小又分直线型转角杆和耐张型转角杆，通常按不同角度处理如下：

对小于15°的转角杆，一般不处理，仍按直线杆同样处理。

对15°～30°的转角杆，一般仍可按直线杆处理，但其针式绝缘子要用两只，采用和合角铁横担（又称加强型横担），导线一般不开断。

对30°～60°以上到90°的转角杆，一般应采用耐张型，这时导线要按终端杆处理，采用悬式绝缘子，此杆必须设与导线相反方向的板线。

3）终端杆：一般指在线路的终点的一根电杆，这时导线所用绝缘子是悬式的，采用加强型和合角铁横担，另外必须采用可靠的与导线方向相反180°的板线，来抵消电杆另一侧导线的拉力。

4）耐张杆：一般在1000～2000m之间的直线段中设一耐张杆，主要是缩小电杆倒杆的事故范围，导线要开断，并用悬式绝缘子和合角铁横担，上下跳接，同时要增设与导线方向相反的两组板线，以防一侧断线，另一侧导线的拉力可靠板线来平衡。

5）分支杆：一般在直线杆上分支较多，即在其直线横担下或上部另设一副分支和合角铁横担，采用悬式绝缘子，这时在其支线相反方向加板线一根，以平衡支线的导线拉力。

6）低压导线：指的是380/220V导线架设，多采用水平四线角铁横担，以蝶式绝缘子来架设线路，同样有直线杆、转角杆、分支杆、终端杆、十字杆几种布置形式，但它的绝缘子基本上都是采用蝶式绝缘子，当处于转角和终端或十字杆处，用两根角铁横担上下各一根，再将蝶式绝缘子采用穿心螺栓固定于两根角铁之间，而两根角铁用抱箍抱于电杆上，它的方向应使电杆受压。

7）同杆架设问题：在架空线路电杆上的路灯线下，可架设广播线和通信电缆。这仅限于工业企业厂区范围内。在供电系统的电杆上一般是不允许同杆架设。

3. 绝缘子机械强度的安全系数

瓷横担：　　≥3.0；

针式绝缘子：≥2.5；

悬式绝缘子：≥2.0；

蝶式绝缘子：≥2.5。

当空气污秽地区，增加绝缘子串或瓷横担，要考虑污秽程度而定。通常情况是增加只数。

板线也应采用两端加串板线用的绝缘子，将板线隔成三段，以防导线断线而将电压传到板线上去。

1.9　氧化镁绝缘耐火电缆的安装敷设

由于氧化镁是无机物，在950℃高温下不会助燃，在接近火焰条件下仍能正常送电，也不会放出有害气体，因此能广泛应用于非常重要的工作场所，作应急电源和信息传输的布电线。它适用于室内、外，可明敷设，也可地下敷设。在对铜有腐蚀的场所，接地铜管外面应包有一层PVC塑料。目前有1000V及600V两种；外护层有裸铜管与PVC外护层两种，型号分别为BTT（裸铜管）与BTTV（PVC护层）。

1.9.1 电缆的特性与用途

1. 特性

1）耐火：铜护套在1083℃才熔化，氧化镁在2800℃下仍然是固态。

2）使用温度高：长期连续负荷使用温度可达到250℃。在火灾情况下，电缆可在接近铜护套熔点温度下短时间内继续使用。

3）寿命长：由于是无机材料，可以基本上不老化，保证性能稳定、寿命长。

4）防爆：一旦氧化镁高度压实，可防止气体、蒸汽、湿气和火在电缆连接的设备和零件之间通过。

5）过载能力强：由于它能在远高于使用温度下工作，因此它能承受相当大的过载，也能承受大的短路电流。

6）抗环境能力强：只要端部不进水，铜护套有良好的防水性能及抗腐蚀性能。机械强度高。

7）低的接地电阻：外铜管阻抗值低，在TN-C保安系统中，外皮可兼作保护中性线。

8）外径小：在同样额定电流及电压下，其直径比一般电缆要小。

2. 用途

它的适用范围很广，可在海上、陆地、室内外、地上和地下应用。特别在历史性建筑物、超高层建筑、宾馆、商厦、医院、人流密集的公共场所、易发生火灾的危险场所（如天然气厂、化工厂、炼油厂）得到广泛应用。它同时也可适用于环境温度高的场所，如发电厂、钢铁厂。对特殊环境，如核电站、卫生条件要求高的食品加工厂也得到应用。

这种电缆在上述场所下通常用于应急照明、应急备用电源、消防相关设备的信息数据传送和控制线路中。

1.9.2 电缆敷设及应用的有关参数

1）电缆最小弯曲半径应不小于6倍电缆外径。

2）电缆的绝缘电阻一般大于$10^{10}\Omega$。

3）额定电流按使用温度分为下列两类：

a）允许接触的电缆，IEC规定护套温度为70℃；

b）不允许接触的电缆，IEC规定护套温度为90℃。

以环境温度30℃计算出两种情况下的载流量，见表16-1-39。

1.9.3 氧化镁绝缘电缆用配件、附件及专用工具

1. 终端配件

1）小截面电缆终端配件使用黄铜封环。它具有内部自攻螺纹。封环的参考号数必须与电缆直径相一致。例如，GTT2×2.5电缆直径为8.7mm，则它的封环参考号数为G87/2。

2）较大截面电缆终端使用热收缩封端套管。

3）电缆束头用来连接电气设备之间的连接，它的不同直径也必须与电缆直径相匹配。

2. 电缆附件

1）连接器有线耳、T型中间端子、直通型端子、压夹式中间端子与其他电缆换接端子。

2）缩径套节，防松螺母。

3. 敷设电缆的专用工具

1）铜管——护套剥离器。

2）大、中型扳手，主要用来弯曲电缆和扳直电缆用。

1.9.4 电缆安装及注意事项

1. 电缆安装

电缆终端的安装部件之间的关系如图16-1-24所示。应注意电缆在安装前先用500V绝缘电阻表测试电缆的端头绝缘电阻，按要求应达到200MΩ以上才能进行部件安装，如小于此数据，应用汽油喷灯加热去潮。加热方向应从电缆端末的另一侧向电缆开口端缓慢移动，加热多次直到绝缘电阻值符合要求为止。通常情况下，在剥去铜护套后几分钟内将电缆进行密封，则无需对电缆进行除湿处理。

一般情况下，按工程安装长度量准后锯断电缆，然后用专用剥除工具剥去外铜管护套，用干燥绸布揩净铜芯导体上的白色氧化镁粉剂，逐一将相关部件按图16-1-24依次拧紧，一次操作完成。

2. 注意事项

当单芯电缆用于交流系统中，由于互感效应可导致电缆外铜管护套中出现环流与涡流。为了降低环流，可像电力电缆那样，采用一端接地另一端绝缘的办法，或一端接地另一端采用避雷器接地方法，也可按图16-1-25排列顺序使环流降到最低值。

表16-1-39 额定电压为1000V或600V MI电缆数据表

电缆芯数	电缆芯数×导线截面积/(数量×mm²)	标称电缆直径/mm		标称导线直径/mm	标称外护套横截面积/mm²	单根电缆标称长度/m	电缆重量/(kg/km)		IEC额定电流/A		束头
		裸铜BTT	聚氯乙烯外护层BTTV				裸铜	包PVC外护层	允许接触电缆/(70℃)	不允许接触电缆/(90℃)	
1	2	3	4	5	6	7	8	9	10	11	12
一芯	1×2.5	5.3	6.8	1.8	7.1	250	111	129	34	47	G
	1×4.0	5.9	7.4	2.3	8.5	250	147	171	44	62	G
	1×6.0	6.4	7.9	2.8	9.8	300	180	205	56	77	G
	1×10	7.3	9.0	3.6	11.9	250	240	276	375	105	G
	1×16	8.3	10.0	4.5	14.5	200	329	365	99	140	G
	1×25	9.6	11.3	5.6	18.8	130	460	501	130	180	G
	1×35	10.7	12.4	6.7	22.3	105	590	637	160	220	G
	1×50	12.1	13.6	8.0	27.4	85	732	834	200	275	J
	1×70	13.7	15.4	9.4	33.9	65	1034	1092	240	335	J
	1×95	15.4	17.7	11.0	40.6	50	1380	1419	290	405	J
	1×120	16.8	19.1	12.4	46.8	40	1624	1722	335	470	K
	1×150	18.4	20.7	13.8	54.7	38	1979	2085	385	540	K
	1×185	20.8	23.2	15.4	65.7	34	2992	3111	447	627	L
	1×240	23.1	26.1	17.5	79.3	28	3122	3246	527	739	L
	1×300	26.2	29.2	19.5	94.3	24	4239	4375	614	860	L
	1×400	30.6	33.6	22.6	121.4	20	5355	5507	746	1046	M
二芯	2×1.5	7.9	9.6	1.4	13.8	200	226	261	*24	*29	G
	2×2.5	8.7	10.4	1.8	16.0	180	278	317	*32	*39	G

（续）

电缆芯数	电缆芯数×导线截面积/（数量×mm²）	标称电缆直径/mm		标称导线直径/mm	标称外护套横截面积/mm²	单根电缆标称长度/m	电缆重量/（kg/km）		IEC 额定电流/A		束头
		裸铜 BTT	聚氯乙烯外护层 BTTV				裸铜	包 PVC 外护层	允许接触电缆/（70℃）	不允许接触电缆/（90℃）	
1	2	3	4	5	6	7	8	9	10	11	12
二芯	2×4.0	9.8	11.5	2.3	19.5	150	359	401	*41	*51	G
	2×6.0	10.9	12.6	2.8	23.0	120	451	458	*53	*65	G
	2×10.0	12.7	14.4	3.6	29.6	90	626	680	*71	*87	J
	2×16.0	14.7	16.4	4.5	37.8	60	1010	1064	*94	*115	J
	2×25.0	17.1	19.4	5.6	48.3	50	1108	1207	*124	—	K
三芯	3×1.5	8.3	10.0	1.4	15.0	180	256	292	20	24	G
	3×2.5	9.3	11.0	1.8	17.9	150	340	380	26	32	G
	3×4.0	10.4	12.1	2.3	21.3	120	420	465	34	42	G
	3×6.0	11.5	13.2	2.8	25.3	120	530	580	44	54	J
	3×10.0	13.6	15.3	3.6	33.3	70	760	818	59	73	J
	3×16.0	15.6	17.9	4.5	42.0	60	1044	1135	78	98	J
	3×25.0	18.2	20.5	5.6	53.7	44	1461	1566	105	—	K
四芯	4×1.5	9.1	10.8	1.4	17.3	130	307	346	20	25	G
	4×2.5	10.1	11.8	1.8	20.4	105	389	433	27	33	G
	4×4.0	11.4	13.1	2.3	25.1	100	511	560	35	44	J
	4×6.0	12.7	14.4	2.8	29.6	90	652	706	45	55	J
	4×10.0	14.8	16.5	3.6	33.1	70	921	984	61	75	J
	4×16.0	17.3	19.6	4.5	49.3	50	1267	1367	*70；81	—	K
	4×25.0	20.1	22.9	5.6	62.5	38	1792	1934	*93；110	—	L
七芯	7×1.5	10.8	12.5	1.4	22.8	120	435	480	*14	*17	J
	7×2.5	12.1	13.8	1.8	27.4	100	567	619	*19	*23	J

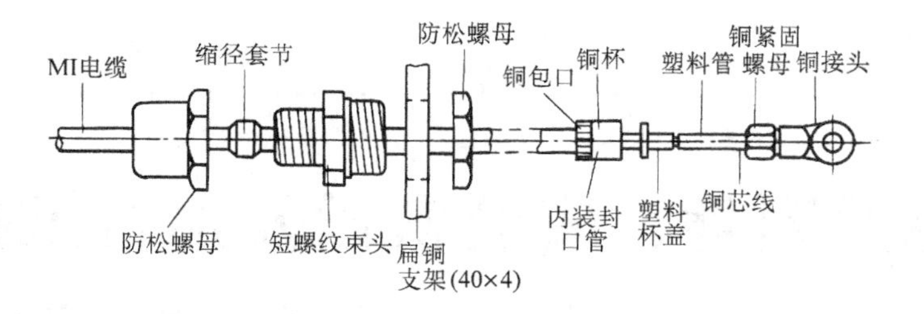

a)

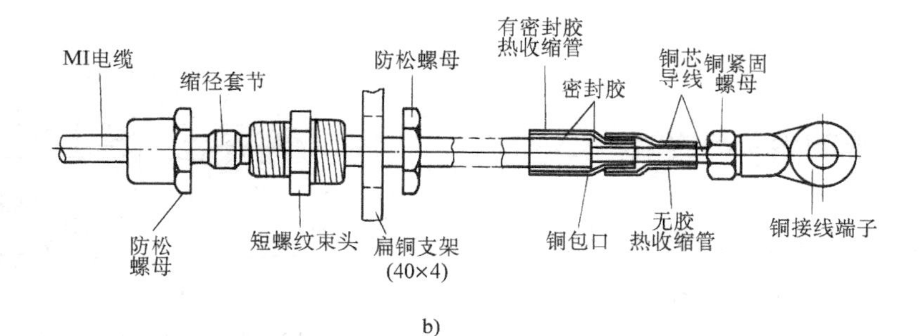

b)

图16-1-24 电缆终端安装示意图

a）BTT－1×16电缆终端安装部件示意图

b）BTT－1×95电缆终端安装部件示意图

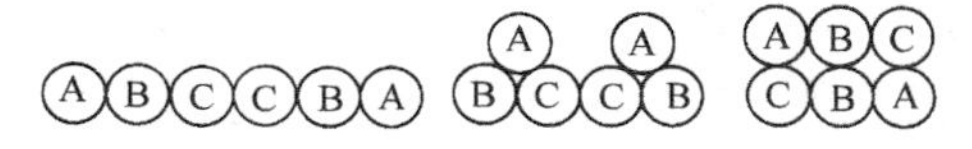

图16-1-25 电缆敷设排序三种方法

第2章

煤矿电缆附件、安装敷设及运行维护

2.1 煤矿电缆的接头与终端

2.1.1 电缆连接头与终端的主要型式

煤矿用电缆根据品种及应用场所的不同，采用各种不同型式的终端与接头。

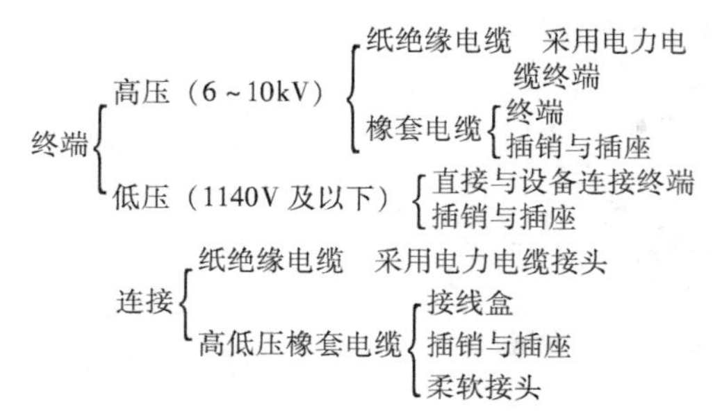

在煤矿中安装敷设的纸绝缘电缆一般为ZQD或ZLQD系列裸钢丝（带）铠装的不滴流浸渍纸绝缘电缆，其终端与接头一般与电力电缆所用相同，由于煤矿环境非常潮湿，终端绝缘应比供电的额定电压要求略要增强，有关终端材料、结构及制作工艺见本书第14篇2.2节。本节只涉及矿井内橡套电缆的终端及接头。

2.1.2 橡塑电缆的终端及接头

1. 与设备直接连接的终端

大多数煤矿低压电气设备与电缆采用直接连接，不必在电缆上加以增强绝缘，只要在电气设备上装有隔爆型电缆引入装置。引入装置内装有与电缆外径尺寸相配合的橡胶密封圈，形成隔爆面。外径小于30mm的电缆可采用压紧螺母式引入装置（见图16-2-1），外径大于30mm的电缆应采用压盘式引入装置（见图16-2-2）。电缆进入设备的引入装置后再分相与设备的有关接点相接。

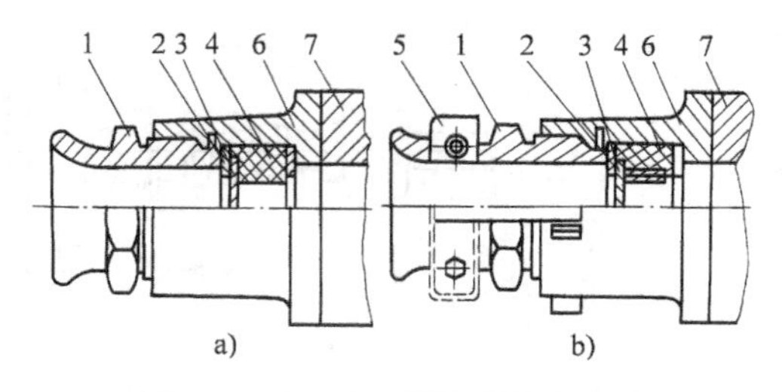

图16-2-1　压紧螺母式引入装置

a）适用于标称外径不大于20mm的电缆
b）适用于标称外径不大于30mm的电缆
1—压紧螺母　2—金属垫圈　3—金属垫片　4—密封圈　5—防止电缆拔脱及防松装置　6—联通节　7—接线盒

图16-2-2　压盘式引入装置

1—防止电缆拔脱装置　2—压盘　3—金属垫圈　4—金属垫片　5—封圈　6—联通节

2. 浇铸型终端

它可采用通用的电力电缆附件，见本书第14篇第2章。在煤矿中应用的6kV屏蔽监视型橡塑电缆的结构与一般橡塑电力电缆的结构不同，其终端的制作也有所不同。终端制作材料可采用国产BHG－200/6000V矿用增安型高压电缆接头材料，德国产品采用PROTOLQN成套材料。浇铸型终端结构如图16-2-3所示。

带屏蔽监视型的橡塑电缆的终端制作工艺如下：

1）切除适当长度的外护套，用绑线在切口根部将铠装的钢丝层绑牢，然后将钢丝编织松开，编

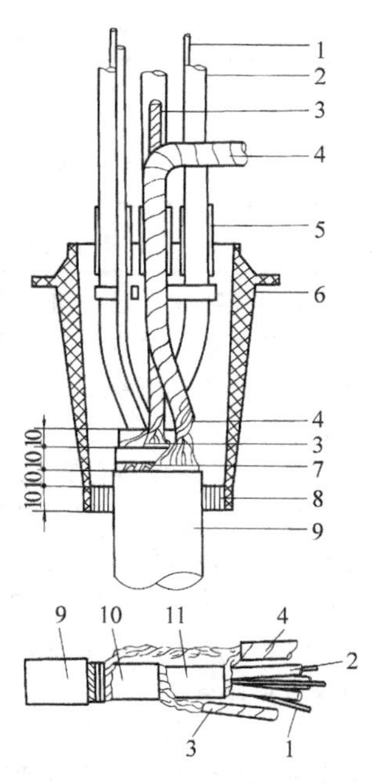

图 16-2-3　矿用 6000V 橡套电缆浇铸终端

1—控制芯　2—主电缆芯　3—监视芯　4—接地线　5—保护套管　6—隔板　7—绑扎线　8—密封圈　9—外护套　10—第二层内护套　11—第一层内护套

成辫圈。

2）在外护套切口上部 10mm 处剥除第二内护套层，对露出的同轴监视线芯作同样的处理。

3）在第二内护套层上部 10mm 处剥除第一内护套层，去除填料层，将三根分相动力绝缘线芯外面的裸铜线屏蔽松开，并与内铠装线编在一起后绕包绝缘带。

4）套上绝缘芯分隔板、保护套管和橡胶锥型套（俗称喇叭嘴）。

5）将电缆头竖直固定，封灌环氧树脂。

6）树脂固化后即可投入运行。

3. 插销和插座

插销和插座应是隔爆型的，按其用途分类有终端用和连接用两种。终端结构一般将电缆安装到插销上，而插座本身即为煤矿电器设备的一个组成部分。连接用结构一般是用一个双承插座或双头插杆，将两根装有插销或插座的电缆连接。

我国煤矿中，6000V 和 127V 插销插座的应用较为普遍。AGKB30－200/6000 矿用隔爆型高压电缆连接器，额定工作电流为 200A，与 UYPJ3.6/6.35mm² 电缆相配套。其外形及结构如图 16-2-4 所示，电缆安装的切剥尺寸如图 16-2-5 所示。这种连接器可将两根电缆对接。

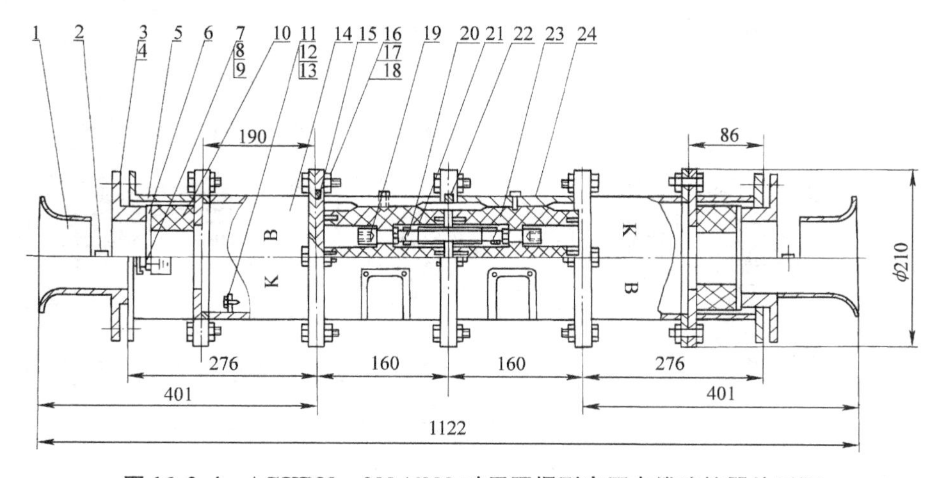

图 16-2-4　AGKB30－200/6000 矿用隔爆型高压电缆连接器外形图

1—出线口　2—压线板　3—螺栓　4、8、12、17—弹簧垫圈　5—压线腔壳体　6—堵板　7—外接地螺栓　9、13、18—螺母　10、15—密封垫圈　11—内接地螺栓　14—接线腔壳体　16—六角螺栓　19—接线座　20—弹簧圈　21—插杆　22—密封胶垫　23—绝缘件　24—壳体

矿用 127V 电缆插销与插座的品种比较繁多，由大连低压开关厂和徐州、开封、瓦房店和沈阳第一防爆电器厂统一设计的 BCD2－16 型 127V 隔爆型插销与插座，采用活接头螺纹连接，便于插拔。

BCD2－16 型插销与插座的性能见表 16-2-1。

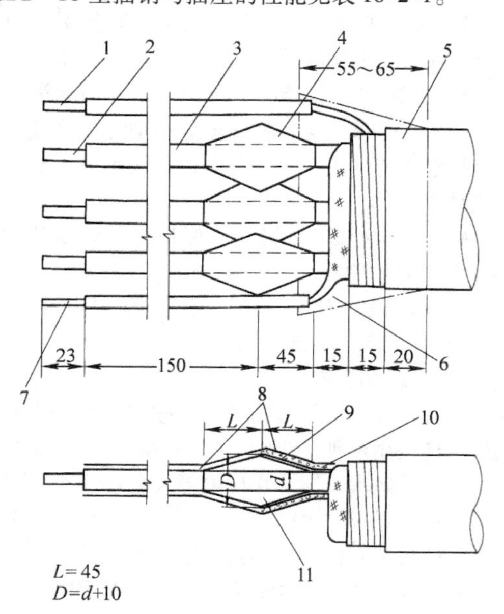

图 16-2-5 AGKB 型连接器安装前电缆剥切、包缠尺寸

1—监视屏蔽芯 2—主芯导体 3—主芯绝缘 4—应力锥 5—护套 6—冷浇铸环氧树脂 7—接地线导体 8—3～4 层自粘性橡胶带 9—半导电胶布带 10—14#～15# 熔丝 11—丁基自粘性橡胶带

表 16-2-1 BCD2-16 型插头性能表

额定电压	127V
额定电流	16A
短时耐受电流	100A
配套电缆线芯数及截面积	$3\times10mm^2+1\times6mm^2$
电缆最大外径	29.2mm

在我国一些大型煤矿中，已引进相当数量的英国矿用电气设备。英国矿用电气设备大都采用插销和插座与电缆配套，其电压等级有 6000V 和 1100V 两大类，现介绍几种。

1）6000V、300A 矿用隔爆型螺栓固定式电缆插销和插座：这类终端与接头可用于内钢丝铠装橡塑拖曳电缆与设备的连接或两根电缆的对接，其外形及结构如图 16-2-6 所示，接触杆的形状如图 16-2-7所示。插销外壳用铸锡青铜制成，连接后封灌沥青胶或绝缘树脂材料。

2）1100V、200A 矿用隔爆型插销和插座：这类产品用于采煤机电缆与设备的连接或两根电缆的对接。插销和插座的固定和分离有螺栓固定式和限约式两种。插销和插座具有三个主接触插拔件，一个控制芯接触插拔件和一个同轴的地芯插拔件。螺栓固定式插销和插座的结构外形如图 16-2-8 和图 16-2-9 所示，接头的外壳用铸锡青铜制成，腔内不需封灌，允许在采煤工作面上运行，安装和拆卸比较方便。

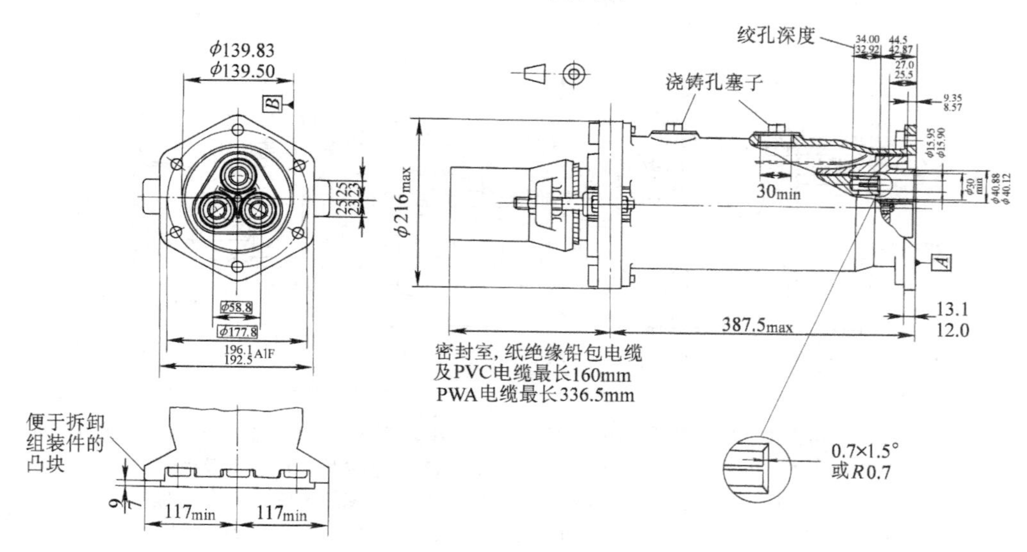

图 16-2-6 英国矿用 6000V、300A 电缆连接盒

插销与插座的设计可以不作硬性规定，但对产品的技术参数和接合尺寸，如插拔件的直径、几何分布位置以及螺栓接合位置等应作明确的规定，以保证不同厂商生产的插销和插座都能互换，方便

应用。

4. 接线盒连接

作为矿用电缆连接，接线盒在我国煤矿中应用最为广泛。按电压等级区分，可分成高压和低压接线盒两大类。

1）高压接线盒：它通常有 BHG－200/6000 增

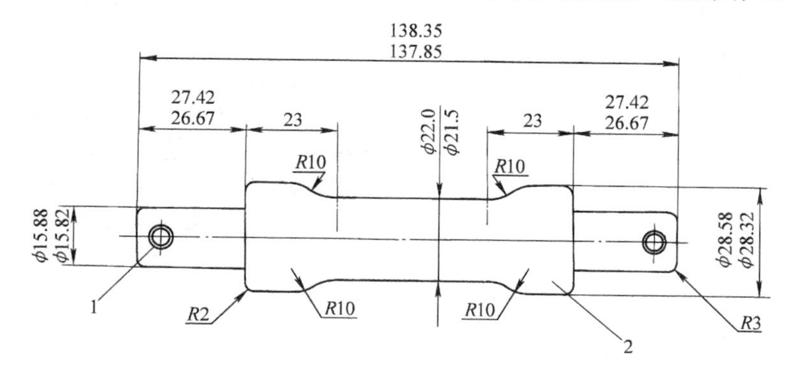

图 16-2-7　英国矿用 6000V、300A 电缆连接器的接触杆

1—ϕ4 两孔，两端 90°扩孔至 ϕ5

2—绝缘手柄，与接触杆牢固地接合在一起

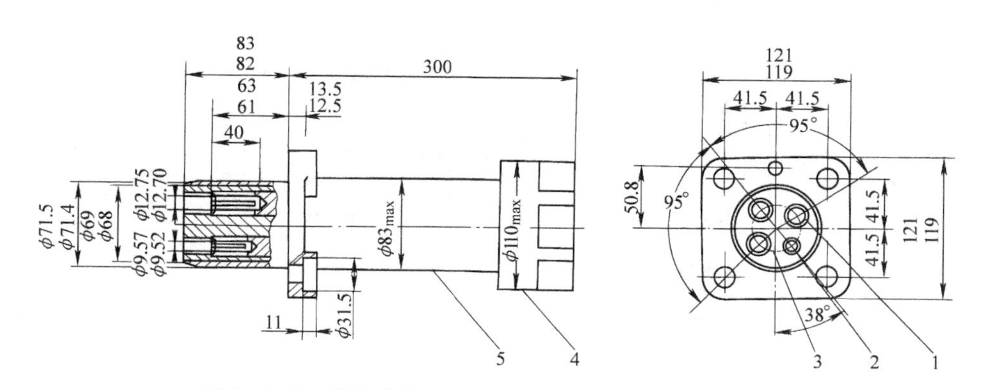

图 16-2-8　英国矿用 1100V、200A 螺栓固定式电缆插销

1—三个主芯线插管　2—一个控制芯线插管　3—接地屏蔽

4—密封螺母　5—插销外壳

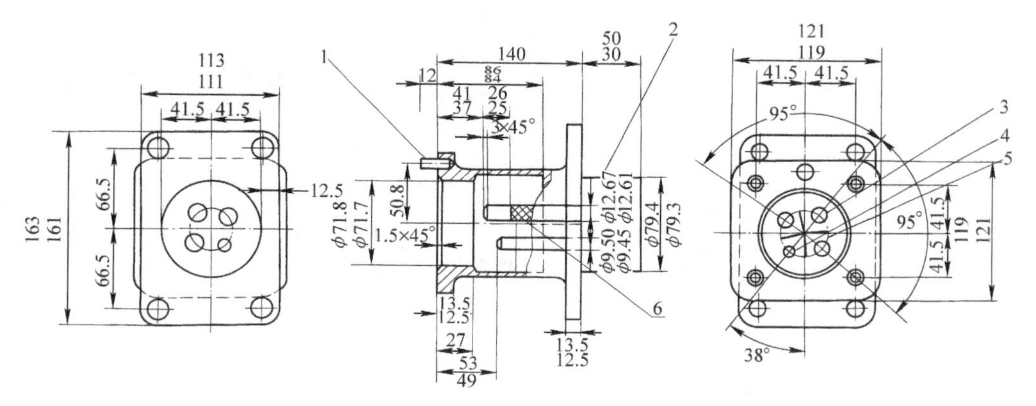

图 16-2-9　英国矿用 1100V、200A 螺栓固定式电缆插座

1—定位销　2—与所属设备的接合隔爆面　3—三个主芯线插杆

4—一个控制芯线插杆　5—接地屏蔽　6—绝缘

安型高压接线盒，可与 UYPJ 型矿用屏蔽监视型或德国 NHSSHYCY 型 $35mm^2$ 电缆配套，其性能见表 16-2-2。

表 16-2-2 BHG-200/6000 高压接线盒的性能

项　　目	主箱体	辅助箱体
额定电压/V	6000	127
额定电流/A	200	5
1min 工频耐压/kV	32	2.4
全波冲击耐压/kV	57	—
热稳定极限电流/kA（1s 有效值）	10	—
动稳定极限电流/kA（峰值）	25	—

BHG－200/6000 接线盒的结构如图 16-2-10 所示。接线盒外壳（6000V 主箱体和 127V 辅助箱体）用薄钢板卷制焊接而成，被连接的电缆事先已做好封灌型终端，将做好的终端放进电缆出线嘴半槽中，把另半个电缆出线嘴（铸钢喇叭嘴）合上并用螺栓拧紧固定，然后与箱体的中间盘用螺栓固定，达到密封。主箱内装有三个陶瓷的开口槽螺杆接线绝缘端子以连接电缆的主芯线，绝缘端子下面衬有橡胶垫加厚绝缘。辅助箱体内装有四柱接线绝缘端子板，以连接监视芯线和接地线。芯线的连接采用特制压紧螺母压紧。箱体与盖板结合面均加 U 形橡胶密封圈密封防尘。接线盒应悬挂在进风巷道的上部。这种接线盒在运行中比较安全。

2）低压接线盒：煤矿用 EDKB30 系列低压电缆接线盒的品种规格见表 16-2-3。

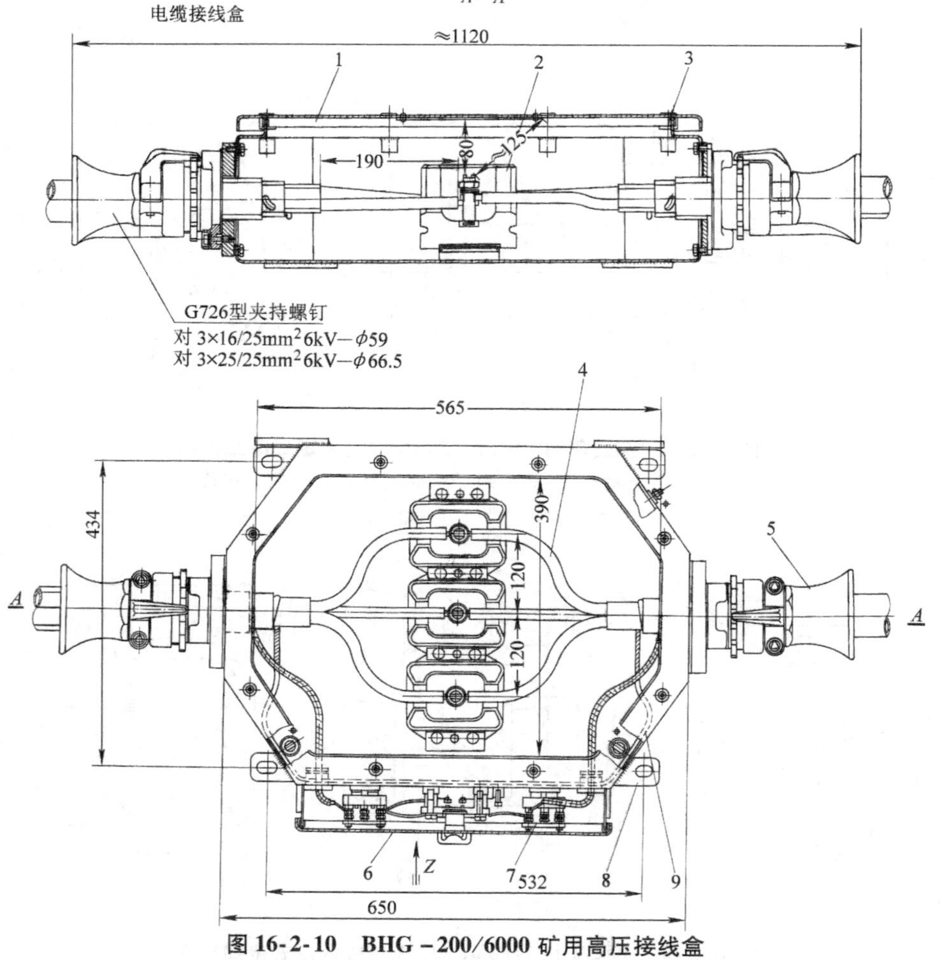

图 16-2-10 BHG－200/6000 矿用高压接线盒

1—主箱体点 2—主接线端子 3—主箱 U 形密封圈 4—主芯线 5—电缆出线嘴 6—辅助箱体 7—辅助接线端子板 8—接地线端子 9—接地芯线

表 16-2-3　EDKB30 系列低压电缆接线盒的规格

型号	支路数	额定电压 /V	额定电流 /A	连接电缆最大截面积 /mm²	外形尺寸 /mm	重量 /kg
EDKB30－40/3	3	660	40	16	316×275×102	2.5
EDKB30－100/3	3	660	100	35	390×321×117	20
EDKB30－100/4	4	660	100	35	386×280×143	20
EDKB30－200/2	2	1140	200	70	590×304×190	26
EDKB30－200/4	4	660	200	70	492×354×171	34
		1140	200	70	596×444×213	44
EDKB30－300/2	2	1140	300	95	638×304×215	31

EDKB30 系列接线盒除 EDKB30－40/3 型可采用增强塑料外壳外，其余皆为 HT250－47 铸铁外壳。660V 接线盒内具有四个接线柱的绝缘端子板，用以连接 UY 型电缆。1140V 接线盒内的绝缘端子板上有三个主接线柱和五个辅助接线柱，用以连接 UCP 型采煤机屏蔽橡套电缆。

EDKB30－200/4 1140V 接线盒的结构及外形如图 16-2-11 所示，由外壳 3、盖 2 和电缆出线口（喇叭口）1 构成一个完整的防爆壳体；壳内装有绝缘瓷座 4，绝缘瓷座上有供连接和分支的接线压板 5、内接地连接螺柱 6；外壳上装有外接地螺栓 7；电缆在喇叭口上用压板 8 压紧，引入装置内装有电缆密封圈 9；不用的支路用堵板 10 封死。

电缆的接线部分外露的裸导体应尽量短，保证电气间隙和爬电距离符合防爆规程的要求。这种接线盒不允许在采煤工作面上敷设。

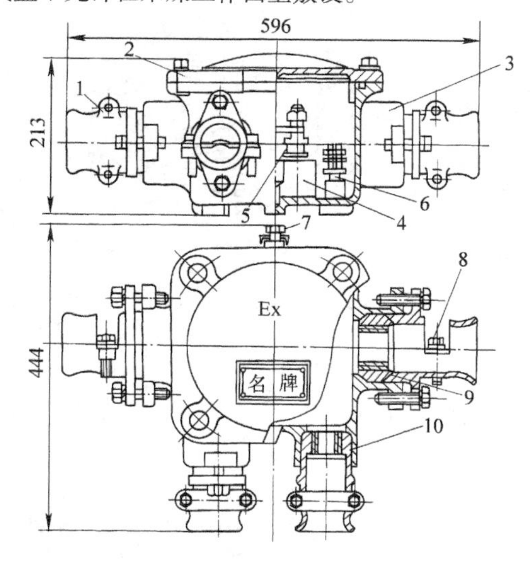

图 16-2-11　EDKB30－200/4 电缆接线盒

1—电缆出线口　2—盖　3—外壳　4—绝缘瓷座　5—接线压板　6—内接地螺柱　7—外接地螺柱　8—压板　9—电缆密封圈　10—堵板

矿用 127V 接线盒一般采用铸铝或增强塑料外壳，主要应用在矿井照明和控制线路上。接线盒具有三通、四通、六通等多种式样，其主要结构原理均与 EDKB30 系列接线盒相似。

5. 柔软接头

电缆插销与插座和接线盒在煤矿中均需固定敷设，接线盒不允许在采煤工作面上敷设，因此在煤矿中的应用受到一定的限制。为了使橡套电缆的连接头便于移动和拖曳，并进入采煤工作面，近年来煤矿趋向于采用柔软性的接头。

电缆的柔软接头系用压接套将电缆的线芯导体用压钳连接后，采用硫化热补绕包绝缘带或收缩绝缘套管作增强绝缘层，再采用金属编织带或半导电带绕包屏蔽，最后用硫化热补或冷补材料以及矿用收缩套管作护套修复处理。柔软接头便于弯曲，特别适用于采煤机电缆的连接。

有关橡套电缆柔软性连接的制作工艺可参见本章 2.5 节。

2.2　煤矿电缆的安装敷设

2.2.1　概述

煤矿电缆敷设分为地面和井下两大类。地面敷设分为直接埋地、电缆沟、隧道、沿墙、架空、穿管等敷设方法，与工业设备用电缆及电力电缆敷设方法基本相同，因此本节主要介绍煤矿井下电缆的敷设方法。煤矿井下分为平巷或 45°以下井巷、立井或 45°以上井巷及钻孔等敷设方法。为了加强矿用电缆的安装、运行、维护和管理工作，减少电缆事故的发生，保证供电安全，根据《煤矿安全规程》，井下电缆应符合如下规定。

电缆的实际敷设地点的水平差应符合电缆规定的允许敷设水平差的要求；电缆应带有供保护接地用的足够截面积的导体作为接地线；井下严禁采用

铝包电缆。

在立井井筒或倾角45°以上的井巷内，大多数选用钢丝铠装不滴流浸渍纸绝缘铅包电缆，钢丝铠装交联聚乙烯或钢丝铠装聚氯乙烯绝缘电缆。

水平巷道或倾角45°以下的井巷内，一般采用钢带铠装不滴流或粘性油浸渍纸绝缘铅包电缆、钢带铠装聚氯乙烯绝缘电缆。

移动变电站采用监视型屏蔽橡套软电缆。

低压固定敷设采用铠装粘性浸渍纸或不滴流浸渍纸绝缘铅包电缆或铠装聚氯乙烯绝缘电缆；移动式和手持式电气设备都应使用专用的阻燃橡胶电缆。固定敷设的照明、通信、信号和控制用的电缆应采用铠装电缆、阻燃的橡胶电缆或矿用塑料电缆。非固定敷设应采用阻燃橡胶电缆。

1140V设备使用的电缆必须用分相屏蔽的橡胶绝缘屏蔽电缆；采掘工作面中660V或380V设备，应使用分相屏蔽的橡胶绝缘屏蔽电缆。

煤矿井下供电系统中，由于防爆电气设备（电机、馈电开关、电磁起动器等）都具有坚强的外壳及可靠的电气保护，而且电气设备在井下巷道中只占一小部分，电缆敷设较长，数量多，一般都有几十千米，电缆容易受砸、压、刮等损伤，在电气事故中电缆故障占40%～50%，而井下电缆的工作条件又极端恶劣，有煤尘、瓦斯、水等损害，因此制订煤矿井下电缆安装、敷设规程及维护管理条例，对提高电缆的安全运行具有重大的意义。

2.2.2 井下电缆的装卸及运输

1. 井下电缆的装卸

在煤矿井下向车上装卸电缆，一般情况下，都是由人将电缆盘成“8”字形装在矿车或架子车上。如果向车上装卸整盘电缆时，最好在巷道空间设置三脚架，在其上面挂上手动葫芦来进行。如果没有三脚架，可将搁板斜搭在车上，电缆盘沿搁板滚动，滚动的方向要符合电缆盘侧板上箭头所示方向，用慢速绞车（俗称稳车）或绞磨通过临时轴拉住电缆盘，慢慢滚动装车或卸车。卸车时，如果不用留绳而让电缆盘直接沿搁板滚下是不允许的。对于重量轻的电缆盘，也可用人拉住留绳沿搁板滚下。电缆盘必须直立（即轴与地平行），不准平放。

2. 用矿车或架子车运送电缆

井下运送电缆最普通的方法是使用矿车或架子车。当电缆很长时，可用两个架子车，但中间电缆不能受力。用矿车或架子车时，要注意盘放电缆的方法，通常是将电缆盘成“8”字形放在车上。“8”字形盘线方法分为单“8”字、双“8”字、三“8”字三种，如图16-2-12所示。

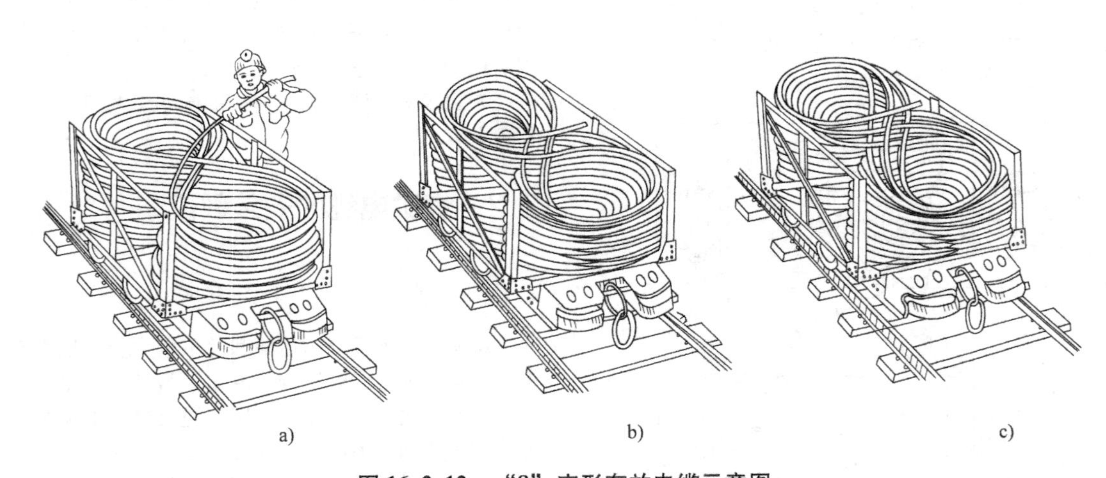

图16-2-12 “8”字形存放电缆示意图

a）单“8”字形盘放 b）双“8”字形盘放 c）三“8”字形盘放

电缆在车上盘放时的弯曲半径不能小于其允许最小弯曲半径，电缆在车上的外围尺寸要保证在运输中不触碰电机车架线，在与机车连接或错车时不碰伤电缆，在巷道中车速要慢行。

2.2.3 在平巷及45°以下巷道中敷设电缆

在平巷及45°以下斜巷中敷设电缆时，较方便的方法是将电缆整盘架到矿车或架子车上，一面推矿车或斜巷下放矿车，后面的人把电缆挂到预先安装的电缆钩上。电缆线路的所有元件（电缆、接线盘及终端）都不应受很大拉力，采用木耳子或帆布带悬挂电缆，如图16-2-13所示，这样，当有落石时，仅把木耳子或帆布砸落，不致砸坏电缆。

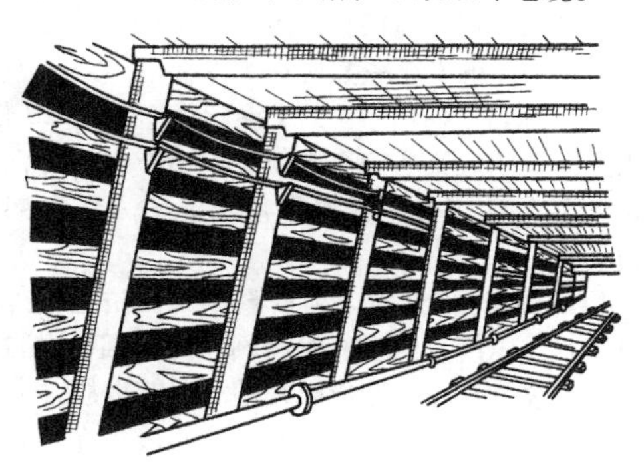

图16-2-13　木支架巷道中电缆悬挂情况

对于长距离线路，要通过矿车或架子车将电缆先盘成“8”字形，运至现场放开敷设。若一个矿车装不下，可将电缆分装在两个矿车上或架子车上，但中间部分不能受力。

采用矿车敷设电缆应使绞车起动平稳、慢行、信号联络准确。如果不能靠矿车运行带动电缆，由人将电缆放开，然后车再慢行。排“8”字形的电缆弯曲半径要大于电缆最小弯曲半径。

在没有轨道的巷道中，只能用人力敷设电缆，人肩扛电缆，边放边走，直至放完。为安全起见，每个人负担的重量一般不超过35～40kg。电缆悬挂点之间的距离不得超过3m。电缆悬挂应有适当弛度，并在承受意外重力时能自由坠落，并应不致落在轨道或运输机上。其悬挂高度应使电缆在矿车脱离轨道时不致受撞击。

如果电缆较长，人力不足，可分段先把电缆放出一部分，盘在中间一个地方，再把剩余量放开，并挂在钩上，然后将存放的电缆向前放开，直至预定位置。放时可边放边将电缆挂在钩上。

在井下平巷或倾斜巷道中，最好在人行道的巷道中敷设电缆，并把电缆悬挂在人行道的另一侧，以免与人接触造成触电危险。如果在运输巷道中敷设电缆，应尽可能在远离轨道的一侧。这样既方便维修和处理事故，又能防止矿车脱轨时碰撞电缆。电缆敷设如图16-2-14～图16-2-17所示。

图16-2-14　在通车巷道中悬挂电缆

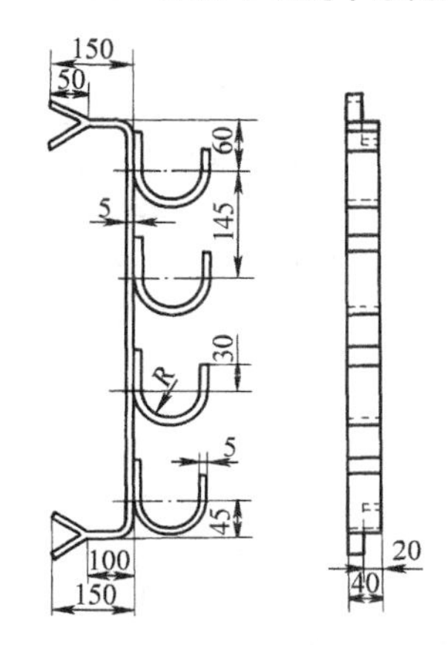

图16-2-15　悬挂多根电缆的多层电缆钩

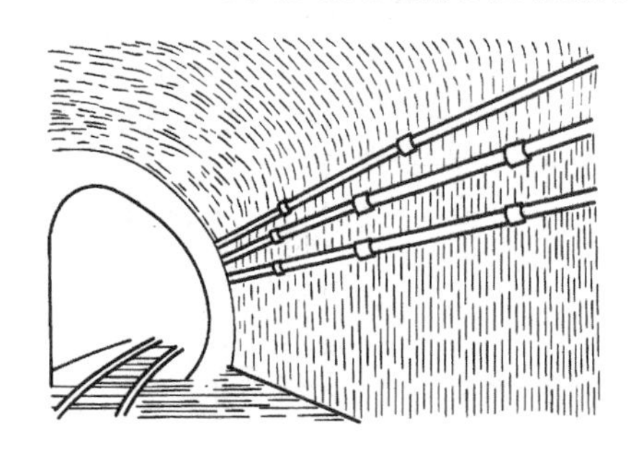

图16-2-16　砌NFEB1巷道中电缆悬挂情况

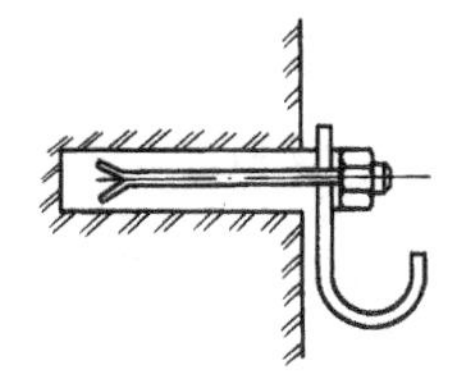

图16-2-17　在砌NFEB1巷道中固定电缆钩子的方法

2.2.4 在立井或在45°以上倾斜巷中敷设电缆

在立井井筒中敷设电缆时，主要根据电缆在井筒中布置、提升能力、电缆长度、重量及施工条件等来确定其敷设方法，一般有以下三种。

1. 采用慢速绞车（俗称稳车）敷设电缆

在距井口20~30m处设一台慢速绞车，在同一方向距井口5~20m处架设电缆盘，电缆和缠在绞车上的钢丝绳同时入井，每隔4~6m左右用一副临时卡子将电缆卡在钢丝绳上，或者用直径8~10mm的麻绳绑扎在钢丝绳上。如果用麻绳绑扎时，每隔50m左右应增加一副临时卡子，其情况如图16-2-18所示。

当电缆下放到管子道或平巷引出口时，将电缆和钢丝绳反方向破开劲，再继续下放，电缆进入管子道或平巷后，一面解开临时卡子或麻绳，一面将电缆拉到预定位置。然后，在井筒内按顺序，每解开一副临时卡子或麻绳，换上一副永久卡子，将电缆卡到永久支架上，一直到换完为止。

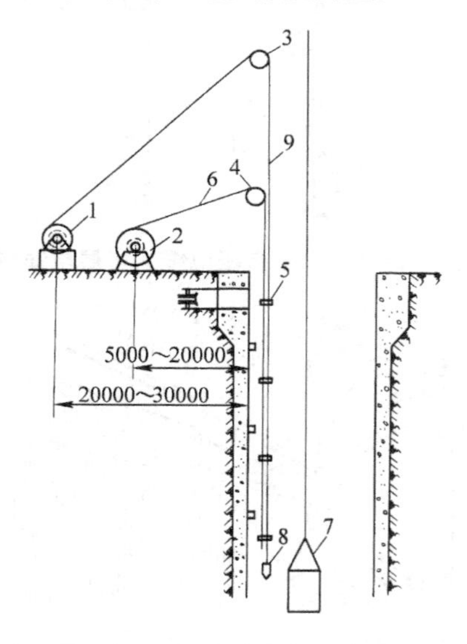

图16-2-18 用慢速绞车敷设电缆示意图

1—慢速绞车 2—电缆盘 3—天轮
4—电缆导轮 5—卡子 6—电缆
7—罐笼 8—引向重锤 9—钢丝绳

具体施工时应注意如下事项：

1）应根据所敷设电缆、电缆卡子、钢丝绳重量来计算出稳车与钢丝绳承担的静张力，并结合所需缠电缆量来选择绞车的型号规格。要求稳车的制动装置可靠，除了有常用闸外，还应有一个紧急制动闸（或插爪）。稳车的安装地点，要考虑出绳顺利、操作联络方便和安装基础稳固。地锚必须牢靠，并拉紧稳车。

2）钢丝绳最好采用直径20mm以上的不旋转钢丝绳，若无此种钢丝绳，则可用几段钢丝绳交叉连接的办法。钢丝绳接头一定要接牢固，并能过导向轮，钢丝绳的安全系数应在5以上。

3）导向轮直径应不小于钢丝绳直径的20倍。所用绳套及固定梁的安全系数应不小于10。导向轮的转动要灵活可靠，最好采用滚动轴承，以减少阻力。

4）电缆盘及支架必须安放牢固，防止意外拖倒电缆盘。电缆盘应设有制动闸，防止因电缆自重而带动电缆盘转动，造成电缆堕入井筒事故。

5）导向滚筒直径应大于电缆的最小允许弯曲半径的两倍。可以用木制的。

6）电缆在井筒中的永久支架与卡具如图16-2-19及图16-2-20所示。敷设电缆之前，必须把永久支架固定在井壁上，并且在横过井壁部分也要事先把支架固定好，安装角度应随其电缆路线变化。

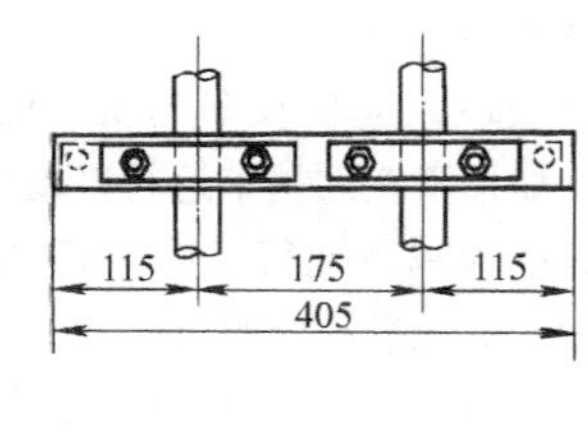

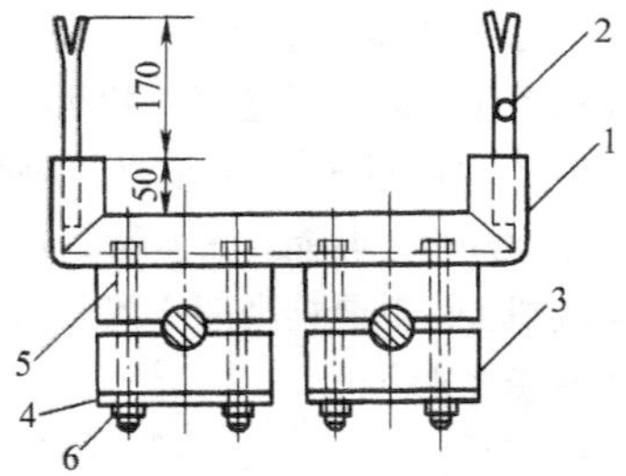

图16-2-19 电缆的卡子与支架

1—电缆支架角钢（60mm×60mm×8mm）
2—支架腿（圆钢ϕ24~ϕ26mm）
3—木卡子 4—卡子压板 5—螺栓 6—螺母

7）为减少电缆下放障碍，在钢线绳前端系锥型重锤作导向器，并应首先将钢丝绳下放到井底一次，对钢丝绳破劲。

8）电缆刚入井时，要用麻绳牵住电缆，将电缆绑扎或卡在钢丝绳上以后，再解开麻绳。

9）用麻绳绑扎电缆的方法如图16-2-21所示。

在无滴水井筒中，麻绳绑完之后，要用水浸湿，以增强麻绳的紧固力。如果钢丝绳上有油，应先在绑扎处除油，再绑扎麻绳，防止串动。

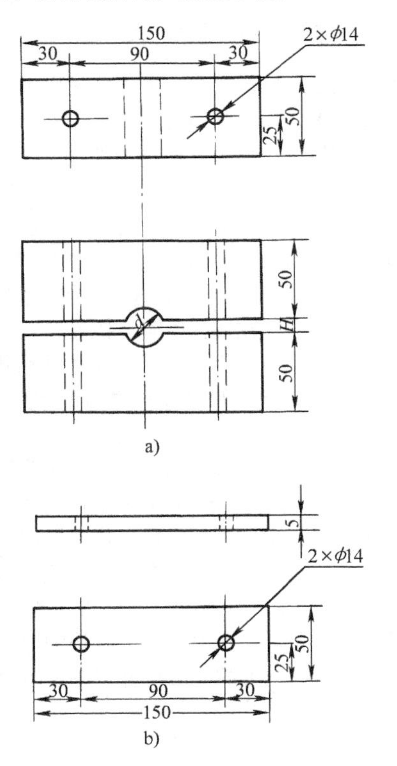

图 16-2-20 电缆的木卡子（硬杂木）与压板

a）木卡子 b）压板

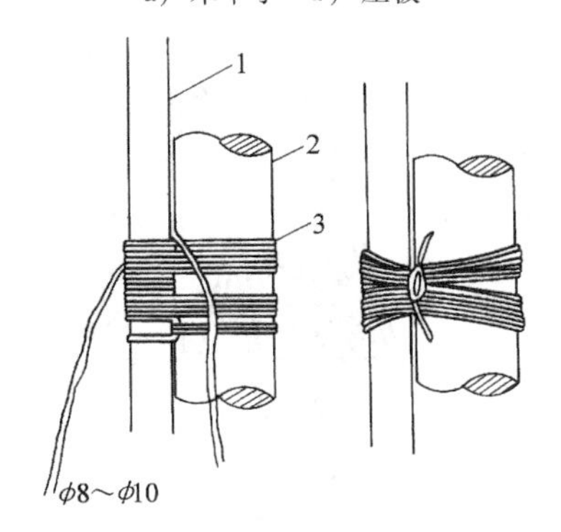

图 16-2-21 麻绳绑扎电缆方法

1—钢丝绳 2—电缆 3—麻绳

10）钢丝绳和电缆下放时，应有人乘提升容器监视电缆下放情况，发现有卡住或电缆打弯等现象时，应立即停放，及时处理。

在检查或处理时，必须将悬吊钢丝绳的稳车处于保险制动状态。

11）如果电缆在施工中没有下放到井底，而需要中间停工时，必须用卡子与绳套将钢丝绳牢固地卡在井口钢梁上，并将稳车停电制动，以防电缆与钢丝绳坠入井筒，造成事故。同时还要检查悬吊在井筒中的电缆及钢丝绳与提升容器的最小距离是否合乎规程要求。

2. 利用罐笼敷设电缆

当电缆的截面和重量都不太大，并能将电缆盘放入罐笼内，而且电缆与罐笼布置在同一间隔内或在钢丝绳罐道的井筒内时，均可用罐笼敷设。

用罐笼敷设电缆的方法如图 16-2-22 所示。根据电缆的重量，先用型钢在罐笼下面焊制一托架，电缆盘架在托架上，在托架的底部做一工作台，人站在工作台上转动电缆盘，放开电缆。

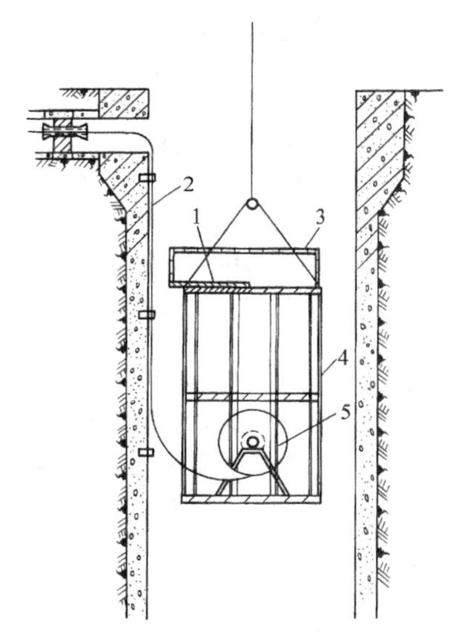

图 16-2-22 用罐笼敷设电缆

1—工作台 2—电缆 3—围栏
4—罐笼 5—电缆盘

在罐笼上面安一临时工作台，人站在工作台上用卡子将电缆卡到永久支架上。电缆卡好后，罐笼继续下放，依次一直进行到预定处。然后把应敷设在巷中的一段电缆引至接线位置。

对这种施工方法的要求是，吊架制作及固定要牢固可靠，上下工作台在布置和安装上要便于工作，四周设围栏，确保安全。

同时应制订作业人员施工中中途升井或下井的措施。

施工时要特别注意罐笼下放速度和电缆的放送速度必须适应，停车必须及时。

3. 用吊盘敷设电缆

用吊盘敷设电缆的方法如图 16-2-23 所示。

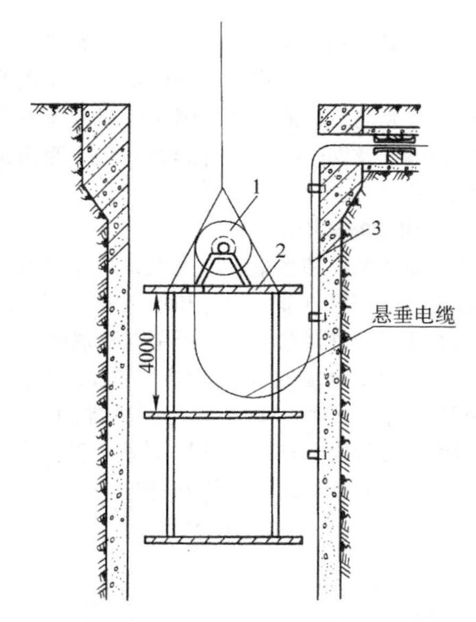

图 16-2-23　用吊盘敷设电缆

1—电缆盘　2—吊盘　3—电缆

电缆盘应架在吊盘的上层盘上。为了敷设电缆方便，防止过度弯曲损伤电缆，电缆在两层盘间应时常保持一个自由悬垂段，即将电缆通过上层盘孔引向下层盘，然后再通过吊盘预留口返至上层盘，施工人员在上层盘作业。电缆引出井口足够长度后，电缆盘即可随吊盘下放，然后自上而下将电缆卡在支架上，直至井底电缆引出口。至此，便可把电缆盘上剩余的电缆倒下，引至接线位置。

采用这种施工方法敷设电缆时，应注意以下几点。

1）吊盘承载荷重，因此钢丝绳、提升能力应满足安全要求。

2）电缆盘架设在吊盘上位置，要考虑吊盘重量平衡，不能偏重，否则吊盘将会倾斜。下层应有人监视电缆，防止电缆打弯、刮、卡等情况。

3）在做准备工作时，井盖、保护盘、提升口的结构尺寸要考虑电缆盘外形尺寸，防止电缆下不去。

4）在下层盘应有人监视电缆，防止电缆打弯受碰及卡住等。

5）升降吊盘时，应设专人监护，防止挤伤电缆。

在倾角为45°及以上的斜井中敷设电缆，与在立井中一样，但支架间距离不应超过3m。

立井井筒中所用的电缆，通常中间不得有接头。如果因井筒太深需设接头时，应将接头设在中间水平巷道内，以便检修维护。

运行中因故需要增设接头而又无中间水平巷道可利用时，可在井筒中设置接线盒，但应妥善放置在托架上，不应使接头受力。

2.2.5　钻孔中电缆的敷设

在向边远地区供电时，为了缩短电缆的长度和减少电压损失，可采用钻孔由地面向井下供电。钻孔应选择在供电距离短、地质条件好、经济上比较合适的安全地带。

敷设前对敷设的电缆进行检查、试验，长度应符合要求；对钻孔内的钢管进行防腐处理，卡具要镀锌；选用的钢丝绳、卡具应与敷设的电缆相配套。在敷设时首先在钻孔中敷设钢管，在钻孔位置上安装吊架，利用吊架将钢管吊起送进钻孔，管接头应在钻口处焊接或螺口连接之后继续下放钢管，依次到底。再用钢丝绳带重物通过钢管至孔底，以检查管子是否畅通。确认畅通后敷设电缆，如图16-2-24所示。根据钻孔深度确定钢丝绳长度，将钢丝绳缠绕在绞车上开始敷设。将电缆用卡子固定在钢丝绳上，边慢慢下放电缆，边逐段加卡子，卡子的间隔距离约为4～6m，直至将电缆下放到井底，并将电缆拉至接线地点。然后将钢丝绳吊挂在吊架上。最后将电缆的上端做好终端，敷设到电杆上与架空线路相连接。

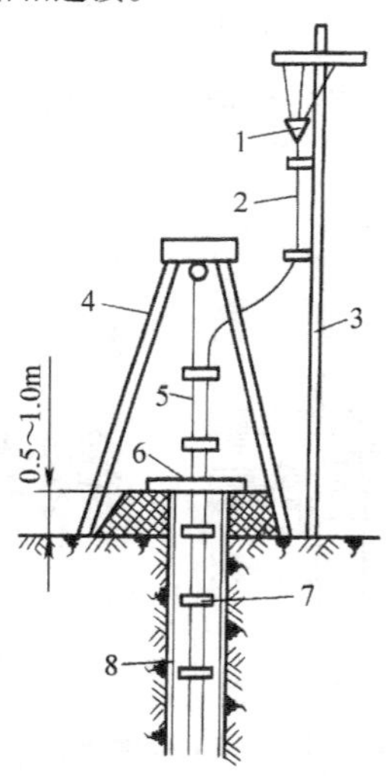

图 16-2-24　用钻孔向井下敷设电缆的方法

1—电缆终端接线　2—电缆　3—电杆　4—吊架　5—钢丝绳　6—金属盖　7—卡子　8—钢管

钻孔地面钢管段应高出地面0.5～1.0m，并将钢管周围用混凝土堆实，用金属板封严钻孔钢管，以防外物及雨水侵入。

在稳定坚固的岩石中钻孔，也可以不用钢管，直接将电缆敷设在钻孔中。

对在较浅的钻孔或使用周期较短的电缆，可以用防腐镀锌铁丝将电缆固定在钢丝绳上，放入钻孔中。此法不用卡子，所占的断面小，因此管径与钻孔直径也都相应较小，敷设时操作简单。

2.2.6 峒室内电缆的敷设

在峒室内敷设电缆一般有墙上挂钩、电缆沟、沿峒室顶部及设备附近穿管敷设等方法。电缆挂钩安装要牢固，电缆排列要整齐。两根电缆上下间不得小于35mm。高、低压电力电缆敷设之间的距离要大于100mm。高、低压电缆在同一挂钩上时，高压在上，低压在下。动力电缆与控制电缆之间的距离应不小于150mm。控制电缆在动力电缆的下面。

电缆沟敷设电缆要求沟内清洁干净，易排水。电力电缆间水平净距不小于35mm，1kV以上的电力电缆与控制电缆间的净距不应小于100mm。电缆沟盖板应与地面相平。

峒室顶部敷设时，要有电缆挂钩或卡子固定电缆，防止电缆脱落。

电缆进入峒室时，必须有过墙管，如图16-2-25所示，以保护电缆，同时管口两端要用黄泥封严。峒室中的铠装电缆应将麻被层剥去；并在铠装表面涂以防锈漆或沥青。

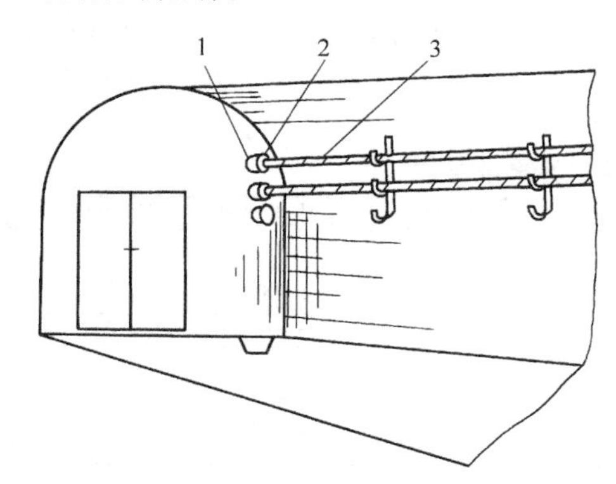

图16-2-25 在峒室内过墙穿管敷设电缆

1—穿管 2—黄泥 3—电缆

2.2.7 暗井中电缆的敷设

1）在深度或斜长不超过50m的暗井中敷设电缆可采用图16-2-26所示的方法。将钢丝绳穿过滑轮，然后用卡子或绳扣将电缆固定在钢丝绳上。用人力或绞车拉住钢丝绳慢慢下放电缆，并逐个用卡子固定好。用人力施工时，要将绳的末端绕在一个可靠的支柱上，由专人拉住缓慢放松。钢绳的强度、拉力和直径应根据所承受的电缆重量考虑，一般按5倍以上的安全系数选择。

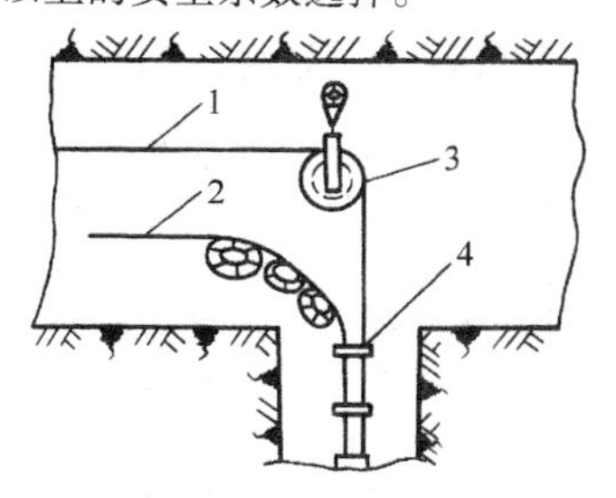

图16-2-26 深度不超过50m的暗井中敷设

1—钢丝绳 2—电缆 3—滑轮 4—电缆卡子

2）暗井深度超过50m时，要选用慢速绞车来带动钢丝绳，将电缆卡在钢丝绳上慢慢下放。方法和要求可参照立井井筒电缆敷设。

在暗井中敷设电缆，每隔4～6m，固定一副卡子。用钢丝绳和卡子将电缆悬挂在暗井中。

如果暗井兼做人行道，应将电缆悬挂在人行道的另一侧，以防行人抓扶电缆。

2.2.8 采掘工作面电缆的敷设

采掘区电缆线路的安装必须符合有关细则的规定。电缆的吊挂要整齐，吊挂点的间距不大于3m，两根电缆的上下间距不得小于50mm。多余电缆必须吊挂，不准盘成圈或盘成“8”字形供电。采用木钩子、木耳子或帆布带（可用废旧带）进行吊挂电缆，严禁用铁丝吊挂。

综采移动变电站电缆、高档普采和普采的采煤机电缆，允许在电缆车和电缆架上盘放电缆送电。移动变电站电缆多出规定长度后必须拆除。电缆随采煤机移动时，为保证安全，应设人看管电缆，防止砸、挤和刮坏电缆。综采移动变电站的高压电缆，其中间采用防爆高压电缆连接器或高压接线盒连接，每个接线盒处应设局部接地极，高档普采、普采和掘进用橡套电缆、中间接头必须使用防爆接线盒连接。

掘进工作面橡套电缆严禁与风筒挂在一起，同时应安装风电闭锁装置，保证供电的安全。

电缆与防爆电器连接时，接线嘴密封圈内径应不大于电缆外径1mm，外径与进线装置内径应不大于2mm，宽度不小于电缆外径的0.7倍，厚度不小于外径的0.3倍，电缆与密封圈之间不准包扎其他物件。接线嘴的压线板要压紧电缆。接线要整齐，电缆芯线的长度要适宜。

2.3 煤矿电缆的运行和维护

2.3.1 电缆运行中温度标准和测量方法

电缆绝缘只有在规定允许温度下运行才能不丧失其绝缘性能，保证其使用寿命，但是电缆在运行条件下测量导体温度往往是困难的，因此在实际使用过程中只能根据电缆表面温度作依据，用来判断导体的温度值。各类电缆导体最高允许温度以及相应电缆表面温度见表16-2-4。

表16-2-4 各类电缆线芯允许最高温度表

电缆种类	油浸纸绝缘铅包电力电缆			橡套电缆
额定电压/kV	1~3	6	10	≤3
导体最高允许温度/℃	80	65	60	65
电缆表皮参考最高温度/℃	50~55	35~40	35	50~55
电缆导体与表皮间温度差/℃	25~30	25~30	30	10~15

在井下测量电缆表面温度时，应选择温度最高的峒室或巷道内敷设的电缆为测量点。当采用普通温度计或热敏半导体点温计进行测量时，应将温度计直接贴在电缆外皮上（铠装电缆应剥掉其麻被层），并将端部缠紧。测量时间：普通温度计为5~10min；热敏半导体点温计为1min。在井下巷道内用普通温度计进行测量时，应防止风流直接吹温度计表面而引起读数误差，为此在测量点的进风方向应加局部挡风遮栏。一般应每月进行一次电缆表面温度测量。

橡套电缆的硫化热补接头处温度及电缆接线盒的表面温度分别不得超过电缆表面平均温度的3%和2%。一般采用测出靠近电缆接线盒两端的电缆铠装表面温度，选两者中较高者作为电缆接线盒的温度。

2.3.2 电缆运行中的绝缘电阻要求和测量方法

1. 绝缘电阻要求

新安装电缆及更换接头之后的电缆应进行绝缘电阻测定，运行中电缆每季应进行一次绝缘电阻测试。将测得电缆的绝缘电阻换算到长度为1km、20℃时的绝缘电阻值，各类电缆的要求见表16-2-5。

电缆在t℃温度下实测电阻值可按下式换算到20℃绝缘电阻值。

$$R_{20}=K_tR_t \tag{16-2-1}$$

式中 R_{20}——20℃时的绝缘电阻值（MΩ）；

R_t——导体温度为t℃时测得的绝缘电阻值（MΩ）；

K_t——温度换算系数，可查表16-2-6。

2. 绝缘电阻测定方法

采用绝缘电阻表测定绝缘电阻。各种电缆所用绝缘电阻表电压等级见表16-2-7。

在有瓦斯及煤尘爆炸危险的矿井中进行测量时，应采用本质安全型绝缘电阻表。普通型携带式电气测量仪表，只准在沼气浓度为1%以下地点使用。

表16-2-5 各类电缆及接头绝缘电阻要求

电缆品种		20℃时，1km长电缆的绝缘电阻/MΩ
粘性浸渍油浸渍及不滴流电力电缆	1~3kV	≥50
	6kV	≥100
滴干油浸纸电力电缆	1~3kV	≥100
聚氯乙烯绝缘聚氯乙烯护套电力电缆	1kV	≥40
	3kV	≥50
	6kV	≥60
交联聚乙烯绝缘聚氯乙烯护套电缆	6kV 16~35mm²	≥1000
	6kV 50~95mm²	≥750
	6kV 120~240mm²	≥500
	10kV 16~35mm²	≥2000
	10kV 50~95mm²	≥1500
	10kV 120~240mm²	≥1000
高压橡皮电缆	6kV	≥50
低压橡皮电缆	1140V	≥2
接线盒、插销和插座	新安装	≥1
	运行中	≥0.5

表16-2-6　电缆绝缘电阻换算系数

导体温度/℃	0	5	10	15	20	25	30	35	40
K_t	0.48	0.57	0.70	0.85	1.00	1.13	1.41	1.66	1.92

表16-2-7　绝缘电阻测定用绝缘电阻表电压等级

电缆品种		所用绝缘电阻表电压等级/kV	说明
粘性及不滴流油浸纸电缆	1kV 3kV	1 2.5	测定采用15~60s内读数，检查两相绝缘时，其余线芯接地；检查全部芯线对地绝缘时，芯线全部并联
橡套电缆	660V 1140V	1 2.5	

2.3.3　耐压试验及测量泄漏电流

新装电缆、更换接头电缆及地面修补后的电缆均应进行此项试验，在运行中电缆应每年进行一次此项预防性试验。油浸纸电缆、聚氯乙烯绝缘电缆及交联聚乙烯电缆的耐压试验与电力电缆相同，详见第14篇第5章。矿用橡皮电缆可参照表16-2-8数值进行耐压试验。

表16-2-8　矿用橡皮电缆耐压试验值

	额定电压/kV	试验电压/kV	试验持续时间/min
悠力线	0.3/0.5 0.38/0.66 0.66/1.44 3.6/6	2.0 3.0 3.7 11	5
控制线		1.5	5

注：1. 橡套电缆交流耐压和直流耐压试验可根据设备情况任选一项进行。
2. 新安装前热补和冷补后，应在水中浸不少于1h，再做耐压试验。试验时被试芯导体接试验电源，其余芯及护层均接地。两段橡套电缆在连接热补后，须做负荷试验，电流为额定值的1.3倍，持续时间为30min。

2.3.4　电缆的定期巡视检查与维护

1. 建立各项电缆运行维护制度

1）定期测试：定期进行电缆温度、绝缘电阻测定及耐压试验。

2）巷道整修时的电缆防护制度：井下巷道在整修、粉刷和冲洗作业时，一定要将电缆线路保护好。应将电缆从电缆钩上落下，并平整地放在底板一角，用专用木槽或铁槽保护，以防电缆损坏。当巷道修整完毕后，应有专人及时将电缆悬挂复位。

3）裸铠装电缆的定期防腐制度：井下敷设的裸铠装电缆应定期进行涂漆防腐，其周期应根据敷设线路地区的具体情况而定。一般在井筒内的电缆以2~3年为宜；主要运输大巷的电缆为2年；主要采区巷道敷设电缆最多不能超过2年。

4）井下供电审批制度：井下低压供电、网路负荷的增减，必须设置专职人员（如电气技术人员或电气安全小组人员）管理；每一用电负荷都必须提出申请，经专职管理人员设计出合理的供电方式后方可接电运行，以保证井下供电方式的合理性和保护装置的可靠性。

5）定期巡视检查制度：定期检查高压电缆线路的负荷和运行状态及电缆悬挂情况。电缆悬挂应符合技术标准；日常维护应有专人负责，对其线路状态、接线盒、辅助接地极、线路温度等每周应有1~2次的巡视检查，并做好检查记录。

2. 电缆的日常维护

1）流动设备（如采煤机组、装煤机、装岩机、电煤钻等）的电缆的管理和维护，应专责到人，并应班班检查维护。在工作面或掘进头附近，电缆余下部分应呈S字形挂好，不准在带电情况下呈O字形盘放，严防炮崩、碴砸或受外力拉坏等。

2）低压网路中的防爆接线箱（如三通、四通、插销等）应由专人月月进行一次清理检查。特别是接线端子的连接情况，注意有无松动现象，防止过热烧毁。

3）每一矿井的低压供电专职人员（电气安全小组），应经常结合生产单位的维修人员，有计划地对电缆的负荷情况进行检查。当新采区投产时，应跟班进行全面负荷测定；而对正常生产的采区，则应每月进行一次，以保证电缆的安全运行。

4）电缆的悬挂情况应由专职人员每日巡回检查一次。有顶板冒落危险或巷道侧压力过大的地区，专责维修人员应及时将电缆放落到底板上并妥善覆盖，防止电缆受损。

5）高压铠装电缆的外皮铠装（钢带、钢丝），如有断裂应及时绑扎。高压电缆在巷道中跨越电机车架线时，该电缆的跨越部分应加胶皮被覆，防止架线火花灼伤电缆麻皮和铠装。电缆线路穿过淋水区时，一般不应设有接线盒；如有接线盒时，应严密遮盖，并由专责人员每日检查一次。

6）立井井筒电缆（包括信号电缆）的日常检查和维护工作，至少应有两人进行，每月至少检查一次。固定电缆的卡子松动或损坏应及时处理或更换。

2.4 煤矿电缆故障及寻找方法

2.4.1 电缆故障及其原因

煤矿井下电缆最常见的故障是，机械损伤，接头或终端击穿，电缆单相对地或相间短路。产生故障大致有如下几种类型：

1）电缆直接受外力作用而发生故障。如铠装电缆、移动橡套电缆等受顶板落石砸坏；被液压支架、被刮板运输机挤坏；被掉道（出轨）车碰坏；被放炮崩坏；敷设电缆时弯曲过度而损坏了铅包及绝缘；穿过风墙或风门的电缆因巷道弯形被压坏等。

2）电缆因绝缘受潮而发生故障。如电缆接头或终端因使用地点有滴水而进水，电缆护套破损被水侵蚀，供电网路绝缘能力降低，造成相对地或相间短路。

3）电缆因绝缘老化而发生故障。如电缆工作年限过长，长时间过负荷而引起老化等。

4）橡套采煤机电缆由于频繁弯曲、拉伸造成控制线拉断，一相对地或相间短路。

5）橡胶电缆热补或冷补接头由于接头质量不好产生局部发热或漏电现象。

电缆出现上述故障的原因：一是因为在敷设电缆时，没有按电缆的敷设要求进行操作，在使用中没有按照应有的要求进行运行或维护；二是电缆制造上有缺陷。因此为了预防电缆故障，一方面按使用要求选择不同类型电缆，并按《煤矿电气试验规程》规定对电缆进行验收，另一方面加强线路维护，做好预防工作。

2.4.2 电缆故障点的寻找方法

由于电缆故障的性质不同，只能对不同故障性质采用不同探测方法，因此在探测故障点前，首先确定故障的性质以及电缆的敷设状态、位置和长度等必要的技术参考资料，这样有助于迅速准确地找出故障点位置。

1. 确定故障性质

最常用方法是使用绝缘电阻表（在井下使用本质安全型绝缘电阻表）。在另一端芯线完全开路的情况下，测量各芯线间及各芯线对地的绝缘电阻，如电缆芯线对地或相间短路，表针即指零。而在电缆另一端芯线短接情况下，如有断线，绝缘电阻表指针指向无限大。

2. 故障检测方法

通常有电桥法、脉冲法、示波器法、感应法、声测法等，详见第14篇第5章电力电缆故障测试部分。对煤矿电缆，KDLZ－1型矿用电缆故障测试仪更为适用，它可使用于瓦斯尘爆炸危险的矿井之中。能探测矿用电力电缆的短路、接地及断线的故障点位置，但对屏蔽橡套软电缆、带统包型编织结构监视导线的屏蔽橡套软电缆和铠装电缆的故障点很难探测，对高阻接地故障点无法探测，同时受到环境潮湿、矿井下杂散电流的影响，探测故障点的准确性受到一定影响。

KDLZ－1型矿用电缆故障测试仪由音频发生器、音频接收器、电感性探头、电容性探头组成。电感性探头用于对地短路及相间短路测量，电容性探头用于电缆断线测量。探测故障点位置偏差小于±20cm，探测故障电缆长度为300m。测量时探头放入一根探杆中，把短路两相或相对地的两个端头接到发射机输出的两个端头上，发射机输出端通过故障电缆成闭合回路，通过导线周围产生频率为825Hz的交变磁场。电感性探头是电磁棒上绕制线圈而组成，磁力线在线圈上产生感应电动势，通过接收机放大，当探头沿电缆线路移动时，在耳机上有声音，电表上有指示。在故障点处声音最响，电表指针摆动幅度也最大，故障点后急速下降到无声，电表指针摆动幅度小甚至不摆动。测量断线是利用电力线通过电容探头集中感应到大地，为此接收机声音在断头处最大，之后急速下降至零。

2.5 矿用电缆的修补

矿用橡套电缆修补有热补及常温修补两种。热补又分硫化热补及热收缩管修补两种。常温修补又分聚氨酯冷浇注、胶泥料修补、应急自粘性胶带三种。

煤矿中最常用的是硫化热补与聚氨酯冷浇注，下面分别介绍。

2.5.1 矿用电缆的硫化热补工艺

1. 准备好修补用的材料和工具

通常修补橡套电缆所需用的材料有修补护套用氯丁胶带、修补芯线绝缘用生胶带、修补屏蔽层用半导电橡胶带或半导电橡胶布带，另外还有玻璃纸带，二甲苯，滑石粉，导体焊接所需的0.5mm、0.75mm、1.0mm厚的铜皮，焊锡块，松香等。

通常修补橡套电缆需用工具有热补器和各种规格的芯线模子，修补护套用的胎具、剪刀、电工刀、钢丝钳、木锉、游标卡尺、割胶刀、螺钉旋具（螺丝刀）和弯钩等。

2. 对准备修补的橡套电缆进行检查

电缆外观检查：应查清电缆的型号、规格、结构、总长度及表面破坏情况，并做好记录和标记。

电气性能检查：应先用500V绝缘电阻表测量芯线的绝缘电阻，其电阻值不得低于10MΩ，如低于10MΩ时应干燥后再进行热补。

3. 护套的修补

1）当护套损坏，破口较小，若纵向长度不超过电缆护套周长，横向长不超过电缆护套直径，电缆主绝缘和芯垫没有损伤时，可将损坏部位周围护套削去，并用木锉将其切口周围修理平整，然后贴上一块大小相应的氯丁胶，用氯丁胶带搭盖缠绕两层封口，即可热补。

2）当护套破口大于上述数值，电缆主绝缘和导体、垫芯没受损坏时，应切掉损伤部位的一段护套，剖割部位应成斜面圆锥体，形状如图16-2-27所示。其斜面长度与电缆外径关系见表16-2-9。

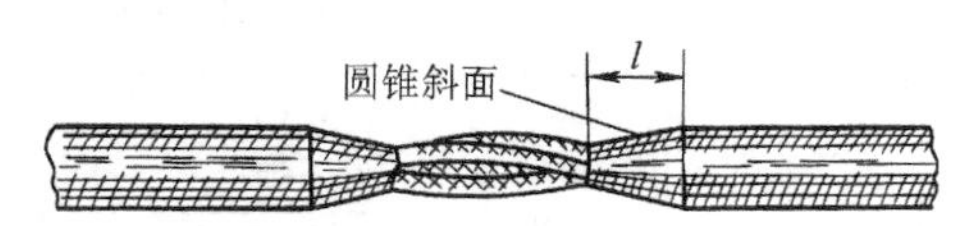

图16-2-27 护套剖割形状图

表16-2-9 斜面长度与电缆外径关系表

（单位：mm）

电缆外径	斜长	修补线芯用胶带宽度	修补护套用胶带宽度
5～10	15～20	8	15～20
10～20	25～30	11	25～30
20～30	30～35	13	35～40
30～50	35～40	16	55～60

在剖割电缆护套时，不应切伤电缆绝缘，然后用木锉修整斜面，直至光滑平整。斜面上涂上用甲苯和氯丁胶泡成的溶液，在修补护套用的氯丁胶带上涂上二甲苯液，然后将该氯丁胶带从锥形端开始依次紧紧缠绕在修补段上，两端必须严密搭接好，缠绕的总厚度比原护套的外径大2～3mm即可。缠绕后在其外面包一层玻璃纸，即可进行硫化成型。

4. 电缆护套与绝缘同时损坏的修补

当护套和绝缘损坏而导体未受损伤时，应将护套按表16-2-9规定的斜长进行切除，同时将绝缘损坏处也一起切除，但不能切断和损伤导体铜丝。切割形状如图16-2-28所示。在切割露出的导体表面上包一层玻璃纸或带，以防生胶带与导体相粘。再在绝缘已切割好的端面上涂上生胶液，在修补绝缘用的生胶带上也涂上生胶液，然后将此生胶带绕包在切去绝缘后的芯线上。绕包时应将生胶带与涂上生胶液的绝缘层的两个端面搭接适当长度，绕包的总厚度应与芯线原绝缘的厚度相同。绕包好以后，在其外面应包上一层玻璃纸或带，即可进行主绝缘的加热硫化成型。之后按上述三款护套修补进行外护套修补。

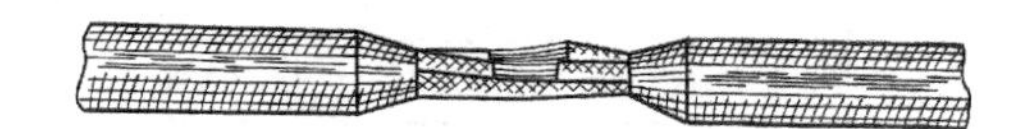

图16-2-28 护套与线芯绝缘切割形状图

5. 导体、绝缘、护套同时损坏的修补

1）剥离线芯主绝缘：剥离长度应根据导体的连接方法而定，并以能承受必要的机械抗拉强度为准，但不宜过长，导体露出长度参见表16-2-10。

表16-2-10 电缆主绝缘剥离长度表

电缆导体截面积/mm^2	电缆主绝缘剥离长度/mm		
	绑线搭接法	铜管焊接法	冷压连接法
6	25	12	15
10	25	12	17
16	35	15	17
25	35	18	20
35	40	18	20
50	40	20～22	25（搭接为35）
70		22～25	25（搭接为35）

2）电缆绝缘芯的分级剪切：断开的绝缘芯在连接时，必须将绝缘芯进行阶梯式的分级剪切。其分级剪切的长度，应根据导体连接方法和芯数的不同而定。剪切长度与电缆截面积、芯数、连接方法的关系见表16-2-11和表16-2-12。

3）导体的连接方法：

a）锡焊法：适用于负荷小的临时线路和截面积不大于10mm^2的导体，首先用铜线对导体连体连接进行绑扎，绑扎线的规格见表 16-2-13。绑扎时不可去丝去股，接头中间绑线要稀，并保持 0.5 ~ 1mm 的空隙，但两边要扎紧，然后进行锡焊。焊接完后，接头表面应光滑（棱角应锉去）。

表 16-2-11 剪切长度与电缆导体截面积、芯数、连接方法的关系

电缆芯数	导体截面积 /mm²	绑线搭接方法						铜管浇焊方法						绝缘芯分级剪切形式
		绝缘芯分级剪切长度/mm												
		l_1	l_2	l_3	l_4	l_5	l_6	l_1	l_2	l_3	l_4	l_5	l_6	
四芯电缆	6 以下							30	50	70	90			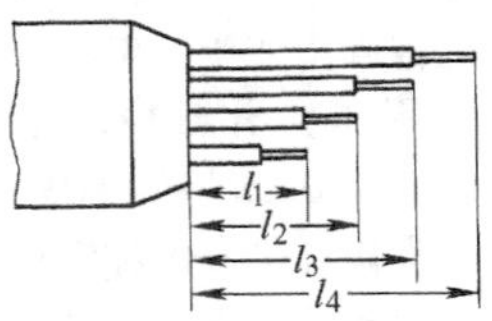
	10	40	80	120	160			40	70	100	130			
	16	40	80	120	160			40	70	100	130			
	25 以上	60	100	140	180			50	80	110	140			
六芯电缆	16	80	120	160	80	120	160	60	120	180	60	120	180	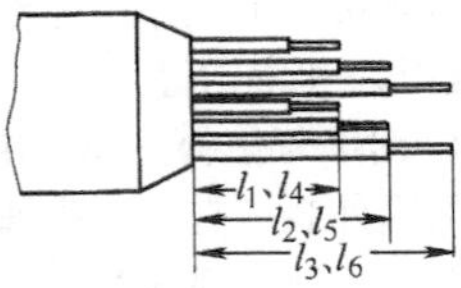
	25	80	120	160	80	120	160	60	120	180	60	120	180	
	35	80	120	160	80	120	160	60	120	180	60	120	180	

表 16-2-12 采用冷压连接时剪切长度与电缆导体截面积、芯数、连接方法的关系

电缆芯数	主线芯截面积 /mm²	绝缘芯插接与搭接								绝缘芯分级剪切形式
		绝缘芯分级剪切长度/mm								
		l_1	l_2	l_3	l_4	l_5	l_6	l_7	l_8	
四芯电缆	2.5 ~ 6	50	80	110	140					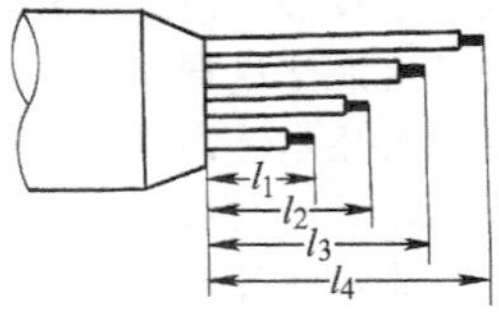
	10 ~ 16	60	90	120	150					
	25 ~ 35	70	110	150	190					
	50 ~ 70	80	125	170	215					
六芯电缆	10 ~ 16	60	110	150	60	110	150			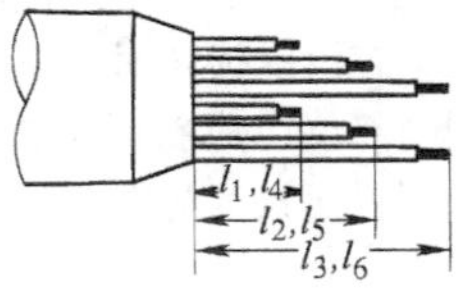
	25 ~ 35	70	120	170	70	120	179			
	50 ~ 70	80	145	190	80	145	190			
七芯电缆	10 ~ 16	60	90	120	150	75	105	135		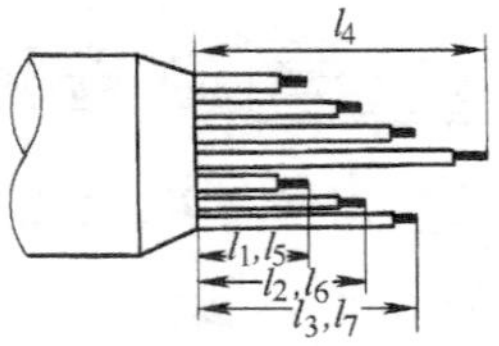
	25 ~ 35	70	110	150	190	90	130	170		
	50 ~ 70	80	125	170	215	100	145	190		
八芯电缆	10 ~ 16	60	90	120	150	60	90	120	150	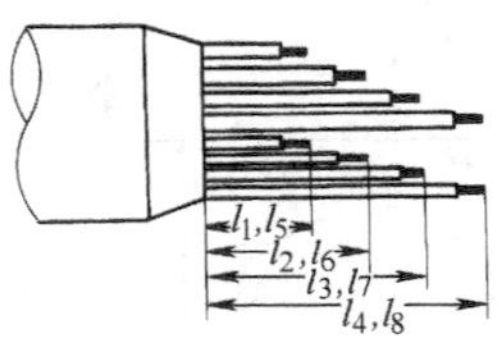
	25 ~ 35	70	110	150	190	70	110	150	190	
	50 ~ 70	80	125	170	215	80	125	170	215	

表 16-2-13　铜绑线规格

电缆导体截面积 /mm²	选用铜绑线直径 d /mm
10 及以下	0.7
16，25，35	1.0
50 及以上	1.5

b）铜管浇焊法：采用铜管浇焊法连接导体时应根据电缆导体截面积大小选用连接管，连接管的规格见表 16-2-14。

采用铜管浇焊接头时，必须保证焊接质量，铜导体应先浸锡，并保证圆滑；接头内部应无空隙，接头开口焊平，表面光滑，禁止有突出的棱角、锡瘤等。防止刺破绝缘包扎物。

表 16-2-14　铜管规格与电缆截面的关系表

铜管形式	电缆导体截面积 /mm²	铜管规格/mm		
		长度 L	厚度 S	开口缝隙 l
	6 及以下	20	0.5	1.0
	10	24	0.5	1.5
	16，25，35	30	0.8	1.5
	50 及以上	40	1.0	2～2.5

注：铜管直径 d 应按电缆线芯直径确定。

c）压接法：首先检查连接管，其规格必须与电缆导体截面相适应，用砂布擦去连接管内表面的氧化层（镀锡管除外）及污垢，并用砂布擦去导体铜丝的氧化层及锈蚀，用棉纱擦净表面。导体压接可采用插接法与搭接法，对拖曳电缆和移动电缆一般采用插接法，固定敷设电缆可采用搭接法。插接法是把连接电缆的两个导体各自插入连接管中部，线头端应伸出铜套管约 3～5mm，之后用压钳进行压接。搭接法是先把压接套套入一根电缆导体，线头末端从铜套另一端伸出 5～7mm，之后把另一根电缆导体套入，搭在被连接电缆导体上部，搭接长度应大于连接管的套入，并且两个线头末端均应伸出连接管 3～5mm，之后用压钳进行压接，压接工艺详见第 14 篇第 1 章。压接后应检查接头表面是否光滑平整，是否有裂纹、伤痕、异形等不良现象，并用细平锉和 100 号砂纸将接头毛刺、尖棱、锐边打圆磨光。

4）绝缘与护套修补：该工艺与前述 3、4 条相同，在此不再叙述。

6. 硫化热补工艺

通常采用 RB－02 型电缆热补机，它有两套模具各自独立工作，可修理各种规格的电缆。RB－02 型电缆热补机主要由支架、电气系统、液压系统、仪表控制板组成，它们确保热补过程中所需压力与温度，使修补后电缆外观光滑，粘补牢固，耐压密封。硫化热补的操作工序如下。

根据绝缘芯或护套的外径尺寸选择合适的模具或胎具，相应规格见表 16-2-15、表 16-2-16 及图 16-2-29 所示。检查热补机是否正常，其他工具材料是否齐全；并设专人记录加热硫化处理的时间及结果。

将选好的模具（或胎具）放入热补机后，在模具（或胎具）内均匀撒上一些滑石粉，防止生胶与模具（或胎具）粘连，并在加热硫化处理段的两端包扎一层玻璃带，以防老化。然后即可将加热硫化处理段放进模具（或胎具）内，使热补机上、下模具合模，并开动液压开关，使上、下模具压紧电缆。之后合闸送电使热补机加热，并连续加热和加压，为保证被修补的护套不产生蜂窝气孔，在硫化热补过程中温升不宜过快，待温度升到 140～145℃时，保持表 16-2-17 规定时间后开始自然冷却，80～100℃时停止油泵，使上、下模具分开，取出模具中电缆。热补后应进行外形修整，剪去毛边，并用木锉锉平。此外还应做弹性检查，如弹性不足，应再次入模硫化，但硫化时间不能超过 30min。

表 16-2-15　电缆模具（或胎具）与电缆截面积相配表

电缆规格		模具或胎具内径 /mm	电缆规格		模具或胎具内径 /mm
芯数×（导体截面积 /mm²）	电缆外径 /mm		芯数×（导体截面积 /mm²）	电缆外径 /mm	
3×2.5＋1×1.5	20.6	22	3×35＋1×10	40.9	43
3×4＋1×2.5	21.8	23	3×50＋1×10	44.9	47
3×6＋1×4	24.9	26.5	3×70＋1×10	49.4	52
3×10＋1×6	31.9	34	3×16＋3×10	38.8	41
3×16＋1×10	33.8	36	3×25＋3×10	42.5	44
3×25＋1×10	37.2	39	3×35＋3×10	45.4	47

表 16-2-16 模具（或胎具）尺寸（见图 16-2-29） （单位：mm）

模具（或胎具）名称	模具（或胎具）标称尺寸						
	B	B_1	B_2	H	H_1	h	l
上模具	$78_{-0.12}^{0}$	76	$60_{-0.12}^{0}$	$32.5_{0}^{+0.05}$	$27.5_{-0.1}^{0}$	5	400
下模具	76	60	$37.5_{-0.1}^{0}$	$37.5_{-0.1}^{0}$	$32.5_{0}^{+0.05}$	5	400

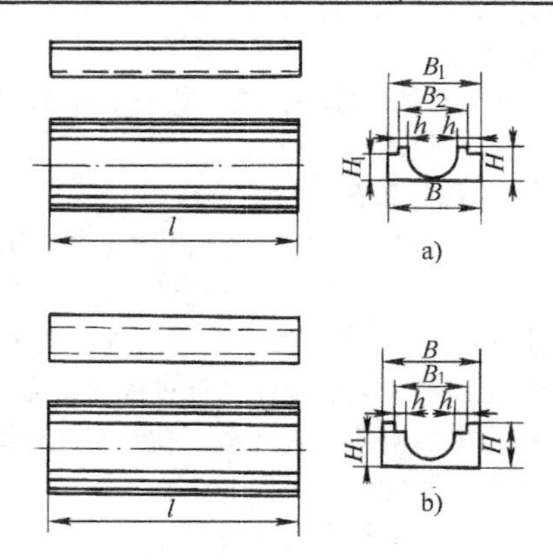

图 16-2-29 模具外形尺寸图
a）下模具 b）上模具

如果修补长度超过模具长度而不能一次进行硫化时，应该分几次进行逐段硫化。在每段硫化之间应有一重叠长度，一段为 30～40mm，以保证接合处的硫化程度。

热收缩管修补是把管子套上电缆在修补处加上热敏胶加热收缩而成。

表 16-2-17 硫化温度、时间与修补护套径向厚度关系

修补橡胶护套的径向厚度/mm	氯丁胶料硫化条件	
	温度/℃	时间/min
2.0 及以下	145	30
2.1～3.0	145	35
3.1～4.0	145	40
4.1～6.5	145	45

注：修补橡胶护套的径向厚度，亦即最外一层生胶带包扎后的外径与修补前外径差，用 1～2 个计点测定。

2.5.2 矿用电缆聚氨酯冷补工艺

由于煤矿井下条件所限，硫化热补通常要升井作业。拆卸并更换一根大型电缆并非一件容易事，既影响了煤炭的生产，又增加了工人的劳动强度。随着采煤机械化水平不断提高，为了确保安全供电，提高生产效率，因此开发了与硫化热补性能相同的冷补工艺。

1. 矿用橡套电缆冷修补前的准备

常用工具有电工刀、钢丝钳、木锉、剪刀、铁钩（钩芯线用）、冲子（用于冲 ϕ10mm 圆孔）。

常用材料：电缆修补用双组分聚氨酯胶、聚乙烯薄片（500mm × 400mm × 1.5mm 及 300mm × 250mm × 1.5mm 两种规格）、聚乙烯漏斗、聚乙烯浇口，见修补电缆品种而选定自粘橡胶绝缘带、塑料绝缘带或其他绝缘带，醮有三氯乙烷的棉纱布（由聚丙烯聚酯复合膜袋封装）、棉纱布和 150# 砂布。

修补操作地点应通风良好，并防止粉尘的飞扬；环境温度不宜低于 12℃。

2. 电缆的预处理

1）必须在停电后进行修理，先将电缆表面擦拭干净，检查破损情况。

2）根据破损情况，可分别采用下列方法割除护套层：

a）整段割除：割除段的长度 L 应能满足修补绝缘层、屏蔽层的需要，一般不大于 500mm。在割除护套段的两端削成锥形，锥形段的长度应不小于电缆的外径，并且不小于 40mm。然后拆除绝缘芯外的包布带。

b）局部割除：护套层局部受损，绝缘芯未破损；或绝缘层（屏蔽层）局部受损，只要将切口割长些即可将破损的绝缘芯钩出进行修补，在这种情况下，可采用局部割除法割除破损的护层。割除区呈椭圆形，如系裂口，应用剪刀将裂口的终端剪成圆角，割除区边缘的护套层削成小于 30°的坡角。

护套割除区的最大弧长不应超过电缆圆周长的 1/2，否则应用整段割除法割除护套层。

3）绝缘层或导体发生局部破损，可按下列方法割除绝缘层：

a）如绝缘层局部破损，导体单丝未断裂，可不整段割除绝缘层，将绝缘层裂口的锐角剪成圆角，防止裂口延伸。

b）如果绝缘层严重破损或导体部分单丝断裂，应整段割除绝缘层。割除段的长度应满足修补导体单丝的要求，将割除段两端的绝缘层削成锥形，锥形段长度应不小于导体的直径，并且不小于 10mm。

3. 金属导体的修补

1）如金属导体的单丝（或单丝股）部分断裂，断裂数不超过单丝芯数的15%时可在井下现场进行修补。

2）剥下一段屏蔽层，并割除绝缘层，割除段的长度应满足修补导体的要求，一般应大于3倍导体直径。

3）部分单丝断裂，应先将断裂的单丝调直，再将裂口重新对齐，用直径与导体单丝相同的镀锡铜丝绑扎断口，绑扎宽度应为导体直径的2倍，并且不小于15mm，绑线端应埋插在单丝束内。

4）部分单丝（股）缺损，用剪刀将缺损端剪齐，补入数量、直径、长度相等的单丝（股），然后按上述方法绑扎镀锡铜丝。如补入的单丝长度较长，则至少每隔50mm应按上述绑扎镀锡铜丝。

4. 绝缘层的修补

1）用150#砂布将割除绝缘层口擦拭，使其露出绝缘橡皮本色。

2）采用高压自粘橡胶绝缘带包扎橡皮电缆的绝缘层，对于交联聚乙烯绝缘电缆也可采用自粘橡胶带。其性能要求见《电线电缆手册》第3册第10篇第3章。

缠绕绝缘胶带时应拉力均匀，使其伸长率大约为100%依次半搭盖连续紧密缠绕。缠绕方向为，中央→前端→反向至后端→反向至中央，……绝缘带与原绝缘层的连接部分长度应不小于绝缘外径的1.5倍，并且不小于15mm；两端应缠成应力锥形，缠绕厚度应为原绝缘层厚度的1.2倍。

3）如果是聚氯乙烯绝缘电缆，必须采用聚氯乙烯绝缘带或其他非橡皮绝缘带缠包。不准用聚氯乙烯绝缘带包扎橡皮绝缘，也不准用橡胶绝缘带包扎聚氯乙烯绝缘层。

5. 屏蔽层的修理

1）采用半导电自粘橡胶带或欠硫半导电橡胶修补半导电屏蔽层。

2）半导电橡胶带上，每隔100mm必须印有明显的“导电”字样，以免与绝缘胶带混淆。半导电带的性能要求见《电线电缆手册》第3册第10篇第3章。

3）剥除已损坏的屏蔽层，如绝缘层破损，剥除段的长度应满足修补绝缘层的需要。

4）将半导电橡胶带以1/4搭盖连续缠在绝缘层上，缠绕厚度为0.8～1.0mm。两端与原屏蔽带（层）搭接。

5）对金属屏蔽线，应采用电缆生产厂推荐的材料和方法进行修补。

6. 护套的修补

1）采用双组分聚氨酯胶修补电缆的护套（包括氯丁橡皮、聚氯乙烯及氯磺化聚乙烯护套），聚氨酯胶的性能应符合以下规定：

抗拉强度 >10MPa

断裂伸长率 >250%

抗撕裂强度 >3MPa

与XHF－50氯丁橡皮及聚氯乙烯（护套级）粘接后的抗剥离强度 >3MPa。

不延燃性能合格，符合GB/T 2951—2008标准。

2）护套的整段修补（见图16-2-30）：

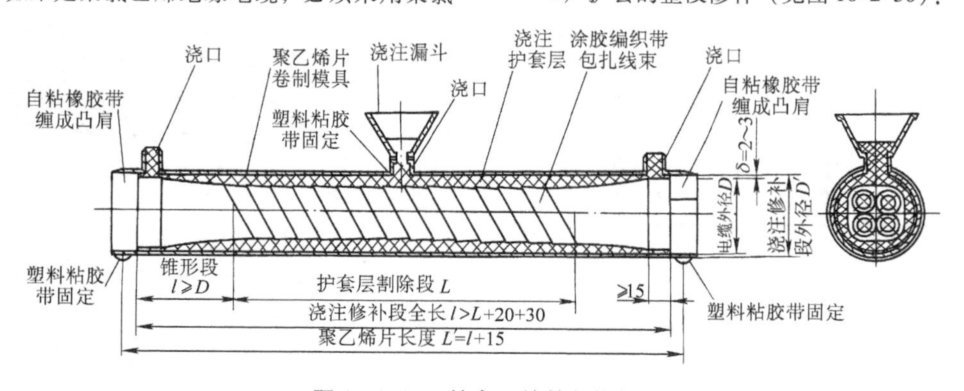

图16-2-30 护套层的整段修补

a）将修补好的导体、绝缘层、屏蔽层按电缆原状绞紧，用涂胶编织带缠绕绝缘芯一层，其粘胶面向外，在护套削成锥体部分缠绕两层，以免浇注的胶料流入绝缘芯。之后将电缆拉直，水平固定。

b）用三氯乙烷擦洗干净锥形段及附近的护套层（在地面上操作时可采用丙酮或溶剂汽油擦洗护

套）。

c）按图16-2-30所示在修补两端的护套上用自粘橡胶带缠成环状凸肩，它们之间距离为修补护套层的长度，其外径决定修补护套的外径。凸肩厚度一般为2～3mm，以保证修补护套层最小厚度不低于原电缆护套标称厚度的1.2倍。

d）用厚1.5mm大张聚乙烯片裁剪成浇注修补模具，其长度比浇注修补段长15mm，宽度等于1.63倍修补电缆外径周长。按图16-2-30所示位置，在聚乙烯薄片上冲三个直径为10mm的圆孔。

将聚乙烯薄片环绕修补段卷成筒状，确保模腔与电缆同心。两端搭在胶带缠制的凸肩上，圆孔向上。在卷筒两端用胶粘带使其密闭固定。在三个φ10mm孔上装上聚乙烯浇口（或冒口），同样用胶粘带固定，中间浇口插上聚乙烯浇注漏斗。

e）取双组分电缆修补用聚氨酯胶按比例快速混合均匀，从中间浇口浇注到模腔内，直到胶液自两端冒口流出为止。观察模腔内有否气泡残存在模腔上部，若存在，用针尖在气孔处穿刺模具，放出气泡。胶料用量见表16-2-18。

f）静置到规定时间，待胶料固化成形，拆去模具，用刀削去浇口、冒口突出部分，并在两端削成锥形。检查修补段外形是否光洁圆整，与原护套粘接是否良好。如不存在缺陷，通过试验后即可投入运行。

表16-2-18 修补电缆护套用胶量

电缆外径/mm	胶料用量（以甲组成分计量）/g	
	割除段长100mm计量	割除段每增长100mm的增量
32	130	110
39	160	140
47	200	170
55	260	220
63	350	300

3）护套的局部修补：

a）处理好电缆芯的绝缘层、屏蔽层后，用木锉将修补区附近护套表面锉毛，用三氯乙烷擦洗干净锉毛的护套层。

b）将修补的聚氨酯胶料（一般取50g的包装料）的两种组分混合均匀，静置一定时间，待胶料初呈膏状时，用工具（如木片、小瓦刀等）将涂料抹在护套缺损区上，涂抹的厚度应略大于原护套层的厚度。

c）用厚1～1.5mm的聚乙烯片卷包，将涂抹的胶料压实、铺开，以扩大与周围护套层的接触面积，卷包不宜过紧，以免使修补段呈扁圆形。用塑料粘胶带将卷包的聚乙烯片固定。

d）静置到规定时间，拆卸卷包的聚乙烯片。检查修补段是否光洁圆整，与原护套层粘接是否良好。如不存在缺陷，通过试验即可投入运行。

2.5.3 矿用电缆检修后试验

矿用橡套电缆在地面上经过检修和干燥后，其修补质量应通过下列各项试验进行检查：

1. 性能试验

1）绝缘电阻试验用绝缘电阻表测量绝缘电阻，应符合表16-2-5要求。

2）耐压试验有金属护套电缆可不进行浸水耐压试验，无金属护套电缆都要进行浸水耐压试验。将电缆浸入水池内6h后（电缆两端露出水面）进行耐压试验，试验线芯接试验电源，其余线芯及护套均接地，其试验电压值见表16-2-8。

2. 截流试验

检修后的电缆还应做截流试验，检查接头的质量。试验时应把电缆主绝缘芯串接起来，接上试验电源，通以1.3倍额定电流，持续30min观察各部位温升情况，接头处不发热，应为合格。

第3章

船用电缆的选择、安装敷设与运行维护

3.1 船用电缆选择的基本原则

3.1.1 选择原则

海洋及内河船舶应选用船用电缆或满足船舶使用要求的电缆。

1. 用于电力、照明、控制和通信系统的电缆选择

1）根据敷设舱室和区域的环境条件、使用场合以及工作状况，确定绝缘、护套、编织层材料及结构，选择电缆型号。若跨越多个舱室或区域，则应按条件最恶劣和要求最高的情况来选择电缆型号。

2）由实际工作电流、同期系数、工作制、环境温度、敷设情况和容许的电压降等确定导体截面积和导体数，并选择电缆型号和规格。

3）选择电缆程序如图16-3-1所示。

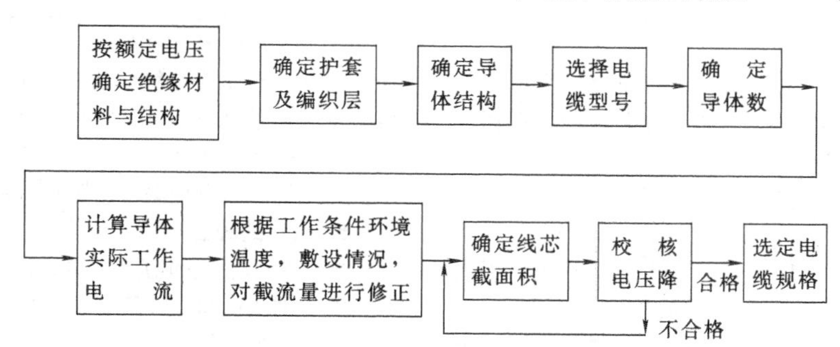

图16-3-1 选择电缆程序框图

2. 船用射频电缆的选择

除了与上述电力电缆等的要求相同外，还需按照系统设备所规定的工作频率，对电缆的特性阻抗的匹配、传输功率的大小以及允许的衰减等加以选择。

3.1.2 电力电缆的选择

1. 绝缘等级的选择

1）任何电缆的额定电压应不低于使用该电缆的电路之标称电压。对于由接触器操作的绞车等高电感电路中使用的电缆需作特殊考虑。

2）电缆绝缘材料的长期允许工作温度应至少比电缆敷设场所可能存在或产生的最高环境温度高10℃以上。目前船用电缆的绝缘材料名称，长期允许工作温度和短路温度见《电线电缆手册》第2册第6篇第3章船用电缆部分。

2. 保护层的选择

1）固定敷设在露天甲板、潮湿处所（如浴室）、货舱、冷藏处所、机舱和通常有凝结水或有害气体（如油气）处所的电缆应有密封性护套（如氯磺化聚乙烯和氯丁橡胶等）。

2）在选择保护层时，应注意考虑电缆在敷设和使用中可能受到的机械作用。如果电缆保护层的机械强度不够，则应敷设在管子、管道、电缆槽中或采取有效防护措施。

3）用于交流电路的单芯电缆应为非铠装的或非磁性材料铠装，并采取特殊的安装工艺等措施。

3. 导体截面积的确定

1）应从电路负荷变动的需要量、同时工作系数、短路电流、电动机起动电流等，加上考虑环境因素等修正系数，计算出导体截面积，选择其最大值作为电缆导体截面积。计算方法详见《电线电缆手册》第2册第6篇第3章船用电缆部分。

2）在该电缆截面通过最大电流时，线路电压降应符合下节“电压降”中有关要求。

3）在敷设和工作条件下，导体应有足够的机械强度。电力电缆导体的最小截面积为1mm^2。

4）电气设备的接地导体截面积应符合表16-3-1的规定。

表16-3-1 电气设备接地用铜导体的截面积 （单位：mm^2）

接地导体类型	相关的载流导体截面积 S	接地铜导体的最小截面积 Q
固定敷设电缆中的接地导体	≤16	$Q=S$ 及 $Q\geq1.5$
	>16	$Q\geq\frac{S}{2}$ 及 $Q\geq16$
单独固定的接地导体	≤2.5	对多根铜丝软线： $Q=S$ 且 $Q\geq1.5$ 对于单根铜线： $Q=4$
	>2.5～120	$Q=\frac{S}{2}$ 且 $Q\geq4$
	>120	$Q=70$

4. 电压降

1）电缆在正常工作状态下，通过最大电流条件下：配电板至系统任何一点电压降≤额定电压的6%；蓄电池供电时（电压不超过50V）电压降≤额定电压的10%；航行灯线路电压降应使灯有足够的亮度与颜色。

2）短时特殊状态（如电动机起动）下，无数值要求，只要设备能承受电压降的影响。

3）船内通信及电子设备等电压降，也可按电力系统采用的方法计算。不允许将多芯电缆的导体并联来获得较大载流量，但允许将导体并联来满足电压降的要求。

4）各种网络电压降的计算公式列于表16-3-2中。为了方便计算，在图16-3-2～图16-3-4中给出了在某一导体截面积和某一额定电压下，其电流值与每米电缆电压降百分数的关系曲线。从图中可查出每米电缆电压降的百分数后再乘以实际电缆长度，即是该线路电缆的电压降百分数。

5. 电路的独立

要求采用独立的短路保护或过载保护的所有电路，除下面1）和2）条中所述的电路外，均应各自采用单独的电缆。

1）如果主电路和控制电路是用一公共隔离开关，则从主电路（如电动机电路）引出控制电路可与主电路共用同一电缆。

2）电压不超过“安全电压”的非重要电路。

表16-3-2 电压降计算公式汇总

网路分类		以伏（V）表示		以百分数（%）表示	
		已知电流/A	已知功率/kW	已知电流/A	已知功率/kW
基本公式	直流网络	$\frac{2IL}{\gamma S}$	$\frac{2PL}{\gamma SU}\times10^3$	$\frac{2IL}{\gamma SU}\times100$	$\frac{2PL}{\gamma SU^2}\times10^5$
	单相交流网络	$\frac{2IL}{\gamma S}\cos\varphi$	$\frac{2PL}{\gamma SU}\times10^3$	$\frac{2IL}{\gamma SU}\cos\varphi\times100$	$\frac{2PL}{\gamma SU^2}\times10^5$
	三相交流网络	$\frac{\sqrt{3}IL}{\gamma S}\cos\varphi$	$\frac{PL}{\gamma SU}\times10^3$	$\frac{\sqrt{3}IL}{\gamma SU}\cos\varphi\times100$	$\frac{PL}{\gamma SU^2}\times10^5$

（续）

网路分类			以伏（V）表示		以百分数（%）表示	
			已知电流/A	已知功率/kW	已知电流/A	已知功率/kW
计算公式	直流网络	24V	$0.037\frac{IL}{S}$	$1.54\frac{PL}{S}$	$0.154\frac{IL}{S}$	$6.43\frac{PL}{S}$
		110V	$0.037\frac{IL}{S}$	$0.336\frac{PL}{S}$	$0.0336\frac{IL}{S}$	$0.306\frac{PL}{S}$
		220V	$0.037\frac{IL}{S}$	$0.168\frac{PL}{S}$	$0.0168\frac{IL}{S}$	$0.0765\frac{PL}{S}$
	单相交流网络	24V	$0.037\frac{IL}{S}\cos\varphi$	$1.54\frac{PL}{S}$	$0.154\frac{IL}{S}\cos\varphi$	$6.43\frac{PL}{S}$
		110V	$0.037\frac{IL}{S}\cos\varphi$	$0.336\frac{PL}{S}$	$0.0336\frac{IL}{S}\cos\varphi$	$0.306\frac{PL}{S}$
		220V	$0.037\frac{IL}{S}\cos\varphi$	$0.168\frac{PL}{S}$	$0.0168\frac{IL}{S}\cos\varphi$	$0.0765\frac{PL}{S}$
	三相交流网络	380V	$0.032\frac{IL}{S}\cos\varphi$	$0.0487\frac{PL}{S}$	$0.00844\frac{IL}{S}\cos\varphi$	$0.0128\frac{PL}{S}$

注：表中计算式的符号含义：

I—负载电流（A）；S—线芯截面积（mm^2）；P—负载功率（kW）；L—电缆长度（m）；U—负载电压（V）；$\cos\varphi$—负载功率因数；γ—铜的电导率，$\gamma=54\left(\frac{\text{m}}{\Omega\cdot\text{mm}^2}\right)$。

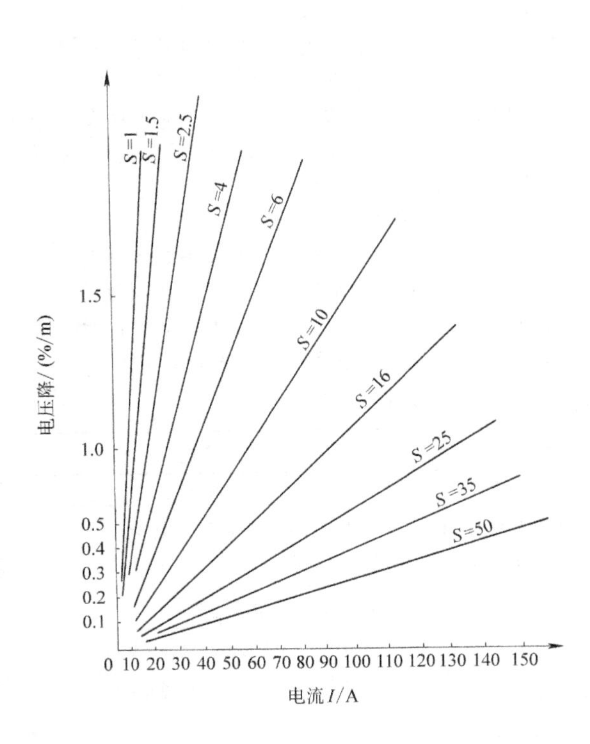

图 16-3-2 直流 24V 每米电缆电压降百分数曲线

（直流压降乘以 cosφ 得到交流 24V 的压降）

S—导体截面积（mm^2）

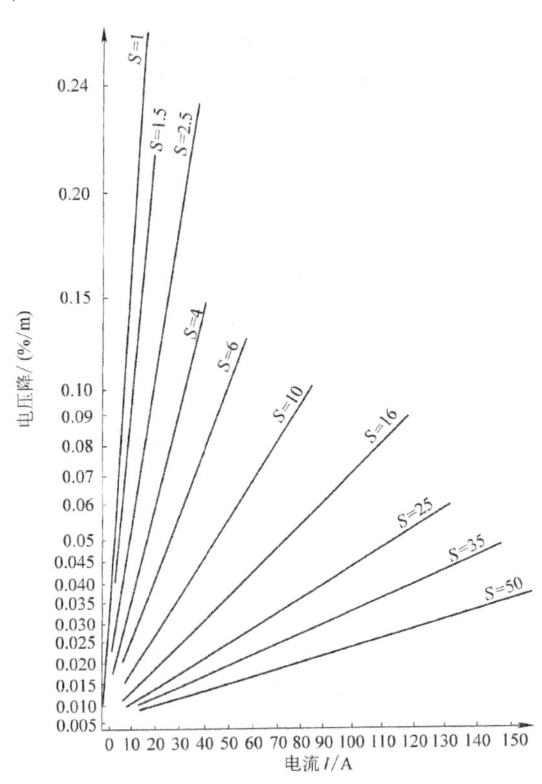

图 16-3-3 直流 220V 每米电缆电压降百分数曲线

（直流压降乘以 cosφ 便得到单相交流 220V 的压降）

S—导体截面积（mm^2）

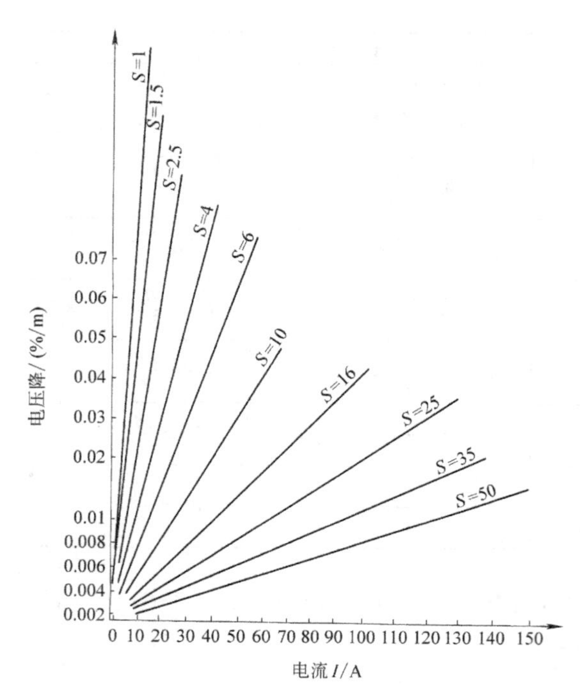

图 16-3-4 交流三相 380V 每米电缆电压降百分数曲线（取 $\cos\varphi = 0.8$）

S—导体截面积（mm^2）

3.2 船用电缆的安装敷设

3.2.1 电缆敷设的准备工作

1. 准备及熟悉电缆敷设的施工图样及技术条件

当船舶电气安装采用生产设计时，全船电缆敷设图通过设计放样，绘制成更为详细的、标有与实际船舶尺寸成一定比例安装尺寸的、可供具体指导与组织施工的生产设计图样。一般电气生产设计的图样如下：

1）综合导电系统图：其中包含标有电缆线路始端与终端设备的代号、型号及主要规格的电缆敷设图，而且图上电缆线路及设备的安装定位尺寸及外形尺寸和实物严格按一定比例绘制。

综合导电系统图一般分层（甲板）绘制，对于某些电气设备密集的专用舱室，诸如机舱集控室、板房、海图室等，则分舱室绘制专用舱室综合导电系统图。一般为平面图，必要时附有各向剖视图。

2）综合电装图：是全船电气设备安装件，包括电缆敷设的支承件、紧固件、贯通件及设备安装底座的布置图样。

3）安装件配套表（一般称“托盘表”）：是各类安装件按区域归纳汇总的清单，列明其型号、规格及数量，以便预制与配套。

4）电缆册：是全船电缆备料的依据，一般分为主干电缆册及分支电缆册两种。电缆册列出每根电缆的设计编号、型号、规格及总长度，敷设“停止点”长度，电缆始端及终端设备的名称代号，安装位置及途径水密、耐火舱壁贯通件代号，以及电缆卷筒编号，以供电缆的预切割与备料。

以上“综合电装图”、“安装件配套表”与“电缆册”，均与“综合导电系统图”对应，并以其为依据分层（甲板）绘制。

2. 准备安装件

按上述施工图样及技术文件准备好各种电缆敷设用安装件及必要的临时施工工具。电缆敷设安装件一般可分为电缆支承紧固件与电缆贯通件两大类，常用的船舶电缆支承紧固件及贯通件见表 16-3-3。

表 16-3-3 船舶电缆支承紧固件及贯通件

类 别	序号	名 称	分 类	用 途
电缆支承紧固件	1	电缆扎带	尼龙、金属、包塑金属扎带三种	用于以绑扎法紧固电缆
	2	电缆支架（亦称电缆托架）	U形、I形、L形支架以及扁钢支架（B形）和重型支架（H形）	用扎带绑扎法紧固电缆到支架上，以支承电缆
	3	电缆紧钩	U形及积木式紧钩	用以支承并紧固电缆
	4	卡线板		用于以卡紧法紧固小束径电缆
	5	桥形板	焊接式及螺接式桥形板	用于以卡紧法固定电缆情况下作为支承电缆用
	6	电缆管道伸缩接头		供船体伸缩变形时，保护电缆管道
	7	电缆管道分线盒		供成束电缆穿管敷设中途分线之用

（续）

类 别	序号	名 称	分 类	用 途
电缆贯通件	8	电缆框	腰圆形、圆形、长方形电缆框	供成束电缆穿过一般舱壁及舱体构件时，保护电缆兼保持船体构件强度之用
	9	电缆管	一般电缆管及水密电缆管	供单根电缆穿过舱壁甲板时保护电缆，水密式电缆管供电缆穿过水密舱壁、甲板之用
	10	电缆筒	腰圆形及围壁式电缆筒	供成束电缆穿过一般甲板时，保护电缆兼保持甲板原有强度之用
	11	电缆尼龙衬套	圆锥形及凹槽形衬套	供单根电缆穿过木质等非金属舱壁之用
	12	电缆填料函	焊接式填料函及管式填料函	供单根电缆穿过水密舱壁时，保护电缆兼保持舱壁水密性之用
	13	电缆填料盒	组合式橡胶块填料盒（MCT）、环氧树脂垫塞式填料盒，DMTW灌注式填料盒	供成束电缆穿过水密舱壁及甲板时，保护电缆兼保持舱壁式甲板原有水密性之用
	14	电缆耐火填料盒	1）按耐火性能分为，A级（A—60、A—30、A—15、A—0）及B级（B—15、B—0）两种 2）按密封性分为一般与水密两种 3）按电缆分为单根及成束两种 4）按所用填料可分为DMTW、DFD-Ⅱ等多种	供电缆贯穿各级耐火分隔（包括一般与水密的舱壁和甲板）时，保护贯穿处电缆兼保持分隔原有的耐火性能之用

3. 组装件

为便于船上安装，电缆支承紧固件可预先在车间内制成组装件，有螺接组装式及焊接组装式。

4. 根据电缆册进行电缆切割备料

1）切割前做好临时标志，以供电缆拉敷识别用。每根电缆切割好后，随即将预先做好的临时标牌扎穿于该根电缆的始端和终端，对切口进行包扎封口，防止进入潮气。

2）按照电缆册规定的“停止点”长度，做好电缆首次穿过的舱壁或甲板的“停止标记”。

3）按照电缆册规定的绕卷次序或适当的敷设顺序，将电缆依次卷入电缆筒备用。电缆筒应做好编号标记。

5. 电缆贯通件的开孔位置的尺寸及孔位选择

按照综合电缆图（当有生产设计时）或电缆敷设线路图及预先配制的支承紧固件、贯通件的尺寸进行实船定位，划出电缆紧固件或其组装件的焊接位置以及电缆框、电缆筒、填料函等电缆贯通件的开孔位置及尺寸，之后进行开孔，开孔位置应选择避免影响船体结构强度的地方。

1）船体构件上禁止开孔的区域：下列各船体构件部位系禁止开孔区域，否则严重影响这些构件以至船体的强度。

① 梁已开口区的下方；

② 无凸缘的肋骨横梁；

③ 肘板的折边区；

④ 支柱的上部横梁；

⑤ 支柱的下部构件；

⑥ 工字形柱及其下腹板；

⑦ 扶强板、腹板、肘板；

⑧ 甲板上舱口部位；

⑨ 无凸缘的防挠材；

⑩ 各种机座的弯边部位。

2）在船体构件上开孔的形状及尺寸：

a）开孔形状一般应为圆形或腰圆形，如为其他形状则在折角处至少应为圆角。当设置电缆框等贯通件时，孔的大小应与所选定的贯通件的形状尺寸相配，不应过大。

b）在横梁、肋骨及纵桁上的开孔尺寸按对构件强度的影响大小，允许开孔部位可划分为A及B两区，A区按一般规定开孔，B区按从严规定开孔，A、B区的划分如图16-3-5所示，A、B区大致允许开孔尺寸如图16-3-6及表16-3-4所示。

当开孔超过表16-3-4规定的要求时，开孔处应进行强度补偿，其办法有设置加强框卷、补强腹板、补强凸缘板等。

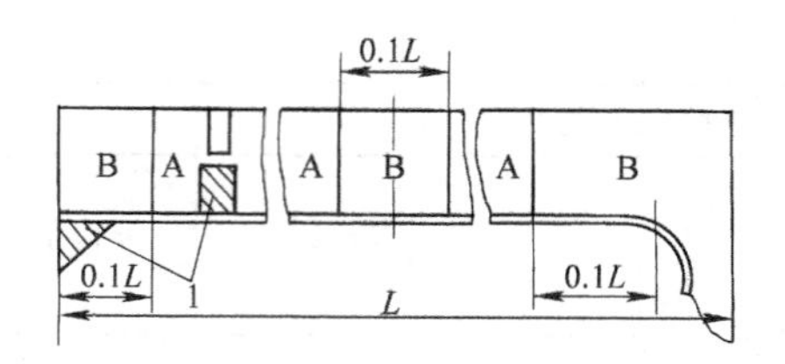

图16-3-5 允许开孔的部位

1—阴影区为禁止开孔区

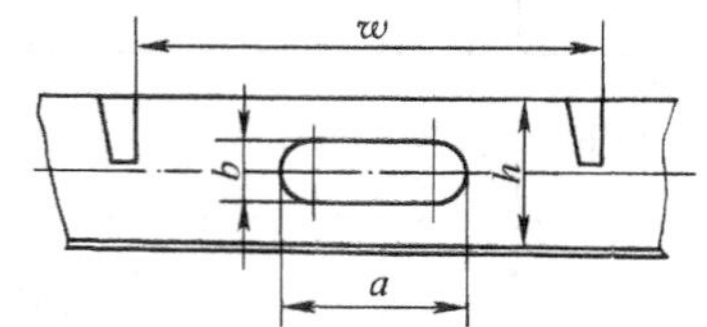

图16-3-6 允许开孔的尺寸

表16-3-4 允许开孔尺寸

构件名称及部位		b/h				a/w
		A区		B区		
		不加强	要加强	不加强	要加强	
桁材腹板	机舱、货舱、除货油舱以外的其他舱	0.25	>0.25 ≤0.5	0.125	>0.125 ≤0.25	≤0.5
	货油舱	0.25	>0.25 ≤0.5	0.1	>0.1 ≤0.25	≤0.5
	居住区及露天甲板	0.25	>0.25 ≤0.5	0.165	>0.165 ≤0.25	≤0.5
实肋板		0.4	>0.4 ≤0.5	0.2	>0.2 ≤0.25	—
双层底内的旁桁材各种隔板		0.5	>0.5 ≤0.66	—	—	—

3.2.2 电缆敷设的基本要求

1）电缆敷设的线路应尽可能整齐平直和易于检修，主干电缆暗式敷设路径上的封闭板，以及电缆线路的分支接线暗式安装用的封闭板，必须是便于开启的，并标有耐久的标记。

2）电缆敷设应防止机械损伤：

a）尽量避免在货舱、贮藏室、甲板上、舱底花铁板下等易受机械损伤的场所敷设电缆。若无法避免时，则需设置可拆的电缆护罩或电缆管加以保护。货舱和甲板上的电缆护罩厚度一般不应小于3mm，对于装卸货物而易碰的地方一般厚度应为5~8mm。

b）尽量避免在可动或可拆的场所敷设电缆。

c）电缆穿过甲板，必须用金属电缆管、电缆筒或围板加以保护。

d）电缆敷设不应横过船体伸缩接头。如确实不能避免，应将电缆设置在环形伸缩接头内，伸缩接头的长度应正比于船体伸缩长度。伸缩接头的最小半径应为电缆外径的12倍。

3）电缆应尽量远离热源敷设，电缆离蒸汽管、排气管及管道连接法兰、电阻器、锅炉等热源的空间距离，平行时一般应不小于100mm，垂直时不小于80mm，否则应采取有效的隔热措施。电缆不应敷设在隔热或隔音绝缘层内。

4）应尽量避免在有潮气凝结和油、水浸入处敷设电缆，如果一定要在潮湿区域敷设，一般规定电缆与潮湿壁的最小距离为20mm；进入潮气凝结、滴水场所要用电缆函，并用填料密封，进入油、水浸入区域要穿管敷设，并用填料封端。

5）应避免在易燃、易爆和有腐蚀性气体影响的舱室内敷设电缆，也不应穿越水舱。但上述舱室本身所必不可少的照明电缆，应穿管敷设，并保持舱壁密封性。在水舱内的电缆管应有防腐措施。严禁电缆穿越油舱，冷藏、锅炉舱内应明敷。

6）电缆与船壳板、防火隔堵及甲板的敷设间距应不小于 20mm；与双层底及滑油、燃油柜的敷设间距应不小于 50mm；与电缆贯通件围壁间距应不小于 10mm。在离磁罗径安装中心 1m 范围内的直流馈电线路必须采用双芯电缆。

7）下列电缆应尽量避免敷设在一起：

a）具有不同允许工作温度的电缆尽可能不成束敷设在一起。如敷设在一起，则所有电缆的允许工作温度应以该束电缆中允许工作温度最低的一种电缆为准。

b）主用和应急用的干线、馈电线，主用和备用的馈电线，机舱以外的重要辅机的主用和备用机组的电缆，都应尽量远离分开敷设。

c）电力推进系统的主电路、电源电缆与励磁电缆和其他用途的低压电缆，应分开敷设。

8）桅杆、杆支柱上的电缆线路敷设的位置，原则上规定在其背面，在不妨碍人员踏梯上下的前提下应尽量靠近扶梯。

9）电缆走线的布置应使之尽可能地实际防止火焰的传播。如无阻燃电缆，成束敷设的电缆则应采取阻止火焰传播措施。

对重要设备的供电和控制电缆（如消防系统等），最好选用耐火电缆。

10）电缆敷设弯曲半径应符合产品允许规定范围内。

11）工作电压超过 50V 的金属护套电缆，必须可靠安全接地。

3.2.3　电缆的敷设与线路安装紧固间距

1. 电缆的敷设

1）电缆敷设前，应检查线路上所有的紧固件和安装件，应无遗漏，应无锐边和毛刺，焊接应牢固，且应涂有防锈漆。电缆敷设后，在线上及其近旁，应尽可能避免电焊和气体切割等明火作业。

2）采用积木式紧钩或桥形板紧固电缆时，敷设时应隔一定的间距，设置临时电缆托架。

3）主干电缆按规定顺序敷设。对于局部电缆，如一般舱室照明电缆，可按施工情况，于现场进行切割和敷设，并在两端做好临时标记。此工作一般在主干电缆敷设完毕后进行。

4）电缆敷设时，应使电缆沿着已焊接牢固的紧固件连续均匀地移动。特别要注意不应强拉硬拖，以免损伤电缆，对于在电缆管和电缆槽内敷设电缆尤其应该注意。对于主干电缆应按就位的“停止标记”，把电缆就位在规定的舱壁或甲板处。

5）不同护套的电缆混合敷设时，应注意防止电缆相互摩擦而损伤电缆。

6）每根电缆敷设完毕后，即应整理平直。如果暂时不进入设备，那么该处电缆卷挂在设备附近。所有电缆敷设结束后，应全面核对电缆的型号、规格、长度、就位点位置，以防差错。核对无误后，方可进行电缆的紧固工作。

2. 电缆线路的安装紧固间距

1）直线部分安装间距如图 16-3-7 所示，弯曲部分如图 16-3-8 所示。

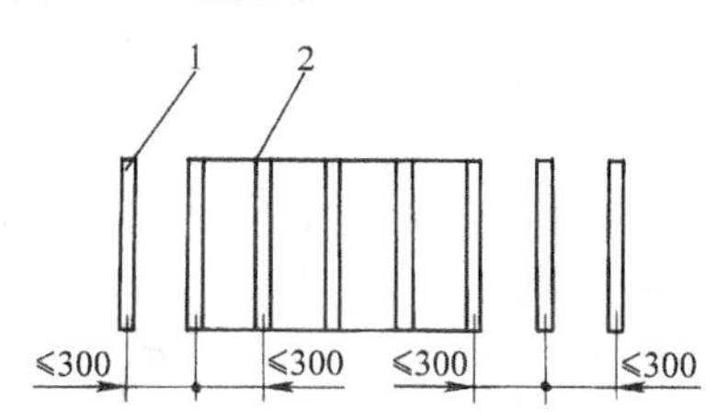

图 16-3-7　直线部分间距

1—单个电缆支架　2—组合电缆支架

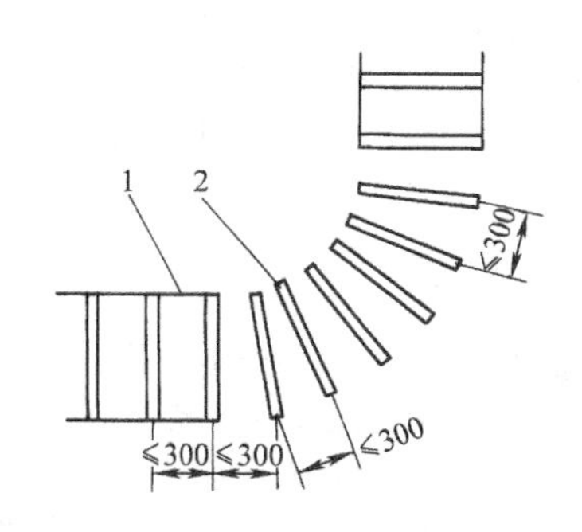

图 16-3-8　弯曲部分间距

1—单个电缆支架　2—组合电缆支架

2）当直线高低之差超过 100mm 时要加适当的金属紧固件予以调整。当上下两紧固点距离在 1200mm 以内时，中间只要加 1 只或数只紧固件，并调整它与上下紧固件高低差在 100mm 之内。当上下两紧固点距离超过 1200mm 时，要加组合紧固件，其相互之间高差在 100mm 之内。

3）电缆筒、电缆框和填料函与电缆支架的间距：

a）支架的上表面应比电缆筒或电缆框的内表面高 10mm；

b）电缆框与电缆支架距离一般为 150mm 左右；电缆筒和填料函与支架距离一般≤300mm；

c）电缆引进设备时，电缆支架与设备间距见

表 16-3-5。

表 16-3-5 电缆支架与设备之间距离

电气设备进线情况	电缆支架与设备之间距离/mm
有托线板时	≤300
无托线板时	100～150
有密封填料函时	150～200

3.2.4 电缆的紧固

1. 电缆紧固的基本要求

1）电缆的排列应平直、整齐，尽量不交叉。

2）电缆紧固后在紧固件内不宜松动，但也不应过紧而使电缆受到有害的变形和损伤，弯曲部位要美观。

3）紧固电缆时，不允许使用铁锤等坚硬的工具敲击、挤压电缆。

4）不得在水密舱壁、甲板、甲板室的外围壁、船壳板上钻孔用螺钉紧固电缆。

5）按照电缆敷设工艺的基本要求，电缆应采用分层分束紧固。

紧固的电缆束的横截面应排列成矩形，其宽度方向电缆不宜大于两层或超过 50mm，长度方向不宜超过 150mm，长度与宽度的比值最好不小于 3∶1。

6）水平敷设电缆最好采用下托形式，即将电缆搁置在支架上方。支架尽可能避免横向安置，以免紧固件应力集中。

7）使用尼龙扎带紧固电缆，除水平下托敷设外，敷设电缆路线在直线段每隔 1.5m（或每隔 5 根尼龙扎带），弯头处与直线连接处均应采用 1 根金属扎带紧固电缆。扎带要求见 CB/T 3496—1992 标准。

2. 电缆紧固的主要方式

1）用电缆卡线板与桥形板紧固电缆：采用这种方法时，卡线板的规格按标准 CB/T 3667.6—1995 进行选用。当标准规格不能适合时，可用厚度为 1.5mm 的镀锌钢板弯制。用卡线板紧固电缆的形式如图 16-3-9 所示。

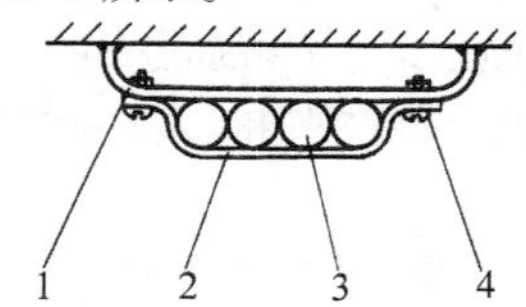

图 16-3-9 卡线板紧固电缆

1—桥形板 2—电缆卡板 3—电缆 4—螺钉、螺母

注：U 形紧钩及积木式紧钩的形式和尺寸按 CB/T 3667.6—1995 选用。

2）用电缆紧钩紧固电缆：如图 16-3-10 和图 16-3-11 所示。

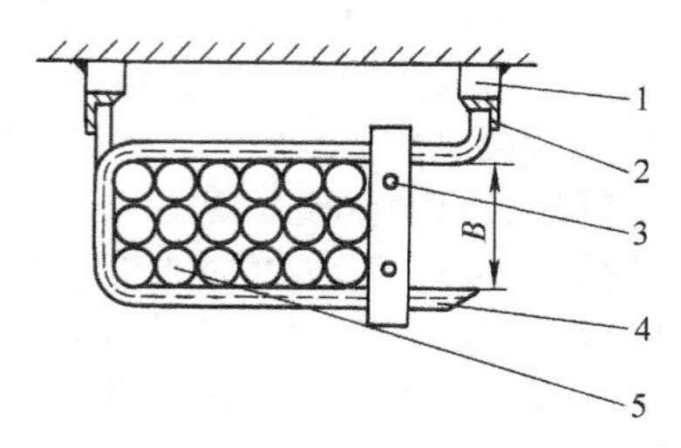

图 16-3-10 U 形紧钩方式

1—底脚 2—角钢 3—螺栓、螺母 4—U 形紧钩 5—电缆

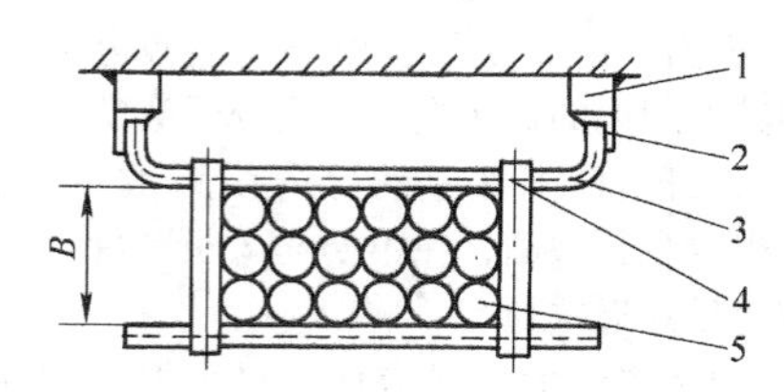

图 16-3-11 积木式紧钩方式

1—底脚 2—角钢 3—积木式紧钩 4—螺栓、螺母 5—电缆

采取紧钩敷设电缆时，应注意在电缆与压板之间要放置一块海绵或软橡皮作为衬垫，以保护电缆不受损伤。

这种工艺方法的优点在于敷设电缆时不要另外制作临时挂架，比较简便。其缺点是无法分层分束敷设，电缆束截面为方形或长方形，散热条件较差，所以近来船上已很少采用。

3）用电缆扎带与支架紧固电缆：电缆支架又名电缆托架。在其上面用电缆扎带绑扎，它是现行施工中普遍采用的紧固方法。用此方法对拉放、紧固电缆都比较方便，且可分束敷设电缆。其缺点是所占安装地位较大。扎带按 CB/T 3496—1992 及 CB/T 3469—1994 选用。

a）用 U 形电缆支架紧固电缆，如图 16-3-12 所示，它由螺栓固定。

U 形支架的基本型式及尺寸如图 16-3-13 所示，用于电缆分层、分束敷设。

b）用 L 型电缆支架紧固电缆，如图 16-3-14 所示，一般支架用焊接固定。

L 形电缆支架型式及基本尺寸，如图 16-3-15 所示，它供分支电缆分束敷设。

c）用扁钢支架紧固电缆，如图 16-3-16 所示，它的型式及尺寸如图16-3-17所示。一般支架用焊接固定，用于分支电缆敷设。

d）I形电缆支架，它用焊接固定，供电缆分层、分束敷设，其结构及基本尺寸如图16-3-18所示。

e）H形电缆支架，它是重型支架，适用于大量主干电缆敷设，支架用焊接固定，如图16-3-19所示。

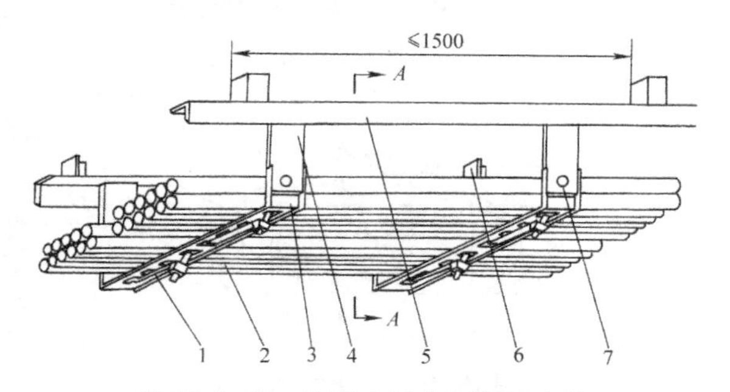

图16-3-12　U形电缆支架紧固电缆

1—电缆扎带　2—电缆　3—U形电缆支架　4—支脚　5—角钢　6—底脚　7—螺栓、螺母

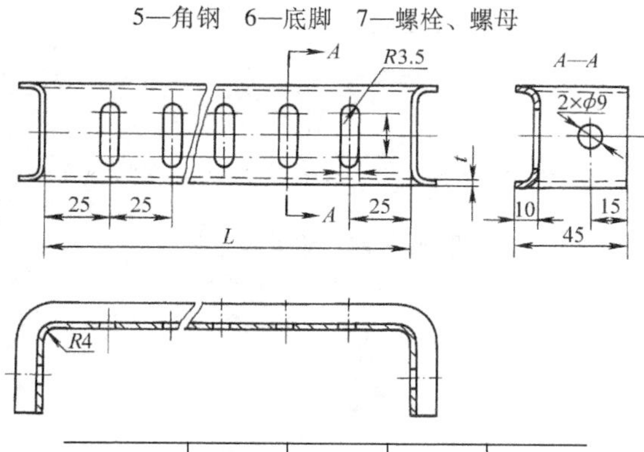

L/mm	200	300	400	500
t/mm	2	2	2.5	2.5

图16-3-13　U形支架的基本型式及尺寸

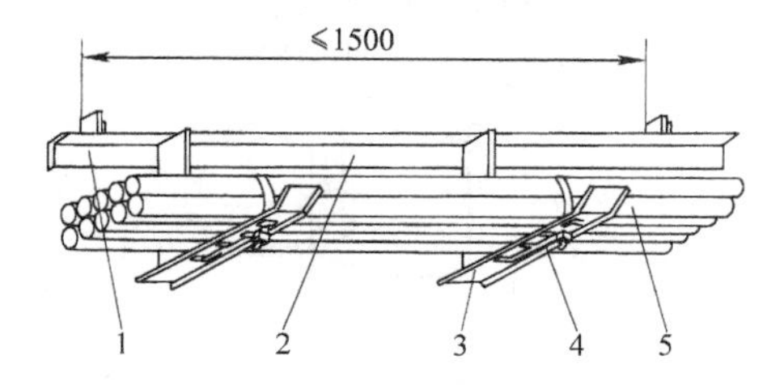

图16-3-14　L型电缆支架紧固电缆

1—底脚　2—角钢　3—L形电缆支架　4—电缆扎带　5—电缆

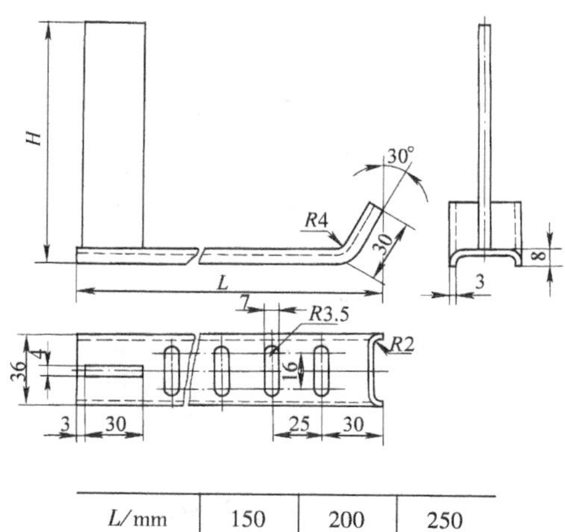

L/mm	150	200	250
H/mm	70	100	150

图16-3-15　L形支架型式及基本尺寸图

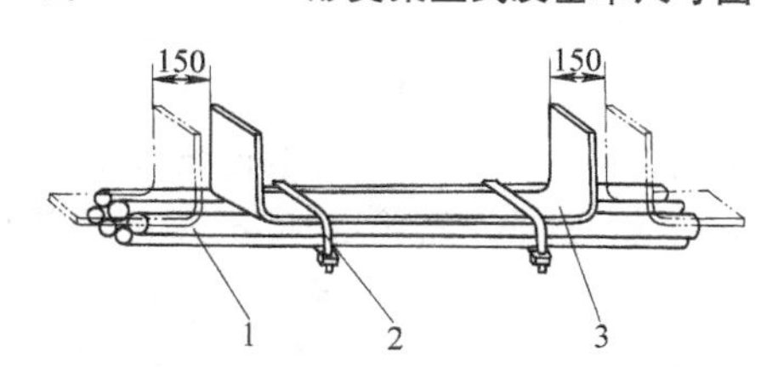

图16-3-16　扁钢支架紧固电缆图

1—电缆　2—螺栓、螺母　3—扁钢电缆支架

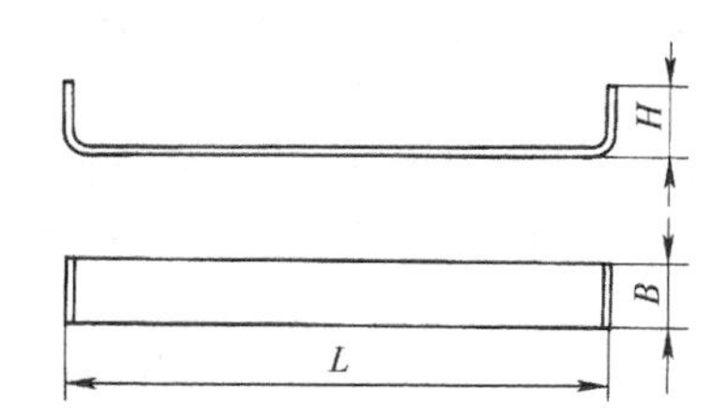

图16-3-17　扁钢支架型式及尺寸

L—300mm、500mm　B—20mm、40mm　H—25mm、20mm、70mm

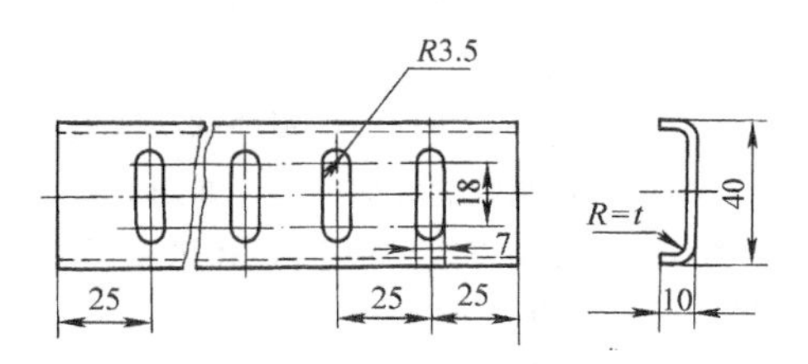

图16-3-18　I形支架结构及基本尺寸

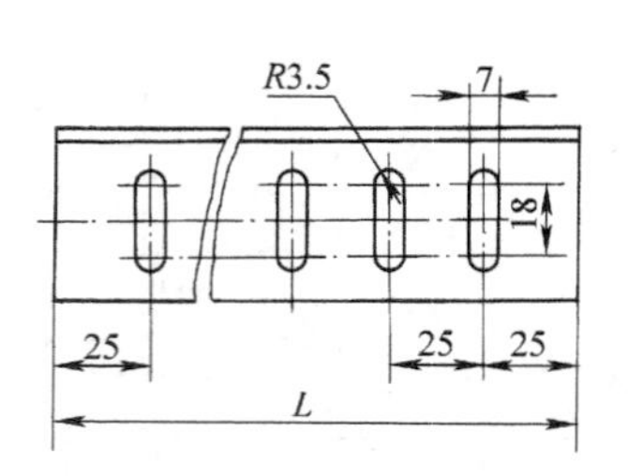

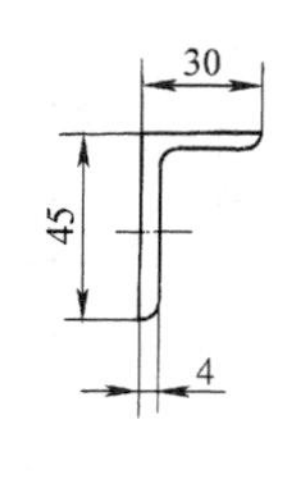

图 16-3-19 H 形电缆支架结构及基本尺寸

L—500mm、600mm、700mm、800mm、900mm、1000mm

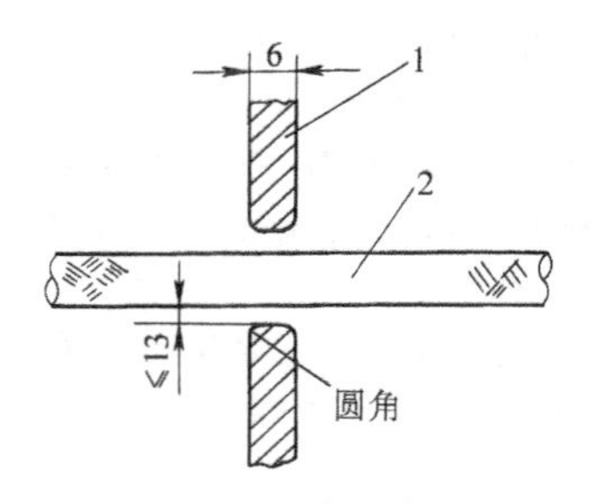

图 16-3-20 电缆直接穿过舱壁

1—舱壁 2—电缆

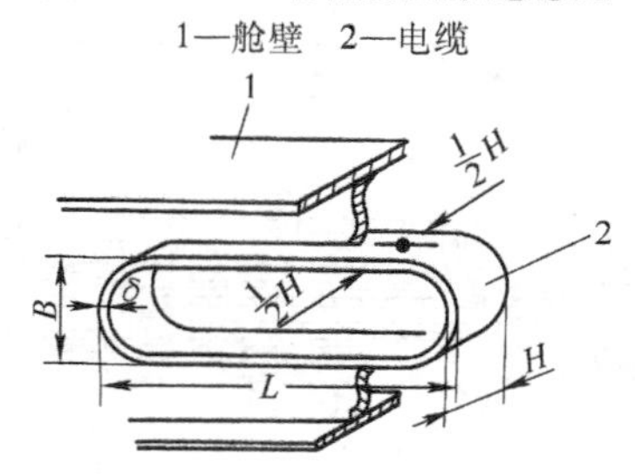

图 16-3-21 设置电缆框

1—船体构件 2—电缆框

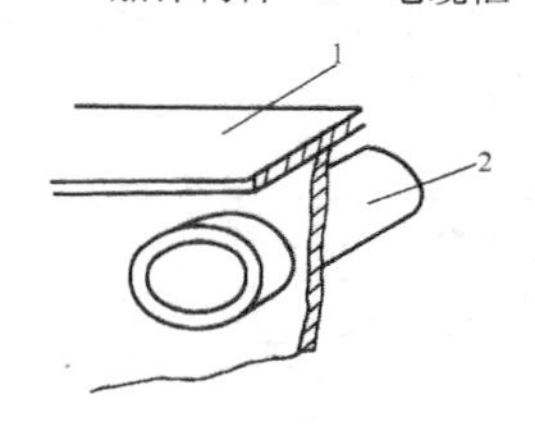

图 16-3-22 设置电缆管

1—船体构件 2—电缆管

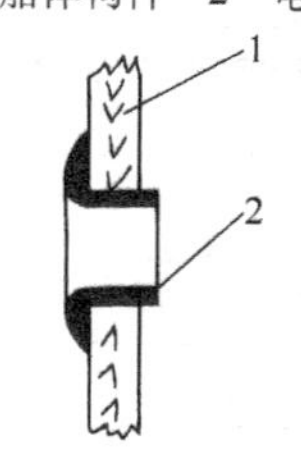

图 16-3-23 设置衬套

1—舱壁 2—电缆衬套

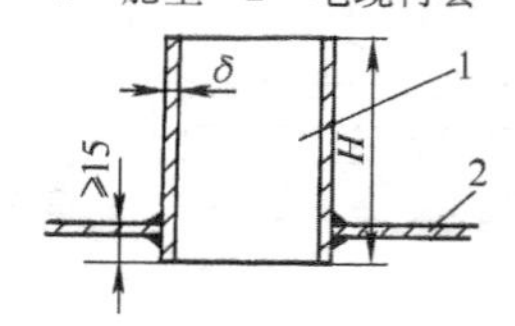

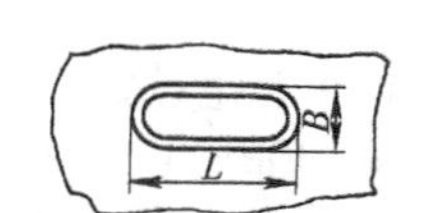

图 16-3-24 设置电缆筒结构

1—电缆筒 2—甲板

3.2.5 电缆穿过舱壁、甲板

电缆穿过舱壁、甲板，除了考虑电缆不应受到损伤以及保持船体强度外，还应保证舱室原有的密封性及防火性，下面分别介绍。

1. 穿过一般舱壁、甲板

1）电缆穿过一般舱壁与甲板的技术要求：

a）电缆穿过非水密舱壁时，一般应设置电缆框或衬套，如舱壁和构件为铝质或厚度超过 6mm 的钢质时，而开孔位置的大小不影响构件强度，则可以不设置电缆框，但开孔四周应无锐边和毛刺。

b）电缆框的形状为腰圆形或矩形，无锐边和毛刺。其截面积可比电缆束的截面积大 1/3 左右。

c）通过舱壁的开孔或电缆框与电缆束之间的缝隙大于 13mm 时，应用填料封闭。

d）单根电缆穿过木质舱壁或木质腹板时，应在开孔处设置电缆衬套，电缆衬套的内径应略大于电缆直径。

e）电缆穿过一般甲板时应设置电缆管、电缆筒或电缆围板，它们的安装高度是，室内不得小于 250mm，室外不小于 450mm，如果电气设备的进线孔高度小于上述尺寸，可不受上述限制。

f）对上述的安装件，其端部用填料封闭，防止杂物掉入和电缆松动。

2）电缆穿过一般舱壁及甲板的结构形式：

a）穿过一般舱壁的结构形式，如图 16-3-20 ~ 图 16-3-23 所示，它们分别为直接穿过舱壁、设置电缆框、设置电缆管、设置衬套结构。

b）穿过一般甲板的结构形式，有设置电缆筒、电缆围板、电缆管三种结构形式，分别如图 16-3-24 ~ 图 16-3-26 所示。

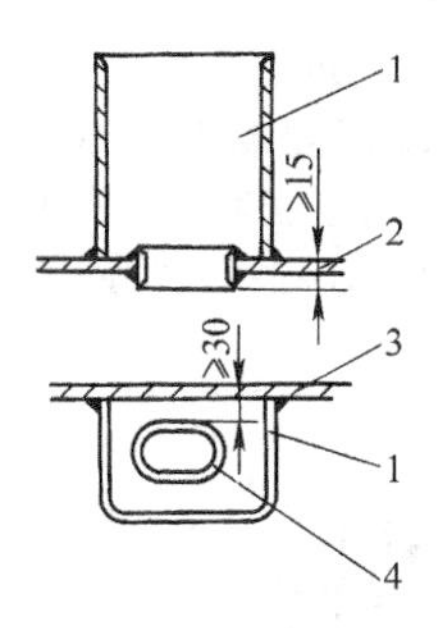

图 16-3-25　设置电缆围板结构

1—围板　2—甲板

3—舱壁　4—电缆筒

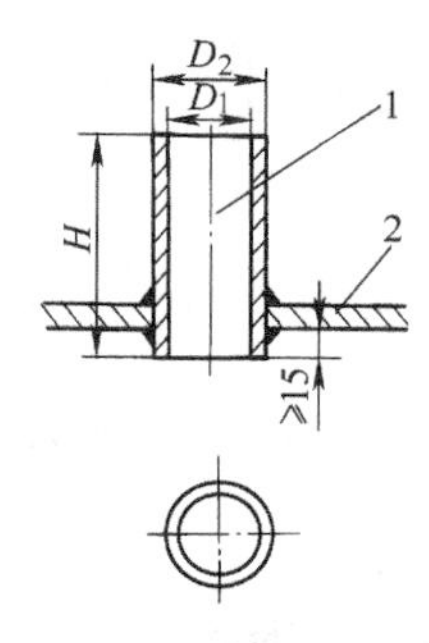

图 16-3-26　设置电缆管结构

1—电缆管　2—甲板

3）电缆穿过一般舱壁与甲板的贯通件结构尺寸：

a）电缆管：如图 16-3-22 所示（CB/T 3667.1—2014），管子公称直径与长度见表 16-3-6。

表 16-3-6　管子公称直径与长度

管子公称直径 D	in	1/2	3/4	1	1¼	1½	2	2½	3
	mm	15	20	25	32	40	50	70	80
长度 H	mm	150			250		450		

b）电缆框：如图 16-3-21 所示（CB/T 3667.1—2014），电缆框尺寸见表 16-3-7。

表 16-3-7　电缆框尺寸

长度 L /mm	45，60，80，100，150，200，250，300，350
宽度 B /mm	25，35，45，60，80，100，130
深度 H /mm	20，30，40
厚度 δ /mm	3，4，5

c）焊接电缆筒：如图 16-3-24 所示（CB/T 3667.1—2014），电缆筒尺寸见表 16-3-8。

表 16-3-8　电缆筒尺寸

长度 L/mm	130，160，200，250，300，350，400
宽度 B/mm	40，50，70，90，100，140，170
高度 H/mm	250，450
厚度 δ/mm	4，5

d）电缆衬套：衬套材料用尼龙 6，对不同隔舱结构，其衬套的型式也不一致。

① A 型：适用于木质隔舱，其结构尺寸见表 16-3-9（CB/T 3667.1—2014）；

表 16-3-9　A 型电缆衬套结构尺寸

（单位：mm）

通孔直径 d	D	D_1	D_2
13	18	20	30
16	21	23	33
19	24	26	36
21	27	29	39
25	30	32	42

② B 型：适用于钢质隔舱，其结构尺寸见表 16-3-10（CB/T 3667.1—2014）。

表 16-3-10　B 型电缆衬套结构尺寸

（单位：mm）

通孔直径 d	D	D_1	D_2
13	16	23	30
16	19	26	33
19	22	29	36
22	25	32	39
25	28	35	42

2. 电缆穿过水密舱壁与甲板

1）电缆穿过水密舱壁与甲板的基本技术要求：

a）电缆穿过水密舱壁与甲板时，对于单根电缆应设置填料函和水密电缆管，对于成束电缆应设置组合填料函或填料盒，以保证舱壁、甲板的密封性能。

b）填料函和填料盒中的填料应至少是阻燃和无腐蚀性的材料制成，且在施工中与电缆运行过程中不产生对人体有害的气体或释放物，填料在压紧填塞或灌注过程中应不致损伤电缆。

c）填料函和填料盒的水密性能，应能承受不小于9.8×10^4Pa的水压历时1h的型式试验，而无漏水现象。

2）单根电缆穿过水密舱壁与甲板的结构形式：

a）水密电缆函与电缆管穿过水密甲板如图16-3-27所示，穿过水密舱壁如图16-3-28所示，穿过隔热绝缘层如图16-3-29所示。

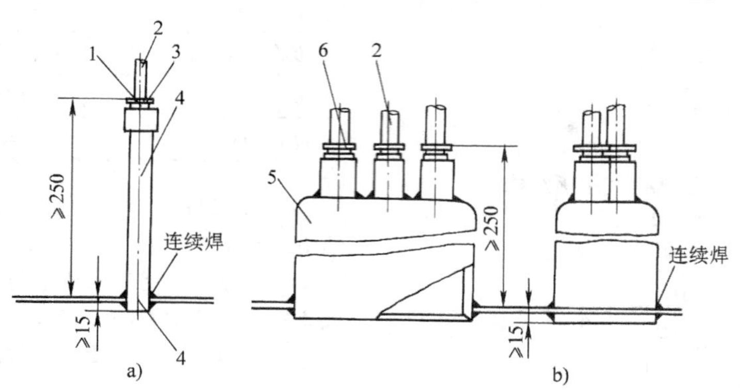

图16-3-27 穿过水密甲板

a）管式 b）焊接式

1—管式电缆填料函 2—电缆 3—填料 4—镀锌电缆管 5—围板 6—焊接式电缆填料函

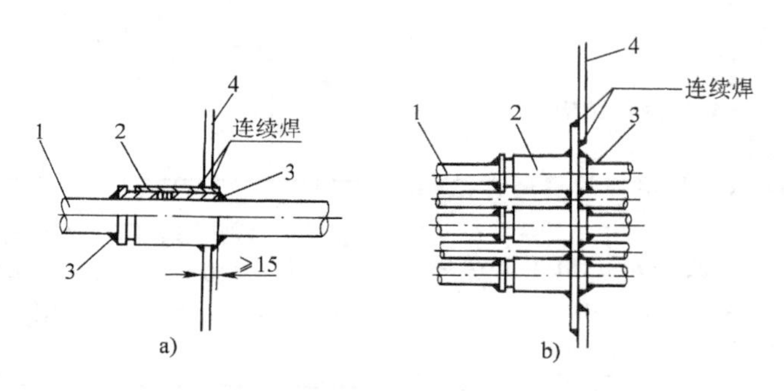

图16-3-28 穿过水密舱壁

a）单管 b）多管

1—电缆 2—焊接式电缆填料函 3—填料 4—水密舱壁

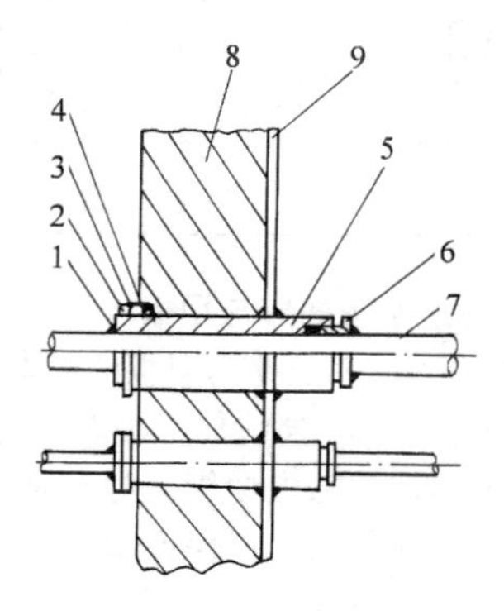

图16-3-29 穿过隔热绝缘层

1—堵料 2—镀锌螺母 3—垫圈 4—橡皮垫圈 5—镀锌电缆管 6—填料函螺母 7—电缆 8—隔热绝缘 9—外侧舱壁

b）单根电缆穿过水密舱壁与甲板的贯穿件：

① 水密电缆管尺寸见表16-3-11；

表16-3-11 电缆管尺寸

	管子公称直径D	in	1/2	3/4	1	1¼
		mm	15	20	25	32
	长度H/mm	150，250，450				

② 填料函结构尺寸见表16-3-12。

表 16-3-12 填料函结构尺寸

管子公称直径 D /mm	20	25	32	36	42	48	54	63	70	78
深度 H /mm	32	35	40	42	44	46	49	54	56	56

1—螺母 2—底座 3—垫圈 4—填料

3）成束电缆穿过水密舱壁与甲板的结构形式：

a）组合式橡胶块填料盒（MCT）的结构及主要尺寸如图 16-3-30 及表 16-3-13。

对组合式橡胶块填料盒的技术要求如下：

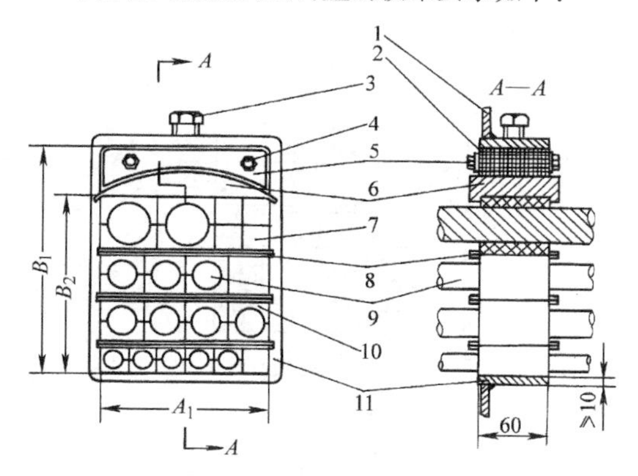

图 16-3-30 组合式橡胶块填料盒（MCT）

1—隔舱板 2—辅助橡胶块 3—压紧螺栓 4—螺栓、螺母 5—前、后夹板 6—压板 7—填充橡胶块 8—隔板 9—电缆 10—橡胶块 11—填料盒壳体

① 填料盒应能承受温度为90℃至室温 20 个周期热循环试验（每一周期8h 加热，16h 自然冷却至常温）；

② 填料盒应能承受 −25℃、8h 的低温试验；

③ 填料盒应能承受规定冲击试验；

④ 填料盒应能承受规定振动试验。

表 16-3-13 组合式橡胶块填料盒尺寸

（单位：mm）

代 号	A_1	B_1	B_2
Z−120	120	101	60
		160	120
		219	180
Z−180	180	173	120
		233	180
		293	240

经过上述型式试验的填料盒，仍应能承受压力为 9.8×10^4Pa、1h 水压试验而无漏水现象。

b）DMT−W 浇注无机型密封填料盒：电缆贯通件的结构如图 16-3-31 所示。

填料盒的配注工艺：

① 为灌注液态密封，应先将电缆填料盒的两端或电缆填料筒的下端采用膨胀堵料或速固堵料（例如 SFD 堵料）密封。

② DMT−W 型无机电缆密封填料的施工时，填料配制包括 A、B 两个成分，A 组分为粉料，B 组分为溶液，A 组与 B 组的调配比例为 4∶3（重量比）。出厂时已按上述比例分别装于 A、B 两个容器内，施工时只需将 A、B 组调匀后便可使用。

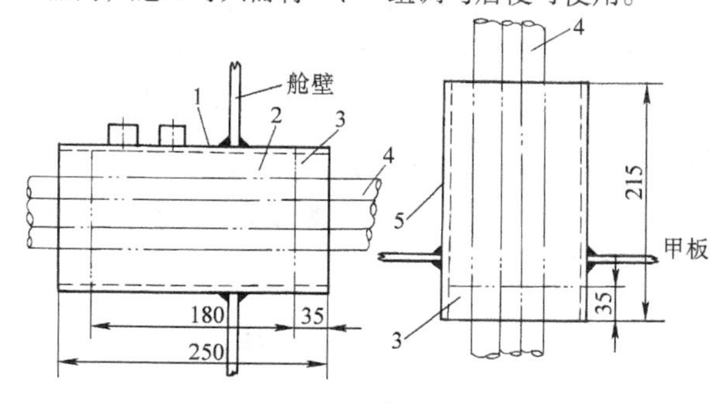

图 16-3-31 DMT−W 密封填料盒

1—电缆框 2—填料 3—堵料 4—电缆 5—电缆筒

对 DMT−W 型无机型填料盒的技术要求与组合式橡胶填料盒相同。

c）组合填料函是以两个及两个以上的单个填料函组合在同一块金属板上，所组成的组合填料函，其尺寸及技术要求同前。

3. 电缆穿过防火舱壁及甲板

1）电缆贯穿防火分隔应采用电缆耐火填料盒，其基本技术要求如下：

a）材料和耐火性能有关的结构形式和主要尺寸均应试验合格，并经船舶检验局或相应船级社认可。填料盒中电缆占据率（电缆截面积与框盒内截面积之比）不宜大于35%；电缆管或填料函的穿管系数不宜大于40%。

b）A级耐火工艺结构应符合下列规定：

① 分隔底板材料以钢或其他等效材料制成；

② 其构造应保证在1h标准耐火试验至结束时能防止火及烟通过；

③ 绝缘材料层的隔热能力，在下列规定时间的标准耐火试验中，背火一面的平均温度较原温度升高不超过139℃（250F），且在任何一点的最高温度较原温度增高不超过180℃（325F）。

A－60级为60min；A－30级为30min；

A－15级为15min；A－0级为0min。

c）B级耐火工艺结构应符合下列规定：

① 分隔底板由认可的不燃材料制成；

② 其构造应保证在半小时的标准耐火试验至结束时能防止火焰通过；

③ 绝缘材料层的隔热能力，在下列规定时间标准耐火试验中，其背火面的平均温度较原温度增高不超过139℃（250F），而任何一点的最高温度较原温度增高不超过225℃（405F）。

B－15级为15min；B－0级为0min。

d）水密式的工艺结构在耐火试验结束后，应按下列要求进行水密性试验，试件一侧承受5.9×10^4Pa的水压，时间为1min，测量漏水量，1m^2的试件泄漏面积上的漏水量不得超过40L/min。

为确保试件原来的水密性，试件在耐火试验前，应先按下列规定进行密性预检，试件一侧承受9.8×10^4Pa的水压，时间为1h，而无漏水现象。

2）A级耐火电缆填料盒的常见结构，如图16-3-32～图16-3-35所示。

3）B级耐火电缆填料管与填料盒结构形式，如图16-3-36～图16-3-39所示，它们使用于舱壁。

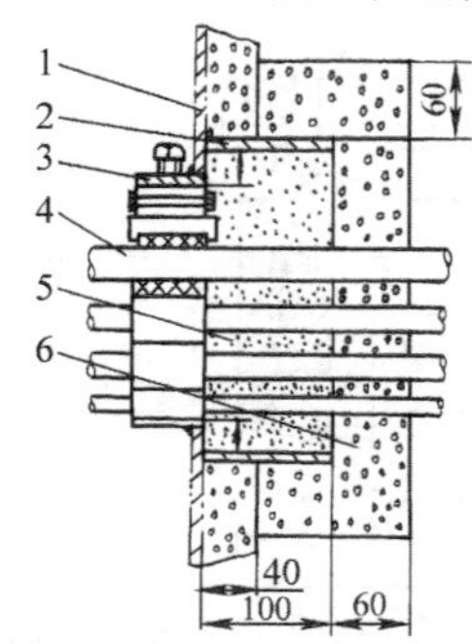

图16-3-32 MCT水密式A－60级耐火电缆填料盒（使用于舱壁或甲板）

1—舱壁或甲板 2—围壁框 3—MCT填料盒 4—电缆 5—DFD－Ⅱ耐火堵料 6—硅酸铝纤维中硬板

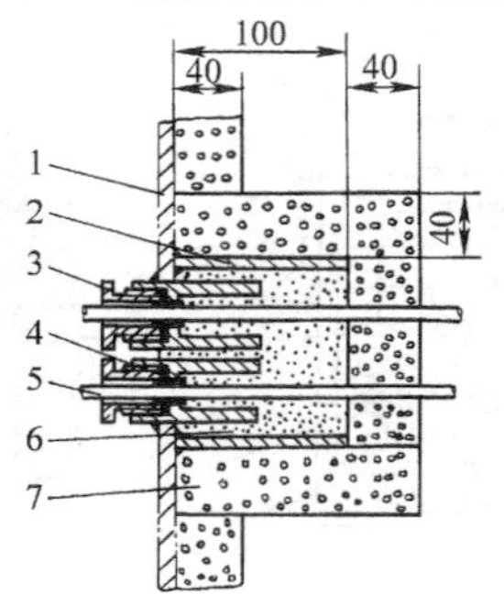

图16-3-33 组合水密式A－60级耐火电缆填料函（使用于舱壁或甲板）

1—舱壁或甲板 2—围壁框 3—管式填料函 4—耐热水密堵料 5—电缆 6—DFD－Ⅱ耐火堵料 7—硅酸铝纤维中硬板

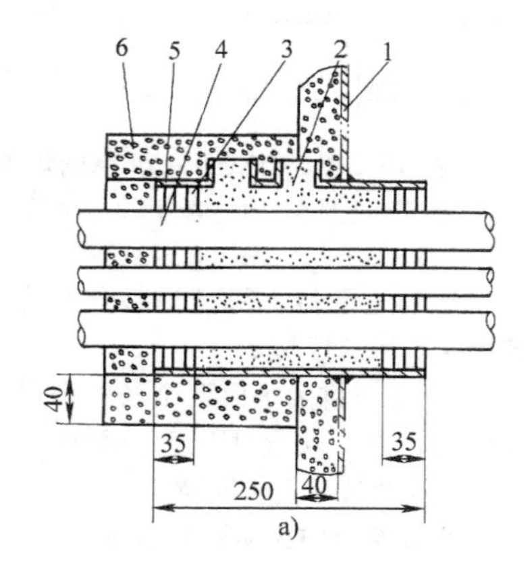

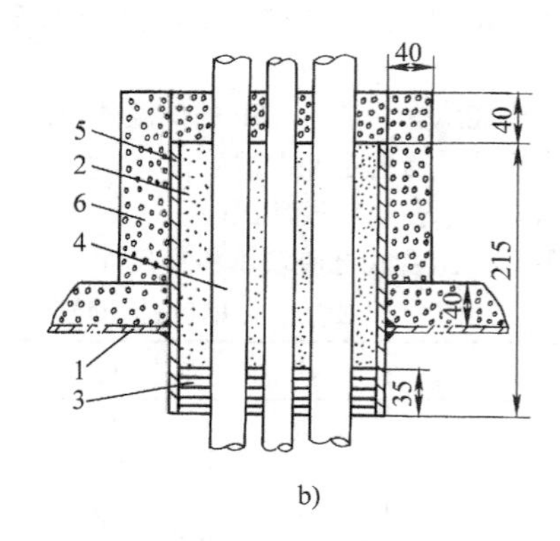

图16-3-34 DMT－W型水密式A－60级耐火电缆填料盒与填料筒

a）填料盒（使用于舱壁） b）填料筒（使用于甲板）

1—舱壁或甲板 2—无机型密封填料DMT－W 3—膨胀堵料PD－100或速固堵料SFD 4—电缆 5—电缆填料筒或盒 6—陶瓷棉

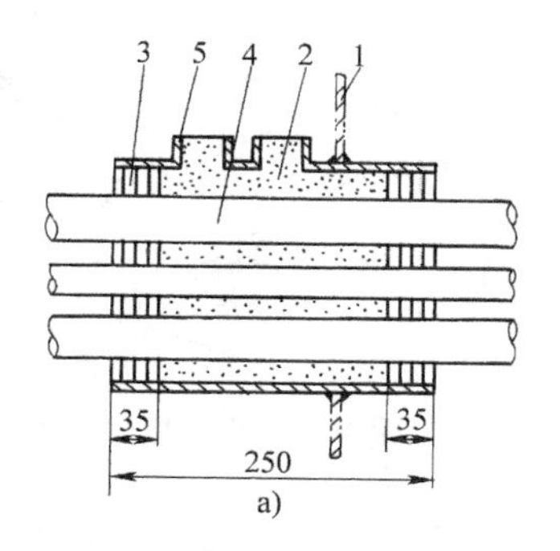

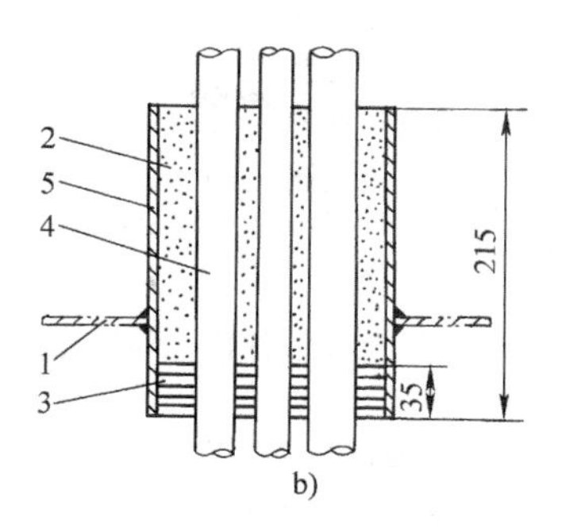

图 16-3-35　DMT－W 型水密式 A－0 级耐火填料盒与填料筒

a）填料盒（使用于舱壁）　b）填料筒（使用于甲板）

1—舱壁或甲板　2—无机型密封填料 DMT－W　3—膨胀堵料 PD－100 或速固堵料 SFD　4—电缆　5—填料筒或盒

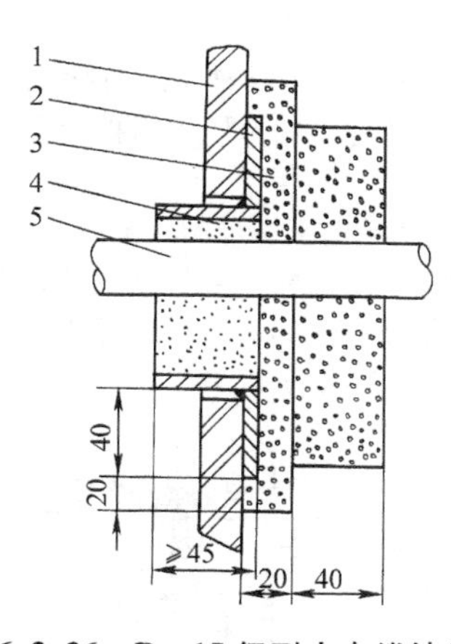

图 16-3-36　B－15 级耐火电缆填料盒

1—硅酸钙板　2—填料盒　3—硅酸铝纤维中硬板

4—填料 DFD－Ⅱ　5—电缆

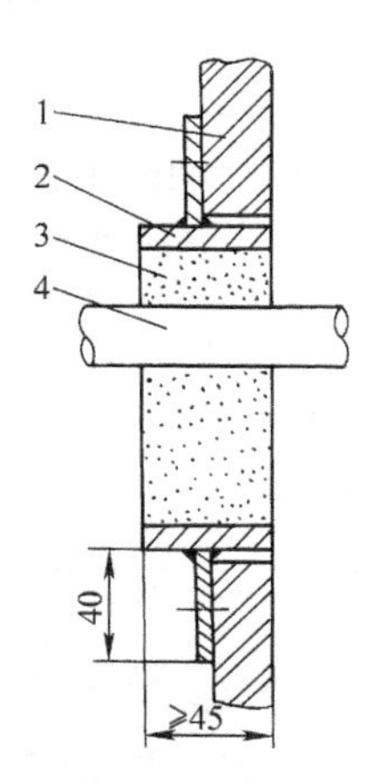

图 16-3-37　B－0 级耐火电缆填料盒

1—硅酸钙板　2—填料盒

3—填料 DFD－Ⅱ　4—电缆

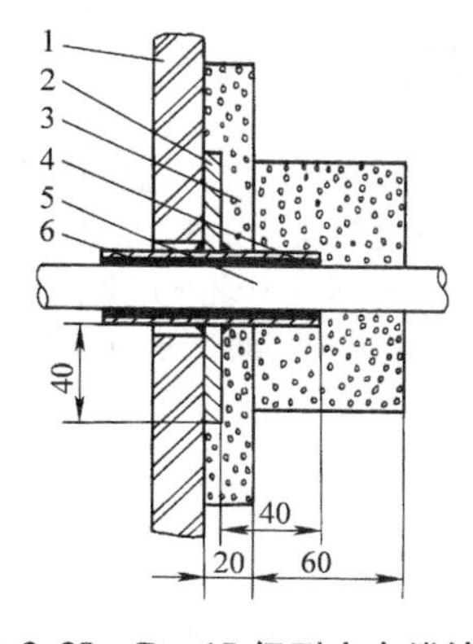

图 16-3-38　B－15 级耐火电缆填料管

1—硅酸钙板　2—连接板　3—硅酸铝纤维中硬板

4—电缆管　5—电缆　6—填料

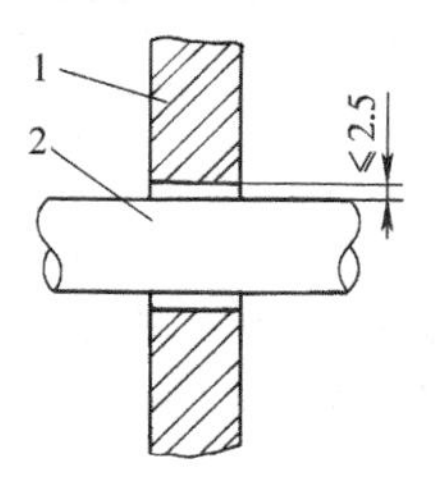

图 16-3-39　B－0 级耐火电缆贯穿方法

1—硅酸钙板　2—电缆

3.2.6　电缆金属护套的接地

电缆接地按其作用通常分为，安全接地、防干扰接地、工作接地。

电缆金属护套的接地是以安全接地和防干扰接地为目的。

电缆为了防止其金属护套偶然带电，或绝缘击穿使电缆护套电位升高而危害人体及导致火灾，我国船级社和国外船级社的规范均规定：超过安全电压 50V 的电缆金属护套应进行安全接地。

报房内的电缆，以及天线附近的露天甲板和木质上层建筑的电缆还需要进行防止干扰接地，以防止对通信设备工作产生干扰。

防干扰接地和安全接地经常合在一起进行。

1. 电缆接地位置

除工作电压不超过 50V 以及要求单点接地的电缆外（如控制和仪表设备用电缆），其他电缆的金属护套均应于两端进行有效接地，但最后分路电缆的金属护套允许只在电源一端接地。

2. 电缆金属护套接地基本要求

1）电缆的金属护套，在其全长上（特别是在电缆经过电缆分配或连接设备时）应在电气上保持连续性。

2）电缆的金属护套接地应接到船体永久结构或与船体相焊接的基座、支架上，亦可接至已可靠接地的设备的金属填料函或外壳上。

3）电缆的金属护套通过专用接地导线接地时，接地线必须尽量短。

4）金属护套与接地导体的接触面应保证有良好的接触，其接触电阻不超过 0.02Ω。接地导体的截面应符合表 16-3-14 规定。成束电缆如采用公共接地导体接地，则接地导体截面积应按该束电缆中最大载流导体的截面选择。

表 16-3-14 接地导体截面积规定

（单位：mm^2）

电缆导体截面积 S	专用铜导体截面积 Q
≤25	≥1.5
>25	≥4

3. 电缆金属护套接地形式

接地应考虑接地牢靠，操作简便。以下介绍六种接地形式。

1）用电缆接地夹箍进行接地：对单根电缆进行接地，用电缆接地夹箍的线沟处嵌入接地线，并将接地线紧缚在电缆金属护套上，接地线的另一端接上端子以便与船体部分可靠连接（见图 16-3-40）。

对于成束电缆，可以用电缆接地夹箍分别将接地线缚紧在电缆金属护套上，数根接地线可合编成一根辫子线，接入端子，并与船体部分可靠连接。

电缆接地夹箍是由不经退火的纯铜 T_2（纯度为 99.9%）制成。

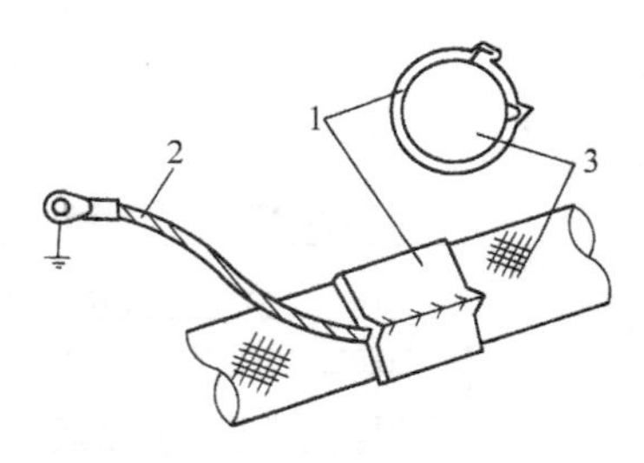

图 16-3-40 接地夹箍接地

1—接地夹箍 2—接地线 3—电缆

2）用金属电缆扎带进行接地：使用金属电缆扎带接地时，接地处的电缆表面用砂皮磨出明显的金属光泽，并且衬垫锡箔，对有外护层电缆应把锡箔包覆延伸到外护层表面，再用金属电缆扎带将接地线紧缚在电缆的锡箔衬垫处。

3）用金属护套编成辫子进行接地：在电缆进入设备前，利用电缆的金属编织护套重新编成辫子进行接地。

4）用金属填料函螺母压紧金属护套进行接地：电缆进入金属填料函时，可将金属护套夹在填料函内两只锥形铜垫圈之间，再用螺母压紧达到接地的目的，如图 16-3-41 所示。

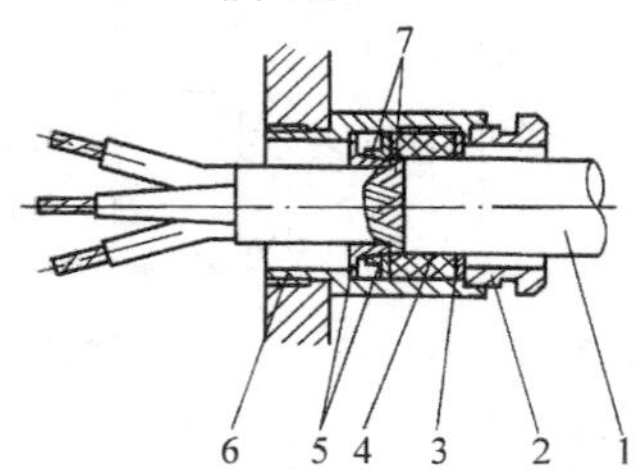

图 16-3-41 用金属填料函螺母压紧接地

1—电缆 2—填料函螺母 3—镀锡铜垫圈 4—填料 5—锥形垫圈 6—填料函座 7—电缆金属编织护套

5）用电缆卡子、紧钩压紧金属护套进行接地：电缆在通过电缆卡子、紧钩接地时，电缆表面以及与电缆接触的支架、紧钩表面用砂皮磨出金属光泽，并衬垫锡箔。用电缆卡子压紧金属护套进行接地，如图 16-3-42 所示。

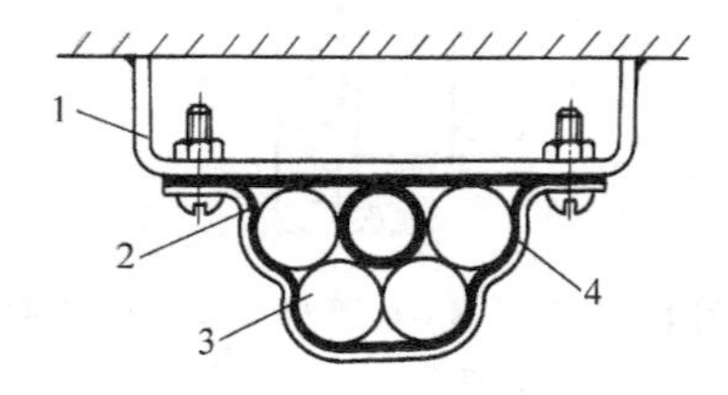

图 16-3-42 用电缆卡子、紧钩压紧接地

1—电缆支架 2—锡箔 3—电缆 4—电缆卡子

6）用高频接插件、特种插头进行接地：射频电缆金属护套采用高频接插件进行接地，因接插件有多种形式，接地方式也不同，示例如图 16-3-43 所示。

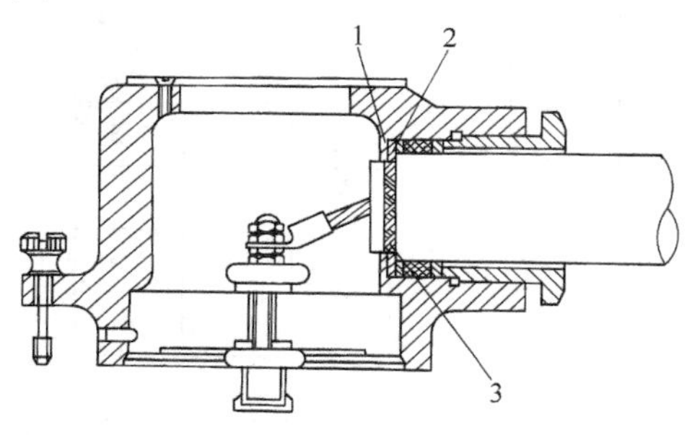

图 16-3-43　射频电缆接地方式

1—金属编织焊在垫圈处　2—垫圈　3—电缆金属编织

电缆金属护套也可通过特种插头（如 P、PQ、X、Q、FX、A 型等插头）进行接地。

3.2.7　电缆芯连接

电缆引入设备后按下述程序进行电缆芯连接：

1）根据需要在电缆芯上套以套管或包扎绝缘带；

2）切除电缆绝缘，清洁金属导体；

3）配铜端子，进行冷压连接或锡焊连接；

4）对电缆芯进行整理并加以捆扎；

5）接入缆芯标记；

6）检查接线的正确性。

电缆配用的铜端子有板型、管型、销型、针型、环型等。端子与铜线芯连接广泛使用冷压连接方法，也可采用锡焊连接。

船舶上的贯通及特种设备，其连接可使用可拆式插头连接，将电缆芯切割成销状，然后用电烙铁将电缆导体焊到插头或插座的焊脚上，这是一种热焊销状接头。

冷压端子的型式和尺寸分别如图 16-3-44 ~ 图 16-3-48 及表 16-3-15 ~ 表 16-3-18。

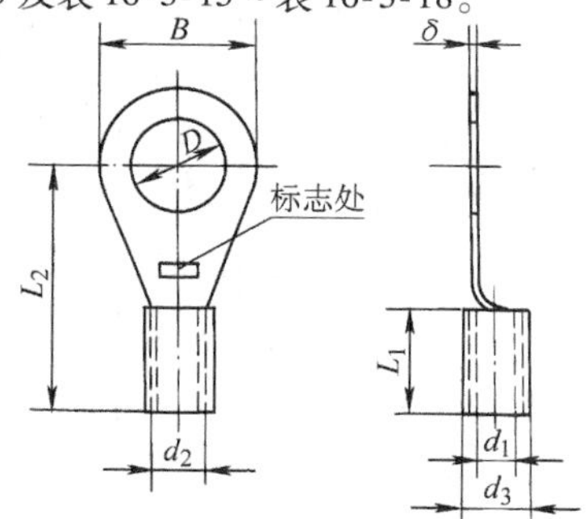

图 16-3-44　板型冷压端子图

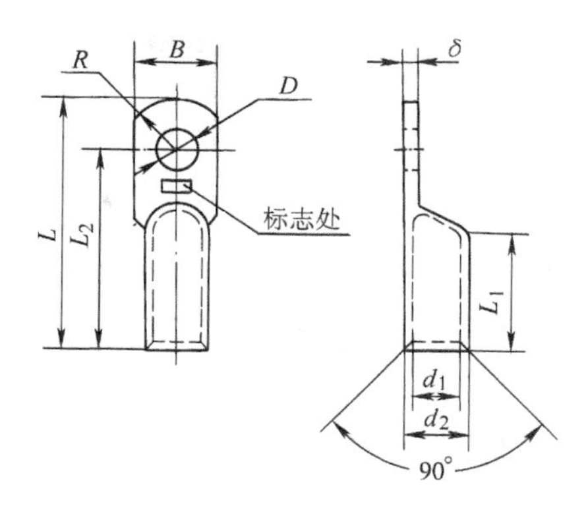

图 16-3-45　管型冷压端子图

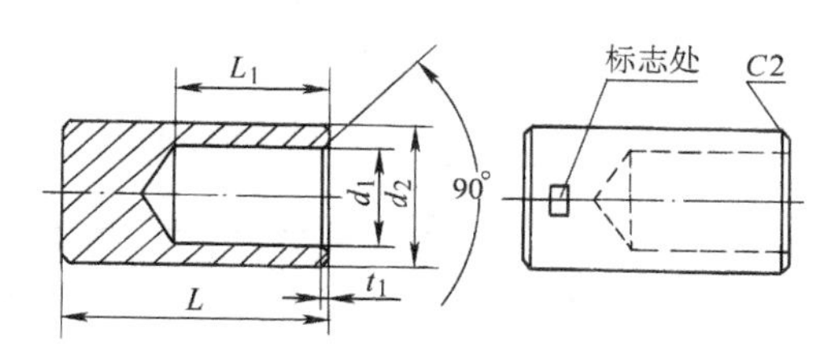

图 16-3-46　销型冷压端子图

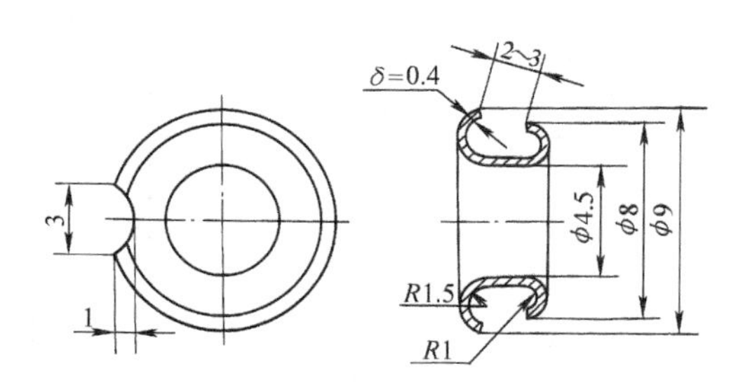

图 16-3-47　环型冷压端子图

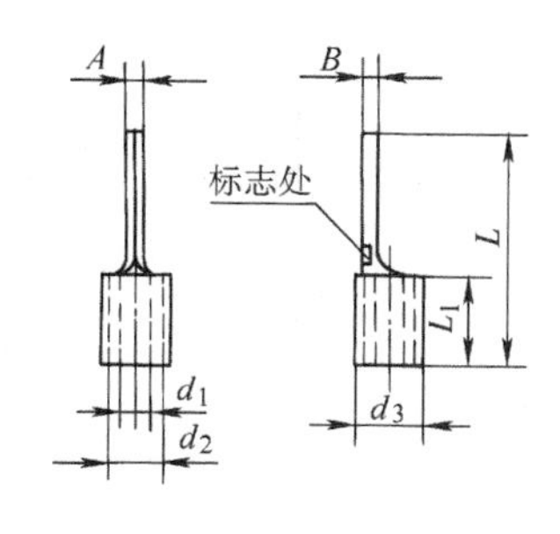

图 16-3-48　针型冷压端子图

表 16-3-15 板型冷压端子尺寸

代号	线芯截面积/mm²		接线柱直径/mm	接头尺寸/mm							
	第2种	第3种		D	d_1	d_2	d_3	L_1	L_2	B	δ
JB0.75－2.5	0.75	0.5	2.5	2.7	1.3	2.7	3.3	5	12	5.5	0.7
JB0.75－3			3	3.2				7	14	6	
JB0.75－4			4	4.2						7.5	
JB0.75－5			5	5.2						8	
JB0.75－6			6	6.2					15.5	10	
JB1－2.5	1	0.75	2.5	2.7	1.6	3	3.6	5	12	5.5	0.7
JB1－3			3	3.2				7	14	6	
JB1－4			4	4.2						7.5	
JB1－5			5	5.2						8	
JB1－6			6	6.2					15.5	10	
JB1.5－3	1.5	1	3	3.2	2	3.4	4	7	14	6	0.7
JB1.5－4			4	4.2						7.5	
JB1.5－5			5	5.2						8	
JB1.5－6			6	6.2					15.5	10	
JB1.5－8			8	8.2					18	12	
JB2.5－3	2.5	1.5	3	3.2	2.6	4	4.8	8.5	14	6	0.7
JB2.5－4			4	4.2						8	
JB2.5－5			5	5.2					16	8.5	
JB2.5－6			6	6.2					18	10.5	
JB2.5－8			8	8.2					20	13	
JB4－4	4	2.5	4	4.2	2.8	4.4	5.2	9	18	10	0.8
JB4－5			5	5.2						11	
JB4－6			6	6.2					20.5	11.5	
JB4－8			8	8.2					22	14	
JB6－4	6	4	4	4.2	3.5	5.5	6.3	10	20.5	11	1
JB6－5			5	5.2						11.5	
JB6－6			6	6.2					22.5	12.5	
JB6－8			8	8.2					23.5	15	
JB10－5	10	6	5	5.2	4.3	6.7	7.7	10	22.5	12.5	1.2
JB10－6			6	6.2							
JB10－8			8	8.2					24	14	
JB10－10			10	10.5					26	16	

表16-3-16　管型冷压端子尺寸

代　号	线芯截面积/mm^2		接线柱直径/mm	接　头　尺　寸/mm									
	第2种	第3种		D	d_1	d_2	L_1	L_2	L	B	R	δ	t
JG16-6	16	10	6	6.5	6	9	16	32	41	12.3	9	3	1
JG16-8			8	8.5									
JG16-10			10	10.5						14			
JG25-6	25	16	6	6.5	7	10	20	37	46	13.7	9	3	1
JG25-8			8	8.5									
JG25-10			10	10.5						15.3			
JG35-8	35	25	8	8.5	9	12	22	41	52	16.5	11	3	1
JG35-10			10	10.5									
JG35-12			12	12.5						18			
JG50-8	50	35	8	8.5	10	13	22	42	54	18.5	12	3	1
JG50-10			10	10.5									
JG50-12			12	12.5						20			
JG70-10	70	50	10	10.5	12	16	24	47	61	22	14	4	1.5
JG70-12			12	12.5									
JG70-14			14	15						24			
JG95-10	95	70	10	10.5	14	19	26	50	66	26	18	5	2
JG95-12			12	12.5									
JG95-14			14	15									
JG120-12	120	95	12	12.5	16	21	28	55	73	29	20	5	2
JG120-14			14	15									
JG120-16			16	17									
JG150-12	150	120	12	12.5	18	24	30	58	77	33	21	6	2
JG150-14			14	15									
JG150-16			16	17									
JG185-14	185	150	14	15	20	27	34	66	86	36.9	22	7	3
JG185-16			16	17									
JG185-18			18	19									
JG240-16	240	185	16	17	22	29	38	73	94	40	23	7	3
JG240-18			18	19									
JG240-20			20	21									
JG300-16	300	240	16	17	25	32	40	79	102	44.8	25	7	3
JG300-20			20	21									
JG400-16	400	300	16	17	28	36	42	83	110	50.3	29	8	3
JG400-20			20	21									

表 16-3-17　销型冷压端子尺寸

<table>
<tr><th rowspan="2">代　　号</th><th colspan="2">线芯截面积/mm²</th><th colspan="6">接　头　尺　寸/mm</th></tr>
<tr><th>第 2 种</th><th>第 3 种</th><th>d_1</th><th>d_2</th><th>L_1</th><th>L</th><th>t_1</th><th>t_2</th></tr>
<tr><td>JX1</td><td>1</td><td>0.75</td><td>1.6</td><td>3.6</td><td rowspan="6">12</td><td rowspan="11">30</td><td>0.6</td><td rowspan="2">0.2</td></tr>
<tr><td>JX1.5</td><td>1.5</td><td>1</td><td>2</td><td>4</td><td>0.6</td></tr>
<tr><td>JX2.5</td><td>2.5</td><td>1.5</td><td>2.6</td><td>4.8</td><td>0.6</td><td rowspan="2">0.3</td></tr>
<tr><td>JX4</td><td>4</td><td>2.5</td><td>2.8</td><td>5.2</td><td>0.8</td></tr>
<tr><td>JX6</td><td>6</td><td>4</td><td>3.5</td><td>6.3</td><td rowspan="2">0.8</td><td rowspan="2">0.4</td></tr>
<tr><td>JX10</td><td>10</td><td>6</td><td>4.3</td><td>7.7</td></tr>
<tr><td>JX16</td><td>16</td><td>10</td><td>6</td><td>9</td><td>18</td><td rowspan="4">1</td><td rowspan="5">0.5</td></tr>
<tr><td>JX25</td><td>25</td><td>16</td><td>7</td><td>10</td><td>20</td></tr>
<tr><td>JX35</td><td>35</td><td>25</td><td>9</td><td>12</td><td rowspan="2">22</td></tr>
<tr><td>JX50</td><td>50</td><td>35</td><td>10</td><td>13</td></tr>
<tr><td>JX70</td><td>70</td><td>50</td><td>12</td><td>16</td><td>24</td><td>1.5</td></tr>
<tr><td>JX95</td><td>95</td><td>70</td><td>14</td><td>19</td><td>26</td><td>35</td><td rowspan="3">2</td><td rowspan="3">0.8</td></tr>
<tr><td>JX120</td><td>120</td><td>95</td><td>16</td><td>21</td><td rowspan="3">28</td><td rowspan="2">38</td></tr>
<tr><td>JX150</td><td>150</td><td>120</td><td>18</td><td>24</td></tr>
<tr><td>JX185</td><td>185</td><td>150</td><td>20</td><td>27</td><td>40</td><td rowspan="3">3</td><td rowspan="3">1</td></tr>
<tr><td>JX240</td><td>240</td><td>185</td><td>22</td><td>29</td><td>30</td><td>42</td></tr>
<tr><td>JX300</td><td>300</td><td>240</td><td>25</td><td>32</td><td>32</td><td>44</td></tr>
<tr><td>JX400</td><td>400</td><td>300</td><td>28</td><td>36</td><td>34</td><td>48</td><td>3</td><td>1.5</td></tr>
</table>

表 16-3-18　针型冷压端子尺寸

<table>
<tr><th rowspan="2">代　　号</th><th colspan="2">线芯截面积
/mm²</th><th colspan="8">接　头　尺　寸/mm</th></tr>
<tr><th>第 2 种</th><th>第 3 种</th><th>A</th><th>B</th><th>L_1</th><th>L</th><th>d_1</th><th>d_2</th><th>d_3</th><th>δ</th></tr>
<tr><td>JZ0.75</td><td>0.75</td><td>0.5</td><td rowspan="3">1.45</td><td rowspan="3">1.45</td><td rowspan="3">7</td><td rowspan="3">20</td><td>1.3</td><td>2.7</td><td>3.3</td><td rowspan="4">0.7</td></tr>
<tr><td>JZ1</td><td>1</td><td>0.75</td><td>1.6</td><td>3</td><td>3.6</td></tr>
<tr><td>JZ1.5</td><td>1.5</td><td>1</td><td>2</td><td>3.4</td><td>4</td></tr>
<tr><td>JZ2.5</td><td>2.5</td><td>1.5</td><td>1.6</td><td>1.8</td><td>8.5</td><td>22</td><td>2.6</td><td>4</td><td>4.8</td></tr>
</table>

所有冷压必须使用专用工具，压模尺寸应符合船舶专业标准 CB/Z 89—1988《电线电缆冷压连接技术条件》中的规定，压模应与端子的选用相一致。压坑边离插入线芯端一边的距离 b 与压坑深度 h 应符合表 16-3-19 规定。

表 16-3-19　接头规格及其他尺寸

接头规格/mm²	b/mm	h/mm	接头规格/mm²	b/mm	h/mm	接头规格/mm²	b/mm	h/mm
1．0	2	1．8	16	6	4．5	120	8	11．0
1．5	2	2．0	25	6	5．5	150	8	11．5
2．5	3	2．3	35	6	6．0	185	8	14．5
4	3	2．6	50	6	6．5	240	10	15．0
6	3	3．1	70	6	8．5	300	10	17．0
10	4	4．5	95	8	9．0	400	10	18．0

压接后电缆接头与电缆导体间电压降不得超过7mV，接头断裂（或拉脱）负荷不得低于表16-3-20规定。

表16-3-20　接头断裂或拉脱负荷

接头规格 /mm²	负荷值 /N	接头规格 /mm²	负荷值 /N
0.75	74	50	1800
1	98	70	2200
1.5	150	95	2800
2.5	250	120	3500
4	350	150	4100
6	600	185	4400
10	800	240	4600
16	980	300	5000
25	1200	400	5500
35	1500		

3.2.8　特殊场所电缆敷设要求

1. 防干扰对电缆敷设的附加要求

为抑制船上电气装置对无线电通信及无线电导航设备所引起的干扰，对电缆敷设应采取下列措施：

1）敷设在露天甲板和非金属上层建筑内的电缆，应采用有金属护套的电缆，或敷设在两端接地金属管或金属罩壳内。

2）所有航行设备的电缆和进入无线电室的电缆，应有两端接地的连续金属护套。

3）与无线电室无关的电缆不应穿过无线电室敷设，如果必须穿过时，则应敷设在连续的金属管道内，金属管道在进出无线电室处均应可靠接地。

4）在使用单芯电缆的场合，其回路应尽量相互紧靠在一起，并应避免敷设成环形或局部环形。

2. 单芯电缆敷设要求

不论交流电路或直流电路，均应尽量不选用单芯电缆。交流电路的单芯电缆应尽量选用无金属护套的电缆或非磁性金属护套电缆。

截面等于或大于185mm²交流单芯电缆而敷设长度又超过30m时，为使三相电路的线路阻抗达到一定程度的平衡，应每隔15m相线之间进行一次换位，或将三根不同的单芯电缆按品字形排列敷设。

单相并联电缆应尽量同其他相的电缆交错排列，以防止电流负荷的分配不均匀。例如每相有2～6根电缆时，正确的排列次序见表16-3-21。

表16-3-21　电缆的交错排列

每相并联根数	一层排列次序	二层排列次序
2	ABCCBA	ABC CBA
3		ABCA BCABC
4		ABCABC CBACBA
5		ABCABCA BCABCABC
6		ABCABCABC CBACBACBA

3. 油轮电缆敷设的附加要求

有可能暴露在货油、油蒸气或气体中的所有电缆，至少应具有下列中一种护套：铜护套（仅用于矿物绝缘电缆）；铅合金护套外加机械性防护（例如铠装或非金属不透性护套）；非金属不透性护套加铠装（用作机械防护和接地检测）。油轮电缆敷设应符合以下附加要求。

1）在危险区域或处所，不应敷设电缆，如要敷设船检部门许可的电缆时，则应采用本质安全电路的电缆，或电缆应敷设在接头为气密的厚钢质管子或管道内。

2）电缆敷设时应与甲板、舱壁、油舱以及各种管子离开足够的距离（一般应为50mm）。电缆穿过舱壁与蒸汽管道法兰的距离：当蒸汽管直径大于75mm时，不应小于450mm；当蒸汽管直径等于或小于75mm时，不应小于300mm。

3）每个本质安全电路应具有各自的专用电缆，并与非本质安全电路的电缆分开敷设（例如不应束聚在一起，不应放在同一罩壳或管道内，也不应用同一夹线板来固定）。

4）连接可移式电气器具的移动式软电缆或电线，不应通过危险区域或场所，但本质安全电路的软电缆或电线可以除外。

3.3　船用电缆的维护

3.3.1　电缆的外观检查

1）检查电缆的护套、金属编织及绝缘，不允许有所损坏。

2）检查电缆的护套及金属编织引进设备处，特别是引进甲板安装的电气设备填料函处，不允许有断裂及脱落现象。

3）检查电缆引进白炽灯具、电阻箱、电加热器等发热电气设备的线芯绝缘，不能有烤焦剥落现象。

3.3.2 电缆贯穿及固定装置的外观检查

1）检查电缆的紧固装置，不能有因船舶振动等因而造成的松脱现象，绑扎电缆的尼龙扎带不能有松脱、老化或断裂现象。

2）定期检查电缆管的放水塞及甲板电缆管道的观察窗，察看管子或管道情况，不能有积水及电缆损伤现象。

3）检查电缆通过耐火和水密舱壁贯穿装置的完整性，特别注意耐火电缆盒的隔热包覆材料及耐火填料，水密电缆盒的水密填料，不能有松脱及剥落现象。

4）检查甲板电缆的防护装置，不允许有敲坏、锈蚀及螺钉松动等现象。

3.3.3 电缆接地装置的检查

1）检查电缆金属护套接地的完好性及可靠性，必要时可测量其接地电阻，应不大于0.02Ω。

2）检查电缆金属管子及管道、槽板接地的完整性及可靠性、电气连接的连续性。

3.3.4 电缆网络的绝缘检查

1）通电试验后，测量电缆网络的绝缘电阻，应不低于2000Ω/V。

测量网络的绝缘电阻，包括各极（相）之间及各极（相）对地之间。

测量照明网络的绝缘电阻，应在其最后分支线路上测量，包括照明器具及其附件在内。

2）推进装置的电缆，可分别测量其热态绝缘电阻，其值应不小于1MΩ。

参 考 标 准

[1] GB 50311—2016　综合布线系统工程设计规范
[2] GB/T 50312—2016　综合布线系统工程验收规范
[3] YDJ 9—1990　市内通信全塑电缆线路工程设计规范
[4] YD 5102—2010　通信线路工程设计规范
[5] YD 5121—2010　通信线路工程验收规范
[6] YD 5148—2007　架空光（电）缆通信杆路工程设计规范
[7] YD/T 778—2011　光纤配线架
[8] YD/T 988—2015　通信光缆交接箱
[9] YD/T 2150—2010　光缆分纤箱
[10] YD/T 925—2009　光缆终端盒
[11] YD/T 814.1—2013　光缆接头盒　第1部分：室外光缆接头盒
[12] YD/T 590.1—2005　通信电缆塑料护套接续套管　第1部分：通用技术条件